中国风景园林学会 编

中国风景园林学会2019年会

（下册）

风景园林与美丽中国

Landscape Architecture and Beautiful China

中国建筑工业出版社

目　录

（上　册）

风景园林理论与历史文化传承创新

公园城市理论与实践

（下　册）

风景园林产学研协同创新

风景园林工程技术创新与管理

风景园林植物种质资源创新与应用

风景名胜区与自然保护地

城乡景观与生态修复

我国风景园林 70 年

摘要

风景园林产学研协同创新

国际园艺疗法研究的知识图谱

——基于 CiteSpace 的计量分析

Knowledge Atlas for International Horticultural Therapeutics Research

—Econometric Analysis based on CiteSpace

宁昭然　许志敏　黄猛　林　涛　何　侃　丁国昌*

摘　要： 本文以“Web of Science 核心合集”为数据源，采用科学计量工具 CiteSpace 绘制了国际园艺疗法研究的知识图谱，对该研究领域的基本特征、研究力量、知识基础以及研究热点等进行了系统分析。结果表明：①国际园艺疗法研究的文献数量随着年份变化呈前期波动到逐渐稳步增长趋势；所涉及的发文期刊中，KOREAN JOURNAL OF HORTICULTURAL SCIENCE TECHNOLOGY，HORTTECHNOLOGY 和 HORTSCIENCE 的载文数量最多。②在统计范围内，Ulrich RS、Kaplan s 和 Gonzalze MI 发文数量最多，但总体来看各研究者的合作较少、交流较弱；该领域的研究者大多来自美国、韩国、日本和中国。③在国际园艺疗法研究知识演进过程中，有 10 篇文献起到了关键作用，是该领域最为重要的知识基础。④从研究内容来看，国际园艺疗法的研究热点聚焦于压力、健康、老年人等方面。外伤性脑损伤、恢复等关键词出现较晚，是近年来园艺疗法研究的热点问题。

关键词： 园艺疗法；知识图谱；CiteSpace；可视化分析；文献计量

Abstract: In this paper, the core collection of Web of Science was used as the data source, and the knowledge map of international horticulture therapy research was drawn with the scientific metrological tool CiteSpace. The basic characteristics, research strength, knowledge basis and research hotspots of this research field were systematically analyzed. The results showed that: ①the number of literature on international horticultural therapy showed a trend of early fluctuation to steady increase with the change of year; KOREAN JOURNAL OF HORTICULTURAL SCIENCE TECHNOLOGY, HORTTECHNOLOGY and HORTSCIENCE have the largest number OF papers. ②within the scope of the statistics, Ulrich RS, Kaplan s and Gonzalze MI post the largest number, but overall the researchers weak cooperation, less communication; Researchers in the field are mostly from the United States, South Korea, Japan and China. ③in the knowledge evolution process of international horticultural therapy research, 10 literature play a key role, which is the most important knowledge foundation in this field. ④from the perspective of research content, international horticultural therapy research focus on stress, health, the elderly and other aspects. Traumatic brain injury (tbi), recovery and other key words appeared late, which is a hot topic in horticultural therapy research in recent years.

Keyword: Horticultural Therapy; Knowledge Map; CiteSpace; Visual Analysis; Bibliometrics

园艺疗法的狭义概念由美国园艺疗法协会（AHTA）定义，即对于有必要在其身体与精神方面进行改善的人们，（在园艺疗法师指导下）利用植物栽培与园艺操作活动，从社会、教育、心理以及身体诸方面进行调整更新的一种有效的方法[1]。而从广义上讲，园艺疗法是指通过植物（包括庭园、绿地等）及与植物相关的活动（园艺等）达到促进体力、身心、精神的恢复疗法，它是艺术和心理治疗相结合的一种辅助治疗方式。园艺疗法虽然起源于欧洲，20 世纪 50 年代作为一门独立学科在美国被提出来。但从古代文人雅士的莳花弄草中可窥见我国早有的悠久园艺养生文化传统。如陶渊明的“采菊东篱下，悠然见南山”。还有出自西晋·嵇康《养生论》的“合欢蠲忿，萱草忘忧”一语。

近些年，随着亚健康人群现象日益突出，老年化问题的加重，植物对人身心的疗愈作用越来越受到关注[2]，园艺疗法也作为一个新兴的研究领域在国内逐渐发展起来。关注国际园艺疗法的研究进展和学术态势，分析其知识演进的特征和属性，对今后我国推进该领域的后续研究具有重要意义。

然而，纵观国内文献，尽管有学者从不同视角对于我国园艺疗法研究进行了回顾和展望，但都是建立在对大量文献的定性梳理基础上[3-9]，在文献选择和分类标准、热点追踪与方向把控等方面存在较大的主观性。除此之外，传统的统计研究方法费时费力，难以从大量文献中总结提取研究趋势和整体特征。且在如今的大数据时代，接触软件处理分析文献数据已成为流行趋势。基于此，本文拟以“Web of Science 核心合集”为样本数据来源，借助科学计量工具 citeSpace 绘制国际园艺疗法研究领域的知识图谱（mapping knowledge domain），对国际上园艺疗法的研究态势进行定量分析，揭示其研究热点，以期把握国际学术界园艺疗法的研究进展，为国内相关研究提供切实、有价值的参考。

1　研究方法与数据来源

1.1　研究方法

本文借助 CiteSpace 软件中的发文作者（author）、发文国家/地区（country）、文献共被引（cited reference）、关键词（keyword）等分析功能，绘制国际园艺疗法研究的知识图谱，得到与其相关的共现网络、知识基础和研究热点，以便于为客观认识该领域的研究态势和指导国内园艺疗法研究提供借鉴和参考。

1.2 数据来源

“Web of Science核心合集”收录了12000多种高影响力的学术刊物，其权威性和重要性得到了国际学术界的广泛认可[10]，因此选其作为收集文献的主要来源。收集时间截止到2019年5月12日，通过福建农林大学图书馆远程端口进入WOS，以“Web of Science核心合集”为对象数据库，设定“主题＝horticultural therapy”检索条件，时间跨度为所有年份，检索园艺疗法研究的相关成果。剔除研究报告、书评等非研究性文献，最终获得了包括期刊论文、会议论文和专著（或论文集）中的析出文献，共计269篇样本文献，并以此为基础进行研究分析。

2 分析与结果

2.1 文献的基本特征

2.1.1 发文时间

国际园艺疗法研究的年度发文数量情况如图1所示。可以看出，研究大致经历了一个波动区（2013年以前）—平稳增长（2013～2018年）的发展过程。国际上检索到的相关文献最早出现在2002年，Jarrott SE提出园艺疗法（HT）适用于具有广泛生理、社会和认知能力的个体[11]。随着老年人口的增长，越来越多的成年人面临着罹患精神疾病的风险。故园艺疗法可被认为是一个可行的替代痴呆护理项目活动。之后每次波动达到高峰都是由于 *Acta Horticulturae* 一书的出版。如Relf，D在2004年编著的 *Acta Horticulturae* 一书收集了会议中来自不同研究者的22篇文章，占当年发表文献总量的88%；又如2016年，由Park SA和Rappe E编著的 *Acta Horticulturae* 一书的再次出版，收录了来自不同研究者的12篇文章，占当年发表文献总量的85%。第二阶段是在2013年之后，文献数量虽在2017年时有所下降，但这一阶段整体呈增长趋势，并保持一定的增长率，预计2019年将又是一年的研究高峰期。这些相关研究成果的不断增加，表明园艺疗法研究正处于其“成长期”，极具发展潜力。

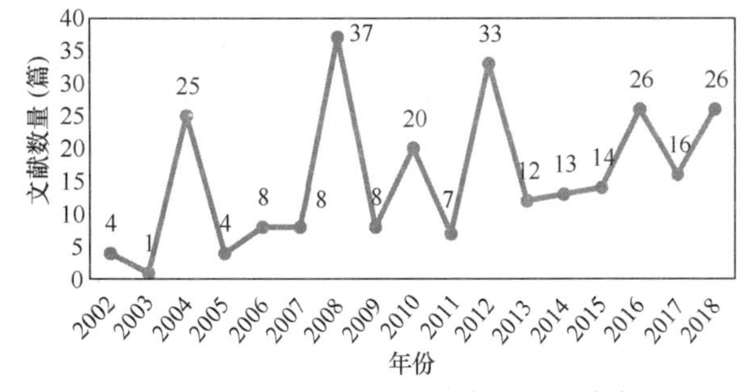

图1 国际园艺疗法研究文献数量年度分布图

2.1.2 发文期刊

表1列出了国际园艺疗法研究载文数量在2篇以上的期刊。其中，KOREAN JOURNAL OF HORTICULTURAL SCIENCE TECHNOLOGY，HORTTECHNOLOGY和HORTSCIENCE这三个期刊所载文献数量较多。表1所列还不乏被SCI收录的期刊，如HORTTECHNOLOGY，COMPLEMENTARY THERAPIES IN MEDICINE，INTERNATIONAL JOURNAL OF ENVIRONMENTAL RESEARCH AND PUBLIC HEALTH，ALTERNATIVE THERAPIES IN HEALTH AND MEDICINE，EKOLOJI和ZEITSCHRIFT FUR GERONTOLOGIE UND GERIATRIE，这6个期刊同时也是影响因子较高的传统知名期刊。可见，园艺界和知名专业期刊都对园艺疗法表现出较为浓厚的兴趣。此外，还涉及了医学、卫生学、林学、精神病学、心理学等领域的相关刊物。其中医学和园艺学占比较大，这表明园艺疗法研究具有多元性和交叉性的特点。

国际园艺疗法研究载文数量2篇以上的期刊　表1

序号	期刊名称	载文数量	影响因子
1	KOREAN JOURNAL OF HORTICULTURAL SCIENCE TECHNOLOGY	24	0.301
2	HORTTECHNOLOGY	16	0.573
3	HORTSCIENCE	13	0.83
4	COMPLEMENTARY THERAPIES IN MEDICINE	8	2.084
5	INTERNATIONAL JOURNAL OF ENVIRONMENTAL RESEARCH AND PUBLIC HEALTH	7	2.145
6	URBAN FORESTRY URBAN GREENING	4	2.782
7	ALTERNATIVE THERAPIES IN HEALTH AND MEDICINE	3	1.011
8	BRITISH JOURNAL OF OCCUPATIONAL THERAPY	3	0.754
9	PSYCHO ONCOLOGY	3	3.455
10	DEMENTIA INTERNATIONAL JOURNAL OF SOCIAL RESEARCH AND PRACTICE	2	1.671
11	EKOLOJI	2	0.516
12	FRONTIERS IN PSYCHOLOGY	2	2.089
13	GERIATRICS GERONTOLOGY INTERNATIONAL	2	2.656
14	ZEITSCHRIFT FUR GERONTOLOGIE UND GERIATRIE	2	1.16

2.1.3 发文学科

采用 WOS 页面自带的工具对园艺疗法研究方向进行分析，得到一种可视化树状图（图 2）。从图 2 可知，关注园艺疗法的学者主要来自农学、康复学、公共环境与职业健康学、植物科学、心理学、生态环境科学、医疗科学、林学、老年医学、精神病学、工程学、肿瘤学、综合互补医学、护理学、生物医学等领域。可见，园艺疗法作为一个新兴领域，得到了各界学者的广泛关注，也侧面反映了其发展的复杂性。

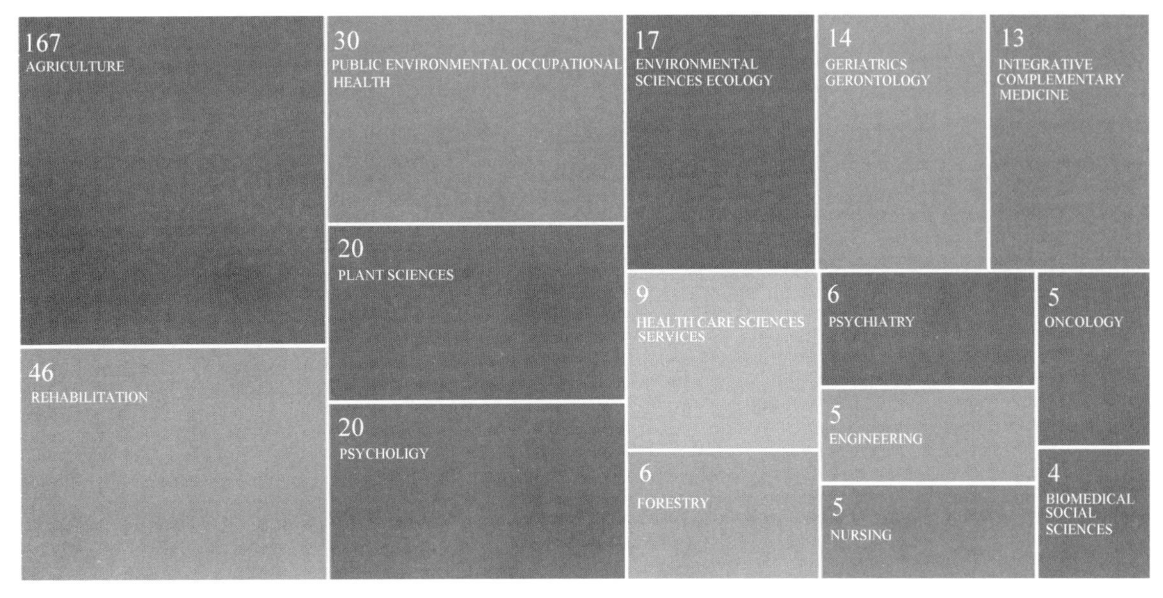

图 2　国际园艺疗法文献研究领域分布

2.2 国际园艺疗法的研究力量

2.2.1 发文作者

图 3 是国际园艺疗法研究发文作者的共现图谱，图谱中的每个节点代表一位发文作者，节点越大表示该作者发文越多，节点间的连接代表作者间的合作，连线越粗表示合作越为紧密。可以看出，整个网络基本呈现出 3 大边缘结构。其中，Ulrich RS，Kaplan s 和 Gonzalze MI 发文数量最多，是图中最为显著的 3 个节点。核心部分是许多研究小组或独立的发文作者形成的中心圈层，大部分处于孤立状态。结合对发文数量和合作网络的分析，可以发现国际园艺疗法研究已初步形成了 3 个团队效应较为显著且研究成果较为突出的典型作者群：

图 3　国际园艺疗法研究发文作者共现图谱

（1）以 Kaplan S 为首的作者群。

（2）Annerstedt M 和 Gonzalze MI 组成的研究小组。

（3）以 Kamioka H 为核心的作者群，总结了随机对照试验（rct）对园艺治疗效果的影响[12]。其采用随机对照试验，从 1990 年到 2013 年 8 月 20 日，搜索了以下数据库：MEDLINE via PubMed，CINAHL，Web of Science，Ichushi-Web，GHL，WPRIM，PsycINFO。还检索了截至 2013 年 9 月 20 日的 Cochrane 数据库和 Campbell 系统综述。结果发现由于研究方法、报道质量和异质性等因素，园艺疗法（HT）的研究缺乏足够的证据，但 HT 可能是治疗痴呆、精神分裂症、抑郁症和癌症晚期护理等精神和行为障碍的有效方法。此外，该研究还发现所进行的 rct 质量相对较低。该团队的研究对园艺疗法基础理论和研究方法体系建构具有重要的启示意义，也对该领域的发展和完善具有重要推动作用。

2.2.2 发文地区

采用 WOS 页面自带的工具对园艺疗法研究文献的来源国家和地区进行分析，得到一种可视化柱状图（图 4）。从图 4 可知，美国发文最多，研究成果数量为 69 篇。其次是韩国，发文数量为 68 篇。发文数量排名前 5 的国家和地区还有日本、中国、中国台湾，发文数量均在 14 篇以上。此外，5 个国家的发文数量之和可达 196 篇，所占比例超过样本文献的 70%，这说明国际上园艺疗法的主要研究力量就来源于这 5 个国家。

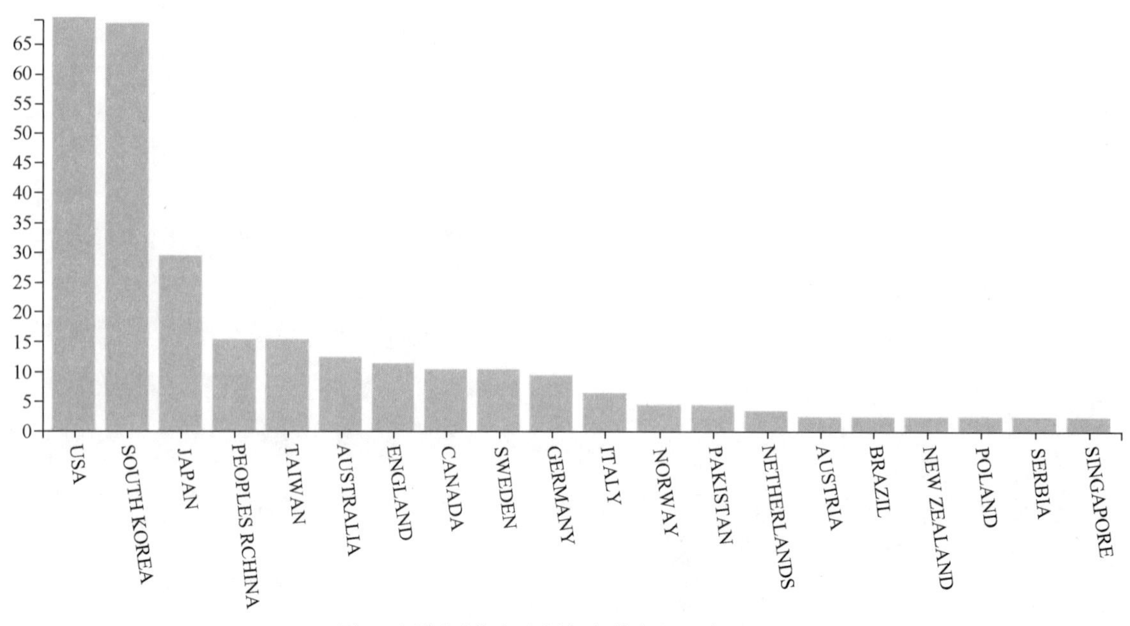

图 4　国际园艺疗法研究文献来源国家和地区

2.3　国际园艺疗法研究的知识基础

图 5 为国际园艺疗法研究领域的文献共被引网络图谱。图中每个节点代表一篇被引文献，节点越大表示引文数量越多。其中紫色圆圈重点标注出了中介中心性（Betweenness Centrality）不小于 0.1 的节点，这些节点在国际园艺疗法研究知识演进中起到了关键作用，是该领域最重要的知识基础。图 5 中最大的节点是 KAM MCY 等人发表在 HONG KONG JOURNAL OF OCCUPATIONAL THERAPY 上的“EVALUATION OF A HORTICULTURAL ACTIVITY PROGRAMME FOR PERSONS WITH PSYCHIATRIC ILLNESS”一文[13]，其共被引频次最高，达 7 次；紫色圆圈标注出来的关键文献共有 10 篇（文献编号分别为 L01～L10），如表 2 所示。

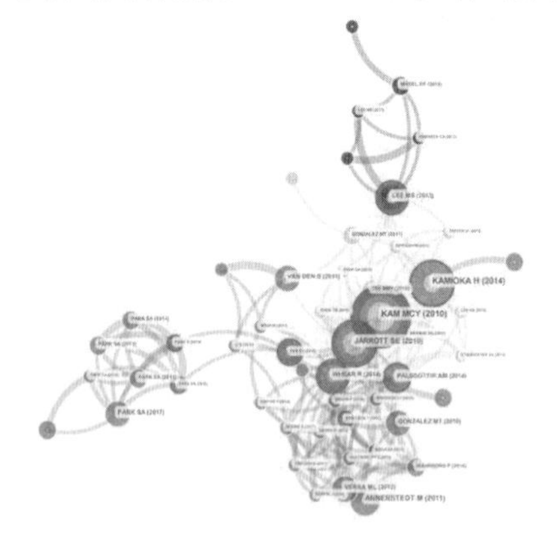

图 5　国际园艺疗法研究的文献共被引网络图谱

知识基础会沿着时间的变化而演进[14]，因此按文献发表的时间序列，参考其研究内容，本文将这 10 篇文献大致分为以下 2 个部分：第一部分包括 L01、L02、L05 等 3 篇关键文献。从时间序列看，这三篇都发表于 2010 年。从研究内容看，L01 主要是探讨了园艺活动对精神病患者压力、工作表现和生活质量的影响，研究结果发现园艺疗法能有效降低本试验参与者的焦虑、抑郁和压力水平；L02 旨在探讨园艺疗法对老年痴呆患者压力的影响，通过测量园艺治疗前后的主观应激和血皮质醇激素浓度，并比较两者之间的差异，进行评价[15]。对照组患者的主观应激水平由 12.88 上升至 17.88，实验组患者的主观应激水平由治疗前的 13.88 明显下降至治疗后的 6.38 。这些结果表明，园艺疗法降低血液皮质醇激素水平，有效的缓解了压力；L05 是对接受园艺疗法（基于 HT 项目）规划的治疗组与从事传统活动（TA）规划的对照组在参与和影响方面进行了比较[16]，研究结果强调了基于 HT 的项目的价值，以及同时捕捉参与者的情感和行为反应的重要性。总的来说，这些文章从不同视角进行了初步探索，肯定了园艺疗法研究的意义与价值。

而第二部分为 2011～2016 年的关键文献，它们更侧重于细化植物对人类心理和生理方面产生的影响。如 L07PARK SA[17]开展了叶面植物对前额叶皮层活动的影响，发现即使在短时间的暴露后，叶面植物对人们也有生理和心理上的放松作用。值得一提的是，“acta horticulturae”是园艺疗法研究代表性著作，其包含了很多关键文献，在一定程度上说明了此书在国际园艺疗法研究知识演进中的重要作用。

国际园艺疗法研究的关键文献　　表 2

编号	作者	发表时间	中介中心性
L01	KAM MCY	2010	0.62
L02	YUN SY	2010	0.51
L03	LEE MS	2013	0.34
L04	WHEAR R	2014	0.22
L05	JARROTT SE	2010	0.21
L06	PARK S	2015	0.2
L07	PARK SA	2016	0.2
L08	PALSDOTTIR AM	2014	0.19
L09	ERIKSSON T	2011	0.17
L10	KAMIOKA H	2014	0.14

2.4 研究热点

关键词是文献的精确概括，在 CiteSpace 软件分析中，高频词关键词可以体现学术领域的主要研究热点[18]。将2010～2018年的文献数据导入，利用软件中的关键词路径计算法，计算出关键词出现的共线频率和中心度，并绘制关键词知识图谱（图6）。图中共有关键词节点38个，连线107条。图中每个节点代表一个关键词，节点越大表明关键词出现频率越高，连线越多则表示关键词共现的次数越多，连线的粗细与其联系的紧密程度成正比。按照词频排序统计高于2的重要关键词见表3。从图6和表3可以看出，园艺疗法作为样本文献搜索的主题出现频次最高，为25次；gardening，stress，health，older adult 等词汇也因其出现次数较多而成为图谱中较为显著的节点。结合其他出现频次大于或等于2的关键词，可以发现其内容基本能涵盖国际园艺疗法研究的主要方面。从高频词汇的出现年份来看，外伤性脑损伤、恢复等关键词出现较晚，是近年来园艺疗法研究的热点问题。

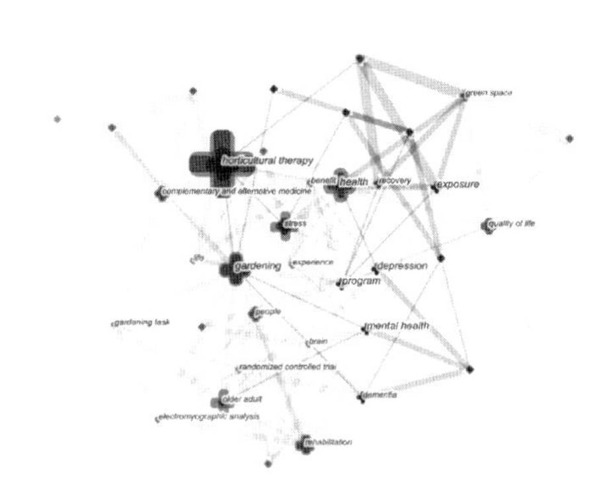

图6 国际园艺疗法研究关键词共现图谱

国际园艺疗法研究出现频次高于2的关键词 表3

关键词	词频
horticultural therapy	25
gardening	9
stress	9
health	9
older adult	8
rehabilitation	6
quality of life	6
mental health	6
depression	6
dementia	6
recovery	5
program	4
people	4
exposure	4
green space	4
complementary and alternative medicine	4
environment	3
intervention	3
benefit	3
randomized controlled trial	3
brain	2
consumer horticulture	2
Electromyo graphic analysis	2
disorder	2
gardening task	2
social horticulture	2
restoration	2
risk	2
heart rate variability	2
experience	2
care	2
traumatic brain injury	2
life	2
women	2
memory	2
nature	2
improvement	2
flower arrangement	2

3 结论与讨论

本文以“Web of Science 核心合集”为数据源，应用科学计量工具 CiteSpace 绘制了国际园艺疗法研究的知识图谱，对该研究领域的基本特征、研究力量、知识基础以及研究热点等进行了系统分析。结果表明：①国际园艺疗法研究的文献数量随着年份变化大致经历了一个波动区（2013年以前）— 平稳增长（2013～2018年）的发展过程，国际上检索到的相关文献最早出现在2002；所涉及的发文期刊中，KOREAN JOURNAL OF HORTICULTURAL SCIENCE TECHNOLOGY，HORTTECHNOLOGY 和 HORTSCIENCE 的载文数量最多，此外，还包括六个被 SCI 收录的期刊。②在统计范围内，Ulrich RS，Kaplan s 和 Gonzalze MI 发文数量最多，形成了三大边缘结构：以 Kaplan S 为首的作者群；Annerstedt M 和

Gonzalze MI 组成的研究小组和以 Kamioka H 为核心的作者群。但总体来看各研究者的合作较少、交流较弱；该领域的研究者大多来自美国、韩国、日本和中国。③在国际园艺疗法研究知识演进过程中，有 10 篇文献起到了关键作用，是该领域最为重要的知识基础。④从研究内容来看，国际园艺疗法的研究热点聚焦于压力、健康、老年人等方面。外伤性脑损伤、恢复等关键词出现较晚，是近年来园艺疗法研究的热点问题。

园艺疗法从 20 世纪末开始积累至今，取得了一定的研究成果，展望未来，笔者认为今后我国应致力发展以下五点：

（1）结合我国古代文化中特有的儒释道文化、文人隐逸文化、中医药文化、养生文化以及观赏园艺文化等，开发出具有东方特色的园艺疗法学科体系。

（2）通过细化研究不同种类植物的疗愈康复效果、不同园艺操作活动对于人们的康复效果、不同人群适合的植物种类、对于不同疾病应该选用的植物种类等方面，来使园艺疗法变得更加专业化、可检测化、评估化。

（3）考虑如何在植物景观项目、休闲农业等方面融入园艺疗法，使两者相得益彰。

（4）像日本和美国学习，大力开展园艺疗法专业人才的培训，为今后园艺疗法的实践提供指导。

参考文献

[1] 美国园艺疗法协会．美国园艺疗法官方协会网[EB/OL]. Http：// www. ahta. org/content. cfm/id/faq.

[2] 郭要富，金荷仙，陈海萍．植物环境对人体健康影响的研究进展[J]. 中国农学通报，2012，28(28)：304-308.

[3] 李树华，姚亚男．亚洲园艺疗法研究进展[J]. 园林，2018(12)：2-5.

[4] 杜菲．园艺疗法的发展[J]. 职业与健康，2014，30(06)：846-848.

[5] 呼万峰．园艺疗法发展历程及研究动态[J]. 安徽农业科学，2013，41(20)：8792-8794.

[6] 林冬青，金荷仙．园艺疗法研究现状及展望[J]. 中国农学通报，2009，25(21)：220-225.

[7] 李树华，张文秀．园艺疗法科学研究进展[J]. 中国园林，2009，25(08)：19-23.

[8] 姚和金．园艺疗法探讨[J]. 生物学杂志，2002(02)：11-12.

[9] 陈永清．国外园艺疗法进展[J]. 国外医学(物理医学与康复学分册)，1997(02)：57-59.

[10] 李成，赵军．基于 Web of Science 的旅游管理研究信息可视化分析[J]. 旅游学刊，2014，29(04)：104-113.

[11] Jarrott SE，Kwack HR. An observational assessment of a ementia-specific horticultural therapy program [J]. DHORTTECHNOLOGY，2002，12(3)：403-410.

[12] Kamioka，H ，Tsutani，K，Yamada，M ，Park，H 等．Effectiveness of horticultural therapy：A systematic review of randomized controlled trials[J]. COMPLEMENTARY THERAPIES IN MEDICINE. 2014，22(5)：930-943.

[13] Kam，MCY；Siu，Andrew M. H. EVALUATION OF A HORTICULTURAL ACTIVITY PROGRAMME FOR PERSONS WITH PSYCHIATRIC ILLNESS[J]. HONG KONG JOURNAL OF OCCUPATIONAL THERAPY，2010，20(2)：80-86.

[14] 侯国林，黄震方，台运红，等．旅游与气候变化研究进展[J]. 生态学报，2015，35(09)：2837-2847.

[15] Yun，Suk-Young，Choi，Byung-Jin. Effect of Horticultural Therapy on the Stress and Serum Cortisol of Demented Elders[J]. KOREAN JOURNAL OF HORTICULTURAL SCIENCE & TECHNOLOGYSN. 2010，28(5)：891-894.

[16] Jarrott，Shannon E，Gigliotti，Christina M. Comparing Responses to Horticultural-Based and Traditional Activities in Dementia Care Programs[J]. AMERICAN JOURNAL OF ALZHEIMERS DISEASE AND OTHER DEMENTIAS，2010，25(8)：657-665.

[17] Park，Sin-Ae；Song，Chorong；Choi，Ji-Young；等. Foliage Plants Cause Physiological and Psychological Relaxation as Evidenced by Measurements of Prefrontal Cortex Activity and Profile of Mood States[J]. HORTSCIENCE. 2016，51(10)：1308-1312.

[18] 林德明，陈超美，刘则渊．共被引网络中介中心性的 Zipf-Pareto 分布研究[J]. 情报学报，2011，30(1)：76-82.

作者简介

宁昭然，1993 年生，女，硕士研究生。研究方向园林植物与观赏园艺。电子邮箱：2580788533@qq. com。

丁国昌，1970 年生，男，博士，教授。研究方向：林木遗传育种。电子邮箱：fjdgc@fafu. edu. cn。

基于气候适应性的天津市西井峪村山水格局参数化模拟辅助设计流程研究[①]

A Study on Parametric Simulation of Landscape Mountain-Water Pattern in Xijingyu Village in Jizhou, Tianjin Based on climate adaptability

刘冉倩　齐　羚*　马梓烜　崔岳晨

摘　要：山水格局对村落微气候的影响是至关重要，随着山水城市建设的开展、乡村振兴的环境保护需求、城市微气候研究的兴起和计算机技术的发展，对传统村落的山水格局和微气候环境的耦合关系研究具备需求和条件。本文以天津西井峪村为研究对象，通过实测和数值模拟方法对既有山水格局进行评价以验证其科学性，建立村落山水格局与微气候参数因子数据库，将舒适度作为微气候因子的综合因子，研究改善和适应传统村落微气候的山水格局设计机理和控制性的形态参数。在微气候适应性设计机理和形态参数控制的基础上，和参数化的形态生成算法耦合，通过设定传统村落山水格局目标环境优化值，迭代计算输出符合要求的形态关系组合图谱，通过 Rhino 建模平台进行表达。通过形态参数的图谱方法来生成新的设计，指导传统村落的保护规划设计和山水城市规划设计。

关键词：山水格局；微气候；参数化辅助设计；优化策略

Abstract: The influence of landscape mountain-water pattern on village microclimate is very important. With the development of landscape city construction, the demand of environmental protection for rural revitalization, the rise of urban microclimate research and the development of computer technology, there are requirements and conditions for the coupling relationship between landscape pattern and microclimate environment in traditional villages. Taking Xijingyu Village in Tianjin as the research object, this paper evaluates the existing landscape pattern by means of field measurement and numerical simulation to verify its scientificity, establishes the database of landscape mountain-water pattern and microclimate parameter factors, takes comfort degree as a comprehensive factor of microclimate factors, and studies the design mechanism and control parameters of landscape mountain-water pattern to improve and adapt to the microclimate of traditional villages. Based on the design mechanism of microclimate adaptability and the control of morphological parameters, coupled with parametric morphological generation algorithm, by setting the objective environmental optimization value of traditional village landscape mountain-water pattern, iteratively calculating the output morphological relationship combination atlas that meets the requirements, and expressed by Rhino modeling platform. The new design is generated by the atlas method of morphological parameters, which can guide the protection planning design of traditional villages and the landscape urban planning design.

Keyword: Mountain-water Pattern; Microclimate; Parametric Simulation; Optimizing Strategy

引言

风景园林学科身为人居环境核心科学之一，有着悠久的历史，理论知识体系也逐渐趋于完善。纵观其近 70 年的风雨历程，为提升人民生活质量、改善人居环境发挥了重要的作用。党的十八大以来，在习近平总书记生态文明思想指引下，“坚持人与自然和谐共生”纳入了新时代坚持和发展中国特色社会主义的基本方略。其中在中央提出的“城镇化六任务”中，指出城镇建设要保护和弘扬传统优秀文化，延续城市历史文脉。随着山水城市建设的开展，乡村振兴战略的实施，传统村落保护的工作重点逐渐演变为村落最基本的“天人合一”的山水格局，同时伴随着城市微气候研究的兴起，对村落环境质量控制中微气候条件与山水格局模式的耦合关系探讨应运而生。

1　研究背景

1.1　研究意义

随着社会经济与科学技术的发展，现阶段风景园林师不仅仅是依靠经验去解决现实问题，更重要的是对当下高速城镇化发展中的问题或研究提出现代化且高效率、高水准的策略。而计算机参数化辅助设计模式的普及，多学科融合交叉的必要性为城镇发展与建设提供了新的思路与实施可行性的条件。本研究创新性地将传统村落山水格局与微气候适应性相结合，通过对山水格局合理、较为完善的村落进行气候适应性的分析和参数化的算法耦合得出能够广泛用于城乡规划建设的设计指标与指导。同时以科学的指标和合理的应用模式改善目前乡村保护存在误区，开发

① 基金项目：国家青年自然科学基金项目“基于微气候适应性设计的京津冀传统村落山水格局研究”（编号 51608012），北京工业大学国际科研合作种子基金项目资助（编号 2018B37），北京工业大学研究生科技基金（编号 yjk-2018—00606）。

过度的现状。城市乡村是具有自然、社会及经济特征的低地域综合体，本研究致力于从村落格局、气候舒适度两个方面为促进乡村建设乃至社会的发展提供借鉴与指导，达到城镇乡村人居环境改善的永续发展理念。

目前国内外对于传统村落的开发与保护研究，主要集中在定性的价值研究、评价体系、村落空间形态以及建筑单体为研究对象的定性与定量研究上。对于微气候适应性的研究工作，国外研究成果较显著，多集中在城市。对于传统村落中宏观层面的山水格局与气候适应性的分析与设计指导策略研究比较欠缺，而针对参数化辅助设计目前大量集中在建筑设计和园林景观对于造型，空间组合形态的探究，将传统村落微气候多因子和山水营造特性耦合关系及预测控制和设计指导方法的研究是有所欠缺的。

1.2 研究目标与内容

从宏观层面上看，本课题研究层次性较强，山水格局空间组合形态、人文空间等对传统村落微气候都带来一定的影响。本研究通过实测和数值模拟方法对既有山水格局进行评价以验证其科学性，建立村落山水格局与微气候参数因子数据库，将舒适度作为微气候因子的综合因子，研究改善和适应传统村落微气候的山水格局设计机理和控制性形态参数。在微气候适应性设计机理和形态参数控制的基础上，和参数化的形态生成算法耦合，通过设定传统村落山水格局目标环境优化值，迭代计算输出符合要求的形态关系组合图谱。根据建设需要输入设定目标环境微气候因子与山水格局的相关条件，结合舒适度评价指标，利用Grasshopper等编程设计计算符合要求的山水格局空间组合，通过Rhino建模平台进行表达。为传统村落保护改造设计和山水城市设计中的最佳山水格局提供辅助和指导。

2 研究对象

2.1 范围界定

山水格局是指中国远古文明聚落选址时，人们就往往逐水而居，选择背山面水的基址进行聚落建设。这一概念在历史发展演变过程中逐渐积淀，形成了我国古代城市和村落选址时“局”的空间模式。所谓“局”的空间模式一是强调空间的相对完整而明确的围合，二是要与自然山水环境密切结合。

微气候环境并不是指广义的地区内的日照、风速、温度、湿度等，因其会受到局部地形、周边建筑等环境的影响，故将其界定为“形成的小范围内地方区域内的气候特征”。

2.2 西井峪村概况

西井峪村位于天津市北部，地处蓟县城区以北，在中上元古界国家地质公园保护区内，西井峪村落核心面积约为13.4hm^2，是一处典型的北方寨内山村。

3 研究方法

3.1 参数化设计原型及框架

总体技术路线：针对传统村落山水格局设计机理的研究，通常面对的是较大尺度的中宏观区域。本研究利用Rhino软件建模平台和Grasshopper编程程序，结合山水格局要素特点，选择针对性较强的山水格局因子参数群，从中筛选出参数群内较为重要的形态参数，并将这一系列参数量化，带入相应程序运算，通过Rhino平台进行图谱表达，同时这些参数又互相联动，互为因果。图1展示了有关传统村落山水格局参数化模型构建设计原型及框架和各参数之间的关联。

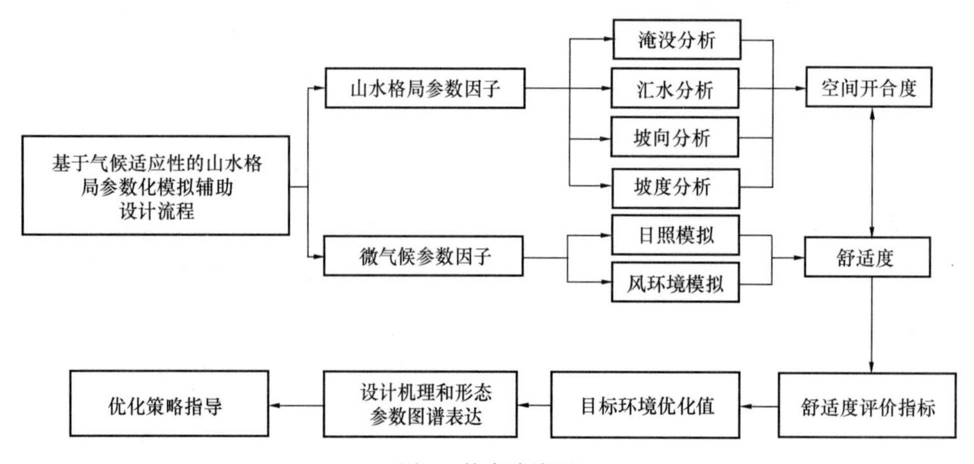

图1 技术路线图

3.2 控制性形态参数确立

本研究通过前期调研及模拟分析，建立地理空间——山水格局因子与微气候因子数据库，其中微气候因子数据库是以大量的野外观测实验为基础，并辅助全天时段的模拟分析。通过构建山水格局因素群与微气候指标因素群，结合园林相关设计观点，将其量化构成参数化编程基本运算单元中的正线性代数关系，进而确立控制性形态参数，为后续传统村落评价指标的确立与参数化辅助设计奠定基础。

3.3 参数化辅助设计流程

本研究基于提出并研究参数化模拟辅助设计新流程的学术初衷，在微气候适应性设计机理和形态参数控制的基础上，将数值模拟结合微气候指标体系（国家热环境WBGT指标和TS—Givoni指标）利用Matlab软件编程计算和叠加，得出传统山水格局评价体系，通过设定传统村落目标环境优化值，利用Grasshopper等编程设计计算符合要求的山水格局空间组合形态，通过Rhino建模平台进行表达。从而实现计算机筛选推荐点设计过程以及参数化辅助规划设计。在提高设计“精度”、提升规划合理性的同时，加强了设计与场地之间的耦合关联度，并且大大提升了规划的效率，同时也为风景园林参数化辅助设计形式打开了多解的渠道。

4 实证研究——基于气候适应性的西井峪村山水格局参数化模型建立与图谱表达

4.1 形态参数算法——场地解析模型构建

参数化模型构建是量化分析场地内部诸多因素如高程、坡度、坡向、水体、乔木覆盖密度等。本研究以西井峪村为实际案例以验证其科学性，将导入的原场地的等高线在Grasshopper中进行算法编程，生成宏观层面下西井峪村落山水格局模型，分别选取坡度、坡向、水体（淹没线、汇水）因素进行参数化模型构建，通过Rhino平台进行图谱表达，从而构建场地解析模型。

4.1.1 地形算法

从CAD得到具有Z值得高程点，直接生成地形，再将地形转化为结构线均匀的曲面，生成对应的mesh地形（图2）。

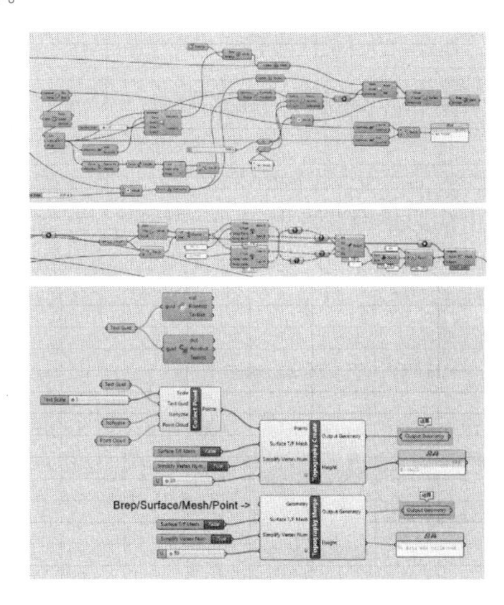

图2 生成地形参数化逻辑

4.1.2 坡度算法

通过地形mesh各节点以及各节点处mesh网格的法相向量求出各节点mesh网格切线方向倾角，根据各节点处倾角大小对mesh进行筛选及着色。

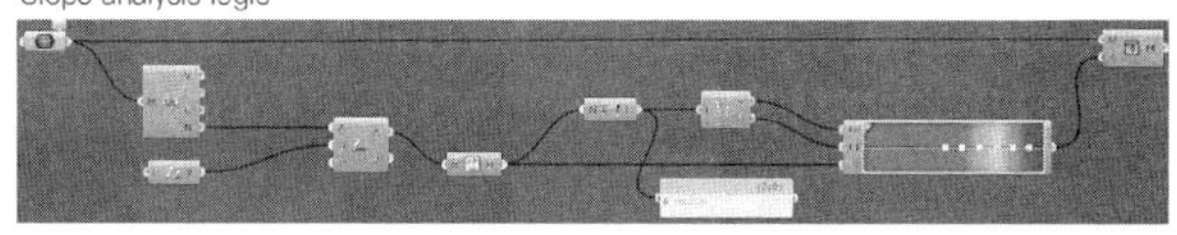

图3 参数化逻辑

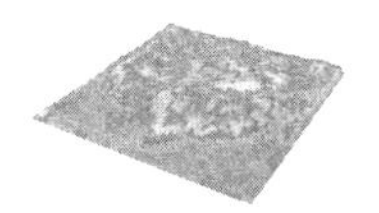

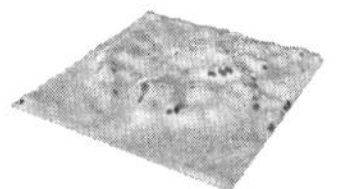
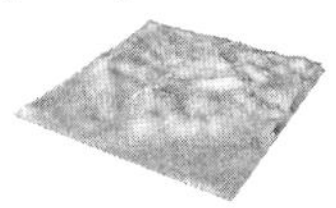

图4 西井峪村坡度分析

4.1.3 坡向算法

通过炸开地形mesh使各网格单独着色，通过单位网格的法向量求各单位网格朝向，根据朝向信息对mesh进行筛选及着色。

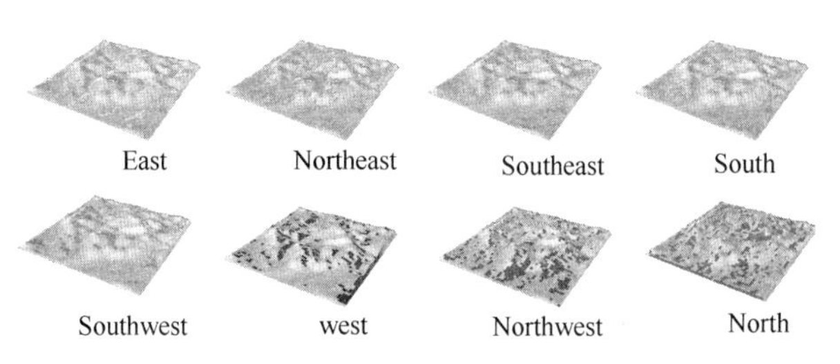

图5 西井峪村坡向分析

4.1.4 水体相关算法

汇水：在目标网格上去足够多的雨水模拟落地点，寻找流水方向将点移动一定的距离，再使点回到网格上，循环往复将每个水滴的移动路径串联，形成完整的汇水线。淹没线：根据地形网格mesh的各节点高程信息数据，筛选淹没范围内所有节点进行着色。

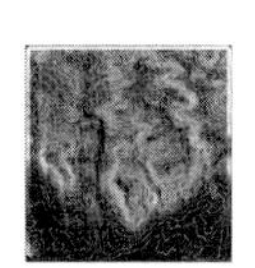
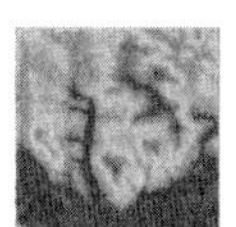

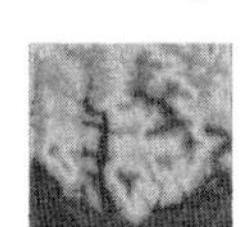

图6 西井峪村淹没分析

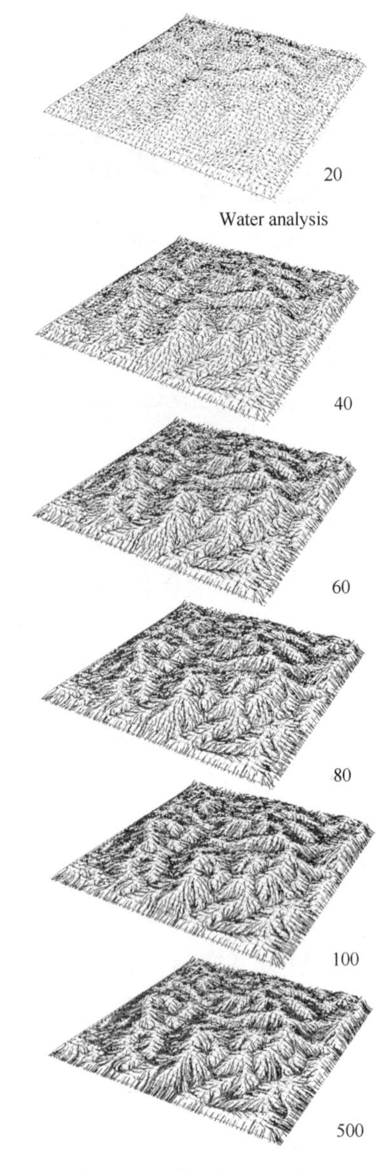

图 7　西井峪村汇水分析

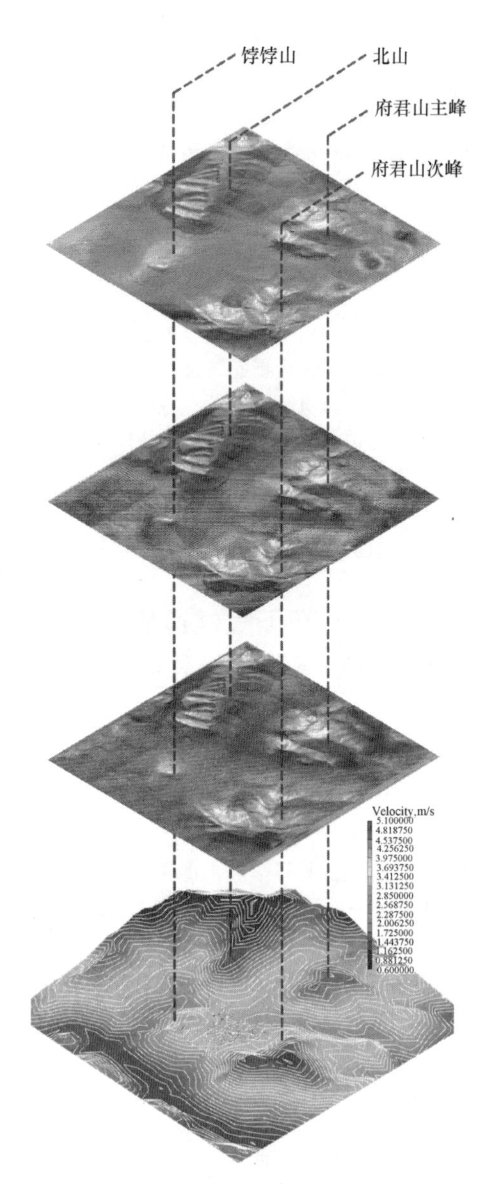

图 8　西井峪村模拟分析微气候因子数据库
（以风环境模拟为例）

4.2　形态参数群数据库构建——山水格局因子与微气候因子

将山水格局形态参数算法的结果进行归纳与整理，构建有关传统村落山水格局因子数据库，同时，将前期构建有关西井峪村地理空间模型导入 Phoenics 和 Ecotect 软件平台进行有关微气候因子的全天全时段的模拟分析，结合前期相关大量分季节、分批次对西井峪村点位调研的有关数据，构建有关微气候因子数据库，其中数据库内包含（温度、湿度、日照环境等参数群）。

4.3　形态参数群因子相关性研究

本研究基于气候适应性的考虑，将舒适度作为微气候因子的综合因子进行相关分析，其中对于舒适度指标的衡量主要选取 WBGT 指标与 TS—Givoni 指标，该指标是一种综合的温度指标，用来评价温度、湿度太阳辐射对于人体舒适度的影响。而山水格局形态参数方面，本研究从西井峪村选取了九个基本点位，作为本研究的实证点位，通过将构建出的山水格局地理空间模型的参数化因子选优与筛选，因各因素之间都互有因果，互相影响，运用层次分析法将主要参数进行筛选、归纳出南向空间开敞度（N%）与主导风向空间开敞度（W%），从而演变空间开敞度与人体微气候舒适度的相关性探究，实现基于微气候适应性设计机理的形态参数控制。

通过对“数”——场地微气候因子，与“形”——山水格局相关因子的算法耦合，以及以西井峪村为例进行实证研究，我们发现并验证了传统村落的地形相关形态、山体的坡度、植物的遮蔽、建筑物的布置等传统村落的山水格局与当地的微气候因子有着十分密切的联系。本研究将原本规划设计者在实践中得到的经验量化，数据化，目的是将中国古代智慧的口耳相传的经验转换为科学的指导，将原本规划设计过程中隐含的逻辑以可视化形式展现出来，从而为设计方法开辟新的道路。

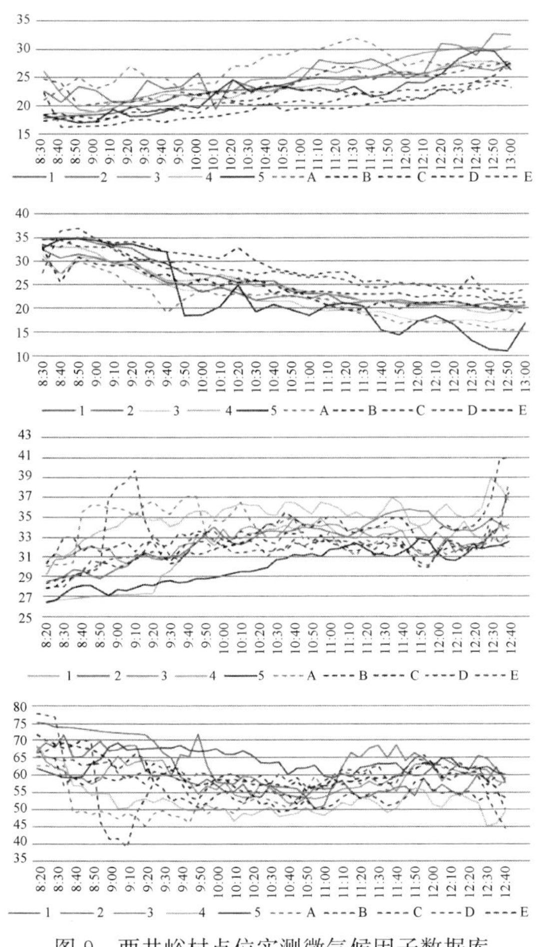

图 9　西井峪村点位实测微气候因子数据库

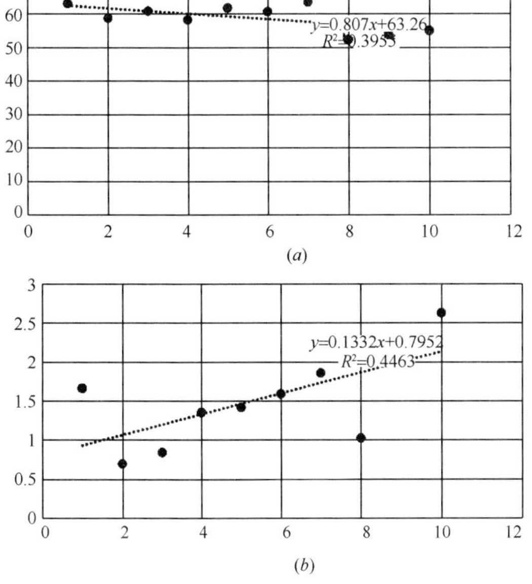

图 10　西井峪村山水格局因子与微气候因子相关性回归分析

（*a*）夏季湿度与空间开合度的关系；

（*b*）夏季风速与空间开合度的关系

4.4　形态参数群内选优筛选——生成计算机推荐建设点

通过前期的对于西井峪村落环境的基础实地勘察、实测研究、数值模拟分析及参数化模型构建，将数值模拟结果、微气候适应性的形态参数以及实测结果进行比对较核，利用 Matlab 软件编程计算和叠加，得出场地微气候综合指标得分。并综合运用 WBGT 指标与 TS—Givoni 指标计算微气候舒适度值，结合国家热环境 WBGT 指标与 TS—Givoni 指标假设微气候舒适度评价标准体系和前期分析出的山水环境与微气候舒适度相关值的相关性，进行传统村山水格局形态参数因子群的筛选，从而实现生成计算机基于气候适应性的山水格局形态推荐建设点，与西井峪村现有的山水格局形态空间进行对比验证。

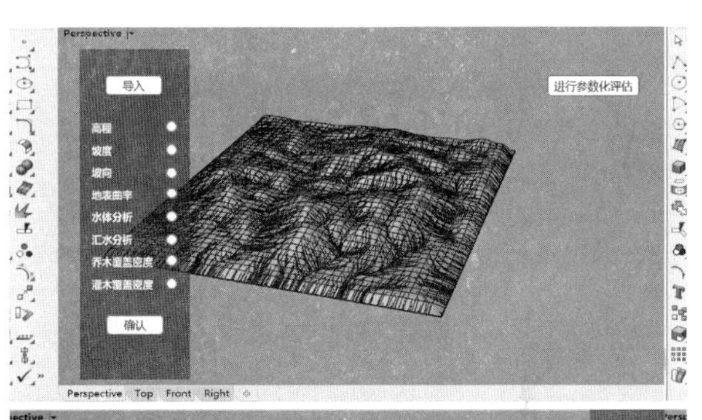

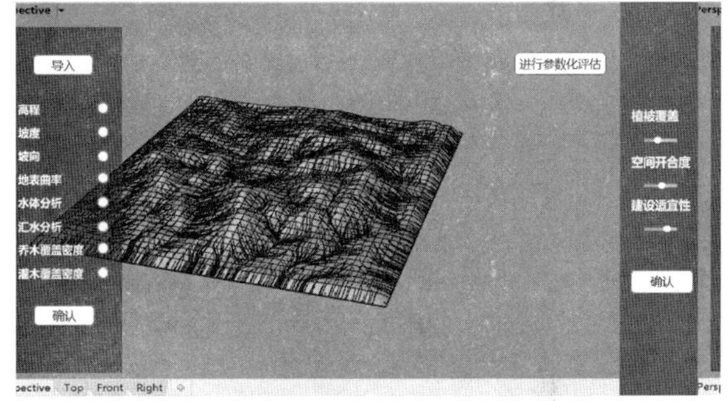

设定目标环境优化值，生成推荐点

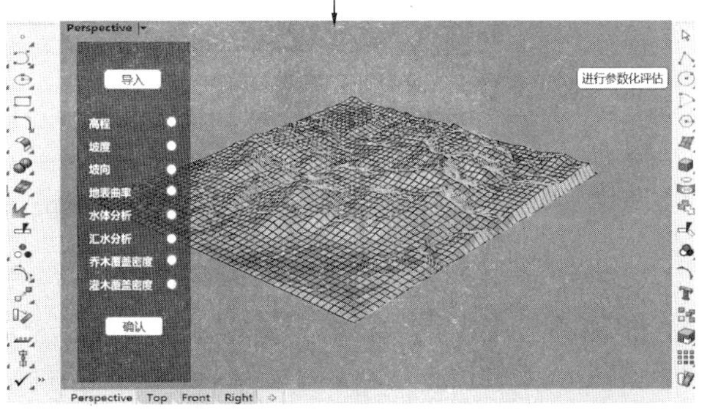

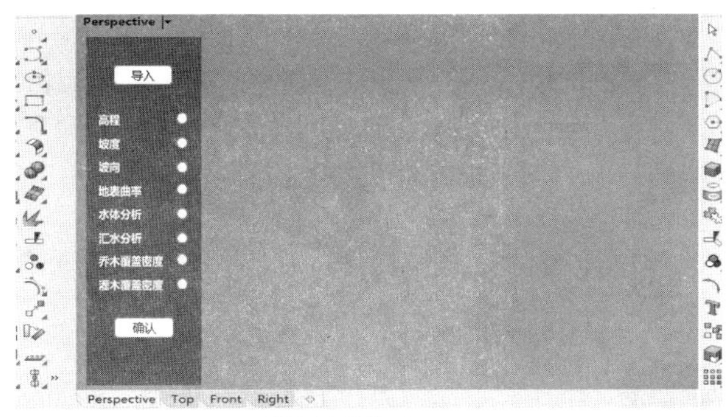

导入场地模型

图 11　参数化模拟辅助辅助设计流程示意图（一）

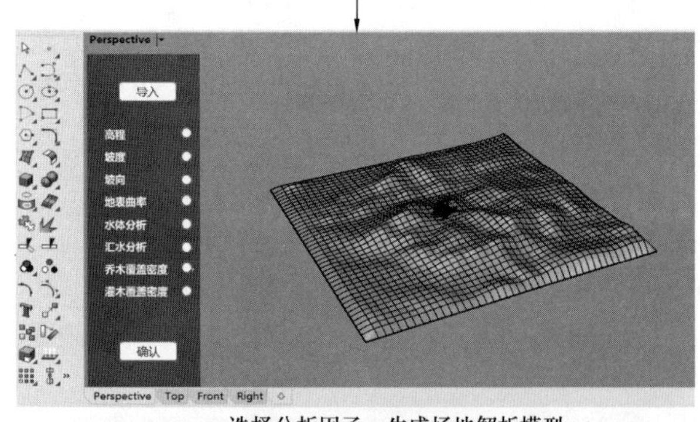

选择分析因子，生成场地解析模型

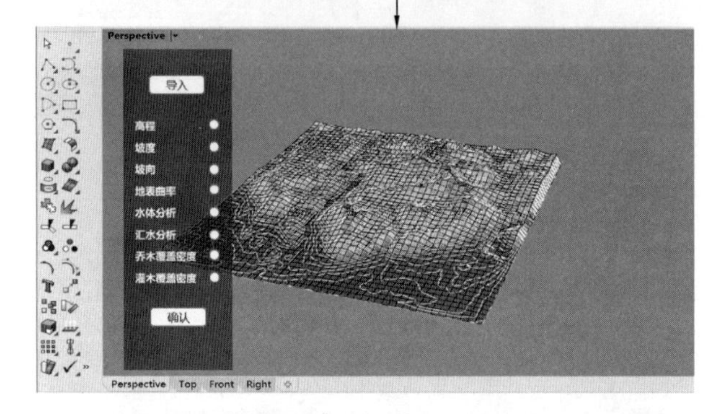

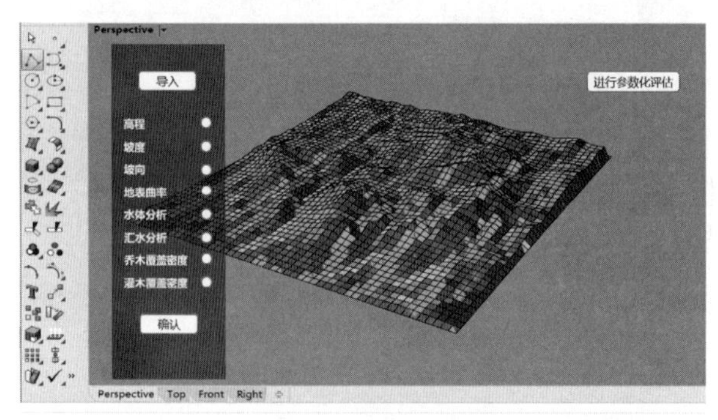

图 11　参数化模拟辅助辅助设计流程示意图（二）

4.5　设计机理和形态参数的图谱表达与优化策略

通过前期的村落场地模型构建，与参数化的形态生成进行算法耦合，利用 Grasshopper 与 Python 编程设计工具来编写交互推演的山水格局逻辑建构过程，结合规划设计相应需求，设置合适的参数条件，通过设定传统村落山水格局目标环境优化值，迭代计算输出符合要求的形态关系组合图谱，通过图谱方法来生成新的设计。本研究以西井峪村作为实证研究，将计算机推荐建设点定义为适宜建设区域，在 Rhino 软件中进行着色，实现传统村落符合要求的形态参数图谱表达。

图 12 展示了基于气候适应性的天津市西井峪村参数化模拟辅助设计流程。

规划设计是一项复杂的工程，本研究虽然在整体上提高了规划设计的准确程度，加强了设计与“场地”之间的耦合度，通过微气候环境与山水格局之间的耦合关系迭代计算出了符合需求的山水空间组合关系。但设计本身便是与场地相互作用的过程，在后续的规划设计也会存在山水

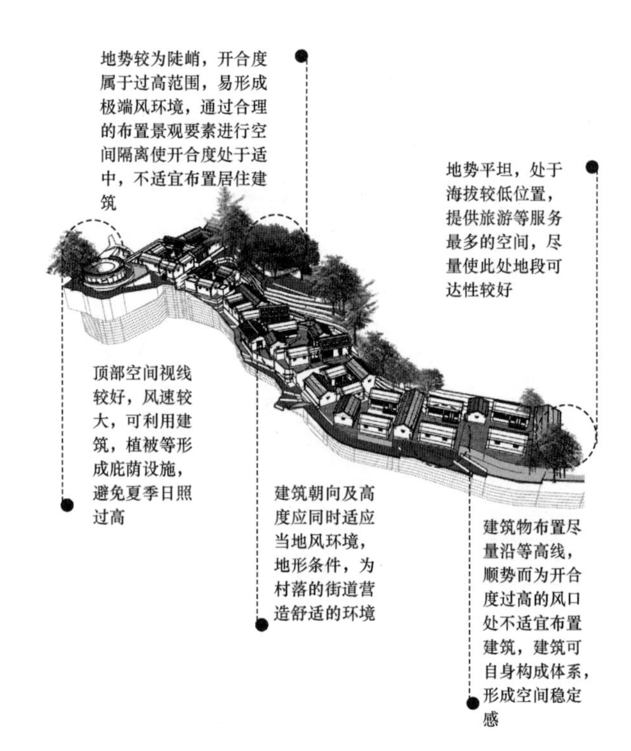

图 12　基于气候适应性的山水格局中观层面设计指导

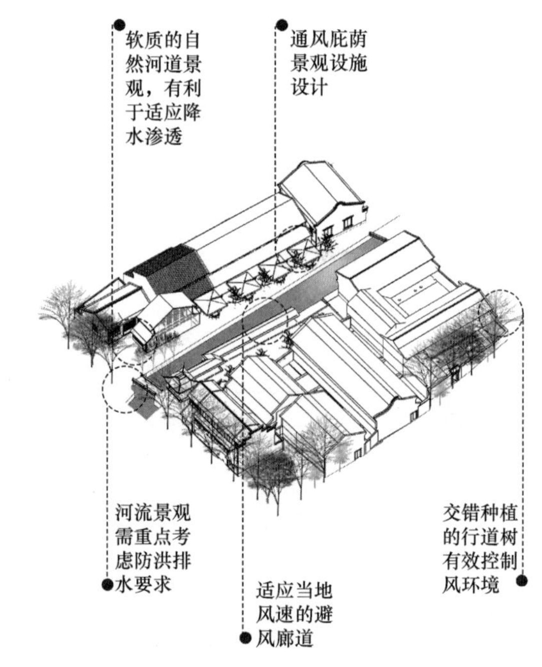

图 13　基于气候适应性的山水格局微观层面设计指导

格局多因子之间的相互作用，因此本研究根据形态参数图谱表达针对西井峪村提出了相应的优化策略，为后续的深化设计提供指导。

5　结语

对传统村落山水格局参数化模拟辅助设计流程的研究，不仅对于传统园林工作者来讲是追求经验辅以科学的计算方式，更意在增加科学对于传统设计过程的介入。将场地中各种地理信息因子群中的参数进行量化，编程设

计，不仅增加设计的科学性与严谨性，更促使了学科间的融合与交叉。参数化模拟辅助设计可以将生态学、城市规划等其他相关专业领域的成熟算法代入计算机建模平台并加以本学科的综合运用从而实现数字时代的多元文化与多学科融合。除此之外，本研究还为传统村落的人居环境改善提供科学依据，为社会主义新农村建设与乡村振兴战略提供指导。

致谢

感谢齐羚老师给予的从调研到后续研究过程的指导，感谢天津市蓟州区规划局和西井峪村村委会从调研到后续相关研究支持，感谢所有参与调研的学生。

参考文献

[1] 蒋志祥，刘京，宋晓程，等. 水体对城市区域热湿气候影响的建模及动态模拟研究[J]. 建筑科学，2013，29(2)：85-90.

[2] 齐羚，马梓烜，郭雨萌，等．基于微气候适应性设计的天津市蓟州区西井峪村山水格局分析[J]. 中国园林 .2018，34-41.

[3] 赵之枫. 传统村镇聚落空间解析[M]. 北京：中国建筑工业出版社，2015.

[4] 蔡凌豪. 风景园林数字化规划设计概念谱系与流程图解[J]. 风景园林，2013，01：48-57.

[5] 梁尚宇. 形式寻优 _ 参数化辅助滨水空间形态规划设[J]. 广东园林. 园林规划与设计，2017，02：37-44.

[6] 朱赛鸿. 风景园林数字化辅助设计策略应用与探究 .2016.

[7] 成玉宁. 山地环境中拟自然水景参数化设计研究[J]. 中国园林，2015：10-14.

[8] 熊海，刘彬. 场地微气候综合分析方法[J]. 重庆建筑，2015，11：13-15.

[9] 曹凯中 . 参数化图解对风景园林规划设计的启示. 2013.01.015.

[10] 孟庆龙，丁帅，王元，等. 微气候多参数综合环境模拟实验平台建设[J]. 实验技术与管理，2015，04：244-250.

[11] 高云飞，程建军，王珍吾. 理想风水格局村落的生态物理环境计算机分析[J]. 建筑科学，2007，06：19-23.

[12] 薛思寒，冯嘉成，肖毅强. 传统岭南庭园微气候实测与分析——以余荫山房为例[J]. 南方建筑，2015，06：38-43.

[13] 袁琳. 基于 ASTER GDEM 数据的京西古村落空间特质浅析[J]. 城乡规划园林景观，2016：122-127

[14] 清华大学建筑学院. 北京市典型区域微气候设计优化技术导则研究报告[R]，北京市规划委员会，2012.

[15] Brown R D, Gillespie T J. Microclimatic Landscape Design [M]. Canada：Library of Congress Catalogin-in-Publication Data，1995.

[16] 刘滨谊. 上海城市开敞空间小气候适应性设计基础调查研究[J]. 中国园林.

[17] 王晓雯，董靓，陈睿智. 基于气候适应性的景观基础设施设计研究[J]. 中国园林，2014，12：27-30.

[18] 马梓烜，齐羚. 青年论坛. 基于实测与模拟的京西古村落微气候舒适度评价与提升方法研究.

[19] 李哲，卓百会，刘海滨等. 山水环境场地分析与选址的参数化方法研究[J]. 规划师，2016.

作者简介

刘冉倩，1997 年生，女，汉族，湖北人，北京工业大学建筑与城市规划学院学生，城乡规划专业。

齐羚，1979 年生，女，汉族，安徽人，博士，北京工业大学建筑与城市规划学院讲师、研究生导师。研究方向为风景园林与规划设计。

马梓烜，1992 年生，男，汉族，河北人，北京工业大学建筑与城市规划学院在读硕士研究生。研究方向为风景园林。

崔岳晨，1998 年生，男，汉族，河北人，北京工业大学建筑与城市规划学院学生，城乡规划专业。

基于校企联合培养的北京建筑大学首届风景园林本科毕业设计模式实践与创新研究[①]

Teaching Practice and Innovation Research on Graduation Design of the First Landscape Architecture Undergraduate Course of Beijing University of Civil Engineering and Architecture Based on the Joint Training of School and Enterprise

周卫玲　白　颖　李　利*

摘　要：校企联合培养是高校面向实践培养高水平人才的重要途径和有力手段。立足于北京建筑大学设立风景园林专业的目标，深入研究首届风景园林本科毕业生设计全过程，探讨其创新点，总结校企联合培养的毕业设计模式经验及意义，进一步促进北京建筑大学风景园林学科教育模式的改革与更新，以培养适应行业需求的应用型高级风景园林人才。

关键词：风景园林 本科生毕业设计 北京建筑大学 校企联合培养

Abstract: Joint training of schools and enterprises is an important way and a favorable means for colleges to cultivate high-level talents. Based on the goal of setting up a landscape architecture major in Beijing University of Civil Engineering and Architecture, this paper thoroughly studies the whole process of undergraduate graduation design of first class students of landscape architecture, explores its innovation points, summarizes the experience and significance of the graduation design model cultivated by schools and enterprises, and further promotes the transformation of education of landscape architecture in Beijing University of Civil Engineering and Architecture, so as to cultivate applied high-level landscape architecture talents that meet the needs of the society.

Keyword: Landscape Architecture; Undergraduate Graduation Design; Beijing University of Civil Engineering and Architecture; Joint Training of Schools and Enterprises

风景园林是集规划、设计、建设、保护和管理自然的学科，极大程度上关乎人居环境的可持续发展，从本质上而言协调人与自然的关系，在“生态建设、生态安全和生态文明”建设中扮演着举足轻重的地位。北京建筑大学立足北京、面向全国、依托建筑业、服务城市化发展进程的办学方向设立风景园林专业，依托建筑学科的优势，在培养具有科学性、创新性、实践性的新时代风景园林专业人才方面开展了大量优质而成效显著的工作，开展了基于校企联合培养的本科生团队毕业设计模式，使学生不仅能够获得校内外导师的双重指导，还能提前认知风景园林行业工作岗位的实际需求，这样也十分有助于培养适应行业需求的具有国际竞争力的应用型高级风景园林人才，确保行业内企业的良性发展。

1　风景园林专业校企联合培养模式

2015 年《北京高等学校高水平人才交叉培养计划》“实培计划”项目（京教高〔2015〕1 号）的出台意味着北京高等学校教育综合改革的全面推进以及对大学生实践创新能力培养的加强。“实培计划”着重强调要求建立和完善有利于创新的实践教育体系，坚持以“开放共享、实践创新、注重特色”为原则，适用于北京市大学生毕业设计（论文）项目。

北京建筑大学建筑与规划学院于 2013 年设立风景园林专业，学制 5 年，强调“厚基础、宽口径、强能力、高素质”专业培养，风景园林专业始终以国家绿化事业和生态文明建设为重点发展方向，由于风景园林是实践性极强的专业，北京建筑大学与北京多家城市规划与设计、建筑设计、景观规划设计等企事业单位建立有良好的合作关系，依托中国建筑设计集团、中国城市规划设计研究院和中国城市建设研究院建立风景园林专业的北京市级高等学校校外人才培养基地，探索校企联合培养机制的建立，以培养学生创新精神和实践能力为重点，创新体制机制，深化实践育人综合改革。

2　校企联合培养模式毕业设计实践

北京建筑大学依托于校企联合的人才培养体制，对

① 基金项目：北京建筑大学本科教研项目“以核心价值观为导向的风景园林设计课程教学的研究与实践”（Y13-25）；北京建筑大学研究生教研项目“‘风景园林设计理论与方法’研究生课程教学方法创新与实践”（Y15-10）；北京建筑大学科学研究基金（特别委托项目）资助“基于多目标优化的乡村景观智能化设计方法及其教学实践”（00331616035）。

2018年首届本科毕业生的毕业设计进行了实践探索，笔者以本次毕业设计过程为例，从确定选题与分工、指导毕业设计逻辑和把控毕业设计质量共三个重要环节对校企联合指导毕业设计实践进行总结分析。

2.1 确定选题与分工

根据北京建筑大学风景园林专业人才培养目标的要求，联合培养企业推荐自己的适宜项目，题目的选定经校内专业导师推荐，与学生共同商议，最终将本科毕业设计题目确定为山东荣成核能特色小镇（清华荣成200号）景观规划设计。该项目位于山东半岛的最东端，于山东省威海市荣成市东南部，三面环海，临近威海、烟台、青岛、大连、天津等城市，处于威海、烟台和青岛形成的小金三角中。项目分为南北两个片区，北部片区为世界核安全论坛及项目用地；南部片区为新能源利用与研究示范基地。项目未来需要发挥园区在推动区域发展中的支撑作用和在产业集聚发展中的主导作用，引导新上项目向重点园区集聚，并且对产业园区建设与城市建设的有机衔接进行加强，发展成为特色鲜明、功能完善和宜业宜居的城市新区，成为国际合作和新型城镇化的示范。总体来看，荣成项目涉及了区域协调、城乡统筹、新区发展、旧城更新、产业园区、特色城镇、美丽乡村、环境保护、景观规划设计等多个专业要点，具有一定的复杂性和综合性，且尺度大小适中合理，有助于学生进行合作规划与独立设计。

校企联合指导毕业设计内容总体分为两个阶段，即总体规划阶段和细部设计阶段，采用先小组合作完成总体规划与独立完成细部节点区域深化的形式来进行，毕业生共7人，分为2组，每组3～4个人。每个团队里的学生既要相互配合，共同推进整体规划阶段，保证项目目标得以实现，同时也要有各自独立深化设计，也是个人化理念和能力的进一步展现。

校企联合指导学生毕业团队配备一名校内专业导师和一名校外企业导师，两位导师同时负责对题目进行指导，以及通过阶段性组织评图来了解、掌握并推进学生完成毕业设计的进度和质量。整个毕业设计过程以学生自我管理为主、企业导师管理和学校指导教师管理为辅，三方协同确保毕业设计的完成进度和质量。

2.2 指导毕业设计逻辑

基于校企联合培养背景和实际项目的选题，毕业设计的逻辑是问题导向型的规划设计。首先是背景研究，通过对荣成的城市认知研究、区位研究以及山东总规、威海总规和石岛区的上位规划分析，并结合对基地实地调研的资料的汇总，对基地现状问题进行综合性的总结：如道路交通、用地类型、产业结构、植被覆盖和旅游市场等，分析其优势、劣势、机遇和挑战，基于现状存在的问题进而逐步推导基本解决方案。其次在规划阶段，先对规划地块进行定位：功能、经济可行性以及规划设想，提出愿景，结合成功的理论和案例分析探求规划设计方案和方法，并在不断优化方案中整合出最优，最后，将规划中较有特色地块按照规划理念进行逐步地深入设计并完善。

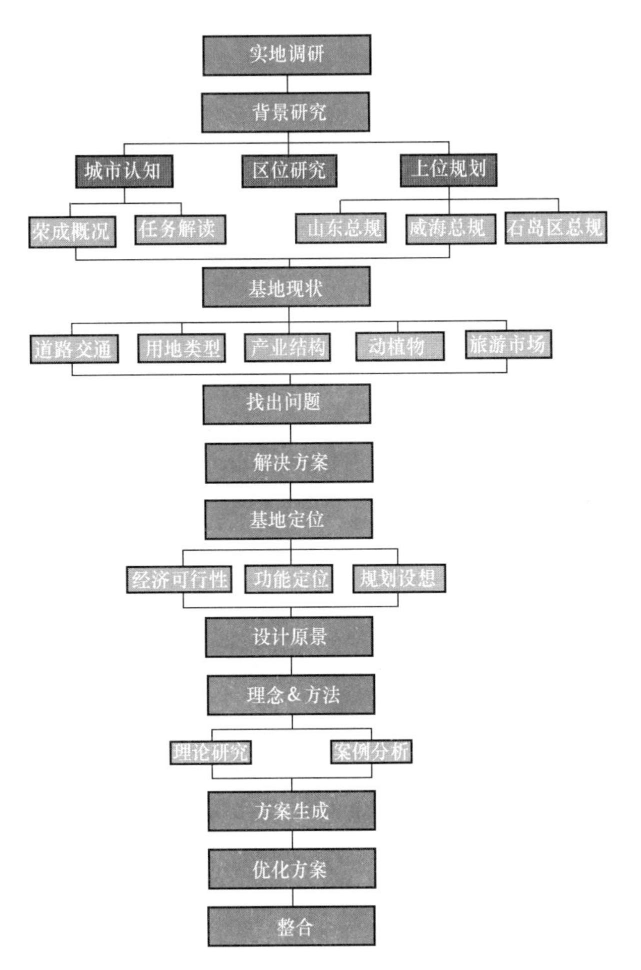

图1 毕业设计逻辑图
（图片来源：王骏行、葛慧茹、金松万绘制）

3 把控毕业设计质量

校企联合毕业设计注重全过程精准控制和管理，以便保障学生设计的质量，其中包含实地调研、开题报告、中期评审和答辩评审共四个重要步骤和阶段。

3.1 实地调研

校内导师和企业导师连同毕业生一同赴山东荣成进行场地的实地调研，在调研之前，由两位导师安排调研任务，强调项目重点，并提出调研时需要重点关注的核心问题等。通过对“清华荣成200号”的场地及其周边环境的现场勘查，结合地理信息系统等手段，（并采集必要的植物、土壤、水质样品）进行自然系统、生态景观、人文景观等专项调研，掌握国内场地历史资料、研究文献、历史图片、现状照片等现状资料。调研过程中，导师实时指点学生在现场所遇到的问题并进行耐心解答，同时保证学生的安全。

3.2 开题报告

校企联合培养学生完成毕业设计最首要的是每位学生对题目有准确的认知，因此需要根据课题内容进行相关的

图 2　实地调研照片

文献查阅，撰写开题报告，以本次毕业设计为例，对国内外核能小镇城市设计、海绵城市、滨海景观规划设计已有相关设计研究成果的文献、设计实例、规范、标准等进行系统检索，每人不少于 20 篇。翻译相关英文文献，编写《文献翻译》；依据资料检索结果编写《文献综述》。学生需要进行特色小镇的规划设计、核能基地产业规划、滨水空间规划设计等诸多方面进行文献研究，校内导师和校外导师共同负责审阅开题报告内容，核验学生对毕业设计题目认知的准确性与否。

3.3　中期评审

中期评审是校企联合培养毕业设计的重要环节，校内导师和企业导师组织所有参与毕业设计的学生进行联合评图审阅，检查工作进展，并及时解决学生在完成毕业设计过程中所遇到的困难，保证毕业设计可以顺利和准确地推进下去。实际上这也是不同小组之间可以公开进行交流和对比的重要机会，互相学习和借鉴彼此的优点，在合作和竞争中成长。由于风景园林专业成果的直接表达形式是图纸，因此在校内导师和企业导师的指导过程中，更加注重对图纸的检查和审核。

3.4　答辩评审

按照北京建筑大学《建筑与城市规划学院（本科）毕业设计成果文件编制基本要求》，本科毕业生需要通过概念景观规划、海绵城市设计和核心区景观设计三个阶段，完成展览、答辩用技术图纸。其中包括：场地概念景观规划图、特色小镇海绵城市设计图、核心区景观设计图、分析性图示、模型照片、简要说明、经济技术指标图表等。效果表达方面需要完成展览、答辩用彩色效果图示。其中包括：场地整体鸟瞰效果图、海绵城市设计效果图、核心区景观设计效果图、模型照片及说明。设计说明需要对设计研究结果进行综合论述，对概念设计和技术设计中的产品进行分析，编写《设计说明》。所有图纸需编印为 A3 规格的图纸文件。除此之外，A1 设计图纸为每人参加“毕业展览”和“毕业答辩”用的图纸，是对全部毕业设计成果文件有代表性的展示，内容应含方案设计主要表达图示、模型照片（按选题要求）、分析图表、说明等。

校企联合培养学生毕业设计答辩时，共有 5 位导师构成答辩组，其中包含校内指导教师和企业指导教师，另 3 位为其他校内专业导师。汇报时，每组由一位同学汇报总体规划部分，节点设计由每位同学分别阐述汇报。评分标准设定为：校内专业导师根据文本、图纸效果和考勤打分占 30%，中期评审占 10%，毕业展览占 10%，剩余 40% 由答辩小组的 3 位校内其他专业导师和校外企业导师共 4 人取平均，其中图纸部分占 20%，模型占 10%，答辩表现占 20%。答辩组指导教师还可以就设计理念、设计逻辑和图纸表达等方面进行提问。

图 3　答辩评审与学生合影

4　北京建筑大学风景园林学科首届毕业设计模式的创新性

4.1　毕业设计题目的创新性

传统的本科毕业设计题目大部分是假设场地项目和假设目标条件，然后通过学生本科所学的课程知识进行规划设计，强调系统性和科学性，忽略了实践性与交流互动性，往往造成很多毕业设计与实际项目脱节，难以满足“适应行业需求的具有国际竞争力的应用型高级风景园林人才”的培养目标。本次校企联合指导学生毕业设计中，学生与和指导教师企业一起遴选实际项目作为毕业设计选题，通过三方集体讨论选定，为学生提供更广的选题空间，并且在选题上考量了风景园林专业人才培养的需求，题目真实，现状条件复杂，问题突出，方向多元，因此十分有助于提高学生协同合作和独立创新的能力。

4.2 双导师制的创新性

校内专业导师和校外企业导师在配合上相得益彰，校内导师具有深厚的专业理论基础和丰富多年的教学经验，同时对学生具有较高的熟悉度，能够很好地掌控学生的水平和能力，有的放矢地进行选题推荐、与学生沟通专业问题等。而企业导师具有多年的实际项目工作经验，能够从实际工作的角度指导毕业设计题目，更多考量规划设计理念的可实施性，有效引导学生由学校向社会的良性过渡，对学生而言是进入工作岗位之前的重要培养课程。

4.3 学生团队合作与分工模式的创新性

校企联合培养毕业设计题目的创新性，也决定了合作模式的创新性。毕业设计团队既有共同完成总体规划方案的合作，又有对细部节点设计的竞争，风景园林专业毕业生在走向工作岗位后，面临的项目往往都是工作团队通力合作的，既有团队内部的相互磨合集思广益，也要各自独立完成每个人的设计任务，这个过程中对于毕业生的培养是十分必要的。

5 校企联合培养的意义

风景园林专业的实践性极强，实践是风景园林学科学生培养的重要环节，因此校企联合培养对学校、学生以及社会都具有不可忽视的重要性。

从社会角度而言，校企联合培养能够为企业培养符合要求的高层次人才，为学校跟紧时代要求，深化风景园林教学改革提供助益，同时为学生未来职业发展奠定坚实的基础。通过实践的形式，可以推进校企合作人才模式，突出风景园林学生实践能力的培养，促进北京建筑大学为地方和区域经济社会发展服务的能力。

从学生角度而言，通过校企联合培养的风景园林专业实践可以极大程度提升北京建筑大学教育教学水平和人才培养质量，促进教学与研究、理论与实践的紧密结合，企业的人力和实践项目资源优势能使学生获得更加多元化的丰富专业指导，在实践中更加扎实全面地掌握理论知识，在实践中增强创新意识和能力，提高个人专业性、研究性、应用性、创新性，从而培养出具有较强的专业能力和职业素养、具有创新性思维，从事风景园林规划、设计、建设、保护和管理等工作的应用型、复合型、高层次专门人才。

从学校角度而言，校企联合培养模式是进一步贯彻和落实北京高等学校高水平人才交叉培养“实培计划”项目管理办法等有关文件精神的体现，既可以推进北京建筑大学风景园林专业教学模式改革，开展实质性的科研合作关系，又可以拓展长期稳定的联合培养研究生的合作范围及潜力，巩固提升北京建筑大学在风景园林学科培养和教育的地位和行业影响力。

6 总结与展望

综上所述，随着我国生态文明建设进程的逐步提升，对风景园林规划设计人才的需求也与日俱增，因此大量优秀的高水平风景园林专业人才储备也显得尤为重要，北京建筑大学建筑与城规学院风景园林专业通过加快自身的发展，为风景园林行业输送优秀专业人才，学校依托北京以及北京风景园林行业的良好的发展基础和广阔的发展前景的优势，对校企联合人才培养模式以及校企联合指导学生团队毕业设计进行了积极的探索。作为风景园林专业本科生毕业设计指导的创新模式，校企联合指导团队毕业设计以卓越工程专业人才培养为目标，充分利用校企双方的教育教学资源，注重调动学生学习和工作的自主性以及强化学生团队协作能力的锻炼，从而在提高学生毕业设计质量和保障人才培养质量方面取得了一定的成效。

今后，北京建筑大学风景园林专业将继续依托校外实践导师，充分发挥行业、企业在风景园林学生培养中的积极性、主动性、创造性，构建人才培养、科学研究、社会服务等多元一体的校企合作平台，建立协同长效机制，通过讲堂、论坛、分享会等形式进行校企交流，研究解决工作中的具体问题、探索创新工作方式等进一步扩大学校的社会服务及行业影响力，提升科学研究平台及科研能力，为迎接生态文明建设大背景下城市园林的机遇与挑战做好技术支撑。

参考文献

[1] 北京建筑大学建筑与城市规划学院风景园林专业介绍[DB/OL]. (2018-10-10) [2017-09-19]. http://jzxy.bucea.edu.cn/bksjx/fjyl/84216.htm.

[2] 北京市教育委员会、北京市财政局关于印发《北京高等学校高水平人才交叉培养“实培计划”项目管理办法(试行)》的通知[DB/OL]. (2018-10-10)[2018-10-10]. http://zfxxgk.beijing.gov.cn/110003/gdjy23/2015-08/20/content_609737.shtml.

作者简介

周卫玲，1984年生，男，江西人，高级工程师，北京建筑大学建筑与城市规划学院本科毕业设计联合培养校外导师。研究方向为风景园林规划与设计。

白颖，1992年生，女，北京人，硕士研究生，北京建筑大学建筑与城市规划学院硕士在读。研究方向为风景园林规划设计与理论。

李利，1986年生，男，江西人，博士，北京建筑大学建筑与城市规划学院讲师，硕士生导师，现任风景园林系副主任。研究方向为风景园林规划设计与理论。电子邮箱：lili@bucea.edu.cn。

近五年(2014～2018年)国内外风景园林专业学生竞赛比较研究与启示

Comparative Study and Enlightenment of Competitions between Landscape Architecture Students at Home and Abroad in the Past Five Years (2014-2018)

裴子懿　戴　菲　毕世波*

摘　要： 介绍国内外四个风景园林专业竞赛，美国风景园林师协会（ASLA）学生奖、国际风景园林联合会（IFLA）学生奖、风景园林学会（CHSLA）学生竞赛、中日韩大学生风景园林设计竞赛的奖项设置与评审标准及基本概况、对四个竞赛2014～2018年获奖作品的数量及来源、竞赛主题与颜色进行统计分析，通过比较以期对国内竞赛机制的完善和提升学生竞赛国际竞争力起到一定的启示作用。

关键词： 风景园林；大学生竞赛；机制；分析比较

Abstract: Introducing four Landscape Architecture Student Awards at home and abroad, American Association of Landscape Architects (ASLA) Student Award, International Landscape Architecture Federation (IFLA) Student Award, Landscape Architecture Society (CHSLA) Student Competition, China, Japan and Korea Landscape Architecture Student Award and evaluation criteria and basic overview, statistical analysis of the number and source of the four competitions in 2014-2018, competition theme and color. By comparing the improvement of the domestic competition mechanism and the promotion of the international competitiveness of the student competition, it has a certain enlightenment.

Keyword: Landscape Architecture; Student Competition; Mechanism, Analysis and Comparison.

引言

风景园林专业比赛代表着专业发展方向，通过在校学生的竞赛作品可以快速获取学科的发展状况；竞赛是跨领域跨学科的活动，不受地域限制，有利于学生探索和创新精神，对于提升整体学生的综合素质有一定的帮助。通过国内外专业竞赛的对比与比较，可以在一定程度上对国内竞赛起到弥补与启示作用，同时也期望在提升学生国际竞赛的竞争力方面上起到一定的启示作用。

色彩是物体识别的重要线索，同时颜色也向观察者传递着感情[1]，在已经发表的文献中对缺少对竞赛作品的色彩分析，本文从“色彩形象坐标”理论出发对竞赛作品颜色进行分析比较，在比较过程中，利用Adobe Photoshop、ColorImpact等工具色彩分析工具，通过对竞赛作品晶格化处理，提取色相（H）、饱和度（S）、明度（B）值，利用五值能色，选取主、辅、背景色为比较对象，对S、B值进行平均值计算，得到相应获奖作品颜色范围。

为了选取有效的对比对象，采用问卷调查的方式发送给37位在校风景园林专业学生。结果显示，在已有的风景园林竞赛中，风景园林学会（CHSLA）学生奖（62.16%）、中日韩大学生风景园林设计竞赛（24.32%）、美国风景园林师协会（ASLA）学生竞赛（21.62%）、国际风景园林联合会（IFLA）学生奖（21.62%）的参与度与知晓度相对较高，基于此调查选取以上四个竞赛作为比较研究对象。

1　国外主要的风景园林专业学生竞赛

1.1　相关竞赛的奖项设置与评审机制

1.1.1　美国风景园林师协会学生奖（American Society of Landscape Architects (ASLA) Student Award）

美国景观设计师协会学生奖（ASLA Student Awards，以下简称ASLA学生奖）是由美国景观设计师协会创办的国际性学生年度竞赛[2]，竞赛面向世界征集竞赛作品，奖励风景园林专业在校生探索未知以及创新精神，自2004年起，ASLA学生奖在美国不同城市举办，至今已连续举办15年，在全球范围内产生了很大的影响。

（1）奖项设置

ASLA学生奖一般没有特定的主题，依据类别划分设奖，一共划分为7个竞赛类别，并在每个类型中评定出杰出奖（Excellent Award）1名，荣誉奖（Honor Award）若干名，除第一届（2004年）区分本科生和研究生外，第二届（2005年）开始不再依据学历划分。参赛形式可以是个人或团体。

（2）评审机制

ASLA学生奖评审团每年都会发生变化，近五年来，评审团由7～9名成员组成，包括私人或公共机构，以及学术机构，并保证男女均衡，以确保评审团的专业性和多样性。评审团将进行为期3天的讨论和审议，以确保获奖作品的独特性。评审团坚持生态、艺术、环境和社会统一的价值观[3]，五年中评审指标变化甚微，在提交的图面要求中略有变动（表1）。

ASLA（2018年）学生竞赛图面要求　　表1

图纸数量	图片排版	字体	行间距	图片分辨率
5≤P≤15	横排版	Arial，Garamond，Times Roman	1.2倍	3000×2400

1.1.2 国际风景园林联合会学生奖（International Federation of Landscape Architects（IFLA）Student Award）

国际风景园林师联合会于1948年成立，是风景园林专业影响力最大的国际学术最高组织，学生设计竞赛（IFLA International Student Design Competition）是IFLA世界大会的重要内容之一，也被认为是全球最高水平的风景园林专业学生竞赛。学生们可以通过竞赛，参与前沿和热点的讨论，并展示自己的研究成果和设计规划能力。[4]

（1）奖项设置

IFLA学生奖每年设定竞赛主题，竞赛主题与会议主题相同，一般不设定场地，竞赛者们需要自行选择背景与项目地点，定义设计场地的自身独特性和创新性，提供执行项目的创新性思维。竞赛面向全体风景园林专业学生与相关学科的学生，一个人或者团体为参赛单位（不超过5人），团体成员中至少有一个风景园林专业的学生。奖项设置分一等奖、二等奖、三等奖、四等奖。

（2）评审机制

评审团每年由4～7位成员组成，成员包括高校教授、研究员以及设计师。IFLA学生奖竞赛强调自然与人文景观、关注生态危机、人文景观、社会不平等以及人与环境之间的整体关系，要求参赛学生有严密的分析方法，考察学生的解决问题的能力。

1.2 相关竞赛的获奖作品数量及来源分析

1.2.1 ASLA获奖作品数量及来源

（1）获奖数量统计

每年ASLA收到的作品约1100份竞赛作品，2014～2018年ASLA学生奖共评选出119份获奖作品（表2），其中22份杰出奖，97份荣誉奖，获奖作品将在*Landscape Architecture Magazine*和官网上展出。

2014～2018年获奖作品分析规划类数量居第一位，综合设计类居第二，通讯类其次，研究类最少。杰出奖每年都有空缺，共计22份占获奖作品总数的18%，荣誉奖获奖作品共计97份，占比81%。

2014～2018年美国景观设计师协会（ASLA）学生奖获奖作品类型及其数量统计　　表2

年份＼奖项类型	综合设计		住宅设计		分析与规划		通讯类		研究类		学生合作		社区服务	
	杰出奖	荣誉奖	杰出奖	荣誉奖	杰出奖	荣誉奖	杰出奖	荣誉奖	杰出奖	荣誉奖	杰出奖	荣誉奖	杰出奖	荣誉奖
2014	0	2	0	2	1	6	0	2	0	1	1	3	1	2
2015	1	4	0	2	1	5	1	1	0	2	0	2	1	3
2016	0	4	1	0	1	6	0	4	1	1	0	2	0	2
2017	1	6	0	1	1	6	1	3	0	1	1	2	1	2
2018	1	5	1	1	1	6	1	4	1	0	1	1	1	3
小计	3	21	2	6	5	29	3	14	2	5	3	10	4	12
合计	24		8		34		17		7		13		16	
合计	119													

（2）获奖作品来源

近五年获奖作品来自36所院校，6个国家，包括美国、加拿大、中国、韩国、英国、泰国等国家，其中美国获奖次数99次，加拿大其后12次，中国获得3次（表3），美国获奖数量占83%，其中排名前三的院校（共4所）有哈佛大学设计研究院（12次）、华盛顿大学（12次）、弗吉尼亚大学（10次）、多伦多大学（9次）排名前十的院校大都位于美国国内；2018年119份作品中来自中国的有清华大学、四川农业大学、北京林业大学（表4）。

2014～2018年ASLA竞赛学生奖来源地　　表3

获奖来源地	美国	加拿大	中国	英国	韩国	泰国
获奖数量	99	12	3	2	1	1

2014～2018年ASLA学生奖获奖作品来源院校统计　　表4

院　校	获奖作品数量
哈佛大学设计研究生院（Harvard University Graduate School of Design）	12
华盛顿大学（University of Washington）	12
弗吉尼亚大学（University of Virginia）	10
多伦多大学（University of Toronto）	9
加州大学伯克利分校（University of California，Berkeley）	6
宾夕法尼亚大学（University of Pennsylvnia）	6
路易斯安那州立大学（Louisiana State University）	5

续表

院　　校	获奖作品数量
德克萨斯州大学奥斯汀分校（University of Texas at Austin）	4
鲍尔州立大学（Ball State University）	3
纽约城市学院（The City College of New York）	3
罗德岛设计学院（Rhode Island School of Design）	3

1.2.2 IFLA 获奖作品数量及来源

（1）获奖数量统计

IFLA 每年收到 150～500 份来自全世界的参赛作品，每年评审出一、二、三等奖各一名，2014 设四等奖，2014～2018 年获奖作品一共 16 份，除 2016 年获奖作品信息不详，获奖作品在官方网站展出；除此之外，IFLA 官方网站将展出所有参赛者的参赛作品，并按照国家、院校、学历等排序展出。

（2）获奖作品来源

近五年获奖作品来自 5 个国家，分别为中国、西班牙、阿根廷、丹麦、美国（表 5），其中中国获奖最多，次数达 12 次，其余国家均获奖一次，北京林业大学获奖次数 8 次，国内获奖院校还有同济大学、西安建筑科技大学、清华大学（表 6）。

2014～2018 年 IFLA 学生奖获奖作品来源地　表 5

获奖来源地	中国	美国	西班牙	丹麦	阿根廷
获奖次数	12	1	1	1	1

2014～2018 年 IFLA 学生奖获奖作品来源高校

表 6

奖项		一等奖	二等奖	三等奖	四等奖
年份	2014	西安科技大学	清华大学	北京林业大学 哥伦比亚大学	北京林业大学
	2015	University of Valladolid	北京林业大学	同济大学	
	2016				
	2017	科尔多瓦国立大学	北京林业大学 哥本哈根大学	北京林业大学	
	2018	北京林业大学	北京林业大学	北京林业大学	

1.3 相关竞赛主题与颜色分析

1.3.1 ASLA 学生奖竞赛主题与颜色分析

（1）获奖作品主题分析

通过笔者的主观判断，对五年中 3 个竞赛类别的获奖作品主题进行归纳，发现基础设施建设、可持续发展、雨洪管理、遗址保护发展、棕地恢复、装置艺术等（表 7）是近年来学生选择的热门主题，与 ASLA 评审标准紧密贴合，关注全球热门话题，与社会紧密相连，实现可持续发展。

2014～2018 年 ASLA 学生奖获奖作品主题统计

表 7

年份	综合设计	分析与规划	住区设计
2014	遗址保护发展 废弃地改造	生态修复 基础设施建设＊3 雨洪管理 遗址保护发展 可持续设计	历史保护 可持续发展
2015	遗址保护发展 基础设施建设＊2 雨洪管理＊2	遗址保护发展 基础设施建设＊2 棕地恢复＊2	城镇化 雨洪管理
2016	棕地恢复＊2 环境保护	生态修复＊2 可持续设计＊2 基础设施建设＊2 棕地恢复	环境保护
2017	基础设施建设 生态修复 可持续设计＊2 棕地恢复	基础设施建设 可持续设计＊2 雨洪管理＊2 基础设施建设 环境保护	社区更新
2018	装置艺术＊3 可持续设计 棕地恢复 生态修复	可持续设计 基础设施建设＊2 雨洪管理 环境保护 遗址保护发展 生态修复	基础设施建设 微气候控制

（2）获奖作品颜色分析

2014～2015 年 ASLA 学生奖获奖的 119 份作品中，对其颜色按年份进行统计（图 1），2014 年获奖作品 S、B 值平均值分别为 1%～27%、29%～92%范围内，整体为低饱和度，高明度的色彩选择范畴，2015～2016 年的 S 值分别处于 1%～28%、4%～31%、4%～31%、2%～26%范围内，B 值依次为 43%～86%、40%～82%、47%～75%、31%～85%范围内；整体色彩范围呈现跨度广的特征，色彩配置以邻近色和同类色为主，低饱和度、高明度的特征（表 8）。

2014～2018 年 ASLA 学生奖获奖作品饱和度（S）、明度（B）平均值　表 8

色彩／年份	主色		辅色		背景	
	S 值	B 值	S 值	B 值	S 值	B 值
2014	15	29	27	60	1	92
2015	17	43	28	55	1	86
2016	17	40	31	59	4	82
2017	15	47	31	61	4	75
2018	16	31	26	58	2	85

年份	奖项		图片	晶格化后的图片/单元格100	晶格化后的色彩形象	主色	辅色	背景色
2014	综合设计	荣誉奖				50/8/28	54/21/59	43/3/85
						130/9/25	177/24/56	0/0/90
	分析规划	杰出奖				30/5/32	198/10/53	60/1/91
		荣誉奖				54/12/34	210/28/66	40/1/92
						63/29/26	47/36/65	60/1/96
						69/17/29	58/37/63	60/1/95
						88/32/32	68/46/68	60/2/93
						60/19/31	51/36/64	40/31/89
						30/7/22	310/5/51	60/0/91
2015	综合设计	杰出奖				90/5/31	166/25/60	120/1/95
		荣誉奖				49/20/32	48/30/61	40/1/84
						40/24/30	45/36/67	43/3/90
						75/6/27	283/13/56	60/0/95
						120/2/16	48/42/68	60/1/92
2016	分析规划	杰出奖				75/14/33	51/44/67	120/0/94
		荣誉奖				18/12/31	46/27/60	0/0/93
						70/9/27	49/34/62	60/1/91
						197/24/23	180/26/58	171/3/87
						30/1/75	210/17/51	45/5/31
						49/40/68	60/18/31	40/1/95
	综合设计	杰出奖				54/34/63	100/15/31	69/3/91
		荣誉奖				36/2/90	210/10/54	27/20/17
						165/23/27	202/38/66	180/1/87
						98/10/31	280/11/55	60/1/90
						75/6/28	60/45/71	15/2/90
						98/13/25	53/39/62	60/2/91
						80/25/33	69/32/62	84/2/89
						210/2/36	40/49/85	70/3/84
						30/26/27	39/37/66	32/7/88

年份	奖项		晶格化后的图片/单元格100	晶格化后的色彩形象	晶格化后的色彩形象	主色	辅色	背景色
2016	综合	荣誉奖				44/28/21	53/53/69	40/1/95
2017	分析规划	杰出奖				55/50/69	65/12/36	60/1/94
		荣誉奖				69/18/29	48/50/69	120/1/93
						160/4/32	195/59/73	180/2/194
						137/4/77	187/61/70	201/42/19
						203/17/31	201/18/57	200/1/87
						240/2/73	221/16/53	60/10/12
						67/12/27	161/20/58	240/0/93
	综合	杰出奖				220/4/27	186/25/58	180/0/91
		荣誉奖				74/32/63	194/36/77	132/2/94
						41/40/69	206/17/58	60/0/95
						180/5/29	177/38/66	240/0/93
						43/18/31	43/30/61	40/1/93
						240/2/73	221/16/53	60/10/12
						72/6/32	197/36/69	120/0/84
2018	分析规划	杰出奖				80/8/15	283/5/51	120/0/93
		荣誉奖				90/10/33	64/29/59	100/1/93
						75/17/28	46/43/66	60/0/95
						45/17/28	98/38/55	40/12/9
						110/22/32	193/25/58	195/2/90
						50/14/33	311/28/64	0/0/93
						59/37/66	74/24/35	76/6/91
	综合	杰出奖				29/25/33	33/28/63	40/1/90
		荣誉奖				23/18/28	33/28/63	40/1/90
						40/13/31	43/33/62	60/0/93
						110/13/18	309/15/56	50/3/92
						340/4/30	327/14/56	0/0/85
						50/7/33	40/28/64	0/0/90

图1　2014～2018年ASLA学生奖获奖作品HSB统计

2014～2018年获奖作品的主、辅、背景色的S值依次处于15%～17%、26%～31%、1%～4%范围内，B值处于29%～43%、55%～61%、75%～92%范围内，S值均呈现出低饱和度的特征，主色呈现出低明度的特征，辅色与背景色呈现出高明度的特征。色相选择跨度范围广泛。

1.3.2　IFLA学生奖竞赛主题与颜色分析

（1）竞赛主题

IFLA每年都会有限定的主题，主题随着世界格局的变化而定，大会始终倡导学生关注生态危机、人文遗产保护、社会公平、人与环境、景观建筑以及城镇化。通过笔者对竞赛作品的浅析，对获奖作品主题进行总结，可大致得出基础设施建设、可持续发展、雨洪管理、生态修复、历史保护发展、棕地恢复、环境保护是参赛者们热议的主题（表9）。

（2）颜色分析

近五年获奖作品共16份，除2016年三等奖获奖作品信息不完整，统计15份作品的色彩值（图2）。

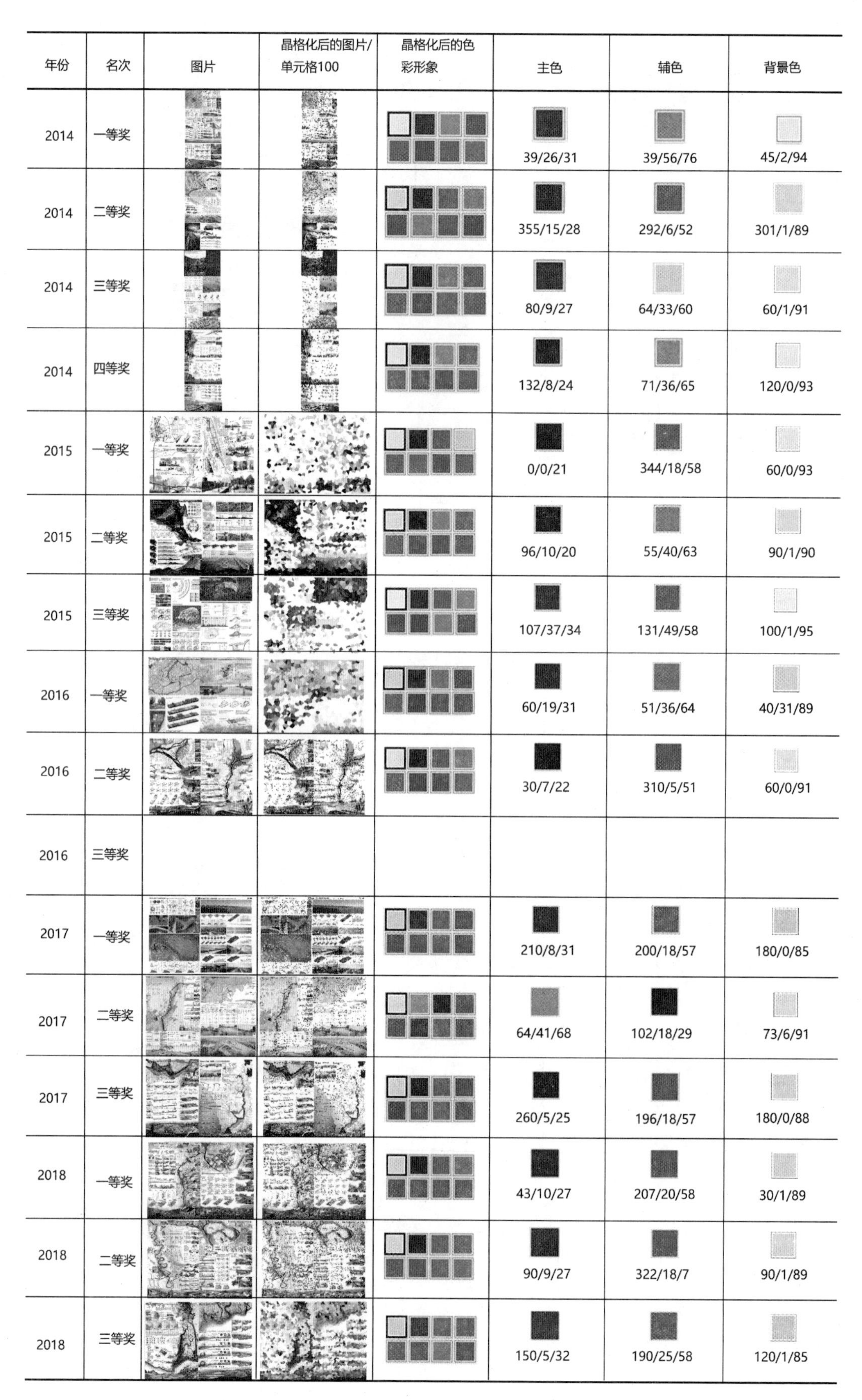

年份	名次	图片	晶格化后的图片/单元格100	晶格化后的色彩形象	主色	辅色	背景色
2014	一等奖				39/26/31	39/56/76	45/2/94
2014	二等奖				355/15/28	292/6/52	301/1/89
2014	三等奖				80/9/27	64/33/60	60/1/91
2014	四等奖				132/8/24	71/36/65	120/0/93
2015	一等奖				0/0/21	344/18/58	60/0/93
2015	二等奖				96/10/20	55/40/63	90/1/90
2015	三等奖				107/37/34	131/49/58	100/1/95
2016	一等奖				60/19/31	51/36/64	40/31/89
2016	二等奖				30/7/22	310/5/51	60/0/91
2016	三等奖						
2017	一等奖				210/8/31	200/18/57	180/0/85
2017	二等奖				64/41/68	102/18/29	73/6/91
2017	三等奖				260/5/25	196/18/57	180/0/88
2018	一等奖				43/10/27	207/20/58	30/1/89
2018	二等奖				90/9/27	322/18/7	90/1/89
2018	三等奖				150/5/32	190/25/58	120/1/85

图 2　2014～2018 年 IFLA 学生奖获奖作品 HSB 统计

2014～2018 年 IFLA 学生获奖作品主题统计表

表 9

年份	主题	一等奖	二等奖	三等奖
2014	思考和行动景观	棕地恢复—重构，发展，完善，赋能	遗址保护与发展—建造围墙，提供防护	可持续发展—社区改造
2015	历史与景观	基础设施建设—公共空间营造	基础设施建设—生态堤坝建造	环境保护—控制碳排放
2016	可持续性景观	生态修复—湿地净化	雨洪管理—低干预与自然做功	
2017	景观公平	可持续发展—潮汐发电	环境保护—营造循环经济模式	可持续发展—城市洪水弹性管理
2018	恢复景观	雨洪管理—疏导，储蓄，再利用	雨洪管理—构建绿色渠网体系与复合产业	雨洪管理—耕地整理，引水入洼

2014～2018 年获奖作品 S 值分别处于 1%～33%、1%～36%、2%～21%、2%～33%、1%～21%、范围内，B 值分别处于 28%～92%、25%～93%、27%～90%、41%～88%、28%～88%范围内（表 10），整体呈现出低饱和度、高明度的色彩选择范畴，色彩配置以邻近色与同类色为主。

竞赛获奖作品主、辅、背景色 S 值范围分别为 8%～33%、19%～36%、1%～2%、B 值范围为 25%～41%、41%～63%、88%～93%，整体呈现低饱和度的色彩特征，主色明度较低，辅色与背景色呈现高明度特征。

2014～2018 年 IFLA 获奖作品饱和度（S）、明度（B）统计

表 10

色彩 / 年份	主色		辅色		背景	
	S值	B值	S值	B值	S值	B值
2014	15	28	33	63	1	92
2015	16	25	36	57	1	93
2016	18	27	21	58	2	90
2017	33	41	19	48	2	88
2018	8	28	21	41	1	88

1.4 小结

通过以上分析，ASLA 与 IFLA 在奖项设置与评审机制上的相同点是评审团成员设置灵活，每年更换一次，坚持艺术、环境、社会相统一的评奖标准[5]，注重学生的综合能力；不同点是 ASLA 每年不设定主题，竞赛作品按类别划分并单独设奖，奖项类别丰富，IFLA 每年设定主题，设立一、二、三等奖，每个奖项设一名；其次在获奖数量与作品来源上，ASLA 与 IFLA 在全球的参与度很广，参赛学生来自世界各地，不同点是 ASLA 每年有将近 1100 作品参赛，IFLA 有 400 份左右的参赛作品，在参赛作品数量上 ASLA 要比 IFLA 多，同时 ASLA 在美国境内以及世界范围内都有很高的参与度，ASLA 获奖作品来源主要是集中在美国高校，IFLA 竞赛中中国学生的参与度很高，而欧美风景园林学生参与 IFLA 学生竞赛的热情没有中国学生高[6]，中国是获奖作品最多的国家；最后再竞赛主题与颜色上，ASLA 与 IFLA 获奖作品都关注全球热点问题，可持续设计、基础设施建设、生态修复、雨洪管理等成为竞赛作品关注的热点，在颜色配置上，大都选取邻近色进行搭配，整体呈现出低饱和度、高明度的色彩选择范畴。

2 国内主要的风景园林专业学生竞赛

2.1 相关竞赛的奖项设置与评审机制

2.1.1 中国风景园林学会（CHSLA）学生奖

中国风景园林学会学生竞赛（Chinese Society of Landscape Achitecture，CHSLA），是由中国风景园林学会主办，高校承办，具有高水平学术性和科普性的学生竞赛，旨在发展风景园林事业，每年会议主题与国内发展息息相关，关注国内时事，鼓励学生运用风景园林学科知识促进生态文明建设、以促进社会协调发展。

年会同时进行论文征集、评选和大学生设计竞赛等活动，每年在不同的高校承办。自 2009 年至今，已成功举办 8 届

（1）奖项设置

2009 年开始举办第一届大学生竞赛，2011 年科生组和研究生组分开设奖，至今已成功举办，每年风景园林学会学生竞赛设定主题，学生自选场地，本科生和研究生单独设奖，分为一等奖、二等奖、三等奖，佳作奖若干。

（2）评审机制

评审团由 7～10 名成员组成，主要由高校教授以及高级工程师、设计师组成，评审团成员相对固定，依据每年的竞赛主题，从社会、经济、生态环境等多方面综合进行评价。

2.1.2 中日韩大学生风景园林设计竞赛

中日韩大学生风景园林设计竞赛是由中国风景园林学会、日本造园学会、韩国造园学会共同举办的大学生竞赛，目的是为了促进 3 个国家风景园林专业学生的交流与学习。自 2005 年开始举办，竞赛设定特定主题，每两年举办一次，已成功举办 7 届。

（1）奖项设置

竞赛面向中日韩三国风景园林专业的在校生（本科生、研究生），小组成员不超过 5 人，竞赛奖分为金奖、银奖、铜奖以及提名奖。

（2）评审机制

评审团由中日韩三国评委组成，评审标准根据竞赛主

题制定细则。

2.2 相关竞赛的获奖作品数量及来源分析

2.2.1 CHSLA 获奖作品数量及来源

（1）获奖数量统计

每年 CHSLA 收到的参赛作品为 150～400 份，每年评出一、二、三等奖和佳作奖若干，获奖概率 15%～40%，5 年内 CHSLA 获奖总数为 178 份，每年的获奖情况都将会在《风景园林》杂志上刊登，官网也将对每年的获奖作品进行展出。

（2）获奖作品来源

CHSLA 面向国内以及港澳台地区进行作品征集，作品来源地集中在国内院校，统计 2014～2017 年获奖作品，其中，前三名为北京林业大学（26 次）、重庆大学（6 次）、哈尔滨工业大学（4 次），如表 11 所示，CHSLA 在全国范围有着广泛的参与度。

2014～2017 年 CHSLA 学生奖获奖作品来源前 20 名高校统计　　表 11

院校名称	2014 年		2015 年		2016 年		2017 年		合计
	本科生获奖	研究生获奖	本科生获奖	研究生获奖	本科生获奖	研究生获奖	本科生获奖	研究生获奖	
北京林业大学	2	2		4	4	4	4	6	26
重庆大学	2				2	1		1	6
哈尔滨工业大学			1				1	2	4
华南理工大学	1		1	1					3
西南大学			1		2				3
华中科技大学			1		1		1		3
西安建筑科技大学							3		3
浙江农林大学			1				2		3
华南农业大学	1						1		2
山东建筑大学			1		1				2
东北林业大学		1				1			2
苏州科技大学			1				1		2
华中农业大学						2			2
郑州轻工业学院	1								1
同济大学		1							1
福州大学			1						1
中国人民大学			1						1
中国美术学院			1						1
合肥工业大学							1		1
西北农林科技大学							1		1

2.2.2 中日韩大学生风景园林设计竞赛作品数量及来源

根据中国风景园林学会官网统计，2016 学生奖年金奖 1 名，银奖 2 名，铜奖 4 名，作品来源信息不详。

2.3 相关竞赛主题与颜色分析

2.3.1 CHSLA 竞赛主题与颜色分析

（1）竞赛主题

CHSLA 根据我国当前发展状况，每年设定特定的主题（表 12），引导大学生对我国发展的现实问题进行思考，2014～2016 年的获奖作品主题可大致归类为基础设施建设、雨洪管理、生态修复、公共空间改造、废弃地修复等（表 13）。

2014～2018 年 CHSLA 竞赛主题统计　表 12

年份	竞赛主题
2014	城镇化与风景园林
2015	全球化背景下的本土风景园林
2016	风景园林与城市废弃地的重生
2017	风景园林与城市双修
2018	风景园林—智慧营造

2014～2016 年 CHSLA 学生竞赛一、二、三等奖主题统计　　表 13

		一等奖	二等奖	三等奖
本科生	2014 年	雨洪管理	基础设施建设	公共空间改造 生态修复 乡村改造
	2015 年	遗址保护与发展	基础设施建设 雨洪管理 生态修复	可持续发展 雨洪管理 * 2 基础设施建设 公共空间改造
	2016 年	废弃地修复	废弃地修复 工业改造 生态修复	废弃地修复 老城更新 棕地恢复 遗址保护与发展
研究生	2014 年	遗址保护与发展	基础设施建设 * 2	环境保护
	2015 年	雨洪管理	公共空间改造 基础设施建设	乡村改造 公共空间改造
	2016 年	废弃地改造	废弃地改造 生态修复	废弃地改造 生态修复

（2）颜色分析

2014～2017 年 CHSLA 获奖作品 S 值分别处于 9%～36%、3%～31%、2%～33%、2%～44%、2%～35%、4%～38%、1%～28%，B 值范围 53%～70%、35%～80%、40%～88%、35%～90%、31%～85%、34%～92%、25%～90%（表 14），整体体现为低饱和度、高明度的色彩选择范畴。

2014～2018 年 IFLA 获奖作品饱和度（S）、明度（B）统计　　表 14

年份	学生类型	主色		辅色		背景	
		S 值	B 值	S 值	B 值	S 值	B 值
2014	本科生	23	53	36	62	9	70
	研究生	16	35	31	61	3	80
2015	本科生	26	40	33	53	2	88
	研究生	23	35	44	58	2	90
2016	本科生	16	31	35	59	2	85
	研究生	22	34	38	62	4	92
2017	研究生	13	25	28	65	1	90

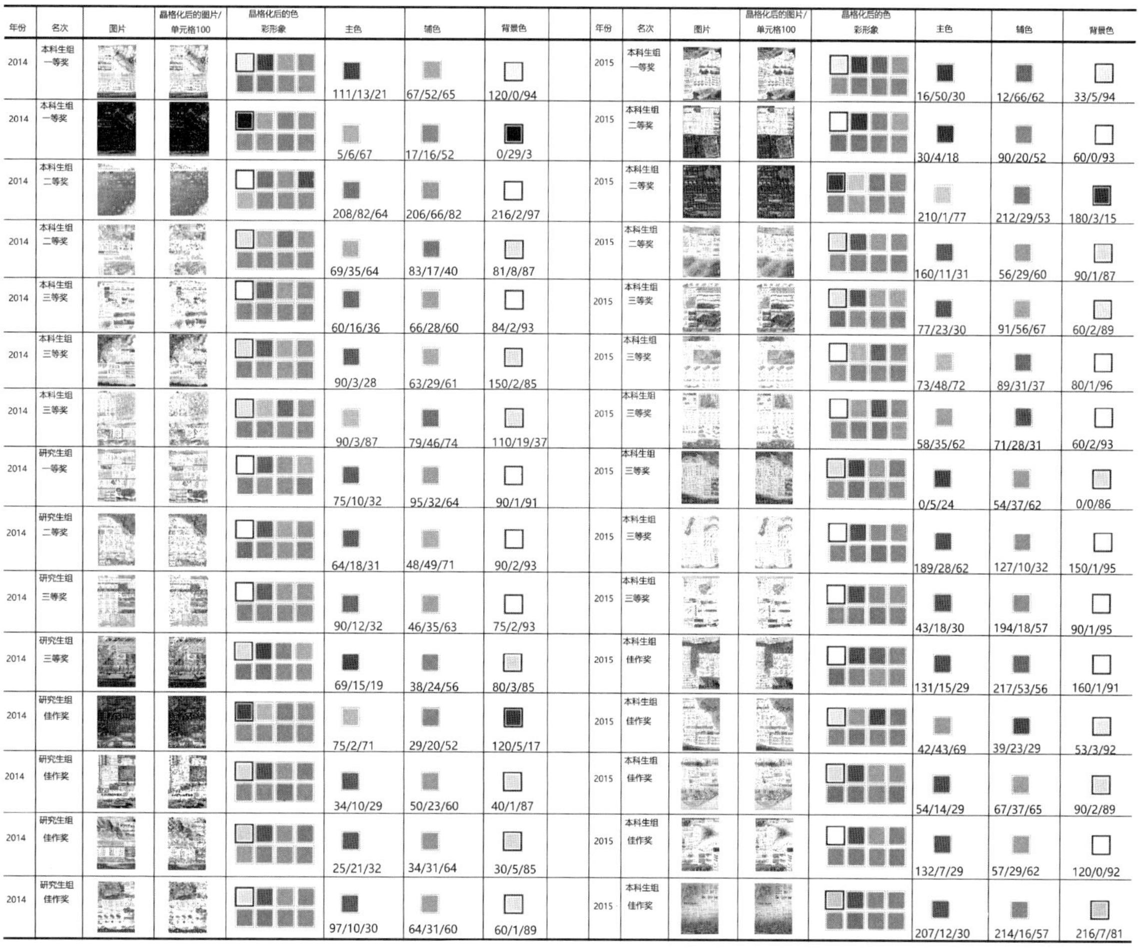

年份	名次	图片	晶格化后的图片/单元格100	晶格化后的色彩形象	主色	辅色	背景色
2014	本科生组一等奖				111/13/21	67/52/65	120/0/94
2014	本科生组一等奖				5/6/67	17/16/52	0/29/3
2014	本科生组二等奖				208/82/64	206/66/82	216/2/97
2014	本科生组二等奖				69/35/64	83/17/40	81/8/87
2014	本科生组三等奖				60/16/36	66/28/60	84/2/93
2014	本科生组三等奖				90/3/28	63/29/61	150/2/85
2014	本科生组三等奖				90/3/87	79/46/74	110/19/37
2014	研究生组一等奖				75/10/32	95/32/64	90/1/91
2014	研究生组二等奖				64/18/31	48/49/71	90/2/93
2014	研究生组三等奖				90/12/32	46/35/63	75/2/93
2014	研究生组三等奖				69/15/19	38/24/56	80/3/85
2014	研究生组佳作奖				75/2/71	29/20/52	120/5/17
2014	研究生组佳作奖				34/10/29	50/23/60	40/1/87
2014	研究生组佳作奖				25/21/32	34/31/64	30/5/85
2014	研究生组佳作奖				97/10/30	64/31/60	60/1/89

年份	名次	图片	晶格化后的图片/单元格100	晶格化后的色彩形象	主色	辅色	背景色
2015	本科生组一等奖				16/50/30	12/66/62	33/5/94
2015	本科生组二等奖				30/4/18	90/20/52	60/0/93
2015	本科生组二等奖				210/1/77	212/29/53	180/3/15
2015	本科生组二等奖				160/11/31	56/29/60	90/1/87
2015	本科生组三等奖				77/23/30	91/56/67	60/2/89
2015	本科生组三等奖				73/48/72	89/31/37	80/1/96
2015	本科生组三等奖				58/35/62	71/28/31	60/2/93
2015	本科生组三等奖				0/5/24	54/37/62	0/0/86
2015	本科生组三等奖				189/28/62	127/10/32	150/1/95
2015	本科生组三等奖				43/18/30	194/18/57	90/1/95
2015	本科生组佳作奖				131/15/29	217/53/56	160/1/91
2015	本科生组佳作奖				42/43/69	39/23/29	53/3/92
2015	本科生组佳作奖				54/14/29	67/37/65	90/2/89
2015	本科生组佳作奖				132/7/29	57/29/62	120/0/92
2015	本科生组佳作奖				207/12/30	214/16/57	216/7/81

图 3　2014～2017 年 CHSLA 学生奖获奖作品 HSB 统计（图片来源：作者自绘）

竞赛作品主、辅、背景色 S 值分别为 13%～26%、33%～44%、1%～9%，B 值范围在 25%～53%、53%～65%、70%～90%范围内，色彩配置以邻近色为主，整体呈现低饱和度的色彩特征，主色明度较低，辅色与背景色明度高。

2.3.2 中日韩大学生风景园林设计竞赛主题与颜色分析

2016 年获奖作品中 S 值的范围在 4%与 43%之间，B 值范围在 32%与 85%之间（表 15），整体呈现出低饱和度、高明度的色彩选择范畴。

2016 年中日韩大学生风景园林设计竞赛获奖作品饱和度（S）、明度（B）统计　　表 15

主色		辅色		背景	
S 值	B 值	S 值	B 值	S 值	B 值
21	32	43	62	4	85

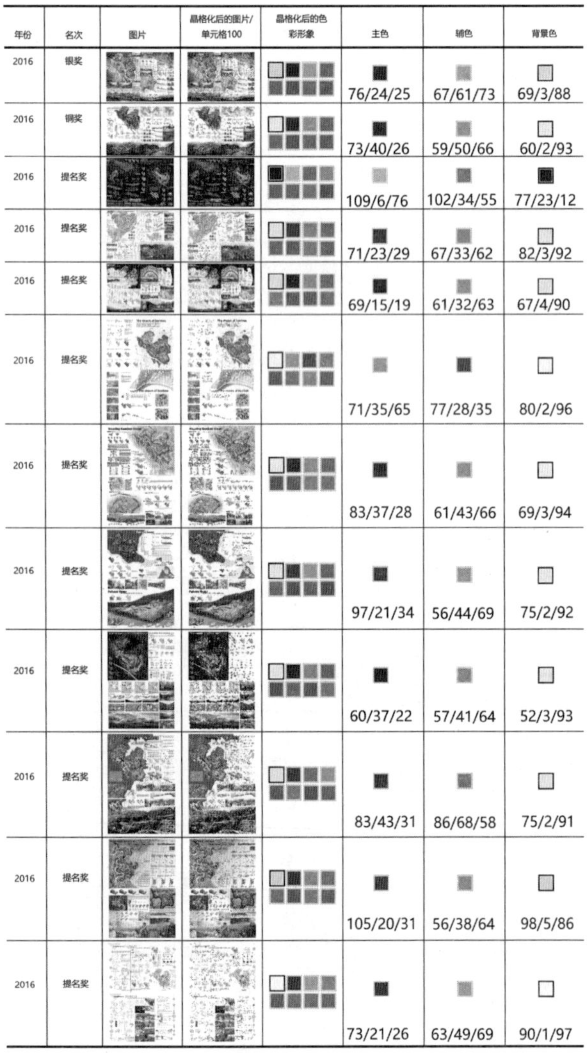

年份	名次	图片	晶格化后的图片/单元格100	晶格化后的色彩形象	主色	辅色	背景色
2016	银奖				76/24/25	67/61/73	69/3/88
2016	铜奖				73/40/26	59/50/66	60/2/93
2016	提名奖				109/6/76	102/34/55	77/23/12
2016	提名奖				71/23/29	67/33/62	82/3/92
2016	提名奖				69/15/19	61/32/63	67/4/90
2016	提名奖				71/35/65	77/28/35	80/2/96
2016	提名奖				83/37/28	61/43/66	69/3/94
2016	提名奖				97/21/34	56/44/69	75/2/92
2016	提名奖				60/37/22	57/41/64	52/3/93
2016	提名奖				83/43/31	86/68/58	75/2/91
2016	提名奖				105/20/31	56/38/64	98/5/86
2016	提名奖				73/21/26	63/49/69	90/1/97

图 4　2016 年中日韩学生奖获奖作品 HSB 统计

2.4 小结

首先在奖项设置和评审机制中 CHSLA 将本科生与研究生单独设奖，除一、二、三等奖外，还设立佳作奖，在一定程度上鼓励了学生参与竞赛，评审团相对固定，中日韩学生竞赛设置金银铜奖以及提名奖，评审团由中日韩三国组成；相同点是评审细则都根据主题而定。其次在作品数量与获奖来源上，CHSLA 参赛作品来源于国内高校，中日韩鼓励三国风景园林专业学生进行交流，参赛作品更加多元化。最后在获奖主题和色彩分析上，由于缺乏中日韩获奖作品详细信息，无法对主题进行对比；在色彩选择上两者都呈现出低饱和度、高明度的特征。

3 国内外相关获奖作品的比较与启示

3.1 国内外获奖作品比较

在奖项设置上，ASLA 奖项设置类别丰富，有助于引导学生全面发展；国内竞赛设置一、二、三等奖与佳作奖，奖项设置扩大了得奖概率，在一定程度上鼓励了学生的竞赛热情；评审机制上，国内外竞赛都鼓励学生关注全球热点话题，注重引导解决当前的热点问题，坚持艺术、社会、环境相统一的原则，不同点是国外竞赛评审团采取流动制，保证评审团成员多元化与公平性，国内竞赛评审团成员相对固定，大都由高校教授组成；在作品数量和获奖来源上，国外竞赛在全球范围内的参与度都较高，竞赛作品来自世界各地，获奖来源有一定的地域性差异，国内竞赛的参赛范围主要集中与国内，竞赛来源相对单一（表 16）。

国内外风景园林竞赛对比比较表　　表 16

	奖项设置与评审机制	作品数量与获奖来源	获奖主题与色彩分析
国外	类别丰富 评审团成员多元	每年投稿数量 350～1200 份 来源：全球高校	可持续设计、雨洪管理、生态修复…… S 值范围：1%～36% B 值范围：25%～93%
国内	奖项设置丰富 评审团成员相对固定	每年投稿在 150～500 份 来源：中国、日本、韩国	可持续设计、雨洪管理、生态修复…… S 值范围：1%～44% B 值范围：25%～90%

注：共同点：多维评审标准，竞赛主题与社会发展息息相关，关注人与环境、社会的关系，色彩选择趋向低饱和度、高明度。

3.2 启示

3.2.1 加强作品展示平台建设

ASLA 与 IFLA 学生竞赛在官网上均单独列出，作品信息罗列清晰，查阅竞赛作品相关信息高效有序。CHSLA 学生竞赛与中日韩大学生竞赛相关信息需要在年会综合网站上查找，信息冗杂，不易于查找，建议在学会对学生竞赛板块单独设立板块，对作品信息按年份进行整合，包括竞赛获奖作品作者的基本信息、作品设计背景、策略以及评审团意见单独列出，获奖作品展示平台体系的建立有助于后续参赛者对竞赛的了解，帮助参赛者理解竞赛主题，涌现更出色的作品参赛。

3.2.2 完善竞赛机制与评审机制

CHSLA 评审标准尚未明细，ASLA 学生竞赛给出了相应的制胜指南，给学生高效的参赛指南，国内竞赛可进一步细化评审建议更加有指导性，例如设计背景以及研究方法，引导学生进行深度思考。CHSLA 每年评审团相对固定，对于参赛学生容易留下刻板印象，可参照 IFLA 与 ASLA 每年轮换评审团，体现竞赛评审的公平与公正。

3.2.3 竞赛作品多元化

国内风景园林专业竞赛一般都设特定主题，对于学生参赛作品类型有一定的局限性，例如 ASLA 不设主题，划分不同类别，根据不同类别设定不同的评审标准。同时加强国际间交流合作，扩大国内竞赛影响力。

3.2.4 色彩选择低饱和度，高明度

根据历年获奖作品颜色统计，整体色彩范围呈现跨度广的特征，色彩配置以邻近色和同类色为主，呈现出低饱和度、高明度的特征。

4 结语

风景园林竞赛对于学科发展有着不可替代的作用，通过国内外学生竞赛对比发现不足，借鉴国外学生竞赛的经验，以期国内学生竞赛发展更加完善，培养更加全面的风景园林人才，推动风景园林学科不断发展。

参考文献

[1] Mitsuhiko Hanada. Correspondence analysis of color - emotion associations[J]. Color Research & Application，2018.
[2] 唐慧超，洪泉．美国风景园林师协会(ASLA)学生奖对国内风景园林专业学生竞赛的启示[J]. 风景园林，2016.
[3] 刘静怡，王云．当代美国风景园林师协会(ASLA)奖对美国风景园林发展的影响[J]. 中国园林，2006.
[4] 王向荣．国际风景园林师联合会(IFLA)第 47 届世界大会大学生设计竞赛[J]. 中国园林，2010.
[5] 唐慧超，洪泉．美国风景园林师协会(ASLA)学生奖对国内风景园林专业学生竞赛的启示[J]. 风景园林，2016.
[6] 王向荣．国际风景园林师联合会(IFLA)第 47 届世界大会大学生设计竞赛[J]. 中国园林，2010，

作者简介

裴子懿，1996 年生，女，湖北恩施人，华中科技大学建筑与城市规划学院在读硕士研究生。研究方向为城市绿色基础设施。电子邮箱：1040038655@qq. com。

戴菲，1974 年生，女，湖北人，博士，华中科技大学建筑与城市规划学院教授。研究方向为城市绿色基础设施、绿地系统规划。电子邮箱：58801365@qq. com。

毕世波，1988 年生，男，山东潍坊人，华中科技大学建筑与城市规划学院研究助理。研究方向：风景园林规划与设计、绿色基础设施。电子邮箱：991807415@qq. com。

屋顶绿化滞蓄研究前沿及趋势

Research Frontiers and Trends of Green Roof's Retention Effects

陈思羽　骆天庆*

摘　要："屋顶绿化滞蓄"的相关研究文献基数庞大，研究主题和内容不断推进和发散，困扰研究者研判未来的研究趋势并寻找具体的研究方向。本文检索"Web of Science 核心合集"中截至 2018 年底的相关研究文献，通过共词分析厘清研究方向，以宏观的视角探讨屋顶绿化滞蓄方面的研究趋势，为国内屋顶绿化滞蓄研究的发展提供参考。分析得到的研究方向包括①单个屋顶绿化的滞蓄作用、②屋顶绿化的径流水质监测及改良、③城市尺度下屋顶绿化的滞蓄效果探索和④屋顶绿化的雨水收集再利用。其中：方向①和②的研究较为成熟，未来主要趋向产业和技术应用性研究；方向③还处在起步阶段，需要更广泛的研究数据和更准确的研究方法支持；方向④直接面向应用实践，需结合各地屋顶绿化的建设、政策和行业发展，产学研协同创新。对于国内海绵城市的建设，及时借鉴国际前沿研究、准确把握未来研究动向，可迅速推进国内屋顶绿化滞蓄研究及相关产业的正确发展。

关键词：屋顶绿化；滞蓄效应；共词分析法；研究前沿与趋势

Abstract: Studies on"green roof's retention effect"are numerous with changing and diversified themes and contents, which impede researchers' judgements of future trends and specific directions. This paper retrieved relative publications before the end of 2018 in Web of Science Core Collection and did literature review with co-word analysis to clarify the research directions, to explore the research trends of"green roof's retention effec" from macro perspective and to provide reference for the research development in China. The research directions resulted from the co-word analysis include: ① retention effects of single green roof, ②water quality monitoring and improvements of green roofs, ③exploration on green roofs' retention effects on urban scale and ④water collection and reuse on green roofs. Studies in the directions ① and ② are relatively sophisticated and further trend is industrial and technological applied research. Direction ③ is just launched and needs more data support and reliable methods. Direction ④ directly targets practices. So it needs to combine the construction, policy and industry developments of green roofs in different areas, and make collaborative innovation with cooperation of industry, university and research institutes. The correct development of research on green roof's retention effect will be promoted promptly if referring to international research frontiers immediately and catching future research trends accurately, which will benefit the constructions of sponge cities in China.

Keyword: Green Roof; Retention Effect; Co-word Analysis; Research Frontier and Trend

在高密度城市发展的背景之下，屋顶绿化成为了解决城市高速发展所带来的人地关系矛盾的重要手段[1]。屋顶绿化能提供多种生态服务功能，其中缓解城市雨洪和存蓄雨水的作用，对于海绵城市建设尤为重要[2]。目前不同国家形成了不同的雨水管理理念①，并已有大量的关于屋顶绿化滞蓄方面的研究。但研究主题和内容不断推进和发散，在宏观层面显得庞杂，困扰研究者研判未来的研究趋势并寻找具体的研究方向。本文综述了"屋顶绿化滞蓄"的前沿研究，通过对文献关键词的聚类分组，厘清研究发展细分方向，并对各个方向下现有的研究成果进行归纳总结，从宏观角度进一步探讨屋顶绿化滞蓄的发展趋势，为国内屋顶绿化滞蓄的研究和相关产业的发展提供参考。

1　研究方法

1.1　文献检索

以收录全球各个研究领域最具影响力的核心学术期刊的"Web of Science 核心合集"为检索数据库，设定检索主题词为屋顶绿化的相关英文检索词："green roof""living roof""eco-roof""vegetated roof"，并进一步设定雨水滞蓄相关细分类型检索词："runoff""stormwater""rainwater"，得到截至 2018 年底的研究文献共 479 篇。

1.2　共词分析

共词分析法是对一组关键词两两统计它们在同一篇文献中出现的次数，以此为基础进行聚类分析，反映关键词之间的亲疏关系，进而分析出这些关键词所形成的主题的变化[3]。共词分析法能够将大量的文献按照主题分类以识别研究热点。

对于检索得到的 479 篇文献为基础，利用 SATI 软件提取出每一篇文献的关键词，再导入进 Ucinet6 软件对关键词进行初步的共词分析。初步的共词聚类结果显示出了大致的聚类组，但是由于存在重复、意味不明的关键词，导致每一组主题不是很明晰。故对 SATI 提取出的关键词进行修正处理。处理内容包括：

① 如英国的可持续城市排水系统（Sustainable Urban Drainage Systems，SUDS）、澳大利亚的水敏性城市设计（Water Sensitive Urban Design，WSUD）和美国的最佳暴雨管理措施（Best Management Practices，BMP）等。

（1）将同义词进行合并统一，避免重复、提取错误、单复数、全写与缩写、冗余的关键词影响分析结果，如将"storm water""storm-water""storm | water"与"stormwater"统一为"stormwater"

（2）删去频数10以下的关键词和检索关键词，减少低频次关键词和高频次共性词（检索词）对聚类分析的干扰。

然后重新对修正完的关键词进行聚类分析，获得有效聚类组。根据归纳的聚类主题，回到文献深入分析每类的研究成果、进展和趋势。

2 共词聚类结果

共词分析得到的聚类结果如图1所示，可提示四大研究方向：

（1）单个屋顶绿化的滞蓄作用研究。

（2）屋顶绿化的径流水质监测及改良。

（3）城市尺度下屋顶绿化的滞蓄效果探索。

（4）屋顶绿化的雨水收集再利用及系统效益研究。

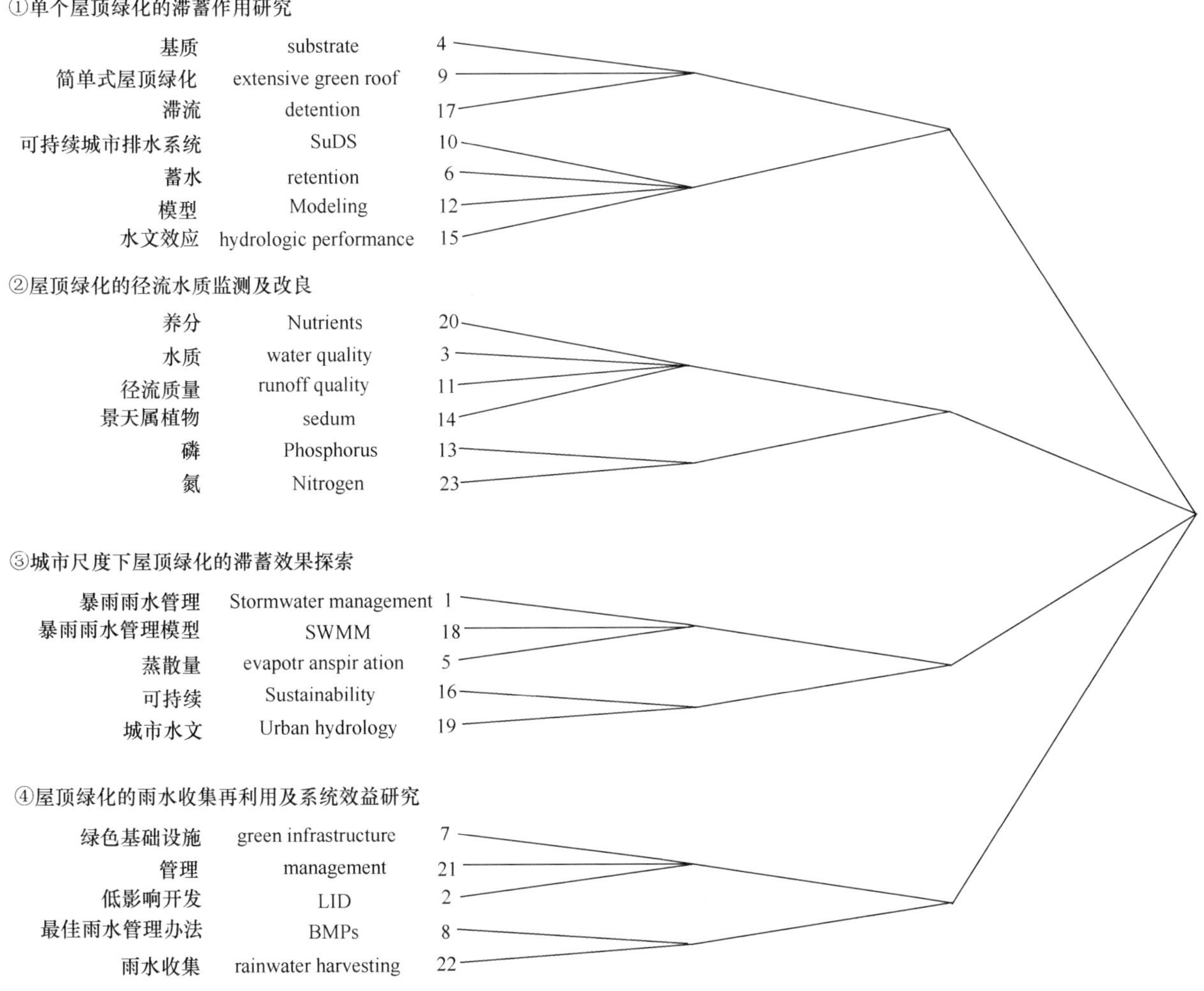

图1 屋顶绿化滞蓄文献关键词聚类分析最终结果

3 各个方向的研究进展和趋势分析

3.1 单个屋顶绿化的滞蓄作用

单个屋顶绿化的滞蓄作用相关研究已进行了十多年，成果颇丰，大致又可归为以下几个方面：对滞蓄效果的研究、对滞蓄影响因素的探究、对研究方法的探索。

3.1.1 滞蓄效果

屋顶绿化的滞蓄作用可延迟径流的产生、推迟降雨峰值时间、减少城市径流并存储雨水[4]。虽然不同地域的研究结果存在差异①，但总体上屋顶绿化对小降雨事件效果具有较高的蓄水能力[5]，而对于高强度降雨的滞蓄作用有限[6]；相对于强度恒定的降雨事件，屋顶绿化在应对强度

① 如英国的屋顶绿化试验台显示，两年中屋顶绿化滞蓄了50.2%的累积年降水量，在重大事件期间总体积保留率相当于30%[6]；丹麦的屋顶绿化测量数据和模拟结果的统计结果也表明，在单次径流过程中，屋顶绿化的年径流量估计占总降水量的43%～68%，并且根据降雨事件类型的不同，其雨量峰值的时间有不同程度的延迟[7]。

变化的降雨时滞蓄效果似乎更加出色[7]。屋顶绿化与其他低影响开发措施结合使用，既可获得理想的滞蓄效果，又能够减少对空间的占用。后续研究应更进一步与设计行业结合，进行实践应用性的探索。

3.1.2 滞蓄影响因素

屋顶绿化的滞蓄能力主要受降雨强度、初始基质湿度、基质深度、植物类型 4 个因素的影响。屋顶绿化的滞蓄能力对降雨强度有很强的依赖性，滞留率随降雨强度的减小而增大，当降雨强度大于 10mm 时，滞留率显著降低[8]。降雨强度与径流产生时间呈负相关性[9]。降雨前屋顶绿化基质湿度会影响滞留量和径流产生的时间[10,11]。有进一步研究显示，降雨强度、径流减少量与初始基质含水量之间存在较强的多重相关性[12]。此外，滞留量还会随着基质深度的增加而增加[13]。即使是浅层土壤也有一定的滞蓄效果，故更多的建筑物会变得易于改造和绿化[14]。若屋顶绿化的植物根系更多，基质中生物量更多，则能更有效减少径流量、保持水分[15]。草坪屋顶比景天或苔藓屋顶更能减少径流，但不能很好地应对干旱气候[16]。可见要达到最优的滞蓄效果，需要在荷载、植被存活率和最佳的径流减少率之间做出平衡和取舍。此外，气温的季节性变化、基质的成分等因素也会影响屋顶绿化的滞蓄能力：在温暖的月份，雨水滞留率更高；长久的干旱期能使屋顶绿化保留更多的雨水；基质较薄的屋顶绿化的季节性变化比基质较厚的屋顶绿化更明显[17]；增加基质的有机物含量或者使用保湿织物也能滞留更多的雨水[13,18]。目前这方面的研究多局限于针对目标因子的控制研究，后续应探究多影响因子的综合影响机制，为未来的优化改良策略、相关产品和产业的发展和适地建设提供理论基础。

3.1.3 研究方法探索

屋顶绿化研究的方法主要分为两大类，一种是根据试验数据进行分析推导内在的联系，并通过数理或模型关系现象化[19]；另一种是通过模拟软件设定条件进行结论的推算[20]。Carson 等对常用的 4 种预测单个绿色屋顶滞蓄能力的模型进行了评估：曲线数法、特征径流方程、HELP v3.9d 模型和暴雨雨水管理模型（SWMM v5.1）。前两者是试验数据推导的数理模型，得到的径流量偏低；后两者是常用的模拟软件，其中 SWMM 的结果偏高[21]。由于 SWMM 通常被用于城市地表或地下水文过程的模拟，故在单个屋顶绿化的研究应用中不可避免地出现误差，于是还有相当一部分研究试图通过加入参数条件来提高 SWMM 在微观尺度应用的准确性[22]。后续研究应该在不同的模型互相补充与校准的基础上，进一步开展应用型模型和软件的开发，将屋顶绿化滞蓄的理论基础转化为实际应用的依据和工具。

3.2 屋顶绿化的径流水质监测及改良

屋顶绿化的基质富含养分，那么经过屋顶绿化滞蓄作用之后产出的径流是否会污染城市？经蓄积后是否适合被再利用？这些问题形成了“屋顶绿化径流水质”这一研究方向，涉及径流水质监测和水质改良两个方面。

3.2.1 水质监测

屋顶绿化产出的径流中大部分化学元素的负荷均低于常规屋顶，即总体而言，屋顶绿化能有效地减少雨水径流的污染物负荷[23]，除了总氮、总磷等成分[24]。氮、磷污染主要来自于基质、肥料和植被[25]；污染物在径流中的浓度主要取决于屋顶绿化营养基质的特性和深度，植物密度和排水系统的影响较小[26]。氮和磷是促进植物生长的重要元素，也是传统肥料的主要元素，故在生产和培养过程中使用传统肥料会降低径流质量[27]。随着屋顶绿化的龄期增大，磷的浓度逐渐降低[28]。此外，屋顶绿化的径流水质还呈现强烈的季节性变化：在温暖的生长季节，径流表现出高浓度的营养物质，特别是总氮和溶解有机碳[29]。预测模型也表现出强劲的季节动态和快速下降[30]。

3.2.2 水质改良

屋顶绿化径流水质研究的核心是为了解决屋顶绿化在缓解城市径流时所造成的水质污染问题。一些学者从基质、肥料以及屋顶材料和结构等方面入手，探究控制污染、优化水质的方案。双基质层绿色屋顶似乎对大部分营养污染物都有吸收作用[26]。部分研究建议通过优化肥料、减少基质中的有机物量或施用最小量的肥料，在保持植物健康的同时，控制对径流污染的增加[31]。更多的研究认为，可以在排水层增加过滤装置，来净化径流水质，例如在以再生碎砖为主的基质中，生物炭在屋顶绿化可以解决部分养分污染问题[32]。但是由于生物炭的性质差异很大，并不全都能降低养分浓度和径流负荷，故在实施之前仍需谨慎[33]。此外，在排水层加入 P-反应物[34]或者活性材料[35]都可以减少基层对绿色屋顶径流质量的负面影响。未来需要进一步探究污染物浓度变化背后的详细作用机制，以便于针对性地做出改良对策和改良产品。

3.3 城市尺度下屋顶绿化的滞蓄效果

在进行了大量的单个屋顶绿化性能研究之后，为了更加有力地推广屋顶绿化或者证明推广的正确性，发展出了致力于在城市或更广泛的流域尺度中，探讨估算屋顶绿化效益的研究议题。并为此提出、验证和校准效益计算的研究模型，探讨在大尺度下影响屋顶绿化径流削减效益的因素，寻求一个更优的雨水管理方案。

根据国外已普及屋顶绿化的城市或地区所收集的数据记录以及分析计算，屋顶绿化可以降低城市峰值径流、减少径流总量[36]。仅对布鲁塞尔地区 10%的建筑进行屋顶绿化就能导致该地区总体径流减少 2.7%，并且总体径流的削减效果也会随季节更替和气候条件的不同显现出差异性[37]。故从城市尺度而言，屋顶绿化效益的在地性研究对当地屋顶绿化的推广也有重大的意义。

城市尺度下的屋顶绿化研究由于缺乏实测数据，更依赖于模型和软件的推算和模拟来评估屋顶绿化对城市总体径流的作用[38]，从而进一步分析在大尺度下，影响总体径流削减量的主导因素。不同气候条件下的模拟研究表明，屋顶绿化对城市径流的削减效应更受降水空间分布和屋顶绿化总面积的影响，屋顶绿化位置的影响并不显著[39]。

另有部分研究致力于更现实和直接的问题，如估算城市中绿化多少面积的屋顶可以缓解甚至解决城市洪涝[40]，其中又有多少雨水可被收集再利用[41]，并结合多种手段，模拟不同的雨水管理方案，综合土地性质、水文效应、全周期成本评价等，对此提出建设性意见[42]。

目前城市尺度下的屋顶绿化研究从对效益的精准量化和主导影响因素的探究，到进一步应用于实际的建设指导，均处于探索阶段。后续研究的开展，一方面依赖于研究数据的积累，可利用现有的技术手段继续进行不同城市条件下的大尺度屋顶绿化滞蓄方面的研究；另一方面则亟需提升研究方法和研究手段的准确性，确保模拟研究结果的可靠度。

3.4 屋顶绿化的雨水收集再利用

如何进一步收集并再利用屋顶绿化滞蓄下来的雨水，是屋顶绿化滞蓄研究面向实践应用的衍生议题。屋顶绿化保留的水分主要存在于土壤和植被中，而植物的生长形式可阻碍土壤的表面蒸发[43]。因此这一方向的研究主要分为：对屋顶植物生态系统持水能力的研究以及整个屋顶绿化雨水循环再利用系统的效益研究。

3.4.1 屋顶植物生态系统的持水性能

屋顶植物生态系统对保护土壤基质、减少水分蒸发、保留更多水分有巨大的贡献。不同类型、不同生长形态的植物在保留土壤水分方面表现各异[43]；将不同功能的植物种植在一起，既利于植物生态系统的整体生存，也可提升水分的保留量和屋顶的性能[44]。肉质性叶片和低水分需求的植物，持水性更好，且更易生存[45]。Farrell等通过研究部分植物的水分利用特性，建立了一个植物水分利用的生理特性模型，用于屋顶绿化的植物选择[46]。由于受气候、地理等条件的限制，屋顶绿化在各个城市的推广，都需要进行植物的适生性与持水性的选择。

3.4.2 屋顶绿化雨水循环再利用系统的效益

从整体系统层面研究屋顶绿化的水循环效益，需要在建筑尺度下或结合其他雨水管理措施进行考量。当屋顶绿化雨水收集与建筑回收利用相结合时，可以同时减少总径流量和建筑物中的用水量，形成水循环利用的最佳方案[47]。而综合计算屋顶绿化在其使用寿命（40年）内雨水收集、节能减排的效益，能实现约比传统屋顶低30%～40%的花费（不包括屋顶绿化维护成本）[48]。在更广泛的尺度上，屋顶绿化的雨水收集可以和其他LID措施结合，形成雨水收集系统。此外，还有一部分研究者通过开发新软件，帮助在实际应用中更好地评估雨水系统的效益[49]、比较选取最佳雨水管理方案[50]以及可视化理解雨水系统的设计改造[51]等。通过局地研究对比分析各项LID措施的成本和效益，多孔路面是最具成本效益的峰值流量减少措施，其次是生物滞留池，然后才是屋顶绿化[52]；但是更为有效、准确的周期成本和效益计算的方式方法尚需继续探索，并结合当地的社会政策和经济产业的考量，目的不仅是为了能帮助选择适地、最佳的雨水管理方案，更是为了给政府出台相关可落地的政策提供更可靠的依据，以及引导相关产业跟进发展。

4 结论与展望

屋顶绿化对城市雨水资源的管理和非点源污染的控制都有着重要的作用。当前屋顶绿化滞蓄方面的研究方向包括：①单个屋顶绿化的滞蓄作用、②屋顶绿化的径流水质监测及改良、③城市尺度下屋顶绿化的滞蓄效果探索和④屋顶绿化的雨水收集再利用。其中：方向①和②的研究较为成熟，未来主要趋向产业和技术应用性研究；方向③还处在起步阶段，需要更广泛的研究数据和更准确的研究方法支持；方向④直接面向应用实践，各地需结合屋顶绿化的建设、政策和行业发展，产学研协同创新。

中国城市的洪涝灾害一直严峻，而人地矛盾之下的新型城市化和土地存量式发展，充分发挥屋顶绿化的滞蓄功能，对于海绵城市的建设尤为重要。及时借鉴国际前沿研究、准确把握未来研究动向，可迅速推进国内屋顶绿化滞蓄研究及相关产业的正确发展，有助城市应对气候变化、实现可持续发展。

参考文献

[1] 付勇．探索中前行的成都屋顶绿化．中国园林，2018，34(01)：73-78.

[2] 中国屋顶绿化滞蓄效应研究进展及其对海绵城市建设贡献展望．中国风景园林学会2018年会；2018；中国贵州贵阳．

[3] 冯璐．共词分析方法理论进展．中国图书馆学报，2006，(02)：88-92.

[4] Bengtsson L. Hydrological function of a thin extensive green roof in southern Sweden. Nord Hydrol，2005，36 (3)：259-268.

[5] Lee JY. Quantitative analysis on the urban flood mitigation effect by the extensive green roof system. Environ Pollut，2013，181 257-261.

[6] Chen CF. Performance evaluation and development strategies for green roofs in Taiwan：A review. Ecol Eng，2013，52 51-58.

[7] Villarreal EL. Runoff detention effect of a sedum green-roof. Nord Hydrol，2007，38 (1)：99-105.

[8] Stovin V. The influence of substrate and vegetation configuration on green roof hydrological performance. Ecol Eng，2015，85 159-172.

[9] Locatelli L. Modelling of green roof hydrological performance for urban drainage applications. J Hydrol，2014，519 3237-3248.

[10] Voyde E. Hydrology of an extensive living roof under sub-tropical climate conditions in Auckland，New Zealand. J Hydrol，2010，394 (3-4)：384-395.

[11] Lee JY. A pilot study to evaluate runoff quantity from green

roofs. J Environ Manage, 2015, 152 171-176.

[12] Soulis KX. Runoff reduction from extensive green roofs having different substrate depth and plant cover. Ecol Eng, 2017, 102 80-89.

[13] Yio MHN. Experimental analysis of green roof substrate detention characteristics. Water Sci Technol, 2013, 68 (7): 1477-1486.

[14] Feitosa RC. Modelling green roof stormwater response for different soil depths. Landsc Urban Plan, 2016, 153 170-179.

[15] Dusza Y. Multifunctionality is affectedby interactions between green roof plant species, substrate depth, and substrate type. Ecol Evol, 2017, 7 (7): 2357-2369.

[16] Vanuytrecht E. Runoff and vegetation stress of green roofs under different climate change scenarios. Landsc Urban Plan, 2014, 122 68-77.

[17] Elliott RM. Green roof seasonal variation: comparison of the hydrologic behavior of a thick and a thin extensive system in New York City. Environ Res Lett, 2016, 11 (7): 15.

[18] Rowe B. Comparison of irrigation efficiency and plant health of overhead, drip, and sub-irrigation for extensive green roofs. Ecol Eng, 2014, 64 306-313.

[19] Palla A. Storm water infiltration in a monitored green roof for hydrologic restoration. Water Sci Technol, 2011, 64 (3): 766-773.

[20] Burszta-Adamiak E. Modelling of green roofs' hydrologic performance using EPA's SWMM. Water Sci Technol, 2013, 68 (1): 36-42.

[21] Carson T. Assessing methods for predicting green roof rainfall capture: A comparison between full-scale observations and four hydrologic models. Urban Water J, 2017, 14 (6): 589-603.

[22] Limos AG. Assessing the significance of evapotranspiration in green roof modeling by SWMM. J Hydroinform, 2018, 20 (3): 588-596.

[23] Gregoire BG. Effect of a modular extensive green roof on stormwater runoff and water quality. Ecol Eng, 2011, 37 (6): 963-969.

[24] Van Seters T. Evaluation of Green Roofs for Runoff Retention, Runoff Quality, and Leachability. Water Qual Res J Canada, 2009, 44 (1): 33-47.

[25] Li YL. Green roofs against pollution and climate change. A review. Agron Sustain Dev, 2014, 34 (4): 695-705.

[26] Wang XC. A field study to evaluate the impact of different factors on the nutrient pollutant concentrations in green roof runoff. Water Sci Technol, 2013, 68 (12): 2691-2697.

[27] Emilsson T. Effect of using conventional and controlled release fertiliser on nutrient runoff from various vegetated roof systems. Ecol Eng, 2007, 29 (3): 260-271.

[28] Okita J. EFFECT OF GREEN ROOF AGE ON RUNOFF WATER QUALITY IN PORTLAND, OREGON. J Green Build, 2018, 13 (2): 42-54.

[29] Carpenter CMG. Water quantity and quality response of a green roof to storm events: Experimental and monitoring observations. Environ Pollut, 2016, 218 664-672.

[30] Mitchell ME. Elevated phosphorus: dynamics during four years of green roof development. Urban Ecosyst, 2017, 20 (5): 1121-1133.

[31] Rowe DB. Assessment of heat-expanded slate and fertility requirements in green roof substrates. HortTechnology, 2006, 16 (3): 471-477.

[32] Kuoppamaki K. Mitigating nutrient leaching from green roofs with biochar. Landsc Urban Plan, 2016, 152 39-48.

[33] Kuoppamaki K. Biochar amendment in the green roof substrate affects runoff quality and quantity. Ecol Eng, 2016, 88 1-9.

[34] Karczmarczyk A. Effect of P-Reactive Drainage Aggregates on Green Roof Runoff Quality. Water, 2014, 6 (9): 2575-2589.

[35] Bus A. The use of reactive material for limiting P-leaching from green roof substrate. Water Sci Technol, 2016, 73 (12): 3027-3032.

[36] Versini PA. Assessment of the hydrological impacts of green roof: From building scale to basin scale. J Hydrol, 2015, 524 562-575.

[37] Mentens J. Green roofs as a tool for solving the rainwater runoff problem in the urbanized 21st century? Landsc Urban Plan, 2006, 77 (3): 217-226.

[38] Liu CL. Geographic information system-based assessment of mitigating flash-flood disaster from green roof systems. Comput Environ Urban Syst, 2017, 64 321-331.

[39] Versini PA. Toward an operational tool to simulate green roof hydrological impact at the basin scale: a new version of the distributed rainfall-runoff model Multi-Hydro. Water Sci Technol, 2016, 74 (8): 1845-1854.

[40] Mora-Melia D. Viability of Green Roofs as a Flood Mitigation Element in the Central Region of Chile. Sustainability, 2018, 10 (4): 19.

[41] Brandao C. Wet season hydrological performance of green roofs using native species under Mediterranean climate. Ecol Eng, 2017, 102 596-611.

[42] Xie JQ. An integrated assessment of urban flooding mitigation strategies for robust decision making. Environ Modell Softw, 2017, 95 143-155.

[43] Wolf D. Water uptake in green roof microcosms: Effects of plant species and water availability. Ecol Eng, 2008, 33 (2): 179-186.

[44] Lundholm JT. Green roof plant species diversity improves ecosystem multifunctionality. J Appl Ecol, 2015, 52 (3): 726-734.

[45] Farrell C. Green roofs for hot and dry climates: Interacting effects of plant water use, succulence and substrate. Ecol Eng, 2012, 49 270-276.

[46] Farrell C. High water users can be drought tolerant: using physiological traits for green roof plant selection. Plant Soil, 2013, 372 (1-2): 177-193.

[47] Stratigea D. Balancing water demand reduction and rainfall runoff minimisation: modelling green roofs, rainwater harvesting and greywater reuse systems. Water Sci Technol-Water Supply, 2015, 15 (2): 248-255.

[48] Niu H. Scaling of Economic Benefits from Green Roof Implementation in Washington, DC. Environ Sci Technol, 2010, 44 (11): 4302-4308.

[49] Rozos E. Rethinking urban areas: an example of an integrated blue-green approach. Water Sci Technol-Water Supply, 2013, 13 (6): 1534-1542.

[50] Zhen J. BMP analysis system for watershed-based stormwater management. J Environ Sci Health Part A-Toxic/Hazard

Subst Environ Eng，2006，41 (7)：1391-1403.

[51] Eger CG. Hydrologic processes that govern stormwater infrastructure behaviour. Hydrol Process，2017，31 (25)：4492-4506.

[52] Lee K. Cost-effectiveness analysis of stormwater best management practices (BMPs) in urban watersheds. Desalin Water Treat，2010，19 (1-3)：92-96.

作者简介

陈思羽，1996年生，女，汉族，上海人，同济大学建筑与城市规划学院景观学系在读研究生。研究方向为景观规划设计。电子邮箱：478653345@qq.com。

骆天庆，1970年生，女，汉族，浙江杭州人，博士，同济大学建筑与城市规划学院景观学系，副教授。研究方向为生态规划与设计。电子邮箱：luotq@tongji.edu.cn。

风景园林工程技术创新与管理

EPC 模式下湘西少数民族地区滨水景观改造探索与思考

——以花垣县花垣河滨水景观改造工程为例

Exploration and Reflection on Waterfront Landscape Upgrading in the Minority Areas of Western Hunan under EPC Mode

—A Case Study on a Slum Upgraidng Project in Huayuan County, Hunan

李　敏

摘　要： 以设计为龙头的 EPC 总承包管理模式下的景观设计是业界新兴的方向，本文以湘西地区花垣县的滨水景观改造为例，探讨在经济不发达但文化地域特色鲜明的少数民族地区，从本土文化的保护与利用，滨水空间融会贯通、创新与活力，可持续发展，共治共享等方面探索滨水区景观改造的可能性。

关键词： 少数民族地区；本土文化；滨水景观；景观改造

Abstract: The design-lead and design-centred EPC general contract management mode merges in industry recently. Taking the waterfront landscape upgrading project for example, this paper explores the aaproaches of slum upgrading projects in ethinic minority areas in undeveloped regions under this design-lead and design-centred EPC mode with emphasing on protection and utilization of local culture, integrarion of waterfront space, and relection on traditional lifestyle.

Keyword: Minority Areas; Local Culture; Waterfront Landscape; Landscape Ungrade.

引言

自古以来，城市的兴起与繁华都和河流的繁衍有着鱼水相依的不解之缘。可以说河流孕育一切，河流是人类的生命之源。湘西最大优势和最脆弱的资源均在山水生态，湘西优美的山水能为湘西带来金山银山，可是不仅仅只要金山银山，还要守住现有的绿水青山。湘西花垣地处湘西土家族苗族自治州西北角，湘黔渝三省（市）接壤处。境内以山原地貌为主，层峦起伏，花垣河属酉水系，位于花垣县北边，被花垣人民视为母亲河。花垣是古朴神秘的“百里苗乡”，不仅苗族传统文化保存完好，还有沈从文笔下的边城茶峒等人文景观。因县城偏远闭塞，县城基础设施缺乏合理规划，排污能力有限，垃圾处理杂乱，电力设施老化，花垣河污染日益严重，水患每年增加。人与河流和谐共处的关系被割裂，借助国家棚户区改造的政策东风，通过 EPC 总承包管理模式，针对花垣县花垣河滨江的景观改造，如何真正做到本土文化保护利用，滨水空间融会贯通，创新与活力，可持续发展，共治共享，是我们探索的焦点。

1　项目背景

1.1　项目综述

2015～2017 年湘西州计划实施棚户区改造 7 万户，共计 778 万 m^2，到建州 60 周年基本完成集中成片棚户区改造任务，全面改善住房条件和人居环境。花垣县政府以改善民生，提升生活质量为根本目的，依托花垣河滨江景观改造这一项目，重点提升公共设施，基础设施，将老城区最重要的沿河段以浮桥为起点，竹篙滩电站为终点沿线 2.2km 景观贯通，带动周边地块的活力。

花垣县此段地形复杂，靠近浮桥段 1.2km 处污水管网混乱，无合理的污水堵截排放，河流污染严重，臭气熏天（图 1），周边棚户区房屋密集，以木质结构为主，无公共空间，缺乏照明设施，存在极大安全隐患；靠近竹篙

图 1　浮桥段现状

滩电站是原山地形态，高差最高可达 40m，平均高度 24m，此处 1.1km 路段无人可通行区域，污水排放，垃圾成堆，礁石乱布，杂草成堆，臭气熏天（图 2）。要拉通此区域需在水上架路，悬崖上架栈道。此项目不仅对于景观设计来说是一项挑战，对于 EPC 总承包来讲，要实现这 2.6km 的全线贯通，更是一项极大的挑战。

图 2 竹篙滩电站现状

1.2 项目特色

“湖南自古为蛮楚，湘人勤劳剽悍驰誉天下；湘西僻壤多族类，山民勇敢聪慧和贯边城”。边边场上，“跳花、跳场、踩月亮”；高高山下，“游方、走寨、会姑娘”。苗家儿女歌对歌，清音袅袅回峰谷；彩云缭绕峦对峦，情意绵绵弥和音。和谐湘西民风，纯朴可为赋，苗家山寨，乡俗独特堪入屏。”花垣县苗族人民有自己的服饰文化、饮食文化、节庆文化以及古老传统的生活习俗（图 3），正因此独特性，为花垣县城的城市生长和空间改造提供了丰富的非物质文化资源。

图 3 湘西花垣居民生活

1.3 EPC 景观模式

EPC 景观模式是指公司受业主委托，以景观设计为龙头，按照合同约定对景观建设项目的设计、采购、施工、试运行等实行全过程承包。公司在总价合同条件下，对其所承包工程的质量、安全、费用和进度进行负责。自习主席“一带一路”倡议被提出并逐渐落地展开后，中国 EPC 产业得到了系统化的战略性助推，实现了更加高速的发展。

为满足本项目工期短，质量高，还涉及用地归属，场地拆迁，现场场地复杂等问题，不仅需要甲方与多部门的协调沟通，设计方还需多个专业配合出具设计方案，本项目实行工程总承包管理 EPC 模式，作为湖南省建筑设计院有限公司，也是花垣县政府实行的第一个景观 EPC 项目，对于该次的模式也做了大胆的尝试和实践，事实证明，在复杂条件下有效的推动项目进度，保证了质量。采用 EPC 模式有如下方面的优势：

1.3.1 简化流程，争取时间

本次 EPC 设计与施工同时采购招标，简化招投标流程，缩短了时间，让总包项目部提前 3 个月进入现场，熟悉现场环境。

1.3.2 完善团队，管控清晰

建立完善的团队组织，形成技术团队与 EPC 管理团队两支队伍。技术团队综合各专业人才平衡功能与美感，协调方案与施工，缩短设计周期，派设计代表随时解决现场突发的各种问题。EPC 管理团队分为两部分，一部分扎根现场，在现场收集甲方与当地居民的意见；一部分与设计部门积极对接，力图以最快的时间将设计方意图落实清楚并实施，形成有效的反馈机制。

1.3.3 共治共享，四方结合

改造项目不是全新建设的项目，需根据现状条件做出与当地居民生活紧密相关的设计改造。EPC 总包项目部在现场的工作是搭建各方的桥梁。项目初期针对拆迁工作的停滞问题，甲方积极调整传统拆迁模式，在遵循国家法律法规的原则下，设身处地为当地居民着想，制定适应各家情况的方针；EPC 项目部将滨江广场的服务用房作为“农民工”学校，定期给周边居民讲解设计方案，工作进度。我们深刻的认知，不能让当地居民有地域的丧失感，文化生活习俗的割裂感，只有充分为了人民，才能得到人民的支持。项目的顺利推进，这是集合了甲方政府，当地民众，设计方与施工方四方努力的成果。

2 设计解读

2.1 本土文化保护利用

2.1.1 本土文化的保留

本项目从苗族锦绣文化衍生出创意，以编织艺术——编织景观——编织梦想为主题思想，将花垣沿江景观分为苗家风情区、休闲娱乐区、自然山体区3个部分（图4、图5）。本项目以特色保护与生态维育两大基本功能为核心，延伸苗俗风情、文化体验、休闲观光、康体健身四大主功能，打造具有浓郁苗族特色山城风貌的滨水生态景观。花垣河沿岸保留了解放初期的浮桥，县级文物保护建筑陶家大院，百年古井。陶家大院不仅将周边连接的青苔老围墙也全部保留（图6），还将内部增设了介绍花垣县，花垣河的历史内容，成为了一个小型的民俗展示馆。

图4 花垣河沿岸景观改造设计范围

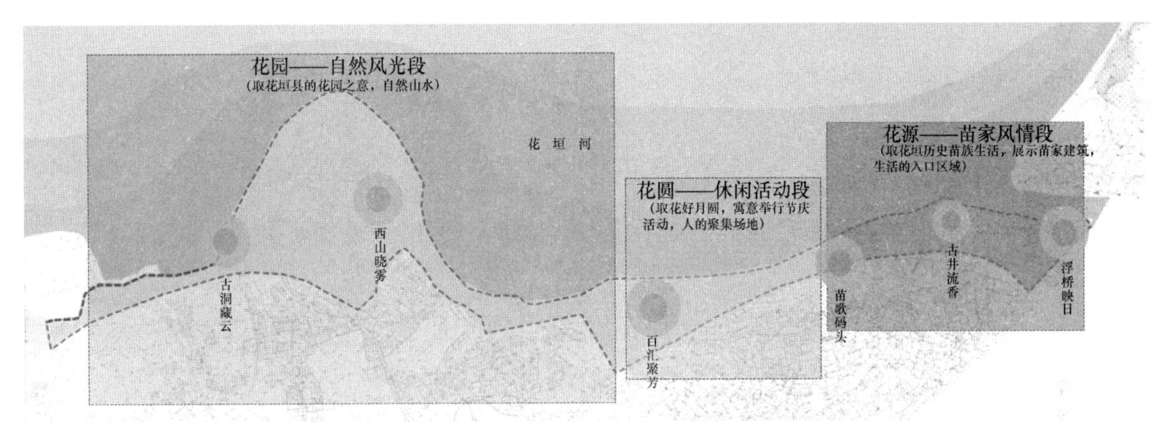

图5 花垣河功能分区

图6 陶家大院与旁边的砖墙

2.1.2 生活习惯的保留

根据设计人员多次调研发现百年古井是当地妇女最喜爱的地方，是她们边洗衣服边聊天，是增进感情的重要社交场所。在设计的时候，不仅仅是保留古井，而是在此基础之上，拆除周边危房，修缮坡道，为古井上加盖挡雨亭子，增设休息座椅（图 7、图 8）。不仅让妇女们下雨天也能洗衣服，还成为休憩景观节点。污水管道重新设计，截取污水改道，减少污水排放花垣河，恢复花垣河的清澈，原位置扩大修复居民喜爱的钓鱼区域；整修荒废的游泳码头，分为浅水区、戏水区，增加移动厕所和换衣服小木屋等，让当地居民重温小时候的游泳乐趣。

图 7　百年古井原貌

图 8　古井加盖亭子成妇女最爱场地

2.2 滨水空间融合贯通

2.2.1 从浮桥到竹篙滩电站全线贯通

从浮桥段开始到竹篙滩电站全线贯通，主要步道分 3 段，入口段以贴近居民生活步道为主，中间大坝段以现状大坝步道为主，末尾原山地区域主要以悬崖栈道为主。周边依次打造皮蛋厂广场、滨江广场节点和花垣广场 3 个主要节点。皮蛋厂附近有幼儿园、小学，周边以老人小孩居住为主。高差丰富，利用高差设计下沉广场、篮球场、硬质广场、儿童娱乐区、老人休憩区（图 9）。滨江广场为本次的设计亮点，在大坝上设计 3 个玻璃眺望台，适用苗族人民“赶秋节”唱山歌跳舞，既实用又美观（图 10）。花垣广场设计污水改道，绿树成荫，适合散步、休憩、健身康体（图 11）。

2.2.2 从滨水沿岸向周边地块的渗透

花垣河沿岸增设了 5 条悬崖栈道，将山上的居民引入花垣河的沿岸景观内（图 12）。

图 9　皮蛋厂广场

图 10　滨江广场玻璃挑台

图 11　花垣广场绿树成荫

图 12　悬崖栈道与上山栈道

向周边地块的渗透过程中将旧房宅区内房屋主体结构加固、房屋部分构件修缮更新、屋面整修改造、外墙及楼道粉饰、房屋内部老旧管线更新改造等房屋维修养护等。原则是与周边环境相融合，保护与创新并存。经过与户主的协调沟通，大胆采用玻璃顶棚的现代形式与古朴墙体相融合，包括建筑民居的围墙采用当地砖块一并改造，造价低廉，美感与功能兼具（图 13）。

图 13　民居改造与围墙

2.3　创新与活力

2.3.1　创新技术的使用

本次设计不仅仅是景观改造，民居改造为设计带来的新鲜力量，在调研的时候也运用了创新的技术。现场调研遇到巨大困难，山地高差大，无路可进。我们采用无人机空中倾斜摄影技术，大疆 m210 rtk 无人机前期采集、差分 GPS 基站标注地面相控点、多计算机分布式运算出模型结果。前期先用差分 GPS 基站在地面均匀布设相控点、中期使用无人机飞行 100m 高度进行 5 个方向图像数据的采集、后期通过运算合成 5 个方向的图像得出模型结果，参与人员有地面相控人员 2 名，飞行采集人员 2 名，后期内业人员 1 名，总耗时 20 天。这个新技术的亮点是能辅助设计，实景 3d 地图，直接得到面积、体积、土方计算、材质纹理、高程数据（图 14），对设计人员了解地形有很大的帮助。

图 14　无人机倾斜摄影生成模型

2.3.2　夜景亮化活力增值

本次设计将夜景亮化作为一项重要内容，坚持生态低耗、低调务实的原则，不仅仅为花垣县人民的夜间出行提供了安全保障，也极大地增加了地块的活力。成为花垣县夜间的重要健身娱乐区域，夜景亮化地块的活跃带动了周边地块的联动（图 15）。

2.4　可持续发展

此次景观改造将绿色生态贯穿到整个设计之中。将沿江打造成为生态廊道、绿色纽带。道路广场铺设符合海绵城市要求，种植当地的树种，打造雨水花园（图 16），减少排水压力。硬质大坝在符合水利部门的要求之下，将一部分硬质铺地改为绿地（图 16）。

图 15　夜景增加场地活力

图 16　滨江广场上雨水花园

2.5　共治共享

政府管理模式采用的是“多管齐下”的方式。①政府出钱出力为主导，号召周边居民“通过清垃圾、优环境、美家园”等一系列行动进行卫生保洁工作。②区党支部示范带头的人居环境整治工作机制，动员党员群众，以房前屋后、道路、沟渠、乱堆乱放等为突破，逐点逐段全面推进。③各社区采取志愿服务、设岗定责等方式，动员广大人民群众自觉开展房前屋后环境卫生，主动清理公共区域垃圾杂物，在晚上散步时，跳广场舞时随时清理自己所带的垃圾。这些方式逐步提升社区人居环境，形成共融共建共治共享的发展格局。

3 社会效应

经过几次项目回访，我们发现花垣县政府与当地居民对本项目满意度很高。很多当地的居民主动要求政府效仿本项目来提升周边环境，提高生活幸福指数。花垣河自2017年改造以来水利部门监测并未发生水患，并将持续监测；植物长势良好，行成良性循环。

4 探索与思考

通过对花垣河沿岸景观改造的项目实践，利用创新理念与手法，将沿河空间与周边空间进行渗透整合，激活地块活力，改善县城环境，提升县城形象。催生居民幸福、满足感与感归属感。但是对于设计为龙头的EPC模式下的景观改造还处于探索阶段，EPC模式对与项目的沟通协调、项目进度、项目造价等方面有促进作用。这个项目在设计与实施的过程中做出的探索可为相关领域研究提供参考。

但是值得思考的是EPC模式还需要进一步明确其法律法规，将甲方、设计方、施工方的权责明确；以设计为主导的EPC模式，施工方应充分尊重设计方的意图，保证设计方的意图落地，用景观的施工语言来保证工程质量；特别是关于后期利益分配问题，在EPC模式下，为了项目的有效推进，设计方与施工方很多工作是互相交融的，在此交融的区域如何进行合理的利益分配，也需进一步出台政策条例。随着大型市政景观项目要求越来越标准化、专业化、精细化、信息化，EPC模式景观项目也迫切需要有经验有综合能力的熟悉EPC模式的复合型人才。

参考文献

[1] 吴云超．湘西乡村旅游发展研究［D］．北京：北京林业大学，2011．

[2] EPC模式在大型园林工程项目中的应用探索——以深圳前湾片区景观提升工程为例[J]．广东园林，2018，40(2)：183.

[3] 张伟伟．EPC模式下的北京市市政工程项目质量管理[D]．北京：北京建筑大学，2014.

[4] 崔曦．城市场所功能更新——以纽约高线公园为例[J]．北京：北京规划建设，2012.

[5] 王伟杰．城市滨水区工业遗产景观改造探索[J]．城市住宅，2018，25(5)：64-67.

作者简介

李敏，1984年生，女，汉族，籍贯醴陵，硕士研究生，现供于湖南省建筑设计院有限公司规划分院风景园林所，高级工程师、副主任规划师，从事风景园林、环境艺术工作。研究方向为滨水景观、山地景观、道路景观等。电子邮箱：178395876@qq. com。

城市空间形态：规划体系定位与深度学习的应用可能[①]

Urban Spatial Form：Positioning of Planning System and Application Possibility of Deep Learning

彭　茜　金云峰　刘鹏坤

摘　要：在城镇化急剧的进程中，人类的生产、生活活动持续不断地与城市空间相互作用与影响，文章在此背景下对如何控制与引导日新月异的城市空间形态提出思考，并对接城市空间形态的层次与现行规划体系的层级，加深现有规划体系下对城市空间形态的认识；然后，在以创新为驱动的智能城市设计背景下，实验性的尝试应用对城市空间形态量化分析的新技术，即运用深度学习技术中卷积神经网络算法对城市肌理与用地分类的风格进行大规模、精细化的判别，随后也可以反应居民日常生活需求的POI数据对其进行验证，探索城市空间形态在分析技术等多方面新的可能性，为城市空间结构设计规划提供数据依据。

关键词：城市空间形态；规划体系衔接；深度学习；城市肌理判别；兴趣点数据POI

Abstract: Sharply in urbanization process, the human production and living activities continue to interact with the urban space and influence, under the background of this article on how to control and guide the ever-changing urban space morphology put forward thinking, and docking of the level of the urban space form with the current planning system hierarchy, deepen understanding of the urban space form under the existing planning system; Then, in the driven by innovation intelligence under the background of urban design, the experimental application of urban spatial morphology quantitative analysis to new technology, utilizing the technology of deep learning convolution neural network algorithm for urban texture and the style of the land use classification on a large scale, intensification of discrimination, then to residents' daily life can represent the demand of POI data validation, explore the urban space morphology on the analysis of the technical aspects of new possibilities, provide data basis for the planning of urban spatial structure.

Keyword: Urban Spatial Form; Planning System Convergence; Deep Learning; Discrimination of Urban Texture; Point of Interest POI

引言

随着城镇化进程的加剧，中国的城市面貌日新月异，城市空间大步流星般地蔓延拓展，中国的城镇化率从1978年的17.9%上升到2018年的59.2%，在40年的时间内提高了将近40个百分点，然而到2050年预计有80%的人口居住在城市[1]。与此同时，也出现了城市整体形态缺乏控制、城市肌理断裂以及“千城一面”等城市问题[2]。研究城市空间形态，是把城市当作是一个由社会、文化、政治、经济、规划过程等因素共同作用的有机物化载体，而剖析其外在的显性表征，可以帮助我们认知城市现象，探讨城市空间发展的内外动力，把握其自身的发展规律从而使其有序发展。

1　基于比较分析的城市空间形态

1.1　基本概念辨析

城市空间形态是指一个城市的全面实体组成，或实体环境以及各类活动的空间结构和形成[3]。有广义和狭义之分，广义的城市形态既包含了复杂城市过程中的经济现象、社会过程、人类意识活动、虚拟空间的信息交流等形成的无形空间形态，也包含了这种过程显现出的有形表象形式；而狭义的城市形态，即有形的、具体的由城市实体环境构成的空间物质形态。

1.2　城市空间形态与规划体系的对接

对城市空间形态的研究，是对城市发展过程的总结与提炼，贯穿于城市规划的各个阶段。为“加快生态文明制度建设”，2013年在《中共中央关于全面深化改革若干重大问题的决定》中我国首次正式提出“空间规划体系”[4]。在这种背景下，2018年国家组建自然资源部，统一行使发改部门、国土部门、住建部门、环保部门的有关职责；为实现“多规合一”，将主体功能区规划、土地利用规划、城乡规划等空间规划融合为统一的国土空间规划，并构建相互衔接、分级管理“五级三类”的国土空间规划体系，统一了国家规划体系。国土空间规划体系是以空间治理和空间结构优化为主，自上而下编制各级国土空间规划，对空间发展作出战略性系统性安排。

国土空间规划作为一种新的规划类型，是在传统空间规划基础上逐渐形成的新规划类型，目前与传统总体规划可以“双向替代”。所以在理顺融合统一与逐渐过渡的现阶段，国土空间规划正式的编制标准还未确立，本文仍以

① 基金项目：上海市城市更新及其空间优化技术重点实验室2019年开放课题（编号20190617）资助。

原有的规划体系为对接主体。

城市空间形态根据凯文·林奇 Kevin Lynch 在《城市形态》(*Good City Form*) 中的分层[4]，对照战略性调控与实施性调控，依据促进城市空间优化的逻辑，分为3层，第一层是宏观区域内城镇群的分布形态，即广域城镇化形态，例如京津冀城镇群和长三角城镇群，是以区域网络化组织为纽带，由若干个密集分布的不同等级的城市及其腹地通过空间相互作用而形成的城市区域系统[5]。其对应区域层面的城市群规划，是针对城镇发展战略的研究，统筹城镇布局，协调城市间区域性结构关系。第二层次是城市的外部空间形态，即城市的平面布局的几何形态与立面空间结构形态，对应城乡规划体系中的城市总体规划，研究城市规划期内的人口、社会、空间发展目标及关系，统筹城市各类土地利用及基础设施规划。第三层次是城市内部的分区形态，针对中小尺度的城市形态对象，如街道、广场、街区等，对应城乡规划体系中的详细规划，对局部地区的建设控制指标进行详细规定（表1）。

城市空间形态层级与规划体系的衔接　　表1

城市空间形态		现行规划体系	
形态层级	对象	规划类型	工作内容
第一层级	宏观区域内城镇群的分布形态	区域规划中的城市群规划	针对城镇发展战略的研究，统筹城镇布局，协调城市间区域性结构关系
第二层级	城市的外部空间形态	城乡规划体系中的城市总体规划	统筹城市各类土地利用及基础设施规划
第三层级	城市内部的分区形态	城乡规划体系中的详细规划	对局部地区的建设所进行规划控制确定

要建立城市空间形态与现行规划编制体系之间的层级衔接，以便于与城市建设过程中的协调，而对城市空间形态的管理与控制是要依托于法定的规划体系才能实现，由此与基于数字化表达的管理技术平台才能有效结合。

2　方法“智能”驱动的城市空间形态认知——城市肌理的风格判别

2.1　技术变革

创新驱动的智能城市设计方法，随着城市设计研究思维方式的转向，以及新数据与技术环境的兴起而成为可能[6]，其利用智能的、定量的建筑、街道或聚落空间结构的方法对城市空间形态的几何结构进行描述与剖析。本文尝试探索深度学习工具在城市肌理大规模、精细化的风格判别研究中的应用可能，为城市空间结构设计规划提供数据依据。

2.2　实验原理

城市肌理意味着某种结构化的物质环境，涉及建筑类型、街道形态、街区模式、开敞空间以及区域界面等内容[7]，蕴含着复杂而深刻的社会经济关系。在以往的研究中，许多城市研究针对城市路网进行深入的研究[8]，试图从街道可达性或者街区的建筑密度、建筑形态、容积率及其建筑立面等角度分析城市肌理的特征。但此类研究要么来自于若干案例简单归纳，要么来自于交通布局的基本常识，研究范围较为宏观，且多为定性研究，操作方法相对固化。

随着智能时代的到来，深度学习（deep learning）作为机器学习的分支，它试图使用复杂的结构或由多个非线性变换组成的多个处理层对数据的高层抽象算法[9]。换而言之，机器可以绕过分类管理步骤，依靠模仿人类大脑形式塑造的“神经网络”，针对某个特定的主题展开自学习，并不断吸取和产生新的海量数据[10]。以深度学习为代表的数据分析技术已成为城市设计研究的工具，其中，卷积神经网络（CNN）被广泛应用于当今的图像判别领域（图1）。

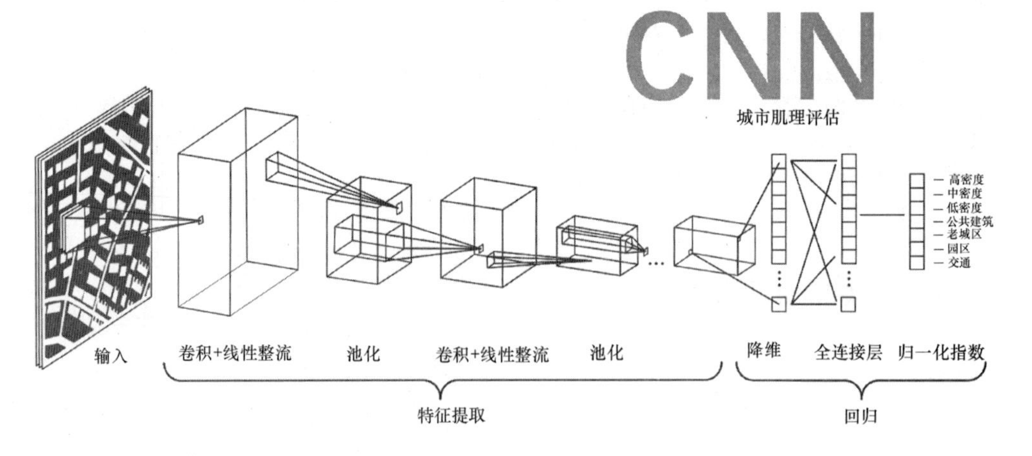

图1　卷积神经网络结构用于城市肌理结构

因此，在城市肌理与城市用地分类之间建立一种合理的关联结构，通过风格判别和模型算法这种可理解、可掌握的方式，寻找城市肌理与城市用地之间存在的有序原则，在无规则形态表象之下的内在秩序性的抽象和概括，是本试验尝试的方向。

2.3 试验设计

此试验依据康泽恩学派（M. R. G . Conzen，1960）关于“形态基因”的释义，把城市规划中的空间形态要素归纳为街道和由他们构成的交通网络、用地单元和由它们集合成的街区，以及建筑物及其平面安排[3]。依据此并结合城市用地在空间上呈现的几何形状，归纳出在平面布局中能够反映城市的用地分类以及人类活动创造的区域文化环境特征的七种特定要素，包括园区，高密度区、中等密度区、低密度区、公共建筑、交通、老城，作为此次试验中城市肌理的判别类型。然后，使用卷积神经网络（CNN）大尺度的城市卫星图中快速分辨出这 7 种用地类型并计算各类区域的占比。试验的训练数据来源皆为百度的二维卫星图片（经过色彩处理），选取北京、广州、吉林、金华、临沂、洛阳、上海、深圳、台州和西安十个发展程度不同的城市卫星图，图幅切片为 1km×1km，数量共计 5458 张图片，划分为 7 种城市肌理类型作为评估分类的数据集（图 2）。（计算机配置：处理器 Core I7 7700k，显卡 NVIDA GTX1070，内存 32.0GB）

在试验中，卷积神经网络的输入层可以处理多维数据，一般来说，一维卷积神经网络的输入层接收一维或二维数组，其中一维数组通常为时间或频谱采样；二维数组可能包含多个通道；二维卷积神经网络的输入层接收二维或三维数组；三维卷积神经网络的输入层接收四维数组。而卷积神经网络的隐含层包含卷积层、池化层和全连接层 3 类常见网络结构。实验原理为，首先通过输入层读取数据集，进入第一个卷积层；卷积运算的性质保留了原图中像素与像素间的关系，卷积层通过不同尺寸的卷积核对城市肌理数据进行不同尺度的特征提取，带有不同尺寸的卷积核实现了对图像的多种操作，例如边缘检测、升维、降维以及非线性变换等等，以达到从不同的尺寸对肌理图片进行识别；从而经过多次的卷积和池化操作，数据到达最后的全连接层。以交通肌理为例子，如图 3 所示首先卷积神经网络的第一层特征提取的是图片的整体轮廓信息，第二层以及第三层逐层深入提取图片的局部特征信息。

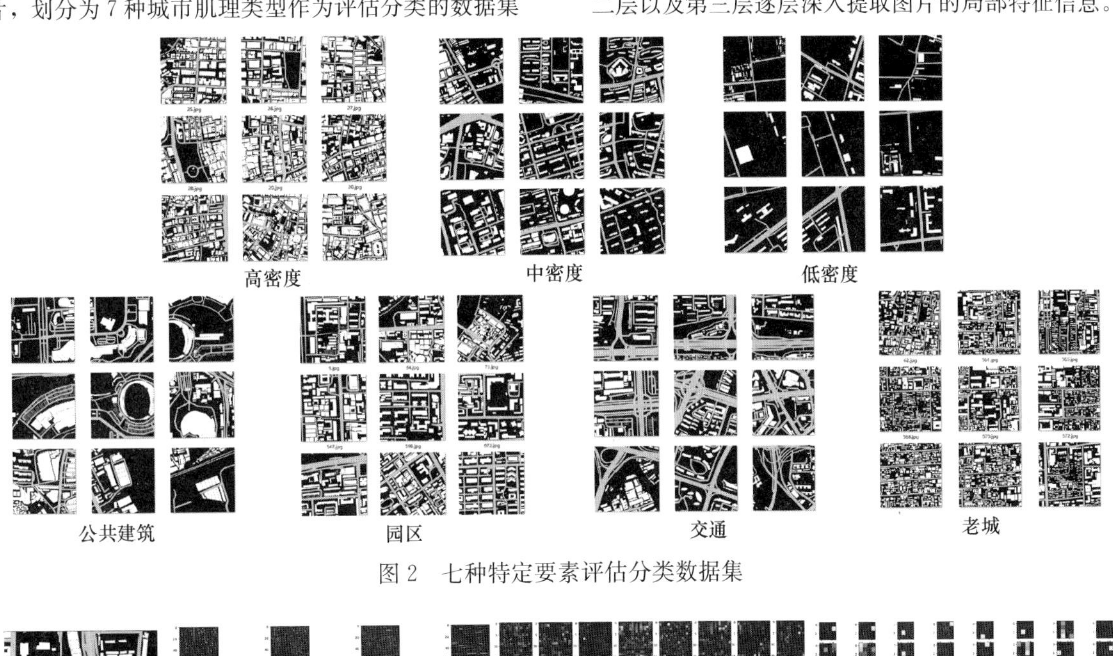

图 2　七种特定要素评估分类数据集

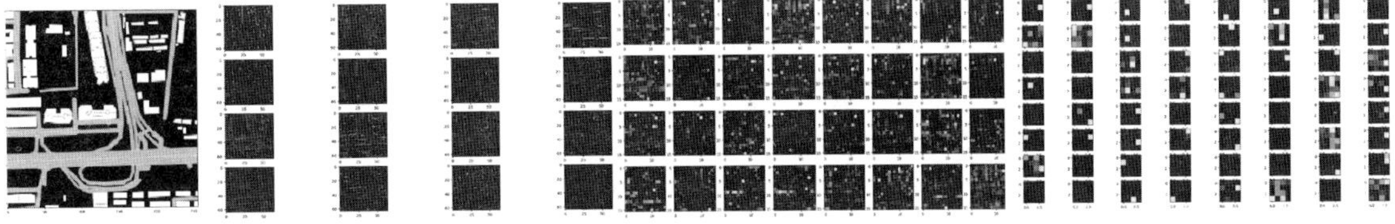

图 3　卷积神经网络中卷积层对于城市肌理的特征提取可视化（以交通为例）

2.4 试验结果

在本研究中，卷积神经网络中输出层的上游通常是全连接层，因此其结构和工作原理与传统前馈神经网络中的输出层相同。对于图像分类问题，输出层使用逻辑函数或归一化指数函数（softmax function）输出分类标签，并映射到三维空间。如图 4 所示，可以看出在三维空间中，卷积神经网络可以清晰低辨认出七种城市肌理。

在模型训练完成后，以上海市黄浦区的部分卫星图作为测试案例，结果如图 5 所示。测试方法首先将黄浦区的部分卫星图按照训练集的尺寸 1km×1km 进行切片，并将切片的图片数据作为卷积神经网络的测试数据进行城市肌理判别，可以输出每张图片数据对应的城市肌理，编码采用 one _ hot encoding（独热编码），如［1，0，0，0，0，0，0］表示第一种分类高密度区，［0，1，0，0，0，0，0］表示第二种分类中密度区。最后根据分类结构计算

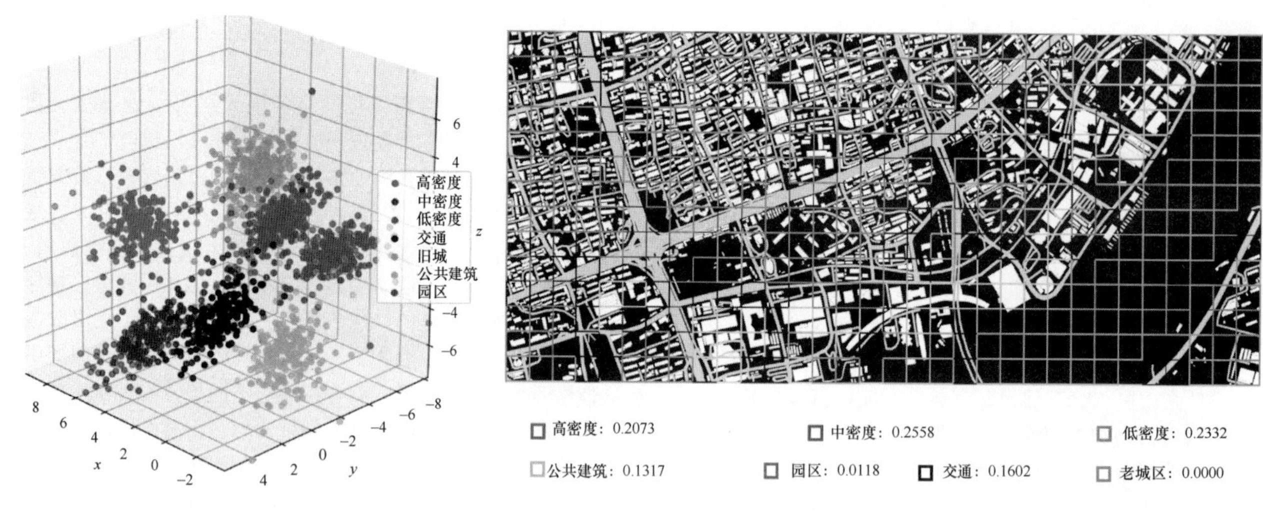

图 4　7 种城市肌理的图像判别模型数据分布三维图

图 5　黄浦区某地块城市肌理判别模型分类结果

此片区各类城市肌理的占比，并将切片的图片数据合并为原始卫星图并进行判别结果的可视化。

实验证明卷积神经网络的判别结果与实际城市肌理分区具有一致性，即利用卷积神经网络可以实现对城市肌理的大规模、精细化判别，换而言之，这种依托深入量化分析与数据计算途径来研究城市空间形态，为协同多要素空间形态的分析展现了可能。

2.5　基于 POI 兴趣点检验的城市肌理模型评估

城市形态演变的根本推动力是城市活力，而城市活力的支撑靠城市经济、社会发展、增长方式的改变，交通、通信的变革等。POI（point of interest）兴趣点数据反应了在人们生活中真实存在的公共服务设施的覆盖度，是影响人们出行、判断空间活动的显性衡量标准。

实验选取典型的 POI 数据类型，包括娱乐类、餐饮、大厦、公交站、景区、学校、银行、宾馆酒店、超市商场、小区、机场、政府机构的业态分布点，与基于深度学习软件识别出的 7 个分类叠合分析，由图 6、图 7 可见，高密度中 POI 点呈现出最强的高聚集程度，其次是中密度、公共建筑与交通，而在低密度、园区、老城区，POI 点聚集程度较低，符合基于卷积神经网络的大规模城市肌理识别的分类。由于本次实验获取的 POI 数据点有限，所以实验的精确度可能存在误差，所以今后仍可以针对最新的全量 POI 数据的进行校验优化。

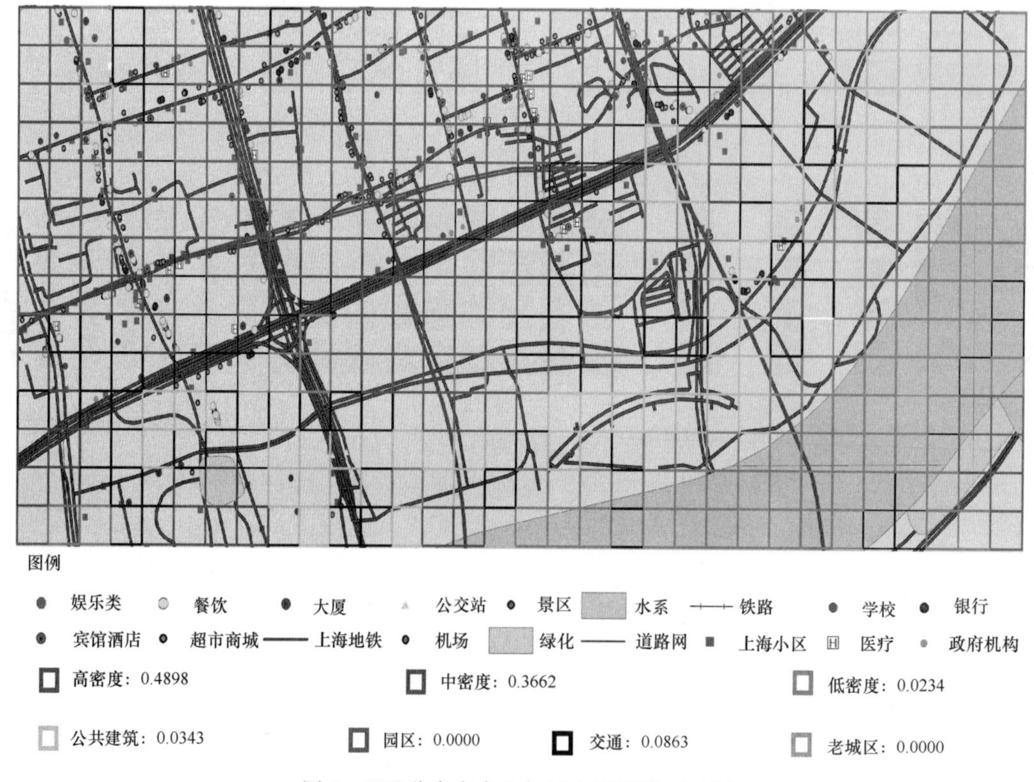

图 6　POI 分布点占比与城市肌理类型对照

图 7　黄浦区某地块卫星图（图片来源：网络）

3　结论与展望

20 世纪 50 年代以来，城市空间形态研究一直是城市领域研究中的重点，基于图论的图解分析法以及基于类型学的城市空间分析法一直是这些领域研究的主要范式[11]。然而这些研究范式往往侧重于理论抽象分析和定性描述，难以给出城市空间形态科学的、精确的分析结果。新兴网络媒体与社交工具的兴起使得利用大数据智能分析手段的大规模、精细化城市研究成为可能，借助此类分析方法，剖析城市空间形态的有形特征与其背后的经济社会影响无形特征，能够清晰地掌握城市发展的脉络，探讨城市未来空间的发展态势，对开展评价和预测城市未来发展起到指导作用。

参考文献

[1] World Urbanization Prospects：The 2018 Revision—Annual Percentage of Population at Mid-Year Residing in Urban Areas by Region，Subregion，Country and Area，1950-2050. United Nations，Department of Economic and Social Affairs.

[2] 杨俊宴．城市空间形态分区的理论建构与实践探索[J]. 城市规划，2017，41(03)：41-51.

[3] (美)凯文·林奇．城市形态[M]. 林庆怡，陈朝晖，邓华(译). 华夏出版社，2003.

[4] 黄勇，周世锋，王琳，倪毅．用主体功能区规划统领各类空间性规划——推进"多规合一"可供选择的解决方案[J]. 全球化，2018(04)：75-88+134.

[5] 李培祥．城市与区域相互作用的理论与实践[M]．经济管理出版社，2006.

[6] 彭茜．新数据与新技术环境下的城市设计途径研究——人工智能视角//中国风景园林学会．中国风景园林学会 2018 年会论文集[M]. 北京：中国建筑工业出版社，2018.

[7] 维基词典．http：//en. wiktionary. org/wiki/urban _ fabric.

[8] 童明．城市肌理如何激发城市活力[J]. 城市规划学刊，2014(03)：85-96.

[9] 尼尔·林奇．人工智能时代的设计[J]. 景观设计学，2018.

[10] Deng L.，Yu，D. Deep Learning：Methods and Application. Foundations and Trends in Signal Processing. 2014，7：3-4.

[11] 苑思楠．城市街道网络空间形态定量分析[D]. 天津大学，2012.

作者简介

彭茜，1990 年生，女，汉族，河南人，同济大学建筑与城市规划学院景观学系博士在读。研究方向：城市形态与空间活力。电子邮箱：328824249@qq. com。

金云峰，1961 年生，男，上海人，同济大学建筑与城市规划学院景观学系副系主任、教授、博士生导师。研究方向为风景园林规划设计方法与技术、景观有机更新与开放空间公园绿地、自然资源管控与风景旅游空间规划、中外园林与现代景观。电子邮箱：jinyf79@163. com。

刘鹏坤，1995 年生，男，汉族，福建人，重庆大学土木工程学院硕士在读，香港理工建筑及房地产学系研究助理。研究方向：BIM、多智能体强化学习、机器人自动建造。电子邮箱：lpk1995@outlook. com。

低成本视角下的城市展园园林材料应用研究①

Research on the Application of Landscape Materials in City Gardens from the Perspective of Low Cost

陈泓宇　李　雄

摘　要： 低消耗、高回报的低成本园林是应对全球性资源短缺及环境恶化的重要途径，对城市展园低成本材料的探究能够有效提升城市展园建设效率，削减建设消耗。归纳总结应用于城市展园中低成本材料特点，并以石笼、钢编织网、竹钢等材料于城市展园中应用实例为对象，分析各材料景观特性及其资源消耗、时间消耗、环境影响等层面的低成本控制。从而由工程层面对城市展园设计方法补充、完善，并为挖掘更多低成本园林材料提供参考。
关键词： 低成本；城市展园；园林材料

Abstract: Low-cost landscape with low consumption and high return are significant ways to cope with global resource shortage and environmental deterioration. Research on low-cost materials of city gardens can improve the efficiency of city gardens construction and reduce construction consumption. The characteristics of low-cost materials used in city gardens are summarized, and the landscape characteristics and low-cost control of gabion, steel-net and wooden bamboo are analyzed in respect of resource consumption, time consumption and environmental impact, by taking application examples of them in city gardens as objects. The research can supplement and improve the design methods of city gardens in term of engineering, and provide reference for excavating more low-cost landscape materials.
Keyword: Low Cost; City Gardens; Landscape Materials

过去数十年快速的城市化、工业化消耗了地球大量自然资源，致使人类生存环境急剧恶化，在此背景下，我国生态文明建设达到了前所未有的高度，风景园林作为协调人与自然的高效方式越受青睐。低资源消耗、高生态回报的低成本园林便应运而生——通过对资源与环境尽可能低的消耗，获得艺术、社会、生态及文化价值兼具的园林景观[1]。

1　“低成本”在城市展园中的内涵

1.1　“低成本”在城市展园建设的必然要求

十多年的园林行业蓬勃发展中，我国已相继举办了各类不同等级、规模的博览型园林展会，并取得较好社会反响[2]。城市展园是博览型园林展会的重要组成，是各参展城市地域性文化的高度凝练及推广城市形象的核心载体。由于博览型园林展会工期紧张，展会具有时效性，部分展园非永久性等特点，“低成本”在城市展园设计、建设中具有更深刻内涵：既要控制建设过程中的资源、环境成本，还需控制建设的时间成本，同时会后利用、拆除成本亦需被纳入考虑范围。

1.2　园林材料是城市展园“低成本”的核心载体

园林材料作为园林工程建设的物质基础，是设计师在园林中表达设计意图的核心载体[3]，在有限的城市展园空间中，相较于植物景观具有更好的形态可塑性，视觉表现力强的硬质景观更能直观展现城市地域性特色，体现展示主题[4]，因此城市展园中如铺装、景墙、构筑等硬质景观较一般园林景观占据更多比例。所以，对于园林材料的“低成本”控制是实现城市展园“低成本”的核心。

2　城市展园中“低成本”材料特点

2.1　景观效果佳，地域特征明显

呈现优美、协调的景观是城市展园的第一述求，因此应用在城市展园中的“低成本”园林材料必须在颜色、纹理、光泽度、透明度、可塑性等方面能够满足设计师的设计需求。

城市展园所选择的园林材料要以地域特征鲜明的乡土材料为宜，通过材料的颜色、明度、肌理引发人们联想，将硬质景观与城市展园所凝练的城市自然、人文等地域特征相关联，体现场所精神、营造园林意境。

2.2　易于取材，加工、施工难度低

部分城市展园为了标新立异而不计成本，如使用稀缺材料、需远距离运输材料，一方面不仅使大量财力投入到局部园林硬质景观建设中，影响展园建设平衡及整体景观效果；另一方面，还会造成不必要的资源、环境消耗，如远距离运输产生的大量碳排放等[5-6]。因此，能够因地制宜、就地取材的乡土材料以及运输成本较低的轻质材料，

① 基金项目：国家自然科学基金(31670704)“基于森林城市构建的北京市生态绿地格局演变机制及预测预警研究”和北京市共建项目专项共同资助。

应更多被考虑在城市展园的材料选择中。

由于博览型园林展会的城市节事性质，城市展园必须在特点时间节点完成施工。因而城市展园所使用的材料加工工艺、搭接方式、与其他园林要素的组合以及现场的施工难度都应被充分考虑，一方面要最大程度地完成设计师的设计意愿，另一方面要合理控制材料的加工、施工时间，避免因加工或施工难度过大延长工期而造成无法按时完成施工。

2.3 可再生、可循环、易降解

无毒无害、保证使用安全是园林材料的基本要求，材料的开采、生产、加工及施工过程应对环境无污染或低污染，同时材料在废弃后，应易降解且不分解出有害污染物质。由于博览型园林展会的时效性，部分城市展园在展会结束后将面临拆除或根据会后利用规划改作他用，针对这一特点，一些可循环、再生材料或是可利用的废弃物应被特别考虑，不仅降低建设成本，还能延长材料使用周期，实现“一材多用”，降低后续拆除、改造的成本。

3 城市展园中“低成本”园林材料应用实例

3.1 各式各样的“填充笼”

石笼是生态格网结构的一种形式，其结构分为外部的钢笼及内部的填充石块，随着对内部填充物的探索、创新以及结构加固技术的提升，在园林景观的应用中，石笼已经衍生为各式各样的“填充笼”。

3.1.1 施工便捷，结构稳定

由于石笼单体简单的结构，其具有极高的施工便捷性、适应性。不仅可直接购买、使用成品石笼单体用于施工，还可针对现场情况，以现场组装、填充的方式进行施工。两种方式都较为便捷，对于人力、时间的要求均较低[7]。

由于钢制的笼体自身结构较为稳定，且填充物自重较大，一般情况石笼无需额外结构加固，利用自重即可稳定，甚至用作重力式挡土墙。稳定的结构减少了施工过程中的基础开挖量和额外的结构加固，有效减少了施工耗时。

3.1.2 组合方式简单，可塑性强

简单的焊接组合方式，及笼自身的较为稳定结构，仅需构造出各式钢结构笼体再填充以稳定结构即可塑造出丰富的景观；当填充物自重不足或是出于一定造型需求时，对于各类“填充笼”的结构加固方式也较为简单，更换基层的填充物、加大钢材的规格或是增加钢材的数量即可。故以石笼为代表的“填充笼”具备了极强的造型可塑性。

笔者有幸参与2018年河北省第三届（秦皇岛）园林博览会（以下简称秦皇岛园博会）“京津冀展园”的方案设计及施工图设计（图1），于该展园中塑造了一组高低起伏的“贝壳笼”景墙（图2）。由于贝壳自身的重量远小于石块，为稳定整体结构，将地坪以下的填充物更换为自重较大的鹅卵石，并将笼体通过预埋件与钢筋混凝土基础焊接；为满足交通需求，“贝壳笼”景墙立面需开设一道跨度2.5m的门洞，仅通过加密门洞周一圈钢笼的钢数的方式即保证了门洞上方悬空“贝壳笼”的稳定性，未做其他结构加固。

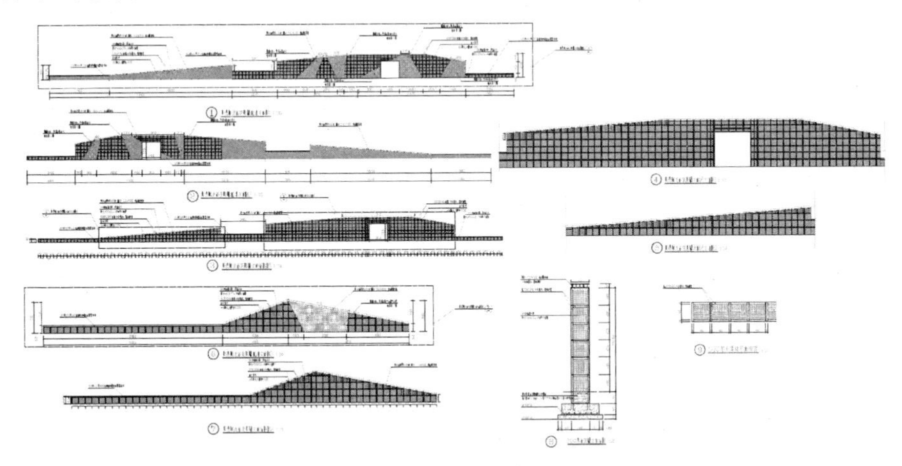

图1 贝壳笼景墙施工图

图2 秦皇岛园博会贝壳笼景墙实景

3.1.3 填充物可选性强，取材便捷

填充物的可选性强，是各类“笼”的最大特点。“京津冀”展园中“贝壳笼”景墙选用了与“海”“港”紧密相关的贝壳作为填充材料，贝壳在秦皇岛来源极广，如此不仅回应秦皇岛独特的地理位置及本届园博会主题“山海港城，绿色梦想”，还增加了景观的地域特征，节约了景墙的建设成本。

笔者于该展园另一处场地“填充笼”景墙设计中，选用了松木、白卵石、核桃，分别代表了常绿植物、海滩以及果树，以体现出展园中所展示京津冀三地主题植物的不同（京：增彩延绿、津：适耐盐碱、冀：精品果树）。由于填充物不同的肌理、颜色，景墙的立面效果得到了丰富（图3）。

2017年第十一届中国（郑州）国际园林博览会（以下简称郑州园博会）平顶山展园，石笼景墙构成了平顶山展园的主景观界面。为了表达平顶山市煤炭城市这一主题，设计师虽然没有将煤炭作为填充物，但选用了肌理、颜色类似煤炭的石块，以表达其设计概念（图4）。

图3 秦皇岛园博会京津冀主题景墙实景

图4 郑州园博会平顶山园石笼景墙

3.2 钢丝编织网

钢是常见于园林中的合金材料，钢板、钢柱是常见的应用形式。秦皇岛园博会张家口展园创新了钢材的使用，将大量钢丝编织网用于立面装饰、塑造小品，形成了良好的景观效果。

3.2.1 可塑性强，材质特征明显

金属本身具有易拉伸、弯折，易加工的特性，而网则是一种兼具韧性、延展性的结构，因此钢丝编织网不仅可保证材料自身强度，且较普通钢板更易弯曲，具备更好的塑形能力，尤其体现在曲面的塑造上。

秦皇岛园博会张家口展园，设计师充分利用钢编织网易弯的特性，塑造了若干个钢骆驼造型小品，曲面钢网模拟了肌肉的立体感，钢网焊缝模仿了肌肉的肌理。传统金属雕塑加工工艺对制模、焊接、打磨要求较高，一般需整体加工、运输，现场整体吊装，费工费时。由于更易弯曲、裁剪，使用钢编织网制作雕塑具备了现场加工、调整的可行性，加工工艺较传统金属制雕塑简单，能够有效控制成本与施工时间，更适合于展园性质的景观塑造（图5）。

由于能够对网编织密度进行控制，从而材质通透程度得以改变，使得钢编织网有了普通钢材所不具备的“透明度”。张家口展园入口处，设计师使用钢丝编织网，塑造出质感轻盈、表面通透山形小品，与花岗岩石材小品形成鲜明对比，形成丰富的入口景观。钢丝编织网被制成单一规格的块体，以模拟砖砌的方式被用于景墙立面上，与真实墙体形成对比鲜明、变化丰富的立面效果（图6）。

图 5　秦皇岛园博会张家口园钢编织网构筑

图 6　秦皇岛园博会张家口园钢编织网景墙

3.2.2　轻质，易拆解、回收

由于钢丝编织网相较于普通钢板质地更轻，以及可以模块化预制处理（如立面“砖”）的特点，决定了其运输更便捷、成本低。金属本身是良好的可循环、可回收材料，考虑到部分展园会后对构筑的拆除、更新，轻质地的钢编织网制成的构筑拆解、回收更为便利。

3.3　竹钢

竹钢，即高性能竹基纤维复合材料，是一种以竹类为主要原料，以竹基纤维帘为基本构成单元的园林新材料。

3.3.1　性能稳定、优越

竹材是我国传统材料，但传统竹材有限的强度及不宜过度弯折的特点已难以适应现代复杂的设计需求，而有限的抗潮、抗腐能力，也限制了其大范围的使用。然而以竹为原材料的竹钢却没有上述劣势，据于文吉等的研究表明竹钢具有良好的防腐、防虫性，防火性可达一级标准，耐水性优越，未经防霉处理已可达二级防霉标准[8]。竹钢的强度可达以高强度著称的紫檀 2 倍而质量却远轻于紫檀，拉伸强度可达同质量钢材三倍，同时竹钢的防腐、耐磨、握钉力及阻燃等能力均优于传统木材与防腐木，各项性能见表 1、表 2[9]。优越、稳定的性能奠定了竹钢在园林景观营造中的应用基础。

竹钢性能参数表　　表 1

	类别	参数	备注
密度		1～1.4g/cm³	膨胀率比炭化木低 2%
耐候性	28h 循环吸水厚度膨胀率	0.6%	
环保性	甲醛释放量(EO)	0.1mg/L	
耐火性	超强阻燃特性	B1 级	
延展稳定性	顺纹压缩强度	≥180MPa	
	顺纹拉伸强度	≥300MPa	
	弹性模量	≥30GPa	
	静曲强度	≥300MPa	炭化木的 10 倍，塑木的 4 倍
抗破坏性	弯曲破坏荷载	25.2kN	
	抗冻融性	97%	
	低温落锤冲击	−10℃，无裂纹	

竹钢与硬木材、软木材部分性能参数比较　　表 2

	竹钢	硬木材	软木材
密度	1～1.4g/cm³	0.6～1.2g/cm³	0.3～0.59g/cm³
含水率	4%～10%	10%～20%	10%～20%
弹性模量	>30GPa	10～20GPa	3～4GPa
静曲强度	>300MPa	80～140MPa	30～70MPa

3.3.2 加工、施工便捷，景观效果自然

尽管有着极高的强度，但竹钢仍保留了竹类可锯切、拼接的特点，使用传统木材加工工具即可对其加工，十分便捷；竹钢用自攻螺丝固定连接后便十分稳定，配合构件能够满足各种造型需求，施工便捷、难度低，能有效缩短工期。

竹钢的核心成分为竹纤维，因此竹钢本色质朴、自然，极大保留了竹的色彩与纹理；良好的附着性、染料适应性为竹钢增添了更多的着色可能。

2017年郑州园博会焦作展园中，设计师基于竹钢材料的优越特性，以“竹林七贤”为主题，设计了7个竹钢构筑（图7）。竹钢被弯曲成近乎圆形，竹钢间通过卡件固定连接，形成构筑的基本结构骨架，使用了焦作当地的竹编织技术将真实竹材附于构筑表面（图8）。7个构筑物从颜色、肌理、技艺手法上完美地保留了竹的特性，又被赋予了现代造型与功能，实现了概念、材料、城市文化的完美融合，更深层次地展现焦作的竹文化内涵。

图7 郑州园博会焦作展园竹钢构筑

图8 郑州园博会焦作展园竹钢构筑内部

3.3.3 材料来源广，生态优势明显

我国的竹林面积约占全球竹林面积的1/4，同时竹类繁衍、生长速度极快，约3～5年即可恢复被砍伐的竹林。广泛的材料来源使竹钢在我国有着极大的应用前景。

纤维化竹束帘制备及酚醛树脂均匀导入是竹钢制备的核心技术，竹钢的加工、生产过程中碳排放量十分有限，加工过程甲醛释放量约为每立方米0.1mg；约90%的竹纤维占比使得竹钢在废弃后极易降解，而相关研究表明，同面积的竹林比树林可多产生35%的氧气。这种原材料生长迅速、生长面积广、生态效益明显以及加工过程低耗、低污染的特性使得竹钢具备了石材、木材等其他园林材料所不具备的生态优势[10]。

4 结语

我国生态文明建设已达到新高度，在新时代生态文明建设背景下，高度凝练城市地域性文化的城市展园更应是城市生态文明建设水平的体现。通过对城市展园中“低成本”园林材料的探究，既能够补充、完善城市展园设计方法，同时也能促进风景园林学科、行业走向低成本、可持续。园林材料兼具局限性与自由性，更多的低成本园林材料有待探究与进一步挖掘。

参考文献

[1] 夏雨．城市展园设计中地域性文化的提取与表达方法研究//中国风景园林学会．中国风景园林学会2017年会论文集[M]．北京：中国建筑工业出版社，2017：8.

[2] 董丽，王向荣．低干预·低消耗·低维护·低排放——低成本风景园林的设计策略研究[J]．中国园林，2013，29(05)：61-65.

[3] 冀媛媛，罗杰威．园林景观材料的标准研究及生态性分析[J]．中国园林，2014，30(02)：115-118.

[4] 戈晓宇．园林硬质景观的地域性表达研究[D]．北京林业大学，2011.

[5] 贝海峰．略论低碳风景园林营造的功能特点与关键要素[J]．农家参谋，2018(13)：101.

[6] 戈晓宇，霍锐，李雄．节约型园林背景下园林材料的应用策略[J]．建筑与文化，2015(11)：78-80.

[7] （瑞士）Petschek·Peter等著．郭湧，许晓青，译．竖向工程 智慧造景3D机械控制系统 雨洪管理[M]．北京：中国建筑工业出版社，2015：164-165.

[8] 于文吉．竹钢：绿色新型材料[J]．城市环境设计，2017(01)：435.

[9] 周文韬，周建华，张靖悦．竹钢在景观设计中的应用研究[J]．西南师范大学学报(自然科学版)，2015，40(04)：89-94.

[10] 许金明．节约型园林建设中园林材料的设计手法[J]．湖北农机化，2018(06)：64.

作者简介

陈泓宇，1994年生，男，汉族，福建霞浦人，北京林业大学园林学院在读硕士研究生。研究方向：风景园林规划设计与理论。电子邮箱：297511736@qq.com。

李雄，1964年生，男，汉族，山西人，博士，北京林业大学副校长、园林学院教授，博士生导师。研究方向：风景园林规划设计与理论。电子邮箱：bearlixiong@sina.com。

风景园林工程与技术拓展背景下的城市绿地规划设计展望

Prospect of Urban Green Space Planning and Design under the Background of Landscape Architecture Engineering and Technology Expansion

刘 艾 周向频

摘 要： 随着科学技术的快速发展，全新的工程与技术、丰富的数据、人工智能的发展、跨学科的结合，给城市绿地规划设计带来了全新的思路，使用者也得以前所未有的方式去体验景观设计。本文从城市绿地规划设计的理论和实践两部分出发，追溯历史上工程与技术的发展与城市绿地规划设计的互动关系，并在当代全新的社会发展背景中分析与论述最新的工程与技术是如何给城市绿地规划设计带来变化以及新的发展趋势，并基于以上的论述对当下的发展趋势进行总结与反思。

关键词： 工程与技术；城市绿地；规划设计

Abstract: With the rapid development of science and technology, the new engineering and technology, abundant data, artificial intelligence and interdisciplinary bring new ideas to urban green space planning and design, and tourists also have new ways to experience landscape design. Starting from the theory and practice of urban green space planning and design, this paper traces back the interactive relationship between engineering and technology development and urban green space planning and design in history, and discusses how the latest engineering and technology bring about changes and new development trends in urban green space planning and design in the context of the new social development in the contemporary era. Based on the above discussion, this paper summarizes and reflects on the current development trend.

Keyword: Engineering and Technology; Urban Green Space; Planning and Design

1 新背景下的工程技术发展背景

中国城市的发展已由快速城市化迈入存量更新的新时代，在快速城市化的阶段，工程与技术的进步给城市绿地规划设计提供了坚实的基础与支持，提高了规划设计的施工的效益，促进了资源的有效利用，增加了建设质量。可以说，公园绿地规划设计的理论发展与实践推进一直与工程与技术的发展密切相关。而在全新的发展背景之下，除了传统工艺的进步，信息技术、生态技术、交互技术在设计实践中越来越多的使用，给城市绿地规划设计带来了更多的生态效益、社会效益和经济效益，工程与技术的进步在很大程度上推动着城市绿地规划设计发生着再一次的革新。

在当前高度信息化的社会背景之下，信息的类型与数量变得空前丰富，并随着计算机、互联网、通讯技术的发展呈爆炸式增长。[1]基于这些海量数据来进行研究、决策的思维方式带来了全新的工作模式和思路。如城市的交通状况、空间的使用情况；居民的出行、游憩、偏好以及城市生态环境的状况等数据，都与城市绿地规划设计研究与实践息息相关。通过对于数据和资料的整理与分析，我们得以更深入地了解、更全面地把控城市这个复杂系统，这对城市绿地规划设计有着重要意义。

2 工程与技术影响下的城市绿地规划设计理论发展

2.1 研究推进和内容更迭溯源

工程与技术一直是园林设计所关注的重点，中国明代的计成在《园冶》中就曾经论述过园林施工的技术要点，法国布阿依索写成西方最早的园林专著《论造园艺术》中也强调通过工程与技术对于造园要素的控制和管理。工程与技术对于园林的影响贯穿了始末。

现代运动的变革之后，工程与技术的发展作为直接推动力，促进了城市绿地的蓬勃发展。以拉斯金、莫里斯为代表的工艺美术运动者基于对工程与技术的辩证思考，将设计定义为艺术家和技术家团结协作的创造活动。而后演化和派生出来的新艺术运动中的苏格兰格拉斯哥学派、德国青年风格派等，追求直线几何、追求自然曲线的形式的思想直接对城市绿地规划设计产生了巨大的影响。20世纪以后，工程与技术的进步让形式与功能、空间结合的园林样式成为了可能。

而放眼我国当代城市绿地规划设计理论研究，从21世纪初开始，与工程技术相关的城市绿地规划设计研究呈现快速上涨的趋势，并逐渐突破以工程施工、工艺研究、材料研究为主要内容的形式，而开始转向更大尺度、更为复合的问题，并且出现了一定的跨学科特征。这种转变与当前信息技术的使用以及学科高度融合息息相关，在工程与技术的革新之中，城市绿地规划设计理论已然出现新的变化趋势。

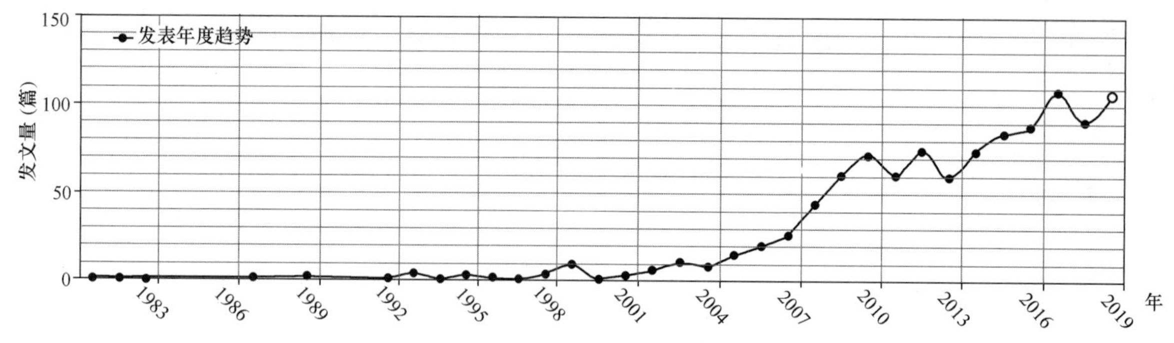

图1　以城市绿地、工程、技术三组关键词为主题或题目的知网发文变化

2.2　当代规划设计理论推进

近年来，我国城镇化建设目标逐渐转型，城市绿地作为城市生态系统的重要组成部分，在改善城市环境质量、促进城市可持续发展中具有不可替代的作用，成为了衡量一个城市综合发展水平的重要指标。城市绿地规划设计也从快速建设转为注重体系规划、关注空间品质，在此要求之下，关于城市绿地的宏观布局与城市绿地的品质评价等方向的理论建设和方法支持就显得尤为重要。

风景园林工程技术中的信息技术与应用的发展极大程度上推动了当代城市绿地规划设计理论的进步，遥感技术、数据库技术、地理信息系统技术及全球定位系统技术等被广泛运用到了理论研究之中，为城市绿地规划设计的理论推进提供了更为精准的评估工具与来源更为广泛的分析数据，为城市绿地的科学评价、理论建构提供了理论支撑，而评估体系和理论的构建将直接作用于城市绿地的规划设计与管理进程。

与传统研究不同，城市绿地空间分布广泛，数量杂多，这使得这方面的研究更依赖于大尺度的地理信息资料的整理与收集，并且分析数据的收集也有更大的难度。在多源数据平台与传统 GIS、RS 技术的支持下[2]，城市绿地空间分布类的研究得以有效开展，已有学者从景观格局[3]、绿地设施等方面对城市绿地空间格局做相关评价，并提出空间布局优化的建议[4]，但针对不同城市绿地空间分布的大规模评估仍然存在着很多的困难，现有的大部分研究一般基于单一尺度或单一城市，因为很难建立合理的判断依据，也没有办法将不同城市的分析结果进行直接的比较，这将有待未来深度学习技术的进一步运用。

对城市绿地空间品质的研究一直较为缺失，以主观打分的方式进行评价的方式让研究的结果缺乏客观性和可推广性，较大的工作量常导致研究对象、研究尺度的受限，并且由于整合的手段有限，各类信息也难以进行关联分析[5]。但数据的使用与地理信息的手机让城市绿地空间品质的评价因素有了被量化的新方式，更为准确、实用的空间品质评价模型的体系研究也得以进一步被推进。但现有研究也存在着图像采集、图像识别的精度有限[6]，以及被切片化的数据很难同时反映多时段的动态变化特征的问题，这些限制将有期于图像识别技术、多时段动态监测技术的进一步突破。

3　工程与技术影响下的城市绿地规划设计实践

3.1　实践形式和方向变迁溯源

城市绿地规划设计起源于园林的营建，在中国古代的造园实践中，对匠人的推崇、师徒传承的看重以及对造园技艺的刻画和描写，均体现着造园实践中对于技艺、材料、工具的重视。而在西方的造园实践中，技艺也成为了实现精巧的设计思考、控制自然要素的一种重要的方式和手段。

纵观城市绿地规划设计的历史发展脉络，工业革命推动了工程与技术的重大变革，并被运用到城市绿地的建设中，设计尺度、规模、设计形式随之发生变化。1925 年在巴黎举办的“国际现代工艺美术展”中，不少作品表达了与工程技术所相关的主题，如斯蒂文斯的混凝土树园林；古埃瑞克安在“光与水的花园”。[7]这种思潮随着当时刊印的大量出版物被广泛传播，对后来的城市绿地规划设计产生了深远的影响。

而在当代的城市绿地规划设计实践中，景观材料的运用、种植设计、施工技艺等在设计实践中被多次强调。[8]并成为城市绿地设计中的专项板块被纳入考虑；对于施工阶段的严格把控也透露着工程与技术观念影响下的设计取向。同时，工程技术的革新也推动着城市绿地规划设计实践中管理方式的变化，例如网络图计划在工程中广泛的运用，以及《城市绿地设计规范》《公园规划设计规范》等法规的出台。[9]

3.2　当代规划设计实践进展

随着信息化技术在城市管理领域被深入运用，城市园林绿化工作也步入了数字化领域，涵盖园林绿化基础资料、园林绿化管理、绿化养护、规划建设、施工监督、决策依据等内容。园林数字化平台可快速对有关城市绿化的现状信息进行采集、存储、检索、处理与分析，极大的提升了工作效率。[10]我国苏州、深圳等城市已经先后建立起了园林绿化数字化平台。[11]并运用到了设计实践之中。而在建筑行业中已有相当广泛的运用的 BIM 技术[12]，随着园林数字化的推进，也开始在风景园林行业之中崭露头角。[13]

另一方面，随着工业技术的革新，施工的设备、工艺都有了全新的提升，从而可以应对更为复杂的场地条件、满足需求多样的施工计划，并产生了全新的管理流程以及工作方式。除此之外，在过去的设计实践之中所使用的材料也由最为原始的单一功能被赋予多元的属性，为设计实践带来额外的经济、社会、生态价值。而在学科融合的大背景下，编程技术以及机械化设备的运用让自动化建造成为可能。[14]参数化的工具能实现模型的快速构建、模拟出适应场地条件的实施计划；自动化施工将简化工序；运算工具建造方式更具特色化。以此为媒介，景观设计师在设计实践之中，能够更深地介入到实际的物质空间中，并优化设计的思路与方式，创造出更为丰富的价值。

4 智能与交互技术下的规划设计发展趋势

4.1 认知监测与数据分析推动理论发展

城市绿地规划设计与人的活动关系密切，其类型与数量也最为丰富。大量的学者曾针对人的行为活动特征做了较多研究，如探究空间偏好度、某类环境元素对于人的刺激与影响。但这类研究由于使用者在处理复杂环境信息时对于元素认知的有限性，以及数据采集的困难，使得研究结果存在局限性。

可穿戴传感器技术给此类研究带来了新的契机，便携式的多导生物传感器可以直观的数据获取环境特征对于人的影响，帮助我们更深入的分析与理解人对于环境的感觉[15]。在此基础之上，大数据与机器计算的结合将带来其他可能，用社会计算[16]、城市计算[17]、情感计算[18]等方式对行为数据与生理数据进行处理，能够深入的调研与理解使用者的偏好与需求，从而能够找到更适应人行为模式、审美偏好、身心健康的规划设计方法，并推动城市绿地规划设计理论的发展以及相关规范的编制。

4.2 空间活动体验增强融合规划设计实践

在传统的城市绿地规划设计中，人们多以视觉、听觉、嗅觉的方式来感知环境，如看到成片的绿植与开阔的草坪、听见水流的声音、闻到花坛传来的芬芳，人们通过大脑对于环境的感知来获取信息，形成理解。传统的设计中，常以增强视觉、听觉感知的方式强化人在场所中的环境体验，以获取良好的游赏效果。如纽约中央公园内设置的名为“门”的装置设计与秦皇岛汤河公园使用的红飘带是通过视觉的方式强化空间感受；华盛顿纪念碑公园则通过音乐让游客的情绪发生共鸣。

21世纪初以来，人工智能与交互技术让我们与环境交互的方式出现了全新的可能。可穿戴交互技术可以直接通过传感器的方式来实现智能感官增强的效果，直觉脑加工的增强现实与虚拟现实技术直接读取大脑意识信号，实现数字信息的融合，使人获得更为丰富的感知信息。[15]城市绿地规划设计将有可能脱离在纯粹的物质空间进行规划设计的方式，设计师将把增强现实或虚拟现实的技术纳入设计之中，以增强感官的形式给游人创造出更为丰富的空间体验。届时，设计实践内容将从空间设计扩展到多重的维度，延展到交互模式、体验内容的设计。而与之适应的工作方式、规划设计流程也将发生巨大的改变。

图2 门与秦皇岛汤河公园的视觉增强设计

5 结语

工程与技术的发展贯穿了城市绿地规划设计生成、变化、发展的始末，两者之间动态变化的推动与制约关系带来了设计理论的发展和设计实践的推进。在过去的城市绿地规划设计中，工程与技术为设计实践提供了坚实的物质基础与技术手段，并促进了早期规划设计技术理论的形成。而在当前信息技术的冲击之下，工程与技术所带来的推动力对于城市绿地规划设计的发展是革命性的，全新的工程技术手段将革新研究和设计的方式。[19]技术和工具对于行业的渗透也必将进一步影响到规划设计的思考模式以及工作流程。工程与技术的发展所带来的影响是多方向且多维度的。

但从另一个角度来看，对工程技术的过度使用也有可能导致设计者在这个过程中忽略很多文化、社会信息。信息技术虽然大有潜力，但对于数据的甄别、提取、分析实际上也对研究工作提出了更高的要求。

参考文献

[1] 王向荣，WANG Xiyue. 大数据并非万能[J]. 风景园林，2018，25(08)：4-5.

[2] 李双全，马爽，张森，等. 基于多源新数据的城市绿地多尺度评价：针对中国主要城市的探索[J]. 风景园林，2018，

25(08)：12-17.
[3] 岳德鹏，王计平，刘永兵，等．GIS与RS技术支持下的北京西北地区景观格局优化[J]. 地理学报，2007(11)：1223-1231.
[4] 杨鑫，张琦，吴思琦．特大城市绿地格局多尺度、系统化比较研究——以北京、伦敦、巴黎、纽约为例[J]. 国际城市规划，2017，32(03)：83-91.
[5] 董仁才，张娜娜，李思远，等．四个可持续发展实验区绿地系统可达性比较研究[J]. 生态学报，2017，37(10)：3256-3263.
[6] 叶宇，张灵珠，颜文涛，曾伟．街道绿化品质的人本视角测度框架——基于百度街景数据和机器学习的大规模分析[J]. 风景园林，2018，25(08)：24-29.
[7] Zanelli A, Spinelli L, Monticelli C, et al. Lightweight Landscape: Enhancing Design through Minimal Mass Structures [M]. 2016.
[8] 金云峰，刘颂，李瑞冬，等．风景园林工程技术学科发展与教学研究[J]. 广东园林，2014，36(06)：4-6.
[9] 金云峰，简圣贤．美国宾夕法尼亚大学风景园林系课程体系[J]. 中国园林，2011，27(02)：6-11.
[10] 许士翔，宋清欣．数字化技术在城市绿地调查中的应用[J]. 风景园林，2014(04)：34-36.
[11] 张晓军．城市园林绿化数字化管理体系的构建与实现[J]. 中国园林，2013，29(12)：79-84.
[12] 斯蒂芬·欧文．景观建模：景观可视化的数字技术[M]. 北京：中国建筑工业出版社，2004.
[13] 孙鹏，李雄．BIM在风景园林设计中应用的必要性[J]. 中国园林，2012，28(06)：106-109.
[14] 克里斯托弗·吉鲁特，伊尔玛·赫尔克斯肯斯．机器人自动化建造的景观——自然、运算，以及自动化地形建模中的设计空间[J]. 景观设计学，2018，6(02)：64-75.
[15] 曹静，何汀滢，陈筝．基于智能交互的景观体验增强设计[J]. 景观设计学，2018，6(02)：30-41.
[16] Quercia，D.，O' Hare，N.，& Cramer，H. [2014]. Aesthetic capital：what makes London look beautiful，quiet，and happy? Proceedings of the 17th ACM conference on Computer supported cooperative work & social computing，945-955. doi：10.1145/2531602.2531613.
[17] Zheng，Y. Urban Computing with Big Data. Communication on China Computer Federation，2013，9(8)：6-16.
[18] Picard，R. W. Affective computing. Cambridge，MA：The MIT Press. 1997.
[19] 俞孔坚，萨拉·雅各布斯，张健．人工智能与未来景观设计[J]. 景观设计学，2018，6(02)：8-9.

作者简介

刘艾，1995年生，女，四川人，同济大学建筑与城市规划学院风景园林在读硕士研究生。电子邮箱：es4955@foxmail.com。

周向频，1967年生，男，福建人，博士，同济大学建筑与城市规划学院高密度人居环境生态与节能教育部重点实验室教授，博士生导师。研究方向为风景园林历史与理论、风景园林规划与设计。电子邮箱：zhouxpmail@sina.com。

行道树的天空视图与树冠属性相互关系研究

Study on the Relationship between Sky View and Canopy Property of Street Trees

王少瑜　张华月　王旭东

摘　要： 热舒适度是决定城市人居环境品质的重要因素，植被覆盖对太阳辐射的吸收和反射作用很大程度上影响街道环境热舒适度。天空视图（SVF）反映天空遮挡情况，SVF数值越大则天空遮挡程度越低，热舒适度越低。行道树作为城市道路环境的重要组成部分，对于提升城市道路品质和改善局部微气候方面发挥着重要作用。本文选取郑州市龙子湖高校园区内四所高校的八条主干道行道树作为研究对象，分析了行道树的冠层覆盖率、平均冠层高度等树冠属性以及对天空的遮挡情况（SVF），利用RH&GH软件对研究区域的天空视图（SVF）进行参数化处理后，结合Urban Crowns软件对冠层属性进行量化分析。结果表明，四所校园主干道的冠层密度与相应的SVF之间存在负相关的关系。而街道的宽度也对主干道的SVF产生影响且道路宽度越宽对应的SVF越大。本文试图为探寻行道树的遮荫规律等方面研究提供基础参考，并为营造更好的热舒适度的人居环境提供理论支持。

关键词： 天空视图；Urban Crowns；冠层密度；热舒适度

Abstract: Thermal comfort is an important factor that determines the quality of urban living environment. The absorption and reflection of solar radiation by vegetation cover greatly affects the thermal comfort of campus. Sky view factors (SVF) is a view of the sky that is obscured by surrounding buildings, plants, or other structures, and, it's an important parameter to reflect the thermal comfort of the environment. As an important component of urban road environment, street trees play an important role in improving urban road quality and improving microclimate. This paper selects eight main road trees of four universities in longzihu university park in zhengzhou city as research objects, and analyzed the influence of canopy attributes such as canopy coverage and average canopy height on SVF . The sky view (SVF) of the study area and object was parameterized based on GH&RH, and the canopy attributes were quantitatively analyzed in combination with the Urban Crowns. The results showed that there are some differences in SVF values in the four main campus roads, and there is a negative increasing relationship between canopy density and SVF. Street width also has an impact on SVF of the main road, the wider the road width is, the smaller the SVF value is. This paper attempt to provide a basic reference for the research on the shading rules of street trees and theoretical support for building a better thermal comfort living environment.

Keyword: SVF; Urban Crowns; Canopy Density; Thermal Comfort

引言

植被覆盖对于太阳辐射有吸收和反射作用，植物的蒸散对于气候有调节作用[1]。树冠能够在太阳辐射到达地面之前进行阻挡，从而形成阴影，随着树冠覆盖率的增加，街道内的平均温度会有所降低。因此，在不改变现有建筑环境的前提下进行城市绿化，通常被认为是适应气候变暖与缓解城市热岛效应的最好办法[2]。

天空遮挡（sky obstruction）是指在地表任意处所见天空受到周围建筑、植物以及其他构筑物作用所形成的遮挡情况[3]。天空视图（sky view factor，简称SVF）是反映天空遮挡的关键参数，同时也反映了地面接收到的来自整个天空半球的输入辐射[4]，SVF值越大则天空遮挡程度越低。SVF也作为阴影水平的指标，反映整个街道的行道树遮荫水平。目前，关于天空视图的相关研究主要集中在城市峡谷与建筑物遮挡方面[4]，而关于城市园林树木对于天空视图的影响等方面的研究还比较欠缺。本文基于SVF的计算原理，结合鱼眼照片，对于行道树的SVF进行参数化设计，并利用Urban Crowns软件对行道树树冠属性进行分析与建模，基于GH&RH平台对行道树遮阴效果进行模拟，得到SVF与树木冠层属性之间的关系。

1　研究内容及方法

1.1　调研区域及对象

龙子湖高校园区位于郑东新区，道路体系中的行道树系统是体现校园环境品质的重要指标，不仅彰显校园景观环境品质，同时为人们提供舒适的通行体验。行道树在炎热的夏季为人们提供了重要的庇荫场所，校园主干道的热舒适度主要取决于主干道两侧行道树的遮荫程度。

本文选择郑州市龙子湖高校园区的四所高校（河南农业大学、河南省警察学院、河南财经政法大学、郑州航空工业管理学院）校园中的八条主干道进行样本采集（图1），共涉及两个树种，分别为悬铃木与栾树，胸径分布范围在16.7cm至60.8cm之间。共获取37张鱼眼照片（图2），用于计算SVF。同时，采集32张侧视行道树照片，用于后期利用Urban Crowns分析行道树的生长属性。

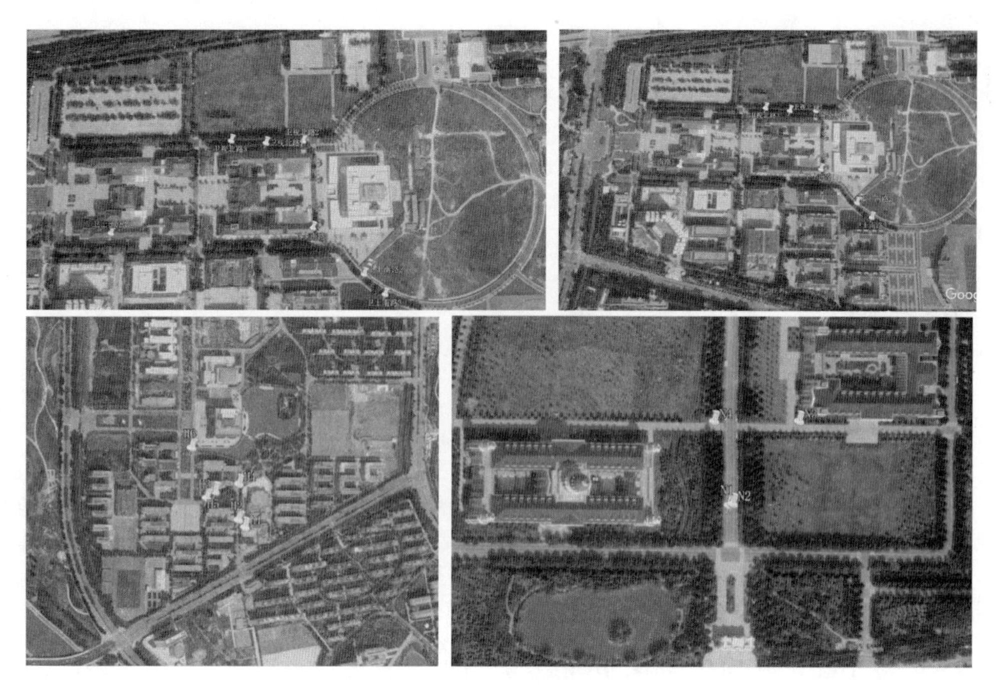

图 1　样点分布图

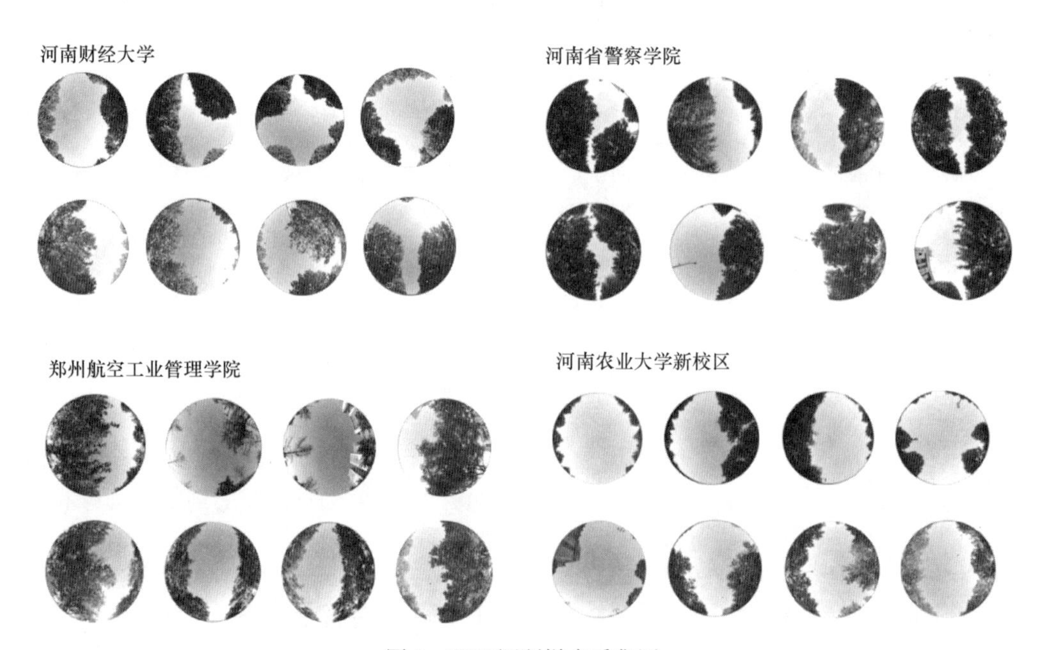

图 2　SVF 调研样本采集图

1.2　研究与分析方法

1.2.1　关于 SVF 的常用计算方法

在已有的 SVF 研究中，天空遮挡程度的计算方法基本分为两种：基于遮挡投影的计算和基于遮挡角的计算[7]。基于遮挡投影的计算方法被称为半球天空投影法[8]即通过等角投影的方式将遮挡情况绘制于天空半球上并计算天空遮挡程度。基于遮挡角的计算方法则是通过方位角和高度角将天空半球划分为若干切片，通过计算各方位角对应的遮挡高度角来确定天空遮挡程度[9]。

目前已有 4 种基于栅格数据的 SVF 计算模型，分别为：Doier-Frew（D-F）、Manners、Lindberg－Grimmond（L-G）和 Helbig _ h[10]。

（1）Doier-Frew（D-F）

D-F 是一种基于水平面坐标系的 SVF 计算方法，此方法假设大气热辐射是各向同性的，提出以解析形式求出 SVF[11]，公式如下：

$$SVF=\frac{1}{\pi}\int_0^{2\pi}\int_0^{H_\phi}\eta_d(\theta,\phi)\sin\theta[\cos\theta\cos S+\sin\theta\sin S\cos(\phi-A)]\mathrm{d}\theta\mathrm{d}\phi$$
$$\approx\frac{1}{2\pi}\int_0^{2\pi}[\cos S\sin^2 H_\phi+\sin S\cos(\phi-A)(H_\phi-\sin H_\phi\cos H_\phi)]\mathrm{d}\phi \quad (1)$$

式中，θ 和 ϕ 分别表示辐射空间的天顶角和方位角；H_ϕ 表示在水平坐标方位角系统下周围点与目标点的连接线与目标点法线之间的夹角；S 和 A 表示一个像素点的斜率和方向角，η_d（θ，ϕ）用来描述在周围地形作用下各向异性因子的反射或发射辐射的程度。

此方法假设各向同性辐射等于1，故而离散化公式可以表示为：

$$SVF=\frac{1}{N}\sum_{i=1}^{N}[\cos S\sin^2 H_\phi+\sin S\cos(\phi_i-A)(H_{\phi_i}-\sin H_{\phi_i}\cos H\phi_i)] \tag{2}$$

（2）Helbig 方法

此方法是 Helbig[12] 等人在2009年提出的一种同样假设大气热辐射为各向同性扩散的 SVF 计算方法，将均匀分布在单位圆上的样本点从水平面辐射到半球面上，然后用余弦加权公式计算从地面到天空的奇异值函数，公式如下：

$$SVF=\frac{1}{\pi}\int_{sky}\cos\theta d\Omega=\frac{1}{\pi}\int_0^{2\pi}d\phi\int_0^{\pi/2}\sin\theta\cos\theta d\theta$$
$$=\frac{1}{2\pi}\int_0^{2\pi}\cos^2\vartheta_h(\phi)d\phi\approx\frac{1}{N}\sum_{i=1}^{N}\cos^2\vartheta_{h,i}(\phi_i) \tag{3}$$

式中，$d\Omega$ 表示固体角；θ 和 ϕ 表示半球形空间的天顶角和方位角；N 是离散点的数目；ϕ_i 为某一离散点的方位角，ϑ_h（ϕ）表示水平坐标方位角系统中斜面与地平线方向之间的夹角。

（3）Manner

Manner[13] 是与 Helbig 原理类似，但基于倾斜坐标系下的 SVF 算法。公式如下：

$$SVF=\frac{1}{2\pi}\int_0^{2\pi}\sin^2\left(H_\phi+\frac{\pi}{2}-a\tan\left(\frac{-1}{\tan S\cos(\phi-A)}\right)\right)d\phi$$
$$\approx\frac{1}{N}\sum_{i=1}^{N}\sin^2\left[H_{\phi_i}+\frac{\pi}{2}-a\tan\left(\frac{-1}{\tan S_{\phi_i}\cos(\phi_i-A_{\phi_i})}\right)\right] \tag{4}$$

式中，H_ϕ 是表示在水平坐标方位角系统下周围点与目标点的连接线与目标点法线之间的夹角；S 和 A 表示一个像素点的斜率和方向角；其他因数与 Helbig 相同。

（4）基于阴影投射算法 L-G[14]

L-G 是在每个像素点上放置带有光源的虚拟半球，然后计算不同太阳角度下 DSM 或 DEM 图像的 SVF 数值的二值图像算法。在不同太阳高程和方位角下对 DEM 图像进行连续移动，降低 DEM 数据高度，得到阴影体积部分，构建阴影体积图像，公式如下：

$$SVF=\sum_{i=1}^{n}\chi_i\frac{1}{\pi}\sin\left(\frac{\pi}{180}\right)\sin\left(\frac{\pi(2\alpha_i-1)}{2n}\right)\frac{360}{\kappa_i} \tag{5}$$

式中，χ_i 表示第 i 个影子的二进制图像，n 是影子图像的总数和，α 表示不同高程的太阳高度角，κ_i 表示第 i 环的方位角数量。该方法可以在软件 Urban Multiscale environment 中通过预测器来实现[15]。

这四种方法中，用 D-F 方法计算的 SVF 具有最佳性能，其他方法存在一定的高估。由于此方法主要基于仿真的 DEM 或 DSM 模型，并未进行实地数据采集，存在偏差，适用范围更针对于大范围数据。鉴于此，本文在对 SVF 进行计算时进行了修改。

1.2.2 关于 Urban Crowns 的研究方法

Urban Crowns 是美国农业部林业局开发的软件程序，使用侧视数码照片计算树冠的属性，数字成像与计算机分析结合，提高了从照片中测量树冠的精度和自动化程度，并以此进行树木健康系数的检测，评估树木和基于树木模型的生态生理学功能的研究[16]。Urban Crowns 是城市树木调查中常用的测量树冠属性的客观可靠的方法。Urban Crowns 是测量景观树树冠属性以及评估和管理过程中常用的程序[17]，如监测树木的健康和活力，评估树的相应管理和建模树的生态生理学功能等。测量树冠属性通常采用传统的物理测量或主观的视觉评分，比如冠高和冠宽可以用传统工具如卷尺、测斜仪或激光测高仪测量直接测量，而 Urban Crowns 将树冠简化为可以带入计算公式的接近树冠形状的几何实体[18]。基于几何实体的冠体积估计，在现场测量中发现了与叶面积的相关性，这些都是模拟城市树木功能的关键参数。Urban Crowns 软件在实际运用中的操作步骤主要体现在以下两方面。

（1）数据采集部分

在样本采集中，需要获取行道树的侧视图照片。照片获取过程中应注意：第一，减少树木背景中可见植被及构筑物的数量及影响，因为软件无法过滤介于冠叶与背景之间的层次关系；第二，摄影机到树木之间的距离要保证树木完整的冠形出现在图像中；第三，图像要尽量垂直居中。除了获取照片外，还要对一些树体参数进行测量与记录，如测量角度、树木到摄影机之间的水平距离、胸径等。

（2）数据处理部分

在使用 Urban Crowns 软件对树木冠层属性进行分析的过程中，首先在软件中打开照片，在初始页面中输入以下信息：用户 ID，树木的种类，照片日期，树木的位置及树木的 GPS 坐标、街道地址等有利于定位树木位置的信息，标记高度（即照片的拍摄高度），水平距离（即从相机到树木的水平距离），方位角（即相机的拍摄角度）[19]。其次，在收集完初步信息后，在有照片的页面上对照片进行绘制（图3），以方便软件更加准确的确定冠层情况[20]。画一条从树木底部到顶部的沿主干的直线，以此来推测树木长度。接着，画从树冠顶部到底部的范围，以及从树冠最左侧到树冠最右侧的范围，以此计算树冠的尺寸。最后，按顺序排列计算树冠密度和叶片透明度。

图3 Urban Crowns 调研样本采集及分析示意

1.2.3 相关性研究方法

综上所述，本文采用 SVF 基本算法，实地采集鱼眼照片，渲染后遍历该图像的像素点，找到计算 SVF 的目标点后将鱼眼照片分割成 n 个同心圆环进行计算，并利用 Urban Crowns 建立行道树模型，在 RH&GH 中进行参数化计算和分析，并将计算结果与植物生长属性进行对比，找到参数之间的相互关系。

2 研究过程与结果分析

2.1 鱼眼照片数据处理和 SVF 参数化计算

2.1.1 鱼眼照片处理

SVF 的计算过程中，鱼眼照片是必需的，由于鱼眼照片本身就是半球形，不存在平面向球面转换的问题，因此，可以直接利用 open CV 对所拍摄的鱼眼照片进行渲染（图 4），然后遍历图像的像素点，利用 numpy 从中找到用于计算 SVF 的目标点，计算公式如下

$$SVF=\frac{\sum_{i=0}^{N}\Theta_i\omega_i}{\sum_{i=0}^{N}\omega_i} \tag{6}$$

式中，在 Θ_i 等于 1 时，表示在第 i 个像素点上整个天空是可见的，否则它等于零。参数 ω 表示每个像素的权重因子，在鱼眼照片从等角投影向等面积投影转换时，ω 数值计算公式如下：

$$\omega=\sin\left(\frac{\pi\cdot\theta}{180}\right)\times\frac{90}{\theta}\times\cos\left(\frac{\pi\cdot\theta}{180}\right) \tag{7}$$

式中，θ 表示像素点所在位置的天顶角。之所以包含此参数，是因为鱼眼图像中的每个像素对 SVF 值的影响不同。在这个方程中，利用天顶角的朗伯余弦定律可对入射的漫射辐射按比例进行缩放。

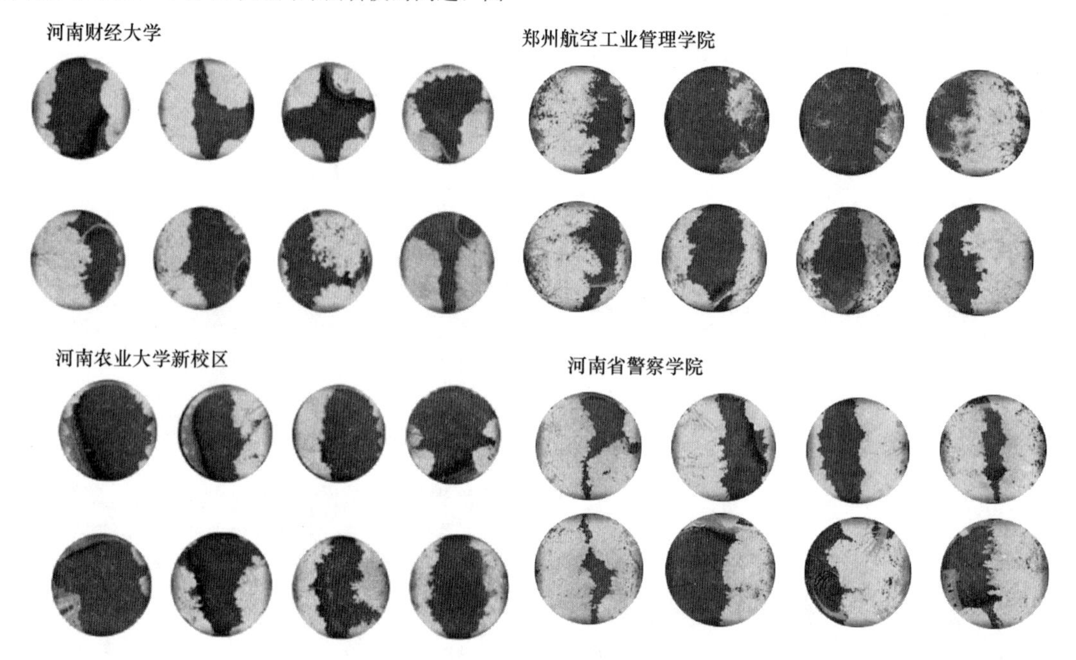

图 4 经 python 渲染处理的二进制照片

2.1.2 天空提取

利用 Python 模块中的 Pymeanshife 对已经渲染过的鱼眼照片进行分割，将鱼眼图像分割成 N 个宽度相同的同心圆环，把所有代表可见天空部分的圆环相加，根据分割结果，计算出一个调整后的亮度来区分天空像素和非天空像素。调整亮度将权重较大的像素整体亮度设置为蓝色波段，使天空像素比非天空像素亮度大（图 5），公式如下：

$$SVF_{\mathrm{P}}=\frac{1}{2n}\sum_{i=1}^{n}\sin\left(\frac{\pi(i-1/2)}{2n}\right)\cos\left(\frac{\pi(i-1/2)}{2n}\right)\alpha_i \tag{8}$$

$$SVF_{\mathrm{P}}=\frac{1}{2\pi}\sin\left(\frac{\pi}{2n}\right)\sum_{i=1}^{n}\sin\left(\frac{\pi(2i-1)}{2n}\right)\alpha_i \tag{9}$$

式中，n 是同心圆环的总数；i 是环指数和 α_i 是第 i 环天空像素的角宽度。通常将 n 值设为 36～39。

2.1.3 对 SVF 算法进行参数化设计与建模

本文在 RH&GH 软件中，利用 Python 语言对 SVF 算法进行简化，通过参数化处理，利用从 Urban Crowns 中获得的模型信息，对街道行道树进行绿化建模。在 RH&GH 中实现行道树建模与天空遮挡的简化计算，流程及计算流程表（图 6）。

2.1.4 将 SVF 值进行对比分析

在 RH&GH 中对 SVF 进行计算后，用 EXCEL 进行统计，最后得到四所高校的 SVF 折线图（图 7）。基于四所校园主干道的 SVF 的计算结果表明，4 所校园主干道中 SVF 的排列顺序有大到小分别为：郑州航空工业管理学院、河南农业大学新校区、河南财经大学、河南省警察学院。在对 4 所学校 8 条道路的数据调查的过程中发现存

在两个主要区别：一是树种不同，二是道路宽度不同。

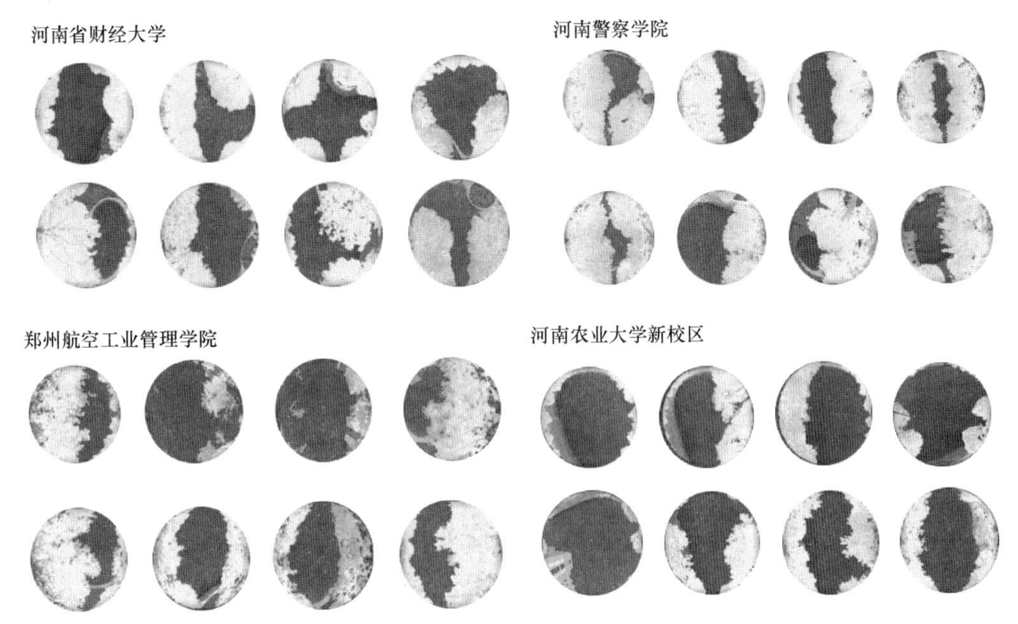

图5　进行均值漂流法处理后的图像

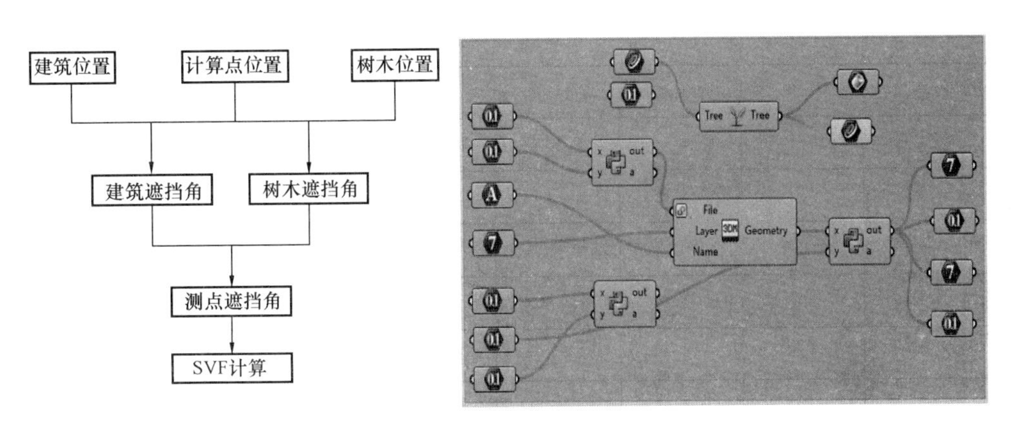

图6　参数化流程及计算表

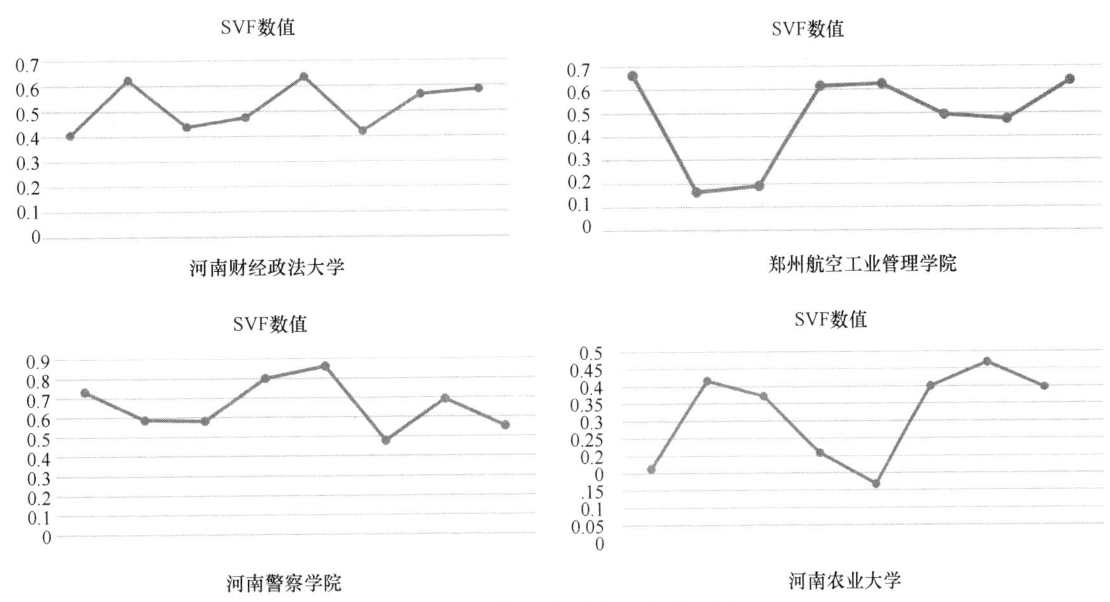

图7　不同校园主干道SVF统计表

针对这两个问题，在对校园主要树种进行 Urban Crowns 分析时，在相同胸径的前提下，以树种和道路宽度为变量进行对比。四所学校的校园主干道树种分别为：郑州航空工业管理学院为栾树，河南农业大学新校区为悬铃木，河南省警察学院为悬铃木，河南财经大学为悬铃木。为了起到对比作用，对各个街道在相同胸径处采集数据用于 Urban Crowns 的分析。

由于本文需要对植物属性进行分析，在利用 Urban Crowns 对冠层数据进行分析后[22]，需要利用 EXCEL 或者 GH 对数据（表 1）进行参数化分析（图 8）后得出结论。

以相同的胸径的郑州航空工业管理学院的栾树和河南省警察学院的悬铃木为例对比后发现：航院树木对应地点的 SVF 偏大且栾树的冠层密度偏低，而警察学院相同胸径对应位置的 SVF 偏小且悬铃木冠层密度偏高。由此可以推测，冠层密度与 SVF 之间是负相关的关系（即冠层密度越大 SVF 值越小，天空遮挡程度越高）。与此同时，在对于相同树种的不同胸径进行分析时也发现：不同胸径对应不同的冠层密度，不同的冠层密度对应不同的 SVF 且冠层密度越大对应的 SVF 数值越小。但冠层密度与胸径之间应为回归方程关系，不能确定为单纯的递增。不仅如此，街道的宽度也对主干道的 SVF 产生影响，道路宽度越宽对应的 SVF 数值越小。

冠层参数统计表　　表 1

序号	树种类	冠积	冠层密度（%）	冠层透明度（%）	胸径（cm）
C1	悬铃木	131484	92.5	7.5	43.3
C2	悬铃木	926	88.6	11.4	26.13
J1	悬铃木	1191	93.1	6.9	21.01
J2	悬铃木	67842	90.1	9.9	26.11
J3	悬铃木	5613	94.9	5.1	23.56
N1	悬铃木	8548	94.9	5.1	26.21
N2	悬铃木	10316	94.6	5.4	22.29
N3	悬铃木	32908	92.8	7.2	60.82
H1	栾树	19098	83.2	16.8	23.56
H2	栾树	84309	92.3	7.7	27.54
H3	栾树	2977	90.2	9.8	16.71
H4	栾树	1051	94.4	5.6	20.06

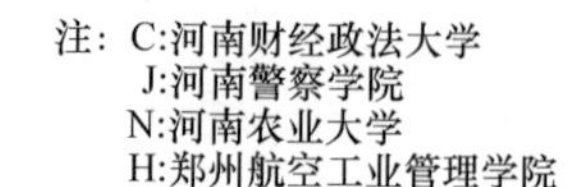

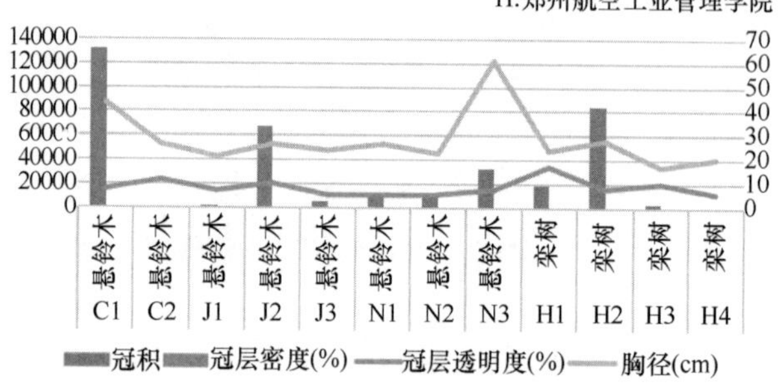

图 8　生长曲线记录表和数据分析图

3　结语与讨论

在校园主干道的热舒适度的研究中，以 SVF（sky view factor）作为校园主干道两侧行道树对天空遮挡的反映参数。SVF 是涉及城市热岛、表面能量平衡、生物气象学等方面的重要评估因子。通过对 SVF 的计算可以了解四个校园主干道的热舒适度情况，SVF 数值越高，说明天空遮挡程度越低，热舒适度越低。

不仅如此，这些数据也反映了树种和胸径对于冠层密度的影响，而冠层密度会直接影响校园主干道的热舒适度及 SVF 的数值。在研究中也发现了道路宽度和冠层的健康程度也对热舒适度产生影响，推测影响产生的原因是由于植物的蒸散作用，具体影响程度和影响效果还有待今后再做研究。

参考文献

[1] Chen, L., Ng, E., An, X., et al. (2012). Sky view factor analysis of street canyons and its implications for Daytime intra urban air temperature differentials in high rise, high density urban areas of Hong Kong: A GIS based simulation Approach. International Journal of Climatology, 32 (1), 121-136.

[2] Xiaojiang Li., Carlo Ratti., Ian Seiferling. (2018). Quantifying the shade provision of street trees in urban landscape: A case study in Boston, USA, using Google Street View. Landscape and Urban Planning 169(2018): 81-91.

[3] Kokalj., Zakscheek, K., & O Chetir, K. (2011). Application of sky view factor for the visual isation of historic landscape features in lidar derived Relief models. Antiquity, 85 (327), 263-273.

[4] GRIMMOND C, POTTERS, ZUTTERH, et al. Rapid methods To estimate sky view factors applied to urban areas [J]. International Journal of Climatology, 2001, 21 (7): 903-913.

[5] 吴杰，张宇峰，林宇．基于参数化三维模型的城市天空遮挡简化算法[J]．建筑科学，2017，33(06)：33-40.

[6] ohnson, G. T., and Watson, I. D. (1984). The determination of view factors in urban canyons. Journal of Climate and Applied Meteorology, 23(2), 329-335.

[7] Seiler, J. R., and P. N. McBee. 1992. A rapid technology for the evaluation Journal of Arboriculture 18 (6): 325-328.

[8] Brown, P. L., D. Doley, and R. J. Keenan. 2000. Estimating tree crown dimensions using digital analysis of vertical photographs. Agricultural And Forest Meteorology 100 (2-3): 199-212.

[9] GAL T, LINDBERG F, UNGERJ. Computing continuous sky View factors using 3D urban raster and vector databases: Comparison and application to urban climate [J] Theoretical And applied climatology, 2009, 95 (1): 111-123.

[10] WATSON I, JOHNSON G. Estimating person view-factors from fish-eye lens photographs [J]. International Journal of Biometeorology, 1988, 32(2): 123-128.

[11] GAL T, RZEPA M, GROMEK B, et al. Comparison between sky view factor values computed by two different methods in an urban environment [J]. ACTA Climatologica Et Chorologica, 2007, 40(41) : 17-26.

[12] Dozier, J., & Frew, J. (1990). Rapid calculation of terrain parameters for radiation modeling from digital elevation data. IEEE Transactions on Geoscience and Remote Sensing, 28(5), 963-969.

[13] Helbig, N., Löwe, H., & Lehning, M. (2009). Radiosity approach for the shortwave surface radiation balance in complex terrain. Journal of the Atmospheric Sciences, 66 (9), 2900 - 2912.

[14] Manners, J., Vosper, S. B., & Roberts, N. (2012). Radiative transfer over resolved topographic features for high-resolution weather prediction. Quarterly Journal of the Royal Meteorological Society, 138(664), 720 - 733.

[15] Lindberg, F., & Grimmond, C. S. B. (2010). Continuous sky view factor maps from high resolution urban digital elevation models. Climate Research, 42(3), 177 - 183.

[16] Lindberg, F., Grimmond, C. S. B., Gabey, A., Huang, B., Kent, C. W., Sun, T., et al. (2018). Urban Multi-scale Environmental Predictor (UMEP): An integrated tool for city - based climate services. Environmental Modelling & Software, 99, 70 -87.

[17] Winn M F, Lee Bradley S, Araman P A. Urban Crowns: crown analysis software to assist in quantifying urban tree benefits[J]. 2010.

[18] Phattaralerphong, J., and h. Sinoquet. 2005. A method for 3D reconstruction of tree crown volume from photographs: assessment withOut for dinner. 3d-digiplants. Tree travel 25(10): 1229-1242.

[19] Xiao, Q., E. G. McPherson, S. L. Ustin, M. E. Grismer, and J. R. Simpson. 2000. The Winter rainfall interception by two said open-grown trees inDavis, California. Hydrological the Processes of 14 (4) : 763-784.

[20] Xiaojiang Li., Carlo Ratti., & Ian Seiferling. (2018). Quantifying the shade provision of street trees in urban landscape: A case study in Boston, USA, using Google Street View. Landscape and Urban Planning 169(2018): 81-91.

作者简介

王少瑜，1990年生，女，汉族，河南省洛阳人，华北水利水电大学研究生。研究方向为风景园林。电子邮箱：944406621@qq.com。

张华月，1991年生，女，河南驻马店人，汉族，华北水利水电大学研究生。研究方向为风景园林。电子邮箱：1043494412@qq.com。

王旭东，1986年生，男，河南开封人，汉族，华北水利水电大学建筑学院讲师，河南农业大学与上海辰山植物园(中国科学院上海辰山植物科学研究中心)联合培养博士。研究方向为园林植物群落及绿地生态。电子邮箱：wang007xu007@163.com。

可持续景观设计视角下的场地植物适宜性设计与土壤优化路径研究①

The Research of the Plant Suitable and Soil Optimization Design based on the Sustainable Landscape Design

王晶懋　刘　晖　宋菲菲

摘　要： 根据城市受到强烈人为干扰后的土壤一般性状，结合场地土壤评估和改良在景观规划与设计环节中易被忽视的背景，以场地土壤为研究对象，分析了不同土壤水文条件、场地地形条件、道路与建筑影响下的场地设计策略，明确了场地土壤因子在场地设计中的角色。从场地土地利用历史、现状植被、地形水文三个方面对场地土壤的现场进行观察和评价，在生态服务功能需求的基础上，提出可持续景观设计视角下的场地植物适宜性设计模式与土壤优化路径。

关键词： 可持续景观设计；场地设计；植物适宜性；土壤改良；植物群落营造

Abstract: Based on the general character of the soil by intense human disturbance within the city, combined with the background of which ground soil assessment and improvement are easily neglected in the process of landscape planning and design. This paper took site soil as the research object, analyzed the site design strategy under the influence of different soil hydrological conditions, site topography conditions, roads and buildings, and clarifies the role of site soil factors in site design. The research finished the observation and evaluation of soil based on the land utilization history, vegetation actuality, terrain and hydrological. On the basis of ecological service functional requirements, an optimal path of site soil from the perspective of sustainable landscape design was proposed.

Keyword: Sustainable Landscape Design; Site Design; Soil Assessment; Soil Improvement; Plant Community Construction

自然生态是由水、大气、土壤和动植物群体通过一系列复杂生态过程构成的互相紧密联系的综合体。自然系统在进化与变化的过程中，不断塑造着人类赖以生存的自然环境。但是随着城市化的迅速发展，带来了各种城市生态问题，包括城市内涝，水资源短缺，水体污染，生物多样性降低等。针对这些生态问题，也对城市景观和绿地规划与建设提出了更高要求的生态设计策略。城市中的场地空间是城市生态系统中重要的一部分，具有分布广、破碎化、生境类型丰富的特点[1]。科学合理的场地设计可以保护、维持和提供重要的生态系统服务，在满足多种生态功能需求的同时，场地能够充分提供多重生态系统服务，从而提供一个由再生生态系统支持，并具有可再生资源的可持续发展的环境。

面对创造可持续发展城市场地空间的迫切性，由美国风景园林师协会、德克萨斯大学奥斯汀分校的约翰逊总统夫人野花中心和美国国家植物园联合发起了“可持续场地倡议组织”（Sustainable Sites Initiative，SITES）。致力于将任何条件下的场地都能够通过设计、管理形成健康的生态系统，促进生态系统和人类的可持续和谐发展。这种可持续景观场地设计是在满足当前需求而不危害子孙后代未来发展的景观场地设计、建造、运行和维护的活动，其核心是景观的可持续性，力求在场地设计与利用的过程中兼顾人类和自然生态的和谐共处、资源的循环利用[2]。

场地中的土壤条件是影响场地生态的重要因素之一，土壤是生物生活所需的空气、水分、养分的主要提供者，为场地生物多样性的形成提供了赖以生存与栖息的表层，维护土壤健康是可持续景观场地的一个重要属性。可持续景观设计视角下的场地土壤优化体现了一种理论智慧与实践智慧相结合的途径，能够妥善处理人类在生产生活中与自然的关系的思维模式和实践准则[3]。可持续景观场地设计包含了潜在的生态智慧，直接向场地使用者展示了自然进程，间接加强了人与自然的联系，提高了人与自然共同繁荣的可能性。

1　可持续景观场地设计与城市土壤

1.1　城市土壤的一般性状

随着我国城市化进程的不断加快，城市的迅速扩张使得大量的耕地转变为非农业用地，自然和农业土壤受到了强烈的人为干扰，不当的城市建设可以造成土壤的结构和质量受到严重破坏，并伴随有水土流失、压实、污染等问题。在此过程中，城市土壤生态系统逐渐失衡，由此导致了独特的城市土壤性状：①由于施工挖填方造成了土层变化、植被缺失，使得表土层易流失；②由于车辆

① 基金项目：国家自然科学基金面上项目（51878531）；国家自然科学基金青年项目（31800604）；住房和城乡建设部科技计划项目（2018-K7-002）。

和建筑的压实效应，造成土壤严重硬化，丧失了团粒稳定性；③土壤板结引起孔隙度降低，造成水分难以渗透、排水不畅；④城市建设引起土壤酸碱性改变，营养不良；⑤城市生产建设活动产生的大量的污染物和废弃物，使得土壤受到污染，且混合有大量杂质。可见在城市环境中的土壤多数已经受到严重破坏，而土壤一旦遭到破坏，就很难得以恢复，这使得城市土壤改良逐渐成为被关注的焦点[4]。城市土壤状况不佳，会阻碍植物的正常生长，也使得土壤应有的生态功能难以发挥，从而导致更广泛的生态问题。

1.2 土壤易在场地景观设计环节所忽视

虽然目前城市土壤状况堪忧，但是在场地前期规划与设计中却很少考虑土壤评估和改良。在进行城市道路绿地、公园绿地、居住区绿地等的设计时，土壤在前期的场地分析中往往被忽略，从而导致进行植物设计时不能选择与土壤相适宜的物种。施工时对土壤的管理也极为粗放，大量的土方工程使得场地的土壤受到极大扰动，土壤中的植物、微生物与环境的联系被切断，土壤生态系统受到严重干扰[5]。另外，某些植物对生长环境的要求较高，如果缺少对其生长土壤条件的了解以及针对性的改良措施，虽然在种植初期节省了成本，但在后期的养护中却要投入大量的成本维持其生长[6]。景观设计环节中对于土壤评估的缺失往往导致很多问题。很多植物的死亡都是由于土壤条件的恶化，或是植物习性与土壤条件不相匹配。因此，有必要借鉴多学科的研究成果制定相应的土壤优化策略，达到可持续场地土壤管理的双重目标，即对现状土壤令人满意的性状加以保护、对土壤不令人满意的性状加以改进，从而应对场地景观设计中的土壤问题。

2 场地土壤因子在场地设计中的角色

2.1 场地土壤与水文条件

土壤在城市雨水管理中占据重要的角色。渗透性良好的土壤可以显著降低地表径流量，土壤蓄水能力提高，还可以减少场地中的工程管道、排水结构、储水池、灌溉系统和基础设施维护的成本[7]。因此在场地设计时为了建立良好的水文系统，应采取相应的措施对土壤加以保护和利用，具体措施包括：①施工中保护表土，对开挖表土进行保存，存放时进行覆盖。②为保护土壤免受重型机械破坏，应在土壤表层添加覆盖物或铺设模板。③当土壤的有机质和肥力较低时，采用土壤改良策略对其进行修复，提高土壤肥力。根据场地土壤的水文性质，结合土壤在场地空间中的分布，从而制定相应的场地设计策略（表 1）。

不同土壤水文条件下的场地设计策略 **表 1**

序号	设计图示	设计要素	设计方法
1	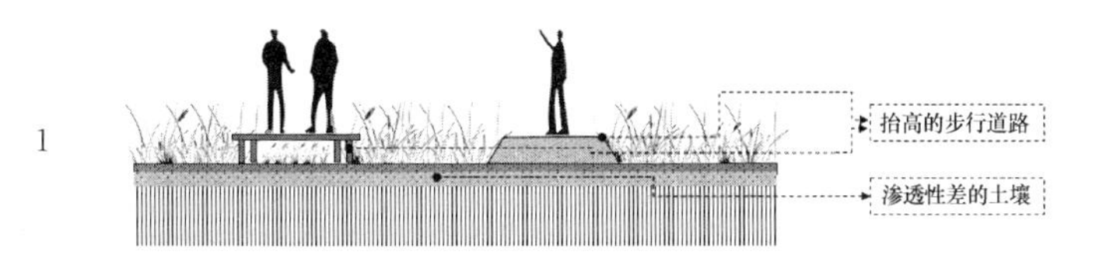	铺装	将步行道路设置在渗透性差的土壤上并抬高，防止道路积水
2	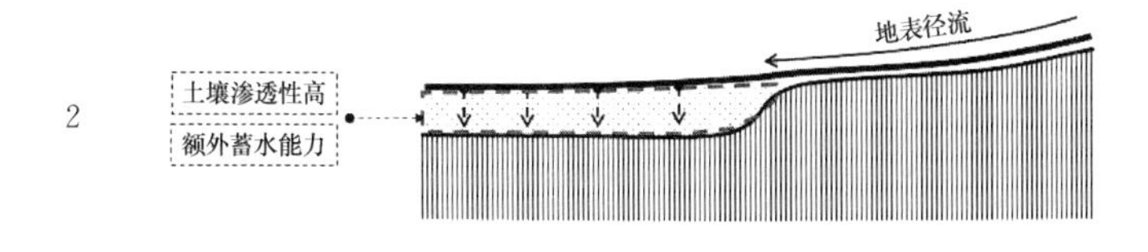	地形	将径流导向土壤渗透性高、具有额外蓄水能力的区域
3	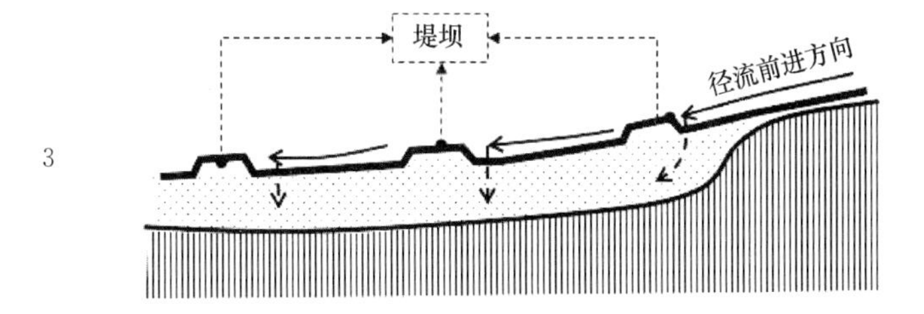	地形	在径流前进方向上设置堤坝阻滞径流，提高下渗量

续表

序号	设计图示	设计要素	设计方法
4	土壤渗透性差 建筑 土壤渗透性高 庭院	建筑、植物	建筑物设置在土壤渗透性差的区域，植被设置在土壤渗透性高的区域

2.2 场地土壤与地形条件

地形对土壤的影响主要体现在不同坡度和坡向下土壤性质的差异。一般来说，陡坡径流速度快，导致土壤易被冲刷，表层土壤较少；坡脚处有机质沉积，表土发育良好。阴坡受阳光直射较少，枯枝落叶层较厚，土壤较湿润，有机质丰厚；阳坡光照充足，水分蒸发量大，土壤干旱肥力较低，腐殖质含量少，土壤呈现“硬、干、薄”的状况[8]。因此，在进行不同地形条件下的场地设计时，有必要根据不同的地形条件种植相应的植物（表 2）。陡坡宜种植固坡植物，如紫花苜蓿、白三叶、小冠花；坡脚处、阴坡处宜种植对土质要求较高的植物；阳坡宜种植喜阳、耐干旱、耐瘠薄的植物[9]。

不同地形条件下的场地设计策略　　表 2

场地要素	与土壤的关系	设计目标	设计策略
坡度	陡坡易被冲刷，表层土壤较少；坡脚处有机质沉积，表土发育良好	减轻坡面径流的影响	陡坡种植固坡植物，如紫花苜蓿、白三叶、小冠花；坡脚处种植对土壤条件要求较高的植物
坡向	阴坡下部枯枝落叶层较厚，土壤较湿润，有机质丰厚；阳坡光照充足，水分蒸发量大，土壤干旱肥力较低，腐殖质含量少，土壤“硬、干、薄”	改善并利用土壤条件	阴坡处种植对土壤条件要求较高的植物，如冷杉、云杉；阳坡种植喜阳、耐干旱、耐瘠薄的植物，如马尾松、桦树、杨树、华山松

2.3 场地土壤与道路、建筑设计

道路与建筑影响着场地中的土壤状况。道路通过对径流的阻隔，导致场地积水，从而影响土壤结构。为了减少道路对土壤的影响，可以在设计中减少不透水路面的使用。另外，人行道路边裸露的土壤容易受踩踏，导致土壤压实，可以使用地表覆盖物避免土壤裸露。建筑物通过建筑朝向和建筑阴影影响土壤状况，处在建筑阴影下的土壤含水量较高。北方城市中，建筑北侧的土壤温度一般低于建筑南侧，冬季建筑北侧的土壤结冻期长，春秋季的物候与建筑南侧的植物有较大差异[10]。因此，根据建筑物的属性在进行场地设计时，建筑北侧最好使用地表覆盖物保温，建筑阴影处种植耐阴喜湿的植物。

道路、建筑影响下的场地设计策略　　表 3

场地要素	与土壤的关系	设计目标	设计策略
道路	道路边裸露土壤易遭踩踏，导致土壤压实	避免行人踩踏	避免土壤裸露，使用地表覆盖物，铺装旁种植较高的草本植物
	影响场地径流，导致积水，影响土壤结构	减小径流影响	减少路面径流，采用透水铺装
建筑	建筑阴影提高土壤含水量；建筑朝向引起土温差异	指导植物种植设计	在建筑阴影处种植耐阴喜湿植物；使用地表覆盖物保温

3 场地土壤优化路径

3.1 场地土壤评估

场地土壤评估的目的即是通过对场地现状生境条件的整体认知，对场地土壤的基本性质进行全面的考察和评价，明确场地中需要保留与保护的部分、需要修复的部分、可以加以有效利用或改造利用以及无法利用的部分。

识别现状土壤的类型和质量，了解场地的土壤分层情况，进行场地的实地调研和检测是唯一的途径。此外，对场地进行宏观的评价，包括对场地的土地利用历史、现状植被、地形水文与场地土壤状况进行资料信息的收集与解析。在此基础上制定土壤的抽样和检测方案，对场地

土壤条件进行定量或定性的检测[11]，定量的检测即是对土壤理化性质的测定。定性的检测可以通过对土壤表面的观察判断其是否存在板结情况以及盐渍化现象，并且可以通过其生长的植物以及土壤中蚯蚓等土壤动物的辨别大致判断场地土壤健康状况。通过调研场地土壤可以对其概况有所了解，如板结程度、土层厚度、酸碱性、分层状况、营养状况等。

从场地设计的实践角度来看，对场地土壤的评估结果，将有助于对设计方法和种植工程进行改进，从而最大限度的发挥土地优势、降低土地劣势，更好的满足适地种植的要求。总之，场地土壤评估有助于针对性的进行土壤改良，解决场地中不同的土壤问题，营建多样的场地土壤生境，并为植物群落构建提供参考。

3.2 场地土壤改良

土壤改良的目的是通过人工干预改善土壤理化性质，为植物生长提供适宜的环境。在进行场地土壤评估之后，场地土壤大致可以分为两类：健康土壤和需要改良的土壤。首先，对场地中的健康土壤要加以保护，在施工中避免压实，并注意保留表层土[12]。其次，针对需要改良的土壤，要因地制宜地采取相应的改良设计方法（图1）。

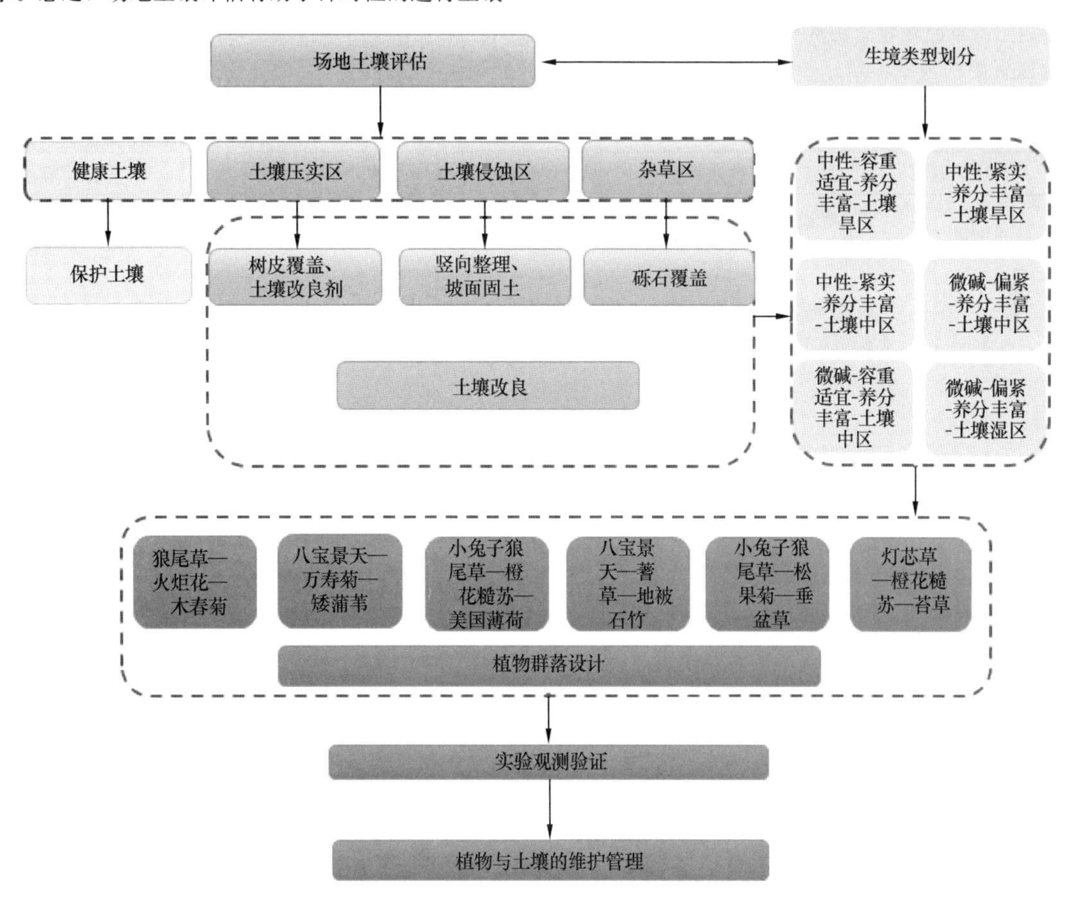

图1 土壤改良设计示意图

为了恢复土壤健康，受损土壤需要借助于一定的改良设计方法才能恢复到健康水平。土壤改良设计方法通常分为四种类型（图2）：第一，环境工程学方法：针对不同的土壤问题采用相应的环境工程学修复手法；第二，机械方法：例如采用松土、深耕等措施；第三，场地设计方法：对场地的水系、地形竖向、道路铺装等进行优化布局与设计；第四，地表覆盖方法：采用地表覆盖物减少土壤的蒸发，为植物营造较好的土壤水分环境。

3.3 场地土壤生境类型下的植物群落营造

优化后的场地土壤状况良好，适宜种植。但是场地土壤条件并非完全相同，因此需要针对土壤因子进行场地土壤生境类型划分。基于土壤生境类型，结合植物生态习性，进行植物的选种与群落搭配。

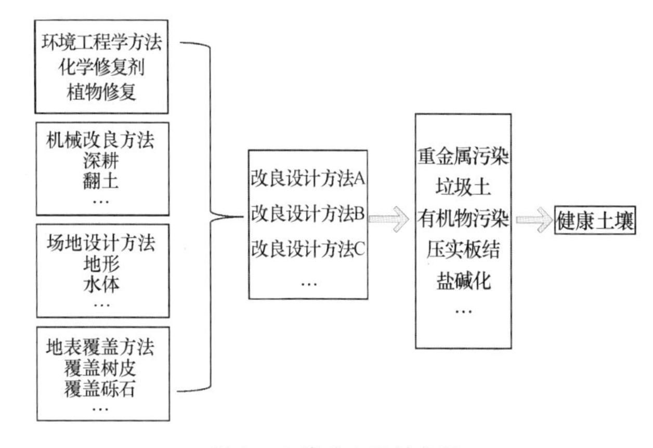

图2 土壤改良设计方法

3.3.1 植物种类选择

土壤含水量影响下的土壤生境类型中，土壤湿区适宜种植耐积水植物，土壤旱区适宜种植耐旱植物，土壤中区适宜种植中生植物。土壤酸碱性影响下的土壤生境类型中，微碱性土壤区适宜种植适宜中性土或碱性土的植物，中性土壤区适宜种植适宜中性土植物[13]。土壤容重影响下的土壤生境类型中，容重适宜区可选择植物范围较广，偏紧实土壤区适宜种植根系较发达植物，紧实土壤区适宜种植根系发达植物。土壤养分影响下的土壤生境类型中，土壤过于肥沃和贫瘠都会导致杂草入侵，在肥沃的土地上种植干燥草原植物这种贫瘠土壤中生长的植物，会造成对土壤资源的浪费。养分丰富区植物种类的选择范围较广，养分贫瘠区适宜种植耐瘠薄植物。

3.3.2 植物群落组构模式

结合不同生境区域土壤特征，配合不同的地表覆盖物类型，为场地中生境营造与群落生态设计提供适宜的途径[14]，此处列举西安城市绿地几种常见土壤生境类型下的典型草本植物群落构建方式。

土壤含水量影响下的土壤生境类型中，城市场地常见的类型有土壤湿区、土壤旱区和土壤中区。对于土壤湿区，设计时适宜种植耐积水植物；土壤旱区在设计时适宜种植耐旱植物，铺设砾石、树皮等地表覆盖物，控制土壤水分蒸发；土壤中区适宜种植中生植物（表 4、图 3）。

土壤含水量影响的土壤生境类型下的草本植物群落组构模式　　表 4

土壤性质	生境类型	设计策略	可选择植物种类	草本植物群落组构模式
土壤含水量	土壤湿区	适宜种植耐积水植物；适合构建“结构层—季节主题层—地被层”	松果菊、黄菖蒲、灯芯草、柳叶马鞭草、葱莲、山菅兰、酢浆草	山菅兰—葱莲—酢浆草
	土壤旱区	适宜种植耐旱植物；铺设砾石、树皮等地表覆盖物，控制土壤水分蒸发；适合构建“结构层—季节主题层—地被层”	草木樨、蓝羊茅、矮蒲苇、佛甲草、松果菊、白三叶、刺蓟	阔叶麦冬—刺蓟—白三叶
	土壤中区	适宜种植中生植物；适合构建“结构层—季节主题层—地被层”	木春菊、垂盆草、小兔子狼尾草、松果菊	小兔子狼尾草—松果菊—垂盆草

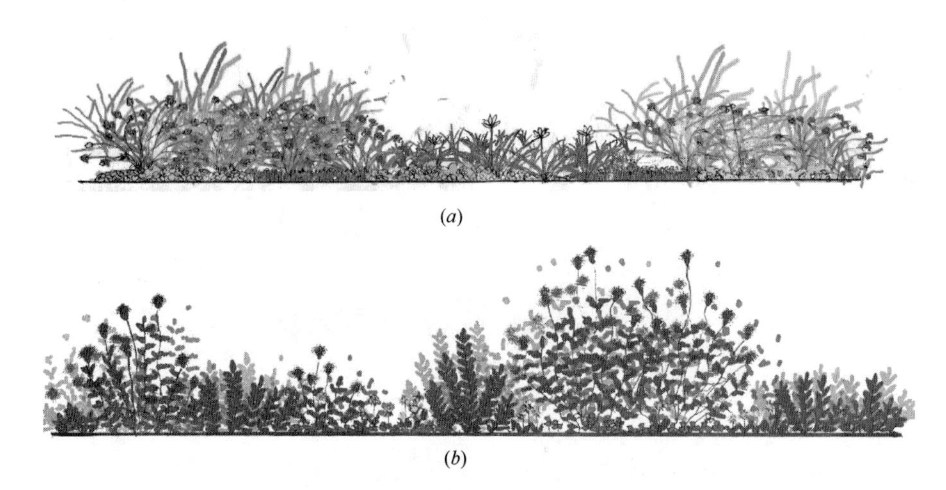

图 3　土壤含水量影响下不同土壤类型的群落组构方式

（*a*）山菅兰—葱莲—酢浆草；（*b*）阔叶麦冬—刺蓟—白三叶

土壤酸碱性影响下的土壤生境类型中，城市场地常见的类型有微碱性、中性土壤。微碱性土壤区使用耐碱性的植物构建群落，中性土壤区可选择的范围较广（表 5）。

土壤酸碱性影响的土壤生境类型下的草本植物群落组构模式　　表 5

生境类型	设计策略	可选择植物种类	草本植物群落组构模式
微碱性土壤区	适宜种植适宜中性土或碱性土植物；适合构建“结构层—季节主题层—地被层”	麦冬、蓍草、地被石竹、八宝景天、黄菖蒲、宿根福禄考、射干、落新妇、佛甲草	细叶麦冬—黄菖蒲—宿根福禄考
中性土壤区	适宜种植适宜中性土植物；适合构建“结构层—季节主题层—地被层”	蓝羊茅、灯芯草、八宝景天、细叶针茅、佛甲草	蓝羊茅—八宝景天—佛甲草

容重适宜区种植可选择范围较广，例如：八宝景天—萱草—紫菀；偏紧实土壤区适宜铺设砾石、树皮等地表覆盖物，种植根系较发达的植物，例如：千屈菜—菖蒲—细叶麦冬；紧实土壤区适宜铺设砾石、树皮等地表覆盖物，种植根系发达的植物，例如：小盼草—聚合草—美国薄荷（表6、图4）。

土壤容重影响的土壤生境类型下的草本植物群落组构模式 **表6**

土壤性质	生境类型	设计策略	可选择植物种类	草本植物群落组构模式
土壤结构	容重适宜土壤区	可选择植物范围广；适合构建“结构层—季节主题层—地被层”	八宝景天、萱草、紫菀	八宝景天—萱草—紫菀
	偏紧实土壤区	适宜种植根系较发达植物；铺设砾石、树皮等地表覆盖物；适合构建“结构层—季节主题层—地被层”	紫花苜蓿、蛇鞭菊、短星菊、糙苏、苔草、聚合草	千屈菜—菖蒲—细叶麦冬
	紧实土壤区	适宜种植根系发达植物；铺设砾石、树皮等地表覆盖物；适合构建“结构层—季节主题层—地被层”	紫花苜蓿、须芒草、糙苏、聚合草、美国薄荷、小盼草	小盼草—聚合草—美国薄荷

图4　紧实土壤区植物群落组构方式（小盼草—聚合草—美国薄荷）

土壤养分丰富区有利于植物开花，所构建的植物群落需要重视季节主题层的选择，例如采用细叶芒—火炬花—垂盆草的组构方式。土壤养分贫瘠区适宜种植耐瘠薄植物，可以形成阔叶麦冬—蜀葵—婆婆纳的组构方式（表7）。植物群落组构在增加场地物种多样性的同时，能够形成一种新的种间关系平衡状态，并且可在一定程度上改良土壤水分、物理性质和微生物状态。另外，这种草本植物群落模式的构建也减少了除草和浇水带来的人力与物力消耗，从而降低管理维护的成本[15]。在植物群落景观不断演变的过程中，将生态性与艺术性相结合，从而形成季相变化生动并兼具长远生态效益的草本植物群落景观[16]。

土壤养分影响的土壤生境类型下的草本植物群落组构模式 **表7**

生境类型	设计策略	可选择植物种类	草本植物群落组构模式
养分丰富区	适合构建“结构层—季节主题层—地被层”；重视季节主题层的选择适宜种植耐瘠薄植物	火炬花、细叶芒、垂盆草、假龙头、花毛茛	细叶芒—火炬花—垂盆草

续表

生境类型	设计策略	可选择植物种类	草本植物群落组构模式
养分贫瘠区	适合构建“结构层—季节主题层—地被层”；重视地被层的选择	蜀葵、白三叶、草木樨、婆婆纳、崂屿苔草、丛生福禄考	阔叶麦冬—蜀葵—婆婆纳

3.4　基于土壤生境类型的植物群落设计

首先进行场地土壤因子生境类型的划分：分别对土壤含水量、土壤酸碱性、土壤容重和土壤养分影响下的土壤生境类型进行划分，叠加得出场地土壤生境类型。其次，在场地土壤生境分区的基础上，紧密结合土壤生境条件、植物群落生态特征和美学需求，提出了以地被层—季节主题层—结构层为主体的草本植物群落分层组构模式。并以西安城市建筑附属绿地几种常见土壤生境类型下的典型草本植物群落构建方式为例，进行了说明。最后，对场地植物和土壤进行维护和监测，进行可持续的场地管理。根据南门花园的六种土壤生境类型，结合不同生境区域土壤特征，形成以地被层—季节主题层—结构层为主体的草本植物群落分层组构模式（表8）。

南门花园基于土壤生境类型的植物群落设计 **表8**

生境类型	设计策略	设计目标	适宜草本植物群落组构方式
中性—容重适宜—养分丰富—土壤旱区	适宜种植中性土、耐旱植物；适合构建结构层—季节主题层—地被层	减少地表土壤水分蒸发，构建多年生草本观花植物景观	狼尾草—火炬花—木春菊

续表

生境类型	设计策略	设计目标	适宜草本植物群落组构方式
中性—紧实—养分丰富—土壤旱区	适宜种植中性土、根系发达、耐旱植物；适合构建结构层—季节主题层—地被层；铺设砾石、树皮等地表覆盖物控制土壤水分蒸发，避免土壤压实	减少地表土壤水分蒸发，构建多年生草本地被植物景观	八宝景天—万寿菊—矮蒲苇
中性—紧实—养分丰富—土壤中区	适宜种植中性土、根系发达植物，铺设砾石或树皮；适合构建结构层—季节主题层—地被层	构建多年生草本观花植物景观	小兔子狼尾草—橙花糙苏—美国薄荷（图5）
微碱—偏紧—养分丰富—土壤中区	适宜中性土或碱性土，根系发达植物；适合构建结构层—季节主题层—地被层；铺设砾石、树皮等地表覆盖物避免压实，调节土壤酸碱性	构建多年生观花植物景观，塑造不同的季相变化	八宝景天—蓍草—地被石竹（图6）
微碱—容重适宜—养分丰富—土壤中区	适宜种植中性土或碱性土植物；适合构建季节主题层—地被层	构建多年生观花植物景观，塑造不同的季相变化	小兔子狼尾草—松果菊—垂盆草
微碱—偏紧—养分丰富—土壤湿区	适宜种植中性土或碱性土、根系发达、耐积水植物；适合构建结构层—季节主题层—地被层	有效利用湿生条件，塑造湿生植物景观	灯芯草—橙花糙苏—苔草

图5 小兔子狼尾草—橙花糙苏—美国薄荷

图6 八宝景天—蓍草—地被石竹

3.5 场地土壤可持续管理

可持续景观场地存在有不断进化的系统，只有在持续监测、调整的基础上，通过适当的管理养护才能保证各项生态系统服务功能的实现，并保证可持续景观场地功能性、经济性、美观性的协调统一。

传统的园林维护方式常常“过度，时有忽视”：过度施肥与灌溉、过度清理场地的枯枝落叶，忽视场地的土壤检测。这种过度和忽视大大增加了管理维护成本，使景观效果大打折扣，甚至还会导致土壤污染。可持续的维护管理提倡减少对场地的人为管理，定期对场地土壤进行动态监测，从而确定场地土壤的缺陷和土壤的健康状况。长期的监测结果为管理维护措施的调整提供了依据。制定土壤的抽样和检测方案，对场地土壤条件进行定量或定性检测，定量检测包括土壤物理性质（容重、孔隙度、紧实度、土壤含水率）和土壤化学性质（酸碱度、氮磷钾含量、有机质含量）的测定。定性的检测可以通过对土壤表面的观察判断其是否存在板结情况以及盐渍化现象，并且可以通过其上生长的植物以及土壤中蚯蚓的数量等，大致判断场地土壤的健康状况。

4 结语

可持续景观设计视角下的场地土壤优化路径包含着对生态智慧的理解与诠释。面对城市环境中具有破碎化和异质性的斑块状绿地空间时，采用科学的评估方法和适宜的人工干预措施，能够改变、调整和恢复场地生态环境。可持续景观场地设计能够将场地管理、维护、监测整合到场地综合设计中，从而孕育具有生态智慧的自然过程。从场地的土地利用历史、现状植被和地形水文三个方面对场地土壤的现场进行观察和评价，提出生态服务功能需求下的可持续土壤改良设计方法，在营造健康的土壤生境的同时构建适生的植物群落，这是城市建成环境场地设计中适宜性生态系统营建的重要途径。

参考文献

[1] 刘晖，徐鼎黄，李莉华，等．西北大中城市绿色基础设施之生境营造途径[J]．中国园林，2013，29(3)：11-15.

[2] 梅格·卡尔金斯．贾培义译．景观场地可持续设计手册：场地设计方法、策略与实践[M]．北京：中国建筑工业出版社，2016.

[3] LIAO K. H., CHAN J. K. H. What is ecological wisdom and how does it relate to ecological knowledge? [J]. Landscape & Urban Planning，2016，155(11)：111-113.

[4] 傅鸿志，尹德涛．城市土壤理论与应用研究[M]．沈阳：辽宁大学出版社，2009.

[5] 田绪庆，陈为峰，申宏伟．日照市城区绿地土壤肥力质量评价[J]．水土保持研究，2015，22(6)：138-143.

[6] 丁明，邹志荣．园林植物养护存在的问题及解决对策[J]．北方园艺，2011(12)：84-86.

[7] 黄俊达．土壤在中国海绵城市建设中的作用研究进展综述[J]．风景园林，2017，24(9)：106-112.

[8] 姚亚兰，高德彬，张玉洁，等．黄土路堑边坡土壤水分空间分布特征及影响因素[J]．水土保持通报，2014，34(6)：118-122.

[9] 王太平，杨晓明．高速公路边坡植物群落物种多样性[J]．西北林学院学报，2012，27(2)：230-234.

[10] 季海蓉，李宪锋，胡秀峰．建筑周边植物的营造设计研究——以常州市为例[J]．工业设计，2017(8)：93-94.

[11] 刘占锋，傅伯杰，刘国华，等．土壤质量与土壤质量指标及其评价[J]．生态学报，2006，26(3)：901-913.

[12] 黄俊达，叶子易．辰山植物园土壤改良修复关键技术实践[J]．中国园林，2017，33(12)：123-128.

[13] 朱丽清．从生态适应性探讨城市园林植物的配置[J]．安徽农业科学，2010，38(27)：15221-15223.

[14] 王晶懋，刘晖，吴小辉，等．基于场地小气候特征的草本植物群落设计研究[J]．风景园林，2018，25(4)：98-102.

[15] 杭烨．新自然主义生态种植设计理念下的草本植物景观的发展与应用[J]．风景园林，2017，24(5)：16-21.

[16] 胡海辉，王明璐，廉晶．哈尔滨人工与近自然不同植物群落植物组成与生态功能[J]．北方园艺，2017(22)：96-101.

作者简介

王晶懋，1988年生，女，汉族，内蒙古临河人，博士，西安建筑科技大学副教授。研究方向为城市绿地生态设计。电子邮箱：airainmail@126. com。

刘晖，1968年生，女，汉族，辽宁人，博士，西安建筑科技大学建筑学院教授、博士生导师。研究方向为西北脆弱生态环境景观规划设计理论与方法、中国地景文化历史与理论。电子邮箱：249600425@qq. com。

宋菲菲，1994年生，女，汉族，河南人，硕士，中国城市建设研究院。研究方向为风景园林规划设计。电子邮箱：954205320@qq. com。

南昌市艾溪湖绿道的满意度分析

The Satisfaction Analysis of Aixihu Greenway in Nanchang City

陈晓刚　徐　婧

摘　要：随着中国经济建设的不断发展，南昌绿道网的建设也进行的如火如荼，为了了解绿道是否满足所预期的城市生态建设和市民生态需求，对南昌市艾溪湖绿道使用者满意度进行了相关的问卷调查，基于 Excel 以及 Spss 等软件平台的数据分析，总结发现艾溪湖绿道的使用人群多来自于艾溪湖周边、南昌市市区内；职业中所占比例最高的为学生，且大多数学生居住地离绿道较远，较低频率使用绿道，则表明市民的使用目的主要是以散步休闲以及观赏游览为主；绿道主要是依靠口碑宣传；艾溪湖绿道的使用者对于绿道的满意度最高的单项因子是空气质量 气温舒适度。基于以上的结果分析，对艾溪湖提出相关处理优化措施，并且为其他绿道建设提供科学性的地依据与参考。
关键词：南昌市；艾溪湖绿道；使用特征；满意度评价

Abstract: With the continuous development of China's economic construction, the construction of nanchang the greenway network also on, in order to understand the greenway whether meet the expectations of citizens in the city ecological construction and ecological demand, nanchang moxa sihu green road user satisfaction for the relevant questionnaire survey, based on the Excel and Spss software platform of data analysis, concluded that ai sihu green way using the crowd from something around sihu, nanchang urban area; Most students live far away from greenway and use greenway less frequently, which indicates that the purpose of citizens is mainly to walk, relax and enjoy sightseeing. Greenway mainly relies on word-of-mouth publicity; The single factor with the highest satisfaction of aixihu greenway is air quality and air temperature comfort. Based on the analysis of the above results, this paper puts forward some measures to optimize the treatment of aixi lake, and provides scientific basis and reference for other greenway construction.
Keyword: Nanchang; Aixi Lake Greenway; Usage Characteristics; Satisfaction Evaluation

绿道作为“线性”绿色开放空间打破了城市内部一个块的模式，用绿色，生态的绿色廊道连接城市中主要的公园、自然保护区，是城市的绿色空间枢纽[1]，为了让人们与自然连接的更加密切以及满足人们对休闲、休憩、健身[2]等需求，研究其满意度有一定意义。国外对于绿道的研究比较成熟，已经从理论层面上升至实践层面，且使用层面包括：使用服务对象、使用特征、满意度。然而国内对于绿道的研究还处于初级阶段[3]，对于绿道使用者满意度相关的文章数量不多[4]，南昌市绿道与使用者满意度相关文章更是寥寥无几。本文对南昌市艾溪湖绿道进行一个深入地使用者满意度调研以及分析，基于 Excel 以及 Spss 软件平台进行数据分析与评价，用数据来显示揭露出绿道目前所存在的一系列问题，并且依据这些问题提出相对应的优化意见以及处理措施。

1　艾溪湖绿道概况

艾溪湖绿道位于江西省南昌市青山湖区内，地处艾溪湖湿地周边，可以预见其重要的城市功能。艾溪湖西岸将绿道的景观与文化气息相结合，使得绿道更加富有人文气氛；艾溪湖东岸则保护了其原有的生态景观，并在此基础上提升了绿道的景观质量、游径系统等相关措施，绿道沿途设置了爱湖广场、浪漫花道、爱湖栈道等 14 处景点，在此基础上，还完善了相应的服务设施，以及游憩环境，为市民打造了集体育、休闲、娱乐为一身的绿色开敞空间。随着南昌绿道建设的不断完善，艾溪湖绿道连接至瑶湖，建设了三条绿道，全长约 13km。绿道包括自行车道和漫步道两个部分，自行车道为双向两车道宽 4.5m，漫步道宽 3m，漫步道周围的绿地没有固定的尺寸，依据地势而建，此外，绿道的工程建设主要包括景观质量、服务设施、游憩环境、游径系统、管理维护 5 个方面。本次调查以艾溪湖绿道前期（即艾溪湖森林湿地公园内的一段绿道）为研究对象，以艾溪湖森林湿地公园入口为起点，全程围绕整个艾溪湖森林湿地公园直至出口为终点，如图 1 所示。

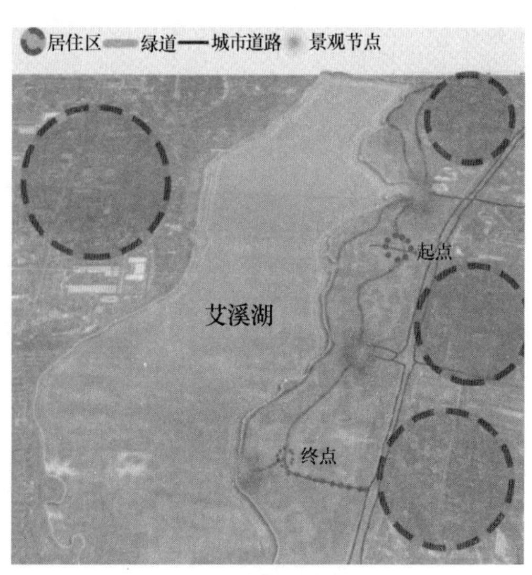

图 1　艾溪湖绿道概况图

2 研究方法

2.1 数据来源

绿道满意度数据来源是从艾溪湖森林湿地公园使用者的问卷中获取的，此问卷采用的是偶遇抽样法，并且，为了使问卷的数据更加真实地反映艾溪湖绿道的情况以及使用者的满意度，做了以下措施：设置了包括艾溪湖森林湿地公园入口、艾溪湖森林湿地公园出口的两个观测点，此外，选择在天气气温较为舒适的工作日进行抽样问卷调查，发放问卷135份，其中有效问卷120份，有效率为88.9%。[5]调研时间为绿道建成已经相对成熟的时间点，当地市民对于绿道已经有了一定的使用。

2.2 问卷设计

使用者满意度研究所需数据是通过对研究对象进行抽样问卷调查方式获得的。问卷设计内容主要包括了使用者属性、使用特征、使用满意度三个部分。其中使用者属性包括性别、年龄、教育程度、职业、居住地；使用特征包括了使用者的同伴情况、到达方式、绿道上的使用时间、使用频率、目的、信息途径以及来绿道所花费的时间；使用满意度主要包括郊野自然风光、田园景致、空气质量 气温舒适度、休憩设施、售卖设施、自行车租赁、公共厕所的设置等17项评价因子，采用李克特点量表尺度来测量（5=非常满意，1=非常不满意）显示了艾溪湖使用者的绿道使用满意度。

2.3 研究方法

首先，基于SPSS24.0以及Excel软件平台，采用频数分析、分类汇总、描述统计方法统计绿道使用者的社会属性特征、使用需求与使用特征（表1）。然后，采用卡方检验、相关性分析、检验使用目的与不同属性的人群之间的差异性（表2），并采用Spearman等级相关性分析分析使用频率与不同属性的人群之间的差异性（表3）。采用模糊评价综合法求算各评价因子的权重，利用Excel的公式AVERAGE以及STDEV来求得满意度评价各项因子的平均值以及标准差，用公式CV=（标准偏差SD/平均值Mean×100%）得到各项因子的变异系数，对使用者属性与满意度之间的影响进行分析。

使用者属性、使用特征统计　　表1

使用者属性	属性类别	比例（%）
性别	男	40.0
	女	60.0
年龄	少年	6.7
	青年	63.3
	中年	16.7
	老年	13.3
教育程度	未受教育	3.3
	小学	6.7
	中学	10.0
	高中	13.3

续表

使用者属性	属性类别	比例（%）
	大学及以上	66.7
职业	待业人员	3.3
	自由职业	10.0
	各行业人员	3.3
	事业单位人员	6.7
	政府机关人员	10.0
	公司职员	10.0
	学生	43.3
	退休人员	13.4
居住地	艾溪湖周边	23.3
	南昌市其他区	63.3
	南昌市及外省	13.4
同伴情况	无	3.3
	家人	33.4
	朋友	63.3
花费时间	5～10min	10.0
	10～20min	16.7
	20～30min	26.7
	>30min	46.7
到达方式	步行	20.0
	自行车	26.7
	自驾车	23.3
	出租车	3.3
	公交车	20.0
	电瓶车	6.7
使用目的	散步休闲	40.0
	体育锻炼	20.0
	观赏游览	33.3
	交友交流	6.7
使用频率	每天1次	3.3
	每周1次	16.7
	每周多次	3.3
	不定期	76.7
信息途径	家住周边	33.3
	听人介绍	46.7
	大众传媒	20.0
使用时间	6：00～8：00	3.3
	8：00～10：00	23.3
	10：00～12：00	40.0
	12：00～14：00	3.3
	14：00～16：00	10.0
	16：00～18：00	6.7
	18：00～20：00	13.3
停留时间	1h以内	3.3
	1～2h	43.3
	2～3h	30.0
	3h以上	23.4

使用目的与使用者属性的卡方检验　　　表 2

题目	名称	使用目的				卡方值	显著性
		散步休闲	体育锻炼	观赏游览	交友交流		
性别	男	20 (41.67)	12 (50.00)	16 (40.00)	0 (0.00)	6.389a	0.094
	女	28 (58.33)	12 (50.00)	24 (60.00)	8 (100.00)		
年龄	少年	4 (8.33)	4 (16.67)	0 (0.00)	0 (0.00)	72.158a	0.000
	青年	20 (41.67)	8 (33.33)	40 (100.00)	8 (100.00)		
	中年	8 (16.67)	12 (50.00)	0 (0.00)	0 (0.00)		
	老年	16 (33.33)	0 (0.00)	0 (0.00)	0 (0.00)		
教育程度	未受教育	4 (8.33)	0 (0.00)	0 (0.00)	0 (0.00)	44.733a	0.000
	小学	4 (8.33)	4 (16.67)	0 (0.00)	0 (0.00)		
	中学	8 (16.67)	0 (0.00)	0 (0.00)	4 (50.00)		
	高中	8 (16.67)	0 (0.00)	8 (20.00)	0 (0.00)		
	大学及以上	24 (50.00)	20 (83.33)	32 (80.00)	4 (50.00)		
职业	待业人员	0 (0.00)	0 (0.00)	0 (0.00)	4 (50.00)	120.654a	0.000
	自由职业	8 (16.67)	4 (16.67)	0 (0.00)	0 (0.00)		
	各行业工人	0 (0.00)	0 (0.00)	4 (10.00)	0 (0.00)		
	事业单位人员	4 (8.33)	4 (16.67)	0 (0.00)	0 (0.00)		
	政府机关人员	8 (16.67)	4 (16.67)	0 (0.00)	0 (0.00)		
	公司职员	4 (8.33)	4 (16.67)	4 (10.00)	0 (0.00)		
	学生	12 (25.00)	4 (16.67)	32 (80.00)	4 (50.00)		
	退休人员	12 (25.00)	4 (16.67)	0 (0.00)	0 (0.00)		
居住地	艾溪湖周边	16 (33.4)	8 (33.33)	4 (10.00)	0 (0.00)	27.833a	0.001
	南昌市其他区	28 (58.33)	16 (66.67)	24 (60.00)	8 (100.00)		
	南昌市外及外省	4 (8.33)	0 (0.00)	12 (30.00)	0 (0.00)		

使用频率与使用射属性和使用特征的卡方检验与相关性分析　　　表 3

项目	卡方值	P 值	Spearman 等级相关系数	显著性
性别	3.261a	0.310	0.192	0.000
年龄	10.477a	0.099	−0.307	0.000
教育程度	16.089a	0.143	−0.274	0.088
职业	23.595a	0.874	−0.030	0.000
居住地	12.343a	0.161	0.263	0.000
同伴情况	2.963a	0.906	0.023	0.000
花费时间	15.126a	0.035	0.387	0.000
使用目的	6.139a	0.644	0.088	0.000

3　结果与分析

3.1　使用者属性分析

由表 1 可知，从性别上来看，被采访者的女性多于男性，多出 20%，分别占比为 60%与 40%；年龄结构上，受采访者青年要远远多于少年、中年、老年，占比为 63.3%；教育程度上，占比最大的为大学及以上人群，其比值为 66.7%；职业上的人员种类多样，其中，主要以学生为主，占比为 43.3%；居住地，比重大的为南昌市及其他区，占比为 63.3%，次之，为艾溪湖周边人员，占比为 20%，南昌市及省外的人员最少为 13.4%，可能离绿道较远，且艾溪湖绿道的宣传并不广泛，人们对于绿道的情况就更加不了解，因此远距离的人群对于绿道的使用相比较少。

3.2　使用者使用特征分析

艾溪湖绿道的使用需求与使用特征由表 1 可见，被访者的绿道使用目的多为散步休闲以及观赏游览，其中散步休闲所占比例为 40%，观赏游览占 33.3%，市民主要都是来绿道上放松心情，观赏景色为主；受访问者对于绿道的使用频率，占比最大的为不定期，比值为 76.7%，根据表 1 数据分析其原因为：在南昌绿道的科普还不太完善，人们对于绿道的使用都占有了一定的随机性质，因此，被采访市民中绝大部分的人都是第一次使用绿道；花费时间上，人们来绿道所花费的时间大于 30 分钟的人数占比最大比值为 46.7%，其次为 20～30 分钟，比值为 26.7%，说明艾溪湖绿道所处的位置较为偏远，即艾溪湖森林湿地公园内，周边的住户较少，因此大部分来自南昌市的其他区，导致人们在来艾溪湖绿道花费的时间较长。

使用时间上，受采访者对于绿道的使用时间分布较不均匀，10：00～12：00和8：00～10：00占比分别为40%、23.3%，为艾溪湖绿道使用的高峰时段；清晨6：00～8：00以及中午12：00～14：00使用的人群最少，因为安全的原因，在白天锻炼、休闲的人比较多，而对于正午和早晨与黄昏相比较，市民更喜欢在晚上乘凉休，并且上班族们晚上的时间相较于白天更加充裕。信息途径中占比最大的是听人介绍，其比值为46.7%，其次为家住附近，其占比为33.3%，而通过大众媒体所了解道的人就比较少只占20%，表明绿道的宣传力度还是远远不够，甚至被访者大部分都不知道自己所走的这一条用彩色沥青和人行道以及周围商业建筑用地分割开来的道路被称作是“绿道”。使用者中，停留时间占比最多的为1～2小时的比值为43.3%，占比值最短的为小于1小时的人群，仅占3.3%，表明绿道对于市民的影响力比较大，市民在空暇之余会选择绿道作为休憩休闲的重要场所。

同伴情况，使用者多为和朋友、家人结伴而来，比值分别占63.3%和33.4%；到达方式，使用者主要的方式为自行车、自驾车，分别占比26.7%和23.3%，因为艾溪湖森林湿地公园周围的公交系统不完善，所以坐公交的人所占比例偏少。出租车打车的费用高昂，艾溪湖森林湿地公园对于停车场的建设不完善，所以坐出租车前来的人不多，非机动车的停放也不完善，但由于共享单车的推广骑自行车的人数多，而骑电动车的人群较少。

3.3 使用者属性与使用特征的差异

由表2可见，不同属性的人群对于绿道的使用目的有着一定的差异性。从性别上来看：以散步休闲、观赏游览以及交友交流的女性人数高于男性，有着一定的差异性，但性别与体育锻炼差异性不明。年龄上：选择散步休闲，观赏游览的青年居多，选择散步休闲、体育锻炼的中年居多，选择散步休闲的老年人较多，选择散步休闲与体育锻炼的少年居多，少年、中年、老年选择交友交流的人群都很少。从教育程度来看：小学生和大学生相对于初中和高中生来说时间都比较充裕，所以选择体育锻炼的人数较多，且都是较高频率的使用绿道。从职业上来看：待业人员主要是用来交友交流，在绿道上休憩的同时结交更多的朋友获得更多的机遇，自由职业、事业单位人员以及政府机关人员以及退休人员对于绿道的使用目的为散步休闲以及体育锻炼的占大多数，学生的自由时间相对较多，因此对于使用目的各类都有涉及，且还是以观赏游览为主。居住地，由于艾溪湖森林湿地公园绿道周边较为偏僻，大部分都是属于南昌市其他区域的人群，但可以看出居住在艾溪湖周边以及南昌市其他区（离艾溪湖绿道相对较近的区域）对于散步休闲以及体育锻炼为主要目的，反之，距离较远的区域则以观赏游览为主，因为绿道在南昌的影响力较低，使用的人群较少，因此对于交友交流这一项使用目的与人群的属性并没有显著性的差异性。

由表3可知不同属性的人群与绿道使用频率之间也存在显著性的差异，年龄的大小与使用频率之间成正相关，因此，退休人员对于绿道的使用相较于其他年龄层的人群频率较高；且职业不同使用的频率也一样，其中学生以及自由职业人员使用频率是最高的，因为他们的自由时间比较多。使用频率与可达性之间也存在着显著的影响，花费时间较少的人群对于绿道的使用频率明显比花费时间较多的人群高，由于南昌 绿道的宣传广泛性不够所以不定期使用绿道的人数较多，有固定频率使用绿道的人群较少，因此对于使用频率的数据相较不充分。

3.4 艾溪湖绿道的使用满意度评价

3.4.1 单项因子满意度分析

由表4可见：单项因子满意度没有一项在4.5分以上，说明绿道的建设还存在着许多的问题，此外，单项因子的满意度较高的有郊野自然风光、田园景致、空气质量气温舒适、植物野趣程度、道路平整度 顺畅度，平均值都在4.0分以上，表明市民对于景观质量的满意度较高，除此之外，景观质量中郊野自然风光这一项因子变异系数排名为第三，田园景致这一项因子变异系数排名为第4，空气质量 气温舒适这一项因子变异系数排名为第一，景观质量中的因子排序都位于前五，说明使用者对景观质量的满意度一致性较高。但是售卖设施、自行车租赁、公共厕所的设置、标识设施、公共交通到达便捷度、停车场地、活动的多样化的满意度较低，均值都在3.5分以下，主要是因为艾溪湖森林湿地公园公共厕所的设置较少，而且很偏远，且仅有公园入口处一个自行车租赁点，艾溪湖森林湿地公园的活动种类很少，以及占地面积很大的森林湿地公园标识并不明显，所以导致这些因子的均分都很低。

观测因子均值、变异系数和权重　　表4

观测因子		平均值	均值排序	变异系数（%）	变异系数排序	权重	权重排名
景观质量	郊野自然风光	4.27	3	18.09	15	0.07	3
	田园景致	4.17	4	18.68	14	0.068	4
	空气质量 气温舒适	4.37	1	15.06	16	0.073	1
服务设施	休憩设施	3.60	8	27.4	9	0.058	8
	售卖设施	2.73	17	31.23	5	0.044	17
	自行车租赁	3.23	14	29.53	7	0.053	14
	公共厕所的设置	3.20	15	36.44	1	0.051	15
	环卫设施	3.70	7	24.32	12	0.06	6
	标识设施	3.47	11	30.47	6	0.055	11

续表

观测因子		平均值	均值排序	变异系数（%）	变异系数排序	权重	权重排名
游憩环境	人文气氛感染力	3.53	9	27.08	10	0.056	9
	植物野趣程度	4.07	5	18.98	13	0.067	5
游径系统	道路的平整 顺畅度	4.33	2	14.99	17	0.072	2
	公共交通到达便捷度	3.46	13	32.23	3	0.054	13
	停车场地	3.47	12	31.36	4	0.055	11
管理维护	安全防护	3.50	10	29.28	8	0.056	9
	治安管理	3.73	6	25.82	11	0.059	7
	活动的多样化	3.07	16	33.61	2	0.049	16

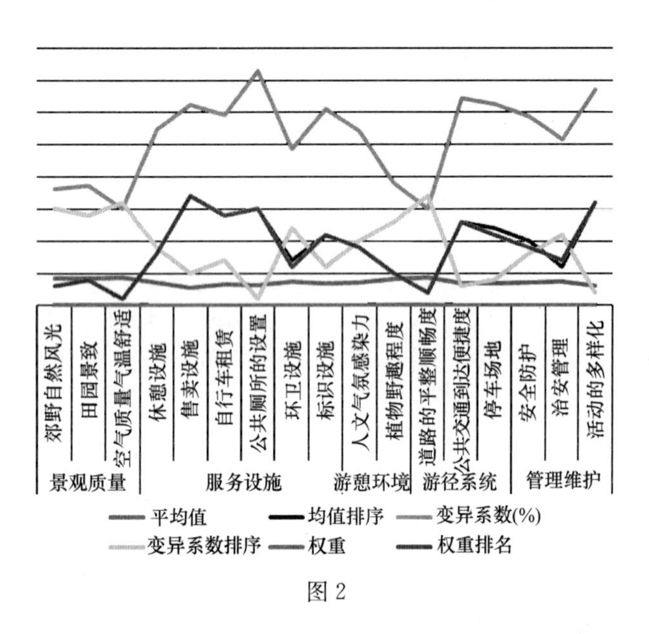

图 2

3.4.2 总体满意度分析

由表 4 平均值那一列可以得出使用者的总体印象满意度均值为 3.64，可以显示出市民对于艾溪湖绿道的总体印象较为良好，且变异系数指数较低，说明市民对于艾溪湖绿道的认知较为清晰，亦可以说明艾溪湖绿道的规划建设较良好，但是还存在一定的提升空间。从权重上来分析：权重的大小对于满意度的影响很显著，且能表明该项因子对于总体满意度的贡献率，对于绿道满意度贡献率较大的因子依次是空气质量 气温舒适、道路的平整度 顺畅度、郊野自然风光、田园景致、植物野趣程度、环卫设施、治安管理和休憩设施，其表明对于艾溪湖绿道总体满意度的影响较大的是绿道的景观质量、道路的通畅程度、环卫设施和安全管理以及一些休憩设施，此外，在艾溪湖森林湿地公园内沿湖的地域会有一些标识提醒人们注意安全，而有的地方则没有，对人们的心理造成了一定的压力。

使用者属性与绿道满意度评价因子的差异性检测　　表 5

项目	类别	景观质量	服务设施	游憩环境	游径系统	管理维护
年龄	少年(*n*=8)	3.67	3.42	3.50	3.00	3.50
	青年(*n*=76)	4.33	3.44	3.95	3.96	3.53
	中年(*n*=20)	4.33	3.13	3.80	3.93	3.33
	老年(*n*=16)	4.17	2.96	3.25	2.92	3.08
教育程度	未受教育(*n*=4)	5.00	4.00	5.00	4.33	3.67
	小学(*n*=8)	4.33	3.58	4.00	3.67	3.50
	中学(*n*=12)	4.00	3.72	3.67	3.67	3.56
	高中(*n*=16)	4.25	3.29	3.75	3.93	4.33
	大学及以上(*n*=80)	4.27	3.21	3.75	3.73	3.22
职业	待业人员(*n*=4)	5.00	5.00	5.00	5.00	5.00
	自由职业(*n*=12)	4.56	3.44	3.67	4.11	4.00
	各行业工人(*n*=4)	4.33	3.50	4.00	4.67	4.67
	事业单位人员(*n*=8)	4.50	3.42	4.50	3.50	3.50
	政府机关人员(*n*=12)	3.78	3.44	3.17	3.67	3.22
	公司职员(*n*=12)	4.44	3.44	3.50	4.11	3.22
	学生(*n*=52)	4.15	3.23	3.92	3.72	3.36
	退休人员(*n*=16)	4.33	2.83	3.50	3.00	2.83
居住地	艾溪湖周边(*n*=28)	4.50	3.28	3.92	3.72	3.61
	南昌市其他区(*n*=76)	4.14	3.34	3.63	3.77	3.47
	南昌市外及外省(*n*=16)	4.33	3.13	4.13	3.58	2.92

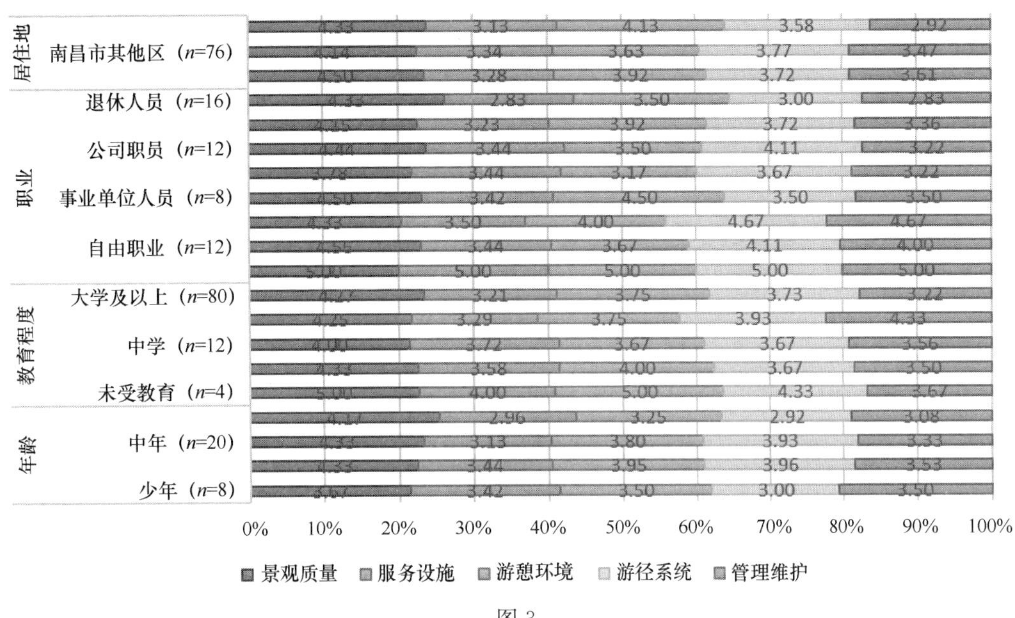

图 3

3.5 使用者属性与绿道使用满意度影响因素的差异性分析

绿道的使用满意度评价不仅在使用者的性别、年龄、教育程度、居住地等与使用目的使用频率之间存在显著性的差异，对于单项评价因子以及不同的社会属性之间也存在着显著性的差异，从年龄上来看青少年对于服务设施的打分相较于中老年较高，说明青少年的活力更加充沛，对于服务设施的需求没有中老年强烈，但对于自行车租赁的满意度青少年更低，因为青少年对于自行车的骑行较中老年更加热爱，但艾溪湖森林湿地公园内仅有一个自行车租赁点；从居住地来看，距离艾溪湖绿道较近的居住人群相较于居住较远的人群对于绿道的管理维护的满意度更高，距离更近的人群使用绿道的频率更高，对于绿道的管理更加了解、因此对于管理维护的满意度更高，距离艾溪湖更近的人群游径系统的满意度高于距离远的人群，因此艾溪湖周边较为偏僻，公交线路少，不方便到达。

4 结语

4.1 加强绿道宣传提升市民公众绿道使用率

由本次调研可知，艾溪湖绿道使用率低，但由于其建成时间较短，受众不广属于正常情况。因为艾溪湖绿道较偏僻，可达性较低，等一些因素的影响，市民对于绿道的使用频率较低。由数据分析可知大部分的人们对绿道的概念不清晰，难以分辨是否使用绿道，或者将绿道仅仅当成是另一种形式的人行道与非机动车道，且从调研当中可知：绿道的市民获知绿道的信息途径主要是听人介绍，目前，互联网科技发展迅速，绿道的宣传可以采用此类方式，使绿道得到更多的推广。此外，绿道的建设还可以结合南昌的红色文化背景来呈现，将绿色廊道结合文化内涵，让人们更加能够记住南昌绿道的特色，用南昌红色文化加大绿道本身的宣传，吸引人们去了解艾溪湖绿道，扩大绿道的影响力。

4.2 绿道的景观质量

绿道的景观建设要全面开展。对于绿道的景观环境，不仅要让它成为城市美化的一个重要指标，还要挖掘出它富含的生态功能，绿道中漫步道下方的草地可以采用更易于吸水的植物，可以在暴雨期间储存水量，在南昌炎热的时候湿润空气，并且绿道周围的景观可以提供很好的条件供人们夏天时遮阴乘凉，在绿道的两侧栽种一排排整齐的树木，让南昌的绿道在夏天成为“避暑”圣地。

4.3 绿道的管理维护

绿道的管理维护需要内外联合。内部上，需要监督相关工作人员是否及时维护修理绿道的基础设施，以及绿道上被占道，机动车乱停靠现象的处理，并且对于破坏者以及无秩序者予以打击；对外要建立相关制度，完善相应的处理措施，并且将绿道充分联合外部空间，将绿道的管理维护内外联动，相辅相成。

4.4 绿道的服务设施

绿道的服务设施应形成体系。为了让市民能够更好的使用绿道，对于服务设施的建设是势在必行的，城市建设者应沿着绿道设置相应数量的公共厕所、垃圾桶、路灯等一些基础设施，满足人们最基本的要求，而且还可以沿线布置相应的休息站点，扩充至整个城市，提高绿道的休闲休憩的服务质量，形成一整个城市绿道的服务设施系统。

4.5 绿道的游径系统

绿道的游径系统应连成一线。为了让居民和游客对于艾溪湖绿道有较为直观地感受与体验，绿道的铺装可采用彩色沥青铺地，使人们对于绿道第一视觉上能够有一个良好的体验，此外，城市建设部门应该保持绿道的延续性，将原有绿道不连通的地方连成一条生态绿廊线，连接至各个景点，将整个南昌通过绿道融合在一起，绿道的游径系统依地势而建，满足人们低碳生活，与大自然亲密接触，相互依存。

参考文献

[1] 曾真，尤达，郭艳，等．三明城市居民绿道游憩动机与满意度研究[J]. 三明学院学报，2017，34(04)：88-94.

[2] 谭祎，郭春华．基于IPA方法的城市绿道体育休闲环境研究[J]. 仲恺农业工程学院学报，2018，31(04)：56-60.

[3] 曾玛丽，基于POE评价理论的绿道使用及满意度研究——以深圳市梅林绿道、福荣绿道为例//中国城市规划学会，东莞市人民政府．持续发展 理性规划——2017中国城市规划年会论文集(13风景环境规划)[C]. 2017：13.

[4] 申世广，唐欢，邱冰．步行友好的绿道评价研究——以南京环紫金山绿道为例[J]. 风景园林，2018，25(11)：46-51.

[5] 熊璨，唐慧超，徐斌，等．郊野绿道的使用特征与满意度[J]. 浙江农林大学学报，2019，36(01)：154-161.

作者简介

陈晓刚，1978年生，男，江西都昌，江西师范大学城建学院副教授、硕士生导师。研究方向为风景园林规划设计与景观美学。电子邮箱：cxg2006090268@126.com。

徐婧（1998年生），女，江西上饶人，江西师范大学城建学院学生。

上海地区美国红枫病虫害种类及优势种调查

Investigation of the Diseases and Pests on Acer Rubrum, as well as the Dominant Groups in Shanghai

王　凤　孙荣华　王章训　路广亮　高　磊

摘　要： 为明确上海地区美国红枫病虫害的发生情况，本文采用人工踏查的方法对上海地区美国红枫病虫害种类进行了调查。结果表明，上海地区为害美国红枫的病害有5种，分别为褐斑病、溃疡病和白粉病、焦点油斑病、细菌穿孔病。害虫分属3纲、5目、9科、11种（类），分别为星天牛、光肩星天牛、吹绵蚧、蚜虫类、绿盲蝽、丽绿刺蛾、黄刺蛾、咖啡豹蠹蛾、茶长卷叶蛾、灰巴蜗牛和螨类。其中螨类、褐斑病、天牛是上海地区美国红枫病虫害的优势种，并给出相应的防治建议，旨在为上海“四化”建设提供技术保障。

关键词： 美国红枫；病虫害种类；优势种；为害程度

Abstract: In order to clarify the occurrence of pests and diseases on Acer rubrum in Shanghai, the species and harm degree of pests and diseases on Acer rubrum were investigated by means of manual search. The results showed that there were 5 diseases on Acer rubrum in Shanghai, namely brown spot, ulcer disease, powdery mildew, focus oil spot disease and bacterial perforation disease. Pests belonged to 3 classes, 5 orders, 9 families, 11 species (Class), namely Anplophora chinensis, Anoplophora glabripennis, Icerya purchase, Aphidoidea, Apolygus lucorµm, Latoia lepida, Monema flavescens, Zeuzera coffeae, Homona magnanima, Bradybaena ravida and mites. Among them, mites, brown spot and longhorn beetles were the dominant species of pests and diseases on Acer rubrum in Shanghai. And the paper gived the corresponding prevention and control suggestions, aiming to provide technical guarantee for the construction of "Four Modernizations" in Shanghai.

Keyword: Acer Rubrum; Diseases and Insect Pests; Dominant Species; Harm Degree

美国红枫（*Acer rubrum*），又名红花槭，原产于美国北部及加拿大大部分地区，是落叶大乔木，树冠整洁，秋季红叶夺目，是近年来广受欢迎的道路绿化美化彩叶树种之一，被广泛应用于公园、小区、街道的种植[1-3]。上海市自2004年实施“春景秋色”工程以来，集中应用和合理配置了大量秋色叶树种植物，美国红枫是其中的代表性品种。美国红枫在上海地区连续多年秋色表现效果好，不同园艺品种的变色各有千秋，挂色时间可以从早秋一直延续至初冬。

为了加快建设令人向往的生态之城，提供更多优质生态公共产品以满足人民群众日益增长的美好生活需要，2018年，上海市绿化和市容管理局发布了关于落实“四化”提升本市绿化品质的指导意见，上海市人民政府办公厅转发了该指导意见。“四化”即“绿化、彩化、珍贵化、效益化”，是上海市下一步绿化建设的发展方向。美国红枫是“四化”建设的代表性树种之一，经过若干年的种植实践，该树种的各种性状在本市表现良好，然而，随着美国红枫被业内专业人士和广大市民的认可，其种植规模不断扩大，病虫害也呈日趋严重的态势[4-7]，已经成为限制其进一步推广的重要制约因子。因此，明确上海地区美国红枫常见病虫害的种类是开展美国红枫病虫害绿色防控的前提，对保障上海“四化”建设顺利进行具有重要意义。目前美国红枫的研究主要集中在品种选育和繁殖等技术研究方面，而鲜少见到关于美国红枫病虫害种类及为害情况系统调查的相关报道。鉴于此，本研究通过对上海地区4个代表性区域种植的美国红枫病虫害进行调查，明确了美国红枫主要病虫害的种类及其发生为害现状，为其下一步的推广应用奠定基础。

1　材料与方法

1.1　调查时间与地点

2018年8～10月，在上海地区选择种植美国红枫的代表性道路、公园（仙霞西路、天山西路、世纪大道、世博公园）4个样点，每2周进行1次病虫害调查。

1.2　调查方法

通过人工踏查的方法，首先检查植株树干，再剪取树冠上中下层的15～20cm枝条各1根，仔细检查枝条和叶片，并记录植株上病虫害的种类、为害部位和为害程度。为害程度的分级标准主要参照上海市工程建设规范《绿化植物保护技术规程》DG/TJ 08-35—2014[8]，分为轻、中、重发生3个等级，分别用“＋”表示零星发生或轻发生，“＋＋”表示中等偏轻或中等发生，“＋＋＋”表示重发生。

1.3　优势种在上海地区美国红枫上的发生为害情况

根据美国红枫病虫害的上述调查结果，确定美国红枫害虫的优势种2～3种（类），在上述4个区域集中调查美国红枫病虫害优势种的为害情况，选择样株不少于30株（总植株少于30株的全部调查），统计优势种的株害率。

2 结果与分析

2.1 美国红枫病害种类及发生为害情况

经调查发现，上海地区美国红枫上的主要病害5种，包括褐斑病、溃疡病、白粉病和焦油斑点病4种真菌病害和细菌穿孔病1种细菌病害。从发生为害程度来看，真菌病害为害较细菌病害更为严重（表1）。

上海地区美国红枫病害种类和为害程度　表1

分类	病害名称	病原菌	主要为害部位	为害程度
真菌病害	褐斑病	*Pestalotiopsis microspora*	叶片	+++
	溃疡病	—	枝干	++
	白粉病	—	叶片	+
	焦油斑点病	—	叶片	+
细菌病害	细菌性穿孔病	—	叶片	+

上述5种病害中以美国红枫褐斑病发生最为严重，主要为害美国红枫的叶片。调查中发现‘秋火焰’的叶片褐斑病发生更为严重，而‘十月光辉’的叶片褐斑病相对较轻。第二严重发生的病害为溃疡病，主要为害枝干。白粉病、焦油斑点病和细菌性穿孔病均为害叶片，发生较轻。

2.2 美国红枫虫害种类及发生为害情况

调查发现，上海地区美国红枫的主要害虫种类见表2，分属3纲、5目、9科、11种（类）。其中星天牛、光肩星天牛、丽绿刺蛾、黄刺蛾、咖啡豹蠹蛾、茶长卷叶蛾、吹绵蚧、蚜虫和绿盲蝽9个种（类）属昆虫纲。灰巴蜗牛和螨类分别属腹足纲和蛛形纲害虫。

从发生程度来看，以螨类在美国红枫上为害最严重发生，主要为害部位为叶片；其次为光肩星天牛和星天牛，主要为害其树干和枝条；其他害虫发生较轻。

上海地区美国红枫虫害种类和为害程度　表2

类别	害虫种类	学名	主要为害部位	为害程度
昆虫纲鞘翅目	星天牛	*Anplophora chinensis*	树干、枝条	+++
	光肩星天牛	*Anoplophora glabripennis*	树干、枝条	+++
昆虫纲半翅目	吹绵蚧	*Icerya purchasi*	叶片	+
	蚜虫类	Aphidoidea	叶片	+
	绿盲蝽	*Apolygus lucorµm*	叶片	+
昆虫纲鳞翅目	丽绿刺蛾	*Latoia lepida*	叶片	+
	黄刺蛾	*Monema flavescens*	叶片	+
	咖啡豹蠹蛾	Zeuzera coffeae	枝条	+
	茶长卷叶蛾	*Homona magnanima*	叶片	+
腹足纲有肺目	灰巴蜗牛	*Bradybaena ravida*	叶片	+
蛛形纲真螨目	螨类	—	叶片	+++

2.3 美国红枫的病虫优势种为害情况

综合分析表1～表2中各种病虫害的为害程度发现，螨类、天牛、褐斑病是上海地区美国红枫病虫害的优势种类。4个代表性区域美国红枫优势种类为害程度的调查结果见图1：螨类、天牛、褐斑病在不同调查区域美国红枫上的发生程度轻重不一，其中螨类在仙霞西路的为害最为严重，株害率达到100%，在天山西路、世博公园为害的株害率均在50%左右；褐斑病在仙霞西路、天山西路为害都相当严重，株害率均达到80%以上，而在世博公园和世纪大道的株害率分别为50%和31.25%；天牛仅在世纪大道为害严重，株害率达到87.75%，其他3个样点均未见其为害状。

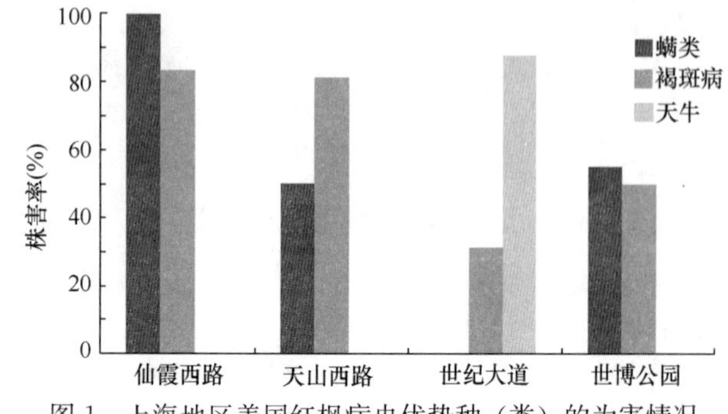

图1　上海地区美国红枫病虫优势种（类）的为害情况

3 讨论

本研究调查发现，目前在上海地区为害美国红枫的病虫害主要有褐斑病、溃疡病和白粉病、焦油斑点病、细菌性穿孔病；光肩星天牛、星天牛、螨类、绿盲蝽、蚜虫、灰巴蜗牛、丽绿刺蛾、黄刺蛾、吹绵蚧、咖啡豹蠹蛾和茶长卷叶蛾。其中5种病害的发生程度从重到轻依次为褐斑病>溃疡病>细菌穿孔病>白粉病>焦油斑点病，11种（类）虫害的发生程度从重到轻依次为螨类>天牛>绿盲蝽>灰巴蜗牛>丽绿刺蛾>黄刺蛾>蚜虫>茶长卷叶蛾>吹绵蚧>咖啡豹蠹蛾。比较相应的为害程度，螨类、天牛和褐斑病是上海地区美国红枫病虫害的优势种。

值得说明的是，本调查结果仅能显示2018年上海地区美国红枫上病虫害的发生情况，不同年份、不同种植、管理和养护的区域，主要病虫害的发生程度都会有所不同，可能会出现一些病虫害新的种类，也可能出现往年发生不严重的病虫害逐渐成为重要病虫害。如，天牛一直以来都是美国红枫上一种较为严重的害虫，该虫不仅为害美国红枫的主干，还为害植株的小枝条，导致秋季叶片变色不均匀，出现提前落叶、顶端光秃的症状，严重影响了美国红枫秋色效果的展示。但是如果监测防治到位，天牛对美国红枫的为害将得到很好的控制，本研究在仙霞西路、天山西路、世博公园未见到天牛的为害症状。但历史资料显示，2004～2006年，上海市陆续从加拿大、美国等地引进的多种色叶乔木，其中美国红枫约5000株，当时报道指出，天牛是威胁其生长和景观效果的主要限制因子之一[6]，因此美国红枫上天牛的防控工作仍不可松懈。螨类和褐斑病在美国红枫叶片上发生均较为普遍，因此鉴于近期上海市关于“四化”建设要求和大力推广栎类、枫类等色叶乔木的大趋势，需要重视和加强对以天牛、螨类和褐斑病为代表的美国红枫病虫害绿色防控技术集成的研究与推广，以保障上海“四化”建设顺利进行。

针对目前上海“四化”建设过程中美国红枫优势病虫害的防治，首先应该从选择抗病品种方面考虑，如褐斑病在秋火焰上发生相当严重，而在‘十月光辉’病害发生较轻，实际引种过程中可侧重选择抗病品种。天牛的防治重点是做好其成虫的监测工作，在天牛成虫期（5～8月）进行系统防治，使用微胶囊剂连续喷雾可达到很好的防控效果。由于美国红枫螨类种类尚未明确，其发生规律等基础资料均不清楚，有报道称螨类已对阿维菌素、三唑锡、炔螨特及哒螨灵等杀螨剂产生了不同程度的抗性，因此目前美国红枫螨类的防治难度较上述两种优势种更大，故重点开展美国红枫螨类的鉴定、系统生物学研究及防治关键技术的研究迫在眉睫。

参考文献

[1] Abrams M D. The red maple paradox. Bioscience，1998，48（5）：355-364.

[2] 李晶，王承义．彩叶树种美国红枫及其开发应用前景．中国林副特产，2006，（3）：102.

[3] 张翼．美国红枫在上海城市景观中的应用．花木盆景(花卉园艺)，2012(1)：34-36.

[4] 崔朝宇，王园秀，蒋军喜，等．美国红枫褐斑病病原菌鉴定．林业科学，2015，51(10)：142-147.

[5] 陈培昶，陈忠新．绿盲蝽对引种槭树的为害及其成灾机制．中国植保导刊，2007，27(1)：25-28.

[6] 陈培昶，李永胜，李跃忠，等．两种星天牛对引种槭树的危害及治理．植物保护，2008，34(4)：158-161.

[7] 马丽，弓利英，袁水霞，等．不同药剂和不同施药方法防治农田灰巴蜗牛效果评价．植物保护，2014(5)：185-190.

[8] 上海市绿化和市容管理局，等．绿化植物保护技术规程[M]．上海：同济大学出版社，2014.

作者简介

王凤，1981年生，女，汉族，江苏南通人，硕士研究生，上海市园林科学规划研究院，高级工程师。主要从事园林病虫害研究与防治。电子邮箱：wf5257@126.com。

湿陷性黄土地区居住小区海绵化设计研究[①]

——以西宁市盛达国际小区为例

Study on the Design of Residential Area for Sponge City Construction in Collapsible Loess Area

—A Case Study of Shengdaguoji Community, Xining City

贾一非　严庭雯　张　婷　邵诗文　吴　旭　王沛永*

摘　要： 西部地区城市受到湿陷性黄土等基础条件的限制，海绵化建设的推进面临着诸多挑战。本文以西宁市盛达国际小区的海绵化设计为例，通过对场地气候、地质、建筑、管网等的分析，选择使用雨水花园、植草沟、透水铺装、调蓄池、道牙开口5种设施，组合形成该小区以"净、滞、蓄"为目标的低影响开发（Low Impact Development）LID系统；总结LID设施在湿陷性黄土地区使用的条件和建设的要求，各型设施需与建筑基础保持至少6m的安全距离，同时使用灰土垫层法和冲击压实法处理设施土基，并做好防渗透措施；使用（Storm Water Management Model）SWMM模型验证设计方案的有效性，在不同重现期（2年一遇、10年一遇、20年一遇）2h降雨下模型系统对于的径流峰值削减率为100%～34.75%、污染物负荷削减率为100%～65.19%，峰值时间延长42分钟、31分钟，实现了削峰、延时、去污的目标，并达到了上位规划的要求；该项目为此类地区海绵化设计提供参考。
关键词： 海绵城市；湿陷性黄土；LID设施；居住小区；SWMM模拟

Abstract: Restricted by the basic conditions of collapsible loess, it is difficult to rebuilt urban areas to sponge city in the western China. Taking the Shengdaguoji Community in Xining City as an example, through the analysis of the climate, geology, construction, pipe network, etc., choose rain garden, vegetative swale, permeable pavement, storage pond, curb inlet to form a Low Impact Development (LID) system with the goal of "purification, retention and storage". Summarizing the conditions and construction requirements of LID facilities in collapsible loess areas, LID facilities needs to maintain a safety distance from the building foundation at least 6 meters. At the same time, the soil foundation of the facilities need to treated by the lime-soil and sand cushion method and the impact compaction method, and the anti-penetration measures are taken. Establishing(Storm Water Management Model) SWMM model to simulate the runoff under 2 hours rainfall in different return periods (2、10、20 years)to verify the effectiveness of facilities. It shows that under the conditions of 2, 10 and 20 years recurrence interval, the peak discharge of system decreased by 100%～34.75%. The peak flow time was delayed by 31 minutes, 24minutes. Reached the requirements of the upper planning. This project provides experience for the construction of sponge cities in such areas .
Keyword: Sponge City;Collapsible Loess, ;LID Facility;Residential Area;SWMM Simulation

随着城市化建设的不断扩大，城市土地覆盖发生巨大的变化，不透水面积迅速增加，破坏了原有的自然排水系统，削弱了自然对于雨水的控制力，与此同时全球气候异常，极端雨雪天气频发，引起的城市洪涝日趋严重[1-2]。随着我国海绵城市建设政策的实施，在试点城市中科学有效地利用城市管网系统和自然系统存水、排水、净水，其理论体系得到了不断的发展[3-4]。目前海绵城市研究多集中于我国中东部的公园绿道、公共空间、建筑小区等[5-8]，对于自然条件不佳的西部研究较少。西部城市近年来不断扩张，其面临缺水和洪涝的双重挑战[9]，建设海绵型城市迫在眉睫。西部地区有着特殊的土壤地质条件——湿陷性黄土，该型土壤孔隙较大渗透性良好，但在长期干旱后通过雨水浸泡在超过其液限值的条件下，土壤结构破坏且易迅速崩塌下沉，对建筑、道路基础造成严重的破坏[10-12]。故在该类地区进行海绵城市建设的过程中需充分考虑其黄土的湿陷性，并采取合理、安全的低影响（LID）开发措施。本文以西宁市盛达国际小区海绵化设计为例，结合湿陷性黄土特征及建筑小区现状条件设计LID设施，并使用SWMM模型验证小区海绵化设计的有效性，为该类地区海绵城市建设提供案例借鉴和理论支撑。

1　项目概况

1.1　研究区域概况及自然条件分析

西宁市地处我国西北部，青藏高原边缘。夏季温度适宜，冬季寒冷干燥，气温最低可达18.9℃，平均海拔高

① 基金项目：北京市共建项目"城乡生态环境北京实验室"：节水型生态环境营造技术子课题（2015BLUREE01）；中央高校建设世界一流大学（学科）和特色发展引导专项资金项目——风景园林学。

于2200m，属大陆性高原半干旱气候[13]。西宁市是海绵城市建设第二批试点城市，试点区位于海湖新区，总占地面积21.61km²（图1）。在该试点中选择建设条件适宜的居住小区、广场、道路及公园绿地等通过低影响开发收集、储存、净化、回用雨水，当地块无法消纳的超量雨水时排入湟水河湿地公园，经公园水系的再次净化后，排入湟水河[14]。根据西宁市多年的降水量统计数据，城市降水呈明显的周期性变化。暴雨多集中在夏季，历时短、强度大，以7～8月为最。年均降水量410mm，汛期（5～9月）降水量占全年降水量的85%；而1～2月、11～12月降水较少，该市逐月平均降水量见图2所示。

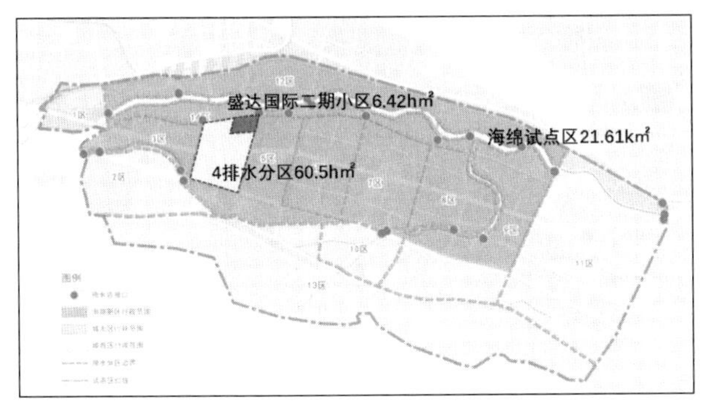

图1　海湖新区海绵域范围图

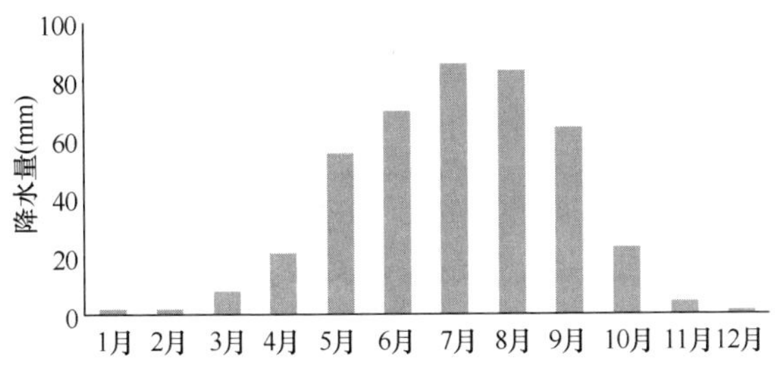

图2　西宁市逐月平均降雨量图

西宁市地处于湟水中游河谷盆地，该河谷是黄土在青海省的主要分布区域[15-16]。根据《西宁市海绵城市建设设计导则》《西宁市海绵城市建设项目系统性详细规划（2016～2018年）》的土壤地质资料显示，该市海绵试点区域土壤以厚黑黏淤土、厚黄淤土及厚黑淤土为主，但以盛达国际小区为代表的区域少量分布湿陷性黄土，该区域的黄土平均厚度20m，湿陷性黄土厚度为10～15m，属于中等湿陷性，土层厚度较厚，对于地面设施影响较小，但仍需对其进行一定处理。

1.2　盛达国际小区概况

盛达国际小区处于试点区第四排水分区，总面积为6.42hm²，位于海晏路以南，桃李路以西，该小区属正在建设的项目。目前建筑工程已完成，景观部分还未实施，为海绵化建设留下了充足的空间。小区建筑为高度为19～30层的高层住宅，外围1～2层底商及配套幼儿园建筑等相互围合形成较为封闭的空间，无地下建筑。小区地势南高北低，高差约为4.3m，平均坡度为2.9%，坡度较大有利于排水。铺装区雨水通过道路坡度组织排入较为邻近的地表雨水口中，通过小区内雨水管网（400～600mm）运输，最终到达东西侧2个雨水总排口排入市政管网中。绿地内雨水排放无组织，建筑屋面均为平屋顶、排水方式为内排水（寒冷地区为了管道保暖，优先选用建筑内排水），少量低矮建筑外排。场地现状排水方式见图3～图4。

图3　地表排水方向示意

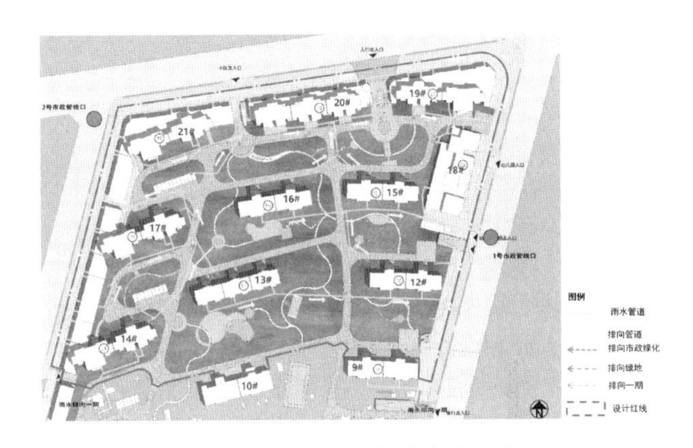

图4　管道及屋面排水方向示意

2　海绵化方案设计

2.1　海绵化方案设计目标

根据上位规划中对于该排水分区低影响开发力度控制和现有建设条件，综合考虑径流控制、污染物（SS）削减率等与周边地块等水量、水质衔接关系，确定了如下目标，该小区年径流总量控制率为81.5%，对应的设计降雨量为14.5mm。年径流污染物（以SS计算）总削减率不低于50.25%。场地的排涝标准需提高至20年一遇。

2.2　低影响开发的雨水管理流程

在湿陷性黄土的海绵化建设中，应着重建设雨水的"净、滞、蓄"，在削减径流量的同时去除污染，减少渗透作用的发生降低湿陷性黄土对于建筑的风险。根据小区其他条件，结合湿陷性黄土特性以及降雨在西宁地区时空分布不均且稀少的特点，选择以下技术方法：

（1）利用道路坡度组织雨水排放，在适当的位置设施道牙开口，并用植草沟与其串接，运输雨水至雨水花园中。

（2）使用透水的铺装材料改造小区绿地中景观场地、人行道路及户外停车场等位置充分截留雨水。

（3）改造现状绿地地形，形成景观的同时组织绿地雨水合理排放，并按照地形的排水方向详细划分汇水分区。在绿地采用多个雨水花园通过植草沟串联的方式，使得雨水能长时间、多体积地留在与绿地中，以达到消纳和净化的作用。

（4）通过在小区雨水管网的末端设置地下调蓄池进行截留调蓄，对建筑屋面内排水进行处理。

（5）设置雨水回用装置，将调蓄池收集的雨水回灌绿地。

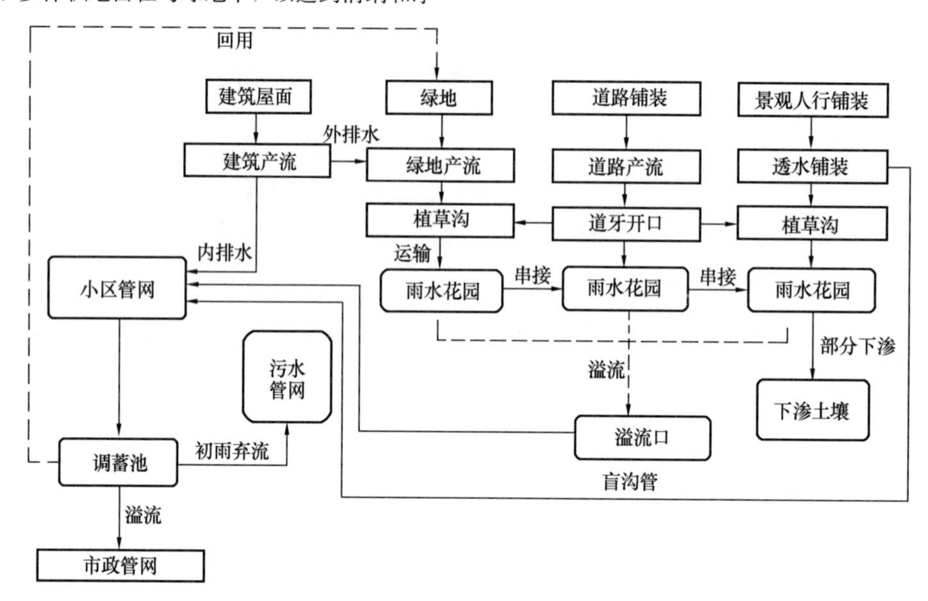

图 5　小区雨水径流管理流程

2.3　LID 设施在湿陷性黄土区域实施的做法及要求

在明确 LID 设施的选择与雨水管理流程之后，需清楚地了解各种 LID 设施在湿陷性黄土地区的使用要求和做法，以指导设计能够安全、合理地进行。

2.3.1　雨水花园

雨水花园具有“滞、净、蓄、渗”的作用，但在湿陷性黄土地区应减少其“渗”的功能，尤其是布置在靠近建筑物的该类型的设施，需要保持一个适宜的距离，以减少雨水对于建筑基础的危害，根据《湿陷性黄土地区建筑规范》GB 50025—2004 可知 LID 设施与建筑的安全防护距离如表 1 所示。该小区属于中等湿陷性黄土区域，故本设计的安全距离为 6m 左右。除设置安全距离以外，在部分重要的区域为降低风险还需在雨水花园基础层以下做防渗透处理（图 6），且防渗材料（防水土工布）的水平搭接宽度需大于 50cm。

安全防护距离表　　表 1

建筑类别	湿陷性黄土等级对应安全距离（m）		
	Ⅰ	Ⅱ	Ⅲ
高度大于 50m 重要建筑	—	—	8～9
高度 30～50m 重要建筑	5	6～7	8～9
30m 以下一般建筑	4	5	6～7
次要建筑	—	5	6

注：Ⅰ级为湿陷性较低等级。

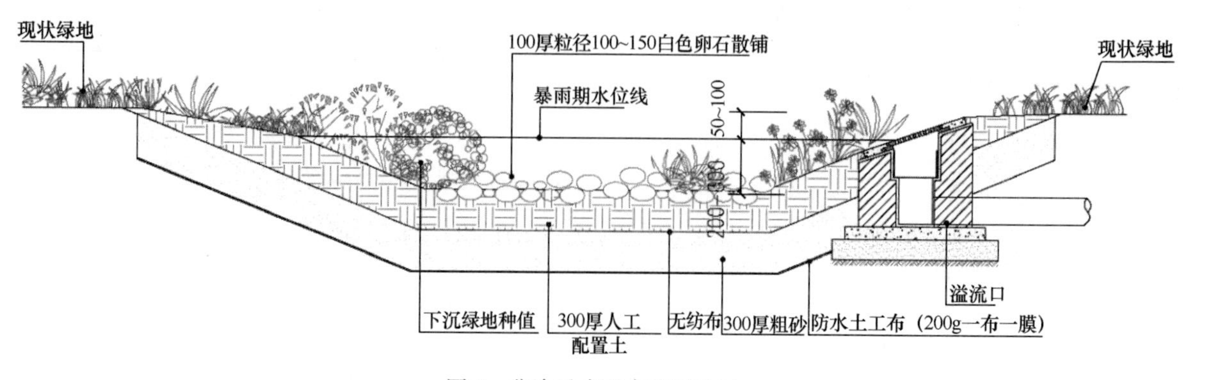

图 6　非渗透式雨水花园法图

2.3.2 植草沟

植草沟是一种依靠沟底坡度来输送、引导雨水的设施，同时兼顾景观性。常见的植草沟形式有 3 种，分别为，干式植草沟、湿式植草沟、传输式植草沟（表 2）[17]。在湿陷性黄土地区选择布置植草沟时，应首选传输型植草沟。如在道路一侧设置时，需在靠近路基侧防渗透；在建筑小区设置时还需考虑其与建筑距离（表 3）。

植草沟类型及特点　　表 2

植草沟类型	特点
干式植草沟	渗透性强、可净化雨水
湿式植草沟	长期湿润、水淹，景观性强
传输型植草沟	成本低廉、渗透性弱、无积水、起引导汇集雨水作用

湿陷性黄土地基处理方法　　表 3

基础处理措施	做法	特点	湿陷等级
灰土垫层法	3∶7/2∶8 配比石灰及土壤，分层夯实	隔水性好、承载力高	Ⅰ
冲击压实法	使用设备进行对土层反复冲击碾压	施工方便，承载力较高	Ⅰ、Ⅱ
预浸水法	施工前用水浸透处理区域	可靠性不佳、耗水量大、需配合其他做法进行	Ⅰ、Ⅱ
强夯法	用重锤对土基反复冲击夯实	可靠性高、处理效果好	Ⅲ及以上
挤密法	使用沉降、冲击、夯扩、爆扩对土基挤密	施工要求高，操作复杂，可靠性高	Ⅲ及以上

2.3.3 透水铺装

为了更好的削减雨水径流，小区海绵化设计中常使用各种类型的透水铺装来代替不透水混凝土等传统铺装。在湿陷性黄土地区实施该种类型的铺装首先需解决土壤基层的湿陷性。根据湿陷等级采取的不同的工程处理措施，常用的方法有灰土垫层法、冲击压实法、预浸水法、强夯法、挤密法 5 种（表 3）[18-20]。盛达国际小区的湿陷等级不高，选择冲击压实法与灰土垫层法相结合，处理土基并最好防渗透措施。由于以上几种方法均使得土壤孔隙度下降，影响雨水渗透，故通常采用透水铺装基底布置塑料盲沟管，外包透水土工布的方法（过滤雨水中大颗粒杂质防止堵塞管道孔隙）来收集透水铺装下渗的雨水，雨水通过盲沟管排入就近的小区管道中（图 7）。

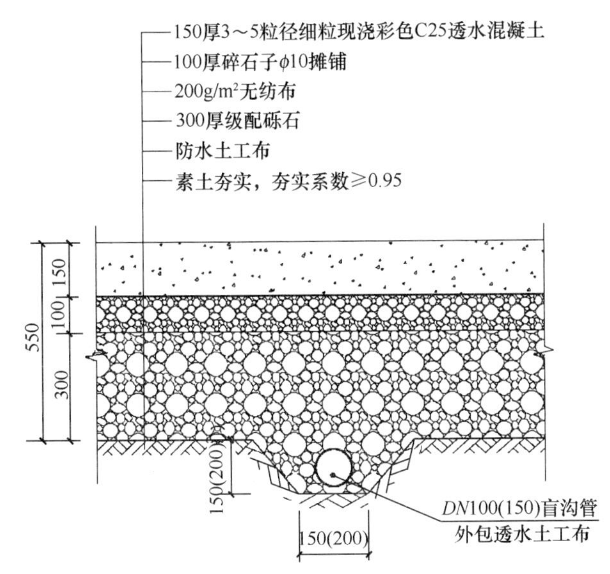

图 7　湿陷性黄土地区透水铺装做法

2.3.4 调蓄池

雨水调蓄设施可以有效地解决建筑屋面内排水径流的储存，在缺水地区配合雨水回用设备达到一水多用的效果。同时其兼有初期雨水弃流模块可保证蓄积水体的水质。由于蓄水池的体量一般较大，在湿陷性黄土地区使用时，应选用质量较轻的塑料（PP）成品蓄水模块，施工时需考虑其基础的稳固性，根据湿陷等级使用表中方法处理土基并做好防渗透处理，达到工程的安全性。

2.4 方案设计

通过分析雨水管网的布置情况、竖向设计（图 8）及建筑排水方式等因素，将小区分为 30 个汇水分区对雨水进行控制（图 9），其中第 27 区雨水排入其他小区管道，其余各区雨水均在小区内汇集。分别统计各汇水子分区的下垫面覆盖情况。

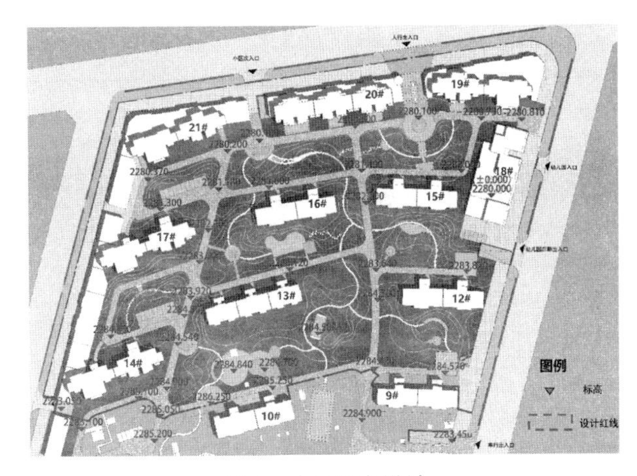

图 8　小区竖向设计

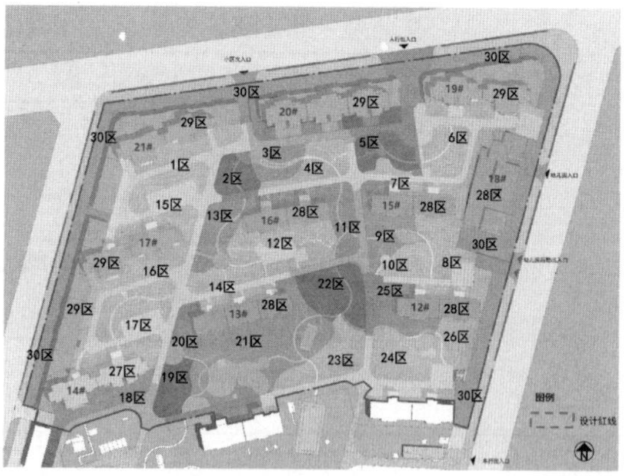

图 9　小区汇水分区划分

设计调蓄容积使用容积法[4]，计算公式如式（1）所示：

$$V_x = 10H\varphi F \tag{1}$$

式中　V_x——调蓄容积；

H——设计降雨量；

φ——雨量径流系数；

F——汇水面积，hm^2。

注：径流系数参考《西宁市海绵城市建设项目系统性详细规划（2016～2018 年）》给定值。

利用上述计算公式，计算各个汇水分区的调蓄容积，得出目标径流量值，见表 4。

下垫面面积统计及目标径流量　　**表 4**

	下垫面类型	面积（m^2）	雨水径流系数	径流总量控制率（%）	对应降雨量（mm）	目标径流量（m^3）
绿地	无地下建筑绿地	27632.87	0.15	81.5	14.5	60.10
园路及铺装场地	混凝土或沥青广场路面	18229.14	0.9	81.5	14.5	237.89
	植草透水铺装	359.88	0.08	81.5	14.5	0.42
	非植草透水铺装	3198.27	0.35	81.5	14.5	16.23
建筑屋面	平屋面	13764.97	0.9	81.5	14.5	179.63
合计	—	613185.13	—	—	—	494.27

在各汇水分区内，充分考虑竖向标高、径流汇集方式、植草沟、道牙开口的位置、管网布置情况、现有植物栽植位置以及消防登高面的位置以及各设施与建筑的安全距离等，选择地安排雨水花园、透水铺装、植草沟在源头对雨水进行削减，在末端使用调蓄池对雨水进行汇集，各种设施的面积、形状、调蓄水深、溢流口、调蓄池位置等均按照实际建造的可能性及实施的安全性安排，汇水分区能够就地消纳目标径流量的水量见表 5。安泰华庭小区 LID 设施布局详见图 8。

LID 设施比例及设计消纳水量　　**表 5**

用地类型	项目类型	面积/体积（m^2/m^3）	总面积（m^2）	子项比例（%）	设计消纳水量（m^3）
绿化用地	一般绿地 下沉绿地/雨水花园 植草沟	25263.48 2008.06 361.33	27632.87	91.43 7.26 1.31	420.01
园路及铺装场地用地	不透水铺装 透水铺装	18229.14 3558.15	21787.29	83.67 16.33	—
地下雨水调蓄池	地下雨水调蓄池	170m³	—	—	170
合计	—	—	—	—	590.01

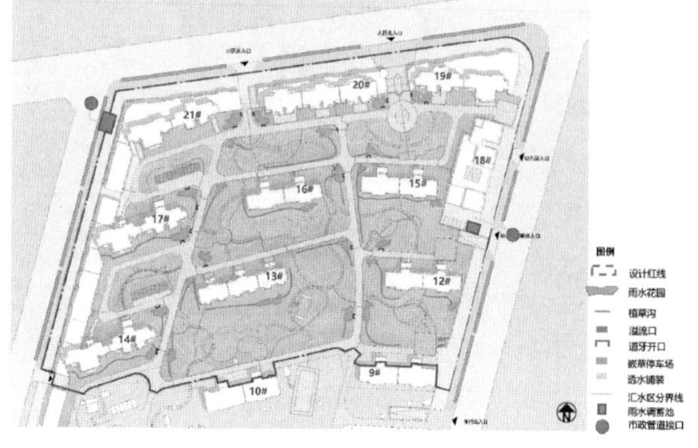

图 10　LID 布置平面图

在方案设计中，经计算设计消纳水量为 590.01m³，大于 494.27m³ 的目标径流量，可初步认定该设计达到了上位规划的 81.5%的径流总量削减率。设计中充分利用了现有道路的坡度，设计道牙开口，将混凝土道路上大量带有污染物的雨水引入绿地中渗透净化；同时在绿地中广泛设置植草沟，作为运输雨水、拦截径流的主要手段；在雨水花园的植物种植上，选择在西宁能长势良好、安全过冬，具有一定耐水湿且可净化水质的植物如萱草类、景天类、鸢尾等；建筑物屋顶绝大部分内排水，这部分雨水无法直接断接进入绿地进行消化，如果将其舍弃，本项目的设计将无法达到年径流量削减率无法达标，因此在雨水管网接入市政管道之前，对其进行断接接入到雨水调蓄池中，利用回用设备进行绿化灌溉降低小区用水负担。

3 SWMM模拟验证

3.1 模型建立及参数率定

上述设计方案完成了上位规划对盛达国际小区的雨水径流量削减的任务。为了验证设计的有效性，以及对于径流污染物（SS）的削减率，需要建立SWMM模型。将研究区域划分为29个汇水区，各个汇水区的形状面积各不相同。雨水管网概化为118条，管径400～600，节点118个，管网末端排放口2个，蓄水池2个，容积分别为$55m^3$、$115m^3$（图11）。

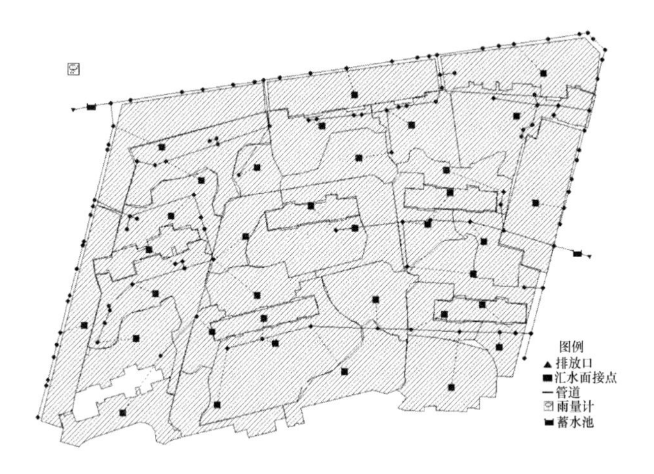

图11 场地概化模型

使用GIS数据获取小区汇水分区面积、宽度和坡度以及管网长度，导入SWMM模型中；通过查阅海绵系统规划取得湿陷性黄土地区水文水力模块的入渗模型参数、地表洼蓄量和曼宁系数（表6）；管道的曼宁系数、明渠的曼宁系数均根据模型手册经验值取得；雨水传输采用运动波方程，下渗采用Horton模型[21]。设置雨水花园、植草沟、透水铺装LID设施，设计参数按照设计方案数值及系统规划推荐值输入。增设污染物SS，设置三类不同土地利用方式：道路、绿地和屋面，污染物SS累积模拟参数、冲刷模拟参数参考手册经验值（表7）。

水文水力参数 表6

曼宁粗糙率		地表洼蓄量		Horton渗透模型参数				
不透水粗糙率	透水粗糙率	不透水洼蓄量(mm)	透水洼蓄量(mm)	无低洼地不透水区比例(%)	最大渗透率(mm/h)	最小渗透率(mm/h)	衰减常数(1/h)	干燥时间(d)
0.013	0.24	1.27	3.18	25	40	6	4.14	7

污染物累计参数、冲刷参数 表7

污染物类型	参数类型	参数	路面	屋面	绿地
SS	污染物累积	最大积累量（kg/m^2）	400	300	80
		半饱和累积常数（d）	3	3	10
	污染物冲刷	冲刷系数	0.03	0.025	0.01
		冲刷指数	1	1	0.8
		清扫效率	60	0	0
		BMP效率	60	0	70

本研究主要根据《西宁市排水（雨水）防涝综合规划（2012～2030年）》等相关资料，确定西宁市暴雨强度公式具体如下：

西宁市暴雨强度公式：

$$q=\frac{461.9(1+0.993\lg P)}{(t+3)^{0.686}} \tag{2}$$

式中 q——暴雨强度[$L/(s\cdot hm^2)$]；

P——为重现期（a）；

t——降雨历时（min）。

注：西安建筑科技大学1998年推导公式。

根据西宁市气象局监测的单场典型降雨统计，西宁降雨以单一前锋雨型为主，峰值多出现在$r=0.375$左右，本文使用芝加哥雨型模型，推求西宁市历时2小时时间间隔1分钟的设计暴雨雨型。利用芝加哥雨型软件推求重现期为2、10、20年的雨型时间序列[22]，特征如表8所示。

不同重现期西宁地区降雨的特征 表8

数据名称	2h降雨量(mm)	平均雨强(mm/min)	峰值雨强(mm/min)
2年一遇	16.18	0.14	1.69
10年一遇	24.83	0.21	2.59
20年一遇	28.56	0.24	2.98

3.2 模型校准

使用实测降雨事件（2017年6月7日）输入SWMM模型得到在无LID设施情况下排水口流量变化值，与在该时间下排水口实际测量值对比如图12所示。模拟水文图和观测水文图较为吻合表明，同时采用纳什系数评估模拟值与实测值的拟合程度[23]，计算出$RNS=0.891$。

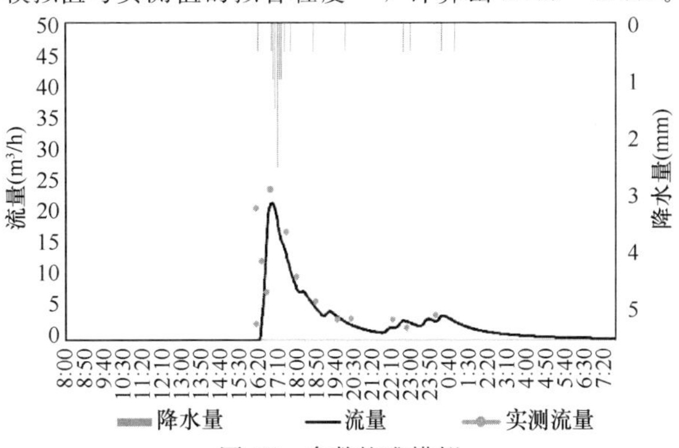

图12 参数校准模拟

由此可见表6中所选参数率定结果较为准确，该模型可以恰当地代表该小区的水文水力过程。

3.3 不同重现期系统总流量及污染物负荷变化分析

在模型中分别在重现期2、10、20下，模拟系统的总出流量变化及污染物总负荷，发现在设置LID设施的情况下，流量及污染物负荷变化明显，模拟结果如图13～图15所示。

(1) 由图13、图14可以看出系统对峰值的削减率较高，在2年的重现期下，系统无出流量，系统消纳了2年一遇降雨的所有雨水削减率为100%，但随着降雨强度的增加，峰值的削减率降低到34.75%，反映了LID设施处理高强度降雨的效果有限。

(2) 从径流总量上看，使用LID设施在20年一遇的重现期下小区系统出流量与未使用LID模式下2年重现期总出流量大致相同，故可以认为LID设施使系统对雨水的排放能力提高到20年一遇。

(3) 如图13所示，在重现期为10、20年一遇降雨时，系统可以有效延缓峰值到达的时间，分别延长了42min，31min。

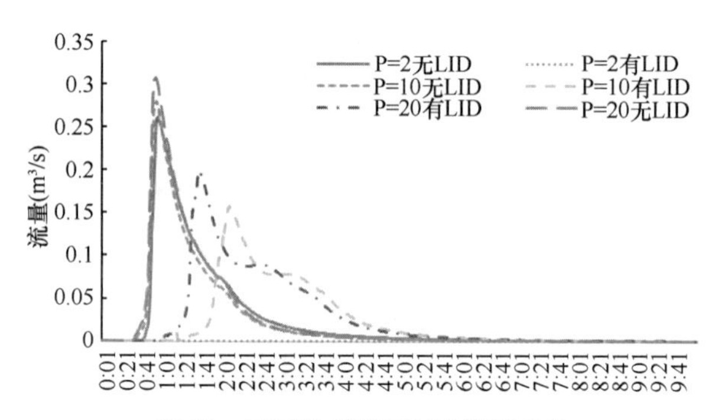

图13 不同重现期系统出流量变化

(4) 在不同重现期下（图15），使用LID设施的系统污染物SS的负荷总小于未使用的，削减率分别为100%、75.13%、65.19%。这表明系统对于径流中污染物具有很好削减作用。随着降雨重现期的增加，系统对于SS排放总负荷的削减量总体呈下降趋势。

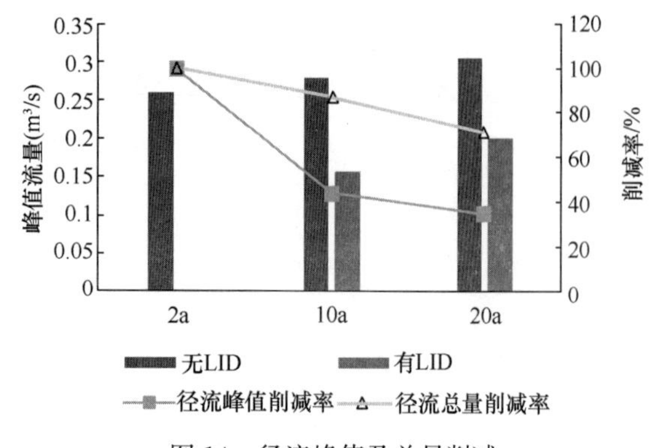

图14 径流峰值及总量削减

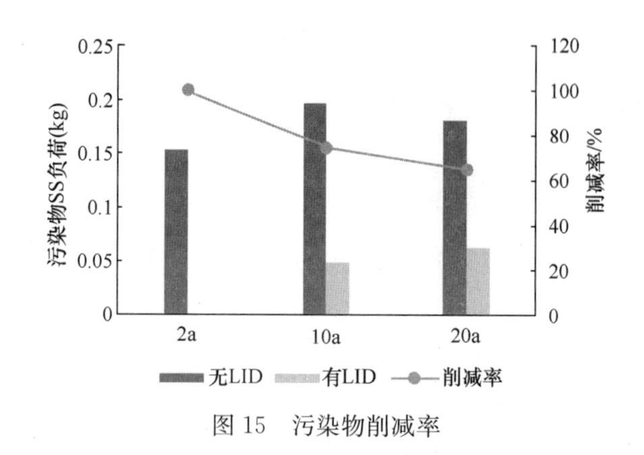

图15 污染物削减率

4 结论与讨论

盛达国际小区的海绵化设计项目，无论是设计计算还是SWMM理论模型验证，都证明该设计是有效的。从模拟数据来看，在2年一遇降水量系统无出流量，设计的LID设施具有较好的减排效果，达到了上位规划要求的目标。在10、20年重现期降雨条件下，系统出流量峰值分别降低了75.13%和65.12%，峰现时间延迟，达到了削峰延时效果，但防渗措施的实施使得产流效率升高，一旦开始产流洪峰迅速到达。且小区的排涝能力由2年一遇提高到20年一遇。同时LID设施对污染物SS也有一定的削减，满足上位规划50.25%的要求。

在西宁市进行海绵城市的建设，应首先掌握项目场地的地质土壤条件，结合其他特征，选择合理的设施组合。不同的LID设施在不同等级的湿陷性下具有不同的利用条件和实施方法，应按照国家相关技术规范，使用降低风险的技术措施。在保证场地安全性的前提下，使用多种设施组合，以达到最佳的建设效果。同时对于海绵城市的规划和设计，应尽量可能地减少对场地的水文地质特性的干扰。本文仅从设施的选择和工程做法上对湿陷性黄土地区居住小区的海绵化设计提供了参考。由于本项目还未建成，缺乏实验的条件，无法获取不同降雨条件下LID设施对于土地湿陷影响的监测数据、排水口的出水数据等，以验证实施的成功性，后期还需长期观察。本小区为无地下车库小区，但在西宁地区存在着居住小区车库顶板覆土厚度不足的情况，此条件下LID设施对于土基的影响会进一步升级，造成该类小区海绵建设困难。

参考文献

[1] 仇保兴. 海绵城市(LID)的内涵、途径与展望[J]. 给水排水，2015，51(3)：1-7.

[2] 张建云，宋晓猛，王国庆，等. 变化环境下城市水文学的发展与挑战：城市水文效应[J]. 水科学进展，2014，25(4)：594.

[3] 车生泉，谢长坤，陈丹，等. 海绵城市理论与技术发展沿革及构建途径[J]. 中国园林，2015，31(6)：11-15.

[4] 中华人民共和国住房和城乡建设部. 海绵城市建设技术指南[M]. 北京：中国建筑工业出版社，2014.

[5] 时薏，李运远，戈晓宇，等. 华北地区城市浅山区海绵绿道设计方法研究：以石家庄鹿泉区山前大道为例[J]. 北京

林业大学学报，2017，39(11)：82-91.

[6] 彭攀．基于海绵城市理念的市政道路滞留带研究[D]．南京：东南大学，2017.

[7] 李杰．基于SWMM的湿陷性黄土地区海绵城市建设研究——以西咸新区某校园为例[D]．西安：长安大学，2018.

[8] 席璐，石丽忠，周庆芳．基于SWMM模型的海绵城市小区建设雨洪过程模拟：咸阳市某小区为例[J]．沈阳大学学报（自然科学版），2018，30(3).244-249.

[9] 马冰然，曾逸凡，曾维华等．气候变化背景下城市应对极端降水的适应性方案研究——以西宁海绵城市试点区为例[J]．环境科学学报，39(4)：1361-1370.

[10] 张婉丽．湿陷性黄土的分类及其地基的处理方法[J]．山西建筑．2011(15)：72-74.

[11] 王银梅．湿陷性黄土地基处理新途径的探讨[J]．中国地质灾害与防治学报，2008，19(4)：106-109.

[12] 贾斌，田伟，等．西安湿陷性黄土地区高层建筑物沉降分析与稳定控制值研究[J]．城市勘测．2015(01)：169-173.

[13] 刘世文，杨柳，张璞，等．西宁住宅小区冬季微气候测试研究[J]．建筑科学，2013(8)：64-69.

[14] 西宁市海绵城市建设项目系统性详细规划(2016—2018)．中国城市建设研究院．2016.

[15] 曲淑艳．青海湿陷性黄土工程地质特征研究[J]．青海科技，2011(3)：72-74.

[16] 陈云，周志军．青海高速公路湿陷性黄土地基处理技术研究[J]．西部探矿工程，2009(5)：148-151.

[17] 刘燕，尹澄清，车伍．植草沟在城市面源污染控制系统的应用[J]．环境工程学报，2008.2(31)：334-339.

[18] 韩松磊．湿陷性黄土地区海绵城市规划及建设探索—以西安为例[J]．给水排水，2019，45(1)：35-41.

[19] 陈文立，王栋鹏，王彤，等．LID技术在湿陷性黄土地区小区雨水控制中的设计探讨[J]．给水排水，2016，(42)：195-199.

[20] 中华人民共和国住房和城乡建设部．湿陷性黄土地区建筑规范[M]．北京：中国建筑工业出版社，2004.

[21] 张明亮，沈永明，沈丹．城市小区雨水管网非恒定数学模型的对比研究[J]．水力发电学报，2007，26(5)：80-85.

[22] 贾博，许荷．基于SWMM的多情景海绵城市设施组合效用研究：以北京大兴某公园为例[J]．建设科技 2018(3)：56-57.

[23] Bo L，Rui X，et al. Evaluating Green Stormwater Infrastructure strategies efficiencies in a rapidly urbanizing catchment using SWMM-based TOPSIS[J]. Journal of Cleaner Production Volume，2019(223)：680-691.

作者简介

贾一非，1994年生，男，汉族，甘肃天水人，北京林业大学硕士研究生。研究方向为园林工程。电子邮箱：jiayifei123@bjfu. edu. com。

严庭雯，1994年生，女，汉族，福建三明人，北京林业大学硕士研究生。研究方向为风景园林规划设计。电子邮箱：jiayifei123@bjfu. edu. com。

张婷，1994年生，女，汉族，北京林业大学硕士研究生。研究方向为自然保护区。电子邮箱：1550376341@qq. com。

邵诗文，1991年生，男，汉族，山东济宁人，在读硕士研究生，北京林业大学园林学院。研究方向为风景园林规划设计与风景园林建筑设计。电子邮箱：g123ssw@126. com。

吴旭，1993年生，男，汉族，北京林业大学硕士研究生。研究方向风景园林工程。

王沛永，1972年生，男，汉族，河北人，北京林业大学园林学院，风景园林工程教研室副教授。研究方向为风景园林工程。

疏、导、滞、蓄、理[①]

——颐和园理水工程中的技与艺

Dredge, Diversion, Stagnation, Storage, Management

—Technology and Art in "Lishui" Engineering of the Summer Palace

李 畅 张 晋 张 静

摘 要："理水"是中国传统园林设计及建造工程中的重要一极，以往研究多针对艺术化理水方法及意境营造层面进行解析，较少从功能性层面对理水中所涉及的工程性方法与措施进行针对性分析。本文首先从空间维度与时间维度两方面对传统园林理水工程进行解析，得出区域与场地、过程性与延续性等前期认知，接下来选取颐和园作为典型案例，从"疏""导""滞""蓄""理"5个层面系统分析颐和园理水工程方法、典型工程措施及其与园林艺术化呈现之间的结合关系，以点及面，体现中国传统园林理水工程中技与艺的结合，并在一定程度上为当下设计实践提供相应借鉴。

关键词：传统园林；理水；颐和园；工程技艺；五字诀

Abstract: "Lishui" is an important part in the designing and construction of Chinese traditional gardens. Most of the related researches before have more focused on the analysis of artistic water management and artistic concept creation, but less on the engineering methods and measures involved from the functional level. This paper first analyzes "Lishui" of traditional gardens from the spatial and time dimension, obtains the pre-cognition such as region and site, process and continuity, then selects the Summer Palace as a typical case, analyzes the engineering methods, typical engineering measures and artistic representation of the Summer Palace from "dredge", "diversion", "stagnation", "storage", "management" five levels, from spot to area, reflecting the combination of technology and art in "Lishui" engineering of Chinese traditional gardens and in some ways providing a corresponding reference for current design practice.

Keyword: Chinese Traditional Gardens; "Lishui"; The Summer Palace; Engineering Skills; "Formula of Five Words"

"理水"作为中国传统园林的核心设计方法之一，是山水人居理念及造园模式的集中体现。不论是对于自然真山真水的风景化，还是对于自然山水场景在小尺度环境中的转译，理水始终是中国传统园林营造体系中最为重要的内容之一。在此基础上，理水过程中所涉及到的场地设计方法和工程措施等传统智慧也在很多方面为当下可持续水环境构建及雨洪管理等提供了很多值得借鉴的做法。以往相关研究多针对理水方法及意境层面进行解析，以整体性理法研究与审美研究为主[1-5]，较少从功能及工程措施层面入手进行针对性地研究，这使得对于理水的认知多停留在理水艺术层面，虽体现了传统园林及理水最具价值的核心特点，但却间接忽视了传统园林理水中理性、客观的一面，而这也间接导致了传统园林营造智慧在当下继承发展与应用的某种瓶颈。基于此，本文试图从上述"非典型性"研究层面入手，将视角主要聚焦在水系统功能、水运行模式、水工程措施等层面，通过典型案例剖析传统园林理水在这些层面所应用的做法和体现的智慧，同时将其与园林审美、景观营造进行关联，从"技"与"艺"相结合层面进一步认知传统园林及其理水的价值。

1 关于传统园林理水工程的认知

1.1 空间维度

从功能性视角来看，理水实际上体现的是人对于水的控制，而控制的目标与控制的强弱与水系统及水单元尺度具有直接的关系，而水的尺度与园林的尺度又进一步存在着相互影响的关系。中国传统园林可以简单分为大型自然山水园和小型人工山水园两类，其中大型自然山水园多取自然真山真水，通过人工点景形成具有真实风景尺度及文化属性的山水园林；而小型人工山水园多源于对于自然山水结构的人工模拟与重构，形成庭院化的山水空间及山水意向。前者园林理水尺度较大，往往与区域水系结构发生联系，甚至自身即为重要区域水体单元；而后者园林理水尺度较小，多以园池、溪涧、瀑布等为主，更多体现园林场地内部水系的组织与造景。因此，对于园林理水的分析首先应该形成空间维度的基本认知：园林理水包括了区域及场地两个空间维度，相应功能性、工程性分析也应从这两个空间维度上展开。

① 基金项目：国家自然科学基金青年项目（项目编号51808005）；北京市教委社科一般项目（项目编号SM201910009008）。

1.2 时间维度

传统园林可泛指经过长时间历史积淀与发展，具有典型空间构成要素与审美意境特征的园林实体，是传统文化的载体及重要组成部分。从物质实体来看，传统园林留存至今，几乎均经过多次改造与修缮，但这并不妨碍其造园艺术与历史价值的传承，原因便是多数的工程性改造与修缮均是在对传统造园理念与传统园林审美的理解与表达中完成的。因此，传统园林并不应该简单被看作是某个时间节点或者某个时期的静态“标本”，对于传统园林的理解及相应工程措施的研究应当具有过程性与延续性的视角。同样，理水工程作为传统园林产生伊始便参与造景的工程要素，其营建历史源远流长，所以相关研究在注重历史原真性的基础上也应该注重传统造园理念与传统园林审美表达下的当下改造与应用方式，从而体现过程性与延续性视角。

2 案例的选取——颐和园

颐和园总占地面积 3.08km²，其中水面面积约 2.3km²[6]，占全园面积近 3/4，属于典型的大型自然山水园林，园林水系为京西区域整体水系结构的重要组成部分，区域尺度特征明显；同时颐和园在空间及功能区域划分上又可进一步分为东侧宫殿区、北部山地园林区，南部水体景观区等区域，其中涉及的建筑院落、园中园等不计其数，场地尺度下的理水模式种类多样。从园林理水的典型性上来看：颐和园前身清漪园的建设缘起之一便是对京西水系的集中梳理，通过疏浚、开拓西湖（即今昆明湖）作为蓄水库，并建置相应的闸涵是其中最为重要的水利工程，所以颐和园建园伊始便承担着区域水文管控的功能；其次，万寿山作为颐和园的主体地形结构，其山体四周密布各种建筑院落与景观节点，较大的建筑密度使得院落排水、山体汇水、园林用水成为必须要解决的问题，从而也产生了十分多样且巧妙的理水工程措施。

综上，本文以颐和园为案例进行分析，即可兼顾到多种尺度类型，同时能够体现各尺度工程措施之间的相互配合及整体性关系，通过总结基于不同尺度的理水工程方法，分析相应工程措施的运行原理及景观营造方式，阐述其技艺融合特征，凸显颐和园在传统园林理水工程中的典型性与代表性。

3 颐和园理水工程五字诀——疏、导、滞、蓄、理

3.1 疏——疏通水系，内外相连

“疏”是颐和园理水工程在区域尺度的体现。今颐和园所在北京西北郊区域早在金元时期就因为玉泉山、翁山（今万寿山）等山体泉水汇集而成为得天独厚的一处自然山水区域。1264 年，元大都建都时考虑到宫廷用水独立性及运河漕运需求分别在西北郊开辟“玉泉山-金水河”和“白浮泉水—翁山泊—高粱河”水系，将翁山泊（今昆明湖）这一天然汇水水体改造为城外一处调节水量的天然蓄水库。明代翁山泊改名为西湖，朱棣迁都后，于成化七年（1471 年）疏导玉泉山之泉水入西湖，合并高粱河与金水河与其相连，使其继续作为保证运河漕运与宫廷用水的重要水源汇集区，引水工程使得“玉泉山—翁山—西湖”这一自然景观结构的密切性凸显出来。清代初期随着京西北郊圆明园、畅春园等一系列大型皇家园林的兴建，园林水体的开挖消耗了玉泉山汇于西湖的大部分水量，严重影响了宫廷用水与下游漕运安全，于是清乾隆十四年（1749 年）开始对京西北水系进行规模最大的一次水系梳理工程：梳理玉泉山汇水并将西山伏流纳入西湖蓄水的源头，汇水经输水干渠玉河汇入西湖，同时对西湖水面进行东进，以容纳更多水量；在湖体西北方向开泄洪渠经青龙桥汇入清河，在青龙桥下设闸口作为泄洪枢纽；在新东堤上开数座泄水口，保障东侧农田灌溉，其中“二龙闸”作为东侧最大出水闸口，外泄水流大部分作为圆明园主要水源；梳理万寿山北麓零星河泡形成后溪河，在后溪河东端北岸、霁清轩、谐趣园分别设水闸与外部水体相通；疏浚连接玉泉山与昆明湖的“玉河”和连接昆明湖与北京城的“长河”，保证京城用水[7-8]（图 1～图 2）。经过

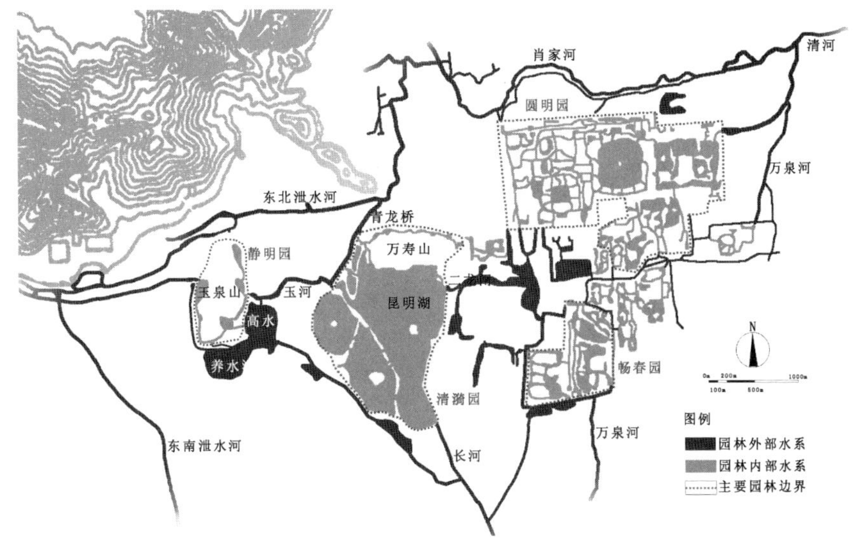

图 1 清代三山五园主要区域水系结构图[10]

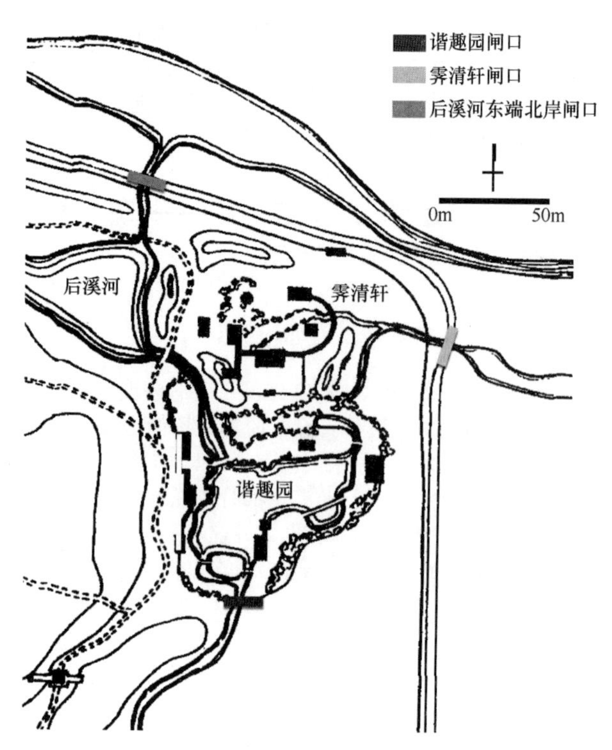

图 2 后溪河东端出水闸口位置（改绘自乾隆时期清漪园万寿山总平面图局部[6]）

上述的整治，京城西北郊水源得到极大扩充，下游园林、农业、城市用水得到保障，西湖达到"汪洋漭沆较旧倍盛[9]"的状态，原"翁山—西湖"被正式更名为"万寿山—昆明湖"，该区域也被正式命名为皇家园林"清漪园"，成为区域水文管控与园林理水工程相结合的经典范例。从颐和园的"疏"水实践中我们可以看到，大规模的山水园林建造与通过疏水实现的区域水文管控是互为因果、相互促进的关系，同时"疏"是一个动态的、不断发展变化的过程。

3.2 "导"——管水倒流，自成体系

"导"是颐和园理水工程在场地尺度的体现。中国传统园林理水在场地尺度上十分注重对于雨水的疏导与利用，但由于其多作隐性工程设置，外露者也并不构成园林的主景，所以历来不太为人们所重视。从雨水管理模式来看，中国传统园林在场地尺度下多采用"重力排水"模式，但凡造园大多必掘地开池、动土堆山，两者结合所依托与造就的场地竖向变化对于园内排蓄雨水起到了最为重要的作用。颐和园场地尺度下"导"的体现主要集中在三片典型区域：宫殿区院落、万寿山前山区和万寿山后山区。

3.2.1 宫殿区院落——"院落逐层导水"

颐和园宫殿区位于万寿山东南麓和昆明湖东北岸，包括勤政殿、二（东）宫门两进院落建筑，与其前的广场、影壁、金水桥、牌楼构成的一条东西向的中轴线，占地 0.96hm^2[6]，是颐和园最集中的建筑院落群组。以东宫门西侧轴线上的仁寿殿院落及广场为例，整体场地地势西高东低，场地地面四角各设置有一处方形排水井，院墙墙基位置也设置有排水口，雨时及平时所产生的地表径流及景观废水均通过这些排水设施形成院落的逐层排水，最终汇入东宫门前的月牙河（月牙河为谐趣园水系经南部水闸出园南流经过东宫门外侧的弧形水道，同时也作为东侧宫殿区排水的汇水通道）。（图 3～图 7）

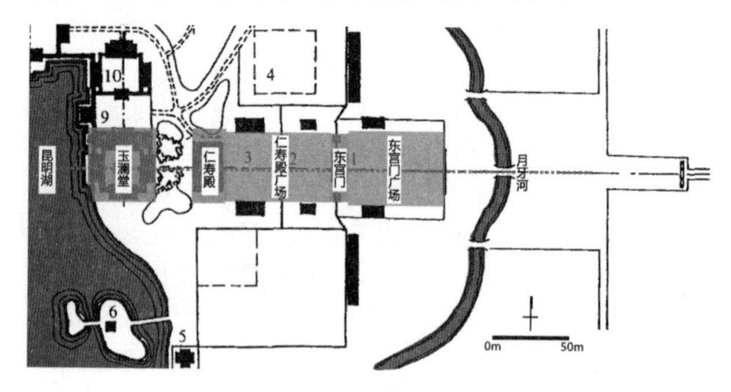

图 3 东宫门建筑轴线空间关系示意

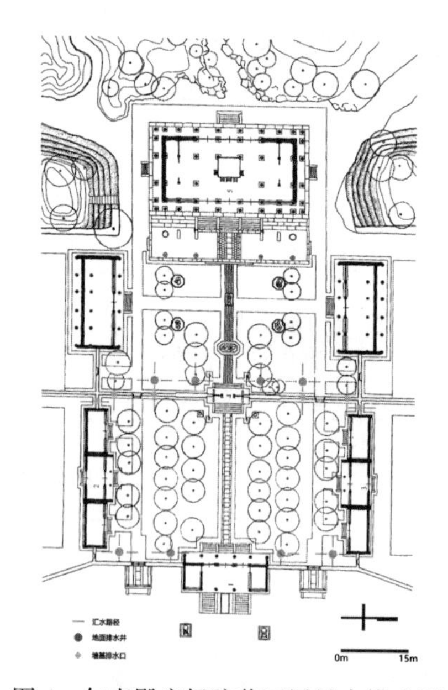

图 4 仁寿殿广场院落逐层导水模式图

图 5 院落排水井图

图 6　墙基排水口图

图 7　月牙河

值得一提的是，在院落逐层导水的基础上，中国传统园林中亭、廊、楼、堂等建筑占有极大的比重，解决屋面排水也是管水导流的重要方面，常用方法是屋面天沟汇水与地面排水明渠、种植天井等的结合，排水明渠可以迅速排走下落的屋面汇水，而种植天井则主要通过土壤下渗，起到排蓄与阻滞雨水的作用。在东侧宫殿区中，玉澜堂庭院北侧的雨水天井自组织排水十分具有代表性。玉澜堂始建于乾隆十五年（1750 年），建筑院落整体较为方正，在院落的西北及东北角，建筑屋面之间形成“L”形落水天井，连廊与玉澜堂屋面落水首先汇入地表的排水明渠，明渠与连廊雨水天井相连，雨水天井以植物种植为主，同时设置石质雨水井口，在地面下渗的基础上通过人工雨水井进行雨水排除，很好地解决了屋面雨水汇聚和排放的功能（图 8～图 10）。

3.2.2　万寿山前山区——“道路及水渠导水”

颐和园万寿山的前山区即万寿山的南坡，东西长约 1000m，南北最大进深 120m，山顶高出地面约 60m[6]，是山地建筑的集中分布区域。与后山区相比，前山区建筑密度较大，建筑通过院墙包围分隔形成各自独立的院落结构，所以整体坡面地表径流首先只能通过道路进行运

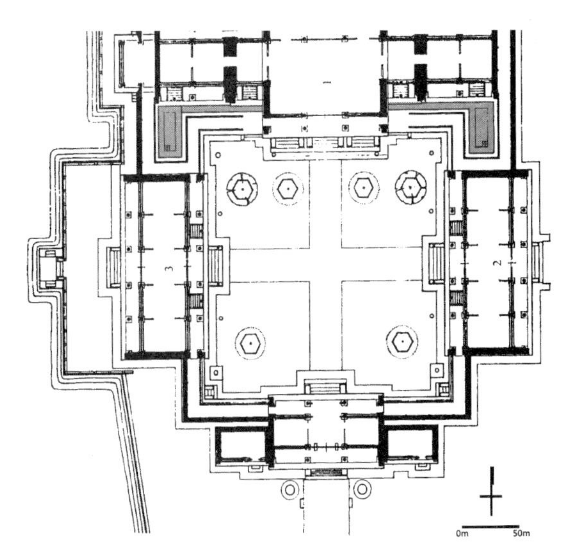

图 8　落水天井位置示意

图 9　结合屋面汇水的排水明沟

图 10　种植天井

输，形成网络化的排水线路。道路排水主要依托两侧地表排水明渠，部分道路在雨量大时也可直接作为大型泄水线路。整体坡面汇水经过道路运输，在山脚位置设置有大型的篦子阵与道路相连，对径流进行初步的过滤与截流，之后进入前山区与滨水长廊之间的“葫芦河”。葫芦河为前山区汇水在排入昆明湖之前的大型沉淀池与蓄水池，始建于乾隆年间，主要针对前山区坡面汇水中的泥沙进行沉淀，以减轻昆明湖湖底泥沙的堆积。所以“道路汇水—篦子阵—葫芦河—昆明湖”便形成了整个前山区完整的“管水导流”过程。(图 11～图 14)

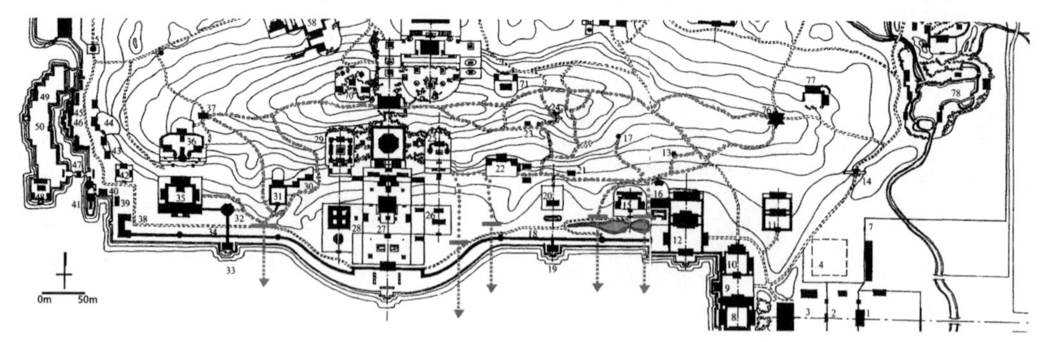

图 11　万寿山前山区导水路径示意

图 12　路侧排水明渠

图 13　山脚雨水篦子

图 14　葫芦河

3.2.3　万寿山后山区——“自然地形导水”

颐和园后山区即万寿山的北坡，地势较前山稍缓，南北最大纵深约 280m[6]。与前山区相比，后山区建筑密度较小，坡面径流最终汇入后溪河，整体采用自然地形导水模式，而这一模式集中体现在“东、西桃花沟”这两条天然汇水山谷上。西桃花沟位于后山区西侧，长约 100m，平均坡度 7°，为后山区最主要的汇水通道。整条山谷起于骇春园、味闲斋，以后御路为界分为南北两段，南段整体较窄，过钟亭后采用连续石质挡墙驳岸，宽度在 1.5m 左右，北段逐渐扩大为自然山谷地形，最宽处约 30m。西桃花沟与后溪河相连处逐渐收窄，过澄碧亭形成“上台下洞”式水口，与水口相接的后溪河段形成“喇叭口”，消减汇水冲刷，形成整体后溪河水面进深最大的一段（图 15～图 18）。东桃花沟位于后山区东侧，又叫寅辉城关沟，长约 120m，平均坡度大于 9°，相比于西桃花沟地势更加险峻，与后溪河相连处通过削截山脚形成断崖深洞景观，汇集雨水自寅辉城关石桥下排入买卖街水体（图 19～图 20）。

图 15　钟亭遗址处泄洪渠

图 18　“上台下洞”出水口

图 16　自然山谷地形

图 19　寅辉城关沟地形

图 17　自然山谷地形一侧汇水通道

图 20　寅辉城关沟出水口

3.3 “滞”——挡水滞流，以阻促渗

上文中提到了前山区山脚位置的篦子阵，其中涉及的截流功能实际上就是滞的间接体现。在万寿山山体区域还分布有大量的体现“滞”的理水工程措施，其中较为典型的是谷方、挡水石、护土筋和大散点的布置。谷方一般布置在具有一定高差的自然地形所形成的落水沿线，通过突出置石的布置减弱水流流速，保护岸线结构，较为典型的是东桃花沟沟谷两侧突出置石的布置。挡水石与护土筋一般设置在具有一定纵坡坡度的山体道路沿线位置，前者结合路侧排水明渠起到减缓水流的作用，后者多分布在紧邻道路的绿地中，在减缓水流的同时起到固土和促进雨水下渗的作用，两者在万寿山前山区道路沿线分布较为广泛。大散点主要分布在前山区扬仁风景点北侧山坡之上，为大型假山石组，由于连续坡面面积较大且坡度较陡，其设置同样起到阻滞坡面汇水、促进雨水下渗的功能（图 21～图 23）。由上述分析可以看到，“滞”的核心是通过景观工程措施首先减弱地表径流的流速，然后间接起到减弱冲刷、促进雨水下渗的作用。

图 21　路侧挡水石

图 22　路侧护土筋

图 23　大散点

3.4 “蓄”——蓄洪储水，净用结合

颐和园理水工程中“蓄”的功能体现在多种尺度。从颐和园整体的水系结构来看，昆明湖区域性水文管控的核心便是大型城市蓄洪水库的功能，近 2.3km^2 的水体面积能够在雨时有效吸纳近 200 万 m^3 的径流量（注：最低水位标高 48.65m，防汛最高水位 49.50m）[11]，而万寿山北侧的后溪河作为后山区山体地表径流的汇水终点，同样体现了水体固有的蓄洪储水功能。在场地尺度上，前文中提到的葫芦河是典型的蓄洪结合净化的工程措施，可看做是“蓄”的直接体现，而护土筋、大散点所起到的促进雨水下渗则可看作是“蓄”的间接体现，前者体现的是“蓄”的瞬时需求，后者体现的是“蓄”的长远目标，两者的结合才是“蓄”的完整的体现。

3.5 “理”——造景理微，技艺融合

从造景层面来看，不管是上文中提到区域水文管控与风景园林化建设的结合、桃花沟与沿线建筑景点的结合、葫芦河的水体形态和山石驳岸还是谷方、挡水石、大散点的假山置石形态组合，均在满足具体排水功能基础上体现了与园林氛围相融合的景观效果，所以“理”实际上可被看做是对于上述四个字的进一步升华，通过工程措施与景观营造相结合的方式集中体现了园林排水工程中“技与艺”的结合。在这里进一步通过两个具体场地节点来进一步分析两者结合的体现：画中游台地挡墙与谐趣园玉琴峡水口。

画中游位于万寿山前山区西侧，始建于乾隆年间，后经光绪年间原状恢复，由于所处坡面坡度较大，整体建筑院落在南侧与道路相接处通过台地结构消化高差，形成了三层挡墙结构，而这三层挡墙结构就成为了建筑院落地表径流外排所流经的必经线路。从现状来看，三层挡墙立面为黄石浆砌，整体立面形态呈不规则凹凸状。在工程措施层面，这样一种不规则凹凸状的挡墙设置主要解决的是阻滞地表径流、减弱冲刷、保护挡墙结构的作用。而在景观营造层面则主要体现了以下两点：首先，黄石浆砌的不规则凹凸立面在色彩及形态上呼应了整体山地环境自然野趣的场所氛围，减弱了人造挡墙在视觉上的生硬感；其次，当水流经挡墙立面的时候，不规则的立面形态

会使水流形成“脉分线悬、水滴溅落”的景观效果，这其中便涉及到了对于水声及水形的审美，丰富了雨时的游览体验（图 24～图 25）。

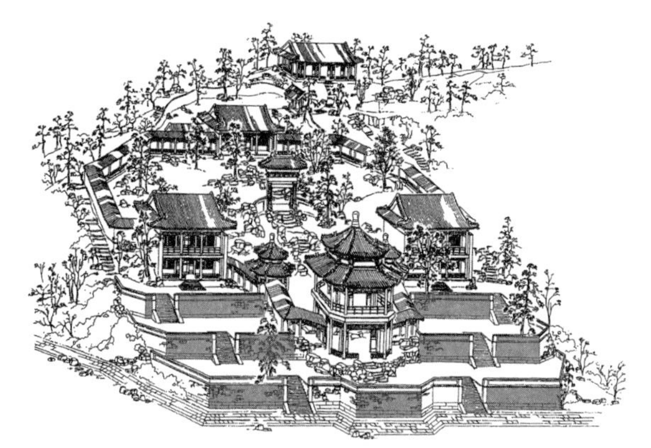

图 24　画中游黄石挡墙位置示意

图 25　黄石挡墙细部

谐趣园位于后溪河东端，北邻霁清轩，乾隆年间名为“惠山园”，玉琴峡水口便是谐趣园内部水体与后溪河之间的引水渠道。水口是园林理水中的重要工程节点，一般多与地形、建筑、假山等配合，外露者在满足具体引水功能的基础上又大多作为园景的组成部分。从形态构成上来看，谐趣园玉琴峡的水口可以分为南北两段，以瞩新楼与涵远堂之间连廊为界，北段至玉琴桥，南段至谐趣园中心水面。玉琴桥位于后溪河东端尽头与谐趣园连接处，桥下为谐趣园园内水景的入水源头，北段水道设计为微缩山谷地形，两侧设置自然山石挡墙，宽度约 2m，桥面与水道底部高差近 2m，设计充分利用这一高差将后溪河水上提至桥面以下倾泻入园，仿照自然山涧形成一处小型人工瀑布，落水如鸣琴，故称之为“玉琴峡”。后溪河引水自玉琴峡北段水道至瞩新楼与涵远堂之间连廊处改为地下暗渠，出连廊又设置一处微型瀑布水口，至此水道突然放宽形成一处自然山石驳岸的水池小景，水流由急变缓，后水面再次收窄经一处“半步桥”下流入中心水面。由上述分析可以看到，谐趣园玉琴峡水口的设计在满足引水工程需求的基础上十分巧妙地与园林造景结合起来，将自然山水意向营造、水道空间开合变化、水声水形意境审美相结合，营造了一处小中见大、疏水若为无尽的理水工程技、艺融合典范（图 26～图 29）。

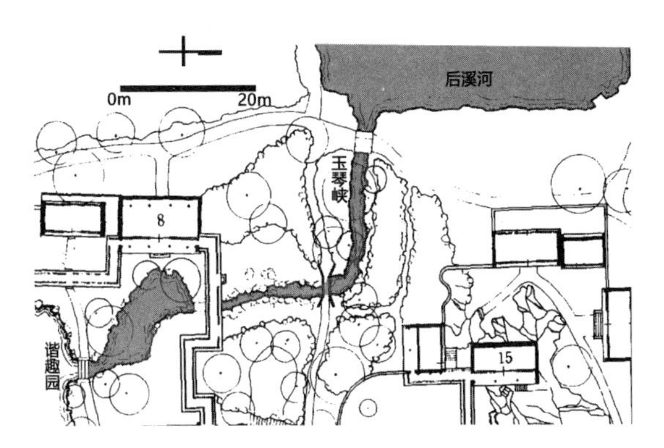

图 26　后溪河、玉琴峡、谐趣园空间关系示意

图 27　玉琴峡入水口

图 28　谐趣园内部水体入水口

图 29　半步桥处水口

4 结语

首先，颐和园的理水工程即具备区域性理水尺度，同时也涵盖多种场地理水尺度，场地理水与区域理水相互结合，为理水工程研究提供了多样化与整体性的研究样本；其次，作为留存至今的古典园林，其理水工程涉及到的形态与做法，同其他景观工程专项一样，是在尊重历史原真性基础上长时期传承与更新的结果，体现了工程做法与理法的相互结合，也体现了工程方法应用的与时俱进，如路面导水明沟、山脚截流沟渠、东桃花沟坡面生态治理工程等；第三，颐和园建园至今已近300年，其水系结构及局部理法虽几经改变，但相关理水工程设施仍然在今天发挥着十分重要的作用，而从上述分析可以看到，相应工程设施均体现了“实用”、“低技”、“美观”的特点，而这些特点正是古典园林工程中传统智慧的体现。因此，在当下风景园林设计与建造向“数字化”、“智慧化”演进的趋势下，如何辩证地看待、传承与利用“传统智慧”应该是一个值得继续探讨的问题。

参考文献

[1] 蒋敏红．网师园造园艺术手法与空间特征分析[D]．苏州大学，2017.
[2] 梁明捷．岭南古典园林风格研究[D]．华南理工大学，2013.
[3] 徐梦萤，魏胜林，张辉．中国四大园林理水艺术手法与现代园林理水思索[J]．南方农业（园林花卉版），2011，5(03)：20-23.
[4] 张婧婍．承德避暑山庄山水地形与空间构建的分析[D]．北京林业大学，2014.
[5] 林辰松，戈晓宇，邵明，葛韵宇．中国传统园林给排水工程研究——以颐和园为例[J]．建筑与文化，2016(08)：194-195.
[6] 清华大学建筑学院．颐和园[M]．北京：中国建筑工业出版社，2000.
[7] 樊志斌．三山考信录[M]．北京：中央文献出版社，2015.
[8] 王玏，魏雷，赵鸣．北京河道景观历史演变研究[J]．中国园林，2012(10)：57-60.
[9] [清]乾隆．御制万寿山昆明湖记．
[10] 张晋．可持续水设计视角下对于中国古典园林理水的几点思考[J]．中国园林，2016，32(8)：117-122.
[11] 高大伟，孙震．颐和园生态美营建解析[M]．北京：中国建筑工业出版社，2011.

作者简介

李畅，1995年生，女，汉，硕士研究生，北方工业大学建筑与艺术学院。研究方向为风景园林与规划设计。电子邮箱：736841989@qq.com。

张晋，1986年生，男，博士，北方工业大学建筑与艺术学院讲师。研究方向为风景园林规划与设计。电子邮箱：zhjblack@126.com。

张静，1994年生，女，汉，硕士研究生，北方工业大学建筑与艺术学院。研究方向为风景园林规划与设计。电子邮箱：791995975@qq.com。

屋顶绿化缓解城市热岛效应的研究进展

——2003～2018 年 Web of Science 核心期刊文献综述

Mitigating Urban Heat Island Effect with Green Roofs

—A Literature Review of Core Collection in Web of Science from 2003 to 2018

龚修齐　骆天庆*

摘　要：屋顶绿化是缓解城市热岛及相关问题的有效技术手段之一，得到国际各界的普遍关注。本文利用 Web of Science 数据库，以共词分析法对 2003～2018 年发表的相关文献展开梳理，探寻屋顶绿化在热岛效应议题下的研究热点、方法、结论与创新趋势。现阶段研究热点有建筑尺度的屋顶绿化对建筑的隔热保温与节能效益研究、街区尺度的屋顶绿化对微气候与热舒适度的改善研究、城市尺度的简单式屋顶绿化降温效益研究及多尺度的屋顶绿化纳入绿色基础设施的政策及经济研究。研究方法有实地监测、模型模拟，其中街区尺度与城市尺度已可进行模型模拟，但模型尚处于需校准与优化的阶段。未来的研究趋势旨在使屋顶绿化于不同尺度解决最相关的热岛问题，具体有：微观上，对单元屋顶绿化进行优化，提高单元屋顶绿化经济效益，为政策制定与政府管理提供依据；中观上，考虑典型街区的选取，对屋顶绿化改善街区热舒适度作定量评估，建立与城市形态的确切关系；宏观上，优化模拟模型以明确对气候的影响，并对整体屋顶绿化可建设、应建设的量进行把握。

关键词：屋顶绿化；缓解；热岛；文献综述

Abstract: Roof greening is one of the effective means to mitigate urban heat island effects, which has been widely concerned in the world. In this paper, we used co—word analysis method to sort out relevant literatures published from 2003 to 2018 in Web of Science database, so as to explore the state-of-the-art research issues, methods, conclusions and trends of roof greening under the topic of urban heat island effect. Current researches mainly focus on the passive cooling and energy saving of architectures, improvements of micro-climate and thermal comfort of typical blocks, cooling effectiveness at city scale and green infrastructure policy with economic calculation. The research methods include field measurement and simulation, while models still need correcting and optimizing. Further research should focus on using green roofs to solve the problems of urban heat island effects in different scales. At the level of a building, the explorations include optimizing single green roof and improving its economic benefit so as to provide evidence to help the government make policies. At the block scale, the explorations include selecting typical blocks, discussing the relationship between cooling effects and green roof distributions quantitatively. At the regional level, the explorations include optimizing simulation models to clarify green roofs' impact on local climate and to calculate the potential green roofs that can and should be built.

Keyword: Green Roof; Urban Heat Island; Mitigation; Review

城市热岛指城市的急剧扩张和高密度的人口聚集所引发的城市集中建设区地表温度高于郊区地表温度的现象。将导致夏季用电高峰增加、污染浓度增加、室内外热舒适性降低等诸多问题，使得气候变化加剧、人类健康受到威胁、城市经济受到影响[1]。解决该问题的常用手段包括增加城市中的绿量和水体、使用高反照率材料、优化城市形态等。屋顶绿化作为可在城市高密度区域以低成本大规模部署的工程技术手段，是在面对城市用地紧张、绿地扩张受限、规划形态审批实施时间过长的现实问题下，减轻热岛效应的最合适的方法之一[2]，也是近年研究的热点问题。但其研究时间较短、成果爆发量较大、研究方向较发散且缺乏梳理，因此需要对主流研究问题、研究方法、结论具体及未来研究趋势进行研判。由此，本文对国际上屋顶绿化缓解热岛效应的前沿文献展开综述，探讨屋顶绿化在缓解热岛效应方面关注的热点问题，梳理不同议题下的研究内容、研究方法与研究结论，并进一步讨论其研究趋势，为全球城市从屋顶绿化角度缓解热岛效应的相关问题提供参考。

1　研究方法

1.1　文献检索

为获取国外高水平前沿文献研究进行分析，选择国外的“ISI Web of Science”数据库作为数据来源，于 2019 年 3 月 7 日进行检索并获取相关数据。在其核心合集中以热岛效应相关词：“heat island”或“uhi”，及屋顶绿化相关词：“green roof *”或“eco * roof *”或“living roof *”或“vegetat * roof *”或“roof greening”为检索词，搜索 2003～2018 年内文献类型为 Article 的文献，共检索到相关文献 407 篇。

1.2　共词分析

共词分析是内容分析法的一种，其原理是通过对关键词两两统计在同一篇文献中出现的次数，以此为基础对这些词进行聚类分析，反映关键词之间的亲疏关系，进而分析出这些关键词所形成的主题的变化，从而判断主题间的关系，展现研究议[3]。

本文以检索得到的407篇文献为基础，对不同文章中语义相同、单复数不统一、全称与缩写不统一及明显分割不正确的关键词进行修正处理。并进一步利用SATI软件提取文献关键词，去除检索词后选取高频关键词构建共现矩阵，利用Ucinet进行聚类分析，借助高频关键词的聚类簇解析重要的研究议题。

2 研究结果

表1是频次高于8的19个高频关键词。图1是高频关键词聚类分析结果，可形成专业意义区分较为显著的4个聚类簇。

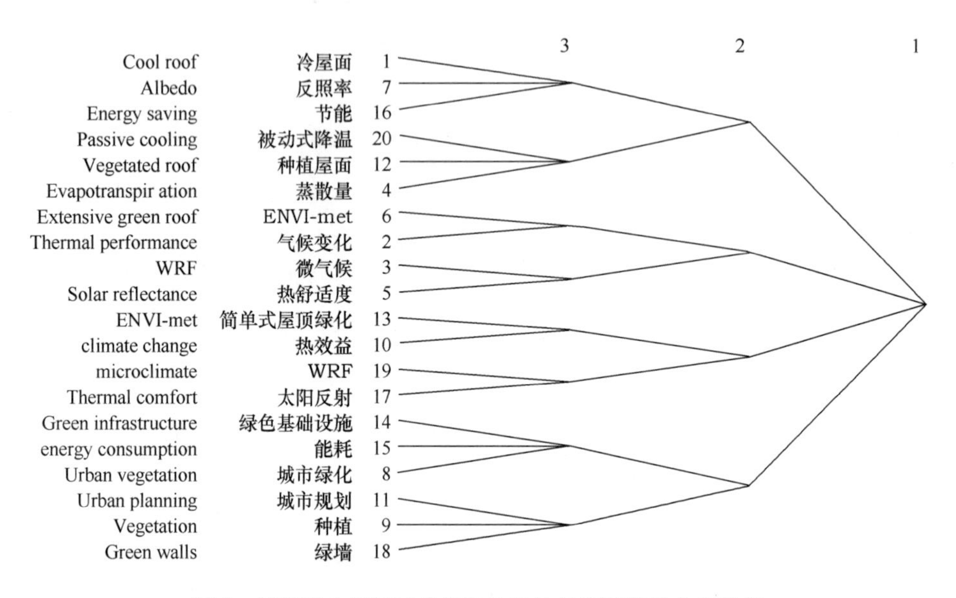

图1 屋顶绿化缓解城市热岛效应的关键词聚类分析结果

高频关键词 表1

序号	关键词	频次
1	冷屋面（cool roof）	41
2	气候变化（climate change）	27
3	微气候（microclimate）	20
4	蒸散（evapotranspiration）	15
5	热舒适度（thermal comfort）	15
6	ENVI-met	13
7	反照率（albedo）	11
8	城市绿化（urban vegetation）	11
9	绿化（vegetation）	11
10	热效益（thermal performance）	11
11	城市规划（urban planning）	10
12	种植屋面（vegetated roof）	10
13	简单式屋顶绿化（extensive green roof）	10
14	绿色基础设施（green infrastructure）	10
15	节能（energy saving）	9
16	太阳反射能力（solar reflectance）	9
17	绿墙（green walls）	8
18	天气预报模型（WRF）	8
19	被动式降温（passive cooling）	8

3 研究议题解析

由表1可解析获得屋顶绿化缓解城市热岛效应的四大议题（表2）。

研究议题判读 表2

议题	关键词	尺度	关注重点
屋顶绿化对建筑的隔热保温与节能效益	种植屋面、蒸散量、被动式降温；冷屋面、反照率、节能	微观；建筑	隔热保温及节能
屋顶绿化对微气候与热舒适度的改善	热舒适度、微气候、气候变化、Envi-met	中观；街区	环境温度与热舒适度
简单式屋顶绿化在城市尺度的降温效益	简单式屋顶绿化、太阳反射、热效益、WRF	宏观；城市	客观降温的模拟
屋顶绿化纳入绿色基础设施的政策及经济效益研究	绿色基础设施、城市绿化、城市规划、能耗、绿墙、种植	多尺度	真实建设规模的实现

3.1 屋顶绿化对建筑的隔热保温与节能效益

3.1.1 屋顶保温隔热的影响因素

屋顶绿化降低屋面及其周边温度、起到被动式降温作用，缓解热岛效益，主要通过3种方式实现：①植物蒸腾和土壤蒸发的蒸散能力；②叶面直接阻挡太阳辐射，减少太阳辐射穿透建筑物的能力；③叶面具有相对于人造深色材料更高的反照率，反射阳光的能力更强[4]。其中最主要的是屋顶绿化的蒸散能力，主要取决于植被种类、基质结构和灌溉方式[5]。不同的植物有不同的遮阳效果，进而导致不同的冷却效益。其关键指标是叶面积指数（Leaf Area Index，LAI），叶面积指数越大，意味着单位面积上单侧叶面积越大，也意味着其潜在隔热能力越好[6]。此外，基质类型和厚度会影响屋顶绿化的保温效果，需根据不同植物的特点及地域环境特征进行测试，以轻便持水为佳[7,8]。灌溉对绿色屋顶来说必不可少，为基质加入保水层有利于屋顶绿化保持土壤水分、蒸散速率和植物健康[9]。在干燥的条件下，屋顶植物的气孔关闭，蒸散量降低，隔热能力受影响，会使屋面的显热变高[5]。但若屋顶绿化需要大量的灌溉用水，其成本也会上升，又对干旱和半干旱城市来说会形成新的可持续性挑战[10]，需综合考虑。

3.1.2 建筑节能效益研究的方法与结论

研究建筑尺度屋顶绿化的隔热保温效益涵盖实地监测、数值预测或模拟及模型校准优化3个方面。实地监测一般对屋顶绿化缓解建筑表面温度展开，手段有气象站、热电偶或红外遥感仪等；数值预测或模拟一般使用建筑能耗模型，对建筑空调能耗的降低、建筑室内的最大温差提升进行测定，常用有EnergyPlus、TRNSYS、ESP-r等；模型校准与算法优化主要对屋顶绿化的蒸散量、土壤导热性能、建筑屋面传热能力等方面展开[11]。结论表明，不同条件下，建筑节能差异较大。在对全年节能评估的20项研究中发现，屋顶绿化帮助建筑节能的范围在-7%～70%不等。其中，对于种植屋面来说，保温良好的建筑节能效果不显著，若排除导热性很好的建筑［u值大于$1W/(m^2 \cdot K)$］，每年通过绿色屋顶帮助建筑节能比例可能不超过12%，具有一定的局限性[12]。

因此，若希望使用种植屋面对建筑起节能作用，需从工程技术层面上考虑植物的种类、基质、灌溉情况，保证植物充足的水分与蒸散能力，且需要关注屋面的隔热效果。

3.2 屋顶绿化对微气候与热舒适度的改善

3.2.1 影响屋顶绿化对微气候与热舒适度改善的因素

通过合适规划的屋顶绿化被证实有利于改善街区微气候，提高人体热舒适度。热舒适度被定义为“人们表达对热环境满意的程度”，一般采用地面1.5～2m的空气温度[13]，采用生理等效温度（PET）计算[14]。与建筑密度（城市类型）、屋顶绿化的面积与类型、街道高宽比（峡谷效应）、街道方向（与主导风向的夹角）、气候类型等因素有关。城市区域内建筑物的密度越高，其潜在温度越高，降温效益更大[15]。建筑越高，屋顶冷空气往下传输的距离越长，对地面热环境的改变越弱[16]；改善效益也随屋顶绿化面积的增大而增大[17]，其中花园式的屋顶绿化较简单式的屋顶绿化降温效果更佳，但其对于建筑荷载相应更高[12]；不同气候条件下，不同街道方向的降温潜能不同[18]。

3.2.2 研究屋顶绿化缓解热舒适度的方法与结论

研究屋顶绿化缓解街区微气候，需先选取典型街区，本文将其分为两类，一是基于理想式的城市空间类型进行情境模拟，二是基于典型城市环境选取。对于理想式的城市空间类型，有学者提出“局部气候区”（Local Climate Zone，LCZ）概念，以城市气候学为基础，依据下垫面对热环境的响应能力进行分区划定，将直径约1km范围的区域内的建筑高度、建筑密度、透水面积比、天空视域系数以及高宽比等因子划分为LCZ1-LCZ10，于开放的LCZ网站共享全球数据进行共同决策（http://www.wudapt.org/），以求克服热岛效益无法统一测量的瓶颈，在大类下进一步讨论[19]。但由于其强调类型学的意义，典型样区过于简化，且忽视了城市发展中的社会经济因素，因此更多实验选取实际城市环境。一方面，选取具有城市特色的典型空间，如历史名城的历史街区[19]或高密度城市的高密度街坊[20,21]；另一方面，从热环境暴露的程度、社会脆弱程度、街区公共程度、用电量程度等方面选取社会与经济特点突出的典型街区，如低收入个人、社会孤立者（独居老人）、低收入的少数族裔等易产生热发病人口所在街区，为其优化包括屋顶绿化在内的绿色基础设施，改善微气候及热舒适度，提供环境正义[22,23]。

选取典型街区后，一般使用Envi-met进行微气候模拟，其通过综合计算流体动力学（CFD）算法计算长波和短波辐射通量、植被的蒸腾和蒸散以及空气运动，以预测室外表面（建筑的外墙面和屋顶，室外街道和路面）、空气、植物和绿地之间的能量和水相互作用[24]。根据17项研究的结果，街道在全年温暖的季节降温最为明显，最大降温范围为0.03～3℃[12]。在部分街区将屋顶绿化纳入城市绿色基础设施并与其他策略比较时发现，由于其位于建筑顶层、降温范围有限，对地面温度的影响被认为可忽略不计[16,25]，能被人感知到的温度更多与地面、墙面的绿化率有关，地面绿化率越高，树木冠层提供的这样越大，冷却效益越强[26]。

3.3 简单式屋顶绿化在城市尺度的降温模拟

城市尺度下关注屋顶反射太阳辐射的能力，一般将反照率作为关键参数。基于城市中存量屋顶的结构与绿化成本，一般使用相对轻巧的简单式屋顶绿化[11]。其反照率约在0.2[27,28]，略高于普通屋顶常使用的沥青、焦油和砾石屋顶0.1～0.2的反照率[29]。值得注意的是，屋顶绿化的反照率可能不完全准确，因其夏天在高温和干旱条件下，会导致植被凋谢，使得覆盖度降低、露出深色基质，进而导致反照率降低，净辐射提高，好在这种情况下，其蒸散速率可以对此进行弥补，使其仍具有降温效益[30]。在城市尺度下评估屋顶绿化缓解热岛效益，因环境气温和地表能量平衡之间的复杂关系，而不能直接测量[13]，一般使用遥感数据结合气候模型反演。早期，研究者直接使用LANDSAT遥感数据，反演NVDI（归一化差异植被指数）或反照率，在这种情况下，会面临拍摄时间、遥感数据分辨率、辐射校准、光谱覆盖和高精度数据购买的成本等技术问题[31]。近年来，更多以高分辨率的（1km）城市天气研究预报模型（Weather Research Forecast）结合城市冠层模型（Urban Canopy Model）展开分析。城市冠层模型也经历了从简单地假设屋顶上湿气均匀增加[32]、调整物理参数评估地表与近地表2m温度[13]再到加入了城市水文过程不断优化，且优化仍在继续[33]。结论表明，反照率越高，反射的太阳辐射越多[34]，越能使屋顶吸收更少的热量，降低表面温度[35]，降温受特定的环境气候影响[36]；在中国长江三角洲区域，当覆盖高反照率材料或绿色屋顶的比例达到50%及以上时，近地表空气温度和相对湿度会产生区域影响[37]。最新的研究表明，在特定的地理气候条件与特定风力模式的影响下，屋顶绿化的降温效益随布置比例的增加呈非线性变化[38]。

3.4 屋顶绿化纳入绿色基础设施的政策及经济效益研究

若要真正大面积推行屋顶绿化，达到其缓解城市热岛的作用，必须强调政府的管理职责，如推行政策法规、鼓励科学研究、界定安装标准和给予财政奖励[39]，将屋顶绿化纳入现有或新建的绿色基础设施中去。

从屋顶绿化的经济效益研究来说，较多使用生命周期模型对绿色屋顶的投资回报进行评估[40]，其中，需对降水、气候、材料成本、土地价格、劳动力成本和补贴等对初始成本影响较大的因素进行敏感性分析，并对极端情况进行情景分析[41]。从结果来看，不同区域对屋顶绿化的生命周期成本分析结果不同。如对美国22个州安装屋顶绿化的一项研究认为其节能效益无法弥补安装成本随年份增长的溢价[42]；而香港的研究认为简单式屋顶绿化具有良好的收益，投资回收期为6.8～10年[40,43]。

从屋顶绿化纳入绿色基础设施的政策推行来说，包括鼓励性政策和强制性政策两方面，一般先以鼓励为主，逐渐加入强制政策。鼓励性政策如美国芝加哥为安装屋顶绿化的建筑降低建设许可费或优先建设审查，日本免除顶层屋顶花园占地面积以减免开发税务[44]。强制性政策如瑞士巴塞尔通过建筑法要求所有新建和翻新的平屋顶都须采用绿色屋顶，按每一绿色屋顶面积提供补贴；加拿大多伦多市的绿色屋顶条例规定所有总建筑面积在2000m^{2}或以上的新建商业、机构、住宅、工业项目都须采用绿色屋顶，补贴75加元/平方米，最高可达10万加元。

当然，在这个过程中，也有学者提出了对其推广政策的担心：政府对于包括屋顶绿化在内的绿色基础设施，是否只是付出了高昂的展示费，而对潜在的环境效益认识较少。以此提醒政府在政策制定的过程中，需明确行动目标。如瑞士将屋顶绿化与绿墙纳入基础设施的明确目的是：缓解热岛、节省建筑物内用于调节温度的能源、增加生物多样性、节约并提供雨水滞蓄[44]。

4 结论与展望

以上屋顶绿化对热岛效应及其相关问题的研究表明，屋顶绿化具有降低屋顶表面温度、帮助建筑隔热节能、改善街区微气候及热舒适度、对区域热湿环境产生影响的能力，需要研究其经济效益、制定政策以保证绿色屋顶落地建成。相关研究综合了建筑学、环境科学、气象学、城市规划、林学、地理学等学科，是多方共同研究的议题。通过对屋顶绿化的研究热点、研究方法及结论的梳理，可认为其趋势有：①微观上，比较并优化屋顶绿化的植物种类、基质结构及灌溉方式，使用生命周期模型对其成本与回报进行考量，提高单元屋顶绿化经济效益，为政策制定与政府管理提供依据；②中观上，考虑典型街区的选取，对屋顶绿化改善街区热舒适度作定量评估，可重点关注降温效益更好的高密度街区，建立屋顶绿化对微气候的影响范围、强度与建筑密度、高宽比、覆盖面积与街道方向等城市形态的确切关系，也为缓解热岛效应的问题提出缓急有序的解决方案；③宏观上，尚处于起步阶段，可进行模拟模型优化研究以明确对气候的影响，并对整体屋顶绿化可建设、应建设的量进行把握。

随着城市的发展，极端天气日益频繁、城市热岛效应日益严重，在城市建设用地由增量发展转为存量发展的当下，利用屋顶绿化这一技术手段在不同尺度下缓解各自最关切的热岛效应相关问题，是多学科交叉、携手创新应对气候变化、实现可持续发展的有效途径。

参考文献

[1] Santamouris, M. Regulating the damaged thermostat of the cities-Status, impacts and mitigation challenges. Energy and Buildings, 2015, 91: 43-56.

[2] Besir, A.B. and E. Cuce. Green roofs and facades: A comprehensive review. Renewable & Sustainable Energy Reviews, 2018, 82: 915-939.

[3] 冯璐，冷伏海．共词分析方法理论进展．中国图书馆学报，2006(2)：88-92.

[4] Taleghani, M. Outdoor thermal comfort by different heat mitigation strategies- A review. Renewable & Sustainable Energy Reviews, 2018, 81: 2011-2018.

[5] Coutts, A.M., et al. Assessing practical measures to reduce urban heat: Green and cool roofs. Building and Environment, 2013, 70: 266-276.

[6] Kolokotsa, D., M. Santamouris, and S.C. Zerefos. Green and cool roofs' urban heat island mitigation potential in European climates for office buildings under free floating conditions. Solar Energy, 2013, 95: 118-130.

[7] Permpituck, S. and P. Namprakai. The energy consumption performance of roof lawn gardens in Thailand. Renewable Energy, 2012, 40(1): 98-103.

[8] Savi, T., et al. Does shallow substrate improve water status of plants growing on green roofs? Testing the paradox in two sub-Mediterranean shrubs. Ecological Engineering, 2015,

84: 292-300.

[9] Tan, C. L., et al. Impact of soil and water retention characteristics on green roof thermal performance. Energy and Buildings, 2017, 152: 830-842.

[10] Song, J. Y. and Z. H. Wang. Impacts of mesic and xeric urban vegetation on outdoor thermal comfort and microclimate in Phoenix, AZ. Building and Environment, 2015, 94: 558-568.

[11] Vera, S., et al. A critical review of heat and mass transfer in vegetative roof models used in building energy and urban enviroment simulation tools. Applied Energy, 2018, 232: 752-764.

[12] Francis, L. F. M. and M. B. Jensen. Benefits of green roofs: A systematic review of the evidence for three ecosystem services. Urban Forestry & Urban Greening, 2017, 28: 167-176.

[13] Li, D., E. Bou-Zeid, and M. Oppenheimer. The effectiveness of cool and green roofs as urban heat island mitigation strategies. Environmental Research Letters, 2014.

[14] Lobaccaro, G. and J. A. Acero. Comparative analysis of green actions to improve outdoor thermal comfort inside typical urban street canyons. Urban Climate, 2015, 14: 251-267.

[15] Perini, K. and A. Magliocco. Effects of vegetation, urban density, building height, and atmospheric conditions on local temperatures and thermal comfort. Urban Forestry & Urban Greening, 2014, 13(3): 495-506.

[16] Taleghani, M., D. Sailor, and G. A. Ban-Weiss. Micrometeorological simulations to predict the impacts of heat mitigation strategies on pedestrian thermal comfort in a Los Angeles neighborhood. Environmental Research Letters, 2016.

[17] Herath, H., R. U. Halwatura, and G. Y. Jayasinghe. Evaluation of green infrastructure effects on tropical Sri Lankan urban context as an urban heat island adaptation strategy. Urban Forestry & Urban Greening, 2018, 29: 212-222.

[18] Salata, F., et al. Urban microclimate and outdoor thermal comfort. A proper procedure to fit ENVI-met simulation outputs to experimental data. Sustainable Cities and Society, 2016, 26: 318-343.

[19] Battisti, A., et al. Climate Mitigation and Adaptation Strategies for Roofs and Pavements: A Case Study at Sapienza University Campus. Sustainability, 2018.

[20] Ng, E., et al. A study on the cooling effects of greening in a high-density city: An experience from Hong Kong. Building and Environment, 2012, 47: 256-271.

[21] Morakinyo, T. E., et al. Performance of Hong Kong's common trees species for outdoor temperature regulation, thermal comfort and energy saving. Building and Environment, 2018, 137: 157-170.

[22] Sharma, A., et al. Role of green roofs in reducing heat stress in vulnerable urban communities-a multidisciplinary approach. Environmental Research Letters, 2018.

[23] Norton, B. A., et al. Planning for cooler cities: A framework to prioritise green infrastructure to mitigate high temperatures in urban landscapes. Landscape and Urban Planning, 2015, 134: 127-138.

[24] Santamouris, M., et al. On the energy impact of urban heat island in Sydney: Climate and energy potential of mitigation technologies. Energy and Buildings, 2018, 166: 154-164.

[25] Gromke, C., et al. CFD analysis of transpirational cooling by vegetation: Case study for specific meteorological conditions during a heat wave in Arnhem, Netherlands. Building and Environment, 2015, 83: 11-26.

[26] Zolch, T., et al. Using green infrastructure for urban climate-proofing: An evaluation of heat mitigation measures at the micro-scale. Urban Forestry & Urban Greening, 2016, 20: 305-316.

[27] Imran, H. M., et al. Effectiveness of green and cool roofs in mitigating urban heat island effects during a heatwave event in the city of Melbourne in southeast Australia. Journal of Cleaner Production, 2018, 197: 393-405.

[28] Liu, X. J., et al. Assessing summertime urban warming and the cooling efficacy of adaptation strategy in the Chengdu-Chongqing metropolitan region of China. Science of the Total Environment, 2018, 610: 1092-1102.

[29] Berardi, U., A. GhaffarianHoseini, and A. GhaffarianHoseini. State-of-the-art analysis of the environmental benefits of green roofs. Applied Energy, 2014, 115: 411-428.

[30] Klein, P. M. and R. Coffman. Establishment and performance of an experimental green roof under extreme climatic conditions. Science of the Total Environment, 2015, 512: 82-93.

[31] Ban-Weiss, G. A., J. Woods, and R. Levinson. Using remote sensing to quantify albedo of roofs in seven California cities, Part 1: Methods. Solar Energy, 2015, 115: 777-790.

[32] Smith, K. R. and P. J. Roebber. Green Roof Mitigation Potential for a Proxy Future Climate Scenario in Chicago, Illinois. Journal of Applied Meteorology and Climatology, 2011, 50(3): 507-522.

[33] Yang, J. C., et al. Enhancing Hydrologic Modelling in the Coupled Weather Research and Forecasting-Urban Modelling System. Boundary-Layer Meteorology, 2015, 155(1): 87-109.

[34] Jelinkova, V., M. Dohnal, and J. Sacha. Thermal and water regime studied in a thin soil layer of green roof systems at early stage of pedogenesis. Journal of Soils and Sediments, 2016, 16(11): 2568-2579.

[35] Yang, J. C., Z. H. Wang, and K. E. Kaloush. Environmental impacts of reflective materials: Is high albedo a 'silver bullet' for mitigating urban heat island? Renewable & Sustainable Energy Reviews, 2015, 47: 830-843.

[36] Santamouris, M. Cooling the cities - A review of reflective and green roof mitigation technologies to fight heat island and improve comfort in urban environments. Solar Energy, 2014, 103: 682-703.

[37] Zhang, N., et al. Effectiveness of Different Urban Heat Island Mitigation Methods and Their Regional Impacts. Journal of Hydrometeorology, 2017, 18(11): 2991-3012.

[38] Yang, J. C. and E. Bou-Zeid. Scale dependence of the benefits and efficiency of green and cool roofs. Landscape and Urban Planning, 2019, 185: 127-140.

[39] Claus, K. and S. Rousseau. Public versus private incentives to invest in green roofs: A cost benefit analysis for Flanders. Urban Forestry & Urban Greening, 2012, 11(4): 417-425.

[40] Chan, A. L. S. and T. T. Chow. Energy and economic performance of green roof system under future climatic conditions in Hong Kong. Energy and Buildings, 2013, 64: 182-198.

[41] Ulubeyli, S. and V. Arslan. Economic viability of extensive green roofs through scenario and sensitivity analyses: Clients ' perspective. Energy and Buildings, 2017, 139: 314-325.

[42] Sproul, J. , et al. Economic comparison of white, green, and black flat roofs in the United States. Energy and Buildings, 2014, 71: 20-27.

[43] Peng, L. L. H. and C. Y. Jim. Economic evaluation of green-roof environmental benefits in the context of climate change: The case of Hong Kong. Urban Forestry & Urban Greening, 2015, 14(3): 554-561.

[44] Irga, P. J. , etal. The distribution of green walls and green roofs throughout Australia: Do policy instruments influence the frequency of projects? Urban Forestry & Urban Greening, 2017, 24: 164-174.

作者简介

龚修齐，1996年生，女，汉族，江苏镇江人，硕士，同济大学建筑与城市规划学院景观学系，在读硕士。研究方向为生态规划与设计。电子邮箱：gongxiuqi@tongji. edu. cn。

骆天庆，1970年生，女，汉族，浙江杭州人，博士，同济大学建筑与城市规划学院景观学系，副教授。研究方向为生态规划与设计。电子邮箱：luotq@tongji. edu. cn。

西雅图绿色指数转化应用下的屋顶绿化效益评估

Green Roof Benefit Evaluation Application under the Index Transformation of Seattle Green Factor

董楠楠　胡抒含

摘　要：本文立足于城市“存量”空间发展的建设需求，分析了西雅图绿色指数的产生背景及相关指标内容，归纳了该体系的创新性与不足之处，并参考借鉴绿色指数将多维绿化统一评定的理论体系基础，以屋顶绿化为转化例证，对比联系了屋顶绿化的效益评估与绿色空间指数的评价因子，探讨将屋顶绿化全周期效益评估模型通过西雅图绿色指数转化应用的方式及其合理性，对于统一度量衡城市多维绿化、建立综合评估体系提供了一定的参考。

关键词：立体绿化；西雅图绿色指数；效益评估；屋顶绿化

Abstract: Based on the construction needs of urban stock space development, this paper analyzes the background of the Seattle Green Factor and the related indicators and summarizes the innovation and insufficiency of the system. Referring to the theoretical foundation of the Seattle Green Factor to assess the multi-dimensional greening, green roof is taken as an example of transformation to compare its benefit evaluation index with that of Seattle Green Factor and discuss the methods and rationality of application of index transformation. It provides a certain reference for measuring and multi-dimensional greening of cities and establishing a comprehensive evaluation system.

Keyword: Vertical Greening; Seattle Green Factor; Benefit Evaluation; Green Roof

引言

随着城市的扩张与发展，城市面临一系列问题，例如，产业聚集与人口不断涌向城市，交通方式改变导致汽车剧增，引发环境污染，城市高密度中心区域出现“热岛效应”等，需要新的手段来缓解城市人居环境恶化，进而改善环境质量，保障城市居民的健康生活。另一方面，城市土地资源紧张，低价高昂，城市中心区域可用于绿地建设的土地数量有限，“存量”发展将成为城市绿化建设的必然途径，只有集约用地才符合未来城市发展的规律。

立体绿化是缓解城市绿化需求增长和绿化空间有限之间矛盾的重要切入点。立体绿化既能在已有的建设用地上弥补绿地空间，充分利用高密度城市丰富的建筑与构筑物载体增加绿量，从地面绿化延展到立体空间，构建绿化三维网络，与公园、绿廊、林网等联动；又能满足生态效益，并配合公园绿地构建城市生态走廊。

1　西雅图绿色指数(Seattle Green Factor)研究

1.1　西雅图绿色指数产生背景与演进历程

西雅图绿色指数（Seattle Green Factor）是一套具有创新意义的评价体系，其宗旨在于推动建设一系列具有吸引力和生态功能的绿色基础设施，来提高城市园林绿化的数量和质量。西雅图市于 2006 年采用绿色指数，并于 2009 年推广实施。

西雅图在 20 世纪末面临了一系列城市问题，例如，城市高密度环境产生的热岛效应、空气污染等，严重影响了市民的生活品质。人们日益兴起对景观效益和生态系统服务的诉求，以期改善人居环境。为了防止城区无序扩展以及创造繁荣社区，西雅图总体规划提出了“城市村庄”这一概念，并指导其发展，例如加强商贸力度，增加居住用地等，然而这些变化导致城区密度增加，于是规划人员开始从景观切入，探索解决之法。

西雅图绿色指数有两个重要的参考基础。

首先是柏林生境指数（Biotope Area Factor），它是第一个同类型的风景评分系统，通过一定的指标体系鼓励建设具有生态效益的绿色表面，并控制开发密度，通过水与绿地的再造，改善并增强城市绿色基础设施的生态系统服务功能，降低城市发展对环境带来的影响。柏林生境指数通过评估不同绿色基础设施的功能（包括水分蒸发量、滞尘能力、雨水渗透和储存能力、雨水储存量、自然土壤功能以及提供动植物栖息地）来确定指数的权重系数，其取值范围为 0.0～1.0。

其次是瑞典马尔默效仿柏林生境指数于 2001 年采用绿色空间因子（Green Space Factor）评估社区绿化空间，增加了绿色表面的种类并根据地区特性做出了权重修正。

1.2　西雅图绿色指数内容分析

西雅图市的工作人员以柏林的评分体系为标准，与景观设计师和工程师合作制定了适合西雅图环境、社会和监管层面的评分表草案。在最初的编码和后续修订中，西雅图绿色指数有 3 个重点：

（1）改善人居环境，即在日益密集的城市环境中使用景观设施来创造或保持生存空间的吸引力和宜居性。

（2）生态效益，即景观要素对雨水管理、空气质量改善与建筑物节能的作用，以及为鸟类和昆虫提供生境。

（3）改善城市微气候，即通过提高城市绿化率建设更具韧性的城市，改善城市气候，缓解城市热岛效应。

西雅图绿色指数是为城市规划服务的绿色评估体系（图 1），它为高密度城市中新建项目建造绿色基础设施提供了保障。绿色指数评分表对各类绿色基础设施进行量化评估，以其面积或数量为评价标准，且各类均有绿色指数最低值。新建项目可通过建造屋顶绿化、雨水花园、垂直绿化等提高绿色指数值。

Revised 12/28/10

西雅图绿色指数评分表 SEATTLE×*green factor*

项目名称:

宗地大小 (先在此处输入) * 输入宗地面积（平方英尺）：5,000　　得分 -

	景观元素**	输入	GF评分工作表中的统计总数	权重	得分
A	景观区域 (在以下选项中选择一个类型)				
1	土层厚度少于24英寸的景观区域		输入 (单位: 平方英尺) 0	0.1	-
2	土层厚度大于等于24英寸的景观区域		输入 (单位: 平方英尺) 0	0.6	-
3	生物滞留设施		输入 (单位: 平方英尺) 0	1.0	-
B	种植 (A中景观区域的植物得分)				
1	成熟时高度低于2英尺的护根覆盖物，地被或其他植物		输入 (单位: 平方英尺) 0	0.1	-
2	成熟时高度大于2英尺的灌木或多年生草本植物 - 以每12平方英尺面积等量于1株 (通常种植中心间距大于18英寸)	输入植物数量 0	0	0.3	-
3	“小型树木”或等大形态的树冠覆盖 (单株树冠面积为8-15英尺) - 以每75平方英尺树冠面积等量于1株	输入植物数量 0	0	0.3	-
4	“小型/中等型树木”或等大形态的树冠覆盖 (单株树冠面积为16-20英尺) - 以每150平方英尺树冠面积等量于1株	输入植物数量 0	0	0.3	-
5	“中等型/大型树木”或等大形态的树冠覆盖 (单株树冠面积为21-25英尺) - 以每250平方英尺树冠面积等量于1株	输入植物数量 0	0	0.4	-
6	“大型树木”或等大形态的树冠覆盖 (单株树冠面积为26-30英尺) - 以每350平方英尺树冠面积等量于1株	输入植物数量 0	0	0.4	-
7	场地保留大型乔木的树冠覆盖 (单株树干直径大于6英寸) - 以每20平方英尺树冠面积等量于1英寸直径	输入胸径数值 0	0	0.8	-
C	屋顶绿化				
1	种植基质厚度至少超过2英寸并小于4英寸		输入 (单位: 平方英尺) 0	0.4	-
2	种植基质厚度至少超过4英寸		输入 (单位: 平方英尺) 0	0.7	-
D	植物墙		输入 (单位: 平方英尺) 0	0.7	-
E	被认可的水景观		输入 (单位: 平方英尺) 0	0.7	-
F	透水铺装				
1	透水铺装的土壤或碎石厚度至少超过6英寸并小于24英寸		输入 (单位: 平方英尺) 0	0.2	-
2	透水铺装的土壤或碎石厚度至少超过24英寸		输入 (单位: 平方英尺) 0	0.5	-
G	结构性土壤系统		输入 (单位: 平方英尺) 0	0.2	-
		面积计数(平方英尺) =	*0*		
H	额外得分				
1	耐旱的或本土植物品种		输入 (单位: 平方英尺) 0	0.1	-
2	该景观区域中至少50%的年灌溉需求通过雨水收集再利用		输入 (单位: 平方英尺) 0	0.2	-
3	景观对毗邻的公共道路上或公共开放空间中的路人可见		输入 (单位: 平方英尺) 0	0.1	-
4	食材种植类景观		输入 (单位: 平方英尺) 0	0.1	-
				绿色指数GF计算器=	-

* 土地面积计算时不包括公共道路部分

** 你可以将与公共道路相连的道路美化景观算入宗地面积。所有的公共或私人的景观产权依照“景观标准执行规定”（DR6-2009）执行 ***Landscape Standards Director's Rule(DR 6-2009)***

图 1　西雅图绿色指数评分表

西雅图绿色指数体系有两个重要的激励机制。首先，它将公共道路美化景观与私人物业的景观统一评定，这促进了利益相关者对街道景观建设增加投资。其次，设计师可通过植被分层来最大程度地提高分值——一棵有林下植被的乔木比单株更有价值，这有利于更丰富的种植设计，既能提升视觉效果，又能提供更大的生态价值。

自 2006 年以来，在每个逐步实施的区域内，西雅图绿色指数均设有该地区规定的项目最低限值，以确保评估体系的实际应用。

西雅图绿色指数包括以下若干景观要素及其对应的功能作用，见表 1。

西雅图绿色指数评价因子表　　表1

景观元素		功能作用	权重
A. 景观区域	A1	利于雨水滞留、下渗；提供种植区域；配合种植减缓城市热岛效应	0.1
	A2	促进雨水下渗；减少径流量及净化水质；相关知识实践教学	0.6
	A3		1.0
B. 植物	B1	植物蒸发蒸腾作用；创造生物生存环境；植被可减少雨水径流	0.1
	B2		0.3
	B3		0.3
	B4	减缓城市热岛效应；植物蒸发蒸腾的降温作用；创造生物生存环境；减少雨水径流	0.3
	B5		0.4
	B6		0.4
	B7		0.8
C. 屋顶绿化	C1	减缓城市热岛效应；创造生物生存环境；减少雨水径流；加强表皮的隔热节能作用	0.4
	C2		0.7
D. 植物墙		减缓城市热岛效应；植物蒸发蒸腾的降温作用；创造生物生存环境；空气净化；植被有助于减缓雨水影响；营造爬藤植物的生长环境；	0.7
E. 水景观		场地上雨水的收集利用；降低环境温度；消解环境噪音	0.7
F. 透水铺装	F1	利于雨水下渗；减少径流及相关雨洪设施；有利于植物种植环境	0.2
	F2		0.5
G. 结构性土壤		优化植物生长环境，防止树根拱地；利于雨水下渗	0.2
H. 额外得分	H1	减少灌溉和施肥，易养护；提供生物生存环境	0.1
	H2	减少径流量	0.2
	H3	视觉美感	0.1
	H4	自种自食，减少食物运输成本	0.1

对西雅图绿色指数的21条指标进行效益上的归类，总共可分为五类，包括：生态生境、增湿降温、空气净化、雨水汇蓄、工程美学。

1.3　西雅图绿色指数的创新性与不足

西雅图绿色指数利用面积算法或数量法将屋顶绿化、垂直绿化、地面绿化以及一系列绿色基础设施的评定标准进行了统一，真正覆盖了三维层面的“立体绿化”，并且每项指标的分值是可以叠加计算的，对于一个地区的绿色体系评价和环境提升具有重要的参考价值。

西雅图绿色指数也在改变西雅图各个项目的设计过程，促使景观项目中的功能性元素占据更多主导，更多考虑了生态效益和环境效益等，而非仅仅是形态美学意义上的景观效果。

然而西雅图绿色指数体系作为量化的标准仅能够把控总体绿色基础设施的建设量，并且针对对象是新建项目，对于实际建成质量以及效益却无法保证，尤其是在实际项目中，受建设成本、施工难度以及开发商对低成本、高收益的要求限制更加难以担保。因此，虽然西雅图绿色指数的创新性值得肯定，但是仍然需要监督设计师和建造团队对质量的把控。

2　屋顶绿化效益的绿色指数转化

2.1　指数转化的意义

为什么要通过借鉴绿色指数进行屋顶绿化的效益转化？我国现有的立体绿化和地面绿化效益评估呈现剥离的状态。地面绿化作为主要绿化形式，包括城市公园、绿地等园林绿化环境，已有量化指标主要以绿地率、人均绿地面积等为核心；在国内，屋顶绿化和垂直绿化近年来被普遍认作是建筑物的附属增益产品，然而屋顶绿化作为重要的绿色基础设施形式，在延长建筑物寿命、调节微气候、景观美化等方面均有效用，国际上屋顶绿化技术被作为应对气候变化的重要手段。当提及绿色基础设施时，应当是包含垂直绿化、屋顶绿化以及地面绿化在内的三维层面。

立体绿化与地表绿化的评价内容、计算方法并不一致，需要通过统一的媒介或转换原则进行结合。本文以屋顶绿化的绿色指数转化为例，探讨西雅图绿色指数体系介入综合评估的可行性，有利于未来开展适用于本土环境三维层面的“立体绿化”评估体系的发展与完善。

2.2 屋顶绿化全周期效益评估模型

对屋顶绿化进行全生命周期的评估，既包括建设与维护的成本评估，也包括效益上的评估，如节能效益、截水效益、减碳效益和净化空气效益等（表2），以保证屋顶绿化长期可持续发展。

本文选取屋顶绿化的相关效益评估指标用作绿色指数的转化基础。在效益评估中，各类指标值均与绿化面积呈线性关联，这为指数转化的可操作性提供了依据。

屋顶绿化全周期效益评估内容　　表2

评估内容			计算方法	相关因子
效益评估	节能效益	一维传热模型计算节约的电能 Q' × 上海市用电收费标准 M1*	$Q'=K\times A\times\Delta T/EER$ 节省的电能 Q' 与绿化面积 A 有关	K——屋顶的传热系数* A——绿化面积 ΔT——建筑物内外温差 EER——能效比*
	减碳效益	固碳量 W_C × 瑞典碳税率 M2*	$W_C=\sum(W_i\times A_i)$ 年均固碳量 W_C 与绿化面积 A_i 相关	W_i——不同类型植物单位面积固碳量* A_i——该类型种植面积
	截水效益	截留雨水量 Q_W × 排污费 M3*	$Q_W=P\times\varphi\times A$ 截留雨水量 Q_W 与绿化面积 A 有关	P——降雨量* φ——雨水截留率* A——绿化面积
	净化空气效益	吸收污染物总量 Q_i × 环保费 M4*	$Q_i=F_i\times LAI\times T$ 吸收污染物总量 Q_i 与植物覆盖面积 LAI 有关	F_i——污染物通量* LAI——植物覆盖面积 T——时间段

注：标*表示客观属性、官方数据或在相关规范、相关研究中有确定值。

2.3 转化应用的参考建议

在屋顶绿化全周期效益评估模型中，对每项效益都进行了经济效益上的量化，使各类效益能进行统计、比较，计算公式中，对象面积作为了一个重要因子。在西雅图绿色指数体系中，则是将面积或者数量作为单位，再乘以每项因子的权重叠加得出总值。因此，在屋顶绿化效益的绿色指数指标转化上，可以将面积单位作为转化的媒介，对两套体系的评价内容进行比对，将绿色指数内的因子与全周期模型内的评估内容叠加匹配（图2），得到其相关性，再通过"效益得分＝权重×面积数×系数"的方法进行转化。其中，系数（即转化率）参考屋顶绿化全周期评估模型的计算方法，权重参考西雅图绿色指数的定位（表3）。

因全周期效益评估内容与绿色指数因子呈现一对多的关系，依据西雅图绿色指数的各项因子得分可以叠加的特性，将全周期效益评估内容拆解成多项绿色指数因子后，其系数也可叠加（表4）。绿色指数因子本身的权重反映的是具体景观元素的生态效益，可以理解为单位面积发挥的作用程度。由此一来，屋顶绿化的各项效益通过系数项（转化率）被细分、拆解到具体的景观元素上且允许零项的存在，使评估内容更完整、准确。

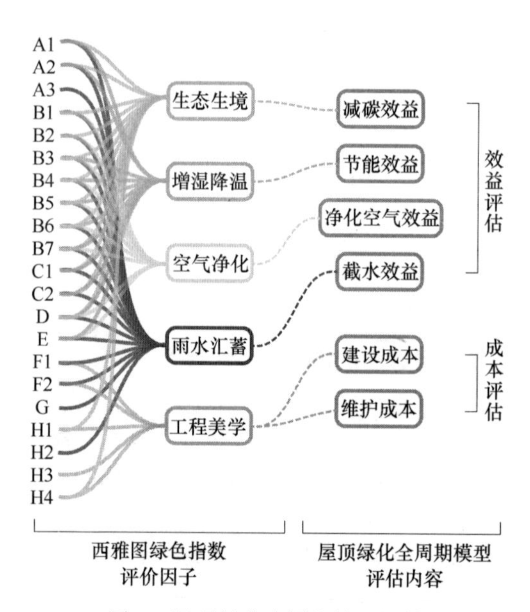

图2　屋顶绿化全周期效益评估模型与西雅图绿色指数比对

系数转化对应表　　表3

屋顶绿化效益评估内容	节能效益 S1	减碳效益 S2	截水效益 S3	净化空气效益 S4
对应西雅图绿色指数因子	A1，A2，B3，B4，B5，B6，B7，C1，C2，D，E	A1，A2，B1，B2，B3，B4，B5，B6，B7，C1，C2，D，H1，H4	A1，A2，A3，B1，B2，B3，B4，B5，B6，B7，C1，C2，D，E，F1，F2，G，H2	B1，B2，B3，B4，B5，B6，B7，D，E
系数（转化率）	$M1\times K\times\Delta T/EER$	$M2\times W_i$	$M3\times P\times\varphi$	$M4\times F_i\times T$

注：W_i、F_i 与相关植物类型特性相关。需另外测量内容：ΔT、T（涉及大范围街区时建议取平均值）。

系数转化后的屋顶绿化效益评估计算表 **表 4**

绿色指数因子	计量单位面积	权重	系数（转化率）	实际面积	效益得分
A1	每平方英尺	0.1	S1+S2+S3		
A2		0.6	S1+S2+S3		
A3		1.0	S3		
B1		0.1	S2+S3+S4		
B2	每 12 平方英尺	0.3	（S2+S3+S4）/12		
B3	每 75 平方英尺	0.3	（S1+S2+S3+S4）/75		
B4	每 150 平方英尺	0.3	（S1+S2+S3+S4）/150		
B5	每 250 平方英尺	0.4	（S1+S2+S3+S4）/250		
B6	每 350 平方英尺	0.4	（S1+S2+S3+S4）/350		
B7	每 20 平方英尺	0.8	（S1+S2+S3+S4）/20		
C1	每平方英尺	0.4	S1+S2+S3		
C2		0.7	S1+S2+S3		
D		0.7	S1+S2+S3+S4		
E		0.7	S1+S3+S4		
F1		0.2	S3		
F2		0.5	S3		
G		0.2	S3		
H1		0.1	S2		
H2		0.2	S3		
H3		0.1	—		
H4		0.1	S2		

3 结语

西雅图绿色指数在对地面绿化和立体绿化的统一评估上是具有重要参考价值的，其本身作为一套指导西雅图市绿色环境发展的体系，在指标和权重上经过多轮修正已较为完善，具有可靠的参考价值。以屋顶绿化为例，挖掘屋顶绿化全周期效益评估时能找到评价内容相对应的西雅图绿色指数评价因子，并可以从面积上进行关联，对于结合我国实际情况、将绿色指数的思想与方法等运用到绿色空间网络的实践提供了有意义的参考经验。在城市整体的绿色基础设施体系上，还应设置最低限值以保证建设效益，需要进行实验来验证指标转化的实际效用以及细化评价层与因子层等。

参考文献

[1] Hirst J，Morley J，Bang K. Functional Landscapes：Assessing Elements of Seattle Green Factor[R]. The Berger Partnership PS Landscape Architecture. Seattle WA，2008.

[2] Seattle Department of Planning and Development，Seattle Green Factor[EB/OL]. http：//www.seattle.gov/dpd/Permits/GreenFactor.

[3] American Society of Landscape Architects. 2010 Honor Award：Seattle Green Factor. Seattle USA[EB/OL]. https：//www.asla.org/2010awards/519.html.

[4] Dave LaClergue. Seattle Green Factor：Improving livability and ecological function through landscaping standards[EB/OL].

[5] Kazmierczak A，Belin C J. The Biotope Area Factor. The Adaptation to climate change using green and blue infrastructure. A database of case studies[DB/OL]. http：//www.preventionweb.net/publications/view/16880. 2010.

[6] Emilsson T，Persson J，Mattsson J E. A critical analysis of the biotope－focused planning tool：Green Space Factor[J]. 2013.

[7] 张炜，王凯．基于绿色基础设施生态系统服务评估的政策工具，绿色空间指数研究——以柏林生境面积指数和西雅图绿色指数为例[J]. 中国园林，2017(9)：78-82.

[8] 贾行飞，戴菲．我国绿色基础设施研究进展综述[J]. 风景园林，2015(8)：118-124.

[9] 许恩珠，李莉，陈辉，等．立体绿化助力高密度城市空间环境质量的提升——"上海立体绿化专项发展规划"编制研究与思考[J]. 中国园林，2018(1)：67-72.

[10] 曾春霞．立体绿化建设的新思考与新探索[J]. 规划师，2014(s5)：148-152.

[11] Chen Pei-Yuan，Li Yuan-Hua，Lo Wei-Hsuan，et al. Toward the practicability of a heat transfer model for green roofs[J]. Ecological Engineering，2015，74：266-273.

[12] Corrie Clark，Peter Adriaens，Brian Talbot. Green Roof Valuation：A Probabilistic Economic Analysis of Environmental Benefits[J]. Environmental science&Technology，

2008, 42(6): 2155-2161.
[13] 唐鸣放，郑澍奎，杨真静．屋顶绿化节能热工评价[J]．土木建筑与环境工程，2010，32(2)：87-90.
[14] 赵艳玲，阚丽艳，车生泉．上海社区常见园林植物固碳释氧效应及优化配置对策[J]．上海交通大学学报(农业科学版)，2014，32(04)：45-53.
[15] Zheng Zhang, Christopher Szota, TimDFletcher, et al. Influence of plant composition and water use strategies on green roof stormwater retention[J]. Science of the Total Environment, 2018, 625: 775-781.
[16] 张彦婷，郭健康，李欣，等．利用正交设计研究屋顶绿化基质对雨水的滞蓄效果[J]．上海交通大学学报(农业科学版)，2015，33(06)：53-59.
[17] 郑美芳，邓云，刘瑞芬，等．绿色屋顶屋面径流水量水质影响实验研究[J]．浙江大学学报(工学版)，2013，47(10)：1846-1851.
[18] Jun Yang, Joe McBride, Jinxing Zhou, etal. The urban forest in Beijing and its role in air pollution reduction[J]. Urban Forestry & Urban Greening, 2005, 3(2): 65-78.
[19] 张艳，王体健，胡正义，等．典型大气污染物在不同下垫面上干沉积速率的动态变化及空间分布[J]．气候与环境研究，2004，(04)：591-604.
[20] 杨浩明，王体健，程炜，等．华东典型地区大气硫沉降通量的观测和模拟研究[J]．气象科学，2005(06)：560-568.
[21] 丁宇，李贵才，路旭，等．空间异质性及绿色空间对大气污染的削减效应——以大珠江三角洲为例[J]．地理科学进展，2011，(11)：1415-1421.

作者简介

董楠楠，1975年生，男，汉族，安徽人，德国卡塞尔大学城市与景观规划系工学博士，现为同济大学建筑与城市规划学院景观系副教授。研究方向为立体园林技术创新及其性能化设计，城乡景观规划、设计与研究。电子邮箱：dongnannan@tongji.edu.cn。

胡抒含，1994年生，女，汉族，浙江人，同济大学在读研究生。研究方向为景观与园林设计。电子邮箱：1730078@tongji.edu.cn。

一种预测园林植物日照需求数值的数字框架[①]

A Digital Framework for Predicting the Sunshine Requirement Value of Landscape Plants

魏合义　刘学军

摘　要： 日照需求数值是园林植物适应性规划和可持续种植的前提，也是城镇植物决策支持系统（UP-DSS）数据库建设的基础。为了适应当前研究的需要，本文利用黑箱模型、日照辐射模型及植物健康体系，构建了一种用于园林植物日照需求数值预测的数字框架。为了分析该数字框架预测的准确性，采用光合呼吸仪（Li-6400XT）测定了样本植物的光补偿点（LCP）和光饱和点（LSP）数值进行对比，结果显示：本文所提出的数字预测框架具有科学性、高效性及实用性等诸多优点，能够满足园林植物数据库建设的数据精度需求。

关键词： 园林植物；日照需求习性；数字框架；数据库

Abstract: The sunshine requirements value of landscape plants is the precondition for adaptive planning and sustainable planting, and is also the basis for the database construction of urban plant decision support systems (UP-DSS). In order to meet the needs of current research, here, this paper adopted the black box model, and the plant health system, to construct a digital framework for predicting the sunshine requirement values of landscape plant. In addition, the light compensation point (LCP) and the light saturation point (LSP) values of the sample plants were measured by photosynthetic respirometer (Li-6400XT), and used to analyze the accuracy of our digital framework. Results show that the digital prediction framework proposed in this paper reflects many advantages on the science, efficiency, and practicality, and to meet the precision requirements of database for landscape plants.

Keyword: Landscape Plants; Sunshine Requirements; Digital Framework; Database

引言

据联合国人居署的研究报告显示，2018 年全球城镇人口数量占总人数的 55%，预测到 2050 年全球将有 68% 的人口居住在城镇区域（Nations，2018）。城镇化过程中导致污染、噪声、热问题已成为城市规划、景观领域研究的热点问题，而园林植物在缓解这些问题时又发挥了重要作用（Zhou 等，2011，Wolch 等，2014）。在我国风景园林领域，倡导“适地适树”的植物选择与种植原则（黎菁等，2008，潘剑彬等，2013）；而早在 20 世纪 40 年代，北美地区就已经提出“the right tree in the right place”原则（Minckler，1941）.

在园林植物适应性研究领域中，光环境适应性研究已有较多的探讨。而基于植物日照需求的理论研究、智慧化技术方面也有一定的研究进展（魏合义等，2015；Wei 等，2017；魏合义，2016；Wei 等，2015；魏合义等，2019）。园林植物的日照需求习性是其适应性规划与管理的关键，现有的研究主要集中在测定园林植物的光补偿点（light compensation point，LCP）和光饱和点（light saturation point，LSP）。这些研究在人工控制环境下测定较为准确，但在城镇环境中由于干扰因子较多，很难大范围的获取植物日照需求数值。为了适应园林植物适应性规划与管理的需要（魏合义等，2019），植物的日照需求数值将是数据库建设的基础。为此，本研究提出一种预测园林植物日照需求习性的数字框架，从而可以为城镇园林植物适应性规划理论研究与具体实践提供参考。

1　研究方法

1.1　数字框架结构

绿色植物赖以生存的方式是能够日照辐射在水和二氧化碳的参与下进行光合作用。因植物遗传特性的差异表现为不同日照需求数值。因此，植物生长环境中的日照辐射不足或过量均会通过植物的外观与生理指标进行表现。

本研究所构建数字预测框架主要包括 3 个部分：日照辐射模拟与矫正；基于黑箱理念的植物健康状况判断标准；数据拟合与日照需求数值预测。如图 1 所示。

由于植物的健康状况是日照长期不适应造成的，为了更加准确地模拟植物生长环境的日照辐射状况，研究采用了 Solar Analyst 模型，并利用光量子计（型号 QMSS-S）参数校正（魏合义等，Wei 等，2015）。由于日

① 基金项目：本文由国家自然科学基金地区项目：“基于日照需求的城镇植物选择与群落优化方法研究（编号 31860233）”和国家自然科学基金面上项目：“基于规划数据的城市用地洪涝灾害风险研究（编号 51579182）”共同资助。

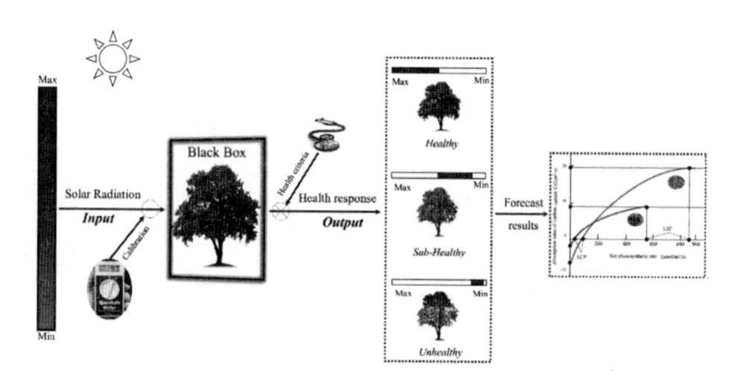

图 1　园林植物日照需求数值的数字预测框架

照辐射模型模拟的数值单位（W/m^2）与光量子计所测单位［μmoles/($m^2 \cdot s$)］不一致，我们通过转换系数（太阳辐射能转光量子的系数为 4.57）（Wei 等，2017）。

园林植物的健康判断标准体系设置，主要考虑植物外观与植物的生理指标，所使用的方法有定性判断与定量计算两种，详细设置如表 1 所示。将园林植物的生长健康状况、生长区域的日照辐射数值及相对地理空间位置进行数字化，使用 Excel、MATLAB 及 ArcGIS 软件进行数据拟合与数据管理。

园林植物日照不适的健康判断标准体系（魏合义，2016）　　**表 1**

方法	指标	等级类型 健康（Healthy）	亚健康 （Sub-healthy）	不健康 （Unhealthy）	方法类型
外观判断	叶片颜色	正常	泛黄（部分彩色叶转绿）	焦黄或失绿（部分彩色叶植物转绿）	经验判断
	枯枝率	DBR≤30%	30%<DBR ≤50%	DBR>50%	定量计算
	综合长势	旺盛	较弱	极弱或枯萎	经验判断
	土壤裸露等级	SEL≤10%	10%<SEL≤50%	SEL>50%	定量计算
生理指标	光合速率	PR±正常值×10%	PR≥正常值×50%	PR<正常值×50%	定量计算
	叶绿素含量	CC±正常值×10%	CC≥正常值×50%	CC<正常值×50%	定量计算
其他	叶面积指数	LAI≥正常值×90%	正常值×90%<LAI≤正常值×50%	LAI<正常值×50%	定量计算

注：表中"正常值"为对比样本的同类指标值。

1.2　研究区域与园林植物来源

本研究区域位于武汉市南湖片区，调查的园林植物样本来源于金地莱茵、南湖雅苑、大华 3 个居住小区。在本研究中，调查了 73 个植物群落样方，170 个植物样本，主要涵盖了 15 种常见园林植物。15 种园林植物分别为：紫荆（*Cercis chinensis*）、罗汉松（*Podocarpus macrophyllus*）、红枫（*Acer palmatum* 'Atropurpureum'）、东瀛洒金珊瑚（*Aucuba japonica* var. *variegata*）、八角金盘（*Fatsia japonica*）、十大功劳（*Mahonia fortunei*）、南天竹（*Nandina domestica*）、小叶女贞（*Ligustrum quihoui*）、杜鹃（*Rhododendron simsii*）、红花檵木（*Loropetalum chinense* var. *rubrum*）、银边黄杨（*Euonymus Japonicus* var. *alba-marginata*）、一叶兰（*Aspidistra elatior*）、沿阶草（*Ophiopogon bodinieri*）、红花酢浆草（*Oxalis corymbosa*）和马尼拉草（*Zoysia matrella*）。

1.3　实验工具与模型

本研究主要使用了全站仪（南方测绘）、数码相机（Nikon S8100）、光量子计（QMSS-S）、光合呼吸仪（LI-6400）、分光光度计（721）等仪器。数字软件方面主要使用了 ESRI ArcGIS、MS Excel 及 MATLAB 数字软件。

1.4　数据处理与结果验证

数据在进行调查和测定时，主要使用纸质表格进行统计记录，随后将数据进行数字化处理，使用 Excel 进行统计分析。日照模拟方面，主要采用 Solar Analyst 模块进行数值模拟。通过相关数据格式的转化处理，提取样本植物立地环境的日照辐射数值。最后，将植物的健康状态与植物立地环境中的日照辐射值进行匹配拟合。为了验证数字预测框架的科学性与准确性，本研究采用 LI-6400 光合呼吸仪进行植物样本测定。

2　结果与分析

2.1　不同日照辐射环境与园林植物的健康响应

根据日照辐射模拟的数值与植物的健康响应可以看出（图 2），小叶女贞、一叶兰、十大功劳和马尼拉与日照辐射值具有极强的线性相关性（R^2 分别为：0.87、0.86、0.85、0.82），其次为紫荆、杜鹃和银边黄杨（R^2 分别为：0.74、0.71、0.70）。相关性一般的为红花檵木（R^2 为：0.49）；红花酢酱草、红枫则表现为极弱（R^2 分别为：0.07、0.04）；沿阶草、南天竹和八角金盘表现为较弱（R^2 分别为：0.25、0.23、0.20）。在调查的样本植物中，东瀛洒金珊瑚和罗汉松均生长良好，在不同的日照辐射立地环境中均无明显的差异。

根据线性拟合分析的结果显示：所测园林植物对日照辐射的敏感程度从高到低排序为：十大功劳、小叶女贞、杜鹃、马尼拉、银边黄杨、红花檵木、紫荆、八角金盘、南天竹和沿阶草。植物对日照辐射的响应特征，反映了植物的日照需求习性、日照需求范围值、耐阴习性等。在本研究中，东瀛洒金珊瑚和罗汉松的健康状况在不同日照辐射数值上均表现为“健康”。因此，这两种植物对日照辐射变化不敏感，耐阴性较强。

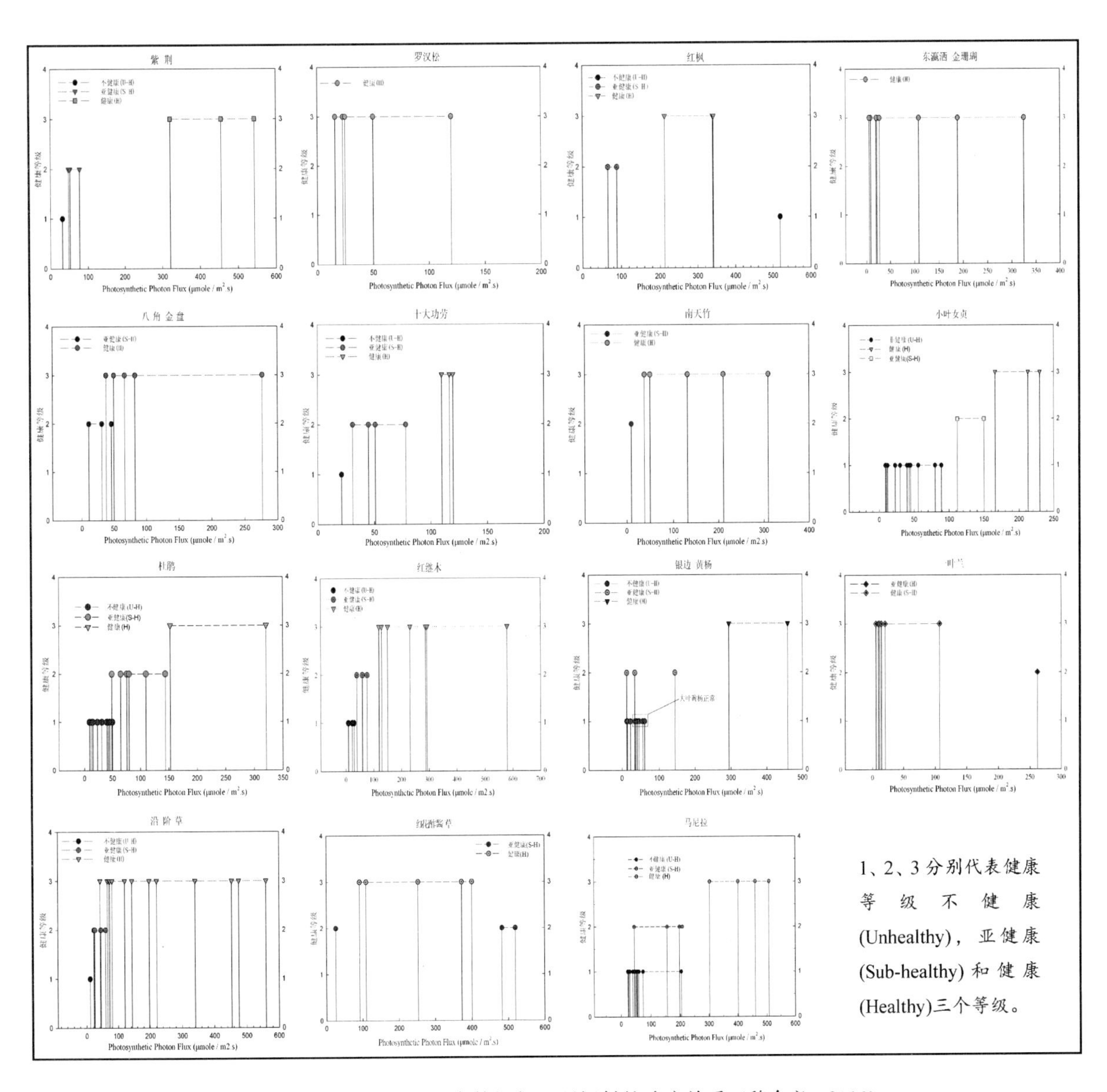

图 2　15 种园林植物健康等级与日照辐射的响应关系（魏合义，2016）

2.2　数字预测值与 LCP/LSP 值的对比

根据日照辐射模拟数值，将 15 种园林植物的“Healthy”线、“Sub-healthy”线与 LI-6400 测定的 LCP、LSP 数值进行对比，结果显示：本研究由数字框架预测的植物“Sub-healthy”数值均高于植物的 LCP（紫荆除外），可见多数园林植物的日照需求最低值均高于 LCP。在园林植物种植实践中，LCP 数值的应用价值不如“Sub-healthy”数值。而园林植物的“Sub-healthy”线值，远低于园林植物的 LSP。城市建成环境中的日照辐射数值很难达到植物的 LSP 数值，对于非生产性作用的园林植物，能够保障植物的正常生长并发挥生态价值，研究其“Healthy”线数值更为重要。

光合呼吸仪测定园林植物的 LCP 和 LSP 数值在实践中会遇到一些困难，在本研究中，由于马尼拉草的叶片过于细小，LI-6400 仪器的叶室无法准确测定植物的 LCP 和 LSP 数值，因此数据空缺（图 3）。而在室外测定数据时，也易受天气和人为因素的影响。但是，采用本研究所提出的数字预测框架，可以通过植物的健康标准体系进行判断，例如：当判断马尼拉草的健康状况时，可以通过土壤裸露的百分比判断其健康状况，较好地缓解这个问题。

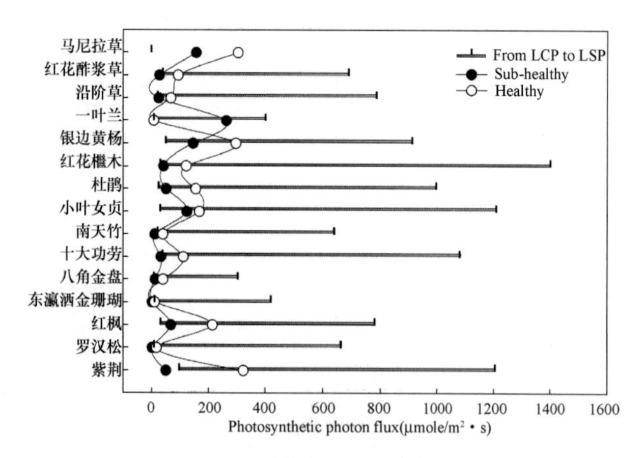

图 3　15 种园林植物的日照辐射健康线、亚健康线与 LCP、LSP 数值对比

3　结语

为了满足园林植物日照适应性规划与智慧化管理的需要，探索以计算机为平台的决策支持系统尤为重要。在这项研究工作中，植物数据库（数据表）建设是决策支持系统发挥功能的基础。而园林植物日照需求数值的模拟、预测与结构化研究又是其核心工作。本研究正是在这一背景需求下开展的研究工作，通过探索园林植物的日照需求数值预测框架，可以更加科学高效地实现园林植物健康线、亚健康线的数值预测，并完成这些数据的结构化处理。

参考文献

[1]　United Nations，2018. Revision of World Urbanization Prospects[R]. 2018.

[2]　Zhou，X.，Wang，Y. C. Spatial - temporal dynamics of urban green space in response to rapid urbanization and greening policies[J]. Landscape and Urban Planning，2011，100 (3)：268-277.

[3]　Wolch，J. R.，Byrne，J.，Newell，J. P. Urban green space，public health，and environmental justice：The challenge of making cities ‘just green enough’[J]. Landscape and Urban Planning，2014，125：234-244.

[4]　黎菁，郝日明．城市园林建设中“适地适树”的科学内涵[J]．南京林业大学学报（自然科学版），2008，32(2)：151-154.

[5]　潘剑彬，李树华．基于风景园林植物景观规划设计的适地适树理论新解[J]．中国园林，2013，29(4)：5-7.

[6]　Minckler，L. S. The right tree in the right place[J]. Journal of Forestry，1941，39 (8)：685-688.

[7]　魏合义，黄正东，杨和平．基于 GIS 光照因子分析的园林植物选择和配置 以浙江省桐乡市某小区为例[J]．风景园林，2015，(06)：60-66.

[8]　Wei，H.，Huang，Z.，Lin，M. A Decision Support System for Plant Optimization in Urban Areas with Diversified Solar Radiation[J]. Sustainability，2017，9 (2)：215.

[9]　魏合义．基于日照需求的景观植物选择及智能决策方法[D]．武汉：武汉大学，2016.

[10]　Wei，H. Y.，Huang，Z. D. From Experience-Oriented to Quantity-Based：A Method for Landscape Plant Selection and Configuration in Urban Built-Up Areas[J]. Journal of Sustainable Forest，2015，34 (8)：698-719.

[11]　魏合义，黄正东，刘学军．UP-DSS：一种基于日照适应性的景观植物选择与群落配置决策支持系统[J]．江汉大学学报（自然科学版），2019，47(3)：258-264.

作者简介

魏合义，1982 年生，男，河南人，江西师范大学城市建设学院讲师、硕士生导师，PEH 地理设计研究中心创办人/执行主任，英国纽卡斯尔大学访问研究员。主要研究方向为数字景观规划。电子邮箱：weihy@whu. edu. cn。

刘学军，1976 年生，男，湖北人，博士，武汉大学城市设计学院副教授、硕士生导师，注册城市规划师。研究方向为城市交通、市政工程规划。电子邮箱：xjliu@whu. edu. cn。

风景园林植物种质资源创新与应用

2019 北京世园会国内省市室外展园植物应用特征研究

Research on Plants Application Characteristics of Outdoor Exhibition Gardens of Domestic Provinces and Cities of the International Horticultural Exhibition 2019, Beijing

沈　倩　董　丽*

摘　要：2019 年北京世园会代表着园艺植物应用的较高发展水平。研究选择国内 34 个省市室外展园作为调研对象进行调查研究，分析其植物物种构成特征、物种来源特征、季节性观赏特征、应用频度特征，总结出展园中 4 类典型的植物景观应用形式，进而为未来各省市展园的植物景观营建提供理论和实践依据。

关键词：北京世园会；国内省市室外展园；物种构成；植物景观

Abstract: The International Horticultural Exposition 2019 in Beijing represents a higher level of development in horticultural plants application. This study selected the outdoor exhibition gardens of 34 provinces and cities in China as the research object to investigate and analyze the plants characteristics of species composition, species source, seasonal ornamental, and application frequency, then summarized four typical plants landscape application forms in the exhibition gardens. In addition, it can provide theoretical and practical basis for the construction of plants landscape in the exhibition gardens of various provinces and cities in the future.

Keyword: The International Horticultural Exposition in Beijing; Outdoor Exhibition Gardens of Domestic Provinces and Cities; Species Composition; Plants Landscape

2019 年中国北京世界园艺博览会（简称 2019 北京世园会）是继 1999 年昆明世园会、2010 年上海世博会后我国举办的级别最高、规模最大的专业类博览会[1]，园区位于延庆，围栏区占地面积约为 503hm^2，非围栏区总面积约 457hm^2[2]，为达到“世界园艺新境界、生态文明新典范”的目标，规划提出了“绿色为底，突出重点，从人工到自然”的种植设计思路[3]，进而让园艺融入自然与生活。室内主要展示各类园林艺术作品、插花盆景等，室外展园主要展示国内外造园艺术、园林绿化新材料、新技术等[4]，不同地域的国家及省市根据自然风景、建设成就、地域文化和精神等特色打造风格各异的园林景观，汇聚各方园林特色[5]。

本研究选择国内 34 个省市室外展园进行调查研究，分析其植物物种构成特征、物种来源特征、季节性观赏特征、应用频度特征，总结出展园中 4 类典型的植物景观应用形式，进而为未来各省市展园的植物景观营建提供理论和实践依据。

1　研究材料与方法

1.1　研究对象

在全面踏查世园会各展园及专类园植物景观现状的基础上，综合考虑不同展园的植物景观及绿化水平差异，最终选取世园会中植物配置模式较丰富的国内 34 个省市室外展园作为调研对象开展调查研究。

1.2　调查方法

调查采取每木记录和拍照记录的方法，对各个展园中视线所及范围内的植物展开调查，调查内容包括植物种类、应用形式、配置特点。

1.3　数据处理与分析

采用 Excel 进行数据处理，对国内 34 个省市室外展园植物种类、科属分布、物种来源、生活型、观赏特性等进行对比分析，并计算出不同种类植物的应用频率，其计算方式为：应用频度＝某种植物出现的展园个数/展园总个数×100%[6]。

2　结果与分析

2.1　植物物种统计分析

2.1.1　物种构成特征

本次调查研究共记录到植物种类共计 370 种（不含品种），隶属于 106 科 280 属（表 1），其中裸子植物 24 种，隶属于 8 科 14 属；单子叶植物 83 种，隶属于 21 科 69 属；双子叶植物 258 种，隶属于 92 科 193 属；蕨纲 5 种，隶属于 5 科 5 属。在植物生活型和形态特征方面（图 1），乔木种类 91 种，常绿落叶比约为 1：2；灌木种类 77 种，常绿落叶比约为 2：1；草本植物种类 179 种，所占比例最高达48.38%，显著高于其他生活型；藤本种类15种；竹类8种。其中草本植物又可分为一二年生花卉、多年生宿根花卉、多年生球根花卉、水生植物，分别占草本植物数量比例的17.32%、70.95%、6.70%、5.03%（图2）。

各纲目物种及科属比例　　表1

	种数	种数所占比例	科数	科数所占比例	属数	属数所占比例
单子叶植物	83	22.43%	17	16.04%	68	24.29%
双子叶植物	258	69.73%	76	71.70%	193	68.93%
裸子植物	24	6.49%	8	7.55%	14	5.00%
蕨纲	5	1.35%	5	4.72%	5	1.79%
合计	370	100.00%	106	100.00%	280	100.00%

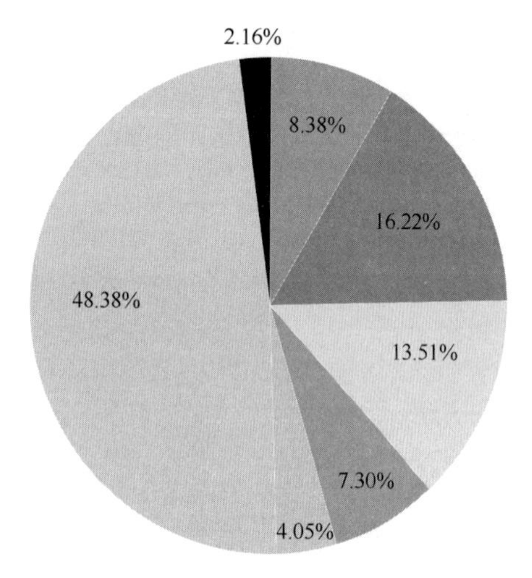

图1　各生活型物种比例

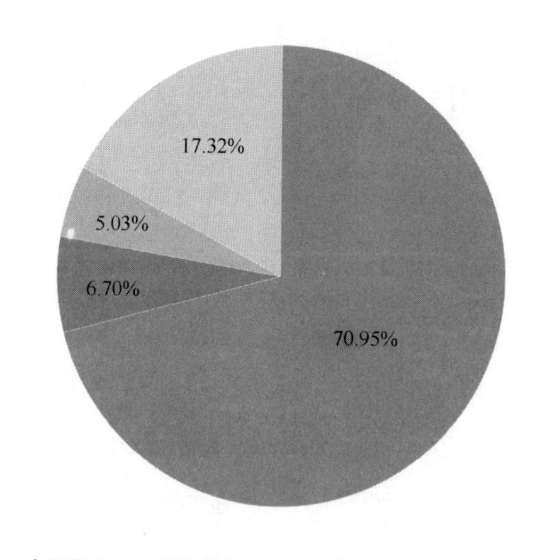

图2　草本植物各生活型物种比例

通过对植物物种科属统计发现（表2），物种数大于10的科有8个，科数分布仅占总科数的7.55%，但物种数有141种，占物种总数的38.11%；共有48个科为单种科，其在科数分布中所占比例为45.28%，物种数占物种总数比例仅为12.97%。科数分布和种数分布间存在较大差异，在一定程度上反映出展园中应用的植物物种来源较为集中。其中蔷薇科所包含的植物种类最多，共计29种，所占比例为7.84%，包括桃属、樱属、李属等落叶小乔木和蔷薇属、绣线菊属、珍珠梅属等花灌木。其次为菊科、禾本科、百合科、唇形科、木犀科、毛茛科、柏科，所占比例分别为7.30%、6.22%、4.86%，3.78%、2.70%、2.70%、2.70%（图3），包含物种数均在10种以上，其中菊科植物27种，以观花的一二年生及宿根花卉为主；禾本科植物23种，以多年生观赏草和竹类为主；百合科植物19种，以观花的宿根花卉和球根花卉为主。

植物物种科统计　　表2

科包含种数	科数	科数所占比例（%）	种数	种数所占比例（%）
≥10	8	7.55%	141	38.11%
5～9	13	12.26%	83	22.43%
2～4	37	34.91%	98	26.49%
单种科	48	45.28%	48	12.97%
合计	106	100.00%	370	100.00%

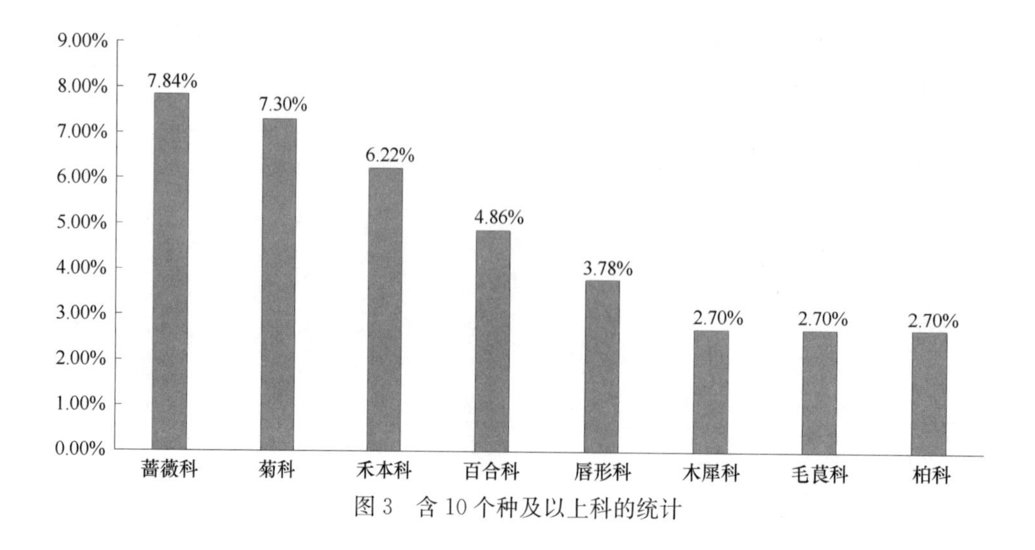

图3　含10个种及以上科的统计

2.1.2 物种来源特征

根据植物物种来源可分为乡土植物和外来植物两类，根据外来植物的原产地，可将其进一步分为国内外来和国外外来[7]。统计分析得出国内34个省市室外展园中乡土植物81种，隶属于38科65属，所占比例为21.89%；外来植物289种，隶属于121科243属，国外外来植物136种，所占比例为36.76%，国内外来植物153种，所占比例为41.35%（图4）。可见华北地区乡土植物应用较少，多为各省市特色植物，如安徽园的琅琊榆、黄山木兰、砀山梨、银缕梅，海南园的椰子树，浙江园的天目铁木、普陀鹅耳枥等，以及引种栽培数量较多的国外外来植物。其中草本植物较易引种驯化，其外来植物种类远高于其他生活型（图5），以维持展会期间各展园繁花似锦的景象，进而提升整体植物景观效果。

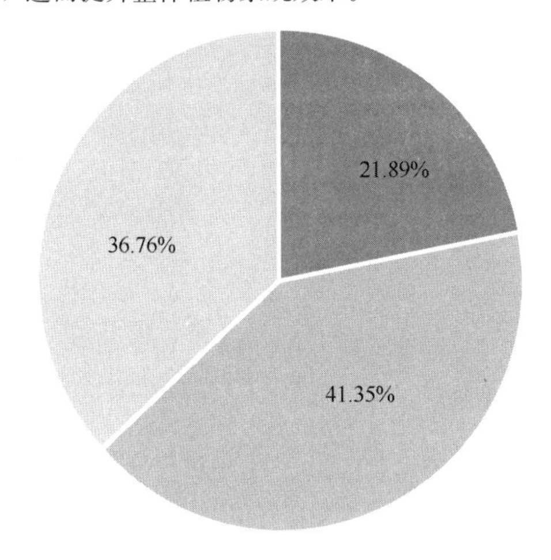

图4 植物物种来源比例

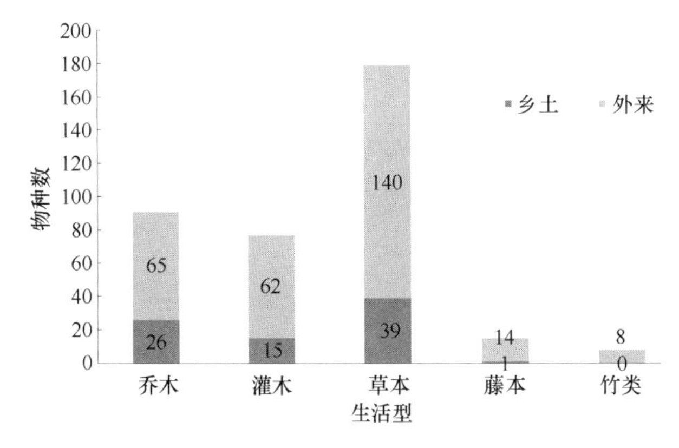

图5 不同生活型中乡土植物与外来植物构成

2.1.3 季节性观赏特征

通过对植物观赏特征分析可知（表3），观花观叶植物所占比例最多，其中观花植物占比55.41%，以一二年生和宿根花卉为主，以及一些花灌木；观叶植物占比57.30%，以常年异色叶及秋色叶乔木为主；观果植物占比9.46%，以蔷薇科桃属、苹果属、山楂属、李属等乔木为主；观形植物占比7.30%，以松科、柏科等常绿乔木及黄杨科、榆科等造型修剪植物为主；观枝干植物占比3.24%，以禾本科竹类为主。部分植物观赏特性较多，如玉簪、矾根、美人蕉、荷花等既可观花亦可观叶；海棠、石榴、山桃等既可观花亦可观果，这些以花、叶、果、形、枝干为观赏特征的植物丰富了一年四季的植物景观。

不同观赏特征的植物构成　　表3

观赏特征	观花植物	观叶植物	观果植物	观形植物	观枝干植物
数量	205	212	35	27	12
所占比例	55.41%	57.30%	9.46%	7.30%	3.24%

通过对植物季节性观赏特征分析可知，春季主要观花植物以海棠、山桃、玉兰等落叶乔木，杜鹃、丁香、月季等花灌木，毛地黄、羽扇豆、翠雀等多年生宿根花卉为主；夏季多以萱草、鸢尾、玉簪等宿根花卉及荷花、睡莲、再力花等水生植物为主；秋季多以赏秋色叶和常年异色叶植物为主，主要有银杏、白蜡、元宝枫等；冬季多以常绿针叶树为主，主要有圆柏、油松、云杉、雪松等。常年异色叶植物可春夏秋三季观赏（表4），部分常绿植物可四季观赏，一定程度上丰富了植物的季相景观，延长植物观赏期。

常年异色叶植物种类　　表4

生活型	数量	种类
乔木	7	金叶复叶槭、金叶榆、紫叶李、紫叶桃、花叶香桃木、蓝冰柏、蓝剑柏
灌木	11	红花檵木、紫叶小檗、金边瑞香、黄金香柳、红叶石楠、金焰绣线菊、彩叶柊树、金叶女贞、金叶桧、花叶变叶木、金边丝兰
藤本	2	花叶络石、花叶常春藤
草本	11	花叶玉簪、紫叶酢浆草、金叶番薯、花叶万年青、花叶水芹、银叶菊、花叶蒲苇、花叶芦竹、花叶芒、彩叶草、金边沿阶草

2.1.4 应用频度特征

通过植物应用频度分析可知，人工栽培选用的草本植物种类较多，应用频度也相对较高。其中乔木物种中应用频度最高的是华北地区乡土树种油松，高达44.12%（图6）。灌木物种中应用频度排序前10的大部分为观花灌木和常绿观叶灌木（图7），其中月季作为较好的乡土观花植物，在16个国内省市室外展园中均有栽植，应用频度为47.06%，其次是杜鹃，展会开幕期间正值花期，各省市展示不同种类的杜鹃，其中贵州园和云南园应用最多。草本物种中应用频度排序前10的大部分为多年生宿根花卉（图8），其中毛地黄作为花境材料，观花效果明显，在23个展园中均有栽植，应用频度最高达67.65%。藤本及竹类物种中，常春藤应用频度最高达35.29%，光叶子花作为华南地区的特色木质藤本植物，在华南地区展园中应用频度较高，早园竹应用频度高达23.53%。

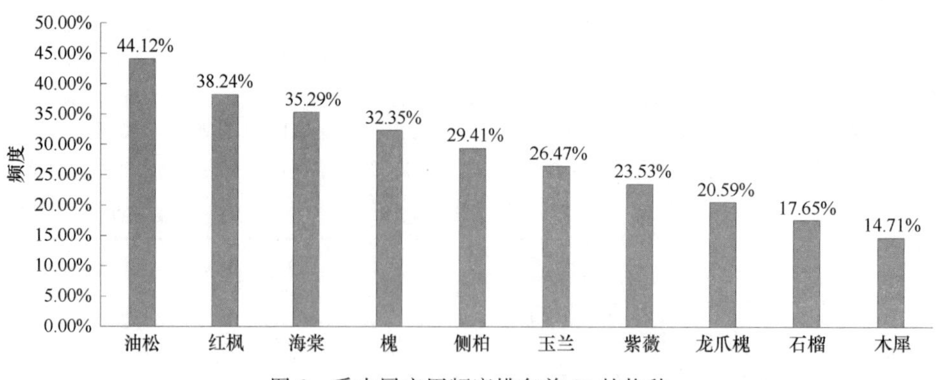

图 6　乔木层应用频度排名前 10 的物种

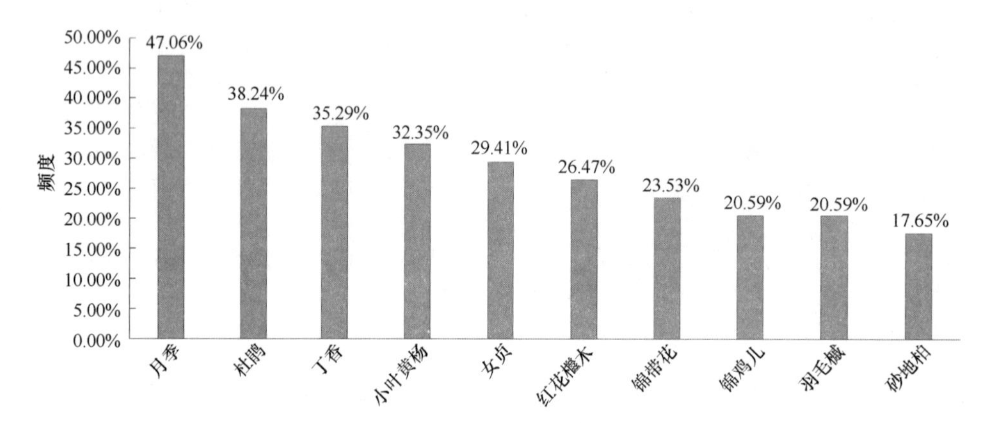

图 7　灌木层应用频度排名前 10 的物种

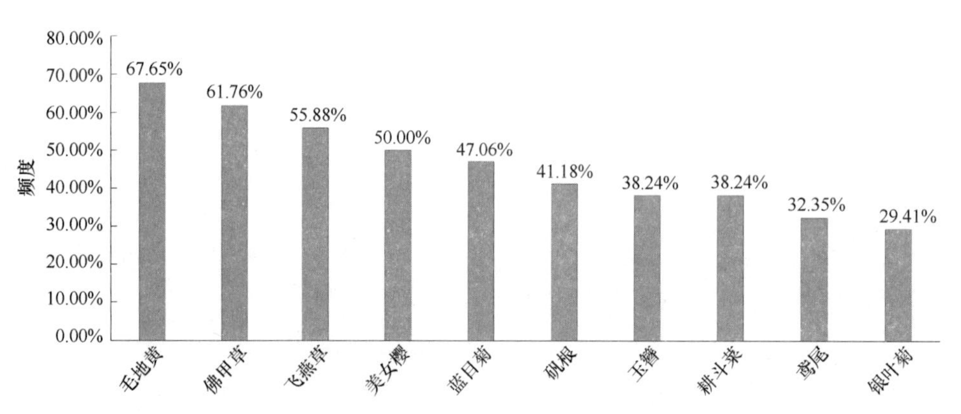

图 8　草本层应用频度排名前 10 的物种

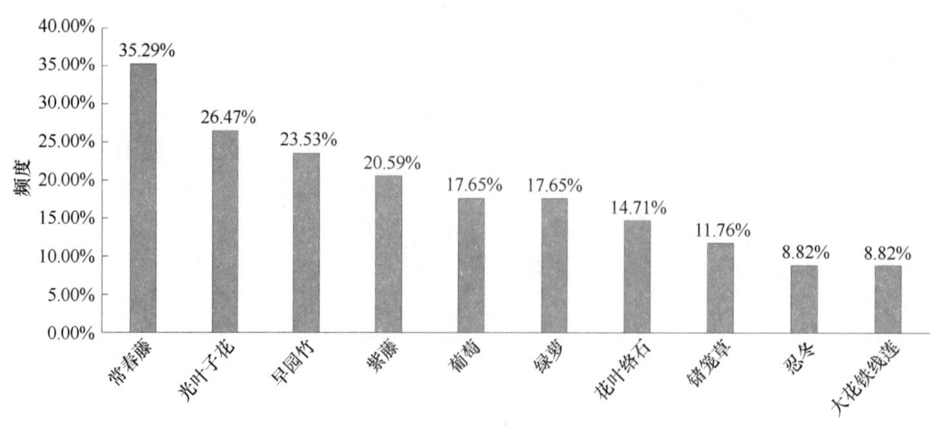

图 9　藤本及竹类应用频度排名前 10 的物种

2.2 典型植物景观应用形式分析

由于展园面积较小，为保证展会期间观花观景效果好，乔木多作为园景树应用，而非林带、行道树式栽植，灌木多为点缀式孤植、丛植，展园多以一二年生草本及多年生宿根花卉为主，总结整理出以下 4 种典型的展园植物景观应用形式：花境、花海，花坛、花钵，立体绿化、造型植物等。

2.2.1 花境、花海应用

室外展园中大部分草本植物多以花境形式展示（图 10），其中上海园、浙江园、湖北园均设计了不同主题特色的花境，如芳香花境、岩石花境、林缘花境、宿根花境等，在小尺度的场地中，以高低尺度不同、色彩不同的植物进行组合搭配，达到不同种类的植物可多角度观赏。相比于花境精致化的养护管理，江西园采用花田的形式，将植物种植的斑块变大，局部点缀花灌木。而内蒙古园、河南园则应用大面积花海的形式，主要栽植三色堇、虞美人、六倍利等色彩艳丽的草本花卉，形成较强的视觉冲击力。

2.2.2 花坛、花钵应用

部分展园在面积较小、硬质景观较多的地块多以花坛、花钵的形式展示一二年生和宿根花卉，以及杜鹃、月季等花灌木（图 11），如北京园在展示四合院景观时，胡同里以花钵式栽植北京市市花月季、菊花等植物，而天津园、上海园等则创新了栽植形式，丰富了植物在家庭园艺中的应用。花坛植物景观主要以展示草本植物及灌木为主，通过花坛高低、材质的变化来营造不同的植物景观效果。

图 10　花境、花海植物景观应用

图 11　花坛、花钵植物景观应用

2.2.3 立体绿化应用

国内省市67.65%的室外展园共计23个均应用了立体绿化（图12），在有限面积的展园中通过竖向空间植物种植来营造丰富的植物景观，其展示形式包括墙面立体绿化、创意植物绿雕、藤架绿化、吊篮绿化等，展示的植物多以宿根花卉和藤本植物为主，主要包括非洲凤仙、秋海棠、垂盆草、矾根等，浙江园、齐鲁园、山西园等更在展园中创新应用了蔬菜植物作为立体绿化的材料。

2.2.4 造型植物应用

在展园的植物景观应用中，高大乔木常作为园景树栽植，但视觉观赏效果不佳，故大部分展园将油松、黑松、榆树等乔木进行造型（图13），作为孤植树栽植，常与石头搭配种植于墙垣，以形成较为精致完整的植物景观，进而形成较好的视觉焦点，部分展园也以盆景的形式展示不同姿态的造型植物。

图12 立体绿化植物景观应用

图13 造型植物景观应用

3 结论与讨论

通过对国内34个省市室外展园植物景观的调查研究发现：华北地区乡土植物种类应用较少，多为国内外外来植物；草本植物种类占比高达48.38%，应用频度显著高于其他生活型；各展园应用的植物种类重复率较高。在植物景观应用方面，展园通过分割小尺度空间，丰富竖向景观，采用花境、花海，花坛、花钵，立体绿化，造型植物等典型的植物景观应用形式来展示新优品种及当地珍稀名贵植物，景观效果较好。但整体来看，各展园植物应用的植物种类、形式、理念等仍存在提升空间，第一，加强对各省市地域特色植物的研究，引种驯化当地乡土植物并规模化生产，避免景观同质化；第二，兼顾展会展示效果和展后可持续发展，增加乔木、灌木及粗放型管理的草花植物，避免管理维护成本高的问题；第三，创新性探索植物栽植的新理念、新材料、新技术、新成果、新产品，增加互动体验，从而达到更高水平的园艺植物应用效果，引领世界园艺发展，为全国乃至世界园艺植物景观的营建提供理论和实践依据。

参考文献

[1] 史丽秀，路璐，刘环，等．北京世园会世界园艺展示区公共景观的实践与思考[J]．中国园林，2019，35(04)：19-23.

[2] 严伟，夏良庆，胡依然．人间仙境，妫汭花园——2019中国北京世界园艺博览会核心区景观规划设计[J]．中国园林，2019，35(04)：41-46.

[3] 刘晓路．从人工到自然——北京世界园艺博览会园区山水园艺轴公共区域种植设计[J]．中国园林，2019，35(04)：36-40.

[4] 佟思明，赵晶，王向荣．综合性园林园艺类博览会在中国的发展回顾与展望[J]．风景园林，2016(04)：22-30.

[5] 曹琼文．室外展园植物景观设计研究[D]．长沙：湖南农业大学，2015.

[6] 张贝，王奎玲，刘庆华．2014青岛世园会草本花卉种类与应用调查[J]．农业科技与信息(现代园林)，2015，12(04)：317-321.

[7] 修晨，郑华，欧阳志云．不同类型人类活动干扰对河岸带外来植物群落的影响——以北京永定河为例[J]．生态学报，2016，36(15)：4689-4698.

作者简介

沈倩，1994年生，女，汉族，四川成都人，北京林业大学园林学院在读硕士研究生。研究方向为园林植物应用与园林生态。电子邮箱：shenqian@bjfu. edu. cn。

董丽，1965年生，女，汉族，山西万荣人，博士，北京林业大学园林学院教授、副院长。研究方向为植物景观规划设计。电子邮箱：dongli@bjfu. edu. cn。

百子莲花色种质提纯与稳定性评价[①]

Flower Color Purification and Stability Evaluation of *Agapanthus praecox*

陈香波　吕秀立　申瑞雪　尹丽娟　张冬梅*

摘　要：百子莲（*Agapanthus* spp.）国内引进已有20余年，种子繁殖后代群体性状出现分离严重，园林应用景观效果不佳。本研究以大花百子莲 *Agapanthus praecox* 种子繁殖群体为研究对象，经3年连续观察，发现白、浅蓝与蓝色花色能够在分株后代个体与不同年份间保持稳定，而深蓝花色则出现花色分异，花葶长、花序大小一定程度上受植株营养体生长影响。经初选-复选-决选多个无性世代选育，获得白、浅蓝、蓝三种表现稳定的花色品系，为百子莲不同花色品种选育奠定基础。
关键词：百子莲；花色；育种；稳定性

Abstract: *Agapanthus* spp. has been introduced to China for more than 20 years. Plants propagated from seeds presented serious character-segregation and performed badly in landscape. By character test of seed propagation population in three continuous years, the result showed that flower colors of white, light blue and blue can be stable expressed among division individuals and during different yeas while dark blue segregated to different flower colors. The traits of peduncle length and inflorescence diameter were related to biomass of plant vegetative growth. Through breeding procedure of initial selection, secondary selection and decisive selection, three stable flower color strain of white, light blue, blue were selected out and which lay foundation for new variety breeding of *Agapanthus praecox*.
Keyword: *Agapanthus praecox*; Flower Color; Breeding; Stability

百子莲（*Agapanthus* spp.）又名蓝百合、非洲爱情花，多年生常绿或落叶草本。属名agapanthus出自希腊语，agape意为“love”、anthos是“flower”意思，agapanthus即是“爱情花”之意，花语含义为“浪漫的爱情”或“爱情降临”。百子莲原产南非南部的Cape省沿印度洋沿岸至北部的Limpopo河流域，自海平面以上至2100m海拔高度范围，于17世纪中叶被引入英国，经过三百多年的发展，如今已成为欧洲庭院中种植的主要球根花卉之一，为西方仅次于月季表达爱意的爱情花[1]。百子莲顶生聚伞花序，花色蓝-白-紫，花期6～9月，花大色艳、花期长、适应性强、病虫害少，既用作鲜切花，也可作盆花或花坛、花境植物栽培，应用范围广泛，我国近年来从南非引进百子莲多作为常绿开花地被在园林绿地中应用。

百子莲分类学上划归为百子莲科（Agapanthaceae）百子莲属（*Agapanthus*），目前已基本得到学术界公认，该属包含6个种，两个常绿种（*A. africanus*、*A. praecox*）和4个落叶种（*A. campanulatus*、*A. caulescens*、*A. coddii*、*A. inapertus*）[2]。每个种内因花被片长短、宽窄或者叶片宽窄的微小差别又被划分为若干个亚种，百子莲种或亚种间极易发生自然杂交，因而造成百子莲种内变异丰富[3]。国内引进百子莲最早是南非引进的大花百子莲 *A.* praecox 种子繁殖而成，后代群体分离严重，存在花葶高低不同以及花色白、蓝深浅不一，栽培群体性状表现参差不齐。绿地应用时，原本设计的蓝色百子莲花群开花时却出现白色、蓝色混杂，花葶高低错落，严重影响开花景观效果。目前国际上百子莲种植早已实现了栽培品种化，通过标准化、专业化生产的百子莲种苗开花整齐、品色俱佳[4]。国内急需要在此方面加大力量和投入，通过对种子繁殖后代花色、花形与花葶高度等性状稳定性筛选后分别进行无性繁殖，或者通过多代自交纯合选育种子繁殖品种，推广应用性状稳定的品种，使栽培品种化，提升我国的百子莲育种和应用水平。

本研究以大花百子莲 *A. praecox* 种子繁殖群体为选择对象，对分离后代群体对不同花色百子莲进行选择固定与稳定性评价，获得花色提纯新品系，为百子莲色品种选育奠定基础。

1　材料与方法

1.1　选择群体

以大花百子莲 *A. praecox*. 种子繁殖苗经多次分株、株龄3～5年的开花苗组成的混合群体为选择对象。

1.2　选择标准及选择程序

第一年初步选定不同花色个体进行后续稳定性评价，评价标准：①该选择的花色性状在分株无性繁殖后代个体间保持与母株同一花色，即可通过无性繁殖固定花色；②在不同年份间同一植株所开花花色保持稳定，维持所选花色。依此评价标准，在相同的栽培环境和田间管理条件下，对所选百子莲不同花色个体进行了连续3年观测记

① 基金项目：上海市科委项目（13391900901）；上海市科委重点研发项目（17DZ1201801）。

录，经初选-复选-决选过程，最终确立花色表现稳定的、可在无性繁殖后代中固定的花色性状植株。

(1) 初选：第一年，于盛花期先经肉眼观察区分不同花色个体，分别不同花色（深蓝、蓝、浅蓝、白）进行编号挂牌（标注为白 1、白 2、白 3……，浅蓝 1、浅蓝 2、浅蓝 3……，依次类推），并记录每一株的花葶长；

(2) 复选：第一年花后，将初选的不同花色植株分株繁殖而各自成为一个株系，分别编号挂牌（标注为白 1-1、白 1-2、白 1-3……，浅蓝 1-1、浅蓝 1-2、浅蓝 1-3……依次类推），第二年盛花期记录株系内每一开花株花色（对照国际标准比色卡）、花葶长、每花序小花数、花序横纵径、完全开放花花梗长（测量花序中 3 朵小花取平均值）、始花日（花序第一朵花开放的时期）、末花日（最末一朵花闭合时期）；

(3) 决选：第三年盛花期，重复进行株系内每一开花株观测记录，记录指标同复选。

对选育过程中每一单株花拍照并进行数据记录与整理。

2 结果与分析

2.1 百子莲分离群体花色

百子莲种子繁殖群体花色变异丰富，按颜色色彩幅度初步选出 4 种花色：白、浅蓝、蓝、深蓝，可凭肉眼区分每种颜色，以国际标准比色卡对照，可以将不同花色确定为：白（155C-155B）、浅蓝（92B-94A）、蓝（94B-95A）、深蓝（93B-96B），在浅蓝色系中偶尔会出现极个别非常浅的蓝色近似灰白（92C-91B），定为蓝白色（图 1）。

图 1 百子莲不同花色花序形态

2.2 百子莲性状稳定性观察与评价

2.2.1 花色稳定性

百子莲种子播种混合分离群体花部性状观测发现，群体中蓝色花个体数量最多，其次为白色花个体，浅蓝与深蓝色花数量不多，蓝白色花极为少见，需要足够大的群体中才会见到 1～2 株蓝白色花个体。2013 年花期经肉眼观察初选出 12 株不同花色个体，其中白色花个体 4 株、浅蓝花个体 2 株、蓝色花个体 3 株、深蓝花个体 3 株，花葶长自 62cm 至 152cm 不等。第二年春季（2014 年）将初选出的单株进行分株，每一单株分株数量 2～4 株而各自成为一个株系，形成 12 个株系。于 2014 年、2015 年连续两年观测记录每一分株开花株的花部性状，进行不同年份间以及株系内不同个体间性状一致性、稳定性比较。观察发现：多数分株存在隔年开花现象，只有 7 个百子莲分株植株连续二年开花，分别是“白 2-2”“浅蓝 2-1”“蓝 2-1”“蓝 3-1”“深蓝 1-1”“深蓝 3-1”“深蓝 3-2”。

不同年份开花的花部性状中，白花、浅蓝与蓝色花分株后代能够在不同年份保持原母株花色，而深蓝色百子莲在分株后代中既有蓝花色也有深蓝色花（“深蓝 1-1”“深蓝 1-2”；“深蓝 2-1”“深蓝 2-2”“深蓝 2-3”；“深蓝 3-1”“深蓝 3-2”），而其中的蓝色花隔年花色又转回深蓝，如 2013 年选的“深蓝 3”分株后 2014 年观察发现，其中的“深蓝 3-1”明显花色变淡成为蓝色（图 2-14），另两株分株“深蓝 3-2”“深蓝 3-3”则仍然保持深蓝色，2015 年“深蓝 3-1”花色又由前一年的蓝色转为深蓝色，另一分株“深蓝 3-4”开出的花也为比深蓝稍浅的蓝色，同一株系内个体花色表现不同一，说明深蓝色花花色性状不稳定、分株后代个体间不能保持一致性。

2.2.2 花葶长、花序大小与花序形等性状稳定性

花葶长同一分株在不同年份间存在一定差异，例如“白 2”株在 2013 年开花时花葶长为 112cm，分株后 2014 年“白 2-2”株花葶长为 89cm，2015 年该株花葶长为 100cm；另外同一单株不同的分株个体间花葶长也不尽一致，同样是“深蓝 2”的分株后代，“深蓝 2-1”“深蓝 2-2”“深蓝 2-3”2015 年开花时的花葶长分别为 112cm、104cm 和 88cm；以每花序花朵数与花序横、纵径作为花序大小测量指标，对比观察发现不同年份开花的花序大小会有变化，基本是分株当年花序偏小、每花序花朵数片少，而随着植株营养体生长分株第二年花序会有所增大、每花序花朵数会有所增加；所选百子莲花序绝大多数为近圆、偏扁球形（横径/纵径≥1，数值介于 1.00～

1.75cm)，只有个别椭圆（横径/纵径＜1），如“深蓝 1-1”2014 年开花时花序横径/纵径为 0.86，为椭圆形，而在 2015 年花序横径/纵径则变为 1.6，变为扁球形，总体所选百子莲基本都为扁球形；小花梗长 3.0～7.8cm，常见范围为 4.0～6.0cm，不同年份间略有变化；所选百子莲花期 6 月中下旬至 7 月中下旬，开花持续期 20～25 天，不同年份间受气候影响会有 10 天以内的前后波动。

初选分株后对连续两年开花且株系内有两株以上植株开花可进行花色稳定性对比的植株有“白 2-2”“浅蓝 2-1”“蓝 3-1”“深蓝 3-1”、“深蓝 3-2”，性状观察比较发现：白、浅蓝与蓝花植株分株后代能够在不同年份保持稳定花色，而深蓝花色个体经无性繁殖分株后花色表现不稳定，出现蓝、深蓝花色分异。经三年的初选-复选-决选三级选育，筛选出白、浅蓝、蓝花色表现稳定的株系各一个，其中白色花株系包括“白 2-1”“白 2-2”，浅蓝株系包括“浅蓝 2-1”“浅蓝 2-2”，蓝色花株系包括“蓝 3-1”“蓝 3-2”“蓝 3-3”（图 2-1～图 2-12），以上株系分别进行了分株繁殖、扩大株系而各自成为一个花色品系。经后续年份的测试表明所选白、浅蓝与蓝三种花色经多代无性繁殖得到稳定表达，因而获得 3 个稳定的百子莲花色品系。

图 2　百子莲不同选育花色稳定性观察

图例说明：1-4 百子莲白色花选育（1. 白 2，2013 年；2. 白 2-1，2014 年；3. 白 2-2，2014 年；4. 白 2-2，2015 年）；5-8 百子莲浅蓝花色选育（5. 浅蓝 2，2013 年；6. 浅蓝 2-1，2014 年；7. 浅蓝 2-1，2015 年；8. 浅蓝 2-2，2015 年）；9-12 百子莲蓝色花选育（9. 蓝 3，2013 年；10. 蓝 3-1，2014 年；11. 蓝 3-1，2015 年；12. 蓝 3-2，2015 年）；13-16 百子莲深蓝花色选育（13. 深蓝 3，2013 年；14. 自左至右：深蓝 3-1、深蓝 3-2、深蓝 3-3，2014 年；15. 深蓝 3-1，2015 年；16. 深蓝 3-4，2015 年）

3　讨论

百子莲引入我国已有 20 余年，目前绿化中大量栽培应用仍是以最早自南非引进的大花百子莲 *A. praecox* 原种为主，种子引进后播种繁殖的种苗在上海、云南、江苏等地得到大面积推广，随后二代、三代种子苗大规模繁殖。尤其在云南、四川等地，光温条件适宜，种子结实率高，依靠种子繁殖非常迅速，苗圃囤积量达数十万种苗，绝大部分作为绿化地被植物推广应用，部分留圃苗被用来作切花生产。

百子莲原种多为自然杂合体，同一种内花色多样[3]，而百子莲繁育系统又以异交为主、部分自交亲和[5]，这也正是引进原种种子繁殖后代性状分离严重、开花品质下降的原因所在。但因为繁殖成本低，较传统分株苗繁殖快，目前仍作为国内目前百子莲繁育的主要方式。

国外育种发达国家对于百子莲培育早已实现栽培品种化，并且百子莲新品种层出不穷，近 50 年间选育登记的百子莲新品种达 400 个之多。国外非常重视百子莲新品种保护，2011 年国际植物新品种保护联盟（UPOV）特别颁布了百子莲的新品种测试指南，界定了百子莲属国际新品种登录的 45 个性状，其中包括品种生活型、10 个叶部性状、34 个花部性状[6]。

为提高国内百子莲种苗生产品质，必须结束当前种苗生产无序繁殖、品质低劣的现状，开展品种提纯与选育，针对切花、盆花、园林绿化等不同应用方向选择培育各自适合的品种，开发出包括配套栽培介质与施肥、花期调控、切花采后保鲜等一系列优质高效栽培技术，生产整齐一致、花色稳定的百子莲商品种苗，实现栽培品种化与种植专业化，朝着荷兰、英国等国家专业化种植方向发展[1][4]。

表 1

百子莲分离群体花色个体选育

花色	2013年		2014年									2015年								
	编号	花葶长（cm）	分株	花色	花葶长（cm）	花朵数/花序	花序横径×纵径（cm×cm）	横径/纵径	花梗长（cm）	始花日	末花日	分株	花色	花葶长（cm）	花朵数/花序	花序横径×纵径	横径/纵径	花梗长（cm）	始花日	末花日
白	白 1	110	白 1-1	/	/	/	/	/	/	/	/	白 1-1	/	/	/	/	/	/	/	/
			白 1-2	/	/	/	/	/	/	/	/	白 1-2	白	82	67	20 * 14	1.43	4.8-5.2	6/17	7/21
	白 2	112	白 2-1	白	89	68	21 * 16	1.31	6.8-7.0	6/19	7/8	白 2-1	/	/	/	/	/	/	/	/
			白 2-2	白	89	61	18 * 13	1.38	5.5-5.9	6/23	7/14	白 2-2	白	100	62	20 * 14	1.43	4.8-5.2	6/16	7/20
	白 3	119	白 3-1	/	/	/	/	/	/	/	/	白 3-1	白	89	98	17 * 17	1.00	3.2-3.6	6/16	7/20
			白 3-2	/	/	/	/	/	/	/	/	白 3-2	白	89	85	17 * 17	1.00	3.4-3.8	6/17	7/21
			白 3-3	/	/	/	/	/	/	/	/	白 3-3	白	84	103	17 * 18	0.94	3.4-3.8	6/15	7/21
	白 4	66	白 4-1	白	81	62	17 * 11	1.55	6.3-6.7	6/18	7/13	白 4-1	/	/	/	/	/	/	/	/
			白 4-2	白	81	57	16 * 12	1.33	6.3-6.7	6/21	7/20	白 4-2	/	/	/	/	/	/	/	/
			白 4-3	/	/	/	/	/	/	/	/	白 4-3	白	84/76	79/61	12 * 7	1.71	3.0-3.4	6/19	7/19
浅蓝	浅蓝 1	71	浅蓝 1-1	/	/	/	/	/	/	/	/	浅蓝 1-1	浅蓝	84	129	22 * 14	1.57	5.0-5.4	6/17	7/20
			浅蓝 1-2	/	/	/	/	/	/	/	/	浅蓝 1-2	浅蓝	79	116	20 * 14	1.43	4.8-5.2	6/16	7/19
			浅蓝 1-3	/	/	/	/	/				浅蓝 1-3	浅蓝	81	127	20 * 13	1.54	4.8-5.2	6/15	7/20
	浅蓝 2	62	浅蓝 2-1	浅蓝	66	53	17 * 14	1.21	3.3-3.7	6/23	7/21	浅蓝 2-1	浅蓝	93	80	22 * 14	1.57	4.8-5.2	6/16	7/18
			浅蓝 2-2	/	/	/	/	/	/	/	/	浅蓝 2-2	浅蓝	72	87	18 * 12	1.50	3.2-3.6	6/12	7/15
蓝	蓝 1	145	蓝 1-1	/	/	/	/	/	/	/	/	蓝 1-1	蓝	118	111	18 * 12	1.50	5.0-5.4	6/22	7/21
			蓝 1-2	/	/	/	/	/	/	/	/	蓝 1-2	/	/	/	/	/	/	/	/
	蓝 2	128	蓝 2-1	蓝	96	143	17 * 15	1.13	4.4-5.8	7/3	7/26	蓝 2-1	蓝	103	151	20 * 14	1.43	4.8-5.2	7/5	7/25
			蓝 2-2	/	/	/	/	/	/	/	/	蓝 2-2	/	/	/	/	/	/	/	/
	蓝 3	152	蓝 3-1	蓝	96	63	19 * 16	1.19	4.6-5.0	6/28	7/21	蓝 3-1	蓝	108	75	22 * 15	1.47	5.1-5.5	7/1	7/25
			蓝 3-2	/	/	/	/	/	/	/	/	蓝 3-2	蓝	135	80	22 * 15	1.47	6.6-7.0	6/20	7/19
			蓝 3-3	/	/	/	/	/	/	/	/	蓝 3-3	蓝	146	107	22 * 15	1.47	7.2-7.6	6/21	7/15
深蓝	深蓝 1	74	深蓝 1-1	蓝	74	45	12 * 14	0.86	6.7-7.1	7/4	7/28	深蓝 1-1	蓝	55	47	24 * 15	1.60	7.4-7.8	7/5	7/21
			深蓝 1-2	/	/	/	/	/	/	/	/	深蓝 1-2	深蓝	60/64	77/68	22 * 14	1.57	6.6-7.0	7/10	7/23
	深蓝 2	78	深蓝 2-1	/	/	/	/	/	/	/	/	深蓝 2-1	深蓝	112	117	20 * 13	1.54	5.0-5.4	6/28	7/22
			深蓝 2-2	/	/	/	/	/	/	/	/	深蓝 2-2	深蓝	104	97	20 * 13	1.54	4.8-5.2	7/2	7/28
			深蓝 2-3	/	/	/	/	/	/	/	/	深蓝 2-3	蓝	88	105	22 * 14	1.57	5.6-6.0	6/25	7/28
	深蓝 3	103	深蓝 3-1	蓝	67	56	17 * 10	1.70	4.3-4.7	6/23	7/13	深蓝 3-1	深蓝	105	102	21 * 13	1.62	4.8-5.2	7/3	7/22
			深蓝 3-2	深蓝	50	47	16 * 11	1.45	4.3-4.7	7/3	7/22	深蓝 3-2	深蓝	83	98	21 * 12	1.75	4.8-5.1	7/1	7/20
			深蓝 3-3	深蓝	52	52	16 * 11	1.45	4.5-4.9	7/8	7/22	深蓝 3-3	/	/	/	/	/	/	/	/
			深蓝 3-4	/	/	/	/	/	/	/	/	深蓝 3-4	蓝	80	111	21 * 13	1.62	5.2-5.6	7/6	7/20

注：1. 标“/”为未开花而未有观测数据。

2. 灰色底纹表示 2014 年、2015 年两个观测年连续开花的植株。

本研究针对百子莲种子繁殖群体的花色提纯将是实现上述路径的第一步，初选的百子莲白、浅蓝、蓝三种花色个体经过多代无性扩繁培育，花葶长、花序大小等性状一定程度上受植物营养体生长影响，但花色性状稳定，已形成稳定花色新品系，有望获得花色提纯新品种。

参考文献

[1] Hanneke van Dijk. Agapanthus for Gardeners. Cambridge, Porland: Timber Press, 2004.

[2] Zonneveld B. J. M, Duncan G. D. Taxonomic implications of genome size and pollen colour and vitality for species of Agapanthus L'Héritier (Agapanthaceae). Plant Systematics and Evolution, 2003, 241 (1): 115-123.

[3] Wim Snoeijer. Agapanthus—A REVISION OF THE GENUS. Cambridge, Porland: Timber Press, 2004.

[4] STEVEN H, KOLIN H. Success with Agapanthus. 2QT Limited, 2018.

[5] 卓丽环，孙颖．百子莲的花部特征与繁育系统观察．园艺学报，2009，36(11)：1697-1700.

[6] UPOV. AFRICAN LILY-UPOV Code: AGAPA Agapanthus L'Hér. GUIDELINES FOR THE CONDUCT OF TESTS FOR DISTINCTNESS, UNIFORMITY AND STABILITY, 2011.

北京地区芍药园植物景观及其美景度评价研究①

Study on Plants Application and Scenic Beauty Estimation of Peony Garden in Beijing

吕 硕 张 欣 王美仙

摘 要：芍药（*Paeonia lactiflora*）是我国的传统名花，历史悠久，有“百花之中，其名最古”之称，不仅蕴藏着谦逊、赠别、伤春、爱情等丰富的文化内涵，还有很高的药用及观赏功能等。芍药园对芍药品种进行收集、科普、展示，为市民提供游赏休憩的空间，是芍药在园林景观中的主要应用形式。选取北京地区10个具有代表性的芍药园为研究对象，在调研绘制平面图的基础上，分析芍药园的空间布局、芍药品种应用和植物配置，并运用SBE法筛选出3种美景度值较高的植物配置模式，为今后的芍药园的植物种类选择和植物景观设计提供参考。

关键词：芍药园；芍药品种；植物配置；美景度评价；北京

Abstract: *Paeonia lactiflora* is a traditional flower of China. It has a long history and is known as "the most ancient among the flowers". It not only contains rich cultural connotations such as humility, nostalgia, slopping over spring, love, etc. High medicinal and ornamental functions. The Peony Garden has displayed a rich cultivars of *Paeonia lactiflora*, providing the public with space for recreation and relaxation, and is the main application form of *Paeonia lactiflora* in the garden landscape. Select 10 representative peony gardens in Beijing to conduct research, draw a plan, analyze the application and plant configuration of *Paeonia lactiflora* in the peony garden, and use the SBE evaluation to screen out three plant configuration patterns with high beauty values for future peony Garden plant landscape design provides a reference.

Keyword: The Peony Garden; *Paeonia lactiflora* Cultivars; Plant Arrangement; Scenic Beauty Estimation; Beijing

芍药花大色艳，花型多变，自古以来深受我国人民喜爱，是我国的传统名花，与牡丹并称为花中二绝，有“花相”之美誉[1]。芍药园展示了丰富的芍药品种，为市民提供游赏休憩的空间，是芍药在园林景观中的主要应用形式[2]。其中，植物景观直接决定了芍药园的园林外貌与科学内涵，对芍药园的规划设计有重要影响。因此，对芍药园的植物景观设计尤为重要。目前对芍药与芍药园的研究多侧重于芍药及芍药园的历史文化[2]、芍药的切花应用[3]、芍药的品种选择[4]、芍药园的规划设计[5]等方面进行研究，但对于芍药园植物景观设计以及北京地区的芍药品种应用研究却较少涉及。以北京地区的芍药园为研究对象，在文献研究和实地调研的基础上，选取北京最有代表性的10个芍药园，对其芍药品种应用、植物景观美景度评价以及植物配置模式3个方面进行系统分析，旨在为今后的芍药园植物景观设计提供借鉴与参考。

1 研究对象的选择

北京芍药园多分布在三环以内，共有25个。综合考虑芍药园的植物种类丰富度、植物景观效果等，选择其中10个芍药园进行研究。这10个芍药园中，有6个分布于综合性公园，有2个分布于植物园，有1个分布于主题公园，有1个分布于动物园。10个芍药园所在的公园历史都比较悠久。其中，辽代和元朝建成的各有1个，明朝建成的有4个，清朝建成的有1个，中华人民共和国成立以后建成的有4个（表1）。

研究芍药园概况表 **表1**

序号	公园名称	公园性质	芍药园建成年代	芍药园面积	植物空间形式	芍药园位置	芍药园特点
1	北京植物园	植物园	1962年	$1.8hm^2$	口字形	正西侧	面积大，芍药品种、数量多
2	北植南园	植物园	1955年	$0.15hm^2$	L字形	西门入口处	收集芍药品种、科普知识传播
3	景山公园	综合性公园	元朝	$120m^2$	L字形	西门以及公园中部	芍药种植密集，是北京著名的芍药观赏点

① 基金项目：国家自然科学基金项目（31600574）；北京林业大学建设世界一流学科和特色发展引导专项奖金资助——基于生物多样性支撑功能提升的雄安新区城市森林营建与管护策略方法研究。

续表

序号	公园名称	公园性质	芍药园建成年代	芍药园面积	植物空间形式	芍药园位置	芍药园特点
4	中山公园	综合性公园	明朝	$45m^2$	L字形	西南角	设计精巧别致，与地形、建筑配合得当
5	北海公园	综合性公园	辽	$320m^2$	L字形	东面沿河道路边	以带状沿河布置，芍药种植密集，景观效果好
6	天坛公园	综合性公园	明朝	$360m^2$	口字形	中部偏西北百花园	面积较大，几何式设计，用小路分割芍药地块
7	陶然亭公园	综合性公园	清朝	$15m^2$	L字形	东门国色迎晖景区	面积小，以地形、亭子、水池以及植物营造和谐的氛围
8	万寿公园	主题公园	明朝	$50m^2$	L字形	水池边上	园中多绚丽的草本花卉，烘托氛围
9	紫竹院公园	综合性公园	1953年	$32m^2$	口字形	东门、行宫及明月岛	芍药分布分散，园中芍药品种比较单一
10	北京动物园	动物园	1970年代	$320m^2$	U字形	两栖爬行馆与水禽	面积较大，沿路形成半开放空间，芍药种植密集

2 芍药园空间布局分析

10个芍药园中，只有两个植物园有芍药专类园，其他公园的芍药都是集中分布在某一处或者多处，形成芍药景点。芍药园以地形和植物相互配合营造空间，主要形成“口”字形、“U”字形和“L”字形三种空间。其中有6个公园的芍药种植空间呈现“L”形，高大乔木密植于芍药园一面或者两面，形成芍药观赏面的背景；“口”字形空间出现在3个公园，高大乔木的边界增加内部的空间感，使芍药园内空间仿佛更加开敞宽阔，也减小外界的干扰，使游人在相对封闭的空间内尽情观赏芍药。而“U”字形空间仅出现在北京动物园，形成整体比较封闭，但有一面比较开敞的芍药的观赏面，能够引导游人的视线从外界进入芍药园内（图1～图12）。

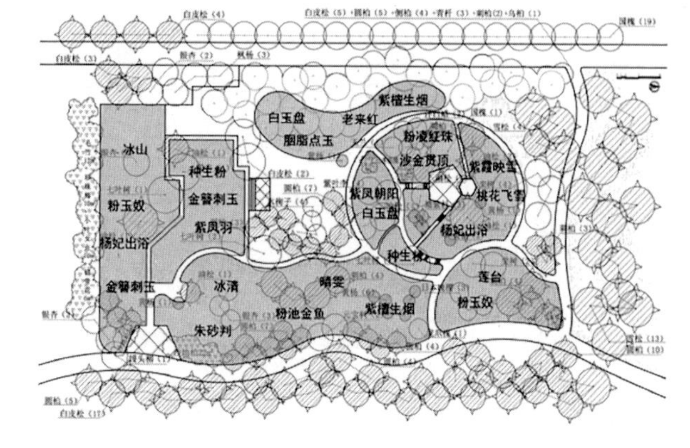

图1 北植芍药园平面图

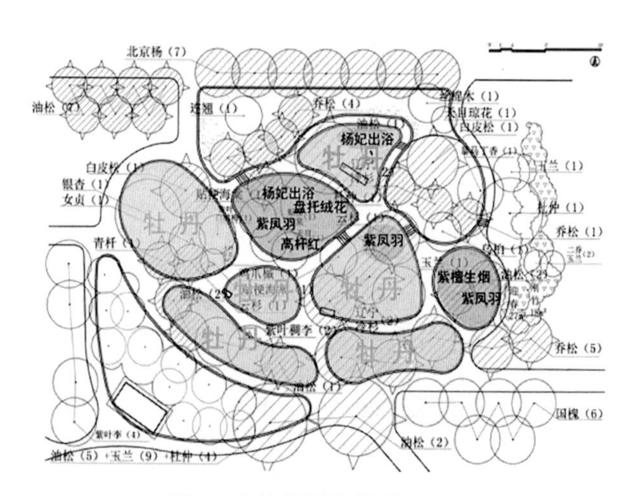

图2 北植南园芍药园平面图

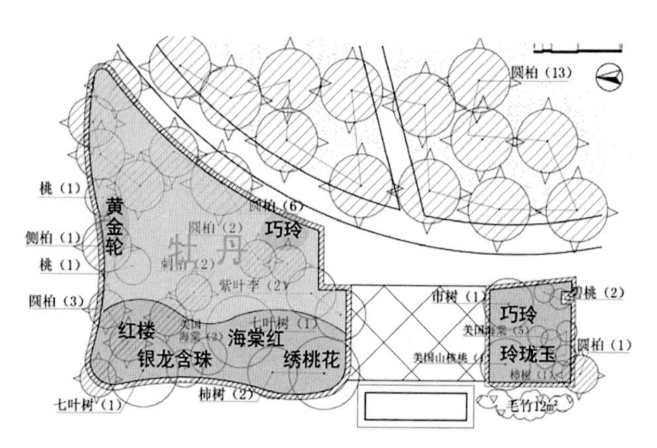

图3 景山公园西门芍药园平面图

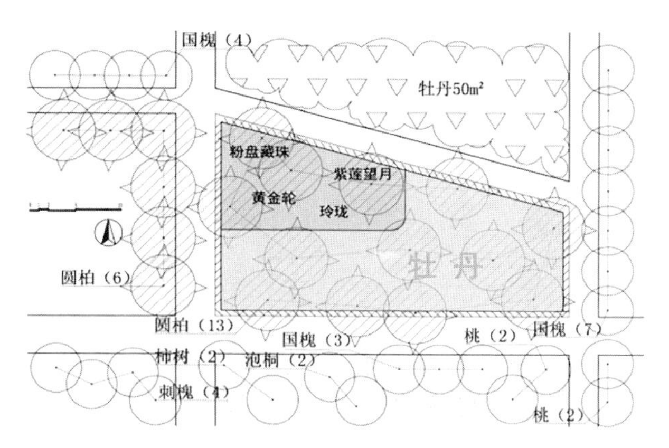

图4　景山公园中部芍药园平面图

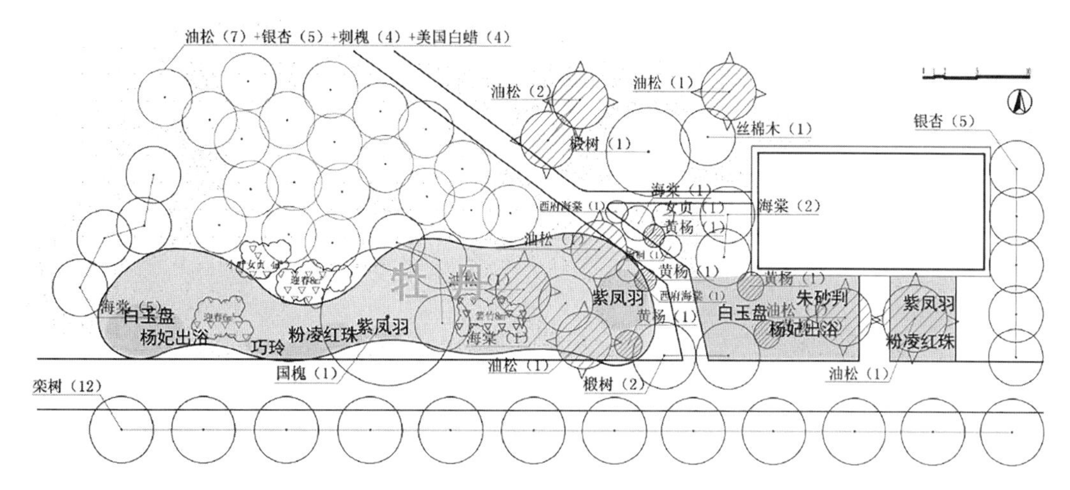

图5　中山公园芍药园平面图

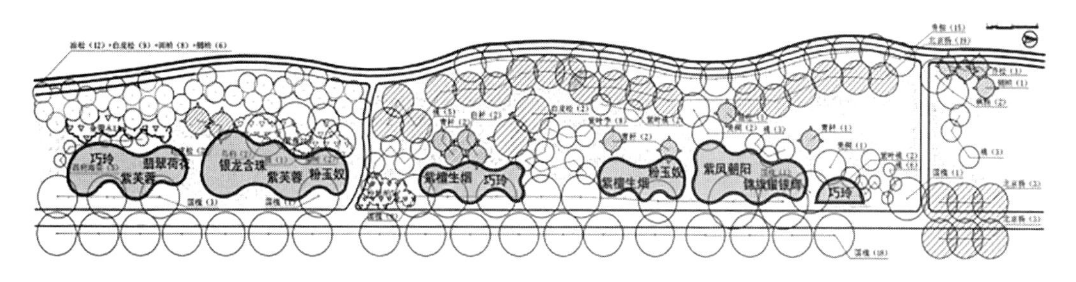

图6　北海公园芍药园平面图

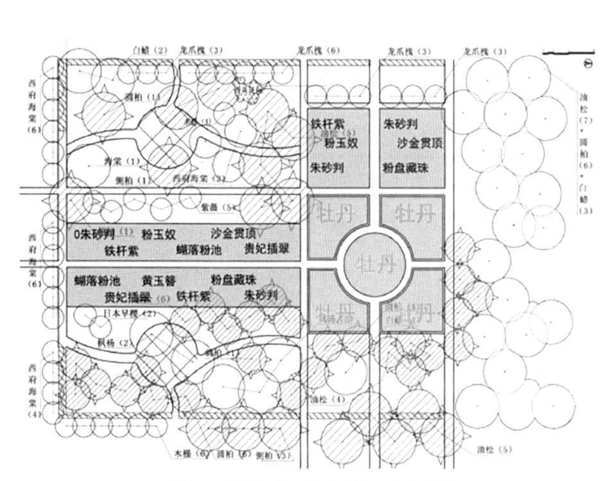

图7　天坛公园芍药园平面图

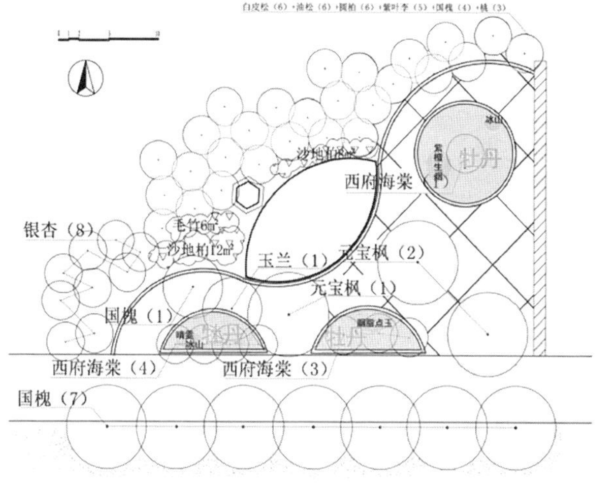

图8　陶然亭公园芍药园平面图

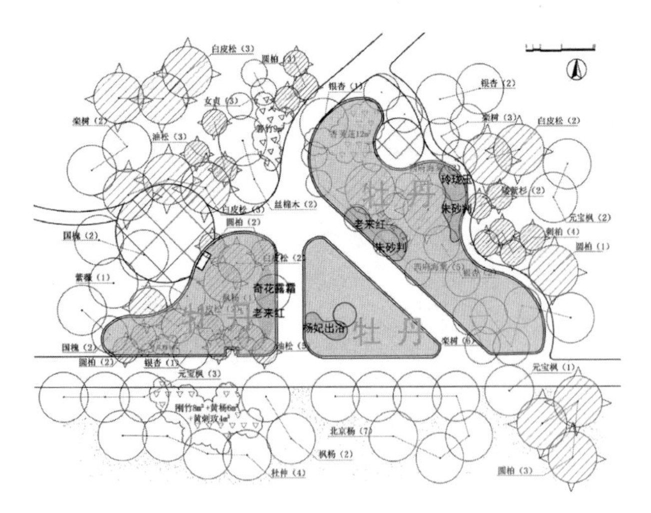

图 9　紫竹院东门芍药园平面图

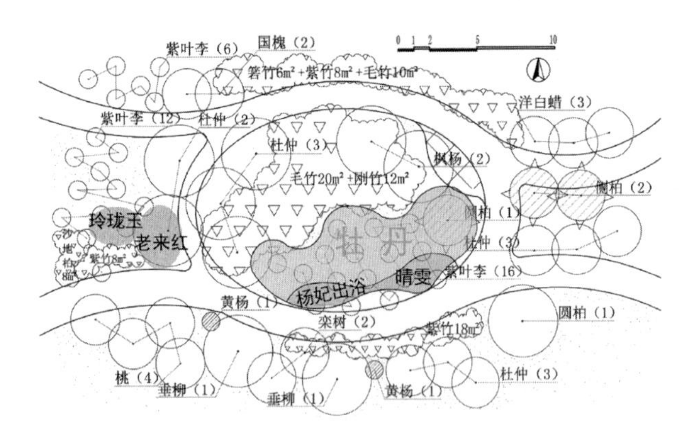

图 10　紫竹院明月岛芍药园平面图

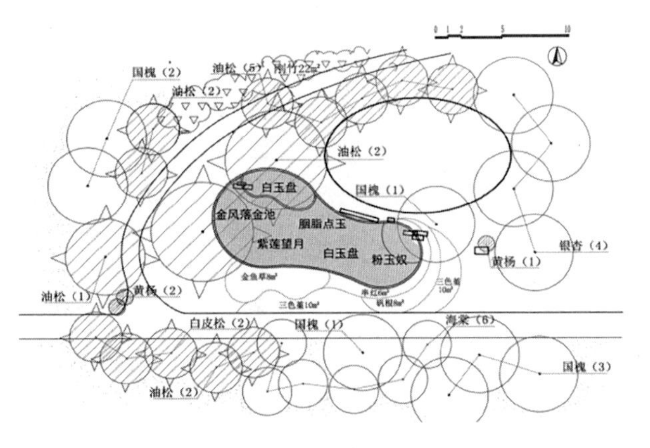

图 11　万寿公园芍药园平面图

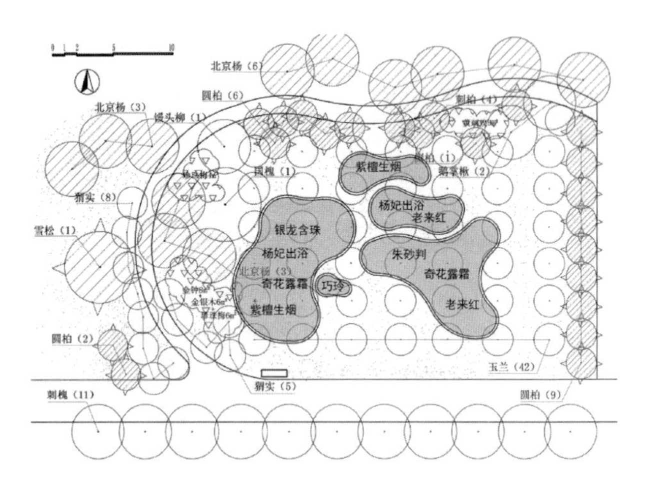

图 12　动物园芍药园平面图

3　芍药园植物种类应用分析

3.1　芍药品种应用

芍药花期较短，为延长其观赏时间，大多数芍药园采用早中晚花期的芍药结合种植的形式，其中北京植物园等 6 个公园内芍药花期分布较为均匀，而观赏期较短的 4 个公园，采取片植的种植形式，营造壮观的芍药景观。

现有芍药品种有 3 种瓣型，芍药园应用重瓣品种种类平均达到 61.93%，而半重瓣和单瓣品种分别为 24.89%和 21.96%，显著少于重瓣品种。其中北植南园等 4 个公园均没有栽植单瓣品种，而是以重瓣和半重瓣为主。

花色是芍药重要的观赏特点，芍药的粉色品种数量达到 32.26%、紫色品种 31.05%、白色品种 24.33%，多于复色品种的 18.69%和红色品种的 11.19%。

花量对芍药景观有极大影响，有 4 个芍药园应用了一半及以上开花量大的芍药品种（表 3）。

在 12 个芍药园内，应用的芍药品种达 43 种，应用最广的为‘巧玲’、‘杨妃出浴’、‘朱砂判’和‘紫檀生烟’4 个品种；而应用频率较少的芍药品种有 19 种。北京植物园芍药园应用芍药品种多达 31 种，其他芍药园应用品种数量均在 4～9 种。说明北京地区可应用的芍药品种较为丰富，但除北京植物园外的各个公园中，芍药品种应用比较单一（表 4）。

芍药园特征统计表　　**表 3**

序号	公园名称	芍药栽植形式	芍药品种数量	芍药花期			芍药瓣型		
				早	中	晚	单瓣	半重瓣	重瓣
1	北京植物园	专类园	31	29.00%	38.70%	32.30%	6.50%	16.10%	77.40%
2	北植南园	专类园	5	20.00%	40.00%	40.00%	—	60.00%	40.00%
3	景山公园	片植	9	66.67%	22.22%	11.11%	11.11%	11.11%	77.78%
4	中山公园	片植	6	33.33%	33.33%	33.33%	16.67%	33.33%	50.00%
5	北海公园	片植	8	62.50%	25.00%	12.50%	25.00%	12.50%	62.50%
6	天坛公园	片植	8	25.00%	50.00%	25.00%	12.50%	12.50%	75.00%

续表

序号	公园名称	芍药栽植形式	芍药品种数量	芍药花期			芍药瓣型		
				早	中	晚	单瓣	半重瓣	重瓣
7	陶然亭公园	片植	4	—	25.00%	75.00%	—	25.00%	75.00%
8	万寿公园	片植	5	40.00%	60.00%	—	60.00%	20.00%	20.00%
9	紫竹院公园	片植	6	16.67%	50.00%	33.33%	—	33.33%	66.67%
10	北京动物园	片植	8	37.50%	37.50%	25.00%	—	25.00%	75.00%

序号	名称	芍药开花量			芍药花色				
		大	一般	小	白	粉	红	紫	复色
1	北京植物园	45.20%	25.80%	29.00%	19.40%	38.70%	6.50%	19.40%	16.10%
2	北植南园	100.00%	—	—	20.00%	20.00%	—	60.00%	—
3	景山公园	11.11%	55.56%	33.33%	22.22%	33.33%	11.11%	11.11%	22.22%
4	中山公园	50.00%	33.33%	16.67%	33.33%	16.67%	—	33.33%	16.67%
5	北海公园	37.50%	50.00%	12.50%	12.50%	25.00%	—	50.00%	12.50%
6	天坛公园	12.50%	37.50%	50.00%	12.50%	50.00%	—	37.50%	—
7	陶然亭公园	25.00%	50.00%	25.00%	25.00%	50.00%	—	25.00%	—
8	万寿公园	20.00%	80.00%	—	40.00%	40.00%	—	20.00%	—
9	紫竹院公园	50.00%	16.67%	33.33%	33.33%	16.67%	16.67%	16.67%	16.67%
10	北京动物园	62.50%	12.50%	25.00%	25.00%	—	12.50%	37.50%	25.00%

芍药品种应用频率 **表 4**

序号	芍药品种	应用频率	序号	芍药品种	应用频率	序号	芍药品种	应用频率
1	‘巧玲’	5	16	‘粉凌红珠’	2	31	‘金风落金池’	1
2	‘杨妃出浴’	5	17	‘海棠红’	2	32	‘金簪刺玉’	1
3	‘朱砂判’	5	18	‘蝴落粉池’	2	33	‘锦旗耀银辉’	1
4	‘紫檀生烟’	5	19	‘盘托绒花’	2	34	‘莲台’	1
5	‘粉玉奴’	4	20	‘沙金贯顶’	2	35	‘墨紫凌’	1
6	‘白玉盘’	3	21	‘绣桃花’	2	36	‘桃花飞雪’	1
7	‘粉盘藏珠’	3	22	‘紫凤朝阳’	2	37	‘铁杆紫’	1
8	‘老来红’	3	23	‘紫莲望月’	2	38	‘绚丽多彩’	1
9	‘玲珑玉’	3	24	‘紫霞映雪’	2	39	‘种生粉’	1
10	‘奇花露霜’	3	25	‘冰清’	1	40	‘紫芙蓉’	1
11	‘晴雯’	3	26	‘大富贵’	1	41	‘红楼’	1
12	‘胭脂点玉’	3	27	‘翡翠荷花’	1	42	‘黄金轮’	1
13	‘银龙含珠’	3	28	‘粉池金鱼’	1	43	‘黄玉簪’	1
14	‘紫凤羽’	3	29	‘高杆红’	1			
15	‘冰山’	2	30	‘贵妃插翠’	1			

3.2 其他植物种类应用分析

芍药园除广植芍药外，还以刺柏、圆柏、侧柏、油松、雪松、青杆、白皮松等常绿植物为背景，配以七叶树、紫叶李、日本晚樱等春花树种；龙爪槐、水栒子、小叶女贞、珍珠梅等夏花树种以及枫杨、洋白蜡、银杏、栾树、元宝枫等秋叶树种；更有矮紫杉、黄杨、沙地柏等常绿灌木以及猬实、天目琼花、锦带花、紫珠等落叶灌木，形成季相分明、层次丰富、树种多样的植物空间。

4 芍药植物群落的美景度评价

4.1 评价方法

在调查过程中使用Canon600D数码相机，在2019年4月下旬到5月上中旬，选择天气晴好，上午8：30～11：30，下午14：00～17：00的时间，距离地面高度1.6m的位置，对10个被调查公园在盛花期拍摄照片320

张，从中挑选出30张能充分地反映北京10个芍药园的景观特点的照片开展景观评价。

研究通过在室内播放幻灯片，每张停留时间8s，发放《芍药园景观美学价值因子评分表》，开展调查问卷打分的方式进行。本研究选择对象为学生群体，包括本科生和研究生总共60名，其中园林专业学生30名，非园林专业学生30名。

由于芍药和牡丹都属于芍药科，在花期、色彩和花型上都有很强的相似性。因此，本文引用刘俊《牡丹专类园植物景观美学评价》中的公式[6-8-10]，对芍药园中的样本进行景观美学评价。

$$Y=-1.065+0.163X_1+0.118X_2+0.113X_3+0.053X_4;$$

式中，X_1代表盖度，X_2代表地形，X_3代表色彩，X_4为代表奇特性。由此综合编辑出芍药专类园的景观美学价值因子评分表，详见表2。

芍药园景观美学价值因子评分表 **表2**

因子编号	因子名称	评价值		
		2～4	5～7	8～10
1	盖度	0～25%	25%～50%	>50%
2	地形	无变化	稍有变化	有明显变化，能吸引人的注意
3	色彩	没有变化或较单调	有一定的变化，对景观意义有限	变化丰富多彩
4	奇特性	当地极常见，但景观仍能引人注目	与其他景观有相同的地方，但有较明显的自身特点	为当地极为稀有的景观

4.2 植物景观美景度分析

对30个样本的植物景观美景度值进行排序（图13、图14），数值在1.95～3.96，总体来说差别比较大，有16个样本的评分位于3～3.96的美景度区间里，美景度低于2的样本只有3个样地。美景度差异取决于样本的盖度、地形、色彩、奇特性，但在实际打分中盖度和色彩的评分有较大差异，对评价结果的影响最大。因此，在设计芍药园时，盖度和色彩应成为设计者主要考虑的因素。

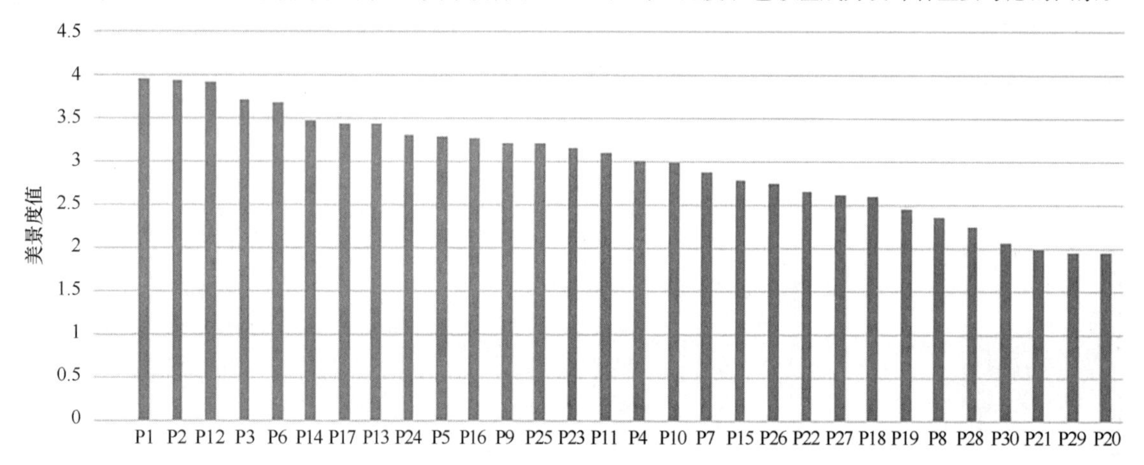

图13 芍药园样本植物景观美景度值统计图

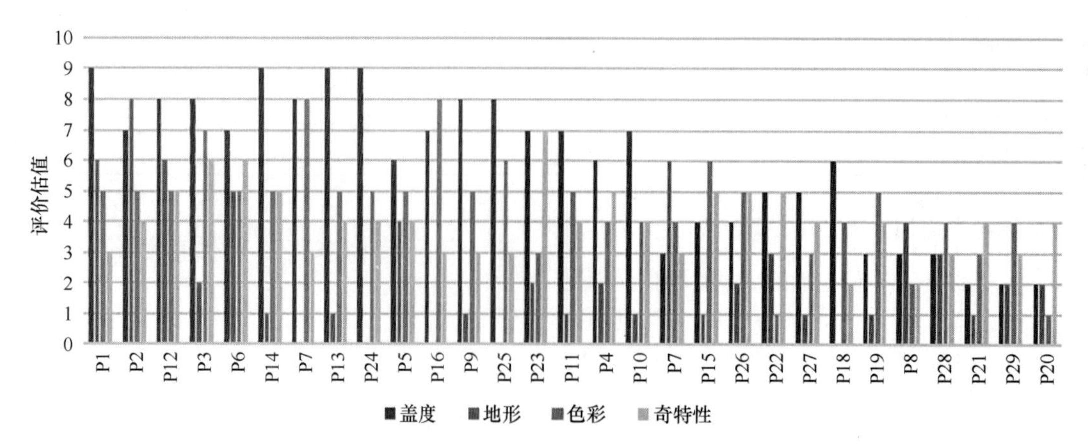

图14 芍药园样本植物景观美学价值因子评分统计图

排名前5的样本：P1（北植）＞P2（北植）＞P12（中山）＞P3（北植）＞P6（南植）。

排名后5的样本：P20（陶然亭）＜P21（紫竹院）＜P8（南植）P19（陶然亭）＜P18（天坛）。

在盖度上，排名前5的样本盖度值在7及以上；而排名后5的样本盖度值在3及以下。因此，提高芍药园景观的美景度，首要在于增加芍药种植的密度，以提高其盖度，形成比较壮观的芍药景观 。

在地形上，排名前5的样本除了P3以外，地形值在5及以上；而排名后5的样本除了P4以外，地形值在2及以下。因此，应将地形起伏变化列入芍药园设计范围内。

在色彩上，排名前5的样本色彩值在5及以上；而排名后5的样本除了P8以外，色彩值在2及以下。因此，在芍药品种色彩搭配时，应有色彩的变化，不宜过于单调。

在奇特性上，排名前5的样本奇特性值在3及以上；而排名后5的样本奇特性值在3及以下。因此，在设计芍药景观时，应与园林小品搭配、增加观赏角度，提高景观的奇特性。

4.3 美景度分值高的植物配置分析

植物配置是芍药园植物景观营造的核心，在10个公园的12个芍药园中，总结出3种类型6种植物配置模式：

（1）乔木杂木林＋灌木/小乔木＋芍药

美景度较高的代表群落有P1（油松/刺柏/国槐/洋白蜡＋日本晚樱/小叶女贞＋芍药）和P2（油松/圆柏/元宝枫＋黄杨＋芍药）。这一配置模式的特点在于：高大乔木杂木林位于芍药园的边界，既围合了空间，也是观赏芍药的背景，还增强了季相变化，中层的灌木/小乔木丰富了植物景观的空间层次（图15、图16）。

图15 北京植物园芍药园P1

（2）塔形常绿乔木＋密植成片灌木＋芍药

美景度较高的代表群落有P12（侧柏＋龙爪槐/珍珠梅＋芍药）和P6（雪松/圆柏＋猬实/牡丹＋芍药）。这一配置模式的特点在于：常绿乔木成为芍药园四季可观的景色，尖塔的形状与下层灌木以及芍药的柔和质感形成反差，密植的灌木充实了中下层空间，增加了景观的连续性（图17、图18）。

图16 北京植物园芍药园P2

图17 中山公园P12

图18 北植南园P6

（3）树阵乔木＋芍药

美景度较高的代表群落有P3（紫叶李＋芍药）和P14（白皮松＋芍药），这一模式的特点在于：阵列乔木下方没有任何灌木，直接种植芍药，这样既增加了空间的通透性，也为芍药的观赏留下充足的空间（图19、图20）。

图 19　北京植物园芍药园 P3

图 20　北海公园 P14

5　结论与讨论

总结北京地区芍药园的芍药品种应用方面，为延长芍药的观赏时间，大多数公园采用早中晚花期的芍药，保证芍药的观赏期；以重瓣和半重瓣为主，营造芍药园景观；选择不同颜色的品种，以增加色彩的丰富度；选择开花量较大的品种，形成壮观的植物景观。通过 SBE 法分析出，人们更喜欢盖度高、地形起伏变化大、色彩丰富、奇特性高的植物景观；总结出 3 种植物配置模式，即乔木杂木林＋灌木/小乔木＋芍药、塔形常绿乔木＋密植成片灌木＋芍药、树阵乔木＋芍药。

在芍药品种的选择上，应注重不同花色、花期的配置，多选用重瓣、半重瓣、开花量大的品种。这与金爱芳[11]等提出的选择不同花型、花色的芍药品种配植的结论相似。符小宁总结芍药在园林中的应用时也提到园林应用中应充分展现芍药的丰富性，注重不同花色、不同花期、不同花型、不同品种间的合理配置并且对于珍贵的品种（如‘黄金轮’等）要充分挖掘它的个体景观效果[12]。芍药园的植物配植应遵循芍药品种多样、植物种类丰富、地形起伏变化、注重季相变化。这与祁立南[13]等提出的北京园林中芍药景观营造结果相似。

参考文献

[1]　苑庆磊，于晓南．牡丹、芍药花文化与我国的风景园林[J]．北京林业大学学报(社会科学版)．2011．10(03)．53-57.

[2]　于晓南，苑庆磊，宋焕芝．中西方芍药栽培应用简史及花文化比较研究[J]．中国园林．2011．27(06)．77-81.

[3]　余瑞卿，成仿云，张秋良，等．芍药切花保鲜技术研究进展[J]．内蒙古农业大学学报(自然科学版)．2005，(03)：110-114.

[4]　万映伶，刘爱青，张孔英，等．菏泽和洛阳芍药品种资源表型多样性研究[J]．北京林业大学学报，2018，40(03)：110-121.

[5]　胡杨，张秦英，白云鹏．中国传统名花声景观营造探析[J]．北京林业大学学报，2015．37(S1)：8-12.

[6]　刘俊．牡丹专类园植物景观美学评价[D]．中国林业科学研究院，2012.

[7]　陈畅．牡丹专类园规划设计方法与实践研究[D]．西北农林科技大学．2015.

[8]　蔡建国，涂海英，胡本林，等．杭州西湖景区梅家坞茶文化村美景度评价研究[J]．西北林学院学报，2014，29(05)：256-261.

[9]　董建文，翟明普，章志都，等．福建省山地坡面风景游憩林单因素美景度评价研究[J]．北京林业大学学报，2009，31(06)：154-158.

[10]　王美仙．北京梅园的梅花品种及植物景观空间调查与分析[J]．中国园林，2014，30(12)：95-98.

[11]　金爱芳，叶康，陈夕雨，等．基于 BIB-LCJ 法的芍药花境植物配植研究[J]．西北林学院学报，2018，33(02)：231-237.

[12]　符小宁，樊国盛．芍药资源在园林中的应用[J]．山东林业科技，2009，39(06)：73-76.

[13]　祁立南．牡丹与芍药在北京园林中的应用[J]．北京园林，2014，30(03)：37-45.

作者简介

吕硕，1993 年生，女，汉族，河北石家庄人，北京林业大学风景园林专业硕士研究生。研究方向：植物景观规划设计。电子邮箱：474681872@qq. com。

张欣，1995 年生，女，汉族，甘肃平凉人，北京林业大学园林植物与观赏园艺研究生。研究方向：园林植物与生态修复。电子邮箱：zhangxin _ bjfu@163. com。

王美仙，1980 年生，女，汉族，安徽黄山人，博士，北京林业大学园林学院副教授。研究方向：植物景观规划设计及生态修复。电子邮箱：wangmx@bjfu. edu. cn。

大学校园植物景观空间评价研究

——以天津大学卫津路校区为例

Study on Spatial Evaluation of Campus Plant Landscape

—Taking WeiJin Road Campus of TianJin University as an Example

李丹丹

摘　要：本文以校园建设历史超过六十年的天津大学卫津路校区为例，按用地性质将校园划分为水景空间、活动空间、生活空间、文教建筑空间和道路空间五个部分。在2017年9月至2018年9月期间进行了详尽的现场植物种质资源考察，并且收集了223名在校师生的校园植物景观主观评价的半结构访谈意见。进行当代大学校园的植物景观空间评价，结果表明：天津大学卫津路校园内综合评价最高的植物景观空间依次是冯骥才文学艺术研究院、北洋广场、青年湖和敬业湖。其中水景空间和活动空间植物配置形式最丰富，师生的主观评价更高。属于生活空间的宿舍区植物配置形式最为单一，主观评价低。植物季相变化是影响道路空间师生主观评价最重要的因素之一。

关键词：校园植物景观；种质资源；植物配置；主观评价；景观设计

Abstract: This paper takes WeiJin road campus of TianJin University as an example, which has a history of more than 60 years, as an example, this paper divides the campus into five parts: waterscape space, activity space, living space, cultural and educational building space and road space. From September 2017 to September 2018, a detailed field investigation of plant germplasm resources was conducted, and semi-structured interview opinions of 223 teachers and students on subjective evaluation of campus plant landscape were collected. The spatial evaluation of plant landscape on contemporary university campus is carried out, and the results show that most highly appraised plant landscape space in WeiJin road campus of TianJin University are Feng Jicai Art Research Institute, Beiyang Square, Qingnian Lake and Jingye Lake. Among them, waterscape space and activity space have the most abundant plant configuration, and teachers and students have higher subjective evaluation. As living space, the dormitory has the single plant configuration and low subjective evaluation. Seasonal changes of plants are one of the most important factors affecting the subjective evaluation of teachers and students in road space.

Keyword: Campus Plant Landscape; Germplasm Resources; Plant Configuration; Subjective Evaluation; The Landscape Design

引言

大学校园是承载师生们学习科研、生活社交、休闲娱乐等多种活动的物质场所，是师生的“第二个家”。对校园物质空间环境展开研究的学科课题越来越多，囊括的范围也越来越广泛。而如何为师生提供优质的校园景观环境质量，营造丰富多姿的校园植物景观也成为当今社会风景园林学科的重要议题。

1　天津大学卫津路校区概况

天津大学卫津路校区位于天津市南开区卫津路七里台区域，属于暖温带半湿润季风性气候。卫津路校园占地总面积约140万m²，其中绿化面积超过50万m²，自然生态条件优越。天津大学自1895年建校至今，老校区迁至七里台进行建设已六十余年，是天津市著名的人文景点。校园内地势平坦，由于七里台地区原属于天津的退海湿地，因此土地盐渍化情况较为显著，不利于植物生长。校园内包含敬业湖、青年湖、爱晚湖、友谊湖四个大型人工湖泊，北洋广场生态绿地，冯骥才艺术研究院、王学仲艺术研究所与第9教学楼等著名建筑，景色优美。校园内引种较多的植物是西府海棠，也是铭德道和北洋道的主要行道树种。在每年4月海棠花盛开之时，学校举办的“天大·海棠季”系列活动已经成为了天津大学著名的植物景观观赏节日，吸引着众多的师生和游客在校园内赏花踏春。

2　研究方法

2.1 实地调查

研究按照用地性质将天津大学校园划分为水景空间、活动空间、生活空间、文教建筑空间和道路空间[1]5个部分（如图1）。然后在2017年9月至2018年9月期间，共历时12个月按区域分别实地调查统计区域内的植物种类、数量、分布位置、生活型结构和生长势情况[2]，并拍摄记录校园植物在不同季节呈现的种质特征。

2.2　半结构访谈

对校园植物景观的主观评价部分采用半结构访谈法[3]，获取天津大学师生对校园中不同区域的植物景观

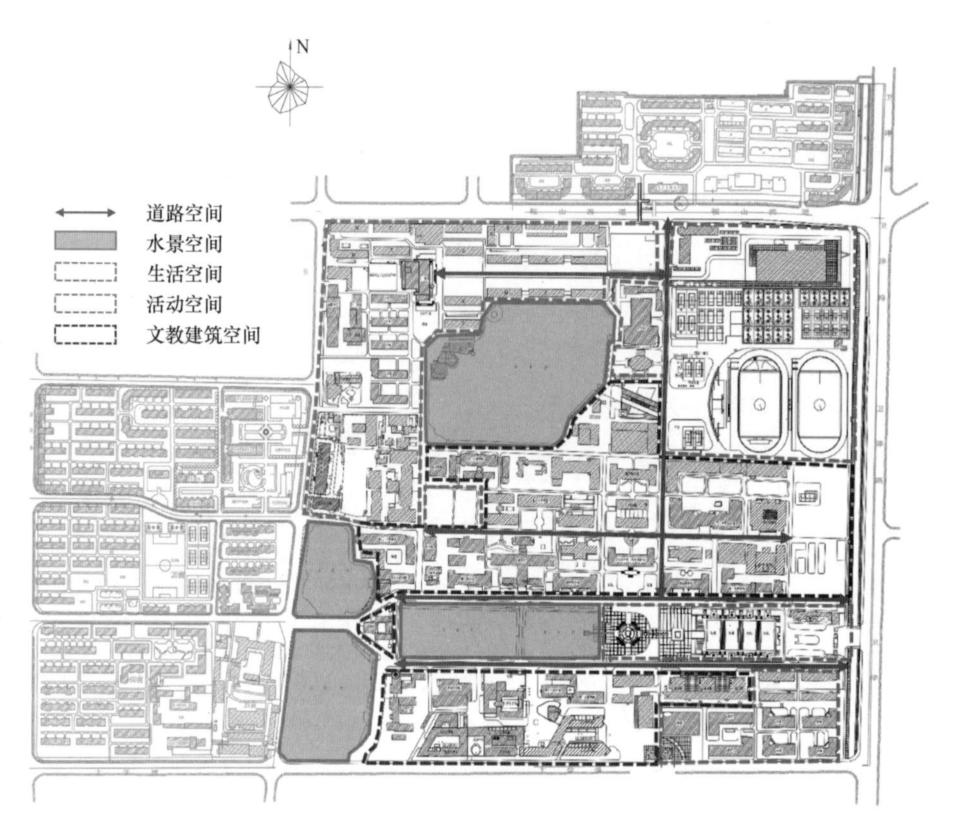

图 1 天津大学卫津路校区校园功能分区

评价结果。在 2018 年 10～12 月期间进行了师生随机抽样访谈，并在地图上指出天津大学校园内最感兴趣的植物景观空间。共获得 223 名在校师生的主观评价数据，其中包括 50 名风景园林学等设计类专业的师生参与访谈，共计获得 747 个正向评价点。

3 结果与分析

3.1 天津大学卫津路校区植物种类与配置

3.1.1 植物种质资源

根据调查统计结果显示，天津大学卫津路校区校园内植物包括野生植物在内共计 262 种，隶属于 98 科 196 属。其中乔木植物有 70 种，灌木植物 42 种，草本花卉 127 种，藤本植物 17 种，水生植物 6 种。作为园林设计师植物配置选择的结果，校园内种植最多的乔木是蔷薇科植物，总共 7 属 17 种。其次是豆科乔木 5 属 11 种，柏科乔木 3 属 5 种。比较特殊的种类是杨柳科植物虽然只有 2 属但共计 8 种，和悬铃木科植物 1 属 5 种。人工培育最多的灌木种类是蔷薇科植物 5 属 10 种和木犀科灌木 4 属 7 种。校园里出现最多的草本花卉是禾本科植物 22 属 30 种与唇形科植物 10 属 12 种。最多的藤本种类是葡萄科植物 4 属 4 种与蔷薇科植物 2 属 2 种。在植物配置设计中，除去野生草本植物 89 种，天津大学卫津路校园植物景观设计的乔灌草比例约为 5∶3∶2.7。根据调查统计结果，目前校园内的灌木植物种类较少，植物配置设计的中间层层次较为单一，后期需要对园林植物设计中与游人视线高度水平的灌木层次进行适当补充优化[4]。

3.1.2 植物季相设计

根据实地调查结果，天津大学卫津路校园内西府海棠（*Malus × micromalus*）、垂丝海棠（*Malus halliana*）、山桃（*Amygdalus davidiana*）、碧桃（*Amygdalus persica*）、紫叶李（*Prunus cerasifera*）、榆叶梅（*Amygdalus triloba*）、毛泡桐（*Paulownia tomentosa*）、紫玉兰（*Magnolia liliflora*）、日本晚樱（*Cerasus serrulata*）、迎春花（*Rosa chinensis*）、连翘（*Forsythia suspensa*）、鸢尾（*Iris tectorum*）等属于春季观赏植物。并且较为著名的校园植物景观是四月海棠花开，铭德道和北洋道的主要行道树都选择了西府海棠和垂丝海棠等品种，利用海棠景观道营造独特的校园春景。夏季观赏的园林植物有石榴（*Punica granatum*）、紫薇（*Lagerstroemia indica*）、木槿（*Hibiscus syriacus*）、合欢（*Albizia julibrissin*）、黄刺玫（*Rosa xanthina*）、金银花（*Lonicera japonica*）、凌霄（*Campsis grandiflora*）、蜀葵（*Althaea rosea*）、珍珠梅（*Sorbaria sorbifolia*）、玉簪（*Hosta plantaginea*）、睡莲（*Nymphaea tetragona*）、荷花（*Nelumbo nucifera*）等植物品种。尤其是在敬业桥两侧种植的蜀葵，由于地形高低差异，蜀葵花节节开放的花朵正好位于游客的中下视线高度，可以作为凭湖远眺的前景，观赏效果极佳。华北地区的秋季观赏型花卉植物较少，但是校园内选择的观叶观果园林植物有白蜡（*Fraxinus chinensis*）、银杏（*Ginkgo biloba*）、黄栌（*Cotinus coggygria*）、悬铃木、雪松（*Cedrus deodara*）、圆柏（*Sabina chinensis*）、铺地柏（*Sabina procumbens*）、凤尾兰（*Agave sisalana*）、金银木

(*Lonicera maackii*) 等。早秋季节，太雷路和金晖路两侧种植的白蜡等乔木叶色渐黄，景色优美。

3.1.3 植物配置模式

天津大学卫津路校园的植物设计模式包括：乔木—灌木—草本、乔木—草本、乔木—灌木、灌木—草本和单一乔木配置形式，没有使用单一灌木或单一草坪的种植模式。由于校园内地形平坦，现有的植物配置模式较为多元，但是结合校园整体环境来看，当下的植物景观空间相对单一，尤其是六里台宿舍区和七里台宿舍区组成的生活空间全部为单一乔木的树阵种植，既不符合生态多样性要求也不利于营造符合师生身心健康的多彩校园环境[5]。

3.2 天津大学卫津路校区植物景观主观评价

3.2.1 水景空间

如图2所示，校园内的4个人工湖泊景观风格各异，其中受到师生正向评价最多的湖泊依次是青年湖、敬业湖、爱晚湖和友谊湖。青年湖面积最大，主要运用柳树和桃花营造江南园林的自然静谧，步移景异之感。植物景观设计以旱柳—白蜡—一球悬铃木—碧桃—榆叶梅—石榴—蔷薇—月季—榆叶梅—萱草—牛筋草的组合配置为主[6]。植物层级高低错落分明，并且水生植物选取了浅水区的芦苇和深水区的睡莲，湖面开阔视野良好。除了湖岸和大学生活动中心的亲水平台，也有较多师生选择了湖面中心区域作为最喜爱的景观点。但是敬业湖的正向评价点主要集中于敬业桥和求是亭，体现出师生对于文化建筑与植物景观相结合的审美特性。由于敬业湖位于天津大学卫津路校园的中轴线上，植物景观以毛白杨—国槐—垂柳—大叶黄杨—金叶女贞—月季等配置为主，结合硬质化的驳岸设计展现校园的阔朗气势[7]。而爱晚湖与友谊湖植物配置以旱柳和鸢尾等草本花卉为主，植物品种较少，视觉层次单一，湖面积较小视野不够开阔，获得的正向评价最少。

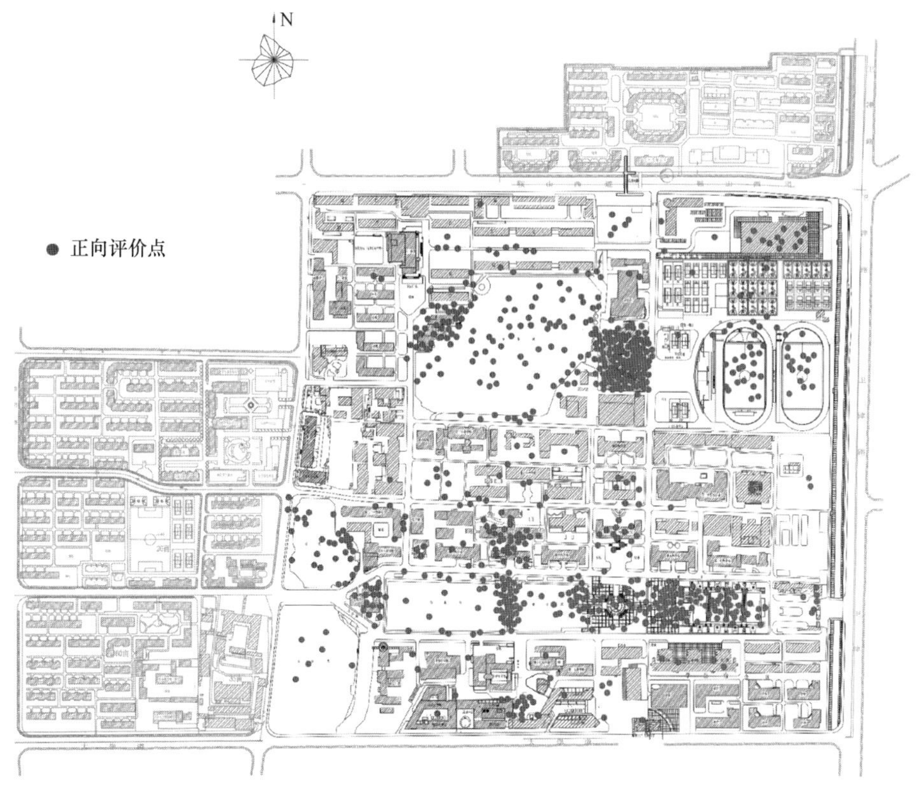

图2 天津大学卫津路校园植物景观正向评价点

3.2.2 活动空间

根据统计结果显示，活动空间中北洋广场与体育场的正向评价最多。北洋广场作为天津大学卫津路校园的轴线中心绿地，植物景观类型属于开阔型疏林草地。选用了毛白杨—白蜡—榆树—雪松—凤尾兰—牛筋草—狗牙根等进行植物配置设计，而体育场作为大面积的人造草坪足球场没有种植任何植物。由此可见，在校园景观中即使植物种类不够丰富，视野开阔的植物景观依然能够得到师生的正向评价[8]。由于单一草坪或者乔—草类型的植物配置能够给人以疏朗辽阔的感觉[9]，校园植物景观空间的设计应在生态性原则下满足疏密有致，层次分明的景观效果。

3.2.3 生活空间

天津大学卫津路校园包含七里台宿舍区、六里台宿舍区和鹏翔公寓3个生活空间，但是在生活空间的植物配置均以单一乔木的植物设计为主。其中仅有六里台宿舍区的植物景观正向评价较多。原因在于相比六里台宿舍区的单一毛白杨植物设计，和鹏翔公寓采用的单一毛泡桐与高楼层带来的空间压抑感。六里台宿舍区邻近青年湖环境清幽，并且选择了白蜡—毛白杨—国槐—榆树组成的高大乔木树阵式植物景观设计，营造葱葱郁郁的生活空间环境气氛。但是比之校园内的活动空间植物景观设计，生活空间的植物种类少，配置模式单一，在后续的校园环境优化中应该更加注重师生生活物质环境的改善[10]。

3.2.4 文教建筑空间

冯骥才艺术研究院、第九教学楼、图书馆和建筑学院系馆是天津大学卫津路校园内文教建筑空间正向评价最高的区域。冯骥才艺术研究院最具特色的植物景观是爬满建筑立面的五叶地锦，随着季节的变换呈现不同的色彩，受到众多师生们的喜爱，也是天津大学的代表性景点。院内的植物配置以毛白杨—白蜡—刺槐—西府海棠—早园竹—蔷薇为主，结合清水混凝土的建筑立面，植物景观空间层次分明而富有变化。而第九教学楼的植物设计更加庄严、整齐，为了烘托第九教学楼作为校园主楼的雄伟大气风格，选用的白蜡—龙爪槐—龙爪枣—圆柏—榆叶梅—早熟禾等植物也在配置上采取列植的方式。总而言之，植物景观设计应尽力融合建筑空间和场所氛围[11]，才能实现景观空间整体的自然和谐。

3.2.5 道路空间

天津大学卫津路校园内主要的景观道路有北洋道、敬业道、铭德道、集贤道、太雷路等。其中师生主观评价最高的是铭德道和敬业道，铭德道作为“天大·海棠季”的景观大道，大量种植的西府海棠和垂丝海棠营造出校园春色。敬业道是进入校园的中轴线大道，采用了毛白杨—白蜡—圆柏—大叶黄杨—金叶女贞—月季的配置模式，高大挺拔的毛白杨能够充分衬托校园兼容并包的学术气氛，相得益彰。

4 结论

4.1 天津大学校园植物景观评价结果

天津大学卫津路校园内最受师生好评的地点是冯骥才艺术研究院、北洋广场、青年湖和敬业湖。这些地点的共性在于环境视觉效果良好，属于学校的典型景观。植物种类丰富，配置设计与场所氛围匹配度较高[11]，环境和谐自然。但是与活动空间和水景空间相比较，师生的生活空间植物景观效果较差，植物种类少并且配置模式单一，因此在现场访谈调查中受到师生的正向评价最少。

此外，师生的主观评价结果在校园道路空间植物景观设计中具有明显的季相变化偏好[5]。在4月西府海棠盛开时铭德道的师生游客赏花观景熙熙攘攘，但本研究在10～11月份进行现场半结构访谈中，师生对于铭德道的景观印象较为模糊，正向评价不多。而北洋道由于主要行道树种白蜡和毛白杨在晚秋季节的秋色叶变化明显，景观效果突出，因此获得了师生更多的正向评价[13]。

4.2 大学校园植物景观设计策略

植物设计是景观设计中不可或缺的一个环节，通过天津大学卫津路校园中师生主观评价高的景观空间案例可知，植物设计首先需要融入环境，注重与场所精神的契合，通过植物的科学运用才能使校园环境更加和谐自然。其次校园景观空间需要进行整体规划设计[4]，以活动空间与文教建筑空间景观优化为主，生活空间和道路空间的植物景观质量并重。在关注师生科研学习环境的同时，提升生活环境质量。最后充分考虑植物景观设计是一个动态、生长、变化的过程[14]，季相变化更是植物的生命特征。合理规划植物景观的季相设计，在华北地区的高校校园中尽量实现三季有花、四季常绿的植物景观。

参考文献

[1] 赵丹，崔毓萱，刘筱玮等．寒地校园植物景观评价1——以东北林业大学校园为例[J]．东北林业大学学报(9)，2018：80-83.

[2] 杨琴军，陈龙清，杨晨珊．大学校园植物景观研究——以武汉大学为例[J]．华中建筑(10)，2010：133-136.

[3] 张哲，李霞，潘会堂，等．用Ahp法和人体生理、心理指标评价深圳公园绿地植物景观[J]．北京林业大学学报(社会科学版)(04)，2011：30-37.

[4] 李淑怡．哈尔滨高校校园植栽空间之景观偏好研究[D]．黑龙江：哈尔滨工业大学，2014.

[5] 王新月，秦华．基于FUZZY—IPA的西南大学校园植物景观满意度测评研究[J]．西南大学学报(自然科学版)(3)，2018：174-180.

[6] 殷菲，柏智勇，何洪城．基于湿地植物群落的游客景观偏好研究-以洋湖湿地公园为例[J]．中南林业科技大学学报(社会科学版)(02)，2013：37-41.

[7] 蒙薇，杨华，车代弟．人-植物空间-情感——以天津市河东公园植物空间设计为例[J]．中国园林(10)，2010：91-94.

[8] 王志芳，赵妍，侯金伶，等．基于景观偏好研究的城市公园草本设计建议[J]．中国园林(9)，2017：33-39.

[9] 应求是，钱江波，张永龙．杭州植物配置案例的综合评价与聚类分析[J]．中国园林(12)，2016，：21-25.

[10] 王子梦秋，李侃侃，窦龙，等．植物色彩对大学生负向情绪的恢复作用[J]．西北林学院学报(03)，2018：290-296.

[11] 胡楠，王宇泓，李雄．绿色校园视角下的校园绿地建设——以北京林业大学为例[J]．风景园林(03)，2018：25-31.

[12] 邱玉华，陈幼琳．大学校园景观设计中文化内涵的表达[J]．华中科技大学学报(城市科学版)(2)，2007：74-77.

[13] 胡正凡，林玉莲．环境心理学[M]．北京：中国建筑工业出版社，2012.

[14] Kim J，Seo Y，Yoon Y，et al. ．A Study On the Observer Psychological Change in Accordance with Index of Greenness in Landscape Planting Space[J]．Journal of Environmental Science International，2014，23(10)：1663-1671.

作者简介

李丹丹，1994年生，女，汉族，湖南常德人，硕士研究生在读，天津大学建筑学院风景园林系，研究生二年级。研究方向：园林植物景观营造。电子邮箱：861464074@qq.com。

基于政府公开数据的香樟古树树冠空间结构特征分析

Analysis of Spatial Characteristics of Canopy Ancient Tree Canopy based on Government Public Data

王雪瑞　沙　霖　王旭东

摘　要： 古树研究为树种规划提供了重要参考，同时对树木生理发育等方面的相关研究具有特殊意义。本文以香樟为研究对象，通过对安徽省、福建省、广东省、广西壮族自治区四个省份所记载的香樟古树名录信息进行整理与归类，对不同树龄及条件下的香樟树木生长结构特征进行量化统计与总结。结果表明，香樟古树冠幅、树高、胸径随树龄逐渐增大，700～800 年到达峰值后缓慢衰弱。其最大值随树龄的增长出现两个峰值，400～500 年达到顶峰后各项数据逐渐下降，800～900 年又重新出现峰值，这种情况可能与古树更新与复壮有关。并对 1084 株香樟古树的树龄与胸径、胸径与冠幅、胸径与树高进行相关系数分析，其中胸径与树龄的相关程度最高，相关系数达 0.73；其次为胸径与冠幅，相关系数达 0.48，为显著性相关；胸径与冠幅的相关程度最弱，系数为 0.32，为低度线性相关。研究结果为城市树木种植设计中的植物规格选择、生长空间需求以及动态管理等提供参考依据。

关键词： 古树；香樟；结构；特征；量化

Abstract: The study of ancient trees provides an important reference for tree species planning, and has special significance for the related research of tree physiological development and other aspects. Based on camphor as the research object, through the four provinces, Fujian, Guangdong, Guangxi, Anhui province recorded the camphor tree directory information for sorting and classification, on condition of different age and camphor tree growth structure characteristics of quantitative statistics and summarized. The results showed that the minimum values of ancient camphor tree crown width, tree height and DBH gradually increased with the age of trees, and slowly weakened after reaching the peak in 700-800 years. Its maximum value showed two peaks with the growth of tree age, and the data gradually decreased after reaching the peak of 400-500a. The peak value of 800-900a appears again, which may be related to the renewal and rejuvenation of ancient trees. The correlation coefficients of tree age and DBH, DBH and crown width, DBH and tree height of 1084 old camphor trees were analyzed. Secondly, the correlation coefficient between DBH and crown amplitude reached 0.48, which was significant correlation. The correlation between DBH and crown amplitude was the weakest, with a coefficient of 0.32 and a low linear correlation. The results provide references for the selection of plant specifications, growth space requirements and dynamic management in urban tree planting design.

Keyword: Ancient Trees; Camphor; Structure; Characteristic; Quantitative

引言

古树是指树龄 100 年以上（包含 100 年）的树木，中国绿化委员会规定古树分为国家一、二、三级，国家一级古树树龄在 500 年以上（含 500 年），国家二级古树树龄在 300～499 年，国家三级古树树龄在 100～299 年。目前关于古树的调查研究主要体现在以下几个方面：第一，古树的生长现状[1-4]及相关保护对策方面[5-11]，主要通过分析古树的衰败死亡原因探讨古树的保护措施，包括技术措施和管理措施。第二，古树资源与价值评价等方面[12-21]，主要围绕古树的资源分布、生长状况、管护水平等多方面进行评估。以上研究为古树的保护及发展提供了理论支持与指导。本文基于各省市园林局、林业局及其他相关政府部门的公开数据，对古树的生长结构信息（树龄、树高、冠幅、胸径等）进行统计与梳理，总结不同古树的生长结构特征及变化规律，不仅有利于深入了解树木生长发育过程中的内在机制，对于预测树木在特定阶段的生长结构具有重要意义，同时也为种植设计过程中的树种规格选择、空间动态预估及管理提供科学的参考依据[20]。

1　研究对象与方法

1.1　研究区域及对象

香樟（*Cinnamomum camphora*），樟目、樟科、樟属常绿大乔木，其树冠为广卵形，枝叶茂密，全株有樟脑香气，可以避臭、驱虫、吸毒气、隔噪声，是优良的绿化树、行道树及庭荫树，主要分布在我国长江流域以南。

本文对广东、广西、安徽、福建 4 个省、自治区所记载的香樟古树名录信息进行整理与归类。其中包括树龄、冠幅、胸径、冠幅、具体位置等相关信息并尝试探讨这些数据的相互关系。

1.2　研究方法及数据来源

本文通过搜集政府的公开古树数据，利用 Excel 软件对古树香樟进行分类，筛选出 1048 株香樟古树，其中包括古树的基本信息：调查编号、号码、中文名称、拉丁文名、科、属；生长环境：区域类型、坡度、坡向、坡位、海拔、土层厚度、土壤类型、紧密度；每木检尺：树龄、树高、胸径、冠幅。抽取树龄（A）、胸径（DBH）、树高（H）、冠幅（W），其中冠幅直径为东西（WE-W）树冠、南北（WS-N）树冠直径的平均值等主要数据，运用Excel、Spearman秩相关系数的测算进行处理、统计和分析。

2 结果与分析

2.1 香樟古树的基本数据分析

2.1.1 香樟所在区域的树龄与胸径分布

根据广西、广东、福建、安徽四个省、自治区的园林局、林业局及其他相关政府部门的公开数据。广西壮族自治区现存香樟古树133株，广东省822株，福建省84株（数据只包含二级古树、一级古树），安徽省45株（数据只包含一级古树）（图1）。从古树等级看，香樟古树的等级呈金字塔形，即随着等级增高古树数量逐渐变少。其中一级古树（树龄大于500a）共有69株，二级古树（树龄300～499a）129株，三级古树（树龄100～299a）的数量最多，有871株（图2）。

广西、广东、福建、安徽4个省、自治区香樟古树胸径分布总体呈正偏态分布，其胸径范围主要集中于50～99cm，有487株，占香樟古树总数的44.9%。胸径范围分别是0～49cm、50～99cm、100～149cm、150～199cm、200～249cm、250～299cm、300～349cm、350～399cm、400～449cm，其数量分别是25株、487株、338株、150株、50株、26株、3株、3株、2株。

2.1.2 香樟古树冠幅、树高、胸径随树龄变化范围

研究调查了1084株香樟古树的树龄、树高和冠幅数据（图1）。总的来说，香樟古树冠幅与树高的最小值随树龄增大，700～800年到达峰值后逐渐衰弱。其最大值随树龄的增长出现两个峰值，400～500年达到顶峰后各项数据逐渐下降。800～900年又重新出现峰值（可能与古树更新与复壮有关）。

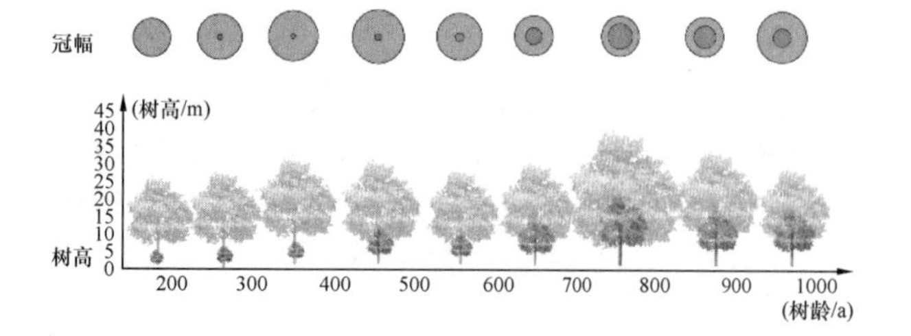

图1 冠幅、树高随树龄变化范围

100年与199年之间的香樟其树高主要集中于5～26m，冠幅在2～29m分布，而胸径则集中于33.4～152.9cm。树龄依次增加100a，树高范围分别为7.5～28m、6.8～30.3m、11～29m、8.5～28m、14～30m、20.1～40m、16～35m、15.9～30m；冠幅范围分别是4.5～33.7m、4～37.5m、5.5～40m、7～35、13～30m、19.8～30m、17～29.5m、14～44m；胸径范围则是67.2～204.8cm、101.9～235cm、97.1～279.9cm、127.4～334.4cm、121～365.3cm、187.9～270.7cm、203.8～286.6cm、95.5～358.3cm。

2.1.3 香樟古树的极值点

安徽黄山市歙县漳潭村的千年古香樟冠幅宽至42m，是1084株香樟古树中冠幅最大的。一般来说，冠幅与树高、胸径应呈正相关，冠幅的大小决定光合作用的叶面积指数的大小，从而影响光合作用产物的积累，进而影响植物的胸径和树高。但对于千年古香樟来说，其已进入衰老阶段，因此树高仅有28m，胸径有293cm。

对于香樟古树树高来说，其极值可达50m，但4个省、自治区公开数据中最高的古树只有42m，位于安徽省安庆市太湖县牛镇镇南阳村。胸径最大的香樟古树位于广东省韶关市始兴县太平镇浈江，其胸径已有422.6cm。

2.2 香樟古树生长结构特征（胸径、冠幅与树高）的分析与比较

2.2.1 树龄与胸径

对1084株香樟古树的树龄、胸径进行spearman相关系数分析。结果表明胸径与树龄的相关程度最高，相关系数达0.73，说明古树名木的胸径和树龄呈高度线性相关（相关系数一般可按三级划分：$|r|<0.4$为低度线性相关；$0.4\leqslant|r|<0.7$为显著性相关；$0.7\leqslant|r|<1$为高度线性相关）。用簇状图和折线图分别表示香樟古树胸径随树龄变化的范围与平均值（图2）。胸径平均值在100～500a之间呈直线增长，分别是92.7cm、134.9cm、164.3cm、214.1cm，在500～100a之间的香樟古树则稳定保持在204.5～244.2，分别是204.5a、216.8a、231.9a、232.5a、244.2a。香樟古树胸径随树龄变化的范围（用excel去除异常值）总体呈右偏态，600～700a到达峰值，最大数值为365.3cm，其余随树龄依次分别为157.6cm、198.4cm、235cm、279.9cm、334.4cm、365.3cm、270.7cm、286.6cm、307.3cm。

2.2.2 胸径与冠幅

冠幅的大小反映了植物树冠对横向生长空间的需求。但是这些研究只分析了百年之内的植物，没有考虑植物全周期的生长状况。例如美国纽约曼哈顿中央公园的百年植物，植物配置已经显得非常的拥挤，植物与植物之间相互挤压、遮挡，进而影响植物的健康生长，不能使其发挥良好的生态效益。

对1084株香樟古树的胸径、冠幅进行spearmen相关系数分析，胸径与冠幅的相关系数达0.48，为显著性相关。一般来说，冠幅与胸径应呈正相关，但植物进入衰老期后，冠幅会随着胸径的增大而减小。通过簇状图和折线图分别表示香樟古树冠幅随胸径变化的范围与平均值（图2）。胸径在0～49cm、50～99cm、100～149cm之间的香樟古树，其冠幅平均值增加明显，分别为12.5m、14.3m、17.5m、19.7m。胸径在150～400之间的香樟古

树的冠幅基本维持在 19.7m 与 23.2m 的范围之间。当胸径增加到 400～449cm 的时候，冠幅反而有明显的下滑，平均值减少到 16m。香樟古树冠幅随胸径变化的范围（用 excel 去除异常值），则是在胸径为 250～299cm 的范围内到达峰值，冠幅最宽可达 40m。

2.2.3 胸径与树高

树高的大小则反映了植物对竖向生长空间的需求。在园林植物配置时竖向生长空间不仅影响植物分层配置，也决定了植物与建筑物、构筑物、地形之间的相互关系。从香樟古树树高（H）与胸径（DBH）关系的折线图及趋势变化（图 2），可看出它具有与冠幅相似的规律，在一定胸径（<300cm）范围内，树高随胸径的增加而明显增加，每增加 50cm 其平均值变化依次为 14.2m、15.1m、17.1m、18.3m、19.3m、20.5m。在胸径为 300～500cm 范围内的香樟古树，其胸径与树高并无明显的相关性。通过 spearmen 相关系数分析，胸径与冠幅的相关系数为 0.32，为低度线性相关。香樟古树树高随胸径变化的范围（用 excel 去除异常值），在胸径为 200～250cm 的范围内到达峰值，树高最高可达 31m。

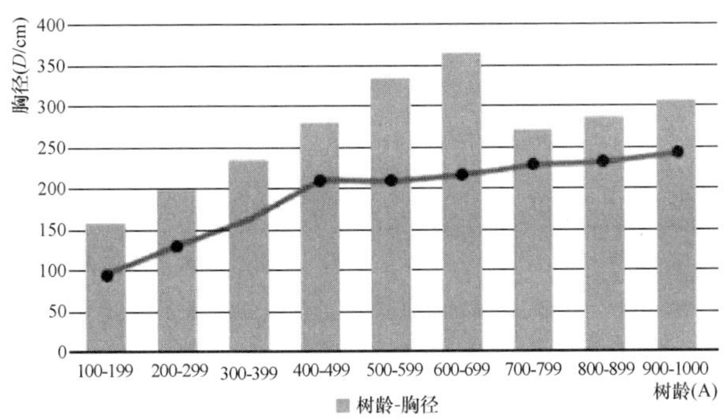

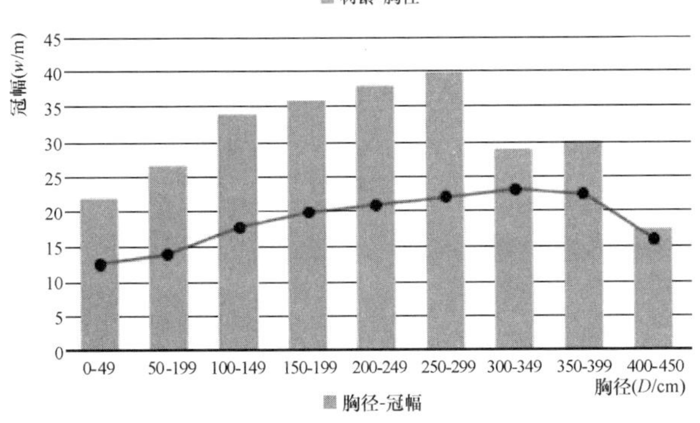

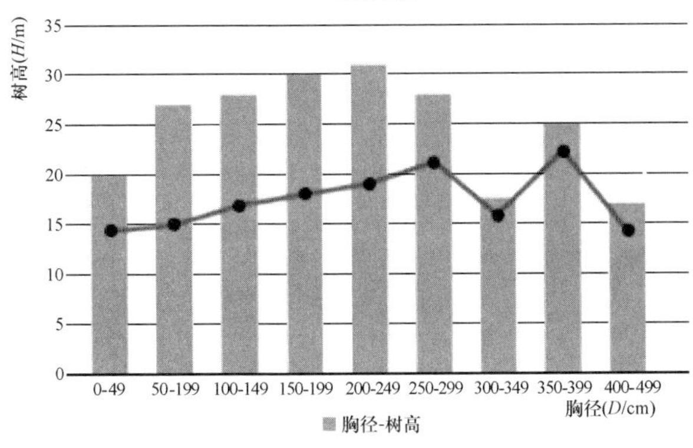

图 2　胸径与树龄、冠幅、树高关系图

3　结语与讨论

随着社会经济大发展的浪潮，目前的园林种植片面地追求"立竿见影"的景观效果，树与树之间的距离非常小。这种急功近利、只顾当前形式上的视觉冲击，只在乎植物的时效性的园林植物种植设计违背了植物的发展规律。纽约曼哈顿中央公园的植物种植设计当时已经考虑了植物的发展规律，但现在看来还是远远不够的，树与树之间的距离非常狭小，古树的生长也在一定程度上受到了威胁。因此，找到古树树冠极限生长空间的阈值是迫在眉睫的，可为园林植物种植设计以及园林植物配置提供基础支撑与参考。

本文基于各省市园林局、林业局及其他相关政府部门的公开数据，对其进行数据统计与分析，旨在寻找香樟古树树冠极限生长空间的阈值，以期为园林植物种植设计中的植物规格选择、生长空间需求以及动态管理等提供参考依据。本研究分别以树龄、胸径为变量分析其与香樟古树的横向空间（冠幅）与竖向空间（树高）关系。相对于树龄来说胸径测量更加便捷，通过数据分析可知，香樟古树胸径与树龄、冠幅、树高之间存在不同程度的相关关系，胸径与树龄的相关程度最高，相关系数达 0.73，胸径与冠幅以及胸径与树高分别为显著正相关和低度线性相关，相关系数分别为 0.48、0.32。通过对香樟古树生长空间进行量化分析，香樟古树冠幅、树高随胸径变化的范围，冠幅在胸径为 250～299cm 的范围内到达峰值，冠幅最大达 40m（用 excel 去除异常值）。树高在胸径为 200～249cm 的范围内到达峰值，树高最高可达 31m。香樟古树的冠幅平均值在胸径<400 的范围内，随着胸径的增大而增大，当胸径增加到 400～449cm 的时候，冠幅明显下滑，平均值减少到 16m。其树高平均值在一定胸径（<300cm）范围内，树高随胸径的增加而明显增加，在胸径≥300cm 时，其胸径与树高并无相关性。此外，本研究所进行的数据分析只涉及了政府公开数据，数据存在一定的局限性，有待进一步深入且全面的研究。

参考文献

[1] 孙丰军，米锋，吴卫红，等．北京地区林木损失额的价值计量研究——有关古树名木生长势系数确定方法的探讨[J]．广东林业科技，2008，24(05)：45-48.

[2] 刘颂颂，叶永昌，朱纯，等．东莞市古树名木健康状况初步研究[J]．广东园林，2008，(01)：55-56.

[3] 杨旺利，刘旭光．福安市古树名木资源调查与研究[J]．林业科技开发，2003，(S1)：78-80.

[4] 梁善庆，胡娜娜，林兰英，等．古树名木健康状况应力波快速检测与评价[J]．木材工业，2010，24(03)：13-15.

[5] 田利颖，陈素花，赵丽．古树名木质量评价标准体系的研究[J]．河北林果研究，2010，25(01)：100-105.

[6] 刘嘉，杨莉雷，陆小平．苏州城区古树名木的树势评价[J]．安徽农业科学，2010，38(36)：20806-20809.

[7] 孙超，车生泉．古树名木景观价值评价——程式专家法研究[J]．上海交通大学学报(农业科学版)，2010，28(03)：209-217.

[8] 杨小建，游传兵，洪定安，等．涪陵区古树名木资源现状

保护对策[J]. 四川林业科技，2012，33(01)：69-72.
[9] 黄祯强．上海市古树名木种类构成及分布特点研究[J]. 中国园艺文摘，2012，28(05)：72-74.
[10] 王艺伟，曹璐，白伟锋，等．伊川县古树名木资源调查及保护管理策略[J]. 林业调查规划，2012，37(06)：103-108.
[11] 陈自亮，王文卿．从岱庙古树名木的生长状况谈古树名木的保护[J]. 漳州师范学院学报(自然科学版)，2013，26(01)：97-101.
[12] 吴苑玲，康杰．深圳特区古树名木保护的探讨[J]. 热带林业，2005，(03)：38-40+44.
[13] 梅艳，林海，雷福民．试析古树名木崇拜及其生态意义——以浙江山区为例[J]. 生态经济，2005，(09)：105-107.
[14] 曾辉，朱丽辉，李冬，等．古树名木衰败死亡原因及保护措施初探[J]. 黑龙江生态工程职业学院学报，2007，(01)：23-24.
[15] 欧应田，钟孟坚，黎华寿．运用生态学原理指导城市古树名木保护——以东莞千年古秋枫保护为例[J]. 中国园林，2007，(12)：71-74.
[16] 钱长江，徐建，黎明，等．古树资源保护与民族文化的关系[J]. 黑龙江农业科学，2014，(09)：76-82.
[17] 钟艳，李晓琼，汪建策．九江城区古树名木生存空间及文化传承空间保护研究[J]. 生态经济，2014，30(11)：115-118.
[18] 徐炜．福州市古树名木资源的保护与利用[J]. 福建林业科技，2006，(01)：121-126.
[19] 沈启昌．古树名木林木价值评估探讨[J]. 绿色财会，2006，(01)：39-41.
[20] 李秋静，曾凤，谢腾芳，等．珠三角6个城镇居住区植物景观调查与评价[J]. 广东园林，2016，38(03)：75-79.
[21] 王旭东，杨秋生，张庆费．常见园林树种树冠尺度定量化研究[J]. 中国园林，2016，32(10)：73-77.

作者简介

王雪瑞，1993年生，女，汉族，河南开封人，华北水利水电大学建筑学院，硕士研究生。研究方向为风景园林设计理论与实践。电子邮箱：458497554@qq.com

沙霖，1994年生，女，汉族，河南郑州人，华北水利水电大学建筑学院，硕士研究生。研究方向为风景园林设计理论与实践。电子邮箱：1697089882@qq.com.

王旭东，1980年生，男，汉族，郑州开封人，华北水利水电大学建筑学院讲师，博士。研究方向为园林植物群落及绿地生态。

昆明市五华区行道树种银桦 *Grevillea robusta* 危险度调查与评估[①]

Hazard Evaluation on Street Trees *Grevillea Robusta* by VTA Method and Real Accident Rate in Wuhua District of Kunming City

何柳青　韩　丽　马长乐*　张金丽　鲁　翠　孟瑞东

摘　要：正确评估行道树潜在危险度能为提高园林绿化管理效率、降低其对居民生命财产安全的威胁提供帮助。银桦树自20世纪50年代起成为昆明市主城区的主要行道树种之一，近年来由其引发的安全事故增多，本文采用VAT评估法对昆明市五华1362株银桦行道树进行潜在危险度调查与评估，发现不同生长期的银桦潜在危险度指数不同，不同街区的银桦潜在危险度指数不同，表明潜在危险度与栽植环境有较大关系，树势、树龄、立地条件、日常管理等因素都是影响银桦潜在危险度的重要因素。VTA评估结果与2016～2017年银桦树安全事件发生率对比发现，潜在危险度能很好地反映实际危险事件发生趋势，认为对VTA评估中高危险度的行道树加强日常管理有利于降低实际安全事件发生的风险，期望此项研究能为城市行道树管理种和树种选择提供参考。
关键词：银桦；VTA评估法；潜在危险度；昆明市

Abstract: Correct assessment of street trees' potential hazard rate can improve the management efficiency and reduce the threat of people's lives and property. *Grevillea robusta* trees used to be one of the main street trees of kunming city since the 1950 s, in recent years the increase in the number of security incidents showed the species is not a proper street tree species. Visual Tree Assement (VTA) method was used to investigate and analyze the potential hazard rate of *Grevillea robusta*, in the street of Wuhua District, Kunming City. The results showed that: *Grellea robusta* in different growth stages, different sample areas, have different hazard rate, many factors like the growth potential, age, biological characteristics, improper management and site conditions, have impacts on the potential hazard rate of the *Grevillea robusta*. Comparing with the real accident rate speculated by management record, the VTA result shows a certain amount of consistency with the real accident rate, the differences between them is assumed to be arouse by external factor like the climate and environment change. It is concluded that the potential hazard rate of *Grevillea robusta* can be reduced by proper management of the plots with high hazard rate. The study can provide particular case for urban tree management and trees species selection for urban forest and urban greening.
Keyword: *Grevillea robusta*; VTA Method; Potential Risk; Kunming City

树木给城市居民带来美的享受，为营造良好的人居环境发挥着不可替代的作用，但不良的城市园林树木管理也会带来一定的风险，危及城市居民、建筑与设施安全。园林树木会出现树体倾斜、树枝下垂、树干腐朽、根系受损等不健康的状况，若遇到不利的天气条件易导致树枝折断、垂落、树干劈裂等，甚至造成整株树木倒伏而成为城市潜在的不安全因素[1,2]，对城市树木进行健康与安全性评估是防范此类风险的重要措施。国内对城市行道树进行健康检测与评价方面，主要有运用层次分析法、随机样方法、主成分分析法和活力度分级法对行道树进行健康评价[3]，也有学者分析了园林树木安全隐患的类型、产生原因并提出一些措施，基于目测法、声波法对古树危险度进行评估，研究对象以行道树和古树为主，国外对城市树木危险度评判早有重视并提出许多有效的方法，包括目测法、超声波技术检测、生物力学检测、综合分析法等[4]，其中由Mattheck等人提出的目测树木评估法（简称目测法 Visual Tree Assessment, VTA)[5]，结合了树体构造、力学强度等知识，对树木的健康度和危险度的评估由于其方便高效为国内外众多学者研究所采用[6-8]。

园林树木的安全隐患与树木本身及环境因素密切相关，包括树种、树龄、树势、生长位置、立地条件等[1]，其中树木本身的生长特性和年龄是导致危险性的重要因素，在特定的城市环境中一些树种在幼、成龄阶段成林成景，观赏效果极佳，到了衰老阶段树势下降，风险逐年增加。曾经作为昆明市重要的城市行道树的银桦（*Grevillea robusta*）就是这样的一个树种，银桦原产于澳大利亚东部，乔木树种，高达10～25m，高大挺拔的树形深受人们的喜爱，在热带一亚热带地区有广泛的栽种，自20世纪50年代引入昆明栽种[9]，由于气候条件适宜，速生、病

① 基金项目：本项目由国家林业和草原局西南风景园林工程技术研究中心支持完成，为云南省教育厅科学研究基金项目（2019Y0149），受昆明市五华区科学技术和信息化局项目（五科信项字201620）、西南林业大学科研基金项目（111103）资助。

虫害少、成景快等特点[10]，成为了昆明城市绿化的骨干树种，在道路绿化、城市美化、城市交通指示、城市生态效益优化等方面发挥了积极的作用。然而，随着时间的推移，银桦树体老化、树势弱、根系浅、树冠/茎干比例失调、抗寒性差等问题日益突显，20世纪80年代后期始，脆弱枝干易风折伤人事故频发，银桦的管护和存留成了城市园林部门思考的问题[11]，出于安全考虑其后昆明地区已基本不再新种植银桦做行道树。目前，昆明市盘龙和五华两个老城区仍然有几个街区以银桦做行道树，最早种植的一批银桦树龄已达50～60年，随着这些银桦树的不断老化，树干倒伏、断枝等发生的频率也在上升，对银桦进行科学的危险度评估，及时发现问题并积极采取措施消除隐患变得非常有必要。本研究选取树体外观和生存环境两方面12个项目类型，对昆明市五华区现存银桦进行VTA危险度评估，与由银桦引发的真实发生的危险性事件进行对比，提出昆明市银桦行道树安全管理及养护建议，为城市园林绿化管理与质量提升提供参考。

1 研究方法

1.1 调查区域与方法

在实地踏查基础上，于2017年10月～12月，对昆明市五华区11条道路（其中主干道5条，次干道6条）的银桦树进行调查，对共计1362株银桦树每木检测、拍照，记录树高、胸径等12项VTA指标，将每条调查道路设置为一个样区并编号（表1）。

样区一编号表 表1

道路名称	五一路	瓦仓东路	瓦仓南路	瓦仓北路	瓦仓西路	新闻路	青年路	翠湖环路	东风东路	东风西路	国防路
编号	A	B	C	D	E	F	G	H	I	J	K

1.2 VTA计算方法

在参考黄敏硕[12]的方法基础上，在其他类别中设置"触及电线"和"流胶病"两项和银桦树相关的2个项目类别，以表2的12个指标为基准，对每棵行道树12个指标进行调查，以此为依据计算出各指标的出现率及潜在危险度指数。

银桦树潜在危险度调查检测项目表 表2

危险类型	VTA检测项目	伤害程度系数
树木倾倒	根系不稳定 X_1	4
	树干异常倾斜 X_2	4
	树木内部腐朽征兆 X_3	4
树干折断	V字夹角主干 X_4	3
	树干异常裂痕 X_5	3
	树干中空腐朽 X_6	3
枝干折断	枝干内部腐朽症状 X_7	2
	枝干异常裂痕 X_8	2
小枝折断	徒长枝 X_9	1
	危险枯枝 X_{10}	1
其他	触及电线 X_{11}	3
	流胶病 X_{12}	1

1.3 实际行道树事故发生率计算方法

查阅昆明市五华区绿化处行道树应急抢险案件档案（2016年8月～2017年8月），采集与银桦行道树安全事件发生相关的记录，在此基础上统计实际事故发生率，频率分数换算参照表3。

频率分数换算表 表3

危险出现率（%）	频率分数
<1	0.1
1～3	0.2
4～5	0.4
6～15	1
16～25	2
26～35	3
36～45	4
46～55	5
56～65	6
66～75	7
76～85	8
86～95	9
96～100	10

（1）实际（行道树事故）发生率＝已发生危险情况次数÷样区银桦总数量×100%

（2）实际（行道树事故）危险度指数＝实际危险发生率×实际危险系数

2 结果与分析

2.1 径级结构与VTA危险度

银桦的胸径（DBH）大小等级划分在参考国家林木径阶划分标准的基础上采用Ⅶ级划分标准[13, 14]，11个样区中的1362株银桦，胸径主要分布于Ⅳ级和Ⅴ级（胸径在36～60cm的银桦占78%），胸径超过60cm的粗大银桦占14.1%，大径级占比较高，除与银桦本身为速生树种有关外，更重要的原因是银桦在昆明作为行道树种植的年代较久远，最早的如翠湖环路样区普遍种植于20世纪五六十年代，种植相对较晚的如东风西路样区，种植于20世纪80年代，老化现象明显。

从各样区的径阶分布情况来看：A样区径级分布呈倒V形，峰值出现在Ⅳ级～Ⅵ级；B样区有明显峰值，峰值出现在Ⅳ级；C样区径级无明显峰值，集中分布于Ⅱ级～Ⅳ级；D样区有明显峰值，峰值出现在Ⅳ级；E样区有明显峰值，峰值出现在Ⅳ级；F区径级分布有峰值但峰值优势不明显，主要集中分布在Ⅳ级和Ⅴ级；G样区有明显峰值，峰值出现在Ⅴ级；H样区径级分布有峰值但峰值优势不明显，主要集中分布于Ⅳ级和Ⅴ级；J样区有明显峰值，峰值出现在Ⅲ级；I样区有明显峰值，峰值出现在Ⅵ级；K样区径级分布无明显峰值，主要集中分布于Ⅳ级和Ⅴ级。径阶分布峰值（或集中分布平均值）出现的级数越高说明该样区银桦总体胸径越大，发生侧枝掉落或树体倾倒造成危害时危害程度可能也相应较大。按照各样区峰值（或集中分布平均值）出现的级数高低划分，I样区最高，A样区和G样区第二，H样区、F样区、K样区第三，B样区、C样区、D样区、E样区第四，J样区最低。

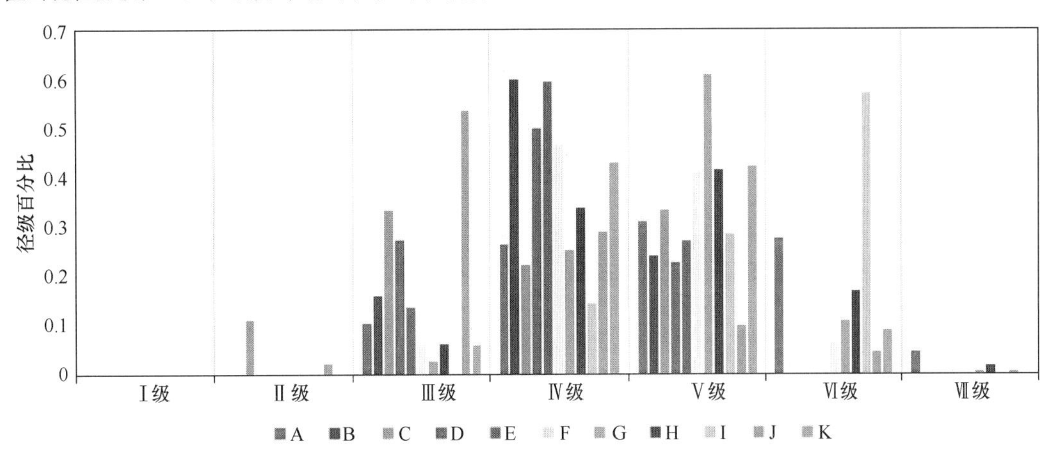

Ⅰ级：DBH≤12cm；Ⅱ级：12cm＜DBH≤24cm；Ⅲ级：24cm＜DBH≤36cm；Ⅳ级：36cm＜DBH≤48cm；Ⅴ级：48cm＜DBH≤60cm；Ⅵ级：60cm＜DBH≤72cm；Ⅶ级：DBH＞72cm

图1　调查区11银桦径阶分布情况

银桦潜在危险度指数　　**表4**

样区	DBH（cm）	X_1	X_2	X_3	X_4	X_5	X_6	X_7	X_8	X_9	X_{10}	X_{11}	X_{12}	T
A	30～87	0.4	4	12	0.6	12	3	2	8	3	8	15	2	70
B	29～55	0.4	12	24	0.3	27	18	6	10	1	6	12	8	124.7
C	20～51	0.4	24	28	0.3	24	21	14	18	3	9	27	4	172.7
D	28～60	0.4	12	28	0.3	27	18	6	12	1	8	18	7	137.7
E	33～57	1.6	20	28	0.3	30	24	16	20	9	10	9	7	174.9
F	5～70	0.4	12	16	0.3	21	18	2	8	1	2	15	10	105.7
G	25～74	0.4	8	4	0.6	15	12	2	12	2	3	6	3	68
H	25～82	0.4	8	4	0.3	12	9	6	10	2	6	3	2	62.7
I	37～68	0.4	0.4	4	0.3	6	3	8	18	1	7	24	1	73.1
J	12～82	0.4	4	4	0.3	12	6	4	12	3	5	12	2	64.7
K	28～72	0.4	8	4	0.3	15	9	8	14	4	8	6	4	80.7
单项总值		5.6	112.4	156	3.9	201	141	74	142	30	72	147	50	
分项总值			274			345.9			216		102		197	

注：T：各项目（潜在危险度指数）累加值。

2.2　危险度项目类别VTA评价

在VTA检测的5个危险类别中，潜在危险度指数由高到低依次排序为：树干折断＞树木倾倒＞枝干折断＞其他＞小枝折断；在12个检测项目中“树干异常裂痕”的潜在危险度指数最高，V字夹角主干最低。从全部样区的总体情况来看，V字夹角主干与根系不稳定两类的危险度指数并不是很明显。危险度指数较明显的前6个项目分别为：树干异常裂痕、树木内部腐朽征兆、触及电线、枝干异常裂痕、树干中空腐朽和树干异常倾斜。

树木倾倒危险度评估，包括根系不稳定、树干异常倾斜、树木内部腐朽征兆3类，由于树木倾倒是所有检测项目中伤害程度系数最高的，所以很大程度上决定了银桦总体树木倾倒的潜在危险度指数较高，但其中银桦根系不稳定的潜在危险度指数却极低，在所有调查样区中根系不稳定的危险度指数普遍较低且分布较为均衡，说明现种植的银桦中根系不稳定导致的危险较少发生。此外，树干异常倾斜与树木内部腐朽征兆危险度都相对较高，养护管理中需加以防范。一方面，银桦地上部分过高导致其重心上移：在所调查的 11 个样区中，银桦地上部分平均高度超过 18m，最高的甚至达到 35m；另一方面，银桦地下生存环境普遍较差，调查中发现 11 个样区中树池老化、消失普遍发生，且尚存的树池内土壤板结严重，土壤透水性透气性差，夯实的硬化土壤限制了根系伸展，造成银桦根系生长不良、根系衰弱。树干异常倾斜主要与银桦树体比例失衡及根系发展不健全有关，当根系生长不良或是受损，导致地上部分与地下部分比例失衡时，行道树重心会上移，便很容易倾斜倒伏[12]。此外，树势衰退、树体结构损坏也有可能导致树木异常倾斜，调查中发现，C 样区（24 株）和 D 样区（20 株）银桦的树干异常倾斜潜在危险度明显高于其他样区，应采取适当管理措施加以防范。

树干折断危险度评估：包括 V 字夹角主干、树干异常裂痕、树干中空腐朽 3 类，本次调查中银桦 V 字夹角主干的潜在危险度是所有检测项目中最低的，说明银桦不易发生 V 字夹角主干；树干异常裂痕和树干中空腐朽的危险度指数相对较高，尤其是树干异常裂痕的潜在危险度指数为所有检测项目中最高，存在较大潜在危险，需密切关注。

枝干折断危险度评估：包括枝干内部腐朽症状、枝干异常裂痕两类，枝干内部腐朽症状的平均出现率不高加之伤害分数也不算高，所以危险度指数相对较小。枝干异常裂痕本身伤害分数不高，但由于平均出现率较高，所以潜在危险指数也较高，值得注意。

银桦腐朽（树干内部腐朽、树干中空腐朽、枝干内部腐朽症状）是树体老化、树势衰弱等内在因素与市政建设[15,16]、地下管线设置、人行道铺设、不当修剪等外部因素共同作用的结果。外部物理损伤破坏了银桦生理结构，导致病原菌入侵，内部抗性弱加速，使树体溃烂和腐朽。

小枝折断危险度评估：小枝折断包括徒长枝和危险枯枝两类，徒长枝大多是由于树体为了补给养分而匆促生长出来的枝叶，它们并不是牢固地连接在树干髓心上，有不稳定、容易折断的特点，具有一定的潜在危险性。银桦生长过程中通过自然更新淘汰部分失去活力、竞争力弱的老枝，然而这些老枝条并不会立即掉落，而是存留于高大的树体上最终形成危险枯枝。这些危险枯枝腐朽溃烂至一定程度，或在风力等外力的作用下不定期掉落，这两类症状平均出现率较高，也是较为常见的银桦安全事故类型，调查中由于其伤害度较小，所以相应的潜在危险度也较小。

其他：其他类型包括触及电线和流胶病两类，触及电线因其伤害程度系数较高导致潜在危险度相对较明显，原因推测主要是与银桦种植年代久远且大多分布在老旧城区有关，这些街道普遍建设较早各种管线均未入地，加之银桦树体高大，导致树枝触及高空电线的现象非常普遍，一旦发生树枝断裂、枯枝掉落或树体倒伏，极易触压高空电线，十分危险。银桦流胶病因其伤害程度较小，所以相应的潜在危险度指数不高。

2.3 不同样区 VTA 评价

从 11 个样区潜在危险度总体情况来看，E 样区的潜在危险度指数最高。潜在危险度相对较明显的 5 个样区依次为：E 样区（174.9）、C 样区（172.7）、D 样区（137.7）、B 样区（124.7）、F 样区（105.7）。其余 6 个样区潜在综合危险度均在 70 左右。

2.4 实际安全事故与 VTA 评价的相关性

据昆明市五华区绿化处的统计数据显示，2016 年 8 月～2017 年 8 月五华区行道树共发生危险事件 687 件，银桦相关的危险事件共 564 件，占比 82.10%。在银桦相关的危险事件中 97.34%是由枝干断落引起，4 件由树体倒伏引起。银桦实际危险度指数与潜在危险度指数对比见图 2。

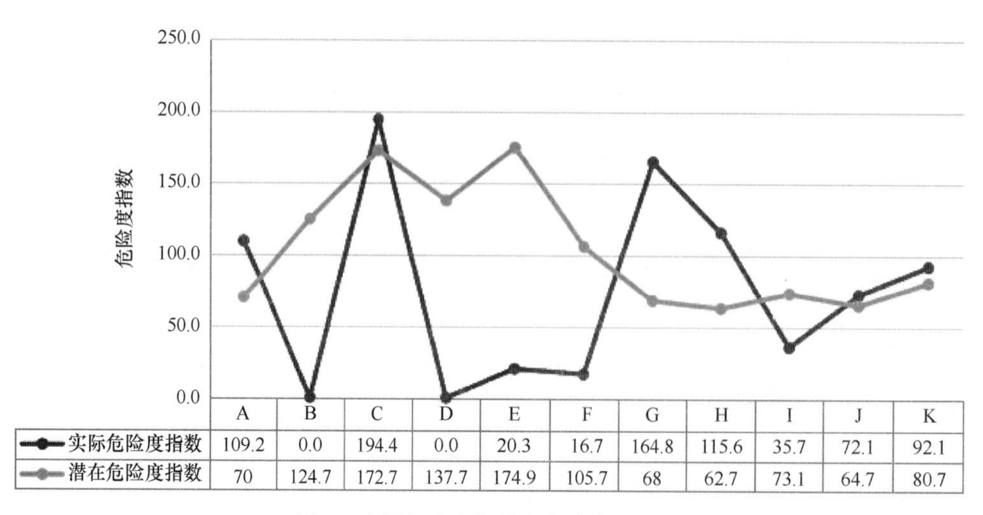

	A	B	C	D	E	F	G	H	I	J	K
实际危险度指数	109.2	0.0	194.4	0.0	20.3	16.7	164.8	115.6	35.7	72.1	92.1
潜在危险度指数	70	124.7	172.7	137.7	174.9	105.7	68	62.7	73.1	64.7	80.7

图 2　实际危险度与潜在危险度对比图

对比实际危险度指数发现，A、C、J、K 四区的两个指数基本一致，但在部分区域存在差异。B、D、E、F、I 5 个样区银桦的实际危险度指数显著低于潜在危险度指数，以上 5 个样区银桦的种植环境均有道路狭窄（平均路幅约低于 5m）且非城市主干道的特点，可能由于道路狭窄，两侧房屋逼仄导致道路局部小气候环境相对较稳定，不易发生大风、雷电等极端恶劣天气，加上交通不繁忙，使得银桦受外力影响的可能性相对较少，致使实际危险情况发生较少，故实际危险度指数低于潜在危险度指数。G 样区实际危险度指数显著高于潜在危险度指数，与该样区银桦树龄普遍较高和 G 样区为城市老旧主干道有关。G 样区中种植的银桦径级主要分布于Ⅴ级（48cm＜DBH≤60cm），树龄普遍较高，加上 G 样区地处道路交通极繁忙区，外部因素对树木的影响大，致使该样区银桦危险事故高发，所以此样区实际危险度指数高于潜在危险度指数。

3　结论与讨论

多种因素导致银桦的潜在危险性增加。昆明现种植的银桦总体树势衰弱；银桦作为一种速生树种，其木质部强度较低，即使在幼龄阶段也容易损伤或断裂；银桦没有主根，支撑树体的主要为发达的水平根系，受城市特殊生长环境的制约，水平根系生长不完全导致银桦根系发展不平衡[17]；现存银桦种植年代久远，树体高大，重心上移；银桦作为行道树为满足道路交通需求，需进行频繁修剪，尤其枝叶遮挡交通信号、影响行车视线时，更需要进行重修剪，部分修剪甚至严重干扰了树木本身的正常生理生长。树势、树龄、生物特性、不当管理、立地条件等诸多因素都是可能导致银桦的潜在危险性增加的重要因素。不同样区银桦潜在危险度指数不同，与种植环境有较大关系。调查发现，潜在危险度指数较高的 5 个样区：瓦仓西路样区、瓦仓南路样区、瓦仓北路样区、瓦仓东路样区、新闻路样区均为昆明市典型的老旧街道，这些地方普遍存在街道狭窄、道路荫蔽、行道树种植穴老化（消失）、空中线缆交错密布、地下种植条件差等问题，银桦的生存环境恶劣。不同生长期的银桦潜在危险度指数不同，体现出“胸径越大—树龄越高—树高越高—潜在危险度相对值越高”的特点。昆明市银桦行道树种植年代较久，普遍生长衰退，对环境变化的适应能力变差，易发生腐朽、易受病菌感染，潜在危险度指数普遍较高，受环境因素、管养情况、种植时间等的影响，各样区不同胸径、不同树龄的银桦潜在危险度指数有一定差异。行道树实际危险度受外部气候环境因素影响较大，银桦实际危险性事故的发生属树木个体性事件，与树木自身个体强弱关系密切，外部气候环境因素对其有较大影响，如翠湖环路样区，周围环境较空旷，银桦易受大风、雷电等恶劣气候影响，诱发危险事故；又如青年路样区，道路宽阔、交通繁忙，外部不良影响大，促使危险事故发生。

对高危险度样区加强管理，降低银桦行道树的潜在危险度。对银桦危险性的改善应当从危险度指数较高的道路入手，留优去劣，逐步更换；保留银桦景观效果良好且潜在危险度相对较低的道路，作为昆明“乡愁树”城市园林景观的典型代表，精细管养、增强树势；对于危险度相对不高且景观效果尚可的道路，分级监控、定期巡查，春天、雨季、大风季节适当有针对性地加大巡查力度，密切关注其潜在危险度指数。此外，我国树种资源丰富，可供选做城市园林绿化的树种很多，尤其是地处云南这样一个生物多样性大省的昆明市，应当重视地方乡土树种的培育和应用。

参考文献

[1]　高敏，刘建军．园林树木安全性研究概述[J]．西北林学院学报，2014，29(4)：278-281.

[2]　唐友林．85.4.10 广州绿化树木风害的分析[J]．广西植物，1988(4)：51-57.

[3]　蔡园园，闫淑君，吴沙沙，等．11 种常用行道树危险度评估[J]．森林与环境学报，2015，35(2)：169-174.

[4]　傅伟聪，朱志鹏，陈梓茹，等．福建沿海乡村常用绿化乔木危险度评估——以闽南地区为例[J]．江西农业大学学报，2016，38(1)：34-41.

[5]　Mattheck C., and Breloer H. The body language of trees. A handbook for failure analysis[M]. London: Office of the Deputy Prime Minister, Stationery office. 1993: 203.

[6]　詹明勋，蔡侨隆，李佳霖，等．应用目视树木评估危险度及健康度——以台中县市老树为例[C]．海峡两岸青年科学家论坛．2007.

[7]　朱志鹏，傅伟聪，陈梓茹，等．闽东城乡古树危险度评估及保护措施——以闽侯县为例[J]．四川农业大学学报，2015，33(4)：364-370.

[8]　Hrestak A. Control of trees with Visual tree assessment method in Maksimir park[J]. Proceedings of the Society for Experimental Biology & Medicine Society for Experimental Biology & Medicine, 2011, 136(3): 894-898.

[9]　汪天祥，孙杨．昆明城市绿化树种选择及实施探讨[J]．北京林业大学学报，2001，23：58-60.

[10]　翁启杰，刘有成．银桦生物学特性及栽培技术[J]．林业与环境科学，2006，22(1)：101-103.

[11]　高则睿，赵林森，高喜．昆明市区银桦行道树经营管理成本效益分析[J]．西南林业大学学报(自然科学)，2004，24(4)：45-48.

[12]　黄敏硕．以 VTA 法进行台中市绿园道行道树之危险度评估[D]．中国台北：中兴大学园艺学研究所，2010.

[13]　詹明勋，王亚南，高毓谦，等．树木目视评估危险度及健康度：以台中县市老树为例[R]．中国台北：台湾大学实验林研究报告，2006，20(2)：99-116.

[14]　窦逗，张明娟，郝日明，等．南京市老城区行道树的组成及结构分析[J]．植物资源与环境学报，2007，16(3)：53-57.

[15]　钱能志，薛建辉，吴永波，等．遵义市城区行道树组成结构分析[J]．南京林业大学学报(自然科学版)，2005，29(4)：113-116.

[16]　李磊，乔保雨，许振平，等．城市行道树生长衰弱原因探析及对策[J]．吉林农业科技学院学报，2010，19(2)：37-39.

[17]　侯秀清．行道树长势减弱的原因及其改善措施[J]．内蒙古林业，2005(2)：34.

南京市主城区立体花坛应用现状研究

Investigation and Research on the Application of Mosaicultures in the Main Urban Area of Nanjing

徐思慧　王彦杰

摘　要：随着工业和园艺水平的发展，立体花坛作为一种近年以来越来越常见的立体绿化形式，应用得越来越普遍。本文通过对南京市主城区部分立体花坛的走访调查，研究立体花坛在南京市的应用情况，归纳总结南京市立体花坛应用现状，提出可行性建议，推动立体花坛景观更好地起到美化城市、陶冶情操、丰富生活的作用。并且基于对南京立体花坛调查、分析的基础上，为校园设计一立体花坛景观，对未来的校园立体花坛景观设计起到借鉴或参考的作用。

关键词：立体花坛；花坛分类；植物应用；南京

Abstract: With the development of industry and horticulture, three-dimensional mosaicultures, as a more and more common form of three-dimensional greening in recent years, is more and more widely used. Through the investigation of some three-dimensional mosaicultures in the main urban areas of Nanjing, this paper studies the application of three-dimensional mosaicultures in Nanjing, summarizes the current situation of three-dimensional mosaicultures in nanjing, and puts forward feasible Suggestions to promote the three-dimensional mosaicultures to better beautify the city, edify sentiment and enrich life. Based on the investigation and analysis of the three-dimensional mosaicultures in Nanjing, a three-dimensional mosaiculture landscape is designed for the campus, which will play a reference role in the future campus three-dimensional mosaicultures landscape design.

Keyword: Mosaiculture; Mosaiculture Classification; Plants Application; Nanjing

引言

立体花坛是一种利用垂直空间来提高绿化量的绿化形式，在位于华东地区的南京市的园林绿化建设进程中，立体花坛以其独特的形式展现着城市多元的魅力。以生态和谐为特点的立体花坛作为园林造型艺术的一种手段，当之无愧承担起了城市绿色雕塑的新使命[1]。

立体花坛是城市绿化中的一种由花坛发展出来的特别的装饰形式，历史可以追溯到古罗马时代[4]。主要以一年生或多年生的色彩丰富的草本植物或是小灌木为材料布置成立体的造型，并在周围种植或者摆放色彩绚丽的花卉作为衬景[2-5]。立体花坛在三维空间中展现生动的造型和绚丽的色彩达到多方位观赏的效果，具较高艺术观赏价值，成为当下较为流行的一种绿化形式，又被称为绿色雕塑[6]。紫竹院公园在1964年国庆前制作的立体花坛可看作我国立体花坛的起步之作[7]。2006年第三届国际立体花坛大赛在中国上海举办，当时国内技艺最先进的立体花坛在大赛上展出，此次大赛可以视为是国内立体花坛逐渐走向成熟的标志[8]。

本文采取实地调查、拍照的方法结合查阅资料，对南京市主城区立体花坛应用场所、立体花坛类型、植物材料配植与应用等方面进行研究分析。

立体花坛在节省空间的同时产生很高的艺术观赏性并且可以表现丰富的内涵，是符合城市园林绿化发展要求的花卉应用形式。本文通过对南京主城区立体花坛现状的调查及研究，为未来的立体花坛应用提供参考。

1　研究区概况

1.1　南京的立地条件

南京位于中国华东地区的江苏省西南部，地处北亚热带，气候湿润，四季分明，雨量充沛，属于中国现代植物资源最丰富、植物种类最繁多的地区。常年平均降雨117天，平均降水量1106.5mm，相对湿度76%，无霜期237天。近年以来，南京的城市园林建设已经取得了一定的成果，绿化水平位居全国前列，先后被评选为国家园林城市。随着南京市园林绿化水平的不断提高，立体花坛在城市中也出现得越来越普遍。

1.2　研究范围

本文立体花坛的研究范围界定在南京市主城区，包括玄武区、秦淮区、鼓楼区、建邺区、雨花台区。调研地点包括西安门遗址公园、南京中国绿化博览园、清水塘公园、象房村路与龙蟠路交叉口游园、龙蟠中路游园等公园绿地，以及鼓楼广场、卡子门广场和南京国际青年文化广场等广场用地，还有道路中分带岛头、道路中分带中间段、交通导流岛、人行道旁的装饰绿地等交通设施用地附属绿地。

2 南京市主城区立体花坛应用现状分析

2.1 立体花坛应用的场所

按照《城市绿地分类标准》CJJ/T 85—2017 的分类，经过对南京市主城区多种类型绿地的调查，发现立体花坛集中应用的场地分别属于公园绿地、广场用地和附属绿地 3 种绿地类型，共调查立体花坛 23 座。

公园绿地是指向公众开放，以游憩为主要功能，兼具生态、景观、文教和应急避险等功能，有一定游憩和服务设施的绿地[9]。本研究调查中位于公园绿地的立体花坛有 5 座。其中，西安门遗址公园内的“和谐韵律”，位于公园北侧面朝马路，造型为各种乐器以及形态各异的人物，是为表现南京城市风采、展现亚青会青春活力而布置的立体花坛，主要体现宣传作用；中国绿化博览园入口广场内的立体花坛为祥云伴月形态，位于入口的硬质广场上，形成视觉焦点，并具有良好的引导效果；象房村路与龙蟠路交叉口游园绿地内的“彩云追月”在游园绿地入口处有引导的作用，清水塘公园绿地内的十余只鸟类形态立体花坛点缀光裸的草坪，龙蟠中路游园绿地内的立体花坛“野趣”为三只梅花鹿造型，精致可爱，增添游园活泼的氛围。可见，公园中的立体花坛普遍具有宣传媒介、引导、营造气氛等功能。

南京市主城区公园绿地中立体花坛应用情况　表 1

	绿地类型	立体花坛布置地点	名称
公园绿地	专类公园——遗址公园	西安门遗址公园	和谐韵律
	专类公园——其他专类公园	南京中国绿化博览园	祥云伴月
	游园	清水塘公园	云中白鹤
		象房村路与龙蟠路交叉口游园	彩云追月
		龙蟠中路游园	野趣

图 1　部分公园绿地立体花坛

(*a*)“和谐韵律”；(*b*)“祥云伴月”；(*c*)“云中白鹤”；(*d*) 彩云追月；(*e*) 野趣

广场用地指的是以游憩、纪念、集会和避险功能等功能为主的城市公共活动场地[9]。位于广场用地中的立体花坛体积普遍较大，除鼓楼广场内的“生态家园”外，都是中大型的立体花坛，这些立体花坛周边是较为开阔场地，这些造型精致优美的立体花坛，通常能够成为广场中的焦点，如位于南京国际青年文化广场中的“同舟共进”（图 2*d*），是广场中标志性的景观，同时是构成南京青奥轴线的一个部分。而位于鼓楼广场的“生态家园”（图 2*a*）是相对小型分布比较分散的组合花坛，小鸟动态的造型点缀草坪，拓展了植物景观美化环境的作用。广场中的立体花坛有标志、柔化硬质景观等功能。

南京市主城区广场绿地中立体花坛应用情况　　表 2

绿地类型	立体花坛布置地点	名称
广场用地	鼓楼广场	生态家园
	卡子门广场	蔓花园
	卡子门广场	梧叶金陵
	南京国际青年文化广场	同舟共进

(*a*)

(*b*)

(*c*)

(*d*)

图 2　部分广场用地立体花坛

(*a*)“生态家园”；(*b*)“蔓花园”；(*c*) 梧叶金陵；(*d*) 同舟共进

附属绿地是附属于各类城市建设用地（除“绿地与广场用地”）的绿化用地，其中道路与交通设施用地附属绿地就是指道路与交通设施用地内的绿地[9]，调查发现应用于这类绿地的立体花坛最多。应用于道路绿化分车带、交通岛中的立体花坛除了具有丰富城市景观、美化城市环境、展现城市风貌之外，还起到了分隔道路空间、组织交通的作用，丰富了城市分车带绿化的形式。人行道旁装饰绿地内的立体花坛体量和规模普遍是中小型的，一般设置在路口转角处，配合多样的配景植物给过往行人与车辆眼前一亮的感受。道路与交通设施用地附属绿地中的立体花坛造型往往与所处的周边环境产生联系，如位于江东南路南京市儿童医院前的“海洋之声”（图 2*c*），生动可爱的海底动物造型对来医院就诊的儿童有一定的安抚作用，而位于北京西路与草场门大街交叉路口的“艺术人生”（图 2*d*）也与附近的南京艺术学院产生呼应。

南京市主城区道路与交通设施用地附属绿地中立体花坛应用情况　　表 3

绿地类型		立体花坛布置地点	名称
附属绿地-道路与交通设施用地附属绿地	绿化分车带岛头	江东北路与清凉门大街交叉路口南侧岛头	青春飞扬
	绿化分车带中间段	江东中路与水西门大街交叉路口北侧岛头	鸣春
		江东中路与水西门大街交叉路口南侧岛头	花开
		江东中路奥体中心段	拼搏
		江东路有轨电车段	逐浪
		江东南路南京市儿童医院前	海洋之声
	交通导流岛	江东中路与新安江路交叉路口交通导流岛	门

续表

绿地类型		立体花坛布置地点	名称
附属绿地-道路与交通设施用地附属绿地	人行道旁装饰绿地	北京西路与草场门大街交叉路口东北角	艺术人生
		汉中路与虎踞南路交叉路口东北角	悠然时光
		龙蟠路与节制闸路交叉路口东北角	欢欣鼓舞
		龙蟠路与珠江路交叉口西南角	心花怒放
		梅花谷路与明陵路交叉路口东南角	呦呦鹿鸣
		夫子庙门口	金色梧桐
		龙蟠路与龙蟠中路交叉口北侧	亲密无间

(*a*) (*b*) (*c*) (*d*) (*e*) (*f*)

图 3 部分附属绿地立体花坛

(*a*)“鸣春”；(*b*)“花开”；(*c*)“海洋之声”；(*d*)“艺术人生”；(*e*)“悠然时光”；(*f*)“欢欣鼓舞”

通过调查发现，南京市主城区的立体花坛应用的场所主要有公园绿地、广场绿地和附属绿地，其中在附属绿地中的道路与交通设施用地附属绿地中应用得最广泛，也相应展现出更多的功能，比如增强导向作用、组织交通等。但在其他绿地类型中尚未见立体花坛的应用。

2.2 立体花坛的类型

立体花坛分类可以根据多种分类方式进行划分。按照功能可以将立体花坛分为主题立体花坛和装饰立体花坛；按照观赏类型可分为二维立体花坛、三维立体花坛；按照立体花坛的造型元素划分，可以分为建筑造型、动植物造型、其他具象造型和抽象造型；按照组合方式分为单体立体花坛和组合立体花坛[4,6,8]。

调查的南京市主城区立体花坛类型分析结果见表 4。23 座立体花坛全部为主题立体花坛；按观赏类型划分，三维立体花坛占 87%；按造型元素划分，没有建筑造型立体花坛，56.5%的立体花坛采用动植物造型元素，39.1%采用其他具象物体作为造型元素，仅有4.4%的立体花坛应用抽象造型；按照组合方式划分，组合立体花坛占52.1%，单体立体花坛占47.8%。

南京市主城区部分立体花坛类型统计 **表4**

立体花坛类型		公园绿地（个）	广场绿地（个）	道路与交通设施用地附属绿地（个）	总和（个）	百分比（%）
按功能划分	主题立体花坛	5	4	14	23	100
	装饰立体花坛	0	0	0	0	0
按观赏类型划分	二维立体花坛	2	0	1	3	13
	三维立体花坛	3	4	13	20	87
按造型元素划分	建筑造型立体花坛	0	0	0	0	0
	动植物造型立体花坛	2	3	8	13	56.5
	其他具象造型立体花坛	3	1	5	9	39.1
	抽象造型立体花坛	0	0	1	1	4.4
按组合方式划分	单体立体花坛	3	2	6	11	47.8
	组合立体花坛	2	2	8	12	52.1

调查结果显示，南京市主城区的立体花坛普遍为具有一定主题立意的主题立体花坛，基本没有见到单纯以装饰为目的的装饰立体花坛，主题思想主要源于的是城市生活，表达生活的幸福喜悦、宣扬正能量精神等，如西安门遗址公园的"和谐韵律"、南京国际青年文化广场的"同舟共进"等。"拼搏"（图4）位于正对南京奥林匹克体育中心东门外的绿化分车带中，是一组表现不同项目的运动员在赛场上奋力拼搏场景的立体花坛，主题与其使用的场所有呼应的关系，生动形象地表现奥林匹克运动精神，成为了这一段道路的标志。

从观赏类型来看，三维立体花坛在南京主城区中的应用更为普遍，同时也有极少部分的二维立体花坛，如中国绿化博览园入口广场的立体花坛和象房村路与龙蟠路交叉口的"彩云追月"都属于二维立体花坛的形式。

从造型来看，调查的立体花坛的造型元素以具象造型的元素为主，其中动植物元素最为多见，常用的造型元素有花朵、鸟类等，同时人物造型也较为常见，而建筑造型的立体花坛在南京主城区几乎没有，抽象造型元素的立体花坛在南京主城区也比较少见。江东中路与水西门大街交叉路口绿化分车带南北两侧岛头的"鸣春"（图5）和"花开"（图6）两个立体花坛，都应用了花鸟的造型元素，立体花坛的轮廓清晰，鸟类、蝴蝶造型的动态感十足，形态逼真，搭配花团锦簇的植物造型，栩栩如生，十分传神。

从组合方式来看，组合立体花坛和单体立体花坛在南京市主城区内的公园绿地、广场绿地和道路与交通设

图4 "拼搏"近景

图5 "鸣春"近景

图 6　“花开”近景

施用地附属绿地中应用的频率相当，但是道路绿化分车带中，组合立体花坛占到 100%，在绿化分车带这种容易受到限制的场地中，应用组合立体花坛可以表达得更完整和连续。

立体花坛的类型方面，主题立体花坛应用普遍，但是主题内涵立意缺乏创新的意识，调查中的立体花坛多数立意深度较为浅显，主题涵盖的方面也比较窄，在以后的立体花坛布置中，应涵盖更宽泛的主题，可以注重挖掘具有南京城市特色的主题，提高立体花坛主题立意的深度，使立体花坛的内涵更加充实。

2.3　立体花坛植物材料

立体花坛应用的植物分为立面的植物以及立体花坛周边的配景植物。立面植物是表达作品的关键，选用叶色鲜明、叶形小巧细密的植物可清晰表现图案，同时有强健的生命力和适应性，耐修剪、生长缓慢的植物可更好地保持立体花坛图案的稳定[11-13]。配景植物在地面上形成图案或形成类似花境的形式，展现花卉群体美和色彩美，为陪衬立体花坛，配景植物多为草本花卉或灌木。

通过对南京市主城区部分立体花坛的调查，统计出在立体花坛中实际应用的植物材料种类共有 35 科、51 属、56 种，植物名录见表 5。其中菊科植物应用的种类最多，有 8 种，占 14.3%；其次是景天科、唇形科、玄参科和禾本科，各有 3 种，各占 5.4%；石竹科、虎耳草科、堇菜科、旋花科、百合科、忍冬科、柏科均有 2 种，占 3.5%；其余科各 1 种，占 1.8%。

■ 菊科　■ 景天科　■ 唇形科　■ 玄参科　■ 禾本科
■ 石竹科　■ 虎耳草科　■ 堇菜科　■ 旋花科　■ 百合科
■ 忍冬科　■ 柏科　■ 其他科

图 7　南京主城区立体花坛植物各科比重

南京主城区立体花坛植物名录表　　**表 5**

序号	中文名	拉丁名	科属	用途	备注	观赏期
1	锦绣苋	*Alternanthera bettzickiana*	苋科莲子草属	立面植物	观叶；叶绿色、紫红色	全年
2	佛甲草	*Sedum lineare*	景天科景天属	立面植物	观叶；叶绿色	全年
3	小球玫瑰	*Sedum spurium* ‘Dragon' s Blood’	景天科景天属	立面植物	观叶；叶紫红色	全年
4	黄金万年草	*Sedum lineare* ‘Gold Moss’	景天科景天属	立面植物	观叶；叶黄绿色	全年
5	一串红	*Salvia splendens*	唇形科鼠尾草属	配景植物	观花；花红色	5～11 月
6	金鱼草	*Antirrhinum majus*	玄参科金鱼草属	配景植物	观花；花黄、紫、粉红色	6～7/9～10 月
7	香彩雀	*Angelonia angustifolia*	玄参科香彩雀属	配景植物	观花；花粉色	5～11 月
8	蓝猪耳	*Torenia fournieri Linden*	玄参科蝴蝶草属	配景植物	观花；花蓝紫色	6～12 月
9	菊花	*Chrysanthemum morifolium*	菊科菊属	配景植物	观花；花黄色、浅紫色	9～11 月
10	百日菊	*Zinnia elegans*	菊科百日菊属	配景植物	观花；花黄色	6～9 月
11	万寿菊	*Tagetes erecta*	菊科万寿菊属	配景植物	观花；花橙色	7～10 月
12	雏菊	*Bellis perennis*	菊科雏菊属	配景植物	观花；花紫红色	3～6 月
13	黄金菊	*Euryops pectinatus*	菊科黄蓉菊属	配景植物	观花；花黄色	8～10 月
14	芙蓉菊	*Crossostephium chinensis*	菊科芙蓉菊属	立面、配景植物	观叶；叶银白色	全年
15	银叶菊	*Senecio cineraria*	菊科千里光属	立面、配景植物	观叶；叶银白色	全年
16	大吴风草	*Farfugium japonicum*	菊科大吴风草属	配景植物	观叶；叶圆形	全年
17	头石竹	*Dianthus barbatus var. asiaticus*	石竹科石竹属	配景植物	观花；花玫红色	5～6 月
18	石竹	*Dianthus chinensis*	石竹科石竹属	立面、配景植物	观花；花红、紫红色	5～6 月

续表

序号	中文名	拉丁名	科属	用途	备注	观赏期
19	八仙花	*Hydrangea macrophylla*	虎耳草科八仙花属	配景植物	观花；花蓝色、粉红色	6～8月
20	矾根	*Heuchera micrantha*	虎耳草科矾根属	配景植物	观叶；叶圆形，红、紫色	全年
21	三色堇	*Viola tricolor*	堇菜科堇菜属	立面、配景植物	观花；花紫、红、黄色	4～7月
22	角堇	*Viola cornuta*	堇菜科堇菜属	立面、配景植物	观花；花蓝、黄、橙、白色	2～7月
23	细叶芒	*Miscanthus sinensis* 'Gracillimus'	禾本科芒属	配景植物	观叶；叶线形	5～11月
24	晨光芒	*Miscanthus sinensis* 'Morning Light'	禾本科芒属	配景植物	观叶；叶线形	5～11月
25	蜘蛛抱蛋	*Aspidistra elatior*	百合科蜘蛛抱蛋属	配景植物	观叶；叶宽	全年
26	玉簪	*Hosta plantaginea*	百合科玉簪属	配景植物	观叶、观花；花白色	8～10月
27	金叶番薯	*Ipomoea batatas*	旋花科番薯属	配景植物	观叶；叶金黄色	全年
28	大花牵牛	*Pharbitis limbata*	旋花科牵牛属	配景植物	观花；花红、玫红色	6～10月
29	月季	*Rosa chinensis*	蔷薇科蔷薇属	配景植物	观花；花红色	全年
30	石菖蒲	*Acorus tatarinowii*	天南星科菖蒲属	配景植物	观叶；叶金黄色	全年
31	翠芦莉	*Ruellia brittoniana*	爵床科芦莉草属	配景植物	观花；花蓝紫色	3～10月
32	紫娇花	*Tulbaghia violacea*	石蒜科紫娇花属	配景植物	观花、观叶；叶线形、花粉色	5～8月
33	美人蕉	*Canna indica*	美人蕉科美人蕉属	配景植物	观花；花橙色	3～12月
34	报春花	*Primula malacoides*	报春花科报春花属	配景植物	观花；花红、黄色	2～5月
35	四季秋海棠	*Begonia cucullata*	秋海棠科秋海棠属	配景植物	观花；花红、粉色	3～12月
36	长春花	*Catharanthus roseus*	夹竹桃科长春花属	配景植物	观花；花粉色	全年
37	五星花	*Pentas lanceolata*	茜草科五星花属	配景植物	观花；花红、玫红色	7～9月
38	紫竹梅	*Tradescantia pallida*	鸭跖草科紫露草属	配景植物	观叶、观花；叶紫色、花粉色	4～6月
39	羽衣甘蓝	*Brassica oleracea* var. *acephala*	十字花科芸薹属	配景植物	观叶；叶紫色	11～2/3～4月
40	迷迭香	*Rosmarinus officinalis*	唇形科迷迭香属	配景植物	观叶；叶线形	全年
41	水果蓝	*Teucrium fruticans*	唇形科石蚕属	配景植物	观叶；叶蓝灰色	全年
42	线柏	*Chamaecyparis pisifera* 'Filifera'	柏科扁柏属	配景植物	观叶；叶线形	全年
43	洒金柏	*Sabina chinensis* 'Aurea'	柏科圆柏属	配景植物	观叶；叶金黄色	全年
44	红王子锦带花	*Weigela florida* 'Red Prince'	忍冬科锦带花属	配景植物	观花；花红色	5～6月
45	大花六道木	*Abelia×grandiflora*	忍冬科糯米条属	配景植物	观花；花白色	6～11月
46	杜鹃	*Rhododendron simsii*	杜鹃花科杜鹃属	配景植物	观花；花红、玫红色	4～5月
47	萼距花	*Cuphea hookeriana*	千屈菜科萼距花属	配景植物	观花；花玫红色	全年
48	杞柳	*Salix integra* 'Hakuro Nishiki'	杨柳科柳属	配景植物	观叶；新叶粉白	全年
49	金边胡颓子	*Elaeagnus pungens* 'Variegata'	胡颓子科胡颓子属	配景植物	观叶；叶缘有金边	全年
50	红花檵木	*Loropetalum chinense* var. *rubrum*	金缕梅科檵木属	配景植物	观叶；叶紫红色	全年
51	南天竹	*Nandina domestica*	小檗科南天竹属	配景植物	观叶、观果；叶变色，果红	全年
52	凤尾竹	*Bambusa multiplex* 'Fernleaf'	禾本科簕竹属	配景植物	观叶	全年
53	金边黄杨	*Euonymus japonicus* 'Aureo-marginatus'	卫矛科卫矛属	配景植物	观叶；叶金黄色	全年
54	罗汉松	*Podocarpus macrophyllus*	罗汉松科罗汉松属	配景植物	观叶观果	全年
55	鸡爪槭	*Acer palmatum*	槭树科槭属	配景植物	观叶；秋色叶红	10～12月
56	苏铁	*Cycas revoluta*	苏铁科苏铁属	配景植物	观叶；羽状叶	全年

2.3.1 季相

目前应用于南京市主城区的立体花坛的植物材料，部分植物可以兼顾2～3季。苋科的锦绣苋以及景天科的佛甲草、黄金万年草和小球玫瑰是最常见的立体花坛立面植物材料，其中锦绣苋主要用于夏季和秋季，而更为耐寒的佛甲草、黄金万年草和小球玫瑰主要于冬、春季节使用，除此以外，三色堇、角堇、石竹、芙蓉菊、银叶菊等也见于立体花坛立面植物材料的应用，并且三色堇、角堇、石竹和银叶菊同时也作为配景植物使用。其他植物均作为立体花坛的配景植物材料来使用，在配景植物中冬、春季节使用频率最高的是三色堇和角堇，其次是石竹；夏、秋季节比较常用菊科植物如菊花、万寿菊、百日菊等。

2.3.2 色彩

植物的色彩可以给人最直接的视觉刺激，从立体花坛配景植物的色彩来看，南京市主城区立体花坛配景植物的色彩主要以黄色类、紫色类、红色类、粉色类为主，而橙色类、白色类、蓝色类的植物应用较少。在使用了配景植物的立体花坛中，黄色类植物使用的频率为100%、紫色类为77.8%、红色类为66.7%、粉色类为55.6%、白色类为27.8%、橙色类为16.7%、蓝色类仅为5.6%，由此可以看出，暖色系的配景植物应用比较多，而冷色系的植物应用比较少，植物色彩搭配以邻近色搭配和对比色搭配为主，最常见的植物配色为红色类、紫色类、粉色类植物搭配黄色类植物。位于龙蟠中路游园的“野趣”是植物配置比较精致的一座立体花坛，立面的植物应用小球玫瑰和佛甲草来表现梅花鹿的花纹，而配景植物应用了三色堇、角堇、佛甲草、月季、矾根、苏铁、石竹、大花牵牛、迷迭香、四季秋海棠等，所用的植物材料多样，色彩以红色类、紫色类、黄色类为主，采用对比色搭配的方式，地面上还铺以白色鹅卵石，更加丰富了立体花坛的色彩和质感。

2.3.3 植物

可以应用于立体花坛的植物材料种类多样，但南京市大部分立体花坛的立面植物应用锦绣苋或佛甲草、小球玫瑰和黄金万年草等，然而以现在的园艺水平，可以根据立体花坛的造型需求选择更丰富的植物材料来提升立体花坛的效果。配景植物尚不能完全兼顾四季体现季相变化，配植仍然以三色堇和角堇为主导，并且部分立体花坛冬、春季节的配景植物只有多种不同色彩的三色堇或角堇相搭配，这样使立体花坛整体显得单调乏味，乔木类植物应用较少，部分立体花坛采用的配景植物在形态、层次和质感上都缺乏变化，使得立体花坛的作用弱，而一些配景植物搭配相当精细，植物色彩、层次富于变化的立体花坛往往有更突出花坛立体造型的效果，所以南京市主城区的立体花坛应该更加注重配景植物的搭配，以体现植物材料的丰富性。

3 校园立体花坛设计

校园是学生的第二个家，近年来校园绿地的建设也越来越得到重视，适当地在校园中应用立体花坛，可以丰富校园景观并且充分地展现校园风采。但是在调查中并未在南京市主城区的高校校园中看到立体花坛的应用。所以将吸取对南京市主城区部分立体花坛的调查和研究分析所得到的结论，设计一个布置于高校校园内的立体花坛。

关于立体花坛的主题，围绕校园这个大环境，主题可以从高校自身特色出发，表现多样的校园文化，以“乘风破浪，不负勇往”作为主题，主题思想的定位比较符合大学的学习气氛，展现主题的创新。设置的地点可以选择校园入口大型的广场上，将立体花坛配合广场的轴线设置还能起到加强轴线的效果。在造型方面，为了表现主题可以采用与校园的氛围息息相关的具象造型，或是更自由更发散的抽象造型。造型的创新体现在采用人物、帆船、书本、海豚、树苗等具象的元素，并融入了抽象的海浪元素，表现学生在勇敢地知识海洋中乘风破浪、扬帆起航的生动情景，蕴含着莘莘学子将在学校中刻苦学习，取得进步和成长的寓意，包含对学子美好的祝愿和殷切的期望。造型设计见图8。

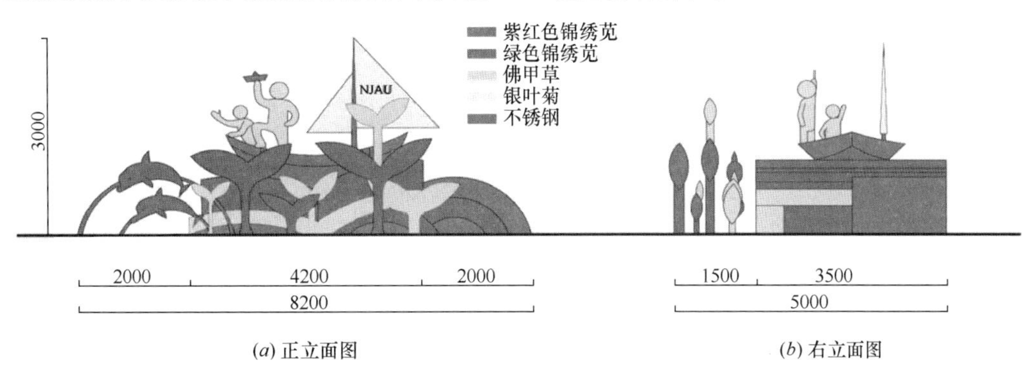

(*a*) 正立面图　　(*b*) 右立面图

图8　南京农业大学校园立体花坛设计立面图

立面植物根据不同的季节，选择锦绣苋、佛甲草、小球玫瑰、黄金万年草、银叶菊和金叶景天等，通过植物不同的颜色和质感来表现立体花坛的不同部分。配景植物方面，吸取前文调查中所得到的经验，选择了调查中一些应用的效果比较好的植物，并且为丰富植物种类，还尝试应用了一些还未在南京市主城区的立体花坛中使用的植物。配景植物的颜色以白色类和紫色类花卉为主，如白色的美女樱、角堇、玉簪、五星花，紫色的金鱼草、钓钟柳、柳叶马鞭草，搭配少量粉色类和黄色类植物，如粉色的丛生福禄考和黄色的羽扇豆、金鸡菊，形成邻近色和对比色搭配的效果，并且配景植物植株高度和形态上有所差异，可以丰富层次上的变化，如灌木类的大花六道木、水果蓝植株比较高，达到50～60cm，而比较低矮的角堇、美女樱、丛生福禄考等仅有10～15cm高，还搭配了细叶芒、金叶箱根草等观赏草，来表现植物多样的质感。

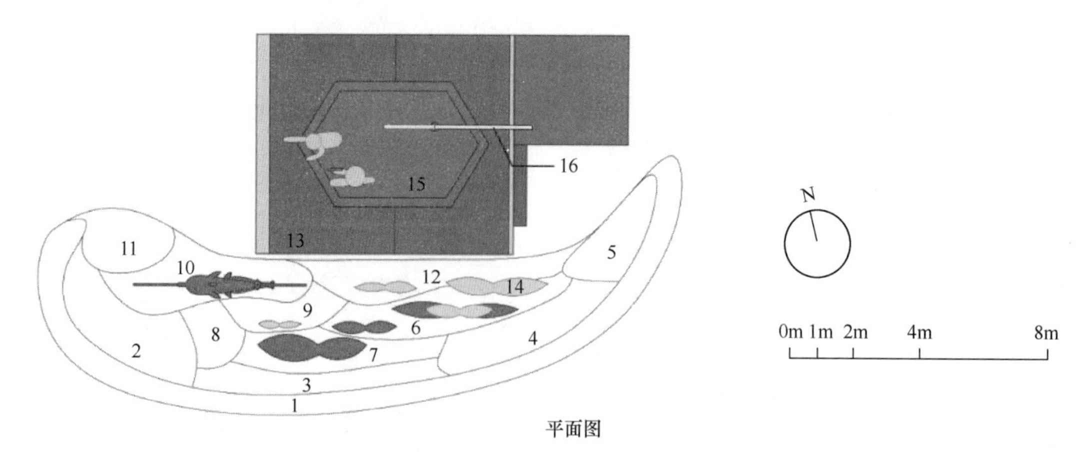

序号	中文名	拉丁名	科属	备注	观赏期
1-1	美女樱	*Glandularia*× *hybrida*	马鞭草科马鞭草属	观花；花白色；夏、秋季使用	5～11月
1-2	角堇	*Viola cornuta*	堇菜科堇菜属	观花；花白色带斑；冬、春季使用	2～7月
2	金鱼草	*Antirrhinum majus*	玄参科金鱼草属	观花；花紫色	6～7/9～10月
3	丛生福禄考	*Phlox subulata*	花葱科福禄考属	观花；花淡粉色	4～9月
4	金叶箱根草	*Hakonechloa macra*	禾本科箱根草属	观叶；叶金黄色	全年
5	细叶芒	*Miscanthus sinensis* 'Gracillimus'	禾本科芒属	观叶；叶线形	全年
6	玉簪	*Hosta plantaginea*	百合科玉簪属	观花；花白色	8～10月
7	五星花	*Pentas lanceolata*	茜草科五星花属	观花；花白色	7～9月
8	矾根	*Heuchera micrantha*	虎耳草科矾根属	观叶；叶紫色	全年
9	水果蓝	*Teucrium fruticans*	唇形科石蚕属	观叶、观花；叶蓝灰色、花紫色	全年
10-1	钓钟柳	*Penstemon campanulatus*	玄参科钓钟柳属	观花；花紫色；夏、秋季使用	5～7月
10-2	雏菊	*Bellis perennis*	菊科雏菊属	观花；花紫红色；冬、春季使用	3～6月
11	大花六道木	*Abelia*× *grandiflora*	忍冬科糯米条属	观花；花白色	5～11月
12-1	金鸡菊	*Coreopsis basalis*	菊科金鸡菊	观花；花黄色；夏、秋季使用	5～9月
12-2	羽扇豆	*Lupinus micranthus*	豆科羽扇豆属	观花；花黄色；春、冬季使用	3～5月
13-1	锦绣苋1	*Alternanthera bettzickiana*	苋科莲子草属	观叶；叶绿色；夏、秋季使用	全年
13-2	黄金万年草	*Sedum lineare* 'Gold Moss'	景天科景天属	观叶；叶黄绿色；冬、春季使用	全年
14	佛甲草	*Sedum lineare*	景天科景天属	观叶；叶浅绿色	全年
15-1	锦绣苋2	*Alternanthera bettzickiana*	苋科莲子草属	观叶；叶紫红；夏、秋季使用	全年
15-2	小球玫瑰	*Sedum spurium* 'Dragon's Blood'	景天科景天属	观叶；叶紫红；冬、春季使用	全年
16-1	金叶景天	*Sedum makinoi* 'Ogon'	景天科景天属	观叶；叶金黄色；夏、秋季使用	全年
16-2	银叶菊	*Senecio cineraria*	菊科千里光属	观叶；叶银白色；冬、春季使用	全年

图9　南京农业大学校园立体花坛设计平面图及种植设计

4　结论与讨论

目前立体花坛在南京市主城区的应用较为普遍，并且在道路与交通设施用地附属绿地中的应用比较多，立体花坛的类型以主题立体花坛为主，由于布置的地点以及应用的目的不同，表达的主题也相应有所不同，立体花坛常应用具象的动植物造型元素。立体花坛应用的植物材料比较多样，包含了35科、51属、56种，色彩以黄色类、紫色类、红色类、粉色类为主。在南京市主城区立体花坛中有少数立体花坛应用的植物材料单一、质感上缺乏变化，还有存在部分立体花坛造型缺乏创新、主题内涵缺少深度、后期养护管理欠缺等问题，但相信这些问题会在未来得到改进，会有更多具有南京特色的立体花坛为装饰城市景观服务。

立体花坛作为展现城市风采的一种绿化方式在当下非常流行，它通过生动的造型和绚丽的色彩表达含蕴的深刻精神。在立体花坛的设计中，对于主题内涵的挖掘十分重要，如果造型和色彩是立体花坛的外壳，而主题可以说是立体花坛的灵魂，鲜明的主题让立体花坛展示的效果更丰满，更富有感召力，可以看到目前南京市主城区的立体花坛与一些在国际性展会上展示的立体花坛作品的差距不仅在于造型的精致程度上，而且在于主题的深刻性和创新性上，虽然这些是现状的缺陷但同时也是未来南京市立体花坛成长的方向。

参考文献

[1] 刘彦红，刘永东．立体花坛——生生不息的绿色雕塑[J]．雕塑，2007(02)：60-61.

[2] 周卫，杨静，胡斌．立体花坛的施工与养护要点[J]．北京农业，2011(30)：68.

[3] 司丽芳．北京立体花坛中立面植物的选用[J]．黑龙江农业科学，2018(03)：81-85.

[4] 韦菁．立体花坛在城市绿化中的应用研究[D]．南京：南京农业大学，2008.

[5] 张晓玲．立体花坛在太原市园林绿化中的应用研究[J]．中国农村小康科技，2010(12)：36-40+61.

[6] 张莉．北京地区立体花坛的应用研究[D]．北京：中国林业科学研究院，2014.

[7] 黄宛尤．应时景象——浅谈立体花坛的设计与制作[J]．中国园林，1995(03)：10-11.

[8] 蓝海浪．立体花坛的研究与应用[D]．北京：北京林业大学，2009.

[9] 城市绿地分类标准．CJJ/T 85—2017．北京：建设部，2017-11-28.

[10] 高丽娜．大庆园林城市建设中花坛应用研究[J]．黑龙江八一农垦大学学报，2018，30(05)：27-34.

[11] 司丽芳．北京立体花坛中立面植物的选用[J]．黑龙江农业科学，2018(03)：81-85.

[12] 吴霄虹．花坛植物的选择与设计[J]．林业与生态，2010(11)：38-39.

[13] 赵文瑾．立体花坛植物赏析[J]．生命世界，2018(06)：64-77.

作者简介

徐思慧，1997年生，女，汉族，南京农业大学风景园林本科在读。电子邮箱：774785359@qq. com。

王彦杰，1986年生，女，土家族，南京农业大学园艺学院副教授。研究方向为园林植物资源与应用。电子邮箱：zjjwyj@njau. edu. cn。

清漪园耕织图景区滨水植物历史景观研究①

Study on the Historical Landscape of Riparian Plants in the Scenic Area of "Pictures of Farming and Weaving" of Qingyi Garden

臧茜彤　邢小艺　孙　震　韩　凌　董　丽*

摘　要：本文基于清帝御制诗及耕织图匾额楹联等历史文献资料研究，对清漪园耕织图景区滨水植物历史景观进行考证，归纳植物种类组成及植物景观风貌特征，并对其在耕织图景区立意布局中起到的作用进行分析，进而提出通过强化滨水植物景观来加强耕织图水乡特色的建议，以期为进一步提升改善耕织图景观效果提供参考。

关键词：清漪园；耕织图；滨水植物景观；历史考证

Abstract: Given the study of historical materials such as the poems made by the emperors of Qing Dynasty and inscribed tablets and couplets in the scenic area of "Pictures of Farming and Weaving", this article studies the historical landscape of riparian plants in the scenic area of Qingyi Garden, and summarizes the plant species composition and characteristics of the riparian plants landscape. Meanwhile, analyzes its role in determination the idea of gardening and layout of the scenic area of "Pictures of Farming and Weaving". And then put forward to strengthen the old town region of rivers characteristics of the scenic area of "Pictures of Farming and Weaving" by improving the riparian plant landscape, it also provides references for further improving the landscape effect of scenic area of "Pictures of Farming and Weaving".

Keyword: Qingyi Garden; Scenic Area of "Pictures of Farming and Weaving"; Riparian Plants Landscape; Historical Research

颐和园作为世界文化遗产，是世界上现存古建筑规模最大、保存最完整的皇家园林之一[1]，是将人造景观与大自然和谐地融为一体的自然山水园[2]。颐和园前身为清漪园，耕织图景区是清漪园中最具江南水乡风情的区域，景区以河湖、稻田、蚕桑等为主要景观，其稻田棋布、男耕女织的风光在清漪园中独树一帜。耕织图景区泉湖纵横，滨水植物景观在景区园林布局中起到重要作用。滨水植物景观是指在水岸线一定范围内所有植被按一定结构构成的自然综合体[3]。故滨水植物可包括水生植物及岸边植物。然而随着历史变迁，耕织图几经兴废，使其与清漪园时期桑叶葳蕤、稻香阵阵的图景相去甚远。本文基于史料文献研究，对清漪园耕织图景区滨水植物景观特征进行考证，分析其在耕织图景区立意布局中起到的重要作用，探讨在当代国家公园体制正确定位风景名胜区的时代背景下，强化滨水植物景观来加强耕织图水乡特色，使耕织图的历史原真性得以继承和发展的可能性。

1　研究地及研究方法

1.1　研究地概况

耕织图景区始建于清乾隆十五年（1750年），位于清漪园中昆明湖西北区域，该区包括延赏斋、澄鲜堂、玉河斋、织染局、蚕神庙、水村居等园林建筑（图1），是供乾隆皇帝读书、观画、垂钓之处，也是体现皇帝重农思想之要所。[4]清咸丰十年（1860年）随清漪园一同毁于英法联军的劫掠纵火。光绪十二年（1886年）慈禧以恢复昆明湖水军操演的名义在耕织图废墟上兴建水操学堂，光绪二十六年（1900年）耕织图又因八国联军入侵而再遭损毁。1911年至中华人民共和国成立前，耕织图的产权与用途经历四度变更。中华人民共和国成立后，耕织图景区被划出颐和园，用以兴建解放军总参三部前哨造纸厂与海淀区三利机械厂等建筑[5]，景区内园林景观亦遭到极大破坏，与乾隆时期兴建的耕织图更是相去甚远。2003年北京市政府为抢救和保护颐和园的文化和生态环境启动了“耕织图环境整治工程”。2004年，颐和园耕织图景区重修复建，恢复了部分清漪园时耕织图的建筑如延赏斋、蚕神庙、澄鲜堂、玉河斋，并复原了慈禧兴建的水师学堂。[6]耕织图景区得以在一定程度上被改善复建。

1.2　研究方法

本文采用文献资料法对清漪园时期耕织图景区滨水植物景观进行考证。通过查阅与之相关的清朝皇帝御制诗文、匾额楹联、古籍等古代原始资料及现代关于耕织图研究的相关著作文献，整理归纳相关记载，从而获得清漪园时期耕织图滨水植物景观等相关研究结果。

①　基金项目：本文由北京市颐和园管理处项目“颐和园水生植物景观研究与规划”项目资助。

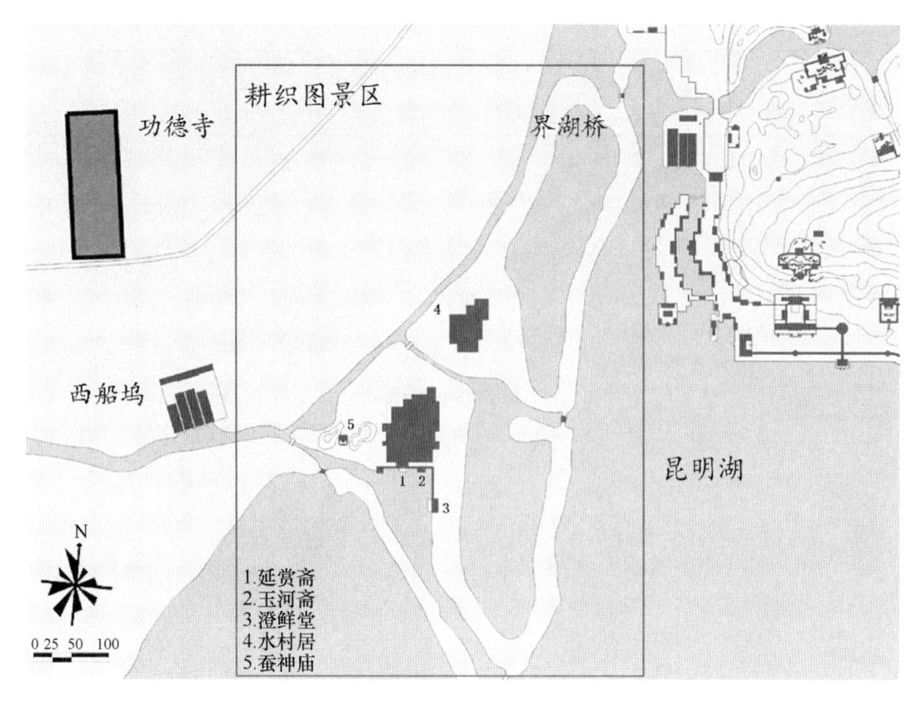

图 1　乾隆朝清漪园耕织图景区平面图
（图片来源：作者根据《颐和园总体规划图册·乾隆朝清漪园全图》改绘）

2　研究结果

2.1　清漪园时期耕织图滨水植物种类及景观风貌考证

乾隆“涉笔成章，以昭纪实”[4]的习惯，使得由他亲作的诗文、匾额、题名等都可作为史料佐证研究。与清王朝由盛转衰相似，清代皇帝御制诗数量自乾隆后大幅减少。乾隆皇帝自乾隆二十年（1755 年）至乾隆五十九年（1794 年）直接或间接吟咏耕织图诗作达 26 首，嘉庆皇帝于嘉庆元年（1796 年）写作 1 首，其中涉及滨水植物景观的诗作共 15 首。涉及景点包括延赏斋、水村居及耕织图水域。相关匾额楹联 3 副，涉及景点包括玉河斋、延赏斋（表 1）。

通过比较不同诗句对同一景点滨水植物景观的描述及综合各景点滨水植物景观风貌，可推演出耕织图滨水植物景观的整体风貌特征，归纳为“黍稻鳞迭、桑叶葳蕤、红桃绿柳、菰蒲红霞”。考证得陆生植物 3 种，不包括柳（*Salix* spp.）、桃（*Amygdalus* spp.）、杨（*Populus* spp.）只能确定到属的植物，湿生植物 1 种，水生植物 2 种，隶属 5 科 6 属（表 2）。

基于诗词匾额楹联对耕织图滨水植物景观的描述　　表 1

	诗名/匾额	诗句/楹联	涉及陆生植物	涉及湿生植物	涉及水生植物	备注
玉河斋	玉河斋南向联	几湾过雨菰蒲重，夹岸含风禾黍香	黍	稻		菰蒲连用，泛指水生植物。如南朝宋·鲍照《野鹅赋》：立菰蒲之寒渚，托只影而为双[7]黍：即稷，一年生栽培草本[8]
耕织图	玉河泛舟至玉泉 乾隆二十二年	蜗庐蟹舍学江村，桑叶荫荫曲抱原	桑			
	题耕织图 乾隆二十九年	堤界湖过桑苎桥，水村迎面趣清超	桑			
	耕织图口号 乾隆三十一年	稻已分秧蚕吐丝，耕忙亦复织忙时。汉家欲笑昆明上，牛女徒成点景为		稻		
	耕织图 乾隆三十六年	稻将吐穗茧缫丝，耕织来看类过时		稻		

续表

	诗名/匾额	诗句/楹联	涉及陆生植物	涉及湿生植物	涉及水生植物	备注
耕织图	耕织图二首 乾隆五十四年	稻田蚕屋带河滨， 正值课耕问织辰。 稻苗欲雨蚕宜霁， 万事从来艰两全		稻		
	怀新书屋 乾隆三十三年	雨后溪山是处佳， 稻田鳞迭水铺皆		稻		
	怀新书屋 乾隆五十四年	旱种稻苗绿泼油		稻		
	玉河泛舟至万寿山清漪园 嘉庆元年	低处稻田高大田		稻		
	登望蟾阁极顶放歌 乾隆二十五年	北屏万寿南明湖， 就中最胜耕织图。 黍高稻下总沃若， 是真喜色遑论余	黍	稻		
	登望蟾阁作歌 乾隆二十九年	水田绿云既迭鳞， 荷蒲红霞复错绣		稻	荷花 香蒲	蒲：古代中蒲以单字出现，且上下文表明是水生植物，则指香蒲。东汉·许慎《说文》[9]有“蒲，水草也。可以作席”
延赏斋	延赏斋后厦匾 水映兰香	延赏斋廊柱联 放眼柳条丝渐软 含胎花树色将分	柳			兰香泛指水草
	题延赏斋 乾隆三十二年	湿岸生春芷， 新波下野凫				芷：泛指水草，如宋·范仲淹《岳阳楼记》[10]：岸芷汀兰，郁郁青青
水村居	水村居 乾隆三十一年	径多红蔼护，屋有绿杨围 驱马稻秧布，育蚕桑叶肥	杨 桃 桑	稻		结合描写水村居其他诗句可知，红蔼指桃花
	水村居 乾隆三十三年	秋翻桐叶青藏屋， 篱外渐看老桑苎	梧桐 桑			
	水村居 乾隆三十四年	墙外红桃才欲绽， 岸傍绿柳已堪攀	桃 柳			

清漪园耕织图景区滨水植物种类 **表 2**

植物名称	科	属	拉丁名	生境	生活型
桑	桑科	桑属	*Morus alba*	陆生	乔木
柳	杨柳科	柳属	*Salix* spp.	陆生	乔木
桃	蔷薇科	桃属	*Amygdalus* spp.	陆生	乔木
梧桐	梧桐科	梧桐属	*Firmiana platanifolia*	陆生	乔木
杨	杨柳科	杨柳属	*Populus* spp.	陆生	乔木
黍	禾本科	黍属	*Panicum miliaceum*	陆生	草本
稻	禾本科	稻属	*Oryza sativa*	湿生	挺水
荷花	睡莲科	莲属	*Nelumbo nucifera*	水生	挺水
香蒲	香蒲科	香蒲属	*Typha orientalis*	水生	挺水

2.2 滨水植物景观在耕织图园林布局中的作用

耕织图之所以在清漪园中具有极高的景观价值，原因有二，一是其体现了清朝统治者乾隆皇帝重视农业的思想，具有历史文化价值；二是由它在清漪园园林布局中所处的地理位置决定。自昆明湖去玉泉山必经耕织图（图2），其在园林布局中的重要性不言而喻。而滨水植物景观则在耕织图景区的立意、布局中均起到了重要作用。

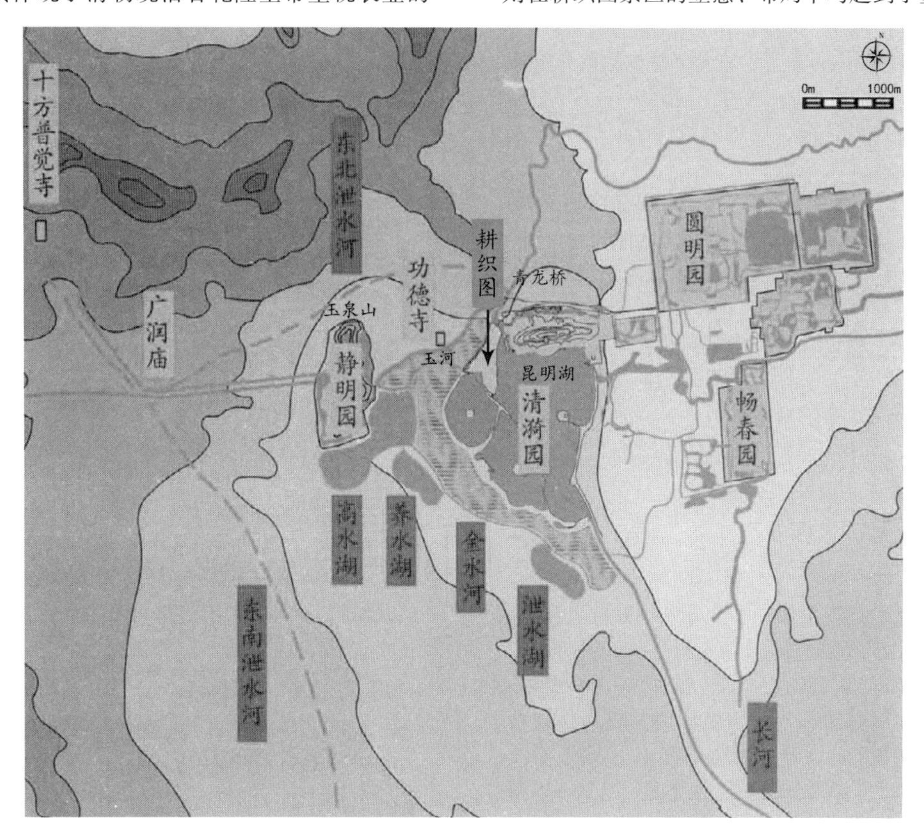

图2 乾隆朝清漪园耕织图景区及周边环境平面图

（图片来源：作者根据《颐和园总体规划图册》改绘）

2.2.1 滨水植物景观在景区立意中的作用

耕织图所在泉河区域，自明中叶起便是稻田茫茫，阡陌相连。该处稻田与荷塘、柳岸一同构成此处的北国江南水乡。如明朝王直诗“堤下连云粳稻熟，江南风物未宜夸”。[11]稻田植物景观奠定了泉河区域的景观基调。

清漪园由北部万寿山、南部昆明湖和西部泉河区组成。乾隆以为皇太后庆贺六十寿辰为由建造清漪园，万寿山也因此得名①，山上修建的大报恩延寿寺等一系列浮屠梵宫也含有报恩延寿的意味。因此万寿山区域建筑群以宫殿寺庙为主，富丽堂皇。昆明湖区则延续中国传统园林“一池三山”的造园手法，并用十七孔桥、西堤六桥等桥梁划分空间。泉河区域本身存在的成片稻田正可用于借景，无需多加修饰便是一派田园风光，中国传统园林讲求“师法自然”，这也是乾隆造园时将泉河区域定为表达农桑主题景观的原因之一。乾隆在耕织图建成后曾多次作诗吟咏稻田景观，如《登望蟾阁极顶放歌》[4]（乾隆二十五年，1760年）“北屏万寿南明湖，就中最胜耕织图。黍高稻下总沃若，是真喜色遑论余。”描绘了黍（*Panicum miliaceum*）、稻（*Oryza sativa*）丰产、沃野千里的景象。

种桑养蚕，男耕女织是农耕社会传统的劳作模式。乾隆在《耕织图口号》[4]（乾隆三十一年，1766年）中写道“稻已分秧蚕吐丝，耕忙亦复织忙时。汉家欲笑昆明上，牛女徒成点景为。”他将昆明湖比作天河，“牛郎”是昆明湖东岸的铜牛，“织女”则指昆明湖西北的耕织图。两者隔水相望，除具文化意味，亦是点景之作。为使耕织图景区景观名实相符，乾隆将织染局迁至耕织图，并将隶属于圆明园的13家蚕户也迁移到织染局内，四周环植了大量的桑树（*Morus alba*）[12-13]。颐和园现存34棵古桑树皆为乾隆时期所种。乾隆还建立蚕神庙表达自己务农种桑的思想。作为农耕社会的最高统治者，乾隆通过在耕织图种桑养蚕来表达现他对农事的重视：“稻田蚕屋带河滨，正值课耕问织辰。”②“径多红蓠护，屋有绿杨围。驱马稻秧布，育蚕桑叶肥。”③使得耕织图除作为江南画图外，更增添了历史文化意蕴。

① 乾隆《万寿山有序》：岁辛未，喜值皇太后六旬初度大庆，敬祝南山之寿，兼资西竺之慈，因就瓮山建延寿寺而易今名。

② 乾隆《耕织图二首》乾隆五十四年（1789年）。

③ 乾隆《水村居》乾隆三十一年（1766年）。

2.2.2 滨水植物景观在景区布局中的作用

耕织图地处静明园与昆明湖之间，是自昆明湖去玉泉山的必经地带，无论自长河经昆明湖、玉河登玉泉山，然后游览静明园，抑或由昆明湖出园去往青龙桥都必经耕织图。清时长河两岸除万寿寺、真觉寺等少数与皇家相关的寺庙建筑外，都是堤柳溪流、酒肆楼台，民风淳朴。由东南自长河乘舟一过绣漪桥便进入清漪园，气势恢宏的皇家园林与淳朴的郊野风光难以融为一体。而耕织图景区"稻田弥望，俨是江南水乡"[14]、"水田绿云既迭鳞，荷蒲红霞复错绣"① 的景观则整合了清漪园与静明园之间的景观空间，形成了良好的连续性过渡景观。耕织图景区建筑依水而建，滨水植物荷花（*Nelumbo nucifera*）、香蒲（*Typha orientalis*）交错生长，红绿相连的景观风貌，与岸旁桑树（蜗庐蟹舍学江村，桑叶荫荫曲抱原）②，堤旁红桃绿柳遥相呼应（墙外红桃才欲绽，岸傍绿柳已堪攀③），绿杨阵阵，水村山郭（径多红蔼护，屋有绿杨围④）烘托出了朴野、幽静、闲适的意境。

3 分析与讨论

耕织图自兴建至今已有250余年历史，历经清漪园、颐和园和现代厂区三个历史时期，随着社会的发展与历史变迁，其周边的水田、村庄均已消失。现今颐和园外玉河西与静明园间的大片水田已成为旱地，且被颐和园围墙阻隔，不能借景。[6] 2004年颐和园耕织图景区的整修工程，使得耕织图景区得到部分恢复，部分景观风貌得以重现。但在耕织图所依托的原文化和原生态环境遭到破坏后，在有限的整治范围内，再现清漪园耕织图的园林意境，仍存在相当大的难度与挑战。[15]京西稻景观恢复被列为北京市海淀区"三山五园"历史文化景区建设项目中一个重要工程，但考虑当下自然资源与地理环境等条件，恢复京西稻田困难重重：如高水湖、养水湖等排蓄水利设施至今未得到恢复，第二次鸦片战争泉河区域的山形水系不少被夷平[16]；青龙桥等历史遗迹也不复存在；如何将现今被城市绿地、楼盘取代的土地恢复为稻田等问题，都需慎重考虑。曾任世界遗产中心主任的班德林（Franceso Bandarin）说过："我们难以对抗的威胁之一就是社会经济的变迁。保护'进化的景观'确实是个难题。我们要适应纷繁变迁的世界，很难想象什么东西能够一成不变。我们正尝试着改变一点儿方法，形成一种在变化的世界中看待遗产的视角。"[17]如何鉴别和处理不同历史时期的遗存，解决好文化景观的整修与再生的关系[15]，一直是需要众多从业者思考的问题。在存在众多制约的条件下，通过营造滨水植物景观来强调突出耕织图景区的水乡特色不失为一种较为可行的举措，希望在社会各界人士的共同努力下，使耕织图景区的历史原真性得以延续，从而在满足当代社会发展需求的同时，使耕织图整体景观在历史的发展变化中与最初景观意境的表达归于统一。

① 乾隆《水村居》乾隆三十一年（1766年）。
② 乾隆《玉河泛舟至玉泉》乾隆二十二年（1757年）。
③ 乾隆《水村居》乾隆三十四年（1769年）。
④ 乾隆《水村居》乾隆三十一年（1766年）。

参考文献

[1] 潘怿晗．皇家园林文化空间与文化遗产保护[D]. 北京：中央民族大学，2010.
[2] 世界遗产委员会主席团．世界遗产委员会主席团对颐和园审议意见．1998.
[3] 郭春华，李宏彬．滨水植物景观建设初探[J]. 中国园林．2005(04)：59-62.
[4] 北京市颐和园管理处．清代皇帝咏万寿山清漪园风景诗[M]. 北京：中国旅游出版社，2010：449.
[5] 韩凌．颐和园耕织图景区恢复之初探——园林篇[J]. 2005.
[6] Research Beijing Institute Of Landscape. 颐和园耕织图景区复建．2010.
[7] 温广义．唐宋词常用词辞典[M]. 呼和浩特：内蒙古人民出版社，1988.
[8] 中国科学院中国植物志编辑委员会．中国植物志[M]. 北京：科学出版社，1996.
[9] （东汉）许慎著．说文解字[M]. 杭州：浙江古籍出版社，2016.
[10] （宋）范仲淹著．王蓉贵，李勇先校点．范仲淹全集[M]. 成都：四川大学出版社，2002.
[11] （明）蒋一葵．长安客话[M]. 北京：北京出版社，1960.
[12] 谭烈飞，邹小燕．关于北京历史名园特征的辨识[M]. 北京科技大学学报(社会科学版)，2016，32(02)：54-59.
[13] （清）于敏中等．日下旧闻考[M]. 北京：北京古籍出版社，1983.
[14] （清）麟庆著．汪春泉绘图．鸿雪因缘图记[M]. 北京：北京古籍出版社，1984.
[15] 高大伟．颐和园耕织图园林文化景观的再生[J]. 天津大学学报(社会科学版)，2008(02)：150-154.
[16] 李正，李雄，裴欣．京西稻的景观变迁 兼述其与城市互动关系的复杂性和矛盾性[J]. 风景园林，2015(12)：58-65.
[17] 译自世界遗产中心网站．http：//whc. unesco. org/en/activities/477/[EB/OL]. 2012.

作者简介

臧茜彤，1994年生，女，汉族，黑龙江齐齐哈尔人，北京林业大学在读硕士研究生。研究方向：园林植物应用与园林生态。电子邮箱：945196653@qq. com。

邢小艺，1993年生，女，汉族，山东济南人，北京林业大学在读博士研究生。研究方向：园林植物应用与园林生态。电子邮箱：xingxiaoyi@bjfu. edu. cn。

孙震，1980年生，男，汉族，吉林四平人，硕士，北京市颐和园管理处高级工程师。研究方向：园林植物应用与园林绿化工程。电子邮箱：298007062@qq. com。

韩凌，1973年生，女，汉族，北京人，本科，北京市颐和园管理处高级工程师。研究方向：园林植物应用与园林绿化工程。电子邮箱：yhyhanling@163. com。

董丽，1965年生，女，汉族，山西万荣人，博士，北京林业大学园林学院教授、副院长。研究方向：植物景观规划设计。电子邮箱：dongli@bjfu. edu. cn。

以花为媒：论中国水仙的应用推广及其意义

Taking Flowers as Medium: The Application and Promotion of Chinese Narcissus and Its Significance

洪 山 李贝宁 胡 陶* 马艳军 江泽慧 史晓海

摘 要：中国水仙的广泛传播为其园林应用和栽培推广奠定了基础。辐射矮化技术可有效抑制冬季室内供暖环境中水仙的徒长，为其产业推广提供了保障。作为文化载体，中国水仙的应用推广过程即是以其为媒介的花文化传播过程。

关键词：中国水仙；栽培传播；观赏方式；辐射矮化；应用推广

Abstract: The wide spread of Narcissus in China laid a foundation for its garden application and cultivation . Radiation dwarfing technology can effectively inhibit the growth of Narcissus in indoor heating environment in winter, and provide a guarantee for its industrial promotion. As a cultural carrier, the process of application and promotion of Narcissus in China is also the process of flower culture dissemination.

Keyword: *Narcissus tazetta* var. *Chinensis*; Flower Culture; Cultivation and Spread; Ornamental Modes; Dwarfing; Application and Popularization

中国水仙（*Narcissus tazetta* var. *Chinensis*）隶属石蒜科、水仙属，为多年生单子叶草本植物，为多花水仙群的主要变种之一。世界范围内，主要分布于中国、日本和朝鲜等滨海温暖湿润地区，我国主要分布于福建、浙江和上海等地区，目前，主要有两个栽培品种：单瓣的‘金盏银台’和重瓣的‘玉玲珑’。水仙具有悠久的栽培历史，并形成了丰厚的花文化积淀，与之相关的文艺创作品类众多，如的诗、词、画等，其拟人化的品性也给人以丰富的情感联想。相应地，关于水仙的研究也多集中于起源、栽培、花文化和产业发展现状等方面，如翁国梁以及陈心启和吴应祥就分别提出“中国原产说”和“外来归化”两种不同的观点[1-2]，后经李懋学、釜江正巳等人通过染色体比对实验证实水仙为法国水仙变种[3]，朱明明对其在各个时期的文学意象进行了研究总结[4]，程杰等人在查阅古籍的基础上，详细总结了水仙的水仙在国内的栽培起源传播历程[5-6]，林琳、邱姗莲、戴丽云等人分别对漳州水仙的生产技术和产业发展现状进行了研究总结[7-9]。

然而，关于水仙的文献典籍浩如烟海，且品类众多，目前，研究工作多以特定领域为主却少见综合、交叉即“以统一视角进行整合分析”。我国的传统名花、名木以适于庭院观赏为的植物居多，而居住方式的转变给本土的花卉产业带来了严峻挑战，如“传统十大名花”中梅花、桂花、菊花和牡丹等都多用作园林庭院观赏。另外，随着市场的开放，各种“洋花”相继涌入也使传统花卉市场受到了严重挤压[10]，如漳州水仙的种植面积便由“入世”（加入WTO）前的20000亩左右减至如今的4000亩左右[7]。因此，在水仙产业复兴和花文化传承、传播的统一视野下，整合、研究中国水仙“栽培起源”和“历史传播路线”，梳理其相关文艺作品，探索其观赏方式以及综合论证其在应用推广方面的价值便具有重要的现实意义，也可为传统花卉的推广、传播作出探索。

1 中国水仙的栽培起源与传播

1.1 水仙的出现及得名

水仙作为外来归化栽培植物，关于它的记载最早出现于段成式（唐）的《酉阳杂俎》之中：“㮈祇出拂菻国，其根大如卵，叶长三、四尺似蒜；中心抽条，茎端开花六出，红白色，花心赤黄，不结籽。冬生夏死”，《花史》中的“唐玄宗赐虢国夫人红水仙十二盆”，也间接证实了唐代时已有水仙的出现。此外，文震亨（明）《长物志》虽记有“水仙，六朝人呼为雅蒜”，但无相关文献加以佐证，可信度不足[1]。由各文献典籍中均未见关于“水仙”因何得名的准确记载，后世则多根据其的形态特征和生长习性进行推测（表1）。

关于水仙名称来源的观点　　表1

出处	观点描述
南宋·温革《琐碎录》	“其名水仙，不可缺水”。
明·李时珍《本草纲目》	“水仙宜卑湿处，不可缺水，故名水仙”。
宋·江道宗《百花藏谱》 明·高濂《遵生八笺》	“因花性好水，故名水仙”。
程杰	“寄住蕃客穆斯密”结合西方与水仙花相关的那喀索斯（Narcissus）神话传说意译而来[5]
《水仙花志》	“此花得水则新鲜，失水则枯萎，可见它和水结下了不解之缘。大概是此花初名是水鲜，谐音为水仙”[11]。
林奈	作为模式标本命名“*Narcissus tazetta* L. var. *Chinensis* Roem”即“中国水仙”。

1.2 水仙栽培的传播

经考证，水仙在我国的栽培发源地为湖北荆州[5]，其传播的路径主要有以苏州光福、太湖三岛为起点的“苏州—南京”和“苏州—漳州”两个[12]（表2），由顾起元（明）的《客座赘语》记载可知，当时南京观赏价值上乘的水仙多是由苏州贩运而来。清代时，水仙的栽培重心转移至福建地区，康熙时，漳州府龙溪县水仙栽培取得迅速发展，至乾隆年间已是水仙的著名产地，并开始销往台湾，光绪时期，漳州水仙已出口至美国、加拿大等地[6]。

水仙的栽培传播　表2

北宋中期	南宋、元	明清时期	目前
栽培起源：湖北荆州	形成了以临安（今浙江杭州）和闽、浙区域为主的栽培中心，出现了水仙的商品生产[6]	浙、闽、鄂、湘、皖、赣、黔、川、滇、桂、琼等地[6]	福建的漳州、平潭，上海崇明和浙江舟山群岛

2 中国水仙的文艺特征

我国素来有将花卉植物拟人化的审美倾向，文学创作也多以其为“比”“兴”对象，如《诗经》的《桃夭》便以桃树的生长过程比拟新娘从出嫁到为丈夫家生儿育女，开枝散叶的历程，屈原《桔颂》通过其枝、叶、果的赞美来表达对高尚品质的追求等。“花开莲现，花落莲成”“兰因絮果”，草木花卉的兴衰更是给予我们以生命的感悟，同样，水仙在栽培传播过程中也形成了深厚的文化积淀，并出现了大量的以其为题材的文学、绘画、神话传说等文艺作品（表3）。在这些作品中，水仙被赋予了人格品性和一系列的别名、雅称等（表4），如赵孟坚在蒙古灭宋后便以水仙作为国破家亡后的忠贞图像，而这种象征意涵同样也体现在清代画家石涛的作品中[14]，正是因为水仙本身所具有的文艺属性，才使其推广应用工作富有文化传承与传播的重大意义。

水仙相关的文艺种类及作品　表3

文艺类别	相关作品
诗、词、赋	辛弃疾《贺新郎·赋水仙》、朱熹《赋水仙花》、高似孙《水仙花赋》
散文、戏曲	漳州地方剧：《水仙花》、《水仙花传奇》等
绘画	李嵩（宋）《花篮图》、赵孟坚（元）《墨水仙图卷》（图1）、石涛（清）《水仙》（图2）、八大山人（清）《水仙》、吴昌硕（清）《岁朝清供图》等
神话传说	《花镜缘》：花中十二师
器物配饰	“灵仙祝寿”雕刻花纹（灵芝、水仙，明、清家具装饰）；十二花卉纹杯（图3）

图1　赵孟坚《水仙》
（图片来源：网络）

图2　石涛《水仙》
（图片来源：摘自《石涛》广东省博物馆藏，画中题诗称两株水仙为洛神化身，其冰清玉洁的气质亦可理解为石涛贵族身份与角色的隐喻）

图3　十二花卉杯之水仙
（故宫博文物院藏，上题诗句：春风弄玉来清昼，月夜凌波上大堤）

水仙的雅称、别名及相关作品　表4

雅称、别名	相关作品
凌波仙子	凌波仙子生尘袜，水上轻盈步微月（黄庭坚王充道送水仙花五十枝）

续表

雅称、别名	相关作品
雪中花	待得秋残亲手种，万姬围绕雪中看 （来鹏 水仙花）
粟玉花	折送南园粟玉花，并移香本到寒家 （黄庭坚 吴君送水仙花并两大本）
姑射仙人	早于桃李晚于梅，冰雪肌肤姑射来 （刘攽 水仙花）
金盏银台 金杯水仙	但金杯的砾银台润。愁殢酒，又独醒 （辛弃疾 贺新郎·赋水仙）
千叶水仙	台盏原非千叶种，丰容要是小莲花 （杨万里 咏千叶水仙花）
俪兰	《三帖余》："和气磅礴阴阳得理，得玄配荣于庭，玄配即水仙，一名俪兰，一名女星，散为玄配"；王十朋《点绛唇·寒香水仙》："俪兰开巧，雪里乘风袅" 天葱、雅蒜、女史花、姚女花、玉霄……

3 观赏方式和园林应用

3.1 家庭水养及养护

3.1.1 水养观赏

水仙鳞茎球只需清水供养便可开花，常用于点缀书房桌案，如清·汪灏《广群芳谱》记载："水仙以精盆植之，可供书案雅玩"，家庭水养常与雕刻造型相结合（图4），蔡树木的《水仙盆景造型艺术》便对水仙雕刻及养护过程进行了详细总结。此外，古人也将水仙与其他植物相互搭配观赏（图5），并在花材的养护和器具的选用上，留下了丰富的经验，元代程棨的《三柳轩杂识》将其称为"雅客"，明代张谦德的《瓶花谱》将其列入"一命九品"，清代《盆景偶录》也将其与兰花、菊花、唐菖蒲并称"花草四雅"。水仙因其自身独特的观赏性和品质象征，历来深受文人墨客所青睐，也常被用作相互馈赠的礼物，相关题材的文学作品有黄庭坚的《吴君送水仙花并两大本》、《刘邦直送早梅水仙花》等。

水仙插花及养护整理 表5

作品	作者	内容描述
《水仙》	吕本中	"小瓶尚恐无佳对，更乞江梅三四枝"
《瓶花》	范大成	"水仙携腊梅，来作散花雨"
《遵生八笺·燕闲清赏笺》	高濂（明）	提出水仙冬季插花时宜用锡管和质地较厚的花瓶等器具，养护时"置之南窗下"等观点
《花镜》	陈淏子（清）	水仙'插瓶宜碱水养'

图4 雕刻造型后的水仙
（图片来源：网络）

图5 李嵩（宋）《花篮图》
（图片来源：网络）

3.1.2 水仙的矮化处理

水仙观赏以"花高于叶"者为优，如清·汪灏《广群芳谱》记载："水仙花江南处处有之，为吴中嘉定种为最，花簇叶上，他种则隐于叶耳"。然而，在水仙室内水养过程中，常因温、湿度等条件而徒长、倒伏现象。古人多采用栽培手段加以解决，如明代《格物粗谈》提出："初起叶时，以砖压住，不令即透，则花出叶上"，陈淏子在《花镜》也总结出："宿根在土，则叶长于花，若十一月间，用木盆密排其根，少着沙石实其罅，时以微水润之，日晒夜藏，使不见土则花头高出叶"的养护经验。目前，水仙的矮化多采用辐射处理和化学药剂浸泡两种方式，依表6所示的实验方案进行的研究表明，钴-60Gmma辐射处理可有效抑制水仙徒长，并具有调控花期的作用。水仙植株徒长问题的解决打破了其室内观赏应用的地域限制，也为产业推广提供了有力保障。

辐射处理和编号 表6

编号	辐射梯度（Gy）
ck-ck	0
1-ck	5
2-ck	8
3-ck	11
4-ck	14

钴-60Gmma 辐射矮化处理实验方案　　表 7

辐射梯度设置	0 Gy、5 Gy、8 Gy、11 Gy、14 Gy
测量工具	游标卡尺
测量时间	每周（7 天）测量一次
测量方法	叶片长度：以主鳞茎为主要观测对象，记 3 颗，每球记录 5 条叶片；花高：以主鳞茎花葶和花朵为主，取 3 颗，每个种球测 5 个，取平均值。
内源激素含量测定	采用酶联免疫吸附测定法（ELISA），每个处理测三组取平均值

由图 6、图 7 可知，辐射处理可有效抑制水仙的生长速度，且随着剂量的增加，矮化效果也更加明显。与对照组相比，辐射处理也可有效延迟水仙的生长节点，起到调控花期的作用。

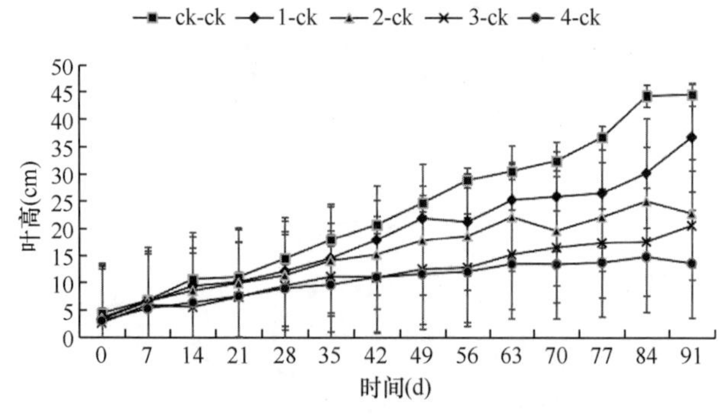

图 6　不同辐射剂量对水仙生长过程的影响
（Gy 为辐射强度单位）

图 7　不同辐射剂量对水仙植株高度的影响

钴-60Gmma 辐射对中国水仙生长节点的影响　　表 8

辐射剂量	始花期	初花期	盛花期	末花期	花期/d
ck-ck	23/1	1/2	7/2	5/3	41
1-ck	29/1	14/2	20/2	8/3	38
2-ck	12/2	17/2	20/2	11/3	27
3-ck	12/2	20/2	27/2	12/3	28
4-ck	20/2	24/2	1/3	14/3	28

注：数字格式表示“日/月”。

为观测辐照矮化效果的稳定性，特于 2018 年 2 月 3 日，取各个处理的水仙 4 株移至北京室内水养，（供暖期间，温、湿度分别为 21～23℃和 30%）。结果表明，外部环境的改变并未对水仙的矮化效果（叶高、花高）造成显著影响，环境条件的改变导致了水仙花期提前，相应地，当处于盛花期时室内的水仙植株高度也相对较低（表 9）。

盛花期时大棚-室内水仙植株高度对比　　表 9

辐射剂量	叶高（cm）		花高（cm）		花朵数	
	大棚	室内	大棚	室内	大棚	室内
ck-ck	43.17±3.18a	42.4±3.09a	51.79±1.89a	50.07±2.03a	41±8.54a	27±7.89a
1-ck	36.73±3.16b	30.8±3.21b	36.84±5.48b	36.48±4.37b	31±4.35ab	24±4.33ab
2-ck	22.79±2.51c	18.2±2.74c	24.85±3.68c	15.10±3.42c	27±7.59b	18±7.61b
3-ck	20.56±3.06d	15.8±3.14d	13.70±2.05d	10.71±2.43d	29±7.39b	22±7.34b
4-ck	13.55±2.05e	12.2±2.53e	9.33±2.30e	8.09±2.17e	23±7.72b	12±7.51b

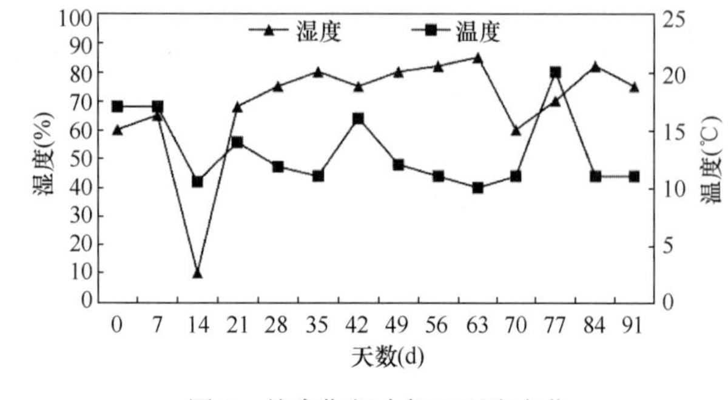

图 8　培育期间大棚温湿度变化

图 9　用于室内观赏的矮化水仙

3.1.3 钴-60Gmma辐射矮化的机理研究

植物激素是细胞在接受特定的环境信号后产生的活性物质，主要功能为调节植物体的生理反应，控制细胞伸长和成熟和衰老等过程。常见的植物激素种类有生长素（ABA）、赤霉素（GA_3）、细胞分裂素（CTK）和脱落酸（ABA）等（表10）。

植物内源激素的主要种类及作用　　表10

激素种类	对植物生长具有的作用
生长素（IAA）	影响着细胞的分裂和分化，对植物体的营养生长和生殖生长具有调控作用，也影响着花形态的建成，低浓度的IAA含量对花芽的孕育具有促进作用，浓度过高则会具有抑制作用[14]
赤霉素（GA_3）	促进植物细胞纵向生长和细胞分裂。剂抑制GA_3的合成可有效缩短茎节，降低株高[15]
玉米素（ZR）	具有延缓叶片衰老，促进营养生长向生殖生长转化的功能，可有效调控花形态建成中的物质和能量分配，有助于花形态的建成[16]
脱落酸（ABA）	可抑制细胞纵向生长而促进横向扩展，高含量的ABA会对花芽分化和花形态的建成起到抑制作用[17]

由表11可知，在经过辐射处理后的第63天（即内源激素跟踪测定的末期），经辐射处理后，水仙叶片内的玉米素ZR、赤霉素GA_3含量下降，而生长素IAA和脱落酸ABA含量却普遍升高。由此表明，表明ZR和GA_3含量的降低与IAA和ABA含量的升高可能是导致水仙植株生长被抑制的重要原因。

钴-60Gmma辐射对中国水仙内源激素含量的影响　　表11

	赤霉素GA_3 ng/g FW	生长素IAA ng/g FW	玉米素ZR ng/g FW	脱落酸ABA ng/g FW
ck-ck	9.23±0.30a	40.15±1.4e	9.24±0.34a	95.03±3.86c
1-ck	7.51±0.22c	47.22±3.18c	6.84±0.30d	98.56±5.37ab
2-ck	6.78±0.47d	50.26±1.48b	8.31±0.26b	102.94±4.49a
3-ck	9.46±0.25a	62.26±2.91a	6.33±0.30e	98.08±2.16ab
4-ck	8.11±0.43b	44.53± 2.76d	7.20±0.33c	86.08±7.29b

各种植物内源激素之间存在着复杂的增效和拮抗作用[18]，其平衡状态与植物生长、发育、分化之间有着密切的关系[19]。由水仙植株始花期开始，采用酶联免疫吸附测定法（ELISA）对水仙叶片内的激素进行跟踪测定后可发现，辐射处理可使水仙叶片内源激素含量出现显著的差异，引起激素平衡状态的转变进而影响水仙生长发育。由水仙叶片内部激素之间的平衡变化曲线可知，处理2-ck、3-ck和4-ck进入抽苔期时（分别为水养的第42天和49天），处理1-ck和2-ck进入始花期时（分别为水养的第43天和60天），相对应的IAA/ZR、（IAA+GA_3）/ZR和（IAA+GA_3+ZR）/ABA的值相对较低，表明较低的IAA/ZR、（IAA+GA_3）/ZR和（IAA+GA_3+ZR）/ABA有利于水仙的抽苔和成花的生殖生长。

综上所述，ZR和GA_3含量的降低与IAA和ABA含量的升高可能是导致水仙植株生长被抑制的重要原因，而较低的IAA/ZR、（IAA+GA_3）/ZR和（IAA+GA_3+ZR）/ABA则有利于水仙的抽苔和成花具有促进作用。

3.2 园林应用

水仙在园林中，常用作花坛、花丛、等地被材料（图10），且多点缀于林下或竹、梅、松等植物相搭配（图11、图12），如明代文震亨《长物志》记载："性不耐寒，取极佳者移盆盎，置于几案间，次者杂植松、竹之下"。

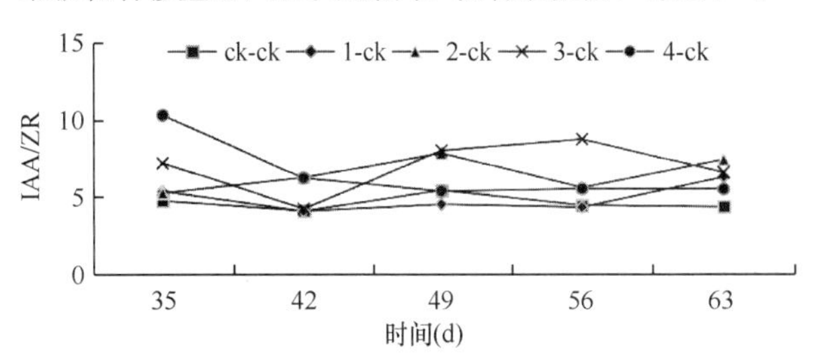

图10　钴-60Gmma辐射处理对水仙叶片中IAA/ZR的影响

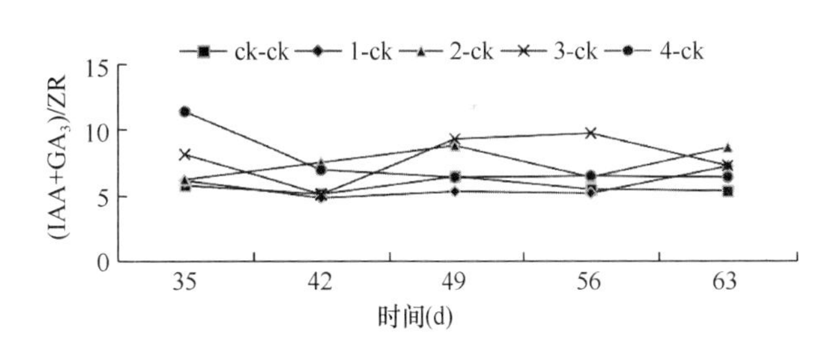

图11　钴-60Gmma辐射处理对水仙叶片中（IAA+GA_3）/ZR的影响

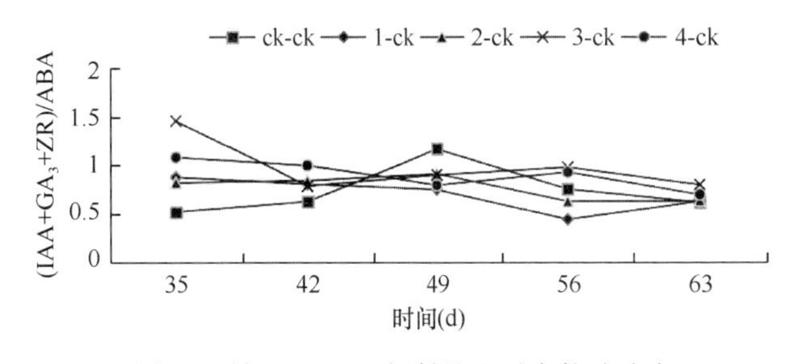

图12　钴-60Gmma辐射处理对水仙叶片中（IAA+GA_3+ZR）/ABA的影响

另外，水仙兼具观赏价值和经济效益使其在"花海"的营建中蕴含巨大潜力，并迎合了旅游业与农业、林业等产业深入融合的发展趋势。花海景观本身便是由工业加工用花、种子种球生产用花的基地发展而来，其用材多为色彩鲜明单一的花卉品种，如普罗旺斯的薰衣草园、荷兰郁金香花海等。我国新疆伊犁薰衣草花海主要功能便是香料生产以摆脱依赖进口的困境。而水仙与水稻轮作的生产模式正与花海景观本身“以生产功能为主”的特质相耦合，因此，水仙花海的营建不仅可促进其应用推广，也可获得经济与景观效益的双丰收。如上文所述，历史上水仙栽培分布广泛（表3），这为水仙花海景观模式的发展和推广提供了坚实的基础。

图13　水仙在园林花坛、地被中的应用
（图片来源：网络）

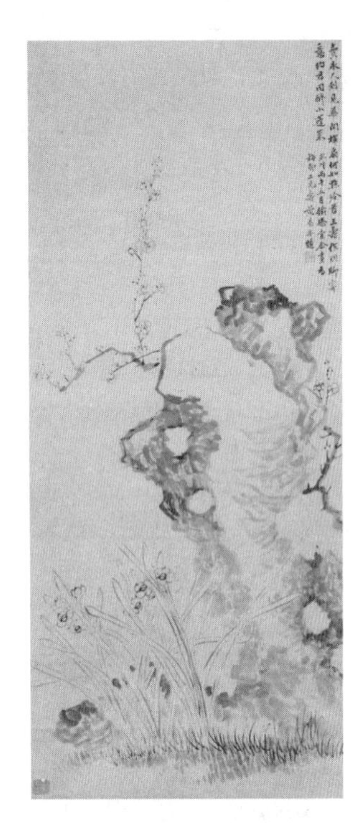

图14　清·黄易《三寿图》（又称“水仙梅石图）
（图片来源：网络）

图15　石涛《幽竹水仙》
（图片来源：《石涛》华盛顿特区赛克勒美术馆藏）

4　总结与讨论

中国水仙栽培历史悠久，传播范围广泛，对其起源和传播路径的研究可为水仙在不同地区的种植推广和园林应用提供借鉴参考，如花海的营建便应优先考虑选址于福建、江、浙等产地。水养观赏是水仙的主要观赏方式之一，辐射矮化技术可有效抑制水仙徒长，可使矮化水仙实现量化生产，为其产业化提供了保障。另一方面，水仙的产业推广又可有效改善宵花市场被“洋花”垄断的现状，弥补传统名花的缺失。辐射处理的矮化效果也伴随着花期变短和开花个数减少的现象（表8、表9），对其矮化机理的研究也为矮化水仙的开花质量改善提供了参考和借鉴。

作为“十大传统名花”之一，中国水仙具有丰厚的花文化积淀，涵盖了文学、绘画、民俗传说、雕刻等众多领域。作为文化载体，水仙的应用推广过程即是以其为媒介的花文化传播过程。中国水仙的推广应用对其产业的复兴和花文化的传承、传播具有重要的推动作用，而对栽培起源、传播路径及观赏方式的研究、总结则可为推广应工作的开展提供参考。

参考文献

[1]　陈心启，吴应祥，Chen Sing-Chi 等．中国水仙考[J]．中国科学院大学学报，1982，20(3)：371-379.

[2]　陈心启，吴应祥．中国水仙续考——与卢履范同志商榷[J]．植物科学学报，1991，9(1)：70-74.

[3]　李懋学，陈定慧，王莲英．中国水仙的染色体组型和 Giemsa C—带之带型研究[J]．园艺学报，1980(2).

[4]　朱明明．中国古代文学水仙意象与题材研究[D]．南京师范大学，2008.

[5]　程杰．中国水仙起源考[J]．江苏社会科学，2011(6)：238-245.

[6]　程杰，程宇静．论中国水仙文化[J]．盐城师范学院学报(人文社会科学版)，2015，35(1)：19-29.

[7]　林琳．水仙花产业调查[D]．福建农林大学，2013.

[8]　邱珊莲，林江波，王伟英，等．漳州水仙花产业现状及发展对策[J]．福建农业科技，2013，44(10)：56-58.

[9]　戴丽云．漳州水仙花产业关键技术研究[D]．福建农林大学，2011.

[10]　于晓南，苑庆磊，郝丽红．芍药作为中国“爱情花”之史考

[J]. 北京林业大学学报(社会科学版), 2014, 13(2): 26-31.

[11] 漳州市文艺工作者联合会. 水仙花志[M]. 福建人民出版社, 1980.

[12] 庞骏. 品花·花品·花为媒——以中国水仙花节俗游赏为例[C]中国花文化国际学术研讨会, 2007.

[13] 乔迅. 邱世华, 等译. 石涛: 清初中国的绘画与现代性[M]. 北京: 三联书屋, 2016.

[14] Kinet J M. Environmental, chemical, and genetic control of flowering[J]. Horticultural Reviews, 1993: 132-135.

[15] 田红红, 李朝婵, 伍庆, 等. 植物生长调节剂对大白杜鹃幼苗内源激素的影响[J]. 福建林业科技, 2015(2): 90-93.

[16] 孙红梅, 廖浩斌, 刘盼盼, 等. 不同成花量金花茶花果期果枝叶内源激素的变化[J]. 广西植物, 2017, 37(12): 1537-1544.

[17] 黄羌维. 龙眼内源激素变化和花芽分化及大小年结果的关系[J]. 热带亚热带植物学报, 1996(2): 58-62.

[18] 杨海燕, 刘成前, 卢山. 异戊二烯类植物激素赤霉素和脱落酸的代谢调控[J]. 植物生理学报, 2010, 46(11): 1083-1091.

[19] 徐澜, 高志强, 安伟, 等. 冬麦春播小麦发育进程中主茎叶片内源激素的变化[J]. 核农学报, 2016, 30(2): 355-363.

作者简介

洪山, 1991年生, 男, 河南信阳人, 国际竹藤中心花卉景观研究所。研究方向为园林花卉。电子邮箱: 1979604122@qq. com。

李贝宁, 1994年生, 女, 河北, 副研究员, 硕士生导师, 际竹藤中心园林花卉与景观研究所副所长。研究方向为园林植物与观赏园艺。电子邮箱: 836040128@qq. com

胡陶, 1976年生, 男, 安徽合肥人, 副研究员, 硕士生导师, 际竹藤中心园林花卉与景观研究所副所长。研究方向为园林植物与观赏园艺, 电子邮箱: hutao@icbr. ac. an。

马艳军, 1984年生, 男, 安徽阜阳人, 国际竹藤中心园林花卉与景观研究所助理研究员。研究方向为园林植物与观赏园艺。电子邮箱: 465130979@qq. com。

常艳婷, 1989年生, 女, 山西大同人, 博士, 国际竹藤中心园林花卉与景观研究所。研究方向为园林植物与观赏园艺。电子邮箱: 773742254@qq. com。

江泽慧, 1939年生, 女, 江苏扬州人, 教授, 博士生导师, 国际竹藤中心主任, 中国花卉协会会长。研究方向为木材科学与技术。电子邮箱: zhjiang2015@163. com。

史晓海, 1993年生, 男河南信阳人, 本科, 信阳市林业研究所。电子邮箱: 70776872@qq. com。

风景名胜区与自然保护地

黄石国家公园杰克逊小镇的规划特点及启示

Planning Features and Inspiration of Jackson Town, a Gateway Town of the Yellowstone National Park

何　虹　吴承照

摘　要： 国家公园小镇对于支撑国家公园的保护和公益性服务、带动周边绿色协调发展至关重要。目前，国内文献中对国家公园小镇规划建设的论述较少。通过个案分析法研究了美国成熟的国家公园门户城镇——杰克逊镇，介绍了其总体规划的愿景，“生态系统管理”“增长管理”和“生活质量”三大价值观与实现路径，详述了“特色区”的规划方法。通过了解国外先进的规划理念和方法，从中得到有利于我国国家公园小镇规划的启示。

关键词： 门户城镇；美国国家公园；杰克逊镇；规划

Abstract: National park gateway town is crucial for supporting the protection of national parks and public welfare services, and promoting the coordinated development of surrounding areas. At present, there is little discussion on the planning and construction of gateway town in domestic literature. Through case analysis, this paper studies the town of Jackson, a mature gateway town of national parks in the United States, introduces its overall planning vision, three values of "ecosystem management", "growth management" and "quality of life" and realization paths, and details the planning method of "characteristic area". Through understanding the advanced planning concepts and methods of foreign countries, we can get the inspiration that is beneficial to the planning of China's national park gateway town.

Keyword: Gateway Town; National Park of the United States; Town of Jackson; Planning

《建立国家公园体制总体方案》中提到：“引导当地政府在国家公园周边合理规划建设入口社区和特色小镇。”[1]国家公园入口社区和特色小镇对于支撑国家公园的保护和公益性服务、带动周边绿色协调发展至关重要。国际上，国家公园小镇被称作“门户城镇”（gateway town）或“门户社区”（gateway community），是指在国家公园60英里辐射范围内的城镇和社区[2]。著名的美国国家公园门户城镇杰克逊镇拥有较为成熟的规划设计方法和技术路线，在生态系统管理、增长管理和生活质量提升等方面的对策具有较高的借鉴价值。

1　基本情况

杰克逊镇（图1）是通往黄石国家公园、大提顿国家公园、布里格特顿国家森林和国家麋鹿保护区的门户小镇，镇域面积208.68km^2，镇区面积7.64km^2，人口规模近1万。黄石国家公园与大提顿国家公园周边门户城镇（图2）基本依托旅游业发展，在其带动下的艺术、游憩、娱乐、住宿、餐饮服务和零售业等都较为发达。

2　愿景与价值观

《杰克逊·提顿县总体规划》（2012）中阐明了小镇的愿景：保护区域内的生态系统，以确保现代及后代人享有健康的环境、社区及经济[3]。为了确保生态系统保护能带来健康的环境、社区和经济，规划中提出了“生态系统管理”“增长管理”和“生活质量”三个相互支持和依赖的共同价值观。

图1　杰克逊镇区与镇域范围

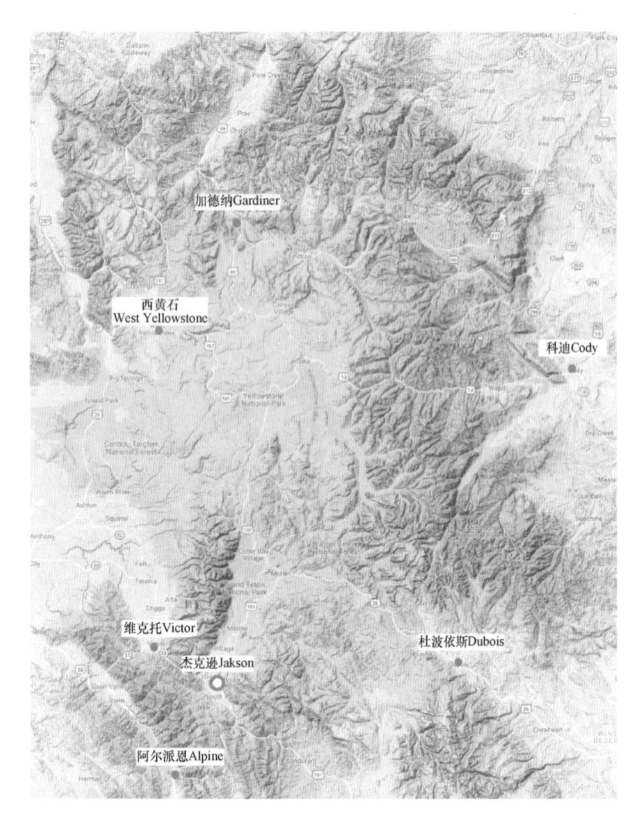

图 2　黄石国家公园周边门户城镇

2.1　生态系统管理

生态系统管理的原则　　　　表 1

共同价值观	内容	原则
生态系统管理	野生动物、自然资源和风景的管理	维持所有本地物种的健康 保护及改善水质和空气质量 维护社区的景观资源 保护和管理开放空间
	通过节能实现气候可持续性	减少不可再生能源的消耗 通过土地利用降低能源消耗 通过运输降低能源消耗 提高建筑物的能源效益 通过废物管理和节约用水来节约能源

“维持本地所有物种的健康”采用自然资源覆盖（Natural Resources Overlay，NRO）这一分区类型，NRO考虑生境的重要性和丰富度，并以生态系统中的指示性物种为基础，旨在保护野生动物的生境和廊道。先绘制出野生动物的生境和廊道，再根据每类生境的相对重要性绘制生境相对价值图（图 3、图 4），最后基于此建立一种分级保护制度，以便最重要的生境和廊道得到最高水平的保护和研究。

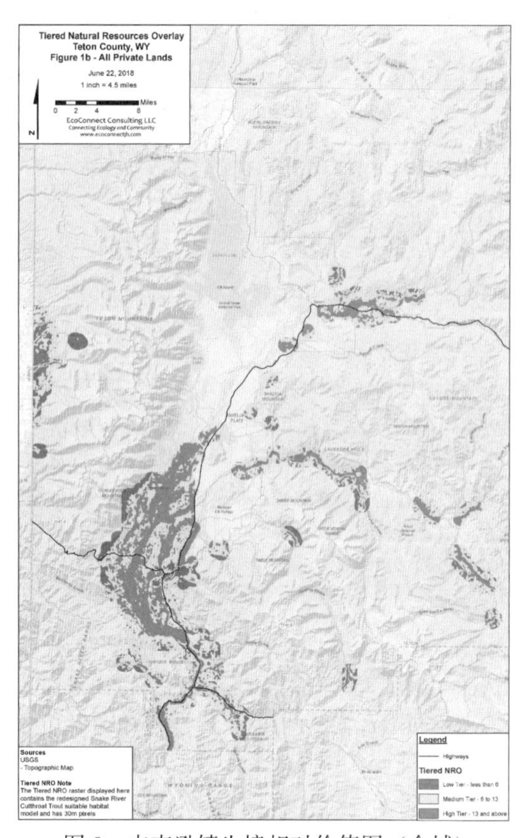

图 3　杰克逊镇生境相对价值图（全域）
（图片来源：Focal Species Habitat Mapping for Teton County，WY）

图 4　杰克逊镇生境相对价值图（子分区）
（图片来源：Focal Species Habitat Mapping for Teton County，WY）

“维护社区的景观资源”采用风景资源覆盖（Scenic Resources Overlay，SRO）这一分区类型，对SRO内任何开发的位置、设计和景观进行规范引导，旨在保护自然天际线（山丘、山脊线和山脉线）、广阔的山坡和前景，保护小镇的自然景观风貌和重要风景资源。即使是人造景观的出现也应保持或模仿自然地形。此外，星空资源的保护也非常重要，虽然公共安全需要照明，但非必要的照明将受到限制，会根据暗夜最佳实践评估和修订照明标准。

杰克逊镇确定了“增长位置”“永久保存的土地”“能源负荷”和“野生动物车辆冲突”这四大主要的生态系统管理指标，以监测人类活动对生态系统的影响。“增长位置”指标的目标是实现60%的增长发生在基础设施较为完善、活力度较高的完整社区，不去占用野生动物生境、风景地带和开放空间，最大程度地减少人类活动对生态系统的影响。“永久保存的土地”是监测社区在保护野生动物栖息地、自然资源、风景资源和农业特性方面取得进展的一个指标，目标是增加这种类型的用地保护。“能源负荷”衡量的是提顿县每年的用电量，确立了“将社区总能源负荷保持在2011年5亿卡瓦每小时的总用电量水平”的目标。“野生动物车辆冲突”是一个衡量发展和交通增长对野生动物活动的影响的指标，同时也衡量社区提供安全野生动物过境点的能力。

2.2 增长管理

增长管理的原则　　表2

共同价值观	内容	原则
增长管理	负责任的社区发展管理	将发展引导至栖息地、风景地和开放空间之外 合理布局，形成完整社区 以可预测和合作的方式管理增长 限制在自然危险地区的开发 从区域角度管理本地增长
	城镇作为区域的中心，完整社区	维持城镇为完整社区的中心 促进有活力、可步行的混合用地 开发理想的住宅区 加强城市空间、社会功能和环境设施 保护历史建筑和场地

为了实现负责任的社区发展管理，杰克逊镇制定了增长管理计划，对小镇的建设发展情况进行定量回顾和审查。该计划由触发器（增长率）、两个目标（增长位置和增长类型）、纠正措施和10年计划四部分组成（图5）。年度指标报告会综合考虑环境、增长、住房、经济、交通等指标对整个社区进行监测，一旦住宅单元数量增长5%，增长管理计划就会被触发。如有超过40%的发展位于乡村地区，则需采取纠正措施；如有超过60%的发展位于适合发展的区域，则需进一步对增长类型进行审查；如有超过35%的劳动力需要长途通勤，仍需要采取纠正措施，如有超过65%的劳动力可以住在本地，就不需要干预，定期更新10年计划即可。

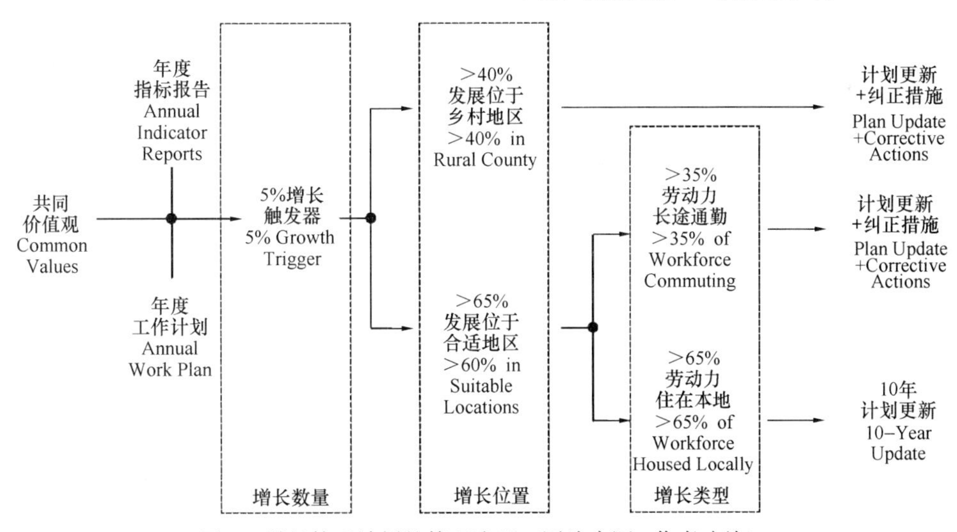

图5　增长管理计划的管理流程（图片来源：作者改绘）

2.3 生活质量

生活质量的原则　　表3

共同价值观	内容	原　则
生活质量	本地员工住房	通过提供劳动力住房来维持多样化的人口 战略性地定位各种住房类型 减少劳动力可负担的住房短缺 使用一套平衡的工具来实现住房目标
	多元化和平衡的经济	衡量自然和经济资本的繁荣程度 促进经济稳定多元发展 营造积极的经济发展氛围

续表

共同价值观	内容	原　则
生活质量	多模式交通	使用其他交通模式，以应对未来的交通需求 建立安全、高效、互联的多式联运网络 协调土地利用和交通规划
	优质的社区服务	保持现状协调的服务交付 协调提供服务所需的基础设施和设施

生活质量是杰克逊镇提升社区的宜居性和吸引力的重要方面，对于居民和游客而言，社会经济的多样性和高质量的安全、交通、教育、社会、文化和游憩服务供给也

至关重要。

当地人认为康的生态系统是小镇最重要的资产，社区的经济若要长期持续发展，繁荣不单要以经济表现衡量，更要以社区对自然的保护程度来衡量。经济受益于生态系统管理，生态系统管理同样受益于强大的经济，因此经济发展的方式必须是可持续的，并使后代能够从同样的资产中受益。

3 规划方法

杰克逊镇域范围内的所有地区被划分成15个“特色区”，确定每个特色区的保护或发展类型以及它们未来的理想特征；在适合发展的地区，重点提高生活质量和保护社区特色，在所有其他地区，重点保护野生动物生境、风景资源和开放空间（图6）。

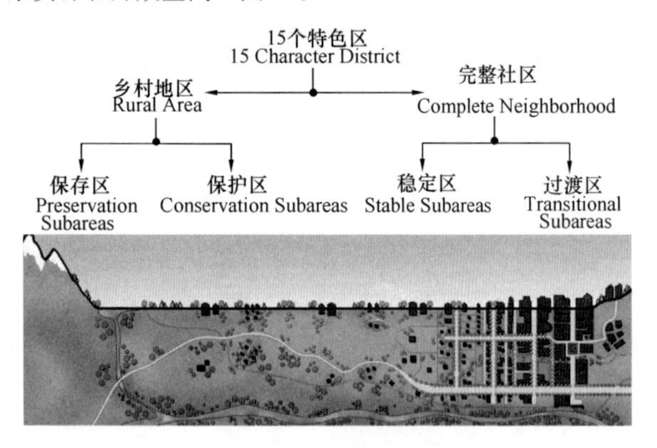

图6　特色区分类

绘制出基于社区三大价值观的生态系统管理现状图（图7）、增长管理现状图（图8）和生活质量现状图（图9），对这三张现状图进行分层叠加分析，识别出具有相似

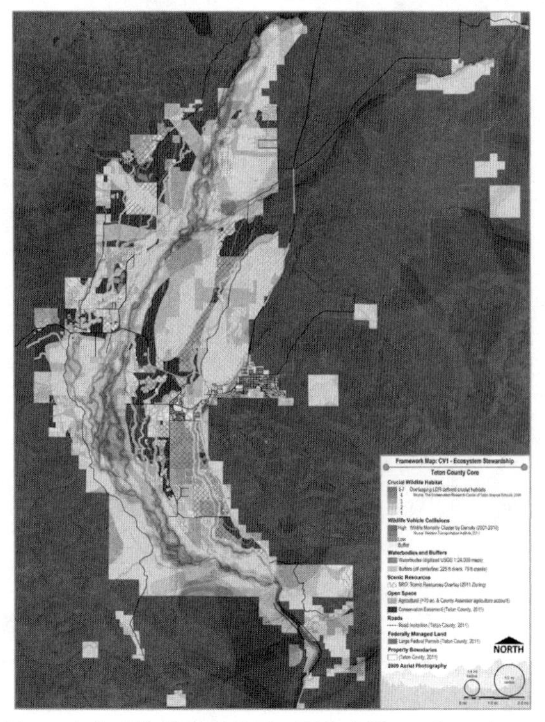

图7　生态系统管理现状图（图片来源：Jackson/Teton County Comprehensive Plan）

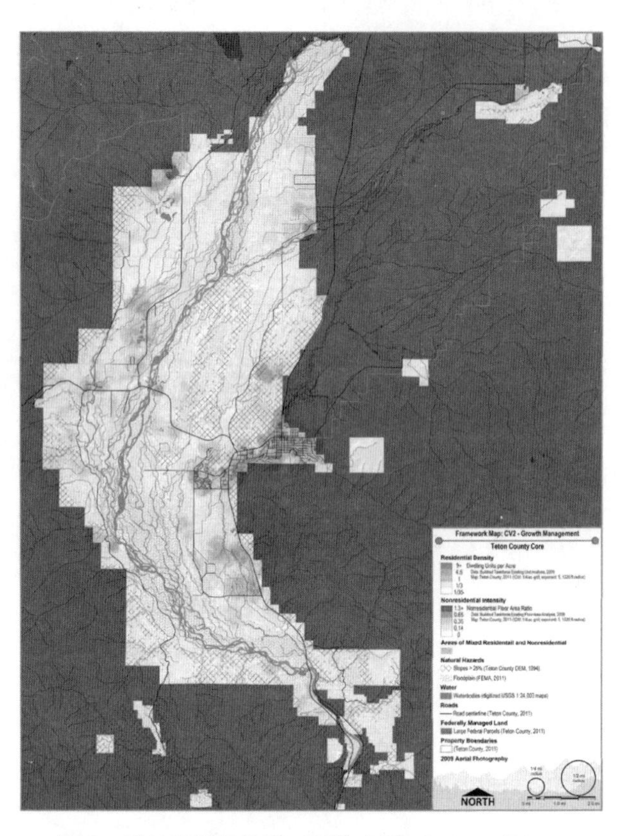

图8　增长管理现状图（图片来源：Jackson/Teton County Comprehensive Plan）

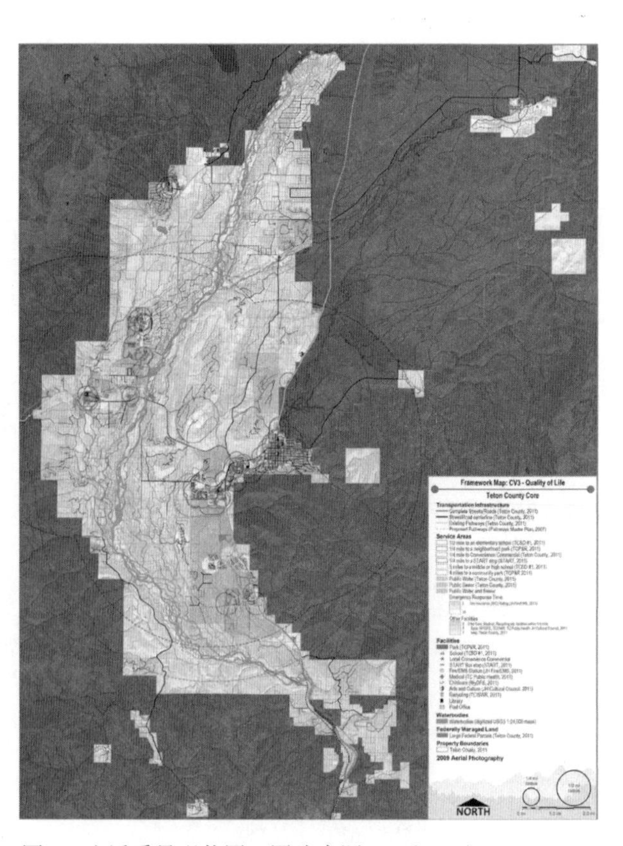

图9　生活质量现状图（图片来源：Jackson/Teton County Comprehensive Plan）

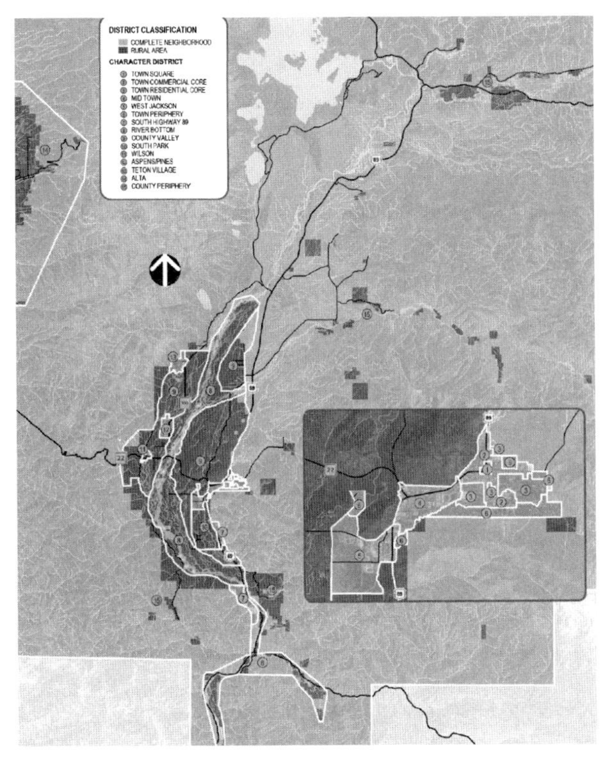

图 10　乡村地区和完整社区分区图（图片来源：Jackson/Teton County Comprehensive Plan）

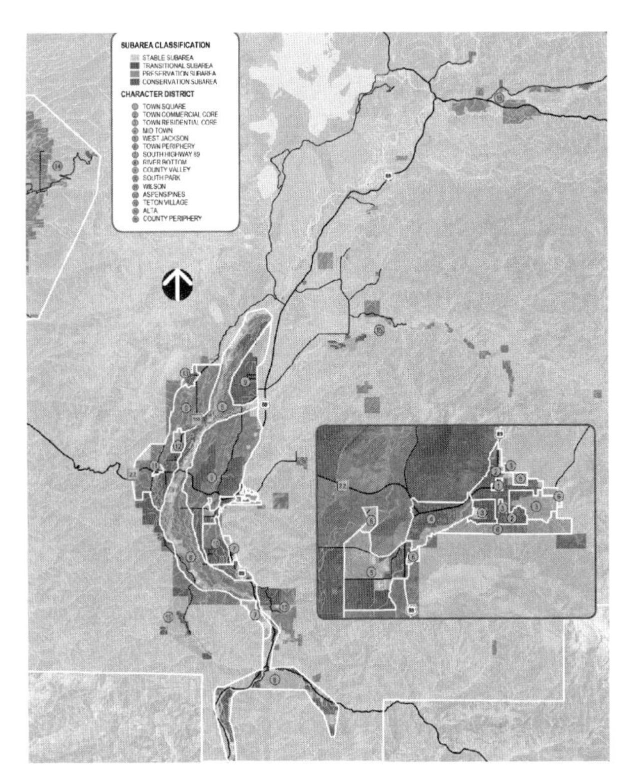

图 11　保存区、保护区、稳定区和过渡区分区图（图片来源：Jackson/Teton County Comprehensive Plan）

特征的区域作为特色区。分析每个特色区的现状特色并进一步划分成乡村地区和完整社区两大类（图 10）。乡村地区以生态系统管理为主，具体表现为野生动物生境及廊道、优美的自然风光、农业和未开发的开放空间；完整社区以提高生活质量为主，具体表现为完善的市政设施、高质量的公共空间、舒适的步行环境、多样的住房类型、学校、商业、休闲和其他生活服务设施。最后将乡村地区细分成保护区和保存区，将完整社区细分成过渡区和稳定区（图 11）。过渡区具有满足社区目标的适当开发类型，稳定区能够保护和增强传统社区和现有特征，保护区在满足保护野生动物生境和自然风景资源的前提下适度再开发，保存区确保对野生动物生境、风景、农业和乡村特色的严格保护。

杰克逊社区的每个子区域都关联了一个或多个邻里形式，每个邻里形式的面积、建筑高度、用途等都有差异（图 12）。从左至右，空间被划分为严格保存区、农田、聚落、生境/风景区、保护、居住、村庄、村中心、镇和度假区，住宅、度假、商业、市民活动集中在村中心、镇和度假区，农田、聚落、生境/风景区也有少量住宅开发。

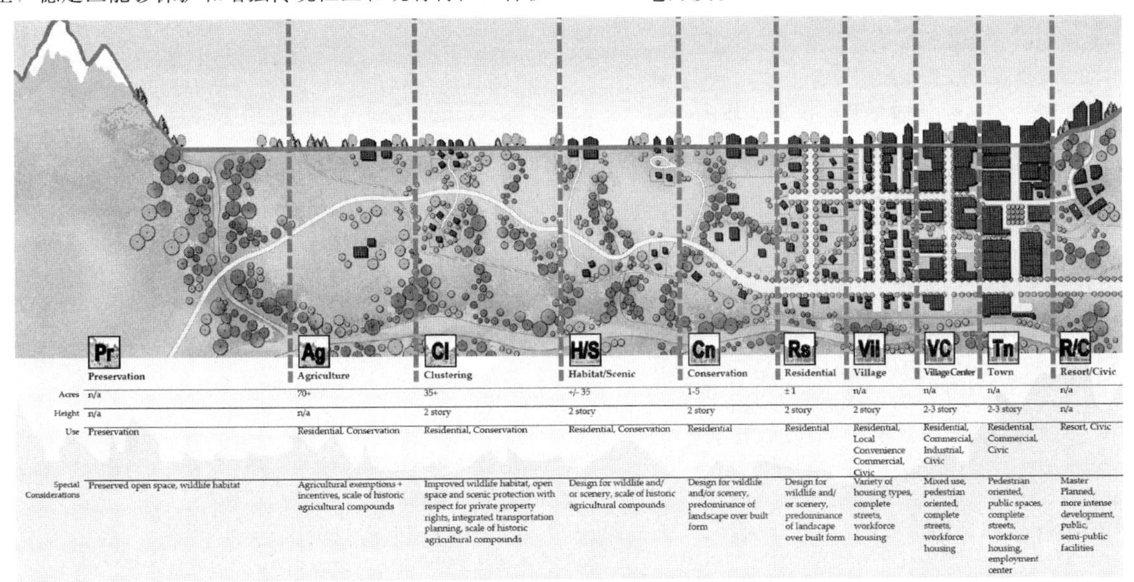

图 12　杰克逊镇邻里形式
（图片来源：Jackson/Teton County Comprehensive Plan）

4 杰克逊镇对我国国家公园小镇的启示

杰克逊镇坐落在完整的生态系统中，这既为小镇的生态系统管理提出了极高的要求，又为小镇提供了一个以身作则的机会，展示其在野生动物、自然和风景资源以及开放空间的保护、气候可持续性战略、增长管理和生活质量提升等方面的先进做法，为全球范围内的国家公园门户城镇提供示范。其对中国国家公园小镇的规划建设启示总结如下。

4.1 全面保护和管理生态系统

中国的国家公园小镇服务于国家公园的保护和公益性，建设要以对完整生态系统的保护和管理为前提。小镇的发展、交通运输、游憩和能源消耗等多方面都会对整个生态系统造成影响，因此需要对生态系统进行全面的保护和管理。不仅要考虑到对野生动物生境廊道、自然和风景资源的管理，维持生态系统的健康和完整性，还要考虑各种节水节能、减排措施，减轻全球气候变化的影响并实现气候的可持续。

4.2 精明控制增长和发展

参考杰克逊镇的增长管理计划，对小镇的建设发展情况进行定量回顾和审查，综合考虑环境、增长、住房、经济、交通等指标进行评估，一旦增长超出了控制范围，就采取纠正措施或改进战略以确保发展不会偏移最初的社区愿景。这种动态循环的监测、审查、反馈和更新机制能确保小镇具有更好的反应力和适应力，以应对不可预测的挑战和风险。

4.3 促进本地经济稳定与多元化

国家公园小镇应注重更加多元化的经济发展，不仅仅依靠旅游业，这样才能维持本地全年的就业、保持长期可持续的发展。一方面，鼓励并协助本地商业活动和投资，支持本地小型创业企业，发展现代农业、绿色产业、知识型产业、游憩康养产业和文化产业等；另一方面，通过小镇的自然美景资源、生活质量和经济发展氛围吸引多元化企业和商人来此投资，为社区带来资金。

4.4 发展可持续旅游业

为了保护小镇的生态资源，应重点推进生态旅游的发展，采取生态友好方式为游客提供优质体验，避免发展过度依赖增长和消费的旅游。考虑到不断变化的旅游趋势和人口结构等，小镇也要及时更新旅游战略，不断创新其产品和提高游客体验质量。为了解决旅游季节性的弊端，可以推广全年旅游活动和文化节日，探索基于文化、遗产建筑和历史的旅游等。

4.5 保持和弘扬本地文化特色

挖掘、保护和合理利用小镇的历史资产、文化和艺术资产，保持和弘扬本地文化特色能够维持小镇的独特风貌、场所感和本地居民的归属感。此外，通过历史或文化艺术特色构建小镇的国家和国际品牌，也能更好地吸引国内外游客、人才和企业，对国家公园小镇的成功至关重要。

参考文献

[1] 建立国家公园体制总体方案(中办发[2017]55号). 北京：中共中央办公厅，国务院办公厅，2017.

[2] Steer K, Chambers N. Gateway opportunities: A guide to federalprograms for rural gateway communities[R]. Washington DC: National Park Service Social Science Program, 1998.

[3] Teton County Planning & Development. Jackson/Teton County Comprehensive Plan [EB/OL]. Teton County: Town/County Associate Long-Range Planner, 2012-04-06 [2019-05-03]. http://jacksontetonplan.com/DocumentCenter/View/1152/Jackson-Teton-County-Comprehensive-Plan-April-6-2012-PDF.

[4] Alder Environmental, LLC. Focal Species Habitat Mapping for Teton County, WY[EB/OL]. Teton County: Town/County Associate Long-Range Planner, 2017[2019-05-03]. http://www.tetonwyo.org/DocumentCenter/View/3051.

[5] 刘辉亮. 美国国家公园与门户城镇的建设经验与启示[J]. 中国工程科学，2016，18(5)：100-108.

[6] 苏杨. 大部制后三说国家公园和既有自然保护地体系的关系——解读《建立国家公园体制总体方案》之五(下)[J]. 中国发展观察，2018(10)：46-51.

[7] 苏杨. 国家公园的旅游正道——解读《建立国家公园体制总体方案》之三(下)[J]. 中国发展观察，2017(24)：41-44.

[8] 秦静，曹琳. 美国国家公园体系下的城镇建设经验与启示[J]. 小城镇建设，2018，36(10)：99-105.

[9] Howe J, McMahon E T, Propst L. Balancing nature and commerce in gateway communities[M]. Washington: Island Press, 1997.

[10] Teton County Planning & Development. 2018 Annual Indicator Report[EB/OL]. Teton County: Town/County Associate Long-Range Planner, 2018[2019-05-03]. http://www.jacksontetonplan.com/DocumentCenter/View/1470/2018-Indicator-Report? bidId=.

[11] Bergstrom R., & Harrington L. M. B. Understanding agents of change in amenity gateways of the Greater Yellowstone region[J]. Community Development, 2017, 49(3): 1-16.

[12] Bergstrom R., & Harrington L. M. B. Balancing communities, economies, and the environment in the Greater Yellowstone ecosystem[J]. Journal of Rural and Community Development, 2013, 8(3): 228-241.

[13] McMahon E, Selzer L. Gateway communities[J]. Planning Commissioners Journal, 1999, 34: 6-7.

作者简介

何虹，1995年生，女，汉族，江苏无锡人，同济大学建筑城规学院风景园林专业在读研究生。研究方向为大地景观规划与生态修复。电子邮箱：810290039@qq.com。

吴承照，1964年生，男，汉族，安徽合肥人，博士，同济大学建筑城规学院教授，博士生导师。研究方向为景观游憩学、景观与旅游规划设计、遗产保护利用与管理。电子邮箱：wuchzhao@vip.sina.com。

基于网络开放数据的寒地风景区冬夏景观偏好差异研究

Winter and Summer Landscape Preference Differences of Cold Region Scenic Area Based on Open-source Data

姜 瑞 朱 逊 张佳妮

摘 要：寒地城市四季分明，风景区冬夏景观存在差异。通过获取网络开放数据中的热力图，对比冬夏两季在不同时间粒度上的特征，研究使用者时空分布规律；根据景观类型对评论数据进行整理统计，对比分析冬夏景观偏好差异。结果显示：①在时间尺度上，风景区使用者数量具有周末高、工作日低的特点。但在冬季的一周间无明显差异，只在节假日显著升高；②在空间尺度上，风景区夏季使用者分布广泛，冬季使用者集中在建筑周边；③景观类型依据评论热度排序如下：水体＞植物＞动物＞冰雪景观＞建构筑物＞入口景观＞服务设施＞夜景观；④使用者在夏季偏好自然景观，如水体、动物等，冬季偏好人工景观，尤其关注冰雪雕塑。针对冬夏景观偏好差异，进一步提出寒地风景区景观设计建议。

关键词：景观偏好；网络开放数据；寒地；季节差异；太阳岛

Abstract: Cold cities have distinct seasons, and there are differences in winter and summer landscape of scenic area. By obtaining the thermograms from the open network data, comparing the characteristics of winter and summer at different time granularity and studying the spatial and temporal distribution of users. According to the landscape types, the commentary data were collated and statistically analyzed, and the differences of landscape preferences in winter and summer were compared and analyzed. The results show that: (a) On the time scale, the number of users in scenic area has the characteristics of high weekends and low working days. However, there is no significant difference in the winter week, but increased significantly during the holidays; (b) On the spatial scale, the summer users of scenic area are widely distributed, and the winter users are concentrated around the buildings; (c) The order of landscape types according to the comment heat is as follows: Water > Plants > Animals > Snow Landscape > Constructions > Entrance landscape > Service facilities > Night landscape; (d) Users prefer natural landscapes in summer., such as water, animals and so on, and prefer artificial landscape in winter, especially ice and snow sculpture. Providing some suggestions for cold region scenic area according to the winter and summer landscape preference differences.

Keyword: Landscape Preference; Open-source Data; Cold Regions; Seasonal Difference; Sun Island

引言

2018年，中国政府在北极政策方面发表了第一部白皮书，提出参与开发北极地区旅游资源，推动北极旅游业可持续发展[1]。寒地城市同样受益于北极发展的历史性机遇，寒地旅游业可与北极旅游资源开发协同发展。寒地城市冬季持续时间较长，冬季景观尤其是冰雪景观成为了旅游业发展的重要资源，并促使其成为资源导向的旅游目的地[2]。同时，一些风景区在旅游淡季作为市民日常活动的公共空间。因此，研究寒地风景区的冬夏景观偏好差异不仅为旅游景区的设计规划提供参考，也有助于其在旅游淡季服务城市居民。

大量景观偏好的研究采用了问卷调查、受雇人员拍摄等方法，并依据人群特征分析景观偏好差异[3]。本研究不讨论具体的人群特征或个体的景观偏好，而更多地关注使用者群体的景观偏好在冬夏两季的对比。为了获取时间跨度较大的样本，本研究选择利用网络开放数据进行研究。

网络开放数据的获取手段多样、数据量巨大。研究者获取网络开放数据不受时间和空间的限制，可用来评估使用者对时间和空间的偏好[4]。同时，研究过程中不存在预设的实验，获取的数据更客观、更接近真实情况。但由于缺少问卷或实验等“限制”，网络数据往往呈现非结构化、碎片化的特征。使用者发布的信息中图片与文字的具体内容可以反映研究区域内的热点，所拍摄对象的色彩、明暗关系、景观类型、空间类型、拍摄的角度与距离均可以作为景观偏好研究的参考[5-8]。为研究高纬度城市冬夏两季景观偏好差异，本研究选取了高纬度地区冬夏活动较热门的区域，并对该区域不同时间的热力图与评论数据的具体内容进行对比。

1 研究方法

1.1 研究区域的选取

太阳岛风景区坐落于哈尔滨市松花江北岸（图1），建成之初是城市北部的休闲度假区。随着松北新区的建设与发展，太阳岛成为连接城市南北部的半岛，定位由郊野公园转变为市区内的城市公园，保留了部分自然景观的同时新建大量人工景观，每年冬季建设寒地特有冰雪景观，景观类型丰富[9]。随着城市旅游产业的发展，太阳岛风景区成为了寒地著名的旅游景区，不仅是市民游憩的场所，更吸引了大量的外来游客，使用者结构发生变化[10]。

图 1　太阳岛风景区地理位置

1.2　数据样本的选取

本研究数据来源于大众点评网站上的评论数据与腾讯位置数据平台的区域热力图数据的时间跨度较大，可以更直观地对比冬夏两季的差异。大众点评网站针对不同兴趣点进行分类，由网站方收集基本信息，结合使用者自发的图片、文字评论建立数据库。腾讯位置数据平台可提供太阳岛风景区范围内的时空分布数据，可获取不同时间点的人群分布热力图与位置流量数据。

2　数据结果

2.1　使用者冬夏时间分布特征

获取腾讯位置数据平台的位置流量数据，在其中选择冬夏两季各一周（避开了特殊节假日）的数据，另外选择了 12 月 30 日到次年 1 月 5 日这一周（包含特殊节日）的数据进行研究。对比冬夏两季人流量的峰值与阈值，分析区域内的日、周人流量规律。

冬夏两季每日的室外活动时间阈值并未发现季节性差异，区域内人数从 7 时快速上升，于 16 时至 18 时快速下降，仅 12 月 30 日下降延后了一小时。在夏季，周末的人流量峰值相较于工作日增加了 20%，整体人流量呈现了周末高、工作日低的特征。每日人流量在 13 时达到峰值，并于 16 时之后迅速下降，人们更多选择在周末的日间来访。在冬季，无论是工作日还是周末，每日人流量都较为接近。每日人流量变化近似为 M 形，第一个峰值较高，出现在 11 时，第二个峰值较低，出现在 15 时。而 12 月 30 日、12 月 31 日、1 月 5 日人流量显著升高。

2.2　使用者冬夏空间分布特征

获取腾讯位置数据平台的区域热力图，分别选择了 2018 年 8 月 8 日、2018 年 8 月 12 日、2018 年 12 月 12 日、2018 年 12 月 16 日、2019 年 1 月 5 日进行研究。截取每日 10 时、13 时、16 时、19 时的区域热力图，并将热力图中的人流量分级，1 级 0～5 人、2 级 6～10 人、3 级 11～15 人、4 级 15～20 人、5 级大于 20 人。将热力图上的人群分布转化为景点在某一时间的人数进行统计（图 2）。

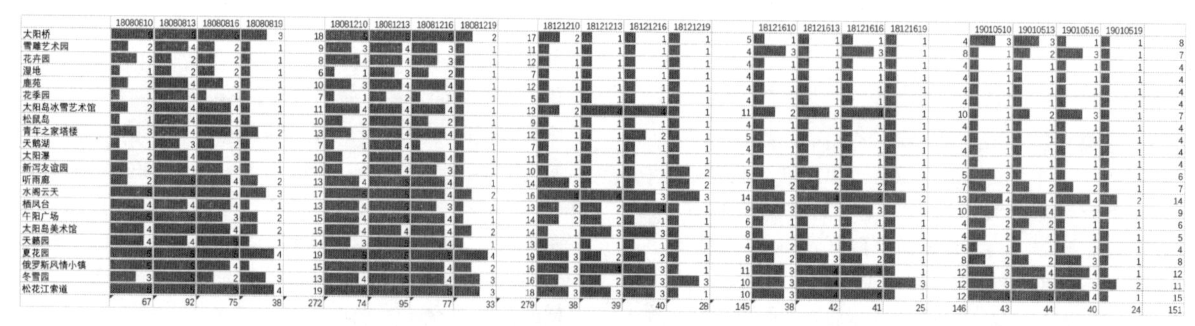

图 2　景点人流量比较

总体上人群集中在区域中部的人工水体周边与区域南部江畔周边，这些区域的建筑与服务设施较多。其中临近中部水体的水阁云天与江畔的松花江索道是人群密度最高的两个景点，靠近江畔的夏花园、俄罗斯风情小镇、冬雪园三个景点的人群密度次高。此外位于交通节点的景点也具有较高的人群密度，如：太阳桥、栖凤台、雨阳广场。在夏季，人群分布较广泛，各个景点都得到了关注。建筑类的景点或临近建筑与设施的景点的人群密度更高，以植物为主的景点人群密度较低，如湿地、花季园等。在冬季，人群分布的位置相对集中，集中在水阁云天、太阳岛冰雪艺术馆、栖凤台、俄罗斯风情小镇、松花江索道等景点。其余景点人群密度较低，部分景点几乎无人访问。

周分布规律上，冬夏两季在工作日与周末的人群分布情况未见明显差异。仅在 2019 年 1 月 5 日即冰雪节，松花江索道与太阳桥的人群密度略有升高。日分布规律上，在夏季，以室外空间为主的景点变化较明显，从 10 时人群逐渐增多，于 16 时下降。建筑空间为主的景点较少变化，始终保持较高的人群密度。在 13 时与 16 时两个时间点，整体人群分布较均匀，而 10 时与 194 时，人群集中在中部水体与江畔的建筑周边。在冬季，人群密度较高的景点均呈现白天高、傍晚低的特征，10 时、13 时、

16时变化较小，16时至19时之间迅速下降。

2.3 使用者景观偏好特征

对评论数据中的图片进行筛选，剔除如门票、地图等与景观类型无关的照片，得到有效的样本416张。其中冬季拍摄的照片116张，夏季拍摄的照片300张。识别照片中被拍摄的主体，并分为冰雪景观、水体、植物、动物、建构筑物、雕塑、入口景观、夜景观、服务设施共9种类型。其中冰雪景观、水体、植物这3种景观类型又依据人工营造与自然形成两种形式进行分类，分别对应冰雕雪雕与自然雪景、人造水体与自然水体、立体花坛与自然植物。

根据统计结果，图片评论出现的景观类型频率由高到低，依次为水体>植物>动物>冰雪景观>建构筑物>入口景观>雕塑>服务设施>夜景观（图3）。在冬季，景观类型偏好的倾向性较明显，冰雪景观达到了47.4%的比例，植物（15.5%）与水体（8.6%）也是使用者主要的偏好类型。在夏季，水体达到了33%的比例，植物（19.3%）与水体（18%）的比例也较高。结果显示，冬夏景观偏好的景观类型存在差异，冬季更偏好冰雪景观，夏季更偏好水体；植物景观虽受季节变化影响较大，但是其景观偏好的变化较少；水体与动物这两类景观受季节影响导致在夏季的比例显著高于冬季；建筑、雕塑、入口景观等不受气候的影响的景观类型，也呈现夏季比例高于冬季的特征。

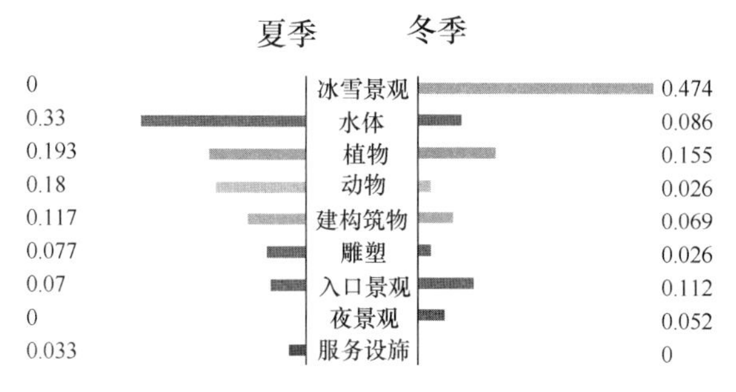

图3 冬夏景观偏好类型

将研究区域内的景观类型依人工景观、自然景观分类。人工景观包括：冰雕雪雕、人造水体、立体花坛、建构筑物、雕塑、入口景观、夜景观、服务设施。自然景观包括：自然雪景、自然水体、自然植物、动物。将图片数据依据这一分类方式重新统计，结果显示如下：使用者在冬季更偏好人工景观、在夏季没有显著倾向（图4）。

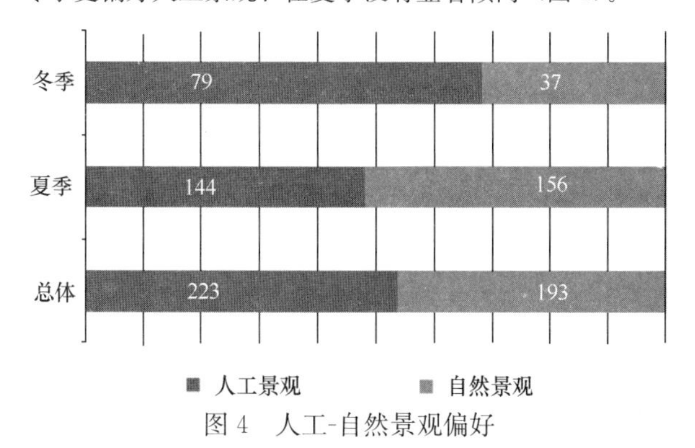

图4 人工-自然景观偏好

3 讨论

3.1 冬夏使用者时空分布差异成因

通过对比冬夏两季的使用者时空分布规律，发现夏季时空分布相较于冬季更广泛。在夏季使用者访问了更多的景点，并且停留了更长的时间，人们更多选择在周末的日间来访，呈现郊野公园的特征[11]。而冬季仅有部分景点得到访问，这些景点的主要景观类型为冰雪景观、建构筑物、设施。人流量在元旦与冰雪节等节日期间显著升高，根据文字评论数据得知地方性节日与冰雪主题活动吸引了大量游客。

将使用者空间分布规律结合冬夏两季的景观类型偏好，可以发现热度较高景点的景观类型与图片评论中高频的景观类型一致。在夏季使用者偏好水体、动物、植物等景观类型，并对相关景点进行访问。而在冬季这些景观类型受气候限制，部分景点关闭或景观效果不佳，使用者较集中地关注冰雪景观、建构筑物、设施等景观类型。将使用者空间分布与冬夏两季的景观偏好进行对比，使用者集中活动区域的景观类型与其景观偏好并不一致。许多景点在图片评论中频繁出现但人流量较少，这一现象在冬季尤其显著。冬季的使用人群以游客为主，其活动方式不同于当地市民，并且由于高纬度地区气候寒冷，部分景点停留时间较短。

3.2 冬夏使用者景观偏好差异成因

景观偏好在冬夏两季存在差异，在夏季为自然景观，在冬季为人工景观。结合文字评论数据与太阳岛风景区的发展历程，可以发现太阳岛风景区在夏季具有郊野公园的特征，自建成起就作为市民周末亲近自然的场所。而冬季作为旅游景区，主要提供冰雪旅游、俄罗斯风情体验、索道游览等服务。

动物、植物、水体三类词汇的出现频率在夏季显著高于冬季，与家庭、活动相关的词汇几乎只在夏季出现，使用者在夏季更倾向于亲近自然，进行各类活动。风景区内的活动场所内具有雕塑、游乐设施等人工景观，因此夏季自然景观与人工景观的比例接近。冰雪、季节、地名等词汇在冬季出现频率较高，旅游相关的词汇在冬季出现的频率也高于夏季。由于冰雪景观中人工景观的比重较大，反映当地文化的建构筑物也属于人工景观，冬季的景观偏好更倾向于人工景观，并以观赏为主。

4 结语

根据夏季相较于冬季时空分布更广泛的特点与冬夏景观偏好差异，发现冬夏两季呈现出对景观的不同需求，在寒地风景区设计中应注重景观在冬季的转换。尤其是植物景观在冬季仍具有较高的关注度，但却缺乏冬景设计。在冬季以人工要素为主的冰雪景观得到了使用者的青睐，对于寒地城市气候特征，应变挑战为机遇，发挥冰雪旅游资源。

参考文献

[1] 中华人民共和国国务院新闻办公室. 中国的北极政策[N]. 人民日报, 2018-01-27(011).

[2] 王玲. 国内外冰雪旅游开发与研究述评[J]. 生态经济, 2010(03): 66-69+127.

[3] 罗涛, 杨凤梅, 黄丽坤, 徐敏. 何处寄乡愁? ——由厦门、新疆高中生景观偏好比较研究引发的思考[J]. 中国园林, 2019, 35(02): 98-103.

[4] Sai Zhang, Weiqi Zhou. Recreational visits to urban parks and factors affecting park visits: Evidence from geotagged social media data[J]. Landscape and Urban Planning, 2018: 180.

[5] Yan Chen, John R. Parkins, Kate Sherren. Using geotagged Instagram posts to reveal landscape values around current and proposed hydroelectric dams and their reservoirs[J]. Landscape and Urban Planning, 2018: 170.

[6] 邵隽, 常雪松, 赵雅敏. 基于游记大数据的华山景区游客行为模式研究[J]. 中国园林, 2018, 34(03): 18-24.

[7] 付宗驰, 裘鸿菲, 李应宾. 严寒地区雪景观视觉舒适度研究[J]. 中国园林, 2017, 33(07): 113-116.

[8] 李哲, 宋爽, 何钰昆. 基于美景度评价法(SBE)的当代新中式景园材质建构研究[J]. 中国园林, 2018, 34(11): 107-112.

[9] 王晓灵. 风华绝代太阳岛[J]. 国土绿化, 2013(08): 46-47.

[10] 王萌. 太阳岛雪博会春节黄金周接待近14万游客[J]. 中国会展, 2017(03): 20.

[11] 刘传安, 齐童, 李雪莹, 等. 北京郊野公园游憩动机研究[J]. 首都师范大学学报(自然科学版), 2016, 37(01): 83-88.

作者简介

姜瑞, 1995年生, 男, 汉族, 哈尔滨人。哈尔滨工业大学建筑学院风景园林专业硕士研究生。研究方向为风景园林历史及理论。电子邮箱: 775734263@qq.com。

朱逊, 1979年生, 女, 满族, 哈尔滨人。哈尔滨工业大学建筑学院景观系副教授, 寒地城乡人居环境科学与技术工业和信息化部重点实验室。研究方向为风景园林规划与设计、风景园林历史及理论。电子邮箱: zhuxun@hit.edu.cn。张佳妮, 1995年生, 女, 汉族, 内蒙古人, 哈尔滨工业大学建筑学院风景园林专业硕士研究生。研究方向为风景园林设计与理论研究。电子邮箱: 1457752456@qq.com。

基于系统保护规划方法的城市边缘区绿色空间优先保护区域规划

——以北京市第二道绿化隔离地区为例

A SCP-based Conservation Priority Area Planning in Urban Fringe Green Spaces

—A Case Study of the Second Green Belt of Beijing

欧小杨　郑　曦*

摘　要：识别和保护城市边缘地区的适宜栖息地，对于保护本地生物多样性、建立生物和生态过程的廊道具有重要意义。研究以北京市二道绿隔地区为例，基于系统保护规划的方法，识别生物多样性热点地区，通过空间选址优化算法确定最小成本和最大的保护目标实现率的优先保护区域的空间布局，采用基于图论的网络分析方法评价优先保护区域的连接度重要性，获得不同尺度、类型的生物多样性优先保护区域，并证明整体保护较小面积区域对于生态功能连通性的重要性，该方法与结果能够为区域绿色空间的构建提供重要的依据。

关键词：绿色空间；城市边缘区；保护地；系统保护规划；生物多样性

Abstract: Identifying and protecting suitable habitats in urban fringe areas is crucial for protecting local biodiversity and establishing corridors for biological and ecological processes. Taking the second-green area of Beijing as an example, based on the systematic conservation planning (SCP)method, the biodiversity hotspot area is identified, and the spatial layout of the conservation priority area of the minimum cost and the maximum protection target realization rate is determined by the spatial optimization algorithm. Using graph theory-based network analysis method to evaluate the importance of connectivity in priority protected areas, we obtain priority conservation areas of different scales and types of biodiversity, and prove the importance of overall protection of small area areas for ecological functional connectivity. These results can provide an important basis for the construction of regional green spaces.

Keyword: Green Spaces; Urban Fringe Areas; Protected Area; Systematic Conservation Planning; Biodiversity

1　背景

城市建成区的密集化和城市向郊区蔓延的过程改变农田和自然生态系统，留下破碎的原有栖息地斑块[1-3]，使生物多样性面临威胁[4]。建立保护地是普遍采用的生物多样性就地保护的有效措施，在城市周边区域识别和保护栖息地资源，对于提升本地生物多样性、建立物种迁移的踏脚石，维持更大尺度的生态系统功能具有重要意义[5]。然而受到土地权属、居民经济发展需求等因素的限制，在城市内部及边缘区域构建保护地体系的条件较为有限，该区域的绿色空间的生态保护功能往往附加于休闲游憩功能之上，我国绝大部分法定保护地（自然保护区、水源保护区）仍分布于建设活动较少的自然—半自然区域。

建立环城绿带是国内外许多特大城市进行城市边缘区空间管控的普遍方式[6]，随着绿色空间规划理念的更新和城市功能需求的发展，绿带规划的目标已经在控制建成区无序扩张的基本功能基础上，纳入生态保护、景观、农业生产、游憩等功能，近年研究更多地关注识别和保护该地区重要的生态区域、连通城市和生态空间的方法[7]。鉴于城市边缘地区需平衡城市发展的需求，无法保护其所有剩余的栖息地，因此迫切需要一种有效的保护规划方法，设立明确的目标，是将多种保护特征定位在价值最高且总体成本最小的空间格局中[8]，把有限的人力、财力投入到保护的重点地区或者关键地区[9]，以提高生物多样性保护效率。

过去20年，系统保护规划（SCP）[10]发展为国际上生物多样性保护规划的主流方法。在“六步法”[10]的基本框架下，应用空间保护优化算法对量化的保护目标、保护成本，保护体系连通性、人为干扰[11]等因素进行选址运算，在较小的土地利用面积和保护成本下实现保护目标，实现多种保护特征的空间协同。相较于多准则评价的方法，该方法拥有对于全面考虑保护特征、控制保护成本的优势[12]，有助于在用地有限的区域提高生物多样性保护的效率，因此在城市边缘地区具有应用的潜力。

2　研究方法

以北京市第二道绿化隔离地区为例，基于系统保护规划的方法流程，以物种分布模型（SDM）识别生物多样性保护特征的热点地区，通过空间选址优化算法确定优先保护区域的空间分布，采用基于图论的网络分析方法评价优先保护区域的连接度重要性，为该城市边缘区绿色空间的建设和管理提供依据（图1）。

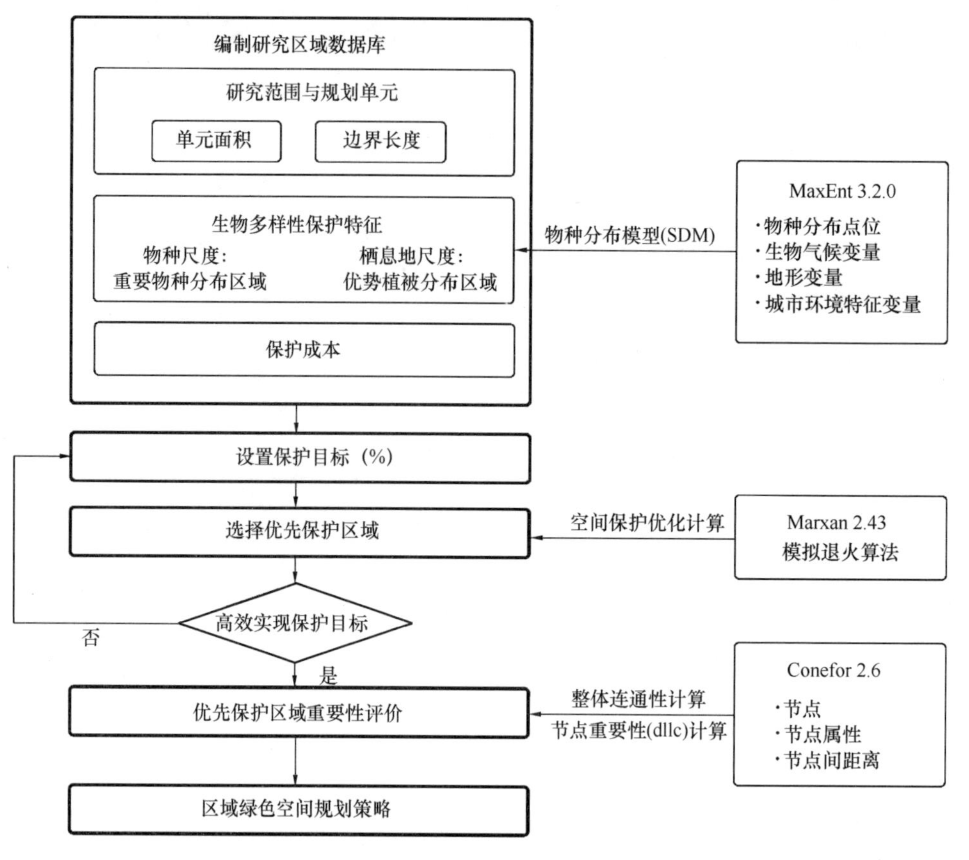

图1　研究方法

2.1　研究区域与规划单元划分

研究范围为北京第二道绿化隔离地区。《北京市总体规划2016年—2035年》提出构建“一屏、三环、五河、九楔”的市域绿色空间结构，三环中的第一道绿化隔离带基本完成郊野公园建设，对第二道绿化隔离地区提出了提高绿色空间比重，形成以郊野公园和生态农业为主的环状绿化带的明确要求。

以北京市域范围（1.64万km^2）作为重要物种的潜在分布区域评价的基础区域，以《北京城市总体规划2016年—2035年》划定第二道绿化隔离地区涉及的所有乡镇范围作为重点研究范围，总面积约为2650km^2（图2）。

参考国内外研究总结对于保护生物多样性的有效栖息地斑块面积[13]和所获取数据的栅格象元大小，将研究区域划分为11247个单位面积25hm^2的六边形规划单元。

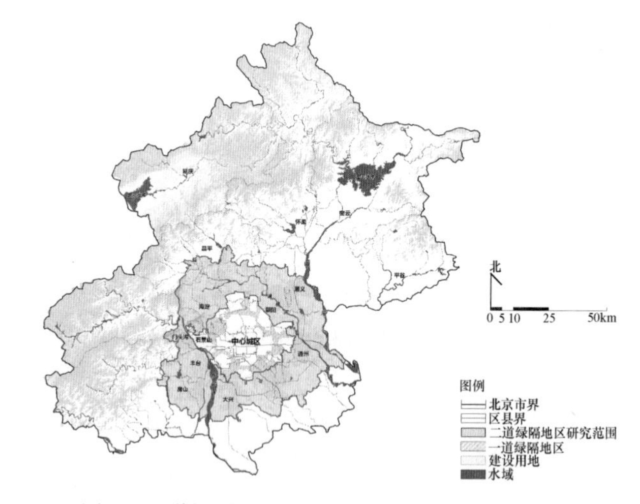

图2　二道绿隔地区研究范围（图片来源：改绘自《北京城市总体规划（2016年—2035年）》）（补充三环的示意）

2.2　生物多样性保护特征的数据采集与潜在分布区域分析

选取重点保护鸟类的潜在分布区域代表生物多样性保护特征。鸟类能够敏感地指示环境变化[14-15]，分布数据较易获得，可作为城市生态系统的焦点物种[16]。以北京市国家重点保护鸟类生态分布数据库[17]为基础，结合中国观鸟记录中心的观测记录[18]，获取8目64种鸟类的分布点位。

鉴于缺乏关于鸟类物种分布的完整信息，建立物种分布模型（SDM）作为预测其地理分布的中间步骤。为了构建SDM，使用基于最大熵原理的机器学习技术——MaxEnt[19]模拟鸟类物种的生态分布范围，该方法依据物种分布点数据和相关环境变量建模（表1），在分布点相对较少的情况下也能获得较准确的预测结果[20-21]。

物种分布模型所采用的环境变量　　　表1

变量类型		选取依据
生物气候变量	年平均气温、平均气温日较差、等温性、温度季节性等19个变量[22]	生态位理论[23-25] Lessmann等（2014）[26]
地形变量	海拔、坡度	北京鸟类分布呈平原区、低山带、中山带、高山带的地带性分布规律[29]
城市环境特征变量	土地覆盖类型（图3）[27]、年度归一化植被指数（NDVI）[28]	绿地斑块面积[30]、栖息地复杂程度[13]是影响城市绿地生物多样性的重要指标

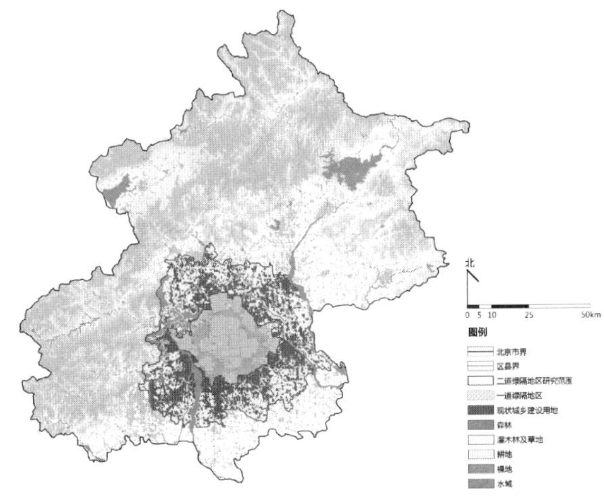

图3　研究范围土地覆盖类型（图片来源：ESA CCI Land Cover project-2015）

参考崔绍朋等（2018）[31]的参数设置，利用MaxEnt 3.2.0建立物种分布模型。基于同目鸟类具有较相似的栖息地生态特征，将鸟类分布点位数据以目为分类单位进行运算，模拟8目重点保护鸟类在北京全市范围内的潜在分布区域，以受试者工作特征曲线下面积（area under the receiving operator curve，AUC）评价模型优劣，并对比鸟类的生态分布的文献记载，评价模型可信度。

此外，引用邢韶华（2006）[32]的39种优势树种在北京市分布数据，代表栖息地尺度的生物多样性保护特征。采用Arcgis区域分析方法，依据上述47类生物多样性保护特征数据为所有规划单元赋值。

2.3　选择生物多样性优先保护区域

2.3.1　原理与目标函数

采用空间保护优化算法软件Marxan 2.43选择优先保护区域。将生物多样性保护特征及保护成本的数值赋值在规划单元内，根据需要定义每类保护特征在优先保护区域中的保护目标，并根据连接度要求定义边界惩罚因子。组成目标函数[33]：

$$f(x)=\sum_{PUs}Cost+BLM\sum_{PUs}Boundary+\sum_{Features}FPF\times Feature\ Penalty$$

式中　PU——规划单元；

$Cost$——保护成本；

$Boundary$——规划单元之间的边界长度；

BLM——边界长度调节参数，用于衡量连接度的重要性；

$Feature\ Penalty$——特征惩罚：当某一保护特征的保护目标没有完成时，计算该数值；

FPF——特征惩罚参数，用于衡量保护特征实现率的重要性。

通过模拟退火算法进行多次迭代运算，每次运算均生成一组目标函数的解，在保护目标的限制下，结合概率突跳特性在解空间中逐渐趋近目标函数的全局最小值，对应该目标函数值的优先保护区域空间分布，即为综合考虑保护成本、保护目标完成率和连接度等因素时的最优布局。

2.3.2　设定保护目标

鉴于研究区域的城市边缘区特征，存在较大面积的建设用地，可发展的绿色开放空间相对有限，所能实现的生物保护强度相较于自然区域较低[5]，故应合理设置生物多样性保护目标，经济有效地加强城市生物多样性保护[5]。参考Lanzas等（2019）[7]，设立重点保护鸟类潜在适宜栖息地的保护目标为总面积的35%，不同优势树种所构成的栖息地保护目标为20%，以更好地代表珍稀物种和栖息地，避免过度保护分布普遍的生物多样性特征。

2.3.3　定义保护成本

以2018年北京市征地补偿费用模拟将不同用地转换为区域绿地所需付出的经济、社会成本。各类城乡建设用地，耕地，林地、草地与水域的保护成本比例为13∶5∶2。将栅格数值进行标准化处理后，为每个规划单元赋值（图4）。

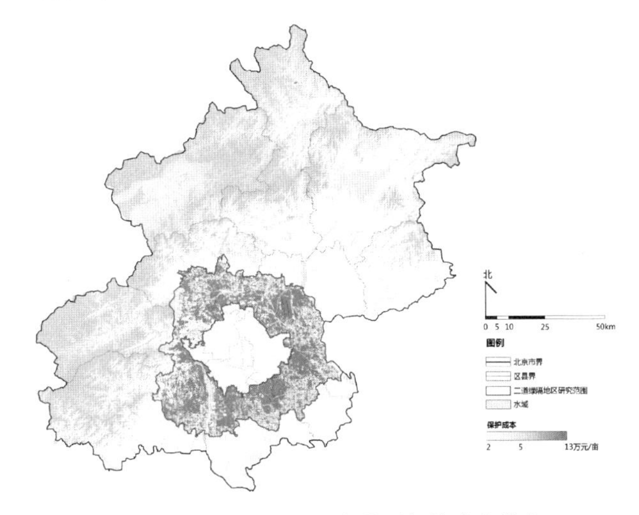

图4　二道绿隔地区研究范围保护成本分布

2.3.4　定义边界长度修正参数（BLM）

Marxan通过边界长度修正参数（BLM）控制各分区组成形状的离散度[34]，增大该数值则扩大规划单元间的边界长度对目标函数值的影响。由于绿化隔离地区应形成连续的绿色开敞空间，发挥控制城市规模扩张的基本功能，取 $BLM=5$，提高所选择优先保护区域的聚集程度。

将空间保护优化计算的优先保护区域选址结果投影在规划单元中，并进行要素融合处理。采用主要道路数据对所得数据进行分割，以识别现状交通基础设施构成的影响。通过统计多次运算中每个单元被选择为优先保护区域的次数占总运算次数之比，衡量各规划单元对于生物多样性保护特征的不可替代性（irreplaceability）。

2.4 评估优先保护区域的重要性

由于建设用地对城市边缘区生态基底存在破碎化作用，应将提升功能连通性作为该区域绿色空间优先保护区域的重要功能。使用 Conefor 2.6 计算生物多样性优先保护区域的整体连通性和每个保护区域的节点重要性（Node importance）[35]，根据结果进行排序分级。

以所得优先保护区域作为节点，分别以优先保护区域的面积和不可替代性作为节点属性数值，参照 Or jan 等（2010）[36]的研究，取平均扩散距离为 2500m，计算该距离范围内的各优先保护区域边缘间的距离。通过双边连通性分析计算总体连通性积分指数（integral index of connectivity），并通过去除某一斑块对整体连通性的相对降低数值（dIIC）评价每个节点的重要性。

$$IIC=\frac{\sum_{i=1}^{n}\sum_{j=1}^{n}a_i a_j(1/(1+d_{ij}))}{}$$

$$\mathrm{d}IIC=\frac{IIC-IICA_{\mathrm{L}\,\mathrm{remove}}^{2}}{IIC}\times 100$$

式中 a_i——第 i 个节点的属性；

a_j——第 j 个节点的属性

d_{ij}——i 节点与 j 节点的距离；

A_{L}——分析网络的面积。

3 结果

3.1 物种的潜在分布区域

MaxEnt 模型结果显示，八目鸟类物种分布模型的 AUC 值均在 0.85 以上，可靠性较高。模型评价的鸟类物种在北京市域范围内的潜在分布区域（图 5）与其文献记载的生态分布特征[29]具有较高的相关性（表 2）。就研究区域内而言，温榆河、永定河流域、小西山山麓及昌平平原区域同时存在多个目鸟类的潜在分布区域，由于选取鸟类以旅鸟和候鸟居多，此类位于城市边缘且具有较适宜的生境条件的区域能够在保持本地生物多样性的同时，为物种提供向自然区域迁移的“踏脚石”，应作为生物多样性热点地区，以适当比例纳入保护区域。

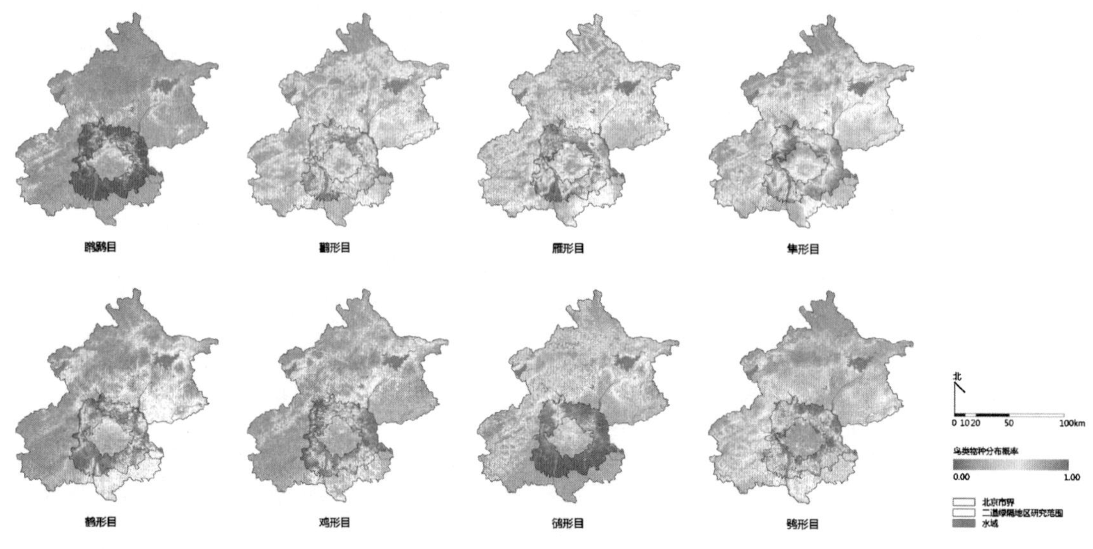

图 5 北京市珍稀鸟类物种分布模拟结果

鸟类物种分布模型结果与文献记载生态分布对比 **表 2**

目	代表物种	居留期间	文献记载栖息地特征	MaxEnt 预测潜在栖息地分布
鹈鹕目	赤颈鹈鹕	旅鸟	河流、湖泊、水库等较大水域地区	密云水库、十三陵水库、怀柔水库、沙河水库周边区域，潮白河上游
鹳形目	黑鹳、东方白鹳、白琵鹭等	夏候鸟/旅鸟	山区较大水域附近	密云水库、怀柔水库周边地区、潮白河流域、温榆河流域、永定河流域
雁形目	疣鼻天鹅、大天鹅、小天鹅、白额雁等	旅鸟	宽阔水域、山区水域	密云水库、十三陵水库周边地区、温榆河流域、永定河流域、凉水河流域、小西山地区
隼形目	凤头蜂鹰、普通鵟、大鵟、红隼等	以旅鸟为主	山区丘陵地、山区附近村庄、耕地、旷野	小西山地区、温榆河南部平原，昌平北部山麓、延庆平原区、密云水库北部山区

续表

目	代表物种	居留期间	文献记载栖息地特征	MaxEnt 预测潜在栖息地分布
鸡形目	褐马鸡、勺鸡、花尾榛鸡	留鸟	山区	密云水库周边地区、西北部中、高山区
鹤形目	白头鹤、白枕鹤、灰鹤、蓑羽鹤等	旅鸟	平原沼泽地区、河滩、旷野、农田	密云水库、怀柔水库周边地区、潮白河流域、温榆河流域、永定河流域，延庆妫水河流域、平谷泃河-金海湖一带
鸻形目	遗鸥、黑浮鸥	夏候鸟	开阔平原和荒漠与半荒漠地带的咸水或淡水湖泊	延庆妫水河流域、十三陵水库南部平原
鸮形目	领角鸮、红角鸮、灰林鸮、短耳鸮、长耳鸮、鹰鸮等	留鸟、旅鸟、夏候鸟	市区古柏较多的公园绿地、山麓林缘、丘陵地带荒坡、村庄附近树林	中心城区及边缘缘农田、山麓地带

3.2 优先保护区域的空间分布

在设定的总体保护目标和保护成本、边界调整参数（BLM）的约束下，Marxan 通过模拟退火算法的多次迭代运算，生成目标函数值最小结果，即为满足保护目标的实现率的条件下，保护成本和边界惩罚最低的优先保护区域选址（图 6）。统计表明，选址结果能够实现对 47 个生物多样性保护特征的保护目标。

研究范围内共有 921.7 km^2 被指定为优先保护区域，占总面积的 34.75%。所选择的优先保护区域中，有 202.9km^2 与现状建设用地重合。优先保护区域构成若干面积较大的斑块，如小西山区域（82.45km^2）、永定河大兴区段（63.61km^2）、沙河水库周边区域（25.34km^2）、十三陵水库南部区域（19.5km^2）；在温榆河、潮白河等主要河流两侧呈连续带状分布；在现有的平原耕地区域分布 300 余处面积为 0.025～1km^2的优先保护区域。

分析规划单元对于保护生物多样性特征的不可替代性（图 7）。可发现小西山-西山区域、温榆河、永定河沿线区域、十三陵水库南部的不可替代性最高，与物种潜在分布区域的模拟结果高度吻合。

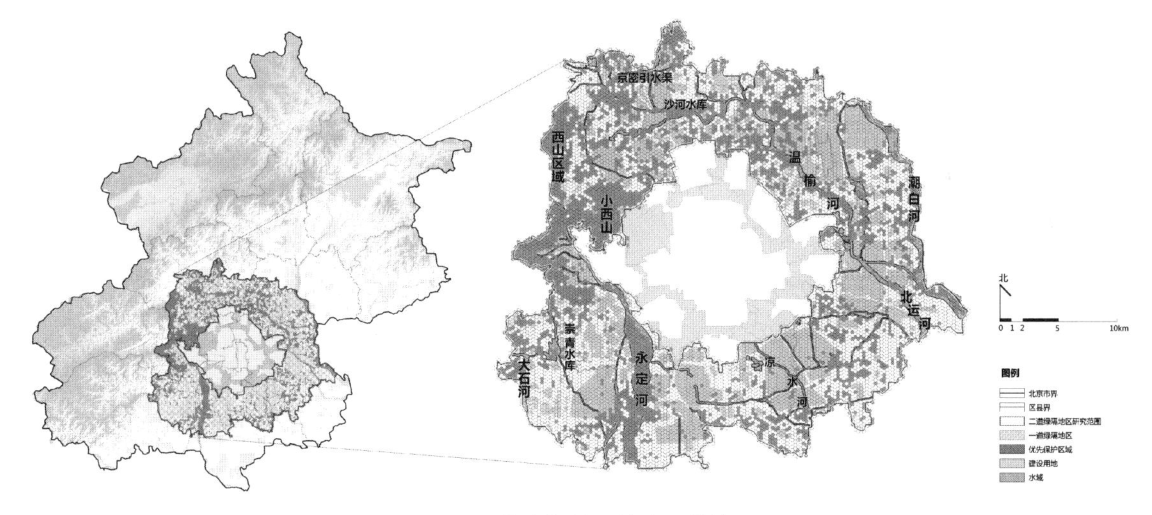

图 6 优先保护区域选址结果

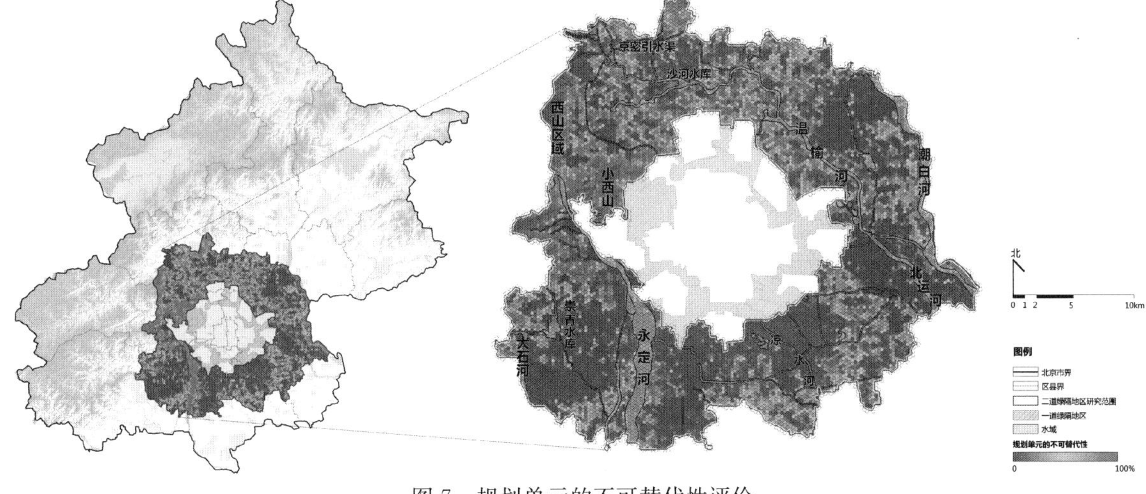

图 7 规划单元的不可替代性评价

3.3 优先保护区域的重要性分级

Confer2.6 分析结果表明，以优先保护区域面积或不可替代性作为节点属性，得到较为类似的 dIIC 指数分布（图 8）。证明独立的大面积的优先保护区域斑块对整体生态连通性的存在重要影响，且斑块面积和其能够代表的生物多样性特征具有较高的相关性。

设置不包含面积小于 0.025km^2 的小型优先保护区域斑块的场景，再次进行整体连通性的计算，在优先保护区域总面积减少 35.4km^2（3.8%）的情况下，由于网络中的节点组合数量大幅减少，整体连通性指数发生下降（37.3%）。因此，全面地保护小型斑块对于维持整体连通性具有重要的作用。

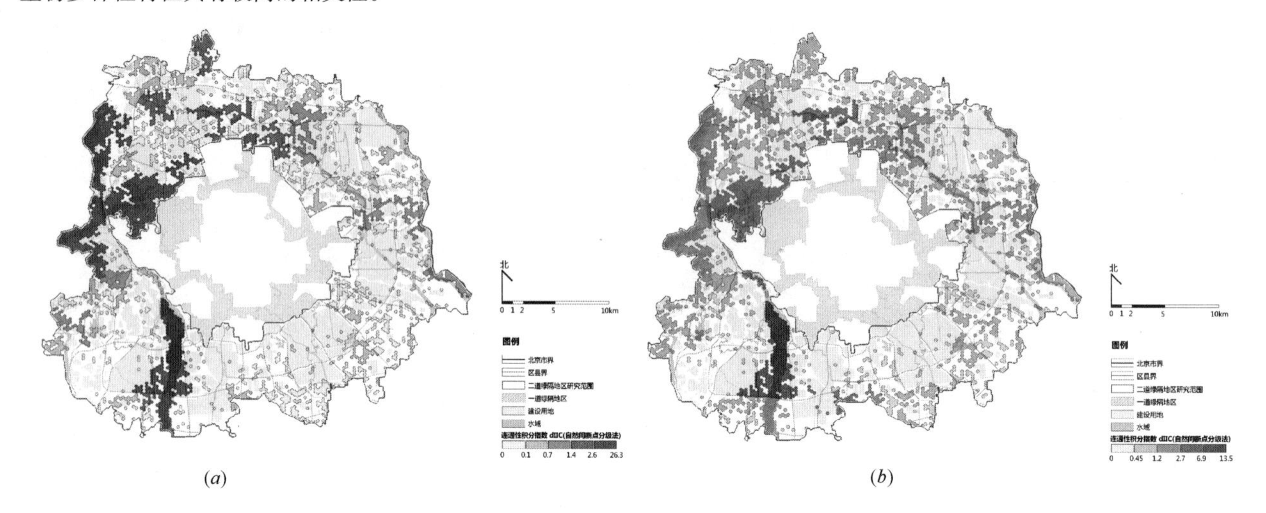

图 8 优先保护区域重要性评价

（a）以优先保护区域面积作为节点属性；（b）以优先保护区域的不可替代性作为节点属性

不同场景的整体连通性对比　　表 3

场景	所有优先保护区域	所有面积大于（0.025km^2）的优先保护区域
面积（km^2）	921.7	886.3
Overall Connectivity（IIC）	1791.8	1124.2

4 讨论与结论

4.1 研究意义与创新性

系统保护规划（SCP）作为在自然和半自然生态空间中广泛应用的保护地规划方法，其基于保护特征的互补性全面实现保护目标、降低保护成本的优势与城市边缘区绿色空间规划建设的需求相符合。该方法依托空间保护优化算法，快速选取对生物多样性保护特征的代表性最高、且用地转换成本较低的有限的土地面积，提高了该区域生物多样性保护的可实施性。

围绕核心的空间保护优化算法，系统保护规划的方法框架能够灵活结合各种技术手段，以适应不同地区和条件的研究。本研究综合科学文献数据和开源的大众观测数据，依据环境变量构建物种分布模型，提升生物多样性保护特征数据的代表性。对优先保护区域进行网络分析的连通性计算，从多角度评价其的重要性，有助于指向不同尺度的保护区域的保护措施。

4.2 优先保护区域的特征与城市边缘区绿色空间建设策略

研究结果表明大型保护区域斑块的不可替代性较高，每个独立的大型斑块对于整体连通性的贡献较高，独立的中小型优先保护区域对与整体连通性的贡献较低，但如果这些分散的区域整体不能得到保护，则会减少生态网络中的潜在连接数量，大大降低整体连通性。

目前的北京市二道绿隔地区已建成的郊野公园（图 9）主要在小西山山麓形成组团，沿永定河两侧带状分布，东部地区尚未构成连续系统。依托山体、水系建立的大型绿色区域本身具有较高的栖息地适宜性和实施保护的条件，大部分已经处于生态控制区的范围中。在构建以郊野公园为主体的绿色开敞空间体系的实施过程中，西部小西山山麓、永定河一带应保持现状郊野公园为风景游憩

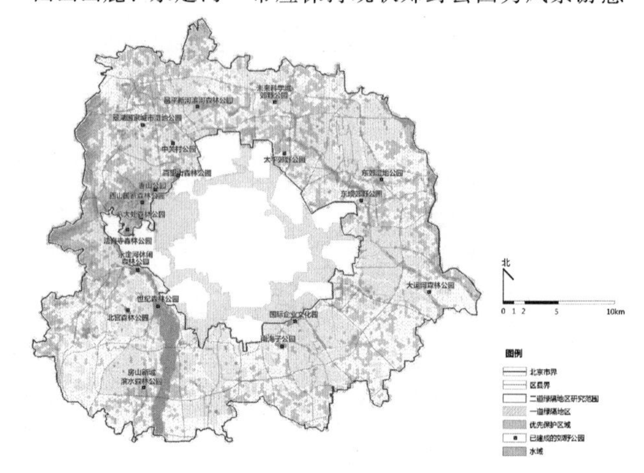

图 9 优先保护区域与现状郊野公园体系

绿地，将大面积优先保护区域划为生态保育绿地，减少人为干扰，保护生物多样性代表性最高的地区。

对于东部地区，首先将沿水系的优先保护区域连为廊道，中小型的优先保护区域与现状的建设用地、果园和耕地有较大面积的重合，需要平衡生物多样性保护的要求和城市发展带来的人为干扰，应在腾退一定建设用地的基础上，依托绿化隔离带郊野公园和生态农业体系的建设，应当保留部分耕地基底，并加强建设城市森林，重点对此类优先保护区域进行生境的营造和修复，并持续发挥绿带控制建设用地扩张的功能。

4.3 研究存在的问题和未来探索方向

（1）选择鸟类作为生物多样性的指示物种，具有一定理论支撑，但由于对鸟类和其他物种的相互关系的认识存在不足，所生成的潜在分布区域对于整体生物多样性的代表性尚值得深入探讨。

（2）将研究范围作为保护区域的连通性重要性评价的边界，暂未将中心城区的各类绿色空间和外围的生态空间纳入评价，未来应深入探索此方法的合理尺度范围。

参考文献

[1] Alberti M. The Effects of Urban Patterns on Ecosystem Function[J]. International Regional Science Review, 2014, 28(2): 168-192.

[2] Schneider A, Woodcock C E . Compact, Dispersed, Fragmented, Extensive? A Comparison of Urban Growth in, Twenty-five Global Cities using Remotely Sensed Data, Pattern Metrics and Census Information[J]. Urban Studies, 2008, 45(3): 659-692.

[3] Dupras, Jerôme, Marull López, Joan, Parcerisas i Benedé, Lluís, et al. The impacts of urban sprawl on ecological connectivity in the Montreal Metropolitan Region[J]. Environmental Science & Policy, 2016, 58: 61-73.

[4] Didham R K, Tylianakis J M, Gemmell N J, et al. Interactive effects of habitat modification and species invasion on native species decline[J]. Trends in Ecology and Evolution, 2007, 22(9): 0-496.

[5] Dearborn D C , Kark S . Motivations for Conserving Urban Biodiversity[J]. Conservation Biology the Journal of the Society for Conservation Biology, 2010, 24(2): 432-440.

[6] 文萍，吕斌，赵鹏军．国外大城市绿带规划与实施效果——以伦敦、东京、首尔为例[J]. 国际城市规划，2015，30(S1)：57-63.

[7] Lanzas, Mònica, Hermoso V, De-Miguel S, et al. Designing a network of green infrastructure to enhance the conservation value of protected areas and maintain ecosystem services[J]. Science of The Total Environment, 2019, 651: 541-550.

[8] Chan Kai, Rebecca ShawM, Cameron D. Richard, etc. Conservation Planning for Ecosystem Services[J]. PLoS biology, 2006, 4(11): 379.

[9] Reid, W. V. Biodiversity hotspots[J]. Trends in Ecology and Evolution, 1998, 13(7): 275-280.

[10] Margules C R, Pressey R L. Systematic conservation planning[J]. Nature, 2000, 405(6783): 243-253.

[11] 张路，欧阳志云，徐卫华．系统保护规划的理论、方法及关键问题[J]. 生态学报，2015，35(4)：1284-1295.

[12] Cimon-Morin, Jérôme, Poulin M . Setting conservation priorities in cities: approaches, targets and planning units adapted to wetland biodiversity and ecosystem services[J]. Landscape Ecology, 2018.

[13] Beninde J , Veith M , Hochkirch A , et al. Biodiversity in cities needs space: a meta-analysis of factors determining intra-urban biodiversity variation[J]. Ecology Letters, 2015, 18(6): 581-592.

[14] Solène Croci, Butet A, Georges A , et al. Small urban woodlands as biodiversity conservation hot-spot: a multi-taxon approach[J]. Landscape Ecology, 2008, 23(10): 1171-1186.

[15] Herrando S, Anton M, Sardà-Palomera, Francesc, et al. Indicators of the impact of land use changes using large-scale bird surveys: Land abandonment in a Mediterranean region [J]. Ecological Indicators, 2014, 45: 235-244.

[16] Marzluff, John M . A decadal review of urban ornithology and a prospectus for the future[J]. Ibis, 2016.

[17] 李杨，袁梨，史洋，等. 北京地区珍稀鸟类生态分布的GIS分析[J]. 北京林业大学学报，2015，37(05)：119-125.

[18] http://www.birdreport.cn/taxonheatmap.

[19] Steven J. Phillips, Miroslav Dudík, Robert E. Schapire. Maxent software for modeling species niches and distributions (Version 3.4.1)[OL]. http://biodiversityinformatics.amnh.org/open_source/maxent/.[2019-2-28].

[20] Pearson RG, Raxworthy CJ, Nakamura M, Peterson AT. Predicting species distributions from small numbers of occurrence records: A test case using cryptic geckos in Madagascar[J]. Journal of Biogeography, 2007, 34: 102-117.

[21] Saupe EE, Qiao HJ, Hendricks JR, Portell RW, Hunter SJ, Soberón J, Lieberman BS. Niche breadth and geographic range size as determinants of species survival on geological time scales. Global Ecology and Biogeography, 2015, 24: 1159-1169.

[22] Worldclim Version 2.0.

[23] 邢丁亮，郝占庆．最大熵原理及其在生态学研究中的应用[J]. 生物多样性，2013，19(3).

[24] Phillips SJ, Anderson RP, Schapire RE, Maximum entropy modeling of species geographic distributions[J]. Ecological Modelling, 2006, 190: 231-259.

[25] Phillips SJ, Dudik M. Modeling of species distributions with MaxEnt: new extensions and a comprehensive evaluation[J]. Ecography, 2008, 31: 161-175.

[26] Lessmann J , Mu? oz, Jesús, Bonaccorso E . Maximizing species conservation in continental Ecuador: a case of systematic conservation planning for biodiverse regions[J]. Ecology and Evolution, 2014, 4(12): 2410-2422.

[27] ESA CCI Land Cover project.

[28] 徐新良. 中国年度植被指数(NDVI)空间分布数据集. 中国科学院资源环境科学数据中心数据注册与出版系统(http://www.resdc.cn/DOI), 2018. DOI: 10.12078/2018060601.

[29] 蔡其侃．北京鸟类志[M]. 北京出版社，1988.

[30] Callaghan C T , Major R E , Lyons M B , et al. The effects of local and landscape habitat attributes on bird diversity in urban greenspaces[J]. Ecosphere, 2018, 9(7).

[31] 崔绍朋，罗晓，李春旺，胡慧建，蒋志刚．基于MaxEnt模型预测白唇鹿的潜在分布区[J]. 生物多样性，2018，

26(02): 171-176.

[32] 邢韶华. 北京市森林植物分布规律及自然保护区体系研究[D]. 北京: 北京林业大学, 2006.

[33] Game, E. T. and H. S. Grantham. Marxan User Manual: For Marxan version 1. 8. 10. University of Queensland, St. Lucia, Queensland, Australia, and Pacific Marine Analysis and Research Association, Vancouver, British Columbia, Canada. 2008.

[34] Ardron, J. A., Possingham, H. P., and Klein, C. J. (eds). Marxan Good Practices Handbook, Version 2. Pacific Marine Analysis and Research Association, Victoria, BC, Canada. 165 pages. www. pacmara. org. 2010.

[35] Lucía Pascual-Hortal, Saura S. Comparison and development of new graph-based landscape connectivity indices: towards the prioritization of habitat patches and corridors for conservation [J]. Landscape Ecology, 2006, 21(7): 959-967.

[36] Orjan Bodin, Saura S. Ranking individual habitat patches as connectivity providers: Integrating network analysis and patch removal experiments[J]. Ecological Modelling, 2010, 221(19): 2393-2405.

作者简介

欧小杨, 1995年生, 女, 山西人, 北京林业大学风景园林学在读硕士研究生。研究方向为风景园林规划设计与理论。

郑曦, 1978年生, 男, 北京人, 博士, 北京林业大学园林学院教授。研究方向为风景园林规划设计与理论。电子邮箱: zhengxi@bjfu. edu. cn。

近代庐山风景名胜区园林特征分析

Analysis on the Characteristics of the Landscape of the Famous Lushan Scenic Area in Modern Times

苏 源 汪梦莹

摘 要：庐山在近代受到西方文化入侵，成为我国著名的避暑地之一，庐山园林在其中规模最大在近代也曾作为国民党的"夏都"，具有典型性与代表性，是中西文化融合的产物，具有极高的研究价值。以文化景观的全新视角，对近代庐山文化景观的特征及价值进行梳理，从三个视角分析了园林的特征。在此基础上，对庐山文化景观遗产价值进行分类研究、评价研究及保护利用三方面进行探讨。

关键词：文化景观遗产；近代园林；庐山；特征；价值

Abstract: Lushan was invaded by Western culture in modern times and became one of the famous summer resorts in China. Lushan Garden is the largest in modern times and used as the "Xiadu" of the Kuomintang. It is typical and representative, and is the product of the fusion of Chinese and Western culture. , has a very high research value. Based on a new perspective of cultural landscape, this paper sorts out the characteristics and values of modern Laoshan cultural landscape, and analyzes the characteristics of garden from three perspectives. On this basis, the classification, research, evaluation and protection and utilization of Laoshan cultural landscape heritage value are discussed.

Keyword: Cultural Landscape Heritage; Modern Garden; Lushan; Characteristics; Value

文化景观议题自20世纪80年代起在国际上备受关注，1992年在美国圣菲召开的联合国教科文组织世界遗产委员会第16届会议，第一次提出"文化景观"概念并将其纳入《实施〈保护世界文化和自然遗产公约〉的操作指南》（以下简称"《公约》"）中，成为世界遗产名录文化遗产类别下的一个亚类，代表《公约》第一条所表达的"自然和人类的共同作品"，成为构架自然和人文的一座桥梁，以解说长期以来，在客观物质约束或自然环境因素，连续的社会，经济和文化力量的影响下，人类社会和环境之间的进化。可以说，文化景观遗产是随自然演变、人类活动和文化历程等不断发展变化的，它是特殊的、动态变化的遗产类型[1-3]。文化景观作为世界遗产文化遗产亚类确立之后，世界遗产大会以及专题会议多次对其进行了讨论，初期讨论内容集中在文化景观遗产类型的多样性、世界地域范围内的均衡性以及其真实性与完整性等问题。针对2013年第37届世界遗产大会上被重新提及的"自然与文化要素相互分离"这一现象以及混合遗产中"人与自然之间相互关系"这一问题，2014年第38届世界遗产大会对此专门展开讨论。会上对混合遗产与文化景观的确立过程、评定标准及现状问题进行深入阐述及探讨，重申《世界遗产公约》在联接自然与文化之间所起到的引领作用。[4-5]

目前文化景观议题在风景园林、遗产保护和人居环境等领域占据了国际前沿理论和实践的重要部分。该议题的探讨从地理学扩展到哲学、社会学、政治经济学和自然科学等众多学科，从认识论、社会经济与公平、环境伦理与正义、政治意识形态以及生物文化多样性等多重角度，探究景观现象背后的内在驱动力，理解景观意义的构建过程，倡导以价值为导向的景观创造、阅读和保护方法。[6]

国内文化景观的相关研究受到越来越多学者的关注，2011年，韩锋教授提出将文化景观作为整体的遗产保护方法论；王云才则更多关注传统地域的文化景观，提出多方法、多角度的保护策略；在2018年11期，《中国园林》杂志更是作为专题进行讨论。近期，学者的研究动态主要的有：张天洁、王凯来的《文化景观视野下的历史校园保护历程探析——以世界遗产美国弗吉尼亚大学学术村为例》，该文章阐述了北美唯一一处被列入世界遗产名录的大学校园，美国弗吉尼亚大学学术村，探究其将历史校园作为文化景观的保护理念和措施：以期为中国众多历史校园的景观遗产保护提供参考。毕雪婷、李璟昱译的《价值演变与美国国家公园体系的发展》将国际最新的前沿理论引入我国，该文阐释了美国国家公园体系对世界各国公园系统的全球性影响，通过考察美国国家公园体系的发展历程，以文化景观的概念诠释了自19世纪末以来的景观价值演变以及对当今创新保护战略的贡献。杨晨、韩峰的《数字化遗产景观：基于三维点云技术的上海豫园大假山空间特征研究》，以目前大量应用于文化遗产的云点技术为研究工具，以遗产景观保护为视角，对上海豫园黄石大假山空间特征进行定量化研究。傅舒兰的《建构活态文化遗产的认知框架——再谈杭州西湖的形成》，针对文化遗产保护领域拓展过程中出现的活态文化遗产概念，选取了世界文化遗产（文化景观类别）——西湖作为案例研究的对象，将其置于杭州城市的历史发展过程中进行解读。

近年来，近代园林的研究在国内外正受到越来越多的关注，其内容也在不断完善，涉及面越来越广。近代庐山风景名胜园林作为中国近代出现的一种新型园林类别，仍有诸多空白亟待填补。据1988年出版的《中国大百科全书·建筑、园林、城市规划》卷将中国近代建筑、近代公园、近代城市规划的时段定为 1840～1949 年（566～574 页），故本计划将研究的时段界定为 1840 年至 1949 年的时段。

1 庐山近代园林特征分析

庐山自古以来以其突出的地貌特征，为历代名人所钟爱，形成了鲜明的庐山文化特征，三叠泉最为秀美，水石之奇兼之者惟三叠泉。[7]胡适曾说近代庐山牯岭，“代表西方文化入侵中国的大趋势。”在近代，庐山成为中国政治的聚焦点，民国时期，庐山作为国民党的夏都，盛极一时，为庐山近代文化景观的形成提供了前提条件。中华人民共和国成立之后，三次庐山会议见证了中国的变化。这些历史在时间的长流中逐渐转化成庐山的文化脉络，成为庐山文化景观的重要组成部分。目前，在中国现已登录的 5 处世界遗产文化景观中，有 4 处均与国家级风景名胜区存在交集。庐山风景名胜区是我国“世界遗产”中的首个文化景观，同时也是国家级风景名胜区，具有一定的典型性。联合国教科文组织世界遗产委员会专家曾评价“庐山的历史遗迹以其独特的方式，融汇在具有突出价值的自然美之中，形成了具有极高美学价值的与中华民族精神和文化生活紧密相联的文化景观。”

1.1 建筑活动与自然环境间的景观

近代庐山牯岭原为一片荒郊，在李德立的带领下建造了大量别墅社区，这些建筑活动充分利用了庐山的地理地貌[8]。以东谷为例，大量别墅建筑依山而建，点缀于山间。除此之外，还有很多别墅伊水而建，有的至于湖水旁，有的至于溪水边，构成了庐山特有的景观建筑群落。

1.2 公共园林景观

庐山近代公共园林主要分为英式自然风景园和主题公园两大类型，英式自然风景园的代表为林赛公园，主题公园的代表为花径公园与庐山植物园。1896 年，林赛公园建于庐山牯岭之中，公园呈带状，沿东谷河流布置，采用自然式布局，在保留原有面貌的同时，极大地提升了地域的景观品质，并种植了不少欧美引入的观赏树木。而花径公园则不同，1929 年，在原大林寺旧址附近发现“花径”石刻，遂在此地开辟为花径公园，园中建有赏花亭，并大量种植桃花数百株。[9]

2 庐山近代园林价值分析

庐山牯岭避暑地在近代曾是大量政治、文化名人的

图 1 庐山近代牯牛岭

图 2 1905 年李德立牯岭规划图

图 3 林赛公园

图 4 庐山牯岭长冲河景色

图 5　庐山国民党高官吴鼎昌别墅

图 6　美庐别墅

居所，见证了大量历史上的重要事件，是我们近代历史的缩影。1996 年，庐山国家公园入选《世界遗产名录》，其普遍突出的价值得到了联合国教科文组织的一致肯定，笔者从下文 4 个方面分别阐述其价值。

2.1　历史价值

庐山近代园林的历史价值符合我国《准则阐述》中，对文物古迹历史价值的评定标准。庐山园林自 19 世纪末至 20 世纪初，受西方资本主义风潮影响，其规划与建设体现了近代西方功能主义与自然主义的规划思想，是近代西方文明在中国发展的表现之一，著名的“波赫尔规划”就在此产生。1930 年后，南京国民政府为训练军官，在庐山建设了“三大建筑”，反映了当时我国内部政治情况。1937 年，在庐山图书馆举行的庐山座谈会则是中国进入全面抗战的关键性事件，具有重要的历史意义。

2.2　艺术价值

庐山近代避暑地园林文化景观的艺术价值主要体现在建筑风格的多样性、园林植物的中西混合性以及造园要素的多样性。建筑风格受西风东渐的影响，呈现出约合 18 个国家的不同风格，这些风格同时在庐山出现；[10] 园林植物则随着传教士、别墅业主等，漂洋而来；造园要素则由不同国度的园林艺术交融于庐山牯岭之中，这时的庐山也被称为“万国博物馆”。

2.3　科学价值

近代，庐山牯岭避暑地的“波赫尔”规划，采用当时西方先进的规划理念，从建筑密度、公共空间等方面考虑，科学地对庐山牯岭进行完整规划，是近代我国最好的城乡规划案例之一，具有较高的学术研究价值，在一定程度上也是欧洲田园城市的缩影。

2.4　社会价值

近代，庐山建设以牯岭为核心展开，并使牯岭逐渐发展成为一个设施齐备、功能健全的旅游消费型城市。[11] 庐山近代园林在此之中，是我国重要的旅游、疗养地之一，其经济价值巨大。其次，庐山近代园林是研究我国近代园林史的重要场所。其园林的风貌不同于城市园林，更倾向于山麓园林，具有一定的典型性。

庐山是我国首例文化景观遗产，具有突出的文化价值、社会价值与历史价值，然而针对于庐山近代园林的研究并不充分。目前针对于庐山的研究，更多的是庐山的社会变迁、政治变革、经济发展、别墅建筑等方向，对于庐山近代园林这一方向的研究并不充分。

各避暑地列为风景名胜区、文物保护单位、世界文化景观时间分析表　　表 1

避暑地名称	庐山	北戴河	莫干山	鸡公山
国家重点风景名胜区	1982 年（第 1 批）	1994 年（第 3 批）	1982 年（第 1 批）	1982 年（第 1 批）
省市区级重点文物保护单位	1987（庐山区级）、2000 年（赣省第 4 批）	2005 年（浙省第 5 批）	2006（豫省第 4 批）	2004 年（北戴河区级、秦皇岛市级）
国家级重点文物保护单位	1996 年（第 4 批）2002 年（第 5 批）	2006 年（第 6 批）		2006 年（第 6 批）
世界文化景观	1996			

其次，庐山在近代受到西方文化入侵，成为我国著名的避暑地。近代避暑地园林与城市园林也有着极大的不同，“避暑地”是中国近代史乃至亚洲近代史中一种较为特殊的文化现象，中国近代四大避暑地的兴起，均始于晚清西方传教士的非法侵占和开辟（表 1）。自 19 世纪末期的晚清与 20 世纪前半叶的民国时期，西方殖民者想方设法租借了莫干山、庐山、北戴河海滨和鸡公山的若干区域，并在这些名山大川修建了数以千计的别墅和附属园

林，并派生出大量配合避暑社区的公园、宗教园林、学校园林、体育园林、植物园、培训会议基地园林、纪念性园林等园林空间场所，这些园林空间共同构成了近代避暑胜地园林的完整面貌，庐山园林在其中规模最大，在近代也曾作为国民党的“夏都”，具有典型性与代表性，是中西文化融合的产物，具有极高的研究价值。

3 结语

避暑地园林与中国城市近代园林相比较，其背景、功能、风格截然不同。[12]以庐山为代表的近代避暑地园林反映了中国近代园林史整体进程中的一些独特侧面，展现了其独特的文化景观价值，研究其近代园林的特征与价值，有助于完善、深化及补充中国近代园林体系中的空白。庐山在避暑地园林中具有典型性，同时又是世界文化景观遗产。对庐山近代园林的研究，可横向对比近代的莫干山、鸡公山、北戴河、福州鼓岭等园林，分析它们之间文化景观的内涵与载体的异同，可深化我国避暑地园林的研究。

庐山文化景观遗产的保护利用研究，在一定程度上强化了当今应如何保护近代避暑地的文化遗产，如何利用与当代社会需求相结合，以及文化景观遗产的可持续利用策略，这将为我国文化景观遗产地的保护利用起到一定的借鉴作用。

参考文献

[1] Alanen A R, Melnick R Z. Preserving cultural landscapes in American[M]. Baltimore: The Johns Hopkins University Press, 2000.

[2] Philips A. Cultural Landscapes: IUCN's Changing Vision of Protected Areas [M] //World Heritage Paper 7, Cultural Landscapes: the Challenges of Conservation. Paris: UNESCO World Heritage Center, 2003: 40-49.

[3] Fowler P J. World Heritage Cultural Landscapes 1992-2002 [M]. Paris: UNESCO World Heritage Center, 2003.

[4] Albert H. Stone &J. Hammond Reed. Historic Lushan-The Kuling Mountains [M]. Hankow: the arthington Press, Religious Tract Society, 1921.

[5] Tess Johnston&Deke Erh. Near To Heaven-Western Architecture In China's Old Summer Resorts[M]. Hongkong: Old China Hand Press, First Edition, 1994.

[6] Tess Johnston&Deke Erh. God&Couty-Western Religious Architecture in Old China[M]. Hongkong: Old China Hand Press, First Edition, 1996.

[7] 吴宗慈，胡迎建．庐山志(上、下)[M]. 南昌：江西人民出版社，1996.

[8] [英]李德立，文南斗．牯岭开辟记[M]. 庐山：庐山眠石书屋发行，1932.

[9] 吴宗慈，江西省文献委员会(1947). 庐山续志稿[M]. 庐山：江西省庐山地方志办公室印，1992.

[10] 欧阳怀龙．庐山近代建筑保护和再利用的一种尝试——庐山别墅公园规划构思[J]. 中国园林，2004(12).

[11] 龚志强，江小蓉．近现代(1895-1937)庐山旅游开发与牯岭城市化[J]. 江西社会科学．2006(6).

[12] J. E. Spencer and W. L. Thomas, The Hill Stations and Summer Resorts of the Orient[J]. Geographical Review, 1948, 38(4): 642.

作者简介

苏源，1990年生，男，汉族，山西人，硕士研究生，江西服装学院讲师。研究方向为景观历史与理论。电子邮箱：510522199@qq.com。

汪梦莹，1993年生，女，汉族，江西人，硕士研究生，海南大学研究生院。研究方向为景观历史与理论。

论颍州西湖历史与水域的变迁

Research on Historic Water Area Changes of Yingzhou West Lake

于佳宁　王向荣

摘　要： 颍州西湖曾是与杭州西湖、惠州西湖并称为“三大西湖”的风景名胜，又曾受到欧阳修、苏轼等文人墨客的推崇，却由于历史上的战争与洪泛灾害湖域面积逐渐缩小，如今鲜为人知。本文结合文献记载与历史图像，对颍州西湖历史与文化进行研究，推想并考证古代颍州西湖水域范围的变迁，并梳理了历史文献中所记载的人文景观要素，为进一步研究其风景区规划铺设基础。

关键词： 陂塘；风景名胜区；颍州；西湖

Abstract: The Yingzhou West Lake was once known as the “Three Great West Lakes” in China with Hangzhou West Lake and Huizhou West Lake. And was once praised by famous characters such as Ouyang Xiu and Su Shi. However, due to the war and flood disasters, the area of the lake has gradually shrunk, so it is not famous today. Based on the literature and historical images, this paper analyzes the changes of the history and culture of the West Lake in Yingzhou, and then contemplates and examines the water area of the ancient West Lake in Yingzhou. This paper would lay the foundation for the planning and construction of the Yingzhou West Lake Scenic Area.

Keyword: Ponds; Scenic Area; Yingzhou; The West Lake;

1　研究背景

中国西湖众多，其中较为著名的有 36 处，而在这 36 处西湖中又以杭州西湖、颍州西湖与惠州西湖最负盛名。宋朝诗人杨万里有诗曰：“三处西湖一色秋，钱塘颍水与罗浮”。说的便是杭州西湖、颍州西湖与惠州西湖。然而，曾与“人间天堂”杭州西湖齐名的颍州西湖，却因战争与洪泛灾害不复存在，如今鲜为人知。虽于现代进行了重建，但湖面的位置及风景皆与古时大不相同。

古时颍州西湖“相传古时水深莫测，广袤相齐”[1]，“颍河、清河、白龙河、小汝河四水在此汇流，因此，颍州西湖四季湖水常清，不腐不浊。”[4]可见其湖面广阔，风景秀美。除自然景观外，此地更是留下了众多文人墨客的足迹。唐代的许浑，宋代的晏殊、欧阳修与二苏，明代的屠隆直至清代的黄景仁皆都与颍州西湖结下了不解之缘，其中欧公对西湖最是钟爱，他曾评说：“颍州西湖，天下胜绝。”并于西湖湖心州终老。苏轼曾出任颍州知府，疏浚西湖，他面对碧波荡漾的湖水，更是连声赞叹道：“美哉洋洋！如淮之甘，如汉之苍，如洛之温，如浚之凉。可侑我客，可流我觞。”历史上颍州西湖的魅力与地位可见一斑。

现在的颍州西湖位于安徽阜阳市颍泉区，由于草河与泉河湿地保护区之间相连的地带地势较低，地表径流汇集形成了一个自然资源极佳的大面积湖面，当地人将其作为新的西湖，并将其改造为风景名胜区。但目前还正处于开发状态。新颍州西湖风景区若要承载古颍州西湖的文化底蕴，对于古西湖历史文化的研究是必不可少的。亓龙、王秋生与胡天生先生的著作《颍州西湖——历史与文化的研究》已对颍州西湖的历史与相关文学作品进行了较为全面的梳理，但研究偏向于历史地理学与文学，缺少直观化的图纸与古颍州西湖具体水域范围的推想。因而本文从风景园林的视角出发，试论颍州西湖的历史变迁，通过图纸呈现对西湖位置与范围的推测，并对历代颍州西湖人文建筑景观进行梳理，这无论是对接下来颍州西湖风景区的规划与建设，还是对中国传统风景名胜区的研究都具有积极意义。

2　颍州西湖的历史变迁

2.1　春秋战国至南北朝——颍州西湖的雏形

早在公元前 1040 年，周康王册封的陈满后裔妫髡因迷恋汝坟西侧的一湖碧水，在这里建造了御花园，便成为了后世颍州西湖的雏形。然而颍州西湖在唐代以前的历史上鲜有记载，甚至未曾出现颍州西湖之名，据亓龙先生等人的研究与考证，这是由于命名不同所致。

2.2　唐代——颍州西湖的兴起

颍州西湖的真正兴起，是在盛唐时代。著名诗人许浑曾在此留下一首《颍州从事西湖亭燕栈》，从诗中可知唐代颍州西湖已有亭台楼阁与游船餐厅，形成了一个典型的玩赏圣地，而不再是仅供渔猎蓄泄的野湖了。此外，据《唐会要》记载，元和十一年（816 年）开通了从扬州经颍州直到郾城（今河南漯河市郾城区）的官方水上运输通道，颍州因此而得以逐步繁荣起来。

2.3　宋代——颍州西湖的繁盛

颍州西湖在宋代达到了繁荣的极致。当时晏殊、欧阳修、苏轼、吕公著等著名人物相继知颍州，并在此留下了大量的诗词歌赋与文章，使得颍州西湖名声鹊起，成为天下闻名的风景名胜。欧阳修、苏轼、赵德麟在任期间更是对西湖进行了疏浚，其中以苏轼的事迹最为出名。他初到颍州便阻止了一件劳民伤财的工程——开凿八丈沟。当时北宋都城开封常为水患所苦，因而治水官员将开封城池水引入惠民河，但这样之后又使得陈州被淹，于是决定开凿邓艾沟（即八丈沟），使陈州能流泻到颍河，最后开凿黄堆将洪水再引入淮河。苏轼认为此事不妥，并选派懂水利的官员实地考量，结果表明淮河水河床比陈州河河床还要高出九尺多，若挖通八丈沟，洪水不仅不会流泻而出，反而会从淮河倒灌而入，从而加剧陈州水患。苏轼上奏《申省论八丈沟利害状二首》、《奏论八丈沟不可开状》，成功阻止了这一劳民伤财的工程，并以所余之财修建了三闸，分别在大润河、小润河及白龙桥。西湖水疏浚后，各水道相通，焦陂水与长江、淮河皆可通，航运已畅通无阻矣。

2.4　金元至近代——颍州西湖的没落与消失

金元之际，宋、金在这一带展开了长达数十年的拉锯战，曾经美丽的亭台楼阁顷刻间被扫荡殆尽。而南宋末年元军决黄河以淹宋军的一次战役则给西湖带来了重创。

自元军这次决黄河以淹宋并多年不加堵塞之后，黄河就开始侵夺颍河，颍州西湖则是在这以后的岁月里逐渐缩小的。同时，元人对颍州一带居民的残酷掠夺，致使颍州民户大减，这对西湖的建设也是一种致命的摧残。

明清时期，除黄河南泛外，围湖造田也是造成湖面缩小的重要原因。清代康熙年间，西湖尚“袤十余里，广二里”[3]，而康熙末年围湖造田现象严重，至乾隆年间则仅有“水面八百九十四亩”[2]（约 60hm^2）了，短短不到 50 年间，水面竟减少了 80%以上。

真正让颍州西湖彻底从地图上消失的，则是 1938 年国民军炸开郑州黄河花园口以阻止日军南下所导致的绝世灾难，当时恰逢天降暴雨，加剧了黄河水的倾泻。虽暂时阻挡了日军南侵的势头，却也给淮河流域带来了极大的创伤。洪水带来的大量泥沙沉积于湖底，水面被湮平，加上战乱时期无人疏浚，西湖便很快消失在了历史之中。

3　颍州西湖的水域范围变迁

古颍州西湖的大致位于阜阳城区西北方向的生态乐园周边。其依据有两点：一是颍州西湖目前唯一幸存的古迹会老堂就位于生态乐园之内，会老堂在古时与西湖书院相邻，皆位于西湖南岸，因而古西湖的主体水面位于会老堂之北；二是根据明代正德《颍州志》与嘉靖《颍州志》中的舆图（图 1、图 2），古颍州西湖位于颍州古城的西北方向，毗邻“颍河”的南岸。对比现在的水系分布，不难发现“颍河”的位置有所出入，根据亓龙先生等人的研究，这是由于古人误将泉河认为是颍河所致。因而古西湖位于当今老泉河的南岸，与会老堂所在的位置相合。

而在具体面积与水域范围的方面，刘奕云先生在《颍州西湖史初探》（载于《阜阳社联通讯》1981 年第一期）一文中已有推想：“古代湖面‘广袤相齐’时，面积应为

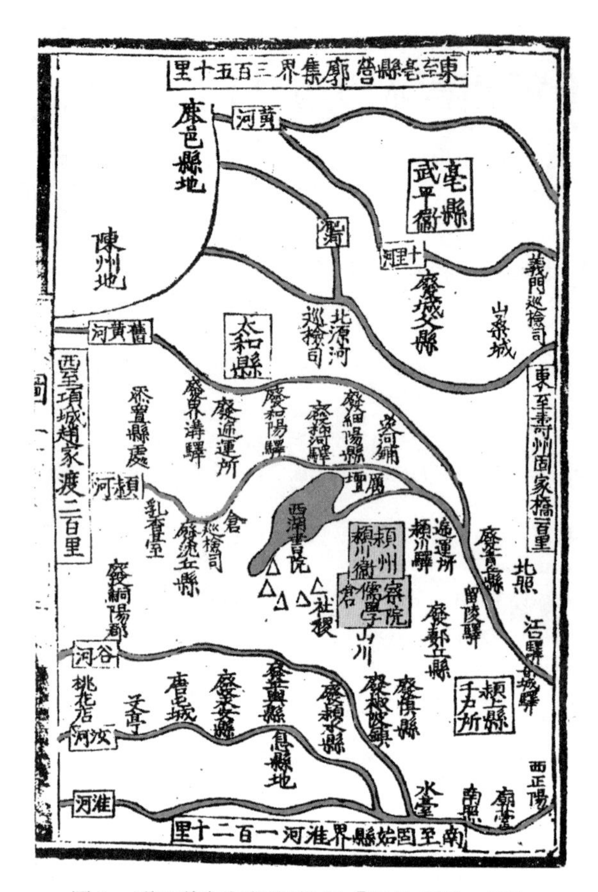

图 1　明正德年间颍州舆图［图片来源：(明) 正德《颍州志》］

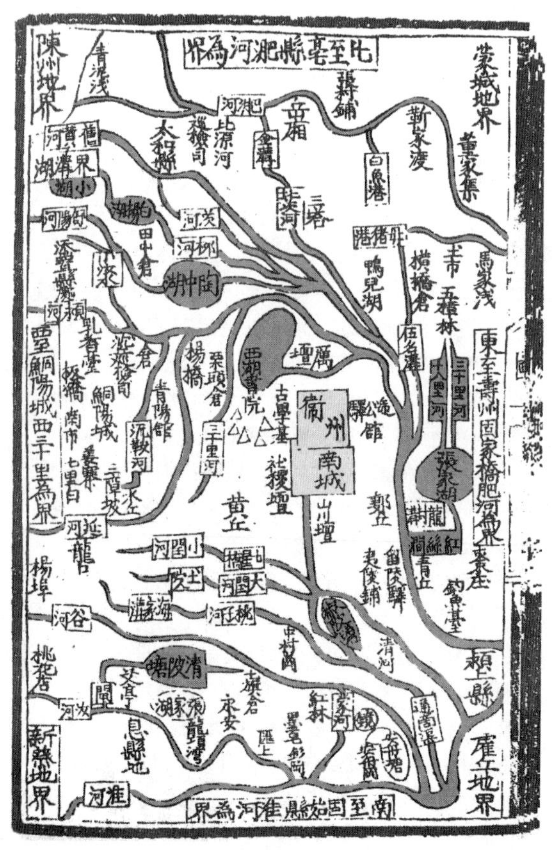

图 2　明嘉靖年间颍州舆图［图片来源：(明) 嘉靖《颍州志》］

三十平方公里。而现今阜阳城西北标高30米以下的地面面积恰有三十平方公里，与之暗合。由此推导，可以想见：30米以下的地面，约为古代的西湖”[14]。虽然较为简略，但却给古西湖历史水域范围的考证提供了宝贵的思路。图3中显示了阜阳市现状水系以及高程在30m以下的等高线，可以明显看出阜阳古城的西北方向，会老堂周边存在较大面积低地势的地区，即为古西湖水域的大致范围。

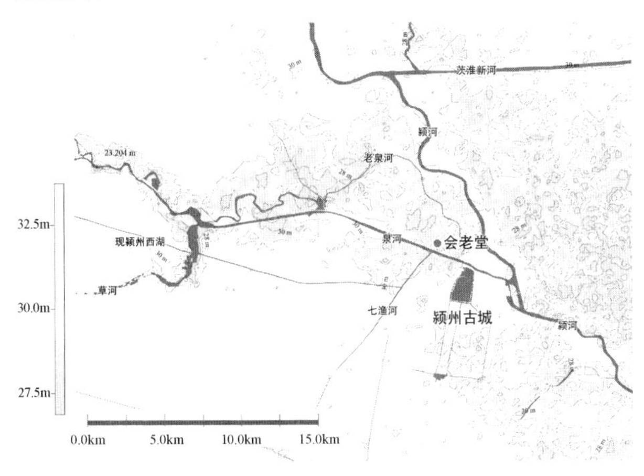

图3　阜阳市现状水系与高程

据明代正德《颍州志》所记载，西湖“在州西北二里外，湖长十里，广三里。相传古时水深莫测，广袤相齐。胡金之后，黄河冲荡，湮湖之半。”[1]可以得知，明代正德年间西湖是一个南北向长约5公里，宽约1.5公里的大水面。而在宋朝之前，水面是正德年间的两倍，长宽都在5公里以上。另据《凤阳府图经志》，颍州西湖水在明代前曾直抵西门，而明代正德年间，由于西湖的缩小，与州城间的距离已有1公里以上了（图4、图5）。

康熙年间，除西湖之外，颍州周边的水系相较于明代也有了较大的变化，其中以三清河最为明显。清康熙之

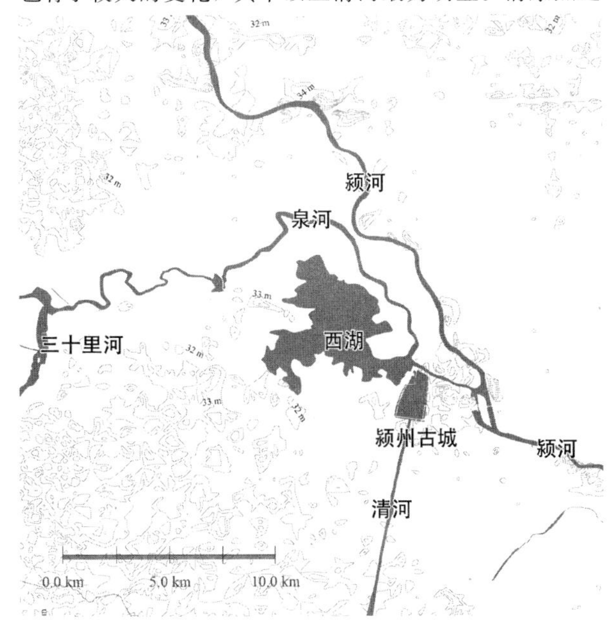

图4　唐宋年间颍州西湖水域推想图

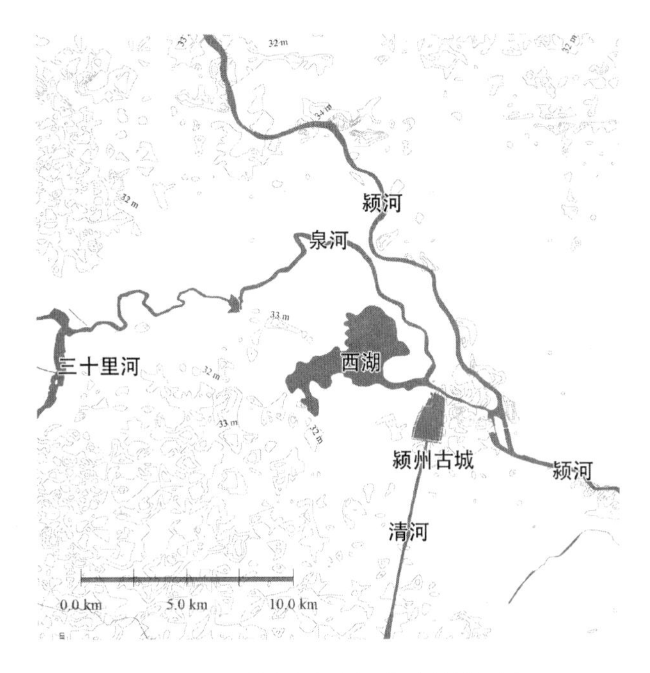

图5　明正德年间颍州西湖水域推想图

前，西清河即经白龙沟入泉河，并与西湖相连，东清河则直接进入颍河。阜阳曾有“三清灌颍”的说法，指的便是这三条清河汇入颍河（泉河），然康熙年间，人们误将这一说法误认为“三清灌颍城”，人为修建沟渠，将东清河与西清河引入城河，阻断了清河与颍州西湖的联系，这对西湖而言显然是不利的（图7）。康熙末年，颍州知州为谋取自己的利益，让百姓围湖造田，使得颍州西湖的面积迅速缩小。至乾隆年间，尽管新上任的知州王敛福清理湖租、水坡地，水面仍只余八百九十四亩（约合60hm²），西湖与颍州的距离又增加到了五里（约2.5km）（图6）。围湖造田所导致的水面缩减，使颍州西湖在面对黄河洪泛时不堪一击，也是西湖最终消失的根本原因之一。

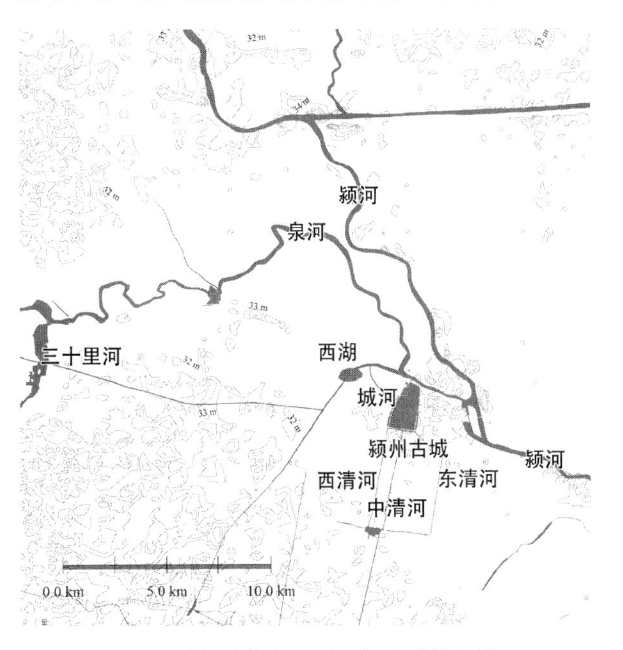

图6　清乾隆年间颍州西湖水域推想图

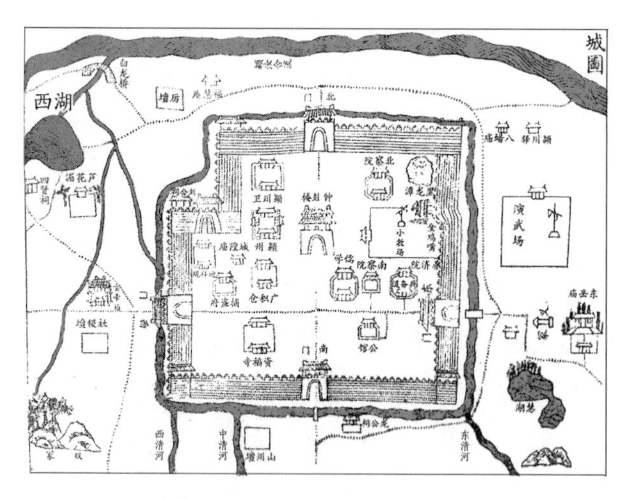

图 7　清康熙年间颍州城图［图片来源：（清）康熙《颍州志》］

4　古颍州西湖的人文景观要素

除优美的自然景观外，颍州西湖还曾有众多的亭台楼阁，并多于著名的文人密切相关，然而只有会老堂一处仍现存，本文对文献中出现的景观进行了整理，如表 1 所示。

颍州西湖的人文景观要素　　表 1

名称	建成时间	位置	备　注
女郎台	殷商	西湖北岸	胡子国国君思念其出嫁的女儿，筑台北望，故称
兰堂	唐	不明	出自许浑《颍州从事西湖亭燕饯》
西湖亭	唐	老泉河南岸	
颍州儒学	宋	西湖东南岸，北依白龙沟	为景祐四年（1037 年）蔡齐所创建，是颍州历史上最早的官办学校，也是北宋一代最早的州建学校之一
去思堂（清涟阁）	宋	西湖北渚之北，临西溪	晏殊为玩赏休憩所建，初名为清涟阁。晏殊在任多有德政，及去，人民思念不置，因更名为去思堂
清颍亭	宋	颍州城北门，临泉河（宋代被误认做颍河）	晏殊为玩赏休憩所建
西湖书院	宋	西湖南岸	欧阳修知颍州时所建。是颍州最早的研究学术，切磋学问的重要基地
会老堂	宋	西湖南岸，西湖书院旁	现存四间，为清代风格建筑
双柳亭	宋	去思堂前	欧阳修所建
竹间亭	宋		
撷芳亭	宋		
西园	宋	西湖畔	
三桥	宋		欧阳修所建，宜远、飞盖、望佳三桥的合称
六一堂	宋	西湖南岸	欧阳修所建，退休归颍后居此堂
三闸	宋	西湖上	苏轼所建
择胜亭	宋		苏轼所创，便于拆卸、可移动的亭子，故名择胜
欧阳文忠公祠	宋	会老堂旁	为祀欧阳修所建
芦花湄	宋	湖东南	相传为苏轼幼子苏过读书处
昭灵宫	宋		祀张路斯
谢公闸	明	西湖上	谢诏所建
四贤祠	明		为祀晏殊、吕公著、欧阳修、苏轼所建
松乔祠	明	六一堂后	为祀陈蕃、郭宪、范滂、焦千之、卢翰所建
关帝庙		湖东北、湖南岸各一处	
环碧亭、峙玉亭		关帝庙旁	
文昌庙	清	四贤祠旁	郡守孙光祀重建
王公祠	清		祀王敛福
画舫斋、湖心亭	清	湖心	

5　结语

古颍州西湖已不复存在，但对于其历史与文化的研究仍具有重要意义。在新颍州西湖风景区正进行开发建设的今天，如何继承古西湖的文化与精神成为了重要的课题。本文通过各类颍州西湖图文资料的研读与思考，考证了颍州西湖的历史水域演变，这有利于正确认识颍州西湖的历史文化与园林价值，并是今后进一步研究其造园手法与空间关系的前提。

参考文献

[1]（明）天一阁藏明代方志选刊. 正德颍州志. 卷二·六[M]上海：上海古籍书店，1963.

[2]（清）（乾隆）王敛福纂辑. 颍州府志[M]. 合肥：黄山书

社，2006.
[3] 亓龙，王秋生，胡天生. 颍州西湖历史与文化研究[M]. 中国文联出版社，2009：53-54.
[4] 何晓苇，杨兴玉，方永江. 东坡西湖研究[M]. 中国文史出版社，2017：127.
[5] 王晞月，张希，王向荣. 古老的城市支撑系统——中国古代城市陂塘系统及其空间内涵探究[J]. 城市发展研究，2018，25(10)：51-59.
[6] 罗玺逸. 北宋苏轼的营建活动及其营建思想初探[D]. 重庆大学，2017.
[7] 吴海涛，王大庆. 明代时期的颍州[J]. 阜阳师范学院学报(社会科学版)，2015(01)：1-8.
[8] 武刚. 略论颍州西湖的变迁[J]. 文教资料，2013(36)：95-96.
[9] 朱堃. 历史文化景观的生态理法研究[D]. 北京林业大学，2013.
[10] 卢海龙. 清代颍州府城镇历史地理研究[D]. 安徽大学，2013.
[11] 付先召. 唐朝后期颍州隶属变动及其对政局的影响[J]. 安徽师范大学学报(人文社会科学版)，2011，39(06)：707-712.
[12] 苑朋森. 西湖历史文脉在现代风景区中的传承与演变[D]. 北京林业大学，2010.
[13] 程军. 论欧阳修的颍州文学活动与创作[D]. 安徽大学，2006.
[14] 刘奕云. 颍州西湖史初探[J]. 阜阳社联通讯，1981(01).

作者简介

于佳宁，1996年生，女，汉族，河北人，北京林业大学园林学院硕士研究生。研究方向为风景园林规划与设计。电子邮箱：906586645@qq.com。

王向荣，1963年生，男，汉族，北京林业大学园林学院院长、教授、博士生导师。

罗浮山省级自然保护区功能区划优化研究

The Study on Optimizing Function Zoning of Luofu Provincial Nature Reserve

金宇星　董博璇　刘志成*

摘　要：我国自然保护区主要采用三区划分模式，而目前自然保护区发展过程中涉及相关规范调整，且原有规划受限于基础资料与技术条件，主观性较强，在调整时应当基于科学性与准确性进行优化。本文在优化过程时以罗浮山省级自然保护区为例，并运用层次分析法及GIS技术，以图斑为基本单位对功能区划的优先级进行了评价。依据量化优化方法的方案符合相关规范且符合原功能区与实地情况，该方法可用于保护区的功能区划。

关键词：自然保护区；功能区划 ；GIS技术

Abstract: The nature reserve in China mainly adopts the three-zone division mode. At present, the development of nature reserves involves the adjustment of relevant norms, and the original planning is limited by the basic data and technical conditions. When optimizing and adjusting, it should pay more attention to scientific and accuracy. In the optimization process, Luofu Provincial Nature Reserve was taken as an example, and the priority of functional zoning was evaluated by using analytic hierarchy process and GIS technique. The method according to the quantitative optimization method conforms to the relevant specifications and conforms to the original functional area and the field situation, and the method can be applied to the functional division of the protected area.

Keyword: Nature Reserve; Function Zoning; GIS technique

2018年国务院机构改革，同年6月起国家林草局集中检查自然保护地。国内外实践证明，建立自然保护区是保护典型生态系统和生物多样性、拯救珍稀濒危野生动植物的有效措施[1]。自然保护区的功能区划是提高保护区管理保护水平的有效途径，也是规划和建设必不可少的一项基础工作。近年来，由于林权调整，项目开发等原因，大量保护区涉及到范围及区划调整。而我国自然保护区建立之初受基础资料缺乏，技术条件不足的限制，功能区划分时主观性较强。本文试图探讨对自然保护区功能区划进行优化的量化方法。

基于量化方法的规划在学界已经引起了广泛且长久的实践，目前常用的量化方法包括物种分布模型法、景观适宜性评价法、聚类分析法、最小费用距离计算法和不可替代性计算法等[2]。而综合目前的文献，大多数功能区划研究集中在野生生物类保护区，而森林生态系统类为对象的量化研究案例相对较少。

1　研究区区位与研究方法

1.1　研究范围及概况

罗浮山省级自然保护区位于广东东江之滨，珠江三角洲东北部、博罗县西北方，坐标位于23°13′28″～23°20′00″N、113°51′30″～114°03′12″E之间，本次研究面积9744.2hm²。保护区地处北回归线南缘，属中国东南沿海南亚热带海洋性季风气候。年均气温21.9℃，年均降水量1800～1900mm，土壤具南亚热带地带性土壤特征[3]。罗浮山保护区属于生态系统（A类）保护区，主要保护对象是森林生态系统和野生动植物资源。目前保护区东侧毗邻国家5A级景区罗浮山风景名胜区，风景区有部分区域与罗浮山保护区的实验区及缓冲区重合。

1.2　数据来源与功能区划分技术路线

1.2.1　数据来源

研究区坐标使用由惠州市国土资源局提供资料所使用的大地2000坐标，本次研究范围内的主要数据基于罗浮山森林资源规划设计调查数据，简称罗浮山二类调查数据，包含9个林班，共计933个图斑，包括地类、所有权、林种、地貌等各项数据。卫片来自于谷歌地球2018年1月18日的卫星影像图，分辨率3m。珍稀动植物分布参考罗浮山保护区管理处提供的上版规划《广东罗浮山省级自然保护区总体规划（2011～2020年）》及相关资料。其他资料包括罗浮山自然保护区红线边界，道路与原功能区划分的矢量数据。

1.2.2　功能区划分依据

目前我国自然保护区区划采用联合国教科文组织“人与生物圈”计划（Man and Biosphere Program, MAB）中的生物保护区模式，分为核心区，缓冲区与实验区[4]。我国于1994年颁发的《中华人民共和国自然保护区条例》对三区进行了明确的定义。国家林业局颁布的《自然保护区总体规划技术规程》GB/T 20399—2006与国家标准委发布的《自然保护区功能区划技术规程》LY/T 1764—2008对保护区规划的依据、方法、功能区总体布局也做了原则性与指导性的要求。本文主要延续参照了以上依据进行功能区划分的优化。

1.2.3 功能区优化方法

本文试图以森林小班作为最基本的数据区划单元，采用图斑与栅格单元相结合的方法，将保护区划分为矢量面状单元，并将所有数据进行单因子分析后栅格化，用栅格数据作为各项指标的载体。结合实地考察，在ArcGIS10.2平台整合所有指标数据，用yaahp软件使用层次分析法（Analytic Hierarchy Process，AHP）对单指标赋予权重，随后对区域的多重属性进行叠加处理，最终分析得出研究结论。

2 研究方法

2.1 体系指标的量化

功能区划分评价体系的量化主要依据罗浮山保护区的类型及其主要保护对象，遵循以下原则：各个指标变化对于保护对象影响明显，所选指标要反映研究区的各方面，能够定性与定量相结合。此外罗浮山自然保护区受罗浮山风景区影响，还需对人类活动影响进行评价。故评价体系包含植被覆盖情况、生境保护情况、地质灾害敏感性、自然景观资源保护、人类活动影响评价共5个方面20个指标（表1）。

功能区优化评价体系及权重　　表1

目标层	准则层	单准则权重	指标层	指标权重
功能区优化	植被覆盖情况	0.1653	林种	0.2784
			现状植被类型	0.5073
			郁闭度	0.1062
			枯枝落叶层厚度	0.1081
	生境保护情况	0.4676	珍稀动物	0.3207
			珍稀植物	0.4504
			森林健康度	0.0868
			林地保护等级	0.1420
	地质灾害敏感性	0.0606	坡向	0.0585
			坡位	0.1803
			坡度	0.5246
			地貌	0.0816
			地质	0.1550
	自然景观资源保护	0.1961	自然水体	0.1096
			森林景观资产等级	0.5813
			山地景观	0.3092
	人类活动影响	0.1104	道路	0.0641
			地类	0.4968
			宗教寺庙	0.1779
			旅游景点	0.2612

2.1.1 植被覆盖情况

植被覆盖情况在森林生态系统自然保护区具有明显的特征性。本文选取林种、现状植被类型、郁闭度以及枯枝落叶层厚度。保护区内林层结构均为单层林，其中如水源涵养林等林种具有最高的保护优先级。根据联合国粮农组织（Food and Agriculture Organization of the United Nations，FAO）的规定对郁闭度进行分级，枯枝落叶层是土壤有机质的重要来源，对于森林生态系统的物质循环具有重要意义[5]。

2.1.2 生境保护情况

自然保护区需要根据保护对象的分布及生境需求空间确定核心区的位置与范围[6]。论文选用珍稀动物、珍稀植物、森林健康度及林地保护等级来反映研究区域的生境保护情况。珍稀动植物是保护区最主要的保护对象，森林健康度可以反映保护区内森林生态系统的抗破坏能力与自我恢复能力。林地保护等级受现有功能区划分的影响，可作为本文优化评价等级现有参考标准之一。

2.1.3 地质灾害敏感性

研究区域内土壤垂直分布具有明显的地带性，从高到低分别是灌丛草甸土、山地黄壤、山地红壤和赤红壤[7]。而地质灾害主要由地质活力活动及地质环境异常变化造成。在本文评价指标体系中主要考虑地质结构，包含坡向、坡位、坡度、地貌、地质年代共5项指标。其中坡度为最主要的影响因子，坡向会影响土壤含水量等因素。

2.1.4 自然景观资源保护

保护区内的自然景观资源在规划中具有利用开发价值，论文选取自然水体、森林景观资产等级及高山景观。研究区域的自然水体同时也是联合水库、兰门水库的水源地。森林景观资产等级主要考虑森林面积、游人接待量和森林景观质量等，一等适合在保护的前提下适度开发，而四等则需先提升森林质量，对其进行保护改善。山地景观由垂直分布带决定，高山景观由于植物群落结构简单，土壤相对较为贫瘠，更易遭受破坏，在研究范围内依据海拔分布需要对山地景观加以保护。

2.1.5 人类活动影响

研究范围东部与罗浮山风景名胜区重合，南部则受数个村庄影响，本文单独将人类活动作为一项优化评价准则。人类活动影响主要使用GIS平台中的多环缓冲区进行分析，设定不同距离将人类活动对研究区域的影响进行量化。论文选取道路、地类、旅游景点与宗教寺庙4项因素。

参照相关规范、文献及书籍对以上提到的主要功能区评价指标进行评价标准等级划分（表2）。

评价标准等级划分　　表2

序号	评价指标	最高优先级（5分）	较高优先级（4分）	一般优先级（3分）	较低优先级（2分）	最低优先级（1分）
1	林种	自然保护林（自然保护区林）	水源涵养林	其他防护林	果树林、其他经济林	一般用材林

续表

序号	评价指标	最高优先级（5分）	较高优先级（4分）	一般优先级（3分）	较低优先级（2分）	最低优先级（1分）
2	现状植被类型	山顶矮林、阔叶林	针阔混交林	速丰林、针叶林	经济林	非林地
3	郁闭度	>0.7	0.4～0.7	0.2～0.4	0.1～0.2	<0.1
4	枯枝落叶层厚度		3	2	1	0
5	珍稀动物	Ⅰ级	Ⅱ级			
6	珍稀植物	Ⅰ级	Ⅱ级			
7	森林健康度	不健康	中健康	亚健康	不健康	
8	林地保护等级	Ⅰ级	Ⅱ级	Ⅲ级	Ⅳ级	
9	坡向	北	东北、西北	东、西	东南、西南	南、无坡向
10	坡位	谷、全坡，脊	上	中	下	平地
11	坡度	险、急	陡	斜	缓	平
12	地貌	极高	高山	中山	低山	丘陵
13	地质年代		侏罗纪中统（J2）花岗岩（r32）	侏罗纪上统（J3）花岗岩（r32）	第四系冲积砂（Q）	
14	自然水体	<20	20～50	50～100	100～200	>200
15	森林景观资产等级	四等	三等	二等	一等	
16	山地	>800	500～800	300～500	100～300	<100
17	道路	>200	100～200	50～100	20～50	<20
18	地类	国家特别规定灌木林地	水利用地（湿地）、乔木林、竹林	其他宜林地、苗圃地、未成林造林地、疏林地	其他无立木林地、林业辅助生产用地	其他用地、其他用地、建设用地、非林地
19	宗教寺庙	>500	300～500	100～300	50～100	<50
20	旅游景点	>1000	500～1000	300～500	100～300	<100

2.2 评价结果的分析

2.2.1 单准则评价分析

研究区域面积 9744.2km²，主峰飞云顶海拔 1281.5m。其中核心区占 42.03%、缓冲区占 28.76%、实验区占 29.21%。研究区域包括酥醪、太平坦、道田姑、松岭、澜石、荔枝坳、鸭爪窿、石坑、栏门、李伯田、华首台、黄龙及场部（罗浮山林场）共 13 个村，其中荔枝坳分为东、西两处飞地，自然保护区原功能区三区划分如图 1 所示。

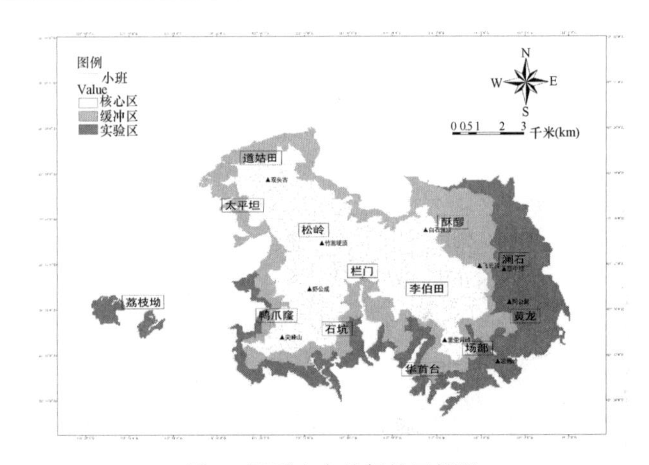

图 1 罗浮山自然保护区概况

依据现状植被分析结果，自然保护林均分布在研究范围的北部，南部为大面积的其他防护林，其他林种基本聚集在华首台与场部。由于南边长宁镇人类活动影响，形成果树林、经济林等。研究范围内现状植被以阔叶林为主，飞云顶（1281.5m）附近为山顶矮林。依据郁闭度来看，保护区内基本为密林，其中以酥醪村白石漏顶（1089m）东南坡最密，可达 0.9。综合各项指标进行分析，目前研究范围内植被覆盖情况较好，南亚热带季风常绿阔叶林保存较完整且面积较大，但研究区域东南角凉帽顶处开发程度过高，形成疏林或不成林。石坑、栏门南部以及华首台的部分植被受人类活动的影响已演化为以马尾松为主的针叶林和针阔混交林。

生境保护情况显示，研究区内珍稀植物包括 3 种Ⅰ级保护植物与 14 种Ⅱ级保护植物，共 17 种，基本在核心区及缓冲区内。但Ⅱ级保护植物喜树（*Camptotheca acuminata*）大量位于鸭爪窿、石坑、华首台的实验区，受人类活动影响较大。珍稀动物包括 2 种Ⅰ级保护动物与 14 种Ⅱ级保护动物，共 16 种，生境未受人类活动影响。其中Ⅰ级保护动物蟒蛇（*Python bivittatus*）栖息地位于酥醪与澜石的交界处，位于缓冲区而非核心区，目前未受人类活动影响，随着东侧罗浮山风景区的进一步开发，蟒蛇生境存在干扰隐患。

在地质灾害敏感性分析中，研究范围东南侧坡度较陡，澜石村顶中排（1219.6m）两侧最陡，同时也有两条汇水线，地质灾害敏感度最高。以主峰飞云顶为中心，构成向四周辐射的网状山地。地势亦以主峰为中心向四周倾斜，坡向多为南坡、北坡、东北坡。最大坡度45°左右，最小也在10°上下，平均坡度22°，海拔500 m山脊部位以上南坡多是大片裸露岩石及片状的悬崖石壁地带。

自然景观资源保护评价可以看出，研究范围内17.0%的森林（1656.59hm²）景观等级为四等，主要位于保护区的东侧与南侧，需要保护性修复。保护区内水体景观较好，且由于是饮用水水源地，保护等级较高。研究区内东南角的场部为第四系冲积砂，飞云顶、虾公成、竹篙梗顶为侏罗纪中统花岗岩，其余区域基本为侏罗纪上统花岗岩。

从人类活动影响分析中看出保护区内道路均位于南侧，其中罗浮山管理处通向飞云顶的道路最长，飞云顶—顶中排—燕岩顶为罗浮山风景区未来开发的步行路，其中飞云顶处在原缓冲区内，人类活动与自然保护冲突。地类分析显示该部分为国家特别规定灌木林地，其余区域为乔木林，南部存在一些水利用地（湿地）与非林地。东部实验区存在寺庙，但规模较小，目前旅游景点集中在黄龙村，规模较大且发展迅速。

各项单准则评价标准的优先级分析结果如图2～图6所示。

将以上每项单准则评价标准的优先级结果进行分类，按照不同单准则的各个优先级面积所占比例进行统计，结果见表3。

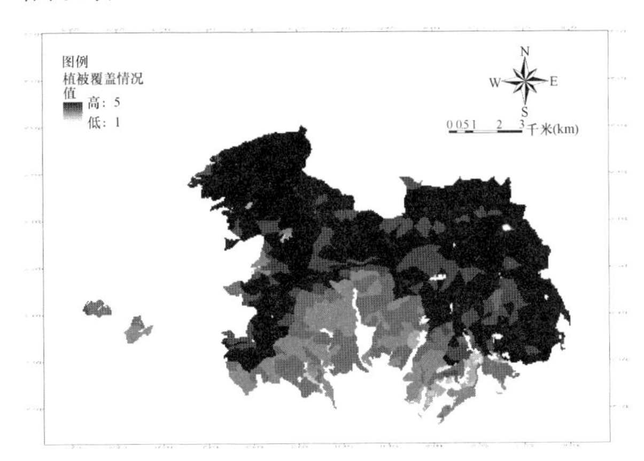

图2 植被覆盖情况评价结果

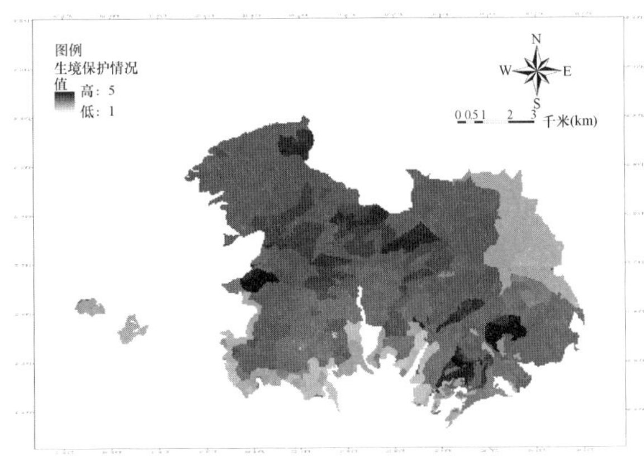

图3 生境保护情况评价结果

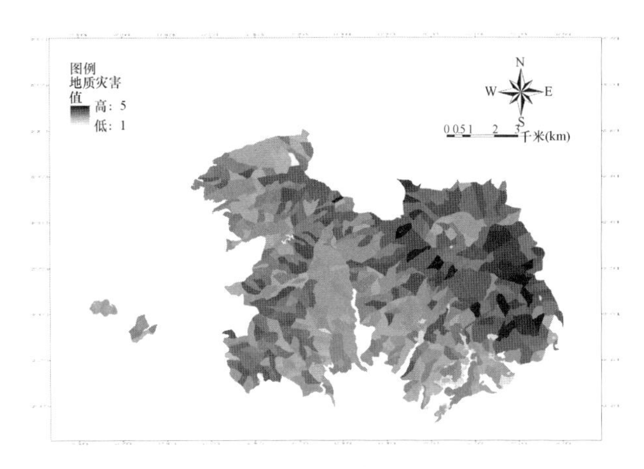

图4 地质灾害敏感性评价结果

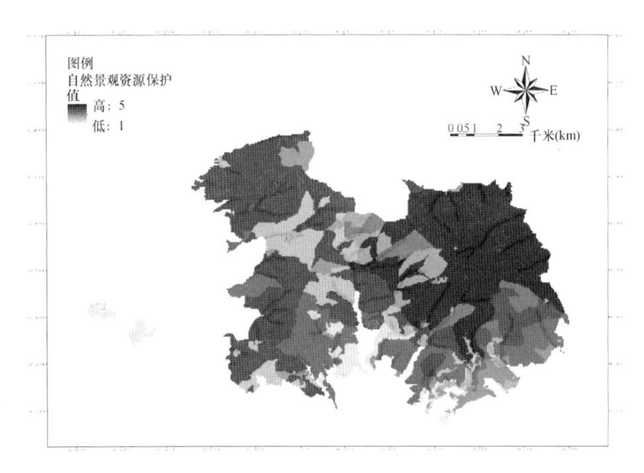

图5 自然景观资源保护评价结果

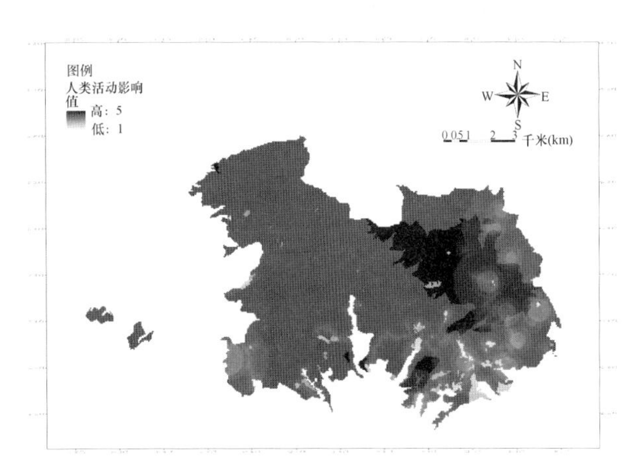

图6 人类活动影响评价结果

单准则评价标准的优先级结果面积（%） 表3

评价指标	优先级 Priority				
	最高优先级（5分）	较高优先级（4分）	一般优先级（3分）	较低优先级（2分）	最低优先级（1分）
植被覆盖情况	47.5	13.2	8.9	21.2	9.2
生境保护情况	10.6	38.7	32.5	12.2	6.0
地质灾害敏感性	23.2	21.2	15.3	32.6	7.7
自然景观资源保护	34.3	30.7	5.9	11.2	17.9
人类活动影响	58.7	13.9	11.2	14.8	1.4

2.2.2 综合分析

将单准则优先级评价结果按照单准则权重进行加权计算，得出的结果与保护区原版功能区划分进行对比（图7），从叠加结果可以看出，目前罗浮山保护区的规划已将应当优先保护的区域划入核心区及缓冲区。

从对比来看，栏门、石坑位于原核心区南部，酥醪村位于原实验区东北部，而酥醪村优先级高于栏门与石坑，在优化调整方案中可将酥醪村划入核心区，而适量减少石坑、栏门南部的核心区范围，为福田村预留未来的生态发展空间。

东部的罗浮山风景区依据对比结果适宜开发，但优先级变化速度较快，据此在优化分区时需要在低优先级的区域预留出缓冲区的空间。场部也有优先级较高的区域，位于研究范围东南侧，该区域优先级较高的原因是开发程度过高，同时也是若洞水库的水源地，关系到长宁镇的饮用及灌溉水源，需要保护。西北部的太平坦同理，为联合水库的水源地之一。从图7中可以看出飞云顶所在区域位于缓冲区，在优化后可以将它纳入实验区，可以在保护的前提下留有开发利用的空间。

从图7中可以看出研究范围内优先级呈现从南至北、从西至东逐级递减的趋势，此结论也符合实际情况：研究范围北部毗邻东陂林场，西部与联合水库相接，自然条件优越。南边为村落，东侧为风景名胜区，受人类活动影响较多。同时图中优先级较高的区域出现了4处优先级较低的浅色区域，经过对比分析确定为人类干扰造成的结果，以南楼寺、净土园林等人工构筑物为主。在优化时优先考虑拆除并将其纳入核心区。

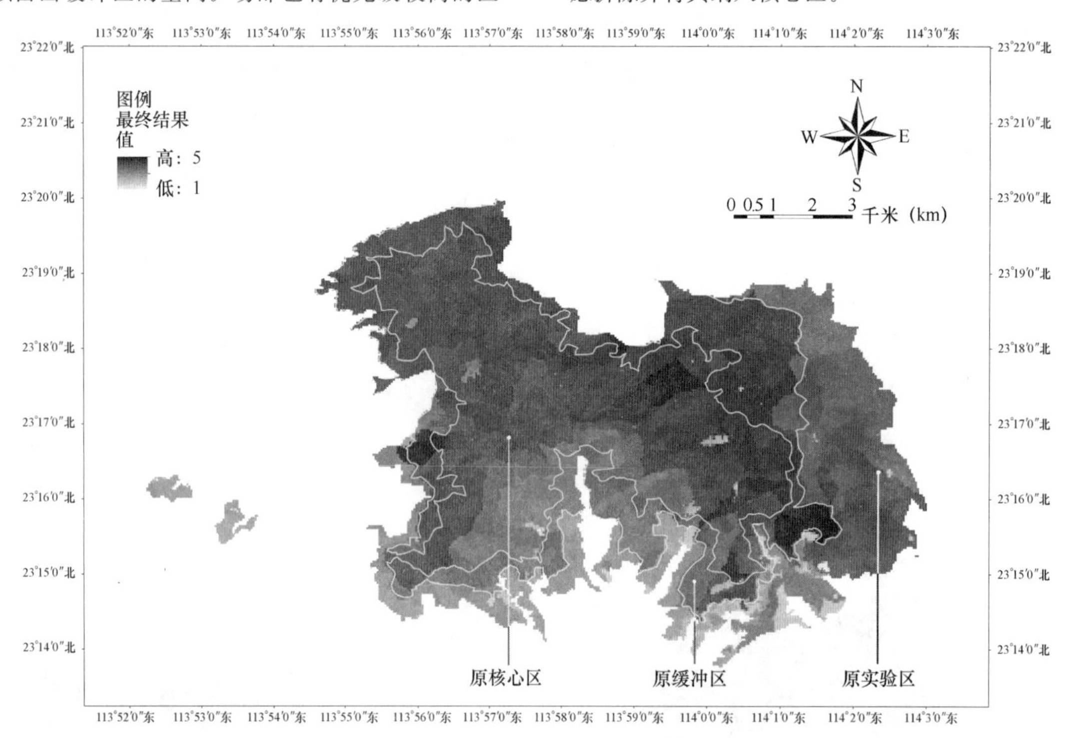

图7 叠加分析结果与原版三区划分的对比

经过以上优化，最终量化结果最高优先级与较高优先级所占研究范围面积比例为43.58%，相较于原功能区划42.03%面积增长较少，但利用量化方法优化后核心区位置及范围将更合理；实验区面积由29.21%变为29.69%，并合理分配了发展的方向与趋势。原版罗浮山省级自然保护区规划在划分时侧重于保护，留有发展利用的空间大多集中于东侧，与南侧村落发展产生冲突。利用量化方法，可以针对性地提出优化策略，在局部以图斑为单位调整区划，允许保护自然的前提下进行适度开发。另一方面，一些区域存在保护力度不够的情况，在优化方案时考虑将其纳入核心区范围。综上，量化方法在保护区功能区划时具有可操作性，可成为规划制定的参考依据之一。

3 结论

本文充分考虑了保护区内空间的实际情况，利用GIS技术构建对应的评价指标体系，对保护区内的土地进行全面的分析，分析结果大致符合原版规划，且针对性提出相应优化建议。此结果说明方法具有较好的可操作性，该利用量化方法便于直观体现涉及功能区划分时优先级的考虑，以最高优先级为基点，向下进行优先级的逐层划分。

目前自然保护区使用的三区划分规范涉及调整，而量化的优化方法有助于进一步科学化、规范化管理。但由于各类保护区数据指标，技术水平各有不同，且GIS更侧重于土地及空间层面的分析，因此本文提出的量化优化方法有待进一步的修正与完善。

参考文献

[1] 郑姚闽，张海英，牛振国，等. 中国国家级湿地自然保护区保护成效初步评估[J]. 科学通报，2012，57(04)：207-230.

[2] 呼延佼奇，肖静，于博威，等. 我国自然保护区功能分区研究进展[J]. 生态学报，2014，34(22)：6391-6396.
[3] 曾运福. 广东罗浮山省级自然保护区总体规划(2011～2020年). 中国林业科学研究院，2010.
[4] 王献溥. 自然保护区的理论与实践[M]. 北京：中国环境科学出版社，1989.
[5] 常伟，党坤良，武朋辉，等 . 秦岭南坡油松次生林抚育强度综合评价与决策[J]. 西北农林科技大学学报(自然科学版)，2015，43(6).
[6] 张晓妮. 中国自然保护区及其社区管理模式研究[D]. 西北农林科技大学，2012.
[7] 温志滔. 浅析罗浮山药用植物资源的保护及利用[J]. 南方农业，2015，9(21)：181-181.

作者简介

金宇星，1995年生，男，汉族，浙江人，北京林业大学园林学院风景园林学在读硕士研究生。电子邮箱 yuxingjin@bjfu.edu.cn。

董博璇，1993年生，女，汉族，河北人，北京林业大学园林学院风景园林在读硕士研究生。电子邮箱 carriecarriedong@gmail.com。

刘志成，北京林业大学园林学院教授。电子邮箱 zhicheng_liu@bjfu.cn.

欧盟 Natura 2000 自然保护地空间规划管理方法研究①

Study on The Management Methods of Spatial Planning of Natural Reserves in EU Natura 2000

王俊祺　金云峰*　周　艳　宋美仪

摘　要： 党的十九大提出"建立以国家公园为主体的自然保护地体系"的重大改革任务，是推进生态文明建设的重大举措。自然保护地是我国自然生态系统最重要、最精华、最基本的部分，在维护国家生态安全中居于首要地位，但历史上自然保护地管理工作受到定位模糊、权属不清、空间破碎、地块重叠等问题限制。Natura 2000 是欧盟建立的自然保护网络，是实现生态多样性统筹及可持续发展的重要工具，与我国自然保护地体系存在共通目标。通过对欧盟 Natura 2000 自然保护地空间规划方法进行梳理，发现空间规划通过功能隔离与空间整合策略整合保护地与周边用地类型；通过立法输出和公众参与协调 Natura 2000 保护目标与其他专项政策目标；通过多层次空间规划合作解决跨国 Natura 2000 保护地管理难题。这些措施有效维护了 Natura 2000 保护地的物种安全、栖息地质量以及生态网络连通性，为我国自然保护地的管理提供借鉴。

关键词： 空间规划；专项规划；自然保护地；国家公园；Natura 2000

Abstract: The 19th National Congress of the Communist Party of China put forward the major reform task of "establishing a system of natural protection sites with national parks as the main body", which is a major measure to promote the construction of ecological civilization. Nature reserves are the most important, most essential and basic part of China's natural ecosystems. They are at the forefront of safeguarding national ecological security. However, historically, the management of nature reserves has been ambiguous, unclear, and fragmented, limited by block overlap and other issues. Natura 2000 is a natural protection network established by the European Union, an important tool for achieving ecological diversity and sustainable development, which has common goals with China's natural protection land system. Through the combing of the spatial planning method of the natural protection land of the European Natura 2000, it is found that the spatial planning integrates the types of protected land and surrounding land through functional segregation and spatial integration strategies; coordinates Natura 2000 protection objectives and other special policy objectives via legislative output and public participation; Multi-level spatial planning cooperation to solve the problem of transborder Natura 2000 protected area management. These measures have effectively maintained the species safety, habitat quality and ecological network connectivity of the Natura 2000 protected area, and provide experience for the management of nature reserves in China.

Keyword: Spatial Planning; Sectoral Planning; Nature Reserve; National Park; Natura 2000

1　Natura 2000 与空间规划

Natura 2000 是欧盟为保护欧洲最有价值并受到威胁的物种和栖息地而建立的自然保护地网络，横跨所有 28 个欧盟国家，由欧盟鸟类指令（Directive 2009/147/EC）指定的 SPA 和欧盟栖息地指令（92/43/EEC）指定的 SCI 及 SAC 共同组成。截至 2019 年 3 月 15 日，Natura 2000 网络共包含自然保护地 27863 个，其中包含 5646 个 SPA 和 24194 个 SCI（其中有部分重叠）；陆地面积 784252km²，海洋面积 551899km²，所有保护地的总面积约占欧洲土地总面积的 18%[1]。2016 年欧盟委员会对 Natura 2000 自然保护地网络及鸟类指令与栖息地指令开展适用性检查（fitness check），认可了指令与 Natura 2000 网络在保护及可持续利用欧盟的物种与栖息地上的高度相关性，是欧盟生物多样性政策不可或缺的重要部分[2]。

Natura 2000 自然保护地网络的建立之初就对各成员国法制、行政、文化等国情的差异性及自然保护地的连续性、相关性、系统性和全局性进行了充分的考虑，确保整个系统能够高效稳定的运行[3]。尽管如此，指令在实际实施时仍然面临多重挑战。欧洲的城市化进程带来土地利用结构的空间变化，会对斑块状的自然保护地间的功能连续性造成影响[4]。Natura 2000 的建立需要积极的保护措施，并对可能造成环境负面影响的项目进行评估，需要与农业、林业、交通、能源等专项规划进行协调统筹。Natura 2000 的选址基于最适宜保护鸟类和栖息地的科学标准，使得保护地在位置上可能存在跨国保护地、两块接壤的独立保护地及单侧边境保护地等三种跨境情况。尽管存在跨境合作的倡议，但保护地的跨境规划和管理仍然是非常复杂的过程[5]。

空间规划的协调功能和发展功能对于 Natura 2000 网络在欧盟和成员国层面的实施有重要的促进作用：其协调功能可以促进 Natura 2000 与其他专项规划在土地利用

① 基金项目：上海市城市更新及其空间优化技术重点实验室 2019 年开放课题(编号 20190617)资助。

上的统筹，发展功能则用于引领相关国土范围或专项领域的可持续发展，将自然发展目标与其他社会经济目标整合[6]。相比传统的由各部门主导的专项规划共同组成的规划体系，整合的空间规划体系有利于实现国土发展的成本效益和可持续性，制定整合各专项规划目标的中长期可持续发展战略。空间规划作为一项动态的管理工具，涉及各级政府间及多个政策分支间的互动，有助于在各类型空间规划中明确 Natura 2000 保护地的地位并梳理整合其发展目标，促进自然保护地网络的建设。

2019 年 1 月，中央全面深化改革委员会第六次会议审议通过《关于建立国土空间规划体系并监督实施的若干意见》，明确了国土空间规划的定位和顶层设计，通过融合主体功能区规划、城乡规划及土地利用规划等空间规划工具实现"多规合一"，强调了国土空间规划对于各专项规划的指导约束功能。会议同时通过了《关于建立以国家公园为主体的自然保护地体系指导意见》，提出构建国家公园、自然保护区和自然公园三大类的自然保护地分类系统，形成具有中国特色的自然保护地体系。学习研究欧盟 Natura 2000 自然保护地空间规划管理方法，对中国自然保护地体系与国土空间规划体系的协调有借鉴意义。

2 Natura 2000 自然保护地空间规划管理方法

2.1 Natura 2000 保护地与土地利用

Natura 2000 自然保护地网络的实施受到土地利用变化的影响。随着欧盟城市化进程不断推进，欧盟的土地利用结构也在不断变化。尤其是在 1979 的《欧盟鸟类指令》和 1992 年的《欧盟栖息地指令》出台之后，欧洲范围内的建成区域、林地和森林。根据欧盟环境署 2015 年的报告，Natura 2000 自然保护地网络中的大部分土地利用由森林（49%）、农地（17%）以及草地（12%）组成[7]。在 1990 年与 2006 年之间欧盟土地利用变化的关键趋势表现为城市化和土地废弃导致的灌木丛地扩张，而这一趋势在 Natura 2000 也表现为农地的减少与灌木丛地的扩张。Natura 2000 是由一系列独立的保护地组成的网络，而保护地之间维持有效的功能性连接是该网络正常运作的重要保障。尽管 Natura 2000 保护地内的城市和基础设施面积很少，其周边的道路和城市化地区仍在不断向保护地施加压力。

土地利用变化导致 Natura 2000 保护地的生境更加破碎化，对网络的生态整合性造成影响：土地利用功能的变化（农业、旅游业和城市建设等）导致栖息地质量下降，引发进一步的干扰、污染以及管理缺失；土地弃置（农田休耕，工业棕地等）及土地利用功能集约化导致可用栖息地数量的减少；栖息地减少以及各类灰色基础设施（住房、交通设施、能源设施等）引起景观渗透性的下降，为分散和迁徙的物种带来阻碍。

2.1.1 功能隔离策略和空间整合策略

为了减轻生境碎片化给 Natura 2000 保护地造成的不良影响，空间规划作为土地利用管理的重要协调工具，通过功能隔离与空间整合两项主要策略以应对土地利用变化带来的冲突。功能隔离策略即将冲突的土地利用关系在空间上分隔开，以确保互不干扰，在实际规划过程中常表现为限制特定社会经济活动以及划定生态禁入区。这些限制并不都是永久的，例如动物繁殖季节的等短时控制同样存在。空间整合策略是通过在空间上整合相互冲突的土地利用雷影，从而在同一地实现多种社会经济功能。所整合的土地利用类型受到限制，例如在自然区域整合休闲游憩功能，在农业区域整合生态旅游或农业环境措施等。在规划实践中功能隔离策略和空间整合策略常结合在一起，从而适应不同规划尺度。

德国是世界上第一个制定行政规划对专属经济区进行管理的国家，由德国联邦自然保护局（BfN）编制的《北海专属经济区海洋空间规划》① 就协调了海洋开发与 Natura 2000 保护地及相关物种、栖息地的冲突[8]。该规划的环境申明摘要明确指出，海底管道和电缆区域、风能开发区域不会对 Natura 2000 保护地的保护目标造成不良影响。作为能源开发的重要区域，特定的开发活动将安排在 Natura 2000 保护地外进行。除划定风能开发优先海域外，Natura 2000 保护地中不允许架设离岸的风电设施。对于经济区内的非 Natura 2000 保护地范围，相关的栖息地也不可受到损伤或破坏。如果在深入场地调研中发现新的栖息地，如在资源开发项目或水下能源传输电缆项目的审批阶段，决策过程需要格外关注这些新的栖息地以保证不受其质量完好。尽管没有指定具有重要连通价值的生态廊道，在决定管道和水下电缆选线，以及资源开采选址的过程中，都需要对生物的繁殖、迁徙过程以及大规模的物种与栖息地互动进行充分考虑。

2.1.2 小结

土地弃置、集约化等土地利用变化趋势加剧 Natura 2000 保护地网络的破碎化，导致保护地内栖息地质量与保护物种种群数量下降。空间规划通过功能隔离策略与空间整合策略的融合，能够缓解社会经济发展对 Natura 2000 保护地生态功能带来的压力。

2.2 Natura 2000 与其他专项规划

Natura 2000 保护地网络作为欧盟生物多样性政策的专项规划手段，与其他政策分支下的空间发展活动同时进行，包括农业林业管理、水资源管理、城市发展及基础设施建设、能源设施建设和应对气候变化活动等。这些专项规划在目标上与鸟类指令及栖息地指令的政策目标既

① 德国北海专属经济区海洋空间规划 https://www.bfn.de/fileadmin/MDB/documents/themen/meeresundkuestenschutz/downloads/Raumordnung-in-der-deutschen-AWZ/Marine_Conservation_MSP_EEZ.pdf。

有契合，也有潜在矛盾点（表1）。空间规划的协调功能和发展功能能够衔接多空间尺度上的专项规划目标与Natura 2000目标，从而避免冲突并最大程度实现各规划的协同效应。

欧盟专项政策目标与Natura 2000目标的潜在协同和冲突（整理自参考文献[9]）　　表1

政策分支	潜在协同		潜在冲突	
	契合政策目标	协同效应	冲突政策目标	冲突效应
能源	安全、低碳的能源系统；节约能源	减少化石燃料和交通对Natura 2000保护地的影响	利用核能提高能源产量；化石能源的可持续利用	化石燃料的使用对Natura 2000保护地网络的连通性有负面影响
	推广生物质燃料	Natura 2000保护地可以提供生物质燃料，其需求可以支撑Natura 2000保护地对半自然栖息地（如草地、人造林）的管理	推广生物质燃料	强化特定栖息地类型（如草地、人造林）的生产功能，Natura 2000保护地内外生物质作物的转化加剧污染
	推广风能（风力发电厂）	Natura 2000保护地中的风能电机为保护生物多样性创造空间，并促进环境衰退区域的生态修复（例如棕地）	推广风能（风力发电厂）	Natura 2000保护地内外的风能发电厂可能导致碰撞、生态屏障甚至栖息地的衰退和流失
	推广太阳能	Natura 2000保护地中的太阳能发电站为保护生物多样性创造空间，收入可支持场地内的生态保护	推广太阳能	太阳能设施可能导致栖息地流失和破碎化，直接影响鸟类、哺乳动物及昆虫
	推广水力发电	在衰退的水系上更新水力发电站可以提高能源产量，同时帮助提升生态环境及水系的生态系统服务	推广水力发电	水电设施会影响河流形态以及河流栖息地，阻碍保护物种的迁徙和移动；扰乱河底沉积物形态，影响流动状态；导致个体动物的受伤或死亡；干扰水体化学组成和温度
城市发展	建设可持续的韧性城市	棕地再利用可以提供新的自然空间；发展绿色基础设施对城市内外的Natura 2000保护地有利；改造城市基础设施能够提高生态连通性	发展经济，提高城市竞争力	城市发展可以导致栖息地进一步破碎化，引起Natura 2000保护地内生物多样性的干扰和衰退
交通	交通模型升级以及城市交通系统整合；交通基础设施的扩张和提升	新的基础设施在规划就对自然做出考虑；改造旧交通设施以提高生态连通性	确保安全交通；减少拥堵	道路设施导致栖息地破碎化；交通对栖息地物种造成干扰和威胁；交通走廊导致入侵物种的扩张
农业	自然资源可持续管理，针对温室气体排放的气候行动，生物多样性，土壤与水资源	Natura 2000保护地内外的农业生产、农业环境实践及气候变化适应活动可以促进物种及栖息地的管理，确保Natura 2000保护地之间的连通性	关注农业收入、农业生产效率和价格稳定性的可行粮食生产模式	对于粮食生产的需求可能加剧农业用地强度，导致土地利用压力（污染，干扰等），导致栖息地流失及Natura 2000保护地间连通性降低
	均衡的国土开发，关注乡村就业、发展及贫困问题	促进区域经济增长，避免土地弃置及其对Natura 2000保护地及周边区域的负面影响		
林业	对于欧盟内森林的可持续管理，促进可持续林业管理并减少全球范围内的森林砍伐活动	促进多种形式的森林生态系统保护行动，包括一次性森林修复及整合森林保护与经济发展，为Natura 2000保护地中的野生动物管理，创造新的栖息地		引起密集的林业管理活动（包括移除死亡及濒死树木，非乡土树种的森林再植，没有再植或自然演替的森林砍伐活动），影响栖息地质量和连通性

2.2.1 专项政策及立法输出

立法输出是欧盟将Natura 2000整合在空间规划过程中的重要工具，包括在专项规划中整合进关于Natura 2000的特别限制，或是通过多项法律法规的联合实施。环境影响评价（EIA）和战略环境评价（SEA）作为欧盟环境立法输出的重要工具，被整合在空间规划过程中发挥协调功能，以保障Natura 2000的生态效益在开发活动中被充分考虑：战略环境评价在规划的编制阶段为未来项目的发展设定框架，并要求针对栖息地指令的内容对场地进行评估；环境影响评价则被应用在特定专项规划项目及与特定专项投资相关的空间规划过程中，要求规划和项目对生物多样性及 Natura 2000 保护地的潜在影响做出评估[10]。

此外，空间规划的发展功能由一系列欧盟专项环境指令进行整合，包括洪水指令（FD）、水框架指令（WFD）以及海洋战略框架指令（MSFD），将 Natura 2000 的保护目标拆解从而融入不同的专项规划中。洪水指令要求编制洪水风险管理规划，通过强调维持和修复洪泛平原产生协同效应，保障 Natura 2000 保护地之间的连通性。海洋战略框架指令要求制定海洋空间规划，降低人为环境压力，维持 Natura 2000 保护地内外的相关物种与栖息地稳定，保障海洋物种和鸟类的迁徙[11]。Natura 2000 保护地对于缓解和适应气候变化能作出贡献，从而与各成员国及欧盟的气候适应战略产生协同效应。通过修复保护地的生态环境，提升对二氧化碳的吸收能力，减少极端天气的风险和海平面上升对生态环境造成的影响。

2.2.2 利益相关者协商机制与公众参与

Natura 2000 保护地网络希望在保护生物多样性的同时，对社会经济和文化需求也进行充分考虑，而这其中涉及许多复杂的利益关系。政府、土地所有者和管理者在决策过程的直接相关者，但来自其他利益相关者，如地方社区、其他土地使用者、非政府组织、猎人、渔民也可以运用他们的只是和经验对决策过程做出贡献。为确保 Natura 2000 保护地能被整合进专项政策以及空间规划过程中，切实有效的利益相关者协商机制的作用非常关键[12]。良好的公众参与机制可以提升政府、企业、研究机构等在空间规划和专项政策落实过程中的合作和参与水平，与当地居民建立联系并征求公众对空间规划和开发项目的意见。在这些参与机制中，有些是受到欧盟法律规定强制进行的正式参与，也有在规划编制过程中组织的非正式参与机制，都对 Natura 2000 保护地与专项政策实施起到协调作用，实现共同效益最大化。

正式的公众参与受到法律的保障，是主要的参与机制，主要包括信息公开和公众咨询。信息公开是一切公众参与的基础，包括 Natura 2000 相关的鸟类指令和栖息地指令在内的许多欧盟法律规定规划过程需要公开信息，以保障公众的知情权。国家和地区层级的 Natura 2000 保护地的保护目标、执行措施、强制内容等都需要被提供给公众，以提高公众对 Natura 2000 政策带来的环境价值和社会经济价值的认识。公众咨询是另一种被大多数环境专项指令要求的参与形式，用于收集公众和特定利益相关者对相关规划的意见。EIA 指令和 SEA 指令在规划和项目的环境评价阶段为公众提供咨询机会，其常见形式是正式的公众聆讯程序[13]。在此阶段更详细的保护地信息需要被提供给公众，包括场地被保护的原因、该场地特殊的保护目标和措施、关键自然特征所处的位置以及相应的保护措施，并向公众提供开放的 Natura 2000 管理规划。公众聆讯的关键是选取具有代表性的利益相关群体，并在规划和项目决策过程中充分平衡各方的利益。各利益相关者需要认识到自身参与政府规划和项目的权利，而政府作为聆讯的主导方需要创造良好的沟通环境。

Natura 2000 森林保护地管理的典型公众参与过程（整理自参考文献 [10]）　表 2

序号	公众参与过程
1	确定所有的利益相关者
2	酌情建立多利益相关方工作组或指导委员会
3	明确价值和权利，进行资源、土地制图并评估影响
4	公众参与影响评估，明确积极和消极影响
5	提供关于保护目标的详细信息，讨论规划中的措施，并向直接利益相关者提供特定信息。
6	充分考虑财政资源、补偿和惠益共享的前提下，商讨并确定实施规划目标的最佳措施和机制
7	梳理赔偿冲突创造条件，使用适当程序解决冲突
8	建立公众监督机制，让所有利益相关者从开始就参与进来：监管什么？如何监管？何时何地？由谁负责？
9	实施相关建议项目

2.2.3 小结

Natura 2000 自然保护地的保护目标，与欧盟的其他专项政策目标存在着协同性与潜在矛盾。通过将 Natura 2000 保护目标与其他专项环境指令目标进行整合，可以在战略上实现协同效应的最大化。为了消除潜在的冲突，需要各级政府加强在规划管理过程中与利益相关者、公众和专家团队的共同合作，并建立良好的公众参与机制，实现“自上而下”与“自下而上”的有机结合。

2.3 跨国 Natura2000 自然保护地管理合作

各个国家的空间规划体系和工具存在差异，同样，这些体系将 Natura 2000 目标的整合程度也各有不同，这为欧洲层级的 Natura 2000 保护地网络连通性带来挑战。在许多情况下，Natura 2000 保护地网络的管理需要邻国间的跨国合作。空间规划为欧盟成员国间的跨国国土开发提供合作的桥梁，进而也促使 Natura 2000 目标能够跨越国境在各空间尺度上得到有效实现。

2.3.1 跨国空间规划管理合作

Natura 2000 保护地范围的划定是依据保护鸟类和特定栖息地类型的科学标准，其边界确定与各国行政边界并没有对应关系。根据跨境 Natura 2000 保护地的空间分割情况可以分为跨国保护地（同一块保护地被国境线分隔）、两块接壤的独立保护地及单侧边境保护地（保护地会受到邻国的其他土地利用影响）三种类型，不同类型在整合进跨国空间规划合作时有不一样策略。跨国保护地需要确保两国对保护地的管理是一致或兼容的，从而保证保护地的生态连通性，这通常要求两国建立联合管理委员会或其他形式的管理合作。两块接壤的独立保护地需要确保两块保护地之间（包括边境地区）能够允许物种在两地之间迁徙，这需要两国控制边境土地开发强度，避免给物种流动带来阻碍，或改造现存基础设施及风景管理制度以消除阻碍。单侧边境保护地需要保证另一侧的土地开发项目或管理活动不影响保护地网络的整体性，这需要在项目或规划的准备阶段将 Natura 2000 保护地纳入环境影响评价范围。

跨国 Natura 2000 保护地空间规划管理合作的深度往往随着实践而不断加深，往往不具有优劣之分而是为不同的目标服务[14]。信息共享是所有合作的基础，用以建立合作双方的信任并了解彼此不同的国情和利益相关者。这一阶段，欧盟的成员国的工作仍然相互独立，但会就共同关注的内容分享信息。第二阶段是管理共治，这需要成员国理解更加紧密的合作能够带来更好的管理效率。这种合作存在多种形式，例如建立联合工作委员会以解决某特定问题。第三个阶段是共同行动，即成员国就特定领域的行动形成共同机制，以提高沟通合作效率，包括统一的监测协议、信息管理和规划等。第四个阶段是组织整合，可以包括联合规划工作组、联合研究机构的建立。第五个阶段是制度整合，需要通过法律协议来实现更高层次的合作关系，即合作双方将责任与义务委托给一个代表共同利益的共建组织。该层次的合作目前还比较少见，近年多以欧洲领土合作集团的形式出现。欧盟的财政支持政策，如 LIFE 生命计划以及欧洲国土合作目标，也能有效推动跨国 Natura 2000 管理合作。

2.3.2 小结

跨国 Natura 2000 保护地管理合作的核心目的，是确保保护地网络的生态连通性不受国家空间规划体制和国情差异的影响。欧盟成员国通过加强信息共享和知识交流的方式建立良好的国际合作基础。国家间利用欧盟的财政支持，在共同关注的问题上的统一行动，能够逐步为 Natura 2000 保护地网络的跨境合作建设体制框架，实现更高层次的合作。

3 结语

完善和管理 Natura 2000 自然保护地网络作为欧洲生物多样性战略的重要目标之一，其实现面临多方面的挑战，而空间规划则是重要的助推工具。空间规划通过功能隔离策略与空间整合策略的融合，缓解城市化进程对 Natura 2000 保护地的生态连通性与栖息地质量的影响。通过将 Natura 2000 保护目标与其他转向政策目标进行整合，实现 Natura 2000 与相关规划的协同统一，良好的公众参与机制能够减少冲突，实现 Natura 2000 保护与社会经济和文化需求的平衡。通过信息共享、共同行动等不同水平的空间规划合作，化解成员国空间规划体系和国情差异对 Natura 2000 保护地网络生态连通性的影响。

我国的自然保护地体系，是贯彻习近平总书记生态文明思想、推进美丽中国建设的重大举措，也是我国自然生态系统最重要、最精华、最基本的部分，在维护国家生态安全中居于首要地位，其目标与欧盟 Natura 2000 保护目标有共通之处。通过学习欧盟 Natura 2000 自然保护地网络空间规划管理经验，有助于在国土空间规划时代让零散的、斑块的自然保护地与周围的其他用地相结合，降低城市发展对生态环境的影响。2019 年 5 月 27 日中共中央、国务院印发《关于建立国土空间规划体系并监督实施的若干意见》指出，需要构建统一的国土空间基础信息平台，形成全国的国土空间规划“一张图”。自然保护地的空间规划管理可以借鉴 Natura 2000 保护地网络对地理信息系统技术的运用，一方面用信息化手段使规划的编制、实施和监管更加科学，更加有效；另一方面可以推进各层级的信息公开，提高公众对于自然保护地的生态价值与社会经济价值的认识，促进各方在保护地规划管理中的参与。

参考文献

[1] Natura 2000 Barometer[EB/OL]. (2019-03-15)[2019-06-02]. https://www.eea.europa.eu/data-and-maps/dashboards/natura-2000-barometer.

[2] FITNESS CHECK of the EU Nature Legislation (Birds and Habitats Directives)[EB/OL]. (2016-12-16)[2019-06-02]. http://ec.europa.eu/environment/nature/legislation/fitness_check/docs/nature_fitness_check.pdf.

[3] 张风春，朱留财，彭宁．欧盟 Natura 2000：自然保护区的典范[J]. 环境保护，2011(06)：73-74.

[4] Guidance on the maintenance of landscape connectivity features of major importance for wild flora and fauna-Guidance on the implementation of Article 3 of the Birds Directive (79/409/EEC) and Article 10 of the Habitats Directive (92/43/EEC)[EB/OL]. http://ec.europa.eu/environment/nature/ecosystems/docs/adaptation_fragmentation_guidelines.pdf.

[5] Opermanis O, MacSharry B, Aunins A, et al. Connectedness and connectivity of the Natura 2000 network of protected areas across country borders in the European Union[J]. Biological Conservation, 2012, 153: 227-238.

[6] Spatial planning-Key Instrument for Development and Effective Governance with Special Reference to Countries in Transition [EB/OL]. https://www.unece.org/fileadmin/DAM/hlm/documents/Publications/spatial_planning.e.pdf.

[7] SOER 2015-The European environment-state and outlook 2015[EB/OL]. https://www.eea.europa.eu/soer-2015/explore-quick-facts-and-figures.

[8] 王昌森，徐伟，李瑶，等．德国专属经济区空间规划述评[J]. 海洋开发与管理，2016，33(10)：3-7.

[9] Natura 2000 and spatial planning[EB/OL]. http://ec.europa.eu/environment/nature/knowledge/pdf/Natura_2000_and_spatial_planning_final_for_publication.pdf.

[10] Frequently asked questions on Natura 2000[EB/OL]. http://ec.europa.eu/environment/nature/natura2000/faq_en.htm.

[11] WORKING TOWARDS CREATING SYNERGIES BETWEEN THE WFD, MSFD, AND THE HABITATS AND BIRDS DIRECTIVES-CASE STUDY[EB/OL]. http://ec.europa.eu/environment/nature/natura2000/management/docs/Compilation%20WFD%20MSFD%20HBD.pdf.

[12] Simeonova V, Van Der Valk A. Environmental policy integration: Towards a communicative approach in integrating

nature conservation and urban planning in Bulgaria[J]. Land Use Policy, 2016, 57: 80-93.

[13] Blicharska M, Orlikowska E H, Roberge J M, et al. Contribution of social science to large scale biodiversity conservation: A review of research about the Natura 2000 network[J]. Biological Conservation, 2016, 199: 110-122.

[14] Kidd S, McGowan L. Constructing a ladder of transnational partnership working in support of marine spatial planning: thoughts from the Irish Sea[J]. Journal of environmental management, 2013, 126: 63-71.

作者简介

王俊祺，1995年5生，男，汉族，江苏南京人，同济大学建筑与城市规划学院景观学系硕士研究生。研究方向为风景规划。电子邮箱：samwangjq@hotmail.com。

金云峰，1961年生，男，上海人，同济大学建筑与城市规划学院景观学系副系主任、教授、博士生导师。研究方向为风景园林规划设计方法与技术、景观有机更新与开放空间公园绿地、自然资源管控与风景旅游空间规划、中外园林与现代景观。电子邮箱：jinyf79@163.com。

周艳，1992年生，女，重庆人，同济大学风景园林专业在读研究生。研究方向为风景园林规划设计方法与技术、景观有机更新与开放空间公园绿地。电子邮箱：635641545@qq.com。

宋美仪，1995年生，女，黑龙江哈尔滨人，同济大学建筑与城市规划学院景观学硕士研究生。研究方向为风景园林规划设计方法与工程技术。电子邮箱：121424071@qq.com。

山地风景区生态修复研究：以青城山—都江堰风景区为例

Ecological Restoration of Mountain Scenic Areas in China：Taking the Qingchengshan-Dujiangyan Scenic Area As an Example

朱　江　邓武功

摘　要： 由于青城山-都江堰风景区内有多处国家珍稀野生动植物栖息地，汶川地震对山体的破坏导致风景区面临严重的生态威胁。我们基于生态修复伴随的工作机制，形成了一套山地风景区植被恢复的技术路线。根据我们在青城山都江堰风景区的植被恢复工作经验，山地风景区生态修复应包括 6 个方面：①调研和分析；②本地物种选择和苗圃管理；③群落设计和种植；④动物生态保护与监测措施；⑤生态修复培训；⑥向社会宣传和扩大影响力。

关键词： 山地风景区；生态修复；森林植被恢复；技术路线

Abstract: After the destruction by Wenchuan Earthquake, many national rare wildlife habitats in Qingchengshan-Dujiangyan Scenic Area are facing the greatest threats. Based on the working mechanism of ecological restoration, we have formed a set of technical route of forest vegetation restoration in Mountain Scenic areas in China. According to the experience in ecological restoration in Qingchengshan-Dujiangyan Scenic Area, the restoration process includes six aspects: ①investigation and analysis; ②selection of local species and nursery management; ③community design and planting; ④monitoring progress of biological indicators; ⑤training classes of ecological restoration; ⑥publicizing and expanding influence to society.

Keyword: Mountain Scenic Area; Ecological Restoration; Forest Vegetation Restoration; Technical Route

1　研究背景

在 2008 年“5·12”汶川特大地震中，青城山—都江堰风景区的森林植被、生态环境受到严重破坏，地震引起的崩塌、坠石、滑坡、泥石流等灾害导致风景区内的植被数量减少、质量与格局产生了变化。青城山—都江堰风景区内拥有高等植物近 2500 种，陆栖脊椎动物有 280 余种，并包括多种国家珍稀动植物，具有很高的生物多样性。震后地貌的变化也对野生动物栖息地产生了影响，由于青城山都江堰风景区和青城山大熊猫栖息地自然保护区有大量区域重合。为了保护珍稀动植物免于环境变化的威胁，风景区灾后植被恢复工作非常重要，该计划应考虑中长期目标。

我们根据国内外对于生态脆弱地区修复的相关研究，制定了一套主动恢复森林植被的技术，并应用于青城山—都江堰风景区植被恢复中，提高了风景区的生物多样性和生态系统服务功能。具体修复过程包括营造人工栖息地、土壤修复、植物配置和植物群落恢复、生态修复面积逐渐扩大出现生态耦合，生态结构复合化，最终的结果是物种多样性和自然栖息地的恢复。本文记录了一系列最终促成修复成果的过程，基于 10 年的灾后生态修复经验探讨我国山地风景区的森林植被恢复问题。

2　策略和目标

规划的总目标是恢复重点风景区内由于地震导致的生态退化或已经支离破碎的生态系统。具体包括 3 个工作任务：①将环境脆弱性，生态安全性与可持续性联系起来；②综合处理灾后生态恢复并推广应用；③获得更广泛的支持，可持续发展（社会，经济和环境）。

基于规划目标的生态恢复伴随着一套工作机制，根据我们的经验，必要工作内容包括：①调研和分析；②树种选择和本地特殊树种的苗圃管理；③群落设计和种植；④利用生物指示技术监测修复进展情况；⑤为当地和相关部门提供恢复培训；⑥扩大影响和宣传，得到更广泛的

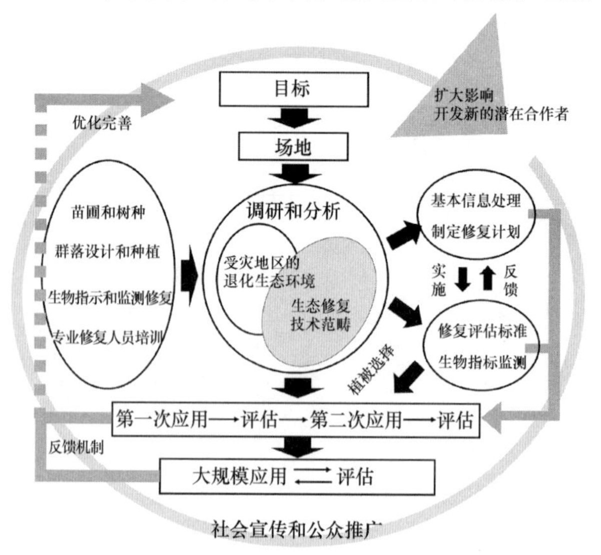

图 1　风景区植被恢复工作机制流程图

社会支持。其中植被适应性应用在自然演替中的评估，得到反馈后再对整个修复系统进行调整和加速，最终实现修复的长期成功。

2.1 调研和分析

首先要对风景区内的自然环境受损情况进行评估。由于风景区局部地段出现了大面积山体滑坡、崩塌，造成大面积的植被损毁现象，其中以青城后山的五龙沟、通灵沟、飞泉沟最为明显，沟内均出现多处大型山体滑坡、崩塌等引起植被损坏。我们调研的内容包括土壤、水文变化情况，污染源情况，潜在的山体滑坡点，野生动物栖息地，入侵物种等。

青城山都江堰风景区内相对高度在700～2500m，地形复杂，植被垂直分布变化明显，包括常绿阔叶林为主的阔叶混交林、落叶阔叶为主的混交林、亚高山针叶林。因此除了分析受损的自然环境外，还要充分了解修复区域的基本地理形态，包括坡度角、垂直地形剖面、水平地形剖面、太阳辐射、当地气候、水文和主要环境特征（如附近是否有水工设施等）。我们还通过了解主要植物和动物群的生物多样性信息，为每个恢复项目建立生物多样性目录。最终形成两个重要的基础数据库：一个地理信息系统（GIS）数据库和一个生物多样性数据库。

我们使用SER（Society for Ecological Restoration，国际生态修复学会）对于生态修复过程的分级标准。根据生态退化的程度，恢复区域被分为6个阶段，包括从高退化区域的第一阶段到良好状态下的第六阶段。这一分级有助于我们衡量生态修复工作所需要完成的阶段性目标，包括指导我们的苗圃目录选择，物候变化应对，确定人员配备、经济可行性和恢复时间阶段。

图2 生态修复周期和阶段性分级（图片来源：引自参考文献[1]，作者译）

2.2 苗圃优化与树种选择

景区植被恢复植物树种选择把握以下原则：第一，坚持生态优先，人与自然协调、经济发展与环境保护兼顾的原则；第二，坚持因地制宜，全面规划，分类指导，突出重点的原则；第三，以乡土树种为基调树种，遵循“适地适树”的生态原理，注重将植物的观赏性与生态性融合在一起，充分利用具有优良景观价值的乡土树种，并结合景区的历史文化传统和公园绿地的功能要求，因地制宜地进行植物配置，组成稳定性好、外观优美、富有季相变化的混交群落；第四，遵循生物多样性原则。

我们与当地苗圃合作，培育修复项目中所需要的树种。我们选择了100多种本地树种进行分类，考虑了诸如物候特征、动物吸引力、生长速度、边坡稳定能力、作物遮荫、保护问题、提供生态系统服务和美学价值等特征。我们的苗圃维持着大量的当地树种，每一个树种数量都不多，当形成最后的群落设计方案后再进行补苗。这与一般市场上的苗圃不同，后者只能进行大量种植几种常用树种来形成群落单一的简单再造林。

2.3 群落设计与种植

选择合适的群落树种是一个关键的决定。为了实现更高的修复群落成活率以及控制外来入侵物种，我们模拟青城山地带性植物群落的特征进行复层生态群落配置，增加生态系统的多样性和稳定性。我们在风景区内的五龙沟用5种不同特征的树木，包括3种速生树种（响叶杨 *Populus adenopoda*、南洋楹 *Albizia falcataria*）、无患子 *Sapindus mukorossi*），1种中速生长树种（穗序鹅掌柴 *Schefflera delavayi*）和一种慢生树种（杉木 *Cunninghamia lanceolata*）混合种植。随着时间的推移，预计这些树木中的20%～30%将在它们生长中和慢速生长树木的作用下淘汰死亡。我们通过测试植物群落进行评估和调整，并不断修正群落设计方案最终在整个项目中进行大规模应用。

我们通过青城山已知种群的树木繁殖大量的种子，为以后形成实生树山林做准备。同时为了记录自然条件下物候变化，每个种群每月进行两次实地考察并记录其物候变化。这些数据被整合到一个物候日历中，让生态修复管理者可以根据不同月份、节气了解风景区中每个物种的物候变化，这要比按照四季的物候变化数据精细得多，有助于管理者根据发芽、开花、结果和落叶的时间来决定物种的使用。

2.4 动物生态保护与监测措施

生物指标有时比数据还要可靠。根据恢复的情况，我们使用植物和动物两个评估指标。首先，我们通过确定现有植被的条件来确定初始基准，其次通过我们监测野生动物的变化来评估生态修复的进展情况，主要是鸟类和昆虫。由于大量的研究表明动物在诸如授粉、种子传播和草食等生态功能中起着关键作用，因此，对动物的跟踪已被纳入恢复工作的重点。

我们利用森林中迁徙、栖息鸟类的物种丰富度和重点鸟类如灰翅噪鹛（*Garrulax cineraceus*）、紫啸鸫（*Myophonus caeruleus*）、虎斑地鸫（*Zoothera dauma*）和灰翅鸫（*Turdus boulboul*）的丰度数据来评估过去10年中退化和恢复的土地。中科院动物研究所农业虫鼠害综合治理研究国家重点实验室对青城山的鸟类物种组合进行了详细的调查，并提供了其栖息地条件的精确信息。我们根据生物指标的情况指导风景区管理层针对所需恢复目标做出决策。

我们结合《青城山（赵公山）大熊猫栖息地保护规划》，建立大熊猫巡山路线、建立大熊猫救护通道、扩大大熊猫潜在走廊、扩大主食竹范围和种类、确定大熊猫保护范围。根据野生动物的活动规律及生存空间扩大的可能性，留出生物通道，建立野生动物监测点，建立野生动物活动档案及相关的跟踪信息系统。

2.5 开展本地生态修复技能培训

从2012年开始，我们建议风景区管委会开发一个生态修复培训课程，包括现场和在线（电子学习）部分。这个课程相主要讲授青城山生态修复的培训技能，课程可容纳30～50名受训者，主要由来自风景区负责生态修复的人员（通常约占50%）和相关管理部门成员（约占30%）参加。其余生态修复志愿者、生态爱好者、非营利组织、当地村民等都可以参加。

首先，这个课程是实践性的，需要学员积极参与。每个参与者要完成一个项目，该项目可以是生态修复的规划设计，可以是实施生态修复技术的过程，或者是修复后的监测评估。课程可以由四川大学、四川农业大学等本地或全国的生态学专家领衔，招募全国相关领域专家作为客座讲师和项目顾问参加这些课程。在培训过程中，我们收集反馈信息以进一步优化课程。在互联网时代，网上授课已经成为人们接受继续教育和终生学习的重要形式，我们希望这样一个培训机制能够成为国内风景区生态修复培训的资源平台，让更多人了解风景区并且通过实践来保护我们的生态环境。

2.6 社会宣传和扩大影响力，得到更广泛的支持

积极鼓励本地居民和当地村民参与生态修复工作，首先我们制作的视频和培训内容（信息图表、地图、模型和动画）可以让他们提供了解当地的生态系统状态。当地居民可以协助我们选择修复场地和物种，参与修复区域的维护，生态修复同时可以给当地提供就业机会。

社会宣传和推广还包括联系社会知名人士和企业，向他们介绍生态修复的价值，得到他们的支持建立生态修复的保护协会，成立以保护生态为目标的社会团体，并成立相关公益基金会。以公益环保发展为目标，聚焦生态修复和保护野生动植物，这样的社会组织也可以协助管委会制定管理和监测计划。

3 挑战和局限

我们的生态修复技术给风景区植被恢复提供了重要的支撑，然而，这种修复方式面临着一定的局限性。下面我们列出了这个方法的4个挑战。

3.1 修复技术成本较高

与简单的再造林相比，这种修复技术每单位面积的成本更高。这在欠发达地区会成为重要的阻碍，因为与大规模重新造林的成本相比，生态修复每亩造价要高出2倍以上。因此这种修复方式目前还处于试验阶段，对基于生态恢复的小规模区域更有实践意义，因为与重新造林相比，大规模项目的生态修复工作更加繁重和昂贵。

3.2 专业技能要求较高

生态修复是一个专业性很强的技术工程，涵盖了很多技术门类，修复过程任务重、难度大，工作人员需要有生态学、栽培、监测等方面的基本知识和技能。在青城山—都江堰风景区五龙沟的修复项目中，全部工作团队在10到13名全职人员加上一定数量的体力劳动者。包括一名现场项目负责人进行总体控制，随同3名现场技术人员以及若干工人；另外还需要两人负责本地沟通和人员培训以及两名环境监测专家、一名地理信息系统专家、一名土壤专家。

3.3 缺乏相关法律法规和行业标准

除成本和人员外，生态修复缺乏法律依据也是一个开展工作的阻碍，如国家目前没有规定苗圃多样化和系统长期监测的法律法规，也没有形成行业标准的生态修复实施细则。我们建议将本文所述的生态修复战略和机制纳入国家公园立法，此外还需要优先考虑资源分配，促进建立不同类型保护地生态系统的恢复经济补贴。

3.4 培训机制需要长期投入

在开展修复工作之前，学习和了解最新的生态修复方法，可以避免工作的失误或忽略一些关键步骤。培训需要大量的时间和经费，但这对于修复工作以及相关管理决策至关重要。由于目前我国缺乏高素质的生态修复人才，因此在修复过程中需要更好的培训机制，加强职业和技术培训的教育计划十分必要。

4 结语

利用新的生态技术工具和创新的生态修复规划设计，将有助于克服在修复工作开始阶段通常存在的不足，提高本地物种的生存率和本地生态系统的性能。随着我国环保意识增强，生态修复已经成为国土空间规划的强制性内容，生态修复工作比以往任何时候都更加重要。我们希望通过青城山都江堰风景区地震灾后的森林恢复技术探索为我国风景区森林景观恢复提供一些经验参考，在

生态修复工作中实现更高的成功目标。

参考文献

[1] McDonald T, Gann G D, Jonson J, etal. INTERNATIONAL STANDARDS FOR THE PRACTICE OF ECOLO GICAL RESTORATION-INCLUDING PRINCIPLES AND KEY CONCEPTS[M]. FIRST EDITION. Society for Ecological Restoration, 2016.

[2] 贾建中，束晨阳，邓武功，等. 汶川地震灾区风景名胜区灾后恢复重建研究(一)——灾损类型、灾损评估与原因分析[J]. 中国园林，2008(8).

[3] 贾建中，邓武功，陈战是，等. 汶川地震灾区风景名胜区灾后恢复重建研究(二)——恢复重建技术导则[J]. 中国园林，2008(8).

[4] 贾建中，束晨阳，邓武功，等. 汶川地震灾区风景名胜区灾后恢复重建研究(三)——总体思路与认识[J]. 中国园林，2008(11).

[5] 唐进群，邓武功，贾建中，等. 青城山—都江堰风景名胜区灾后恢复重建规划[R]. 青城山—都江堰风景名胜区管理局：青城山—都江堰风景名胜区管理局，2010.

[6] 肖治术，王学志，黄小群. 青城山森林公园兽类和鸟类资源初步调查：基于红外相机数据[J]. 生物多样性，2014(1).

[7] 马丹炜，张果，王跃华，等. 青城山森林植被物种多样性的研究[J]. 四川大学学报(自然科学版)，2002(39).

[8] 马丹炜. 四川都江堰市青城山森林植被生态学特征的研究[D]. 西南师范大学生命科学学院，2001.

[9] 贾建中，邓武功."风景救灾"——抗震救灾中风景区规划思路与实践[J]. 城市发展研究，2009(4).

[10] 贾建中，束晨阳，邓武功，等. 灾区风景名胜区重建规划研究[J]. 建设科技，2009(11).

作者简介

朱江，1984年生，男，汉族，宁夏银川人，硕士，中国城市规划设计研究院城市规划师。研究方向为风景区规划与设计、生态修复研究。电子邮箱：zhujiang246@163.com。

邓武功，男，汉族，硕士，中国城市规划设计研究院高级工程师。研究方向为风景区规划与设计。

武陵源土家村落乡村景观价值解读与可持续发展策略研究

Interpretation of Rural Landscape Value and Sustainable Development Strategy of Tujia Village in Wulingyuan

郭晓彤　韩　锋*

摘　要： 本文结合 LCA 理论与田野调查，对武陵源风景名胜区内的土家族传统村落鱼泉峪进行景观性格评估。分析要素特征与变化趋势表明，传统梯田农作方式是体现地域文化特色的杰出典范，也是乡村景观持续演进的基础；大量新建楼房、水坝等基础设施会影响乡村景观风貌与生态环境，需要加以调控治理；土家族文化习俗与活动的衰落不利于维持村落的真实性和完整性。因此，基于鱼泉峪村良好的传统农业基础，借助武陵源风景名胜区旅游联动效应，提出品牌推广、生态农业旅游、村民自治等可持续发展策略，帮助村落脱贫致富，提升居民归属感，继承传统生态文化智慧，希望为我国乡村景观遗产保护与发展提供借鉴。

关键词： 乡村景观；价值评估；可持续发展；风景名胜区

Abstract: This paper combines LCA theory and field investigation to evaluate the landscape character of the traditional Tujia traditional village Yuquanyu in Wulingyuan Scenic Area. Analysis of the elements' characteristics and the trend of change indicate that the traditional terraced farming method is an outstanding example of regional cultural characteristics and the basis for the continuous evolution of rural landscapes. A large number of new buildings, dams and other infrastructure will affect the rural landscape and ecological environment, and need to be standardized Regulating governance. The decline of Tujia culture practices and activities is not conducive to maintaining the authenticity and integrity of the village. Therefore, based on the good traditional agricultural foundation of Yuquanyuan Village, with the tourism linkage effect of Wulingyuan Scenic Spot, this paper offers the sustainable development strategies such as brand promotion, eco-agricultural tourism and village self－government are proposed to help the village get rid of poverty, improve the sense of belonging of residents and inherit the traditional ecology and cultural wisdom. Hope to provide reference for the protection and development of rural landscape heritage in China.

Keyword: Rural Landscape; Value Assessment; Sustainable Development; Scenic Spots

1　研究背景

乡村景观属于演进类文化景观遗产，是人类实践作用于自然而形成的景观，包含生产性土地、聚落形态、水体、基础设施、植被、乡村建筑，以及非物质的文化知识、传统习俗、人与自然关系的科学实践、社区身份和归属感等多种要素[1]。2017 年国际古迹遗址理事会（ICOMOS）指出乡村景观承载着丰富多样的文化生态智慧，为人类社会提供社会经济效益、多元功能、文化支持和生态服务，是有待发掘的珍贵财富[2]。目前越来越多研究聚焦乡村景观传统价值的挖掘、乡村景观分类体系和管理方法等问题[3]。

我国拥有丰富的乡村景观资源，但大多面临城镇化建设的影响且缺乏清晰的价值定位，导致盲目发展破坏资源，亟需合理的评估方法和策略指导乡村规划。相比之下，欧洲的理论研究与实践起步较早且相对成熟。20 世纪末新文化地理学者唐·米切尔（Don Mitchell，1994）提出“文化景观”应作为一个动词而不是名词被解读，并强调景观内在价值的形成过程和社群关联性[4]。英国率先推行的景观性格评估方法（Landscape Character Assessment，以下简称 LCA）通过判断景观元素状态和变化趋势解读人地关系，同时结合地方经济发展与利益相关者意见为决策提供支持[5]。国内对乡村景观价值解读研究大多停留在风貌保护管理的层面，缺乏对居民生产生活的关注。石鼎（2018）依据 LCA 理论对贵州传统村落进行元素提炼并划定景观敏感区，分析建筑群、林地、耕地、河道等景观单元变化对整体景观性格的影响[6-7]。乡村景观是社群生活记忆与土地使用方式的综合体现，可以反映出不同地域的文化特征。因此，对于乡村景观的价值解读应关注区域文化视角下的人地关系、传统生态智慧、居民生产生活方式以及社群归属感等方面，而不仅停留于表象的风貌特色。

随着社会快速发展影响，村民生产生活方式转变成为必然，需要协调传统模式与现代需求以推动乡村景观的积极演进。缇蒂（Titin Fatimah，2015）以婆罗浮屠村区为例，将乡村旅游对文化景观的影响归纳成五类，即新增，继续，定制，转化和修复，指出能够改善或增加景观价值的变化均可被视为有机演变的一部分[8]。除了景观价值解读与演进分析，社区参与和地方政策也能够引导乡村的活态保护与可持续发展。珍妮·列侬（Jenny Lennon，2012）指出实现乡村景观演进可持续的关键就是社区参与[9]。艾丽莎施万（Alyssa Schwann，2018）以欧肯纳根山谷为例，强调乡村景观不仅是地域特征辨识的美学要素，更是地方生活经济来源，并提出加强社区权利、建立政策支持、加入地方投资、基于本底资源寻求特色发展等策略[10]。因此，如何协调地方民众生活与文化景观可持续发展，促使居民参与乡村景观的积极演进将成为主要研究问题。

综上所述，本次研究将依据LCA理论对土家传统村落鱼泉峪村进行景观要素评估与价值解读，结合田野调研与居民反馈意见提出可持续发展策略。希望通过对鱼泉峪村的分析研究，为我国乡村景观保护与可持续发展提供借鉴意义。本研究重点关注以下方面：

（1）分析村落景观性格特征与演进趋势，解读景观价值并梳理人地关系。

（2）明确村落发展定位、机遇与挑战，协调现代需求与传统生产生活方式之间矛盾。

（3）提出积极有效的更新策略，在提升居民生活品质的同时，继承发扬民族文化内涵与传统生态智慧。

2 研究对象

鱼泉峪村位于湖南省张家界武陵源风景名胜区西部，地处与桑植、永定交界的三角地带，以山地为主，对外交通不便（图1），全村只有1017人且均为土家族，至今仍保留着土家习俗与文化信仰。鱼泉峪村气候适宜、光照充足且水资源丰富，溪流由西向东贯穿村落，是主要的灌溉水源，村民基于自然资源条件，长期从事以水稻种植为主的传统农业生产，现有耕地1100亩，形成了独特的梯田景观。其耕作历史可追溯至秦代，元朝时因将米进贡给土司而获“鱼泉贡米”的称号，延续至今。然而在武陵源风景区发展初期，鱼泉峪村由于区位劣势发展缓慢，面临人口流失、劳动力缺乏、生态环境破坏等问题，曾一度成为重点贫困村，传统种植方式也难以为继。直到2007年，武陵源区政府开始对鱼泉峪进行扶贫资金投入和政策补贴，鼓励居民恢复种植，自主创业，并引进科学技术种植生态稻米，使村民生活水平提升。鱼泉峪村具有独特的乡村景观，蕴含了传统生态智慧与社会文化价值，其发展过程中经历的问题具有普适性。本文选取鱼泉峪作为研究对象，基于评估结论与村民建议为乡村可持续发展提供策略与方向。

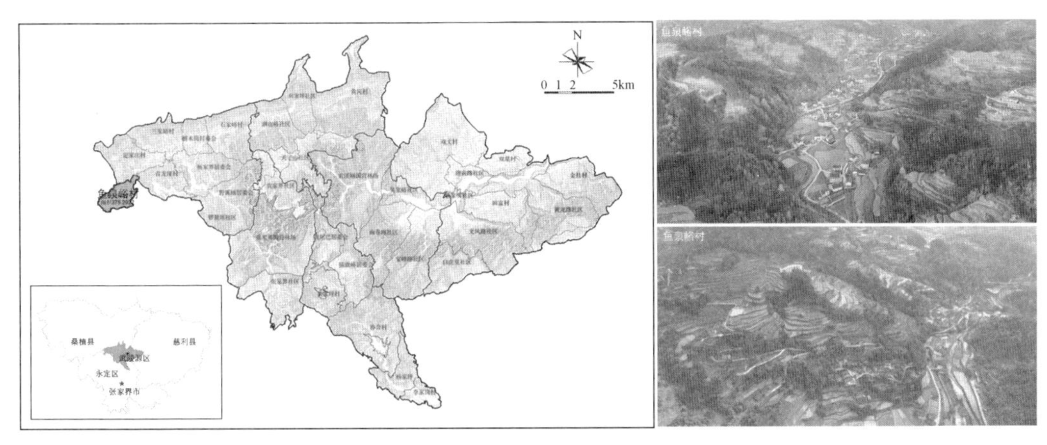

图1　鱼泉峪村区位与整体风貌

3 研究方法与研究框架

LCA理论认为文化景观由气候、土壤、地形、动植物、水文以及历史文化等要素构成，其相互作用形成了独特的景观性格（图2）。因此基于原真性与完整性的景观性格评估旨在识别、阐释要素（及其组合）的独特性，并在时间维度下分析其转变原因与潜在威胁[11]。研究通过LCA在地方尺度下的评估，同时结合现场观察与深度访谈，全面了解当地的自然知识、农业传统实践和居民发展愿景作为辅助分析（图3）。

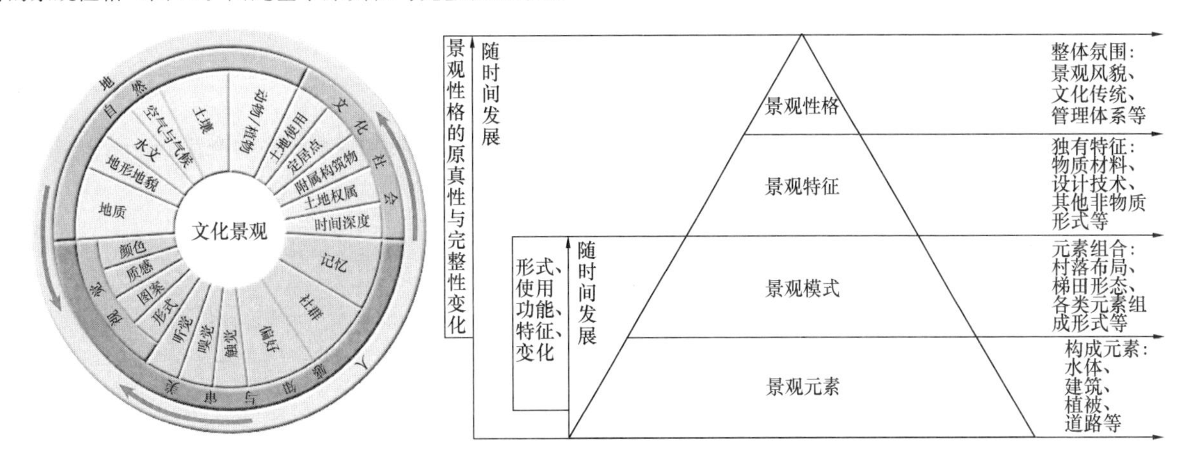

图2　文化景观要素与景观性格概念图（图片来源：根据《景观性格评估手册》改绘）

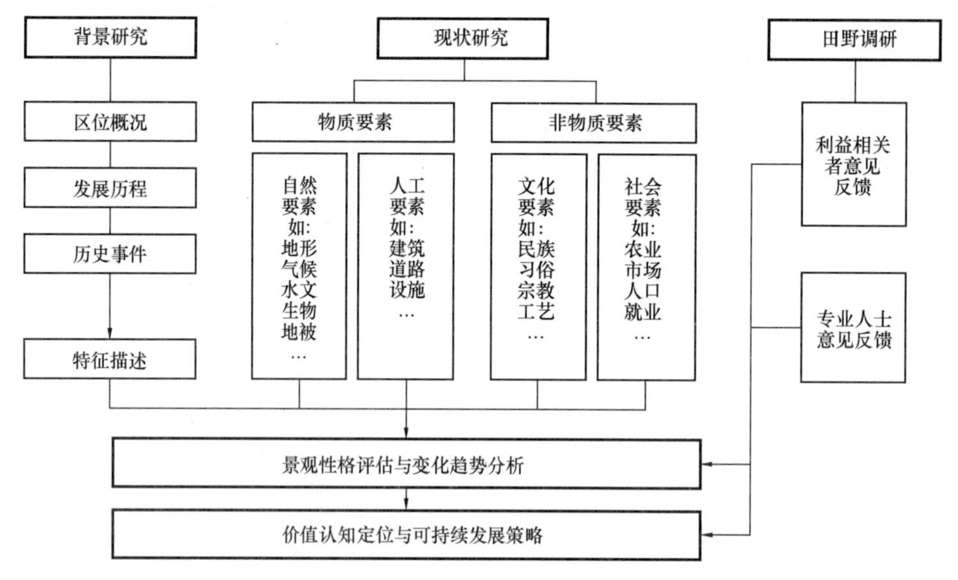

图 3　鱼泉峪村景观性格研究框架

4　鱼泉峪村乡村景观价值解读

4.1　鱼泉峪乡村景观性格评估

鱼泉峪村布局呈自然生长姿态，山路蜿蜒，梯田整齐，由森林、梯田、溪流、道路、村居建筑等景观斑块构成，以森林和耕地为主。房屋沿道路分布，被山坡上开垦的梯田环绕；只有一条主要道路穿村而过，支路联通山上的民居；村内的溪流是生活用水的主要来源，同时为耕地提供灌溉（图 4）。结合载体要素的提炼并总结其特征与变化趋势，可以看出鱼泉峪具有宁静安详、生机盎然、富有层次的田园风光，现代化转变产生的矛盾主要体现在新建民居、基础设施、耕地与林地的转化对环境风貌的影响。鱼泉峪具有良好的民族文化资源与市场开发潜力，既有政策支持也有民众意愿，适宜发展特色农业与生态文明旅游（表 1）。

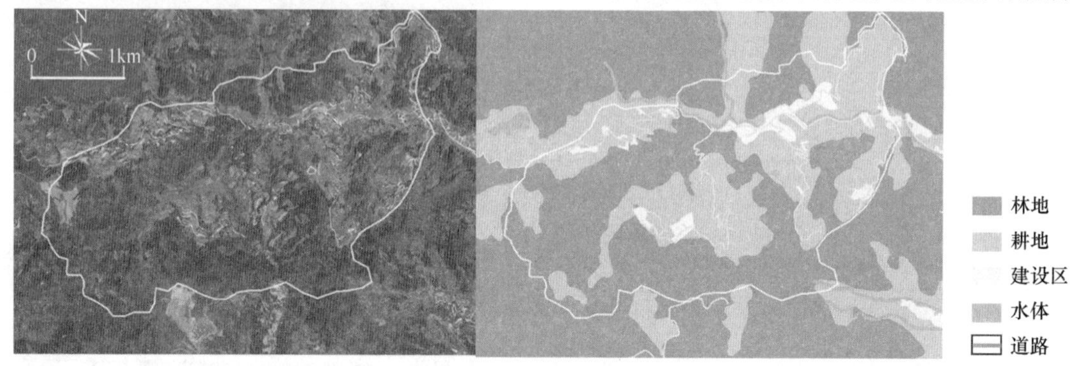

图 4　鱼泉峪景观斑块分布特征

景观要素特征与变化趋势分析　　**表 1**

载体要素		社群关联	形式特征	景观性格	变化趋势
自然要素	地形	山地地形限制了村落的发展；同时巍峨的山峰成为土家族精神崇拜象征	群山环绕 连绵不绝	宁静安详、生机盎然、富有层次的自然田园风光	—
	气候	适宜居住、耕作	日照充足 降水充沛		—
	土壤	提供耕作基础	适宜种植		—
	水文	以“鱼泉”命名意为富饶，村庄傍溪而生且利用水动力碾米生产	蜿蜒曲折 水质良好且多鱼虾		水坝水库蓄水导致溪流水量减少，同时存在用水污染问题
	植被	为村落发展提供良好的生态环境和生活资源，也作为土家族文化的重要组成部分	森林葱郁 多参天古木		部分林地变为耕地，其影响有待评估
	动物		生物多样性丰富 是珍稀物种栖息地		受到旅游与建设影响

续表

载体要素		社群关联	形式特征	景观性格	变化趋势
人工要素	建筑	村民生产生活居所多为就地取材体现了密切的人地关系，目前村内仍保留传统水碾房，新旧建筑共存	旧房为砖石结构且颜色朴素的低矮民居；新建楼房现代风格小高层	疏密有致、有机分布的乡村聚落形态	由朴素砖土房向现代砖瓦房转变，色彩鲜明，设施现代化，居住条件提升，建筑密度增大
	设施	生活必需的交通设施、农业设施、通讯设施等	沿等高线顺势连接 部分违章建设混乱		水坝、电线等人工建设增加
社会文化要素	民族宗教	土家族信仰万物有灵，村民信奉白马山的山神	耕作收获要祭拜山神 禁止大量砍伐山上树木	淳朴独特的土家族风情	仍对自然保持敬畏相信传说
	传统习俗	土家族生活传统的延续	节庆时祭祀活动，舞蹈歌曲，饮食习惯等特征		逐渐汉化，土家传统习俗工艺等面临没落
	土地利用	耕地和林地为主，建设用地沿公路分布		农耕为主的生态风情观光体验村落	耕地和建设用地增加
	产业结构	第一产业为主，第三产业逐步发展，第二产业较弱			一三产业协调发展，三产具有较大潜力
	市场导向	控制型发展村落，鼓励自主创业，旅游经营			居民创业热情提升，积极参与市场经营

注："—"为基本稳定没有特殊变化。

4.2 传统生态智慧与社会文化价值解读

景观价值解读是决策中的重要依据，鱼泉峪村保留和继承了传统农业模式，包含形成和反映文化景观的主要元素，具有较高的完整性与真实性，村落自身的文化景观遗产价值需要继承与保护。鱼泉峪梯田景观具有区域独特性，传统的梯田栽培技术反映了人与自然之间长期密切的互动关系，人类社会经济文化等内在因素与自然环境限制等外在因素持续演变，确保了生物多样性和社群独特且可持续的人地关系，体现了人与自然和谐适应的生存模式。具体可表现为以下方面：

（1）梯田耕作，涵养水土。水平梯田是根据当地条件发展农业生产的典范，充足的阳光和丰富的溪水为植物生长提供了资源，梯田耕作可以有效减缓水土流失，台地起到缓冲作用使雨水侵蚀作用减弱，田埂略高于作物，保证水肥不易流出，保持水土，并且梯田通风受光条件较好，有利于作物生长和营养物质的积累。

（2）传统工艺，生态环保。传统种植流程包括开垦梯田，背苗上山，人工插秧，生态治理，收割水稻，水力碾米等。这种方法继承许多优点，村民使用杀虫灯而非化学杀虫剂，清洁环保；利用溪流冲击水轮提供动力碾米，使稻壳的营养成分不被高温加热破坏（图5）。

图5　梯田作用机制与传统耕作技术
（图片来源：网络）

（3）自然崇拜，万物有灵。久居深山的土家族认为大自然具有神秘的力量，在传统节日、播种和收割等重要时刻都会崇拜山神。由于信奉山神，村民们绝不会在山上大面积砍伐，也形成了良性的自然保护机制。白马山神马的传说和对山神的敬畏能够体现土家族的社会信仰和民族文化，反映了人与自然之间独特的精神联系。

4.3 发展机遇与限制阻碍

历史上的鱼泉峪具有良好种植基础，一直以农业作为首要经济来源，土地利用模式也以耕地为主。近年来，依托武陵源独有的旅游资源，村落逐渐发展旅游业。据统计，2016 年鱼泉峪共吸引观光体验游客达 2000 余人次，促进订单销售 20 万元，带动当地旅游消费收入 10 万余元[12]。由此可见，未来鱼泉峪村的产业模式将发生转型，以第一产业为主导，发掘第三产业的巨大潜力（图 6）。但在《2005 年武陵源总体规划》中，因考虑到区位与环境因素，鱼泉峪村被规划为控制型村落，不适宜大量建设与开发。因此，鱼泉峪在未来发展中应保持村落特色和田园风貌，注重一三产业结合，打造科技农业生产与生态观光旅游结合的模式。

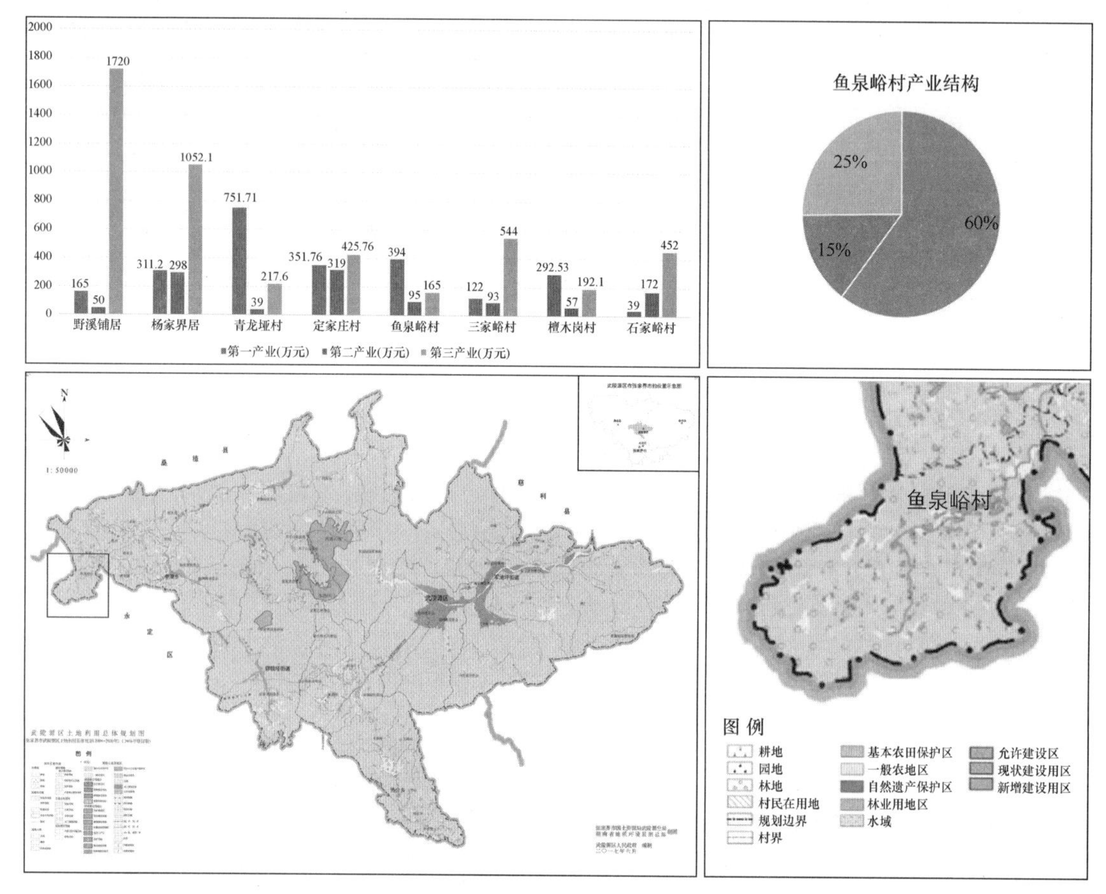

图 6 鱼泉峪村土地利用与产业结构（图片来源：2018 年武陵源政府工作报告）

尽管具有良好的发展机遇，鱼泉峪村也存在很多限制阻碍。首先，山地农业系统是脆弱的，一旦自然生态环境遭到破坏，无法在短时间内恢复。目前为了增大“鱼泉贡米”产量而开垦新的梯田，对于原有植被水土的影响不可忽视；新建设的道路、水坝、游客增多带来的资源消耗也将对当地环境产生影响（图 7）。其次，鱼泉峪村地处偏

图 7 鱼泉峪民居建设与河流使用现状

远，这在一定程度上制约了村庄的发展。如何与武陵源风景区联动打造缓冲区内的生态体验线路或成为发展的契机。受到自然条件的限制，村内不适合引入机械化大规模生产，经济发展速度缓慢。尽管具有“鱼泉贡米”的生态品牌效应，但大多数农民只能维持低水平的生存需求，在整个社会化过程中处于劣势生产。全村共有600多人务农，300多人外出打工，村内劳动力减弱，传统工艺难以维持的问题仍然存在。因此，如何继承和维护传统农业技术，使其积极发展是村庄的关键。此外，虽然鱼泉峪是典型土家族聚居村，但“改土归流”后生活方式逐渐汉化，土地上流传许久的历史与传说逐渐被遗忘，传统的手工艺逐渐失传，居民的归属感、认同感和文化自豪感正在逐渐减弱。

5 管理决策与可持续发展策略

5.1 基于传统耕种特色的品牌策略

作为历史悠久的种植之乡，鱼泉峪村继承并坚持传统生态栽培，引进和推广优质水稻品种进行标准化生产，运用新农业技术提高生产力确保“鱼泉贡米”的品牌优势，打造优质水稻品种试验示范生产基地[13]。自2011年起，鱼泉峪开始进行贡米生产销售，已经从2012年的2元每斤发展到目前的25元每斤。鱼泉峪村鼓励村民通过合作社的形式发展农业，自2018年初，已经有253家农户加入。并且除传统市场销售外，村民们还通过互联网开展“一亩三分田”的外包形式以拓宽渠道，既可获得长期稳定的销售，又能推广宣传品牌，使采用传统种植方式生产的有机米名声在外。同时规划整合农业文化产品，包括传统石碾房、手作榨油机、水田插秧等农业生产相关的旅游观光体验项目，充分利用现有资源展示地方特色。

5.2 积极开展乡村生态旅游

为避免单一经济结构限制，发掘乡村旅游观光业潜力，鱼泉峪村提出了生态农业观光策略，利用自身优势发展可持续旅游。在村长的带领下居民积极讨论，提出了未来将以“四沟，一山，一河”为核心组织观光游览。其中“四沟”指村内的四条溪流沟谷，进行生态修复治理，水中的螃蟹、石蛙、泥鳅、黄鳝等被列入保护名单，禁止村民用药捕捉；“一山”为白马山，白马山流传着仙马的传说，当地村民每年都要祭拜山神，同时白马山还是红色革命根据地，贺龙曾经在山上作战剿匪，英勇作战；“一河”指村前的河流，未来规划中将在河边设立“田园餐厅”为游客提供钓鱼、捉泥鳅、赶鸭子、骑单车等生态旅游体验项目。目前均为村民自发组织的旅游活动项目，希望将村落优美的田园风光与独特的人文风情结合，发展以农业体验为主题的休闲观光旅游（图8）。

图8 鱼泉峪积极开展的乡村体验旅游活动
（图片来源：网络）

5.3 提升居民自主意识实现社区环境共治

社区参与和地方归属感、自豪感对于社区的可持续发展起到重要作用，强调社区居民通过自身的力量去继承并宣扬其村庄价值。目前，鱼泉峪村内已经有了村规明约，帮助村民们认识到村庄就是最好的发展资源，需要共同维护村落环境，例如小溪中的鱼虾、青蛙、螃蟹等不能随意捕捉以维持生态环境；新建房屋应保持在一定高度以下，与周围环境和谐相融。通过发布村规，人们的自主意识被唤醒，农村环境得到共同维护。此外，通过组织土家族民歌和舞蹈表演活动，帮助居民唤醒民族文化记忆，继承和保护土家民族文化资源。未来鱼泉峪的发展也主要依托于居民的自发力，包括自主产业、活动策划、环境治理等方面，共同实现乡村景观的可持续发展与演进。

参考文献

[1] UNESO. Perational Guidelines for the Implementation of World Heritage Convention [M]. WHC 08/1. Paris. 2008

[2] ICOMOS. Contexts and Concept of PrinCiples Concerning Rural Landscape as Heritage [M]. . ICOMOS GeneraI Assembly. India. 2017.

[3] 韩锋．探索前行中的文化景观[J]．中国园林，2012，28(05)：5-9.

[4] 毕雪婷，韩锋．文化景观价值的解读方式研究[J]．风景园林，2017(07)：100-107.

[5] An Approach to Landscape Character Assessment [R]，Christine Tudor，Natural England，2014.

[6] 石鼎，赵殿红．景观性格评价方法在乡村遗产保护中的应用研究——以贵州石阡楼上村为例[J]．遗产与保护研究，2018，3(07)：125-129.

[7] 石鼎．乡村文化景观保护管理分区制定方法探讨——基于景观性格评价的方法论思考[J]．遗产与保护研究，2018，3(12)：55-60.

[8] Titin Fatimah，The Impacts of Rural Tourism Initiatives on Cultural Landscape Sustainability in Borobudur Area，Procedia Environmental Sciences，Volume 28，2015，Pages 567-577，ISSN 1878-0296

[9] 珍妮·列侬，韩锋．乡村景观[J]．中国园林，2012，28(5)：19-21.

[10] Ecological wisdom：Reclaiming the cultural landscape of the Okanagan Valley，Journal of Urban Management，Volume 7，Issue 3，December 2018，Pages 172-180，Alyssa Schwann.

[11] 刘雅琦. 基于LCA与HLC初探我国乡村景观性格分类方法研究[A]. 中国风景园林学会 . 中国风景园林学会2015年会论文集[C]. 中国风景园林学会：中国风景园林学会，2015：5.
[12] 廖嗨烽. 乡村振兴背景下山地农业发展路径探析——以鱼泉峪村为例[J]. 中国物价，2018(09)：75-77.
[13] 张心豪. 绿色种植产“贡米”[J]. 湖南农业，2012(11)：11.

作者简介

韩锋，1966年生，女，博士，同济大学建筑与城规学院景观学系系主任、教授、博士生导师，ICOMOS-IFLA国际文化景观科学委员会副主席，IUCN世界保护地委员会专家。研究方向为遗产景观、文化景观。

中国国家公园体制构建的矛盾性与复杂性

The Contradiction and Complexity of Chinese National Park System Construction

王 芳

摘 要：近年来，有关中国国家公园应该如何建设的讨论甚嚣尘上，得到各界广泛重视。通过查阅相关资料，首先对风景名胜区、国家公园等相关概念进行释义，明确彼此的区分与联系，认识国家公园体制的内涵及其建设的必要性；其次在了解中国现存体制情况的基础上，总结归纳中国建设国家公园体制面对的各种问题，明晰其中的矛盾性和复杂性；最后，在分析国外建设国家公园过程中的优秀经验的同时，思考中国构建国家公园体制的可行性，尝试性地提出自己的几点看法。

关键词：风景园林；国家公园体制；风景名胜区；建设；矛盾性与复杂性

Abstract: By referring to the relevant data, the author first explains the concepts of scenic spot and national park, makes clear the distinction and connection between each other and understands the connotation of national park system and the necessity of its construction. This paper summarizes the problems existing in China's national park system construction and clarifies its contradictions and complexities. Finally, on the basis of analyzing the excellent experience in the process of building national parks abroad, the author thinks about the feasibility of the construction of China's national park system, and try to put forward their own views.

Keyword: Landscape Architecture; National Park System; Nature Reserve System; Construction; Contradiction and Complexity

国家公园作为保护国家自然与文化遗产（也称风景名胜资源）的一种重要形式，自19世纪70年代在美国兴起之后，在世界范围内得到了普及和发展，不断走向成熟，成为资源控制和管理的有效手段。我国身为资源大国，拥有着丰富的自然资源及深厚的文化底蕴，对风景资源的管理一直高度重视，但是至今却没有形成一个相对完善的体系使其可以得到很好的保护与发展。国家公园体制的构建似乎为中国指出了一条可行之路，但是鉴于中国特殊的实际情况，仍有许多要考虑的因素与亟待解决的问题存在，其矛盾性和复杂性不容忽视。

1 国家公园体制的相关问题

1.1 相关概念廓清

国家公园（national park）作为一个外来词汇，其概念源自美国，目前被世界上100多个国家广泛认同的是1994年世界自然保护联盟（IUCN）提出的概念，即"国家公园是一国政府对某些在天然状态下具有独特代表性的自然环境区划出一定范围而建立的公园，属国家所有并由国家直接管辖；旨在保护自然生态系统和自然地貌的原始状态，同时又作为科学研究、科学普及教育和提供公众游乐、了解和欣赏大自然神奇景观的场所。"体制是指社会活动的组织体系和结构形式，包括特定的组织结构、权责划分、运行方式和管理规定，所谓国家公园体制，是指对自然保护价值较高的国土空间实行的一项综合开发保护管理模式。

十八届三中全会提出建立国家公园体制，在学术界和社会上引起了广泛反响。虽然建立中国国家公园体制对于中国来说是一个新的尝试，但是与国家公园性质相似的国家级风景名胜区（national park of China）却早已存在。风景名胜区是我国对自然遗产和文化遗产以及自然文化双重遗产的独特称谓，1999年颁布实施的国家《风景名胜区规划规范》中，首次从国家标准层面明确"风景名胜区也称风景区，海外的国家公园相当于国家级风景区。指风景资源集中、环境优美、具有一定规模和游览条件，可供人们游览欣赏、休憩娱乐或进行科学文化活动的地域。"风景名胜区是我国的自然保护地体系的一部分。

本质上讲，国家公园与风景名胜区都代表了美丽的自然山水，国家公园体制与自然保护地体系均代表了管理风景资源的体制机制，无论称之"国家公园""国家公园体制"，还是"风景名胜区""自然保护地体系"，都只是个名称而已，关键还是具体要做的事情，同时没有沿用现有名称，也体现了国家公园及体制其内涵与外延的不可替代性。

1.2 国家公园体制建设的必要性与意义

中国现在主要有重点文物保护单位、自然保护区、风景名胜区、历史文化名城名镇名村、森林公园、地质公园、水利风景区、城市湿地公园等保护地及园区，分别由林业、环保、建设、国土资源、农业、海洋、水利、文物（文化）等10多个政府行政主管部门负责管理。彼此之间空间交叠交错、保护对象重复、保护目标混乱，还普遍存在重开发、轻保护的问题，使我国的自然文化遗产不能得到有效的保护管理。同时，某些部门在风景名胜区的局部景区或森林公园等胡乱挂牌自行设立“国家公园”，而这些“国家公园”与世界上国家公园的宗旨及标准相距甚远，使得我国国家公园的功能定位模糊、混乱，尤其是削弱了我国的资源特色。因此，有必要通过建立国家公园，理清我国国家公园的内涵与定位，促进我国国家公园的健康发展，积极推动中国特色的国家公园体制建设。

同时，国家公园是综合价值最高的自然保护地类型，建设有中国特色的国家公园体制，对于进一步良好的保护我国的自然和文化资源，整合现有保护地，完善国家保护地框架体系，高效地实现资源的有效管理具有极其重要的意义，也是用最少的资金保存国家最精华国土的有效途径。

2 中国构建国家公园体制面临的问题与挑战

2.1 中国国家公园建设中需考虑和注意的问题

中国是一个地大物博、人口众多的国家，在建设国家公园的过程中，有许多需要考虑的问题，真正的做到统筹兼顾才能建设适合中国的国家公园。

(1) 国家公园建设的首要任务是保护资源，资源主要为动植物、山川河流等自然资源，当然也包括其中的历史文化资源，中国辽阔的国土，独特的地理三级阶梯结构导致自然资源呈现出极为丰富的状态，资源的多样性决定了具体保护工作实施的复杂性。

(2) 国家公园的建设需要考虑当地的居民安置问题，一方面当地居民的生产、生活方式势必会因国家公园的建设而发生改变，国家公园的开发通常会给当地带来旅游增收，促使人口聚集，但另一方面建设需要园内的居民数量得到控制，以保证良好的自然环境，居民的妥善安置是棘手且关键的问题。

(3) 国家公园的建设也需要充分考虑游人的需求，需要考虑环境容量及把控好游览时间，游览和科普教育是国家公园的重要功能，游人的行为对环境的保护与破坏起主要的作用，因此建设的时候需要了解游人的需求，推测其可能的行为并通过一定的建设进行正确的引导。

(4) 国家公园的建设需要考虑相关设施的建设，比如饮食、住宿、售卖、游览等，建设务必不能有损于自然环境，不能破坏资源。

(5) 国家公园的建设还需要注意交通设施的营建，交通路线的布置既要满足观赏的需要，又不能损害总体的山水格局。

总之，国家公园的建设的核心在于协调好人与自然的关系，对宝贵的自然资源进行充分的保护和合理的利用，需要考虑和注意的问题很多，在建设之前应该做好相应的评估工作，清楚的认识是必不可少的。

2.2 中国国家公园体制建设面临的挑战

体制的建设需要考虑的不仅仅是公园的建设问题，还有管理经营机制以及法律法规保障等一系列的问题。我国现行的风景名胜区管理体制存在的问题及国家公园体制建设面临的挑战主要有：

(1) 我国在风景名胜区的管理中采取的是中央与地方合作管理，国家对风景名胜区管理过程中采取的是“委托-代理”制度，不能直接行使所有权，缺少国家层面统一的管理框架，风景名胜区的管理机构往往依附于当地政府，如果风景名胜区所在地的行政级别过低，那么管理机构从人事上、财政上都难以得到相应的支持，管理保护工作也无法做好。

(2) 保护地机构重叠设立，多头管理，“一区多牌”“一地多主”，导致整体效率低下，保护成效减弱，一个风景区或国家公园通常挂有多个牌子，在接受地方政府管辖时，还要接受林业、环保、住建局等的领导，园区内的各个部分也由不同部门管理。但在操作具体项目时又不能割裂园区的整体性，导致各类保护地功能定位模糊，利益驱动下的选择性管理现象突出。

(3) 中国特有的土地二元制使得资源权属关系复杂，居民社会问题突出。土地二元所有制，是指从中华人民共和国成立以来逐步建立起来的国家所有与集体所有的二元制土地产权模式，这一所有制结构的弊端在风景名胜区的建设中暴露无遗，成为中国国家公园体制建设的瓶颈。

(4) 相关的法律法规体系不够完善，且管理机构只有管理权，没有执法权，使得风景资源的保护管理缺乏相应的力度而得不到有效的保护。我国没有关于自然保护的统一国家基本法，对国家公园建设工作具有重要规范指导作用的自然保护相关立法，主要以行政法规和部门规章为主，虽为自然保护专门立法但法律位阶较低，内部协调统一性差，矛盾冲突多发，不能形成完整的科学体系。

(5) 风景名胜区的管理严重的缺乏资金保障，公益属性淡化。风景区的建设与管理均是投入大、回报少的甚至于无的项目，国家及集体对于建设风景区或国家公园的态度往往是不够积极的，而国家公园体制的构建必然需要充足的资金支持方能取得良好的效果，两者存在很大的矛盾。其次，国家公园的公益性是其基本属性，公益性即将人民群众作为国家公园的受益群体，使其能够无偿欣赏公园内的美景，享受公园内的基础设施等。而现在的很多风景区企业化严重，门票高昂，使其公益性严重缺乏。

(6) 公众参与度远远不够，对公众的素质教育也不够。我们国家从一开始就忽视了公众在保护风景名胜区工作当中所起的作用。在制定风景名胜区管理、规划时，缺乏公众的参与。因此风景名胜区的管理工作就缺乏广泛的群众基础，在执行时遇到的很多阻力也就在所难免。另外，我们常常忽视了对公众的素质教育，使得许多公众对于风景名胜资源的保护意识淡薄。

中国现有的风景名胜区将成为中国国家公园建设的基础，但是其存在的众多问题同样也成为国家公园体制面临的挑战，总的来说，任重而道远。

3 国外建设国家公园的经验及对中国的启示

3.1 国外的国家公园体制建设

国家公园体制建设在世界范围内如火如荼地进行，

许多国家均取得了比较良好的成效，且各具特色。根据上海交大周武忠等的研究，目前共存在4类国家公园的管理模式：

（1）以美国为代表的中央政府管理模式。该模式以树立国家认同为核心，将国家公园视为树立国家自信和民族认同的重要载体，以强大的中央财力和完善的制度设计来保障公园体制的存在、运行与完善。

（2）以自然游憩娱乐为驱动的协作共治共管模式。该模式以英国为代表，中央政府多扮演协调的角色，调动多方利益相关者来对国家公园进行管理并实现利益的共享。

（3）以自然保护运动为发端的属地自治管理模式。澳大利亚是此类模式的代表，与其行政体制和立法结构相关。国家确立"保护自然"的总体原则，在不违背本原则的前提下，各州可发挥自主权力选择国家公园的具体管理模式。

（4）以自然生态旅游为导向的可持续发展管理模式。本模式的代表国家有日本和芬兰，在尊重自然属性的前提下，侧重于挖掘国家公园为公民游憩提供生态服务的价值。

美国的国家公园体制建设历史悠久的，较为完善的。美国的国家公园体系根据其所拥有资源的不同，主要分为3种类型，即：国家公园（国家天然公园）、国家历史公园和国家娱乐公园。美国国家公园管理的基本政策中，其首要目标是保护国家公园的资源与价值；国家公园的设立和维护要为国民提供享受国家公园资源的机会，面对最广泛的群体，强调其公益性；当保护与利用产生矛盾时，保护是压倒一切的。其国家公园体制管理的主要内容包括：对公园系统的规划管理，土地保护，自然系原管理，文化资源管理，野外环境保护与管理，启智与科研教育管理，公园的使用管理，公园设施的管理以及特许经营管理。涵盖范围广阔，考虑相对比较完善，同时还有机构完整的公园管理局，这些都是美国国家公园体制建设与发展一百多年以来的成果。

3.2 中国构建国家公园体制中问题的独特性

中国独特的国情使其在国家公园的建设中有着区别于其他国家的问题存在，在这里以美国为例。首先，中国和美国虽然国土面积差别不大，但是地理特征却区分明显，美国山地较少，以平原为主，而中国成由东往西三级阶梯结构，地理条件更加的丰富多样。其次，美国的建国历史较短，人口相比中国也较少，其国家公园也主要分布在人迹罕至的西部地区，国家公园的建设以保护荒野自然为主；而中国拥有着五千多年的人文历史且人口众多，几乎无论是哪里都有人的痕迹，中国国家公园的建设中不仅是对自然资源和人文资源的保护，更多的是需要处理其中人的问题。同时，中国和美国的土地性质不同，中国现有的土地所有制为典型的二元制，使得许多问题更加的复杂化。再者，中国和美国的政治体制存在很大的差异，在国家公园的建设上，美国的国家公园是归属国家某些特定部门管理，与行政分离，而中国风景区的管理权却在地方政府，使得管理机构建设存在较大差异。

3.3 中国构建国家公园体制的思考

清华大学的杨锐教授在其《论中国国家公园体制建设中的九对关系》一文中提出，建立中国国家公园制度应设立双重目标，即在建立中国国家公园体制的同时完善中国自然保护地体系。需要妥善处理9对关系：一与多，即国家公园与自然保护地体系之间的关系；存与用，即保护与利用之间的关系；前与后，即代际关系；上与下：即中央政府和各级地方政府之间的关系；左与右，即不同职能部门之间的关系；内与外，即自然保护地边界内部和外部之间的关系，其中尤其应关注社区问题；新与旧，即新设自然保护地类型与已有自然保护地类型之间的关系；公与众，即公共管理部门和其他利益团体之间的关系；好与快，即国家公园制度质量和国家公园制度建立速度之间的关系。现有的自然保护地体系虽然存在较多的问题，但也自成体系有其优点，必然是不会全盘否决的，中国国家公园体制的建设会成为自然保护地体系的一部分，对其中面积较大，综合性最强的一部分国土进行保护与管理，中国国家公园体制的建设是对现有体系的完善，但却绝不是简单的修修补补，而是在顶层设计角度进行的一场针对大型风景资源管理的革命。

中国国情的多样性导致中国国家公园建设呈现出矛盾性与复杂性。针对现有问题及面对的挑战，中国国家公园体制的构建应注意以下几个方面：

（1）必须明确相关各部门的职能，将国家公园的管理权收归国有，由中央统筹规划，另建立专门的部门，须有完善的结构体系，对国家公园进行专门的管理。

（2）国家公园地区的二元土地所有制应该进行改革，通过对居民和当地政府进行合适的补偿收归国有，由国家统一建设管理。

（3）建立系统的国家公园相关法律法规体系，确保资源的有效保护，同时，管理部门应该持有执法权，对破坏国家公园的行为进行严惩。

（4）国家应设立专门的基金用于国家公园的建设和管理，资金的充足保障是国家公园成功建设的基础，同时也是实现国家公园其公益性的保证。

（5）须对国家公园所在地的居民进行妥善的安排，不仅对迁出景区的居民进行适当的经济补偿，还要关注其后续的生活保障，可在国家公园周围建立一个缓冲区，用于开展各种资源利用活动，从而缓解和转移保护与发展之间的矛盾。

（6）国家公园体制的建设还应提高公众的参与度，在了解民意的基础上提高民众的资源保护意识。

中国的国家公园体制建设刚处于起步阶段，还有漫长的道路要走，这是一个复杂而长期的过程，不能急于求成，而是应该在汲取其他国家公园体制建设优秀经验的基础上，结合自身特点，步步为营，稳步前进。

参考文献

[1] 马吉山. 从国外国家公园制度看我国风景名胜区的保护[D]. 中国海洋大学，2006.
[2] 贾建中，邓武功，束晨阳. 中国国家公园制度建设途径研究

[J]. 中国园林，2015，31(2)：8-14.
[3] 魏民. 试论中国国家公园体制的建构逻辑[J]. 中国园林，2014(8)：17-20.
[4] 赵智聪，彭琳，杨锐. 国家公园体制建设背景下中国自然保护地体系的重构[J]. 中国园林，2016(7)：11-18.
[5] 束晨阳. 论中国的国家公园与保护地体系建设问题[J]. 中国园林，2016(7)：19-24.
[6] 周兰芳. 中国国家公园体制构建研究[D]. 中南林业科技大学，2015.
[7] 何小芊，朱青. 生态文明视角下中国国家公园体制建设的思考[J]. 西部资源，2015(4)：121-123.
[8] 邓昭明. 对建设中国特色国家公园体制的思考[N]. 中国旅游报，2015-11-25(C02).
[9] 蒿梦琪. 我国国家公园体制建设与法律问题研究[D]. 中国社会科学院研究生院，2016.
[10] 闫文刚. 基于回归国家公园公益性探析中国国家公园体制的建设[J]. 中国建材科技，2016，25(5).
[11] 周武忠，徐媛媛，周之澄. 国外国家公园管理模式[J]. 上海交通大学学报，2014，48(8)：1205-1212.
[12] 杨锐. 论中国国家公园体制建设中的九对关系[J]. 中国园林，2014(8)：5-8.
[13] 杨锐. 美国国家公园规划体系评述[J]. 中国园林，2003，19(1)：44-47.
[14] 杨锐. 美国国家公园体系的发展历程及其经验教训[J]. 中国园林，2001(1)：62-64.

作者简介

王芳，1991年生，女，汉族，山东平度人，风景园林学硕士，北京清华同衡规划设计研究院有限公司风景园林一所助理设计师。研究方向为风景园林规划与设计。电子邮箱：2364138551@qq.com。

自然保护地可持续评价方法研究

——以天目山自然保护区为例①

Study on Sustainable Evaluation Method of Nature Protected Areas: Taking the Tianmushan Nature Reserve as an Example

陶 聪 吴承照

摘 要：自然保护地的发展是否可持续，需要运用科学的方法进行评价，本研究基于IUCN的"福祉蛋"模型建构了由2个子系统、8个维度和26个指标构成的自然保护地可持续评价指标体系和评价方法，并以天目山保护区为例作了实证研究，评价结果发现天目山自然保护区整体可持续状况良好，但是物种状况维度和经济状况维度可持续等级较低，这与天目山自然保护区当前整体发展状况较好，但存在物种入侵、社会经济矛盾等问题的实际状况较为一致，证实了该评价方法具有一定的可行性。

关键词：自然保护地；可持续评价；天目山自然保护区

Abstract: It is necessary to use scientific methods to evaluate whether the development of Nature Protected Areas is sustainable or not. In this study, based on the " Egg of Well-being" model of IUCN, a sustainable evaluation index system of Nature Protected Areas composed of 2 subsystems, 8 dimensions and 26 indicators are constructed. In addition, an empirical study is made on Tianmushan Reserve. The results show that the overall sustainability of Tianmushan Reserve is good, but the sustainability of the species and the economic conditions are not good. The result is consistent with the present situation of Tianmushan Reserve that the overall situation of Tianmushan Reserve is good, but there are also some problems, such as species invasion, poor social economy condition. It is proved that the Sustainable Evaluation Method of Nature Protected Areas is feasible.

Keyword: Nature Protected Areas; Sustainable Evaluation; Tianmushan Nature Reserve

引言

工业革命以来，社会生产力得到了极大提高，社会经济迅猛发展，但伴随经济社会发展带来了对自然资源的过度消耗和生态环境的破坏。面对环境问题的恶化和对人类发展方式的反思，世界环境发展委员会（WCED）于1987年正式给出了可持续发展概念，将其定义为："可持续发展是既能满足当代人的需要，而又不对后代人满足其需要的能力构成危害的发展"。可持续指的是一种可以长久维持的过程或状态，而发展是符合人的需求的变化[1]。可持续发展的核心是寻求人和自然的平衡，追求人和自然的和谐发展[2]。我国《中国21世纪人口、资源、环境与发展白皮书》，首次把可持续发展战略纳入我国经济和社会发展的长远规划。1997年的党的十五大把可持续发展战略确定为我国"现代化建设中必须实施"的战略。

自然保护地是可持续发展思想下的一种举措，希望通过保留一定面积的各种类型的生态系统，为子孙后代留下天然的"本底"。这个天然的"本底"是今后在利用、改造自然时应遵循的途径，为人们提供评价标准以及预计人类活动将会引起的后果[3]。在我国，自然保护地包括自然保护区、风景名胜区、国家森林公园以及世界自然遗产地等。

20世纪90年代以来可持续发展研究的热点已经从可持续发展的定义转向可持续发展的评价[4]。目前，由于自然保护地的复杂性，以往关于自然保护地的可持续评价研究尚不成熟，国际上以IUCN的可持续评价体系为代表，IUCN的评价体系是在实践基础上发展起来的，并没有形成统一的模式，对于不同的研究对象需要根据具体情况作相应调整[5]。国内主要从自然保护区、风景区等保护地的旅游可持续性、社区可持续、政策可持续、相关经营可持续等方面展开一定的研究[6-9]，对保护地综合可持续评价研究并不多，还较为薄弱。总的来说，针对自然保护地的科学、可操作的可持续评价模式还没有达成共识。

本研究期望建构适应我国实情相对综合的自然保护地可持续评价体系，对于分析自然保护地发展状况，寻找到可能存在的生态问题，为自然保护地管理提供科学依据。

1 自然保护地可持续评价指标体系建构

1.1 自然保护地可持续评价原理

可持续的精髓是人与自然的和谐共存共同发展。IU-

① 本文受国家社科基金重点项目"国家公园管理规划理论及其标准体系研究"(14AZD107)、国家青年科学基金项目"基于健康目标的大城市社区公园景观绩效评价和优化研究(51708343)"资助。

CN于1995年提出了"福祉蛋"(egg of well-being)模型[5]，见图1，把自然保护地分为自然系统和人类系统两部分，并将自然系统比作蛋白，人类系统比作蛋黄，就像只有蛋白和蛋黄都呈优良状态时鸡蛋才是好的一样，认为只有当人类和自然系统都呈优良状态时，整个系统才是可持续的。

总的来说，自然保护地可持续发展的核心任务，就是在协调好人与自然关系的前提下，保证人类的生活质量；在满足当代人需要的同时，不对后代人的利益造成不利影响。

虽然人类还不能确切地测量一个人地系统是否可持续，也不能准确的知道自然系统和人类系统怎样的组合关系就是最好的，但是大家普遍的观点就是，当两者都处于较好的状态时，整个系统的状态也较好，可持续水平较高[5]。

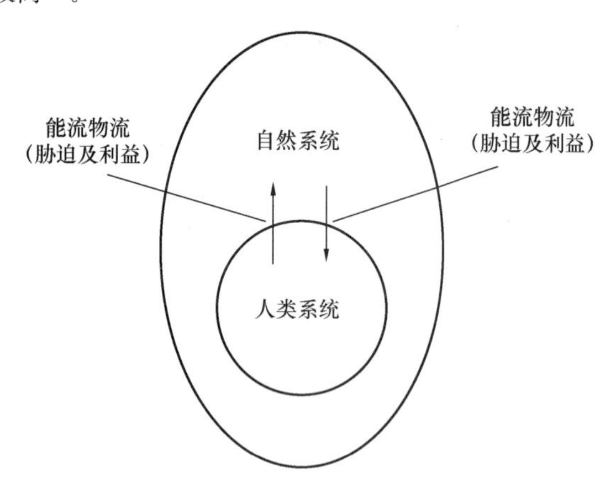

图1 IUCN"福祉蛋"模型

1.2 自然保护地可持续评价指标体系建构

本研究借鉴IUCN福祉蛋思想从自然系统和人类系统两方面建构我国自然保护地可持续评价指标体系。

自然保护地自然系统的状况往往取决于系统的生物状况、物理环境状况和整个系统水平的状况。所以，系统状况、物理环境、生物状况是自然保护地自然系统可持续评价的3个重要维度。资源保护是自然保护地的重要任务，所以资源状况也是自然保护地自然系统可持续评价的重要维度。这里资源不仅指自然保护地的核心资源——自然和人文遗产资源，由于我国自然保护地中都有大量社区居民存在，社区发展所必须的生存资源也是自然保护地的重要资源，也需要在评价中予以考虑。所以自然保护地自然系统评价部分分为4个维度：系统状况、物化环境、物种状况、资源状况。

可持续发展是一个涉及经济、社会、文化、资源、环境的综合概念[10]，除了资源、环境的可持续外，还要保证人类社会、经济、文化的健康持续发展[11]。自然保护地可持续发展还要保证保护地人类系统的社会、经济、文化等方面都处于良好的状态。由于管理状况体现了自然保护地人类系统的调控能力，可以影响人类系统的运行状况和对待自然环境的方式，也是反映自然保护地人类系统状况的重要方面。所以，在人类系统方面，本研究也分为4个维度：社会状况、经济状况、文化状况、管理状况进行评价。

最终自然保护地生态系统可持续评价的指标体系框架如图2所示，自然保护地生态系统可持续评价指标体系主要分自然系统状况和人类系统状况两方面，自然系统状况又分为：系统状况、物理环境、物种状况和资源状况4个维度；人类系统状况分为：社会状况、经济状况、文化状况和管理状况4个维度。

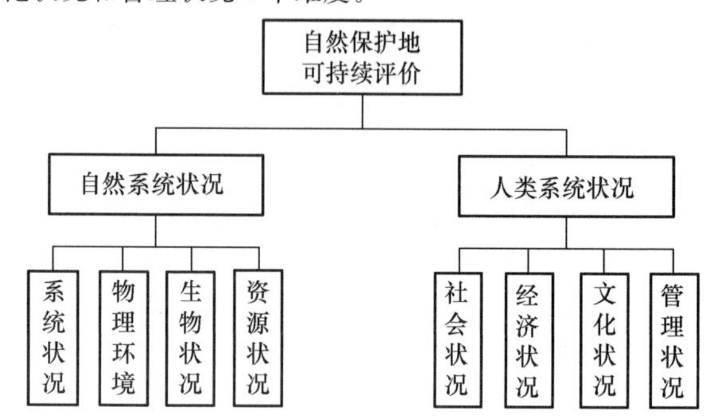

图2 自然保护地可持续评价指标体系框架

自然保护地可持续评价框架中各个维度具体评价指标的确定主要通过频度分析法。首先，根据相关文献和国内外重要机构或组织的现有可持续评价指标体系①[11-13]，穷举出与自然保护地可持续评价8个维度相关的评价指标共156个。然后邀请20位生态学、旅游规划、风景园林学、植物学等相关专家根据重要性、可行性、通用性等原则，选择认为比较重要的指标，最后根据指标被选择的频率，选择被选频度在50%以上的指标作为最终的评价指标，形成了由26个一级指标组成的自然保护地可持续评价指标体系，如图3所示。

1.3 指标权重的确定

自然保护地可持续评价指标体系中不同层级各指标或指数的权重值主要采用层次分析法(AHP)计算得到。首先由保护地规划管理界、生态学和社会学等领域以及天目山保护区管理局的20位专家和管理者，对各指标的相对重要性进行判断，然后采用算术平均法求解指标权重，并保证计算结果一致性比例 $CR < 0.10$。对于多层次指标体系的总目标权重，通过从上往下逐层加权综合计算得到。

1.4 指标数值计算和评价标准的设定

用指标体系法对自然保护地进行可持续评价，需要设定指标的分析计算和评价标准。

自然保护地可持续评价指标中既有可定量的指标，也有定性的指标，还有很多是定性与定量相结合的指标。可以直接量化的指标，通过监测或观测方式直接取得指

① IUCN可持续评价指标、联合国可持续评价指标、耶鲁环境可持续发展评价指数、中国可持续发展指标体系、美国生态系统评价指标体系、我国保护地相关规范条例等。

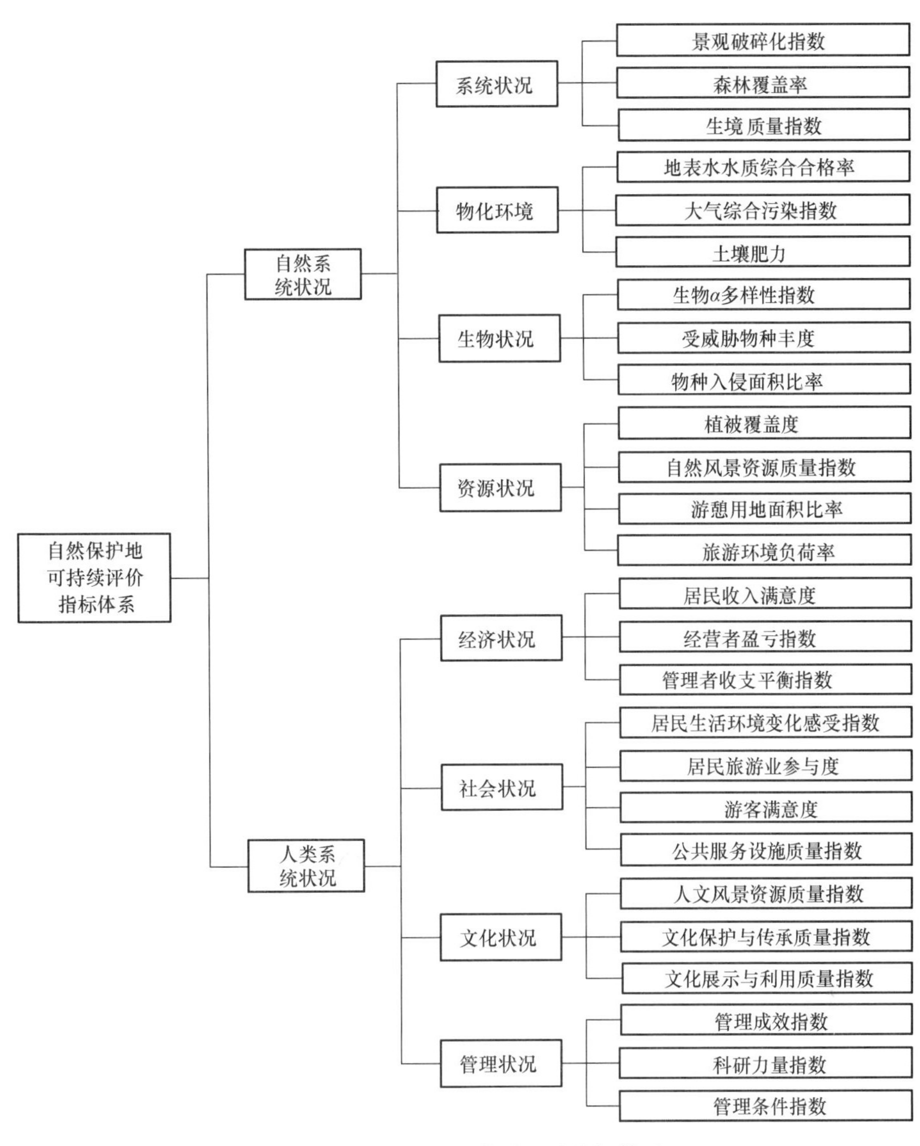

图 3　自然保护地可持续评价指标体系

标的评价值；对于有些不能直接测量但可以通过其他可测量数据运用较为成熟的计算方法获得指标值；而对于有些难以直接测量，也很难通过其他可测量数据进行推导的数据，本研究主要通过专家评估法定性估算指标值，一般由多位专家对指标进行赋值，数值从 0～10 分，分别表示最差到最优，通过计算所有专家评分的算术平均值作为该指标的可持续评价值。

在确定评价标准时，已有国家标准的指标一般借鉴国标中的评价标准；对于国内外已有优秀案例的指标一般借鉴其评价标准；对于没有国家标准和以往研究可以借鉴的指标则主要通过相关专家研讨确定评价标准，每个指标的评价等级分为五级：很差、较差、中、良、优。

2　自然保护地可持续评价方法

自然保护地可持续评价，需要在各个指标评价完后再作加权计算得到综合评价值。

首先，需要对各指标评价值进行无量纲化使其具有可比性，本研究主要采用常用的比例压缩法，将各指标数据都转化到 0～10，公式为：

$$T = T_{\min} + \frac{T_{\max} - T_{\min}}{X_{\max} - X_{\min}}(X - X_{\min})$$

式中：T 为变换后的标准化数据；X 为原始数据，$X_{\max}$、$X_{\min}$ 为每个可持续评价等级值域范围内原始数据的最大值和最小值；$T_{\max}$、$T_{\min}$ 为目标数据的最大值、最小值；本文 $T_{\max}$ 取 10，$T_{\min}$ 取 0。

然后通过对各指标标准化值进行加权计算来获得自然保护地可持续综合评价值，数据范围在 0～10 之间。根据综合评价值可以得到自然保护地的可持续等级状况，共分为 5 个等级：0～2 分为很差，2～4 分为较差，4～6 分为中，6～8 分为良，8～10 分为优。

3　天目山自然保护区可持续评价研究

3.1　天目山自然保护区概况

天目山自然保护区位于浙江省西北部临安市境内，总面积 4284hm²。天目山保护区具有优越的自然和人文景观。天目山古称“浮玉”“天眼”，为历代宗教名山，自古就是旅游胜地。1986年经国务院批准成为首批国家级自然保护区。

天目山保护区具有中亚热带向北亚热带过渡的特征，并受海洋暖湿气候的影响较深的森林生态气候。保护区年平均气温14.8～8.8℃，最冷月平均气温3.4～－2.6℃，最热月平均气温28.1～19.9℃，年降水量1390～1870mm，年太阳辐射4460～3270MJ/ m²，相对湿度76%～81%。天目山在区域地质上位于扬子准地台南缘钱塘凹陷褶皱带，地质古老，是“江南古陆”的一部分，天目山主峰仙人顶海拔1506m[14]。天目山主要以火山岩为主，上部为晶屑熔结凝灰岩，中部为流纹斑岩，下部为流纹岩、凝灰岩和凝灰质砂砾岩。保护区是长江、钱塘江部分支流发源地和分水岭，西天目山南坡诸水汇合为天目溪，南流经桐庐入钱塘江，天目山北部诸水入苕溪注入太湖，见图4。

图4 天目山保护区现状

天目山保护区是我国中亚热带林区高等植物资源最丰富的区域之一，森林覆盖率达98.5%[14]。天目山保护区内植物资源丰富，分布有高等植物246科974属2160种，此外，还有柳杉为代表的古树群落，树龄最高达千年以上，具有极高的科研价值和美学价值[15]。天目山保护区在中国动物地理区划上，属于东洋界中印亚界华中区的东部丘陵平原亚区。据不完全统计，区内共有各种动物65目465科4716种。区内还有国家重点保护的珍稀的野生植物18种[15]。

天目山保护区内还散居有鲍家和东关两个行政村的部分小自然村，有当地居民171人，区内人口密度为8人/km²[15]。当地农民主要依靠木、竹、加工天目笋干、茶叶及借保护区开展生态旅游经营“农家乐”作为其经济主要来源。文化历史方面，天目山是儒、道、佛等文化融于一体的名山。天目山优越独特的景色和自然环境，吸引了历史众多名人留下墨笔。梁代昭明太子萧统，唐代李白、白居易以及宋代苏轼等都留下了优美的诗章和传世之作。明代有100多位文人登天目山穷幽探奇，吟咏志游，留下诗文160余篇[15]。

3.2 天目山自然保护区可持续评价

本研究主要根据本文提出的自然保护地可持续评价方法对天目山保护区进行可持续评价实证研究。

首先对天目山保护区的26个指标分别进行分析评价，然后将所有指数/指标的评价值进行标准化处理，通过加权计算得到天目山保护区可持续综合评价值和子系统评价值。天目山保护区可持续评价单指标、8个维度、2个子系统和综合评价的结果，见图5～图8。

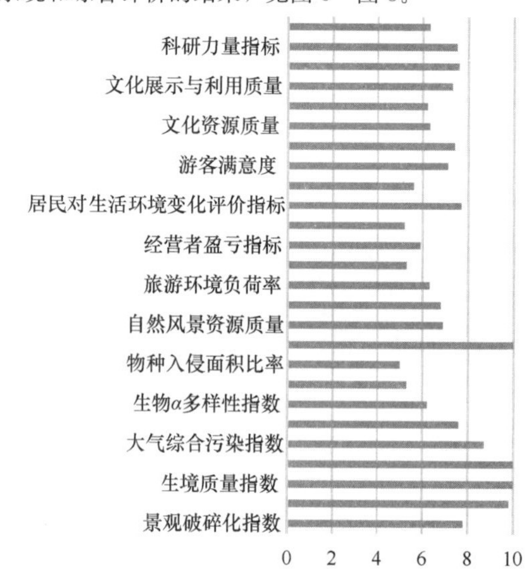

图5 天目山保护区单指标可持续评价值

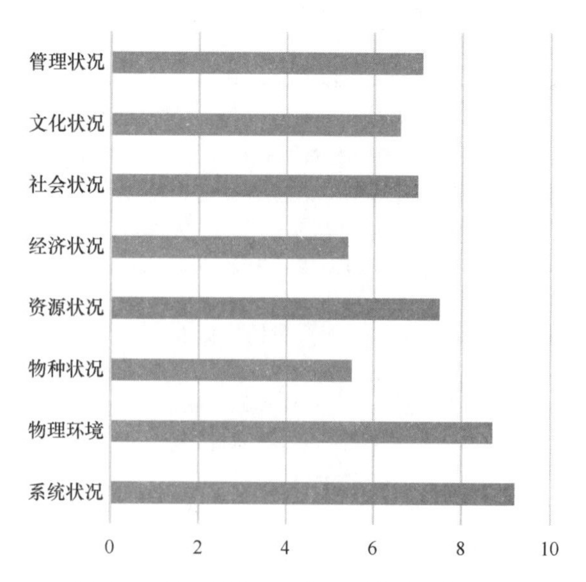

图6 天目山保护区8维度可持续评价状况

从评价结果看，天目山保护区综合可持续状态、自然

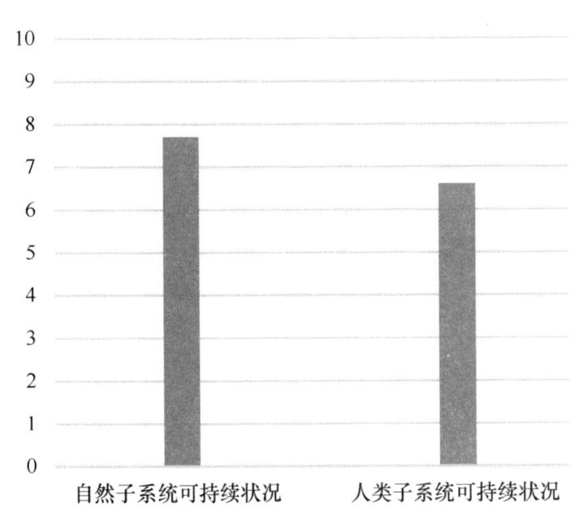

图 7　天目山保护区子系统可持续评价结果

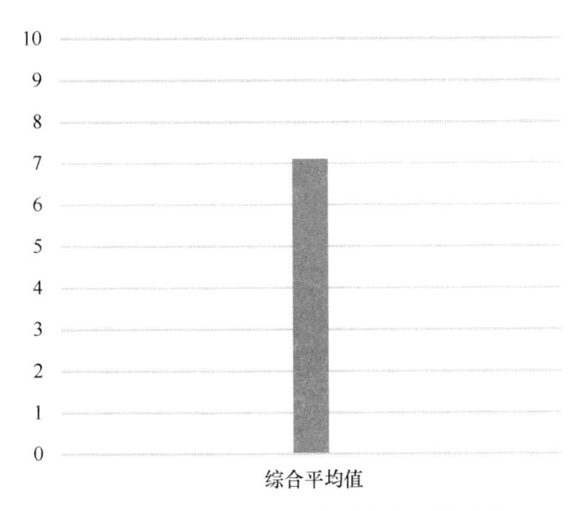

图 8　天目山保护区可持续综合评价结果

子系统和人类子系统的可持续状态都处于"6～8"分，为良，反映了天目山保护区整体可持续状况较好。8 个维度中，物理环境和系统维度的评价分值在"8～10"分，为"优"；自然资源、社会状况、文化状况和管理状况等维度的评价分值在"6～8"分，为"良"，说明这 6 个维度可持续状况良好；但是物种状况维度和经济状况维度的评价分值在"4～6"分，为"中"，这两项处于不可持续状态。

从可持续评价结果反映出天目山保护区中生物状况和经济状况处于不可持续状态，这与天目山保护区管理者所反映的毛竹林入侵、柳杉退化、社区居民经济收入不满等保护区实际存在的主要问题较为契合。可见，本研究提出的自然保护地可持续评价方法具有一定的准确性，可以基本反映保护地的可持续状况，以及在哪些方面存在问题。

4　总结

可持续评价可以检验自然保护地发展状况，发现可持续发展问题，引导保护地管理。本研究基于 IUCN"福祉蛋"模型提出的自然保护地可持续评价体系，通过天目山保护区的案例研究，证实具有可行性和一定的准确性，可以为我国自然保护地可持续管理提供依据，但是一个案例的实证还不足以说明该评价方法使用的普遍性，还需要在更多的案例中进行检验和改进。

参考文献

[1]　潘玉君，等. 可持续发展原理[M]. 北京：中国社会科学出版社，2005.

[2]　牛文元. 可持续发展理论的基本认知[J]. 地理科学进展. 2008(03)：1-6.

[3]　崔国发，王献溥. 世界自然保护区发展现状和面临的任务[J]. 北京林业大学学报. 2000(04)：123-125.

[4]　李天星. 国内外可持续发展指标体系研究进展[J]. 生态环境学报，2013，22(06)：1085-1092.

[5]　Guijt I，Moiseev A. IUCN resource kit for sustainability assessment[R]. Gland，Switzerland and Cambridge，UK：International Union for Conservation of Nature and Natural Resources，2001.

[6]　韩念勇. 中国自然保护区可持续管理政策研究[J]. 自然资源学报，2000(03)：201-207.

[7]　胡海辉，王芳. 风景区旅游可持续发展评价——以庐山风景区为例[J]. 中国农学通报，2012，28(12)：302-306.

[8]　缪绅裕，王厚麟，何晓婷，等. 广东林业自然保护区可持续发展能力的初步评价[J]. 广州大学学报(自然科学版)，2008(02)：10-13.

[9]　吴江涛，唐文浩，栾乔林，等. 自然保护区及周边社区区域可持续发展评价研究——以海南铜鼓岭自然保护区及周边社区区域为例[J]. 华南热带农业大学学报，2007，13(3)：30-34.

[10]　赵士洞，王礼茂. 可持续发展的概念和内涵[J]. 自然资源学报，1996(03)：288-292.

[11]　Cummins R A，Eckersley R，Lo S K. The Australian unity wellbeing index：An overview[J]. Social Indicators Research. 2003，76：1-4.

[12]　张坤明，温宗国，杜斌，等. 生态城市评估与指标体系[M]. 北京：化学工业出版社，2003.

[13]　The H C. The state of the nation's ecosystems：measuring the lands，waters，and living resources of the United States[M]. New York：Cambridge University Press，2002.

[14]　重修西天目山志编纂委员会. 西天目山志[M]. 北京：方志出版社，2009.

[15]　浙江天目山管理局. 浙江天目山国家级自然保护区总体规划(2015—2024)[R]. 临安，2014.

作者简介

陶聪，1982 年生，男，汉族，浙江嘉兴人，博士，上海交通大学设计学院，助理研究员。研究方向为健康景观、国家公园规划管理。电子邮箱：taocong@sjtu.edu.cn。

吴承照，1964 年生，男，汉族，安徽合肥人，博士，同济大学建筑城规学院，教授。研究方向为游憩学、国家公园规划管理。电子邮箱：wuchzhao@vip.sina.com。

城乡景观与生态修复

“城市双修”下干旱地区滨水空间生态策略研究

——以乌海市海勃湾区滨水空间为例

Study on Ecological Strategy of Waterfront Space in Arid area under Urban Betterment and Ecological Restoration

—Taking Waterfront Space in Haibowan District of Wuhai City as an Example

于松强　苗波涛

摘　要：城市中河流的健康对我们赖以生存的环境具有重要的意义，社会进步与发展直接影响到河流的变化。河流的保护应该与城市的发展吻合，与周边的生态系统改善吻合，与居民的生活方式吻合。当下城市发展中，高纬度地区的城市往往承受着更多的自然灾害影响。干旱缺水是内蒙古乌海市的主要城市特点，本研究主要以乌海市海勃湾区滨河两岸的生态修复研究为主，并提出了具体的更新策略，第一步在城市边缘的沙漠地区利用挡风墙防风，干草网固沙；第二步在湖泊边缘利用植物枝干、生态石笼网阻挡沙土侵蚀湖泊；第三步引黄河水到城市，形成城市景观灌溉的水系网；第四步在城市闲置空间设置下沉空间，利用下沉空间的防风保暖功能调节城市局部小气候，增加城市户外活动空间，促进城市景观和社区活动的相互协调发展，使乌海成为一个拥有自我调节能力的生态发展绿城。

关键词：城市双修；干旱地区；滨河空间；韧性景观

Abstract: The health of rivers in cities is of great significance to the environment on which we depend, and social progress and development directly affect the changes of rivers. The protection of rivers should be consistent with the development of cities, with the improvement of surrounding ecosystems, and with the way of life of residents. At present, in the development of cities, cities in high latitudes are often affected by more natural disasters. Drought and water shortage is the main urban characteristics of Wuhai City, Inner Mongolia. This study is mainly based on the ecological restoration on both sides of the riverside in Haibowan District of Wuhai City, and puts forward the specific renewal strategy. The first step is to use windshield wall to prevent wind and hay net to fix sand in desert areas on the edge of the city. The second step is to use plant branches at the edge of the lake, the ecological stone cage net to stop the sand from eroding the lake, the third step to introduce the Yellow River water to the city, and to form the water system network of urban landscape irrigation. The fourth step is to set up subsidence space in the idle space of the city, to adjust the local microclimate of the city by using the wind-proof and warm-keeping function of the subsidence space, to increase the space of urban outdoor activities, to promote the coordinated development of urban landscape and community activities, and to make Wuhai a green city with self-regulating ability of ecological development.

Keyword: Urban Shuangxiu; Arid Area; Riverside Space; Toughness Landscape

1　背景

1.1　干旱地区的恶劣环境

干旱地区指的是年平均降水量在200mm以下的地区，且区域的年蒸发量是降水量的几倍甚至是几十倍，强烈的蒸发量带走水源的同时还会带来场地盐碱化等一系列问题，水资源的利用是制约干旱地区发展的重要因素。干旱地区的城市滨水空间面临的最大问题就是缺水，原有的水资源空间分布不合理，且季节性的时间分布也不均匀，更造成了干旱地区的水资源浪费。每年的夏季降水集中在6～8月份，雨水冲刷地面，带走土壤中的营养物质，加剧土壤贫瘠度，另一方面更造成干旱地区的水资源不足且无法有效利用的问题；城市中的生活用水和河道附近工厂的中水排放等也是水资源的一部分，但缺少有效的净污、排污手段也使城市河道水系遭到破坏加剧了环境的恶化。

1.2　城市滨水地区开发的必要性

近年来，随着经济的发展，人们越来越认识到滨水地区的开发建设所潜在的巨大的社会意义和环境意义。由于其特殊的空间，滨水区通常具有保护城市生态健康的作用。然而，由于许多原因，城市中的河流经常表现出高密度，低强度，低质量和不完善的基础设施，现代城市给予滨水空间的特殊生命力和功能尚未实现。因此全面、科学地开展针对城市滨水空间的改造显得尤为重要。

1.3　城市滨水空间开发的意义

1.3.1　有助于增强城市自然生态系统功能的协调

城市滨水景观的发展将使人工环境与自然生态环境更加有机地融为一体，提高整个城市的空间感和层次感，既迎山接水，又显山露水，更保山护水，要求实现“地尽其能，水尽其用”。因此，滨水景观设计对其现有的水源、土地、景观、硬质驳岸进行合理生态全面的规划，使城市自然生态系统功能协调发展。

1.3.2 有助于提升城市综合效益

在滨水景观设计中，每个项目都被视为一个优质项目，不仅提高了项目的可视性，而且改善了当地的环境，还可以把水利工程管理区建设成为优秀的旅游景点、休闲娱乐空间和进行水利历史宣传的教育阵地，使水利工程发挥工程效益、社会效益、生态效益、环境效益、旅游效益，最大限度地发挥水利工程的综合效益[1]。

1.3.3 有助于彰显城市的时代特征

滨水景观开发以建设山水园林城市和生态城市为目标，严格遵循和谐、高效、环保的原则，以可持续发展为准则，既要创造满足人的物质和精神需要的自然环境，又要营造满足人的社会需求的社会环境[2]。在景观规划设计的原则上，采用创新手法、利用新材料与新技术，通过强化滨水的生态性，突出树大荫浓、根深叶茂的绿化景观效果，突出滨水景观的文化性、趣味性、知识性和艺术性，丰富居民的精神生活，从而有效地彰显城市的时代特征[3]。

2 乌海市滨河空间概况

2.1 乌海市空间概况

内蒙古乌海位于中国西北部，处于亚洲高纬度地区，气候为温带大陆性气候，干旱是城市突出的严峻问题。乌海市是内蒙古自治区西部的新兴工业城市，西侧与阿拉善盟沙漠相衔接，常年受到沙漠的侵蚀，沙尘天气情况严重影响人们的正常生活，乌海地处黄河上游，水资源急缺，城市河道稀少，虽然靠近黄河水系但一年中黄河的水位变化不定，再加上城市与河道具有较高的高差，所以城市居民的生活和整个城市的生态系统也遭受严峻的考验。乌海三面环山，东面山脉环绕，阻挡了来自东部的暖湿气流的滋润，降水极少且集中，降水量多年平均 160mm，最多年份 357.6mm，最少年份 42mm，属于典型的干旱型城市。城市中的河道系统无法应对现状降水带来的变化，严峻的自然地理条件和滞后的河道生态系统塑造了乌海恶劣的生态环境（图 1）。

图 1 乌海市干旱环境现状图

海勃湾区为乌海市的主城区，主要研究靠近海勃湾区的黄河段水系与海勃湾区城市内部河道的空间更新变化，黄河自南向北流经海勃湾区，在独特的岔口出形成天然的乌海湖，过去的乌海湖并非眼前秀丽的景象。地处乌兰布和沙漠、库布其沙漠和毛乌素沙地交汇处的乌海市，干旱少雨，风大沙多，荒漠化严重，生态环境极其脆弱，水资源供求矛盾异常突出。2014 年乌海市建设黄河海勃湾水利枢纽工程开始蓄水，形成了 118km^2 的乌海湖[4]。同时也为乌海市营造了良好的生态水环境，改善城市的小气候，形成了壮美的景观。2015 年 2 月乌海湖被评为自治区级水利风景区，并正式定名为“内蒙古乌海湖水利风景区”，2016 年 8 月，景区被水利部评为第十六批水利风景区。

2.2 滨水空间现状问题

2.2.1 河道生境破坏严重

乌海地区长年盛行西风，西风略过乌兰布和沙漠吹向海勃湾区，右侧居民区生活受到严重污染，整个城市被风沙笼罩。位于沙漠和城区间的河流并没有起到很好地降尘除沙的作用，反而河道自身表现出一种更加恶劣的现状，冬季海勃湾区降水稀少，河流干涸结冰，两岸的护坡被风沙侵蚀裸露土层，出现沙漠化现象，植被难以成活。风从沙漠吹来，携带风沙进一步向河道和城市蔓延。乌海市的水资源多集中在公园湖中，很少有可利用的河道。公园中的河岸两侧均为硬质驳岸，且驳岸植被断层现状突出。

2.2.2 滨水空间分配不足

黄河两岸的河岸线形式比较单一，未能形成较好的亲水活动空间。滨水空间主要分为两段，一段为乌海湖北侧的河流两岸空间，另一段为乌海湖南侧河流两岸空间。北岸右侧滨河空间主要以自然式的原始驳岸为主，由于常年受风沙侵蚀河岸土壤裸露严峻，沙漠化严重，植被难以生存，河岸没有可供休息活动的停留空间。河岸与城市连接处薄弱，抗风性，防风沙性不足。河道左侧为沙漠，与河流接触的沙漠边缘仅有少量沙漠植物生存，却难以有生物生存，环境恶劣且严峻。乌海湖南侧河岸空间被人为干扰，普遍为硬化驳岸，生态效益不高[5]。且分配主要以南侧公园处为主，北侧居住区但植被绿化空间分布不足，缺少城市与滨河的空间链接。

2.2.3 社会限制因素

乌海市是内蒙古重要的工业城市，主要产能为焦煤，且乌海市城市年龄较为年轻，目前还处于第二产业与第三产业的过渡阶段。城市的发展与环境的破坏并向而行。

3 城市滨水空间改善方法

设计策略分三个阶段进行设计，每个阶段又分不同的设计策略进行解决。在沙漠中利用挡风墙阻挡风力，共分为三层进行，第一层利用混凝土石墙阻挡风力改变风的去向，尽最大可能减少风力；第二层运用工业挡风墙缓解风力，挡风墙的小孔设计很好地把风分解为若干分流；第三层落实到区域小环境，尽可能地在人活动的场地进行设计，阻挡风力，提供阴凉。在河流两岸利用石笼网固土缓坡，防止水土流失，提高生态性。在城市中利用城市现有的绿色空间进行绿化改造设计，在城市中设置下沉空间，风带来的冷空气略过城市，下沉空间不会受此影响，因此为城市里的人们和动植物提供了一个良好的活动环境，同时人们在下沉空间中可设置蔬菜大棚，在不妨碍人们活动的空隙中还可以提供赖以食用的水果蔬菜。同时利用一些现有的基础装置进行绿色改进，在一段时间后，绿色基础设施会慢慢回归自然，与自然融为一体，达到一种绿色循环绿色的效果[6]。

3.1 修复自然生境

3.1.1 策略一：挡风墙策略

解决乌海滨河污染的核心问题的是解决乌海严重的风沙问题，因此改变风对于城市的影响是解决问题的切入点。可以在沙漠中设置挡风墙等措施，利用挡风墙将来自沙漠的风进行阻挡，分散西风的风力等级和风向，同时沉淀来自于空气中的水分，渐渐改善沙漠土壤养分，从根源层面慢慢缓解风沙问题（图 2）。

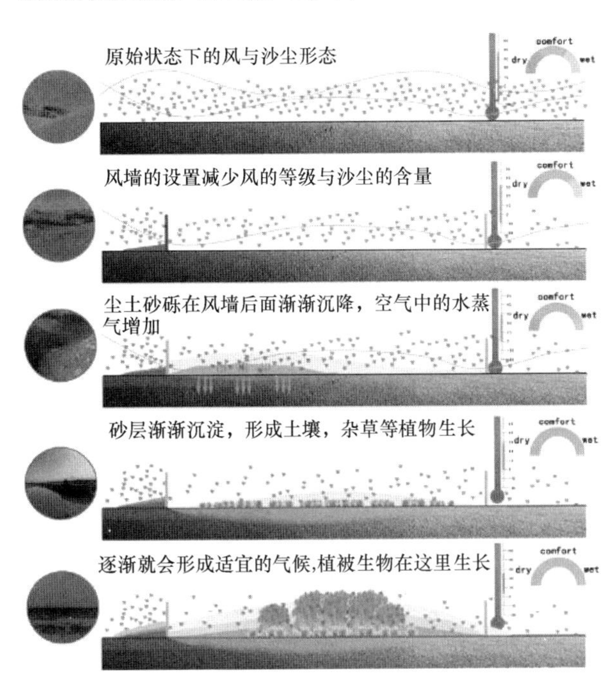

图 2 挡风墙策略展示图

3.1.2 策略二：麦秸秆网格、石笼网策略

黄河是乌海生命之源，沙漠与河流的边界处，如何阻止沙子流入河流污染水质，又如何缓解黄河对岸边的侵蚀，我们给出的策略是"锁住"流沙，加固河岸，防止流沙进入河堤提高水位，提高河岸的生态稳定性。设计利用废弃的麦秸秆与杂草等植物进行压缩，并以网格形式摆放在沙漠与河流的过渡带中，在经历一定的风沙侵蚀后，麦秸秆开始分散，同时给予沙漠养分，一段时间沙漠周围渐渐生长出绿色植被，带给沙漠生机活力。在河流右岸利用石笼网包裹石子固定河堤的策略，牢固水土防止水土流失。在缓坡中利用树枝作为原始养分埋入地底，经过微生物的分解，慢慢滋润土壤，还给岸坡生态效益（图 3、图 4）。

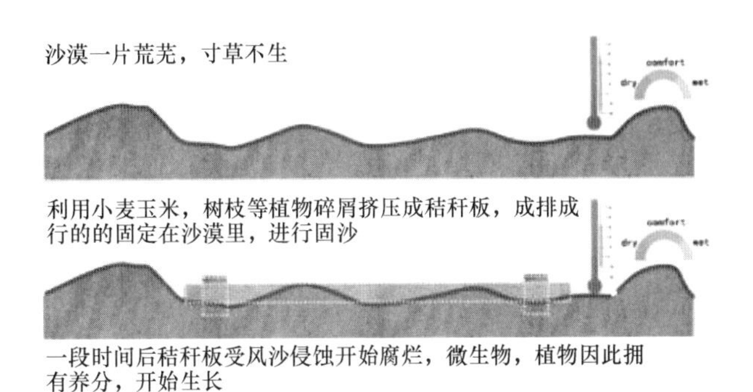

图 3 生态网格固沙修复图

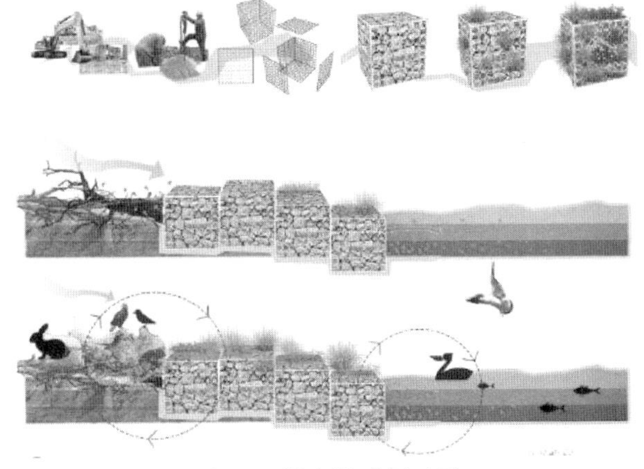

图 4 石笼网策略展示图

3.1.3 策略三：城市下沉空间策略

乌海城市面积不大，常年受到西侧沙漠的侵害，冬季凶猛的冷空气从西伯利亚高原长驱直入，并伴随风沙一同吹向城市，影响人们的外出活动，同时寒冷天气对于农作物的生长极其不利。为了给人和植物一个合适的生存环境，设计从温度，湿度，风力等级，土壤含量等方面进行思考，综合环节进行设计。利用高差缓解冷空气侵蚀力度，提高环境温湿度，从受侵蚀处出发，创造适宜的生存环境（图 5）。

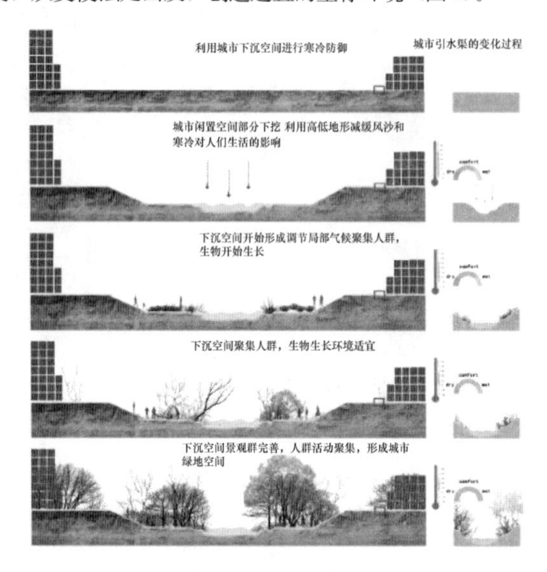

图 5 城市下沉空间策略展示图

3.2 具体策略

3.2.1 挡风墙类型设计

在沙漠之中设置挡风墙以阻挡风侵蚀城市，共分为三个层次来设计，第一层为大范围大面积挡风墙设计，利用混凝土和麦秸秆筑成的挡风墙，在第一层设计中用来分解风力等级改变风的方向。第二层挡风墙为更深程度的化解风力，利用挡风墙上的空洞来细分风力。第三层挡风墙则设置为小节点形式，表现为挡风网的形式，从人的适宜尺寸进行设计。切实落实到人周边的环境，给人和动植物提供阴凉的空间（图 6）。

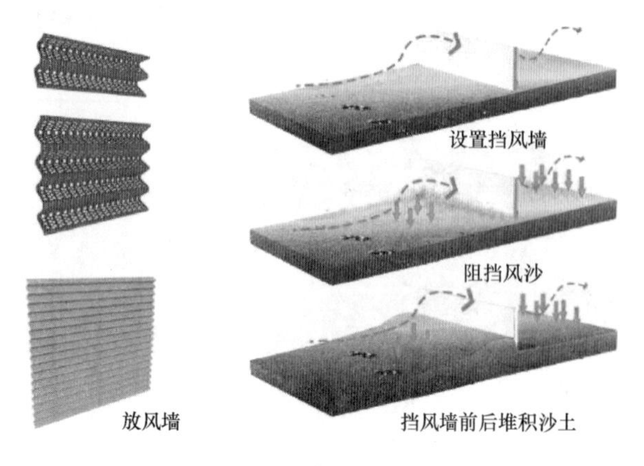

图 6 挡风墙结构示意图

3.2.2 生态方格设计

设计借鉴养蜂笼装置进行改装设计，将装置分为四层，第一层用大型颗粒状的石子组成，第二层为泥土，第三层为植物的种子，第四层为覆盖的泥土。形成一个培养皿生态模式，方格可以随意组装拆卸，作为支撑的材质为木条，一段时间后木条会腐烂，方格形成自己的小气候，组装起来的方格形成一小片的气候，同时可以感染周边的环境达到感染整个场地的作用（图 7）。

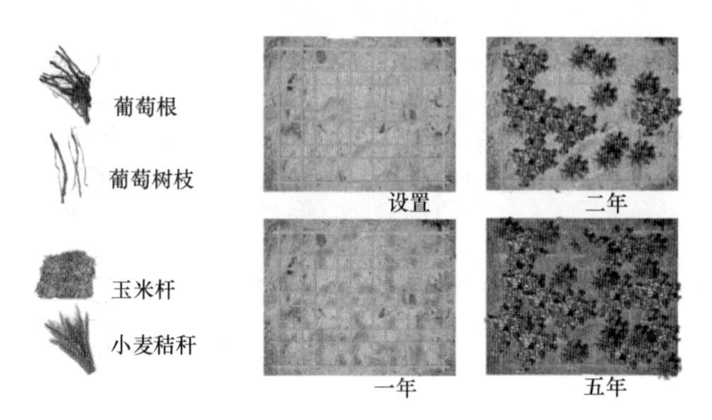

图 7 生态网格策略示意图

3.2.3 城市下沉空间绿色生态设计

利用城市绿地作为新的城市下沉空间，在新的下沉空间里做一系列关于生态保温，生态平衡等问题，已解决在此之前的城市因干旱而造成的诸多问题，每个城市下沉空间的串联形成新的城市绿地网络（图 8）。

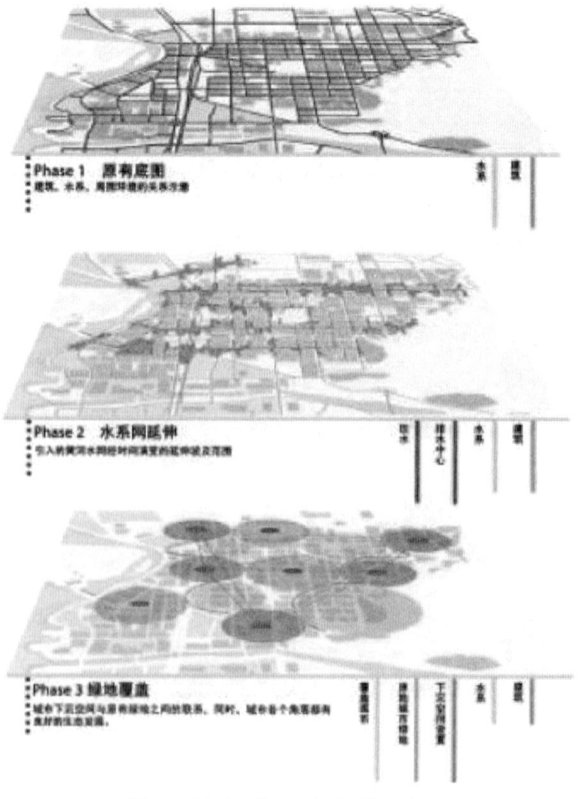

图 8 城市下沉空间串联示意图

4 结语

“城市双修”理念为新时期实现城市的更新指明了方向。城市滨水空间是城市中最活跃、最具生命力的区域，是“城市双修”的重要实践对象。城市山水空间格局对城市生态的调节、形象的提升和人民生活品质的改善都具有非常重要的意义。本文认为，城市滨水空间的设计应以“城市双修”和城市现状发展理念为指导，从对水体、河床和驳岸的自然生境修复、对滨河空间的功能修补和空间活力修补三个层面进行。随着时间的推移使乌海形成一个拥有自我调节能力的生态发展绿城。

参考文献

[1] 刘栋．村镇河流生态适应性护岸景观设计研究[D]. 长沙：湖南农业大学，2011.
[2] 胡婷．山地城镇河流地带适应性规划研究[D]. 重庆：重庆大学，2009.
[3] 丁飞，吴芸，严妍．平原河网区中小河流生态护岸植物适应性研究[J]. 水资源开发与管理，2018(03)：20-23.
[4] 李哲，陈永柏，李翀等．河流梯级开发生态环境效应与适应性管理进展[J]. 地球科学进展，2018，33(07)：675-686.
[5] 景文丽，余侃华，蔡辉．基于生态修复理念的河流水环境治理适应性策略研究——以铜川市石川河水系为例．
[6] 梁开明，章家恩，赵本良，等．河流生态护岸研究进展综述[J]. 热带地理，2014，34(01)：116－122＋129.

作者简介

于松强，1996 年生，男，汉族，山东莒县人，硕士，山东建筑大学学生。电子邮箱：1362327762@qq.com。

苗波涛，潍坊公路管理局公路养护工程处。

北京乡村景观的适老化功能研究

Study on the Elderly-oriented Service Functions of Rural Landscapes in Beijing

毛立佳　刘建娇　徐　峰　刘婷婷

摘　要： 城乡协调创建乡村景观的适老化服务功能，是破解城市养老难题、乡村创新发展的突破口。本文以北京小浮坨村、琉璃渠村和龙聚山庄为研究区域，分析了老年人在乡村居住的动机和对景观服务功能的需求。研究结果表明：居住的意愿和景观需求与人群类型和文化程度呈正相关，城市迁居或高学历老人对乡村原生态和现代化、便利设施的需求更高。同时，结合乡村景观的调查与评价，探究了不同类型乡村景观的适老化改造定位和策略，以期为乡村景观建设提供新的思路。

关键词： 老龄化；乡村景观；适老化景观

Abstract: The coordination between urban and rural areas to create elderly-oriented services will be a breakthrough to solve the problem and innovate the pension model. This paper takes three villages in Beijing, namely Xiaofutuo , Liuliqu and Longjushanzhuang as examples to analyze the living motivations , views on the future development of the countryside and needs for the landscape services of the elderly. The results show that the willingness to live in the villages and the landscape demands are positively correlated with the types of population and the degree of education, and elderly people who move from urban areas or are well-educated have higher demand for rural original ecology and modern facilities. Secondly, based on the investigation of the current situations of rural landscape and the results of expert evaluation, this paper puts forward some elderly-oriented transformation strategies aimed at different types of rural landscape for the purpose of providing a reference for the construction of elderly-oriented rural landscape.

Keyword: Aging; Rural Landscape; Elderly-oriented Landscape

截至2018年底，北京市60岁及以上人口364.8万人，占总人口的16.9%；65岁及以上人口241.4万人，占总人口的11.2%[1]，老龄化趋势日益明显。许多城市老年人退休后选择返乡居住，致使乡村老年人口构成呈现多样化的趋势。因此，本研究将基于不同人群对乡村景观的服务功能需求进行调查和分析，进而提出乡村景观的适老化改造对策，在建设美丽乡村的同时，缓解北京城区养老服务的压力，为特色养老、乡村景观建设和乡村振兴提供参考。

1　引言

居住环境直接影响老年人的身心健康[2]，亲近自然、驻留在被树木和水景包围的空间之中[3]，有益于健康[4]。特别是在乡村田、山、水、路、林、村聚集的自然环境中，令人愉悦的乡野气息、舒适简便的生活方式以及平易近人的邻里关系，可以为老人提供良好的健康服务功能：即通过参与生产活动和户外锻炼促进身心健康[5,6]，提高老年人的睡眠质量和改善情绪[7]；亲近自然的娱乐活动增加了生活的满意度，有利于建立良好的人际交流，促进情感的宣泄[8,9]。国内外相关理论包括心理进化理论[10]、注意力恢复理论[11]和环境行为模型[12]等。

关于乡村景观的适老化功能研究，多集中在住宅的适老化改造[13,14]及居住环境适老化改造的理论方法探索，如空巢村的有机更新理论、城乡一体化理论和乡镇动力学理论等，为乡村适老化改造提供了新的途径[15]和理论基础。关于老年人乡村生活的意愿和景观偏好研究，如基于马斯洛需求层次理论[16]、乡村老年人住宅使用的满意度、乡村建筑环境老年人活动调查等，提出了适老化居住环境功能和活动功能改造设计的方法，从日常生活环境及活动的参与角度入手，探讨适老化乡村的发展方向[17]。

乡村景观独特的资源优势，是缓解老龄化问题的潜在目的地。因此，本文以北京小浮坨村、琉璃渠村和龙聚山庄为例，分析老年人居住的动机，及对乡村未来发展的看法，探讨景观适老化服务功能的完善途径，以期为乡村景观建设提供借鉴。

2　研究内容与方法

2.1　研究对象的划分

本研究将乡村中的老年人分为原住老年人、返乡老年人以及城市迁居老年人（表1）。

老年人群的划分　　表1

类别	特征
原住老年人	一直在乡村留守居住的老年人
返乡老年人	外出务工的乡村原住居民，年老后由于身体健康、归乡情感等原因，重新返回到原居住地。他们对村落内外的生活都有所了解，是乡村景观改造建设的主力
城市迁居老年人	原本在城市生活的老年人，由于对自然的向往、城市居住条件的限制等原因，选择在服务设施比较完善、风景优美的地区作为养老生活的第二居所

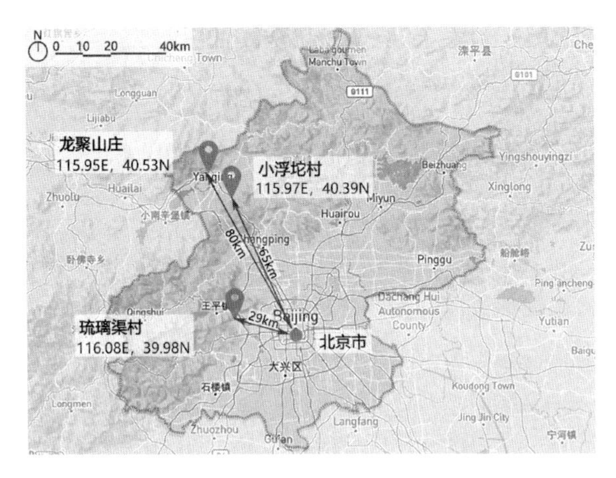

图 1 研究区域分布图

图 2 小浮坨村平面图

图 3 琉璃渠村平面图

图 4 龙聚山庄平面图

2.2 研究区域的选取

研究选取自然风光较好，村域面积和人口适中，相关信息详实（表 2）的延庆县八达岭镇小浮坨村、门头沟区龙泉镇琉璃渠村及延庆县张山营镇龙聚山庄（图 1）作为研究对象。其中，小浮坨村（图 2）的老年人主要为原住老人；琉璃渠村（图 3）主要为原住、返乡老人；龙聚山庄（图 4）主要为原住和城市迁居老人。

2.3 研究步骤

研究内容包括两部分：分析乡村不同类型老年人的景观居住意愿差异，确定乡村景观适老化改造定位；分析乡村景观现状与需求，确定适老化改造策略。

村落基本情况 表 2

村落名称	小浮坨村	琉璃渠村	龙聚山庄
乡村类型	自然村	棚户村	改造村
行政面积	372.4hm²	350hm²	242.2hm²
户籍人口	214 户（611 人）	1023 户（1660 人）	290 户（1690 人）
老年人口	127 人	606	312
人群类型	原住老年人	原住老年人、返乡老年人	原住老年人、城市迁居老年人
村落特点	未经开发改造，保留原始聚落风貌，且靠近山脚，风景优美	受外来人口冲击，近些年建筑密度急剧增大	经过统一规划建设，发展成为别墅与居民区相结合的现代化乡村，且自然环境优美

2.3.1 采用结构性问卷形式，调查老年人的乡村居住意愿

问题A：调查老年人选择在乡村居住的动机。

我喜欢现在居住的乡村是因为：优美的自然环境；生活便利；农业种植和养殖；熟人陪伴；乡村气息。

问题B：调查老年人对乡村未来发展和景观服务功能的期望。

我希望未来居住的乡村：自然原生态；发展休闲旅游；更多农业耕种；便利的现代化设施；保持现状。

问卷采用SPSS进行分析，涉及的协变量包括年龄、性别、受教育程度、人群类型等。世界卫生组织对老年人的定义是年龄在60周岁以上，根据我国实际情况，本文研究将45～59岁定义为初老期，60～79岁为老年期，80岁以上为长寿期；将小学及以下视为初等教育，初中、高中等视为中等教育，大学及以上视为高等教育。

2.3.2 现场调研、问卷及专家评价，确定乡村景观服务功能要素

（1）现状和需求调查

现场调研记录村落景观和基础设施信息，包括环境美化、卫生保健、建筑、文娱活动场地及设施、道路和照明等条件。通过问卷形式对老年人的需求进行调查。

（2）专家评价

为保证评价结果的一致性和客观性[18]，村落现状以照片形式采用PPT演示文稿（辅以文字说明）播放两次，专家使用里克特七点量表对三个村落的景观服务设施现状进行打分。为便于统计，将计分范围缩小到0～1之间，最终得分的计算公式为：

$$S=\frac{1}{6}(M-1)$$

式中：S代表最终得分；M代表专家评分均值。

3 乡村适老化居住意愿

3.1 基本情况

发放120份问卷，其有效问卷113份（表3）。其中小浮坨村、琉璃渠村各收到有效问卷38份，龙聚山庄共收到有效问卷37份。

受访老年人基本情况统计表　　表3

项目	类别	人数	百分比
性别	男	46	40.7%
	女	67	59.3%
文化程度	初等教育	58	51.3%
	中等教育	43	38.1%
	高等教育	12	10.6%
年龄	45～59岁	14	12.4%
	60～79岁	90	79.6%
	80岁以上	9	8.0%
人群类型	原住居民	66	58.4%
	返乡居民	22	19.5%
	城市迁居居民	25	22.1%

续表

注：实际调研结果所有受访老年人年龄均在55岁以上。

3.2 居住意愿分析

受访老年人乡村居住动机的调查结果（图5）表明，乡村优美的自然环境（$n=62$）、熟人陪伴较多（$n=32$）是首要的原因；而种植和养殖则是最不重要的动机。对乡村未来发展的看法（图6）显示，对乡村现代化便利设施需要较高（$n=38$）；对农业耕种的关注度同样较低。由此可见，当人步入老年后，乡村景观的生产功能逐渐淡化，对生态和生活功能的需求在提升。

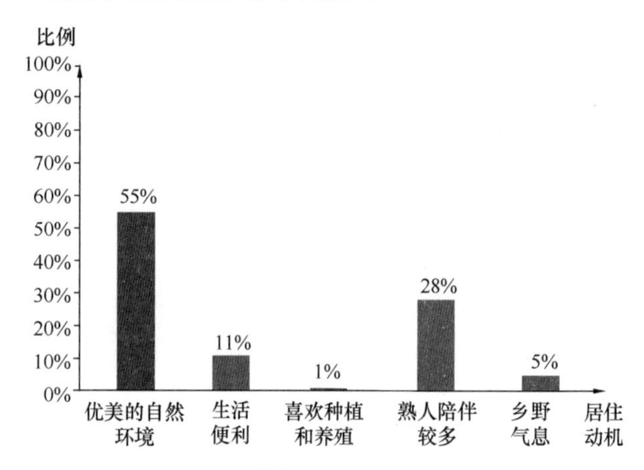

图5　老年人乡村居住动机

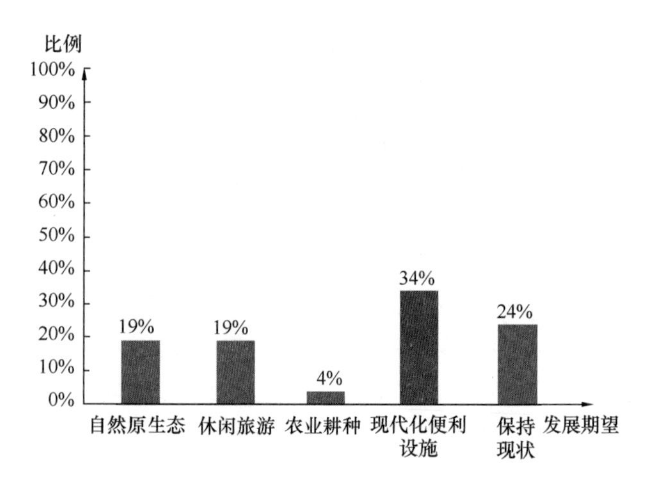

图6　老年人乡村发展期望

在对乡村未来发展的需求上（表4），对自然原生态方向的改造需求均较低，这与其主要居住动机相互印证。原住老年人对增设现代化便利设施需求明显偏低，更多人倾向于保持现状；而龙聚山庄作为统一改造规划的乡村典范，仅有2.7%的老年人将生活便利作为主要动机，远低于小浮坨和琉璃渠村。

不同村落老年人乡村生活意愿表 表4

项目	居住动机					发展期望				
	优美的自然环境	生活便利	喜欢种植和养殖	熟人陪伴较多	乡野气息	自然原生态	休闲旅游	农业耕种	现代化便利设施	保持现状
小浮坨村	18(47%)	6(16%)	0(0%)	11(29%)	3(8%)	4(11%)	9(24%)	2(5%)	9(24%)	14(37%)
琉璃渠村	16(42%)	5(13%)	1(3%)	14(37%)	2(5%)	10(26%)	8(21%)	2(5%)	15(40%)	3(8%)
龙聚山庄	28(76%)	1(3%)	0(0%)	7(19%)	1(3%)	8(22%)	5(14%)	0(0%)	14(38%)	10(27%)

3.3 相关性检验与分析

为了进一步研究影响老年人乡村居住意愿是否与社会人口统计学变量相关，将113个受访老年人的调查数据导入SPSS17.0进行相关性分析。对所有数据进行量化处理（如：老年人乡村居住动机的五个变量分别用1～5数字表示），对四个协变量（性别、年龄、文化程度、人群类型）分别进行卡方检验。结果显示大于20%的单元格的期望计数少于5，这种情况下对相关性的描述可能不准确。因此，用费舍尔精确概率检验作为相关性检验衡量标准（见表5）。费舍尔精确检验值越小代表相关性越显著：当$0.01<p<0.05$时表示显著相关，表中用“*”标识；当$p<0.01$时，相关性高度显著，表中用“**”标识。检验结果表明，文化程度和人群类型对老年人的乡村居住意愿有显著性影响。

老年人乡村居住意愿与人口统计学变量相关性检验表 表5

相关变量	居住动机		发展期望	
	卡方渐进 sig.（双侧）	费舍尔精确 sig.（双侧）	卡方渐进 sig.（双侧）	费舍尔精确 sig.（双侧）
性别	0.588	0.625	0.874	0.9
年龄	0.964	0.897	0.82	0.832
文化程度	0.045*	0.017*	0.009**	0.005**
人群类型	0.023*	0.005**	0.005**	0.002**

3.3.1 人群类型（表6）

原住老年人和返乡老年人居住在乡村的原因除了景色优美，还有就是有熟人陪伴，体现了乡村原风景的价值。

城市迁居老年人更倾向乡村优美自然原生态的保留，对今后景观改造给予很高的期望。

人群类型与居住意愿表 表6

人群类型	居住动机					发展期望				
	优美的自然环境	生活便利	喜欢种植和养殖	熟人陪伴较多	乡野气息	自然原生态	休闲旅游	农业耕种	现代化便利设施	保持现状
原住老年人	29（44%）	10（15%）	1（2%）	23（35%）	3（5%）	8（12%）	17（26%）	3（5%）	17（26%）	21（32%）
返乡老年人	11（50%）	1（5%）	0（0%）	8（36%）	2（9%）	5（23%）	4（18%）	1（5%）	7（32%）	5（23%）
城市迁居老年人	22（88%）	1（4%）	0（0%）	1（4%）	1（4%）	9（36%）	1（4%）	0（0%）	14（56%）	1（4%）

3.3.2 文化程度（表7）

老年人学历越高，对选择优美自然环境的要求越高；熟人陪伴是初等和中等教育的老年人居住在乡村的主要动机。

随着学历增高，对自然原生态和现代化便利设施的呼声越高，对休闲旅游也越持反对意见，反映了较强的生态意识和具备了现代的自主生活能力。

文化程度与居住意愿表 表7

文化程度	居住动机					发展期望				
	优美的自然环境	生活便利	喜欢种植和养殖	熟人陪伴较多	乡野气息	自然原生态	休闲旅游	农业耕种	现代化便利设施	保持现状
初等教育	26（45%）	10（17%）	0（0%）	20（34%）	2（3%）	6（10%）	15（26%）	3（5%）	15（26%）	19（33%）
中等教育	25（58%）	2（5%）	1（2%）	12（28%）	3（7%）	12（28%）	7（16%）	1（2%）	15（35%）	8（19%）
高等教育	11（92%）	0（0%）	0（0%）	0（0%）	1（8%）	4（33%）	0（0%）	0（0%）	8（66%）	0（0%）

4　乡村适老化居住评价

4.1　调查结果

结合前人研究和乡村的实际情况，筛选出乡村景观适老化功能要素，见表 8。

老年人对景观服务要素的需求情况如表 9 所示。其中，老年人对植物美化和医疗设施的需求都较高；小浮坨村老年人对各项环境需求较高，琉璃渠村老年人相对居中，龙聚山庄老年人的需求较低。

乡村景观适老化功能现状　　表 8

村落名称	小浮坨村	琉璃渠村	龙聚山庄
道路	硬质水泥路	沥青铺装、石板路	沥青铺装
植物美化	植物种类丰富，绿化率高	绿化面积较大，古树较多	植物种类丰富、配置精细
河流水景	无	村东紧邻永定河	村内有河流水景
房屋墙体	宣传标识	建筑墙体古朴	立面丰富，垂直绿化
室外广场	健身场面积 1300m^2	健身场两处，分别为 2000m^2、3000m^2	水塔广场 1500m^2，运动场地 2000m^2
环卫系统	垃圾回收系统，公共厕所	新建了水冲厕所和垃圾篓	
医疗机构	卫生所未营业	多处药店	卫生所运营正常
商店	现有商店 2 个	多处沿街摊贩，商店及餐馆	村口居民区有底商
文化活动建筑	数字影院、老年活动中心、图书室等	无	村民活动室、图书室、养老院
夜间照明	路灯齐备，部分损坏	路灯完好	路灯完好
其他设施	阳光浴室	古建四合院和诸多文物古迹	无

适老化乡村建设需求表　　表 9

建设内容	小浮坨村	琉璃渠	龙聚山庄
植物美化	23，61%	25，68%	23，66%
河流水景	27，71%	16，43%	6，17%
房屋和墙体美化	19，50%	10，27%	3，9%
道路	27，71%	22，59%	10，29%
活动广场	17，45%	23，62%	5，14%
室内活动场所	14，37%	15，41%	13，37%
休息设施	25，66%	21，57%	12，34%
运动设施	18，47%	13，35%	7，20%
医疗设施	37，97%	29，78%	23，66%
照明设施	29，76%	19，51%	13，37%

4.2　适老化评价

专家基于照片（图 7）打分最终结果见表 10。均值和分数越高代表景观服务现状水平越高；对应标准差和均值标准误，用于检验专家评价的波动性，即不同专家的分歧大小，数值越大，代表专家评价的波动性越大，意见越不统一。

结果显示，小浮坨村各项乡村景观要素的得分差别较大，室内外活动场所较好，河流水景和医疗设施最差。琉璃渠村各项乡村景观要素（除房屋墙体美化）得分均低于 0.5 均现状不理想。龙聚山庄各项乡村景观要素除了休息设施，其他各项要素均大于 0.45 现状良好。

图 7　村落道路现状图（从左往右依次：小浮坨村、琉璃渠村、龙聚山庄）

乡村景观现状专家评价表　　　　表 10

类别	小浮坨村				琉璃渠村				龙聚山庄			
	均值	标准差	均值标准误	得分	均值	标准差	均值标准误	得分	均值	标准差	均值标准误	得分
植物美化	5.00	0.71	0.24	0.67	3.67	0.71	0.24	0.45	5.11	0.93	0.31	0.69
河流水景	1.11	0.33	0.11	0.02	2.00	0.71	0.24	0.17	4.67	1.22	0.41	0.61
房屋和墙体美化	3.56	0.73	0.24	0.43	4.33	1.00	0.33	0.56	5.11	0.93	0.31	0.69
道路	4.11	0.60	0.20	0.52	4.00	1.12	0.37	0.50	4.22	1.64	0.55	0.54
活动广场	5.44	0.53	0.18	0.74	3.67	1.12	0.37	0.45	3.78	1.30	0.43	0.46
室内活动场所	5.67	0.71	0.24	0.78	1.44	1.01	0.34	0.07	4.33	1.32	0.44	0.56
休息设施	4.44	0.88	0.29	0.57	3.78	1.09	0.36	0.46	2.78	0.83	0.28	0.30
运动设施	3.78	0.83	0.28	0.46	3.89	0.93	0.31	0.48	3.67	1.00	0.33	0.45
医疗设施	1.00	0.00	0.00	0.00	2.22	0.67	0.22	0.20	4.67	0.87	0.29	0.61
照明设施	3.33	0.87	0.29	0.39	3.11	0.78	0.26	0.35	3.78	0.83	0.28	0.46

4.3　改造评级

以老年人需求和专家评价作为 x 轴和 y 轴，构建了四分图模型，以明确景观改造重点和顺序。四分图模型是根据 IPA 模型[19]改进得到的（IPA 模型是从重要性和满意度确定要素的分布），以专家评价作为乡村景观现状的评价标准与 10 项景观服务设施的需求进行拟合（图 8）。图中 1（蓝色）、2（绿色）、3（红色）分别表示小浮坨村、琉璃渠村和龙聚山庄，A～J 表示具体的景观服务设施要素（A～植物美化，B～河流水景，C～房屋和墙体美化，D～道路，E～活动广场，F～室内活动场所，G～休息设施，H～运动设施，I～医疗设施，J～照明设施）。为保持四分图 x、y 轴度量值一致，便于观察，将所有老年人需求调查得到的百分数改为 0～1 间的数字作为老年人需求得分。最终的四分图以 0.5 分为界，划分为 4 个象限。

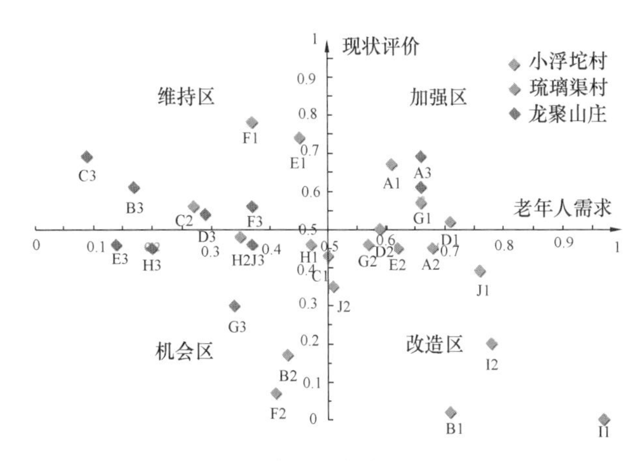

图 8　老年人需求——专家现状评价四分图

根据老年人需求——专家现状评价四分图，确定景观服务设施要素改造等级（表 11）。

环境要素改造等级表　　　　表 11

类别	特点	小浮坨村	琉璃渠村	龙聚山庄
亟待改造	老年人需求较高，但现状评价较低，即现状与需求差距较大，是改造的重点	B1；C1；I1；J1	A2；D2；E2；G2；I2；J2	—
加强建设	老年人需求较高且现状较好，是现有适老化乡村景观服务功能的优势所在	A1；D1；G1	—	A3；I3
维持现状	老年人需求较低且现状较好，应继续维持，避免因关注少而荒废破损，不是改造重点	E1；F1	C2	B3；C3；D3；F3
机会	老年人需求较低且现状较差，可作为机会区适时改造	H1	B2；F2；H2	E3；G3；H3；J3

整体来看，琉璃渠村亟待改造的环境要素有 6 个，小浮坨村 4 个，而龙聚山庄不存在亟待改造的环境要素，仅仅在加强区存在两个（A-3 植物美化，I-3 医疗设施），这两点也恰是全部老年人关注的重点。综上，琉璃渠村景观服务适老化功能较低，龙聚山庄适景观服务适老化功能较高，小浮坨村居中。

5　结论和建议

5.1　结论

5.1.1　人群类型和受教育程度，是影响老年人乡村居住意愿的主要因素

原住老年人和返乡老年人，熟人陪伴是乡村居住养老的主要动机；原住老年人对乡村的便利生活比较关注，并希望借助休闲旅游发展本村经济。城市迁居老年人则需要更多的自然原生态。

学历越高的老年人，越热衷于优美自然环境，对熟人陪伴的居住动机越不明显，对生活便利要求也越低。随着老年人文化程度的增高，反对发展休闲旅游的呼声逐渐强烈，对自然原生态和现代化便利设施的需求增加。

5.1.2　利用“需求——评价”结构，指导乡村景观的适老化功能改造

自然村、棚户村和改造村的差别很大，乡村景观的适老化功能提升策略也不同。根据老年人对景观服务需求及专家的评价，构建“需求——评价”的四分象限图。将景观服务要素分别纳入其中，明确了改造的轻重缓急（亟待改造区、加强建设区、维持现状区以及机会区），以此指导乡村景观适老化改造，适合老年人居住养老的需求。

5.2 建议

5.2.1 维护良好的自然环境

优越的自然环境是老年人居住乡村、养老的动机。加强资源利用、加快基础设施建设、加强保护区建设，实施生态修复工程、加强环境保护监督管理、建立生态环境监测体系及执法体系、加强生态环境保护宣传力度等，以维持乡村景观的资源优势。

5.2.2 建设现代化的便民设施

与城市相比，乡村的现代化、便利程度较低，无法满足老年人日愈高涨的居住需求。应以超前的发展思维观，结合现代物联网技术，增加多功能模块，为未来智慧乡村建设留下足够空间。

参考文献

[1] 北京市统计局．全市年末常住人口[EB/OL]. http://tjj.beijing.gov.cn/tjsj/yjdsj/rk/2018/201901/t20190123_415576.html，2019-01-23.

[2] Walker R B，Hiller J E. Places and health：A qualitative study to explore how older women living alone perceive the social and physical dimensions of their neighborhoods[J]. Social Science and Medicine，2007，65(6)：1154-1165.

[3] Gundersen V S，Frivold L H. Public preferences for forest structures：A review of quantitative surveys from Finland，Norway and Sweden[J]. Urban Forestry and Urban Greening，2008，7(4)：241-258.

[4] Kaplan R，Kaplan S. The Experience of Nature：A Psychological Perspective[M]. Cambridge University Press，1989.

[5] Maller C，Townsend M，Pryor A，et al. Healthy nature healthy people：'Contact with Nature' as an up stream health promotion inter- vention for populations[J]. Health Promot Int.，2005，21(1)：45-54.

[6] Pretty J. How nature contributes to mental and physical health[J]. Spiritual. Health Int.，2004.，5(2)：68-78.

[7] Cutler L J. Nothing is Traditional about Environments in a Traditional Nursing Home：Nursing Homes as Places to Live Now and In the Future[M]. Division of Health Policy and Management School of Public Health University of Minnesota，Minnesota，United State，2008.

[8] Jessica F，Thea F，Heather M Ky，et al. Therapeutic landscapes and wellbeing in later life：Impacts of blue and green spaces for older adults[J]. Health & Place，2015，34：97-106.

[9] Conradson D. Landscape，care and the relational self：Therapeutic encounters in rural England[J]. Health& Place，2005，11 (4)：337.

[10] Ulrich R S. View through a window may influence recovery from surgery[J]. Science 1984，224，420-421.

[11] Kaplan，S. The restorative benefits of nature：toward an integrative framework. Journal of Environment & Psychology[J]. 1985，15：169-182.

[12] Zeisel J，Hyde J，Levkoff S. Best practices：An environment-behavior(E-B) model for Alzheimer special care units [J]. American Journal of Alzheimer's Care and Related Disorders & Research，1994，9：4-21.

[13] 周燕珉，王富青．"居家养老为主"模式下的老年住宅设计[J]. 现代城市研究，2011，(10)：68-74.

[14] 张萍，杨申茂，刘君敏．"在宅养老"住宅体系建设研究[J]. 现代城市研究，2013，(06)：108-115.

[15] 曾庆国．西安地区空巢村养老问题研究[D]. 西安：西安建筑科技大学，2010.

[16] 刘少帅，朱正．基于马斯洛需求理论下的乡村适老化空间研究[J]. 山西建筑，2017，43(21)：1-3.

[17] 汤丽珺．居住区内老年人户外活动空间特征研究[D]. 北京：北方工业大学，2013.

[18] 李志恒，张忠辅，李宗平，等．专家评价法及其在科技立项中的应用[J]. 甘肃科学学报，1993，(03)：70-74.

[19] 戴钰，刘亦文．基于IPAT模型的长株潭城市群经济增长与能源消耗的实证研究[J]. 经济数学，2009，(02)：65-71.

作者简介

毛立佳：1992年生，男，汉族，河北人，中国农业大学园艺学院风景园林硕士。研究方向：乡村景观与文化遗产保护，现供职于北京市通州区漷县镇人民政府。电子邮箱：603665160@qq.com。

刘建娇：1994年生，女，汉族，山西人，中国农业大学园艺学院园林植物与观赏园艺硕士。研究方向：乡村景观与文化遗产保护。电子邮箱：13260035570@163.com。

徐峰（通讯作者）：1969年生，女，汉族，浙江人，中国农业大学园艺学院副教授。研究方向：乡村景观与文化遗产保护。电子邮箱：ccxfcn@sina.com。

刘婷婷：1983年生，女，汉族，山西人，中国农业大学园艺学院园林植物与观赏园艺硕士。研究方向：乡村景观与文化遗产保护，现供职于北京市园林科学研究院。

城市LID技术渗透设施景观化研究

Study On The Landscaping Of Urban LID Infiltration Technology Facilities

刘惊涛

摘 要： 海绵城市的研究日益被社会所接受，然而人们面对在城市化进程中各种城市雨洪管理问题，已经开始思考城市基础设施建设与自然环境之间的关系。而在理论不断创新，实践不断更新中发现，我国大部分传统灰色基础设施的建设对城市生态乃至自然环境方面具有较大的破坏力，而且高成本、难管理是首要问题。所以凭借海绵城市理论下LID渗透技术的建设，绿色基础设施建设及其景观优化对恢复城市良性生态循环、构建与表达良好景观美学中起着至关重要的作用，并且国内外已有众多相关案例可供借鉴和参考。

关键词： 绿色基础设施；城市景观；LID渗透技术；雨洪管理

Abstract: The research of sponge city is becoming more and more accepted by the society, in the face of all kinds of rain flood management problems faced in the process of urbanization, people are already thinking about the relationship between the urban infrastructure construction and natural environment in the theory of continuous innovation, constantly updated found that most of the traditional gray infrastructure construction of urban ecology and the natural environment has a bigger force, and the high cost of difficult to manage so with sponge LID osmosis technology under the theory of urban construction expresses the green infrastructure to restoring city to construct and express good benign ecological circulation plays an important role in landscape aesthetics LID infiltration facilities on all occasions can be expressed in a landscaped way, and there are many relevant cases at home and abroad for reference and reference.

Keyword: Green Infrastructure; Urban Landscape; LID Infiltration Technique; Stormwater Management

引言

曾兴极一时的海绵城市，其理念能够有效的指导和解决我国城市雨洪管理方面的问题，虽然当代中国在海绵城市建设中还处于萌芽阶段，但是在理论层次上已经在不断更新，技术上在不断创新。海绵城市的理论层面同于美国的低影响开发（LID）、澳大利亚的水敏感城市设计（WSUD）和英国的可持续排水系统（SuDS）等，与此同时美国正在各城市实施的绿色基础设施的规划建设同我国海绵城市的建设也是一致的。在中国，采用大量的LID技术应用在海绵城市之中，即在国际语境中海绵城市的推行是具有城市雨水管理理念的中国化的表达。[2]

而在海绵城市理论中，雨洪管理的任务是重中之重，而在景观表达中，传统灰色基础设施对自然破坏力极大，而绿色基础设施能够满足雨洪管理的功能，但是在一些景观的表达上，可能过于死板或者理论化，甚至达不到景观美学上的要求。为了更好的融于环境，绿色基础设施艺术景观化有必要与绿色基础设施同步发展。

1 LID渗透技术的含义与构成

1.1 含义

海绵城市21项LID技术中大体可以划分为五个技术大方向，分别是渗透技术、蓄水技术、调节技术、输送技术以及污水净化技术。海绵城市应用基于“渗、蓄、滞、净、用、排”这一步骤顺序，以最大限度地减少城市化建设对生态环境的不利影响，其目的是将70%左右的降雨以及滞水就地消纳、循环与利用。其中渗水技术是所有技术的初始点，也是着重点。其原理是通过改造屋顶绿化、调整绿地竖向、改变各种路面及地面铺装材料等方式，从源头将亟待消纳的雨水滞留下来，通过人工技术渗透下去，这样才有机会进行下一个步骤。

1.2 构成

在LID技术五大分类中，内含着不同的技术设施，它们并不互相独立，被同时涵盖在多种分类构成中，承担多种身份和用途。其中渗透技术的构成主要是：雨水花园（下沉式绿地）、绿色屋顶、生物滞留设施、透水砖铺装及其他渗透设施等。

2 国外LID技术景观化处理进程

在中国海绵城市理论刚刚成型的阶段，部分发达国家已经致力于探索与塑造雨洪管理方面的一些景观思路，而不是纯粹去完善雨洪管理中的功能层面上的缺失。21世纪初期，城市可持续理念的推行，多样化雨洪管理得到推广与实践。虽然这些理论各个国家在定义中表述不一，但是其本质和内涵都是殊途同归。

2.1 德国

欧洲最典型的雨水强管理、高利用的国家非德国莫属。从宏观到微观层面，雨水管理与景观设计结合程度非常之高，形成了完整的技术体系。不仅在居住区、公共庭院和大型建筑周围或院落等场所进行雨水收集循环利用，而且政府对于河流流域的水资源开发也极其重视雨水的汇集、净化与利用。并有众多优秀的案例出自于德国的雨洪管理设计之中。

2.2 美国

美国转变了以往简单地解决雨水排放等功能性问题的概念，反而利用雨洪资源提升场地的天然渗透力为导向进行LID渗透技术的建设，回归到自然，以自然美的方式重塑。美国大规模的建设地下隧道蓄水系统，减少地上必要灰色设施的建设，并大力推广建筑屋顶雨水收集技术和由绿地、滞塘、透水路面等组成的地表回流灌溉系统，组成一个完整且功能性强大的景观系统。

2.3 日本

日本是亚洲相较于实施雨洪管理最成功的国家之一。日本提倡雨水多功能渗透调蓄，不仅在使用功能上丰富，更多的在人们的美感认知上展现出来，从而城市雨洪管理技术的推行得到公民和商企的关注与支持，有力地推动了LID技术的快速发展，进而有效地以人工的方式补充地下水，恢复河川基流，稳步改善生态环境。[3]

3 LID渗透技术景观化处理

景观的达是利用其景观元素的景观特质进行景观工程化处理，在对场地进行景观的提升中起到重要作用。相较于外国的雨洪管理的先进性，中国相对于滞后，为了能够营造一种环境优美的城市景观空间，故在满足功能的前提下，进行景观化的处理是必要和必需的。

3.1 雨水花园景观提升

雨水花园（图1）是海绵城市理论下的21种LID措施之一，也是国内外采用雨水管理方法最流行的方法之一。在先进的国外雨水管理理念中，重点是采用生态和近自然雨水生态管理的“软排水”模式。充分发挥城市自然生态系统在调蓄雨水、保护水源、改善水质、雨水利用方面的价值。作为城市景观，雨水花园也是城市绿色基础设

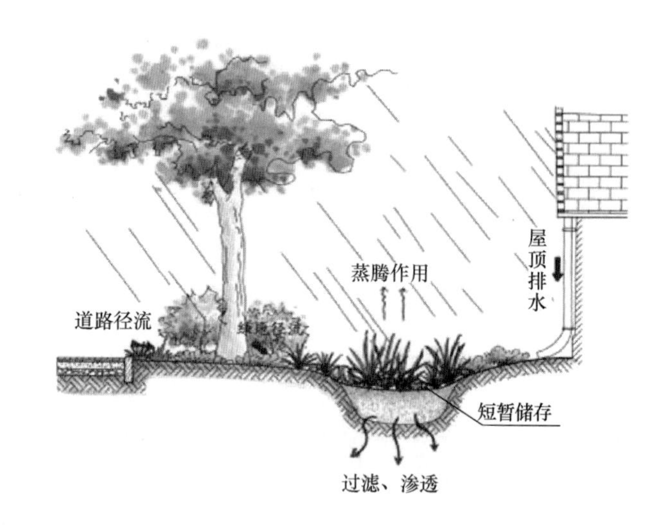

图1 雨水花园工作原理

施的一部分，其艺术性和景观化表达的需求也同样需要被关注和重视。

通过分析场地雨水特性，综合考虑场地的设计、不同的材料以及采用的植物，对雨水渗透、调蓄、收集、传输等方式进行艺术化提升或重设计，将水的美韵以多种形式呈现出来。在实践中可以看出，一些结构工程并不复杂的雨水花园，其形式非常的自由，外观极富野趣，景观元素也极为丰富。如波特兰雨水花园，该花园由跌水景观、多形石材和异色植物构成，该花园在造型上通过多型多样的浅滩小瀑布以及被玄武岩堰分隔而成且互为串联的水池相组合，减缓了暴雨所导致的水流速度。这些小水池不仅可以起到蓄水滞留的作用，还可以促使雨水有足够的时间入渗至土壤环境中，并形成了优雅景致的跌水景观，功能和景观美得以两全（图2）。对于雨水花园而言，其建造、运行、维修乃至养护的费用相对较低，而且施工管理流程较其他工程简单，易于操作。在生态防护以及自然美景重构的过程中发挥着至关重要的作用。从应用实践来看，雨水花园多引入在泊车场、街巷道以及社区庭院等处。对于雨水花园景观化的应用，通过人工干预或设计可以使景观元素呈现出多样化的特点，而且其多元化的结构形式，或蜿蜒婉转，或石堰阻隔，各种深意内涵赋予其中[4]。

图2 波兰特雨水花园跌水景观

3.2 绿色屋顶艺术深化

绿色屋顶的改造可有效减少屋顶总径流和径流污染的负荷，其特殊的性能决定了有节能减排的效果。绿色屋顶在绿色被动式建筑中大量推行使用，但对屋面荷载度、防水性、屋顶坡度和室内空间结构有严格的要求。所以屋顶建设是不容忽视的一环，更不可轻易地景观化处理。所以在这些条件的驱使下，建筑屋顶表层上可以选用一些软质材料限制雨水径流，如土壤、植被等。其屋面结构更要满足结构力学等力学特征，保证建筑完整性和安全性。从绿色功能价值上看在一定程度上可以起到渗水、蓄水、保水作用。从景观美学上看，植物的景观多样性决定了绿色屋顶的景观特色。在城市建设与发展上看也符合世界当代建设绿色家园、绿色城市、森林城市的主题。如在美国费城，使得整个中心城市的小面积内向型空间几乎各个配备了绿色屋顶的形式，并通过植物的景观多样性使得源头分散的小型基础设施就地处理雨水，将整个城市衔接成大面积的“绿色英亩”。当然还有雨水管道的优化和美化以及收滞池和排水设施的连接形式或形色变换等，都可以对绿色屋顶进行景观元素的艺术化[5]。

(*a*)

(*b*)

图 3 美国费城今夕屋顶对比

(*a*) 20 世纪末费城；(*b*) 21 世纪初费城

3.3 生物滞留设施多元利用

生物滞留设施多适用于小区内建筑、道路、泊车场所的周边绿地以及城市地势较低洼的区域。在不同场地中的利用，其形式亦不同，亦可称作为：下沉式绿地、生物滞留带、高位花坛、生态树池等。作为低影响开发设施同样具有渗透、调蓄和净化径流雨水等作用。所以生物滞留设施在建设中在保证使用功能的条件下，根据不同位置考虑多元化利用，使得整个场地在承担不同的功能用途的同时，也与周围环境达到和谐一致的程度，以求景观效果最大化[6]。如美国坦纳斯普林斯公园（图 4），从公园街区收集的雨水汇入由喷泉和自然净化系统组成的天然水景。多个生物滞留设施设置在其中，比如生态树池，生物滞留带、下沉式绿地等促进水循环。在这个繁华的市中心范围内，生态系统得到了最大地恢复，有时可以看到“鹰击长空，鱼翔浅底”的趣象，真正体现出该地的生物资源的多样性。

图 4 坦纳斯普林斯公园生物滞留设施多元利用

还有各种娱乐服务设施的建设供游人栖息游乐，并且也成为居民商娱共用的交流场所。根据深入的社区参与和地产调查显示，这个公园被当地称作是人们实现梦想和希望的地方[7]。

3.4 透水铺地及渗水塘精细化处理

透水铺地是 LID 技术中运用中最广泛的一个，几乎所有运用 LID 技术的场地都会运用透水铺地材质，主要用在绿色街道，绿色活动空间等地。透水铺地操作简单，成本相较于其他 LID 技术低，而在运用至实处时，活动场所的污染物是较复杂且难处理的，其最主要的污染途径就是道路流向道路周围，首当其冲的是周围的绿地以及街旁绿化带。所以在景观打造上，透水铺地可以与交通服务设施、市政设施相结合的方式，如排水管与透水铺地的自然引导以及植物与透水铺地的镶嵌式结构（图 5），增加渗透量，减少径流量等。既提升了雨洪管理功能的强度，也在一定程度上增加了视觉美感度[8]。

渗透塘、渗井在人居生活中较为少知少见，但是在雨洪管理中同样起到渗透、净化雨水和削减峰值的作用。它们都是用于雨水下渗补充地下水的洼地或井口，与周围土壤紧密连接，在不遮挡游人的视线或增设一些醒目标

图 5　嵌草结构的透水铺装

志的情况下，可以用花灌木、草本植物进行一定的围合或半围合，增加渗水量和调蓄作用。

4　结语

如今城市化的发展慢慢地走向多元化，但是城市建设依然离不开雨洪管理。随着人们的审美不断提高，旧的灰色设施已经无法满足人们的需求，所以雨洪管理也同样需要景观艺术的表达。由于雨洪管理的复杂性，且国家在雨洪管理的功能层面上还未完善，将绿色基础设施与园林艺术相结合的方式合理地规划布局于城市之中是一项难度不小的挑战。景观雨水管理措施不仅可以有效降低成本，还可以结合艺术和工程，创造一个令人愉快的城市景观，提高城市基础设施的品质。总而言之，城市在更进社会发展的进程中，最大限度地利用现有的绿色基础设施，平衡技术与成本，优化设计绿色基础设施景观，达到生态与美观的双重目的。

参考文献

[1]　袁媛．基于城市内涝防治的海绵城市建设研究[D]．北京：北京林业大学，2016.

[2]　仇保兴．海绵城市(LID)的内涵、途径与展望[J]．城乡建设，2015(02)：8-15.

[3]　袁媛．城市绿色雨水基础设施建设的景观化探析[J]．安徽农学通报，2018，24(14)：103-107.

[4]　刘佳玉．城市复杂建成环境下绿色基础设施对雨水径流的水质水量影响及规划布局研究[J]．国际城市规划，2018，33(03)：32-40.

[5]　王春晓，林广思．城市绿色雨水基础设施规划和实施以美国费城为例[J]．风景园林，2015，05：25-30.

[6]　袁媛．基于城市内涝防治的海绵城市建设研究[D]．北京：北京林业大学，2016.

[7]　陶一舟．城市街道雨水的管理与利用——美国波特兰市“绿色街道”改造设计[J]．园林，2007(06)：22-24.

[8]　田地．应用绿色雨水基础设施构建创新的雨水景观[J]．花卉，2018(20).

作者简介

刘惊涛，1997 年生，男，汉族，湖南湘潭市人，本科学历，就读于中南大学建筑艺术学院，建筑学。研究方向：城市规划与设计方向。电子邮箱：467244128@qq.com。

城市化背景下关于鸟类物种多样性保护的城市立体绿化建设探究①

Urban Stereoscopic Greening Construction on the Protection of Birds Pecies Diversity under the Background of Urbanization

张书铭

摘　要：在城市化的进程中土地的利用格局迅速地发生改变，城市景观破碎化的现象随之愈演愈烈。这致使城市中鸟类栖息地的面积不断缩小，栖息地质量不同程度地降低，从而消极地影响着鸟类群落结构的稳定性和物种多样性。如何在缺乏空间的城市中保护当地鸟类物种的多样性成为了城市建设所面临的一个难题。立体绿化突破了传统的地面绿化形式，在不占用城市用地的情况下，提高了城市的绿量，鸟类在一定程度上获得了更多的生活环境，立体绿化不仅可以丰富鸟类的食物来源，为鸟类提供隐蔽、栖息的场所，还可以作为鸟类觅食和繁殖的"踏脚石"，减少鸟类在各绿地斑块间迁移的阻力，从而有利于鸟类物种的交流和增加鸟类物种多样性。本文通过对立体绿化的建设技术的探析，为保护城市鸟类多样性营造更加健康的城市绿色空间。

关键词：立体绿化；鸟类多样性；鸟类保护；城市化

Abstract: In the process of urbanization, the pattern of land use has rapidly changed, and the phenomenon of fragmentation of urban landscape has intensified. As a result, the area of bird habitats in the city has been shrinking, and the quality of habitats has been reduced to a certain extent, thus negatively affecting the stability of bird community structure and species diversity. How to protect the diversity of local bird species in cities lacking space has become a difficult problem for urban construction. The three-dimensional greening breaks through the traditional ground greening form. It increases the green volume of the city without occupying the urban land. The birds have gained more living environment to a certain extent. The three-dimensional greening can not only enrich the food source of birds. It provides a shelter and habitat for birds. It can also serve as a "stepping stone" for birds to forage and breed, reducing the resistance of birds to migration between green patches, thus facilitating the exchange and increase of bird species. Bird species diversity. Through the analysis of the construction technology of three-dimensional greening, this paper creates a healthier urban green space for the protection of urban bird diversity.

Keyword: Three-dimensional Greening; Bird Diversity; Bird Protection; Urbanization

引言

城市生物多样性是确保城市绿地系统生态功能正常运作的基础，同时也是衡量城市绿化程度的重要标志。城市鸟类群落结构多样性是城市生物多样性的重要组成部分和环境质量的重要评价指标[1]。城市鸟类作为城市生物多样性的重要组成部分和城市生态环境的指示种[2,3]，因此保持城市鸟类群落和数量与城市生态环境之间的和谐关系是保护城市生物多样性的重要途径。

城市化对鸟类群落的影响具体体现在以下两方面：①城市化导致鸟类群落的组成发生变化。原生林地中常见的食虫鸟类、地面营巢或者树洞营巢鸟类沿城市化梯度种类和数量都呈减少趋势[4]。②城市化导致鸟类群落的丰富度和物种多样性发生改变。多数研究者认为，鸟类群落的丰富度和物种多样性随城市化程度的提高而下降[3]。这致使城市中鸟类栖息地的面积不断缩小，栖息地质量不同程度地降低，从而消极地影响着鸟类群落结构的稳定性和物种多样性[4]。城市鸟类的生存环境随城市化程度的提高而日渐恶化。

城市绿地作为城市基础设施建设中唯一有生命的部分，为城市鸟类提供繁殖、摄食和隐蔽条件[3]，对城市鸟类的生存和繁衍具有重要影响。因此，分析城市绿地结构与鸟类多样性的关系，研究城市绿地结构优化配置的途径与鸟类栖息生境的营造方法，将对城市生态环境建设及鸟类多样性保护提供重要的科学依据和发挥重要的指导作用。然而过度建设后的城市区携带着的诸多生态问题包括生境片断化、生态隔离、自然栖息地消失、人类活动干扰、污染和噪音等都会对城市鸟类的生物多样性产生影响，同时又缺乏可用来改善现状问题的鸟类庇护所。因此，传统的绿化模式已经无法满足如今的需求，立体绿化则是目前解决这一日益加剧的矛盾的重要途径。

1　立体绿化的概述

1.1　立体绿化的概念

立体绿化是指利用城市地面以上的各种不同立地条

① 项目基金：国家自然科学基金项目"基于景观基因图谱的乡村景观演变机制与多维重构研究"（项目编号：51878307）资助。

件，选择各类适宜植物，栽植于人工创造的环境，使绿色植物覆盖地面以上的各类建筑物、构筑物及其他空间结构的表面，利用植物向空间发展的绿化方式[7]。

1.2 立体绿化的主要形式与载体

立体绿化是相对平面绿化而言，是植物向三维空间发展的绿化形式，它有三种绿化模式：其一是植物种植设计的多层搭配法，即同一块绿地上采用草坪层、植被层、花灌木和乔木共同构成多层结构；其二是垂直绿化，即在裸露岩石、陡坡绝壁、建筑墙面、林荫道、棚架和拱门上利用攀缘植物进行绿化；其三是屋顶花园形式的绿化，在屋顶和楼房、阳台等处进行绿化覆盖。

城市立体绿化主要包括城市垂直绿化和城市屋顶绿化两部分，是城市特殊空间的绿化形式，它可以大幅度地增加城市的绿化面积，有效地改善城市的生态环境和居民的生活环境。城市立体绿化的载体有立交桥体、道路红线围栏、快速干道分车带护栏、临街单位墙体围栏、建筑墙体立面、建筑平屋顶、阳台、各种挡土墙以及城市河道、高速路、铁路护坡等。

2 立体绿化保护鸟类物种多样性的优势

2.1 拓展鸟类生境空间

林地面积是各物种丰富度的关键决定性因素[8]。研究表明，城市鸟类种类丰富度与林地面积之间存在极强的正相关关系[9]。城市林地的增加对鸟类多样性的保护无疑具有积极意义。因此，应该最大程度地合理布置人工植物群落，不断增加绿地生物量，让它尽可能的接近鸟类自然栖息地。考虑到在城市中特别是大城市增加绿地面积很困难，改造后的屋顶空间可以成为适宜鸟类生存的地方。在引鸟设计中，将闲置不用的房顶开发利用就扩大了绿地面积。日本东京的八重州大楼以吸引鸟类作为屋顶花园设计的重点。花园树种以果树为主，还建造了完整的水池、沙地、饵台等引鸟设施，现在这里已成为东京都市中心的鸟类保护区[9]。随着城市内有针对性的立体绿化的增加，属于竞争中弱势敏感类群的鸟类所需要的筑巢环境和食物资源也会增多，如此原本无法承受城市化影响的鸟类物种得到了庇护，鸟类丰富度便得到了恢复。

2.2 强化鸟类生境的连通性

城市林地大都被道路和楼层等建筑分割或包围，缺乏自然林地的完整性。由交通流量大、干扰强的高速路穿越绿地造成的边缘地带，鸟类的密度、丰富度和多样性明显减少[10]。城市绿地各单元间的空间连通性与鸟类的觅食、繁殖等生态过程密切相关。行道树、河道绿化和环城绿化带等可以增加城市绿地的连通性，衔接被“建筑海洋”孤立的各绿地斑块。这种具复杂栖息地结构的林荫道对其中鸟类的数量以及种类残留度、依赖于植物的群落密度和单一种类占有的可能性发挥积极作用[11]。连通性的增强有利于缓解景观片段化造成的生境隔离效应，提高鸟类对城市栖息地的适应能力。立体绿化的建设会改变现在鸟类的主要活动、驻留和栖息的范围，强化由林荫道构成的网状结构对鸟类活动的。这样的立体结构将城市绿网从平面形式扩展到空间中，进行合适的布置可以实现绿网的连续性，从而为生物迁移提供的路径，并大片的绿地能通过相联系，有利于缓解景观片段化造成的生境隔离效应，提高鸟类对城市栖息地的适应能力，也在一定程度上缓解边缘效应和外界干扰更适合鸟类长时间停留、生存和繁衍。

2.3 降低捕食者的侵害

野猫被认为是城市鸟类的主要捕食者。Martin 提出巢捕食可能是限制鸟类种群动态的重要因素。对人工巢的研究发现，城市比郊区具有更高的巢捕食率，人为管理的公园比不管理的公园巢捕食率高[12]。由于目前政府对城市内流浪猫的管理控制不成熟，无法对其进行控制数量地进行捕捉并绝育，加之城市内有良好的生存空间、缺少天敌，野猫数量随着城市化的发展与日俱增。越来越多的人相信，由于野猫数量增多，使城市中鸟类的被捕食风险更高[12]。其中一个很大的原因便是野猫能够轻易地找到鸟类的巢穴从而进行巢捕食，雏鸟与鸟卵都成了野猫的食物。但随着城市内立体绿化的建设，野猫巢捕食率可能在一定程度上降低。这是由于大部分立体绿化的对象都依附于建筑、构筑物，其距离地面有一定的高度、分布状况复杂且孤立，野猫很难达到这些绿化空间。因此立体绿化尤其是屋顶绿化可以成为鸟类躲避城市野猫捕食的“庇护所”。

3 保护鸟类物种多样性立体绿化的建设策略

3.1 增加乡土植物与挂果植物的配置

增加乡土植物与挂果植物能够提高鸟类与立体绿化的契合度并保证鸟类有充足食物来源。多数研究者认为，城市化环境倾向于选择外来种，例如麻雀、原鸽等，而排斥本地种类。这可能是由于城市中的植被相对单一，且多数植物为引进的外来种，从而导致本地鸟种随着本地植物的减少而减少，甚至消失。取而代之的是适应新环境和资源的外来种[3]。陈水华等[14]认为对城市鸟类物种多样性构成影响的最主要生态因子是树种多样性，而本地种鸟类对于植物的青睐一定程度上是由基因决定的，因此种类丰富的乡土植物能够起到吸引本地种鸟类的作用并能提高鸟类与立体绿化乃至城市景观的契合度。所以在立体绿化的植物选择上应该确保乡土植物的丰富度，并要尽量满足那些本地种敏感型鸟类对植物的需求。

挂果植物是植食性城市留鸟的主要食物来源。在立体绿化中，合理增加浆果类的观果树种，特别是食物短缺的冬季，不仅可以丰富冬季城市的单调景观，而且可以为留鸟提供食物。毛志滨等[15]对南京紫金山地区主要观果树种进行了调查，整理发现枸骨，铁冬青，南天竹，十大功劳，桂花，日本珊瑚，火棘，枸杞，胡颓子，牛奶子等植物挂果时间集中在冬季，长达 4～5 个月之久，具有良好的生态效益。因此在立体绿化中应合理地配植果木树种的种类和群体数量，使某一地区的一年四季都有挂果的浆果类植物，以满足城市留鸟种群生存最低限度的取食需求，以此提升非适应种鸟类的竞争力。

同时，建议通过针对性地配置植物物种、合理减少对林地凋落物的清理来增加林下层（灌木层和地被层）的复杂度，以提高城市绿地作为鸟类栖息地的生态服务功能。

3.2 丰富植物景观的垂直结构

在不影响景观表达以及安全性的基础上，丰富植物景观的垂直结构以强化自身招引鸟类的优势。研究表明城市鸟类的分布及丰富度、多样性与城市绿地植被结构有明显的相关性，Almo[16]对意大利托斯卡纳春夏季鸟类的丰富度、多样性进行研究，发现鸟类的丰富度和多样性与植被结构明显相关。Sandstrm 等[17]研究了瑞典厄勒布鲁市中心、居住区、绿道、城市边缘 4 个层次城市景观中城市绿地结构与春季鸟类物种多样性的关系，研究结果强调了具有自然植被结构的城市绿地能够承载较高的生态多样性。赛道建等[18]定性分析了城市绿地结构在城市鸟类群落结构和生态分布中的重要影响。因此在无法大量增加城市绿地面积的城市市区，要提高城市鸟类种类多样性，为本土鸟类提供适于生存的生境植被结构，丰富植物景观的垂直结构与水平结构是一个行之有效的方法。考虑到立体绿化的局限性，在屋顶经行多层植物的搭配时应意识到不同的鸟类集群有不同的生态位和生境需求，乔木树冠茂密，空间层次明显，干扰较小，可为树冠集群鸟类提供隐蔽且较安静的栖息环境；灌草覆盖充实了植被中、下层的绿化，为地面集群鸟类提供了丰富的食物和适宜的营巢场所。

3.3 结合辅助设计

结合辅助设计提高立体绿化植物景观的引鸟效应，加强植物景观与周围环境的联系，为鸟类提供丰富的生存环境。完善配置引鸟设施可以有效地提高鸟类招引率，因此架设投饵器、饮水台与合适的人工鸟巢是十分必要的。在较为安静私密的空间，安置饵台和投饵器等设施并定期补充饵料，能够吸引很多鸟类前来啄食，尤其有助于冬季留鸟的生存。在环境良好的城市森林中，利用木板、树洞或者废弃物制成的人工鸟巢，可以吸引鸟类。大山雀，红角鸮等森林鸟类前来定居。浅水池、水滩、沙地等亲水小环境能够为鸟类提供水源，且较受青睐。栾晓峰[19]对上海公共绿地引鸟情况进行了环境因子的主成分分析，结果表明，水面积比率和水质是对鸟类影响最大的环境因子。因此，立体绿化尤其是屋顶绿化中应重视微型水景的营建，尤其要注意水源的选取和水循环系统的设置，如果能与相关绿色建筑技术结合对雨水经行收集并加以净化最后提供给鸟类使用应能节约大量的成本与维护经费。

3.4 避免人类活动干扰对立体绿化的影响

3.4.1 减轻噪声干扰

在城市环境中，人为噪声对鸟类鸣声有遮蔽作用。在 BBS（The North American Breeding Bird Survey）的计划执行中，发现沿公路样线进行鸟类计数会少于其他地区，推测可能是因为交通噪声会干扰鸟类，使公路附近的鸟类数量减少。自 1997 年开始，沿公路样线的鸟类计数调查会同时收集经过的车辆数，结果发现对于被调查的大多数物种，车辆计数的增加总是伴随着鸟类计数的减少[20]。Danielle 等对伊比利亚半岛 27 个城市公园中 90 种鸟类物种对噪声忍耐度的研究表明，不同鸟类对噪声的忍耐度不同，而且如果城市公园中的噪声可以降低到 50dB 以下，很多受保护物种则可被吸引到城市公园中。由此看来，引鸟的立体绿化应尽量避免与城市高压线或是能产生大量噪声污染的设施。又由于立体绿化所处位置受到噪声污染干扰的程度与频率随着建筑楼层的增加而增加，依附在建筑上的立体绿化不能设立在过于高的位置。在避免噪声污染方面，立体绿化的设立应避免靠近城市高压线与区块范围内高程过大的位置。

3.4.2 减轻光污染干扰

光人造夜间光源一直是影响动物行为的因素[21]。光污染现象存在已久，但是对其生态影响评估还没有引起足够重视。夜间人工光照不仅干扰鸟类在栖息地的正常休息，而且会误导其对季节及迁徙时机，的判断。光照是影响鸟类繁殖行为的一个重要的环境条件。光照时数的增加可刺激脑垂体释放促性腺激素，使性腺机能活跃[22]。特别是那些对光敏感的鸟类，比如鹌鹑和雉鸡等。大部分鸟类具有季节性繁殖的特性，而光周期被认为是鸟类季节性繁殖最重要的信号[23]。因此立体绿化再设立时要远离夜间光污染源，在立体绿化设计时亦要注重对光污染的防护。

3.4.3 控制人类活动的干扰

人类干扰、管理水平、游人的个人意愿等都对鸟类群落有一定的影响。Shwartz 等[24]对以色列最大的城市公园中的鸟类进行调查，分析不同管理水平的样地中鸟类的丰富度、多样性和群落组成的差异，结果发现：公园管理水平与当地鸟类丰富度有明显的相关性，中度管理区中鸟类丰富度和多样性最高，无管理区次之，高度管理区最低。Esteban 等[25]研究了不同绿地结构中人类干扰对鸟类惊飞距离的影响，结果表明：不同物种之间的惊飞距离有明显的不同；个体小的鸟类比个体大的鸟类更易受人类干扰的影响，因此可把个体大的鸟类的惊飞距离作为设计道路距离及最小面积斑块间距离的指标；鸟类对干扰的忍耐程度随着干扰的增大而增强，城市绿地中特别是受欢迎的公园中人流量的增大似乎对鸟类群落并没有太大影响[26]。因此在引鸟的立体绿化中处理好人类活动与鸟类生活的关系，控制普通游人与鸟类栖息处的距离，同时也要控制好对立体绿化维护的频率与程度。

4 结语

新型的立体绿化技术业已成为一种研究趋势，虽然目前的立体绿化在城市中并不是一种普及的绿色基础设施，但随着技术的成熟它终究会为大多数人所接受并逐渐普及建设。在如今的大都市里，利用立体绿化增加鸟类物种多样性是一个全新的途径，但仅仅依靠立体绿化这一个途径是不能解决问题的，只有将城市规划与城市绿地规划与设计结合起来才能为解决城市鸟类物种流失提供可能，同时也需要私人建筑和公共空间中要做出同样的努力，个人家庭和公民社会需要共同努力。

立体绿化能有效地改善传统城市绿地无法解决的诸多问题，并能提高城市绿地的生态效益，因此它在改善城市鸟类物种多样性流失的问题上能起到无可替代的作用。为此，对立体绿化在城市鸟类物种多样性的研究是极有价值的。在笔者看来，随着相关实践的增多和调查数据的完善，作为景观建筑师，我们能够通过对城市规划与设计和相关政策的倡导实施来注入生物多样性。

参考文献

[1] Mulsow R. Bird communities as indicators of urban environment. In ：Luniak M and Pi sarski B eds . Animals in Urban Environment[C]. Ossolineum，Wroclav ，Poland ，1982 ：61-64.

[2] 石春芳，赵明．鸟类-城市生态环境的指示种[J]. 内蒙古科技与经济，2005(3)：125-126.

[3] 隋金玲，李凯，胡德夫．城市化和栖息地结构与鸟类群落特征关系研究进展[J]. 林业科学，2004，40(6)：147-152.

[4] Geis A D，1974. Effects of urbanization and types of urban development on bird populations [C] . In：Noyes J H，Progulske D R. Wild life in an urbanizing environment. Am hers ：University of Massachusetts . 97-105 .

[5] 陈水华，丁平，郑光美，等．城市鸟类群落生态学研究展望[J]. 动物学杂志，2000，21(2)：165-169.

[6] 邓文洪，赵匠，高玮．破碎化次生林斑块面积及栖息地质量对繁殖鸟类群落结构的影响[J]. 生态学报，2003，23(6)：1087-1094.

[7] 郝洪章，黄人龙．城市立体绿化[M]，上海：上海科技文献出版社，1992.

[8] Lancaster R K，Rees W E. Bird communities and the structure of urban habitats [J]. Canadian Journal of Zoology，1979，57：2358-2368.

[9] Blake J G，Karr J R. Breeding birds of isolated wood lots：Area and habitat relationships [J]. Ecology，1987，68：1724-1734

[10] 张庆费，杨文悦，乔平．国际大都市城市绿化特征分析[J]. 中国园林，2004 ，20(7)：76-78.

[11] Andren H. Effects of Landscape Composition on Predation Rates at Habitat Edges，In Mosaic Landscape and Ecological Processes[M]. London：Chapman and Hall，1995.

[12] 隋金玲，李凯，胡德夫．城市化和栖息地结构与鸟类群落特征关系研究进展[J]. 林业科学，2004，40(6)：147 -152.

[13] 张琴，兰思思，黄秦，等，城市化对鸟类的影响：从群落到个体[J]. 动物学杂志，2013，48(5) ：808～816.

[14] 陈水华，丁平，郑光美，等．岛屿栖息地鸟类群落的丰富度及其影响因子[J]. 生态学报，2002，22(2)：141.

[15] 毛志滨，郝日明．观果树种配植与城市鸟类生物多样性保护[J]. 江苏林业科技，2005，32(1)：11-13.

[16] Almo F. Landscape structure and breeding bird distribution in asub-Mediterranean agro-ecosystem [J]. Landscape Ecology，1997，12：365-378.

[17] Sandström U G，Angelstam P，Mikusiński G. Ecological diversity of birds in relation to the structure of urban green space [J]. Landscape and Urban Planning，2006，77：39-53.

[18] 栾晓峰．上海鸟类群落特征及其保护规划研究[D]. 上海：华东师范大学，2003.

[19] 赛道建，孙海基，史瑞芳，等. 济南城市绿地鸟类群落生态研究[J]. 山东林业科技，1997(1)：1-4.

[20] Griffith E H，Sauer J R，Royle J A. Traffic effects on bird counts on north American breeding bird survey routes. The Auk，2010，127(2) ：387-393.

[21] Baker B J，Richardson J M L. The effect of artificial light on male breeding-season behaviour in green frogs，Rana clamitans melanota [J] . Canadian Journal of Zoology，2006，84(10)：1528-1532.

[22] Van Tienhoven A，Plank R J. The effects of light on avian reproductive activity // Greep R O，Astwood E B. Handbook of Physiology. Vol. 2，Part 1. Washington DC：American Physiological Society，1973，79-107.

[23] Jacquet J M. Photorefractory period of the Muscovy duck (Cairina moschata)：endocrine and neuroendro crines response to day length after a full reproductive cycle. British Poultry Science，1997，(38)：209-216.

[24] Shwartz A，Shirley S，Kark S. How do habitat variability and management regime shape the spatial heterogeneity of birds within a large Mediterranean urban park[J]. Landscape and Urban Planning，2008，84：219-229.

[25] Esteban F. Bird community composition patterns in urban parks of Madrid：The role of age，size and isolation[J]. Ecological Research，2000(15) ：373-383.

[26] Esteban F. Spatial and temporal analysis of the distribution of forest specialists in an urban -fragmented landscape (Madrid，Spain) ：Implication for local and regional bird conservation[J]. Landscape and Urban Planning，2004，69：17-32.

作者简介

张书铭，1994 年生，男，汉族，河南信阳人，硕士在读，华中科技大学，硕士研究生。电子邮箱：375427774@qq. com。

城市双修背景下山体修复的景观方法研究

——以温岭北山公园景观重塑为例

Study on Landscape Method of Mountain Restoration under the Background of Urban Double-Repair

—Take the Landscape Remodeling of Beishan Park in Wenling as an Example

高　黑　李伟强

摘　要：在深入研究城市双修、生态修复及山体生态修复的关系和内在逻辑的基础上，对山体生态修复的自然模式和景观模式做了深入的对比研究。结合温岭北山公园的山体景观重塑设计，探索了在城市双修的背景下山体修复的景观模式，为山体岩创面的修复和山体功能的转型提供了一种模式和可能。

关键词：风景园林；城市双修；山体修复；景观重塑

Abstract: On the basis of study on the relationship and internal logic of urban double-repair, ecological restoration and mountain ecological restoration, the natural and landscape models of mountain ecological restoration are deeply compared. Combining with the landscape remodeling design of Beishan Park in Wenling, this paper explores the landscape model of mountain restoration under the background of urban double-repair, which provides a model and possibility for the restoration of mountain rock wounds and the transformation of mountain function.

Keyword: Landscape Architecture; Urban Double-repair; Mountain Restoration; Landscape Rebuilding

1　城市双修、生态修复与山体生态修复

1.1　城市双修

随着我国新型城镇化的不断推进，城市建设取得了举世瞩目的成就。随着经济发展进入“新常态”，在快速城镇化发展中隐藏的一系列问题和“后遗症”也逐渐浮出水面，在这一大背景下开展的“生态修复、城市修补”工作正是为了解决众多城市病问题而进行的[1]。住房和城乡建设部发布《关于加强生态修复、城市修补工作的指导意见》（以下简称《指导意见》）中明确定义了“城市双修”：用再生态的理念，修复城市中被破坏的自然环境和地形地貌，改善生态环境质量（生态修复）；用更新织补的理念，拆除违章建筑，修复城市设施、空间环境、景观风貌，提升城市特色和活力（城市修补）。生态修复、城市修补是城市转变发展方式的重要标志，是从重建设轻生态、重“地上”轻“地下”、重物质轻文脉等粗放型发展建设转向环境友好、精细化、特色化发展建设的重要转变[2]。

1.2　生态修复

广义生态修复在理论方面的观点有很多，认知和定义不尽相同。国际恢复生态学学会认为，生态恢复是帮助研究生态整合性的恢复和管理过程（management process）的科学；美国自然资源委员会认为，生态修复是使一个生态系统恢复到较接近其受干扰前的状态；日本学者多认为生态修复是指外界力量受损，生态系统得到恢复、重建和改进不一定是与原来的相同[4]。我国彭少麟、余作岳等学者认为，生态修复是研究生态系统退化的过程与原因、退化生态系统恢复的过程与机理、生态恢复与重建的技术与方法的科学[5]；焦居仁认为，为了加速被破坏生态系统的恢复，还可以辅助人工措施，为生态系统健康运转服务，而加快恢复则被称为生态修复[6]。

尽管学界对广义生态修复的认知多样化，仍需要通过大量的生态修复理论与实践工作进行深入的研究与探索。侠义上来讲，具体到我国城市双修中的生态修复的概念，笔者认为谷鲁奇等学者的定义更为精准，即：生态修复是指在对城市生态安全格局及各类生态要素进行整体性和系统性分析的基础上，梳理现状城市生态格局存在的主要问题，通过对各类主要生态要素的完善，来修复整体的生态格局和生境系统，使之恢复到被破坏前的自然状态[3]。在城市双修的实践中，生态修复以城市生态与环境生态的关系为基础，以改善人居环境、重塑生态风貌、展示城市特色为目标，是城市“双修”中的关键工作和首要任务，是风景园林师重要的理论和实践方向。

1.3　山体生态修复

山体生态修复是生态修复的重要内容之一，是实践“两山理论”的重要载体。《指导意见》在“修复城市生态，改善生态功能”中提出加快山体修复、开展水体治理和修复、修复利用废弃地、完善绿地系统等四项内容，将

山体修复作为首要内容提出，并明确提出加快山体修复的具体要求："加强对城市山体自然风貌的保护，严禁在生态敏感区域开山采石、破山修路、劈山造城。根据城市山体受损情况，因地制宜采取科学的工程措施，消除安全隐患，恢复自然形态。保护山体原有植被，种植乡土适生植物，重建植被群落。在保障安全和生态功能的基础上，探索多种山体修复利用模式。"

根据上述要求，作为城市双修中重要工作之一的山体生态修复，其基本要求有保护自然风貌、恢复自然形态、重建植被群落、探索修复模式四个工作。如何更好的探索山体修复的具体模式，真正的落实到城市风貌、生活品质的提升中去，是值得研究和思考的问题。

2 山体生态修复的自然与景观模式

山体生态修复可以分为自然模式和景观模式两种，自然模式以生态复绿为主，采用生态技术配置、挂网法等方法，使裸露的山体重披绿装；景观模式是则是因地制宜，巧妙利用裸岩、矿坑等破坏山体，通过景观塑造，变废为宝。笔者认为，自然修复模式依然是山体生态修复的主要手段，实现山体的绿色生态。景观修复则针对可改造的裸岩、矿坑等特殊区域因地制宜的使用的景观改造手法，变裸岩为景点，实现废弃地的复兴。

2.1 山体生态修复的自然模式

苔山裸岩坡面、地面碎石间含土量少，植被复绿需有相宜的立地条件，我国在理论和实践中都进行了较多的尝试，积累了宝贵的经验，实践中也对众多山体进行了卓有成效的修复。目前，在山体修复方面主要有人工砌坑挡土绿化修复法、挂网喷播绿化法、柔性防护网系统技术、坡脚种植穴栽爬藤等方式[7]。

2.2 山体生态修复的景观模式

国外对采石场的生态和景观恢复的研究和实践开始较早，国内专家学者近年来也有不少研究和案例，如绍兴东湖公园、日照市银河公园等。随着生态修复工作的推进，更多的风景园林师参与到采石生产及废弃地修复实践中，他们结合对场地、文脉的理解，通过对地形、水体、岩壁等元素的处理，不仅是复绿，更在绿色的基础上营造更为宜人、如画的丰富的旅游、休闲空间[8]。

3 温岭北山公园生态修复中的景观重塑

北山公园位于温岭市西北中心区，是温岭市区的绿地景观核心区，山体呈长条形。北山曾经是城市外围背景山体，因此采石造成了沿中华路、宝塔南路山体削坡严重，山体现状存在2处采石的断壁（图1、图2）。随着城市的发展，城市建成区与北山之间的界面被突破，北山原来的城市背景山体逐渐演变成了城市绿心的重要组成部分。同时北山作为外围山体的余脉楔入温岭城市，使得城市外围的山体与城市绿地相互渗透、相互交叉，也是外围山体与温岭中央生态廊道内外生态系统的相互交换的唯一通道。

图1 北山山腰坑口现状

图2 北山山脚坑口现状

北山上现状最突出的是宗教文化，山上建有三清观、北山庙、山堂庙、保塔山杨府殿等多处宗教场所，其中以三清观为代表的道教文化与以北山庙为代表的佛教文化并存，是北山周边居民的精神信仰和文化追求的体现，这种文化与北山的自然环境相互融合，突出北山隐、雅的气质。

3.1 设计理念与空间布局

3.1.1 设计理念

北山公园的建设，因其核心的区位优势和生态环境，使其成为区域绿地系统中重要的综合性绿地空间，是温岭城市的绿肺。同时，对宗教文化的精神追求，催生了庙宇建筑的存在，因此北山的保护开发中，将进一步盘活场地文化景观资源，展现地域文化风貌，打造温岭城市文化新高地。

设计从北山地域特征入手，将北山公园定位为“生态绿廊心、古韵禅修地”，综合考虑北山与市民休闲活动的互动、生态绿廊的连续、自然生态的修复、地域文化的传达，将北山建设成为以生态修复为核心、以公共开放为属性、以市民休闲活动、山林观光、禅修文化为特色的一处市中心的城市生态绿心和山地休闲公园。

3.1.2 空间布局

空间布局上，结合公园整体定位及人流动线分布，采取集中设置原则，将北山公园空间上界定为“一脉、三区、多点”。一脉指山林生态慢行律动脉，是登山活动的主要动脉；三区指古韵禅冥区、活力竞秀区，层林揽胜区，多点即：暗香梅影、禅修冥想、林樱漫道、心灵之境、云端揽胜、童稚乐园、繁林溪谷、虹桥烟雨、水月兰亭、藕香榭等十个主要景点（图 3、图 4）。

图 3 北山公园空间结构图

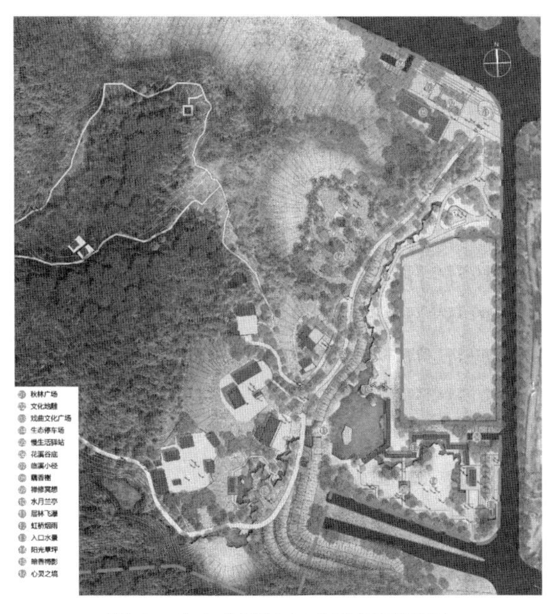

图 4 北山公园坑口改造区平面图

3.2 坑口迹地的修复

针对采石造成的北山城市界面破碎、入口形象不佳的现状生态问题，本次设计队采石遗留的两处坑口迹地，分别进行景观重塑。结合北山的禅宗文化积淀，主要采用景观再造法来重塑坑口迹地，综合运用景观生态学、景观建筑学和美学知识，对该区域进行治理和造景，使新景观和周边景观协调一致。

3.2.1 入口坑口——对景瀑布

基地东南角，直面城市的岩创面未来将作为北山公园的入口存在，其现状直立的坑口界面无法避免。岩创面上部山体汇水形成了一处小水塘，现状部分水体沿岩壁流向地面。本次设计充分利用山体汇水，将其引导沿岩壁形成一处小的瀑布，采用工程手段加固处理保证安全。

设计将该区域作为未来公园的次入口，视线上形成对景，景观上塑造瀑布作为入口标志性景观。游人进入公园后通过合理的交通和视线组织，可欣赏瀑布景观（图 5）。

3.2.2 山腰坑口——禅修冥想

位于半山腰的坑口，现存一处寺庙。本次设计在对岩创做安全处理的基础上，通过岩生植物、旱溪、山石、景亭的组织，将山腰坑口改造为一处禅修冥想天地，契合了北山隐、雅的气质。坑口迹地的本真地貌得到了保留，保存了场所的记忆（图 6）。

图 5 入口坑口改造效果图

图 6 山腰坑口改造效果图

4 结语

作为生态修复的重要内容之一的山体生态修复，采用自然模式或景观模式是可依据立地条件、山体基质、岩壁情况而定的。总体而言，自然模式修复是山体修复的基础和重点，而采用景观重塑的模式则更多针对山体创面的局部区域或特殊的山体而定。

山体修复的景观模式，突出体现了“因地制宜”的理念，合理的采用工程技术措施，在保障安全和生态功能的基础上，积极探索了山体修复利用模式，为山体岩创面的修复和山体功能的转型提供了多种可能。

参考文献

[1] 魏巍，辛泊雨，韩炳越．修复革命圣地的绿水青山——延安生态修复工作实践探索[J]. 中国园林，2018，(80)：12-17.

[2] 宋雁，应展舟，毛琳．城市转型发展背景下的近郊湖库型景观生态修复实施途径探索——以淄博文昌湖环湖地区为例[J]. 中国园林，2018，(8)：23-26.

[3] 谷鲁奇，范嗣斌，黄海雄．生态修复、城市修补的理论与实践探索[J]. 城乡规划，2017，(3)：18-25.

[4] 魏志刚. 恢复生态学原理与应用[M]. 哈尔滨工业大学出版社，2012.

[5] 彭少麟. 恢复生态学[M]. 北京：气象出版社，2007.

[6] 焦居仁．生态修复的要点与思考[J]. 中国水土保持，2003，(2)：1-2.

[7] 崔庆伟．英国采石废弃地修复改造再利用研究[J]. 中国城市林业，2017，(6)：6-10.

[8] 姜来．景观地段内废弃采石宕口的保护与利用[D]. 南京：东南大学，2009.

作者简介

高黑，1982年生，男，汉族，山东无棣人，硕士，浙江大学建筑设计研究院景观设计研究所所长、高级工程师。研究方向：风景园林规划设计、国家公园、风景名胜区与遗产规划设计。电子邮箱：77207026@qq.com.

李伟强，1982年生，男，汉族，浙江杭州人，硕士，浙江大学建筑设计研究院景观设计研究所副所长、高级工程师。研究方向：风景园林规划设计。

传统村落平面形变特征规律与趋势①

The Laws and Trends of the Evolution of Traditional Villages in Plane Pattern

杨 希

摘 要：为探究传统村落平面形态演变的特征规律，对形态的动势具有合理的预期，本研究采集整理我国多地传统村落样本的空间演变数据，从多时相的静态形态指标出发，在村落建设空间平面斑块肌理层面和村落整体边界形态层面，回归分析形态指标数值的演变特征。经对比分析发现：中小尺度村落空间肌理的稳定性高于大尺度村落，村落空间肌理的均匀度变化与个体单元的尺度变化可能呈现相同的趋势，村落整体形态边界的复杂度逐渐震荡趋向1.1维。

关键词：传统村落；动态演变；空间肌理；边界

Abstract: To explore the laws of the evolution of traditional villages in plane form, and have a rational expectation for the development trend, this study collected and processed the data of the spatial evolvement history of several traditional villages. Through regression analysis of multi-temporal morphological metrics, the historical spatial processes of different villages were contrasted and analyzed on the spatial texture and boundary shape. Based on comparative analysis, it is found: ①the stability of the spatial texture of small and medium-sized villages are higher than that of large ones; ②the uniformity change of the spatial texture is possible to show the same trend as the scale change of individual units; ③ the fractal dimension of village boundary may oscillate and gradually be close to 1.1-dimension.

Keyword: Traditional Rural Settlements; Dynamic Evolution; Spatial Texture; Boundary

引言

传统村落布局形态是乡村文化景观的核心骨架，其成形过程是人与外界环境相互作用的展现。这一过程理论上是“形态塑造”与“环境反馈”迭代循环过程，但在现代城市化等多种因素的影响下，在环境反馈之前人们可能已经展开了多轮的空间塑造。即，与环境反馈速度相比，人为建设出现明显的超前。由此可见，形态塑造者需要对形态规律有所认知，对形态的动势具有合理的预期，才能尽可能地在缺乏环境即时反馈调节的情况下，延续空间发展的文化理性。村落空间时空动态发展过程往往比其最终形成的空间格局更为重要，只有把时间及空间这两大范畴联合为统一的动态系统，才能真正理解形态发展的本质规律[1]。因此，村落空间研究需要从静态形态向动态系统迈进。针对一处村落，在人工规划介入之前，为了施以恰当的空间决策，往往需要分析判断：①其空间形态是否达到相对稳定的状态？②如果形式发展尚未平稳，按照其既行逻辑推演，空间发展的趋势将如何？③与历史过程总趋势相比，这种趋势是否是良性趋势？

时空动态分析可采用两种方法。第一种方法为时空动力模型方法，这类方法通常基于某种智能算法创建时空动力模型，在条件约束和形态演化之间建立数学关系[2, 3]，借以从旧空间过程规律出发演绎空间发展趋势。第二种方法为形态指标法，实际上形态指标在空间形态上的应用要早于时空动力模型，可为时空建模提供前序知识基础。形态指标化用景观生态学中常用的景观格局指标、借助Fragstats平台，进行平面形态的量化分析与表达。不过，形态指标本身评述的对象是静态的斑块，无法直接表达空间格局的动态信息。针对这一缺陷，既往研究者做出了两种动态研究尝试：①针对某地计算其多时相的静态形态指标，展现相应的变化[4]；②将变化转为指数，定义动态扩张指数来分析定义空间变化类型[5]，如填充式、边缘式、飞地式。

既往时空演化的探索各具其优势，但应用于在村落空间的研究时亦存在相应的问题。首先，时空动力模型内嵌的空间逻辑的定义需要依据先验知识因地而议。其次，虽然动态形变指数在不断改进以提高其空间识别的准确度[6-8]，但村落空间尺度较城市小，变化类型直观可辨，建筑斑块大多零散布局、多向度发展，以形变指数衡量很可能出现误判。为了探究传统村落平面形态演化规律，为村落时空动态建模提供有效的先验知识，本研究采集整理我国多地传统村落空间演变数据，从多时相的静态形态指标出发，在村落建设空间平面斑块肌理层面和村落整体边界形态层面回归分析形态指标数值的演变特征，并对比归纳村落形态发展的总体规律及其趋势。

1 数据与分析方法

1.1 村落形变数据

我国传统村落的测量学意义上的形态史料较少，相

① 基金项目：中央高校基本科研业务费专项资金（45001028）。

应的空间过程数据复建工作也正处于起步阶段，因而直接的村落形变数据较为稀缺。本研究基于本人以及其他村落研究者的既往数据复建工作成果，针对散布于我国各地的八个村落——上庄村（山西）[9]、陡山村（江苏）[10]、西递村（安徽）[11]、白鹭村（江西）[12]、礐水村（福建）① 全福庄（云南）[13]、侨乡村（广东）[14]、坑梓村（广东）[15]——整理相应的空间实测地图数据。样本村落的选取主要着眼于村落数据的可靠性，在时空分布的选择上较为随机，各村落在空间尺度、发展时长、演化模式上具有较大的差异（表1）。

样本村落基本特征 **表1**

村别	尺度 （现状平面最小面积外接矩形边长）	历史 （建村年代）	空间变化类型
上庄村	516m×451m	约1470年代	边缘式+填充式
陡山村	445m×300m	约1890年代	边缘式
西递村	681m×264m	约1050年代	边缘式+填充式
白鹭村	1315m×882m	约1150年代	边缘式
礐水村	1322m×676m	约1500年代	飞地式+填充式
全福庄	1565m×567m	约1010年代	飞地式+边缘式
侨乡村	2527m×804m	约1500年代	飞地式+填充式
坑梓村	5949m×4311m	约1690年代	飞地式

初步分析样本村落，由北向南，建村年代的变化并无明显规律，但村落尺度逐渐增大的趋势较为鲜明，同时，村落空间变化由边缘式向飞地式转变的趋势亦十分明显。

1.2 数据处理

数据的细化处理分为四个步骤（图1）：

（1）对地图进行配准校正。

（2）提取地图中村落建物斑块数据。

（3）根据村落研究中的时空过程记录，还原村落各时相建物斑块的布局。

（4）确定村落各时相的宏观形态边界——为排除建物具体形态对村落宏观边界形态的影响，针对单一村落，提取建物形态重心点集，绘制点集的外包边界，原则为两点之间的连线长度不超过临界值（精确到1m），此临界值是使边界线围合所有村落点的最小值。最后通过拟合折点间的贝塞尔曲线来柔化折线边界，生成曲线边界。如果曲线出现交叉，则减小点间距临界值，重新创建边界，使其分别围合不同的点团（图2）。

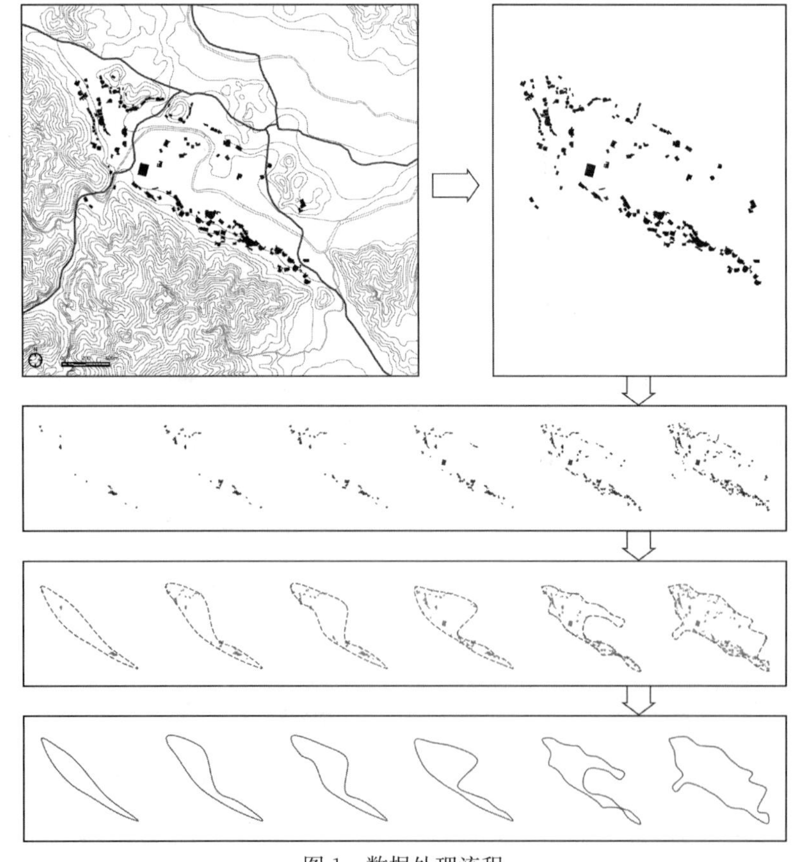

图1 数据处理流程

① 详见《君山景区礐水村整治提升专项规划》

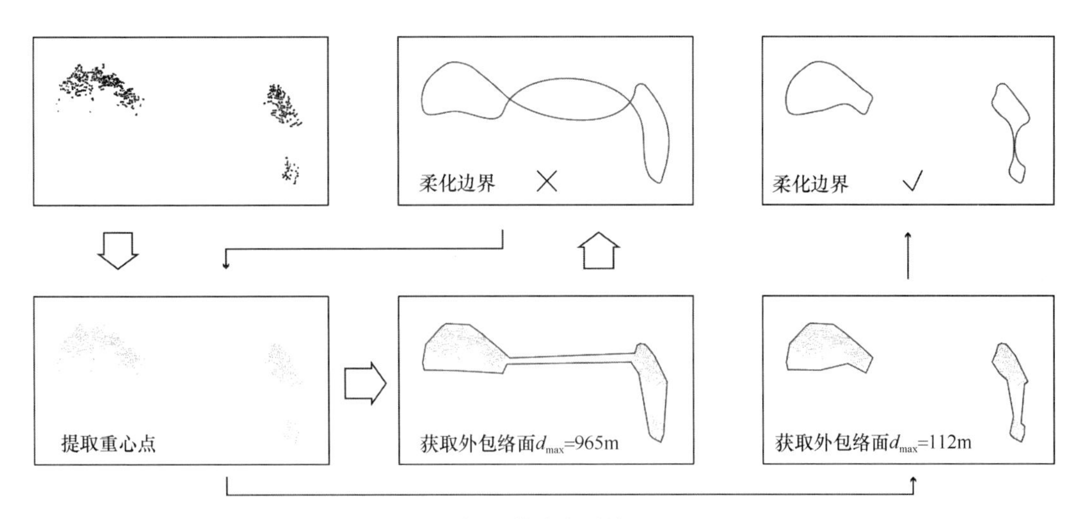

图 2　特殊边界处理

1.3　数据分析方法

本研究从两个层面分析村落形态的演变。选用指标的原则为：可较直接地指导空间实践，指标相对应的定性结论不易通过肉眼观察获得，尽量减弱各指标组之间的相关度。指标层面一为村落建物平面肌理层面，选用建物斑块平均面积（AREA _ MN）及其标准差（AREA _ SD）、斑块间平均最近距离（ENN _ MN）及其标准差（ENN _ SD）等四个指标。指标层面二为村落整体形态层面，选用村落形态宏观边界围合区域的分形维数（FRAC）指标。

在计算各样本村落各时相的形态指标后，排除突变值、异常值，回归形态指标发展趋势曲线，辨析各种类型村落之间的相似性和差异性。

2　结果与讨论

2.1　村落空间形态过程

村落空间形态过程整理如图 3 所示，为了便于表达，取不同的缩放比例、以相似的图面尺度表达各村落的平面形态，并将各村落的时相发展记录整合于同一时间坐标体系中。

偏南地区的村落相对偏北地区的村落，可溯的空间形态记录时间较早。这应与中国南北宗族集团的规模势力差异有一定关系。我国南方宗族相对规模庞大、经济势力强[16]，口头形式或笔录形式的村志族史的完整性较为突出。另一方面，相对偏北地区的村落，偏南地区村落的建物布点紧凑度和形态轮廓的近圆度均较低，应为地形因素和自然资源分布因素的作用结果[17]。

将静态时相联动观察，由北向南，村落空间聚合速度有逐渐减小的趋势。具体的变动细节需要在形态指标层面进一步分析。

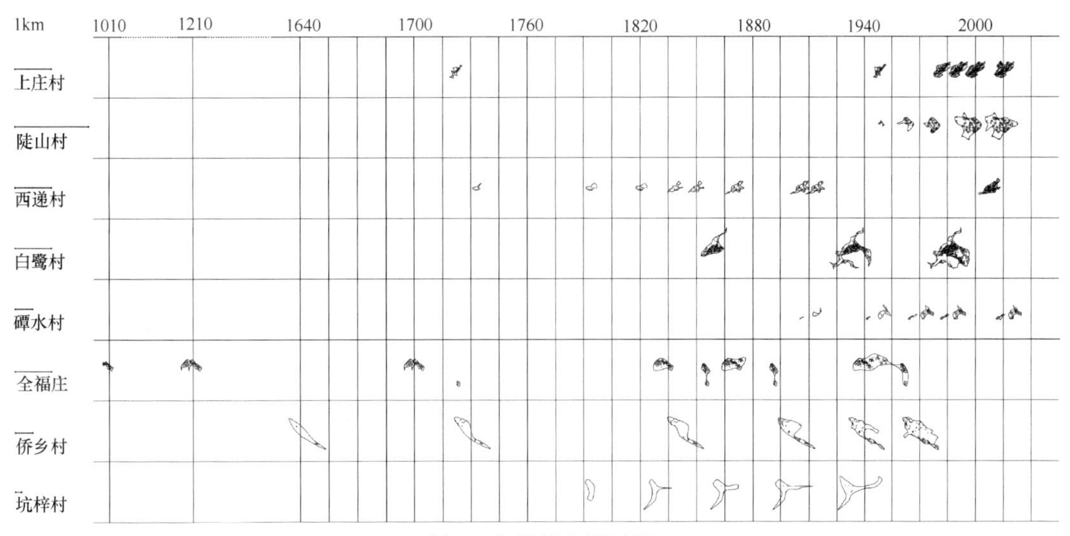

图 3　各村落空间过程

2.2 形态指标变化

以下分析中，各村指标数据整合在同一坐标系里。为了便于图示表达，各村形态数据对应时间统一减去相应数据的起始年份，使各村数据起始时点统一为0。

2.2.1 平面斑块肌理形态指标变化

（1）建物斑块平均面积（AREA _ MN）——该指标反映村落个体家庭规模（图4）。

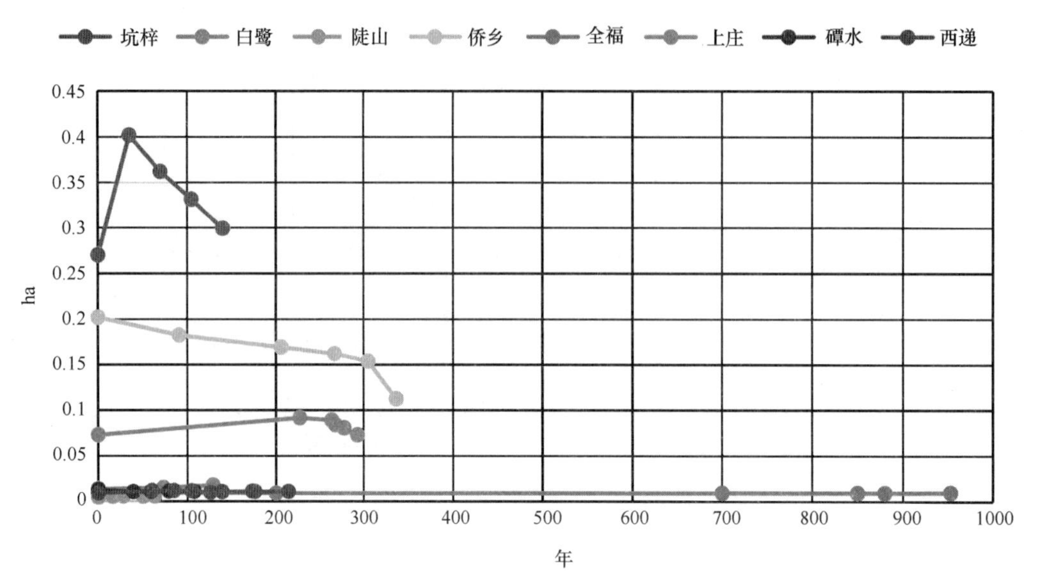

图4 各村落建物斑块平均面积变化

各村数据显示，大多村落的平均建物斑块面积稳定在$100m^2$左右。唯三村——坑梓、侨乡、上庄——表现较为特殊。此三村建物斑块平均面积值在一个更高的数量级上。其中，坑梓村和上庄村的数据均呈先上升后下降的形势，各自上升起点与下降终点对应的特征数值较为相似，但上庄村数值近30年以来下降速度相对于前250余年的上升速度明显过快。侨乡村的数据呈现单调下降趋势，如果排除该村最后一个有异常突变之嫌的采样时点（1980年），前五个采样点的逻辑回归变化趋势显示（图5），侨乡村平均建物斑块面积按照传统村落发展逻辑降至与第六时点对应的数值时，大约与第五时点（1949年）相距380年。由此可见，该村在中华人民共和国成立以后村落家庭单元规模的萎缩异常强烈。

（2）建物斑块面积标准差（AREA _ SD）——该指标反映各时点建物斑块面积的均匀度（图6）。

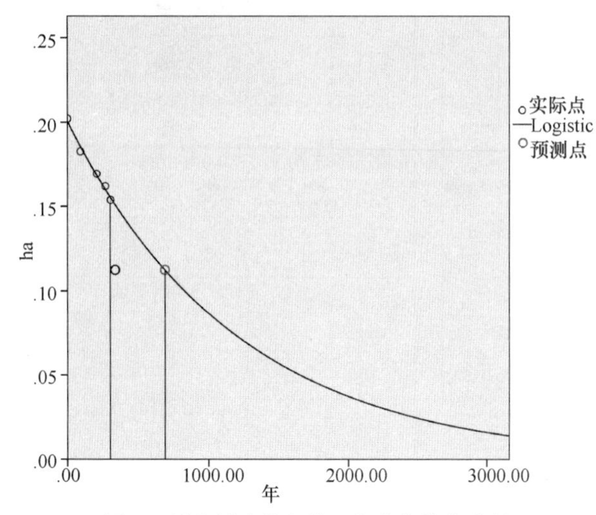

图5 侨乡村建物斑块面积变化趋势分析

各村数据显示，建物斑块平均面积较小的村落，其面积标准差数值变化呈微弱上扬趋势，建物斑块平均面积较大的村落则呈下降趋势。其中上庄村、侨乡村在这一指标上的散点值变化表现依然呈现出尾端变化异常。

就AREA _ MN和AREA _ SD两指标而言，各村的两指标相关显著性评价如表2所示，其中西递、侨乡、坑梓三村的两指标相关性显著，平均建物斑块面积的标准差与均值成一定的比例关系。

（3）斑块间平均最近距离（ENN _ MN）——该指标可较有效地反映村落建物之间的聚合离散程度[18]（图7）。

由散点趋势可见，大多村落建物间距变化微小，保持在2.5与5.5之间。而西递、侨乡、坑梓三村数值的缩小趋势相对明显。其中，西递村、侨乡村的数值趋向与大多村落相似，唯坑梓村建物间距的缩减存在相对较高的极限。去除异常值，通过二次曲线拟合（逻辑回归与指数曲线拟合效果不佳）进行趋势分析可见，坑梓村的数值下限为285m（图8）。

另外，如果将指标AREA _ MN与指标ENN _ MN结合来看，在各村发展前期，平均建物斑块面积偏大的村落，平均最近距离亦较大。而随着时间发展，这一特征逐渐不明显。

（4）斑块间最近距离标准差（ENN _ SD）——该指标反映村落建物间距的均匀度（图9）。

结合ENN _ MN指标来看，各村的ENN _ SD数据显示出相似的变化趋势，两指标相关显著性评价值如表3所示。其中上庄、西递、全福三村的两指标相关性显著，侨乡的两指标相关显著性也较为明显，最近距离的标准差与均值成一定的比例关系。

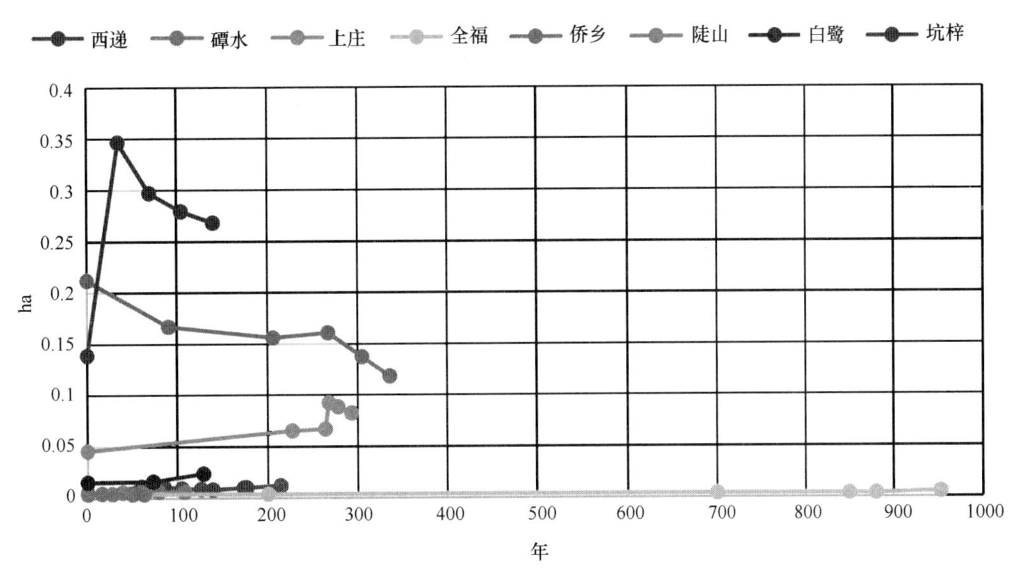

图 6　各村落建物斑块面积标准差变化

AREA _ MN 和 AREA _ SD 相关显著性评价　　表 2

	上庄	陡山	西递	白鹭	碛水	全福	侨乡	坑梓
显著性（<0.05 有效）	0.881	0.912	0.007	0.153	0.757	0.081	0.007	0.037
AREA _ SD/AREA _ MN（均值）	—	—	0.92	—	—	—	0.97	0.86

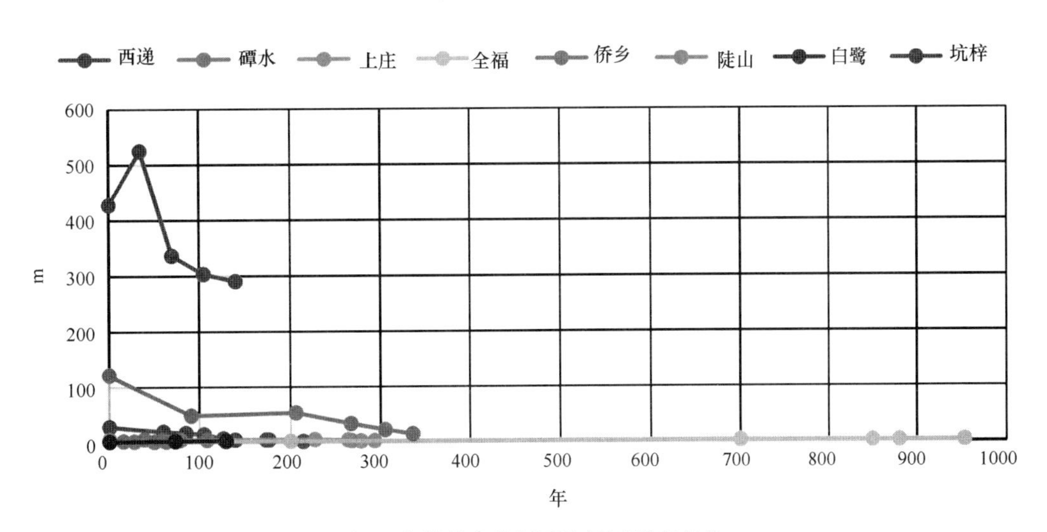

图 7　各村落斑块间平均最近距离变化

ENN _ MN 和 ENN _ SD 相关显著性评价　　表 3

	上庄	陡山	西递	白鹭	碛水	全福	侨乡	坑梓
显著性（<0.05 有效）	0.002	0.442	0.000	0.195	0.157	0.013	0.067	0.423
ENN _ SD/ENN _ MN（均值）	1.08	—	1.28	—	—	1.78	1.20	—

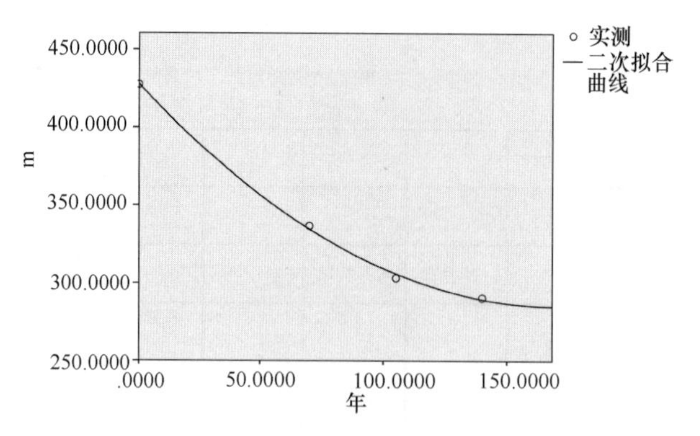

图8　坑梓村斑块间平均最近距离趋势分析

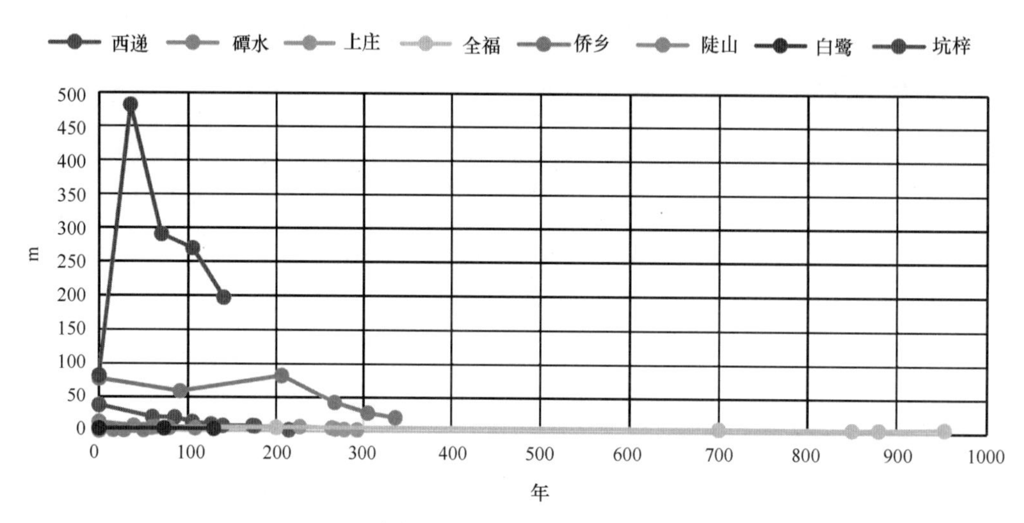

图9　各村落斑块间最近距离标准差变化

2.2.2　村落整体形态指标变化

村落形态宏观边界围合区域的分形维数（FRAC）——该指标所依据的分形理论属于自组织理论的分支，可恰当地反映自组织生成的村庄整体空间形态边界的复杂程度[19]（图10）。

在这一指标层面，各村落的数值变化呈现复杂的震荡趋势，绝大多数村落数值振幅随时间发展而减小。此外，无论各村起始形态的分维数如何，后续数值总会殊途同归，趋向围绕1.1附近小幅震荡。由此可推测，村落的生长可能总会向一种近似规则的总体平面形态方向发展，略保持一定的复杂度，1.1维可能为绝大多数村落形态发展最终趋向的均衡状态。

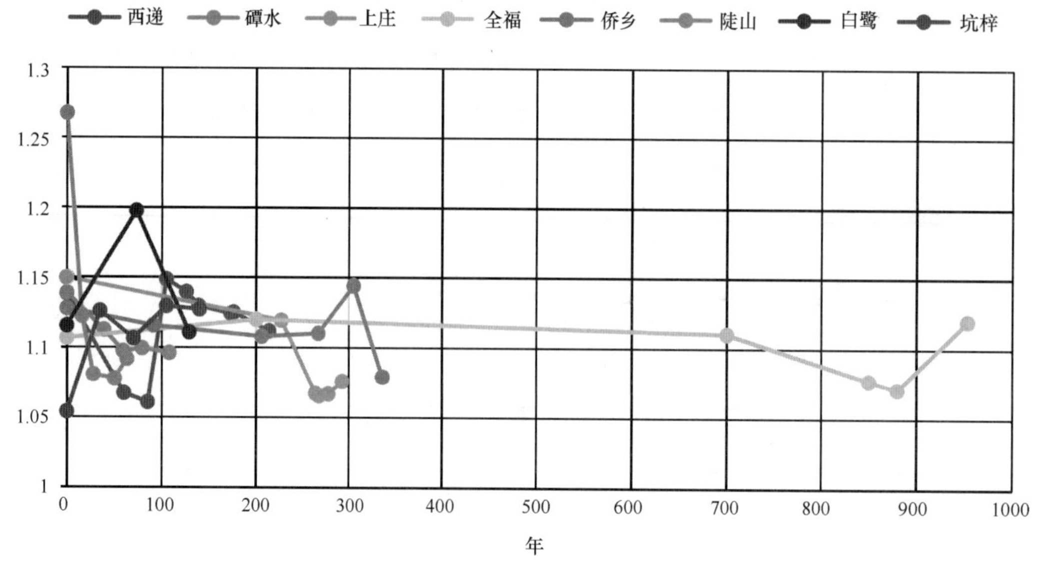

图10　各村落形态宏观边界围合区域的分形维数变化

3 结语

关于传统村落空间形变的各指标特征及其相互关系展现村落发展可能遵循的规律与趋势：

首先，中小尺度村落在其发展过程中大多保持空间肌理的稳定特性。与此相对，规模较大的村落空间肌理特点相对前后变化明显，表现出单体尺度由大到小、空间密度由低向高的单调性发展趋势，极少数村落在特定发展阶段相对具有形态肌理的变化极限控制。

其二，村落空间肌理的均匀度变化与个体单元的均值变化可能呈现相同的趋势，目前，这种可能性与村落的自身的空间尺度、发展历史、空间发展模式并无明显的关系。

其三，在村落发展过程中，整体形态边界的复杂度震荡变化，随着空间形态达到均衡稳定，其分形维数可能趋近于1.1维。

参考文献

[1] 周成虎，孙战利，谢一春．地理元胞自动机研究[M]．北京：科学出版社，2000.

[2] White R，Engelen G．Cellular automata and fractal urban form：A cellular modelling approach to the evolution of urban land-use patterns[J]．Environment & Planning A，1993，25(8)：1175-1199.

[3] Ward D P，Murray A T，Phinn S R．A stochastically constrained cellular model of urban growth[J]．Computers Environment & Urban Systems，2000，24(6)：539-558.

[4] 高义，苏奋振，孙晓宇，等．珠江口滨海湿地景观格局变化分析[J]．热带地理，2010，30(3)：215-220，226.

[5] Liu X，Ma L，Li X，et al．Simulating urban growth by integrating landscape expansion index（LEI）and cellular automata[J]．International Journal of Geographical Information Science，2014，28(1)：148-163.

[6] 钱敏，濮励杰，张晶．基于改进景观扩张指数苏锡常地区城镇扩展空间形态变化[J]．地理科学，2015，35(3)：314-321.

[7] 武鹏飞，周德民，宫辉力．一种新的景观扩张指数的定义与实现[J]．生态学报，2012，32(13)：4270-4277.

[8] 张安琪，夏畅，林坚，等．景观演化特征指数及其应用[J]．地理科学进展，2018，37(6)：811-822.

[9] 郭鹏宇，丁沃沃．形态类型学在村落更新和保护中的方法论意义．南京：中国农业历史学会、农业部农村经济研究中心、江苏省政协文史委员会及南京农业大学"中国传统村落保护论坛"，2017-5-20.

[10] 段威，闫海．生长的村落——一个普通山地村落的空间营造策略探寻．青岛：中国城市规划学会"2013中国城市规划年会"，2013-11-16.

[11] 彭松．从建筑到村落形态——以皖南西递村为例的村落形态研究[D]．南京：东南大学，2004.

[12] 张爱明，陈永林，陈衍伟．基于社会转型的客家乡村聚落形态演化研究——以赣县白鹭村为例[J]．赣南师范学院学报，2017，38(3)：92-97.

[13] 陆祥宇．稻作传统与哈尼梯田文化景观保护研究[D．北京：清华大学，2012.

[14] 陈志华，李秋香．梅县三村[M]．北京：清华大学出版社，2007.

[15] 刘丽川．深圳客家研究[M]．深圳：海天出版社，2013.

[16] 贺雪峰．农民行动逻辑与乡村治理的区域差异[J]．开放时代，2007(1)：105-121.

[17] 王晓伟，何小芊，戈大专，等．中国历史聚落地理研究综述[J]．热带地理，2012，32(1)：107-112.

[18] Yang R，Xu Q，Long H．Spatial distribution characteristics and optimized reconstruction analysis of China's rural settlements during the process of rapid urbanization[J]．Journal of Rural Studies，2016，47(47)：413-424.

[19] 浦欣成．传统乡村聚落平面形态的量化方法研究[M]．南京：东南大学出版社，2013.

作者简介

杨希，1985年生，女，汉族，籍贯辽宁，博士研究生，哈尔滨工业大学（深圳），助理教授。研究方向：传统村落空间演化。电子邮箱：xi-yang12@tsinghua.org.cn。

大都市湿地生态系统服务综合评价初探①

——以上海市为例

Preliminary Combined Assessment of Wetland Ecosystem Service in Shanghai

仲启铖　张桂莲*

摘　要：依据《湿地生态系统服务评估规范》LY/T2899-2017，结合上海大都市湿地生态服务供需特征，建立了上海湿地生态系统服务评估指标体系，包含供给服务、调节服务、支持服务和文化服务4个一级指标和17个二级指标，以第二次湿地资源调查汇总数据为基础，首次在全市水平对上海湿地生态系统服务进行综合评估。结果表明：近海与海岸湿地是上海湿地生态系统服务的最主要贡献者；上海湿地生态系统服务指数 *WI* 为75.43，表现为良，整体处于较高水平，但仍有提升空间；供给服务在总服务中占据主导地位（约61%），调节服务次之（约21%），然后为文化服务（约10%）和支持服务（约8%）。

关键词：上海市；湿地资源；生态系统服务；保护和管理

Abstract: In accordance with industry standard "Wetland Ecosystem Service Evaluation Specifications" (LY/T2899-2017), and the supply and demand characteristics of wetland ecosystem service of metropolis, an evaluation indicator system of wetland ecosystem service in Shanghai was established. Four first-level indicators (supply service, regulation service, support service and cultural service), and 17 second-level indicators were included. Based on the summarized data of the second national survey of wetland resources in Shanghai, the wetland ecosystem services in Shanghai at the city level were evaluated for the first time. The results show that the inshore and coastal wetlands are the main contributors of wetland ecosystem services in Shanghai. The wetland ecosystem service index *WI* in Shanghai was 75.43, with a good overall performance, indicating that its ecological services were at a relative high level, while there was still some room for improvement. Supply service occupies a dominant position in wetland ecological service in Shanghai (about 61%), followed by regulation service (about 21%), and then cultural service (about 10%) and finally support service (about 8%).

Keyword: Shanghai; Wetland Resources; Ecosystem Services; Conservation and Management

引言

湿地是地球表层系统的重要组成部分，是自然界最具生产力的生态系统和人类文明的发祥地之一，与森林、海洋并称为全球三大类生态系统[1]。湿地生态系统由于其特殊的自然属性，具有食物生产、水资源供给、防洪蓄水、水质净化、气候调节、固碳、土壤保持、消浪护岸、休闲旅游、科研、生物多样性维持等多重生态系统服务[2]。Costanza指出："为量化湿地生态系统的潜在价值，明确其对人类社会的影响，迫切需要进行湿地生态系统服务价值评估"[3]。

上海位于长江入海口，是一座湿地面积占43.15%的国际大都市，拥有以近海与海岸湿地为主的多种湿地类型。湿地不仅为城市的可持续发展提供了多种生态生态系统服务系统服务，也为经济社会可持续发展提供了强有力的保障，在上海市经济社会发展和生态环境建设中具有十分重要的战略地位和生态价值[4]。因此，建立适合上海湿地的生态系统服务评估体系，较为准确地估算上海全市水平的湿地生态系统服务价值，对于正确认识与科学评估上海全市湿地资源的功能和价值至关重要，同时也可为上海市乃至长江经济带的湿地生态保护和修复提供理论指导。

本文主要依据中华人民共和国林业行业标准《湿地生态系统服务评估规范》LY/T2899—2017，结合上海大都市湿地生态服务供需特征，建立上海湿地生态系统服务评估指标体系，包含供给服务、调节服务、支持服务和文化服务4个一级指标和17个二级指标。在此基础上，基于上海市第二次湿地资源调查（2009～2013）的汇总数据，首次在全市水平对上海市湿地生态系统服务进行初步综合评估。

1　研究区概况及研究方法

1.1　研究区概况

上海地处长江入海口，南濒杭州湾，北、西与江苏、浙江两省相接，上海市总面积6340.5km^2，是我国科技、

①　项目资助：上海市绿化和市容管理局林业碳汇专项；国家自然科学基金资助项目（31800411）；上海市自然科学基金资助项目（17ZR1427400）。

贸易、信息、金融和航运的中心。截至2018年末，上海常住人口总数为2423.78万人，地区生产总值（GDP）32679.87亿元（末），是我国最重要的国际化大都市之一。

上海主要湿地居于我国大陆海岸带中段，南起杭州湾北岸与浙江省交界的金丝娘桥，北至长江口南岸与江苏省交界的浏河，岸线长达172km，占全国海岸线长度的1.06%，沿海湿地面积占全国的4.36%[5]。上海湿地濒临东海，是发育典型的海滨沼泽湿地，在欧亚大陆东岸具有代表性，其形成、发育、资源状况及利用状况均具有一定的特殊性。

1.2 上海湿地资源特征

根据《全国湿地资源调查技术规程》和《上海市第二次湿地资源调查实施细则》，经调查统计，上海湿地（2009～2013年）共划分为5类13型（不含水稻田湿地）。面积在8hm^{2}以上的湿地斑块总面积为464583.37hm^2。其中自然湿地408947.82 hm^2，占全部湿地面积的88.02%。所有湿地类型中，近海与海岸湿地占绝对比重，面积为386622.00 hm^2，占全市湿地总量的83.22%[4]。

作为一座湿地之城，上海湿地被认为在调节气候、防灾抗灾、净化水质、维持区域生物多样性等方面发挥着不可估量的作用。此外，其在文化服务、教育及科学研究等领域也可能产生可观的社会效益。然而，自20世纪80年代中期，上海湿地受农用围垦、促淤、改建鱼塘，以及各种工程占地及污染，湿地面积大幅衰减[6]。随着对上海湿地重要性认识的加深，尽快开展上海湿地生态系统服务的评估，为未来上海湿地资源的保护和修复提供科学支撑，极具必要性和紧迫性。

1.3 研究方法

1.3.1 评估指标体系

本文主要依据国家林业行业标准《湿地生态系统服务评估规范》LY/T2899—2017，参考《千年生态系统评估》对生态系统服务的评估框架[7]，结合上海各类湿地的生物和非生物组成、结构和功能等生态特征，结合上海国际化大都市对湿地生态服务的需求，建立上海市五大类湿地（近海与海岸湿地、湖泊湿地、沼泽湿地、人工湿地、河流湿地）的生态系统服务评估指标体系，包含供给服务、调节服务、支持服务和文化服务等4个一级指标和17个二级指标（表1）。供给服务主要包括食物生产、水资源供给、原材料供给、电力供应、航运等5个二级指标；调节服务主要包括防洪蓄水、补充地下水、促淤消浪、固碳、释氧等5个二级指标；文化服务主要包括休闲旅游、科研、教育、身心健康等4个二级指标；支持服务主要包括生物多样性维持、水土保持和净初级生产力3个二级指标。

上海湿地生态系统服务评估指标体系　　表1

一级指标		二级指标		评估范围	近海与海岸湿地	湖泊湿地	河流湿地	沼泽湿地	人工湿地
名称	代码	名称	代码						
供给服务	A	食物生产	A1	食用动物	√	√	√	√	√
		水资源供给	A2	生活用水	√	√	√	√	√
				工业用水	√	√	√	√	√
		原材料供给	A3	农业和生态环境用水	√	√	√	√	√
				原材料	√	√		√	√
		电力供应	A4	风能	√				
				客运	√	√	√		√
		航运	A5	货运	√	√	√		√
调节服务	B	防洪蓄水	B1	蓄水	√	√	√	√	
		补充地下水	B2	地下水补给量	√	√	√	√	√
		促淤消浪	B3	湿地植被，消浪率	√	√	√	√	√
		固碳	B4	净碳交换	√	√	√	√	√
		释氧	B5	释放氧气	√	√	√	√	√
文化服务	C	休闲旅游	C1	休闲旅游	√	√	√	√	√
		科研	C2	相关出版物	√	√	√	√	√
		教育	C3	宣教活动	√	√	√	√	√
		身心健康	C4	康疗服务活动	√	√	√	√	√
支持服务	D	生物多样性维持	D1	珍稀濒危物种	√	√	√	√	√
				丰富度指数		√	√	√	√
		水土保持	D2	土壤保持	√	√	√	√	√
		净初级生产力	D3	敞水区、沿岸带净初级生产	√	√	√	√	

1.3.2 湿地生态系统服务定量估算

通过对上海市各类湿地生态系统服务的辨识与分区，选取适当的生态系统服务评估方法，对不同湿地类型的主导生态系统服务进行估算，具体方法参见《林业行业标准》LY/T 2899—2017[2]。

1.3.3 湿地生态系统服务综合评估

（1）评估指标权重设置

参照层次分析法，依据上海市湿地生态系统服务评估指标体系，构造判断矩阵。在确定不同层次各因素之间的权重时，将各元素两两相互比较，按照其重要性进行打分，同时使用偏离一致性指标、平均一致性指标对判断矩阵进行一致性检验。本文使用软件 yaahp7.0 进行矩阵计算，一级评价指标及二级评价指标的判断矩阵均通过一致性检验，即 $R_c < 0.1$。具体权重系数计算方法参见《林业行业标准》LY/T 2899—2017[2]。

（2）评估指标赋值

本文采用德尔菲法进行湿地生态系统服务评估指标的赋值。邀请湿地专家依据不同评估指标的定量估算结果，结合对上海不同类型湿地自然情况下不同服务指标单位面积物质供应量的经验认知，对各评价指标划分等级并进行赋值，赋值标准参见《林业行业标准》LY/T 2899—2017[2]。对同一评价指标的赋值进行频率统计，采用出现频次最高的赋值。若某一赋值频次相同，则组织重新赋值。

（3）综合评估

根据上海湿地生态系统服务不同评估指标的权重分值和赋值，计算上海湿地生态系统服务指数（WI）进行综合评估，具体公式如下：

$$S_i = \sum_{i=1}^{n}(N_i \times W_i) \qquad (1)$$

$$WI = \sum_{i=1}^{m}(S_j \times W_j) \times 100 \qquad (2)$$

式中：N_i 为二级评估指标的赋值；W_i 为二级评估指标的权重分值；S_j 为一级评估指标的分值；W_j 为一级评估指标的权重分值；WI 为湿地生态系统服务指数，取值范围为 0～100 分。

2 结果

2.1 上海湿地生态系统服务的物质量

总体来看，近海与海岸湿地是上海湿地生态系统服务的最主要贡献来源（表 2），这不仅因为其面积在上海所有湿地类型中占有绝对比重，还因为崇明东滩湿地、长江口中华鲟湿地等国际重要湿地，以及九段沙湿地国家级自然保护区、崇明东滩鸟类国家级自然保护区等上海市重要湿地大多都属于近海与海岸湿地。

从供给服务方面来看，5 类主要湿地都具有一定的食用动物供给服务，沼泽湿地具有较高的食物生产功能，能为食用动物每年提供 3814t 的物质服务；上海市的生活用水主要来自沼泽湿地（157461t/年），工业用水主要来自人工湿地（8212.5t/年），而农业和生态环境用水主要来源于河流湿地（315245t/年）；近海与海岸湿地具有较强的原材料供给（28803.5t/年）和风力发电服务（17.5 万 kW/年）；航运服务贡献依次为近海与海岸湿地、河流湿地和湖泊湿地。

从调节服务方面来看，防洪蓄水服务贡献依次为人工湿地、沼泽湿地和湖泊湿地；除近海与海岸湿地外，其他四大类湿地每年共计补充地下水可达 2325 万 m³；由于湿地植被面积最高，近海和海岸湿地承担了上海湿地最主要的促淤消浪和固碳释氧服务，近海和海岸湿地的植被固碳能力为 2.35kg/(hm²·年)，可释放氧气 336351.6kg/年。

从文化服务方面来看，休闲旅游服务贡献依次为河流湿地、近海与海岸湿地和沼泽湿地，河流湿地游客量最高可达 621 万人/年；近海和海岸湿地是上海湿地科研服务最高的湿地类型，相关出版文献达 2023 篇/年，其次为沼泽湿地（483 篇/年）；上海湿地还具有较高的康疗服务功能，每年可为超过 2300 万人提供服务；相对而言，湿地科普宣教服务的利用率并不高。

从支持服务方面来看，近海与海岸湿地具有最多的珍稀濒危植物（12 种）和最高的净初级生产力［2887gC/(m²·年)］；近海和海岸湿地的物种丰富度同时也为最高，拥有包含植物、鸟类、底栖动物和鱼类在内的物种 484 种；其次是湖泊湿地（263 种）和河流湿地（103 种）。

上海湿地主导生态系统服务的物质量（每年）　　表 2

一级指标及代码	二级指标及代码	评估范围	近海与海岸湿地	河流湿地	湖泊湿地	沼泽湿地	人工湿地	备注
供给服务（A）		食用动物	3679.9	1020	2280	3814	3461	单位：t
	食物生产（A1）	生活用水	6103.09	12948	8943	157461	152424	单位：t
		工业用水	1481.8	5642	58	—	8212.5	单位：t
	水资源供给（A2）	农业和生态环境用水	213956	315245	17743	18471	22677	单位：t
	原材料供给（A3）	原材料	28803.5	—	129	1500	226.5	单位：t
		风能发电	17.5 万	—	—	—	—	单位：kW
	电力供给（A4）	客运	68472	5624	47.61	—	—	单位：万人次·km
	航运（A5）	货运	127155.5	312654	23170	—	12	单位：万人次·km

续表

一级指标及代码	二级指标及代码	评估范围	近海与海岸湿地	河流湿地	湖泊湿地	沼泽湿地	人工湿地	备注
调节服务(B)	防洪蓄水(B1)	蓄水	—	—	1.3	2.0	3.48	单位：亿 m^3
	补充地下水(B2)	补充地下水	—		2325			单位：万 m^3/年
	促淤消浪(B3)	湿地植物	13165.26	153.31	132.63	5420	4231	单位：hm^2
	固碳(B4)	净碳交换	2.35	—	—	—	0.32	单位：kg/(hm^2·年)
	释氧(B5)	释放氧气	336351.6	—	—	—	—	单位：kg
文化服务(C)	休闲旅游(C1)	休闲旅游	125	621	4.5	101.5	1	单位：万人
	科研(C2)	相关出版物	2023	107	56	483	88	单位：篇
	教育(C3)	宣教活动			5			单位：万人次
	身心健康(C4)	康疗服务活动			2307			单位：万人次
支持服务(D)	生物多样性维持(D1)	珍稀濒危物种	12	—	0	1	4	单位：种
		物种丰富度	484	103	263	64	40	单位：种(包含植物，鸟类，底栖动物，鱼类等)
	水土保持(D2)	土壤保持	—	—	—	—	—	—
	净初级生产力(D3)	敞水区净初级生产力	—	—	—	—	—	单位：mgC/L
		沿岸带净初级生产力	2887	—	—	—	—	单位：g C/(m^2·年)

注："—"，表示本文未获得相关参数或者暂无法对该项物质量进行定量估算。

2.2 上海湿地生态系统服务综合评估

总体来看，在上海市湿地生态系统4大类服务中，权重系数最高的为供给服务，其权重占比接近60%；其次为调节服务和文化服务，权重占比分别为21.9%和10.4%，权重系数最低的为支持服务(表3)。

在供给服务的二级评价指标中，权重系数最高的为航运服务，占比超过50%，然后依次为水资源供给、原材料供给和食物生产，电力供应的权重系数最小；生态系统服务等级最高的为水资源供给和食物生产，其次为航运，原材料供给和电力供应的赋值相对较低。

在调节服务的二级评价指标中，权重系数最高的为补充地下水，占比超过50%，然后依次为促淤消浪、防洪蓄水和消浪，固碳的权重系数最小；生态系统服务等级最高的为促淤消浪，其次为补充地下水和防洪蓄水，释氧的赋值相对较低。

在文化服务的二级评价指标中，权重系数最高的是湿地为居民身心健康提供的服务，占比接近60%，然后为休闲游憩服务，科研和教育服务的权重系数相对较小；生态系统服务等级最高的为休闲旅游和科研，在为居民提供科普教育和身心健康方面的服务的发挥则较为一般。

在支持服务的二级评价指标中，权重系数最高的为生物多样性维持服务，占比达到65%，然后为净初级生产力服务，水土保持服务的权重系数最低；生态系统服务等级最高则依次为生物多样性维持，净初级生产力和水土保持服务。

上海湿地主导生态系统服务的权重系数 **表3**

一级评价指标	权重系数(W_1)	二级评价指标	权重系数(W_2)	赋值(0~1)
供给服务(A)	0.5906	食物生产	0.0872	0.9
		航运	0.5010	0.8
		水资源供给	0.2537	0.9
		原材料供给	0.1313	0.5
		电力供应	0.0268	0.4
调节服务(B)	0.2194	补充地下水	0.5082	0.7
		防洪蓄水	0.1090	0.7
		促淤消浪	0.2765	0.9
		固碳	0.0312	0.4
		释氧	0.0751	0.2

续表

一级评价指标	权重系数(W_1)	二级评价指标	权重系数(W_2)	赋值(0～1)
文化服务(C)	0.1038	休闲旅游	0.2947	0.9
		科研	0.0761	0.9
		教育	0.0379	0.7
		身心健康	0.5913	0.6
支持服务(D)	0.0862	生物多样性维持	0.6554	0.8
		净初级生产力	0.2897	0.6
		水土保持	0.0549	0.3

按照公式（1）、公式（2），将表3中上海湿地主导生态系统服务的权重系数和赋值的数据代入公式进行加权计算。得到上海湿地生态系统服务功能的四个一级评估指标（供给服务、调节服务、文化服务、支持服务）综合评价的分值（表4）。按照服务贡献百分比高低排序，供给服务在上海湿地生态系统服务中占据主导地位（约61%），调节服务次之（约21%），然后为文化服务（约10%）和支持服务（约8%）。

初步综合评估结果表明，上海湿地生态系统服务指数（*WI*）为75.43，湿地生态系统服务功能的发挥处于“良”的等级，具有较高的重要性。

上海湿地生态系统服务综合评估结果 **表4**

一级评价指标	权重系数	指标分值	贡献百分比（%）	上海湿地生态系统服务指数（*WI*）
供给服务	0.5906	0.78	61.28	75.43
调节服务	0.2194	0.71	20.70	
文化服务	0.1038	0.72	9.93	
支持服务	0.0862	0.71	8.13	

3 讨论

本文主要依据2018年新发布的国家林业行业标准《湿地生态系统服务评估规范》LY/T 2899—2017，结合上海大都市湿地生态服务供需特征，构建上海湿地生态系统服务的评估指标体系；基于上海市湿地资源第二次调查（2009～2013年）的汇总数据，首次对上海全市水平的湿地生态系统服务的物质量及其综合水平进行较为全面的评估。

初步综合评估结果表明，在上海全市水平上，近海与海岸湿地是上海湿地生态系统服务的最主要贡献来源，供给服务在上海湿地生态系统服务中占据主导地位（约61%）。目前，已有一些针对上海市代表性区域的湿地生态系统服务功能及其价值的评估。如苏敬华评价出2006年崇明滩涂湿地生态系统的服务功能价值达49.11亿元，单位面积服务价值单价为18万元/hm^2[8]。曹莹基于上海市第2次湿地资源调查数据，将崇明湿地生态系统服务功能分为4大类共13项评价其服务价值，同样指出近海与海岸湿地的服务功能价值最大（51.53亿元），其次是人工湿地；调节服务价值在4大类服务中也为最高[9]。

但是，目前对上海湿地的基础服务功能的研究还不够深入，尤其是占上海湿地一半面积以上近海与海岸湿地（特别是崇明东滩、九段沙、南汇边滩、大小金山三岛等重要湿地），这些重要湿地对调节气候、防灾抗灾、净化水质、保护生物多样性等方面都有着不可估量的作用，同时对周边地区发展经济社会与改善生态环境也将产生积极影响[10]。另外，崇明东滩湿地作为国家级鸟类自然保护区，对于维持上海湿地生物多样性具有巨大价值，然而目前已开展评估多以全球湿地生态系统栖息地价值平均值[11]或以上海对湿地保护的投入经费计算其价值[12]，不能准确地体现东滩湿地维持上海市区域生物多样性的价值。此外，目前已有的针对东滩湿地评估尚不全面，忽略了部分重要生态系统服务功能的价值，特别是对其促淤成陆、消浪、风力发电等方面的巨大价值未见报道[13]。

地处快速发展中的国际化大都市中，上海湿地也面临着一系列人类活动和自然要素的影响与威胁，主要表现在：快速城市化使得湿地人工化趋势加速；滩涂围垦导致近海与海岸湿地资源总量和比重不断降低；长江上游来水来沙减少、海岸侵蚀、全球气候变化、水质与重金属污染以及外来物种入侵等的综合作用，造成湿地资源减少、湿地生态功能退化[4,14,15]。在全球变化的大背景下，上海湿地的生态系统服务功能能否继续维持，相关研究依旧匮乏。

构建科学合理的监测与评估体系，定期对湿地生态系统服务进行系统评估，可以让全社会认识到湿地的生态、社会和经济效益，提高市民的湿地保护意识，还有助于政府部门制定有效的湿地资源保护和修复制度。面向上海2035总体规划提出的建设卓越全球城市的发展目标，上海湿地能否持续健康地发挥其生态功能，从而不断满足市民日益增长的对生态系统服务的需求，今后必将成为考量上海生态建设和保护水平的重要环节。

4 结语

对上海全市水平湿地生态系统服务的初步评估表明：近海与海岸湿地是上海湿地生态系统服务的最主要贡献来源；上海湿地生态系统服务指数 *WI* 为 75.43，整体表现为良，表明其服务处于较高水平，但仍有一定的提升空间；供给服务在上海湿地生态系统服务功能中占据主导地位（约 61%），调节服务次之（约 21%），然后为文化服务（约 10%）和支持服务（约 8%）。评估结果较好地反映了上海大都市湿地资源生态系统服务的总体状况和主要特点，为上海加强湿地资源保护管理，建立湿地生态补偿机制提供了数据支撑和科学依据。

致谢

由衷感谢复旦大学生物多样性与生态工程教育部重点实验室聂明教授、陈鸿洋博士对本文撰写的贡献。

参考文献

[1] 陆健健，何文珊，童春富，等．湿地生态学[M]．北京：高教出版社，2006.

[2] 国家林业局．LY/T 2899—2017 湿地生态系统服务评估规范[S]．北京：中国标准出版社，2018.

[3] Costanza R，D'Arge R，Groot R D，et al．The value of the world's ecosystem services and natural capital [J]．Nature，1997，387(1)：3-15.

[4] 蔡友铭，周云轩，田波等．上海湿地[M]．2 版．上海：上海科学技术出版社，2014.

[5] 陆健健．中国湿地[M]．上海：华东师范大学出版社，1990.

[6] 尹占娥，田娜，殷杰，等．基于遥感的上海市湿地资源与生态系统服务价值研究[J]．长江流域资源与环境，2015，24(06)：925-930.

[7] Millennium Ecosystem Assessment，2005．Ecosystems and Human Well-being：Wetlands and Water Synthesis．Island Press，Washington，DC，USA．pp．1-68.

[8] 曹莹，汤臣栋，马强，等．上海崇明县湿地生态系统服务功能价值评价[J]．南京林业大学学报(自然科学版)，2017，41(1)：28-34.

[9] 苏敬华．崇明岛生态系统服务功能价值评估[D]．上海：东华大学，2009.

[10] 高宇，赵斌．上海湿地生态系统的效益分析[J]．世界科技研究与发展，2006，28(4)：58-64.

[11] 吴玲玲，陆健健，童春富，等．长江口湿地生态系统服务功能价值的评估[J]．长江流域资源与环境，2003，12(5)：411-416.

[12] 张林静，钟太洋，张秀英，等．长江口生态系统服务功能的价值评估[J]．海洋开发与管理，2014，31(10)：99.

[13] 曹牧，薛建辉．崇明东滩湿地生态系统服务功能与价值评估研究述评[J]．南京林业大学学报（自然科学版），2016(05)：163-169.

[14] 何小勤，顾成军．崇明湿地围垦与可持续发展研究[J]．国土与自然资源研究，2003(4)：39-40.

[15] 陈中义，付萃长，王海毅，等．互花米草入侵东滩盐沼对大型底栖无脊椎动物群落的影响[J]．湿地科学，2005，3(1)：1-7.

作者简介

仲启铖，1986 年生，男，汉族，山东日照人，博士，上海市园林科学规划研究院高级工程师。研究方向：城市绿林湿地碳汇计量监测和生态系统服务。电子邮箱：zhongqc2015@hotmail.com。

风景园林小气候对人体自主神经系统的健康作用的测试分析[①]

Test and Analysis of the Health Effects of Landscape Architecture Microclimate on Human Autonomic Nervous System

连泽峰　刘滨谊*

摘　要： 旨在探索风景园林小气候对人体自主神经系统的健康作用。研究跨风景园林学和医学两学科，将场地风、湿、热等小气候参数与人体脑电波活动、心率等4项生理指标测试数据关联，完成了上海某广场和22位在场被试的实验设计与多项参数测试。研究表明：优良的风景园林小气候舒适度对人体神经系统具有积极地健康、放松、恢复作用，在风景园林环境中大脑前额叶不对称活动呈现为左额叶更为活跃能显著性降低皮肤电活动与皮肤温度、提高心率变异性，能够有效地降低人体交感神经紧张性、活跃副交感神经。

关键词： 风景园林小气候舒适度；人体自主神经系统；额叶不对称性活动；心率变异性；脑电波

Abstract: To explore the health effects of landscape microclimate on the human autonomic nervous system. Studying the cross-scenery landscape and medicine, the wind, humidity, heat and other microclimate parameters were correlated with the test data of five physiological indicators such as human brain wave activity and heart rate, and the experimental design of a square in Shanghai and 22 participants were completed. Test with multiple parameters. Studies have shown that: excellent landscape garden micro-climate comfort has positive health, relaxation and recovery effects on the human autonomic nervous system. In the landscape garden environment, the asymmetric activity of the brain frontal lobe is more active in the left frontal lobe. Activity and skin temperature, improve heart rate variability, can effectively reduce sympathetic tone and active parasympathetic nerves.

Keyword: Landscape Architecture Microclimate Comfort; Autonomic Nerve System; Frontal Asymmetry Activity; Heart Rate Variability; EEG

引言

国家自然科学基金重点项目“城市宜居环境风景园林小气候适应性设计理论和方法研究”（编号51338007）基于三元论进行的系列研究（图1[1]）已表明在城市三类空间中（居住区、广场、街道）中风景园林所营造的小气候能显著性改善城市局部气候，提高了人提心理舒适程度，如在居住区中风景园林空间朝向、绿化覆盖率及水体是影响居住区小气候的主要空间要素，太阳辐射与风速是影响居住区人群行为的主要小气候要素；在广场中风景园林空间顶面遮挡率越高、宽高比越小，小气候越舒适，热舒适改善程度越大；在有植被覆盖情况下，东西走向街道气温和平均辐射温度相对较低，能够较大的提高人体热舒适程度[2-4]。关于风景园林小气候对人体生理感应的研究还属于起步探索阶段，研究发现夏季人体热生理感应主要受太阳辐射、相对湿度、空气温度和地表温度的影响。在街道、广场与居住区中，风景园林小气候能够有效地降低人体皮肤温度与皮肤电活动水平、提高血氧饱和度。但风景园林小气候对心率变异性效果还不清晰，LF/HF值与热舒适感受的关系还不清晰[5-8]，室内气候对人体神经健康的研究表明，更舒适的室内环境能够降低精神疲劳；城市户外自然环境能够降低人脑疲劳度，医学、空间科学与心理学合作研究人们在观赏绿色空间图片与建成环境图片时交感神经与副交感神经的不同活动来表征自主神经的反应，表明人们在观赏绿色图片时人体的副交感神经活跃[9-11]。但是基于人体自主神经系统健康角度对风景园林小气候的研究还未开展。

本研究以上海创智天地广场为实测场地，通过问卷调查结合生理实验对比人体在风景园林小气候与广场中央小气候中的多项生理指标，包括脑电活动、心率变异

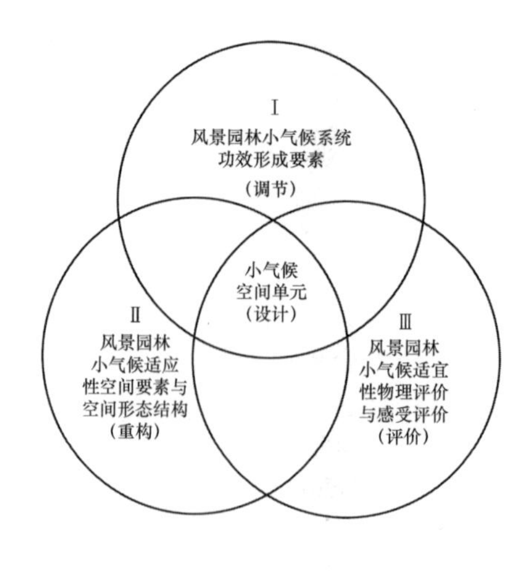

图1　风景园林小气候三元耦合研究战略[1]

① 基金项目：本研究受国家自然科学基金重点项目：城市宜居环境风景园林小气候适应性设计理论和方法研究（NO. 51338007）资助。

性、皮肤电活动、皮肤温度以研究人体在两种小气候中的交感神经与副交感神经的活跃与平衡状态，旨在探索风景园林小气候对人体自主神经系统的健康作用。

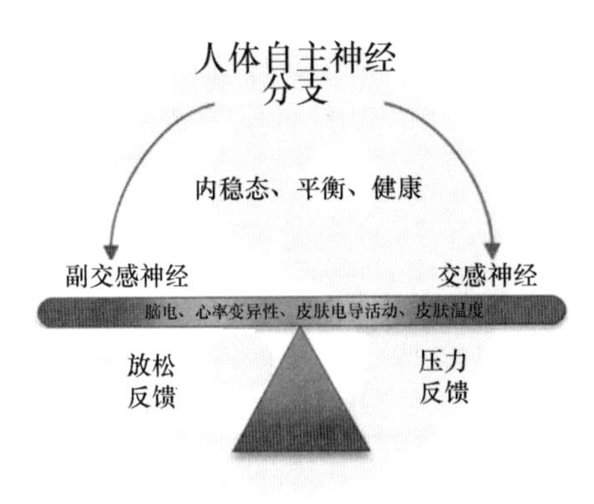

图 2 人体自主神经系统与生理表征指标

1 理论与原理的提出与验证

1.1 人体自主神经系统及其健康

人体神经系统包括中枢神经系统及自主神经系统（ANS），后者负责人体内稳态的调节，如人体温度变化。人体自主神经通过调节体内荷尔蒙，改变心血管、呼吸以及水盐平衡，如人的情绪受到温度变化的影响就是一个与知觉相关的人体自我平衡的调节行为[12]。

人体自主神经系统分为交感神经（SNS）和副交感神经（迷走神经，PNS），交感神经由脊髓发出的神经纤维到交感神经节，再由此发出纤维分布到内脏、心血管和腺体。交感神经系统会引发人体的“战逃”反应，当其紧张性增加时，会释放包括肾上腺素在内的等激素与神经递质来促使身体器官进行剧烈活动，产生诸如，增加血糖浓度、全身代谢速率、心率、心肌收缩力、血压呼吸量与汗腺分泌等生理反应。[13,14]。副交感神经上部从中脑和延髓发出，下部从脊髓的最下部（骶部）发出，分布在体内各器官里，负责刺激身体休息时发生的“休息与消化”反应[15]，当其活化后会分泌去甲肾上腺素与乙酰胆碱等激素和神经递质来促使器官放松，减慢心脏活动，增加心率变异性、刺激唾液分泌等[16]。

人体自主神经系统的健康取决于交感神经和副交感神经的平衡（图 2），其健康状况影响人们生理与心理健康。若长期处于高压力环境中会导致人体交感神经处于高度紧张状态并降低其应激阈值，容易造成肾上腺“中毒”，表现为情绪不安定，认知能力下降，免疫系统受损等。在这种情况下，增强副交感神经活跃性能够使失调的自主神经系统得到平衡，改善其健康状况。交感神经处于活跃的状态越久，自主神经系统的平衡恢复得越快。研究证明副交感活动的增加有益于情绪健康和减少心血管疾病风险[16]。

1.2 风景园林小气候对人体自主神经系统的健康作用

风景园林小气候由在其空间中的空气温度、太阳辐射、空气温度、相对湿度、风速 5 个小气候因子构成。

风景园林空间改善小气候进而提升人体的心理和生理健康水平。医学研究发现进食前后的不同户外空气温度对人的心率变异性、皮肤温度、皮肤电活动、血压的变化与人体自主神经系统都会产生显著性作用[17]。相关研究证实自然环境能够有效地改善长期处于高密度城市中的人体的心率变异性、皮肤电活动等。太阳辐射是影响人体能量总额的主要小气候因子，当人体能量失去平衡时，自主神经系统开始进行调节。相对湿度与风速显著性的影响人体内热量的传导与散发。

脑电波可以表征大脑不同区域的活动，通过分析特定环境下在大脑皮层探测到的各种不同频率的电波可以衡量当下人体脑部活动特征。交感神经系统主要由大脑右侧（聚焦于岛状皮质）控制，而左侧主要控制副交感神经系统[18-22]。Alpha 波（8～13Hz）因其表征大脑的放松状态而被广泛研究[23-26]。故通过 Alpha 波的特定功能与前额叶的不对称活动可以表征人体自主神经系统活动状态。当右侧额叶的 Alpha 波比左侧额叶多时，说明左侧额叶的活动比右侧额叶更为活跃，即副交感神经更为活跃。左侧额叶的 Alpha 波比右侧额叶多时，说明右侧额叶的活动比左侧额叶更为活跃，即交感神经更为活跃。

心率变异性是衡量人体在某一时间片段内相邻心跳间隔时间的变化程度[27]。人体自主神经系统中的交感神经与副交感神经共同影响心率变异性[28]，使其成为衡量人体自主神经平衡或失调的重要指标[29]。研究证明 RMSSD 为衡量心率变异性短时测量中与人体自主神经系统活动关系密切的指标，其大小表征自主神经系统中副交感神经的活跃状态。HF 与 LF 之间的比值越小，人体的交感神经紧张性下降，而副交感神经活跃性上升，人体自主神经系统处于相对更放松状态[30]。不同户外小气候对人的心率变异性都会产生显著性作用[31]。

皮肤电活动（EDA）是用于定义皮肤电性质变化的总称[32]。人体皮肤电活动受自主神经系统中交感神经的作用[33]。在不舒适的小气候下中人体感受器（如手指皮肤）受到外界热刺激，将该刺激信号通过神经递质传输到下丘脑的温度控制中心，下丘脑通过交感神经来控制各个接收器，交感神经的活跃度增加，汗腺被激活开始通过排汗来使身体散热，皮肤电活动上升[34]。

人体皮肤温度的调节与皮肤电活动的过程相似，主要通过交感神经控制皮肤血管的舒张和收缩来控制血流量来调节皮肤温度。在炎热环境中，位于下丘脑中的温度控制中心使复配皮肤血管的交感神经紧张性增加，使皮肤血管舒张，皮肤血管血流量上升，皮肤温度升高，增加身体散热量，以保持体内稳态[35,36]。

人体皮肤体温的变化与血管扩张和血管收缩有关，而这是交感神经被唤醒激活或失活的表征，当人体体温高于正常范围时，交感神经紧张性增强，通过扩张血管来增加人体内热量的散发[36]。

本研究选取大脑额叶不对称性、心率变异性、皮肤电活动、皮肤温度 4 个生理指标来表征交感神经与副交感神经的状态，提出风景园林小气候对人体自主神经系统能产生健康作用。

1.3 理论与原理的验证

对22位被试者的研究结果表明在夏季，相对于广场中央空间，风景园林空间能够创造出能舒适的小气候环境，显著性降低太阳辐射、空气温度、地表温度，使被试者的主观平均热感觉从＋2.6（暖-热）降至＋0.8（不热不热-微暖），使舒适度从-0.76（可接受-不舒适）提升至＋0.4（可接受-舒适）。

相比在广场中央小气候，人体在风景园林小气候中大脑额叶中的不对称性或从右侧额叶活跃变化为左侧额叶活跃；显著性地增强心率变异性，平均LF/HF值降低0.52，RMSSD上升；显著性降低手指皮肤电活动0.64μs，显著性地降低手指皮肤温度1.02℃。

以上生理指标的变化都证实了人体在风景园林小气候中交感神经的紧张性得到显著性舒缓，副交感神经的活跃度得到显著性上升，即对人体自主神经系统有显著性健康作用。

生物医学领域对于在自然环境中运动与人体生理心理恢复[37]，以及对比观赏自然环境与建成环境对人体体力与精神紧张性的关联性[38,39]，自然环境对自主神经调节的积极作用[40]都支撑了本研究的结果

2 实测结果与分析

2.1 风景园林小气候与舒适度

2.1.1 风景园林小气候因子

将两个空间单元每小时的小气候要素进行平均，得出小气候要素逐时变化图（图3）。从逐时变化趋势图上看，风景园林空间的太阳辐射值（54.61±29.56W/m²）都远小于广场中央空间（435.33±250.28W/m²）；风景园林空间的空气温度（32.23±1.19℃）都比广场中央空间（33.50±1.26℃）小，风景园林空间的相对湿度（54.90±4.76℃）比广场中央空间（52.14±5.01℃）大。广场中央的风速（3.76±1.19Km/h）在全天内都比风景园林空间（1.12±0.43Km/h）大。广场中央空间的地表温度（41.85±4.41℃）远大于风景园林空间单元（30.55±1.59℃）。从其显著性上看，风景园林空间与广场中央空间中所有小气候要素都有极显著性差别（Sig.＝0.000）（表1）。

风景园林与广场中央各小气候要素对比（平均值±标准差） **表1**

	风景园林空间	广场中央	Sig.
太阳辐射（W/m²）	54.61±29.56	435.33±250.28	0.000
空气温度（℃）	32.23±1.19	33.50±1.26	0.000
相对湿度（℃）	54.90±4.76	52.14±5.01	0.000
风速（km/h）	1.12±0.43	3.76±1.19	0.000
地表温度（℃）	30.55±1.59	41.85±4.41	0.000

注：显著性水平经Wilcoxon signed-rank test检验。

2.1.2 小气候舒适度

试验采集有效问卷44份，在3个实测日内（8：30～18：30），被试者的小气候热感觉投票分布如图3，在风景园林小气候中48%的被试者感到微暖，36%感到不冷不

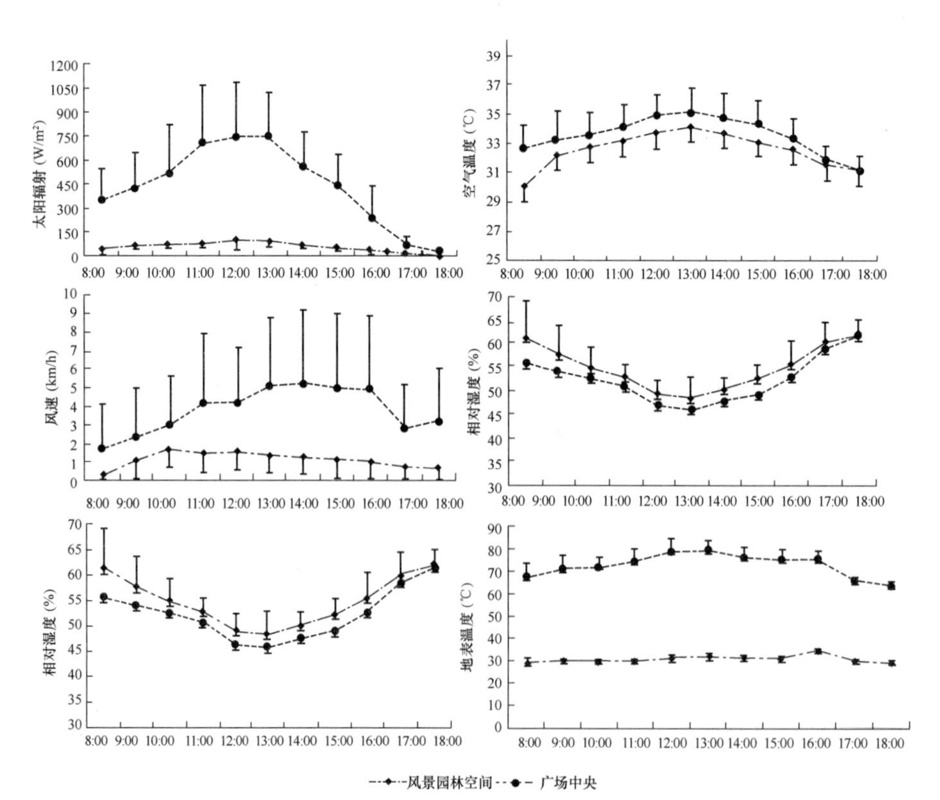

图3 广场空间与风景园林空间中各小气候要素变化趋势对比图

热，16%感到暖。而在当被试者处于广场中央小气候中时，44%感到热，24%的感觉非常热，12%感到不冷不热，12%感到暖，8%感到微暖。表 2 为被试者的热舒适投票值，在风景园林小气候中为 0.8±0.7，在广场中央小气候中为 2.6±1.29，两者具有极显著差异（Sig. = 0.000）。故，相比广场小气候，人体处于风景园林小气候中能够显著性改善被试者的主观热感觉。

图 4 为小气候舒适度分布，当被试者在风景园林小气候中，56%觉得可以接受，40%觉得舒适，4%觉得非常舒适。当处于广场中央小气候中，44%感到不舒适，24%感到非常不舒适，16%感到可以接受，16%感到舒适。由表 2 可见，被试者在风景园林小气候中的舒适度为 0.48±0.58，在广场中央小气候中则为 −0.76±1.01，两者具有极显著性差异（Sig. = 0.000）。故，相比广场中央小气候，风景园林小气候中著性改善地被试者的舒适度。

被试者在风景园林小气候与广场中央小气候中热感觉与舒适度投票对比（平均值±标准差） **表 2**

	风景园林小气候	广场中央小气候	Sig.
热感觉投票	0.8±0.7	2.6±1.29	0.000
舒适度投票	0.4±0.58	-0.76±1.01	0.000

注：显著性水平经 Wilcoxon signed-rank test 检验。

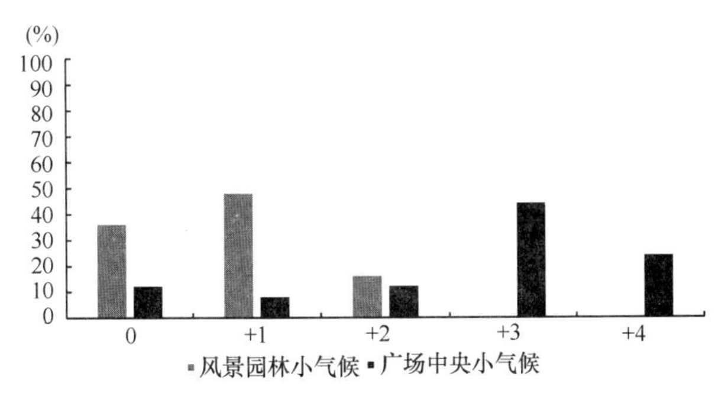

图 4　被试者小气候热感觉投票分布图

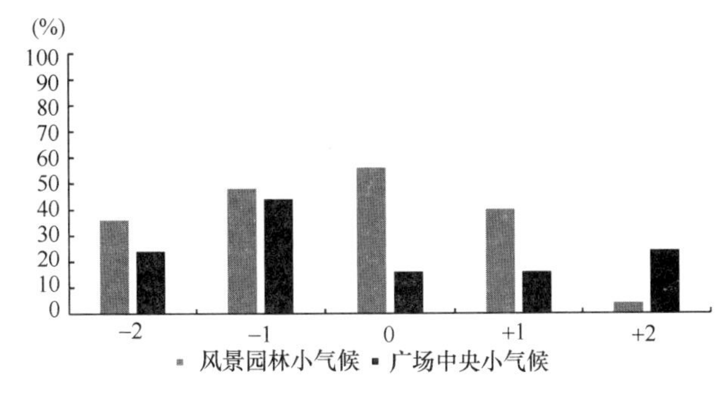

图 5　被试者小气候舒适度投票分布图

2.2　风景园林小气候与人体自主神经系统

2.2.1　额叶不对称性活动（frontal lobe activity asymmetry, FAA）

被试者在风景园林空间小气候与广场中央小气候中的典型额叶脑电不对称性活动结果（图 6）。其不对称性指数通过额叶 AF4 区域（右侧）与 AF3 区域（左侧）的 Alpha 波能量差来表示。如图 7 所示，当被试者处于广场中央小气候中时，不对称性指数为 −0.51±1.02，说明大脑额叶活动状态为右侧额叶活动更为活跃，故被试者处于广场中央小气候中，人体交感神经紧张性增强。

被试者处于风景园林小气候中，额叶活动不对称性指数为 0.28±1.22，证明人体大脑额叶活动状态呈现为左侧额叶活动更为活跃，因此被试者在风景园林小气候中人体交感神经活动紧张性下降，且副交感神经活跃性增强，人体自主神经系统平衡能得到一定的恢复。如表 3 所示，两小气候中的额叶活动不对称性指数之间呈现为显著性差异（Sig. = 0.037），证明相对于处于广场中央小气候，风景园林小气候显著性改善人体自主神经系统活动状态，使其平衡能得到一定恢复。

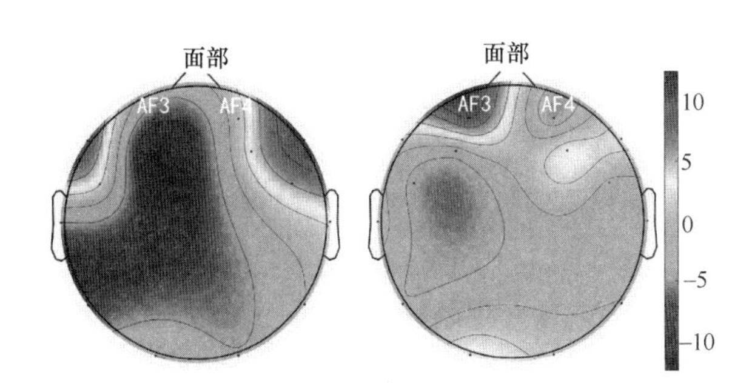

图 6　某被试者在风景园林小气候（左）与广场中央小气候中额叶 AF3 与 AF4 电极位 Alpha 波能量对比

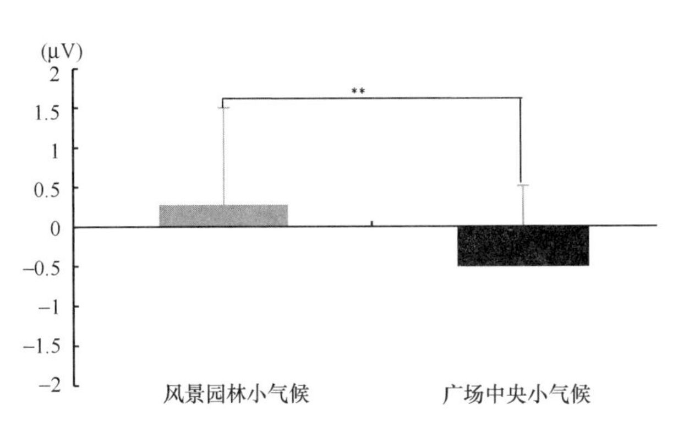

图 7　被试者在风景园林小气候与广场中央小气候中额叶活动不对称性指数对比（平均值±标准差），* * $p<0.05$

被试者在风景园林小气候与广场中小气候中平均前额叶活动不对称性指数对比（平均值±标准差）　　表 3

	风景园林空间	广场中央	Sig.（2-tailed）
FAA Index（μV）	0.28±1.22	−0.51±1.02	0.037

注：显著性水平经 Wilcoxon signed-rank test 检验。

2.2.2　心率变异性

被试者在风景园林小气候与广场中央小气候中的典型 PPG 信号片段如图 8 所示。表 4 为被试者在风景园林小气候与广场中央小气候中的心率变异性 RMSSD 与 LF/HF 两个指标的平均值与标准差以及其显著性。结果表明当人们处于风景园林小气候中的 LH/HF 值（1.06±1.53）比广场中央小气候中（1.58±0.76）小，说明当被试者处于风景园林小气候中交感神经与副交感神经之间更为平衡，而当被试者处于广场中央小气候中交感神经相对于副交感神经更为活跃，且两 LH/HF 具有极显著差异（Sig=0.00），表明在两小气候中被试者自主神经系统有极为显著性差异。

从 RMSSD 上看，被试者在风景园林小气候中（69.92±18.41）比在广场中央小气候（68.92±18.41）大，且两者有显著性差异（P<0.1）。证明被试者在风景园林小气候中的心率变异性上升，从人体自主神经系统上看，此时被试者的副交感神经更为活跃。

LF/HF 与 RMSSD 共同证明了当人体在风景园林小气候中人体交感神经更加活跃，能够让人体自主神经的平衡得到一定恢复。

被试者在风景园林小气候与广场中小气候中平均前额叶活动不对称性指数对比（平均值±标准差）　　表 4

	风景园林空间	广场中央	Sig.（2-tailed）
LF/HF	1.06±0.53	1.58±0.76	0.000
RMSSD（ms）	68.92±18.41	68.92±18.41	0.099

注：显著性水平经 Wilcoxon signed-rank test 检验。

2.2.3　皮肤电活动（electrodermal activity, EDA）

图 9 为被试者在两种小气候中的典型皮肤电活动信号。在两种小气候中的平均皮肤电活动如图 10 所示，在风景园林小气候中，被试者的平均皮肤电活动（4.11±5.36）大于广场中央小气候中平均皮肤电活动（4.75±6.48），且两者呈现为极显著性差异（p<0.01），证明当人体处于广场中央小气候中时，手指皮肤的电活动更大，即汗腺分泌更活跃，故控制汗腺分析的交感神经也更活跃。而人体处于风景园林小气候中，手指皮肤电导性更小，说明皮肤排汗更少，汗腺活跃度更低，交感神经活跃度更低。

故，被试者处于风景园林小气候中能够舒缓交感神经的紧张性，使人体自主神经系统的平衡能得到一定的恢复。

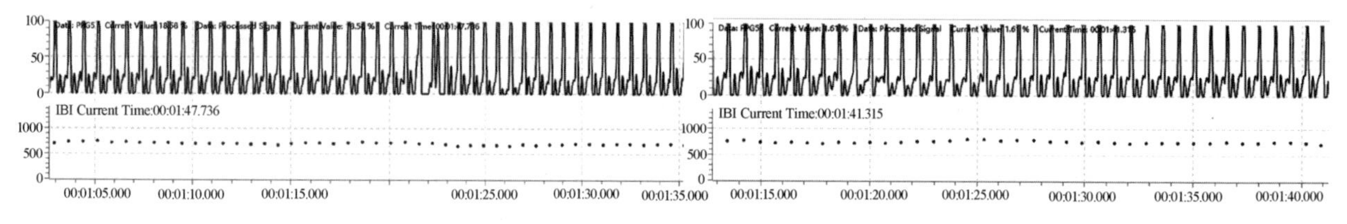

图 8　某被试者在广场小气候中的 PPG 信号（左）以及在风景园林小气候中的 PPG 信号（右）

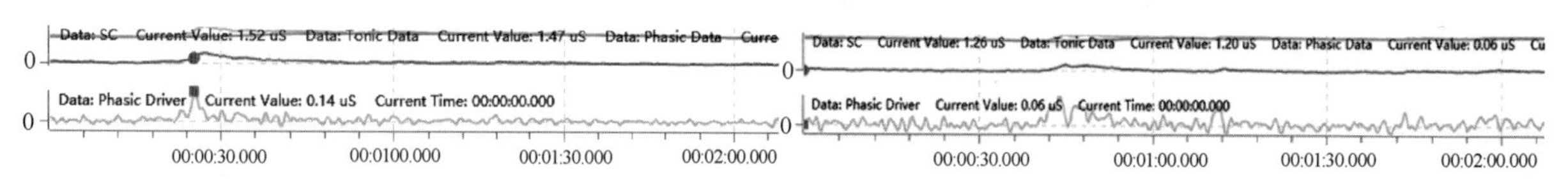

图 9　某被试者在广场小气候中（左）以及在风景园林小气候中的皮肤电活动信号（右）

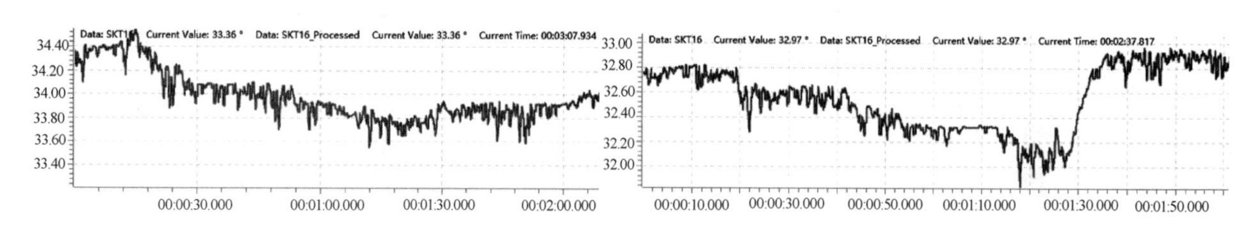

图 10　某被试者在广场中央小气候中（左）以及在风景园林小气候中的手指皮肤温度信号（右）（图片来源：作者自制）

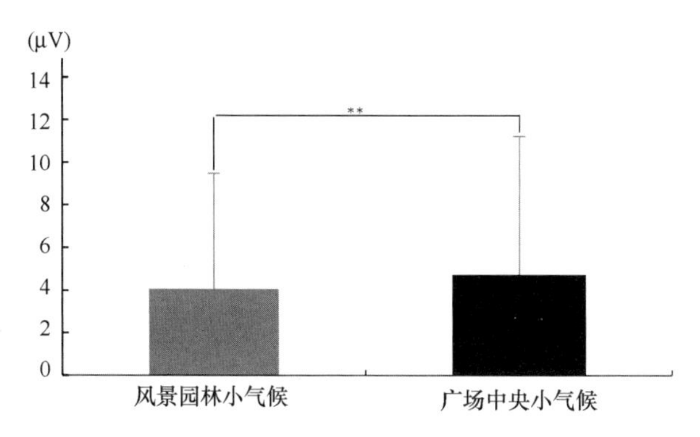

图 11 某被试者在风景园林小气候中与广场中央小气候中皮肤电活动对比（平均值±标准差），* * $p<0.05$

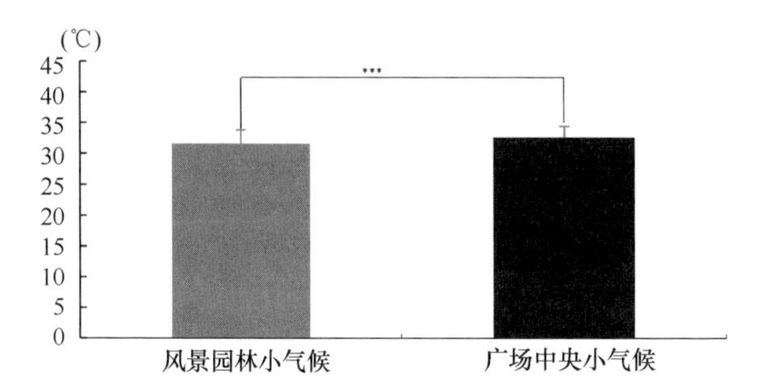

图 12 某被试者在风景园林小气候中与广场中央小气候中手指皮肤温度对比（平均值±标准差），* * * $p<0.01$

2.2.4 手指皮肤温度

图 11 为被试者在两不同小气候中的典型皮肤温度信号。被试者在两种小气候中的平均皮肤温度如图 12 所示，在广场中央小气候中，被试者的平均手指皮肤温度为 32.63±2.18℃，当被试者进入风景园林小气候中后，平均手指皮肤温度为 31.62±1.81℃，平均下降了 1℃，且两组数据具有极显著性差异。表明相对于广场中央小气候，风景园林小气候能够有效地降低人体手指皮肤温度，即降低皮肤血管血流量，表明此时交感神经的紧张性得到舒缓，人体自主神经系统的平衡能够得到一定的恢复。

3 试验设计与操作

3.1 试验场地与被试者情况

本试验场地位于上海市创智天地广场，位于杨浦区北侧，为下沉式广场，平面呈 T 形。本试验测点位于广场主要活动空间，长约 126m，宽 55m[12]（图 13）。测点 1（红色）为广场中央空间，底面为硬质铺装，无其他风景园林要素，Svf 为 0.89，测点 2（蓝色）为风景园林空间，顶面为乔木，底面为草坪，Svf 为 0.12。

图 14 为两测点的人视与天空可视因子图（sky view factor）。生理实验时间为 2018 年 7 月 20、21、28 日，每日 8：30～17：30，共招募 22 位被试者（11 男，11 女，年龄为 29.6±4.9）。被试者为生理和心理健康，无心血管系统疾病，无皮肤病的成年人，并被要求在实验前禁止饮酒、熬夜等，保证实验期间生理和心理指标处于正常水平。被试者已知悉详细的实验过程（图 15）及注意事项以保证数据的有效性。

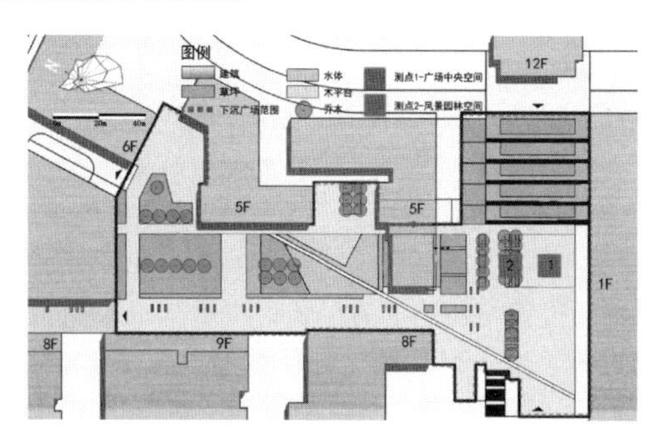

图 13 上海创智天地广场平面与测点分布

图 14 测点 1（左）与测点 2（右）人视图与天空可视因子图

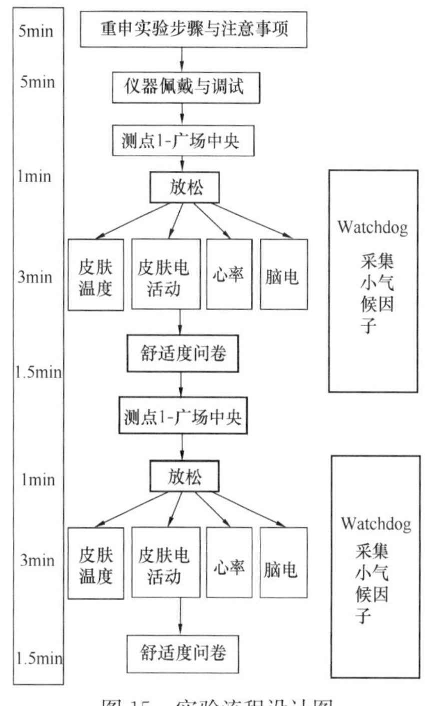

图 15 实验流程设计图

3.2 实验设计

3.2.1 实验流程设计

本研究实验流程设计如图，每两位被试者为一组，被试者达到实验场地后，实验人员重申实验步骤与注意事项，后进行仪器佩戴与校准，达到测点 1 在实验开始 1min 前先进行放松，然后正式开始进行 3min 的小气候体验，在体验过程中使用非入侵式可穿戴脑电头盔采集被试者脑电波，通过可穿戴生理传感器（基于 Ergolab 平台）采集被试者的皮肤温度（手指末端）、光电容积脉搏波（photoplethysmography，耳垂处）、皮肤电活动（electrodermal activity，手指末端），体验结束后进行小气候舒适度问卷填写。测点 2 的步骤与测点 1 相同。

3.2.2 小气候问卷设计

小气候舒适度问卷，问卷分为两大部分，第一部分为被试者个人信息，包括年龄、身高、体重以及衣着。第二部分为基于李克特量表的舒适度评价[41]。小气候热感觉投票采用 9 点标度、太阳辐射、风速、空气温度、相对湿度 5 个小气候要素感受投票采用 7 点标度，舒适度投票以及太阳辐射、风速、空气温度、相对湿度小气候要素偏好投票采用 5 点标度。

3.2.3 实验数据处理

本实验中脑电波数据通过 Matlab 与 EEGlab 平台来解析不同电极位的 Alpha 波。心率变异性、皮肤电导性与手指皮肤温度则基于 Ergolab 处理平台，心率变异性数据通过白噪声、低通降噪、高通降噪、基线降噪、带阻等滤波器进行处理，利用异常点甄别来替换异常信号处理后获得时域分析中的 RMSSD 与频域分析中的 LF/HF。皮肤电活动数据利用滑动均方根以及滑动平均滤波器进行降噪处理获得皮肤点活动平均值。皮肤温度数据通过滤波器以及包络线进行信号处理。所有数据都用平均值±标准差来表示，利用 SPSS 20.0 进行 Wilcoxon signed-rank test 进行显著性检验，显著性水平设置为 $p<0.1$。

参考文献

[1] 刘滨谊，张德顺，张琳．上海城市开敞空间小气候适应性设计基础调查研究[J]. 中国园林，2014(12).

[2] 刘滨谊，梅欹，匡纬．上海城市居住区风景园林空间小气候要素与人群行为关系测析[J]. 中国园林，2016，32(1)：5-9.

[3] 陈昱珊．城市街道小气候人体舒适性机制与评价研究[D]. 上海：同济大学，2017.

[4] 魏冬雪，刘滨谊．上海创智天地广场热舒适分析与评价[J]. 中国园林，2018(2)：5-12.

[5] 刘滨谊，黄莹．城市街道户外微气候人体热生理感应评价分析——以上海古北黄金城道步行街为例[C]// 中国风景园林学会 2018 年会论文集．2018.

[6] 赵艺昕．上海城市街道小气候人体热生理感应评价[D]. 上海：同济大学，2018.

[7] 杨祎雯．上海居住区小气候人体热生理感应评价[D]. 上海：同济大学，2018.

[8] 赵晨欣．上海城市广场小气候人体热生理感应评[D]. 上海：同济大学，2018.

[9] Zhang F，Haddad S，Nakisa B，et al. The effects of higher temperature setpoints during summer on office workers' cognitive load and thermal comfort[J]. Building and Environment，2017，123：176-188.

[10] Chen Z，He Y，Yu Y. Natural environment promotes deeper brain functional connectivity than built environment[J]. BMC neuroscience，2015，16(1)：294.

[11] van den Berg M，Maas J，Muller R，et al. Autonomic nervous system responses to viewing green and built settings：Differentiating between sympathetic and parasympathetic activity[J]. International Journal of Environmental Research and Public Health，2015，12(12)：15860-15874.

[12] Craig A D. Forebrain emotional asymmetry：A neuroanatomical basis? [J]. Trends in cognitive sciences，2005，9(12)：566-571.

[13] Ornstein R. Evolution of consciousness：The origins of the way we think[M]. Simon and Schuster，1992.

[14] Ziegler M G. Psychological stress and the autonomic nervous system[M]//Primer on the autonomic nervous system. Academic Press，2012：291-293.

[15] McCorry L K. Physiology of the autonomic nervous system[J]. American Journal of Pharmaceutical Education，2007，71(4)：78.

[16] Buccelletti E，Gilardi E，Scaini E，et al. Heart rate variability and myocardial infarction：Systematic literature review and metanalysis[J]. Eur Rev Med Pharmacol Sci，2009，13(4)：299-307.

[17] Okada M，Kakehashi M. Effects of outdoor temperature on changes in physiological variables before and after lunch in healthy women[J]. International Journal of Biometeorology，2014，58(9)：1973-1981.

[18] Wittling W，Block A，Genzel S，et al. Hemisphere asymmetry in parasympathetic control of the heart[J]. Neuropsychologia，1998，36(5)：461-468.

[19] Baehr E，Rosenfeld J P，Baehr R，et al. Comparison of two EEG asymmetry indices in depressed patients vs. normal controls[J]. International Journal of Psychophysiology，1998，31(1)：89-92.

[20] Winkler I，Jäger M，Mihajlovic V，et al. Frontal EEG asymmetry based classification of emotional valence using common spatial patterns[J]. World Academy of Science，Engineering and Technology，2010，45：373-378.

[21] Adolph D，von Glischinski M，Wannemüller A，et al. The influence of frontal alpha - asymmetry on the processing of approach - and withdrawal - related stimuli—A multichannel psychophysiology study[J]. Psychophysiology，2017，54(9)：1295-1310.

[22] Broelz E K，Enck P，Niess A M，et al. The neurobiology of placebo effects in sports：EEG frontal alpha asymmetry increases in response to a placebo ergogenic aid[J]. Scientific Reports，2019，9(1)：2381.

[23] Aspinall P，Mavros P，Coyne R，et al. The urban brain：Analysing outdoor physical activity with mobile EEG[J]. Br J Sports Med，2015，49(4)：272-276.

[24] Chang C Y，Hammitt W E，Chen P K，et al. Psychophysiological responses and restorative values of natural environments in Taiwan[J]. Landscape and Urban Planning，2008，

85(2): 79-84.

[25] Ray W J, Cole H W. EEG alpha activity reflects attentional demands, and beta activity reflects emotional and cognitive processes[J]. Science, 1985, 228(4700): 750-752.

[26] Klimesch W. EEG alpha and theta oscillations reflect cognitive and memory performance: A review and analysis[J]. Brain Research Reviews, 1999, 29(2-3): 169-195.

[27] Mccraty R, Shaffer F. Heart rate variability: New perspectives on physiological mechanisms, assessment of self-regulatory capacity, and health risk[J]. Global Advances in Health and Medicine, 2015, 4(1): 46-61.

[28] Hainsworth R. The control and physiological importance of heart rate[J]. Heart Rate Variability, 1995: 3-9.

[29] Malik M, Bigger J T, Camm A J, et al. Heart rate variability: Standards of measurement, physiological interpretation, and clinical use[J]. European Heart Journal, 1996, 17(3): 354-381.

[30] Billman G E. The LF/HF ratio does not accurately measure cardiac sympatho-vagal balance[J]. Frontiers in Physiology, 2013, 4: 26.

[31] Orsila R, Virtanen M, Luukkaala T, et al. Perceived mental stress and reactions in heart rate variability—A pilot study among employees of an electronics company[J]. International Journal of Occupational Safety and Ergonomics, 2008, 14(3): 275-283.

[32] Braithwaite J J, Watson D G, Jones R, et al. A guide for analysing electrodermal activity (EDA) & skin conductance responses (SCRs) for psychological experiments[J]. Psychophysiology, 2013, 49(1): 1017-1034.

[33] Society for Psychophysiological Research Ad Hoc Committee on Electrodermal Measures, Boucsein W, Fowles D C, et al. Publication recommendations for electrodermal measurements[J]. Psychophysiology, 2012, 49(8): 1017-1034.

[34] Hasanbasic A, Spahic M, Bosnjic D, et al. Recognition of stress levels among students with wearable sensors[C]// 2019 18th International Symposium INFOTEH-JAHORINA (INFOTEH). IEEE, 2019: 1-4.

[35] Campbell I. Body temperature and its regulation[J]. Anaesthesia & Intensive Care Medicine, 2008, 9(6): 259-263.

[36] Tansey E A, Roe S M, Johnson C D. The sympathetic release test: A test used to assess thermoregulation and autonomic control of blood flow[J]. Advances in Physiology Education, 2014, 38(1): 87-92.

[37] Pretty J, Peacock J, Sellens M, et al. The mental and physical health outcomes of green exercise[J]. International Journal of Environmental Health Research, 2005, 15(5): 319-337.

[38] Brown D K, Barton J L, Gladwell V F. Viewing nature scenes positively affects recovery of autonomic function following acute-mental stress[J]. Environmental Science & Technology, 2013, 47(11): 5562-5569.

[39] Van den Berg M, Maas J, Muller R, et al. Autonomic nervous system responses to viewing green and built settings: Differentiating between sympathetic and parasympathetic activity[J]. International Journal of Environmental Research and Public Health, 2015, 12(12): 15860-15874.

[40] Gladwell V F, Brown D K, Barton J L, et al. The effects of views of nature on autonomic control[J]. European Journal of Applied Physiology, 2012, 112(9): 3379-3386.

[41] Handbook-Fundamentals A. American society of Heating [J]. Refrigerating and Air-Conditioning Engineers, 2009.

作者简介

连泽峰，1990年生，男，福建泉州人，在读博士研究生，同济大学景观学系。研究方向：风景园林规划设计、风景园林小气候适应性。电子邮箱：1610124@tongji. edu. cn。

刘滨谊（通讯作者），1957年生，男，辽宁法库人，博士，同济大学风景园林学科专业委员会主任，景观学系教授，博士生导师，国务院学位办风景园林学科评议组召集人，国务院、教育部、人事部风景园林专业硕士指导委员会委员，住房和城乡建设部城市设计专家委员会委员、风景园林专家委员会委员。研究方向：景观视觉评价、绿地系统规划、风景园林与旅游规划设计。电子邮箱：byltjulk@vip. sina. com。

关于郊野公园规划编制要点的思考

The Reflection on Key Points of Planning-making of Country Parks

傅红昊

摘　要：近年随着城市近郊旅游的兴起，许多城市相继开展了郊野公园的规划建设，郊野公园作为城市生态空间的组成部分，能够保护优质的自然公共资源，促进耕地、林地、建设用地等各类土地资源的整合，避免“圈地”活动进一步蚕食城市绿色空间，抑制城市的无序蔓延，并为城乡居民提供生态休闲的好去处。但现阶段郊野公园的相关研究多以探讨规划设计策略为主，对郊野公园规划编制中的要点问题，包括项目选址、土地整治、各类服务设施的准入类型及规模涉及较少。本文拟通过梳理郊野公园的发展历程，归纳其内在含义，分析我国当前郊野公园建设面临的突出矛盾，探讨郊野公园规划编制的核心敏感问题，为日后的规划编制提供参考。
关键词：郊野公园；选址；土地整治；服务设施；城乡统筹

Abstract: With the popularity of suburb traveling, a great amount of cities have carried out the construction of country parks, as part of urban ecological space, being able to protect the natural public resources, promote the resources integration such as cultivated land, woodland, and construction land, etc. In many ways, this can avoid ‘enclosure’ consuming urban green space, control unordered urban spread, and this can also provide citizens a nice ecofallow. However, as many country park researches staying at concept stage, this issue rarely involves some key points such as site selection, land reclamation, facilities, etc. This paper presents the development of country parks, summarizes the concept, and analyze the critical issues, discusses key points, provides references for further planning.
Keyword: Country Park; Site Selection; Land Regulation; Service Facilities; Co-ordination of Urban and Rural Area

1　郊野公园的兴起与发展

郊野公园源于英国，其建设目的是为满足人们日益增长的自然游憩需求、缓解工业化进程对生态环境造成压力。自1968年第一座郊野公园诞生以来，英国已建设260多座郊野公园，成为国家生态网络的重要组成部分。

20世纪70年代中期，郊野公园传入香港并获得巨大成功。1976年《郊野公园条例》规划总面积达426km²的24个郊野公园和22个特别地区（其中11个位于郊野公园内），覆盖全港40%以上的土地，并在1996年将郊野公园范畴由陆域扩展至海域。

2000年以来，我国借鉴香港经验也开始在城郊地带规划和建设郊野公园，其中上海郊野公园的建设成果最为突出。在“两规合一”的背景下，将耕地引入城市生态空间系统，布局20片基本农田构成的生态保育区。并以“减量化”为目标，以“增减挂钩”为政策工具，以“土地整治”为平台，选取自然条件优越、交通便利、规模较大的地区规划建设郊野公园以改善农村整体面貌、调整产业结构、优化空间布局、统筹城乡发展，至此以基本农田、乡村景观风貌为主要特征的郊野公园便应运而生。[①]

不同于英国和香港，上海郊野公园则是纳入了基本农田的概念，因此郊野公园规划编制不免带有土地规划的色彩，从而具备城乡规划和土地规划的双重属性，这也充分体现了我国郊野公园规划编制的一大特色。

2　什么是郊野公园

2.1　郊野公园内涵解析

目前关于郊野公园的概念较多，尚未形成统一的确切定义。依据相关文献综述，笔者认为郊野公园的内涵主要包括：

（1）区域位置：位于城市边缘区，交通可达性较高，具备一定规模的自然环境区域。

（2）集建区外：按照我国《城市绿地分类标准》CJJ/T 85—2002，郊野公园属于绿地分类标准中的“其他绿地”，即位于城市建设用地以外生态、景观、旅游、娱乐条件较好或亟待改善的区域。因此郊野公园在用地性质上不属于城市建设用地，位于城市集中建设区以外，通常以农林用地（E2）表示。

（3）景观风貌：选址于具有山林坡地、河湖水岸、耕地水田和特色村落等优良景观资源的区域。

（4）功能服务：以满足城镇居民游憩、休闲、运动等需求为主要目的，通过提供相应的人性化空间和配套设施来促使城镇居民亲近自然、观赏自然，并开展相关自然知识的科普教育，与农业生产活动紧密关联，借助郊野公园建设改善农村居民的生产生活方式。

① 2013年上海市国土规划局批复了《上海市郊野公园布局选址和试点基地概念规划》，初步选址了20座郊野公园，总用地面积约400km²，并选择青西、松南、浦江、嘉北、长兴岛5座郊野公园作为试点。

2.2 郊野公园与其他绿地类型的区别

郊野公园与其他绿地类型的比对差异　　表 1

类型	地理区位	面积规模	景观资源	生态稳定性	服务功能	客源构成	管理机构
城市公园	城市建成区（500～5000m 以内）	5～40ha	人工景观	自身不稳定，需人工维护	改善环境，日常休闲	城镇居民	城镇部门
风景名胜区	近郊、远郊（大于 50km）	小型（$20km^2$ 以下）；中型（20k～$50m^2$）；大型（100～$500km^2$）；特大型（$500km^2$ 以上）	自然景观人工景观	自身稳定	保护自然资源和人文景观	周边和其他各地游客	建设部和各地风景名胜区管理委员会
森林公园	近郊（20～50km）	300～2000ha 居多	森林景观	自身稳定	度假疗养、科教娱乐	周边城镇居民	林业部
郊野公园	近郊（20～50km）	300～3000ha 居多	郊野景观、乡村景观	自身稳定	自然保育、改善环境、郊外游憩、科教娱乐	周边城镇居民	城建部门、林业部门（香港鱼农署）

注：1. 森林公园按照区域可划分为城市型森林公园、山野型森林公园、城郊型森林公园，由于城市型森林公园位于建成区内，而山野型森林公园规模基本与风景名胜区一致，因此选取城郊型森林公园进行比对，文中提及的森林公园特指城郊型森林公园。

2. 城市公园和风景名胜区的面积规模分别来源于《公园设计规范》GB 51192—2016 和《风景名胜区规划规范》GB 50298—1999，森林公园和郊野公园则是通过比对国内各大城市案例得出。

通过对比其他绿地类型发现（表 1），郊野公园是介于风景名胜区（以自然保护为主要目的）和城市公园（以提供游憩活动为主要目的）之间，在地理区位、面积规模、客源构成方面与森林公园相似的一种绿地类型。但森林公园更加突出森林景观资源，借助森林资源为城镇居民提供旅游度假、休憩、疗养、科学教育、文化娱乐等服务，人工化程度较高。而郊野公园则以郊野田园景观和乡村人文景观为主，在亲近自然的同时感受自然，更强调参与性和互动性，注重对参观游客的生态观演教育（图 1）。

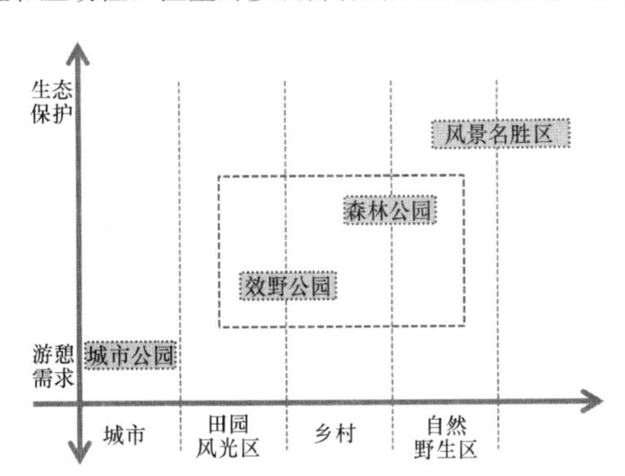

图 1　郊野公园定义分析

3　当前我国郊野公园建设面临的突出矛盾

3.1　城市扩张与突破生态底线的矛盾

近年来，城市多中心的发展趋势导致大面积城郊地区的非建设用地逐渐转变为城市建设用地，一些系统性、结构性的生态廊道被肆意破坏导致无法正常贯通，给城市的自然生态环境造成巨大压力。在此背景下，许多城市相继划定生态红线，保护城市生态空间。例如武汉通过弹性控制，借助两线（生态底线区、生态发展区）来实现对生态空间的分类管控（图 2）。但由于市场经济强大的内驱力，许多利益主体迫切希望能借助一种“双赢”的开发模式，既能有效维护生态安全，提升环境品质，又能改善

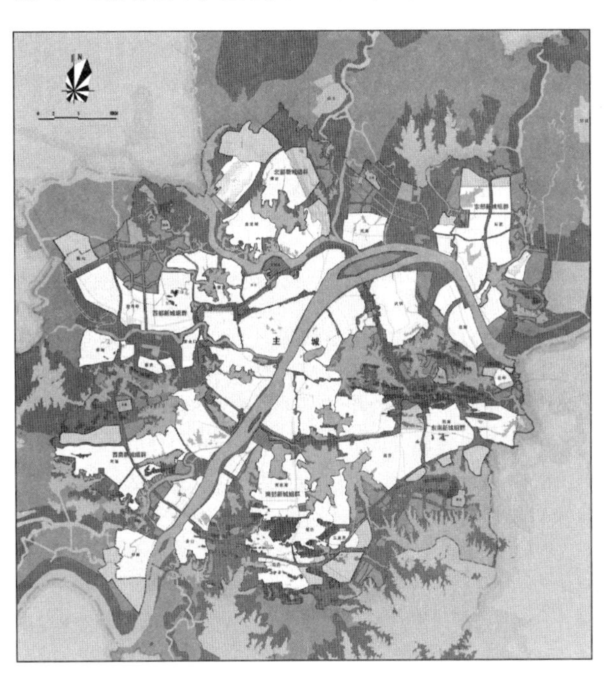

图 2　武汉市基本生态控制线
（图片来源：网络）

农村居民的生活状况，实现生态、经济、社会效益的最大化。郊野公园也因此在我国借势而兴，作为一种对城郊地区有效地保护和创新利用的开发模式，能整合农业、林业等自然资源，完善绿地系统网络，抑制城市无序扩张，为塑造生态、社会和经济可持续发展的城市奠定基础。

3.2 产业发展与建设用地减量化的矛盾

目前城市的大多工业园区集中于近郊区域。上海68%的工业用地位于城郊，特别是198工业用地占全市工业比重的1/4，但工业总产值却占比不足10%。另一方面，上海的城市建设用地已经达市域面积的44%，而全市土地利用总体规划的建设用地总量却锁定在3226km²，若按照过去10年每年50km²的增量，未来上海将几乎达到无地可用的局面。

由此可见对集建区外的现状低效建设用地的“减量”显得尤为必要，“减量”并非单纯地减少建设用地总量，更多是对存量建设用地布局的调整。上海市国土规划局出台了一系列“类集建区”空间奖励政策用来对集建区外的低效高耗能的工业用地进行减量（图3)。由此可见郊野公园的规划建设并非是以牺牲地区产业发展空间为代价，而是借助郊野公园这一契机，调整二产的产业布局、优化产业结构，提升一产的附加值，积极向三产转型，从而促进地区的产业转型与升级。

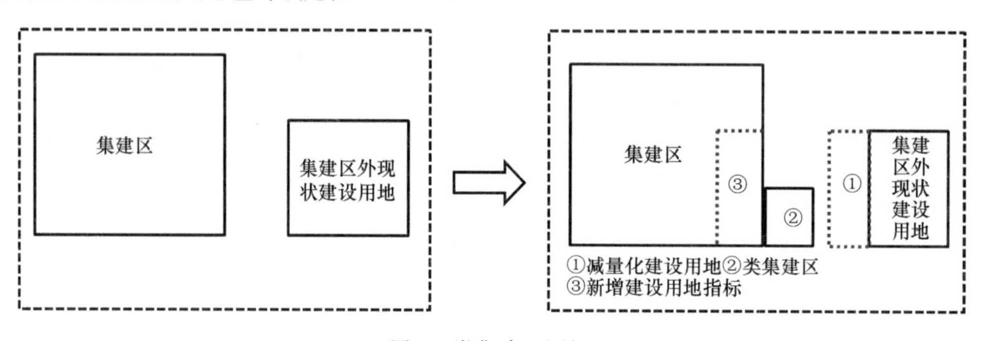

图3 类集建区图解
（图片来源：《上海郊野单元规划和实践》，同济大学出版社）

3.3 农业生产与景观营造的矛盾

郊野公园由于地处城市外围区域，往往沿袭着上千年的农耕传统，不能按照城市公园的建造方式来进行规划，也不能同风景名胜区一样侧重于旅游开发，更不能简单地采取生态维育的方式，必须要兼顾农业的生产功能，解决好老百姓的吃饭问题，落实国家“最严格的耕地保护制度”。

实际上郊野公园内的农业生产与景观营造并不矛盾，其规划建设并非是重新梳理山河，而是将农业生产与景观营造相结合，通过细微的设计丰富景观层次，策划田间活动，配套服务设施，在“田、水、路、林、村”整治中充分考虑景观营造，用最小的开发建设强度发挥出最大的田园景观价值。

3.4 农村宅基地的搬迁与乡村风貌传承的矛盾

郊野公园内的土地整治对象除了低效的工业用地处理外，还包括农村宅基地。但若只是单纯地进行宅基地的整体搬迁置换，必然会丧失原有乡村的生机与活力，原先的地域特色也将消失殆尽。因此郊野公园建设中不主张大拆大建，对能够体现地域风貌肌理的宅基地应予以保留和利用，为公园提供配套服务。

综上，郊野公园作为一种在城市集建区外能够平衡保护与利用的全新开发模式，能兼顾生态安全、产业发展、自然景观、地域文化的多方面因素，是当前集建区外围发展的突破口和新途径。

4 编制郊野公园规划的核心要点

4.1 要点一：选址原则

4.1.1 具有一定规模的自然环境区域

郊野公园的选址应考虑具备一定规模、自然资源优良的地区，才能最大化地发挥其经济和社会效益。《上海市郊野公园布局选址和试点基地概念设计》中规划了400多平方公里的郊野公园，单个公园面积则大概为14～30km²，规模可见一斑。

4.1.2 位于城市结构性的生态空间内

城市绿地系统本身就包含了陡坡山林、河湖溪涧、荒滩湿地等诸多景观资源，能为郊野公园建设提供条件，而将郊野公园融入到绿地系统规划中，能够加强城市内部空间和外围绿地的联系，强化由斑块、廊道、基质所构成的城市绿地系统的结构稳定性。上海郊野公园的规划建设便是在市域生态空间结构下开展的（图4)，按照建设可划分为三个阶段：近期在城郊建设多个郊野公园，作为生态绿楔，连接城市公园与外围绿地；中期则是依附于河流水系、交通路网等带状绿地，构建绿色廊道，串联形成郊野公园网络；远期建设远郊公园，将更大范围的绿色空间纳入到城市绿地系统中，成为稳定城市生态系统的重要基底。

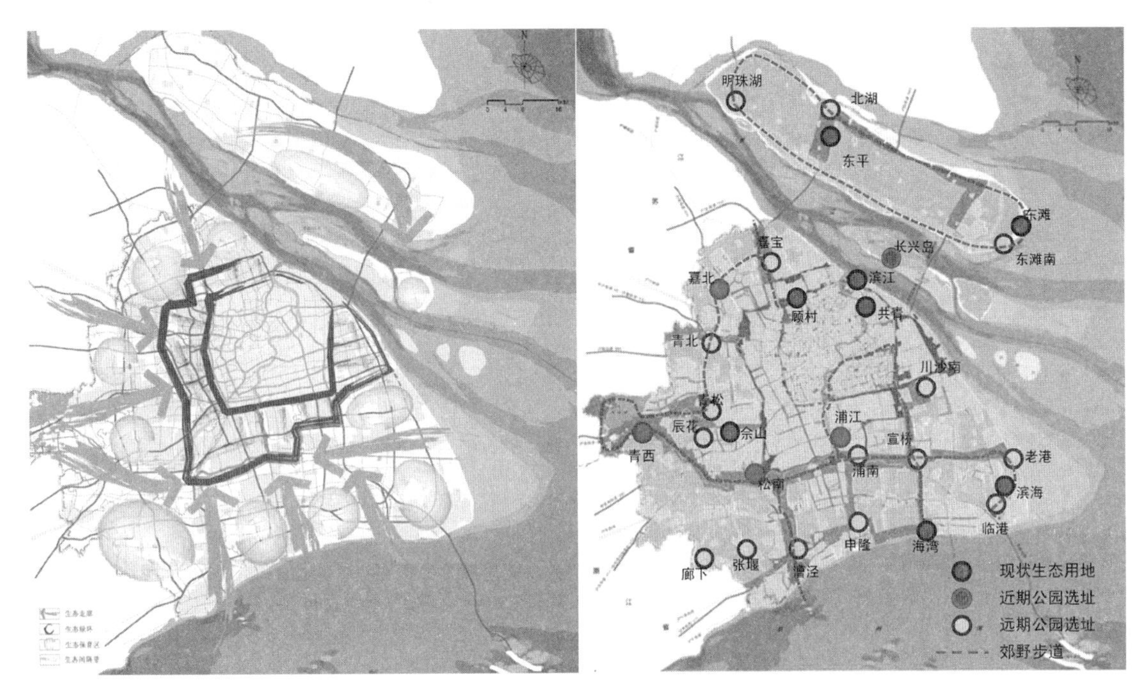

图 4　上海市域生态空间结构与郊野公园选址示意图
（图片来源：网络）

4.1.3　具备较高的交通可达性

近年来随着家庭小汽车数量的激增和城市公路网的完善，极大地提高了城镇居民出行的便捷性，为位于城市近郊的郊野公园提供了客源保障。上海目前已建成的郊野公园均在 50km 以内，保障市民能够通过自驾、骑行甚至徒步远足的方式抵达这些景观资源丰富的地区。

4.1.4　能够体现乡村人文特色的地区

除了选址于优良的山野自然环境地区外，还应选择长期保留乡村生产、生活的农田牧场、果蔬园、苗圃、农舍村落等乡村景观交融的地区，能够充分体现传统农耕文明的历史记点和独特的村庄聚落形态。

4.2　要点二：土地综合整治

前文中提及我国郊野公园的开发建设有别于西方国家，是“两规合一”的产物，具备土地规划的属性，因此郊野公园的规划编制尤其重视对复杂地类的梳理，而土地整治必然是不可忽视的一环。

4.2.1　农用地整治

是指以提高农业生产效率为目的，对田、水、路、林等农用地和未利用地进行的土地整治规划。一方面注重生态景观营造，对敏感脆弱的生态环境进行修复，改善地区生态条件，另一方面提升农地的数量与质量，优化农地的布局结构，促进农业生产和农民增收，最终实现“生态、生产、生活”三大功能的融合。

4.2.2　建设用地整治

主要针对城市集建区外的零散农村建设用地、低效闲置的工业仓储用地进行整治，通过相关政策在集建区或类集建区获得相应的建设用地指标，建立郊野公园建设用地的长效“造血机制”。上海目前已出台了较为完备的政策进行引导，一是对类集建区采取“拆 3 还 1”的空间奖励①，即类集建区的空间规模原则上控制在集建区外建设用地减量化面积的 1/3 以内，并且类集建区选址应不占或尽量少占基本农田。二是增减挂钩政策，即在“建设用地总量不增加，耕地总量不减少”的前提下，通过减量公园非集建区范围内的现状建设用地，给予“拆一还一”的指标平移，用来配套农田水利等生产设施、交通市政基础设施和少量的观光、游憩、文体设施，以满足公园的基本配套和安全需求。

以上海松江区新浜镇郊野单元规划为例，2013 年底新浜镇建设用地约 1016.12hm²，而集建区外的现状建设用地达 917.38hm²，其中“198”工业用地达 330.68hm²，产出效率低下、布局分散、环境污染问题突出，是实行减量化的主要对象。规划提出减量集建区外现状建设用地的 1/6（约 150hm²），工业用地减量不少于 1/3（约 50hm²）的目标。通过相关激励政策，取得类集建区总建设用地规模 51.99hm²，主要用于解决农民（1716 户）搬迁安置，用于发展休闲、旅游、度假等现代服务业。

4.3　要点三：服务设施的准入类型及规模

郊野公园服务设施是指为满足公园正常运行和游客的基本游览及休憩需求而配备的工程设施，是郊野公园

① 资料来源：《郊野单元（公园）实施推进政策要点（一）》（沪规土资综［2013］416 号）。

生存和发展的基础。前文中提及郊野公园属于绿地分类标准中的“其他绿地”，因此在城市规划体系中，郊野公园（含其内的服务设施用地）常被视作非建设用地，但在土地规划体系中，郊野公园服务设施用地却属于建设用地的范畴。

4.3.1 服务设施准入类型

按照功能需求的差异性，笔者郊野公园服务设施大致分为基础工程设施、旅游服务设施、管理服务设施（表2）。

服务设施准入类型　　表 2

功能分类	服务设施内容		能否准入
基础工程设施	交通设施	道路、停车场、自行车停放处等	可准入
	水电设施	照明、灌溉、给排水设施、供热设施	
	安全设施	紧急医疗服务点、应急避难点、防护栏、消防栓、防火预警器、监控系统、紧急求助电话	
	休憩设施	座椅、凉亭、观景台、园桥	
	卫生设施	卫生间、垃圾桶、应急厕所	
旅游服务设施	信息设施	电视广播、网络通信	
	常规旅游服务设施	（1）配套商服设施：小型零售、餐饮 （2）休闲游憩：健身运动设施（健身器材、足球场、篮球场、羽毛球场、乒乓球场、旱冰场、儿童活动器材、沙坑等）、游径设施（绿道、林间小道等）、临水亲水设施（小型游船码头、亲水平台、木栈道等）、各类活动场地 （3）科普展示：科普宣教窗、解说牌、解说步道等 （4）导游标识及信息化管理系统	可准入
	拓展旅游服务设施	野营、垂钓、果蔬采摘、索道、观光小火车等旅游观光游览设施	选择性准入
		（1）会议、接待、培训、度假、疗养、游乐等休闲娱乐设施（宾馆、酒店、度假村、疗养院、养老院、康体保健中心、培训中心、会议接待、游乐场等） （2）与历史文化相结合的大型文化设施（博物馆、展览馆等） （3）游客服务中心，购物网点、换乘中心	禁止准入（可安置在类集建区）
管理服务设施	办公管理处、监控室、养护室等		可准入

基础工程设施是指为郊野公园正常运行和游览所提供基本保障的服务设施，涵盖了交通、水电、安全、卫生、信息、休憩等方面，原则上可作为允许准入的服务设施类型。

旅游服务设施是指为游客提供休闲、观光、健身、娱乐等活动的服务设施，可划分为常规旅游服务设施和拓展旅游服务设施。常规旅游服务设施主要包括配套商服设施、休闲游憩设施、科普展示设施以及导游标识等，属于郊野公园常规游憩配备的服务设施范畴，因此原则上可作为允许准入的服务设施类型。

而拓展旅游服务设施是根据郊野公园自身发展特色，为扩展功能活动而配备的服务设施。其中观光游览设施作为突显公园特色的服务设施类型，建议在保证生态系统稳定、不破坏环境品质的前提下，可作为选择性的准入设施类型。而会议、接待、培训、度假、疗养、游乐等休闲娱乐设施，博物馆、展览馆等大型文化设施，游客服务中心、购物网点、换乘中心等大型建设项目的准入会直接影响到公园内的生态安全和景观风貌，故不应在郊野公园非集建区内进行建设，建议参照上海非集建区整治建设用地的相关做法在集建区或类集建区范围内选址布局。

管理服务设施是指为保障郊野公园的日常管理维护而配备的服务设施，包括办公管理处、监控室、养护室等，因此原则上可作为允许准入的服务设施类型。

4.3.2 服务设施用地规模及尺度控制

（1）服务设施建设用地规模

鉴于我国目前尚未出台郊野公园相关规范标准，因此在规划编制中，笔者认为一方面可参考其他相关绿地规范中关于服务设施占比的标准，明确公园内服务设施的建设用地规模；目前我国对森林公园已有了明确的配套服务设施的指标要求，用于休闲游憩、配套服务等方面的常规旅游服务设施建设用地不应超过公园陆域面积的2%①，公园内建设用地总量原则上不应超过公园陆域面积的3%②。前文中通过对比郊野公园与其他三种绿地类型，发现郊野公园是介于风景名胜区与城市公园之间，在地理区位、面积规模、客源构成、服务功能方面与森林公

①《国家森林公园设计规范》GB/T 51046—2014。

②《国家级森林公园总体规划规范》LY/T 2005—2012。

园具有一定相似性的绿地类型。因此笔者认为郊野公园非集建区范围内的服务设施规模可参照森林公园的规范标准执行，即服务设施的总建设用地总量不应超过公园陆域面积的3%，其中常规旅游服务设施建设用地不应超过公园陆域面积的2%。

另一方面，可通过估算公园内的游人容量和环境容量来测算所需的服务设施建设用地规模，并依据集约用地的原则，取二者的最小值进行控制。若公园非集建区范围内服务设施用地指标仍无法支撑游客需求时，可通过减量现状建设用地的方式，在公园非集建区范围内获得“拆一还一”的建设用地指标用于配套必备的服务设施，但会议、接待、培训、度假、疗养、游乐等休闲娱乐设施和大型建设项目应严格禁止，将对自然环境的干扰程度降低到最小。

另外，在郊野公园规划编制前应核实相关主管部门批复的旅游总体规划中的游客规模，并依据公园所处地理位置、吸引力、客源市场、旅游接待条件等推算公园游客容量和环境容量，合理安排服务设施的功能，确保设施规模总量控制在环境容量和游人容量所承载的范围内，在生态环境较为脆弱的地区，应适当考虑减少人为对自然环境的干扰性活动，适当缩减服务设施规模，保证公园内生态环境的稳定性。

（2）服务设施建设尺度控制

鉴于郊野公园对生态保护、景观风貌的高标准，因此郊野公园非集建区范围内服务设施的形态、高度、体量应与周边自然环境相协调，采取低密度、分散式的建筑布局方式，建筑掩映在林冠线以下，建筑檐口不宜超过8m，单体建筑面积最大不宜超过500m²，并满足绿色建筑星级标准。而对于郊野公园（类）集建区范围内的服务设施，建议以适度开发为原则，采取高绿量、低密度的开发方式，建筑高度不宜超过15m，至此形成由人工向自然逐渐过渡。

5 结语

郊野公园的兴起适应了我国当前的发展需求和趋势，这是一种对郊野地区保护与利用的创新开发模式，有效地平衡了地区生态安全、产业发展、景观资源、地域文化的关系。但郊野公园的开发建设必须以保证自然生态环境为前提，严格控制非必备设施的准入，并注重对传统农耕记忆的传承，反映区别于城市风貌的田园景观，以实现保护绿色空间与发展建设用地的双赢。

参考文献

[1] 上海市规划和国土资源管理局．上海郊野单元规划探索和实践[M]．上海：同济大学出版社，2015.

[2] 朱江．我国郊野公园规划研究[D]．北京：中国城市规划设计研究院，2010.

[3] 管韬萍，吴燕，张洪武．上海郊野地区土地规划管理的创新实践[J]．上海城市规划，2013(05)：11-14.

[4] 殷玮．上海郊野公园单元规划编制方法初探[J]．上海城市规划，2013(05)：29-33.

[5] 刘晓惠，李常华．郊野公园发展的模式与策略选择[J]．中国园林，2009，25(03)：79-82.

[6] 周向频，周爱菊．上海城市郊野公园的发展与规划对策[J]．上海城市规划，2011(05)：52-59.

[7] 滕金慧．北京郊野公园服务设施研究[D]．北京：中国林业科学研究院，2016.

[8] 孙瑶，马航，宋聚生．深圳、香港郊野公园开发策略比较研究[J]．风景园林，2015(07)：118-124.

[9] 赵殿红．土地集约利用下的乡村地域转换郊野公园研究[C]//中国城市规划学会．城乡治理与规划改革——2014中国城市规划年会论文集(13区域规划与城市经济).

作者简介

傅红昊，1989年生，男，土家族，硕士研究生，武汉市规划研究院，规划师，景观与城市设计，毕业院校：重庆大学建筑城规学院。电子邮箱：568265845@qq.com。

哈尔滨主城区公园绿地生态服务公平性研究

Case Study: Equity of Eco-service of Park Green Space in Harbin Main Urban Area

邹　敏　吴远翔　李婷婷

摘　要：城市公园绿地是城市重要的公共资源，城市公园及其所提供的生态系统服务直接关系到城市居民的生活质量与居住幸福感。本文以哈尔滨市四个中心城区为例，以公园绿地的生态系统服务量化和公园绿地面积度量公园绿地的生态保育与休闲游憩供给能力，结合可达性分析方法重力型两步移动搜索法（G2SFCA）构建城市公园绿地生态服务公平性分析模型。结果表明：①哈尔滨市中心城区公园绿地生态服务公平性较差，不同生态服务“严重不公平”级别面积比非常大；②不同行政区生态服务公平性存在差距，道里区区生态服务显著高于全市平均水平，道外区总体处于全市平均生态服务水平以下。③不同等级公园绿地生态服务公平性存在差异，区域性公园绿地的空间公平性总体上优于全市性公园绿地的空间公平性；④生态保育服务公平性与文化游憩公平性存在差异性，且公园绿地不同生态系统服务类型公平性值也存在较大差异。

关键词：生态系统服务量化；公园绿地；两步移动搜索法；公平性

Abstract: Urban parks and green spaces are important public resources in cities. Urban parks and their ecosystem services are directly related to the quality of life and living well-being of urban residents. Taking the four central urban areas of Harbin as an example, this paper takes the quantification of ecosystem services of park green space and the area of park green space to measure the ecological conservation and recreation supply capacity of park green space, and combines accessibility analysis method with gravity two-step mobile search method (G2SFCA) to construct the equity analysis model of ecological services of urban park green space. The results show that: ① the fairness of ecological services of park green space in central urban area of Harbin is poor, and the proportion of areas with different "serious unfairness" levels of ecological services is very large; ② there is a gap in the fairness of ecological services in different administrative regions. The ecological services in Daoli District are significantly higher than the average level of the whole city, and the overall level of ecological services in Daoli District is below the average level of the whole city. ③ There are differences in the fairness of ecological services among different levels of park green space, and the spatial fairness of regional park green space is generally better than that of urban park green space; ④ There are differences in the fairness of ecological conservation services and cultural recreation, and the fairness values of different ecosystem service types of park green space are also quite different.

Keyword: Ecosystem Service Quantification; Park Green Space; Two-Step Floating Catchment Area Method; Fairness

引言

随着国家社会经济的发展，我国社会的主要矛盾转变为人民日益增长的美好生活需要和不平衡不充分发展之间的矛盾，其中“不平衡”隶属于公平问题，对于社会基础设施服务的公平享有成为前社会亟待解决的问题之一[1]。城市公园绿地作为城市绿地系统中最重要的构成要素之一，同时也是城市基础设施的重要组成部分，具有经济生态文化多重功能属性，其提供的生态系统服务更是直接关系到城市居民的生活质量高低[2]。

当前，我国城市绿地规划建设的主流建设方法仍然依靠人均绿地面积，绿地率，绿化率等评价指标或服务半径服务面积等绿地系统规划方法[3]，这些指标评价方法计算便捷，可实施性强，但是在量化评价城市公园绿地布局公平性上存在较大的局限性。城市公共基础设施的公平性指所有人都有平等的机会和权力获取同等分配的公共资源[4]，因此城市绿地公平性评价不可避免地涉及绿地供给和居民需求这两个主体，而平等的机会获取性则是两个主体之间的可达性过程（图 1）。围绕着绿地本身，过程，与居民三大因素开展研究探讨，公平性研究发展大致经历了数量均等，地域均衡，空间公平与社会公平四个阶段[5]，其中国外研究对三因素中的居民因素关注较多，分析了不同种族[6]、残疾人群[7]、儿童[8]和低收入人群等社会特殊群体的公园绿地空间公平性差异。国内学者则重点从三要素中的过程要素开展城市绿地的公平性研究，并且已经渐趋完善了一系列的较为成熟的可达性计算方法，主要包括缓冲区分析法、费用加权距离法[9]、引力模型法[10]、网络分析法[11]、高斯两步移动搜索法[12]等，这些可达性方法为研究城市公园空间公平性奠定了研究基础。

公园绿地的自身属性是影响绿地公平性的根本因素，但当前公园绿地的公平性研究对公园绿地的自身属性关注较少。城市居民从城市公园这一城市基础设施受益究其本质而言是受益公园绿地提供的各项生态系统服务。对于绿地是多种生态系统服务这一特殊的载体，如果不基于公园绿地提供的生态系统服务这一视角进行公平性探讨，并不能保证人们得到的均衡的生态效益。基于此，本研究在前人的研究基础上，结合改善的可达性测算方法重力型两步移动搜索法（G2SFCA），并考虑到不同层级公园的距离衰减效应。在量化降温效应，降噪效应，空气净化，和固碳效应四项关键性城市公园绿地生态系统服务的基础上，与传统基于公园面积属性的游憩服务公平性相结合，构建不同层级公园绿地的生态系统服务公平性评价模型，将城市公园绿地空间公平性评价扩展为生态保育与文化游憩服务两个维度评价结果。最后根据评价结果对城市公园绿地布局提出相关规划设计策略，研究为城市绿地公平性研究提供了一种新视角，也可以作为未来城市公园绿地精细化空间布局的理论依据。

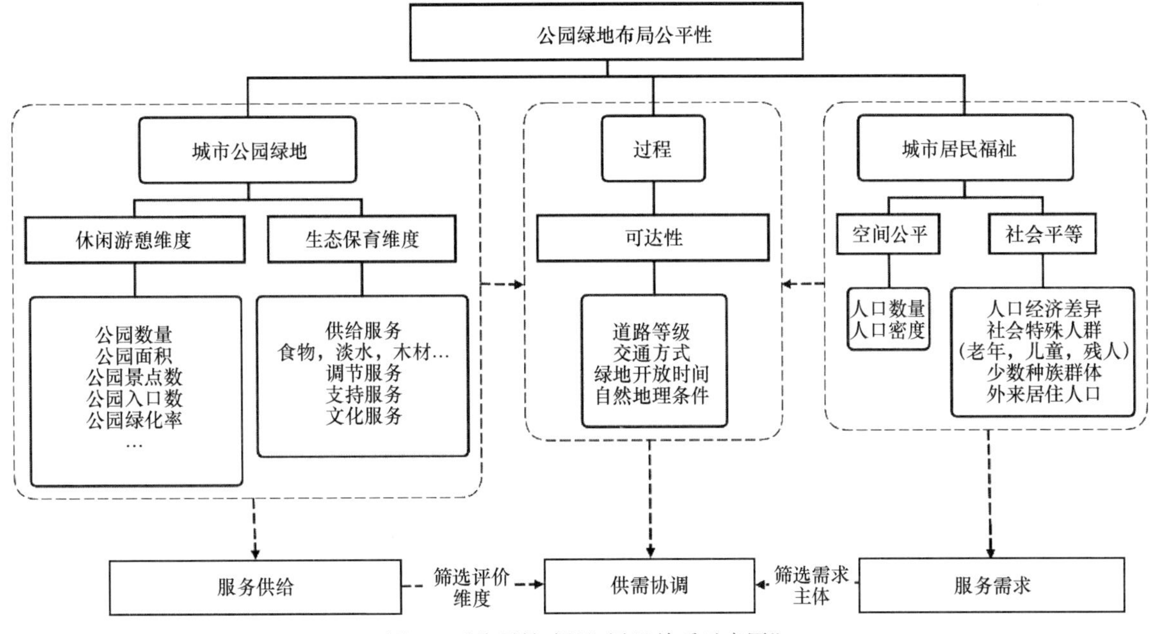

图 1 “公平性-绿地-居民关系示意图”

1 研究数据与方法

1.1 研究区概况

哈尔滨市位于北纬 44°04′～46°40′、东经 125°42′～130°10′，地处松嫩平原东端，市辖区面积10198hm²，辖 9 个市辖区、7 个县，代管 2 个县级市。其中道里区、道外区、南岗区和香坊区为哈尔滨市传统中心城区，建设密度高，具有典型的城区特征，将本研究范围界定为道里区、道外区、南岗区和香坊区。四个行政区建成总面积为 238.86km²，含 79 个街道办事处，户籍总人口为 298.91 万（图 2）。

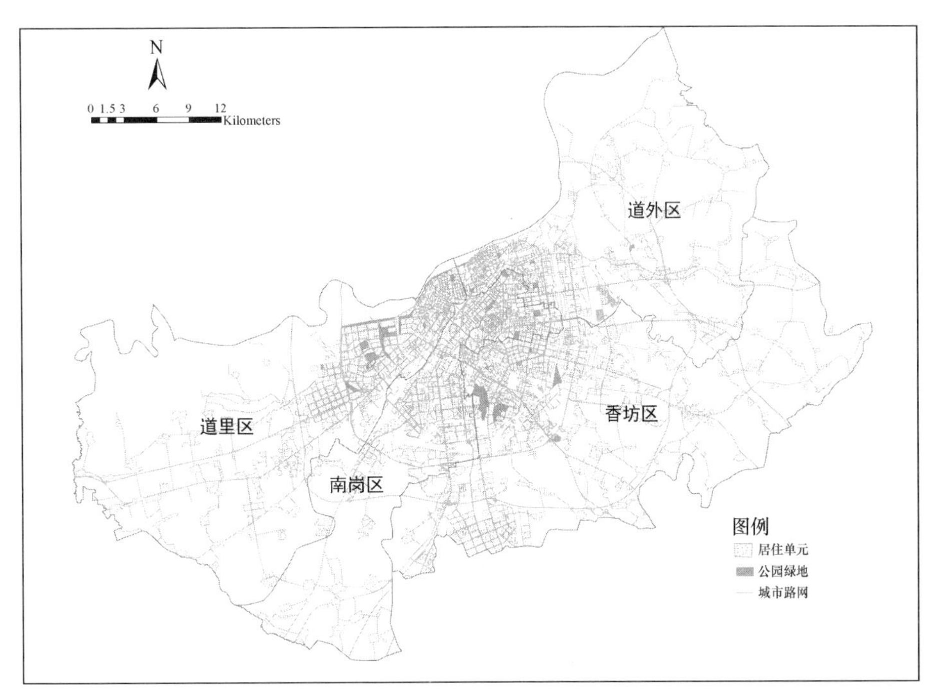

图 2 研究范围

1.2 数据来源与处理

1.2.1 城市公园绿地数据

公园绿地指的是城市中向公众开放，以游憩功能为主，兼具有生态、美化、防灾等作用的绿地，是城市绿地系统的重要组成部分[10]。按照公园绿地规模面积，内部设施与服务半径等可以将公园绿地分为全市性公园绿地与区域级公园。本研究将面积大于 20hm^2 的公园绿地划分为全市级性公园绿地，参照哈尔滨市政府开放数据平台的《哈尔滨城市公园名录》基础上，将不在名录上的公园绿地不计入研究范围，研究包含 36 个公园绿地，其中全市性公园绿地有 15 个，区域性公园绿地为 21 个。对这些公园绿地利用民用无人机进行航拍植被信息解译并进行实地调研纠正，得到公园的绿地的植被分类信息(表 1)。

哈尔滨城市公园绿地植被分类信息 表 1

序号	所属行政区	名称	面积 (HA)	乔木 (m^2)	复层结构 (m^2)	灌木 (m^2)	水体 (m^2)	草坪 (m^2)
1	道里区	顾乡公园	39.48	40006	129802	25250	0	0
2	道里区	斯大林公园	17.53	21796	41028	9154	0	6312
3	道里区	九站公园	26.84	30699	53634	29424	0	0
4	道里区	建国公园	3.23	4402	9570	10333	2576	0
5	道里区	兆麟公园	8.32	9682	34410	15227	12275	2057
6	道里区	松柏生态园	18	20793	30139	15155	0	0
7	道里区	音乐公园	45	123295	61256	37750	0	74159
8	道里区	丁香公园	43	18743	125669	124317	16271	64240
9	道里区	群里国家城市湿地公园	30.3	57175	32801	171314	27674	10766
10	道里区	雨阳公园	5	7975	21529	4840	8913	7011
11	道里区	体育公园	20.4	39771	55365	25266	48542	12425
12	道里区	翠溪公园	34.63	31390	79463	40311	40188	18754
13	道里区	金河公园	12.6	5207	12158	13574	0	10139
14	道里区	民生公园	5.6	23498	56656	46600	0	35152
15	道里区	群里健康生态园	20.4	4273	22122	9305	20793	3383
16	道外区	知青公园	72.3	19825	27905	24718	5703	6026
17	道外区	江畔公园	36.8	3640	12658	8875	0	3230
18	道外区	宏伟公园（古梨园）	10	5150	55712	3898	6057	7695
19	道外区	靖宇公园	4.5	3325	28449	5109	0	2744
20	道外区	太平公园	4.54	2548	19862	6700	254	0
21	道外区	长青公园	2.18	10195	23014	4955	0	6136
22	南岗区	儿童公园	17	8540	92037	17171	10066	7564
23	南岗区	文化公园	19.6	25758	81759	10023	14729	2770
24	南岗区	清滨公园	2.87	7275	20927	0	0	0
25	南岗区	湘江公园（原名士高尔夫球场）	16.49	64258	21433	14243	13144	42404
26	南岗区	丽水公园	47	8228	32957	11586	47543	1403
27	南岗区	黄河公园	26	7386	38443	23995	0	14064
28	香坊区	尚志公园	7.2	3121	53806	8456	0	928
29	香坊区	黑龙江省植物园	136	96363	413920	101935	240901	105392
30	香坊区	远大生态园	9	12744	40766	6746	3708	8351
31	香坊区	黛秀湖公园	5	7233	41332	3642	9738	6804
32	香坊区	松乐公园	7.29	13077	17944	21930	0	18302
33	香坊区	哈尔滨烈士陵园	4.03	4039	22689	7471	0	1652
34	香坊区	松江生态公园	44.89	40840	285983	85210	0	47662
35	香坊区	中国亭园	72	42306	134184	111013	12329	57452
36	香坊区	丁香科技博览园	13.1	12643	41996	32233	19867	32716

1.2.2 城市居民人口数据

在第六次人口普查数据可以精确到街道办尺度，由于评价尺度为城市路网划分的街区单元，假设街道办人口在所属面积上分布均匀，通过街区单元面积所占街道面积比和街道（乡镇）人口数据得到各街区单元人口。公式如下：

$$RP = \frac{RA}{DA} \times DP \tag{1}$$

式中：RP——评价地块的城市居住单元人口；

RA——为评价居住单元面积；

DA——评价单元所属街道办面积；

DP——评价单元街道办人口，计算结果见图 3

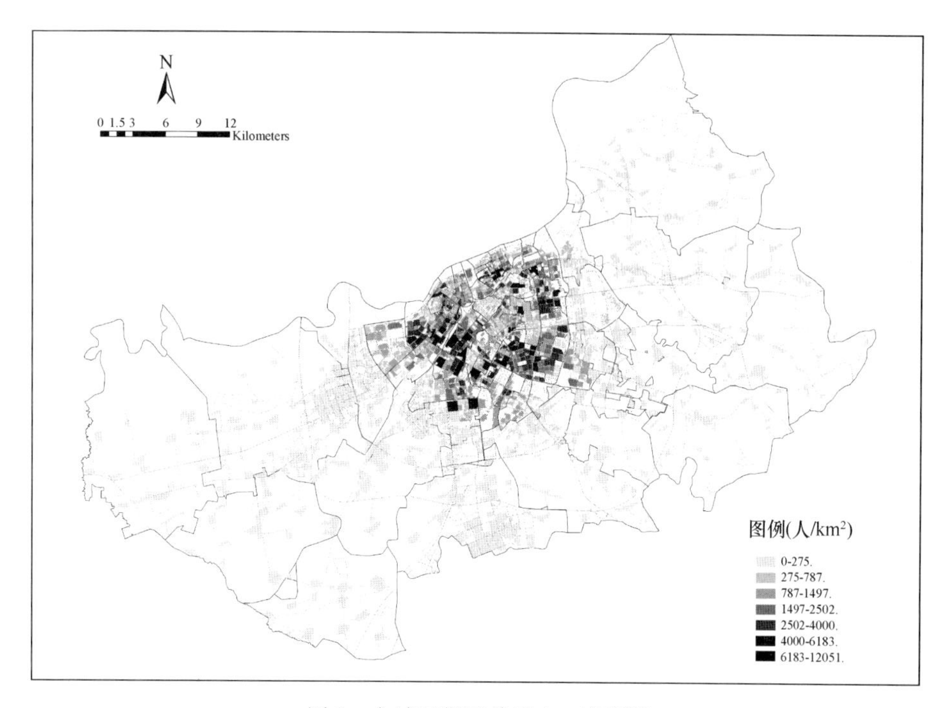

图 3　主城区街区单元人口密度图

1.2.3 其他数据

其他数据还包括哈尔滨中心城区区级和街道行政区划数据，并采用同一空间坐标系进行配准。以哈尔滨市中心城区路网数据构建网络分析数据集，以步行出行作为居民日常出行游憩的主要交通方式，按照前人研究经验，速度按 5km/h 计算[13]。

1.3 研究方法

生态系统服务（ES）覆盖范围广泛，Costanza 按照生态系统功能和产品将生态系统服务划分为 17 个类型；MEA 将生态服务并归为 4 大类：支持服务、供给服务、调节服务和文化服务，每一类下属 4～6 个分支，共计 20 种。对于城市建成区绿地而言，调节服务与文化服务起着更加主导的作用[14]。再结合哈尔滨城市主要生态问题与生态环境特征共筛选出文化游憩服务，降噪服务，净化空气服务，降噪服务，降温服务五项服务。方法步骤如下。

1.3.1 公平性因子量化计算

物质量计算和价值量计算是量化生态系统服务的两种主流方式。物质量评价方法可以比较好地反映生态系统的生态过程与生态效益，本文采用物质量作为生态服务的计量方式作为生态服务公平性分析基础[15]。生态系统的结构、过程和服务十分复杂，生态服务效益受绿地植被结构差异，树种，当地地理气候条件等因素影响，ES 量化需要根据研究案例的地域特征对生态服务的量化参数进行调整。依据 Derkzen 以鹿特丹为研究案例的城市生态服务量化方法[16]，在吴远翔等对于哈尔滨秋林地区的生态系统服务量化模型的研究基础上[17]，将公园绿地类型分为典型复合结构，乔木，灌木，草本，水体五大类，按照如下生态生态系统服务因子量化表（表 2）进行公园绿地生态服务量计算。

生态系统服务因子量化表　　表 2

绿地类型	空气净化 g/(m² · d)	固碳作用 g/(m² · d)	降低噪声 dB(A) 100/m²	降温作用/权重
乔木	0.492	36.55	—	6.28
复层结构	0.776	43.09	1.125	14.78
大灌木	0.449	30.27	2.000	9.27
水体	—	—	—	1.18
草坪	0.245	13.12	0.375	4.52

1.3.2 供需比与可达性计算

对于公园绿地可达性领域的研究已经取得了较为丰富的研究成果，这些研究成果对指导公园绿地布局具有重要价值，空间可达性为空间公平性提供了量化基础，空间公平性是对可达性的研究扩展[10]。城市公共基础设施公平性往往需要综合考量设施点与城市居民之间的综合作用，两步移动搜索法（two-step floating catchment area method）作为一种较为成熟的可达性模型[12]，相比于其他可达性度量方法能够综合考虑供需双方的空间与非空间属性，因此两部移动搜索法被应用于各领域的可达性评价中[18-20]。其中，重力型两步搜索法（G2SFCA）将不同供给点的距离衰减差异考虑在内，评价结果更加准确，故应用2SFCA作为公平性E值计算模型的可达性方法。

（1）计算供需比

$$R_j=\frac{S_j}{\sum_{i\in\{d_{ij}\leqslant d_0\}}^{k}D_i\times G(d_{ij})} \quad (2)$$

式中，R_j为生态服务供需比，表示公园绿地j的潜在人均生态系统服务量；i是各街区单元；j为研究范围内公园绿地；S_j为公园绿地的生态服务供给力；D_i为街区单元的人口数量，表征街区单元的需求规模大小；k是阈值d_0范围包含的街区单元数目；d_{ij}是公园绿地与范围内的各街区单元的距离；d_0为公园绿地影响的空间或者时间阈值；$G(d_{ij})$为距离衰减函数，本文采用最常见的幂函数，其计算公式如下：

$$G(d_{ij})=\begin{cases}d_{ij}^{-\beta},d_{ij}\leqslant d_0\\0,d_{ij}>d_0\end{cases} \quad (3)$$

式中：$G(d_{ij})$为距离衰减函数；d_{ij}为街区单元i与公园绿地j之间的交通成本距离；d_0为不同生态服务的阈值范围，包括时间阈值与空间阈值；β为距离衰减参数，根据前人研究经验，β取值集中在［1，2］[21]。将全市级公园绿地衰减系数取1，区域性公园绿地衰减系数取2[22]。

此外，公式中的关键因子之一是确定搜索半径d_0大小。不同生态系统服务提供的生态服务空间阈值也有所差别。根据生态系统服务流理论，按照生态服务供给区与收益区的空间临近与重叠关系，将生态系统服务流分为原地服务流和异地移动服务流[23]。前者是生态系统服务供给区与收益区空间重叠，后者是使用者移动到供给区利用生态系统服务。按照这一分类，将本文研究的五项生态服务划分如下：异地移动服务流包括文化游憩服务，降噪服务；原地服务流包括降温服务，空气净化服务和固碳服务。异地移动服务流不受城市交通的制约（图4*a*）原地服务流可达性受到城市交通网影响，可达性成本阈值是通过城市交通的时间（图4*b*），两者的搜索阈值关系模式如图4所示。根据前人研究经验，城市居民的出行最大时间阈值一般在0.75h[24]，将原地生态服务流的搜索阈值设置为0.75h。按照周东颖[25]，苏泳娴[26]等对于城市公园绿地的生态效应研究测算，将降温服务阈值定为500m，净化空气服务阈值定为300m。同时由于固碳服务具有较广泛的流动范围，将其搜索阈值视作原地生态服务流设定。

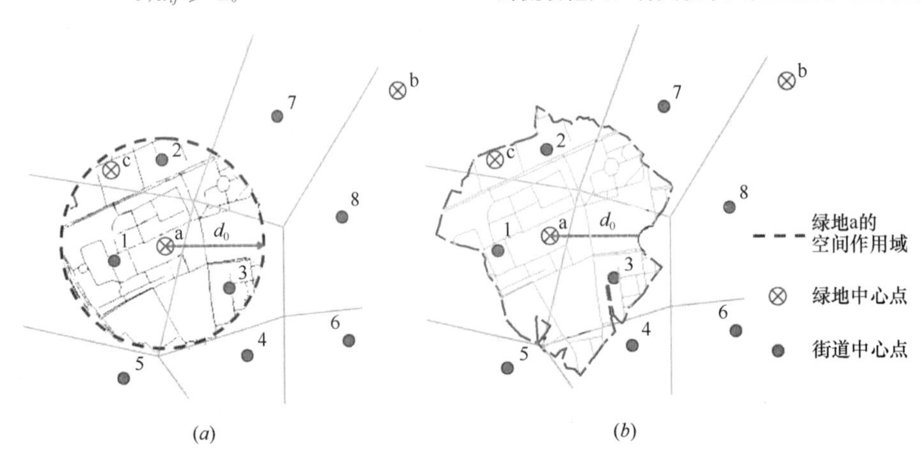

图4　生态服务流搜索阈值模式图（图片来源：作者自绘）

（2）计算可达性

$$\alpha_i=\sum_{i\in\{d_{ij}\leqslant d_0\}}^{m}R_j\times G(d_{ij}) \quad (4)$$

式中：α_i——评价街区单元可达性值

m——d_0阈值范围的公园数目；

R_j——公园绿地供需比；从公式（4）中可以看出公园绿地可达性是形式拓展的人均生态系统服务量。

1.3.3　公平性*E*值计算

计算公平性E值在采用G2SFCA法研究公园绿地空间可达性的基础上，利用以下公式[8]计算得到各街区单元生态服务公平性值，对于不同层级的公园的不同生态服务类型重复此计算过程。

$$E_i=\frac{\max(R_j)}{\max(\alpha_i)}\times\alpha_i \quad (5)$$

式中：E_i为研究街区单元的公平性值。按照E值大小划分6个级别，各级别供需情况与公平性对应如下（表3）。

供需级别与公平性含义　　表3

级别	取值范围	供需情况	空间公平性
Ⅰ	$E_i>1.00$	供给饱和	严重不公平
Ⅱ	$0.75\leqslant E_i\leqslant 1.00$	供给充足	较为公平
Ⅲ	$0.5\leqslant E_i<0.75$	供需均衡	公平
Ⅳ	$0.25\leqslant E_i<0.50$	供给不足	较为不公平
Ⅴ	$0<E_i<0.25$	供给缺乏	严重不公平
Ⅵ	$E_i=0$	无供给服务	—

2 哈尔滨主城区生态服务公平性评价结果

对每个街区单元的公平性 E 值计算结果按照不同层级公园和不同生态服务类型进行可视化，得到可视化结果（图 5）。公园绿地的空间公平性主要体现在不同公平等级的街区单元范围大小，因而采用面积比重指标，从行政区划和不同层级公园绿地两个角度对研究区公园绿地公平性进行定量评价。

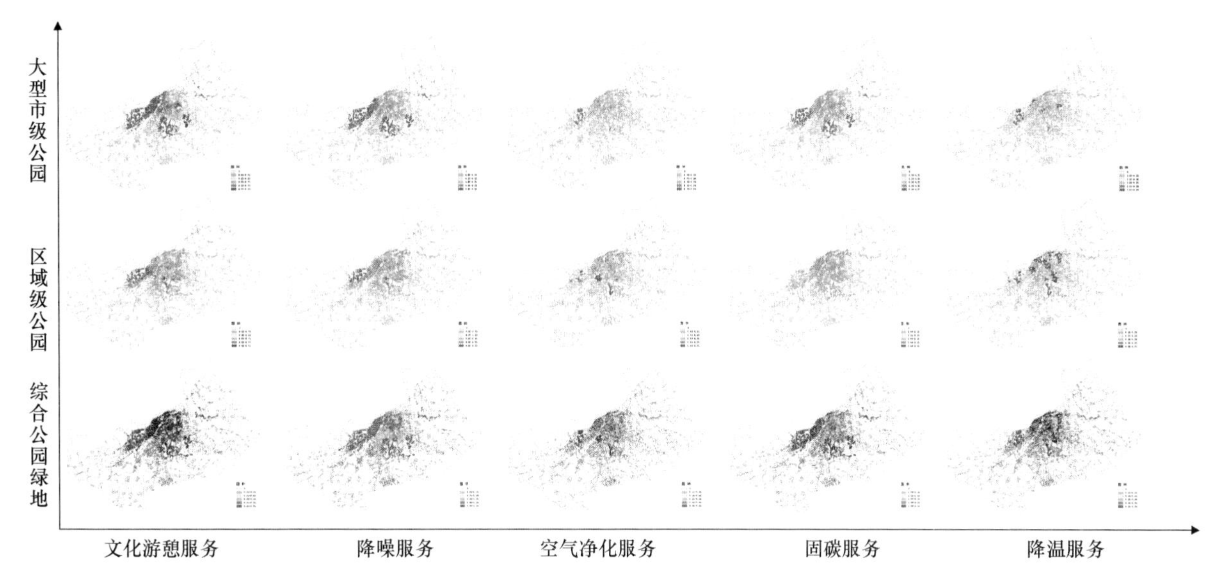

图 5 主城区街区单元公平性可视化结果（图片来源：作者自绘）

2.1 不同行政区域的生态服务公平性

首先对哈尔滨全市公园绿地公平性各面积占比进行统计（表 4），供给严重不公平占很大比例。总体上空气净化服务与固碳服务公平性优于其他三项服务，严重不公平面积占比总和控制在 70%以下，其他三项服务均高于 79%。值得注意的是，尽管空气净化服务与固碳服务在总体上严重不公平占比较低，但在供给缺乏面积比上显著高于其他三项服务。对于供给饱和地区在后期的规划建设中应注意生态效益均摊，而对于供给缺乏地区则应该注意生态效益提高。

哈尔滨中心城区生态服务公平性面积占比（单位：%） 表 4

	供给缺乏	供给不足	供给均衡	供给充足	供给饱和
文化游憩服务	8.99	3.08	5.17	7.32	75.44
降温服务	8.76	0.73	0.00	0.00	90.51
降噪服务	10.16	5.95	11.49	8.52	63.88
空气净化服务	28.78	23.93	8.99	3.93	34.37
固碳服务	25.11	25.68	5.34	2.62	41.25

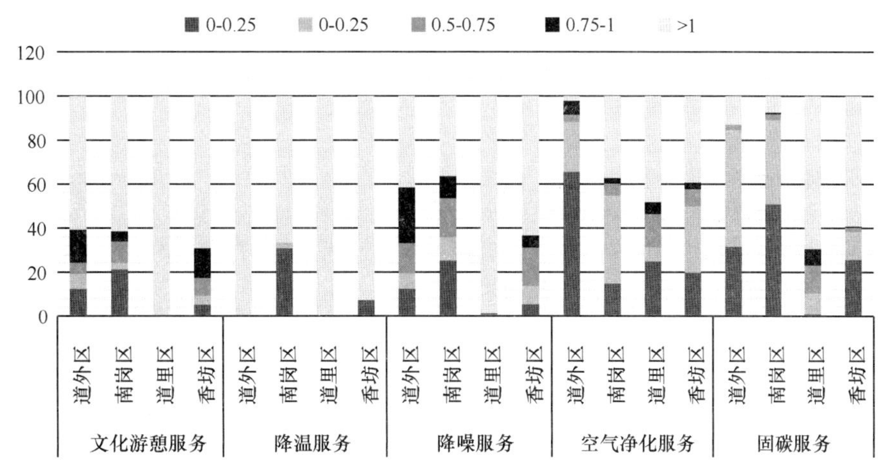

图 6 不同行政区生态服务公平性等级面积占比（图片来源：作者自绘）

再次对哈尔滨主城区道外、南岗、道里、香坊 4 个行政区进行生态服务公平性统计（图 6）。在文化游憩服务，降温服务和降噪服务三项指标上，四个行政区在>1 级别上面积占比最大，其中道里区公平性在严重不公平性上几乎为 100%，居民获取的生态效益显著高于全市平均水平。南岗和道外区在 0～0.2 级别面积比比另外两个区显著高一定比例，存在一定比例居民的生态效益显著低于全市平均水平。在空气净化服务与固碳服务，道外区街区单元公平性最多集中在0～0.25严重不公平级别，两项服务的公平性值显著低于全市平均水平。南岗区在固碳服务公平性上也表现同道外区相同特征。

2.2 不同层级公园的生态服务公平性

对全市级公园绿地和区域级公园绿地两个级别的绿地进行各等级公平性面积占比统计（图7），不同层级公园绿地公平性存在显著差异。可以发现，区域级公园的总体公平性优于全市级公园的公平性。其中全市级公园供给下的街区单元公平性面积占比主要集中在0～0.25和>1两个级别，也就是严重不公平级别。区域级公园的街区单元公平性则大数均布于0～0.25、0.25～0.5、0.5～0.75级别。但是，除去净化空气服务，区域级公园绿地的街区单元公平性在0～0.25级别的面积占比都较市级公园大很多，存在供需缺乏的严重不公平问题。

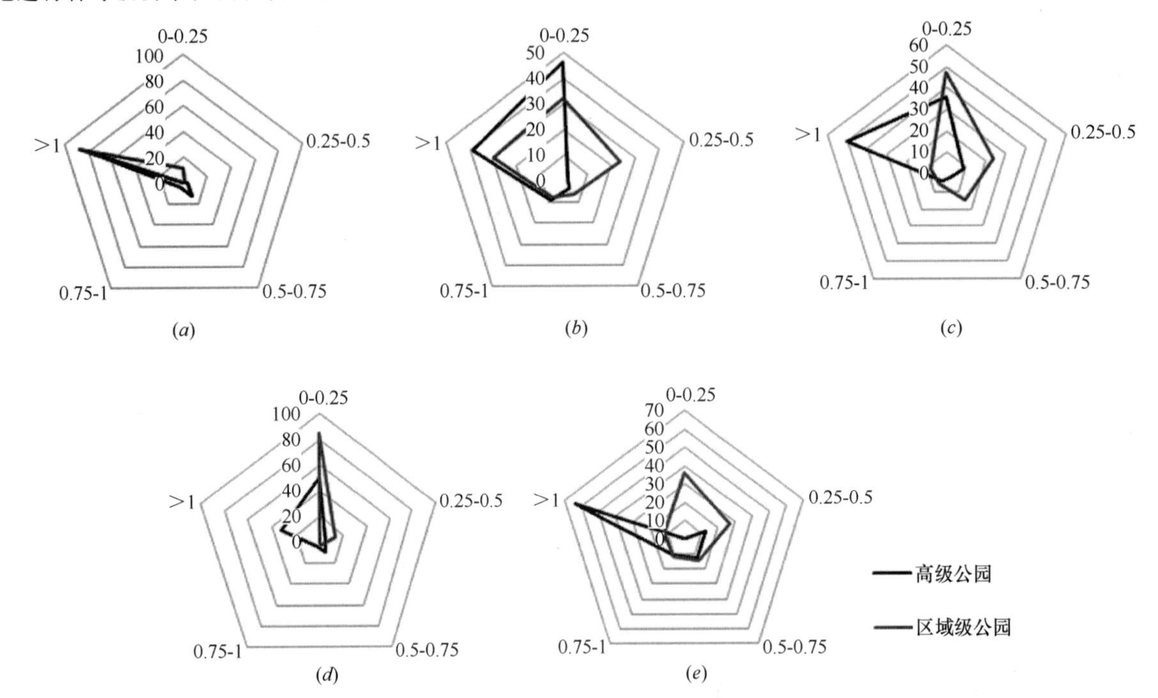

图7 不同层级公园绿地公平性面积比例对比（图片来源：作者自绘）
(a) 降温服务；(b) 净化空气服务；(c) 降噪服务；(d) 固碳服务；(e) 文化游憩服务

3 结论与讨论

城市绿地公平性问题本质上是城市公园绿地提供的生态服务效益公平性问题，本文通过建立基于公园生态系统服务量化的城市公园绿地生态服务公平性评价方法，是对前人研究公园绿地的公平性研究维度进行了扩充。在进行城市公园绿地生态系统服务量化过程，不同城市树种的组合种植方式其生态服务效益有所差异，本研究在量化时为了计算方便，均按照哈尔滨公园典型树种结构进行统一量化，在后续研究应用中应注意同实际生态效益的差异。导致城市街区单元生态服务公平性差异实际由供给侧的生态服务量，过程中的可达性水平，和需求侧的人口数量三要素决定。后续研究应在本研究分析出街区单元的公平性差异结果上对三要素进行深入探讨，从而提出针对性的差别化改善策略。综上，本研究提出的城市公园绿地公平性评价方法，可以为城市绿地系统规划和管理提供参考依据，也可以在城市生态分析、绿地管理、规划决策等不同领域得到进一步应用[27]。

参考文献

[1] 尹海伟，孔繁花，宗跃光．城市绿地可达性与公平性评价[J]．生态学报，2008，(07)：3375-3383.

[2] Lachowycz K，Jones A P. Towards a better understanding of the relationship between greenspace and health：Development of a theoretical framework[J]. Landscape And Urban Planning，2013，118：62-69.

[3] 赵英杰，张莉，马爱峦．南京市公园绿地空间可达性与公平性评价[J]．南京师范大学学报(工程技术版)，2018，18(01)：79-85.

[4] Stephens C. Revisiting urban health and social inequalities：The devil is in the detail and the solution is in all of us[J]. Environment and Urbanization，2011，23(1)：29-40.

[5] 江海燕，周春山，高军波．西方城市公共服务空间分布的公平性研究进展[J]．城市规划，2011，35(07)：72-77.

[6] Comber A，Brunsdon C，Green E. Using a GIS-based network analysis to determine urban greenspace accessibility for different ethnic and religious groups[J]. Landscape and Urban Planning，2008，86(1)：103-114.

[7] Seeland K，Nicolè S. Public green space and disabled users[J]. Urban Forestry & Urban Greening，2006，5(1)：29-34.

[8] Taleai M，Sliuzas R，Flacke J. An integrated framework to evaluate the equity of urban public facilities using spatial

multi-criteria analysis[J]. Cities, 2014, 40: 56-69.
[9] 尹海伟，孔繁花. 济南市城市绿地可达性分析[J]. 植物生态学报，2006(01)：17-24.
[10] 吴健生，司梦林，李卫锋. 供需平衡视角下的城市公园绿地空间公平性分析——以深圳市福田区为例[J]. 应用生态学报，2016，27(09)：2831-2838.
[11] 袁丽华，徐培玮. 北京市中心城区公园绿地可达性分析[J]. 城市环境与城市生态，2015，28(01)：22-25.
[12] 陶卓霖，程杨. 两步移动搜寻法及其扩展形式研究进展[J]. 地理科学进展，2016，35(05)：589-599.
[13] 肖华斌，袁奇峰，徐会军. 基于可达性和服务面积的公园绿地空间分布研究[J]. 规划师，2009，25(02)：83-88.
[14] 毛齐正，罗上华，马克明，等. 城市绿地生态评价研究进展[J]. 生态学报，2012，32(17)：5589-5600.
[15] 赵景柱，肖寒，吴刚. 生态系统服务的物质量与价值量评价方法的比较分析[J]. 应用生态学报，2000(02)：290-292.
[16] Derkzen M L, van Teeffelen A J A, Verburg P H. REVIEW: Quantifying urban ecosystem services based on high-resolution data of urban green space: An assessment for Rotterdam, the Netherlands[J]. Journal of Applied Ecology, 2015, 52(4): 1020-1032.
[17] 吴远翔，王瀚宇，金华，等. 城市绿色基础设施的生态服务评估模型研究[J]. 城市建筑，2018(33)：31-34.
[18] 李孟桐，杨令宾，魏冶. 高斯两步移动搜索法的模型研究——以上海市绿地可达性为例[J]. 地理科学进展，2016，35(8)：990-996.
[19] 张鹏飞，蔡忠亮，张成，等. 基于E2SFCA的城市旅游景点的潜在空间可达性分析[J]. 测绘地理信息，2015，40(01)：76-79.
[20] 刘钊，郭苏强，金慧华，等. 基于GIS的两步移动搜寻法在北京市就医空间可达性评价中的应用[J]. 测绘科学，2007(01)：61-63.
[21] 宋正娜，陈雯. 基于潜能模型的医疗设施空间可达性评价方法[J]. 地理科学进展，2009，28(06)：848-854.
[22] 许基伟，方世明，刘春燕. 基于G2SFCA的武汉市中心城区公园绿地空间公平性分析[J]. 资源科学，2017，39(03)：430-440.
[23] Vrebos D, Staes J, Vandenbroucke T, et al. Mapping ecosystem service flows with land cover scoring maps for data-scarce regions[J]. Ecosystem Services, 2015, 13: 28-40.
[24] 邓毛颖，谢理. 广州市居民出行特征分析及交通发展的对策[J]. 城市规划，2000，8(11)：45-49.
[25] 周东颖，张丽娟，张利，等. 城市景观公园对城市热岛调控效应分析——以哈尔滨市为例[J]. 地域研究与开发，2011，30(03)：73-78.
[26] 苏泳娴，黄光庆，陈修治，等. 城市绿地的生态环境效应研究进展[J]. 生态学报，2011，31(23)：302-315.
[27] 颜文涛，黄欣，邹锦. 融合生态系统服务的城乡土地利用规划：概念框架与实施途径[J]. 风景园林，2017，(01)：45-51.

作者简介

邹敏，1995年生，男，汉族，安徽省安庆市人，硕士，哈尔滨工业大学建筑学院。研究方向：城市绿色基础设施，城市生态规划。电子邮箱：954826218@qq.com。

吴远翔，1971年生，男，汉族，黑龙江省哈尔滨市人，博士，哈尔滨工业大学建筑学院副教授。研究方向：风景园林规划设计与生态规划，城市绿色基础设施，城市生态规划。电子邮箱：nu-2000@163.com。

李婷婷，1994年生，女，满族，黑龙江省拜泉县人，硕士，哈尔滨工业大学建筑学院。研究方向：寒地村镇绿色基础设施。电子邮箱：534420294@qq.com。

回归自然的都市田园

——浅析可食地景在城市景观中的应用

Returning to Natural Urban Pastoral

—Analysis of the Application of Edible Land Scenes in Urban Landscape

沈姗姗　黄胜孟　杨　凡　赵丹萍　包志毅

摘　要：可食地景是对传统农业景观的重新解读，在促进现代农业发展的同时，实现了城市景观的更新，具有很大的应用价值。本文从城市居民的精神需求出发，试图将可食地景这一景观元素融入城市设计，主要以田园景观中常见的兼具观赏功能和食用功能的粮食作物、经济作物和蔬菜作物作为主要研究对象，分析其应用优势、植物选择和设计要点，并以植物园中的专类园为例进行应用，试图总结出可食地景应用的一般方法。

关键字：风景园林；可食地景；生产性景观

Absrtact: Edible landscape is a re-interpretation of traditional agricultural landscape. It promotes the development of modern agriculture and the renewal of urban landscape. It has great economic and social value. Starting from the spiritual needs of urban residents, this paper attempts to integrate the landscape element of edible landscapes into urban design. The main research objects are food crops, cash crops and vegetable crops, which have both ornamental and edible functions in rural landscapes. Its application advantages, plant selection and design points are analyzed, and special gardens in botanical gardens are applied as examples. This paper attempts to summarize the general methods of the application of edible landscapes.

Keyword: Landscape Architecture; Edible Landscape; Productive Landscape

引言

"久在樊笼里，复得返自然"是陶渊明归隐田园的生活理想，也是现代都市人的田园梦。紧张生活节奏下人们越来越向往自然生态的田园风光，都市农业也由边缘产业逐渐进入了人们的视野[1]。可食地景作为农耕文明和现代社会的平衡点，将城市绿化与传统农作物相结合，用蔬菜瓜果替代常见的园林植物，使其兼具花园的精美与菜园的实用，既满足了城市绿化景观的需要，也富有经济价值，逐渐成为景观设计师营造城市景观和改善生态环境的新方式[2]。

1　可食地景的概念及研究现状

当代哲学家齐藤百合子（Yuriko Saito）认为："对自然中诗画般美好景色的向往使我们不断追寻环境中优美的部分，相反那些没有明显构图，缺少兴奋感的景观则被认为缺乏美学价值[3]。"可食地景经常被人们认为是"缺乏美学价值"的景观而被忽视，其植株虽不具有通常意义上优美的形态和色彩鲜艳的花朵，但在另一种审美范畴，农作物所特有的质朴气质以及蓬勃生命力可以给人带来独特的心理感受，具有很大的景观应用价值。

可食地景（edible landscaping）的概念源于西方，简单来说就是用可食用的农作物营造景观[4]，最早由园林设计师 Robert Kourik 将这一概念引入[5]。按照空间尺度可以将可食地景分为以农业生产为主的大尺度可食地景；以观光园为主的中尺度地景；以屋顶花园、社区农园为主的小尺度地景[6]。在城市绿地的视角下，可食地景具有可食生产性、美学欣赏性、景观互动性等多重功能[7]，它让城市居民从田园生产的旁观者变成感知者和参与者，以全新的方式将城市居民与自然生态连结起来。这一设计理念的提出引起了规划界的高度关注，并很快将其应用到城市景观规划的实践中，如美国 Descanso 公园在入口区对称的地块上分别种植修剪整齐的草坪和种类丰富的可食地景[8]；底特律都市农业广场种植数百种蔬菜瓜果及药用植物供游客观赏[9]；芝加哥植物园水果蔬菜园成行成列地种植蔬菜，形成统一中带有变化的景观效果[10]。国内也有许多可食地景的应用案例，如著名的沈阳建筑大学可食稻田景观，设计者创新性地在校园中种植当地东北大米稻及常见地区植被，形成经济而高产的田园景观[11]；武汉园博会提取了具有该处特色的乡土元素，突出展现了现代田园生活气息[12]；北京北坞公园以十分规整的种植形式营造稻田景观，给人以强烈的乡土感受[13]，都对传统农作物与现代景观的融合进行了有益探索。城市用地的局限性需要可食地景将原有的农业元素提取加以抽象、转译，从而能够在相对较小的面积中充分体现其特点，因此随着可食地景在城市中的进一步发展，天空农场[14]、一米菜园[15]等新型种植形式应运而生，提供了全新的设计思路，满足了人们最原始、最直接的对城市田园的期待。

就国内可食地景的发展现状来看，其应用已经被大部分人们所接受，人们偏爱其所营造的乡野风情、所带来的新奇的体验以及观赏经济双重收益[16]。休闲农业、体验农业的发展也为可食地景在城市中应用提供了可行性，但其大多出现在城郊一隅，具有很大的局限性[17]。本文旨在探讨可食地景在城市景观中的应用价值，如何将可食地景与城市景观无隙融合，在钢筋水泥包围着的高密度城市中塑造诗情画意的田园美景。

2 可食地景的应用优势

2.1 取材广泛

可食地景作为一种特色的植物景观，具有与一般城市绿化截然不同的风格和设计手法，逐渐成为新的植物造景素材和物种多样性来源。其取材不仅仅局限于传统的观赏型园林树种，油料作物、蔬菜作物、果树等都可以成为设计元素[18]，种类丰富且养护较为方便，具有广泛的应用价值。有研究表明世界范围内可食用植物多达上千种，但是在实际景观应用中仅用到了一百多种，可见仍有很大的利用空间[19]。

2.2 生态可持续

朴门永续理念认为人们可以直接从土地获得食物[20]，提倡一种可持续的食物生产，可食地景的应用在很大程度上满足了这一需求。可食地景是典型的节约型园林，建设养护成本低，且其中部分农作物可以由市民领养种植，节省了大量的养护成本和人力物力。既缓解了耕地资源的不足，也美化了城市环境，提供了物质所需。另一方面，市民自己种植蔬果可以减少作物的包装运输和销售成本，提高资源利用率的同时也具有经济价值。

2.3 社会价值

农业生产与人们生活息息相关，但随着生活水平的提高，人们对传统的农耕劳作越来越陌生。在公园中引入可食地景，有利于在潜移默化中提升人们对农业生产的兴趣，其种植的易操作性使人们轻松参与其中，见证从播种到收获的大自然赋予完整生命的过程。另一方面，在城市地区，种植蔬菜可能是一种社交方式[21]，在耕种、采摘的交流过程中拉近人与人的精神距离，增进彼此之间的联系。这种生产生活交流不局限于劳动的过程和成果，还可以在一定程度上促进社会的和谐发展。

3 可食地景的植物选择

在城市公园中种植可食地景不同于一般以生产粮食为目的的农业生产，更多地考虑审美、生态等效益。在植物选择的过程中景观设计师需要考虑多方面的因素，如作物的植株高度、叶子的大小和色彩与周边景观是否和谐、生长季节和观赏期是否合适，作物之间是否适合共同栽培等，且需根据所在空间位置进行立体化的植栽设计。本文研究范围内可食地景植物如表1[22]，在此选取主要的影响要素，对可食地景的植物选择进行归纳。

常见可食地景分类　　　表1

类型	主要包括	举例
粮食作物地景	谷类作物	稻、小麦
	薯类作物	番薯、甘薯
	食用豆类作物	蚕豆、豌豆
经济作物地景	油料作物	芝麻、花生
	糖料作物	甘蔗、甜菜
	三料作物（饮料、香料、调料）	茶叶、茴香、花椒
	水果	西瓜、草莓
蔬菜作物地景	蔬菜	青菜、白菜

3.1 观赏类型

可食地景具有其独特的观赏特点和质朴的生活气息，与传统园林绿化植物有显著的区别[23]。不同生长形态的作物会给人不同的视觉感受，谷物类地景如稻、小麦、玉米大面积种植显得整齐划一，块茎类植物如马铃薯、芋头则显得自由、自然；蔬菜类地景如青蒜、小葱直立且细叶成群显示出蓬勃的生命力，应当根据所需的观赏效果选择合适的植物进行景观营造，通过错落有致的排列形式体现景观的节奏与韵律[24]，并结合传统地被使其空间层次更为丰富。

3.2 生长习性

可食地景的种植体现着四季轮回的规律，其生长期较短，应根据其适应性参数及当地气候、土壤条件进行作物品种的选择。例如古时就有农业谚语“清明前后，种瓜点豆”，即瓜类、豆类性喜温暖，适合在清明前后栽种；卷心菜、白萝卜等蔬菜较喜阴，不宜在高温和阳光直射下种植；油菜、荠菜较耐寒，冬季也可以生长良好。因此了解每种蔬菜的生长习性，选择合适的栽种时节十分重要，常见可食地景的气候适应类型如下表（表2）[25]。

常见可食地景气候适应类型　　　表2

适应型	特性	举例
喜热	生长适宜温度高于20℃	玉米、芝麻、花生、甘薯、番茄、甜瓜、甘蔗、丝瓜、西葫芦、芋头、西瓜、黄瓜、花椒
喜寒	生长适宜温度介于5℃至20℃	胡萝卜、芹菜、大白菜、香菜、甘蓝、葱、卷心菜、花菜、土豆、生菜、茴香
耐寒	5℃以下可正常越冬	香菜、菠菜、韭菜、黄花菜、蚕豆、蒜、豌豆、油菜、芦笋、荠菜、油菜、蓝莓

3.3 植物间的伴生作用

植物与植物之间存在着相互作用关系，在选择作物时应当合理搭配轮作，如豆类和玉米适宜一起种植，豆类可以增加土壤中的氮肥，而玉米可以创造阴凉的环境，并为蔓生豆类提供支架作为回报；黄瓜和西红柿一起种植会抑制对方生长，且容易相处传染病虫害。在进行可食地景的搭配时应当尽可能选择“互利共生”的植物，合理运用植物的生长习性，使其相互促进生长，形成稳定的植物群落，从而发挥最大的生态景观效益，列举常见可食地景的伴生关系如下表（表3）[26]。

常见可食地景伴生表　　表3

名称	互利共生	不可伴生
土豆	豆类、玉米、洋葱、芹菜、辣根、胡萝卜	瓜类、番茄、向日葵、白萝卜
番茄	葱科、芦笋、胡萝卜、黄瓜、辣椒	土豆、十字花科植物、玉米
茄子	豆类、青椒、辣椒、土豆、菠菜	茴香
胡萝卜	葱科、豌豆、生菜、番茄、豆类、甘蓝	芹菜
玉米	豆类、土豆、甘蓝、香菜、瓜类、甜菜	番茄
豌豆	胡萝卜、黄瓜、香菜、玉米、茄子、草莓	土豆
葱科	胡萝卜、生菜、瓜类、番茄、黄瓜、辣椒	豆类、芦笋
辣椒	葱科、番茄、南瓜、香菜、黄瓜、茄子	茴香、烟草、杏树
黄瓜	豆类、玉米、生菜、葱科、番茄、向日葵	土豆、番茄
西瓜	玉米、南瓜、辣椒	土豆

3.4 景观应用需求

应当根据不同的场地应用需求选择不同的可食地景，例如公园、广场等地的露地花坛可以种植叶色丰富、具有观赏性的羽衣甘蓝，以提供一个优美的休憩环境；道路绿化、边坡绿化可以选用具有净化空气、抗污染作用的蔬菜，例如观赏甘薯，保留可食地景生产功能的同时，分解城市绿化所承担的功能，使其相互之间配合更加协调系统。同时用地大小也是植物选择的考量因素之一，研究表明采用作物搭配合适的用地规模可以提升人们的偏好，蔬菜作物适合小地块（小于0.1hm^2），而粮食作物适合大地块（大于0.4hm^2）[27]。

4 可食地景的景观营造建议

4.1 结合文化特色

著名的景观设计师Lawrence Halprin曾说道：“设计师在向自然学习如何种植的同时，更应该从当地的环境中获取灵感进行设计[28]。”可食地景作为农耕文化的载体，具有独特的自然和人文基因，它诉说着农业社会以来人与土地的密切联系，具有景观和文化双重价值。可食地景在进入城市后，需要将当地原有的独特农业文化提取与表现出来，结合地域文化进行设计，如江西永新村将可食地景与地方非物质文化遗产相结合，设置稻田剧场，成为大地和人的联结之所。城市景观如果以可食地景为主角，在设计时突显浓郁的田园风情将会更受欢迎[29]。

4.2 主题景观营造

与一般城市景观类似，以可食地景为载体的农业景观同样具有叙事性特征，需要向游人娓娓道来它的意义和文化内涵等。常见的可食地景有以特殊造型为主题，通过常规作物的景观造型设计营造节点，如使用彩色作物构建田园艺术画，用大尺度的大地景观给人以视觉上的震撼；以作物生产为主题，种植大面积的五谷杂粮肌理营造广阔的视觉空间感受，使人们浸入式地感受田园风光；以油料加工为主题，使用油菜、花生、向日葵等油料作物进行油脂的提炼，向人们展示农产品加工制备的过程，具有新鲜感。同时在种植设计中，规则式的排列使作物显得整齐划一，曲线式排列使其生动富有美感，而自然式的随机布局可是让可食地景充满趣味。应当根据不同的主题选择相应的排布方式，营造丰富多样的景观。

4.3 重视体验参与

可食地景在具备观赏价值的同时也可以承担多元化的景观功能，如科普教育、农事体验、娱乐康体等，以体验和参与为主要的手段，满足人们回归田园的精神需求和对土地的依赖

景观是有形的，景观体验是无形的，对农业景观来说，所谓的体验就是以可食地景为景观媒介，结合乡土文化小品，为游客创造出具有独特性的、值得回忆的体验活动。农业景观对市民的吸引点主要是其不同于一般城市景观的乡土、质朴形态，这也是可食地景受到人们欢迎的原因之一。如今都市田园的兴起已经提供了大量的相关案例，可以在不同的时令节日组织相应的活动，例如粮食教育、绘画写生、丰收风物展、亲子采摘等，带给人们多样化的景观体验。

5 景观营造——以嘉兴植物园嘉禾园修建性规划为例

5.1 场地概况

5.1.1 地理位置

嘉兴市位于长江三角洲杭嘉湖平原腹心地带，大运河纵贯境内，扼太湖南走廊之咽喉。在新的城市发展演变进程中，嘉兴植物园成为城市中央生态大廊道的重要节点之一，对内对外交通通达、区位优势明显，嘉禾园位于其东北角（图1），用地面积41172m^2，东设两个入口，可达性较高。

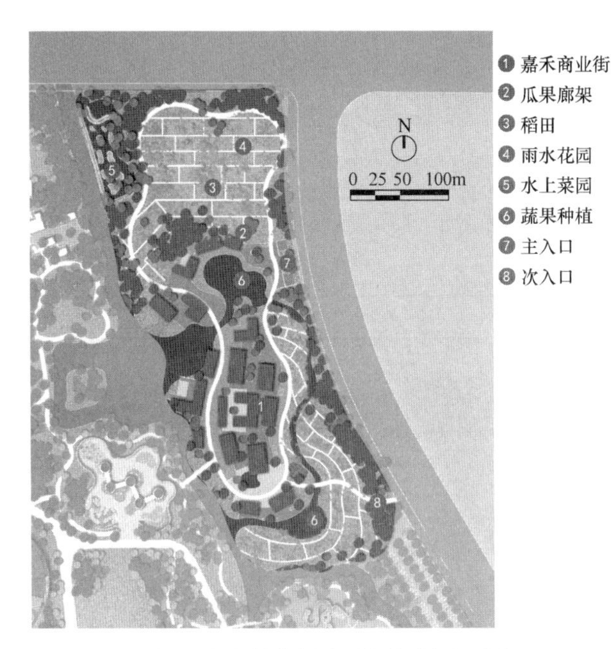

图1　嘉兴植物园嘉禾园规划平面图

5.1.2　基址条件

场地的地质、水文、气候、地形、植被等环境因素对植物园的景观规划具有直接、明显的作用[30]。嘉兴属亚热带季风区，雨量丰沛，日照充足。设计地块原场地为东北密林区，地势较为平坦，植物种类单一景观性差。基地内有少量不规则水塘分布，基本处于未规划的荒废状态，没有形成可供游览的景观。

5.2　功能定位

嘉兴是新石器时代马家浜文化的发祥地，自古以来形成了旱地栽桑、水田种粮、湖荡养鱼的立体地形结构，具有悠久的农业文化[31]。在嘉兴植物园中营建以农事体验为主要特色的分类园，以农作收获作为主要表现对象，以展示农耕的历史文化，游客可在此深层次地了解土地、回归乡野、追忆乡愁，是全园多元化体验场所。

5.3　可食地景在嘉禾园中的应用

5.3.1　稻田景观区

设计营建大片稻田及五谷杂粮种植肌理，来讲述和展示农耕源流、农耕器具、节令时节等文化内涵，每到夏天水稻、小麦等随风摆动，整齐而富有柔感。周围种植一些彩叶树种，将稻田空间进行围合，形成江南水乡、稻田纵横的广阔美感（图2）。周围的建筑以白墙青砖的新中式造型融入园区，与稻田相结合共同勾勒出乡村安详的生活景象。植物的选择以嘉兴常见农作物为主（表4），根据其生长期不同作物合理轮换种植，如“水稻＋油菜”轮作、“玉蜀黍＋油菜”轮作、“高粱＋小麦”轮作在品种多样化展示的同时提高经济效益。同时场地内设置了多种体现农耕元素的小品，以动物、昆虫造型构建趣味性雕塑，与植物相结合散布在整个场地中，给人不经意地惊喜。

图2　稻田景观区效果图

稻田景观区植物配置表　　**表4**

名称	拉丁名	科属	种植期	收获期
稻	*Oryza sativa*	禾本科稻属	3～6月	7～10月
高粱	*Sorghum bicolor*	禾本科高粱属	3～6月	7～10月
芸苔	*Brassica campestris*	十字花科芸苔属	9～10月	5～6月
玉蜀黍	*Zea mays*	禾本科玉蜀黍属	5～6月	9～10月
小麦	*Triticum aestivum*	禾本科小麦属	9～10月	4～5月
向日葵	*Helianthus annuus*	菊科向日葵属	3～4月	7～8月
芝麻	*Sesamum indicum*	胡麻科胡麻属	5～6月	8～9月
花生	*Arachis hypogaea*	豆科落花生属	2～4月	7～9月

5.3.2 种植体验区

现代社会的人们大多都“四体不勤，五谷不分”，很少拥有蔬果等农作物种植的自然体验，因此在场地内设置种植体验区，通过实际操作和亲自参与来形成人与场地的互动，了解多种农作物的生长过程，体验收获的乐趣（图 3）。同时针对人们的农事活动，在附近的商业街搭建农产品集市，作为自产自销的平台，使人们可以售卖和交换自己种植的蔬菜瓜果，避免形成浪费。游人在此亲身体验农事活动，品尝自己的劳动果实，重温过去乡村历史，是农耕文化、农村生活、农事劳动的再现，也是原生态田园生活的缩影，主要应用的作物见表 5。

蔬果种植区植物配置表 **表 5**

名称	拉丁名	科属	种植期	收获期
洋芋	*Solanum tuberosum*	茄科茄属	1～2 月/9 月	5～6 月/12 月
白菜	*Brassica pekinensis*	十字花科芸苔属	7～9 月	10～11 月
青菜	*Brassica chinensis*	十字花科芸苔属	全年可种	种后 3～4 个月
萝卜	*Raphanus sativus*	十字花科萝卜属	3～7 月	6～9 月
花椰菜	*Brassica oleracea*	十字花科芸苔属	3～4 月/7～8 月	4～5 月/8～9 月
茼蒿	*Chrysanthemum coronarium*	菊科茼蒿属	3～4 月/8～9 月	5～6 月/10～11 月
苋菜	*Amaranthus tricolor*	苋科苋属	3～4 月	5～6 月
蒜	*Allium sativum*	百合科葱属	9～10 月	5～6 月
青花椒	*Zanthoxylum schinifolium*	芸香科花椒属	3～4 月	7～9 月
番薯	*Ipomoea batatas*	旋花科番薯属	3～4 月	5～6 月

图 3　蔬果种植区效果图

5.3.3 蔓生植物区

瓜果藤蔓类植物主要有伏地和攀援两种生长形式。为了突出景观的趣味性，利用一些南方常见瓜果类植物的藤蔓攀援特性设置瓜果廊架，使藤蔓依附廊架垂直生长，用悬挂的果实形成多彩的廊架“隧道”（图 4）。瓜果类作物大小、颜色、形态尽不相同，橙黄色系的南瓜，红色系的番茄、辣椒点缀于绿叶之间，使人感到新奇有趣。此外一些原本伏地生长的植物如草莓、西瓜，也可以采用无土栽培的方式悬挂种植。游客可以在其中浸入式的感受蔬菜瓜果生长的过程，重现植物生长攀援的神奇。在瓜果成熟的季节中可进行各类植物采摘，并举办团队、家庭之间的采摘比赛，让普通的采摘充满乐趣，主要应用作物见表 6。

瓜果廊架植物配置表 **表 6**

名称	拉丁名	科属	种植期	收获期
南瓜	*Cucurbita moschata*	葫芦科南瓜属	7～8 月	10～11 月
茄	*Solanum melongena*	茄科茄属	11～1 月	3～6 月
丝瓜	*Luffa cylindrica*	葫芦科丝瓜属	11～2 月/6～9 月	12～4 月/7～11 月

续表

名称	拉丁名	科属	种植期	收获期
西葫芦	*Cucurbita pepo*	葫芦科南瓜属	3~6月/8~9月	8~9月/10~11月
番茄	*Lycopersicon esculentum*	茄科番茄属	8~9月	11~3月
辣椒	*Capsicum annuum*	茄科辣椒属	1~2月/5~7月	7~8月/10~12月
黄瓜	*Cucumis sativus*	葫芦科黄瓜属	全年可种	种后1个月
刀豆	*Canavalia gladiata*	豆科刀豆属	2~3月/5~8月	6~8月/7~10月
蚕豆	*Vicia faba*	豆科野豌豆属	10~11月	4~5月
葡萄	*Vitis vinifera*	葡萄科葡萄属	3~4月/9~10月	9~10月/1~2月
草莓	*Fragaria×ananassa*	蔷薇科草莓属	9~10月	1~4月
甜瓜	*Cucumis melo*	葫芦科黄瓜属	8~10月	5~6月

图4　瓜果廊架效果图

5.3.4 水上菜园

古有诗人朱彝尊，以嘉兴风土人情作为诗歌创作题材创作鸳鸯湖棹歌："蟹舍渔村两岸平，菱花十里棹歌声。"描绘了水上采菱的悠然景象。水上种植业是我国传统种植业，而南湖菱作为嘉兴著名的特产，也具有十分悠久的历史。嘉禾园在水面较大处辟幽静之地打造简朴的水上菜园，种植嘉兴地区常见的水湿生蔬菜（图5），同样根据植物生长期不同合理轮换种植，如"莲藕+慈姑"轮作、"菰+荸荠"轮作等，充分展现自然野趣的乡土景观（表7）。水塘适当加高加固的田埂以及形成了良好的排灌系统，以保证水生蔬菜的产量。

水生蔬菜植物配置表　　表7

名称	拉丁名	科属	种植期	收获期
莲	*Nelumbo nucifera*	睡莲科莲属	3~4月	7~9月
菱	*Trapa bispinosa*	菱科菱属	4月	8~10月
莼菜	*Brasenia schreberi*	睡莲科莼属	3~4月	8~10月
芡实	*Euryale ferox*	睡莲科芡属	4月	8~10月
菰	*Zizania latifolia*	禾本科菰属	3~4月	9~10月
慈姑	*Sagittaria trifolia*	泽泻科慈姑属	8~9月	12~2月
水芹	*Oenanthe javanica*	伞形科水芹属	9月	11~4月
荸荠	*Heleocharis dulcis*	莎草科荸荠属	6~7月	12~3月
水蕨	*Ceratopteris thalictroides*	水蕨科水蕨属	4月	12~2月
荇菜	*Nymphoides peltata*	龙胆科荇菜属	4月	9~10月

图5　水上菜园效果图

6　结语

城市景观向来热衷于千篇一律的草坪、树林和花境，而可食地景以一种乡土的艺术形态，给人带来了别样的景观体验。营造兼具美观性与功能性的可食地景，需要充分考虑到城市居民的精神需求，以其为根本的出发点。从植物选择上，需要根据作物的适应性和观赏性，因地制宜进行作物搭配；在景观营造上应当结合地域文化，凸显自身特色，以体验式消费为核心吸引点，形成多层次、多感官的城市农业景观，我国可食地景在城市景观中的应用虽然仍在不断发展和探索，但已经逐渐进入我们的生活，并将以全新的姿态影响我们的生活，使人们拥有更加健康、绿色的生活方式。

参考文献

[1] Bohn K, Viljoen A. The edible city: Envisioning the continuous productive urban landscape (CPUL)[J]. Field, 2011, 4(1): 149-161.

[2] Çelik F. The importance of edible landscape in the cities[J]. Turkish Journal of Agriculture-Food Science and Technology, 2017, 5(2): 118-124.

[3] 马婧．现代农业景观的审美性研究[D]. 杨凌：西北农林科技大学，2011.

[4] 翟美珠，喇海霞，王蒙．"可食地景"中设施景观的生态性研究[J]. 粮食科技与经济，2018，43(11)：93-95+100.

[5] 李园．从"可食地景"到"可食园林"——城市园艺设计的新方向[J]. 中国园艺文摘，2016，32(10)：125-127.

[6] 蒋爱萍，刘连海．可食地景在园林景观中的应用[J]. 林业与环境科学，2016，32(03)：98-103.

[7] 刘宁京，郭恒．回归田园——城市绿地规划视角下的可食地景[J]. 风景园林，2017(09)：23-28.

[8] 万凌纬．农业景观在公园设计中的应用研究[D]. 北京：北京林业大学，2016.

[9] 王晓静，张玉坤，张睿．国外城市内部空间与都市农业的整合设计实践及思考[J]. 国际城市规划，2019，34(02)：142-148.

[10] 王婷婷．基于田园情结的城市居住区农业活动研究[D]. 青岛：青岛理工大学，2013.

[11] 孙瑾，郑梅华．可食用景观在办公建筑中的应用探析[J]. 中外建筑，2014(05)：52-55.

[12] 裘烁．武汉园博会展园主题特色生成的微观权力运行机制分析[D]. 长沙：中南林业科技大学，2017.

[13] 李林梅．历史名园周边环境视角下北坞公园景观规划设计与思考[J]. 农业科技与信息(现代园林)，2014，11(12)：62-67.

[14] 王雅茹，闫永庆，陈猛，等．共享视角下社区农园研究[J]. 北方园艺，2018(18)：86-93.

[15] 邹华华，于海．城市更新：从空间生产到社区营造——以上海"创智农园"为例[J]. 新视野，2017(06)：86-92.

[16] 张天泽．对可食地景接受度的调查与研究[J]. 甘肃农业，2018(04)：50-53.

[17] 吴瑞宁．永续设计理念下可食地景的应用研究[D]. 泰安：山东农业大学，2017.

[18] 王思月．基于"慢食主义"的可食用景观在都市空间中应用的初步研究[D]. 四川农业大学，2016.

[19] 杨艳，余世媛．可食地景在园林植物景观中的应用[J]. 四川建筑，2018，38(02)：39-40+44.

[20] Mollison B. Permaculture: A designer' s manual[J]. Permaculture: A designer' s manual, 1988.

[21] Bao J H, Jin Z. Constructing community gardens? Residents' attitude and behaviour towards edible landscapes in emerging urban communities of China[J]. Urban Forestry & Urban Greening, 2018.

[22] 周慧琼．可食地景——回归田园式的景观设计研究[J]. 艺术科技，2018，31(02)：144.

[23] 薛阳阳．浙江省蔬菜景观研究及设计应用[D]. 杭州：浙江农林大学，2017.

[24] 闵筱筱．可食地景在屋顶绿化中的应用[J]. 时代农机，2018，45(01)：155-156.

[25] 刘仁英．观赏蔬菜及其园林应用的研究[D]. 泰安：山东农业大学，2007.

[26] 罗丕荣，周世兴，马晓红．菜园栽培与管理[M]. 北京：中国农业科学技术出版社，2016.

[27] 王志芳，蔡扬，张辰，等．基于景观偏好分析的社区农园

公众接受度研究——以北京为例[J]. 风景园林，2017(06)：86-94.

[28] Hirsch A B. City choreographer：Lawrence Halprin in urban renewal America[M]. U of Minnesota Press，2014.

[29] 张天泽. 对可食地景接受度的调查与研究[J]. 甘肃农业，2018(04)：50-53.

[30] 方尉元. 植物园地域性景观特色规划研究——以宁波植物园规划设计为例[J]. 中国园林，2012，28(09)：44-47.

[31] 秦卫永，陈婵，殳世平. 水乡城市滨水景观设计初探——以浙江省嘉兴为例[J]. 小城镇建设，2007(04)：45-49.

作者简介

沈姗姗，1996年生，女，汉族，浙江杭州人，浙江农林大学硕士研究生在读。研究方向：风景园林规划与设计。电子邮箱：385193758@qq.com。

黄胜孟，1993年生，男，汉族，浙江温州人，浙江农林大学硕士研究生在读。研究方向：风景园林规划与设计。

杨凡，1984年生，男，汉族，浙江龙游人，博士，浙江农林大学风景园林与建筑学院讲师。研究方向：植物景观功能及设计应用。

赵丹萍，1986年生，就职于浙江农林大学园林设计院有限公司。

包志毅，1964年生，男，汉族，浙江东阳人，博士，浙江农林大学教授，博士生导师。研究方向：植物景观规划设计和园林植物应用。电子邮箱：bao99928@188.com。

基于“源”-“汇”景观理论的北京浅山地区生态空间格局构建研究[①]

Research on the Construction of Ecological Spatial Pattern in Beijing's Shallow Mountain Area Based on the " Source-Sink" Landscape Theory

木皓可　汤大为　张子灿　张云路*　李　雄

摘　要： 市域尺度的浅山地区生态空间明晰对于浅山生态资源的合理保护和高效利用有着不可代替的重要作用。现阶段较为被动、模糊的“大保护”格局忽视了浅山地区作为城市重要边缘地带在缓解城市扩张过程中的重要意义。而基于景观生态学的“源-汇”理论及其相关研究方法能够行之有效的实现生态系统过程在空间中的表达，以此为理论进行浅山区绿色空间格局的构建能有效避免一概而论的保护模式，科学实现浅山区发展与保护之间的平衡。研究以北京为例，基于“源-汇”理论开展浅山地区绿色空间格局的研究。首先通过对研究区域“源”景观进行划定，并依照不同景观要素的阻力值计算阻力面。最终通过对阻力面突变点的寻找来确定分区阈值，并通过阻力值的生态内涵划定北京市市域尺度的5大功能分区，并提出具有针对性的管控建设以及实施指导。研究为高速发展中大城市市域尺度下构建稳定的“浅山-城市”生态格局提供了一定的科学支撑，也为同类型城市的生态空间保护与利用提供了一定的借鉴。

关键词： “源-汇”理论；景观生态学；浅山地区；生态空间；阻力模型

Abstract: The clear definition of the ecological space in the shallow mountain area at the municipal scale has an irreplaceable important role in the rational protection and efficient use of shallow mountain ecological resources. The relatively passive and vague "great protection" pattern at the present stage ignores the importance of the shallow mountain area as an important edge of the city in alleviating urban expansion. The " source-sink" theory based on landscape ecology and its related research methods can effectively realize the expression of ecosystem processes in space. As a theory, the construction of green spatial pattern in shallow mountainous areas can effectively avoid the single protection mode. Science achieves a balance between development and protection in shallow mountain areas. The study takes Beijing as an example to study the green space pattern in the shallow mountain area based on the "source-sink" theory. First, the "source" landscape of the study area is delineated, and the resistance surface is calculated according to the resistance values of different landscape elements. Finally, the partition threshold is determined by searching for the sudden change of the resistance surface, and the five functional divisions of the Beijing city scale are delineated by the ecological connotation of the resistance value, and the targeted control construction and implementation guidance are proposed. The research provides a scientific support for the construction of a stable "shallow mountain-city" ecological pattern under the urban scale of high-speed development, and provides a reference for the ecological space protection and utilization of the same type of city.

Keyword: Source-Sink Landscape Theory; Landscape Ecology; Beijing Shallow Mountain Area; Ecological Function Zoning; Minimum Cumulative Resistance (MCR) Model

1　城市扩张语境下浅山地区发展的困境

相对于地质地貌学上对于低山、中山、高山范围的明确界定，“浅山区”并不是一个准确的学术概念，是相对“深山区、高山区”而提出的[1]。生态学范畴中浅山区含有浅山范围内的所有因素，如树木、水体和生物多样性等，与人类社会的发展在历史中长期的保持着动态平衡。但是随着经济的发展和城市规模的扩大，人为开发建设与山地自然生境的交接缓冲面不断向山区推进，原有的浅山区边界被城市侵占，成为城市建成区的一部分[2]。这样的无序扩张对浅山区的生态造成了相当大的破坏，造成了现有浅山区物种多样性逐渐减少的现象，地质灾害出现频率也有所上升。为了缓解这一现象，《北京城市总体规划（2004年—2020年）》对浅山地区的用地通过划定禁止建设区进行了全盘的保护，虽然较之过去的无序建设对生态环境保护有了质的改善，但是这一做法也将城市规划代入了另外一个盲目保护的极端[3]。规划中的“大保护”对于保护范围、过程、手段没有给出详细的界定，这样的“低效保护”往往会对土地资源过度保护亦或是低效利用从而造成资源浪费，使得快速扩张带来的土地利用矛盾进一步尖锐，在人口增长的催化下这一矛盾进程必将进入加速阶段。由此，如何通过主动积极的规划打破这一僵局，在保护绿水青山的同时也为城市未来的可持续发展预留空间，从而实现社会发展与生态安全之间的有机平衡，已经成为北京世界级城市发展进行中的一大难题。

① 项目支持：北京林业大学建设世界一流学科和特色发展引导专项资金资助——北京与京津冀区域城乡人居生态环境营造2019XKJS0316。

2 浅山地区发展格局构建的重要性

北京浅山区作为城市与山区之间的过渡地带，不但自身地理空间分异显著，生物丰富多样，还是北京市重要的水源涵养地，同时也是城市未来建设的高潜力地区，在城市规划发展中具有重要意义。因此，不论从生态保护还是从开发利用的角度，浅山区发展格局的构建研究对于北京市的发展都具有十分重要的意义：

首先，从生态发展来看。浅山地区是高山区与平原区重要的过渡带，拥有丰富的动植物资源，是整个平原-山地生态系统中实现能量流通整体稳定最重要的一环，同时也是最为脆弱的一环；并且它是平原城市人工生态系统与山区自然生态系统之间的生态交错带，具有较强的边缘效应，相当于一个能够控制生态系统之间物能流通的半透膜，能对进入或离开地域的流进行过滤[3]，在整个生态过程中起到了隔离过滤的作用，其效益的优劣，对于整体生态系统良性发展而言意义非凡[4]。一旦这些生态扰动作用突破浅山地区有限的环境承载能力，必然会破坏其固有的生态结构，从而威胁到山区整体的生态涵养及保育功能的发挥。

其次，从城市发展来看。当前我国城市规划的主要立足点已由过去的增量规划向存量规划过度，浅山地区作为具有较大发展价值的城市区域，业内研究现在主要集中于规划政策层面，对存量空间的构建研究仍然较少。所以通过合理的安全格局构建明晰浅山区资源本底，可以行之有效的为城市相关问题空间落实方法提供借鉴。同时，也可以更加合理的针对北京浅山地区生态功能以及社会功能进行空间划分，为探索北京浅山生态系统与城市生态系统以及发展与保护这两对矛盾之间的出路提供较好的理论基础，具有较强的实际意义。

最后，从区域发展来看。浅山地区作为一种具有优质小环境的特殊资源，具有极高的用地价值。并且相对于平原地区受耕地保护，浅山区开发控制较为薄弱，正逐步纳入开发商视野，并有加重的趋势。此外，浅山区在城市发展格局中具有重要的战略地位，北京城市发展转型、与周边卫星城连接共建过程中必然无法跨越这一重要区域。在经济快速增长和快速城市化的背景下，北京市建设用地规模呈持续增长趋势，各方面的用地都极其紧张，城市只能像外呈大饼状扩散。浅山区部分约占北京市总面积的23.9%，作为外围的屏障自然首当其冲。

所以我们应积极探讨行之有效的策略，以生态格局划定维持和改善山区生态保育功能结构为前提，进行浅山地区的适度开发建设，通过引导有序的城市扩张最终实现城市与自然之间的平衡发展。

3 源-汇理论

当前浅山区区域规划的宏观保护忽视了平原城市生态系统与浅山生态系统之间的动态联系，难以适应城市扩张背景下社会发展和生态系统保护的复合需要，无法对浅山区的开发与保护提供详细的指导以及科学的建议，如何融入科学的指导方法实现对浅山区的管控引导已迫在眉睫。

“源-汇”理论是景观生态学研究中的一项基本理论。“源”景观是指在格局与过程研究中，那些能促进生态过程发展的景观类型；而“汇”景观是那些能阻止延缓生态过程发展的景观类型[5]。得益于其强调模拟源扩散能力分析的模型构建思路，能够有效的将空间格局的构建和区域生态系统的生态过程有机结合在一起，便于对复杂的生态问题进行定量模拟分析[6]。十分适宜作为研究方法对浅山区的生态格局进行分析。

该理论的优势在于：首先，其研究成果较为具体，便于实现生态学量化分析与二维城市空间的整合，有益于规划的落地与具体实施。能够为浅山区的发展形态进行方向明晰，精确实现生态保护与城市发展的最优耦合；其次，“源-汇”理论能够有助于浅山地区生态源地的识取以及生态发展过程的认知，能有效的避免盲目发展造成的损失并对难以逆转的生态危机进行预见，使规划成果能更好针对研究区域的问题成都采取不同级别的保护措施。有效的实现生物多样性保护，以及维护区域生态系统的完整性[7]。然后，该理论对研究数据的需求较低、空间尺度适应性较强、硬件设施门槛较低，便于与不同尺度规划相协调并实现推广。由此，本文希望借助“源-汇”理论对北京浅山地区生态安全格局进行研究，在此基础上对北京市域范围内的“浅山—城市”空间发展形态进行研究，并对其空间和功能进行划定明晰，具有一定的实际意义。并且研究成果也对其他城市浅山区在城市扩张背景下的发展规划也具有一定的示范意义。

4 研究范围及数据来源

4.1 研究区范围

北京市位于华北平原北部，地势西北高、东南低，三面环山，山区面积约占整个北京市的62%，气候属于暖温带半湿润大陆性季风气候，地带性植被类型是暖温带落叶阔叶林为主，局部伴随着温性针叶林。针对北京市浅山区空间格局的研究目前相对较少，学者们对浅山区范围的界定也有一定的区别，本文对于浅山区的界定参照了《北京城市总体规划（2016年～2035年）》中的规定，划定北京市域内海拔100～300m的区域，在此基础上补充山前地区与浅山相邻的0°～25°缓坡集中区域，形成北京市浅山区规划范围[8]（图1）。

4.2 数据来源与处理

本次研究区域定为北京市浅山区域范围内的生态空间，参照国土资源部《土地利用现状分类》GBT 21010—2017，将林地、草地、灌木、农地、裸地、湿地、水体和建设用地作为本次研究中市域空间的8大主要构成要素。研究数据主要来源是2017年的Landsat MSS /TM/ETM +遥感影像。通过多光谱遥感影像合成及其与全色波段影像的融合、几何精纠正、掩膜、图像辐射增强和图像光谱增强处理等，对遥感影像进行识别与分类。在此基础

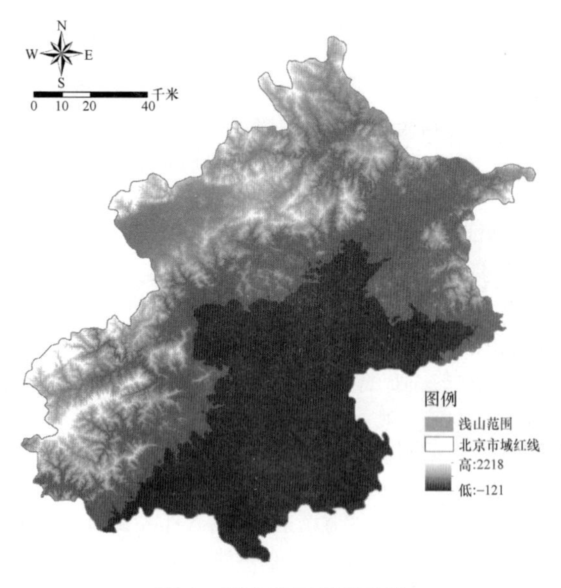

图 1　浅山地区范围示意

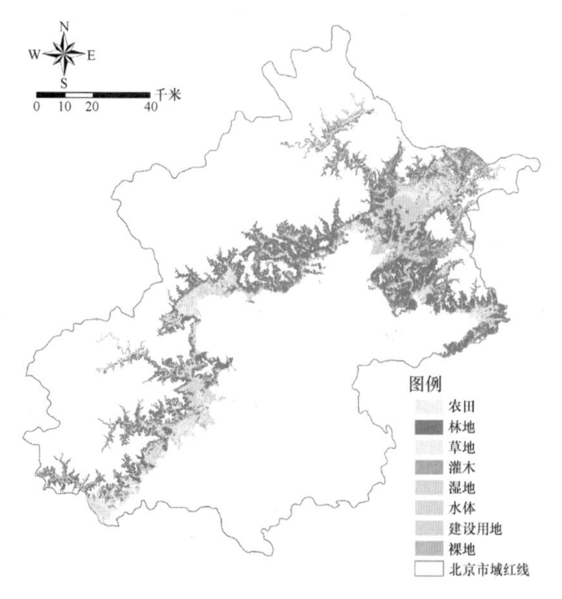

图 2　北京浅山区景观格局图

上，再利用最大似然法对遥感影像进行解译，获取这个时期北京市域范围内浅山区的空间要素基本信息，将其导入 Arc GIS 10.4 软件中，再次通过配准控制点进行几何校正，定义坐标系统，完成图像的预处理，获得相应图片和数据（图 2）。

5　研究方法

5.1　生态"源"提取

在景观生态的"汇-源"理论的指导下，参照北京浅山区区域的物质流动及生态环境衍化过程，将北京浅山区域 8 类景观要素进行"源"和"汇"分类。草地、林地和灌木在北京浅山区区域中植被覆盖率较高，属于对整个区域生态系统的稳定和自然资源保护起决定作用的土地类型。而北京浅山区水域占整个北京市域水体河道面积的 32%，约为 268hm^2。其中优良水体达到六成以上，属于北京市域核心的地下水补回区，具有关键的调节气候能力和无法替代的涵养生态的功能。因此，本次研究的北京浅山区的"源"景观分为水域、林地、草地、灌木四类。而盲目的农田开发导致环境灾害频发，引起水土流失、干旱等自然灾害发生，对整个浅山区生态系统的生产、生活都造成了一定影响。因此，本文的"汇"景观除了建设用地、裸地之外还包括农田这一土地类型。

5.2　基于"源"的动态特征构建最小阻力模型

为了反映"源"景观克服不同介质阻力的过程，本次研究在对不同"源"的景观阻力进行评估的基础上，利用 Arc GIS 建立最小累计模型，对"源"各类景观介质发展的动态过程进行了空间模拟（表 1）。北京浅山区区域"源"阻力面通过 ARCGIS 的叠加分析能力，把作为"源"的草地（以及灌木）（图 3）、林地（图 4）、水域（图 5）3 大阻力面图层互相叠加，并在此基础上找寻突变点确定敏感性分级的阈值，最终得出场地整体生态要素的阻力分级（图 6）。

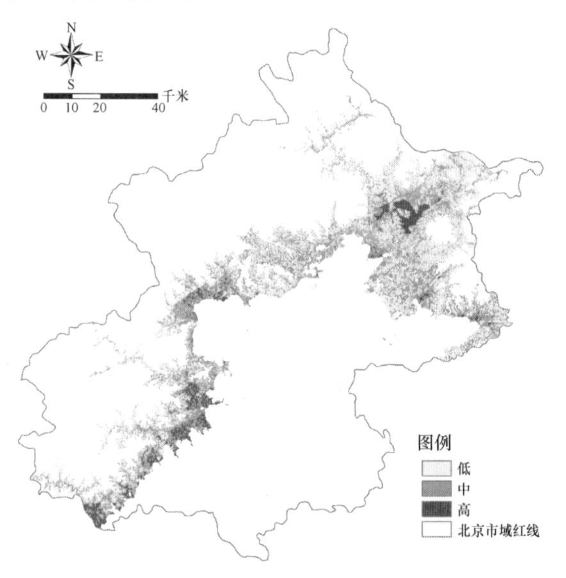

图 3　草地、灌木阻力面

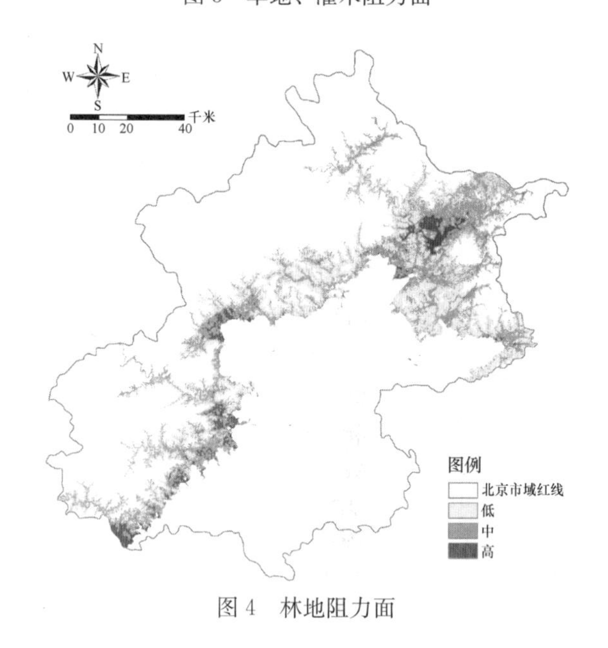

图 4　林地阻力面

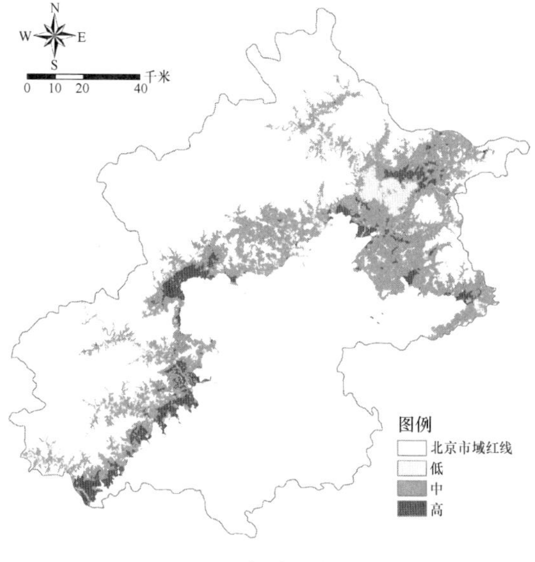

图 5　水域阻力面

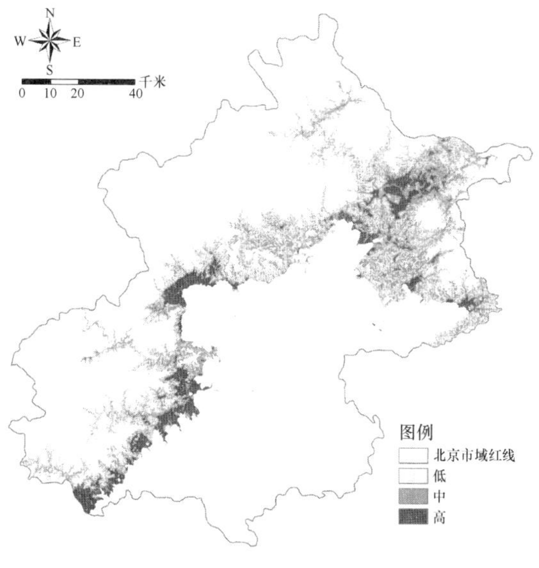

图 6　总阻力面

5.3　生态空间格局构建

景观要素的阻力值在反映其流通难度的同时，也在一定程度上表现了其稳定程度，阻力值较低的区域由于其较弱的环境承载力，导致了在规划过程中应该着力对其进行保护性规划；而阻力值较高的区域，由于其较稳定且难以发生改变的生态结构，未来可作为城市发展的存量空间进行规划。基于这一思路，我们通过对 3 个源地阻力面的低敏感区，以及总阻力面中的高敏感区域进行提取，得出了北京浅山区绿色发展格局的“3＋1”分区模式。并依据不同类型的景观和具体的现状问题及发展需求，提出了“三大保护”：林地保护区＋草地灌木保护区＋水域保护区，加“一发展”即存量用发展区的 4 大分区引导策略，并针对其发展问题提出了建设指导（图 7）。

北京市浅山区景观阻力系数设定　　表 1

阻力系数范围	景观类型	阻力值
1（某一景观单位可以自由移动，为最适宜空间）	林地	1
	草灌木	30
	农地	50
100（景观单位无法移动，为最不适宜空间）	裸地	60
	荒地	70
	城镇	100

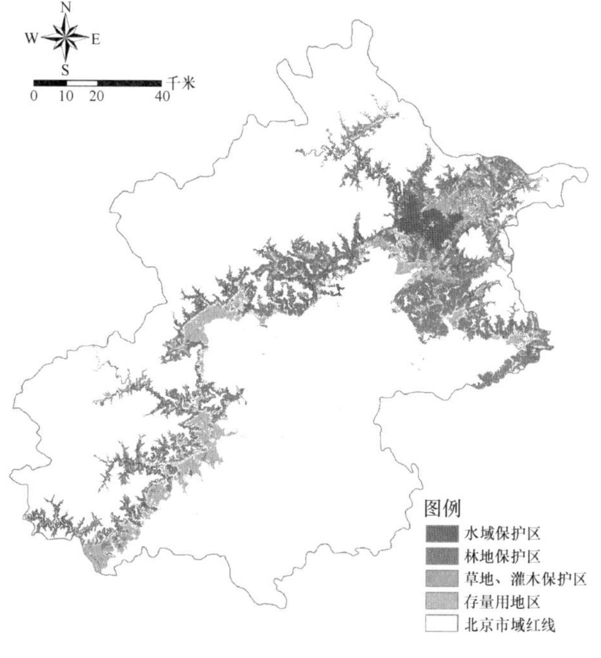

图 7　保护区以及存量用地区

6　生态空间分区管控

由图 7 可以发现，林地保护区位置主要处于北京城区东北方向的平谷区、怀柔区区域，而在密云区北部、海淀区西部有少量分布，显而易见林地保护区大多是森林公园以及自然保护区所在区域。这些区域由于其重要的生态作用，成为了保障浅山区乃至西北太行余脉和城市平原区的生态安全的核心区域。其策略的核心内容是规定保护区域实行高规格保护，严禁偷伐树木、毁坏林木、开山炸石等行为；禁止各种人为的开发建设活动；并且针对该区域宜种植荒山全部实行还林、育林、造林。并加快水源保护林及保护水土的林地建设，从而成为屏障防御风沙入侵。强化森林树木保护和培育，保护在地动植物资源和生物栖息繁殖环境。

草地保护区位置主要分布于密云区中部和门头沟东部区域，海淀区南部也有零星分布。该区域地形主要为开阔和较为平坦的草地灌木区。植物与动物生境较为简单，生态系统较为脆弱。所以采取的开发原则为有限的建设原则，在其基础上避免各类建设开发活动，尤其禁止没有经特别限定功能、没有严格审查及特定程序通过的建设开发活动；在产业的策划上着重于向生态靠拢。实现传统农业向生态农业和观光农业的转化。应针对其风貌特征采用弹性的土地补偿等控制措施的建设控制政策。

水域保护区主要是涵盖密云、怀柔等80座人工水库以及一些自然湖泊的大型水面区域，总库容达到20亿立方米。在规划管控方面，浅山区受到人类社会影响较大的自然河流需着重管控，修复和维护当地的生态环境。在永定河道及两侧约200m范围和其他河流沿线100～200m宽地带划定为河流湿地生态景观保护区。其以生态基础设施建设为主，充分发挥水域保护区的保护功能，使重要生境修复得到有效进展，水生生物资源恢复性增长，局部地区可适当开发建设小型规模的生态产业。

存量用地区主要分布于丰台区、房山区、昌平区范围内的浅山区东部和密云区南部区域。这部分区域将成为北京未来浅山区建设的主要用地来源。该区域预先进行全面的调查和潜力评估，结合未来发展的需求和现状条件统筹安排地块的开发强度，构建一个山区与城市之间的缓冲区。该区域的设立为未来进一步发展预留空间的同时实现现今浅山区的发展与社会的、经济的、产业的、生态环境的良性互动和深度融合，在生态保护与城市协调发展之间达到一个平衡点。

7 总结讨论

更加理性科学的生态功能分区为当前城市与山区之间的过渡地带的自然资源的合理利用和有效保护提供切实可行和落地的参考[9]。传统绿色发展格局片面的以静止状态下的地域的土地利用现状作为划分的依据，过程是静止的，生物流是割裂的。不能科学详细的指导浅山区域的生态管控规划。而本文在以景观生态学领域的“源—汇理论”的指导下，通过其核心“源”的景观阻力面对小西山浅山区进行生态功能区的划分，并针对各个功能分区提出了对应的管控措施，而且考虑了各类景观要素之间动态的互动和本身功能上的区别。使小西山的绿色发展格局更加的合理和具有针对性。同时还突出其生态交错区中平原区市扩张和浅山区生态资源间动态联系，上使原与浅山区的交错点带的空间利用城市规划师和建设者们有了更多的参考和依据，使城市扩张导致的建设用地紧张和生态环境保护之间的关系有个良好的耦合。

本文在浅山区绿色发展格局构建上做了一些新的尝试，但个人水平有限及时间和空间数据的不足，研究探讨仍存在着一定的不足和问题，需要深入的探讨。主要包括：

(1) 数据支撑。研究中分区主要依据是“源”景观要素在运动和迁移中的阻力差异。但实际上可能影响其之间的动态联系的元素更多。本文是处在一种比较理想的情况下构建的阻力模型进行评估。而在实际规划和策划中，本地资源资料情况的掌握程度也决定着研究的生于浅。但由于人力和技术有限，资料的获取主要依靠卫星影响、文献检索以及遥感影响解译。因此，笔者希望有关部门在不远的将来能够对北京浅山区各类自然资源进行详细的摸底调查，和通过更先进的技术手段来提供更加准确权威的基数资料。

(2) 与北京现有的浅山区发展规划相调。笔者研究的目还是要指导北京浅山区未来的保护与开发，进行积极主动的规划，所以最终还需要落实到实际工作中。现有的上位规划对浅山地区已经做出了相应的规划指导，文中的规划分区、策略等都需与实际政策相结合，进行局部的调整，最终得出一个优秀的、切实可行的方案。

参考文献

[1] 俞孔坚，袁弘，李迪华，等．北京市浅山区土地可持续利用的困境与出路[J]．中国土地科学，2009，23(11)：3-8＋20.

[2] 冯艺佳．风景园林视角下的北京市浅山区绿色空间理想格局构建策略研究[D]．北京：北京林业大学，2016.

[3] 柯敏．北京浅山区土地利用潜力与利用模式研究[D]．北京：清华大学，2010.

[4] 周婷，彭少麟．边缘效应的空间尺度与测度[J]．生态学报，2008(07)：3322-3333.

[5] 陈利顶，傅伯杰，赵文武．“源”“汇”景观理论及其生态学意义[J]．生态学报，2006(05)：1444-1449.

[6] 张云路，李雄，田野．基于景观生态学“源-汇”理论的市域尺度生态功能分区——以内蒙古通辽市为例[J]．生态学报，2018，38(01)：65-72.

[7] 王琦，付梦娣，魏来，等．基于源-汇理论和最小累积阻力模型的城市生态安全格局构建——以安徽省宁国市为例[J]．环境科学学报，2016，36(12)：4546-4554.

[8] 杨春．“两山理论”引导下的浅山区保护思路及规划响应——以北京市浅山区保护规划工作为例[C]//中国城市规划学会、杭州市人民政府．共享与品质——2018中国城市规划年会论文集(17山地城乡规划)。

[9] 陈龙，谢高地，张昌顺，等．澜沧江流域典型生态功能及其分区[J]．资源科学，2013，35(04)：816-823.

作者简介

木皓可，1993年生，男，纳西族，云南人，北京林业大学园林学院硕士研究生在读。研究方向：风景园林规划与理论。电子邮箱：muhaoke@qq.com。

汤大为，1995年生，男，土家族，湖北人，北京林业大学园林学院硕士研究生在读。研究方向：风景园林规划与设计。电子邮箱：1479099219@qq.com。

张子灿，1997年生，女，汉族，山西人，北京林业大学园林学院硕士研究生在读。研究方向：风景园林规划与设计。电子邮箱：836943624@qq.com。

张云路，通讯作者，1986年生，男，汉族，重庆人，北京林业大学园林学院副教授。城乡生态环境北京实验室：研究方向：风景园林规划设计理论与实践、城乡绿地系统规划。电子邮箱：zhangyunlu1986829@163.com。

李雄，1964年生男，男，汉族，山西人，北京林业大学副校长，教授，博士生导师，城乡生态环境北京实验室。研究方向：风景园林规划设计理论与实践。

基于 CiteSpace 的城市植被固碳效益研究进展知识图谱分析

Knowledge Mapping Analysis of City Vegetation Carbon Sequestration Research Based on CiteSpace

孙雅伟　郭　茹　王洪成

摘　要： 植被的固碳效益是有效应对空气二氧化碳浓度增加的重要措施。本研究基于文献计量软件 Citespace5.2 对 1999～2019 年的 WOS 核心合集 5085 篇文献进行分析，获得相关研究的时空分布，研究热点历程以及对未来的研究趋势进行预测。结果表明：①在时间特征上，该领域研究数量呈逐年上升趋势，近年来文献的联系比之前更加紧密；②在空间分布特征上，该研究分布在多个国家和地区，美国在研究数量和质量上都较强，并形成独立的研究体系，全球范围内形成美国、中国、欧洲国家为中心的主要研究区域；③该领域的研究热点经历了从较少数量的植物固碳效益研究到土壤为主，植物为辅的研究阶段，再到植物固碳与土壤固碳共同应对气候变化的动态发展过程。④未来的研究趋势仍集中土壤和植被的动态变化对减缓气候变暖的意义。

关键词： 风景园林；CiteSpace；植被；固碳效益；知识图谱

Abstract: The carbon sequestration of vegetation is an important measure to deal with the increasing of carbon dioxide effectively. Based on Citespace5.2, a bibliometric software, this study analyzed 5,085 paper in WOS core collections from 1999 to 2019, and obtained the spatiotenporal distribution of related studies, the evolution of research hotspots, and predicted the future research trends. The results show that ① in terms of time characteristics, the number of studies in this field is increasing year by year, and the literature is more closely related than before in recent years; ② in terms of spatial distribution characteristics, the research distributed in many countries and regions. The United States has a higher research quantity and quality, having been forming an independent research system. Furthermore the main research areas centered on the United States, China and European countries globally; ③ research hotspots in this field have experienced a dynamic development process from a small number of studies on the benefits of vegetation carbon sequestration to a stage in which soil is the main research and plants are the auxiliary researching, and then turn to the joint response of vegetation carbon sequestration and soil carbon sequestration to climate changing. ④ future research trends still focus on the significance of dynamic changes in soil and vegetation in mitigating climate warming.

Keyword: Landscape Architecture; CiteSpace; Vegetation; Carbon Sequestration; Knowledge Mapping

引言

二氧化碳浓度增加已经成为气候变化的一个主要问题，其导致全球变暖，海平面上升，沙漠化等问题。大气中二氧化碳含量增加所造成的气候变化也会影响森林地区，由于年平均气温的升高，植物区系发生了变化，植物生长的北方界限线也逐渐向北移动。最后，营养链和整体生物多样性可以受到影响和改变。根据以往研究，造林可以被认为是降低大气中二氧化碳水平的最合适的方法之一[1]。城市植被在吸收城区二氧化碳排放中扮演着重要的角色[2]。本文采用文献计量的技术对 1999～2019 年的植被固碳效益相关研究文献进行全面分析，从研究国家，研究机构，研究热点，空间分布和国际合作多方位的评价国外对城市植被固碳效益的研究进展，为风景园林领域的研究人员提供参考。

1　数据和方法

1.1　数据来源

本文以 WOS（Web of Science）核心合集为文献来源，Web of Science 是全球最大、覆盖学科最多的综合性学术信息资源平台，其核心合集文献能很好的反映某一领域的研究热点和趋势。本文以 TS=（urban plant AND carbon sequestration）OR TS=（urban forest AND carbon sequestration）OR TS=（urban tree AND carbon sequestration）OR TS=（greenspace AND carbon sequestration）OR TS=（urban vegetation AND carbon sequestration）为检索式，时间跨度为 1999 至今共 5085 篇英文文献。

1.2　研究方法

本文采用由美国德雷塞尔大学信息科学与技术学院的华人学者陈美超博士开发的文件计量可视化软件 CiteSpace 分析文献。CiteSpace 是一款近年较为流行的文献计量工具，能够通过对国家、机构、作者、共被引分析等显示一个学科在一定时期内的发展动态，目前该软件在许多学科都有应用。风景园林专业在近两年逐渐出现使用该软件的分析研究国内绿地系统、景观绩效和城市微气候等领域的现状及趋势[3-5]。

2 结果分析

2.1 城市植被固碳效益研究的空间分布特征

2.1.1 国家与机构分布特征

对研究的国家和机构分布特征研究有助于了解该领域在世界范围内的发展状况，植被固碳效益研究共分布在96个国家和地区，涉及4130个机构。研究文献数量排名前10的国家有美国（1824篇）、中国（1004篇）、澳大利亚（432篇）、德国（399篇）、加拿大（368篇）、英国（300篇）、意大利（241篇）、印度（222篇）、法国（212篇）、西班牙（207篇）（图1）。基于CiteSpace对5085篇文献的进行统计，其中79个有合作关系，形成647条连线网络（图3）。

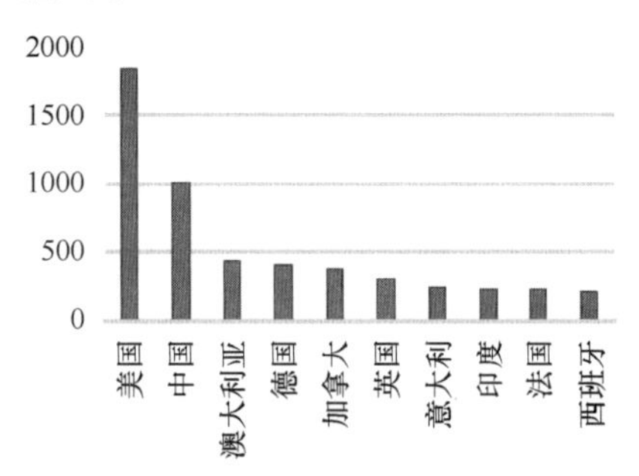

图1 各国发表文献数量

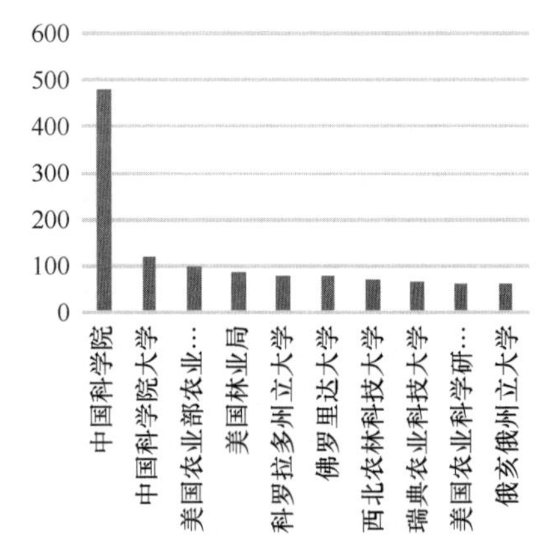

图2 机构发表文献数量

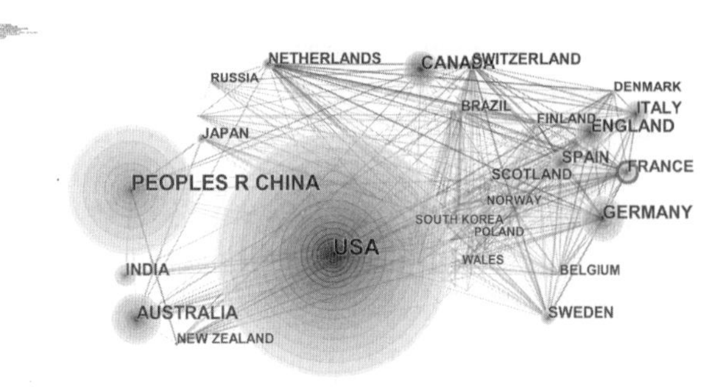

图3 主要国家合作图谱

研究机构排名前十的机构分别是中国科学院（480篇）、中国科学院大学（122篇）、美国农业部农业研究所（101篇）、美国林业局（86篇）、科罗拉多州立大学（79篇）、佛罗里达大学（79篇）、西北农林科技大学（73篇）、瑞典农业科技大学（68篇）、美国农业科学研究院（64篇）、俄亥俄州立大学（64篇）（图2），使用CiteSpace对5085篇文献的进行统计，其中357个机构有合作关系，形成1478条连线网络（图4）。通过以上分析可见该研究在国家间的合作十分密切，但各个机构研究的独立性较强，多数机构拥有独立的研究能力且组成成员的国际化水平较高。

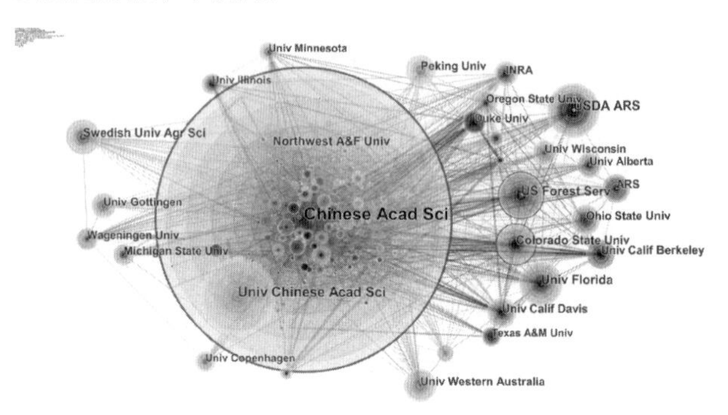

图4 主要机构合作图谱

中介中心性用来衡量网络中不同位置节点的重要性，国家与机构在合作中发挥的连接作用可以通过CiteSpace的中介中心性分析（CiteSpace中中介中心性超过0.1的节点称为关键节点）。美国虽然有较多的文献研究，但其中介中心性并不高，与其他国家的关联度较低，说明美国独立研究的能力较强，已具备较完善的独立研究体系。以法国为中心的欧洲国家包括德国、英国、意大利和西班牙都具有较高的中介中心性，由此可见在欧洲各国在植物固碳领域的研究联系密切，形成另一个研究中心（表1）。就研究机构来说，中国科学院在文献数量和中介中心性上都排在第一，中科院的研究已形成完善的体系且与其他机构有较强的合作（表2）。

各国发表文献数量与中介中心性表　　表1

国家	文献数量	中介中心性	中介中心性排序
美国	1824	0.07	8
中国	1004	0.01	38
澳大利亚	432	0.03	19
德国	403	0.08	5
加拿大	371	0.02	25
英国	303	0.08	6
意大利	243	0.05	12
印度	225	0.02	26
法国	218	0.45	1
西班牙	207	0.07	9

各机构发表文献数量与中介中心性表　　表 2

机构	文献数量	中介中心性	中介中心性排序
中国科学院	480	0.28	1
中国科学院大学	122	0.03	22
美国农业部农业研究所	101	0.04	14
美国林业局	86	0.11	3
科罗拉多州立大学	79	0.13	2
佛罗里达大学	79	0.05	9
西北农林科技大学	73	0.03	23
瑞典农业科技大学	68	0.09	5
美国农业科学研究院	64	0.05	11
俄亥俄州立大学	64	0.03	24

2.1.2 研究领域及期刊分布

植被固碳效益研究的论文包含 16951 个作者，涉及 44 个研究方向，分布在 789 个出版物中。目前的研究领域主要分布在环境科学（1600 篇）、生态学（1076 篇）、土壤科学（967 篇）、森林学（516 篇）、农学（463 篇）、植物科学（441 篇）、能源和燃料学（427 篇）、环境工程（339 篇）、地球科学（301 篇）、生物多样性保护（263 篇）。

2.2 研究热点发展过程

2.2.1 研究热点分布

CiteSpace 受到库恩范式理论的影响，以推动范式转移的转折点作为学科进展的关键。本文通过对共被引文献分析确定在研究过程中的关键文献，时区（Time Slicing）设置为 1999～2019，时间跨度（Year Per Slice）为 5 年，在节点类型（Node Types）中选择节点类型为共被引文献（Cited Reference），阈值设定为 Top n Per Slice=50，即选择每个时区中被引频次排在前 50 的论文，最终生成 1999～2019 植物固碳研究热点聚类图谱（图 5）。该图能有效显示目前研究文献的结构特征和研究热点发展过程，其模块值（Modularity Q）为 0.7919，说明聚类结果较好，共生成文献节点 253 个，连线 574 条，产生 39 个聚类，多数聚类联系紧密，说明在植物固碳研究上有较为明确的知识基础，但有少部分聚类分散在主题聚类周围，从土壤，水文等其他领域关注城市植物固碳，总体呈现出主题集中且学科交叉的研究特征。

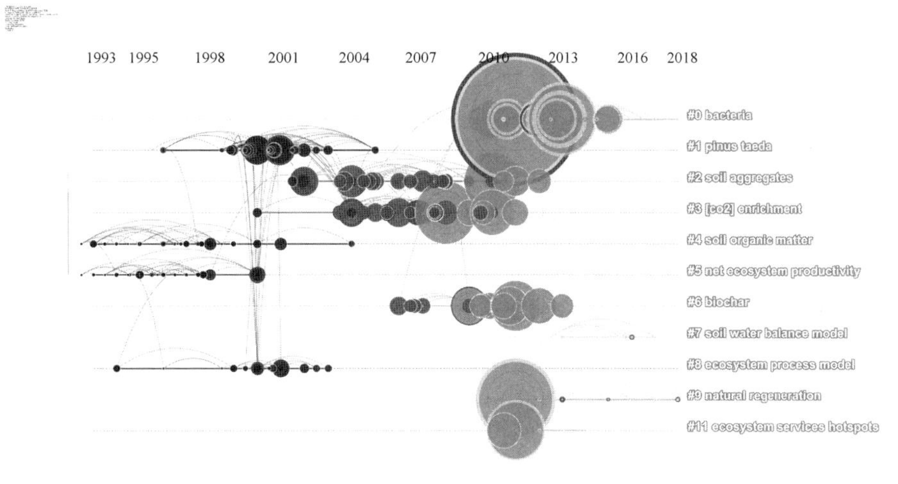

图 5　1999～2019 年植物固碳研究热点聚类图谱

2.2.2 研究发展过程

为更加清晰的认识植物固碳效益的研究历程，使用上图研究的参数，结合 Timezone 功能生成 1999～2019 年植被固碳效益时区聚类图谱（图 6），可清晰的反映各个时期的关键文献。

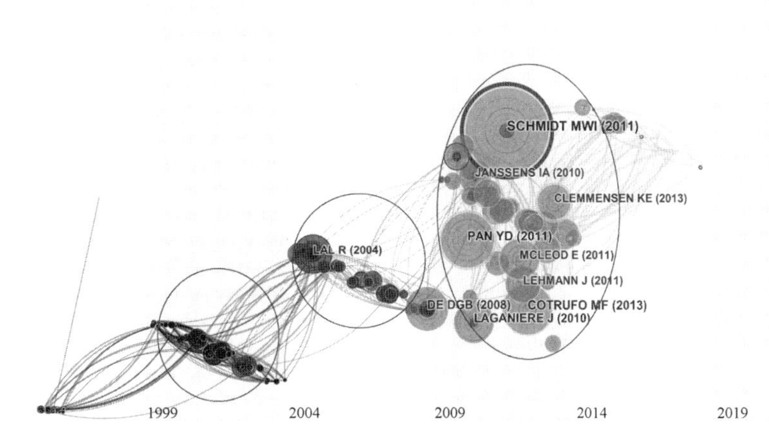

图 6　1999～2019 年植物固碳研究时区聚类图谱

从图中可以看出，植物固碳研究大致可以分为三个阶段：第一阶段：2004 年之前，这一阶段是该领域的起始阶段，文献的数量相对较少，文献的被引频次普遍较低，这一时期各机构的研究相对独立。第二阶段：2004～2009 年，这一阶段属于该领域研究的过渡期，研究的重点逐渐从土壤碳汇转向植物碳汇；第三阶段：2009 年之后，这一阶段文献的数量和被引频次都有大幅度提升，该领域的研究走向成熟。

第一阶段主要文献 **表 3**

文献被引频次	作者	文献名称	中介中心性	发表年份	期刊来源
39	Oren R	Soil fertility limits carbon sequestration by forest ecosystems in a CO_2-enriched atmosphere	0.03	2001	NATURE
39	Post W M	Soil carbon sequestration and land-use change: Processes and potential	0.01	2000	GLOB CHANGE BIOL
39	Guo L B	Soil carbon stocks and land use change: A meta analysis	0.07	2002	GLOBAL CHANGE BIOL
36	Schlesinger WH	Limited carbon storage in soil and litter of experimental forest plots under increased atmospheric CO_2	0.2	2001	NATURE
36	Six J	Stabilization mechanisms of soil organic matter: Implications for C-saturation of soils	0.12	2002	PLANT SOIL

（1）第一阶段文献分析

依据图谱显示，筛选 2004 年之前被引频次最高的 5 篇文献进行研究（表 3），这五篇文献分别关注土壤肥力对森林植物固碳的影响，农业土地利用变化对土壤有机碳固碳率的影响，土地利用变化对土壤 C 储量的影响，森林土壤的碳固存，土壤结构与土壤稳定有机质（SOM）能力之间的关系[6-10]。这一时期的研究热点主要关注土地利用变化对土壤固碳的影响。这一阶段主要的关键词有：pinus taeda（火炬松），soil organic matter（土壤有机质），net ecosystem productivity（净生态系统生产力），ecosystem process model（生态系统过程模型）（图 5）。

第二阶段主要文献 **表 4**

文献被引频次	作者	文献名称	中介中心性	发表年份	期刊来源
79	De D G B	Plant functional traits and soil carbon sequestration in contrasting biomes	0.02	2008	ECOL LETT
49	Kuzyakov Y	Black carbon decomposition and incorporation into soil microbial biomass estimated by C-14 labeling	0.16	2009	SOIL BIOL BIOCHEM
43	Lal R	Soil carbon sequestration to mitigate climate change	0.03	2004	GEODERMA
37	Davidson E A	Temperature sensitivity of soil carbon decomposition and feedbacks to climate change	0	2006	NATURE
32	Piao S L	The carbon balance of terrestrial ecosystems in China	0	2009	NATURE

（2）第二阶段文献分析（2004～2009）

依据图谱显示，筛选 2004～2009 年高被引文献 5 篇（表 4），这五篇文献分别关注植物性状组成对土壤固碳的影响，对植被燃烧产物固碳的计算，土壤碳汇的作用，土壤碳分解与植物输入及气候变化的关系，中国陆地生态系统的固碳效益[11-15]。这一阶段主要的关键词是 soil aggregates（土壤团聚体），CO_2 enrichment（增施二氧化碳），biochar（生物炭）（图 5）。

第三阶段主要文献 **表 5**

文献被引频次	作者	文献名称	中介中心性	发表年份	期刊来源
153	Schmidt M W I	Persistence of soil organic matter as an ecosystem property	0.62	2011	NATURE
102	Pan Y D	A large and persistent carbon sink in the world' s forests	0	2011	SCIENCE

续表

文献被引频次	作者	文献名称	中介中心性	发表年份	期刊来源
92	Cotrufo M F	The Microbial Efficiency-Matrix Stabilization (MEMS) framework integrates plant litter decomposition with soil organic matter stabilization: Do labile plant inputs form stable soil organic matter?	0.09	2013	GLOBAL CHANGE BIOL
74	Laganiere J	Carbon accumulation in agricultural soils after afforestation: A meta-analysis	0.06	2010	GLOBAL CHANGE BIOL
73	Mcleod E	A blueprint for blue carbon: Toward an improved understanding of the role of vegetated coastal habitats in sequestering CO_2	0.01	2011	FRONT ECOL ENVIRON

(3) 第三阶段文献分析（2009之后）

依据图谱显示，2009年之后的高被引文献数量较多，筛选其中被引最高的五篇文献分别研究（表6）：土壤有机质的含碳量（SOM）在应对全球变暖的作用；森林碳汇量的计算；植物碎屑（凋落物）与土壤有机质含碳量的关系；造林对土壤有机碳储量的影响；沿海和海洋生态系统在吸收二氧化碳中的作用[16-20]。这一时期主要的聚类关键词有：bacteria（细菌），soil aggergates（土壤团聚体），biochar（生物炭），natural regeneration（自然更新），ecosystem services hotspots（生态系统服务热点）（图5）。

综上所述，植物固碳效益在近二十年来经历了从以土壤固碳效益研究，到土壤和植被的固碳关系研究，再到大量的植被系统对吸收二氧化碳作用的三个研究阶段，每个阶段既有独立性又有继承性。

2.3 研究趋势分析

CiteSpace具有突现词检测（Burst Detection）功能，该功能具有的突发性检测算法认为新兴且处于上升阶段的突发性文献对揭示科学领域的新趋势有前沿性和时效性。借助此功能检测出10篇有关植物固碳效益研究的突发性文献主要分为以下几个方向（表6），前沿趋势具有以下特点：

突显强度前十的文献 **表6**

年份	作者	文献名称	突显强度	时间范围
2011	Schmidt M W I	Persistence of soil organic matter as an ecosystem property	31.87	2013～2019
2013	Cotrufo M F	The Microbial Efficiency-Matrix Stabilization (MEMS) framework integrates plant litter decomposition with soil organic matter stabilization: Do labile plant inputs form stable soil organic matter?	31.34	2015～2019
2011	Mcleod E	A blueprint for blue carbon: Toward an improved understanding of the role of vegetated coastal habitats in sequestering CO_2	24.04	2016～2019
2011	Pan Y D	A large and persistent carbon sink in the world's Forests	23.38	2013～2019
2011	Lehmann J	Biochar effects on soil biota - A review	21.26	2013～2017
2013	Clemmensen K E	Roots and associated fungi drive long-term carbon sequestration in boreal forest	20.74	2014～2019
2008	De D G B	plant functional traits and soil carbon sequestration in contrasting biomes	19.72	2012～2016
2011	Rumpel C	Deep soil organic matter-a key but poorly understood component of terrestrial C cycle	17.01	2016～2019
2010	Kuzyakov Y	Priming effects: Interactions between living and dead organic matter	16.86	2010～2019
2012	Jones D L	Biochar-mediated changes in soil quality and plant growth in a three year field trial	16.84	2014～2017

2.3.1 土壤有机质固碳效益在应对全球气候变暖继续成为研究前沿

全球范围内，土壤有机质（SOM）的含碳量是大气和植被的三倍多，其固碳潜力受到普遍的关注。Schmidt发现由于土壤有机质的稳定性不确定，其限制了预测土壤固碳的潜力，将环境和生物控制影响土壤有机质的稳定性这一认识纳入土壤碳模型实验，改进了土壤有机质对全球变暖反应的预测[16]。同样，Rumpel也研究了土壤有机质的来源、组成、稳定与失稳机理[21]，Kuzyakov通过研究土壤有机质的矿化发现微生物的生物量应该被视为碳（C）和氮（N）循环的一个积极驱动因素[22]，Jones研究了土壤碳（C）和氮（N）在3年周期内的循环，以期通过长期的田间试验来帮助制定农业管理政策[23]。

2.3.2 植物固碳在应对全球气候变化中的作用研究

城市植被固碳研究始于20世纪90年代初期，最早较有影响力的研究是Nowak对美国城市树木碳储存进行了估算[24]。过去由于土壤有机质碳含量远大于植物固碳量，该领域的研究热点一直是如何通过转换土地利用功能实现土壤固碳量的增加，单独对植物固碳效益的研究规模较小。近年越来越多的学者逐步重视植被固碳效益应对气候变化的重要性，例如Pan利用森林清查数据和长期生态系统碳研究估计了1990～2007年的全球森林碳汇总量[17]。此外更多的研究集中在生态系统在应对气候变化的意义，既包括啊土壤，也包括植被，以及土壤和植被间的动态关系。Mcleod等将红树林、海草床、盐沼等的沿海生态系统碳汇价值进行研究[20]，Lehmann研究了生物碳对改良土壤和减缓气候变化的作用[25]，Clemmensen提出了森林土壤有机质的主要来源是植物根和跟相关的微生物[26]。

由此可见这些突现度较高的文献目前主要集中在研究土壤固碳效益和植物与土壤动态机理在应对气候变化的作用，在将来一段时间内，这两方面依旧是研究的重点。

3 结语

通过对国内外1999～2019年的文献数量，主要国家和机构分布，共被引等指标的分析，可以看出植被固碳效益的研究已形成完善的体系。在时间分布特征上，该领域的研究文献数量呈不断上升的趋势，各研究之间的联系较之前更加紧密，近年出现了大量高被引文献。在空间分布特征上，该研究分布在多个国家和地区，在全球范围内形成美国、中国、欧洲国家为中心的主要研究区域。其中美国的文献数量最多，但分布在国内多个研究机构，美国国家较低的中介中心性和研究机构较高的中介中心性展现了美国国内已形成独立完善的研究体系，各机构联系密切且具有良好的研究基础。中国的文献数量虽没有美国多，但主要研究集中在少数研究机构表明该领域的研究在国内的发展出现两极分化的态势。此外全球范围内形成美国、中国、欧洲国家为中心的主要研究区域。

该领域的研究热点经历了从较少数量的植物固碳效益研究到以土壤固碳效益研究为主，植被固碳效益研究为辅的研究阶段，再到植物固碳与土壤固碳共同应对气候变化的动态发展过程。随着研究技术的不断进步和气候变化的威胁，在未来的研究趋势仍集中土壤和植被的动态变化对减缓气候变暖的意义。

参考文献

[1] Laclau P. Root biomass and carbon storage of ponderosa pine in a northwest Patagonia plantation，FOREST ECOLOGY AND MANAGEMENT，2003，173(PII S0378-1127(02)00012-91-3)：353-360.

[2] Nowak D J. Carbon storage and sequestration by urban trees in the USA. Crane D E. Environ Pollut(Environmental pollution (Barking，Essex：1987))，2002，116(3)：381-389.

[3] 朱秋敏，张晓佳．基于CiteSpace的国内绿地系统研究热点及脉络演进分析．西安：中国风景园林学会2017年会．

[4] 胡凯富，郑曦．基于CiteSpace计量分析的景观绩效研究重点领域和前沿趋势的文献述评[J]．风景园林，2018，25(11)：84-89.

[5] 董靓，张米娜．基于CiteSpace的景观与城市微气候研究特征分析[J]．风景园林，2018，25(10)：32-37.

[6] Oren R，Ellsworth D S，Johnsen K H，et al. Soil fertility limits carbon sequestration by forest ecosystems in a CO_2-enriched atmosphere. NATURE，2001，411(6836)：469-472.

[7] Post W M，Kwon K C. Soil carbon sequestration and land-use change：processes and potential[J]. GLOBAL CHANGE BIOLOGY，2000，6(3)：317-327.

[8] Guo L B，Gifford R M. Soil carbon stocks and land use change：a meta analysis[J]. GLOBAL CHANGE BIOLOGY，2002，8(4)：345-360.

[9] Schlesinger W H，Lichter J. Limited carbon storage in soil and litter of experimental forest plots under increased atmospheric CO_2[J]. nature，2001，411(6836)：466-469.

[10] Six J，Conant R T，Paul E A，et al. Stabilization mechanisms of soil organic matter：Implications for C-saturation of soils[J]. Plant and Soil' 2002，241(2)：155-176.

[11] De D G B，Cornelissen J H C，et al. Plant functional traits and soil carbon sequestration in contrasting biomes[J]. Ecology Letters，2008，11(5)：516-531.

[12] Kuzyakov Y，Subbotina I，Chen H，et al. Black carbon decomposition and incorporation into soil microbial biomass estimated by C-14 labeling[J]. Soil Biology & BIochemistry，2009，41(2)：210-219.

[13] Lal R. Soil carbon sequestration to mitigate climate change [J]. Geoderma，2004，123(1-2)：1-22.

[14] Davidson E A，Janssens I A. Temperature sensitivity of soil carbon decomposition and feedbacks to climate change [J]. nature，2006，440(7081)：165-173.

[15] Piao S，Fang J，Ciais P，et al. The carbon balance of terrestrial ecosystems in China[J]. nature，2009，458(7241)：1009-1082.

[16] Schmidt M W I，Torn M S，Abiven S，et al. Persistence of soil organic matter as an ecosystem property[J]. nature，2011，478(7367)：49-56.

[17] Pan Y，Birdsey R A，Fang J，et al. A large and persistent carbon sink in the world' s forests[J]. Science，2011，333 (6045)：988-993.

[18] Cotrufo M F, Wallenstein M D, Boot C M, et al. The Microbial Efficiency-Matrix Stabilization (MEMS) framework integrates plant litter decomposition with soil organic matter stabilization: Do labile plant inputs form stable soil organic matter? [J]. Global Change Biology, 2013, 19(4): 988-995.
[19] Laganiere J, Angers D A, Pare D. Carbon accumulation in agricultural soils after afforestation: A meta-analysis[J]. Global Change Biology, 2010, 16(1): 439-453.
[20] Mcleod E, Chmura G L, Bouillon S, et al. A blueprint for blue carbon: toward an improved understanding of the role of vegetated coastal habitats in sequestering CO_2. Frontiers in ecology and the Environment, 2011, 9(10): 552-560.
[21] Rumpel C, Koegel-Knabner I. Deep soil organic matter-a key but poorly understood component of terrestrial C cycle [J]. Plant and Soil, 2011, 338(1-2): 143-158.
[22] Kuzyakov Y. Priming effects: Interactions between living and dead organic matter[J]. Soil Biology & Biochemistry, 2010, 42(9): 1363-1371.
[23] Jones D L, Rousk J, Edwards-Jones G, et al. Biochar-mediated changes in soil quality and plant growth in a three year field trial[J]. Soil Bilogy & Biochemistry, 2012, 45: 113-124.
[24] Nowak David J. Atmospheric carbon reduction by urban trees[J]. Journal of Environmental Management, 1993, 37(3): 207-217.
[25] Lehmann J, Rillig M C, Thies J, et al. Biochar effects on soil biota - A review. Soil Biology & Biochemistry, 2011, 43(9): 1812-1836.
[26] Clemmensen K E, Bahr A, Ovaskainen O, et al. Roots and associated fungi drive long-term carbon sequestration in boreal forest[J]. Science, 2013, 339(6127): 1615-1618.

作者简介

孙雅伟，1993年生，男，汉族，河北宣化人，天津大学风景园林专业在读硕士研究生。研究方向：风景园林理论与设计、低碳园林。电子邮箱：tdsunyawei@163. com。

郭茹，1992年生，女，汉族，山西忻州人，天津大学风景园林专业在读硕士研究生。研究方向：风景园林理论与设计、低碳园林。电子邮箱：1299242808@qq. com。

王洪成，1965年生，男，汉族，吉林人，天津大学风景园林系教授、博士生导师。研究方向：研究方向为风景园林理论与设计、低碳园林。电子邮箱：1581203793@qq. com。

基于 CiteSpace 文献分析的破损山体生态修复研究进展[①]

Research Progress on Ecological Restoration of Damaged Mountain Based on Literature Analysis of CiteSpace

武文婷　宋　凤　吴扬睿

摘　要：为厘清近年来国内外破损山体生态修复研究趋势、研究热点与前沿领域，采用文献研究法与 CiteSpace 文献可视化分析工具，定量分析了 CNKI 数据库、WOS 核心合集 1233 篇相关文献，根据共词与聚类分析，通过计量与对比得知：①近三十年国内外破损山体生态修复研究文献发布量总体呈上升趋势，研究态势良好；②国内外存在破损山体生态修复理论、技术、效益与评价 3 个研究热点，国内研究多以人工干预方式对单个修复对象进行工程性生态修复，国外研究多聚焦自然状态下广域生态系统的涵养恢复；③国内研究前沿具阶段性，当前正在形成系统而全面的修复体系，国外研究范围相对稳定，气候变化对生态修复的影响正成为当前研究的热点。

关键词：风景园林；破损山体；生态修复；土地复垦；CiteSpace

Abstract: In order to clarify the research trends, research hotspots and frontiers of ecological restoration of damaged mountain bodies at home and abroad in recent years, 1233 related documents in CNKI and WOS were quantitatively analyzed by using literature research method and CiteSpace literature visualization analysis tool. According to Co-word and cluster analysis, the following conclusions were obtained through measurement and comparison: ① Nearly three papers were collected. Overall, the publication of research papers on ecological restoration of damaged mountain bodies at home and abroad has been on the rise in the past ten years, and the research situation is good. ② There are three research hotspots at home and abroad: theory, technology, benefit and evaluation of ecological restoration of damaged mountain bodies. Domestic research mostly uses artificial intervention to carry out engineering ecological restoration of single restoration object, while foreign research. Wide-area ecosystem conservation and restoration under multi-focus natural conditions; ③ The frontier of domestic research is phased, and a systematic and comprehensive restoration system is being formed. The scope of foreign research is relatively stable, and the impact of climate change on ecological restoration is becoming a hot spot of current research.

Keyword: Landscape Architecture; Damaged Mountain; Ecological Restoration; Land Reclamation; CiteSpace

引言

山体资源是人类生存、发展的宝贵财富，是重要的不可再生资源之一，在生态保育、文脉演进等方面发挥着不可或缺的作用。社会经济高速发展背景下，人类对山体资源的无序开发与利用直接破坏了山体及周围景观，引发水土流失、山体滑坡、地质沉降、植被破坏，甚至生态退化等不可逆转的生态环境问题[1,2]。因而，对破损山体进行生态修复对促进经济社会可持续发展和生态环境改善具有重要意义。本文借助 CiteSpace 知识可视化软件，立足文献分析工具的信息分析技术，对国内外破损山体生态修复领域文献进行整理分析，直观展现国内外破损山体生态修复总体研究趋势、热点及各阶段的前沿领域，并对我国破损山体生态修复的基本问题、研究热点与关键问题、发展趋势进行系统分析，以期为生态文明背景下我国破损山体生态修复研究热潮提供参考。

1　研究对象

当前概念中，破损山体是指由于矿业开采或其他工程建设等造成损坏的山体。破损山体生态修复是以破损山体为主要对象，以使其符合社会经济可持续发展为目的，对其生态环境进行恢复、重建和修整的过程[3]。

从词源上分析，“生态修复”涉及“恢复生态学”（restoration ecology）的范畴（最早由 Jordan 于 1985 年提出）。就该范畴，国际生态恢复学会（The Society for Ecological Restoration）对 Ecological Restoration 的定义为：协助恢复已退化、受损或破坏的生态系统的过程（2004）。该定义在欧美国家得到广泛使用，国内学者对其呈普遍认同态度。但西方学术概念在国内的传播往往需要借助中文表达，而中文又缺乏与 restoration 词意准确相通的词汇，这直接导致了国内相关概念的混淆与混用。

从语言角度而言，本文主要讨论的“生态修复”一词对应英文翻译应为 ecological remediation 或 ecological rehabilitation。通过对美国《科学引文索引》（Science Citation Index，简称 SCI）核心数据库（下文简称 WOS）的主题搜索发现，在题目、关键词或摘要中使用 ecological restoration 的文献数量远远多于使用 ecological remediation 或 ecological rehabilitation 的文献数量（图 1）。同时，后两者文献作者以中国学者居多，甚至与开展研究较早

① 基金项目：国家自然科学基金项目（51808320）；山东建筑大学校内博士基金项目（XNBS1012）。

的美国文献量相差无几，故本文对 WOS 相关文献的搜索、研究将以 ecological restoration 为基准展开。

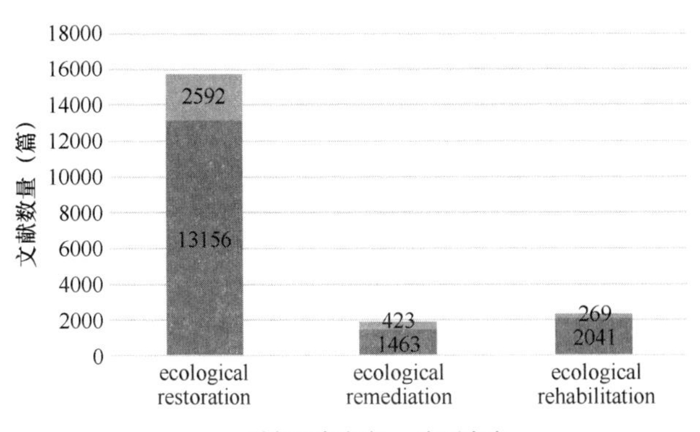

图 1　WOS 数据库不同搜索主题中外文献量对比

国内对于生态修复的研究最早见于 1990 年代[4]。由于矿产、煤炭等资源无序开发利用并严重制约我国生态文明建设的背景，国内相关政策最初使用“土地复垦”一词对相关修复治理工作进行界定，主要针对因生产建设而被破坏的土地。随着国内生态文明建设的逐步推进与生态修复研究的开展，近年来相关政策越来越多地提及生态修复、生态环境修复等概念，同时保护和恢复“绿水青山”已成为社会热点问题。但由于生态修复研究普及度及系统性不足，现有成果多集中于矿区治理与复垦，与土地复垦主体存在一致性，大量研究仍将土地复垦与生态修复归于一类[4]。故本文对中国学术期刊全文数据库（简称 CNKI）相关文献的搜索、研究将以“生态修复”+“土地复垦”为基准展开。

2　研究方法与数据来源

2.1　研究方法

本研究充分利用信息时代的大数据分析，采用文献研究法与文献计量分析方法，借助 CiteSpaceV 分析软件，对上述文献进行综合分析，同时借助 Excel 2016 作为统计分析与数据呈现工具。CiteSpaceV（5.2.r1 64bit）主要参数设置如下：时间抽取单位设定为 1 年，（c，cc，ccv）阈值设定为（2，2，20）；设定 Keyword 为共现网络分析参数，以呈现关键词共现图谱；网络裁剪方式设定为“pathfinder”，以谱聚类算法呈现聚类分析图谱，选择 Abstract 与 LLR 作为聚类标签提取来源与算法。

2.2　数据来源

本研究使用 CNKI 和 WOS 为检索源，检索时间为 2019 年 3 月 21 日，所检索期刊的时间跨度均设定为 1985～2018 年。其中，CNKI 以“生态修复”+“山”or“土地复垦”+“山”为期刊检索主题词，并将时政报道、法律探究等无关种类的文献剔除，最终筛选得出 599 篇相关文献；WOS 以“mountain ecological restoration”为检索主题词，共得到 634 篇英文文献。

3　研究结果综合分析

3.1　研究趋势分析

根据图 2 的文献数量统计可知，破损山体生态修复领域在 CNKI 以及 WOS 中的发文量总体呈上升趋势（1990～2018 年），仅在个别年份有所回落，但落差较小。其中，国内外与破损山体生态修复相关的文献最早皆出现于 1990 年（1 篇），但相较于国外自 1990 年后每年皆有相关主题文献发表，国内却存在文献发表空白期，跨度为 3 年（1991～1993 年）。国内外相关文献数量近年增长明显，总体数量差别不大。在 WOS 破损山体生态修复相关的 634 篇文献中，占比前五位的研究方向为生态环境科学（55.85%）、林学（16.46%）、水资源（10.13%）、生物多样性保护（9.49%）和地质学（9.27%）。以上数据趋势可能原因有：其一，国内生态修复多基于某一具体位置进行研究分析，而国外最初以恢复生态学为基础，从学科发展的角度系统化审视生态修复[5]；其二，国内最先出现的 1 篇研究文章偏于矿山土地复垦的探索实践，并未提出破损山体生态修复相关的系统方法论指导，此时国内仍处于破损山体生态修复领域的探索期；其三，生态修复概念及研究始于国外，该理念从知晓到应用存在时间差，因此国内文献出现相对滞后于国外。

另外，图 2 显示国内近十年相关文献篇数快速上升，研究热度不减，未来研究趋势好。分析原因可能在于我国山体生态问题较为突出，再者近年国家“城市双修”、“生态文明建设”等相关政策的提出对破损山体生态修复研究具有一定的驱动作用。

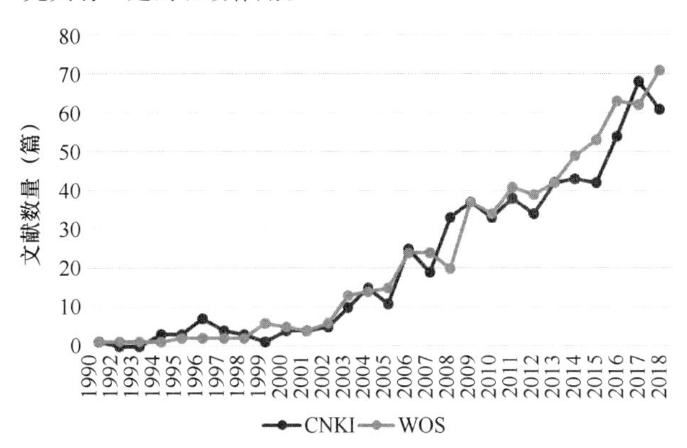

图 2　1990～2018 年 CNKI 和 WOS 数据库中破损山体生态修复文献数量和增长趋势对比

3.2　研究热点分析

对文献关键词进行研究，是揭示研究主题的重要方式[6]。一般认为，不同文献中集中词汇或名词短语共同出现的情况，即共现。共现频次越高，关键词所代表的主题关系越紧密[7]，该关键词相关的研究成果越多。由无数关键词所形成的共词网络，每一网络节点的中心性（centrality）数值大小反映了其在网络中的重要性与受关注程度，节点之间的距离则反映各自主题内容的远近关系[8]。基于共现分析理论基础，通过 CiteSpace 软件对 2 个数据库样本分别构建共现网络并进行聚类分析归纳[9]，进而分析国内外研究热点与关键问题。

3.2.1 基于CNKI数据库的样本共词与主题聚类分析

通过前文确定的CNKI数据样本及参数，运行CiteSpace软件并对关键词共现图谱进行可视化操作。剔除与检索主题词意思相近的关键词如“破损山体”、“生态修复”、“土地复垦”等，同时合并意义相近的关键词，如“矸石山”与“煤矸石山”合并为“矸石山”，最终共现频次排名前20的关键词如表1所示。

1985～2018年破损山体生态修复领域高频关键词（CNKI）　　表1

关键词	频次	中心度	年份	关键词	频次	中心度	年份
矸石山	32	0.13	1994	适宜性评价	17	0.03	2007
植被恢复	30	0.04	2004	治理	15	0.05	2003
生态环境	27	0.07	1997	环境保护	15	0.02	2003
煤矸石	22	0.03	1994	煤矿区	14	0.03	1996
淀山湖	20	0.04	2008	综合治理	13	0.01	1996
生态修复技术	19	0.07	2008	生态重建	13	0.01	1998
水土保持	19	0.09	2004	景观设计	13	0.01	1998
生态	17	0.04	2011	工矿废弃地	12	0.05	2013
低山丘陵区	17	0.04	2007	可持续发展	12	0.04	2002
风景园林	17	0.1	2007	对策	12	0.04	2002

国内破损山体生态修复领域频次前5的关键词分别为矸石山（32）、植被恢复（30）、生态环境（27）、煤矸石（22），淀山湖（20），中心度排名前5的关键词分别为矸石山（0.13）、风景园林（0.1）、水土保持（0.09）、生态环境（0.07）、生态修复技术（0.07）。

通过对共现网络进行聚类分析并采用LLR作为聚类标签提取算法，经调整后得到CNKI破损山体生态修复主题关键词聚类分析图谱（图3），聚类颜色由冷到暖、由深到浅代表研究时间的远近，各聚类虽有重叠但各有侧重。除与检索主题词相近的聚类之外，主要聚类包括：＃4生态环境、＃6适宜性评价、＃7北京市、＃8低山丘陵区、＃9可持续发展等。

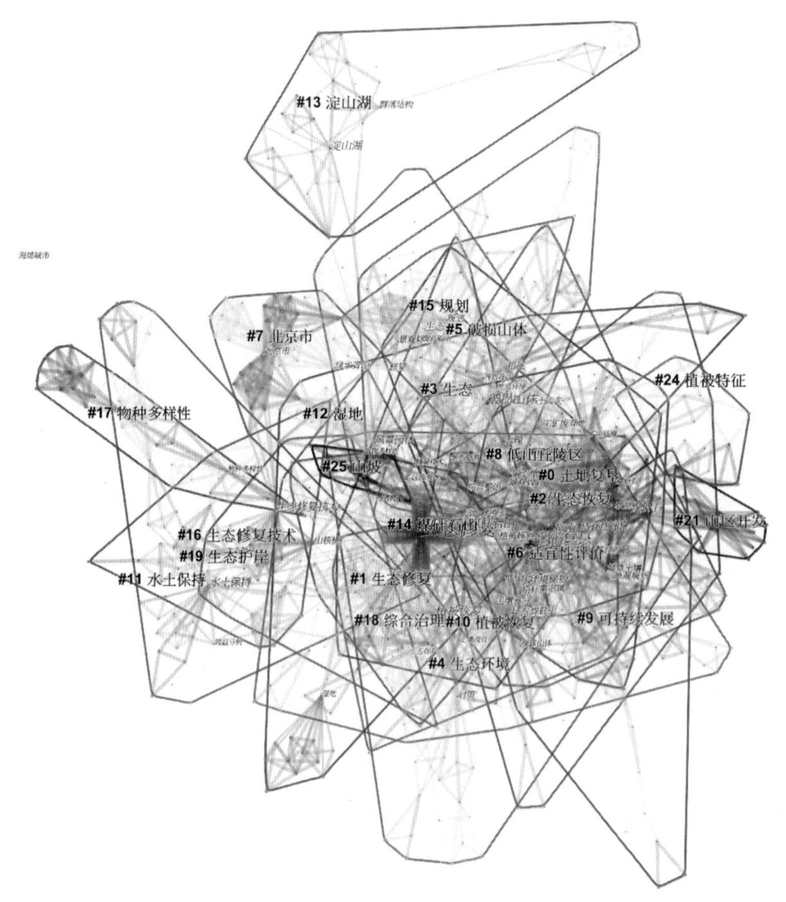

图3　CNKI破损山体生态修复主题关键词聚类分析图谱

3.2.2 基于WOS数据库的样本共词与主题聚类分析

通过前文确定的WOS数据样本及参数，运行CiteSpace软件并对关键词共现图谱进行可视化操作，步骤同上文相似，最终共现频次排名前20的关键词如表2所示。

1985～2018年破损山体生态修复领域高频关键词（WOS） 表2

关键词	频次	中心度	年份	关键词	频次	中心度	年份
management	63	0.07	1999	disturbance	29	0.08	1999
vegetation	57	0.06	2002	usa	28	0.04	2004
climate change	57	0.05	2010	mountain stream	26	0.02	2007
conservation	47	0.03	2004	land use	25	0	2010
forest	45	0.04	2006	ponderosa pine forest	24	0.06	2004
community	45	0.07	2002	pattern	24	0.01	2006
biodiversity	43	0.04	2004	china	23	0	2011
ecosystem	42	0.09	2004	species richness	22	0.05	2010
diversity	36	0.08	2006	landscape	21	0.05	2004
dynamics	33	0.01	2002	national park	19	0.08	2011

国外破损山体生态修复领域频次前5的关键词分别为management（管理，63）、vegetation（植被，57）、climate change（气候变化，57）、conservation（保护，47）、forest（林区，45），中心度排名前5的关键词分别为ecosystem（生态系统，0.09）、diversity（多样性，0.08）、disturbance（干扰，0.08）、national park（国家公园，0.08）、management（管理，0.07）。

通过对共现网络进行聚类分析并采用LLR作为聚类标签提取算法，经调整后得到WOS破损山体生态修复主题关键词聚类分析图谱（图4）。除与检索主题词相近的聚类之外，主要聚类包括：#0dry forest 干性森林、#1general public 公众、#2ecological restoration project 生态恢复工程、#3valley bottom 谷底、#4restoration effort 恢复效益、#5mountain ecosystem 山体生态系统、#7planting intensity 种植强度等。

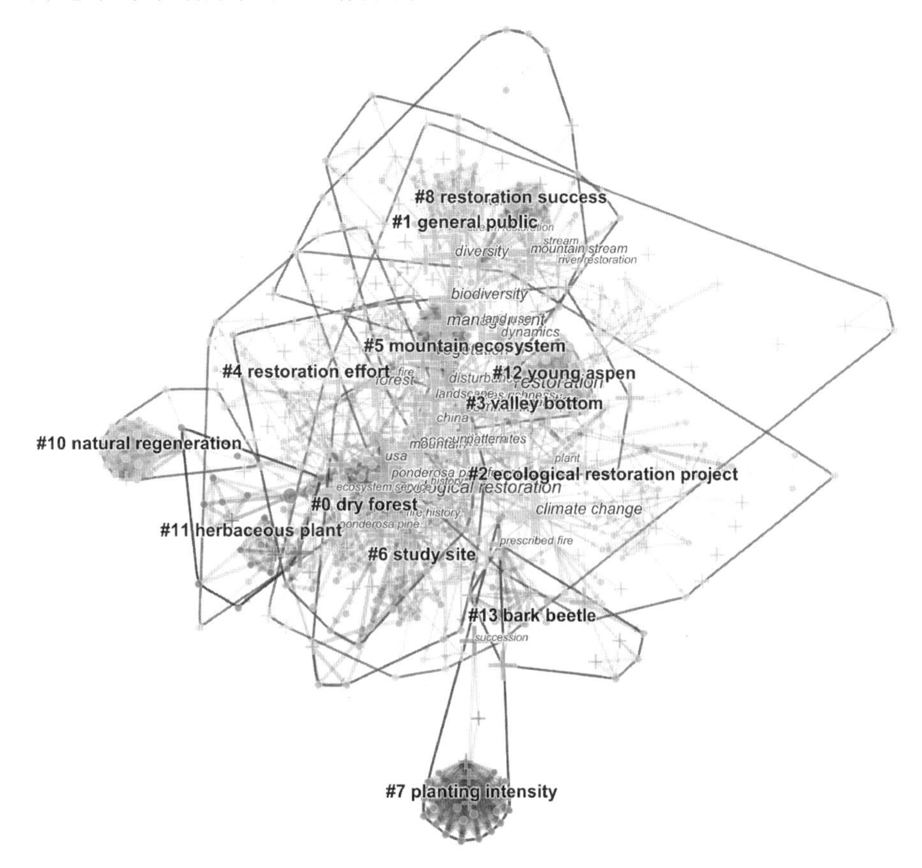

图4 WOS破损山体生态修复主题关键词聚类分析图谱

3.2.3 基于样本共词与主题聚类分析的研究热点分析

综合2个数据库样本共词（表1、表2）与主题聚类（图3、图4），可以发现国外破损山体生态修复领域研究聚类种类少且重叠率与主题关键词共现频次均值皆高于国内。国内多从单个修复对象入手研究破损山体生态修复方法与技术，国外研究多聚焦自然状态下广域生态系统的涵养恢复及多方参与的协同修复体系。但纵观国内外研究主题，仍存在以下3个明显的研究热点。

（1）破损山体生态修复理论研究

由于破损山体生态修复处于恢复生态学框架之中，相关理论多源于恢复生态学基本理论，主要包括限制性因子理论、种群密度制约及分布格局理论、生态适应性理论、生态位理论、演替理论、植物入侵理论、生物多样性理论等，同时包含生态学的部分范畴。现有理论研究多集中于以土壤作为限制性因子促进植被重建的限制性因子理论[10-13]，以及以植被演替为应用形式的演替理论方面[14-21]。

（2）破损山体生态修复技术研究

由于自然恢复的长期性，破损山体生态修复仍需要生物修复、物理修复、化学修复以及其他工程技术措施的综合应用，以实现生态系统重建并符合可持续理念的求。目前破损山体的生态修复技术多集中于边坡稳定与绿化技术、土壤修复技术、植物选择与种植技术方面。其中的边坡稳定与绿化技术方面，借鉴工矿业历史悠久的发达国家研究成果，结合国内现状，我国也积累了一定的经验和成果[22]。土壤修复是山体生态修复中最基础的环节，通常以改良土壤理化性质并提升其营养成分含量为主要目的[23]。土壤修复技术分为物理修复技术、化学修复技术、生物修复技术三大类，其中生物修复技术是近年来土壤修复方法中的热点技术，国内外针对这一领域做了大量研究，多以植物为切入点[24-26]。

（3）破损山体生态修复效益与评价研究

破损山体生态修复效益评价体系在国外尚无明确定论，但基于生态恢复已有标准体系的讨论[28]，对于山体生态修复工程效益的评价也多有涉及[29]。国内由于不同学科的侧重点不同，多通过构建不同的指标因素进行矩阵分析赋予权重，从而制定相应的评价指标体系[30,31]。

3.3 阶段性前沿分析

CiteSpace的突现分析功能可以通过探测短期内频次变动率高、增长速度快的关键词[32]以表征研究前沿的阶段性趋势，其突现强度则表现了该关键词使用频率骤增的强度[33]。研究前沿并非该领域已经显著的趋势，而是某一阶段初现态势的新动向，对研究前沿的识别与分析有利于研究者对领域内最新研究动态的探索。本研究利用CiteSpace软件的这一功能，以1年为时间抽取单位，分别对CNKI、WOS数据库样本进行突现分析，得到突现关键词及其强度（表3、表4）。

1985～2018年突现关键词及其强度（CNKI）　　表3

突现关键词	强度	起始年	终止年	1985～2018年
矸石山	3.61	1993	2004	○○○○**○○○○○○**○○○○○○○
土地复垦	12.71	1993	2008	○○○○**○○○○○○○○**○○○○○
绿化造林	3.77	1995	2005	○○○○○**○○○○○○**○○○○○○
农垦	3.70	1995	2001	○○○○○**○○○○**○○○○○○○○
采煤塌陷地	3.61	1996	2004	○○○○○**○○○○○**○○○○○○○
复垦	5.04	1996	2007	○○○○○**○○○○○○○**○○○○○
生态环境	4.87	1997	2008	○○○○○○**○○○○○○**○○○○○
土地	4.00	1999	2002	○○○○○○○**○○**○○○○○○○○
可持续发展	3.93	2002	2003	○○○○○○○○**○○**○○○○○○○
土壤侵蚀	4.56	2004	2009	○○○○○○○○○**○○○○**○○○○
煤矸石山	4.26	2005	2009	○○○○○○○○○○**○○○**○○○○
湿地	3.62	2005	2006	○○○○○○○○○○**○**○○○○○○
风景园林	3.93	2007	2009	○○○○○○○○○○○**○○**○○○○
适宜性评价	5.14	2007	2012	○○○○○○○○○○○**○○○**○○○
淀山湖	6.85	2008	2012	○○○○○○○○○○○**○○○**○○○
基质改良	3.71	2009	2012	○○○○○○○○○○○○**○○**○○○
指标体系	3.86	2009	2011	○○○○○○○○○○○○**○○**○○○
群落结构	5.83	2010	2011	○○○○○○○○○○○○**○○**○○○
水土保持	4.68	2010	2014	○○○○○○○○○○○○**○○○**○○
景观营造	4.05	2011	2012	○○○○○○○○○○○○○**○**○○○
生态	3.90	2016	2018	○○○○○○○○○○○○○○○**○○**
绿水青山	3.93	2016	2018	○○○○○○○○○○○○○○○**○○**

1985～2018 年突现关键词及其强度（WOS） **表 4**

突现关键词	强度	起始年	终止年	1985～2018 年
ponderosa pine	5.55	2004	2010	○○○○○○○○○**○○○○**○○○○
prescribed fire	3.79	2005	2011	○○○○○○○○○○**○○○○**○○○
usa	4.27	2006	2008	○○○○○○○○○**○○**○○○○○
disturbance	4.19	2007	2012	○○○○○○○○○○○**○○○**○○○
water quality	3.62	2012	2015	○○○○○○○○○○○○○**○○○**○
climate change	4.22	2016	2018	○○○○○○○○○○○○○○○**○○**

表 3、表 4 显示国内破损山体生态修复领域研究进程大致可分为 3 个阶段。

（1）探索起步阶段

1985～2007 年，该时期突现关键词有土地复垦、绿化造林、土壤侵蚀、矸石山等。可以看出，这一时期破损山体生态修复研究范围仍以复垦土地为主，以工程修复为主要手段，修复对象主要为煤矿业形成的矸石山、塌陷地等，特点是以大量工程实践为核心，生态相关概念开始出现但未形成体系，领域仍需进一步发展。

（2）学科融合阶段

2007～2016 年，该阶段突现关键词为风景园林、适宜性评价、群落结构、指标体系、景观营造等。可以看出：随着国家相关政策的陆续出台以及可持续发展、生态文明建设目标的提出，风景园林学科逐渐参与到破损山体生态修复研究中；恢复生态学作为该领域的重要理论来源，其原理与概念在业界得到认可。在此基础上，破损山体生态修复呈现系统性、交叉性的新特点，破损山体生态修复内涵进一步丰富和发展。

（3）系统发展阶段

2016～2018 年，相关研究突现关键词主要为生态、绿水青山。随着生态文明建设的进一步推进，“绿水青山”所蕴含的人与自然和谐共生理念的推及，破损山体生态修复作为协调人与自然环境的重要环节，进入了新的发展阶段，逐渐形成系统而全面的修复体系，以实现生态、经济和社会系统的多层次修复[34]。破损山体生态修复综合性、系统性的增加，将对更大范围内的区域环境、城市环境的提升产生重要意义。

比之国内阶段性前沿更替明显，国外破损山体生态修复研究范围相对稳定，偏于林地、水质等宏观生态系统的要素及效益研究，人工干预较少。随着相关研究的不断深入，通过模拟未来的气候变化条件有针对性的制定生态修复策略正成为当前研究热点[35,36]。

4 结论与展望

通过文献研究法及借助 Citespace 分析工具对 CNKI、WOS 数据库样本的对比分析，可得出以下结论：

（1）研究趋势：近三十年来国内外破损山体生态修复研究文献发布量总体呈上升趋势，研究态势良好。相比于国外将破损山体生态修复融于自然生态系统进行系统性考虑，我国山体生态问题更为突出，具有广泛的研究前景与意义。

（2）研究热点：国内外普遍存在破损山体生态修复理论、生态修复技术和生态修复效益与评价 3 个研究热点。但研究内容基本特征不同，国内研究多以人工干预的方式对单个修复对象进行工程性生态修复，国外研究多聚焦自然状态下广域生态系统的涵养恢复。

（3）研究前沿：国内近三十年来的破损山体生态修复研究具有明显的阶段性，随着生态文明建设的进一步推进，破损山体生态修复作为协调人与自然环境的重要环节，正进入系统而全面的综合发展阶段，以促进更广范围内的区域环境、城市环境的提升。国外破损山体生态修复研究范围相对稳定，偏于宏观生态系统的要素及效益研究，人工干预较少，气候变化对生态修复的影响正成为当前研究的热点。

我国破损山体生态修复领域研究起步较晚，现有研究多为针对立地条件的工程研究，缺乏破损山体生态修复的系统性成果。而国外 ecological restoration 相关研究的系统性、交叉性、关联性明显。《关于加快推进生态文明建设的意见》强调了自然修复的主导地位，以自然修复为主的生态建设和修复与 ecological restoration 的原本含义相符。因此，在全面深入了解基本理论与国际前沿的基础上，减少人工干预、侧重自然修复将是未来国内破损山体生态修复的发展趋势。

参考文献

[1] 李文静．破损山体生态恢复初探[D]．天津：天津大学，2015.

[2] 徐占军，侯湖平，张绍良，等．采矿活动和气候变化对煤矿区生态环境损失的影响[J]．农业工程学报，2012，28(05)：232-240.

[3] 吴鹏．浅析生态修复的法律定义[J]．环境与可持续发展，2011，36(03)：63-66.

[4] 胡振琪．我国土地复垦与生态修复 30 年：回顾、反思与展望[J]．煤炭科学技术，2019，47(01)：25-35.

[5] 曹永强，郭明，刘思然，等．基于文献计量分析的生态修复现状研究[J]．生态学报，2016，36(08)：2442-2450.

[6] 高云峰，徐友宁，祝雅轩，等．矿山生态环境修复研究热点与前沿分析——基于 VOSviewer 和 CiteSpace 的大数据可视化研究[J]．地质通报，2018，37(12)：2144-2153.

[7] 安秀芬，黄晓鹂，张霞，等．期刊工作文献计量学学术论文的关键词分析[J]．中国科技期刊研究，2002，13(06)：505-506.

[8] 吴晓秋，吕娜．基于关键词共现频率的热点分析方法研究[J]．情报理论与实践，2012，35(08)：115-119.

[9] 郑彦宁，许晓阳，刘志辉．基于关键词共现的研究前沿识

别方法研究[J]. 图书情报工作，2016，60(04)：85-92.
[10] 王琼，辜再元，韩烈保．废弃采石场人工生态恢复限制性因子评价研究[J]. 中国矿业，2009，18(07)：48-51.
[11] de Las Hearas M M, Nicolau J M, Espigares T. Vegetation succession in reclaimed coal-mining slopes in a Mediterranean-dry environment[J]. Environment Engineering, 2008, 34: 168-178.
[12] Plant functional traits as a promising tool for the ecological restoration of degraded tropical metal-rich habitats and revegetation of metal-rich bare soils: A case study in copper vegetation of Katanga, DRC[J]. Ecological Engineering, 2015, 82: 214-221.
[13] Lin Y , Li H , Meng W . The investigation of easy-softening Alkali-Slag wasteland disposal by building artificial mountain[J]. Advanced Materials Research, 2013, 838-841: 3013-3018.
[14] 陈芳清，卢斌，王祥荣．樟村坪磷矿废弃地植物群落的形成与演替[J]. 生态学报，2001(08)：1347-1353.
[15] 杨礼攀，王宝荣，杨树华．抚仙湖流域区磷矿开采废弃地植物群落演替的研究[J]. 西部林业科学，2004(01)：94-100.
[16] 张翔，王庆安，方自力，等．汶川地震灾区自然植被恢复的先锋植物特征分析[J]. 中国水土保持，2011(04)：47-50.
[17] 程红梅，田锴，田兴军．大蜀山孤岛状山体植被演替阶段物种多样性变化规律[J]. 生态学杂志，2015，34(07)：1830-1837.
[18] 张静．京郊两类矿山生态修复区植被与土壤特征的研究[D]. 北京：北京林业大学，2016.
[19] Merino-Martín L, Commander L, Mao Z, et al. Overcoming topsoil deficits in restoration of semiarid lands; Designing hydrologically favourable soil covers for seedling emergence[J]. Ecological Engineering, 2017, 105: 102-117.
[20] Bradshaw A. The use of natural processes in reclamation—Advantages and difficulties[J]. Landscape and Urban Planning, 2000, 51(2-4): 0-100.
[21] Rapai S B, Mcmullin R T, Maloles J R, et al. An ecological restoration approach to biological inventories: A case study in the collection of a vegetation biolayer that will inform restoration planning[J]. Ecological Restoration, 2018, 36(2): 116-126.
[22] 王琼，柯林，辜再元，等．PMS技术在高速公路岩石边坡生态防护工程中的应用[J]. 公路，2009(02)：180-185.
[23] 叶涌，陈巍，李明．植被混凝土护坡绿化技术在高速公路边坡的应用[J]. 山西建筑，2018，44(30)：117-119.
[24] 魏远，顾红波，薛亮，等．矿山废弃地土地复垦与生态恢复研究进展[J]. 中国水土保持科学，2012，10(02)：107-114.
[25] Williams W. Cyanobacteria in the Australian mulga lands: Diversity, function and ecological role in high stress environments[D]. Brisbane: The University of Queensland, 2010.
[26] Sizmur T, Martin E, Wagner K, et al. Milled cereal straw accelerates earthworm (Lumbricus terrestris) growth more than selected organic amendments[J]. Applied Soil Ecology, 2017, 113: 166.
[27] 朱剑飞，李铭红，谢佩君，等．紫花苜蓿、黑麦草和狼尾草对Cu、Pb复合污染土壤修复能力的研究[J]. 中国生态农业学报，2018，26(02)：303-313.
[28] International Science and Policy Working Group. The SER international Primer on ecological restoration[M]. Tucson, Arizona: Society for Ecological Restoration International, 2004.
[29] Giupponi L, Bischetti G B, Giorgi A. A proposal for assessing the success of soil bioengineering work by analysing vegetation: Results of two case studies in the Italian Alps [J]. Landscape & Ecological Engineering, 2017(suppl 1): 1-14.
[30] 邹彦岐．矿区土地复垦效益评价研究[D]. 北京：中国地质大学，2009.
[31] 芦建国，于冬梅．宁常、宁杭高速公路边坡生态防护综合评价[J]. 中国园林，2010，26(11)：80-83.
[32] 肖明，陈嘉勇，李国俊．基于CiteSpace研究科学知识图谱的可视化分析[J]. 图书情报工作，2011，55(06)：91-95.
[33] Chen C, Morris S. Visualizing evolving networks: minimum spanning trees versus pathfinder networks[C]// IEEE Conference on Information Visualization. 2003.
[34] 谷鲁奇，范嗣斌，黄海雄．生态修复、城市修补的理论与实践探索[J]. 城乡规划，2017(03)：18-25.
[35] Keane R E , Holsinger L M , Mahalovich M F , et al. Evaluating future success of whitebark pine ecosystem restoration under climate change using simulation modeling[J]. Restoration Ecology, 2016, 25(2): 220-233.
[36] Ryan, M E, Palen W J, Adams, M J. Amphibians in the climate vice: Loss and restoration of resilience of montane wetland ecosystems in the western US[J]. Frontiers in Ecology and the Environment, 2014, 12(4): 232-240.

作者简介

武文婷，1994年生，女，汉族，山东省济南人，山东建筑大学建筑城规学院风景园林硕士研究生在读。研究方向：风景园林规划与设计。电子邮箱：460038778@qq. com。

宋凤，1976年生，女，汉族，山东省招远人，北京林业大学博士，山东建筑大学建筑城规学院，副教授，风景园林教研室主任，硕士研究生导师。研究方向：风景园林规划与设计，山东地域性景观，乡村景观生态智慧，中国园林史。电子邮箱：songf@sdjzu. edu. cn。

吴扬睿，1989年生，女，汉族，河南省许昌人，山东建筑大学艺术学院设计艺术学硕士，山东建筑大学风景园林教研室，讲师。研究方向：风景园林规划与设计，城市硬质景观设计，地域景观设计。电子邮箱：hnwyr369@163. com。

基于GIS的德国埃森二氧化氮分布与土地利用的关系研究

Spatial Distribution of Nitrogen Dioxide Concentration and Relationship with Land Use Based on GIS in Essen, Germany

韩画宇

摘　要： 埃森市位于德国鲁尔工业区的核心位置，其交通便利，煤炭、钢铁等传统工业十分发达。20世纪六七十年代埃森市开始调整其工业结构与布局，逐步发展第三产业替代传统工业并进行生态环境治理。空气质量的监测和整治是其生态环境优化的重要一环。本文利用埃森及其周边城市空气监测站的污染物数据，基于GIS反距离加权插值法对2012年和2015年埃森市域NO_2进行空间分布模拟，分析近年埃森NO_2浓度变化的趋势及其与土地利用的关系，进一步提出合理建议。
关键词： 埃森；GIS；NO_2浓度；空间分布

Abstract: Essen is located in the core of the Ruhr area in Germany. It has good transportation and is highly developed in traditional industries such as coal and steel. In the 1960s and 1970s, Essen began to adjust its industrial structure and layout, and gradually developed the tertiary industry to replace traditional ones and carry out ecological environment management. Air quality monitoring and management is an important part of ecological environment optimization. Based on the pollutant data of Essen and its surrounding air monitoring stations, the paper analyzes the NO_2 concentration in Essen in 2012 and 2015 based on GIS interpolation method, and analyzes the trend of air quality change and its relationship with land use. And then give reasonable suggestions.
Keyword: Essen; GIS; NO_2 Concentration; Spatial Distribution

1　研究背景

空气污染是一种全球性的威胁，会对人类健康和城市生态系统产生重要影响。近年来随着人们环境意识及城市生态建设的不断增强，欧洲的空气质量水平逐步上升，但大部分仍未达到欧盟（2004，2008）和世界卫生组织（2000，2006）的空气质量标准[1]。

德国北莱茵-威斯特法伦州于2008年提出“清洁空气计划”（sofort programm saubere Luft）。由于NO_2对食品健康以及生态环境的影响，联邦政府投入约10亿欧元帮助NO_2污染物浓度超过欧盟限定标准的城市[2]。埃森市作为鲁尔区重要的工业城市之一，政府随即制定一系列方案和措施来评估城市空气质量并加大监测力度。由于埃森市的核心地理位置及其区域绿色城市建设和生态管理方面的模范作用，2015年6月18日欧洲管理委员会对其授予“2017欧洲绿色首都”（European Green Capital 2017）称号[3]。这标志着埃森市在城市绿色及生态建设方面起到的引导作用与阶段性成果。随后在埃森市政府2017年发布的欧洲绿色首都建设的报告中，提出2020年全市达到欧盟NO_2阈值、2035年达到欧盟阈值和世界卫生组织的限定值的目标[4]。由于埃森的工业城市背景，NO_2浓度监测和控制管理与其绿色城市发展目标密切相关。

2　研究方法

空气监测站通常设置在场地的固定位置来测量空气中各污染物的浓度。然而，由于它们分布不均，监测站之间的污染物浓度仍然未知，且无法将其连续性与可变性可视化。这使得空间插值法变的很重要，因为它能够通过样本数据创建连续的表面，从而描述变化的形态和特征[5]。ARCGIS中提供多种空间插值方法，在空气质量监测方面，反距离加权插值法（interpolation distance method，后文简称IDW）和克里金法（Kriging）较为常用。尽管在欧洲范围内克里金法比IDW更适合绘制空气污染物浓度分布图，但在数据点较少且需要快速插值的情况下，IDW仍然是最受欢迎的方法。当通过改变各空气监测站的数值来测试克里金和IDW时，两种插值方法计算出的表面数值的差异在可接受范围内，且与克里金法相比，IDW在插值后保留了更大范围的原始数据[6]。

为研究2012年与2015年埃森市域内NO_2的浓度分布与其土地利用的关系，本文选取埃森市内所有交通监测站和其周边城市重要交通监测站的年NO_2平均排放数据，利用IDW法获得覆盖全市的NO_2浓度空间分布图，并与欧盟对NO_2排放的限定值（表1）进行对比分析；随后利用欧洲土地监测服务系统提供的2012年土地利用数据与埃森政府提供的2015年最新土地利用数据，通过ARCGIS区域分析法，分区统计各土地利用类型，尤其是绿地系统中NO_2年平均浓度，探讨三年中土地利用对NO_2分布及浓度变化的影响，并进一步就城市生态环境管理和土地利用规划提出合理建议。

欧盟和世界卫生组织对 NO_2 浓度限定标准统计表[1]　　表 1

污染物	文件	平均期	限定标准	说明
NO_2	欧盟空气质量指令	1h	限定值：200μg/m³	每年不得多于 18h 超过限定值
			阈值：400μg/m³	在 100km² 或整个区域内连续测量 3h 以上
		年	限定值：40μg/m³	
NO_2	世界卫生组织空气质量指南	1h	限定值：200μg/m³	
		年	限定值：40μg/m³	

3 研究过程

3.1 研究对象

由于其传统工业背景，在过去三十多年中发展"绿色城市"一直是德国北莱茵－威斯特法伦州城市规划的核心。绿色空间、游步道和自行车道逐渐形成了一个不断延伸的网络来更好的适应气候变化。1966 年鲁尔区首次在官方规划中提出"绿带"一词；联邦政府于 1988 年开展 IBA（International Building Exhibition Emscher park，简称 IBA）埃姆舍尔河公园项目，以实现鲁尔区由"生锈区域"向"绿色区域"的模式转变；2004 年鲁尔区域绿带由 1966 年的 281km　扩大到 696～1103km²[7]，而埃姆舍尔河景观绿带是其最重要的一个沿河的线性开放空间。

埃森是德国鲁尔区一座重要的工业城市，位于莱茵河－黑尔讷运河与埃姆舍尔河之间，地处 51°27′03″N，7°00′47″E，面积约 210.3km²，人口约 59 万，是德国第八大城市[8]，也是埃姆舍尔河景观绿带建设中重要的一部分（图 1）。埃森是温带海洋性气候，西风为主导风向，全年气温通常在 0℃～23℃，平均月降水量在 40mm 与 69mm 之间[9]。

图 1　埃森在德国鲁尔区绿色环境建设中的核心位置（图片来源：作者改绘自 Zepp，2017）

3.2 数据收集

该研究的主要数据可分为空气污染物浓度限定标准、空气污染物浓度值、空气监测站分布和土地利用四大类（表 2）。研究过程中选取了 2012 年埃森市域内 10 个、埃森周边城市 8 个，共计 18 组空气监测站的 NO_2 数据；2015 年根据埃森市政府的文件，市域内空气监测站数量增加两个，因此 2015 年选取了埃森市域内 12 个、埃森周边城市 8 个，共计 20 组空气监测站的 NO_2 数据（图 2）。

所需研究数据统计表　　表 2

数据类型	因子	数据来源	链接
空气污染 2 物浓度限定标准	NO_2 年排放量限定值和阈值	欧盟（2008）	
空气污染物浓度值	NO_2 年平均排放量	北莱茵-威斯特法伦州环境保护和消费者权益办公室（LANUV）	https：//www.lanuv.nrw.de/umwelt/luft/immissionen
		Essen Government	

续表

数据类型	因子	数据来源	链接
空气监测站	监测站分布	ARCGIS Airbase Stations	http://www.arcgis.com/home/webmap
土地利用	Green Spaces Agricultural Land Forestry Water bodies Traffic Industrial Area	欧洲土地监测服务系统（Urban Atlas 2012） Essen Government（2015）	https://land.copernicus.eu/local/urban-atlas

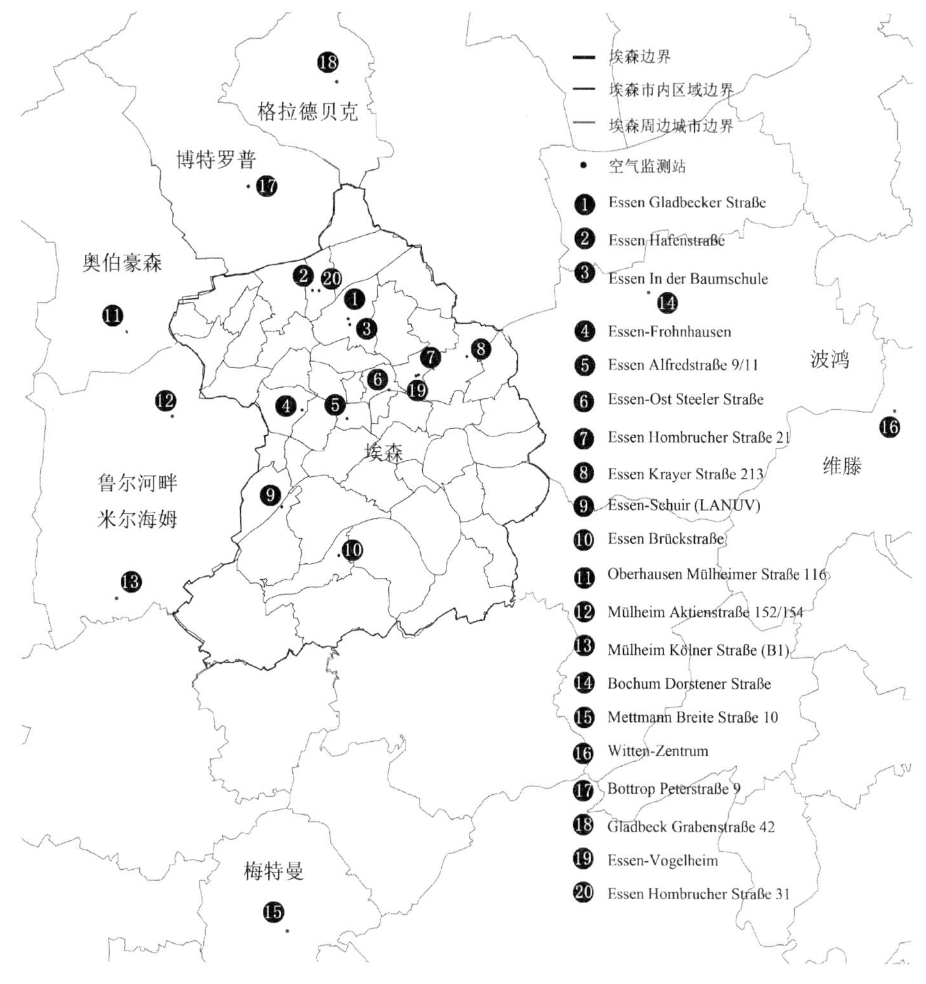

图 2　埃森市及其周边城市空气监测站分布图
（图片来源：作者自绘，埃森城市分区边界由埃森市政府提供[10]）

通过 LANUV 和埃森市政府提供的空气质量报告整理出 2012 年和 2015 年 NO_2 年平均排放值[11,12]（表 3 和表 4）。

2012 年埃森市及其周边 18 个空气监测站 NO_2 浓度统计表　　**表 3**

	监测站名称	编号	纬度	经度	NO_2 数据
1	Essen Gladbecker Straße	VEAE	51.4779	7.0053	49
2	Essen Hafenstraße	EHAS	51.2939	6.5849	40
3	Essen In der Baumschule	VEAE3	51.2842	7.0018	32
4	Essen-Frohnhausen	EFRO	51.4433	6.9761	52
5	Essen Alfredstraße 9/11	EMAL	51.4402	7.0043	55
6	Essen-Ost Steeler Straße	VESN	51.4512	7.0305	45
7	Essen Hombrucher Straße 21	VEFD3	51.4574	7.0472	55

续表

	监测站名称	编号	纬度	经度	NO_2 数据
8	Essen Krayer Straße 213	EKRS	51.4656	7.0803	49
9	Essen-Schuir (LANUV)	ELAN	51.4068	6.9656	35
10	Essen Brückstraße	EWER	51.3881	7.0012	45
11	Oberhausen Mülheimer Straße 116	VOBM2	51.475	6.8639	53
12	Mülheim Aktienstraße 152/154	VMHA	51.4411	6.896	47
13	Mülheim Kölner Straße (B1)	MHKS	51.3681	6.8634	45
14	Bochum Dorstener Straße	BODS	51.4916	7.1975	45
15	Mettmann Breite Straße 10	VMEB2	51.15	6.5844	45
16	Witten-Zentrum	WIZE	51.4382	7.3373	48
17	Bottrop Peterstraße 9	VBOT3	51.5192	6.9244	45
18	Gladbeck Grabenstraße 42	GGRS2	51.5699	6.9977	45

2015 年埃森市及其周边 20 个空气监测站 NO_2 浓度统计表　　表 4

	监测站名称	编号	纬度	经度	NO_2 数据
1	Essen Gladbecker Straße	VEAE	51.4779	7.0053	44
2	Essen Hafenstraße	EHAS	51.2939	6.5849	38
3	Essen In der Baumschule	VEAE3	51.2842	7.0018	29
4	Essen-Frohnhausen	EFRO	51.4433	6.9761	50
5	Essen Alfredstraße 9/11	EMAL	51.4402	7.0043	49
6	Essen-Ost Steeler Straße	VESN	51.4512	7.0305	38
7	Essen Hombrucher Straße 21	VEFD3	51.4574	7.0472	50
8	Essen Krayer Straße 213	EKRS	51.4656	7.0803	45
9	Essen-Schuir (LANUV)	ELAN	51.4068	6.9656	31
10	Essen Brückstraße	EWER	51.3881	7.0012	42
11	Oberhausen Mülheimer Straße 116	VOBM2	51.475	6.8639	47
12	Mülheim Aktienstraße 152/154	VMHA	51.4411	6.896	44
13	Mülheim Kölner Straße (B1)	MHKS	51.3681	6.8634	40
14	Bochum Dorstener Straße	BODS	51.4916	7.1975	40
15	Mettmann Breite Straße 10	VMEB2	51.15	6.5844	41
16	Witten-Zentrum	WIZE	51.4382	7.3373	42
17	Bottrop Peterstraße 9	VBOT3	51.5192	6.9244	38
18	Gladbeck Grabenstraße 42	GGRS2	51.5699	6.9977	41
19	Essen-Vogelheim	EVOG	51.2941	6.5939	27
20	Essen Hombrucher Straße 31	VEFD4	51.46	7.05	44

3.3 数据分析与讨论

3.3.1 NO_2 浓度值变化分析

总体来看，2015 年和 2012 年相比各空气监测站测得的 NO_2 年平均排放值呈下降趋势。2012 年仅 EHAS、VEAE3 和 ELAN 三个监测站测得的 NO_2 浓度值达到欧盟限定标准（40μg/m^3），而 2015 年则有 EHAS、VEAE3、VESN、ELAN、MHKS、BODS、VBOT3 和 EVOG 七个监测站的 NO_2 数值小于等于 40μg/m^3（埃森市内 5 个），埃森周边城市的空气监测站 NO_2 浓度也呈下降趋势，区域内 NO_2 污染情况整体好转（图 3～图 5）。

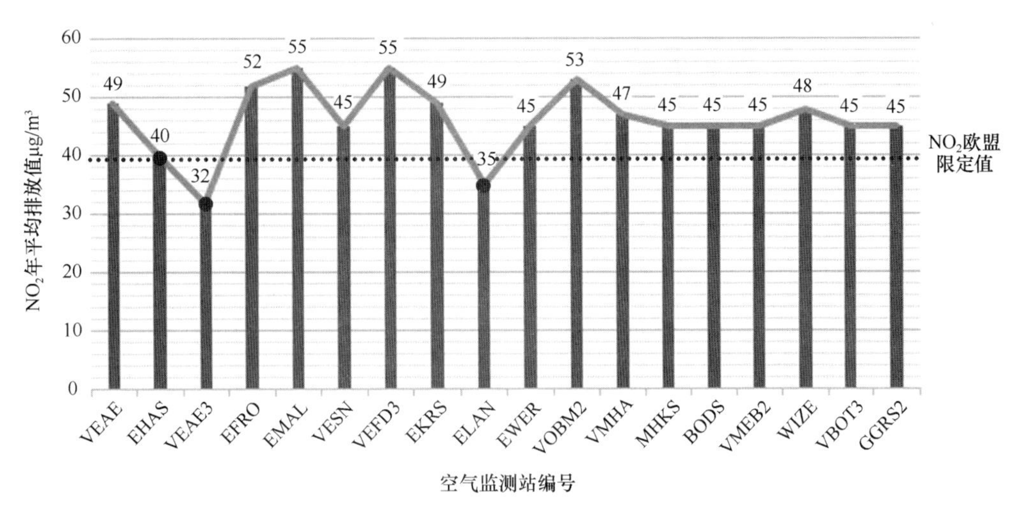

图 3　各空气监测站 NO_2 浓度（2012）数据统计图

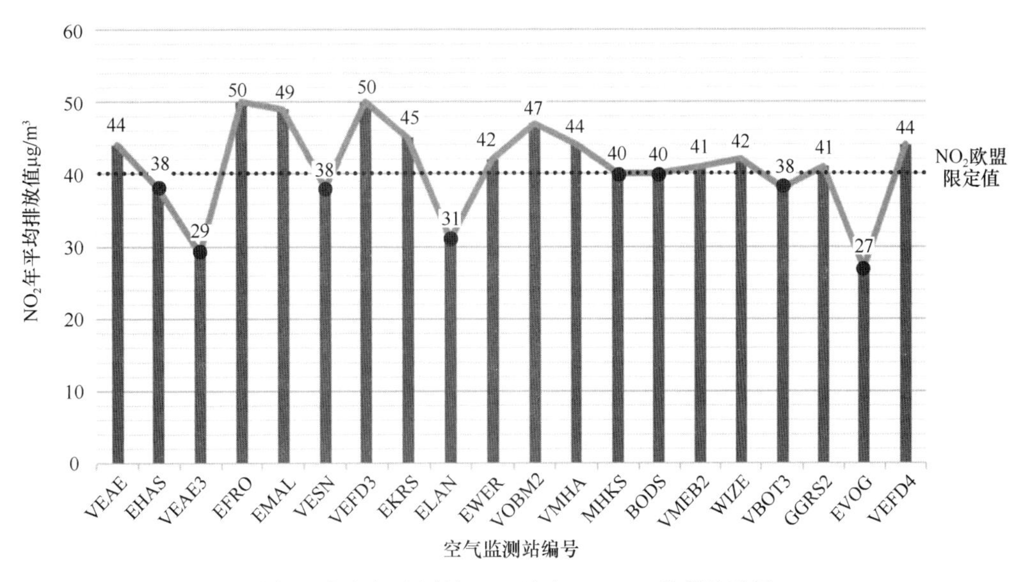

图 4　各空气监测站 NO_2 浓度（2015）数据统计图

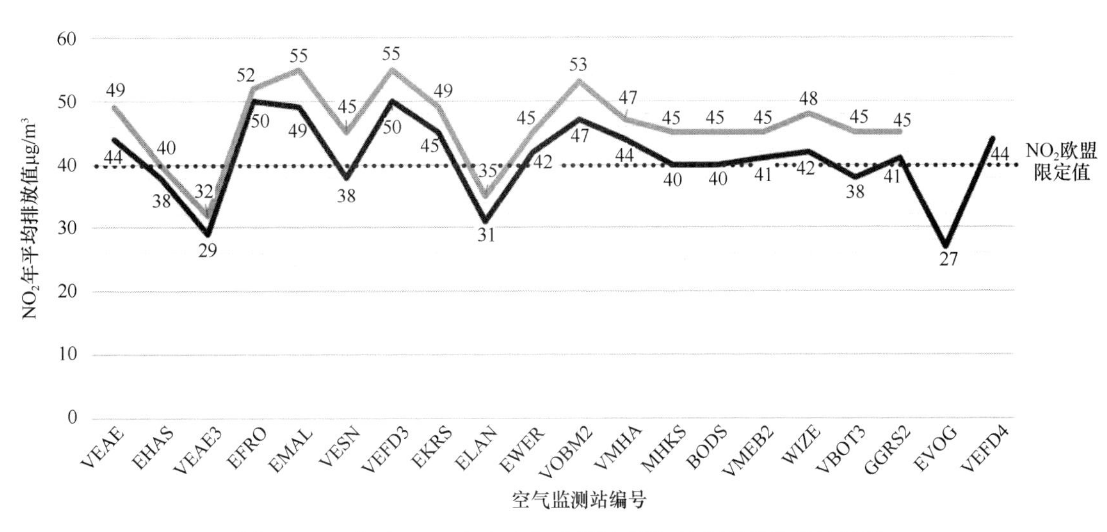

图 5　2012 年和 2015 年各空气监测站 NO_2 浓度变化趋势统计图

3.3.2　NO_2 浓度空间变化分析

将埃森及其周边城市各空气监测站的名称、编号、空间坐标以及 NO_2 年平均排放数值（2012，2015）导入 ARCGIS 中，通过 IDW 法创建连续的 NO_2 浓度分布表面，得到市域内 NO_2 空间分布图（图 6、图 7）。

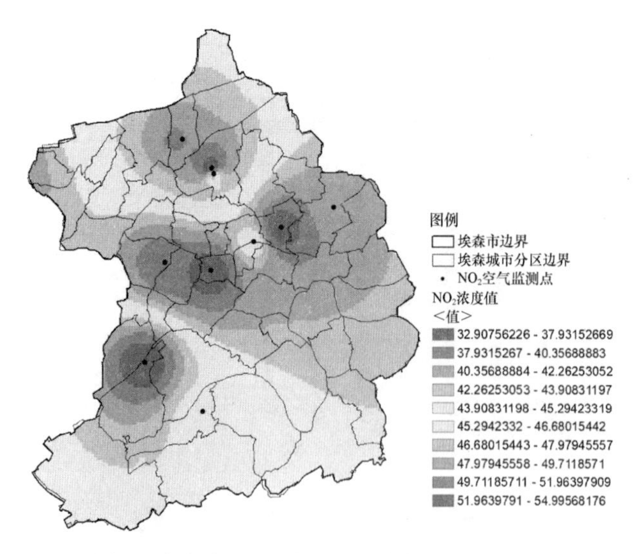

图 6　埃森市 NO_2 浓度空间分布图（2012 年）

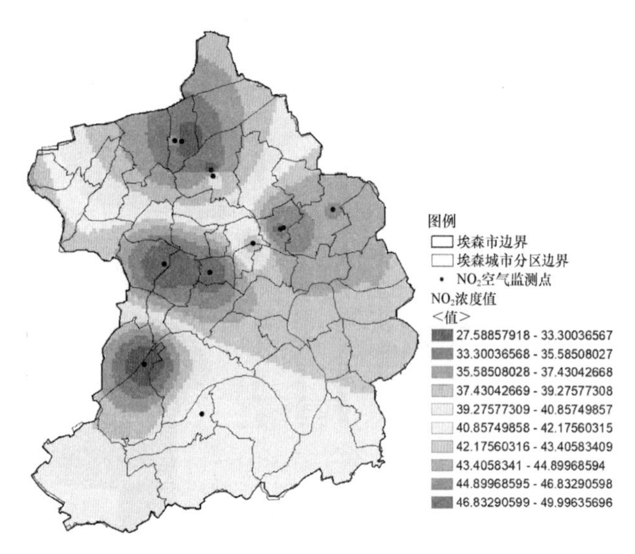

图 7　埃森市 NO_2 浓度空间分布图（2015 年）[10]

3.3.3　土地利用对 NO_2 浓度的影响分析

NO_2 污染严重的区域主要沿埃森中部的 A40 高速公路分布，其次是 A52 高速公路和中部住宅、文化和商业区域。北部工业区域对 NO_2 浓度贡献值不大，但在 2015 年工业用地及商业用地部分废弃之后，NO_2 浓度值有明显下降（图 8）。

通过欧洲土地监测服务系统提供的 2012 年土地利用数据[13]和埃森市政府提供的 2015 年用地数据，利用 ARCGIS 区域分析中的“分区统计”和“以表格显示分区统计”来对各类用地的 NO_2 平均浓度值进行分析。埃森市绿地集中分布在南部区域，2012 年各类绿地面积共计 9478hm²，而 2015 年为 11817hm²，三年内增长 24.7%，绿地建设效果显著（表 5、表 6）；在各土地利用类型的 NO_2 平均浓度方面，2012～2015 年 NO_2 浓度沿南部滨水的高密度绿化区域下降趋势显著，北部的工业和部分商业区域闲置后，NO_2 平均浓度也明显下降。2012 年各用地类型的 NO_2 平均浓度值小于 45μg/m³ 的约占埃森城市

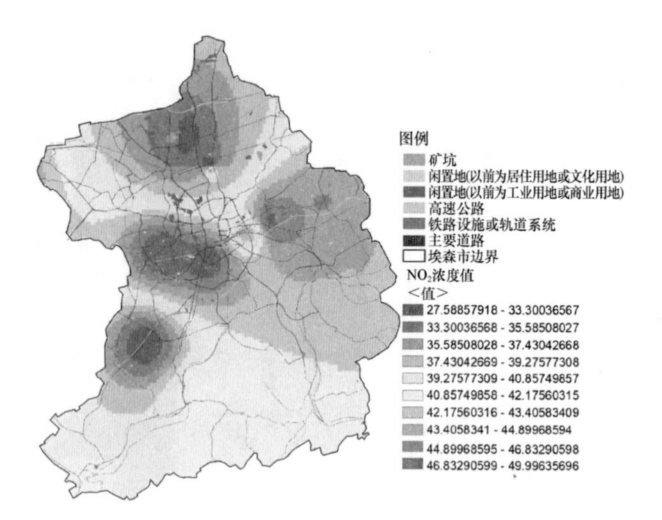

图 8　2015 年交通、工业以及 NO_2 浓度空间分布图
（图片来源：作者自绘，土地利用数据由埃森政府提供）

面积的 19.2%，沿水体和滨水绿地分布趋势明显（图 9），极少区域达到 40μg/m³；而 2015 年各用地类型的 NO_2 平均浓度值小于 40μg/m³ 的约占 3.3%，小于 41μg/m³ 的约占 28.9%（图 10、图 11），大部分区域 NO_2 平均浓度值已控制在 42μg/m³ 以内。尽管 2015 年仍有绝大部分区域 NO_2 浓度未达到 40μg/m³，但与 2012 年相比 NO_2 平均浓度值下降显著。

2012 年各类绿地面积及 NO_2 浓度情况统计表　**表 5**

土地利用类型	面积（hm²）	NO_2 平均浓度（μg/m³）	NO_2 最大浓度（μg/m³）
农业用地	1382.39	44.9	49.1
森林用地	2544.85	45.0	49.0
城市绿地	2047.22	46.3	55.0
牧场	1961.95	45.2	52.3
体育和休闲用地	1027.63	45.7	53.0
水体	514.58	45.9	48.9

2015 年各类绿地面积及 NO_2 浓度情况统计表　**表 6**

土地利用类型	面积（hm²）	NO_2 平均浓度（μg/m³）	NO_2 最大浓度（μg/m³）
造林和种植用地	143.45	41.0	44.7
农业用地	1825.58	41.0	48.9
野营用地	18.55	41.5	42.9
墓地	320.46	41.8	48.5
商业绿地	153.66	40.1	43.7
森林用地	2731.47	41.1	46.5
花园用地	1578.24	41.1	49.3
城市绿地	1715.13	41.2	50.0

续表

土地利用类型	面积 (hm²)	NO_2 平均浓度 (μg/m³)	NO_2 最大浓度 (μg/m³)
草地	1325.88	40.8	44.2
果园	46.97	41.0	44.3
城市公园	299.19	40.8	48.9
重耕用地	71.08	37.6	38.5
体育和休闲用地	471.86	40.8	49.5
附属绿地	561.65	40.9	48.1
树群和树列	26.73	41.1	43.9
水体	527.10	41.0	48.6

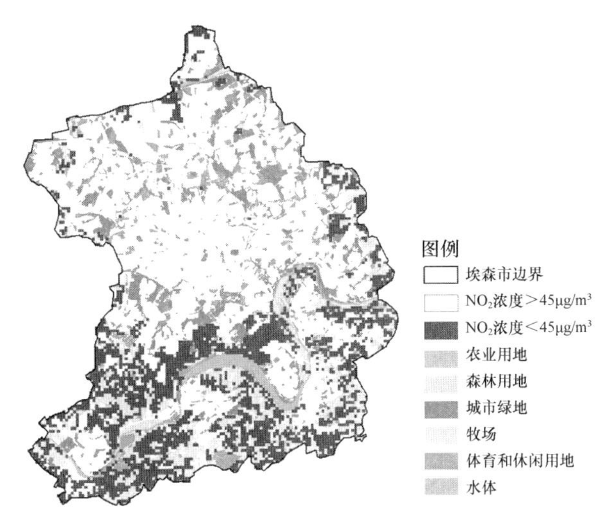

图 9　2012 年绿地与 NO_2 浓度值小于 45μg/m³ 的区域分布图

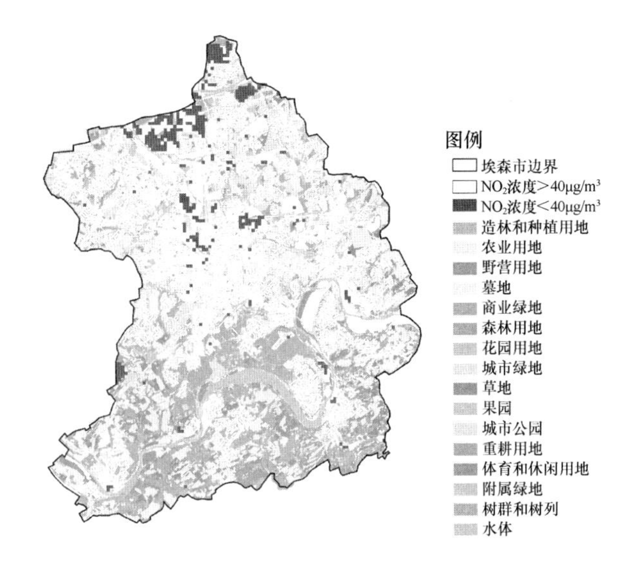

图 10　2015 年绿地与 NO_2 浓度值小于 40μg/m³ 的区域分布图（土地利用数据由埃森政府提供）

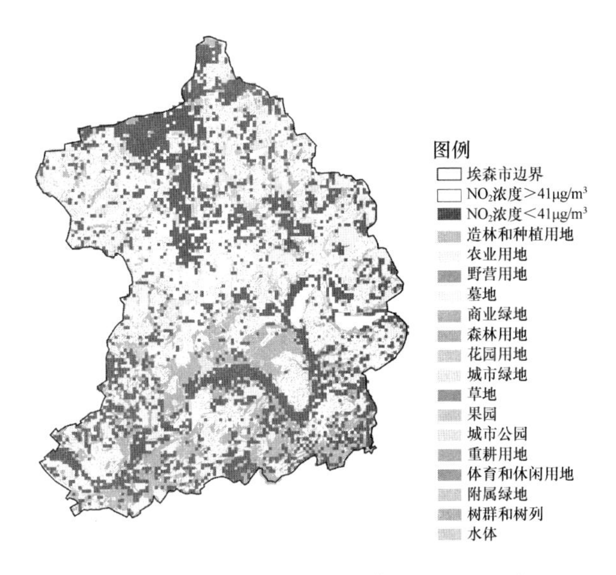

图 11　2015 年绿地与 NO_2 浓度值小于 41μg/m³ 的区域分布图（土地利用数据由埃森政府提供）

4　研究结论

4.1　研究结论

根据以上统计分析，2012～2015 年埃森市内 NO_2 污染严重的区域主要沿着 A40 高速、A52 高速和中部住宅、文化和商业区域分布；三年中 NO_2 浓度值下降显著，且在空间上沿南部滨水绿地和北部工业区域（已部分闲置）下降趋势明显。

截至目前，埃森市目前有 10 个空气监测站用于收集 NO_2 数据。尽管根据以上分析显示近年 NO_2 年平均浓度值显著下降，但根据最新埃森城市报告，2016 年仍有五个测量点的 NO_2 浓度超过了欧盟对 NO_2 年平均浓度的限定值。在这方面，政府需要采取有效行动，因为这不仅涉及监测站的相关区域，还将影响到市中心的其他部分[2]。根据埃森城市总体规划（2017）提出的 2020 和 2035 年的空气质量建设目标，市政府仍需加强生态管理力度以保证埃森市在鲁尔区环境建设方面的示范作用。

4.2　建议

在生态环境管理方面，政府需加大 NO_2 的监测力度，增设空气质量监测点，形成及时有效的反馈机制；在土地规划方面仍应加强建设区域绿化，大量种植对 NO_2 吸附作用强的树种（如常绿阔叶树），尤其是 A40 和 A52 高速公路沿线。另外将绿化种植与其他节能技术相结合也是必要措施[14]。

此外，政府需加快城市产业结构转型。传统工业向第三产业的转型已是必然趋势，尽快摆脱城市对工业产业的依赖，废弃城市内的工业区、矿坑或将工业转向郊区，开展棕地修复项目；另外 NO_2 很大一部分来自于汽车尾气的排放，加大宣传力度、提高人们的公共交通意识也是十分必要的。

参考文献

[1] Agency Environment Agency. Air quality in Europe—2018 report[R]. 2018.

[2] Essen Stadt. Masterplan Verkehr Essen 2018，2018.07.31.

[3] Regionalverband Ruhr (RVR) Regional Director. Report on the State of the Environment in the Ruhr Metropolitan Area 2017[R]. 2017.

[4] Wuppertal Institute for Climate，Environment，Energy；University Alliance Ruhr. Monitoring of Selected Action Fields of the European Green Capital Essen 2017[R]. 2018.

[5] Colin C. Interpolation Surfaces in ARCGIS Spatial Analyst [D]. ESRI Education Services，2004：34.

[6] Finbarr Br，University College Dublin，Ireland；Mirko Moro，University of Stirling，The United Kingdom；Tine Ningal，University College Dublin，Ireland；Susana Ferreira，University of Georgia，USA. Technical report on GIS Analysis，Mapping and Linking of Contextual Data to the European Social Survey[R].

[7] Harald Z. Regional green belts in the ruhr region—A planning concept revisited in view of ecosystem services[J]. 2017，72：1-2.

[8] 埃森维基百科[EB/OL]. https：//zh.wikipedia.org/wiki.Essen.

[9] Weather Spark Essen[EB/OL]. https：//zh.weatherspark.com.

[10] Stadt Essen. Stadt Essen Stadtteile ETRS 1989.

[11] Stadt Essen. Entwicklung der Immissionskenngrößen für Essen in den Jahren 2004-2018[J]. 2019.03.

[12] 空气年度参数与报告[EB/OL]. https：//www.lanuv.nrw.de/umwelt/luft/immissionen/berichte-und-trends/jahreskenngroessen-und-jahresberichte/.

[13] 城市地图集 2012[EB/OL]. https：//land.copernicus.eu/local/urban-atlas.

[14] Wissal S，Christiane W，Emmanuel R，et al. Air pollution removal by trees in public green spaces in Strasbourgcity，France[J]，2016：196-199.

作者简介

韩画宇，1994 年生，女，汉族，籍贯山东省胶南县，硕士研究生在读，同济大学建筑与城市规划学院风景园林学专业。研究方向：世界遗产与可持续旅游。电子邮箱：1158489157@qq.com。

基于GIS平台的北京城郊小城镇休闲农业游憩绿地空间分异研究[①]

Spatial Differentiation of Leisure Agriculture Recreational Green Space in Small Towns in Suburban Area of Beijing based on GIS

马 嘉 徐拾佳 李亚丽 张云路* 李 雄

摘 要： 北京城郊小城镇的环境价值对构建协同统筹的城乡关系起到关键作用，休闲农业在提供多元化、多层次生态游憩功能的同时，其绿地空间为市民提供了丰富的环境公共产品和绿色生态空间。本研究以京郊91处小城镇作为研究对象，基于ArcGIS和SPSS软件系统梳理京郊休闲农业游憩绿地分异性的内在和外在因素，分析其在植物资源、绿地空间类型和季节性特色的分异特征，最后提出差异化、集群化、协调化发展的策略方向，希望为小城镇发展提供借鉴和参考。

关键词： 小城镇；休闲农业；游憩绿地；空间分异；GIS

Abstract: The environmental value of small towns in the suburbs of Beijing plays a key role in building a coordinated urban-rural relationship. While providing a diversified and multi-level ecological recreation function, leisure agriculture provides the community with rich environmental public products and green ecological space. This study takes 91 small towns in the suburbs of Beijing as the research object. Based on ArcGIS and SPSS software system, it analyzes the intrinsic and extrinsic factors of recreational green space differentiation in Beijing suburbs, and analyzes its spatial differentiation characteristics in plant resources, green space and seasonal characteristics. Finally, propose the development strategy direction of differentiation, clustering and coordination, and hope to provide reference and reference for the development of small towns.

Keyword: Small Town; Leisure Agriculture; Recreational Green Space; Spatial Differentiation; GIS

引言

北京城郊小城镇的生态可持续发展，是推进首都城乡一体化发展、推动大都市圈宏观战略的重要组成，充分发挥小城镇的生态、游憩等环境价值，对构建新型城郊关系起到关键作用[1]。《北京城市总体规划（2016年—2035年）》明确利用现有农业、生态资源及空间，坚持乡村观光休闲旅游与美丽乡村建设、都市型现代农业、文体产业融合发展的思路，承接市民游憩和休闲养生需求。休闲农业作为京郊农业产业的发展大趋势，较传统单一农产品生产，具备生态、游憩、体验、文化等更为多元化、多层次的功能特色，所形成的游憩绿地空间也为市民提供了更为丰富的环境公共产品和绿色生态空间[2]。

近年来，国内针对北京城郊区域发展进行了大量的研究积累。在新型城镇化建设方面，京郊小城镇的新型城镇化建设已从传统增量发展转入存量优化阶段[3]。在乡村产业方面，休闲农业以三产复合、三生融合的功能优势，成为京郊发展高效农林业和绿色观光业、带动郊区居民致富的重要产业之一[4]，并作为实现农业现代化、协同城乡发展的重要举措，发挥着提升农业经济、融合城乡社会、保护自然生态的效益价值[5]。本研究从北京市城郊地区的休闲农业游憩绿地出发，在对其空间分布影响因素和景观资源进行调查统计的基础上，对城郊小城镇的休闲农业游憩绿地空间分异特征进行分析，探讨城郊小城镇的休闲农业发展特点，希望能为城乡统筹发展和新型城镇化建设提供一定的参考。

1 研究范围和研究方法

1.1 研究范围和对象

本研究以北京市城郊地区的10个城区为研究范围，并通过对北京市139个乡镇（134个乡镇，5个民族乡）的休闲农业游憩绿地空间和植物景观资源进行整理，选择具有农业产业资源基础的小城镇91处作为研究对象。其中延庆区13个，房山区和密云区各11个，昌平、怀柔、平谷三区各10个，大兴区和顺义区各8个，通州区6个，门头沟区4个。

1.2 数据来源

通过对北京市园林绿化局提供的2006～2016年全市

① 项目支持：国家自然科学基金——基于森林城市构建的北京市生态绿地格局演变机制及预测预警研究，31670704；北京林业大学建设世界一流学科和特色发展引导专项资金资助——北京与京津冀区域城乡人居生态环境营造，2019XKJS0316。

花卉年报，整理统计城郊地区的观赏植物生产数据。基于北京市园林绿化局的官方公开资料（http://www.bjyl.gov.cn/）及网络资料，整理观赏植物资源空间分布，得出2018年北京市的1731条季节性休闲农业观光数据，共涉及91种观赏植物资源，381处观赏游憩绿地。用于ArcGIS软件计算的地理信息数据为2015年行政区划、道路和地形数据。

1.3 研究方法

在对京郊地区休闲农业游憩绿地的观赏植物类型、观赏时期、地点面积等内容进行整理的基础上，基于ArcGIS软件掌握北京市91处小城镇季节性观赏游憩绿地空间分异性的影响因素，内因包括面积、人口、高程、资源优势和产业结构，外因包括距中心城区距离、小城镇间可达性等空间特征。在此基础上，从植物资源、绿地空间类型和景观季节性特色三方面，分析其休闲农业游憩绿地的景观空间的分异特征，并提出京郊小城镇休闲农业游憩绿地的发展思路。

其中，在产业分析方面，通过SPSS软件以Ward法和平方欧氏距离进行聚类，得出91个小城镇的现状产业结构特征。在小城镇之间的可达性分析方面，通过ArcGIS软件的network analyst模块，考虑城镇间主要通过国道、县道连通，游人出行范围可能会辐射到交通便利性良好的周边城镇，因此按60km/h计算小城镇间30min车行可达范围，分析交通条件较为便利的城镇组团。

2 京郊小城镇休闲农业游憩绿地空间分异的影响因素

2.1 内在因素

2.1.1 面积分布

小城镇的面积以51～100km² 最多，共40处（图1）。主要分布在大兴区、延庆区、顺义区等，如大兴区魏善庄镇、安定镇，延庆区八达岭镇、康庄镇，顺义区赵全营镇、高丽营镇等。面积最大的为门头沟区斋堂镇，

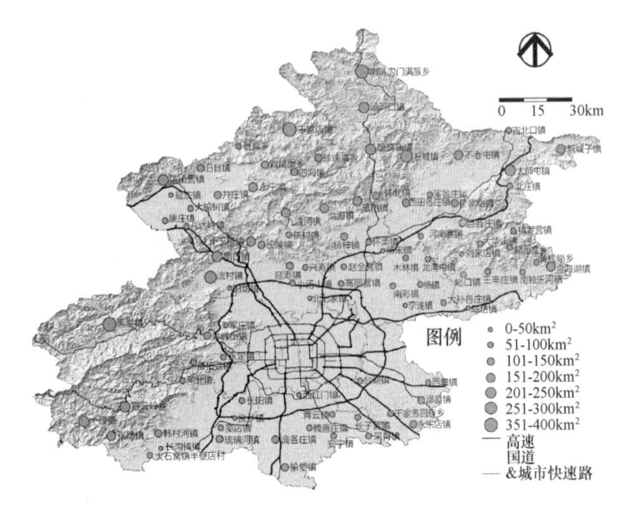

图1 小城镇面积分布

396.6km²，但是境内以山地为主。其他规模大的小城镇也主要分布在西北部山区，位于平原及丘陵地带的小城镇规模主要集中在100km² 以下。

2.1.2 人口分布

小城镇的人口主要集中在4万人以下，分布在大兴、房山、昌平等区（图2）。人口较多有昌平区南口镇、小汤山镇，大兴区榆垡镇，房山区窦店镇等位于平原及丘陵区域的城镇，均超过6万人，而西北部山区的人口则相对较少。

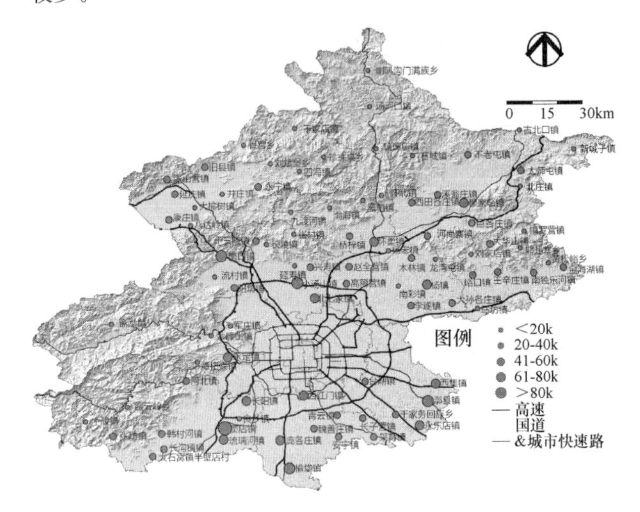

图2 小城镇人口分布

2.1.3 高程分布

小城镇中分布在东南部海拔100m以下平原的有42处，100～300m浅山丘陵区的有25处，300～500m丘陵地区的有10处，500m以上山区的有14处（图3）。浅山区的生态环境较为敏感，生态区位极为重要，因此在该区域开展休闲农业过程中需要多关注生态建设与生态安全管控，将生态环境转化为绿色发展优势。

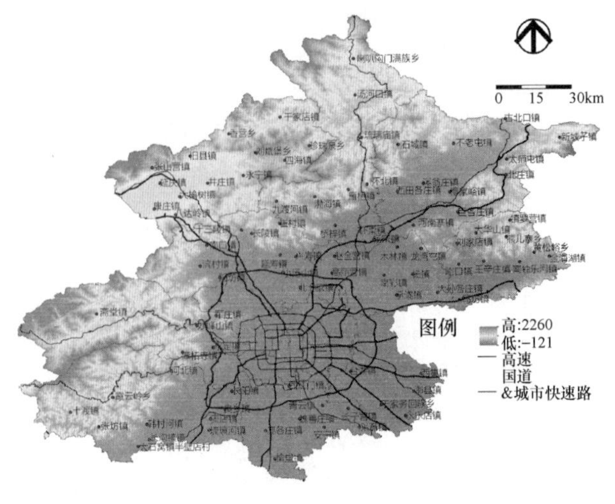

图3 小城镇高程分布

2.1.4 资源优势

小城镇在发展休闲农业过程中，通常以自然资源为

基底，以文化资源为助力。在自然资源方面，91 个小城镇中，有 85 个小城镇有山地或耕地等土地资源，75 个小城镇有河流、水库、泉水等水资源，49 个小城镇有特色动植物等生物资源，此外还有温泉等旅游资源、矿产资源、地热等能源资源等（图 4）。在文化资源方面，53 个小城镇有长城、古村落、古建筑等历史文化资源，31 个小城镇有寺庙、雕刻等宗教文化资源，29 个小城镇有民俗活动、饮食、工艺等民俗文化资源，此外还出现红色文化资源和少数民族文化资源。

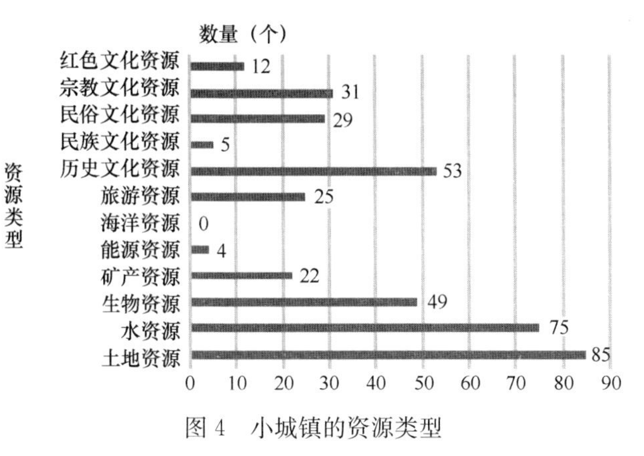

图 4　小城镇的资源类型

2.1.5　产业结构

91 个小城镇之中有 90 个拥有农田或果园等农业产业，79 个有休闲农业，75 个发展相关旅游产业。65 个小城镇在发展农业的同时发展制造业，46 个具有住宿餐饮业提供民俗旅游。此外一些小城镇还同时发展采矿业、物流运输业、居民服务业等产业（图 5）。通过聚类分析对现有产业进行归类，得出小城镇在发展休闲农业的同时，依托自身区位和资源优势发展制造业、采矿业、民俗旅游等，形成以下 4 种产业结构（图 6）。

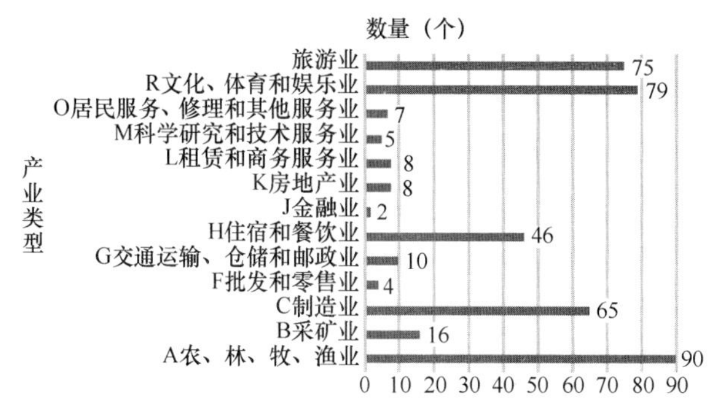

图 5　小城镇的产业类型

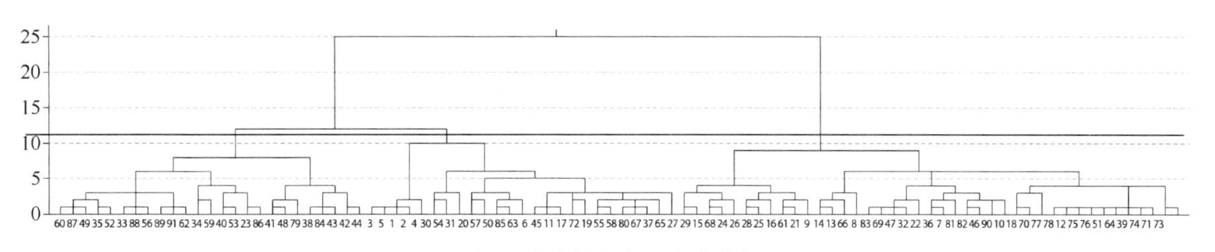

图 6　小城镇的产业聚类分析

（1）休闲农业＋民俗旅游＋制造业，结合批发零售、物流运输、房地产等（26 处）。

（2）休闲农业＋民俗旅游＋采矿业＋制造业（12 处）。

（3）休闲农业＋民俗旅游（21 处）。

（4）休闲农业＋制造业（32 处）。

2.2　外在因素

2.2.1　距中心城区距离

以北京市二环路为基准，计算小城镇距中心城区距离（图 7）。距离在 50km 以下，车行 1h 左右可以到达，交通比较便捷的小城镇最多，有 45 处。主要位于通州、大兴、昌平、顺义等平原城区。距中心城区 50～100km 的小城镇有 38 处，属于当天往返比较适宜的范围内，主要位于平谷、延庆、怀柔、房山等区。密云及怀柔北部的小城镇多距中心城区 100km 以上，比较适宜作为周末或小长假出行目的地。

2.2.2　小城镇间可达性

通过小城镇间 30min 车行可达范围计算（图 8），得出市北部以延庆区十三陵镇、阳坊镇及周边崔村镇、南口镇，昌平区兴寿镇及周边小汤山镇、延寿镇形成可达性较强的范围。市南部以大兴区榆垡镇和采育镇为中心，结合周围庞各庄镇、魏善庄镇、安定镇等形成可达性较强的范围。

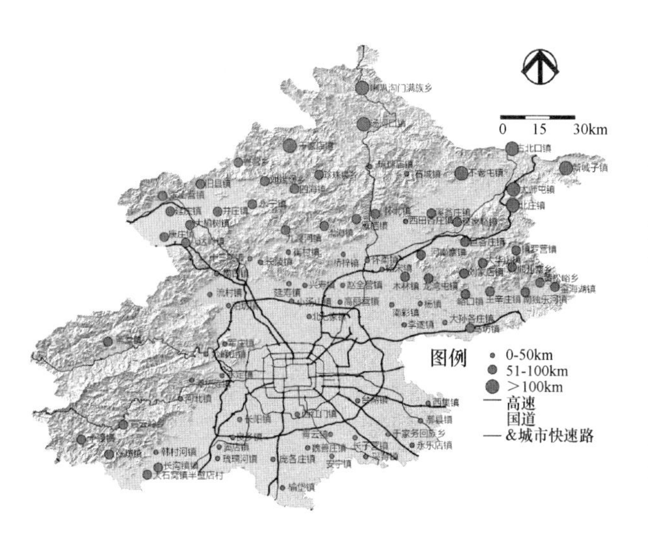

图 7　小城镇距中心城区距离分布

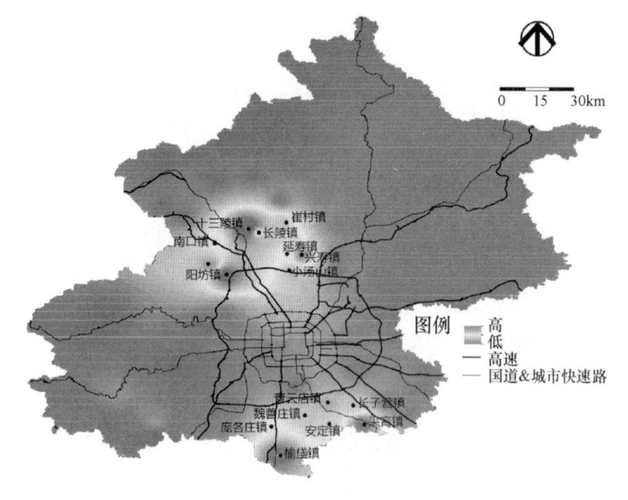

图 8 小城镇 30min 出行可达性分析

3 京郊小城镇休闲农业游憩绿地的景观空间分异

3.1 植物资源特色

小城镇的休闲农业游憩绿地依托植物资源，形成具有观赏、游憩、体验等功能的景观空间，城镇之间的植物资源种类主要集中在 1～5 种，绿地空间的发展模式受其影响也表现出差异性（图 9）。

观赏植物种类单一的小城镇主要以农业生产功能为主导，采用“一季观赏，三季生产”的发展模式。利用现有果园、农田，在盛花期提供桃花、杏花、梨花、油菜花、向日葵等植物的观赏游憩，收获期提供采摘等体验活动。

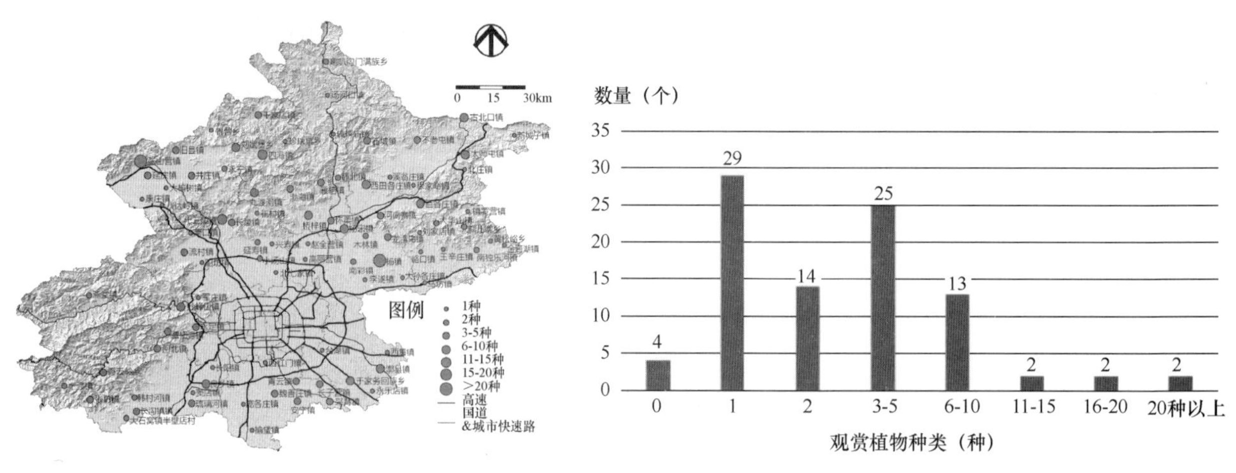

图 9 小城镇观赏植物种类数量分布

观赏植物种类为 2～5 种的小城镇主要以同类型植物组合形成具有一定规模的花卉景观空间，结合游憩、文化、体验等活动。如大兴区魏善庄镇以月季、蔷薇、玫瑰为特色，怀柔区雁栖镇以马鞭草、薰衣草、鼠尾草为特色，形成特色花卉或花海景观空间。

观赏植物种类在 5 种及以上的小城镇在发展农业观光产业的同时结合发展文娱产业，形成集生产、观光、互动体验等多功能的综合性休闲农业产业园，植物以薰衣草、鼠尾草、万寿菊、百合、郁金香等为主。如昌平区十三陵镇、房山区良乡镇、顺义区杨镇、延庆区张山营镇等京郊小城镇，均依托现有农业产业园区形成多季节、种类丰富的休闲农业游憩绿地空间。

3.2 绿地空间类型和数量特点

通过对小城镇中分布的休闲农业游憩绿地空间进行统计整理，得出其类型和数量上的分异特点（图 10）。

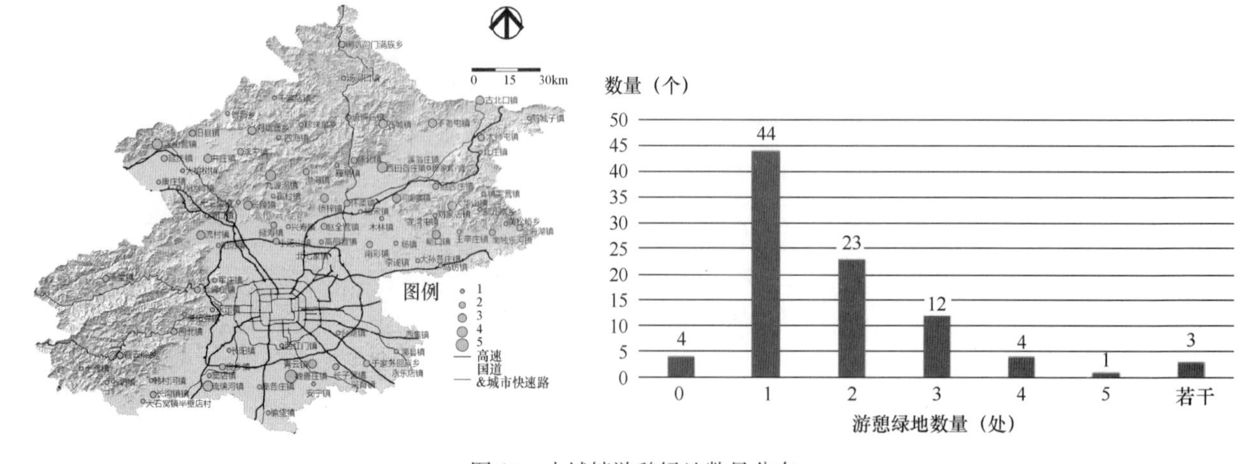

图 10 小城镇游憩绿地数量分布

44个小城镇拥有1处游憩绿地空间，多通过农业观光园在观光的同时结合采摘体验等活动形成游憩空间。如大兴榆垡镇大兴梦幻紫海香草庄园、通州区漷县镇布拉格农场等。但是产业形态过于单薄，有必要结合周边环境和设施进一步突出特色，形成特色产业集群。

35个小城镇拥有2～3处游憩绿地空间，多为观光园、风景区、农田等类型的组合。通过多种观赏植物营造游憩绿地空间，如怀柔区怀柔镇东方普罗旺斯薰衣草庄园的花卉游憩结合灵慧山生态景区。

仅有8个小城镇拥有4处以上的游憩绿地空间，通过将休闲农业结合文娱产业、科技创新形成产业集群，构建综合性休闲农业游憩绿地空间。例如大兴区魏善庄镇通过花卉主题园、花卉文化园形成月季观赏和文化为主的产业集群，顺义区杨镇北京国际鲜花港通过自身成熟的产业形势和规模带动周边发展、形成区域整体特色。

3.3 植物景观的季节性特色

通过对小城镇中的游憩绿地空间进行统计整理，结合特色植物景观的观赏季节，得出休闲农业游憩绿地的季节性特色（图11）。从能够提供游憩活动的主要季节来看，城郊地区春季农业观光场所最多，共163处，分布于大兴、怀柔、平谷、密云、顺义、延庆等城区。春季是休闲农业游憩活动的旺季，依托现有果园开展休闲农业之外，还举办节事活动，结合周边森林公园、风景名胜区等景观资源，提供多元的户外活动体验。夏秋两季的观光场所分别为130处和67处，均分布于昌平、大兴、怀柔、密云、顺义、房山、延庆等城区。夏秋两季主要以依托农业观光园、文化产业园等游憩绿地空间发展休闲游憩、观赏园艺等体验类活动。冬季较难开展室外活动，仅有8处位于大兴、房山等城区的花卉市场或产业园区，依托温室开展室内高档花卉观赏。

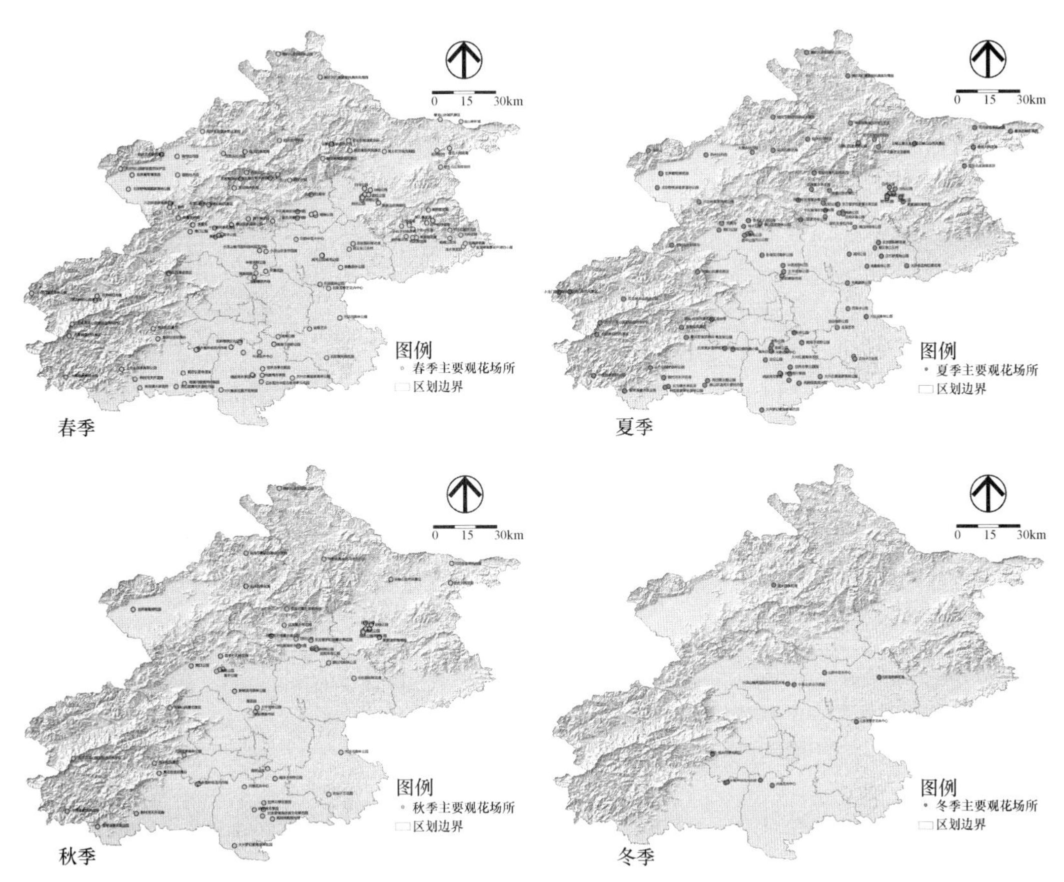

图11 小城镇四个季度主要观赏地

4 京郊小城镇休闲农业游憩绿地的空间分异优化路径

本研究探讨了北京城郊91个小城镇的休闲农业游憩绿地空间分异的内外影响因素和景观特征，希望能为城乡统筹发展和新型城镇化建设提供一定的参考。

（1）内在差异化发展。小城镇的特色化、差异化培育是实现可持续发展的基础，然而京郊小城镇目前多以休闲农业结合民俗旅游为主。今后需要避免城镇间的同质化发展，通过深度挖掘自身内在优势，形成资源保护和特色培育兼顾的绿地空间和产业模式。

（2）外在集群化发展。市北部和南部区域分别呈现出交通可达性好的小城镇组团，城镇间可以通过加强沟通联系建立常态化合作机制，完善现有产业结构和特色板块的基础上，区域联动提升发展合力。通过为市民提供更为多元化、多层次的旅游体验服务，从根本上实现区域影响力和游客重游率的提升。

(3) 协调可持续发展。现有休闲农业游憩绿地空间多是以农田和自然资源为本底开展，因此在发展的同时需要将城镇生态空间、自然景观和田园原风景保护修复放在首要位置，发展以生态保护修复为核心的绿色旅游，在本底资源永续利用的前提下实现小城镇的可持续发展。

参考文献

[1] 柴浩放．北京世界城市建设中的城郊关系及郊区的作用——理论借鉴及政策建议[J]. 经济研究导刊，2012(10)：141-143.

[2] 鄢毅平．关于北京郊区化中新农村建设的对策思考[J]. 城市，2011(04)：31-33.

[3] 张建，阮智杰．存量优化背景下的北京小城镇产业发展路径转型[J]. 北京规划建设，2018(03)：103-106.

[4] 张荣齐，杨晓东．乡村旅游主题下休闲农业升级路径研究——以北京市庞各庄镇为例[J]. 中国市场，2019(17)：1-6.

[5] 曹琼．休闲农业与城镇化模式创新探究[J]. 汕头大学学报(人文社会科学版)，2014，30 (05)：45-49+96.

作者简介

马嘉，1989 年生，女，汉族，北京人，北京林业大学园林学院讲师。研究方向：风景园林规划与理论。电子邮箱：majiaaaa@hotamil. com。

徐拾佳，1995 年生，女，汉族，河北人，北京林业大学园林学院硕士研究生在读。研究方向：风景园林规划与设计。电子邮箱：1448902645@qq. com。

李亚丽，1996 年生，女，汉族，河北人，北京林业大学园林学院硕士研究生在读。研究方向：风景园林规划与设计。电子邮箱：1851841207@qq. com。

张云路，通讯作者，1986 年生，男，汉族，重庆人，北京林业大学园林学院副教授，城乡生态环境北京实验室。研究方向：风景园林规划设计理论与实践、城乡绿地系统规划。电子邮箱：zhangyunlu1986829@163. com。

李雄，1964 年生，男，汉族，山西人，北京林业大学副校长，教授，博士生导师，城乡生态环境北京实验室。研究方向：风景园林规划设计理论与实践。电子邮箱：bearlixiong@sina. com。

基于NBS的中国西南地区传统村落灾后复原力评估实践

Evaluation of Resilience of Village Disasters in Southwest China Based on Nature-Based Solution

王新月　高　雅　谷　祎　秦　华*

摘　要：运用基于自然的解决方案进行灾后绿色重建规划，即通过生态系统方法来实现提升灾后村落复原力的目标。本研究将中国西南地区下寺村等8个传统文化村落作为灾后重建典型案例，运用生态系统方法进行重建计划中的内容分析，确定计划中包含的生态系统服务，评估供给、调节、支持和文化等不同生态系统服务对生态复原力的贡献。同时，与日本双叶县案例进行对比，分析特定社会经济背景下重建效果的差异，总结我国西南地区灾后重建计划的制定经验与方向，清楚地认识到基于自然的解决方案在灾后重建中的有效性，将对未来该方法在中国灾后重建的应用具有重要的借鉴意义。

关键词：NBS；灾后绿色重建；生态复原力；生态系统服务；西南地区

Abstract: Nature-based Solutions for post-disaster green reconstruction refers to the goal of improving village resilience after disasters through an ecosystem approach. Eight traditional cultural villages in southwestern China are taken as typical cases of post-disaster reconstruction. The content of the reconstruction plan is analyzed, the ecosystem services included in the plan are identificated, and the contribution of different ecosystem services to ecological resilience is evaluated, such as supplying, regulating, supporting and cultural services. At the same time, Futaba County in Japan is studied as a comparative case. Through comparative analysis, the differences in reconstruction effects under specific socio-economic backgrounds are seen. Also, the effectiveness of NBS in post-disaster reconstruction are recognized clearly and the experience of developing post-disaster reconstruction plans in Southwest China are summarized. The conclusion will have far-reaching meaning of reference for the future application of this method in post-disaster reconstruction in China.

Keyword: Nature-Based Solutions; Disaster Risk Reduction; Ecosystem Services; Southwest China

1　研究背景

1.1　基于自然的解决方案、村落恢复力与灾后绿色重建

在过去的50年里，人类不断改变着生态环境，区域环境维护成本和突发风险率不断增加。在国家可持续发展目标的要求下，单一的工程技术手段难以实现多目标的生态修复和管理。在此背景下，“基于自然的解决方案（nature-based solutions，NBS）”的概念，即在自然启发和支持下，有效地、自适应地解决社会难题，同时为人类和生物多样性创造福祉，得到了广泛的研究和实践，尤其是建设可持续城镇、修复生态系统、减缓气候变化等方面。但是，目前国内实施的规模较小，发展尚不成熟，有待吸收国外先进经验，形成本土可持续发展模式。

村落恢复力是生态系统的内在能力，强调系统在冲击后能否恢复到原有水平或恢复到原有水平的速度及其抵抗灾害冲击的能力。在村落复原力中，基于自然的解决方案通过“维护、增强和恢复生态系统生物多样性的生态系统方法作为解决多目标生态修复的有效手段”，为环境、社会、经济利益带来复原力。在这个意义上，基于自然的解决方案包括（但不限于）绿化、建立或改善开放空间、雨洪管理、屋顶绿化、生态农业和森林旅游等。

经研究表明，村落复原力与规划措施之间存在显著的相关关系。然而，基于自然的解决方案的灾害风险降低效益依然没有得到广泛的认可，基于其可以实现灾后从生态系统中获得多重收益而得以弹性发展，人们对生态系统方法对灾害的贡献越来越感兴趣。

本文的目的是为了研究基于自然的解决方案对灾后提高村落复原力的贡献。现有研究表明，灾后重建规划具有多变性和应急性，大多研究仅局限于灾后重建个案的事后研究，所得重建模式和经验很难进行借鉴和推广。村落复原力作为从灾情开始到重建结束的过程量，可以将已有的灾后重建规划经验更有效地与实际相结合，达到事半功倍的效果。

1.2　绿色基础设施与生态系统方法

为了更加了解基于自然的解决方案如何实现村落生态环境修复的弹性发展，需要进一步明确绿色基础设施和生态系统方法的相关内容。

已有研究表明，基于自然的解决方案被用于研究生态系统对灾后恢复能力的效益时，直接进行生态系统服务价值评估是难以实现的，需要借助村落绿色基础设施来进行，对其各要素提供的生态系统服务来进行评估。这也是研究基于自然的解决方案可能带来的灾后复原力中最重要一步。

绿色基础设施是包括公园、绿道、居住区及其周边环

境等要素在内的多功能生态系统网络。该概念更多强调了离散景观特征与生态系统网络之间的关系，这种网络与生态复原力息息相关。基于本研究的目的，在运用生态系统方法之前，明确识别绿色基础设施的种类及其对村落生态的效益是必要的。

目前，通常采用的MA千年生态系统评估框架（TEEB）将从生态系统中获得的服务分为了供给、调节、支持和文化四个方面（表1），其具体子类别详见第三节。

TEEB 生态系统服务框架体系　　　表 1

生态系统服务功能	含义	显示评估证据的规划示例语言
供给	从生态系统获得各种产品，如食品等	规划水源；储存食物等
调节	从生态系统过程的调节作用获得的收益	依用途规划适宜土地面积；废水处理等
支持	指生态系统生产和支撑其他服务功能的基础功能，如氧气、形成土壤等	构建自然生态保护区；增加生物多样性等
文化	人类通过娱乐、美学、教育、文化继承等获得的精神感受	打造文化景观；规划生态旅游线路等

1.3　基于自然的解决方案评估的一般流程

目前，人们对于基于自然的解决方案在灾后风险降低效益方面的研究正处于探索阶段，如何具体实施其效益评估，是利益相关者关注的重点和难点。因此，需要制定一套统一的评估标准，来说明概念实施的有效性。但因为涉及多领域多尺度的应用，选定统一指标往往意味着重要但不易量化因素的遗漏等问题，需要针对不同尺度、不同领域的挑战调整判断标准，至今未有一套系统可以克服上述的种种困难。

然而，Christopher M. Raymond 等以 1700 多份科学和实践文献为基础，将人类所面临的挑战划分为 10 类，并针对每类挑战提出可供参考的评估指标，并在此基础上制定了一个七阶段的实施指导流程（图 1）。这个系统的制定，并非为评估基于自然的解决方案的收益和成本提供直接的测算，而是在尚未有一套成熟的评估系统之前，为协同效益评估提供方法与指标的参考。从而保证不同利益群体对效益的评估标准与价值取向不会相差甚远，

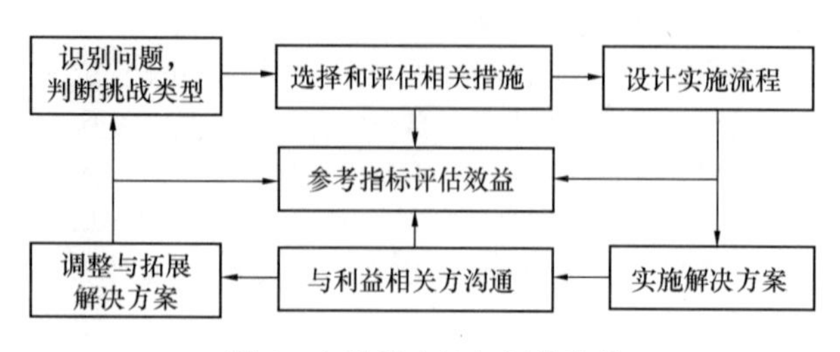

图 1　七阶段实施与评估流程

使得效益评估的结果具有可比性。对于尺度宏大的绿色重建项目，需要通过长期或永久的监测才能较为准确地对其产生的效益进行评估。

基于此，本研究希望运用基于自然的解决方案的概念，对中国西南地区和日本两个灾害多发地区的典型绿色重建规划案例进行对比，更清楚的认识到不同情境中该概念的有效性和差异性，从而得到适合中国灾后重建规划的若干条启示，作为理论和经验的储备，为基于自然的解决方案在我国灾后重建领域的进一步应用提供参考，也便于以后更高效保质地开展灾后重建规划工作。

2　研究方法

2.1　西南地区灾后重建案例选择

中国西南地区处于多山地质不稳定区域，自然灾害频发，加之地震等灾害的风险以及区域民族文化问题，使得该区域灾难恢复较为复杂，需要长期，协调和有计划的行动，基于自然的解决方案的绿色重建在该地区尤为重要。

本研究选择四川省下寺村、棚花村、渔子溪村、羌族村、红星村、雪山村、渔江村和诸葛营村等 8 个西南地区典型的传统文化村落为研究对象进行灾后绿色重建（图 2），选择标准如下：

（1）灾害类型明确，如汶川、雅安地震。

（2）面积大小基本相同的传统文化村落。

（3）村落重建计划已基本实施完成。

2.2　绿色基础设施景观特征识别

在进行评估之前，需要明确识别各村落重建中与生态系统相关或有相似概念的单词或词组，以便于提取与生态系统服务有关的规划条例进行效益评估。通过整理各村规划文件和相关研究文献，得到本研究景观特征编码方案（表 2）。

景观特征编码方案　　　表 2

类别指示性元素	括号内编码时读取的相关短语
农田	农田（包括稻田、苗圃等）
绿色开放空间	公园；广场；绿地；村落开放空间
河流和湿地	河流；湿地；水渠；河滩和水库
森林	较小/城市森林地区；农村-城市周边的山地森林
绿色小巷和街道	个人建筑；街道绿化

2.3　NBS 评估

根据 Christopher M. Raymond 等的 NBS 七阶段实施评估流程框架，对各个村落的规划文件进行内容分析，明确各计划实施效果。在实施方案流程中，根据 2.2 中所提取的景观特征编码，明确识别每一个恢复计划中包

含景观特征编码的与灾害风险降低功能有关的所有条例，并将陈述分配给 TEEB 框架中相应的生态系统服务类别。

2.4 国内外案例对比分析

将上述西南地区村落重建中不同生态系统服务的实施效果与日本双叶县的灾后重建实施效果进行对比，分析不同社会背景下生态系统服务类别在降低灾后风险上的重要性，从而清楚的认识到基于自然的解决方案在灾后重建规划中应用的有效性，同时，提出中国今后灾后绿色重建政策制定方向。

3 评估实践

3.1 问题识别

经统计，中国西南地区火灾和地震多发，通过整理报京侗寨等 5 个村落的灾后重建规划文件，分类归纳其受灾情况见表 3 所示。灾后绿色重建迫在眉睫，因为这不仅关乎安全问题，而且还涉及生态多样性保护、文化传承，以及绿色娱乐空间的问题。

村庄灾害情况　　表 3

序号	村庄	文化	类型	灾害情况	模式
1	报京	北侗	火灾	日期：2014/1/25 损失：半个村落/148 栋建筑/296 居民/9700000 元人民币	文化重建
2	下寺	翰林	地震	日期：2008/5/12 损失：建筑物 10%坍塌/40%老化/50%加固	灾难性斑块
3	棚花	玉妃泉		日期：2008/5/12 损失：99%的建筑物/1700 人/6000000 元人民币	景观建设
4	渔子溪	牡丹		日期：2008/5/12 损坏：所有建筑物/732 人	生态重建
5	羌族	羌族		日期：2008/5/12 损坏：69 个居民/95%的建筑物	文化重建

3.2 措施选择

提取规划措施（见表 4）中的关键词进行频数统计，其中“规划”“重建”“空间”“绿色”“防灾”“文化”“旅游”为高频词汇，表明在中国西南地区灾后重建规划措施选择中，主要是进行绿色空间重建、构建绿色防灾体系以及文化传承与发展生态旅游。

村庄重建措施　　表 4

序号	村庄	措施
1	下寺村	① 规划弹性空间 ② 构建绿色景观序列 ③ 传承文化脉络
2	棚花村	① 进行生态适宜性建设 ② 构建文化活动游线
3	渔子溪村	① 构建合理的绿色空间布局 ② 规划绿色防灾系统 ③ 调整生态旅游产业结构
4	吉娜羌寨	① 构建原生态保护区 ② 传承文化/构建文化活动游线 ③ 设计生态旅游线路
5	渔江村	① 规划绿色生态布局结构 ② 构建绿色防灾系统 ③ 建设绿色人居环境 ④ 重现地方文化特色

续表

序号	村庄	措施
6	诸葛营村	① 规划绿色道路空间体系 ② 采用绿色节能技术 ③ 构建文化生态旅游路线
7	红星村	① 构建绿色生态空间 ② 延续植物自然生长格局 ③ 打造生态旅游产业链
8	雪山村	① 解决水源供给 ② 完善基础配套建设/绿化系统/绿色空间 ④ 构建绿色防灾系统

3.3 实施流程

项目实施均由政府牵头组织，实行统规统建的模式，联合学校、科研机构、社会组织等统一行动，在民意调查基础上针对不同的重建对象分类制定救助方案，并将方案公示，随时监督调整。

3.4 实施方案

依照 TEEB 框架，将研究村落灾后重建计划中与提升恢复力有关的规划条例按照景观特征编码进行关键词提取，分别归类到所属的生态系统服务类别中（表 5）。

村庄实施计划 **表 5**

序号	村庄	生态系统服务	显示评估证据的规划语言
1	下寺村	提供	绿色生态蔬菜 森林
		调节	空间单元化设计（街巷空间） 交通网络 建设人口容量控制 公共基础设施（公厕/垃圾处理站点/学校）
		支持	自然生态环境保护区
		文化	民族建筑色彩和风貌 休闲农业旅游（农家乐） 文化建筑（祠堂/书院）
2	棚花村	提供	蔬菜/瓜果/花卉
		调节	VERP 监测工程 多模式绿地生态规划
		支持	龙门山自然资源生态保育区（森林）
		文化	传统建筑风格（风火墙） 乡村生态旅游精品路线 建筑修复（道教景观） 旅游产品（绵竹年画） 生态旅游协会
3	渔子溪村	提供	养殖业
		调节	网络层级式绿色开放防灾空间 山体加固/人工护坡 绿色道路系统网络
		支持	限制建设区
		文化	藏羌建筑特色 发展生态旅游
4	羌族村	提供	森林/水源
		调节	绿色疏散空间
		支持	自然生态环境保护区
		文化	民族文化村 村寨歌舞协会/村羌绣培训地
5	渔江村		绿色农产品输出 保留现有河流、水塘、树木 密植生态树/庭院绿化 设置环形道路/组团布局/公共活动空间/公共服务设施 设置疏散空间/避难场所 修建抗震建筑 采用乡土绿色建筑材料 设置猪-沼气-肥生态技术池 采用柑橘等乡土树种 统一建筑传统形式 设置文化公共空间 发展生态农业与生态旅游
6	诸葛营村		生态林果业/养殖业/种植业 道路环线 道路绿化 节能材料 特色乡村旅游（农家乐/客栈/精品菜系） 民族文化（彝绣/彩墙/茶马古道）
7	红星村		有机农产品 乡土建筑材料 自然布局（组团规划模式/预留用地/环状道路流线） 建筑加固 公共服务设施（垃圾收集点/小学） 消防水池 集中供水/污水处理站 生态驳岸/挡墙护坡 川西传统民居 休闲农业/农耕文明体验园/历史文化旅游线路

续表

序号	村庄	生态系统服务	显示评估证据的规划语言
8	雪山村		引水工程 道路网络（应急/产业车行道） 绿地系统 开放疏散空间/紧急避难通道 景观恢复保护区 传统文化旅游

3.5 利益方沟通

各级政府建立村灾后重建领导小组联席会议制度，并组织由村寨长老、族长等组成的重建领导小组多次深入群众家中走访调研，根据收集的村民意愿进行调整。

3.6 调整及拓展

根据根据民众文化需求、现场重建工作及资源现况，分阶段实施重建规划，第一阶段完成建筑一层基本功能复原，第二阶段动态进行二三层再建工作，完成功能拓展。

3.7 效益评估

将每一个村落的灾后重建规划条例根据规划实施情况，即全部实施完成、部分实施完成、急需实施三个程度制作程度分布表（表6），更加明确指示各生态系统服务类别下不同规划的相关性。

中国西南地区乡村灾后实施计划　　表6

服务	子类别	下寺	棚花村	渔子溪	吉娜羌寨	渔江	诸葛营	红星	雪山
提供	食物								
	材料								
	水								
	医药								
调节	空气质量								
	碳								
	废水								
	土壤肥力								
	授粉								
	生物的								
	极端事件								
支持	栖息地								
	多样性								
文化	娱乐								
	旅游								
	艺术和设计								
	精神								

服务完全实现或即将实现

部分实现的服务或正在进行的中期行动

服务损坏或需要长期行动

4 结果分析

4.1 生态系统服务相关性分析

4.1.1 供给服务

所选传统村落作为城市核心区附近的自然资源较为丰富的地区，具有强大供给服务功能。在灾后重加规划实践中，根据表6可以明确得知，与供给服务相关的景观特征是食物、原材料和水资源。其中食物类别下的绿色有机蔬果农产品的输出，种植业的恢复和提产，以及原材料产品下的提供乡土绿色建筑材料与灾害风险的降低没有显著的相关关系。同时，由于土壤污染和监测的原因，其经济效益也难以在短期内显现。而对于水资源，政府可以在生态系统服务之前进行管理和净化，以便恢复其供给功能。

4.1.2 调节服务

在实践案例的灾后重建计划中，与调节服务相关的计划与灾害风险的降低密切相关。气候、空气质量等的调节主要是与植被绿化、绿色开敞空间的设置来实现。极端事件的缓和主主要通过防灾设施和空间的规划建设、洪水管控系统以及土壤污染治理系统来实现，生态坡岸的设置大大减缓了洪水的侵蚀，疏散空间的合理布置也极大地提高了灾害发生时逃生的几率。但是，与灾害风险降低具有较为显著关系的生物控制的调节服务，在西南地区的规划重建中并没有太多的涉及，这也就意味着难以控制野生入侵动植物对区域生态环境的破坏，比如侵占人类居住区等。

4.1.3 支持服务

在西南地区的灾后恢复计划中，与支持服务相关的重建计划较少。仅下寺村、棚花村和吉娜羌寨设置了自然生态保护区的，对自然森林进行保育与生态系统的水土保持有关。此外，景观文化区的设置与灾害风险降低的直接相关关系较弱，仅代表当地居民对该地文化的认同。

4.1.4 文化服务

文化服务广泛存在于西南地区灾后重建计划中。与灾害风险降低最为相关的则为传统文化旅游，通过适宜的旅游线路和赋有娱乐精神的文化活动来共同文化的效益。统一的传统文化建筑风格提升了当地居民的居住认同感。祠堂、茶马古道、农耕文明体验园等文化建筑，不仅与灾害风险的降低有关，还是灾害的纪念，象征着当地文化的复苏与传承。

景观的文化功能更多的是解决社会问题，比如儿童读书、老人养老的社会福利。为儿童开设学校，打造绿化开放空间，运用乡土文化树种，均可以很大程度的缓和社会代际问题。此外，歌舞协会和刺绣培训基地等文化教育空间的设立和传统文化节日的举办，可以为居民提供更多的精神享受和心灵慰藉。

4.2 对比分析

4.2.1 日本双叶县灾后重建

2011 年 3 月 11 日，日本东北部发生 9.0 级地震，引发大海啸。Futaba County 的 212 人死亡。福岛第一核电站中氢气爆炸在周围海洋中发生辐射，政府立即做出全员撤离的命令。政府重建计划除了包括从地震和海啸中清除碎片并重建受损的住房和基础设施外，还包括放射性物质的管理和清除。具体清除活动包括：清除屋顶和沟渠的沉积物；擦拭屋顶和墙壁；高压清洗建筑硬质表面；从花园，树木和森林中清除落叶和下部树枝；从公园和农田剥离表土。同时，规划沿海森林，管理绿色开放空间与成立与景观相关的具有文化意义的节日组织等。通过对其规划条例进行如表 6 所示的生态系统服务相关性评估，可以得到如表 7 所示的程度分布表。

双叶县实施计划 表 7

服务	子类别	平野	纳拉哈	托米奥卡	大隈	双叶	浪江町	川口	葛尾村
提供	食物								
	材料								
	水								
	医药								
调节	空气质量								
	碳								
	废水								
	土壤肥力								
	授粉								
支持	生物的								
	栖息地								
	多样性								
文化	娱乐								
	旅游								
	艺术和设计								
	精神								

服务完全实现或即将实现

部分实现的服务或正在进行的中期行动

服务损坏或需要长期行动

4.2.2 相同点与不同点

通过对比分析我国西南地区传统村落与 Futaba County 的灾后重建计划，可以很明确得出基于自然的解决方案在绿色重建中的有效性。计划涉及利益方都包含了政府、企业、民间组织和居民，其中居民意愿是重建规划的主要依据。在相关生态系统服务中，两者虽然文化背景不同，但是，对灾后恢复力最相关的服务均为文化服务。由此可以表明，文化认同感在灾难恢复中的重要作用。

但是，具体来看，Futaba County 的灾后重建计划中多涉及我国西南地区所没有的供给和调节服务，比如使用动物肥料进行农业种植，对杂草进行管理以防生物入侵等。但是更值得我们借鉴的是其在重建计划制定时国家和地区层面的"自上而下"指导，以及政策调整时"自下而上"的公民参与制度。该制度可以更好地了解当地居民灾后重建的长期愿景，实现规划的弹性发展。同时，公民的参与也极大程度低增加了重建计划落地实施的几率。这种以居民为主的绿色重建思想是我国今后需要全力落实的思想。

5 结论与讨论

通过对西南地区传统文化村落灾后重建计划进行基于自然的解决方案评估分析，可以得知重建计划是在政府、居民、学校、企业和社会组织统一协调下进行的，都是利益的相关方。在具体措施选择上主要涉及绿色空间、防灾体系、文化旅游等方面，其中文化服务所对应的规划条例对灾后重建中恢复力有着显著的相关关系，可见居民认同感对于灾后重建工作的重要性。但是，对于与供给服务和支持服务相关的规划还应该继续加强，比如设置生物保护区，水源涵养区等，增加生物多样性的，且防止生物的入侵。

此外，在评估过程中，也可以明显看出政府在灾后重建中的作用，其对生态系统服务具有较大的支持作用，但是，生态系统服务提供的复原力维持不能单纯依靠政府，必须在其居民的认同和协助下，更多地依靠生态系统自身的调节功能来进行。这样就对政府生态监测评估能力提出了一定的要求。

基于自然的解决方案的核心是满足多方的协同效益，利益相关方将不能以面对传统工程措施的静止态度，来面对基于自然的解决方案中动态的生物要素，需要对现有技术与政策之间的关系进行多方面的研究。但不应将基于自然的解决方案等同于"万能方案"，它们具有特定的应用领域、技术和实际限制。其具体效果还需进一步实践和研究，引入实践对象的本土经验与方法。否则，很有可能因过高地估计基于自然的解决方案所带来的好处，而给研究与实践带来更多的风险。

参考文献

[1] 徐爱霞，邓卓智．基于自然解决方案在永定河生态修复中的应用简析[J]．水利规划与设计，2019(03)：4-6+78.

[2] 陈梦芸，林广思．基于自然的解决方案：利用自然应对可持续发展挑战的综合途径[J]．中国园林，2019，35(03)：81-85.

[3] 陈梦芸．推动基于自然的解决方案的实施：多类型案例综合研究[C]//中国风景园林学会．中国风景园林学会 2018 年会论文集．

[4] Emmanuelle C S，Angela A，James D，et al. Core principles for successfully implementing and upscaling Nature-based Solutions[J]. Environmental Science and Policy，2019，98.

[5] Leslie M. Enhancing post-disaster resilience by 'building back greener'：Evaluating the contribution of nature-based solutions to recovery planning in Futaba County，Fukushima Prefecture，Japan［J］. Landscape and Urban Planning，2019，187.

[6] 于洋，陈景衡，芦旭．四川下寺村灾后重建案例研究[J]．建筑与文化，2010，07：027-027.

[7] 于洋，雷振东．"灾难斑块"型村落灾后重建的适宜规划途径研究[J]．西安建筑科技大学学报：自然科学版，2010，40(5)：696-700.

[8] 芦旭．"落实"反思"规划"——四川下寺村灾后重建过程研究[D]．西安：西安建筑科技大学，2010.

[9] 刘妍妍．四川下寺村灾后重建规划设计模式初探[D]．西安：西安建筑科技大学，2009.

[10] 孙秀峰，屠咏博，陆元晶．灾后重建背景下的村庄建设规划方法探析——以绵竹市遵道镇棚花村四组村庄建设规划为例[J]．城市规划，2009，4：73-75.

[11] 阮娟．灾后重建背景下的四川乡村生态旅游规划研究——以绵竹市遵道镇棚花村生态旅游规划为例[D]．四川：四川农业大学，2010.

[12] 赵君芬．川西农村聚落景观规划设计研究——以绵竹市棚花村灾后重建为例[D]．四川：四川农业大学，2009.

[13] 蔡军，阮娟，陈其兵．灾后重建背景下的四川乡村生态旅游规划——以绵竹市遵道镇棚花村生态旅游规划为例[J]．四川农业大学学报，2010，28(3)：319-323.

[14] 曾坚，曹笛，陈天，等．构筑安全、舒适与健康的绿色新家园——汶川映秀镇渔子溪村震后重建的设计实践与理论思考[J]．建筑学报，2011(04)：7-10.

[15] 王懿娜．震后重建中村落生产——生活空间的整治模式研究[D]．天津：天津大学，2010.

[16] 陈天．震后重建地区新农村建设若干问题的探讨——以汶川县映秀镇渔子溪村详细规划为例[A]．中国城市规划学会．城市规划和科学发展——2009 中国城市规划年会论文集[C]．中国城市规划学会：中国城市规划学会，2009：16.

[17] 陈然．震后北川羌族自治县民族旅游恢复与重建[D]．成都：四川师范大学，2010.

[18] 陈科．北川羌族村寨的灾后重建与发展[D]．成都：西南交通大学，2011.

[19] 程歌．从震后重建的四个案例论设计的意义[D]．苏州：苏州大学，2012.

[20] 高弋乔．北川羌族村寨聚落景观空间特征研究[D]．重庆：西南大学，2016.

作者简介

王新月，1994 年生，女，汉族，贵州贵阳人，硕士，现为西南大学在读博士。研究方向：城市绿地生态规划设计。电子邮箱：364795530@qq.com。

基于传统“梯田”智慧的消落带景观规划设计策略研究

——以重庆石宝镇沿江区消落带为例

Research on Landscape Planning and Design Strategy of Falling Belt Based on Traditional "Terrace" Wisdom

—Taking the Falling Belt along the River, Shibao Town, Chongqing as an Example

张永进

摘　要：消落带的生态治理与景观打造一直是世界难题，本文以重庆市石宝镇沿江区消落带为例，首先归纳总结了其现状问题，并对梯田传统生态智慧进行挖掘，探讨了其在研究中应用的可能性，基于此提出研究区因地制宜、分层设计的景观规划设计策略，从而为相关的规划研究提供支持和有益参考。

关键词：梯田智慧；消落带；景观规划设计；策略

Abstract: The ecological management and landscape construction of the water fall zone has always been a difficult problem in the world. This paper takes the water fall zone along the river of Shibao Town in Chongqing as an example. Firstly, it sums up the current situation and summarizes the traditional ecological wisdom of terraces. Based on the possibility of application in the research, this paper proposes a landscape planning and design strategy based on local conditions and layered design, which provides support and useful reference for related planning research.

Keyword: Terrace Wisdom; Water Fall Zone; Landscape Design; Strategy

引言

始建于 1993 年的三峡大坝是目前世上最大的水坝工程。大坝建成并投入使用后，在长江中上游形成了巨大库区。三峡大坝周期性“蓄清排浑”的管理方式，形成了三峡水库防洪限制水位 145m 与正常水位 175m 之间幅度 30m、面积达 348.9km^2 的周期性淹没的濒江消落带[1]。这一消落带面临着诸如土壤侵蚀、生境丧失、资源浪费、景观退化等社会与生态环境问题[2-4]。

重庆市石宝镇沿江区消落带景观规划设计在梳理分析现状的基础上，基于古人的梯田生态智慧，通过阶梯状的过渡性景观的营造对消落带水体涨落造成的生境问题进行恢复利用，提出分层营造的规划设计策略，探讨消落带的绿色发展之路。

1　研究区现状与主要问题

1.1　研究区域概况

研究区位于重庆市忠县东部的石宝镇，南临长江，沿江削弱带总长 9.2km，面积 3.31km^2。基于沿江景观的完整性、延续性的考虑，研究将常年不被淹没的 175～185 水位线间的区域纳入，进行统一的规划设计研究，总研究规划面积约 4.73km^2。其消落带水位呈现周期性变化：一年可以大致分为供水期、汛期与蓄水期[5]。供水期集中在 1～5 月，水位自 175m 逐步降至 145m，沿岸由高至低逐渐露出水面；汛期为 6～8 月，水位基本稳定于 150m 左右，此区域长期露出水面；蓄水期为 9～12 月，水位由 145m 急速上升至 170m，之后水位便于 170m 左右波动。因水位的周期变化与不合理的应对处理，使得研究区的消落带面临生态、生产、景观等诸多方面的问题。

1.2　研究区域的主要问题

1.2.1　生态环境问题

消落带地区的生物多样性低、生态系统脆弱，加之不合理的开发利用，使得这一地区的生态环境问题尤为突出。一方面，周边居民大量开垦季节性农田，使大量农药化肥等污染物质等进入库区，影响库区的水生态环境。另一方面，诸如开垦农田、砍伐树木等破坏性行为，致使区域内消落带原有多样的植物群落向结构单一的次生植物群落演替，植被的严重破坏降低了其水土保持能力。此外，消落带的生态保护制度尚不完善，长江保护法治建设进程滞后，生态环境协同治理能力低下。

1.2.2　生产问题

研究地消落带生产缺乏统一规划且生产方式严重不合理，极易造成生态恶化、生产效率低下等问题。大量硬质堤岸、码头、滨水餐厅等滨水设施的建设，严重破坏其生态旅游的面貌，不利于长期经营发展；其次，大范围不合理开垦的农田严重破坏了区域内的原生植被，导致水土流失与生态环境恶化，威胁各类动植物栖息地；此外，区域内存在大量荒废土地，处于裸露地表状态，未得到合理利用，极易造成水土流失。

1.2.3 景观问题

研究区内基于过度的消落带安全问题考虑建设了大量硬质驳岸，区域消落带未被纳入周边城镇山水城的结构中进行考虑和规划；同时，消落带周边景点分散，景观破裂，缺乏区域视角下对消落带景观的综合的开发利用；且消落带景观的建设与周边居民生活脱节，只是单一游客需求的部分满足。

2 传统梯田智慧

梯田是古代劳动人民在农业实践中创造出的一种应对并利用高差的水土保持形式，我国梯田起源于西汉，大致可分为雏形期、发展期、结合期和完善期[6]。我国梯田又分为水平梯田、坡式梯田、反坡梯田、隔坡梯田等多种类型，虽然各地区的梯田存在较大差异，但传统的梯田智慧是一脉相承的，其独有的智慧可以概括为以下两个方面：

2.1 因地制宜、天人合一的治世理念

从古到今，勤劳智慧的中国人民便坚持天然合一的治世理念，根据不同的自然环境，因地制宜地创造出了各式各样适合当地发展的农业经营模式，梯田农业模式便是其中的代表。并为此理念的执行采取诸多措施，例如古代广西龙脊梯田地区在保护森林、农田、水源等资源方面有着明确规定和处罚措施[7]。

2.2 生态优先、三生共融的生存智慧

古代梯田作为重要的生产场所，并不是单一存在，往往形成森林—村寨—梯田—河流的格局（图1），呈现出古人生态优先、三生共融的生存智慧，是古代“山-水-城”和谐生活环境的典范，更是现代人居环境建设的雏形和模板。

梯田具有极高的生态效益，梯田的构造使其具有良好的水土保持功能及水源涵养能力，在旱季可以护土保湿、减少蒸发，雨季可以存储雨水、减少水土流失（图1）；其次，梯田作为重要的生产场所，增大了耕作面积、改良了耕作环境，使其具有良好的经济效益；再者，梯田与森林、村庄、河流构成了良好的生活的环境，森林、村庄和梯田这样的布局在物质能量的传递上也是科学合理的。森林居于顶层可涵养水源、拦截雨水，而村庄在山腰上便于对森林和梯田的管理与使用，居民也因此生活在山水田园之间，村庄中可以直接引入森林中干净的泉水，而生活污水又能顺着山势被梯田接收净化，从而形成了一个自净系统，对生态和环境的保护都起到了积极的作用。

梯田虽然更多是传统农业生产的产物，然而其内在

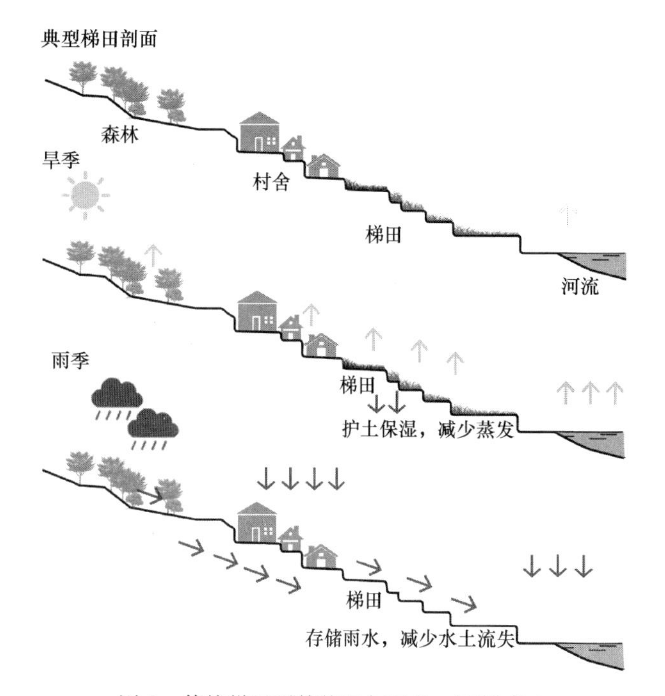

图1 传统梯田系统格局与旱季、雨季节水护坡生态智慧示意图

因地制宜、天一合一的理念与生态优先、三生共融的传统智慧仍然是我们今天学习和传承的对象，对30m高差、水位周期性变化的长江三峡水库消落带的保护与利用也具有巨大的借鉴意义。

3 基于传统梯田智慧的景观规划设计策略

基于消落带被淹没土地周期性出露水面的海拔性差异特点和传统梯田的生态智慧，设计首先分析了其独特的立地条件，进而因地制宜的选取植被资源，提出了以生态修复为核心、以经济产出为拓展、以景观打造为导向的低中高多层消落带景观优化策略。

3.1 以立地条件为基础的消落带景观规划设计策略

石宝镇长江消落带多位于近水的山地，立地条件多样，水土流失问题严重，消落带植物生长困难，耐旱植物在蓄水期艰难生长，同时耐淹植物在枯水期生存受到威胁，因此依据研究区的生态敏感性评价合理选取植被种类至关重要。

首先，根据石宝镇长江消落带的实际立地条件，选取如水位节律影响下的高程、坡向、坡度以及土壤指数等重要因子（表1）。然后，基于现状调研、总结分析的基础上对各因子进行分级赋值，形成如高程、坡度、坡向、土壤等多个单因子敏感性评价。通过AHP层次分析法确定各因子权重，进而叠加形成研究区的生态敏感度分析。进而根据其不同生态敏感度的空间分布选取适宜的植被类型，建立植物种类库。其中依据海拔分为常年浸水层植物、中层植物和短时间浸水层植物；依据坡向分为喜阳植物、中性植物、耐荫植物；依据坡度分为陡坡岸植物、滩坡岸植物、平坡（台岸）植物；依据土壤指数分为耐贫瘠植物和普通植物。

消落带植被选择影响因素 **表 1**

影响因素		分级			
		1	2	3	4
水文节律影响下高程 *A*		低层区 145～155m 水位线	中层区 155～165m 水位线	高层区 165～175m 水位线	—
坡度 *B*		＜15°	15°～25°	25°～45°	＞45°水土流失严重
坡向 C		阳坡	中性坡	阴坡	—
土壤指数 *D*	土壤性质	粘土	壤土	砂土	
	土壤厚度Ⅰ	小于 20cm	10～20cm	大于 10cm	—
	土壤含水量Ⅱ	5	5～30	30	—
	土壤侵蚀度Ⅲ	无侵蚀	中度	强度	极度

3.2 以生态修复为基础的中低层消落带景观优化策略

研究区存在的众多问题中最严重的便是其生态问题，同时中底层的消落带（145～165 水位线左右）因被淹没土地周期性出露水面时间最短，其生态问题也最为严峻。因此设计中首先关注的便是生态修复问题，因地制宜的选取生态植物种类（表 3），将梯田智慧应用在长江消落带生态与生境营造上，通过分层护土促进消落带自然演替，消落带自底层到中层形成水生植物、草本、灌木、乔木的多层生态群落结构。

植物资源生态作用划分示例 **表 2**

植物类型/名称生态作用	乔木					灌木			地被			水生植物		
	池杉	竹柳	落羽杉	水杉	柳杉	中华蚊母树	小梾木	荆条	狗牙根	扁穗牛鞭草	野古草	菱角	荷花	菖蒲
防风固沙	＋		＋			＋	＋		＋	＋	＋			
固土护坡	＋	＋	＋	＋	＋	＋	＋	＋	＋	＋	＋	＋	＋	＋
净化水质	＋			＋								＋	＋	＋
净化空气				＋	＋									

表格“＋”：代表树种生态作用所属

3.3 以经济产出为拓展的中层消落带景观规划设计策略

消落带自形成以来，人地矛盾问题突出，土地荒废与不合理利用并存[8]。因此如何在保证生态环境的基础上，增加消落带的经济产出是急需考虑的问题。基于此，设计中提出了以林代农、三产结合一产的策略，在一年中短暂浸水的中层消落段（155～165 水位线左右）在不影响生态安全的前提下发展经济林与林下产业，因地制宜的选取经济树种与林下作物（表 4），保证消落带生态治理的前提下，可适当抚育间伐木材，增加经济产出。同时形成的类似于梯田的多层林结构，增加采摘休闲、观光旅游等复合功能，进而拓展其绿色经济产出。

经济林与复合套种植物种类示例 **表 3**

典型模式	树种示例
经济林	杉木林、竹柳、饲料桑等
复合套种	杉木林＋茶
	滇润楠—白术、草珊瑚
	滇石栎—重楼、茯苓、石斛
	杉木林—木耳、平菇、香菇、草菇、鸡腿菇

续表

典型模式	树种示例
复合套种	桦木林-豆芽花、野葱、鱼腥草 杜仲林-矮化食用香椿

3.4 以景观打造为导向的顶层消落带景观规划设计策略

因消落带的顶层（165～175 水位线左右）被淹没土地周期性出露水面时间最长，与周边居民和游客的接触也最为直接，因此在这一地段的景观打造是最为必要的。研究建议在消落带的顶层基础上提出扩展 10m 高程至 185 水位线，以此来保证整个带状景观全年有景。原有的景观或旅游节点呈现散点状分布，设计借鉴梯田系统的整体化、系统化架构，分析了居民与游客的多样需求，制定了相应的设计策略（表 5）。通过节点串联以及与居民、游客的互动性设计，助力全域旅游与乡村振兴的建设。例如石宝镇内被赞誉为世界八大奇特建筑之一的江上明珠石宝寨一直以来孤立的存在，设计中提出打造石宝寨民俗风情街与石宝寨文化长廊，助力石宝寨旅游新发展。此外，在接近城镇居民的地段打造海绵绿地，既能收获良好的景观效果，又能起到污染源源头消减作用。

消落带活动需求分析与设计策略　　表 4

活动区域	活动需求	活动内容	环境需求	设计策略
水上	水上运动	赛艇、动力滑板等	宽敞水面，配套的服务设施	改造设计一处综合型码头
	水上娱乐	游泳、戏水等	浅水区（限制深度，并加设护栏）或人工设施区	依托山水开展水上娱乐活动
	乘船游览	快艇体验、慢舟赏景	有多个停靠点与观赏路线	打造驿站式码头，规划多条观赏路线
水岸	健身锻炼	慢跑、骑行、健身器械活动、场地运动	有活动场地，地面粗糙防滑，坡度较缓	打造滨水慢行道与休闲驿站，并在接近居民区处设计健身场地
	安静休憩	静坐、垂钓、观赏景色	相对幽静空间，景色优美	设计张弛有度，创设多个观赏休憩节点
	文化展示	售卖、展览、文化体验	景色优美，有特定展示场所	打造石宝寨民俗风情街与石宝寨文化长廊
	科普教育	海绵城市建设展览、植物种类科普等	景色优美，科普设施完善	打造滨江绿廊与滨水公园，设计科普教育区
	文艺娱乐	垂钓、开展文艺活动	垂钓场地、文化活动场地	划定特定的垂钓区，设计各式各样的文化活动场地

4　结语

消落带的生态治理是一项工程量大、影响范围广泛的工程，因此需要与时俱进的考虑其现实问题并结合传统生态智慧进行其生态景观的建设。新时代背景下，消落带的治理更应继承传统生态智慧，因地制宜的确定营建策略、选取植物种类、配置植物组合、完善景观面貌与格局，从而形成具有传统梯田生态智慧的多层次消落带的水土利用系统，以最大限度保护岸坡、利用资源、创设景观，兼顾生态、生活、生产多层效益，构建和谐的消落带人居环境，助力生态文明与美丽中国建设。

参考文献

[1]　任维，吴丹子，王向荣．三峡库区城市区域消落带景观规划策略探究——以重庆市云阳县为例[J]．风景园林，2017(02)：91-100.

[2]　廖晓勇．三峡水库重庆消落区主要生态环境问题识别与健康评价[D]．雅安：四川农业大学，2009.

[3]　吕明权，吴胜军，陈春娣，等．三峡消落带生态系统研究文献计量分析[J]．生态学报，2015，35(11)：3504-3518.

[4]　周永娟，仇江啸，王效科，等．三峡库区消落带崩塌滑坡脆弱性评价[J]．资源科学，2010，32(07)：1301-1307.

[5]　邓聪．三峡库区消落带景观格局特征及时空演变研究[D]．重庆：西南大学，2010.

[6]　姚云峰，王礼先．我国梯田的形成与发展[J]．中国水土保持，1991(06)：56-58.

[7]　杨主泉．"越城岭"地区少数民族梯田文化中的生态智慧研究——以龙胜龙脊为例[J]．农业考古，2010(06)：397-399.

[8]　赵雨果．三峡库区消落带土地利用系统结构研究[D]．重庆：西南大学，2010.

作者简介

张永进，1994年生，男，汉族，山东济南人，研究生，北京林业大学。研究方向：风景园林规划设计。电子邮箱：1219021812@qq.com。

基于多尺度整合的城市绿地生境规划和修复研究
——以上海苏州河梦清园为例

The Research of the Urban Green Habitat Planning and Construction Based on the Multiple Scale Integration
—Taking Mengqing Garden as an Example

贺 坤 赵 杨

摘 要：以景观格局为核心的城市绿地栖息地建设，将研究尺度作为重要的影响因素，以不同尺度的景观元素作为研究对象，强调不同尺度栖息地之间的依存关系，通过整合不同尺度城市绿地之间的关键格局，为野生动物创造良好的城市栖息生境。以上海苏州河梦清园为例，从城市一区域、绿地斑块和微观生境三个不同空间尺度构建多尺度结合的栖息地规划和生境修复框架，分别探讨了不同尺度绿地栖息生境规划和建设的方法及工程措施：①在宏观尺度上，着力于规划并逐步构建稳定的苏州河滨水生境网络；②在中观尺度上从基础设施和生物系统两方面进行恢复式绿地规划和生境营造；③在微观尺度上设计多样化、异质性的小型绿地生境系统，进行小型生境的自然再生工程实践。不同尺度的栖息地规划和生境修复同步整合进行，特别是微观尺度上持续性的异质性生境建设工程实践，使梦清园具有了丰富的生境类型和生物多样性，成为上海城市中心良好的野生动物栖息地。研究结果表明，城市绿地斑块的栖息地建设有赖于不同尺度上的规划和生境修复的同步进行，特别是持续性的微观生境建设工程实践对于改善城市绿地栖息地的质量具有重要促进作用。
关键词：多尺度；城市绿地；生境；生态修复

Abstract: The construction of urban green habitats, regarding the landscape pattern as its core, and the research scale as its important factors, takes the landscape elements of different scales as its subject, and emphasizes on the dependence relationship between different scale habitats. This construction can create a good urban habitat for wildlife by integrating different key patterns among the urban green space of different scale. Taking Mengqing Garden in Shanghai as example, this case will build a multiple-scale planning and a habitat-healing framework from three different spatial scales: the urban-region , patches and micro-habitats, meanwhile discusses respectively the methods and engineering measures about the habitat planning and construction:① On the macro-scale, trying to plan and build a stable waterfront habitat network along the Suzhou River; ② on the medic-scale, carrying out urban green planning and habitat construction from two aspects of infrastructure and biological system at the meso-scale;③ on the micro-scale, designing diversity and heterogeneity small habitat system, and practicing the small natural regeneration. Now the Mengqing Garden has a rich habitat type and biodiversity, and become a good wild animal habitat of central Shanghai through the integration of habitat planning and restoration of different scales at the same time, especially the habitat with heterogeneity construction engineering practice at the micro-scale. The results show that habitat construction of urban green patches depends on the integration of habitat planning and restoration of different scales at the same time, and continuous habitat construction engineering practice at the micro-habitat can promoting the quality of urban green , it plays an important role in improvement the progress of the habitat restoration project.
Keyword: Multiple Scale; Urban Green; Habitat; Ecological Restoration

引言

城市化发展过程破坏了生物与自然环境之间原有的和谐关系，导致城市原有栖息地质量下降，减少了本土的物种多样性[1,2]。城市绿地建设可以改进城市环境作为栖息地的价值，提高城市生物多样性的丰富度[3,4]，作为城市生物多样性的热点区域可以维护生境和保护本土物种[5]。多年以来，国内外学者在城市野生动物栖息地选择研究和评价，绿地生境设计、模型以及景观结构对绿地栖息生境的影响等[6-9]方面进行了较为深入的研究。相关成果对城市绿地栖息地的规划和建设提供了重要的理论支持，但已有研究多关注于单一的城市绿地斑块尺度，较少涉及区域尺度和微观生境尺度上同步进行的绿地栖息生境建设，不能充分反应野生动物栖息与不同尺度绿地之间的对应关系。

城市绿地处在异质性、多尺度的景观格局之中，斑块尺度上的栖息地规划和建设需要与区域尺度上的绿地系统布局和微观尺度上的生境修复整合同步进行[10,11]，才能为野生动物创造良好的栖息生境，发挥生境维护和生物多样性保护的功能。本研究选择具有典型意义的城市中心区绿地，对不同尺度整合的城市绿地栖息地规划设生境建设途径进行研究，目的在于：①在城市中心区绿地栖息中鸟类等提供一处舒适的栖息地；②通过相关工程的实施，满足生态环境、景观美学和生物多样性等多方面要求，重建城市与自然之间的和谐关系。③整合不同尺度相互依存的工程措施，证明多尺度同步的栖息地规划和生境建设可以更有效地促进城市栖息地修复的进程。

1 多尺度结合的绿地栖息生境规划与建设

1.1 绿地栖息生境的研究尺度

尺度是景观生态学学科发展的重要贡献，尺度差异使得不同尺度的景观与生态过程之间的关联关系产生了差异[12]。城市中的每个物种都需要某一或者一系列合适尺度的栖息地才能得到生存所需要的环境。城市绿地的物质运动、生物迁徙等功能可在不同尺度格局之间进行，某一绿地生境的外部环境是一个尺度更大的绿地生态系统。以景观格局为核心的城市绿地栖息地规划，以各种尺度的景观元素作为对象，从不同层次的城市绿地景观格局上建设和强化其中的"关键生境"，通过多尺度的绿地格局相互结合共同提供动物繁殖、食物、水、哺育等关键条件[13]。

对于城市栖息地而言，不同尺度的栖息地规划与生境建设在目标及建设手段等方面都存在差异：栖息地规划、评估等工作一般会在城市-区域尺度上进行，栖息地的建设应该在城市绿地斑块尺度完成，而绿地空间异质性的营造则多在微观尺度上进行。本研究选取城市区域尺度、绿地斑块尺度和微观生境尺度三个不同空间尺度的绿地栖息地规划与建设进行研究，着重分析和探讨不同尺度下各类栖息地构建的绿地格局特征和综合效应。

1.2 绿地栖息生境的尺度依存特征

城市绿地栖息地的尺度特征主要表现在不同空间尺度的景观构成、绿地格局等的独立性和不同尺度之间的依存性。宏观尺度的绿地规划是城市绿地建设的系统综合，其目标要落实到具体的绿地工程才能得以实现。斑块尺度的规划与建设是宏观尺度的支撑体系和有机组成部分。一般而言，城市-区域尺度上的栖息地规划模式常作为城市生态建设的重点工程项目，斑块、微观尺度上的生境建设则是作为生态建设的重点项目来实施。城市绿地通过不同空间尺度的依存形成多级组合、相互嵌套的绿地系统，构成栖息地规划与生境建设的尺度链，既有宏观上的指导性、中观上的协调性，也有微观上的可操作性（表 1）。

城市绿地栖息地规划和建设的尺度特征 **表 1**

尺度	构成	格局	过程	尺度范围
城市—区域尺度	地形地貌结构；地域性植物；水系及河流网络；景观斑块	景观的网络化与连接度；生态类型的多样性；空间组合多样性；土地利用类型镶嵌特征	建设多功能生物廊道；优化绿地斑块布局；提高野生动物在城市内部的移动能力；优化城市土地功能，资源合理利用	数平方公里至数千平方公里
绿地斑块尺度	植物群落类型；非生物环境；生物多样性；内部景观水系	地势地形变化丰富；水系连通；植被结构类型多样；物种丰富度，动植物社区共生	整体性环境设计，植被类型多样，观赏性强；多样的城市绿地景观类型和植被类型；多种地形特征和水系形态	数公顷至数百公顷
微观生境尺度	微型、小型自然生境；植物种类与数量；动物、微生物种类。	种群分布及距离；物种的迁移格局；植物种植模式；土壤类型及分布	自然再生的理念，营造复层植物群路和多空隙景观环境。水平方向群落变化丰富；垂直结构复杂，生态特征稳定	数平米至数千平米

此外，不同尺度栖息地构建的关键因子也会随着研究尺度的变化而出现显著差异，小尺度生境营造中的关键因子或者异质性结构在较大绿地中会被忽略。因此，生境营建既要考虑不同尺度的具体措施，又要整合其间的关键格局。

2 研究区域及方法

2.1 研究区域

苏州河全长 125km，其中 53.1km 位于上海市区，是上海市城区的主要水道。20 世纪 70 年代以来由于两岸工业发展导致河水被严重污染，两岸生态遭到极大破坏。沿岸均以石质或水泥驳岸为主，除少量区域着生水生植物外，其他区域均[14,15]。

梦清园位于上海中心城区，三面临苏州河，占地面积 8.6hm^2。场地原以工业用地为主，被城市道路和建筑所包围，缺乏与水体交错的过渡空间。植物类型单一，植被覆盖度低，无法为动物提供滨河栖息和沿河流生态廊道迁徙的踏脚石。

2.2 研究方法

梦清园作为城市滨水绿地建设项目，栖息地的研究尺度可分为：宏观栖息地，包括城市与区域尺度上的河流及周边景观形成的生境网络结构；中观栖息地，包括梦清园绿地斑块及周边区域；微观栖息，指场地尺度上的景观格局和局地植物群落。不同尺度之间，由于格局不同和关键因子的差异导致栖息生境规划和建设的方法不同。

2.2.1 宏观尺度上的城市绿地生境网络规划

宏观尺度上，城市绿地作为城市景观嵌体的有效部分通过生物廊道按照生态性原则相互连接，结合更大尺度上的景观规划和绿地布局[16,17]，将城市周边的生态资源引入，优化城市栖息地的整体性与连续性，形成维护区域栖息地稳定的生境网络[10]。

2.2.2 中观尺度上的绿地栖息地建设

城市动物种群很少被积极的主动恢复，多根据动物的习性和需求进行土壤、植被、水文、设施的设计和重建，等待物种前来栖息生活[18,19]。因此，城市绿地斑块的栖息地建设应采用恢复性生境设计手法，通过地形构筑、水系沟通、植被覆盖等手段，形成稳定的绿地格局，创建新栖息地或提高现有栖息地的完整性。

2.2.3 微观尺度上的绿地生境修复

异质性生境可为野生动物提供多样生存环境，为区绿地生物多样性提供支持[20]。因此，绿地微观生境创建主要通过自然再生的手法，利用生态化的水池、高密度的植被、多空隙的地形等方式在环境中创造、再生高密度的生物栖息空间，确保基层生态环境的健全，顾全“生态金字塔”底层的生物生存环境[21]。

2.2.4 绿地生境营造与修复的尺度嵌合

斑块尺度的绿地生境通常是城市栖息地规划和建设最为关注的，但从尺度依存特征来看，即使区域尺度的河流生态恢复也应该重视微观尺度上的地形地貌，以发挥河流、生态系统的整体功能。梦清园生境营建的关键是处理好城市建设与生物多样性保护的关系，通过规划区域性的滨河绿地生境网络，兼顾不同尺度的生境修复措施，实施恢复性绿地环境设计，整合不同尺度的工程措施，在有限面积绿地内创造多样的景观和生境类型，增加绿地内部栖息地的复杂程度。

3 苏州河梦清园栖息地规划和生境建设研究

3.1 苏州河滨水绿地生境网络构建

过去几十年城市发展导致苏州河沿岸生态系统完全转为人工生态系统，周边90%的场地转为人工建筑、道路等，滨河生境类型趋于单一，动物觅食、产卵场所的河岸完全退化，鱼虾基本绝迹。滨河绿地之间自成体系，缺乏纵深联系，形不成有机网络，制约了城市野生动物在绿地生境之间的迁徙。自2003年起上海市政府启动苏州河生态环境综合整治工程，目的就在于为城市野生动物（鱼类、鸟类）提供可持续性的栖息地。

3.1.1 河流生境廊道治理及优化

综合整治工程将传统河段尺度的修复扩展到整个流域，从两岸陆域环境综合整治入手，将鱼虾等生物的回归作为环境治理和流域生态系统化管理的标志，通过有效的土地利用和规划恢复流域生态功能。利用生态修复工程手法，进行苏州河水质改善、滨河两岸绿化建设、河流底泥清淤等，建立良性循环的、具有生命力的水生生态系统，提供合适的鱼类生境条件，创建和谐美好的滨河环境[21,22]。

十余年的治理过程中，河流生态修复始终与城市发展过程相结合，苏州河及周边地区生态环境质量明显提升，河流主要水质指标逐渐好转、稳步改善，达到了地表水Ⅴ类（景观水）的标准；底栖动物生物量和需氧物种明显增加，部分河段出现成群的小型鱼类，鱼类品种和数量也进一步增加，河流周边的生态环境和生物群落也在逐步恢复。

3.1.2 多样化的滨河绿地斑块创建

河流生境廊道治理的同时，滨河两岸新建了一系列城市绿地组团和滨河绿带，按照大、小生境斑块相结合的原则，滨河绿化带将分散的公园、绿地有机联系起来，成为上海浦西段东西向的城市绿轴和重要生物迁徙廊道（图1）。绿地沿河流道路等呈楔形向纵深延伸，结合小型生境斑块的相互渗透布局和“踏脚石”的构建，形成了“网络”与“核心”相互作用的城市绿地循环结构[22]，昆虫、蝶类、鸟类等动物开始从郊区自然生境楔入到城市中心。

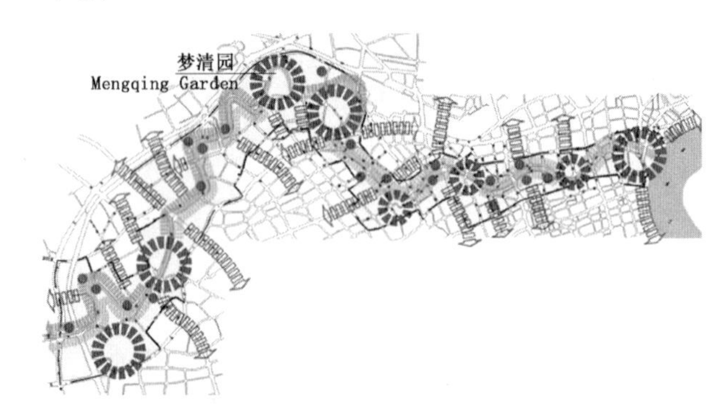

图1 苏州河滨河生境网络结构

3.2 梦清园绿地栖息地规划与生境建设

传统绿地多以景观美学和使用功能作为评价标准，强调审美和娱乐功能，忽略了绿地的栖息地作用[19]。作为苏州河环境综合整治的标志性成果和生态修复示范项目，梦清园从基础设施和生物系统两方面进行栖息地规划和生境建设，结合土地利用、地形塑造、水系沟通和水体净化等恢复性方式建设适宜动植物生长的较为完整的近自然生境系统。

3.2.1 土地利用及生境序列布局

土地利用情况与野生动物栖息生境的营造存在较大关联[23]。按照边缘效应原理，绿地总体规划突出生境类型间的渗透与过渡特色，将符合审美情趣的绿地生境与生物群落有序组织，通过基础设施的动态营造和生物系统的生境修复，规划了五类不同的栖息环境。不同的生境类型代表了不同的土地利用形式，形成不同的景观格局（表 2）。

梦清园绿地主要生境类型及景观格局　　表 2

生境类型	生境主要景观构成	目标动物种类
人工湿地生境	芦苇湿地、生态驳岸、沉水植物浅湖等	两栖类、底栖类、部分鸟类和昆虫
景观河流生境	蝴蝶泉、虎爪湾溪、清漪湖等水体景观及周边湿生环境	底栖类、两栖类、部分鸟类
植物密林生境	香樟和广玉兰密林区，各类地被和灌木层的复交林	鸟类和昆虫为主
疏林草地生境	高大乔木围合的草坪区域，丰富的花灌木以及地被植物	鸟类和昆虫为主
滨水岛屿生境	苏州河中的两处岛屿，原生植物群落，生态招引设施	鸟类、昆虫及少量底栖类

3.2.2　地势地形构造

城市绿地通过地势地形的营造来构建生境基底。梦清园通过大尺度的地形变化为多样的植被类型提供了生长空间，也为水体景观提供了蜿蜒流淌的空间。地形变化结合园区植被、构筑物、道路系统构建等创造多样的小气候环境，为不同类型动物提供栖息生境。地形变化还增加了已有生境多样性和复杂性，为小型动物提供了可以藏身、觅食、筑巢的多孔隙、多洞穴、多角隅环境。

3.2.3　水体净化及水系沟通

“水体净化再生”是梦清园绿地生境修复的关键措施。苏州河水经园内人工湿地处理后用于园区景观水系，最终再回归苏州河[14]。人工湿地依据地形和功能需求，按照湖、塘、瀑布、溪涧、泉湾等多种形态构成多样性流动水体。水体驳岸自然生态化，采用缓坡、置石、沙滩等不同方式，结合湿生植物种植，为鸟类、两栖、爬行类等动物提供栖息环境。

景观水系通过在局部区域增加宽度和深度，形成不同面积、深浅的浅水滩、水塘等水域环境，构建凹凸变化的生态型驳岸，形成水系曲折、浅滩沙洲与深潭交替的自然水系形态，为湿生、水生植物的生长创造多样的环境，满足了水生动物遮蔽或者取食的需求。

3.2.4　绿地植物选择

生物多样性与栖息地植被呈正相关关系，植物多样性也是动物多样性的基础和前提[24]。按照动物栖息、取食等要求，绿地内种植大量在长期进化过程中与野生动物建立了共生关系的原生植物，成为他们可以识别的食物来源。同时，合理配植食源或者蜜源性植物，满足昆虫及其幼虫对取食植物的专一性要求，并为鸟类种植浆果或者坚果类树种，特别是在冬旱季节能够挂果的植物；水体恢复或重建近自然群落，体现陆生—湿生—水生生态系统的渐变特点。局部引分适应性良好的新优植物，增加林相复杂程度和异质性。建园之初植物品种即达到 160 余种。

3.2.5　构建复层植被结构

参照地带性植被特征，根据生境序列布局，绿地植物群落采用近自然方式营造构建乔—灌—草三层为主的复层植被群落，其中：

植物密林生境：香樟（*Cinnamomum camphora Presl*）＋广玉兰（*Magnolia grandiflora*）＋垂柳（*Salix babylonica*）＋喜树（*Camptotheca acuminata*）＋合欢（*Albizia julibrissin*）＋女贞（*Ligustrum lucidum*）＋枫杨（*Pterocarya stenoptera*）—垂丝海棠（*Malus halliana*）＋石榴（*Punica granatum*）＋杨梅（*Myrica rubra*）—紫荆（*Cercis chinensis*）＋紫薇（*Lagerstroemia indica*）＋金桂（*Osmanthus fragrans*）＋山茶（*Camellia japonica*）＋含笑（*Michelia figo*）—杜鹃（*Rhododendron*）＋茶梅（*Camellia sasanqua*）＋金丝桃（*Hypericum monogynum*）—狗牙草（*Cynodon dactylon*）。

景观河流生境：垂柳（*Salix babylonica*）＋水杉（*Metasequoia glyptostroboides*）—木芙蓉（*Hibiscus mutabilis*）＋金叶绣线菊（*Spiraea*×*bumalda* cv. Cold Fiame）—灯芯草（*Juncus effusus*）＋黄菖蒲（*Iris pseudacorus*）；合欢（*Albizia julibrissin*）—金桂（*Osmanthus fragrans*）＋连翘（*Forsythia suspensa*）＋云南黄馨（*Jasminum mesnyi Hance*）—小香蒲（*Typha minima*）＋千屈菜（*Lythrum salicaria*）＋灯心草（*Juncus effusus*）。

3.3　小鱼岛动物生境自然再生修复工程

小鱼岛是苏州河上的一座孤岛，位于梦清园东侧，面积 200m²，高程在 3.00～3.50，较少受到人类活动影响。由于绿地边缘地带相对于内部栖息地拥有更高的生物周转率，因此，小鱼岛具有营造高品质生物生境和“踏脚石”的潜力。微观生境修复主要通过增加、重建生境内部的陆生和水生环境创造高密度的、不受人类干扰的、多层次的绿地景观格局（图 2）。

3.3.1　土壤基底地的修复与改善

地表基底是生态系统发育和存在的载体，基底不稳定就不能保证生态系统的演替[24,25]。因此，生境修复之初首先对岛上土壤进行整体修复，全部土壤进行翻耕，深度 20～30cm，除去其中的砖块等杂物。将土壤上层覆盖的枯枝落叶掺入土壤中，增加有机质含量的同时提高土壤的孔隙度，为土壤微生物、动物提供丰富的生境条件。

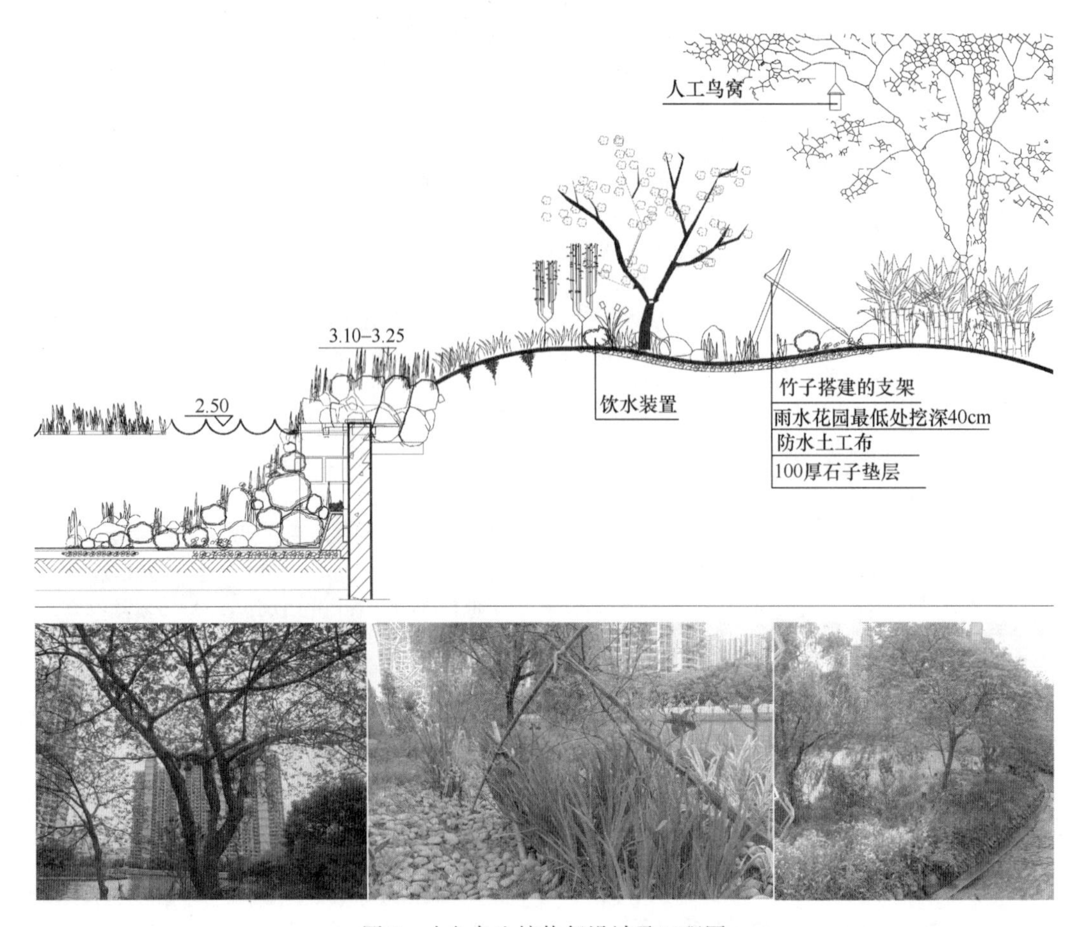

图 2　小鱼岛生境修复设计及工程图

3.3.2　地形改造及集水区建造

多样的地形和水环境可以提供多变的栖息生境，为动植物营造了不同的微生境条件。小鱼岛滨岸带修复利用卵石堆砌以及石笼等工程措施在周边形成围堰，抬高岛屿滨岸带高程，减少河流冲蚀，形成水域—自然滨岸—绿化用地的竖向地形结构。通过土方就地平衡，在岛屿中央营造微地形变化形成集水区，建成了具有多种生态效应的小型雨水花园，驳岸周边与内部利用石块、枯木、树根等创造多空隙的空间，为小型动物提供可以藏身、觅食、筑巢的微型生境。

3.3.3　人工引鸟工程实施

人工招引设施可以为鸟类等提供食物和停留的场所，吸引野生动物前来栖息。小鱼岛人工设施从生态和景观美学两方面出发，采用环保材料，就地取材、旧物利用，利用公园内枯枝、竹子、废弃的木材等设计制作。岛屿与陆地间水流速度较缓慢处设置人工生物浮岛，为水中的底栖、两栖和鱼类等提供相对安全的生存环境。在较大乔木上放置人工鸟窝或蜂巢等，增加水箱、水钵等盛水装置，并设置食槽、投食架等。同时，设置一定数量的木桩或人工支架，布置在空旷区域以及雨水花园周边。

3.3.4　复合型植物群落构建

小鱼岛生境植物群落构建的目标在于恢复滨水环境特有的湿生、水生植物种类。保留岛上原有来两株构树（*Broussonetia papyrifera*）和垂柳（*Salix babylonica*），构建原生性的上层植物群落，引入原生性和食源性植物，提高植物覆盖度。食源性植物如：重阳木（*Bischofia polycarpa*）、垂丝海棠（*Malus halliana Koehne*）、杨梅（*Myrica rubra*）、火棘（*Pyracantha fortuneana* (*Maxim.*) *Li*）等；蜜源性植物如桃树（*Amygdalus persica*）、翠芦莉（*Ruellia brittoniana*）、荚迷（*Viburnum dilatatum*）、薰衣草（*Lavandula angustifolia*）、薄荷（*Mentha haplocalyx*）等；挺水植物如芦苇（*Phragmites Adans*）、香蒲（*Typha orientalis*）、黄菖蒲（*Iris pseudacorus*）花叶芦竹（*Arundo donax* var. *versicolor*）、灯芯草（*Juncus effusus*）等。多种类型的植物采用近自然群落的构建方法，垂直交错营造组成多层次、复合型植物群落，结合岛屿土壤、地形改造等形成多类型混合生境，利用自然力量促进场地生境的自我更新。

4　结论与讨论

随着城市空间扩张，城市绿地的野生动物栖息功能越发重要。本研究主要从空间规划角度，探讨了不同尺度结合的城市绿地栖息地规划和生境建设方法，突出景观元素到景观格局的连续性、异质性动态变化，力求通过绿地景观不同尺度格局的营造达到城市生态功能的健康发展。

（1）城市绿地的生境修复发生在多尺度的景观格局之中，多种利益并存。只有多尺度结合，局部尺度上的绿地生境修复和重建与区域尺度上的生境网络的规划同时进行，才可以增强城市绿地的生态功能，达到生物多样性保护的目的[12]（表 3）。

基于多尺度整合的城市绿地栖息地规划和生境建设模型 **表 3**

尺度	方法	关键因素	具体修复及营建措施	梦清园栖息生境构建时间
宏观尺度	生境网络构建	生境节点及廊道连通度	结合城市河流、道路等绿色廊道规划，进行城市基础设施更新优化，增加城市绿地数量，在网络关键性部位引入生境斑块，保护廊道周边环境。注重网络的整体性和连续性	2003 年以来结合生境网络建设，不断推行苏州河滨水景观和绿地的建设工作
中观尺度	绿地恢复性规划建设	地势地形、水系水质、植被结构	地形地势的改造，水系的沟通及水质净化湿地的营造，食源性植物的增加及植被优化，绿地内动物通道的设计等，增加绿地内部的景观异质性	2004 年，梦清园绿地建成。2007 年公园全面提升。2012 年开始，局部区域整合
微观尺度	微型生境自然再生	土壤、植被、水文、设施	改良基地土壤，营建多样的地形，形成集水区；结合景观构建，营造多空隙环境，设计各类招引设施，引进食源性植物，营建复层植物群落	2004 年起不断进行小型生境的修复再生，2008 年启动小鱼岛生境修复工程

（2）经过多年的栖息地建设，梦清园已经具有丰富的生境类型和生物资源。截止 2013 年底的相关观测数据，园内植物种类达到 200 余种，野生动物种类达到 60 余种。其中鸟类有 20 余种，包括麻雀、白鹡鸰、白头鹎、棕头鸦雀、白鹭、珠颈斑鸠 等；两栖和爬行类动物 5 种，包括中华蟾蜍、黑斑侧褶蛙和金线侧褶蛙、泽蛙、多疣壁虎等；昆虫 10 种，主要为蝴蝶、蜜蜂等；鱼类有 6 种；底栖动物有螺蛳、河蚌、泥鳅和黄鳝等。绿地生物的种类、数量相较于周边区域的公园绿地均有所提高，成为上海城市中心良好的野生动物栖息地。

（3）宏观尺度上的网络构建需要较长时期的实施过程，而城市绿地建设通常也会在很短的时间内完成。作为景观异质性营造最重要的手段，只有通过不断的微观栖息地的修复完善，才能为野生动物提供更为有利的条件。因此在所有尺度的栖息地构建中，对栖息地的构建起到关键作用的往往是微观尺度上的生境修复，相对于城市绿地斑块层次的栖息地构建，微观尺度上的生物群落会由于地形地貌等不同而产生更多的异质性，而生物多样性与空间异质性呈正相关[6]。对小鱼岛的相关研究也表明，经过近 4 年的自然恢复，修复区的植物群落组成得到了优化，土壤生物学性质得到了改善土壤有机质、N、P、K 含量均高于公园未修复区域，鸟类在修复区出现的种类和频率也明显高于其他区域。研究结果表明，只有结合了宏观尺度上的绿地生境网络规划和微观尺度上生态修复，才能使栖息地生境营建和修复的效果达到最高。

当然，作为一项系统的、综合性的生态工程，城市绿地栖息地营建在城市规划和绿地景观建设的基础上，还需要与政策管理、社区参与等方面相结合，以及景观生态学、保护生物学、修复生态学等理论的支撑，相关方法和研究成果也都还需要时间的进一步检验。对于如何保持河岸被修复绿地生态系统的稳定和可持续性，以及如何评价不同尺度整合的城市绿地栖息地规划和建设效果也还有待于进一步研究。

参考文献

[1] Chery M P. Developing habitat models for water birds in urban wetlands: A log-linear approach[J]. Urban Ecosyst, 2007, 10(3): 239-254.

[2] 晏华，袁兴中，刘文萍，等．城市化对蝴蝶多样性的影响：以重庆市为例[J]．生物多样性，2006，14(3)：216-222.

[3] Esteban F J, JukkaJokimäki. A habitat island approach to conserving birds in urban landscapes: Case studies from southern and northern Europe[J]. Biodiversity & Conservation, 2001, (10)12: 2023-2043.

[4] 孔繁花，尹海伟．济南城市绿地生态网络构建[J]．生态学报，2008(4)：1711-1719.

[5] Luck G W, Davidson P, Boxall D, et al. Relations between urban bird and plant communities and human well-being and connection to nature[J]. Conservation Biology, 2011, 25 (4): 816 - 826.

[6] Moilanen A, Cabeza M. Accounting for habitat loss rates in sequential reserve selection: Simple methods for large problems[J]. Biological Conservation, 2007, 136(3): 470-482.

[7] Eyre T J. Regional habitat selection of large gliding possums at forest stand and landscape scale sin southern Queensland, Australia: II. Yellow-bellied glider (Petaurusaustralis) [J]. Forest Ecology and Management, 2007, 239: 136-149.

[8] Bryan J B. Corroborating Structural/Spatial Treatments—A Brook Trout Habitat Suitability Index Case Study[J]. Landscape Achitecture. 2011, 8(4): 140-148.

[9] Newbold S, Eadie J M. Using Species-habitat Models to Target Conservation: A Case Study with Breeding Mallards[J]. Ecological Applications, 2004, 14(5): 1384-1393.

[10] Melles S. Effects of Landscape versus Local Habitat Features on Bird Communities: A Study of an Urban Gradient in Greater Vancouver[C]. Master of Science Thesis. Vancouver : The University of British Columbia, 2000.

[11] 赵振斌，赵洪峰，田先华，等．多尺度结合的西安市浐灞河湿地水鸟生境保护规划[J]．生态学报．2008，28(9)：4494-4500.

[12] 岳隽，王仰麟，李规才，等，不同尺度景观空间分异特征对水体质量的影响——以深圳市西丽水库流域为例[J]．生

态学报，2007，(27)12：5271-5281.

[13] 俞孔坚，李迪华，段铁武．生物多样性保护的景观规划途径[J]. 生物多样性，1998(6) 3：205-211.

[14] Li X P，Chen M M，Bruce C A. Design and performance of a water quality treatmentwetland in a public park in Shanghai，China[J]. Ecological Engineering，2009 (35)：18-24.

[15] 程曦，李小平，陈小华．苏州河水质和底栖动物群落1996-2006年的时空变化[J]. 生态学报 .2009，29(6)：3278-3287.

[16] Fabos J G，Ryan R L. International greenway planning：An introduction[J]. Landscape and Urban Planning，2004，68：143-146.

[17] Haaren Cvon，Reich M. The German way to greenways and habitat networks[J]. Landscape and Urban Planning，2006 (76)：7-22.

[18] Makoto Yokohari，Marco Amati，Nature in the city，city in the nature：Case studies of the restoration of urban nature in Tokyo，Japan and Toronto，Canada[J]. Landscape and Ecological Engineering，2005(1)：53-59.

[19] Palmer M A，Ambrose R F，Poff N L. Ecological theory and community restoration ecology[J]. Restor. Ecol，1997 (5)：291-300.

[20] Schaefer V，Rudd H，Vala J. UrbanBiodiversity：Exploring Natural Habitat and Its Value in Cities [M]. New Westminster：Douglas College Centre for Environmental Studies and Urban Ecology，2002.

[21] 张浪．上海绿地系统进化的作用机制和过程[J]. 中国园林，2012，(11)：74-77.

[22] 张凯旋，王瑞，达良俊．上海苏州河滨水区更新规划研究[J]. 现代城市研究，2010，(01)：40-46.

[23] 陈万逸，张利权，袁琳．上海南汇东滩鸟类栖息地营造工程的生境评价[J]. 海洋环境科学，2012，31(4)：561-566.

[24] 张永泽，王煊．自然湿地生态恢复研究综述[J]. 生态学报，2001，21(2)：309-314.

[25] 刘学勤，邢伟，张晓可．巢湖水向湖滨带生态修复工程实[J]. 长江流域资源与环境，2012，1(z2)：51-55.

作者简介：

贺坤，男，博士，副教授，上海应用技术大学生态学院园林系系主任。研究方向：风景园林规划设计、城市生态景观修复及规划研究。

赵杨，女，博士研究生，高级工程师，上海应用技术大学生态学院副院长。研究方向：风景园林规划设计、风景园林专业教学研究。

基于风景旷奥理论的城市步行街道景观视觉感受及优化策略研究

——以上海南京东路为例①

Study on Visual Perception and Optimization Strategy of Urban Pedestrian Streets Based on Kuang-ao Theory

—Take Nanjing East Road in Shanghai as an Example

黄洒葎　刘滨谊*

摘　要： 风景奥旷理论属于风景视觉分析评价的基础，本文以上海市南京东路为研究对象，基于风景旷奥理论，用客观景观特征刺激主观感受变化的方式模拟体验过程，运用“视觉形式——视觉感知——视觉感受”的旷奥模型，通过 SD 语义分析法对研究场地主要节点的实景照片进行评价，同时对实景照片的典型要素进行分割，分析步行街客观视觉形式要素对主观视觉感受的影响，最后针对当前南京东路的景观视觉现状提出相应的街道景观视觉优化策略。

关键词： 城市步行街道；风景旷奥理论；景观视觉评价；视觉感受

Abstract: Kuang-ao theory is the basic theory of landscape analysis and evaluation. This article takes Nanjing East Road in Shanghai as an example, use the model about "Visual character——visual perception——visual feeling" and the SD semantic analysis method to evaluate the photo of major scenic spot, at the same time the landscape elements of photo are distinguished. Then analyzing the influence of objective visual form elements on subjective visual perception. Finally, put forward the corresponding street landscape visual optimization strategy according to the Nanjing East Road landscape present situation.

Keyword: Urban Pedestrian Streets; Kuang-ao Theory; Landscape Visual Evaluation; Landscape Visual Perception

1　研究背景

1.1　理论研究

1.1.1　视觉景观分析评价研究

视觉景观分析评价最早始于 20 世纪 60 年代。50 年来，风景规划专家及专业资源管理人员、心理及行为学家、生态学家、地理学家、森林科学专家等分别将各自学科的研究思想和方法融入到视觉景观的研究中来[1]。20 世纪末在国内外专家学者的讨论总结下初步得出了一组模型、两套理论、两大阵营、三类方法、四大学派，其中各理论、方法以及学派、模式之间各不相同，但又相辅相成、融会贯通[2]。一组模型是风景审美模型，两套理论分别是“瞭望—庇护”理论以及“情感唤起”反应理论；两大阵营是环境生态和社会人文两大阵营；三类方法分别是详细描述法、公众偏好法和量化综合法；四大学派是专家学派、心理物理学派、认知学派和经验学派[3]。

1.1.2　城市街道视觉评价研究

关于城市街道景观的视觉评价，韩君伟充分探究了步行街景观的视觉评价研究，同时在心理物理方法的指导下提出了 6 个衡量街道景观客观属性的量化指标[4,5]。邵钰涵研究出通过一种可视化的方式来识别和评估街道视觉美学在主观范式层面的表现[6]。陈筝、董楠楠利用实景实时感受技术对城市街道景观进行视觉评价及设计[7]。

1.1.3　旷奥理论的研究

我国最早的景观评价概念见诸于中国唐代柳宗元的论述。公元 810 年，柳宗元以“旷奥”二字对风景游览中的感受做出了总结概括。1979 年冯纪忠先生通过对柳宗元风景旷奥概念的再发现，提出了“旷”与“奥”的概念，并将之作为风景空间感受评价的指标，奠定了中国现代风景园林空间设计理论的雏形[7]。冯先生的硕士和博士研究生刘滨谊，1986 年运用风景航空摄影测量与计算机辅助风景设计技术对“旷”“奥”进行数理化分析，同时对风景旷奥感受定性及定量分析提出了群体主观判断和主观因素客观近似表出的方法，以及在冯纪忠指导的博士学位论文《风景景观工程体系化》中，将风景旷奥评

① 基金项目：国家自然科学基金委员会面上项目“城市景观视觉空间网络分析与构建”（编号 51678417/E080202）资助。

价分解为客观、主客结合、主观三个方面的标准和16个可以定性定量的指标，除了继承柳宗元风景感受旷奥的直觉依据外，还开拓了基于现代环境心理学的科学理性、量化实证的研究途径[8]。

近几年来，刘滨谊指导的研究生对该领域进行了深入的研究，如范榕对景观空间视觉吸引要素及其机制进行研究[9]，赵彦研究柳宗元风景旷奥概念对宋唐山水诗画耦合的影响[10]，郭佳希基于旷奥理论建立城市湿地公园的视觉感受模型，逐渐把旷奥理论结合实际空间进行探究[11]。基于刘滨谊团队的一系列研究，有力地推动了景观视觉评价从定性分析向定量研究发展，对近年来景观视觉量化分析奠定了基础。

1.2 旷奥评价指标的提出

本文基于风景旷奥理论，借鉴刘滨谊教授提出的旷奥感受三大层次：直觉空间、知觉空间、意象空间，[1]同时参考郭佳希在刘滨谊教授建立的模型基础上提出来的旷奥体系的三大内容：客观视觉特征、自然视觉特征、主观视觉特征，运用“视觉形式—视觉感知—视觉感受”的旷奥模型[11]，以上海南京东路步行街为研究对象，研究其旷奥感受的对应方式，通过分析该步行街的景观视觉形式、视觉感知和视觉感受，进而进行景观视觉的评价（图1）。

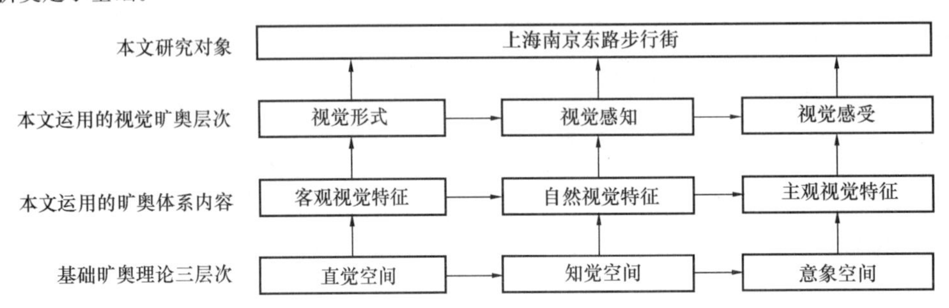

图1 旷奥感受研究的对应关系

在具体的评价体系构架上，首先对客观视觉特征进行分析。城市步行街景观是高密度人群聚集的一个复杂系统，拥有许多客观的视觉特征。街道范围内包含了密集的景观元素，从物态的角度主要可以分为：天际线、沿街建筑、植物、街道家具、行人、路面[5]。

对于主观视觉感知和感受层面，从冯纪忠先生提出的“空间尺度感、封闭感和层次感”入手，结合刘滨谊团队的旷奥模型，参考风景审美理论的理解性和探求性，并结合认知学派和心理物理学派的情绪维度模型进行提炼和细化，提出了可以适用于城市步行街道的风景旷奥视觉评价因子（图2）。

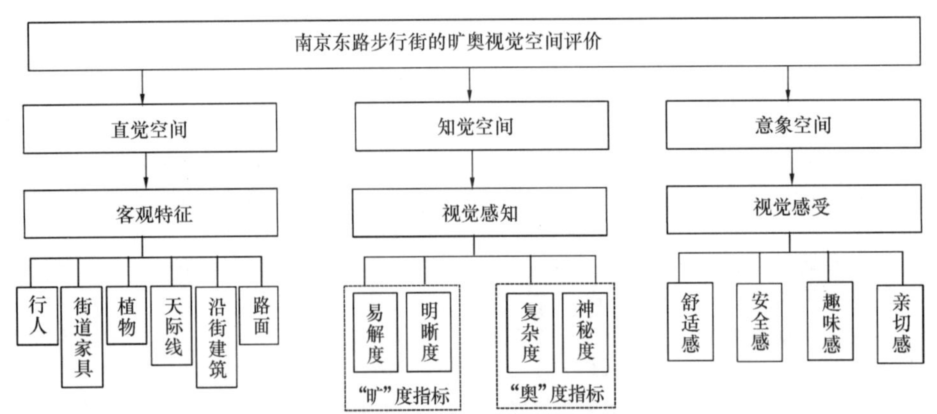

图2 旷奥感受研究评价框架

2 研究方法

2.1 研究地点

研究地点为南京东路步行街，西起西藏中路，东到河南中路，全长1033m，地势平坦，呈东北至西南走向。路宽18～28m，4.2m宽的“金带”贯穿整条步行街，并且布置有城市街道家具，如座椅、购物亭、问询亭、广告牌、路灯等，并且布置有32个方形花坛，11个圆形花坛，步行街上保留了原有的24棵悬铃木行道树。两侧的建筑高低错落，建筑界面凹凸不齐，高度在24～100m范围内。总的来说，南京东路是中国典型和知名的步行街，也是上海的历史文化名街，每年游客众多。因此可以作为该研究课题的典型研究对象进行实验。

2.2 研究方法

2.2.1 照片选取

秉承特色性、差异性、可操作性的原则，为了避免节假日由于游人众多造成的影响，照片样本的选取共分为两个阶段：第一阶段为在工作日上午10：00～下午2：00之间通过现场访谈和拍照的方式了解人们经驻足的场地并拍照，共拍摄照片49张。第二阶段选取周末时间上午10：00～下午2：00，通过观察游人游览的偏好，对有代表性的场地进行拍照，共拍摄30张照片。通过整合两个阶段拍摄的照片，选取有代表性的12张照片所包含的主要场景进行问卷调查，具体照片和分布如下（图3、图4）。照片尺寸为1920mm×1080mm，为了防止其他变量对拍摄照片的过多影响，拍摄点主要是沿着步行街中心线，并且拍摄高度为1.6m，模拟人眼观测高度。

图3　南京东路景观样本照片

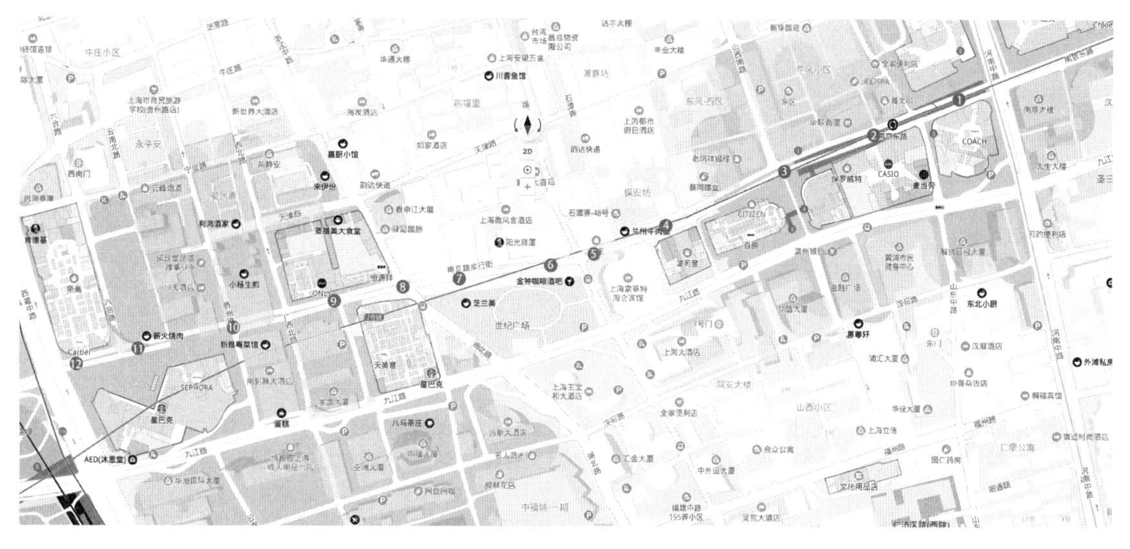

图4　南京东路景观样本点位图

2.2.2　问卷设计

评价采用SD问卷调查法。问卷分为两部分，一是受访者的基本信息，包括受访者的性别、年龄、学历、专业等；二是旷奥视觉感受评价，包括视觉感知评价和视觉感受评价。在视觉感知层面的"旷"度指标选取易解度、明晰度进行感知，"奥"度选取复杂度、神秘度进行感知。视觉感受主要是对舒适感、安全感、趣味感、亲切感进行评价。视觉感知和视觉感受均采用5级标度，对采集的12张景观样本照片进行视觉感受评价打分。

2.2.3　数据采集

研究表明，不同年龄、性别、受教育文化程度、专业知识技能以及对环境的熟悉程度都会在一定程度上影响对于景观视觉感受的判断，为了避免不同人群对实验结果造成影响，被测者均选择景观、城规、建筑、旅游、艺术相关专业，具有较好的认知评价和景观审美能力，而相关研究也证实了采用相关专业学生作为被测者可以取得有较高可信度的评价结论。[2]共发放调查问卷70份，其中67份有效问卷。

2.2.4 量化照片内容

Photoshop 可用于提取照片中各个景观元素的轮廓，然后在直方图中查看画面上各个景观元素所占的比例，这种方法精确可信[11]。所以本文主要采用 Photoshop CC 2017 对景观样本照片进行景观要素的提取，分割的要素主要有城市街道的典型景观元素：天际线、沿街建筑、植物、街道家具、行人、路面。

3 研究结果

3.1 南京东路景观要素量化分析

用 Photoshop 分割 12 张景观样本照片，从分割结果看（表 1），所选取的景观样本照片中，行人、街道家具、沿街建筑、路面的总和在每一个景观样本中的占比均超过了 65%，可见南京东路的人工化水平较高。景观样本拍摄的时间大多是在工作日上午，所以行人的比例仅占到了 2.1%～9.2%；南京东路家具街道主要是沿着“金带”布局，占比为 2.5%～13.6%；南京东路步行街尺度较长，不同的景观节点植物丰富程度不同导致植物差异化较大，占比为 4.3%～49.6%；南京东路周围多为高层建筑，天际线和建筑所占比例分别是 2.9%～17.0%、16.8%～56.8%，天空占比最大的地方位于南京东路最西端毗邻人民广场（图 5）。

景观样本要素表 **表 1**

照片编号	S1	S2	S3	S4	S5	S6
照片						
天际线	9.00%	11.40%	5.80%	3.90%	2.90%	7.10%
沿街建筑	50.90%	45.60%	16.80%	26.20%	25.10%	36.80%
植物	14.70%	13.00%	49.60%	36.50%	34.10%	17.80%
街道家具	5.80%	6.00%	9.00%	6.90%	5.30%	13.60%
行人	7.10%	9.10%	9.20%	8.10%	4.00%	2.10%
路面	12.50%	14.90%	9.70%	18.40%	28.60%	22.60%
照片编号	S7	S8	S9	S10	S11	S12
照片						
天际线	7.50%	7.60%	6.80%	9.40%	14.80%	17.00%
沿街建筑	37.80%	39.00%	49.60%	56.80%	22.90%	36.20%
植物	24.10%	28.40%	8.30%	4.30%	35.10%	11.50%
街道家具	2.50%	9.20%	8.00%	6.60%	4.70%	9.80%
行人	9.20%	10.90%	6.80%	7.60%	7.40%	7.10%
路面	18.90%	4.80%	20.60%	15.40%	15.00%	18.30%

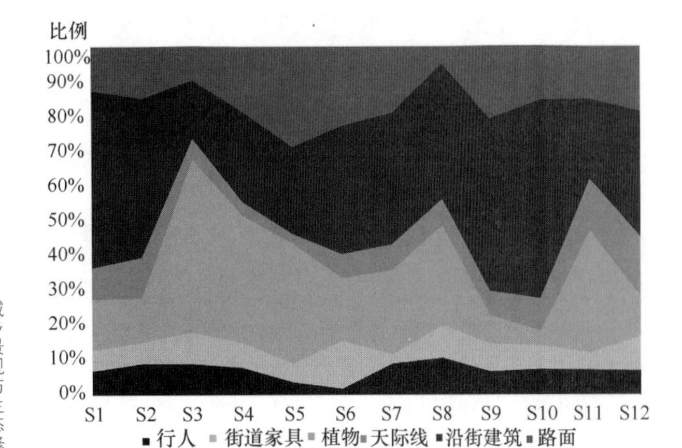

图 5 景观样本要素对比图

3.2 南京东路景观感受形容词的频次分析

从图中可以看出（图 6），评价值分数为 1 出现的频次最少，评价值分数为 5 出现的频次也较少。绝大部分受测者在 2 分、3 分、4 分这 3 档进行感知评价。游客对南京东路的整体感知有明显倾向的为 3 项：易解度（认为场景比较易读的频次为 435 次）、明晰度（认为比较明晰有秩序的频次为 324 次）、神秘度（认为场景比较枯燥不神秘的频次为 370 次），其余的复杂度、舒适感、安全感、趣味感、亲切感没有表现出明显偏向。以上指标的评价得分反映了游客对南京东路步行街的总体感知，表明南京东路步行街给人的整体感觉是比较开敞和明晰的，整体以“旷”空间为主。

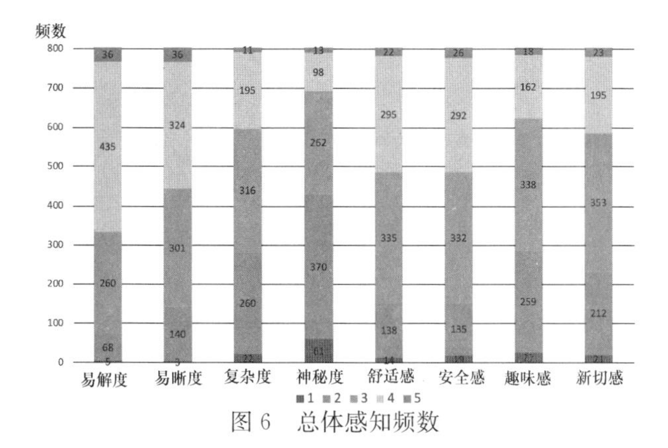

图 6　总体感知频数

3.3　南京东路不同景观样本景观视觉感受分析

如图 7 所示，在景观感知层面，从样本得分趋势看，易解度和明晰度体现出一定程度的相似性。总体上，体现“旷”度的易解度、明晰度与体现“奥”度的复杂度、神秘度呈两端发展的趋势。

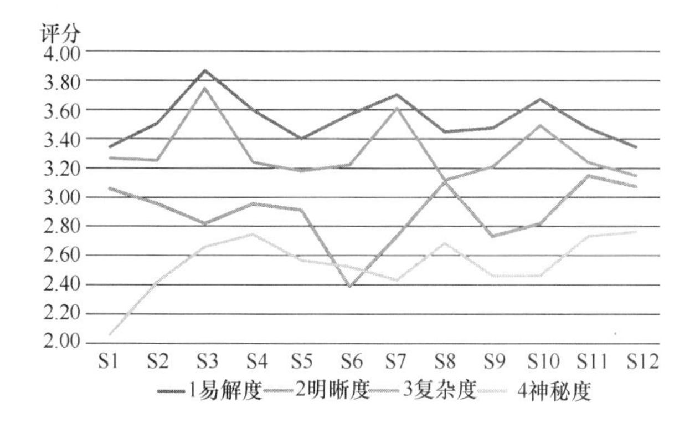

图 7　景观样本视觉感知均值图

在景观感受层面（图 8），依照样本得分趋势，舒适感、安全感、趣味感、亲切感在趋势上体现出一定程度的相似性，以下是不同样本的具体分析：

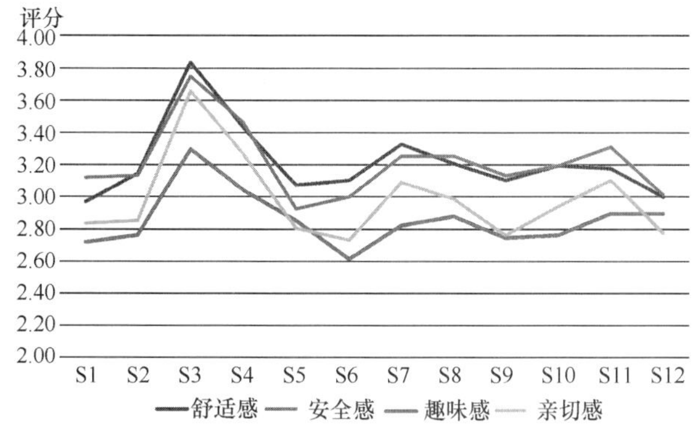

图 8　景观样本视觉感受均值图

景观视觉感知从高分到低分，易解度认同感排序 S3＞S7＞S10＞S4＞S6＞S2＞S9＝S11＞S8＞S5＞S1＝S12；明晰度认同感排序 S3＞S7＞S10＞S1＞S2＞S4＞S11＞S6＞S9＞S5＞S12＞S8；复杂度认同感排序 S11＞S8＞S12＞S1＞S2＝S4＞S5＞S3＝S10＞S7＝S9＞S6；神秘度认同感排序 S12＞S4＞S11＞S8＞S3＞S5＞S6＞S9＝S10＞S7＞S2＞S1。

景观视觉感受，从高分到低分，舒适感认同排序 S3＞S4＞S7＞S8＞S10＞S11＞S2＞S6＝S9＞S5＞S12＞S1；安全感认同排序 S3＞S4＞S11＞S7＝S8＞S10＞S2＝S9＞S1＞S12＞S6＞S5；趣味感认同排序 S3＞S4＞S11＝S12＞S8＞S5＞S7＞S2＝S10＞S9＞S1＞S6；亲切感认同排序 S3＞S4＞S11＞S7＞S8＞S10＞S2＞S1＞S5＞S12＞S9＞S6。

3.4　视觉感知因子与视觉感受因子的相关性分析

使用 Pearson 相关系数去表示相关关系的强弱情况。从表中分析可知（表 2）：易解度与舒适感，安全感，亲切感 3 项之间均呈现出显著性，并且有着正相关关系。同时，易解度与趣味感之间没有相关关系。明晰度与舒适感，安全感，亲切感 3 项之间均呈现出显著性，并且有着正相关关系。同时，明晰度与趣味感之间没有相关关系。复杂度、神秘度与舒适感、安全感、趣味感、亲切感 4 项之间均没有相关关系。

视觉感知与视觉感受的相关性分析　　表 2

	易解度	明晰度	复杂度	视秘度
舒适感	0.871**	0.748**	−0.123	−0.363
安全感	0.739**	0.645**	0.123	0.307
趣味感	0.509	0.48	0.311	0.554
亲切感	0.751**	0.699**	0.126	0.364

注：$*p<0.05$；$**p<0.01$。

3.5　景观要素和感受感知因子的相关性分析

同样使用 Pearson 相关系数对街道景观要素与视觉感知感受之间进行分析，从表中可知（表 3）：植物与舒适感、安全感、趣味感、亲切感 4 项之间均呈现出显著性，并且有着正相关关系。同时，植物与易解度、明晰、复杂度、神秘度 4 项之间没有相关关系。沿街建筑与神秘度、舒适感、安全感、趣味感、亲切感 5 项之间均呈现出显著性，并且有着负相关关系。同时，建筑与易解度、明晰度、复杂度之间并没有相关关系。行人、街道家具、天际线、路面与易解度、明晰度、复杂度、神秘度、舒适感、安全感、趣味感、亲切感 8 项之间均没有相关关系。

街道景观要素与视觉感知感受的相关性分析　表 3

	行人	街道家具	植物	天际线	沿街建筑	路面
易解度	0.117	0.099	0.335	−0.355	−0.249	−0.076
明晰度	0.14	−0.187	0.295	−0.226	−0.204	−0.036
复杂度	0.544	−0.389	0.194	0.436	−0.145	−0.513
神秘度	0.054	0.202	0.417	0.177	−0.608**	0.018
舒适感	0.32	0.043	0.735**	−0.367	−0.609**	−0.3
安全感	0.327	−0.037	0.795**	−0.14	−0.696**	−0.366
趣味感	0.463	−0.122	0.795**	−0.193	−0.688**	−0.392
亲切感	0.424	−0.148	0.818**	−0.248	−0.668**	−0.401

注：$*p<0.05$；$**p<0.01$。

4 优化建议

依据城市街道景观旷奥视觉评价的结果，可以根据不同的视觉需求提出优化改造建议。在规划设计中，想要增强城市街道的秩序感和明晰感就要严格控制街道沿街建筑的建筑形式 、高度等，同时控制沿街建筑所围合出的天际线 ，形成整齐明晰开阔的城市街道。想要提高城市街道的奥秘性和趣味性可以通过适当增加沿街绿化、绿地、街道家具等景观小品设施。

总的来说，城市步行街道中的植物和建筑要素的景观效果对街道的视觉旷奥感受影响十分重要，所以要在场地允许的情况下尽可在街道中增加绿化空间，同时沿街建筑要有一定的秩序性以及要留出一定的天际线。

5 结语

本文通过介绍视觉评价的基本内容，梳理城市街道视觉评价的相关研究，基于风景旷奥理论，运用“视觉形式——视觉感知——视觉感受”的旷奥模型，通过 SD 语义分析法对上海南京东路进行了视觉感受研究，同时提出了相应的街道视觉感受优化建议。研究旨在继承和运用定性与定量、客观与主观结合的旷奥视觉感受评价体系，为城市街道景观的改善提供视觉感受层面的参考，真正让街道景观实现柳宗元提出的“游之适”。

参考文献

[1] 刘滨谊．风景景观工程体系化[J]．建筑学报，1990（08）：47-53.

[2] 李琼莹．基于旷奥理论的南宁市青秀山景观视觉感受研究[D]．南宁：广西大学，2016.

[3] 唐真，刘滨谊．视觉景观评估的研究进展[J]．风景园林，2015，09：113-120.

[4] 韩君伟．基于心理物理方法的街道景观视觉评价研究[J]．中国园林，2015，31(05)：116-119.

[5] 韩君伟．步行街道景观视觉评价研究[D]．西南交通大学，2018.

[6] 邵钰涵，刘滨谊．城市街道景观视觉美学评价研究[J]．中国园林，2017，33(09)：17-22.

[7] 陈筝，何晓帆．实景实时感受支持的城市街道景观视觉评价及设计[J]．中国城市林业，2017，15(04)：35-40.

[8] 冯纪忠．组景刍议[J]．同济大学学报，1979（04）:1-5.

[9] 刘滨谊．风景旷奥度［J］．新建筑，1988（03）：53-63.

[10] 刘滨谊，范榕．景观空间视觉吸引要素量化分析［J］．南京林业大学学报（自然科学版），2014，38（04）：149-152.

[11] 刘滨谊．柳宗元风景旷奥概念对唐宋山水诗画园耦合的影响［C］//中国风景园林学会．中国风景园林学会 2014 年会论文集（上册）．

[12] 刘滨谊，郭佳希．基于风景旷奥理论的视觉感受模型研究——以城市湿地公园为例［J］．南方建筑，2014（03）：4-9.

[13] 肖希，韦怡凯，李敏．日本城市绿视率计量方法与评价应用［J］．国际城市规划，2018，33（02）：98-103.

作者简介

黄洒葎，1995 年生，女，壮族，广西百色人，同济大学建筑与城市规划学院景观学系在读研究生。研究方向：风景园林规划设计、景观视觉评价。电子邮箱：hsasasalv@126. com。

刘滨谊，1957 年生，男，汉族，辽宁法库人，博士，同济大学风景园林学科专业委员会主任，景观学系教授，博士生导师，国务院学位办风景园林学科评议组召集人，国务院、教育部、人事部风景园林专业硕士指导委员会委员、全国高等学校土建学科风景园林专业教指委副主任委员、住房和城乡建设部城市设计专家委员会委员，风景园林专家委员会委员。研究方向：景观视觉评价、绿地系统规划、风景园林与旅游规划设计。电子邮箱：byltujlk@vip. sina. com。

基于工业类棕地群空间识别与分析的黄石市城“棕”关系研究[①]

Research on the Relationship between Urban Space and Brownfield based on the Spatial Recognition and Analysis of Industrial Brownfield Cluster inHuangshi City

付泉川　许安康　张成章　郑晓笛*

摘　要：黄石市的发展是典型的工业化驱动下的城市化，在产业转型和土壤治理的背景下，对其城“棕”关系的研究具有重要意义。一方面，通过对工业类空间识别与分析，归纳出黄石市城“棕”关系的三个阶段：工业带动的城市T字型发展、厂矿组群带动的城市扩张和产业转型导致的城市空心化；另一方面，以资源、生产和交通要素为线索识别出6个棕地群，从工业物质流、配套设施、生态过程、污染羽和可达性这五个角度界定其影响范围，并以下陆棕地群为例，提出了棕地群在生态修复和文化修补方面的再生策略。

关键词：工业类棕地群；城“棕”关系；资源衰退型城市；生态修复；可持续发展

Abstract: The development of Huangshi is a typical example of industrialization-driven urbanization. Under the background of industrial transformation and soil remediation, it is of great significance to study its urban-brownfield relationship. By recognition and analysis of industrial spaces, this research, on the one hand, crystalizes three stages of the development of relationship between urban space and brownfield: T-shape urban development driven by industry, urban expansion driven by industry-mining clusters, and urban emptying resulted from industrial transformation. On the other hand, by analyzing the factors of resource, production and transportation, this research recognizes 6 brownfield clusters, whose influence zones are further defined by five perspectives (industrial material flow, infrastructure and amenities, ecological processes, pollution plume, accessibility). Ecological remediation and cultural regeneration strategies of brownfield clusters are further promoted with the example of Xialu brownfield cluster.

Keyword: Industrial Brownfield Cluster; Relationship between Urban Space and Brownfield; Resource-Declining City; Ecological Restoration; Sustainable Development

引言

近年来，随着我国工业化的快速进程，部分城市出现了资源枯竭、环境污染、生态系统退化等问题，这对我国生态文明建设的战略提出巨大挑战；尤其是资源衰退型城市，随着城市产业结构的转型，大批污染企业停产与外迁产生大量工矿业与基础设施闲置地，这些场地往往会在同一时间段大量产生，且多以相对集中的棕地群形态出现，与城市空间格局发展关系密切。从2016年的“土十条”到2019年1月1日正式实施的《土壤污染防治法》，国家层面高度重视了土壤污染问题；《“健康中国2030”规划纲要》和“城市双修”更是直接提出了对城市生态功能与生态环境的改善的要求。黄石市因矿建厂，以厂连镇，有典型的工矿城市格局与特征，它既是资源衰退型城市，又是中国6个土壤污染综合防治先行区之一[②]，面临着污染治理与再利用的双重问题。

“棕地”是20世纪西方学者提出的重要概念[1]，近年来，已快速成为风景园林学科前沿的热点研究问题。从研究对象来看，关注采矿废弃地的居多，分别从土地再利用[2]、土壤污染[3]、生态恢复[4]等角度进行论述；也有学者关注到矿业城市[5]、资源型城市[6]以及老工业基地[7]中的棕地问题，一定程度上体现出矿业城市、资源型城市棕地问题的典型性。从研究尺度来看，大多研究棕地个体，针对城市或区域视角的研究主要集中于宏观政策的建议，缺乏中观尺度的研究。

我国针对资源衰退型（或枯竭型）的研究始于2001年，并在2008年到2009年出现快速增长现象，其研究热度与国家政策的颁布时间点关系紧密。高频关键词均涵盖在“可持续发展”“经济转型”“产业转型”“产业结构”之中，以棕地的视角对资源衰退型矿业城市进行的研究极少，仅从其发生机理及生态治理综合效益评价方面有所论述[8]，尚未深入到空间分析的层面。

在此基础上，本文从棕地群的视角出发，聚焦当前中国资源枯竭型城市棕地大量涌现的现象，定义、分类和识

① 基金项目：国家自然科学基金项目“区域视角下棕地群的遥感信息提取、特征识别与生态效益评价”（编号51608295）、“资源衰退型矿业城市棕地群空间格局演变规律及其绿地系统建设的关系”（编号51878368）和国家留学基金委（CSC）共同资助。

② 2016年5月31日，环境保护部就《土壤污染防治行动计划》答问。http://www.gov.cn/xinwen/2016-05/31/content_5078433.htm。

别工业类棕地，探讨其分析方法，并提出“棕地群”和“棕地群影响范围”的理念，作为“棕地”和“城市”的中间尺度去应对中国资源枯竭型城市转型中的棕地相关问题；进一步选取黄石市进行实证研究，总结其工业类棕地群的空间特征与分布规律，探究其城“棕”关系，以期为黄石市的可持续发展提供科学依据。

1 工业类棕地群

1.1 工业类棕地

1.1.1 定义与分类

世界各地对“棕地”的定义不尽相同，大多数都强调了对土地的再利用和再开发，以及可能存在的污染问题。美国[9]、日本[10]、加拿大[11]和欧盟[12]均强调了已知或潜在的污染物质对场地再利用的复杂影响和限制[10]；中国的定义则是“已废弃、闲置或限产的工业或商业用地，其扩展或再开发受现有或潜在的环境污染风险而变得复杂”[13]。

根据各种棕地的原场用途、空间特征、污染特征等，郑晓笛将其划分为三大类，包括工业与基础设施闲置地、采矿业废弃地和垃圾填埋场[1]；工业类棕地包含其中前两个，即泛指已经废弃的、闲置的工业用地、采矿用地及区域交通设施用地和道路与交通设施用地。需强调的是，在研究工业类棕地问题的时是以具有相对完整性的整体地块为对象，并扩展到还在使用的潜在的工业类棕地。根据《国民经济行业分类》GB/T 4754—2011 的行业分类及资源衰退型城市的特征，可将工业类棕地分为 4 大类 12 小类（表 1）。

工业类棕地分类 **表 1**

大类	小类	行业
A 采掘业	A1 原料采掘场	金属（铁、铜等）矿，采石（石灰石、石膏等）场，煤矿，其他非金属矿，石油、天然气开采等
	A2 采掘制造组团	
	A3 尾矿堆	
B 制造业	B1 原料制造厂	钢铁厂，煤气厂，电厂，水泥厂。砖瓦厂，石材厂，建材厂等
	B2 装配制造厂	汽车（及其配件）厂，造船厂，金属结构厂，机械制造厂，电梯厂等
	B3 加工制造厂	化工厂，造纸厂，陶瓷厂，食品厂，电子产业厂，服装厂，玻璃厂等
	B4 其他	物流园，其他无法准确判断的类型
C 辅助设施	C1 铁路（只描大型铁路中转站，别的铁路线路不用描）	
	C2 公路（不用描）	
	C3 码头	
	C4 大型停车场、大型仓储	
D 其他	其他所有非 ABC 和无法准确判断是 ABC 中那种的类型	

1.1.2 空间识别与分析方法

不同的工业类棕地类型因为生产产品、方式等的不同而具有不同空间特征和区位特征，其中空间特征包括规模、场地内构筑物、其他要素等，区位特征包括周边地块用地性质、与铁路和道路的关系以及与绿地和水体的关系；根据这些特征可在 Google Earth 高清影像中按照统一的目视解译标准识别出各类工业类棕地。

对于个体棕地而言，统一的分析和描述模型对于建立起对其个体和整体的认知至关重要。前人对棕地已有不同维度的观察（表 2），然而仅局限于棕地自身，没有考虑到棕地与城市环境的关系。在本文中，笔者尝试提出一套针对个体棕地的分析和描述模型，包括棕地自身多系统隔离分析以及城市环境分析（表 3）。自身多系统隔离分析包括污染、生态、遗存、肌理这四个系统，分别从污染、生态、文化和基础设施的角度来认知个体棕地；城市环境分析将该个体棕地放置于更大范围的城市环境当中，分析城市的自然子系统、居住子系统和支撑子系统，以此分析个体棕地可能涉及到的生态影响、邻避效应和再利用的可行性。

工业类棕地调研指标（作者根据文献[15]内容整理） **表 2**

时间（年）	分类名称	分类因子
1964	Beaver	地形，排水系统，植被，地表成分
1965～1966	West Riding of Yorkshire	综合，地形，潜在废弃物，污染物成分
1966	Oxenham	尾矿堆，矿坑和采矿地
1969	Collins and Bush	场地相关活动，形象描述，可用的填充材料
1974	Wallwork	废弃物来源，地形，废弃物广度，物质组成，植被，复垦可能性
1977	Downing	来源，外观形态，植被

个体棕地分析模型 **表 3**

分析方法	系统	因子	反应特征
自身多系统隔离	污染	污染源和污染物	污染物种类、分布和程度
	生态	水体、土壤、植被等	生态环境与状况
	遗存	建筑，结构，设施和其他地标	历史文化价值和重要性
	肌理	铁路、道路、港口等	基础设施、地形地貌
城市环境	自然子系统	地表覆被(水、湿地、荒地、草、森林等)	棕地对周边环境的威胁程度
	居住子系统	建筑密度和人口密度	城市人口越聚集的区域内的棕地的邻避效应影响越大
	支撑子系统	连接度和可达性	交通便捷程度、影响力的范围

1.2 棕地群

1.2.1 定义与特征

目前，对空间集群研究比较成熟的是“城市群”，不同学者均从基础条件、相互联系、首位城市和城市体系四个方面对“城市群”做出界定[15-17]；此外，哈多大学教授迈克尔·波特（Michacle Porter）和德国学者韦伯(Alfred Weber）分别指出产业集群与工业生产区选址中产业共性、交通成本、集聚分散等要素的重要性[18]。由于国内外均没有“棕地群”的定义，因此，在本研究中，笔者借鉴城市群和产业集群的研究，并结合案例研究发现的规律对棕地群进行定义：棕地群是指通过某种或几种要素在一定空间范围内联系密切的一系列棕地组成的群体，这些要素包括共同的资源要素、生产要素和交通要素以及紧密的生产要素联系等。

具体来讲，相同的资源要素主要指原铁矿、煤矿、石灰石矿等矿产资源；共同的生产要素指使用相同的水资源、资本、劳动力、技术、管理和信息等；共同的交通要素主要指铁路、河流、公路和港口等；生产要素联系则指工业活动形成的物质流动，例如从原材料开采到加工生产的工业过程。

1.2.2 棕地群的影响范围

棕地群并不是城市中的孤岛，它的影响范围会延伸并超越原工业用地边界；可以从工业物质流、配套设施、生态过程、污染羽和可达性这 5 个角度去界定棕地群的影响范围。

工业物质流源自工业生态学的概念[19]，指的是工业要素在开采、生产、加工、销售、使用和废物回收处理过程中流动，其载体主要是铁路、道路、水系以及工业管道；配套设施指的是工人及其家属的住宅、学校、医院和其他非生产的配套空间；生态过程是指从景观生态学的角度可将棕地群看作是斑块，它的生态状况会影响到周边的生态斑块及廊道；污染羽指污染物在环境介质中迁移与扩散而形成的污染羽状体，此处泛指通过土壤、地下水和空气传播后的污染范围；可达性则指能够便捷到达某棕地群的区域范围。

2 黄石市的城“棕”关系

2.1 黄石市城市随着工业发展的历程

黄石市，位于湖北省东南部，地处长江中游南岸，面积 4582.9km²，人口 247.05 万人[20]。该地区蕴藏丰富的铁、铜、煤等资源，有超过 3000 年历史的采矿和冶炼活动；近代以来，黄石地区经历了史无前例的工业化和城市化进程，现在随着矿产资源衰退，城市又经历着新的经济转型。法国城市社会学家亨利·列菲弗尔（Henri Lefebvre）认为，城市化是工业化的结果，同时二者之间存在一种辩证的关系[21]。基本上，黄石的发展就是典型的工业化驱动下的城市化。考虑到黄石市工业的分布与发展历程，本文的核心研究区域为黄石市区与大冶市东部(图 1)。

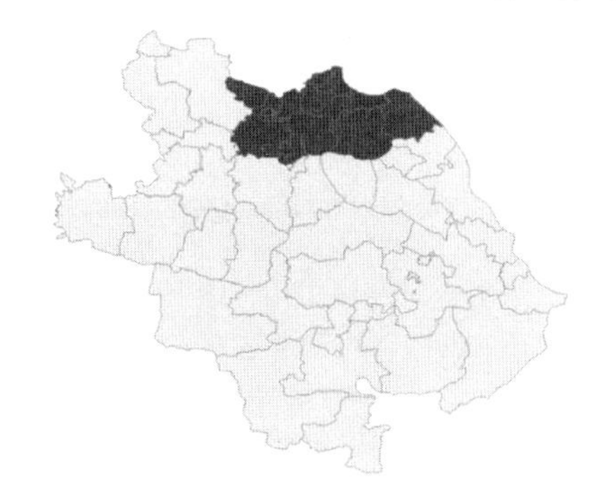

(*a*) 黄石市街道行政区划

(*b*) 研究范围街道行政区划

图 1 研究范围边界图

大冶的近代工业化萌发于1890年代的洋务运动时期，连接大冶铁矿和石灰窑的铁路成为了萌芽中的黄石的城市骨架，并且和长江组成了一个T字形城市结构；早期的一批现代化厂矿和附属设施大都建设在了这个结构里，以这些工业场地为核心起点，城市开始沿着铁路和长江产生并蔓延，标志着该区域的城市化中心开始由大冶县城向北边的T字形工业带迁移，这里在之后几十年中成为了黄石市的主城区。新中国成立后，根据当时的工业和城市基础，黄石正式在1950年设市，并且迅速走上了社会主义工业化道路；新的大中型工矿企业相继建成，T字形城市和工业格局愈加明显。1990年代以后，黄石的矿冶工业开始进入衰退期；2000年后，随着资源枯竭，大量厂矿被停产或关闭。棕地开始集中在原城市格局中产生（图2）。

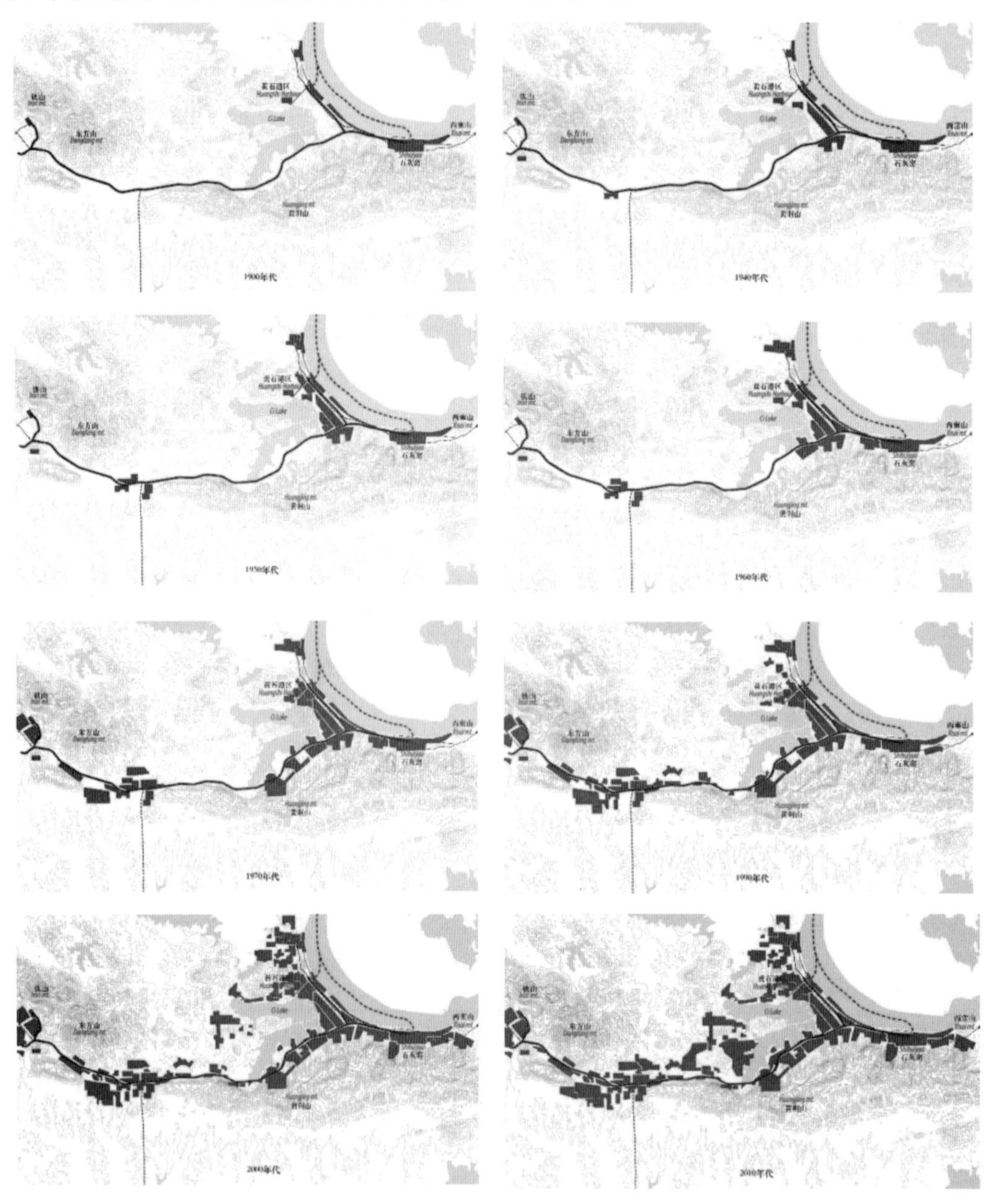

图2　黄石市工业化带动城市发展的历史演变图（作者根据文献［22］、文献［23］及规划[24]内容推测）

2.2　黄石市的工业类棕地

根据目视解译的方法识别出研究范围内的工业类棕地有近500块，基本沿着长江、铁路、G106公路呈H形分布（图3）。不同类型的棕地在空间形态和空间分布上表现出不同的特征。从卫星影像来看，原料采掘场多分布在山脉中间或外围，边缘呈不规则状；采掘制造组团多分布在山脚下，内部的原料采掘场和大规模制造厂房紧密结合；原料制造厂在城市中间及外围均有分布，规模较大，有时还有铁路与外界相连并贯穿内部；装配制造厂分布在城市中间及外围，厂房相对规整；加工制造厂分布在城市中间及边缘，规模相对较小；一些由于辅助设施修建而导致的裸露土壤被划归为辅助设施类棕地；大型停车场及大型仓储通常分布在平地上，有清晰且几何性强的边界（图4）。

图 3 研究范围内工业类棕地分布图

图 4 工业类棕地的典型卫星影像（一）

（*a*）原料采掘场；（*b*）采掘制造组团；（*c*）原料制造厂；（*d*）装配制造厂；（*e*）加工制造厂；（*f*）其他制造厂

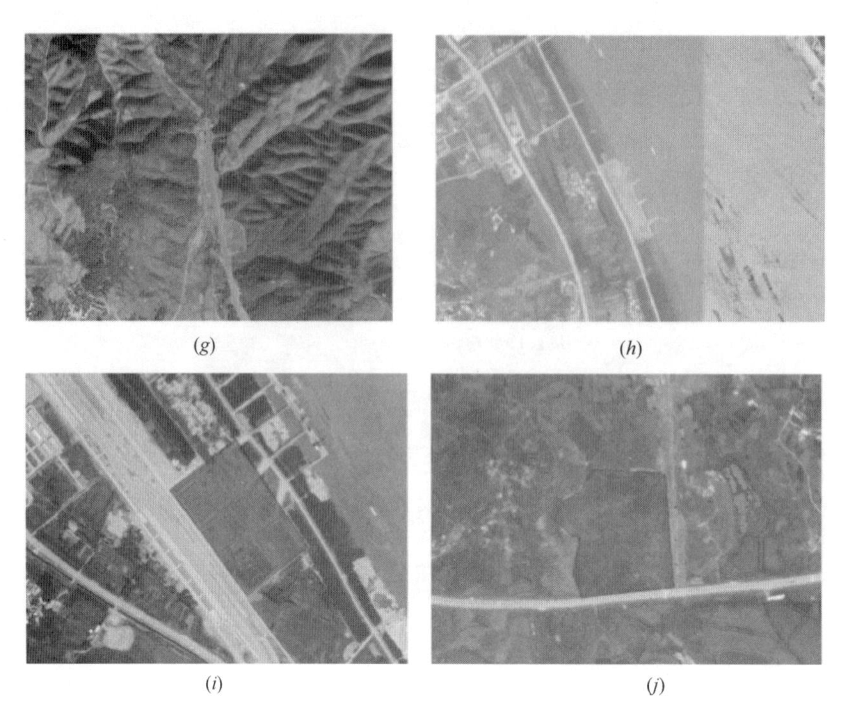

图 4　工业类棕地的典型卫星影像（二）

（g）公路；（h）码头；（i）大型停车场/大型仓储；（j）其他

此外，各类棕地与城市的交通系统之间也呈现出明显的规律（图 5）。采掘类棕地分布与周边道路的关系最为密切：或是紧邻主要交通干道，或是与主要干道有一定距离，但通过一条道路与干道相接。制造业类棕地则与水系和道路关系更加紧密：或是紧邻码头，或是通过道路连接至码头；因此，在城市主要干道和水系之间形成的走廊之中分布有一定数量的该类棕地。

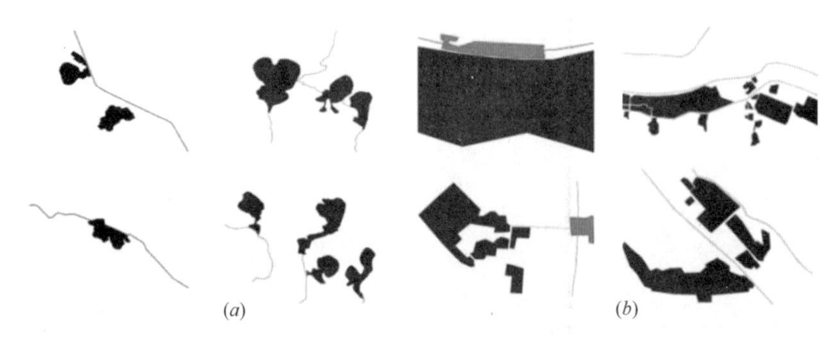

图 5　工业类棕地的与城市交通的关系

（a）采掘类棕地与道路；（b）制造业类棕地与码头、道路

2.3　工业类棕地群与城“棕”关系

黄石市的城市形态是一个典型的“矿—厂—城”模型，采矿和冶炼工业的兴起创造了城市并促进其发展。随着传统重工业的衰退，大批厂矿关闭，因而产生了若干个棕地群。棕地群作为一个介于微观尺度（棕地）和宏观尺度（城市）的独特中观尺度分析工具去解构城市，为黄石的棕地再生与城市可持续发展提供了新的研究视角。

研究范围内的工业类棕地可以归纳为 6 个主要棕地群，分布于从铁山区到长江边的带状城市格局中：①铁山棕地群主要由位于铁山区的大冶铁矿、铁厂、新华新水泥厂和附属采石场组成；②大冶有色棕地群主要由大冶有色金属冶炼厂区和附属矿组成；③下陆棕地群主要由位于下陆老工业中心的原东钢钢铁厂区、中国十五冶厂区和神牛拖拉机厂等组成；④磁湖棕地群主要由位于磁湖南岸的黄石水泥厂、石灰矿和中国十五冶厂区等组成；⑤江边棕地群主要由黄石电厂、老黄石港、新冶钢厂区等组成；⑥黄荆山棕地群由位于黄荆山南坡的一系列石灰矿组成。它们聚集在铁山、东方山、黄荆山、磁湖和长江周围，这里有黄石最重要的矿产资源和对外通道；与此同时，它们作为城市重要的组成部分，帮助构建了 T 字形带状城市形态，并且在分布上呼应着黄石特有的山-水-湖地理格局（图 6）。

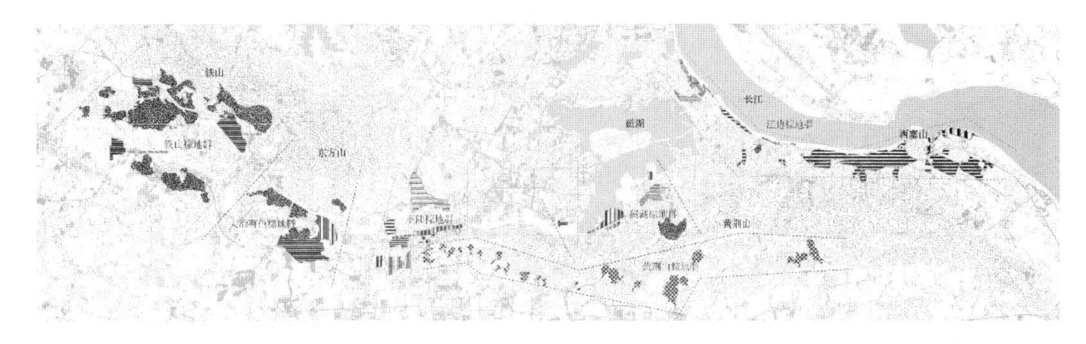

图 6　棕地群分布图

根据上文中棕地群影响范围的分析方法，可以看出棕地群之间也存在着物质流、生态过程、可达性等联系，综合考虑 5 个影响因素后，6 个棕地群的影响范围几乎覆盖了整个研究区域（图 7）。当我们讨论如何再利用这些场地时，应该始终牢记棕地不是孤立的，棕地群也不是孤立的；棕地群与城市的关系不仅体现在棕地群位于城市山水格局、交通格局中的重要位置，还体现在棕地群的再生影响着城市的整体可持续发展，我们应该从更大的整体角度来考虑它。

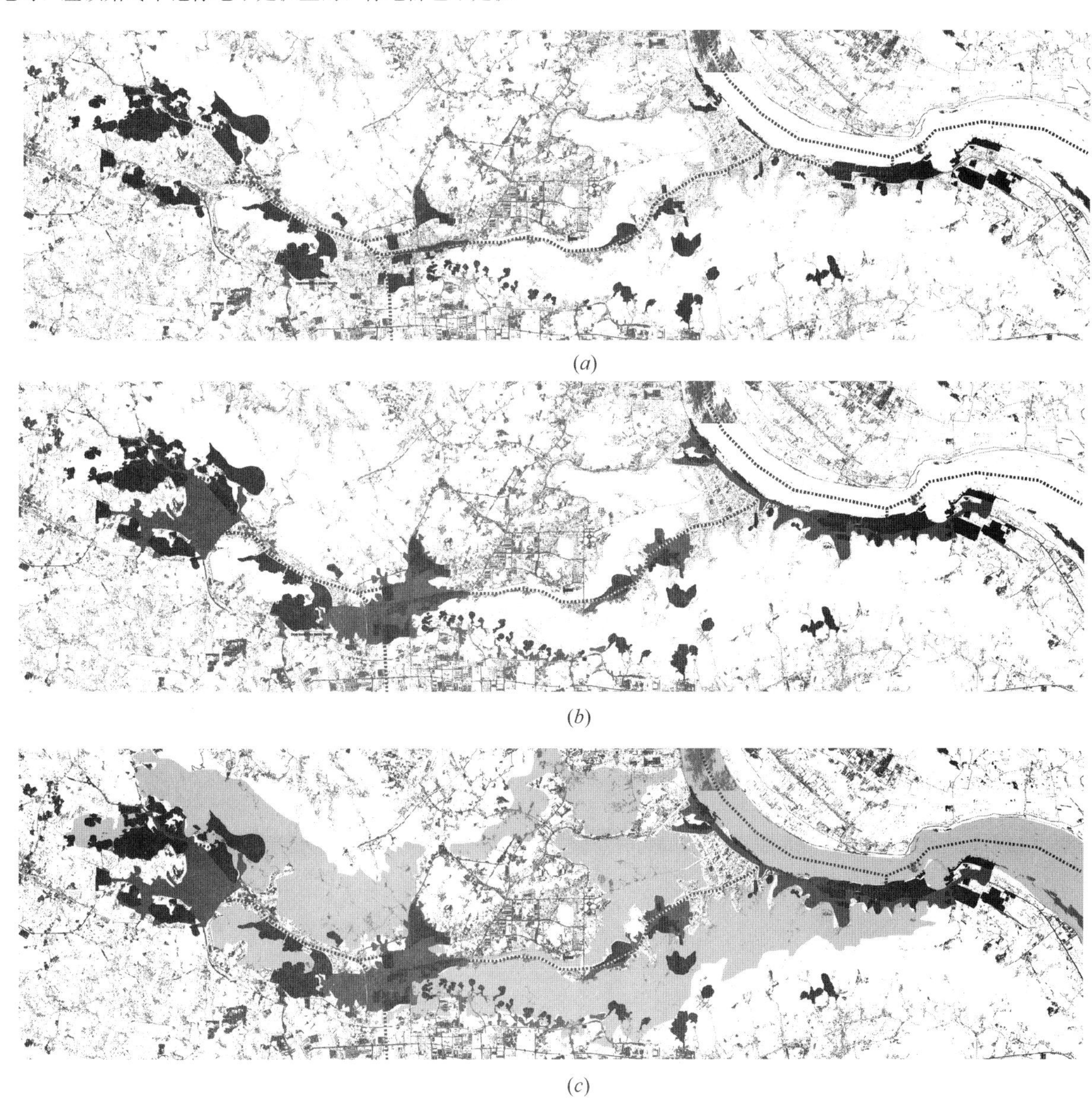

(*a*)

(*b*)

(*c*)

图 7　棕地群的影响范围分布图（一）

（*a*）棕地群物质流影响范围；（*b*）棕地群配套设施影响范围；（*c*）棕地群生态过程影响范围

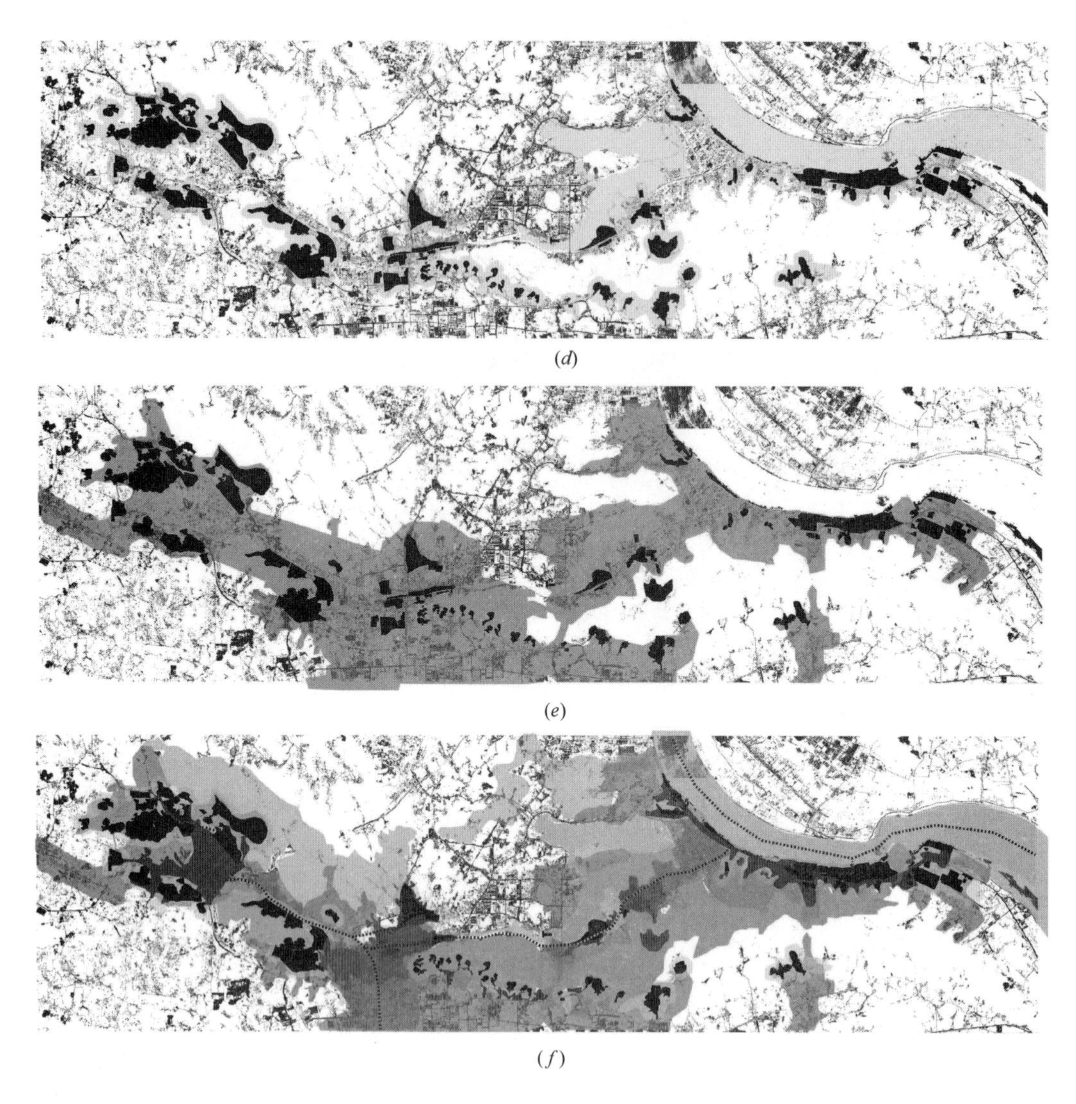

(*d*)

(*e*)

(*f*)

图 7　棕地群的影响范围分布图（二）

（*d*）棕地群污染羽影响范围；（*e*）棕地群可达性影响范围；（*f*）棕地群综合影响范围

3　黄石市下陆棕地群

3.1　棕地群及其影响范围

下陆区位于铁山区和黄石港区之间，是黄石的带状城市格局中土地较为开阔平坦的区域，也因此具备良好的城市工业用地条件，包括冶炼，材料，装备制造，化工等多类型工业。聚集在此处的原东钢钢铁厂区、中国十五冶厂区、神牛拖拉机厂等棕地空间距离近，各附属建筑和设施彼此相邻，形成了紧凑的城市空间。

下陆区棕地群位于研究范围的交通核心地带，其影响范围向南、向北渗透进城市肌理，向西延展到铁山棕地群，并向东延展到黄荆山棕地群甚至长江（图 8）。原东钢钢铁厂冶炼的铁矿石来自大冶铁矿，生产出的产品运输到其他城市或地区进行后续加工或进入市场，整个铁路、长江和沿路加工厂都可能是其物质流的影响范围。中国十五冶的工厂主要集中在片区的东北部，但其周边原都是供工人及其家属使用的住宅楼、商店及其他生活空间。下陆棕地群位于两个黄石市重要生态区东方山和黄

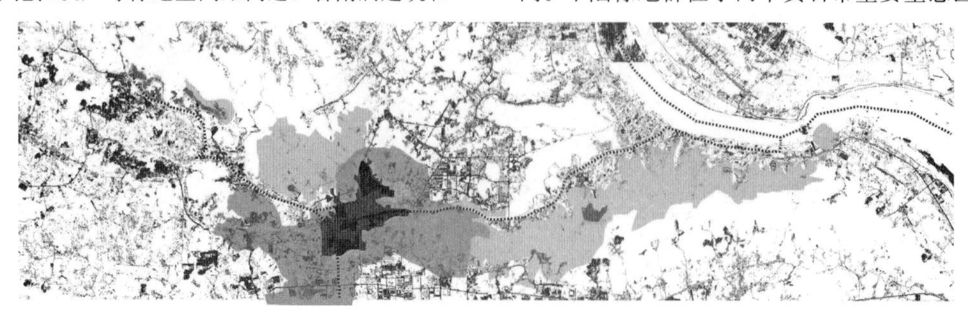

图 8　下陆棕地群及其影响范围

荆山的中间，其生态环境状况直接影响着相邻的两大生态斑块。虽然生产活动发生在棕地场地内，但其污染可能通过土壤，地下水和空气传播；由于黄石的主要风向是东南风，笔者通过在棕地场地进行100m的缓冲区并在东南方向缓冲更多来估算污染羽。通过对10min车行距离和30min步行距离的估测，确定出能便捷到达棕地群的区域范围；由于此处路网主要集中在南面，因此可达性的影响范围呈现向南扩散的特征。

3.2 代表性棕地—东钢钢铁厂

3.2.1 自身多系统隔离分析

东钢钢铁厂选址于东方山与黄荆山之间的狭窄平原之上，占地面积82.1hm²，于1958年开工至2015年正式关停，运营的57年一直是下陆地区甚至黄石市的重要工业产地。

从污染、生态、遗存和肌理四个方面对东钢钢铁厂进行自身多系统隔离分析，可见其空间结构基本沿场地内铁路呈倒“个”字型分布（图9）。东钢钢铁厂场地较为规则，其国有企业的属性奠定了其“自上而下”改造的基调；根据湖北环境修复的调研报告，该场地内的主要污染物为重金属、苯、碳氢化合物，在土壤和地下水中均有分布，更多的集中在焦炭生产、烧结厂区域；场地内植物种群由演替中的乔木、灌木、草本植物组成，北部的生态群落最为丰富；厂区内有较多工业遗存，包括铁轨、烟囱、高架桥等基础设施，烧结厂、焦化厂、炼钢厂等大型厂房。

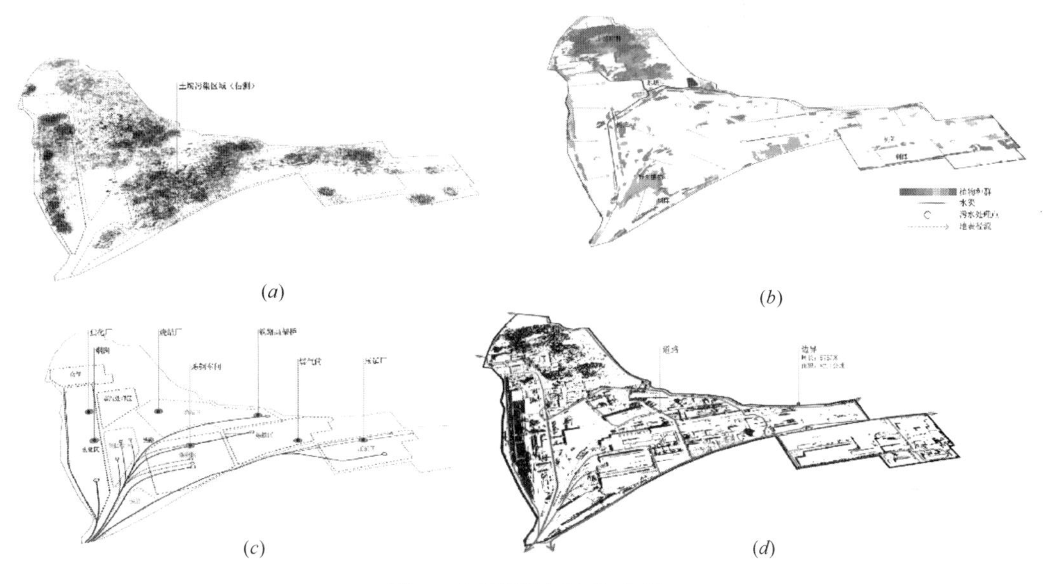

图9 东钢钢铁厂个体分析

(a) 污染；(b) 生态；(c) 遗存；(d) 肌理

3.2.2 城市环境分析

根据上文中棕地的城市环境分析方法对东钢钢铁厂进行分析，可以看出其潜在的生态影响和邻避效应适中，而对于城市活动的潜在影响较大（图10）。将土地覆盖类型作为自然子系统的指标，东钢钢铁厂周边的土地类型主要为农田和森林这两种敏感度较低的类型，与湿地和水体的距离较远，因此潜在的生态影响适中；将人口密度作为居住子系统的指标，东钢钢铁厂所处区域人口密度为644～2495人/km²，人口密度适中，邻避效应问题不算严峻；通过对研究范围内各等级道路的信息收集，在ArcGIS中进行空间距离分析，作为对支撑子系统的分析，可见其交通便捷，具有较强的可达性。

3.3 棕地群的再生策略

由上述分析可知，下陆棕地群和东钢钢铁厂处于研究范围内生态、社会文化和交通的核心位置，其再生兼具生态修复和文化修补的目标与潜能。生态层面，下陆棕地群位于连接东方山和黄荆山的主要生态廊道上，其生态修复不但与控制城市内部土壤、空气和水体污染相关，更影响到区域生态系统的整体保护和维持；社会文化层面，下陆棕地群是延续城市文脉和市民集体记忆的重要载体，是黄石重要的工业和物质文化遗产；交通层面，下陆棕地群作为亟待修复和再利用城市空间，其再生可以帮助重新梳理土地、交通等关系，打破旧城市格局，促进新时期城市转型。棕地群的再生不是推倒重建，而是在生态、社会文化和交通等各个层面统筹考虑，需要同时在宏观、中观和微观尺度上分析解读并且制定再生策略。

4 总结与展望

4.1 黄石市的城“棕”关系

黄石市的城市发展基本是工业化的结果，总的来说经历了3个阶段：①清末时以第一批近代工业为起点，城市建设沿着长江和铁路发展蔓延，形成了T字形的初级城市结构，至20世纪40年代，带状工业分布和城市格局逐渐清晰；②中华人民共和国成立后，社会主义工业化背

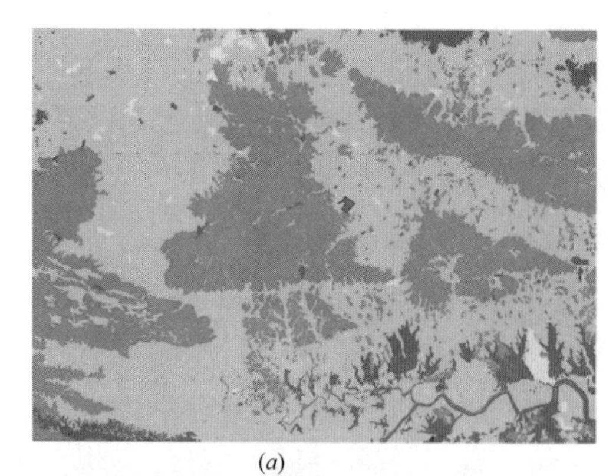

(*a*)

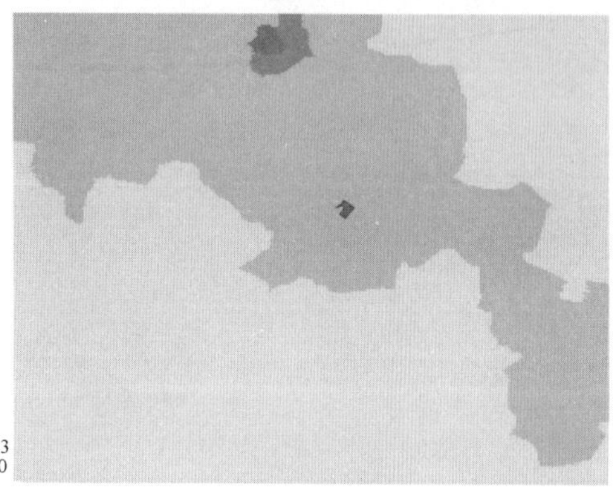

(*b*)

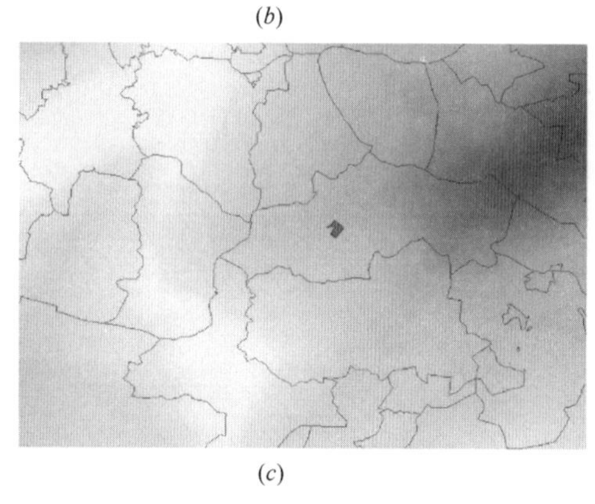

(*c*)

图 10　东钢钢铁厂与城市关系的分析
（*a*）东钢钢铁厂与城市的自然子系统；
（*b*）东钢钢铁厂与城市的居住子系统；
（*c*）东钢钢铁厂与城市的支撑子系统

景下，大中型国有矿冶企业及其附属设施带动了黄石在区域范围内空前的城市化大发展，厂矿群成为城市空间的重要组成部分，城市建设则围绕他们进行；③21 世纪后，随着资源枯竭和产业转型，厂矿群开始向棕地群转变，空心化效应开始在黄石市原有城市格局中显现。

研究范围内的 6 个棕地群聚集在铁山、东方山、黄荆山、磁湖和长江周围，是 T 字型带状城市形态的重要组成部分，也呼应着黄石市的山一水一湖地理格局。其中，下陆棕地群处于生态、社会文化和交通的核心地带，即对城市的自然、居住和支撑子系统有着重要影响，其再生策略应兼顾生态修复和文化修补两项目标，整体考虑其对城市环境的影响，并发挥其对城市可持续发展的重要作用。

4.2　研究意义与未来展望

一方面，风景园林学一级学科下的二级学科方向“地景规划与生态修复”研究的是三个尺度上的地表生态环境问题，中观尺度是在城镇化过程中发挥生态环境保护的引领作用[25]。棕地再生作为“地景规划与生态修复”中的重要研究领域，应该在当前城市生态文明建设与城市双修中可发挥的关键作用。棕地群提供了一个新的视角去探讨不同棕地之间的关系以及棕地群与城市空间的关系，有利于棕地在中观尺度上的理论深化。

另一方面，对城市的研究不仅要从规划的角度出发，也要从地理学、生态学、社会学、文化、历史等多个角度展开[26]，尤其是讨论城市转型时更不能角度太单一；在面临城市发展转型时可优先考虑生态策略作为“种子”[27]，而工业类棕地群则为这样的“种子”提供了土壤，为城乡景观构建与城市可持续发展提供新的思路与方法。

参考文献

[1]　郑晓笛．基于“棕色土方”概念的棕地再生风景园林学途径[D]. 北京：清华大学，2014.
[2]　拾少军．煤炭区废弃地土地再利用模式与低碳效益研究[D]. 南京：南京大学，2010.
[3]　余勤飞．煤矿工业场地土壤污染评价及再利用研究[D]. 北京：中国地质大学(北京)，2014.
[4]　高怀军．矿业城市采矿废弃地和谐生态修复及再利用研究[D]. 天津：天津大学，2015.
[5]　刘抚英．中国矿业城市工业废弃地协同再生对策研究[D]. 北京：清华大学，2007.
[6]　张石磊．资源型城市转型过程、机制及城市规划响应[D]. 长春：东北师范大学，2012.
[7]　何甜．长株潭城市群污染空间更新利用研究[D]. 长沙：湖南师范大学，2016.
[8]　王若菊．我国资源型城市棕地问题发生机理及激活策略研究[D]. 长春：东北师范大学，2010.
[9]　Small Business Liability Relief and Brownfields Revitalization Act，2002.
[10]　ESGCB. 2007. Current status of the Brownfields Issue in Japan Interim Report[R]. Japan：Expert Studying Group for Countermeasures against Brownfields.
[11]　https：//www.canada.ca/en/environment-climate-change/services/federal-contaminated-sites/about.html
[12]　http：//www. palgo.org/files/CABERNET% 20Network% 20Report%202006.pdf
[13]　全国科学技术名词审定委员会．建筑学名词[Z]. 北京：科学出版社，2014.
[14]　Bridges E. Surveying derelict land (Monographs on soil and resource surveys；no. 13). Oxford：New York：Clarendon Press；Oxford University Press，1987.
[15]　顾朝林．城市群研究进展与展望[J]. 地理研究，2011，30(05)：771-784.
[16]　刘玉亭，王勇，吴丽娟．城市群概念、形成机制及其未来研究方向评述[J]. 人文地理，2013，28(01)：62-68.
[17]　王丽，邓羽，牛文元．城市群的界定与识别研究[J]. 地理学报，2013，68(08)：1059-1070.
[18]　汪龘．工业经济空间拓展论[M]. 北京：中国建筑工业出

版社，2014，26.

[19] Dara O' Rourke，Lloyd Connelly，Catherine P Koshland. Industrial ecology：A critical review. Int. J. of Environment and Pollution，1996，6(2/3)，89-112.

[20] 黄石市统计局，国家统计局黄石调查队．黄石市统计年鉴.2018.

[21] Henri Lefebvre. Toward an Urban Strategy. The Urban Revolution [1970]. Minneapolis：University of Minnesota Press，2003.

[22] 黄石市地方志编纂委员会．黄石市志．长江出版传媒，湖北人民出版社．

[23] 舒韶雄，李社教，刘恒，等．黄石矿冶工业遗产研究．武汉：湖北人民出版社，2012.

[24] 黄石市人民政府．黄石市城市总体规划（2001-2020年）.2015.

[25] 刘滨谊．对于风景园林学5个二级学科的认识理解[J]. 风景园林，2011(02)：23-24.

[26] （美）刘易斯·芒福德，宋俊岭，倪文彦，译．敞开的门[M]. 北京：中国建筑工业出版社，2015.

[27] 杨锐．景观都市主义：生态策略作为城市发展转型的"种子"[J]. 中国园林，2011，27(09)：47-51.

作者简介

付泉川，1992年生，女，汉族，四川遂宁人，硕士，清华大学建筑学院景观学系，在读博士研究生。研究方向：城市棕地景观再生。电子邮箱：fqc16@mails. tsinghua. edu. cn

许安康，1992年生，男，汉族，河北石家庄人，硕士，美国哈佛大学设计研究生院，在读硕士研究生。研究方向：城市主义、景观和生态。电子邮箱：axu@gsd. harvard. edu

张成章，1992年生，男，汉族，北京人，硕士，美国哈佛大学设计研究生院，景观建筑学毕业生。研究方向：景观设计，电子邮箱：zcz11@outlook. com。

郑晓笛（通讯作者），1977年生，女，北京人，清华大学建筑学院副教授，特别研究员，美国注册风景园林师。研究方向：城市棕地及废弃地再生、风景园林规划设计与理论。

基于河流四维模型的城市河流生态修复规划设计研究

Research on Urban River Ecological Restoration Planning and Design Based on Four-dimensional River Model

刘 永 刘 晖

摘 要： 河流是重要的生态环境要素，而城市河流则作为城市生态环境要素同时承担着防洪安全、城市用水排水、公众亲水等功能及生物群落多样性、水循环、气候稳定等在内生态服务功能。随着城市发展的加快及公众需求的提高，对城市河流破坏的同时却提出了更多的功能需求。结合国内外河流生态系统修复的研究，在河流四维模型的框架下，从纵向（河流上游——下游）、横向（河流的洪泛区——高地边缘过渡带）、竖向（河床——基底）和时间尺度（三维方向的时间变化）对当前城市河道的问题进行识别、归类与分析，对河道进行生态修复与景观规划设计提出系统性的对应策略，最后基于该策略探索基于河流四维模型的城市河道生态修复的规划设计方法。

关键词： 城市河流；功能需求；河流四维模型；生态修复

Abstract: Rivers are important ecological environment elements, while urban rivers, as urban ecological environment factors, also undertake ecological service functions such as flood control safety, urban water and waste water, public water and other functions, as well as biodiversity, water cycle and climate stability. With the acceleration of urban development and the improvement of public demand, more and more functional requirements have been proposed while destroying urban rivers. Combined with the domestic and foreign study of river ecosystem restoration, based on the four-dimensional model (Ward J V. 1989)of the river, this paper identifies and classifies the urban river problems then analyzes them from the vertical (upstream-downstream), horizontal (river flooding-highland transitional zone), Vertical (bed-base) and time scale (time change in three-dimensional direction). Meanwhile this paper propose a systematic corresponding strategy for ecological restoration and landscape planning of rivers as well as provides the planning and design method of urban river ecological restoration based on river four-dimensional model.

Keyword: Urban Rivers; Functional Requirements; Four-Dimensional Model; Ecological Restoration

1 城市河流生态修复

1.1 概述

1.1.1 概念界定

水，无论是在生物体组成还是在人们日常生活中，均扮演很重要的角色，它作为生态系统中的一个重要构成元素，同时也是参与和维持自然界平衡的重要载体。随着人类文明的发展，与水的相处方式发生着“敬畏—利用—破坏和治理”的改变，伴随人类对水资源量需求与功能需求的提升，在对水的利用过程中打破了水资源的供求平衡，该平衡破坏主要表现为“水少”和“水脏”两方面。不当和过量的水资源开发引起水资源的骤减，而城市污水未达标排放造成了大面积水体的污染。随着城市化进程的加快，城市空间的不断扩展，许多原来位于郊野的河流也成为城市重要的开放空间，而此时的河流同时承担着自然与社会的双重功能，同时也存在需要协调的矛盾。

对河流进行生态修复成为如今缓解该问题的主要方式，生态修复作为一种恢复生态系统的方法，如 Gore 和 Shields 认为恢复或修复的过程是尝试使生物和地球水文过程达到或接近受干扰前的状态。The Society for Ecological Restoration (SER) 认为生态修复是帮助退化或受损生态系统恢复的过程，以建立一个可以自我维持的生态系统。河流生态修复是指使用综合方法，使河流恢复因人类活动的干扰而丧失或退化的自然功能。同时，城市河道修复所建立的是一个经过修正的或全新的生态系统，融入所在场地环境，并沿着一个改变的生态轨迹再次演化和适应外界[1]。

1.1.2 城市河道的价值

按照生态系统价值的一般分类方法，河流的价值可以分为两大类，一类是利用价值，一类是非利用价值。在利用价值中，又分为直接利用价值和间接利用价值。直接利用价值是可直接消费的产出和服务，包括河流直接提供的食品、药品和工农业所需材料，也包括对于水资源的开发利用价值。间接利用价值是指对于生态系统中生物的支撑功能，也是对于人类的服务功能。包括河流水体的自我净化功能，水分的涵养与旱涝的缓解功能，对于洪水控制的作用，局部气候的稳定，各类废弃物的解毒和分解功能，植物种子的传播和养分的循环。此外，无论是高山大川、急流瀑布，还是潺潺溪流以及荷塘秋月，其本身具有的巨大美学价值，可以满足人们对于自然界的心理依赖和审美需求。在历史长河中，河流自然遗产财富是几千年人类文学艺术灵感的源泉[2]。

另一大类是非利用价值，它不同于河流生态系统对于人们的服务功能，是独立于人以外的价值，分为选择价值、准选择价值、遗产价值和存在价值。非利用价值是对于未来的直接或间接可能利用的价值，比如自然物种、生物多样性以及生境等。在非利用价值中，“存在价值”被认为是生态系统的内在价值，可能是人类现阶段尚未感知的但是对于自然生态系统可持续发展影响巨大的自然价值。以上这些价值一部分是实物型的生态产品，比如食品、药品和材料，其经济价值可以在市场流通中得到体现。另一部分是非实物型的生态服务，包括生物群落多样性、环境、气候、水质、人文等功能。这些功能往往是间接的却又对人类社会经济产生深远、重要的影响。特别是在商品社会中，有形的生态产品还能为人们所重视，而大量的非实物型的生态服务价值往往被忽视，至于非利用价值则更不为人们所理解[22]。

宏观尺度上，城市河流占据的是自然水系的一个或几个部分，它更改了自然河流的自然属性，在形态、功能和空间上赋予了城市的社会属性。

中观尺度上，在宏观近自然策略的指导下，再针对每条城市河流的不同区段空间探讨近自然策略，这是中观尺度的研究。

微观尺度上，微观尺度的城市河流近自然化研究主要是针对技术层面，恢复河流自然规律，增强水流自动力过程，建立物质交换过程，营造生境栖息环境。

1.1.3 城市河道的现状及问题

自从改革开放以来，中国的城市化也取得了飞速的发展。从 1979 年到 2016 年间，中国的城市人口已经由 1.72 亿上升到了 7.49 亿，城市化率由 18.96%上升到 57.35%，并且预计到 2020 年将超过 60%。城市的扩张和城市人口的增加必然导致资源的过度消耗以及污染物的大量排放，从而产生一系列的环境与生态问题[3]，城市的沿河建设过程，也就是从自然河流向城市河流转化的过程。城市河流是指发源于城区或流经城区的河流或河段，也包括一些历史上经过人工开挖演变成已具有自然河流特点的渠系或运河[4]。基于城市建设、防洪安全及公众用水排水的需求，人类开始对城市河流资源进行开发，然而由于我国人工众多及保护性开发意识的薄弱，在开发过程中大规模利用工程手段改造河流及驳岸形态，干扰河流生态系统的正常水文过程；无秩序调用水，影响水资源分布的合理性；污水水质不达标排放，破坏河流的自净能力；在城市建设过程中对下垫面的改造，加之没有完善的低影响开发设施，降低下垫面下渗能力，使地表径流量剧增，造成城市内涝风险。以上行为使城市河道在形态、水质、水量及连通性等层面不同程度地丧失了生态服务功能。

1.2 河流连续体概念及其内涵

1980 年，Vannote 等提出了河流连续体概念（river continuum concept，RCC）[5]。用于描述河流物理和生物要素沿河流连续变化的动态特征在河流连续体概念的基础上，Ward 将河流生态系统描述为四维系统，即具有纵向（河流上游—下游）、横向（河流的洪泛区—高地边缘过渡带）、竖向（河床—基底）和时间尺度（三维方向的时间变化）的生态系统[6]。水生态要素特征概括起来共有五项，即水文情势时空变异性；河湖地貌形态空间异质性；河湖水系三维连通性；适宜生物生存的水体物理化学特性范围以及食物网结构和生物多样性。河流—湖泊系统和河流—河漫滩系统的连通性具有重要的生态学意义。对于城市河道修复来讲，三维空间上的水文及生态的连接度是保证河道与周边生态要素信息沟通的基础，为生物多样性的营造提供良好的本底条件。同时，建立完整与连通的城市河湖系统对城市生态建设意义重大。

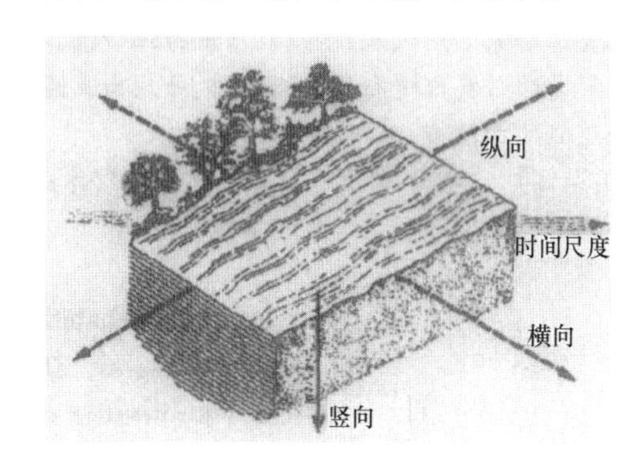

图 1 河流四维模型示意图

2 城市河道生态修复策略

在河流连续体概念的框架下，结合城市建设与公众参与需求，对城市河道生态修复提出以下策略。

2.1 河道“三维空间”优化

基于河流连续体的概念，分别从纵向、横向及竖向空间对河流进行水文过程的修复与优化。纵向连续上，对生态基流或水量不足的河道，减少上游大型工程闸坝及水库的建设数量与密度，恢复河道纵向水力连续性。横向连续上，在满足生态基流或水量的基础上，适当扩大防洪堤堤距，在符合防洪堤行洪断面与建设用地空间需求的前提下，适当放缓堤坡坡度，恢复河道横向连续性。竖向连续上，避免使用工程性防渗措施，对于蒸发量及下渗量较大的区域，建议采取增大土壤夯实系数或生态防渗材料，满足生态基流的同时，恢复河道竖向渗透性，增强与地下水的沟通。

2.2 防洪线位优化

每条具有防洪要求的河流都会设定一个最高防洪标准，然而该标准所对应的洪水水位通常是依据当地水文站的历史数据推算得出，而很多时候城市的防洪级别是明显高于实际洪水量的，导致部分城市的水利防洪指标过高。另一方面，城市地表径流的流速及流量加大，导致许多城市面临内涝灾害，为了规避因河流洪涝对城市的威胁，防洪级别不断提升。

因此，应该对当下城市河道的水文过程及数据进行更新与实测，结合城市建设对河流各项参数造成的影响重新制定新的防洪标准。与此同时，防洪线位的形态也应该一概往日线性笔直的形态，在满足控制断面的行洪面积的基础上，设置蜿蜒的防洪堤线位形态，可以在防洪堤迎水坡内波形成河流——滩区系统，为水质净化、生物多样性及洪水脉冲提供空间（洪水脉冲效应）。

2.3 水质净化设施优化

河流水质修复技术包括物理技术、化学技术、生物技术及工程治理技术。其中，物理法包括引清调度、底泥疏浚、河道曝气、机械除藻等技术。化学法包括化学固定、化学除藻等方法。生物技术包括水生植物净化技术、微生物修复技术等。工程治理技术包括人工湿地技术、生物浮床技术、填料生物床技术等。工程治理技术由于包含物理、化学、生物手段[7]。

以上各类技术在环境工程专业已有较为详细的介绍，在此不做赘述。受限于场地水质水量现状、设施占地空间、投资费用等因素，应通过不同技术及设施的组合运用，在生态干扰最小的前提下，筛选处理效果好、易于调控、价格低廉等优势，水质净化技术手段。

2.4 建立“灰十绿”模式（地表水补给）

结合低影响开发理念，灰色设施与绿色设施相协调，城市径流净化收集，缓解城市内涝，补充河流水源。

2.5 近远期结合，新旧河道分治（建设时序设定）

对于污染的河流可以通过设置新河道进行水体的异位净化，避免已净化水体的二次污染，结合近远期水系规划形成多样的、连通的水体。应对不同污染程度的水体，减少底泥污染，避免上下游水质净化工序的重复，从而进一步减少工程量。

2.6 示范文教功能的完善

场地中设置一定空间，展示场地水质净化流程，发挥科普教育功能。

2.7 设施形态优化

在河道生态修复设计的过程中，主要参与的专业有风景园林、环境工程和水利工程，三者在此过程中存在以下矛盾。

可协调解决的矛盾：该类矛盾的存在是由于各专业缺乏深入的沟通于协调所致，且隶属于某个专业的标准仅仅是从该专业角度出发，并未与其他专业进行对接。

在水利工程专业中，防洪堤堤线的走势主要遵循以下原则：

（1）堤线与河势流向相适应，并与大洪水的主流线大致平行。

（2）堤线力求平顺，各堤段平缓连接。

（3）尽可能利用现有堤防和有利地形，避开不良地基和深水地带。

（4）尽量减少占压耕地、拆迁房屋等地面建筑物。

（5）堤线布设要考虑经济合理的原则。

在第一条原则中，如果河流在较长距离内缺少河势的变换，与之相适应的防洪堤也将是两条缺少变化的直线。加之在防洪堤建设中缺乏变化的迎水面与背水面坡度，渠化的河道就这样产生了。

将防洪堤线位形态适当曲化，在增大行洪面积的同时，降低水流速度，为水质接触反应净化及生境多样性营造提供水陆交接带空间（图2，图3）。

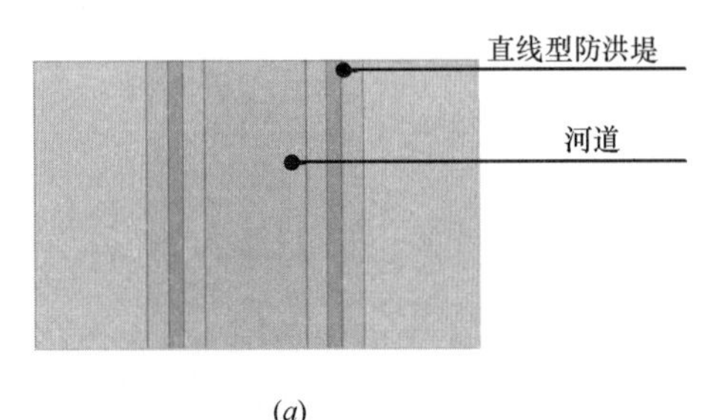

(a)

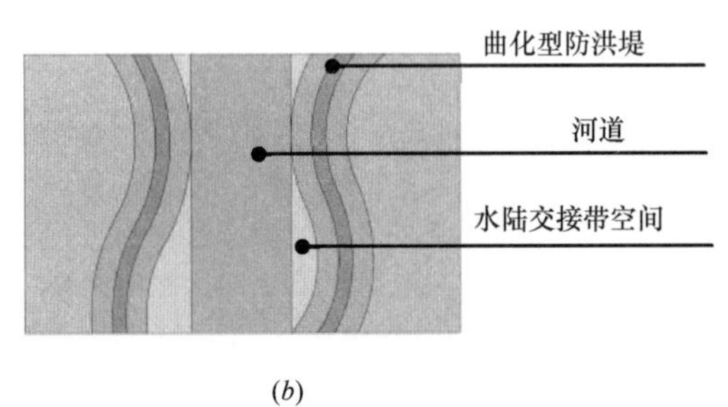

(b)

图2 曲化前后防洪堤平面示意图

（a）直线形防洪堤平面示意图；（b）曲化后防洪堤平面示意图

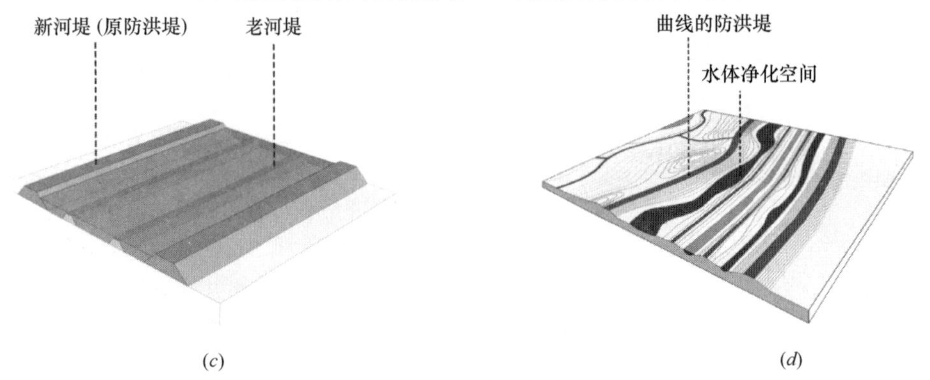

(c) (d)

图3 曲化前后防洪堤鸟瞰示意图

（a）直线形防洪堤鸟瞰示意图；（b）曲化后防洪堤鸟瞰示意图

按照《堤防工程设计规范》GB 50286—2013，防洪等级一级堤顶宽度不小于于8m，二级堤顶宽度不小于于6m，三级及以下堤顶宽不度小于3m。而在具体施工中，为了减少工程误差，往往会适当扩大堤顶宽度。在满足设计规范的基础上，可对防洪堤做以改造，降低防洪堤坡度，改变缺少变化的迎水面及背水面地形（图4），以此营造多样的生境空间。形态上弱化防洪堤，降低防洪堤对河道内外生态连接度与景观连接度的影响（图5）。

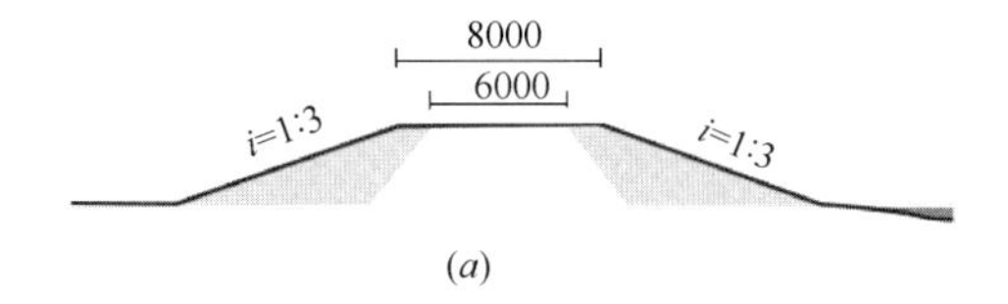

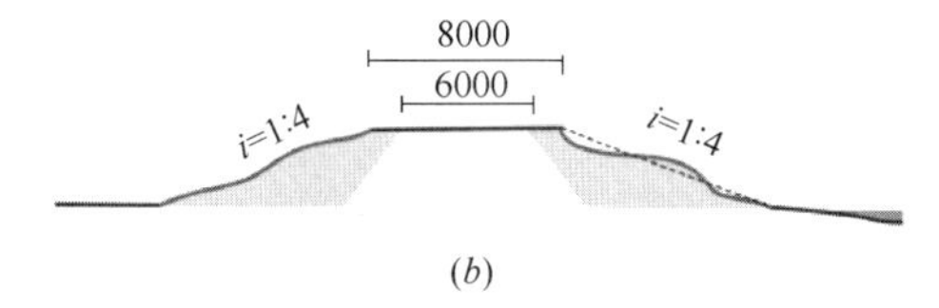

图4　改造前后防洪堤形态示意

(a) 改造前防洪堤形态示意；(b) 改造后防洪堤形态示意

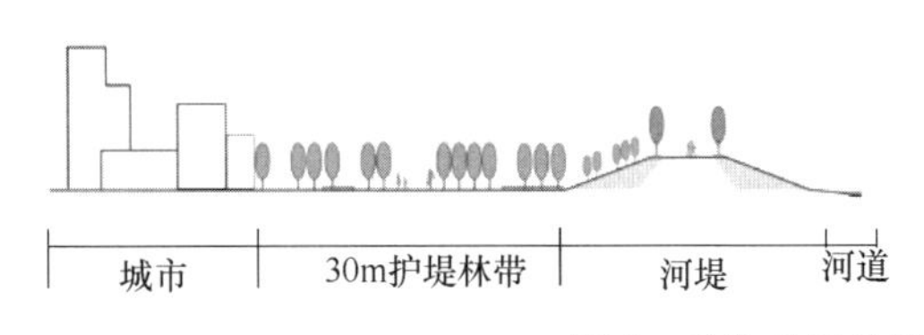

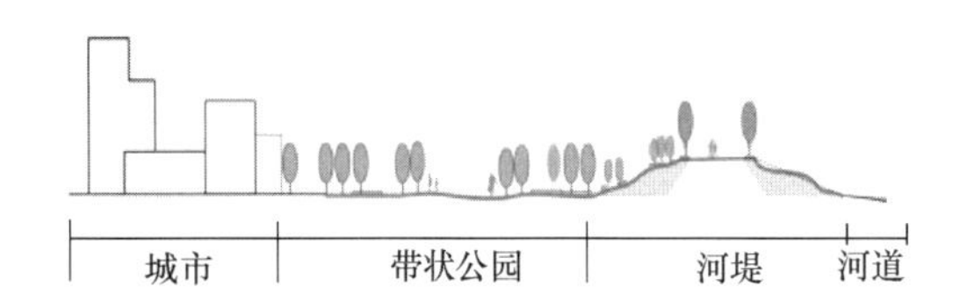

图5　改造前后防洪堤与周边场地关系示意

(a) 改造前防洪堤与周边场地关系示意；(b) 改造后防洪堤与周边场地关系示意

人工湿地的正常运行，在保证高程及湿地容积的基础上，可对其布局与设施形态作以设计，例如改变每组潜流型人工湿地排列形态，将直线型的收水渠设计为自然溪流形态，在人工湿地模块间设置游览路线，增强其美观性，同时增加公众参与程度，充分发挥科普教育功效(图6)。

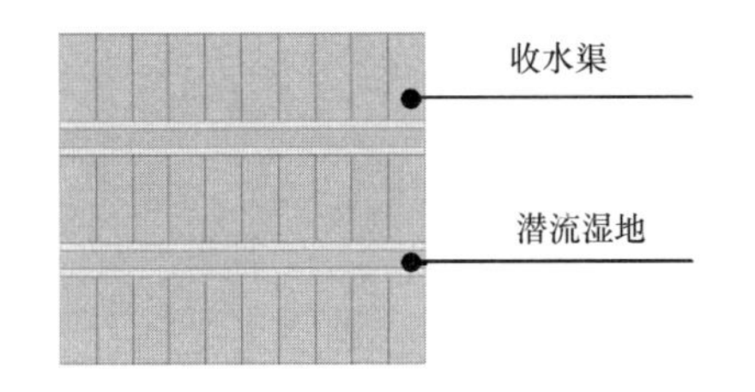

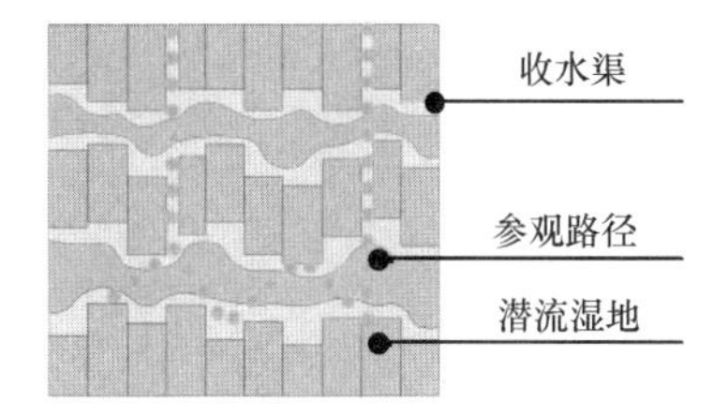

图6　改造前后人工湿地平面布局示意

(a) 改造前人工湿地平面布局示意；(b) 改造后人工湿地平面布局示意

需进一步验证的矛盾：该类矛盾是各专业沟通中暂时无法确定的问题，需要通过理论计算、试验和工程实施进行进一步验证。

在水利工程专业中，需要对长期处于淹没状态的回水区域的堤坡进行防渗处理，以保证堤坡稳定性。而对于新建湖泊与人工湿地等具有蓄水功能的区域，应当通过对所在区域进行土壤渗透系数的测定，对满足要求的土壤采用增加土量和压实系数的方式减小场地土壤下渗速率，满足蓄水需求，同时保证蓄水区域与地下水的沟通(图7)。

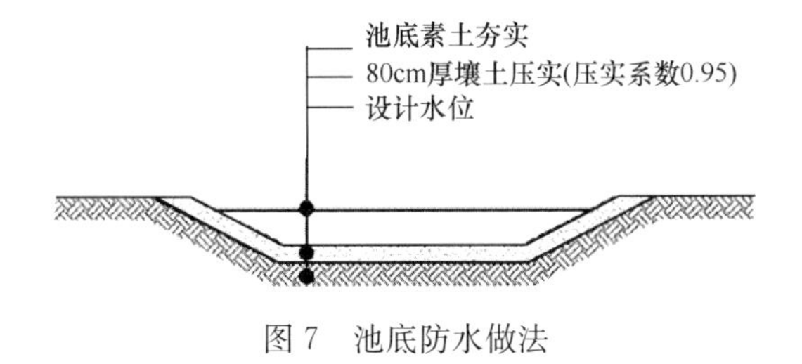

图7　池底防水做法

3　结语与展望

河道生态修复需要多学科协作完成的一项工作，针对不同类型的生态问题，会有不同学科领域的实践研究侧重点。在河道生态修复理论与实践的研究中，生态学科由其基础理论到项目实践，形成自上而下的研究体系；水利工程、环境工程等学科，在项目实践过程中以生态学为指导，形成具备自身特点的且具备生态学科理论内涵的实践体系。

风景园林专业在与其他专业协作进行河流生态修复的工程中，需要充分了解相关专业的理论知识与技术原理，学科边界交叉、重叠之处恰恰是科学新发现和技术新发明最容易生长之处[8]。风景园林学有着很强的包容性，起初的风景园林多从主观的审美、意境的营造以及文化的传达等方面去表述，而当今的风景园林学专业更追求综合性和专业性，该专业已不再是简单的主观表述，而已经涉及与多领域进行专业知识层面的深度衔接，以问题为导向的研究趋势也逐渐淡化了学科间的界限，风景园林学科需要更多地接纳其他学科在处理专业问题上的思路。与此同时，需要对风景园林学提出兼容性的要求，风景园林学在满足自身在多学科领域的合作后，需要逐渐学习相关学科中与本学科关系密切的知识，以此更好地与其他专业领域深度对接。风景园林学除了协调人与自然关系外，应尽可能与更多相关专业进行协作。

参考文献

[1] 李雅．绿色基础设施视角下城市河道生态修复理论与实践——以西雅图为例[J]．国际城市规划，2018：41-47.

[2] 董哲仁．河流健康的内涵[J]．理论前沿，2005.

[3] Gu Q W, Wang H Q, Zheng Y N, *et al*. Ecological footprint analysis for urban agglomeration sustainability in the middle stream of Yangtze River[J]. Ecological Modelling, 2015, 318: 86-99.

[4] 朱国平，王秀，王敏，等．城市河流的近自然综合治理研究进展[J]．中国水土保持科学，2006(2)：92-97.

[5] Vannote R L. The river continuum concept[J]. Can. J. Fish. Aqua. Sci., 1980, (37): 130-137.

[6] Ward J V. The four－dimensional nature of lotic ecosystems [J]. J. North Amer BentholSoc, 1989, (8): 2-8.

[7] 肖乐，周琪．受污染河流水质修复技术研究进展综述[J]．净水技术 2015，34(1)：9-13，28.

[8] 杨锐．风景园林学科建设中的9个关键问题[J]．中国园林，2017：13-16.

作者简介

刘永，1987年生，男，汉族，河南焦作人，西安建筑科技大学建筑学院风景园林学在读博士，西北地景研究所。研究方向：生态水文及海绵城市设计研究。电子邮箱：253380760@qq.com。Tel：13474689927。

刘晖，1968年生，女，辽宁沈阳人，博士，西安建筑科技大学建筑学院教授，博士生导师，西北地景研究所所长。研究方向：西北脆弱生态环境景观规划设计理论与方法，中国地景文化历史与理论

基于计算机视觉的城市公园鸟鸣声景感知模型构建研究[①]

Perceived Birdsong Modelling of Urban Parks Based on Computer Vision

洪昕晨　刘　江　王光玉　兰思仁

摘　要： 鸟鸣声景作为城市公园感官景观的重要组成部分，对提升城市居民愉悦度和降低噪声污染影响起到了关键作用。本研究的目的在于探究城市公园声光谱信息与人对鸟鸣声景感知的内在联系，并将相关的声景驱动因素进行模型化。以加拿大温哥华市的三个城市公园为例，对41个观测点进行了问卷调查和声学测量。通过计算机视觉技术中的多目标模板匹配法从城市公园声光谱中提取鸟鸣声景信息，并通过BP神经网络进行模型转化。研究结果表明：31.5Hz～16kHz的声音频率与鸟鸣声景愉悦度间具有较强的相关性；31.5Hz～63Hz和1kHz～8kHz的声音频率与感知到的鸟鸣次数具有较强的相关性；模板匹配法对鸟鸣声景目标识别成功率为92.4%；构建的城市公园鸟鸣声景模型预测正确率为79.5%。城市公园鸟鸣声景模型可用于城市公园声景评估以及为声景保护提供参考。

关键词： 声景；模板匹配；城市公园；人工神经网络；鸟鸣

Abstract: As an important part of the sensory landscape of urban parks, birdsong plays a key role in improving the pleasantness of urban residents and reducing the impact of noise pollution. The purpose of this study is to explore the relationship between the sound spectrum information and the perception of birdsong soundscape, and to model the related drivers of soundscape. Taking three urban parks in Vancouver, Canada, as an example, questionnaire meteorology and acoustic measurement were conducted at 41 observation points. The soundscape information of birdsong was extracted from the sound spectrum of urban park by Multi-objective Template Matching in Computer Vision technology, and the model was transformed by BP neural network. Result show that there is a strong correlation between the sound frequency of 31.5Hz～16kHZ and the pleasantness of birdsong soundscape. There is a strong correlation between the sound frequency of 31.5Hz～63Hz and 1kHz～8kHz and the perceived occurrences of birdsong. The accuracy rate of Template Matching method is 92.4%. In addition, the prediction accuracy of perceived birdsong modelling of urban parks is 79.5%. This model of urban park can be used to evaluate the soundscape of urban park and provide reference for soundscape protection.

Keyword: Soundscape; Template Matching; Urban Parks; Artificial Neural Network; Birdsong

城市公园作为城市中的生态组成部分，对城市环境发挥着重要的优化作用：提升空气质量[1,2]、调节微气候[3,4]，同时优化了城市中视觉景观[5,6]、光景观[7]、香景观[8]和声景观[9-11]等。城市公园同时也作为鸟类等其他生物的重要栖息地，这些生物产生的生物声景是城市声景的重要组成部分之一，尤其是鸟鸣声景，它们为高密度城市环境下生活的人们起到了一定的减缓压力的作用[12,13]。鸟类在城市环境中具有很强的生物声学适应性，能够调节自身发生频率和声压来达到沟通、宣示领地和吸引配偶的目的[14]。Laiolo[15]认为鸟鸣声景是生物友好型城市（biophilic cities）中最理想的声景，因为它容易提升城市居民的愉悦感受并有助于改善公众健康。Hong等[16]通过对声景日变化检测，认为鸟鸣声景有助于提升上午和傍晚期间的声景感受。Liu等[17]通过对鸟鸣声景在城市中时空变化进行研究，发现鸟鸣声景的感知响度与景观空间格局指数潜在相关。Cardosos和Atwell[18]研究表明声音频率是指示鸟鸣声的重要声学指标。Hong等[19]研究表明鸟鸣声环境的质谱心和人的心理感受也符合心理物理学定律。虽然鸟鸣声景领域内已有一定的研究，但对于声景内在因素对鸟鸣声景感受量之间的关系尚鲜有报道。因此，本研究的目的在于探究城市公园声光谱信息与人对鸟鸣声景感知的内在联系，并将相关的声景驱动因素进行模型化。为达到此研究目的，研究中引入了计算机视觉技术中的多目标模板匹配法，并结合人工神经网络对城市公园鸟鸣声景数据进行机器学习和参数拟合，进而构建城市公园鸟鸣声景模型。以期将该模型用于城市公园声景评估以及为声景保护提供参考。

1　研究方法

1.1　研究区域

研究中的观测点分布于加拿大温哥华市的杰瑞科公园（467,100m²）、斯坦利公园（4,049,000m²）和太平洋精神公园（8,740,000m²）。这三个城市公园都在城市中并拥有高绿化率，对鸟类有较强的吸引力。41个观测点分布在这三个公园中（如图1所示），其中8个观测点在杰瑞科公园，15个观测点在斯坦利公园，其余18个观测点在太平洋精神公园。实验前调查了每个点的声学基础参数，包括了等效声压级（LAeq）、前景声（L10）、背景声（L90）、声源变异量（L10-L90）以及低频声信息（LCeq-LAeq）。测量到的LAeq范围在37.6dBA～65.7dBA之间，说明观

① 基金项目：福建省社会科学规划项目（FJ2018B087）；福建农林大学科技创新专项基金（CXZX2017467）。

测点具有较大的声压级变化。L10-L90 的极值差大于 10dB，且 LCeq-LAeq 的极值差只有 8.2dB，说明观测点声源丰富并且受到较少的低频噪声影响，适合进行鸟鸣声景的观测和分析。

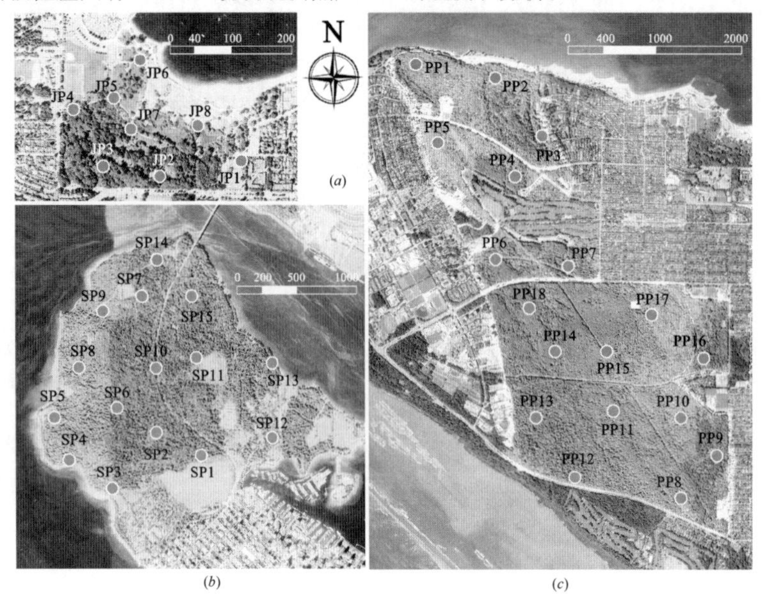

图 1　观测点分布图

(a) 杰瑞科公园；(b) 斯坦利公园；(c) 太平洋精神公园

1.2　鸟鸣声景信息采集

对于鸟鸣声景愉悦度的心理感受量，本研究采用问卷调查，基于 ISO 12913-2：2018 *Soundscape-Part 2：Data collection and reporting requirements* 和 5 分法确定声景愉悦度范围[20,21]，包括了不愉悦（+1）、较不愉悦（+2）、一般（+3）、很愉悦（+4）和非常愉悦（+5）。同时，要求评价者对感知到的鸟鸣次数进行统计。根据 GB/T 14195—1993《感官分析：评价员选拔与培训，感官分析优选评价员导则》和 GB/T 16291.2—2010《感官分析 选拔、培训与管理评价员一般导则 第 2 部分：专家评价员》，对 13 位正常听力的评价者进行了统一培训[22]。对于鸟鸣声景的物理信息，通过索尼 PCM-D100 采集录音数据（双耳录音，采样率 96 kHz，分辨率 24bit）。考虑到鸟鸣声的发生频次、短时记忆对声信息的影响以及感知声景的可持续性[23-25]，每个观测点进行不连续的 15 次、每次 20 秒的调查和测量。其他声学参数（LAeq，L10 和 L90）通过 AWA6228+1 级声级计进行数据采集。

鸟鸣声景数据采集在 2019 年 2 月到 3 月间完成，实验选择了非周末晴天的 10：00～15：00 之间进行，每组实验重复 3 次。

1.3　城市公园鸟鸣声景感知模型

为从录音中提取鸟鸣声元素，通过计算机视觉技术中的多目标模板匹配法（Multi-objective Template Matching）从城市公园录音的声光谱中提取鸟鸣声景信息，并通过 BP 神经网络进行模型转化[26,27]。主要分为以下几个步骤：(1) 将录音转化为声光谱并提取鸟语信息构建城市公园鸟语库；(2) 通过多目标模板匹配法将鸟语库中的鸟语谱进行阈值化，然后将其作为模板提取城市公园录音信息，包括鸟鸣次数和鸟鸣频率区间等；(3) 通过对提取的鸟鸣次数、鸟鸣频率信息、其他声学参数（LAeq，L10 和 L90）和问卷数据（鸟鸣声景愉悦度）进行人工神经网络学习和训练，构建适用于城市公园鸟鸣声景的网络模型。模型框架如图 2 所示，模型用到的机器学习软件支持为 Python 3.7。

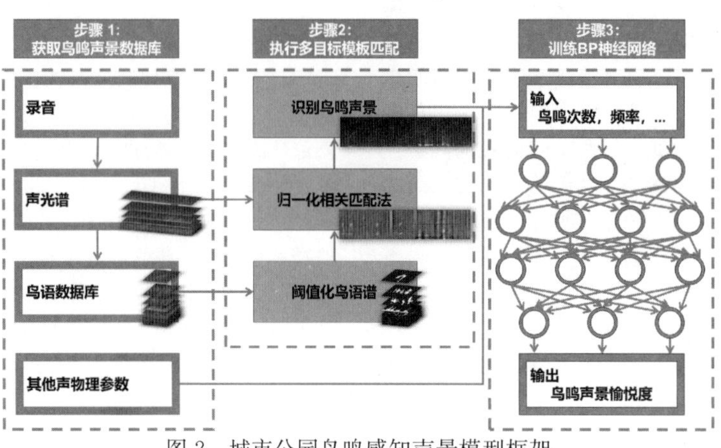

图 2　城市公园鸟鸣感知声景模型框架

2 结果与分析

2.1 感知鸟鸣声景与声信号频率相关性分析

将收集到的主客观数据进行正态分布检验，然后对鸟鸣声景愉悦度、感知到的鸟鸣次数和频率进行 Pearson 相关性分析，结果见表 1。结果表明，鸟鸣声景愉悦度与除 16Hz 外的所有频段都具有较好的相关性。对于感知到的鸟鸣次数，31.5Hz 到 63Hz 和 1kHz 到 8kHz 的声音频率与其具有较强的相关性。当声音频率集中在较高频率时，尤其在 1kHz 到 8kHz 时，感知鸟鸣声景总能体现出较强的相关性。这个频段也是鸟类在城市环境主要产生鸟鸣的集中频段。说明这些指标适合进行进一步的分析和建模。

Pearson 相关性分析 **表 1**

	频率（Hz）										
	16	31.5	63	125	250	500	1k	2k	4k	8k	16k
鸟鸣声景愉悦度	.130	.353*	.446**	.307*	.284*	.378**	.426**	.376*	.377**	.397**	.230*
感知到的鸟鸣次数	.126	.310*	.365**	.165	.105	.215	.353*	.312*	.381**	.340*	.212

注：$*p<0.05$，$**p<0.01$。

2.2 城市公园鸟鸣声景感知模型构建

通过对采集到的录音进行分析，统计到了样地城市公园中的 133 次鸟鸣，主要由 22 种鸟类发声。以此为基础构建本研究的城市公园鸟语库，并对鸟语库进行阈值化处理（图 3），进而作为多目标模板匹配时的识别模板。

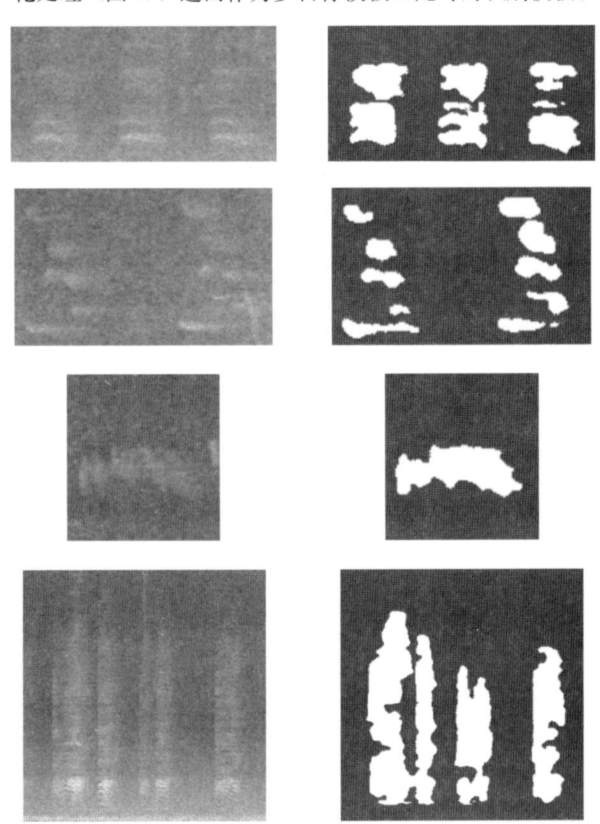

图 3 鸟语谱阈值化示例

通过计算机视觉技术，对所有录音进行鸟语谱识别，并对识别到的语谱图像的顶点和底点进行记录，以统计最大频率和最小频率。通过多目标模板匹配法中的归一化相关性匹配法，对案例公园的鸟鸣声景识别成功率达 92.4%。识别失误情况主要由其他声源（汽车鸣笛声、狂风声）产生掩蔽导致。

研究中的 BP 神经网络由两个隐藏层构成，所有神经元的隐函数都为双曲正切函数。将统计到的声音频率和鸟鸣次数，以及以往研究中验证的与鸟鸣声景相关的声物理指标（LAeq、L10 和 L90）作为人工神经网络模型的输入，将鸟鸣声景愉悦度作为人工神经网络的输出。经过三次交叉验证后，得到训练集和测试集的正确率达到 81.1%和 79.5%，说明该模型能够较准确的评估人对城市公园鸟鸣声景的感受情况。

3 结论与讨论

鸟类是城市公园中的主要生物声源。通过相关性分析，本研究发现声音频率与鸟鸣声景愉悦度和感知到的鸟鸣次数存在较好的相关性。并基于计算机视觉技术将上述指标融入了城市公园鸟鸣声景感知模型，该模型依赖于较完整的鸟语数据库，更加完整的鸟语数据库将有利于提高模型的正确率。本研究构建的模型将有助于景观设计师根据模型评估结果提出合适的设计方案。研究的局限在于主要考虑的是鸟鸣声景频率信息，在未来的研究中将会综合考虑鸟鸣发生时间和时序等因素，以继续优化和提升模型的精度。

参考文献

[1] Paoletti E, Bardelli T, Giovannini G, et al. Air quality impact of an urban park over time[J]. Procedia Environmental Sciences, 2011, 4(10): 10～16..

[2] Johnson L R, Handel S N. Restoration treatments in urban park forests drive long - term changes in vegetation trajectories[J]. Ecological Applications, 2016, 26(3): 940～956.

[3] Toparlar Y, Blocken B, Maiheu B, et al. The effect of an urban park on the microclimate in its vicinity: A case study for Antwerp, Belgium[J]. International Journal of Climatology, 2018, 38(S1): e303～e322.

[4] Amani－Beni M, Zhang B, Xie G D, et al. Impact of urban park ' s tree, grass and waterbody on microclimate in hot summer days: A case study of Olympic Park in Beijing, Chi-

na[J]. Urban Forestry & Urban Greening, 2018, 32: 1～6.

[5] Manyoky M, Hayek U W, Pieren R, et al. Evaluating a visual—acoustic simulation for wind park assessment[J]. Landscape & Urban Planning, 2016, 153: 180～197.

[6] Liu C, Tong Q, Xiao M. The research on the impact assessment of visual landscape of country parks In Beijing[J]. Journal of Environmental Engineering & Landscape Management, 2016, 24(1): 37～47.

[7] Hale J D, Davies G, Fairbrass A J, et al. mapping lightscapes: Spatial patterning of artificial lighting in an urban landscape. Plos One, 2013, 8(5): e61460.

[8] Xiao J, Tait M, Kang J. A perceptual model of smellscape pleasantness[J]. Cities, 2018, 76: 105～115.

[9] 洪昕晨，潘明慧，袁轶男，等．一种适用于竹林空间的声景协调度评价模型[J]. 振动与冲击，2018，37(9)：234～238+242.

[10] 刘江，郁珊珊，王亚军，等．城市公园景观与声景体验的交互作用研究[J]. 中国园林，2017，33(12)：86～90.

[11] Hong X C, Jiang Y, Wu S T, et al. A study on the difference of forest soundscape evaluation models based on geophonies. Hiroshima, Japan: The 25th International Congress on Sound and Vibration, 2018-7.

[12] Pijanowski B C , Farina A , Gage S H , et al. What is soundscape ecology? An introduction and overview of an emerging new science[J]. Landscape Ecology, 2011, 26(9): 1213～1232.

[13] Krause B. Anatomy of the soundscape: Evolving perspectives[J]. Journal of the Audio Engineering Society Audio Engineering Society, 2008, 56(1/2), 73～80.

[14] Slabbekoorn H , Ripmeester E A P . Birdsong and anthropogenic noise: Implications and applications for conservation[J]. Molecular Ecology, 2008, 17(1): 72～83.

[15] Laiolo, P. Homogenisation of birdsong along a natural-urban gradient in Argentina[J]. Ethology Ecology & Evolution, 2011, 23(3): 274～287.

[16] Hong X C, Liu J, Wang G Y, et al. Factors influencing the harmonious degree of soundscapes in urban forests: A comparison of broad-leaved and coniferous forests[J]. Urban Forestry and Urban Greening, 2019, 39: 18～25.

[17] Liu J, Kang J, Behm H. Birdsong as an element of the urban sound environment: A case study concerning the area of warnemünde in germany[J]. Acta Acustica United with Acustica, 2014, 100(3): 458～466.

[18] Cardoso G C , Atwell J W . On the relation between loudnessand the increased song frequency of urban birds[J]. Animal Behaviour, 2011, 82(4): 831～836.

[19] Hong X C, Yan C, Lan S R. The effect of spectral centroid on perceived birdsong in urban forests. Aachen, Germany: the 23rd International Congress on Acoustics, 2019.

[20] ISO 12913-2: 2018. Acoustics-Soundscape-Part 2: Data collection and reporting requirements.

[21] Osgood C E . Semantic differential technique in the comparative study of cultures1[J]. American Anthropologist, 2009, 66(3): 171～200.

[22] 洪昕晨，潘明慧，袁轶男，等．地球物理声对竹林声景评价的影响．哈尔滨：中国声学学会 2017 年全国声学学术会议，2017-9.

[23] Peterson L , Peterson M J . Short-term retention of individual verbal items[J]. Journal of Experimental Psychology, 1959, 58(3): 193～198.

[24] Mackworth J F. Auditory short-term memory[J]. Canadian Journal of Psychology, 1964, 18(4): 292.

[25] Hong X C, Wang G Y, Liu J, et al. Cognitive persistence of soundscape in urban parks[J]. Sustainable Cities and Society, 2019, 101693.

[26] 冯志远．基于模板匹配的语音样例快速检索技术研究[D]. 郑州：解放军信息工程大学，2013.

[27] Ziaratban M , Faez K , Faradji F. Language-Based Feature Extraction Using Template-Matching In Farsi/Arabic Handwritten Numeral Recognition. Parana, Brazil: International Conference on Document Analysis & Recognition, 2007.

作者简介

洪昕晨，1992 年生，男，汉族，福建人，福建农林大学园林学院与英属哥伦比亚大学林学院联合培养博士研究生。研究方向：声景观理论与实践。电子邮箱：xch. hung@outlook. com。

刘江，1984 年生，男，汉族，河北人，博士，福州大学建筑学院副教授。研究方向：风景园林学、声景观。电子邮箱：jiang. liu@fzu. edu. cn。

王光玉，1963 年生，男，汉族，福建人，博士，英属哥伦比亚大学林学院教授。研究方向：城市森林。电子邮箱：guangyu. wang@ubc. ca。

兰思仁，1963 年生，男，汉族，福建人，博士，福建农林大学园林学院教授。研究方向：风景园林规划设计。电子邮箱：lsr9636@163. com。

基于乡土性特征的城市边缘区村镇景观修复策略

——以北京市黑庄户地区为例

Rural Landscape Restoration Strategy in Urban Fringe Based on Local Characteristics

—A Case Study of Heizhuanghu Area in Beijing

梁文馨　邢鲁豫　黄楚梨

摘　要： 城市边缘区是城市外围的重要一环，其景观具有乡土性特征的同时受到城市活动的强烈影响，因此景观空间的合理规划对于城市边缘区极为重要。本文以北京市黑庄户地区为例，对其体现乡土性的景观要素“水田林宅”进行提取与分析，梳理景观走廊和景观斑块，对该区域村镇景观基底进行修正，提升、优化与环境相容的开放空间，探究“水田林宅”格局修复策略。以此格局为基底规划景观空间，赋予其与环境相容的功能与特点，为相关规划提供借鉴和参考。

关键词： 风景园林；村镇景观；乡土性特征；城市边缘区；景观修复

Abstract: Urban fringe is an important area in the urban periphery. Its landscape has local characteristics, strongly influenced by urban activities. Therefore, reasonable planning of landscape space is very important for urban fringe area. Taking Heizhuanghu area in Beijing as an example, this paper extracts and analyzes the landscape element "water-fiels-forest-building", which reflects local characteristics, and combing landscape corridors and patches to modify the landscape basement of villages and towns in this region, so as to improve and optimize the open space compatible with the environment and explore the restoration strategy of "water-fiels-forest-building" pattern. Planning landscape space based on this pattern, endowing it with functions and characteristics compatible with the environment, providing reference for relevant planning.

Keyword: Landscape Architecture; Village and Town Landscape; Rural Indigenous Character; Urban Fringe; Landscape Restoration

引言

随着我国城市化进程的加快，许多城市的发展呈现出无度开发、肆意扩张的态势，随之出现城市生态失衡、城市功能失调等众多问题。

城市边缘区是城市化进程中城市扩张的主要区域，位于城市建成区以外城市近郊区域，受城市建设发展影响，是城市与乡村之间的缓冲过渡地带。因其特殊的区位条件，城市边缘区及其内部村镇在产业结构、人口结构、空间结构等方面都具有特殊性。边缘区不仅为城市化进程的发展备用地，更是城市生态系统及其循环的重要环节。该区域的存在和发展同时受到城市扩散的作用力和远郊农村地区向中心集聚靠拢的作用力的影响，同时，区域内部也有自身发展和城市化的内部张力。如不对其进行合理的空间规划布局，将产生诸多的城市问题。

1　研究背景

1.1　概念解读

边缘区村镇景观指城市化发展进程中，边缘过渡地带内的土地单元，这些单元组成具有明显景观特性的环境，其中具备的较为完整的绿色空间体系。[1]包括各种类型的绿地、水体及近自然空间等，同时受到自然环境和人类建设发展的影响。

相较于城市，边缘区的村镇景观包含更多绿色空间，且部分具备受人类干扰较少的自然状态。除此之外，其内部有一定面积的特殊性质绿地，例如：防护绿地、休闲绿地、城乡道路绿廊等，这些绿地多毗邻于建设用地，常以嵌块、廊道的形式构成边缘区景观基础设施基底。

1.2　边缘区村镇景观特征

边缘区借助其区位和农业生产资源优势，具有产业发展优势和游憩基础，其村镇景观具有特殊性。边缘区是一个动态发展区域，所以其村镇景观也随之出现位置向外转移、面积减小、自然化程度减弱的动态发展趋势。由于边缘区是城市化进程的产物，意味着其内部的土地利用、景观格局和空间结构在较短的时期内发生了重大的变化，这使得其生态系统较敏感脆弱。另外，由于边缘区位置特殊性，其内部景观除了要维持城市与远郊农村间的生态平衡和抑制城市无序扩张外，对于人文生态要求更为复杂，不仅需服务于城市的农业和工业，还应具备相当的游憩休闲、文化融合等功能[2]。

2　北京市边缘区发展概况

在北京市的城市化进程中，城市边缘区的扩展总量和扩展强度都随着时间进程速率加快，在扩展方向上具有明显的差异性[3]。边缘区的变化从单纯的内容填充发展成为用地比率提高和基础设施完善，边缘区的扩展位置由一开始的朝阳大兴逐渐转移为通州（黑庄户地区所在位置）及昌平。

北京市边缘区的扩张发展是多种因素共同作用的结果，在扩张发展的进程中存在诸多问题。其中最明显的问题即乡土性的缺失，主要包括自然与人文两方面。

北京市城市化初期，异质性的景观进入城市边缘区农业景观基质，景观的多样性和均匀度有所增加，部分自然状态的景观被分隔，景观格局破碎度增加。随着城市化进程的发展，边缘区景观的乡土性逐渐弱化[4]。加之大量的人为干预建设，边缘区域内传统的乡土人文，例如集市、节会等，也由于空间的限制逐渐减少，加剧边缘区景观空间乡土性的减弱甚至消失。

随着北京市城市化进程步入后期成熟阶段，城市中心的辐射力加强，人们开始注重更加优质和可持续发展的边缘区村镇景观，因此科学的分析研究区域景观格局，进行合理的村镇景观规划尤为重要。

3 黑庄户地区乡土性村镇景观模式分析

3.1 乡土性景观要素提取

本文选取了北京边缘区的典型代表——黑庄户地区进行研究。该片区位于北京市东南部，紧密连接东北、天津、山东等区域，为展示首都形象的重要窗口。此区域曾为重要的农事区域，农田、鱼塘、河流交织，因其传统的金鱼文化和苗木种植获有“金鱼之乡”与“园林之乡”的美称。如今的黑庄户地区在城市发展中土地格局逐日变化，其中建筑面积大量增加，产业更为密集丰富，但农田与鱼塘面积缩减，村镇景观的乡土特征逐渐缺失。

村镇景观的乡土性在村镇建筑聚落，村镇景观，节事、集市等村镇民俗活动的共同作用下形成。村镇景观作为村镇居民生产、生活的载体，是村镇景观乡土性的重要体现部分。[5]因此，发掘并保留黑庄户地区具有乡土性的景观要素是使黑庄户地区在城市发展规划中保留乡土性的关键所在。根据多年航拍图的对比与分析，在黑庄户地区现有的景观类型中提取出最具乡土性的景观要素——即“水田林宅”。水即河流、鱼塘、水渠；田及农田、荒地；林即口般林地、苗圃、平原造林；宅及住宅、商业建筑、工业建筑、仓储物流建筑等建筑空间。

选取城市化发展程度对口鲜明的两个时间节点：2007年和2017年，观察城市化发展进程下，城市边缘区即边缘景观格局的变化。同时对传统城市边缘区在城市化影响下其格局变化的强度和趋势及要素进行分析。农田面积明显减少，格局破碎化程度加；林地面积增加且较为完整；鱼塘数量基本保持不变；建筑数量增多，且工业商业类建筑增加（图1）。

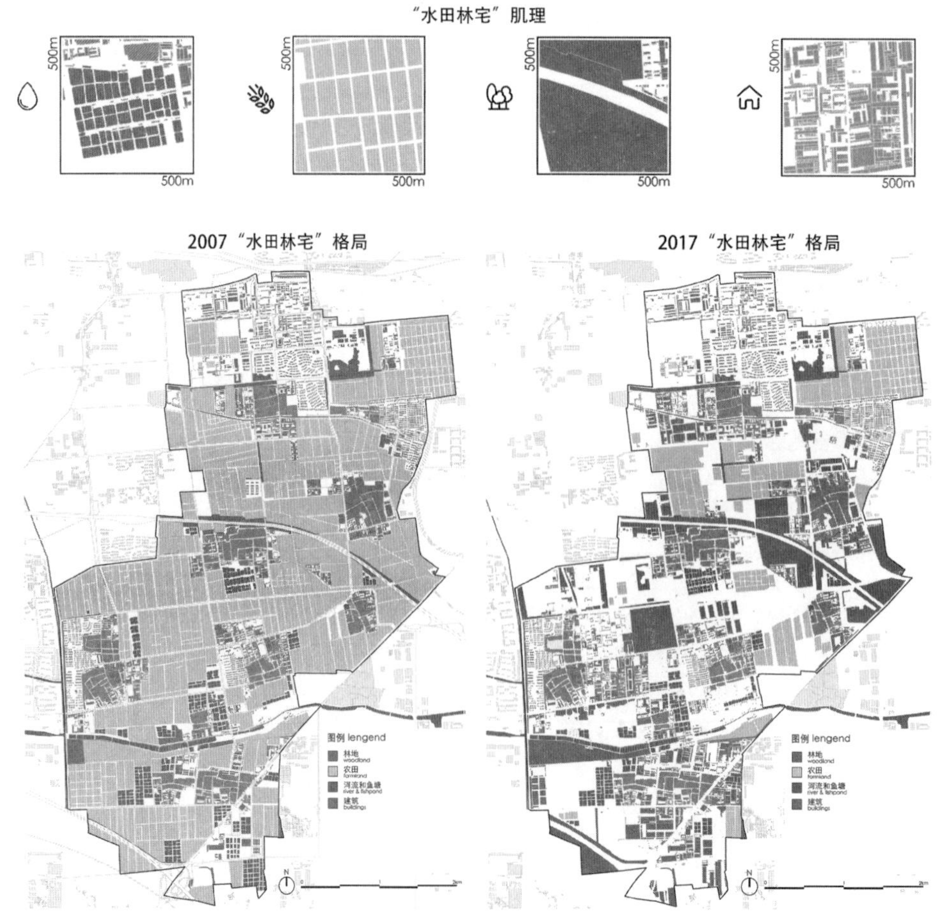

图1 2007年与2017年土地格局对比图

3.2 乡土性景观空间梳理

在提取乡土性景观要素的基础上，对具有乡土性的景观走廊和景观斑块进行梳理，提取出重要的乡土性景观空间：以鱼塘为主的“水”斑块、以农田为主“田”斑块、以块状林地为主的“林”斑块、以建筑组团为主的“宅”斑块以及以带状林地为主的“林”廊道、以河流为主的“水”廊道、以建筑街道空间为主的“宅”廊道(图2)。

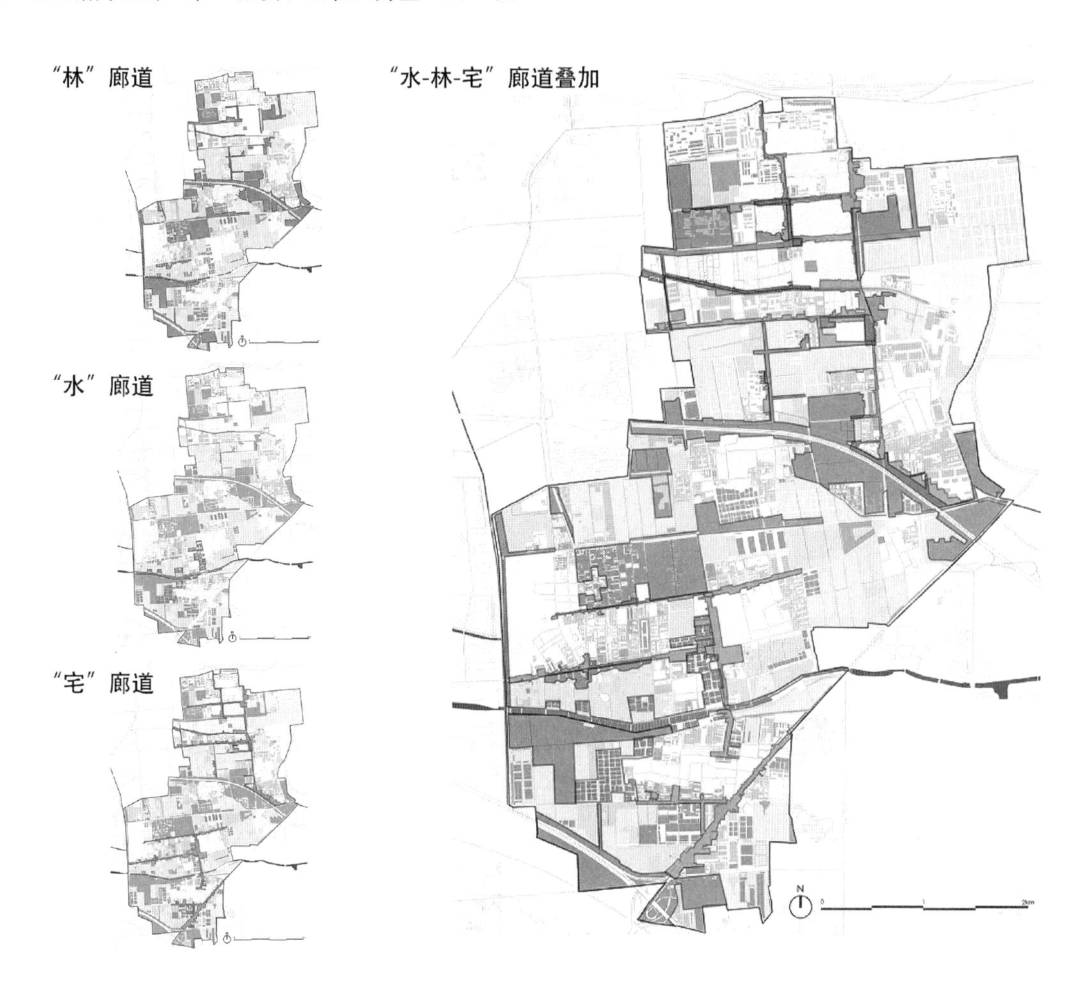

图2 景观走廊分析图

梳理具有乡土性的景观走廊和景观斑块，能够为规划中保留具有乡土性的景观空间提供依据，同时为节事、集市等传统民俗活动提供载体。

3.3 黑庄户村镇景观现状总结

3.3.1 村镇景观问题

近年来，黑庄户受城市化进程的影响，流动人口迅速增长，新的产业不断涌入，是目前城市发展的必然方向。因此，外来人口对于原住民生活、传统民俗活动的影响以及新兴产业对于传统产业的冲击使黑庄户乡的土地格局、乡土景观和传统民俗活动的传承都造成了一定程度的破坏。

黑庄户地区的村镇景观面临着许多问题：①遗留的传统物质空间生存环境较差。作为传统民俗代表的农贸集市环境不理想且组织无序，不利于传统民俗活动的传承与发展。②新建民居无秩序、无特色。新建民居有的盲目追求格式洋楼别墅，失去了传统村镇建筑的乡土性；有的过于密集死板，失去了传统聚落的邻里模式。③传统文化逐渐淡化，传统产业逐渐没落。现状鱼塘多闲置为垃圾场，原有的观赏鱼市场和苗木种植产业没落，传统金鱼文化的印记愈加模糊。

3.3.2 村镇景观优势

黑庄户地区依然保留了一部分具有乡土性的景观要素，例如鱼塘、农田、苗圃、河道沟渠，可在传统景观格局的基础上规划景观空间，保留村镇景观的乡土性。黑庄户地区依然保留着节事、集市等传统的民俗和一部分传统产业，可以此为基础进行居住区规划和产业规划，创造有区域特色的居住、产业景观空间。同时，新型的仓储物流产业和即将建成的“菜篮子”工程将为黑庄户地区注入新的活力。

4 村镇景观模式修复策略

4.1 修复乡土性景观“水田林宅”格局

为解决该城市边缘区传统农居格局被割裂、乡土性要素平衡被破坏的问题，作者拟通过整理土地以修复其乡土性景观，提升、优化与环境相容的开放空间，恢复具有乡土性的“水田林宅”格局。

4.1.1 结合交通整理仓储物流、工业用地，形成集约高效的产业园区

在近十年间大量增加的建筑中，仓储物流与工业用地占据较高比例。新产业为城市边缘区带来了良多活力，发展速度迅猛，却缺乏结构与秩序。在土地整理中，作者根据现有交通路网与规划中的交通干线，划定交通快速辐射范围，将仓储物流与工业用地调整安置于辐射范围内，集中用地，一方面依托便捷的交通条件使得产业运转更加高效，另一方面，可腾退出更多土地以待它用。

4.1.2 结合河道整理鱼塘用地，形成传统与现代兼收并蓄的文化产业景观

黑庄户地区地势低洼，自清朝以来便有养殖池鱼的传统，并逐渐形成了区域独特的文化产业。然而，目前多数鱼塘被闲置，几近成为周围居民的垃圾场，其观赏鱼市场也逐渐走向衰颓。通过对鱼塘元素进行提取后发现，大部分鱼塘靠近河道。而多条河道流经的地理优势恰好可与鱼塘产业的复兴相结合，调蓄鱼塘水源，并将滨水地带休憩空间进行延伸至鱼塘产业区，形成休憩与文化产业结合的复合型景观。

4.1.3 结合腾退空间整理“农田一林地”用地，形成具有经济价值的生态景观

在前期土地整理规划的基础上，利用腾退空间修补破碎的“农田一林地”模式，疏通景观廊道，在保留地域特色的前提下，引入“都市农业”与“城市森林”两大功能，在修补“农田一林地”格局的同时，引入新的经济活力带，使得黑庄户地区不仅能满足当地人的自给自足，而且也为城市居民提供了休憩健身场所，体现其作为城市边缘区的承上启下的作用。

4.1.4 结合腾退空间整理潜力开放空间，形成完善的绿色空间景观

相较于城市而言，城市边缘区所能提供的公共服务的水平较低，活动空间品质较低。黑庄户地区严重缺乏开放空间，周边居民休憩健身的需求难以满足。因此结合可腾退空间，以居民活动范围为参考半径，设置社区公共活力带，以期在完善绿色基础设施的同时，连通城市绿廊，形成绿色开放空间景观。

4.2 基于“水田林宅”模式的村镇景观

在土地腾退与置换的规划后，初步形成了“水田林宅”的景观新格局，再以此格局为基底，因地制宜，将场地规划为滨水绿廊景观、鱼塘景观、农业景观、林地景观、开放空间景观五种景观结合的模式（图3），赋予其与环境相容的功能与特点，形成黑庄户地区独特的生态与经济发展并行的新型乡土性景观模式（图4）。

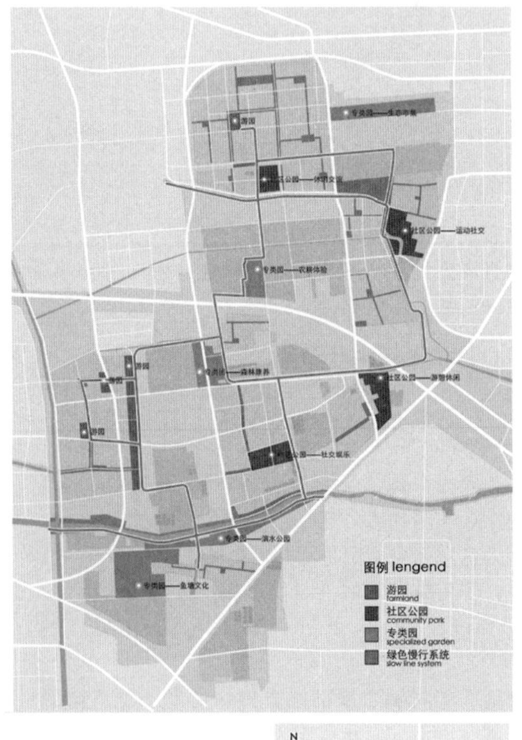

图3 景观模式图（左）公园及步行道规划（右）

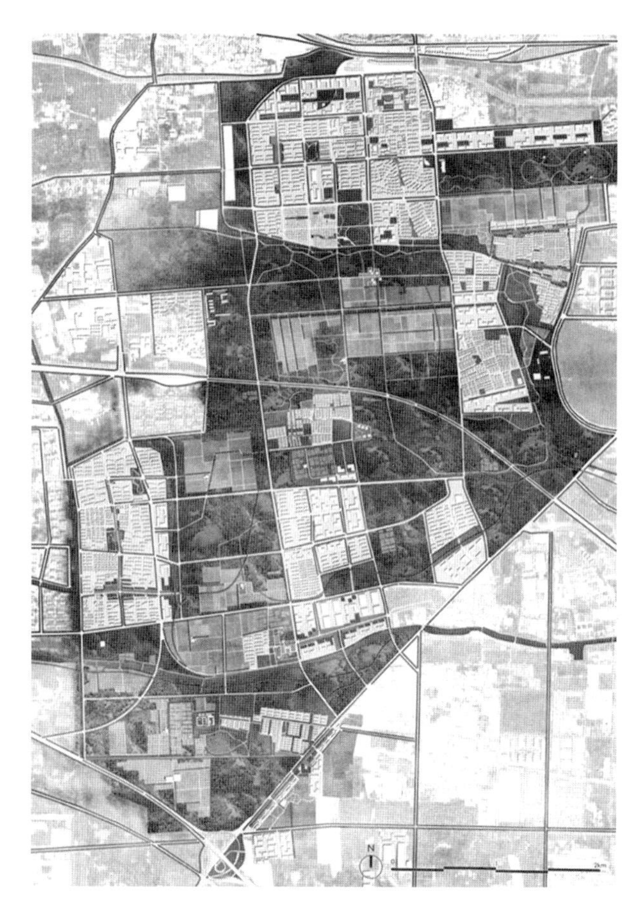

图4　总平面图

5 结语

本次实践探究以乡土性特征为本，为当地的群体提供了现代化进程中的文化归属感与社会认同感。同时，挖掘该地历史文化底蕴、利用现有产业资源进行整合发展、重拾传统农居格局，添以今用。规划形成以"水田林宅"为基底，具有完整绿色开放空间的城市边缘区新型村镇景观模式。希望以北京市黑庄户地区村镇景观修复作为切入点，引发更多基于乡土性特征的城市边缘区景观修复的规划设想。

参考文献

[1] 荣玥芳，郭思维，张云峰．城市边缘区研究综述[J]．城市规划学刊，2011，(04)：93-100.

[2] 王思元．城市边缘区绿色空间的景观生态规划设计研究[D]．北京：北京林业大学，2012.

[3] 张宁，方琳娜，周杰，等．北京城市边缘区空间扩展特征及驱动机制[J]．地理研究，2010，29(03)：471-480.

[4] 唐秀美，陈百明，路庆斌，等．城市边缘区土地利用景观格局变化分析[J]．中国人口·资源与环境，2010，20(8)：159-163.

[5] 李露，谢冶凤，张玉钧．村镇景观乡土性特征探究[C]．中国风景园林学会2013年会．

作者简介

梁文馨，1994年生，女，汉族，山东青岛人，北京林业大学园林学院硕士研究生。研究方向：风景园林规划设计。电子邮箱：553661397@qq. com。

黄楚梨，1995年生，女，汉族，四川自贡人，北京林业大学园林学院硕士研究生。研究方向：风景园林规划设计。电子邮箱：huangchuli@bjfu. edu. cn。

邢鲁豫，1994年生，女，汉族，山东滨州人，北京林业大学园林学院硕士研究生。研究方向：风景园林规划设计。电子邮箱：xingluyu@bjfu. edu. cn。

基于叙述性偏好法的街道风貌环境偏好认识

——以上海市为例

Analysis of Street Scene Preference Characteristics Based on Stated Preference Method

—An Case Study of Shanghai

翟宝华

摘　要：街道风貌是城市风貌的主要载体，街道风貌设计和整治的优劣直接决定了城市风貌的延续和发展。认识切合实际需求的街道风貌环境特征的是城市风貌改造的重要切入点。运用叙述性偏好法和离散选择模型，精细量化的认识人们对于街道风貌环境各要素的偏好。结果发现，有无公共活动空间、街道绿化程度对街道风貌环境的影响最大，其次是沿街建筑风格和街道卫生，最后是街道灯光系统和街道步行空间的宽度。

关键词：街道；风貌；环境偏好；叙述性偏好法

Abstract: Street view is the main carrier of city scape. The quality of street view design and renovation directly determine the continuity and development of city scape. Understanding the actual needs of street view is very important to the urban design style transformation. By using Stated Preference Method and Discrete Selection Model to quantify the preference of street feature environment elements. The results show that public activity space and the greening of the street has the greatest impact on the street view, followed by the architectural style and street —cleaning, and lastly is the street lighting and the width of the street pedestrian space.

Keyword: Street; Style and Feature; Environmental Preference; Stated Preference Method

引言

街道是城市中最常见的开放空间，是展示城市风貌的重要场所，在公众城市生活中被频繁的使用和接触，直接影响着人们对城市风貌的感知和了解。探索精细化合理的街道风貌评价体系，对于认识街道风貌存在重要意义，也是城市规划干预和整治街道风貌和城市风貌的重要方法和途径。对此，拟在国内外研究和实践的基础上，认识街道风貌环境的偏好，从而构建成熟的评价方法和评价指标体系，旨在丰富理论层面的认识，同时为街道风貌改造规划提供参考。

1　街道风貌环境载体

街道风貌环境载体的构成要素从不同的角度去认识常常会得到不同的结果，文章采用类型归类法对街道风貌环境载体的构成要素进行分析。根据蔡晓丰先生对于风貌理解，文章首先将街道风貌载体的构成要素归为两大类，即物质空间载体和文化载体，在进一步的梳理街道风貌环境相关的规划实践项目和研究[1-6]，最终得到街道风貌环境载体要素构成图（图 1）。

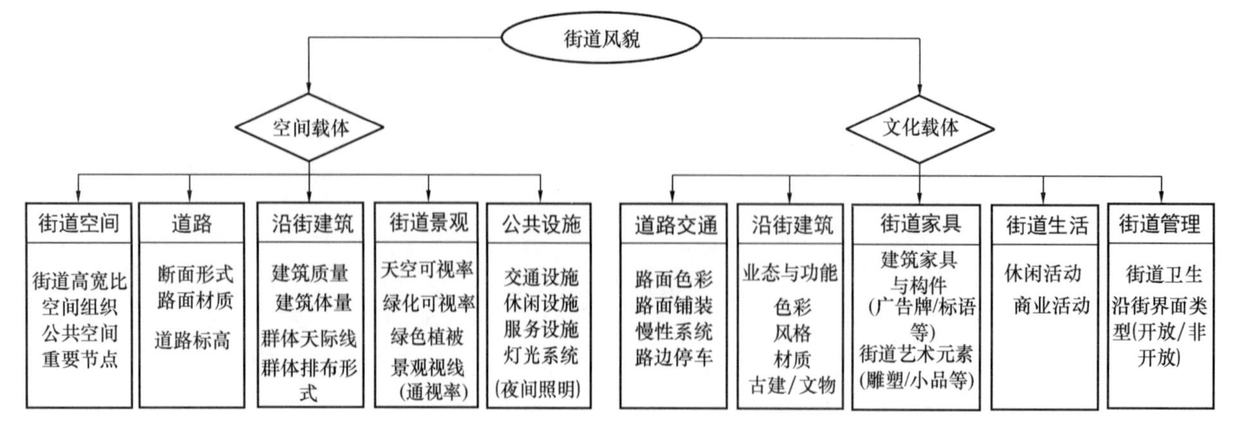

图 1　街道风貌环境载体要素构成

2 街道风貌环境测度

2.1 街道风貌环境重要程度

本文根据文献归纳街道风貌影响要素，通过调研的方式获得人们对于不同街道风貌环境要素的重视程度，来筛选其中重视程度较高的街道风貌要素。网络问卷调查本身具有调查范围广、调查效率高、数据易于统计和分析、且能较好满足系统随机抽样等优点。因此文章选取网络调研的方式获得数据，首先通过专业网络调查平台（问卷星）生成问卷链接，并于 2017 年 6 月由问卷星通过专门的调查平台发放给城市居民，共收集到 92 份有效问卷。

调研数据分析得到各环境要素的重要性：其中 50% 以上的人们认为街道的高宽比、街道内公共空间的比例、街道绿化、街道卫生、灯光系统、沿街建筑风格这 6 个环境要素对街道风貌存在重要影响。此次调研也发现，人们认为道路组织和色彩、沿街有无文物或古建、沿街建筑群体排布对街道风貌的影响较弱，并且通过进一步的分析个体属性差异下的街道风貌环境影响要素的构成，发现显著差异的是 68% 的男生认为沿街建筑轮廓线对于街道风貌的存在影响，仅 28% 的女生认为该要素对街道环境存在影响，因此也将沿街建筑轮廓线纳入到后续街道风貌量化评价中。

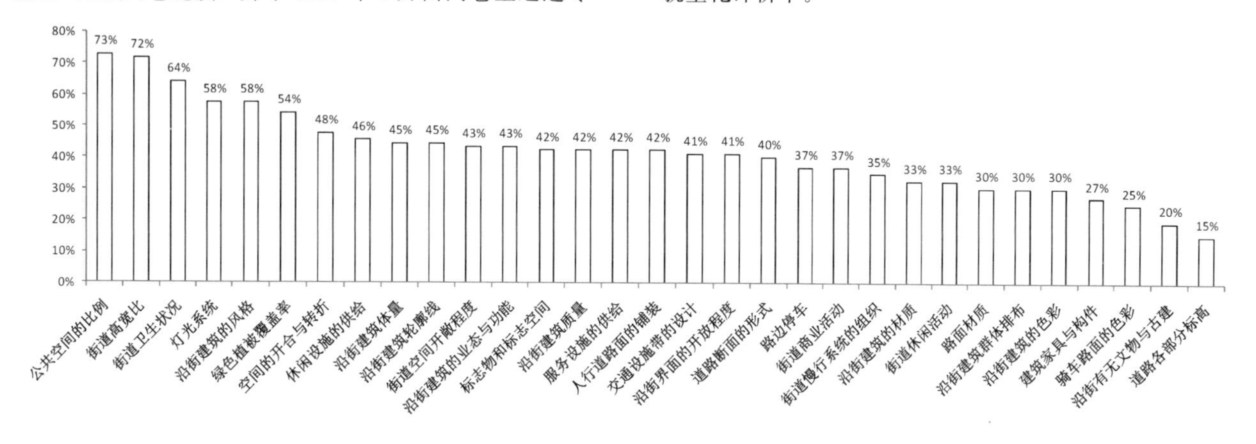

图 2 影响街道风貌的各环境要素构成百分比

2.2 街道风貌环境偏好测度

基于行为感知的评价方法是环境评价中较长应用的一种方法，既采用揭示性偏好法（revealed preference，以下简称 RP）或叙述性偏好法（stated preference，以下简称 SP）获得人们的环境偏好，再利用模型工具推测各环境要素对于环境偏好的权重。前者是调研人们实际选择的环境，分析实际环境特征，确定人们对于环境的偏好；后者是通过虚拟的环境，询问人们对于环境的喜好，来获得环境要素的偏好[7]。RP 调查研究往往受到现状环境的限制，往往很难反映人们真实的环境偏好，而 SP 调研方法通过多种环境变量不同水平组合的虚拟环境情景，直接询问人们的环境偏好，可以突破现状环境限制也可以得到更为真实的环境偏好。同时，SP 方法还具有调查实施简单易行、调查耗时短、调研成本低等优点。因此，本文采用叙述性偏好法来测度街道风貌的环境偏好。

具体可分三步实施：首先，确定本研究的环境因素；其次，利用 SP 调研的正交实验设计方法生成街道风貌选择情境，为了方便受访者理解，采取图文并茂的形式表达；最后，对问卷进行发放和回收，采用离散选择模型分析人们对于不同街道风貌环境因素的相对偏好程度。

综合考虑街道风貌评价要素的重要性、典型性、可感知性、可度量性以及代表性等原则，在文献梳理和预调查（图 1）的基础上，将半数以上的人认为该要素对街道风貌存在重要影响为筛选标准，最终确定了 7 个街道风貌环境要素，并定义其水平值（表 1）。它们分别是：街道的高宽比、街道内公共空间的比例、街道绿化、街道卫生、灯光系统、沿街建筑风格、沿街建筑轮廓线。

街道风貌评价要素及其水平设置　　表 1

影响要素	水平一	水平二	水平三
街道的高宽比（H/D）	$1/3<H/D<1/2$	$1/2<=H/D<1$	$1<=H/D<2$
公共空间的比例	仅步行空间且较窄	仅步行空间但较宽	不仅有步行空间，还有公共活动空间
街道绿化	无	稀疏	茂盛
街道卫生	脏乱	整洁	
灯光系统	仅路灯	仅路灯，部分建筑灯饰	完整的灯光系统
沿街建筑风格	建筑风格不一致	建筑风格一致，但无特色	建筑风格一致，且特色突出
沿街建筑轮廓线	建筑轮廓无变化	建筑轮廓有变化，但杂乱	建筑轮廓有变化，且协调

采用网络问卷调查的方法获得基础数据，问卷调研的内容包含受访者的个人基本信息、街道风貌偏好情景选择题，还要求受访者填写其认为上海市街道风貌较好的街道名称。网络问卷面向全上海市居民发放，调查时间

为 2017 年 7 月中旬到 8 月底，共获取有效样本总数 252 份。

3 街道风貌偏好特征

在街道风貌环境偏好调查所获得数据的基础上，结合离散选择模型，求得各要素及其水平间的权重关系、显著性水平和效用函数。根据随机效用理论，组成街道风貌的环境要素对人们的感受产生一定效用，这种效用是人们选择街道风貌时的依据，人们选择对其效用最大的街道风貌，认为该街道风貌感受效用最佳。街道风貌的环境效用定义为：

$$V = \sum_{n=1}^{n}(a_i x_i)$$

式中：V 为人们从街道风貌环境中所能获得的总效用；a_i 表示环境变量系数，也是模型所要拟合的环境要素影响系数；x_i 为街道风貌环境要素。

用 Nlogit 软件对虚拟街道风貌评价记录进行模型拟合。结果显示，部分街道风貌环境变量统计显著性不足，可见人们并非对于所有的街道风貌环境要素的关注都具有明显规律。为精简模型，按显著度从大到小的顺序依次去掉不显著的变量，每去掉一个后重新建模，直至所有变量都显著为止（显著度小于 0.1）。

3.1 街道风貌偏好特征

街道风貌偏好模型的拟合结果如表 2 所示，模型的总体拟合优度（Mc Fadden's LRI）为 0.19。表 2 显示了通过显著性检验的街道环境变量，即经过模型筛选和精简后得到的城市街道风貌环境评价指标，而各变量对应的系数即是相应指标的权重，绝对值越大，重要性越高。从模型分析的结果可以得到，街道风貌环境评价指标，包括街道内公共空间的比例、街道绿化、街道卫生、街道两侧灯光系统和沿街建筑风格。街道有无公共活动空间、街道绿化程度对街道风貌环境的影响最大，是沿街建筑风格和街道卫生的重要程度的 2 倍及以上，是街道灯光系统和街道步行空间较宽的 5 倍及以上。其中“沿街建筑风格一致，但无特色”变量系数为负值，说明人们并不喜好无特色的建筑界面。

不难发现，人们对于街道风貌评价的判断主要来源于街道使用的舒适性、安全性、视觉美观以及街道活动功能的满足程度几个方面。

街道风貌评价模型拟合结果　　表 2

环境变量	变量水平	变量系数值	显著度 P
公共空间的比例	不仅有步行空间，还有公共活动空间	1.0776	0.0084
	仅步行空间但较宽	0.1974	0.0000
街道绿化	茂盛	1.9855	0.0000
	稀疏	1.0067	0.0000
街道卫生	整洁	0.4861	0.0000
灯光系统	完整的灯光系统	0.1636	0.0306
沿街建筑风格	建筑风格一致，且特色突出	0.5236	0.0000
	建筑风格一致，但无特色	−0.5349	0.0000
	选择次数	2666	
	对数似然数	−2419.1006	
	Mc Fadden's LRI	0.19268	

3.2 街道风貌偏好差异

进一步分析性别引起的街道风貌评价的差异如表 3，男性与女性的街道风貌偏好模型的总体拟合优度（Mc Fadden's LRI）分别为 0.21 和 0.19。模型分析结果显示对街道公共空间的比例、街道绿化、街道卫生和沿街建筑风格的看重无性别差异。但性别还是引起了街道风貌环境偏好的细微差别，其中街道的灯光系统对男性的街道风貌偏好存在显著影响，而沿街建筑轮廓线对女性的街道风貌偏好存在显著影响；同时街道内步行空间宽窄的变化不能引起男性的街道风貌偏好的变化，但对女性的街道风貌偏好存在显著影响。

街道风貌评价模型拟合结果　　表 3

环境变量	变量水平	男性		女性	
		变量系数值	显著度 P	变量系数值	显著度 P
公共空间的比例	不仅有步行空间，还有公共活动空间	0.8193	0.0000	1.24448	0.0000
	仅步行空间但较宽			0.25462	0.0086
街道绿化	茂盛	2.2009	0.0000	1.84704	0.0000
	稀疏	0.9895	0.0000	1.01505	0.0000
街道卫生	整洁	0.4304	0.0000	0.52123	0.0000
灯光系统	完整的灯光系统	0.1982	0.0767		
沿街建筑风格	建筑风格一致，且特色突出	0.4160	0.0005	0.6115	0.0000

续表

环境变量	变量水平	男性		女性	
		变量系数值	显著度 P	变量系数值	显著度 P
沿街建筑轮廓线	建筑风格一致，但无特色	−0.5180	0.0000	−0.56161	0.0000
	建筑轮廓有变化，且协调			0.18552	0.0496
	选择次数	1229		1437	
	对数似然数	−1012.8626		−1380.0909	
	Mc Fadden's LRI	0.20875		0.19232	

4 上海市街道风貌较佳的路段环境特征

文章共收集到有效的 112 个受访者对于现状街道风貌较好的道路路名的填写，现状街道风貌较好的道路共 43 条，其中道路名称字体越大被提及的次数越多。研究结果发现，上海市现状道路中被认为风貌较好的有淮海路、衡山路和南京东路，被提及的频率为 6 次，其次是福州路、湖南路、康定路、控江路、溧阳路、南京西路、陕西南路和苏家屯路，被提及的次数为 5 次。

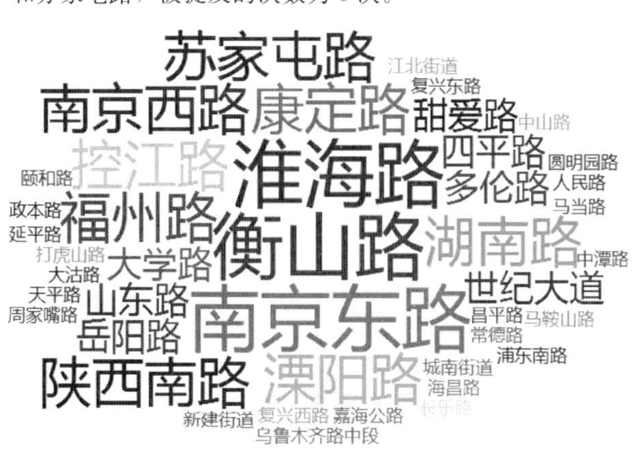

图 3 街道风貌评价较好的现状道路

选取现状被认为街道风貌较好的淮海路、衡山路和南京东路为例，分析其风貌特征，发现淮海路、衡山路的街道风貌都属于街道景观茂盛、街道卫生状况较好类型，南京东路是上海市著名的商业步行街，其两侧街道沿街建筑风格突出，街道公共活动空间充足，这一发现也验证了前文街道风貌环境偏好模型的结论，反映了人们街道风貌的偏好最关注的还是街道绿化和街道公共活动空间的比例。

5 结语

国内对于街道风貌环境的规划设计的实践较多，但研究较少且缺乏针对街道风貌环境的改善措施或设计手法的实施效果的定量评估，精细化的规划技术方法在街道风貌环境的认识和规划实践过程中较为空缺。本文以 SP 法设计虚拟街道环境，并开展街道风貌环境偏好的问卷调查，采用离散选择模型方法剖析街道风貌环境的偏好特征。研究发现，人们对于街道风貌环境较多关注街道的高宽比、街道内公共空间的比例、街道绿化、街道卫生、灯光系统、沿街建筑风格等方面。而且，不同类型的人群对于街道风貌环境的偏好存在差异，男性相对于女性对沿街建筑轮廓线变化的关注较弱，更多关注街道灯光系统的建设，与这也反映出街道风貌环境的设计与改造需要同时满足不同类型人群的需求。

本次研究主要探讨了一个切实可行的精细量化评价和认识街道风貌环境的方法（叙述性选择偏好法），对街道风貌环境特征的认识有重要意义，为街道风貌的改造和环境提升提供了一种新思路。

参考文献

[1] 蔡晓丰．城市风貌解析与控制[D]．上海：同济大学，2006.

[2] 李月民，冯阳，宋义红．城市·记忆·策略 城市街道的认知与价值[J]．经济研究导刊，2012(25)：144-145.

[3] 管玥．西安老城区街道形态的类型化基础研究[D]．西安：西安建筑科技大学，2012.

[4] 刘倩颖．柏林：城市街道的民主与活力[J]．国际城市规划，2015(S1)：116-119.

[5] 杨厚和．浅谈街道意象设计[J]．华中建筑，2004，22(01)：77-79.

[6] 周洁丽．基于动态认知的城市街道空间的可意象性研究[D]．无锡：江南大学，2012.

[7] 赵鹏．SP 调查方法在交通预测中的应用[J]．北京交通大学学报，2000，24(6)：29-32.

作者简介

翟宝华，1985 年生，女，汉族，内蒙古，硕士，同济大学建筑设计研究院（集团）有限公司。研究方向：街道风貌、城市开放空间设计。电子邮箱：zhai bh@qq.com。

济南泉水补给区水源涵养功能型植被群落模式研究①

Functional Vegetation Pattern for Water Conservation in Spring Recharge Area, Jinan

李科科　张德顺*

摘　要： 济南南部山地泉水补给区的植被关乎济南泉水的涵养、补给与调蓄功能，是济南独特泉水景观资源的保障。随着近年来城市化扩张，植被的生态功能日渐退化，泉水喷涌日益受到挑战。本文以南部核心泉水补给区内的龙洞强渗区样地为研究区域，利用遥感影像分析了近 30 年的植被覆盖动态变化，探讨了植被覆盖率变化对泉水水位的影响；然后以生态学系统布点方法，对 36 个典型样地进行了植被群落的样方调查，提出 3 种水源涵养功能群落模式：①以荒坡造绿为主的植物群落模式；②以降水截留为主的植物群落模式；③以径流减缓为主的植物群落模式。

关键词： 泉水补给区；植被；群落特征；水源涵养

Abstract: The vegetation of spring recharge area in Jinan southern mountain region is related to the conservation, recharge, and regulation of spring water, and it is the guarantee of the unique spring landscape resources in Jinan. With the expansion of urbanization in recent years, the ecological functions of vegetation are deteriorating, and spring water conservation faces tough challenges. Taking one of the center of the leakage aquifer in Spring Recharge Area as example, dynamic change of vegetation cover was analyzed with remote sensing images in the past 30 years, and the influence of vegetation coverage variation to the water level of springs was discussed. Then 36 sample plots of vegetation communities were surveyed with ecological quadrate methods. 3 types of water conservation functional community pattern were proposed: 1) vegetation community patterns dominated by wasteland greening; 2) vegetation community patterns dominated by precipitation interception; 3) vegetation community patterns dominated by slowing the run off.

Keyword: Spring Recharge Area; Vegetation; Community Characters; Water Conservation

引言

济南南部山区的岩溶裂隙经过漫长地发育，形成了大量的地下裂隙、溶洞、溶沟和暗河。灰岩出露和裂隙岩溶发育的区域，在吸收了大量的大降水和地表径流，渗入地下形成了丰富的裂隙岩溶水，至城区遇到岩浆岩的阻挡和断层堵截，地下潜流大量汇聚、喷涌，造就了济南泉域南部汇集、中部补充、市区排泄的地下水运动方式[1]（图 1）。

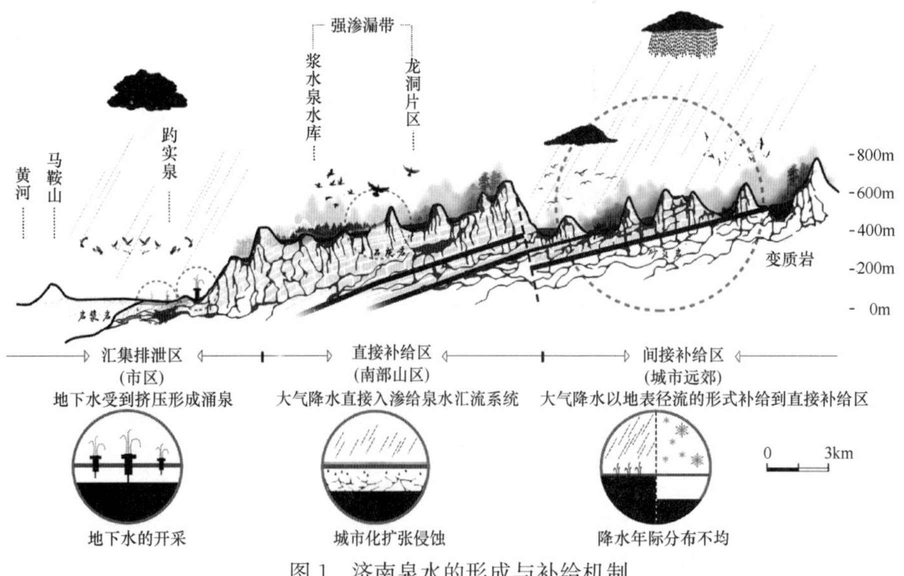

图 1　济南泉水的形成与补给机制

① 基金项目：国家自然科学基金面上项目：城市绿地干旱生境的园林树种选择机制（31770747）。

植被因其具有庞大的林冠层、较厚的枯落物层和盘根错节的根系网络对降水的截留与再分配，以及疏松多孔的森林土壤，发挥着涵养水源的作用[2]。随着近年来的快速城市化，植被覆盖率呈递减趋势，植被组成结构单一，特别是南部山区所处的强渗漏带，生态逆向演替导致森林植被的小气候环境调节功效减弱，太阳辐射的反射量减小，进一步增大地表温度与有效降水的蒸发量，减少了岩溶地下水的循环补给，对泉水的持续喷涌造成了严重威胁[3,4]。

泉水补给区的植被质量决定了水源涵养功能的发挥，这与植被立地条件紧密相关。本文对近30年南部山区植被覆盖度的演变进行分析，探讨了植被覆盖减少对泉水水位变化的潜在影响，探究了不同群落的林冠、树干、枯枝落叶层的降雨截留及保水持水能力[5]，基于不同植被的水源涵养力与环境适应性，提出具有水源涵养功能植被群落模式，以期把植物群落—立地条件—水源涵养功能三方面有机联系起来，为泉水补给区植物群落生态修复策略制定提供参考依据。

1 研究区域概况

1.1 气候条件

研究区域位于济南南部山区泉水直接补给区，以济南绕城高速为东南界，旅游路为西北界（图2）。属于暖温带半湿润大陆性季风气候区，其特点是季风明显，四季分明，春季干旱少雨，夏季温热多雨，秋季凉爽干燥，冬季寒冷少雪。年平均气温13.8℃，多年平均降水总量638mm，无霜期平均为190～218d，平均风速2.7m/s。

图2　研究区域区位图

1.2 地形地貌特征

济南的泉水补给区地处鲁中山地北缘，南部低山丘陵区，地貌类型以低山丘陵为主，中山、低山、丘陵、山间台地和山间盆地等地貌形态交错分布。地势南高北低，海拔高度在30～990m之间。补给区主要以石灰岩岩体地貌为主，裸露的石灰岩体在长期的地质构造中形成了大量的溶沟、溶孔、溶洞和地下暗河等岩溶地貌，共同组成了能够储存和输送地下水的脉状地下网道。

1.3 植被群落特征

由于气候、土壤和植被的长期作用，该区域植被多样性丰富，植被覆盖度达到70%，是南部山区植被保护最完整的区域。采用生态学系统布点方法，对36个典型群落样方进行调研。沿等高线方向在不同坡向、坡度截取10m×15m样方。在样方内部对角线上取灌木样方4个，每个样方面积3m×2m。在每个灌木样方中心取草本样方1个，面积1m×1m。根据调查的36个样地资料统计，侧柏（*Platycladus orientalis*）、黄栌（*Cotinus coggygria*）是主要建群种之一。调查样地群落垂直结构成层明显，可归结为乔木层、灌木层、地被层以及攀缘间层植物。乔木层以侧柏、栾树、构树、桑树、苦树为主；灌木层种类主要包括荆条、雀儿舌头、胡枝子（*Lespedeza bicolor*）、扁担杆、酸枣；地被层优势种包括披针苔草、针茅、荩草、北京隐子草、苦荬菜（*Ixeris polycephala*）、萱草、早开堇菜（*Viola prionantha*）、臭草（*Melica scabrosa*）等。层间植物主要有菝葜（*Smilax china*）、蝙蝠葛、太行铁线莲（*Clematis kirilowii*）、南蛇藤（*Celastrus orbiculatus*）、石血（*Trachelospermum jasminoides*）、穿龙薯蓣（*Dioscorea nipponica*）、杠柳（*Gagea albertii*）和律叶蛇葡萄（*Ampelopsis humulifolia*）等。群落共出现维管束植物117种，分属51个科101属。所含种数占优势的科为禾本科（Gramineae）、菊科（Asteraceae）、榆科（Ulmaceae）、豆科（Leguminosae）、桑科（Moraceae）、鼠李科（Rhamnaceae）。区系组成中仅含1～2种的科有28个，占科总数的52%，仅含一种的属有65属，占总属数的64.4%。

主要植被群落有：侧柏—荆条（*Vitex negundo* var. *heterophylla*）—披针苔草（*Carex lanceolata*）群丛；侧柏—黄栌+连翘（*Forsythia suspensa*）+胡枝子（*Lespedeza bicolor*）—针茅（*Stipa capillata*）群丛；栾树（*Koelreuteria paniculata*）+青檀（*Pteroceltis tatarinowii*）—扁担杆（*Grewia biloba*）—荩草（*Arthraxon hispidus*）群丛；桑树（*Morus alba*）—蝙蝠葛（*Menispermum dauricum*）+雀儿舌头（*Leptopus chinensis*）—北京隐子草（*Cleistogenes hancei*）群丛；野皂荚（*Gleditsia microphylla*）—酸枣（*Ziziphus jujuba* var. *spinosa*）—萱草（*Hemerocallis fulva*）群丛等。

2 研究方法

2.1 植被覆盖指数 NDVI

用遥感影像数据反演植被覆盖指数NDVI（normalized difference vegetation index）作为分析植被覆盖度的指标，综合考虑大气状况、土壤性质以及电磁波辐射等情况，对1988～2017年6～7月有效的18幅Landsat遥感影像数据（美国地质调查局的地球资源观测与科学中心）计算研究区域的NDVI[6]，其表达式为：$NDVI=(DN_{NIR}-DN_{RED})/(DN_{NIR}+DN_{RED})$（$DN_{NIR}$表示近红外波段，$DN_{RED}$表示可见光红波段）。

2.2 水源涵养功能雷达图绘制

对于森林水源涵养功能的研究主要集中在林冠层、地表覆盖层和土壤层3个层次，即森林林冠对降水的截留及再分配[7]；地表层枯落物对降水的截留及持水能力[8]；土壤层的物理性质与持水能力等[9]。其中，林冠截留是生态系统水量平衡的主要分量，温带阔叶林冠层截留系数在11%与36%之间，针叶林在9%与48%之间[10]，1/3与1/2的降水可以通过森林的林冠层被保留，这对于泉水的补给、土壤水分收支、地表径流形成、洪峰流量大小和碳循环等都有重要影响。济南南部山区特殊的石灰岩山体地貌使其易形成地表径流，雨季降水汇集在地表，受夏季高温蒸发量变大的影响，降水更易重新回归大气。而林冠层截留雨能力受植物种类调控，也是泉水生态修改与规划设计中可人为调控的因子。本文采用相对基面积RA，相对树高RH和相对冠幅RP 3个变量作为林冠层评价指标。另外，枯落物是森林生态系统的重要组分，在截持降水、防止土壤溅蚀、阻延地表径流、抑制土壤水分蒸发、增强土壤抗冲效能等方面发挥重要作用[2]。植物根系是植物吸收水分和养分的重要器官，而且对于改良土壤的结构和成分，增强土壤的抗侵蚀能力和抗剪切能力有着重要作用。本文采用枯落物厚度LT和耐旱性DR这个指标分别来表征植物在地表层和土壤层的整体表现。

植被水源涵养功能评价指标　　　　表1

指标名称	代码	计算公式	生态学意义
相对基面积	RA	某树种与样方全部树种离地高度1.3m处基部断面积比值	材积量、优势度
相对树高	RH	某树种平均高度与样方全部树种最大高度比值	生长量、纵向空间分布
相对冠幅	RP	某树种与样方全部树种冠幅正射投影面积比值	叶冠丰满度、横向空间覆盖
枯落物厚度	LT	冠幅正投影面内的枯落物平均厚度	雨水缓冲力、吸附量
耐旱性	DR	土壤体积含水量的倒数	土壤含水量、耐旱程度

基于此，使用标准化处理后的水源涵养功能评价指标RA、RH、RP、LT和DR进行定量评估[2, 11]（表1），将归一后的数据分别标记在雷达图的5个方向，雷达图相邻指标数据点连线表示植被的优势度、雨水截留、径流减缓、保水力和耐贫瘠5个水源涵养功能，连线与坐标轴的交点表示功能的强弱。优势度由RA和RH表征的材积量和生长量决定，其他指标的计算以此类推。雨水截留能力由占据纵向空间的比例和叶冠丰满度决定；径流减缓能力由冠幅覆盖率和枯落物对雨水的缓冲力决定；保水力由雨水吸附量和土壤含水量决定；耐贫瘠能力由干旱立地条件下的材积量决定。

3 结果与分析

3.1 植被覆盖度对泉水水位影响

对反演得到的NDVI指数进行二值化处理，以5%～95%为置信区间去除异常值，通过等级分割和颜色渲染，植被覆盖度分为小于10%（裸地）、10%～30%（低覆盖地）、30%～45%（中低覆盖地）、45%～60%（中覆盖地）以及大于60%（高覆盖地）五级[6]，颜色越深代表该区域植被覆盖度越高（图3）。

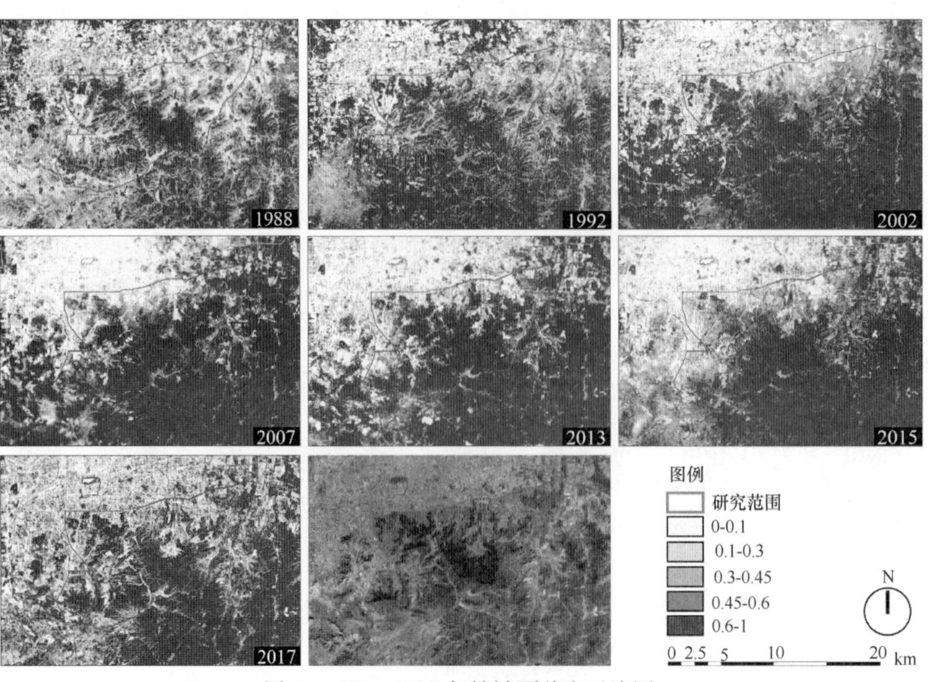

图3　1988～2017年植被覆盖度反演图

对五级的像元数量进行统计（图 4），结果显示各等级植被覆盖度存在不同程度的波动，体现出了泉水补给区域植被的动态特征。在数据统计的 7 年中，有 5 年接近或超过了平均水平。数据从 1988 年的低值 31.61%逐年上升至 2013 年最高值 51.73%，说明了南部山区泉水补给区的植被动态特征。

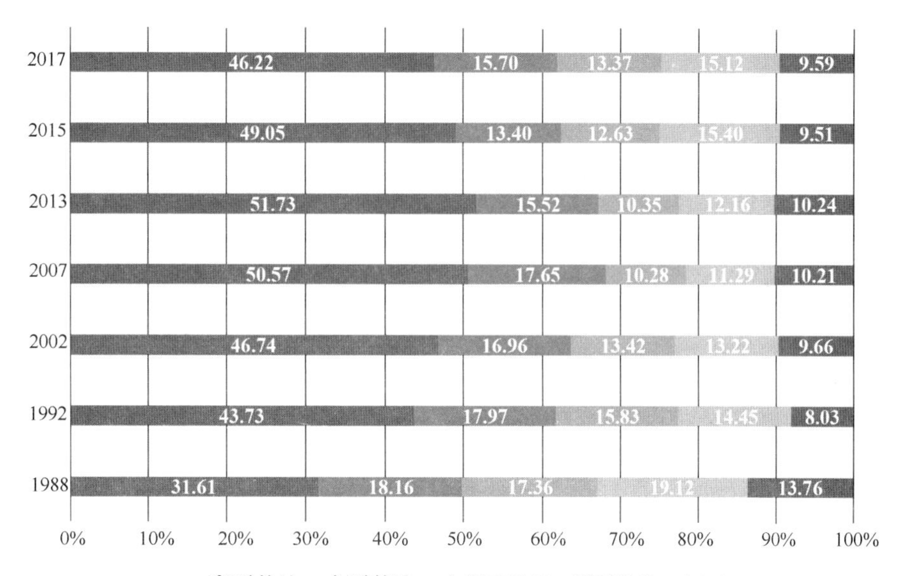

图 4　1988～2017 年各等级植被覆盖度区间比值

直接补给区水源涵养功能最突出的高覆盖区域的比例值从 1988～2017 年呈现抛物线趋势（图 5），水源涵养地的面积呈现明显的萎缩趋势，自 2013～2017 年下降了 5.51%，低于近 30 年的平均值，并持续向 40%的警戒线迫近。这是近几年南部山区无序开发、生态退化、生物多样性降低、水土流失加剧的结果，山林植被的侵蚀限制了补给区生态系统服务功能的正常发挥。

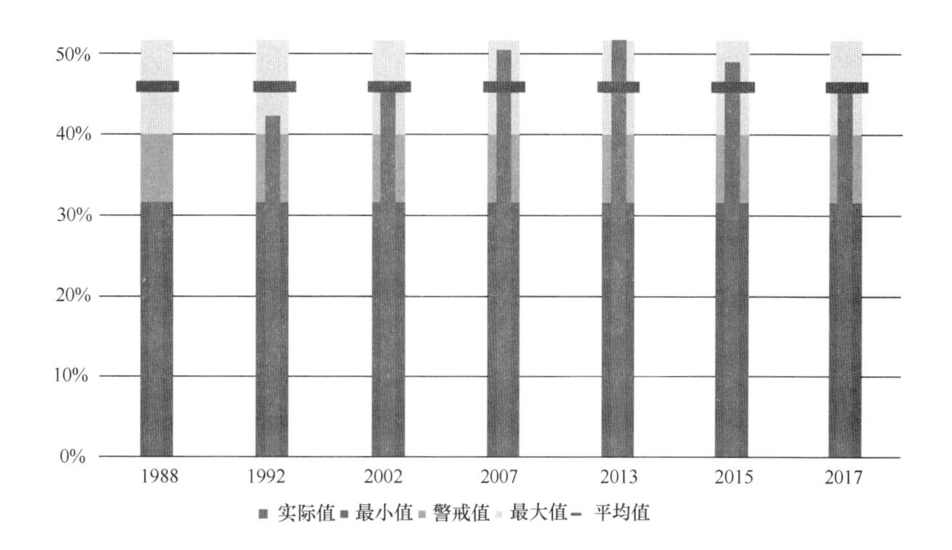

图 5　1988～2017 年间高覆盖地比例年际变化

以济南市趵突泉和黑虎泉水位数据（济南市城乡水务局）绘制泉水水位变化曲线，并叠加相同时段的降水气象数据（济南市气局）。与影像数据相对应，通过 2013 年、2015 年和 2017 年的城区泉水年变化趋势分析（图 6），泉水水位在丰水期 7～9 月份上升，雨季过后随着地表蒸发量增大，泉水水位出现不同程度的下降，泉水位变化具有典型的季节性[3]。对 8～9 月的月值数据分析发现，2013 年雨季后的 1 个月水位下降了 0.13mm，2015 和 2017 年的相同月份分别下降了 0.25mm 和 0.28mm，其中 2017 年 6～8 月的降水量累计值达到 461.3mm，为 3 年中的最高值，且这种变化呈现出逐年递增趋势，间接反映了济南南部山区植被量的减少对城区泉水的补给产生了一定的负面影响。

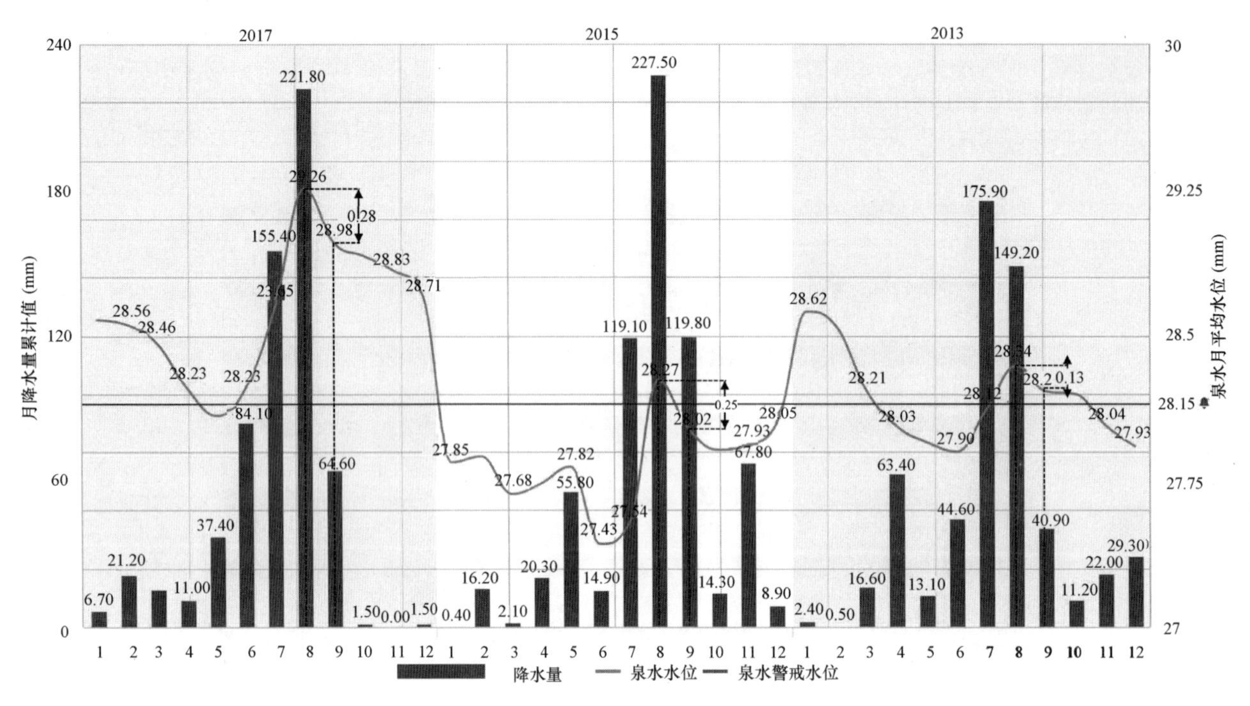

图 6 不同年份济南泉水水文与降水量月际分布图

受限于地质条件和大气-植被-土壤系统复杂的水循环过程，补给区的岩溶地貌决定了该区的地下水主要来自大气降水补给[12]，降水的有效渗补量的大小直接决定了对泉域的补给量。但是，目前南部山区植被的退化，降低了对气候环境的调节和太阳辐射的反射量，减少了岩溶地下水的有效补给。同时，由于地表植被的破坏，地表径流强度增大，水土流失加剧，使地表植被和土壤大大降低地下水涵养性和对泉水的调蓄能力。因此，对南部山体植被生态能力提升和植被恢复工作显得尤为迫切。

3.2 植被群落水源涵养功能的组合模式

对每个小样方内的灌木、草本的种类、多度、频度进行调查，计算重要值[13, 14]。对样方内 1.5m 以上的木本层进行每木调查，记录胸径（DBH/cm）、树高（H/m）、冠幅（P/m）、坐标（°）、树基部冠幅正投影面内的枯落物平均厚度（LT/mm）。通过统计分析，从群落样方中，筛选出 17 种优势种（表 2），通过胸径、树高、冠幅、枯落物厚度和耐旱性等指标，对立地类型和植物种类进行了聚类，得出 3 类具有水源涵养功能植被群落组合模式。

群落样方中的植物优势种 **表 2**

序号	植物名称	多度	频度	相对多度	相对频度	相对优势度	相对重要值
			乔木层				
1	侧柏 *Platycladus orientalis*	213	24	0.3859	0.1622	0.4652	1.0132
2	栾树 *Koelreuteria paniculata*	19	10	0.0344	0.0676	0.0135	0.1155
3	元宝枫 *Acer truncatum*	4	2	0.0072	0.0135	0.0031	0.0239
4	黑弹树 *Celtis bungeana*	15	5	0.0272	0.0338	0.0116	0.0726
5	刺槐 *Robinia pseudoacacia*	8	4	0.0145	0.0270	0.0116	0.0531
6	构树 *Broussonetia papyrifera*	24	10	0.0435	0.0676	0.0181	0.1292
7	苦树 *Picrasma quassioides*	5	4	0.0091	0.0270	0.0023	0.0384
8	臭椿 *Ailanthus altissima*	2	1	0.0036	0.0068	0.0021	0.0125
9	青檀 *Pteroceltis tatarinowii*	4	2	0.0072	0.0135	0.0004	0.0212
10	桑树 *Morus alba*	8	4	0.0144	0.0271	0.0070	0.0486
11	君迁子 *Diospyros lotus*	7	5	0.0126	0.0339	0.0020	0.0484
12	黄连木 *Pistacia chinensis*	6	5	0.0109	0.0338	0.0026	0.0473
			灌木层				
1	黄栌 *Cotinus coggygria*	70	20	0.1220	0.1613	0.0249	0.3081
2	酸枣 *Ziziphus jujuba* var. *spinosa*	55	18	0.0958	0.1452	0.0271	0.2681
3	扁担杆 *Grewia biloba*	42	16	0.0732	0.1290	0.0156	0.2178
4	大果榆 *Ulmus macrocarpa*	52	10	0.0906	0.0806	0.0201	0.1913
5	野皂荚 *Gleditsia microphylla*	17	10	0.0296	0.0806	0.0067	0.1170

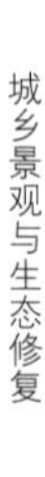

（1）以荒坡造绿为主的植物群落模式

选择样方调查中重要值较高的侧柏、黄栌、构树、扁担杆、野皂荚、大果榆和酸枣（图 7*a*）作为荒坡造绿的主要植被。在山脊线阴坡侧及阳坡的山坡中上部，海拔 450～550m，土层厚度 20cm 的区域，群落模式为侧柏—荆条＋多花胡枝子（*Lespedeza floribunda*）—萱草＋北京隐子草＋葎草；侧柏—酸枣＋大果榆＋扁担杆＋野皂荚＋锦鸡儿（*Caragana sinica*）—披针苔草＋针茅。在阴坡海拔 400～500m，阳坡海拔 300～400m 的山坡中下部，土层厚度 25cm 的区域，主要群落模式为侧柏＋构树—黄栌＋雀儿舌头＋荆条＋鼠李（*Rhamnus davurica*）＋太行铁线莲＋杠柳—地榆（*Sanguisorba officinalis*）＋荩草、苦荬菜。

（2）以降水截留为主的植物群落模式

依据降水截留，减缓冲击的修复策略，选择树木高大，冠层水容量高，产流率低，土壤下渗作用强的刺槐、黄连木、苦树、臭椿、元宝枫（图 7*b*）作为该区主要植被。在山谷及山坡中下部，阴坡海拔 250～300m，阳坡海拔 200～250m，土层厚度 35cm 的山地区域，群落模式为刺槐＋黄连木＋苦树—南蛇藤＋鼠李＋陕西荚蒾（*Viburnum schensianum*）＋扁担杆＋菝葜—荩草＋委陵菜（*Potentilla chinensis*）＋两型豆（*Amphicarpaea edgeworthii*）＋蛇莓（*Sheareria nana*）；臭椿＋元宝枫—郁李（*Cerasus japonica*）＋华北绣线菊（*Spiraea fritschiana*）＋山楂叶悬钩子（*Rubus crataegifolius*）—白羊草（*Bothriochloa ischaemum*）＋针茅＋北京隐子草。

（3）以径流减缓为主的植物群落模式

依据径流减缓，水分保持的修复策略，选择冠幅较大、枯落层厚的栾树、黑弹树、青檀、桑树、君迁子（图 7*c*）作为该区主要植被，主要分布在沟谷和谷床的缓冲区，土层厚度 30cm，群落模式为栾树＋黑弹树＋青檀—蝙蝠葛＋白首乌（*Cynanchum bungei*）＋鹅绒藤（*Cynanchum chinense*）＋地梢瓜（*Cynanchum thesioides*）—北京隐子草＋荩草＋臭草（*Melica scabrosa*）＋裂叶堇菜（*Viola dissecta*）；桑树＋君迁子＋柿树＋构树—连翘＋雀儿舌头＋茅莓＋葎叶蛇葡萄（*Ampelopsis humulifolia*）＋地锦（*Euphorbia humifusa*）—蛇莓＋荩草＋半夏（*Pinellia ternata*）＋虎掌（*Pinellia pedatisecta*）。不同水源涵养功能的植被分组如下：

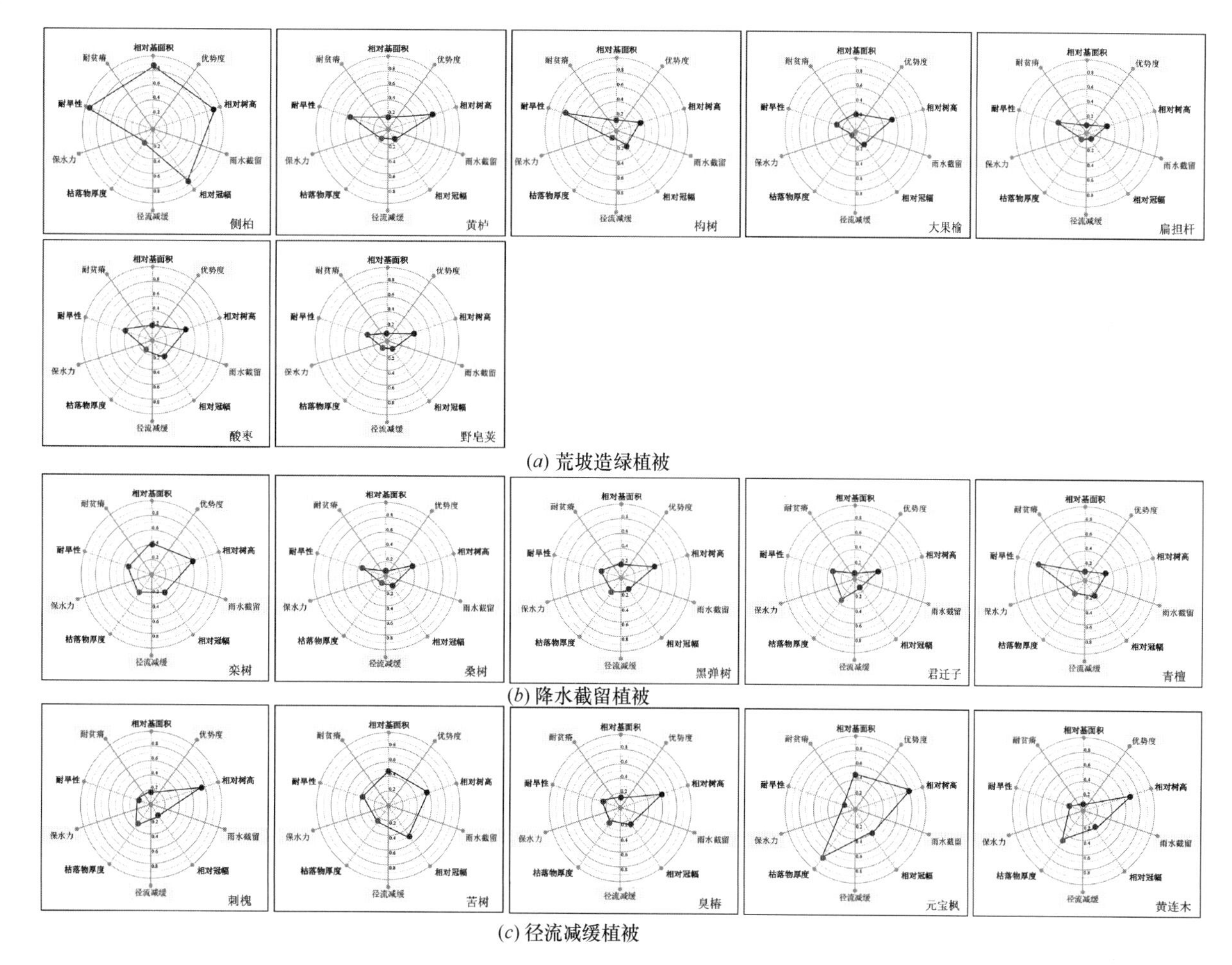

(*a*) 荒坡造绿植被

(*b*) 降水截留植被

(*c*) 径流减缓植被

图 7　不同水源涵养功能的植被分组

4 结语

济南泉水补给区植被是水源涵养的保障，通过遥感数据与水文资料的叠加分析发现，泉水补给区的植被覆盖度、泉水水位和降水量三者具有密切关系。其中，植被的退化减少了熔岩地下水的有效补给量，降低了地下水涵养性和对泉水的补给能力，这些影响主要表现为雨季后泉水高水位的持续时间缩短，相同时间的水位下降速率加快，并有逐年递增的趋势。因此，泉水补给区的植被生态恢复正面临着严峻的形势。

基于此，提出了依据不同的立地条件与恢复目标，因地制宜选择植物，构建涵盖全尺度空间和全生命周期的生态恢复策略，以期为水源涵养的植被修复提供参考依据，具体而言分为 3 个方面。第一个方面是立地生境调查，自然环境中的植物群落经过了长期的进化和自然选择，表现出对当地的气候和土壤环境的高度适应性。例如，高大山体形成的天然风屏减缓了南部的过境风速，降低了夏季地表水的蒸散量，雨水可以有效地进行土壤下渗，被植被吸收和利用，在直接补给区形成了明显的“沟谷湿岛”；而南坡接受到的太阳辐射比北坡多，高海拔山脊线和阳坡水分分布较少，形成了较强的“阳坡干岛”，乡土植物刺槐（*Robinia pseudoacacia*）和赤松（*Pinus densiflora*）更易作为先锋树种，在干旱期水分亏损量较为严重的阳坡种植。因此，需要在对修复场地的各要素加以研究分析的基础上进行下一步规划，尤其是对坡向、坡度、坡形、海拔和土壤类型等因素的综合考虑。第二个方面是对典型样地植被群落特征的分析，筛选出具有较高植被水源涵养功能的植物种类，优化和提升植被群落的成分和结构。保育规划与植被生态修复的核心就是植物要素与立地环境的“互适性”，本文通过对泉域补给区植被类型的调查，可在设计过程中人为的干预实现对于植被最大生态潜质的挖掘、丰富山体植被的多样性。风景园林视角的泉水保育与生态修复，需要植被群落的适生性和环境条件成为有机的整体，基于立地环境适应性的植被群落组合模式，就是充分认知场地，完成建设适宜性、生态敏感性等场所评价研究，设法创造这样一个能够自我适应、自我完善、自我更新的绿色生命体。第三个方面是全尺度空间规划和全生命周期自我维护的思想。长期以来对于景观环境的生态修复存在项目难以落地实施、缺乏建设后的效果评价、恢复效果较难持久等问题。从整体空间容量、生态服务的角度对场地进行人为改造，顺应自然规律，可以增强不同立地环境植物选择的科学性、精确性、生态适应性，丰富环境的生物多样性、完善的群落结构、健全的植被形式构筑泉水补给区生态体系，使自然力发挥最大效益，确保泉域地下水的纳吐平衡。

参考文献

[1] 李红云，杨吉华，夏江宝，等．济南市南部山区森林涵养水源功能的价值评价[J]．水土保持学报，2004(01)：89-92.

[2] 莫菲，李叙勇，贺淑霞，等．东灵山林区不同森林植被水源涵养功能评价[J]．生态学报，2011(17)：5009-5016.

[3] 迟光耀，邢立亭，主恒祥，等．大气降水与济南泉水动态变化的定量关系研究[J]．地下水，2017(01)：8-11.

[4] 张戈丽，王立本，欧阳华，等．近 20 年来济南泉水补给区景观格局及其功能变化分析[J]．地球信息科学学报，2010(05)：593-601.

[5] 时忠杰，王彦辉，熊伟，等．单株华北落叶松树冠穿透降雨的空间异质性[J]．生态学报，2006(09)：2877-2886.

[6] 胡承江，李雄．1979—2013 年北京市永定河流域平原城市段核心区域植被盖度演变分析[J]．中国园林，2015(09)：12-16.

[7] 时忠杰，王彦辉，熊伟，等．单株华北落叶松树冠穿透降雨的空间异质性[J]．生态学报，2006(09)：2877-2886.

[8] 朱金兆，刘建军，朱清科，等．森林凋落物层水文生态功能研究[J]．北京林业大学学报，2002(Z1)：30-34.

[9] 吴建平，袁正科，袁通志．湘西南沟谷森林土壤水文——物理特性与涵养水源功能研究[J]．水土保持研究，2004(01)：74-77.

[10] HÖrmann G，Branding A，Clemen T，et al. Calculation and simulation of wind controlled canopy interception of a beech forest in Northern Germany[J]. *Agricultural and Forest Meteorology*，1996，79(3)：131-148.

[11] 王晓学，沈会涛，李叙勇，等．森林水源涵养功能的多尺度内涵、过程及计量方法[J]．生态学报，2013(04)：1019-1030.

[12] 王晓红，刘久荣，辛宝东，等．北京岩溶水系统划分及特征分析[J]．城市地质，2016(03)：8-15.

[13] 张德顺．红叶谷生态旅游区植被群落特征研究[J]．中国园林，2007(12)：67-70.

[14] 张德顺，李科科，孙倩，等．黄土高原半干旱区立地群落特征及景观功能分析[J]．中国城市林业，2017(01)：11-15.

作者简介

李科科，1987 年生，男，河北张家口人，同济大学建筑与城市规划学院，高密度人居环境生态与节能教育部重点实验室在读博士研究生，研究方向：风景园林规划设计。

张德顺，1964 年生，男，山东潍坊人，博士，同济大学建筑与城市规划学院，高密度人居环境生态与节能教育部重点实验室教授，博士生导师，IUCN-SSC 委员，中国植物学会理事，中国风景园林学会园林植物专业委员会副主任委员。研究方向：园林植物与风景规划。

简单式屋顶绿化植物的景观偏好初探[①]

Preliminary study on Visual Evaluation of Extensive Green Roof Plants

文敬霞　骆天庆*

摘　要：简单式屋顶绿化观赏价值不及其他类型的屋顶绿化，目前处于发展初期，提高其景观效果可有效促进其推广建设。本文从植物景观评价方法、评价因子、评价主体等方面着手，探讨适合现阶段简单式屋顶绿化植物景观效果评价的方法，以了解公众对屋顶绿化植物的景观偏好，探求公众可接受的屋顶绿化景观效果。运用美景度评价法，以景天科植物和乡土草本植物的5种植物为评价对象，针对色彩、叶形、高度等植物外观特征，对专业组、非专业组以及不同年龄层的人群进行了调研。经过评价发现：①植物外观特征的美景度值由高到低依次为：绿色植物(7.96)>叶形细小(7.52)>高度居中(7.37)>叶形宽大(7.18)>黄色(6.20)>高度较高(6.12)>红色植物(5.50)>高度较矮(4.98)和叶形细长(4.98)，绿色、高度居中、叶形细小的植物具有较高的接受度；②专业人员给定的美景度值大部分低于非专业人员，30岁以下人群给定的美景度值大部分低于30岁及以上人群，说明专业人员和年轻人群对简单式屋顶绿化的审美要求更加严苛。随着简单式屋顶绿化的发展，人们对其会愈加熟悉，对其景观效果的要求会越来越高，所以，提高简单式屋顶绿化的景观效果乃形势所趋。
关键词：简单式屋顶绿化；植物；景观评价

Abstract: Extensive green roof has relatively worse visual effect but a promising perspective of development. Its visual effect is associated directly with the public acceptance. This study compared the existing visual evaluation methods and identified the suitable one to evaluate various plants on extensive green roofs. With the identified method of scenic beauty evaluation, the authors evaluated the public preference for the plants on extensive green roofs to understand the acceptable visual effect of extensive green roofs. Five species of cloisonne family and native herbs were selected as the evaluation objects. The results of the evaluation include: ① From high to low, the beauty value of 9 plant characteristics are as follows: green plants (7.96), with small leaf shape (7.52), with medium leaf shape (7.37), with broad leaf shape (7.18), with broad leaf shape (7.18) with yellow (6.20), with high leaf shape (6.12), with red plants (5.50), with low leaf shape (4.98) and with slender leaf shape (4.98). ② While the beauty value selected by the professional group is mostly lower than that by the non-professional group, the beauty values by the populations under 30 are mostly lower than those by the populations above 30, which indicate that the professional group and the populations under 30 have more stringent aesthetic requirements for extensive green roofs. With the development of extensive green roof, people will gradually get more familiar with it while their requirements for its visual effect will be higher. Thus, it is the trend to improve the visual effects of extensive green roofs.
Keyword: Extensive Green Roof; Plant; Visual Evaluation

引言

高密度城市建筑密度高、绿地空间不足，成为城市健康发展的一大局限。在城市依靠绿地增加绿量极为有限的前提下，屋顶绿化能够拓展更多的绿化空间[1]，缓解城市环境问题。城市目前拥有较大量的屋顶空间，可供发展屋顶绿化。囿于屋面形式、承重和构造方式多样，更易于推广的屋顶绿化形式是以低矮的地被类植物为主、构造轻质灵活、易于安装实施且成本较低的简单式屋顶绿化。但与花园式和组合式屋顶绿化相比，其观赏价值有所不及。因此，有必要探索公众对植物的景观偏好，获得可接受[2]的简单式屋顶绿化景观效果，以利于简单式屋顶绿化的推广建设。

植物是决定屋顶绿化景观效果的决定性因素。目前简单式屋顶绿化主要选用景天科植物，景观效果相对单一[3]，也不利于绿色屋顶生态效益的发挥。为了取得更为丰富的简单式屋顶绿化景观效果，充分发挥屋顶绿化的生态价值，需要增加乡土植物的运用。根据植物生长环境的特性，选择抗性能上具有优势的地被类草本植物，并通过景观效果评价评估其推广建设的潜质。现阶段，已有的研究主要在于通过评价筛选出适合简单式屋顶绿化的植物[2,4-8]，或者对现有的屋顶绿化进行景观效果评价[9,10]，未及人群对于简单式屋顶绿化的潜在适生植物的接受度。因此，有必要对简单式屋顶绿化的植物景观效果进行评价，探索公众对其景观植物的景观偏好。

1　研究对象与方法

1.1　研究对象

由于目前简单式屋顶绿化在乡土植物筛选研究尚处于发展初期，主要是对其抗逆性[11,12]、适应性[7,13]等方面研究；而混播会给实验带来诸多不可控因素，所以单品

① 基金项目：高密度人居环境生态与节能教育部重点实验室自主与开放课题资助。

种种植的实验形式对研究来说更为有效。简单式屋顶绿化的植物一般为低矮的地被类植物，所以，现阶段单品种、地被类植物的景观效果评价方面的研究具有较强的借鉴意义。

本研究选择上海共青森林公园10号厕所屋顶和同济大学建筑与城市规划学院B楼二楼屋顶作为实验基地。将景天科植物和若干种抗性较好、低矮的地被类草本植物，以单品种的形式种于50cm×50cm×10cm的种植盆中，进行观测并拍照记录。

1.2 研究方法

1.2.1 评价方法的选择

目前对植物的景观效果评价的方法主要有层次分析法（analytic hierarchy process，AHP）、美景度评价法（scenic beauty estimation，SBE）、审美评价测量法（balanced incomplete block design-law of comparative judgment，BIB-LCJ）、语义分析法（semantic differential method，SD）、人体生理心理指标测试法（psycho-physiological indicator，PPI）；就应用频度而言，AHP＞SBE＞BIB-LCJ＞SD＞PPI[15]。常用的层次分析法（AHP）评价内容全面，可以得到多方面的结果，但其评价指标及权重配比具有一定的主观性，且难以消除在结果中产生的误差。审美评价测量法（BIB-LCJ）需要评价主体对评价对象进行排序，还需进行若干次重复实验，评价过程相对复杂，工作量大。语义分析法（SD）操作简便，对样本量没有限制，但其评判尺度级别较少，一般分5级或7级[14]。人体生理心理指标测试法（PPI）需要评价时对心理因素的各项指标进行测量，较为复杂，不可控因素多。

SBE法被认为是最严密、精确的评价方法[15]，具有较高的预测能力和可靠性[16]，而且评价操作较简单，大小样本均可[15]。为了获得公众对简单式屋顶绿化植物的可接受度，需要了解公众客观的审美感受，得到植物的美景度值；而且考虑到本研究的评价内容较多，样本量较大；并且需要对未来简单式屋顶绿化植物的选择方向进行预判。综合考量，运用美景度评价法较为适宜。运用时，可以将审美感受分级，并通过公众的评分，得到植物的美景度值，直观地体现"接受度"。对公众的偏好进行分析，选择美景度值较高的植物，在未来获得更好的屋顶绿化景观效果。

1.2.2 评价因子的选择

对于低矮的地被类植物，选用的评价因子趋于微观。美国国家草坪草评估体系（NTEP）中将颜色、密度、质地等作为评价因子。Massimo Romani等[17]在意大利对乡土草种的颜色和整体质量进行了评估。张继方等[18]将盖度、叶期、花期等作为评价因子对地毯式屋顶绿化植物进行了景观评价。张杨[19]将株型、花果色、叶色、叶面积、叶形等作为因子对屋顶绿化进行了景观效果评价。在对简单式屋顶绿化进行评价时，应选择盖度和密度较高的植物样本，为其他因子对比提供统一的前提条件；植物的外观形态对植物的景观效果影响较大，如颜色、叶形等因子对于植物而言是较为直观的评价因子，能够直接反应植物的景观效果；另外，由于简单式屋顶绿化是低维护的，人工对于植物生长的干预较少，导致有些植物在某些季节长势旺盛，有些则生长缓慢，通过对植物生长状况的观察，发现高度对植物的美观度影响较大，因此将高度因子也列为评价因子之一。故本研究最终选择颜色、高度、叶形三种因子作为简单式屋顶绿化植物景观效果评价的主要因子。

1.2.3 评价主体

目前的评价主体以专业人员为主，有一定的片面性。在简单式屋顶绿化植物景观评价中，为获得公众可接受的景观效果，还需要了解非专业人员的审美感受。非专业人员是屋顶绿化的主要受众，专业人员是屋顶绿化建设的实施者，了解非专业人员的喜爱偏好，对未来的屋顶绿化的建设方向有一定的指导性。此外，了解不同年龄层的公众对简单式屋顶绿化景观的喜爱偏好，有助于研判未来简单式屋顶绿化景观效果的发展趋势。因此，本研究将非专业人员也纳入评价主体中，通过专业背景和年龄的分层评价，分析专业组、非专业组、低龄组和高龄组等不同群体之间的偏好差异，以便对将来简单式屋顶绿化的发展建设提供一些相关的指导。

1.2.4 按评价因子对研究对象进行分类

通过对实验基地植物生长状况的观测，筛选出现阶段基本适合简单式屋顶绿化的5种植物作为评价对象，分别对于三种评价因子，将颜色分为红色、黄色和绿色3种类型，高度分为较高（约25cm）、居中（约18cm）、较矮（约5cm）3种类型，叶形分为细长、细小、宽大3种类型，确定5种植物具体对应的外观特征如表1所示。

评价因子及对应的植物品种　　表1

评价因子	外观特征	植物品种
颜色	红色	植物4
	黄色	植物2
	绿色	植物1
高度	较高	植物3
	居中	植物1
	较矮	植物4
叶形	细长	植物3
	细小	植物1
	宽大	植物5

注：植物1为景天科植物，植物2～植物5为乡土草本植物。

1.2.5 问卷设计

（1）图片展现形式

根据表1，从拍摄的照片中选出生长状况良好的植物照片，运用Adobe Photoshop根据需要对照片进行裁切，得到6张图片（高度和叶形因子）；在中国植物图像库（http：//www.plantphoto.cn）进行检索，得到3张图片（颜色因子）。一共9张图片用于问卷调查，对应的图片名称（表2）及展现形式（图1～图3）如下。

(*a*)　(*b*)　(*c*)

图 1　颜色因子的展现形式

（*a*）红色；（*b*）黄色；（*c*）绿色

(*a*)　(*b*)　(*c*)

图 2　高度因子的展现形式

（*a*）较高；（*b*）居中；（*c*）较矮

(*a*)　(*b*)　(*c*)

图 3　叶形因子的展现形式

（*a*）细长；（*b*）细小；（*c*）宽大

图片名称　　**表 2**

评价因子	类型	图片名称	展现形式
颜色	红色	图片 1	近距离透视（参见图 1）
	黄色	图片 2	
	绿色	图片 3	
高度	较高	图片 4	50cm×50cm 样盆，侧视（参见图 2）
	居中	图片 5	
	较矮	图片 6	
叶形	细长	图片 7	俯视样盆，截取，大小为 10cm×10cm（参见图 3）
	细小	图片 8	
	宽大	图片 9	

（2）图片评分系统

根据美国国家草坪草评估体系（NTEP），将视觉质量分为 9 级（1 为最差，9 为最好），对应美景度值 1～9。让评价主体对上述图片进行 9 级评分（1～9 分，整数），作为美景度值。

（3）两种问卷类型

问卷分为纸质问卷和网络问卷两种类型。纸质问卷主要针对非专业人员和各年龄层人群；网络问卷针对专业人员、非专业人员和各年龄层人群。

纸质问卷包含评价主体年龄层信息、9 张图片及其评分栏等内容，运用 Adobe Indesign 排版制作成调查问卷（每份问卷共 2 页 A4 纸），并彩色打印 200 份。

网络问卷包含评价主体专业背景信息、年龄层信息、9 张图片及其评分选择题等内容，运用问卷星（https://www.wjx.cn）制作成网络问卷。

1.2.6　问卷调查

2018 年 10 月 1 日至 4 日，在上海共青森林公园对市民游客（非专业人员）进行纸质问卷调查，共收集到有效问卷 146 份。其中低龄组（30 岁以下人群）72 份问卷，高龄组（30 岁及以上人群）74 份问卷。

2018 年 12 月 11 日至 2019 年 1 月 8 日，发放网络问卷，共收集到有效问卷 94 份。其中专业组（园林及相近专业）问卷 70 份，非专业组问卷 24 份；低龄组 57 份问卷，高龄组 37 份问卷。

1.2.7　数据处理与分析

将问卷调查数据录入 Microsoft Excel，分析：①全样本（240 份）对颜色、高度和叶形的可接受度及偏好；②分层样本（非专业组 170 份、专业组 70 份、低龄组 129 份和高龄组 111 份）之间的偏好差异。

以问卷样本的平均值作为图片的美景度值，平均值 5.40（9×60%）作为可接受的标准，分值越高，则可接受度越高。

2 评价结果

2.1 全样本对三种评价因子的景观效果评价分析

基于全样本分析所有人群对颜色、高度和叶形三种评价因子的可接受度及偏好。

2.1.1 颜色的景观效果评价分析

全样本人群对3种颜色的植物均可接受。就接受度而言，绿色植物的美景度值最高，黄色次之，红色较差（表3）。

全样本的颜色美景度值　　表3

植物品种	植物4(红色)	植物2(黄色)	植物1(绿色)
美景度值	5.50	6.20	7.96

2.1.2 高度的景观效果评价分析

全样本人群对高度较高和居中的植物表现为可接受，而对较矮的植物为不可接受。中等高度的植物的美景度值最高，较高的植物次之，较矮的植物美景度值小于5.40（表4）。

全样本的高度美景度值　　表4

植物品种	植物3(较高)	植物1(居中)	植物4(较矮)
美景度值	6.12	7.37	4.98

2.1.3 叶形的景观效果评价分析

全样本人群对叶形细小和宽大的植物表现为可接受，而对叶形细长的植物不可接受。叶形细小的植物美景度值最高，叶形宽大的植物次之，叶形细长的美景度值低于5.40（表5）。

全样本的叶形美景度值　　表5

植物品种	植物3(细长)	植物1(细小)	植物5(宽大)
美景度值	4.98	7.52	7.18

2.2 分层样本对简单式屋顶绿化植物景观效果评价的差异性分析

根据专业组、非专业组、低龄组和高龄组的问卷分组样本进行公众对植物外观特征偏好的分层分析。

2.2.1 非专业组和专业组景观效果评价的差异性分析

非专业组的美景度值高于专业组；且在非专业组中，美景度值低于5.40的有2个（图2*c*、3*a*），而专业组有3个（图1*a*、2*c*、3*a*），以上均说明非专业人员对屋顶绿化植物的景观效果接受度更高（图4）。低龄人群中，非专业组与专业组的美景度值折线较为接近，高龄人群中二者折线较为疏远，4条折线具有相似的波动（图5、图6）。

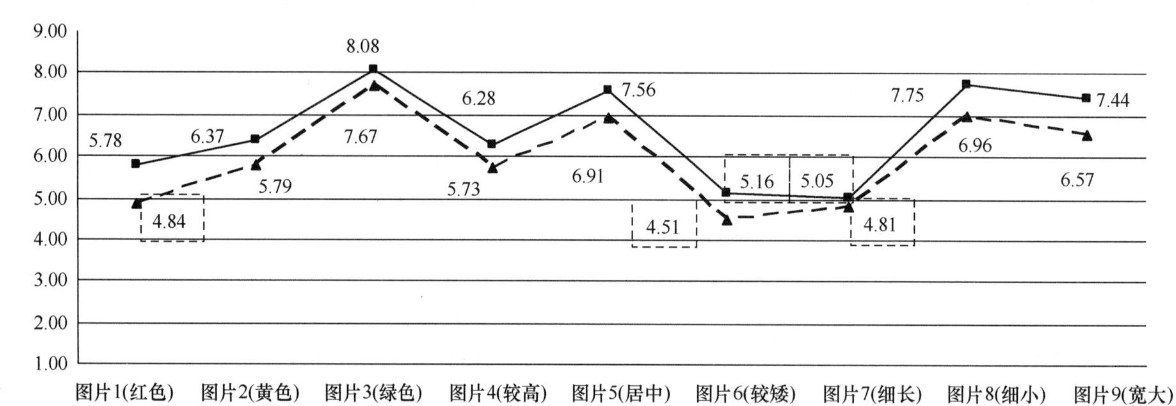

图4　非专业组和专业组的美景度值

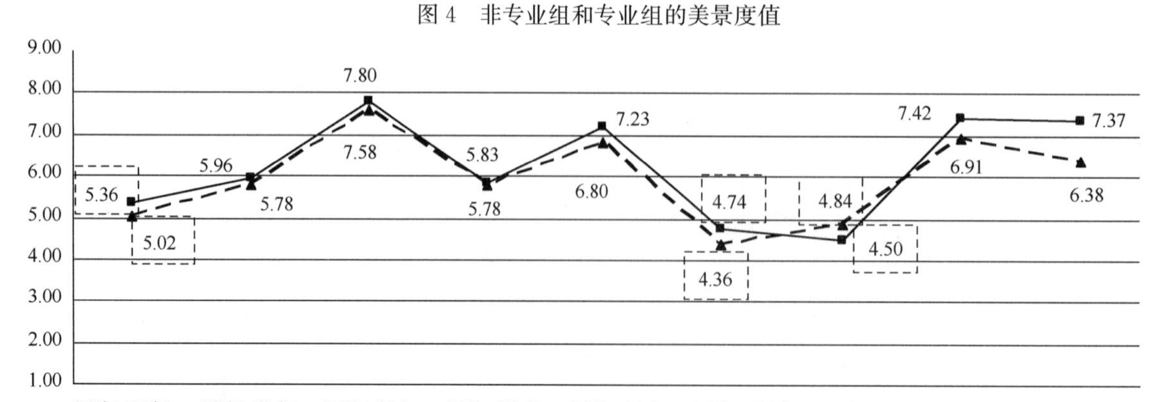

图5　低龄人群中非专业组和专业组的美景度值

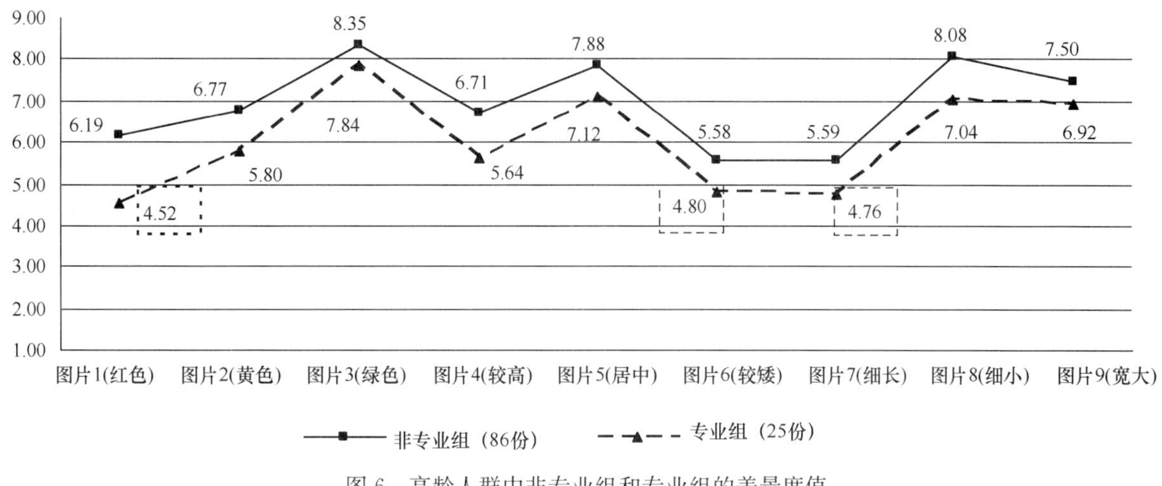

图 6　高龄人群中非专业组和专业组的美景度值

2.2.2　低龄组和高龄组景观效果评价的差异性分析

高龄组的美景度值高于低龄组；且低龄组的美景度值低于 5.40 的有 3 个（图片 1*a*、2*c*、3*a*），高龄组则没有，以上均说明高龄人群对屋顶绿化植物的接受度高一些（见图 7）。非专业人员中，低龄组和高龄组的美景度值折线较为疏远，专业人员中二者折线较为接近，4 条折线具有相似的波动（图 8、图 9）。

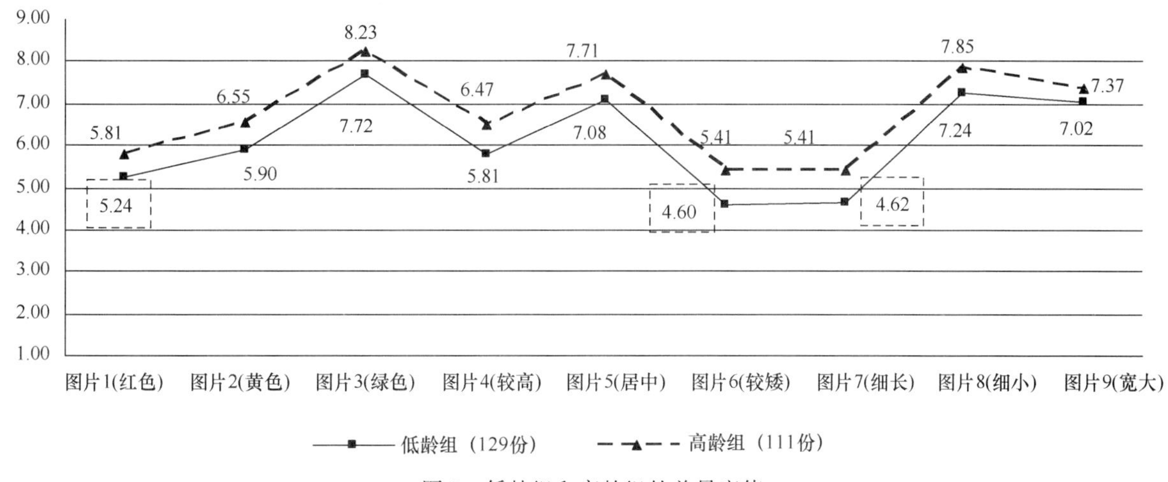

图 7　低龄组和高龄组的美景度值

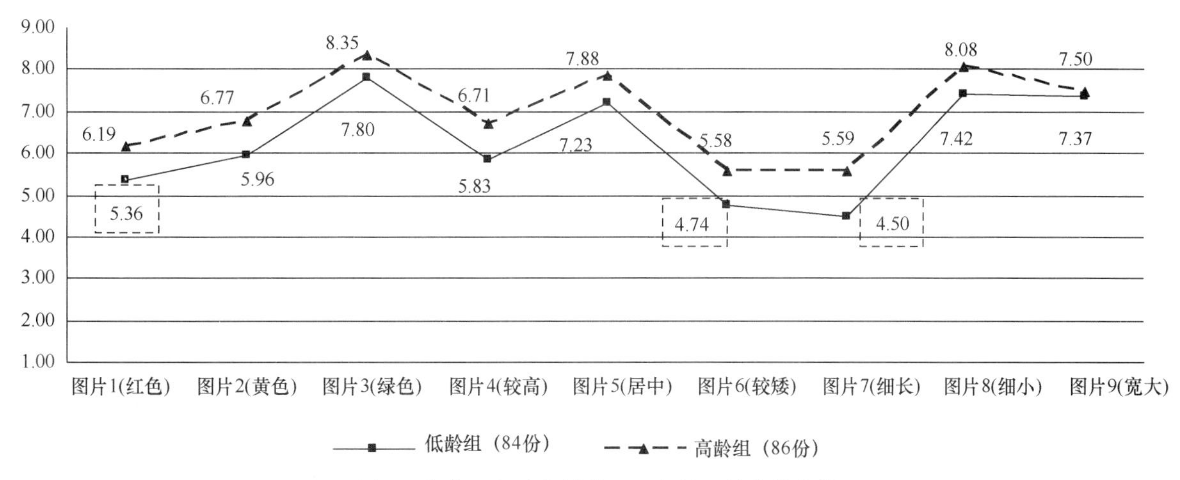

图 8　非专业人员中低龄组和高龄组的美景度值

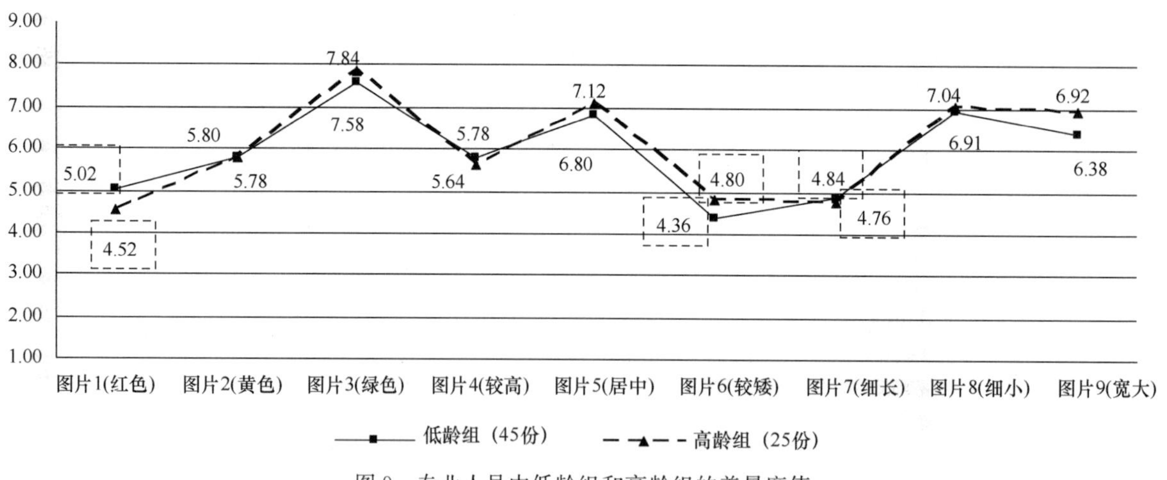

图9　专业人员中低龄组和高龄组的美景度值

3　讨论

（1）所有人群对不同的植物外观特征具有较为明显的偏好差异，植物特征为绿色、高度居中、叶形细小的植物具有较高的接受度。植物外观特征的美景度值由高到低依次为：绿色植物(7.96)＞叶形细小(7.52)＞高度居中(7.37)＞叶形宽大(7.18)＞黄色(6.20)＞高度较高(6.12)＞红色植物(5.50)＞高度较矮(4.98)和叶形细长(4.98)。

（2）通过试验，发现专业人员的美景度值大部分低于非专业人员、低龄人群的美景度值大部分低于高龄人群，说明专业人员和低龄人群对简单式屋顶绿化的审美要求更加严苛。

（3）低龄人群中的非专业组和专业组之间的差异（二者折线接近）小于高龄人群中二者的差异（二者折线疏远），可以推测在未来，公众对简单式屋顶绿化的审美偏好可能有趋同性。

（4）专业人员中低龄人群和高龄人群之间的差异（二者折线接近）小于非专业组中二者之间的差异（二者折线疏远），说明专业人员的偏好具有相对的一致性，而非专业人员的偏好差异相对较大。

（5）通过折线波动的一致性，说明不同人群对于相同的植物特征具有一致的审美偏好。

（6）实验发现，所有折线之间拥有较少的交叉点，说明同类型的人群之间具有更为一致的审美偏好。

4　结论与展望

本研究通过对简单式屋顶绿化植物的景观效果评价，得到公众偏好的屋顶绿化植物外观特征：绿色、高度居中、叶形细小的植物具有较高的接受度；实验中，景天科植物具有上述特征，而乡土草本植物还需通过进一步的筛选，以获得更优的景观效果。这对将来屋顶绿化植物的筛选提供一定的依据，具有一定的指导意义。

实验通过对分层样本的研究发现：低龄组的美景度值低于高龄组，可以说明在未来，人们对景观效果的要求将越来越高；专业组的美景度值低于非专业组，说明专业组对屋顶绿化植物的景观效果要求更高，通过对非专业人员的偏好，可以指导将来屋顶绿化景观效果的发展方向。在未来，随着简单式屋顶绿化的发展，提高简单式屋顶绿化的景观效果乃形势所趋。

对于简单式屋顶绿化植物的景观效果评价，目前处于初期。本实验多为定性研究，未能定量，其指导作用相对较弱。后期还可结合乡土植物进行筛选研究，与评价研究相互促进，获得更为美观、丰富、生态价值更高的屋顶绿化景观效果。

参考文献

[1] 郭屹岩．德国屋顶花园建设及对我国屋顶绿化的启示[J]．现代园艺，2007，(11)：2-4.
[2] 胡玉咏．草坪式屋顶绿化植物筛选与草坪常绿技术的研究[D]．上海：上海交通大学，2009.
[3] 梁明霞．华北地区植被屋面植物材料筛选的初步研究[D]．北京：北京林业大学，2009.
[4] 秦秋婕，苏顺军，冯磊．4种屋顶绿化植物适应性及其最适基质厚度的选择研究[J]．绿色科技，2016，(13)：216-221.
[5] 张杰，李海英．上海地区轻型屋顶绿化景天属植物的耐湿热性研究[J]．河南农业科学，2010(10)：104-107.
[6] 汤聪，刘念，郭微等．广州地区8种草坪式屋顶绿化植物的抗旱性[J]．草业科学，2014，31(10)：1867-1876.
[7] 刘媛，哈新英．济南简单式屋顶绿化7种景天类植物的适应性初探[J]．园林科技，2014(04)：9-11+31.
[8] 曾红，温庚金，罗旭荣，等．4种轻型屋顶绿化植物抗旱能力的综合评价[J]．草业科学，2016，33(06)：1084-1093.
[9] 杨程程．屋顶绿化综合评价模型的建立与应用研究[D]．上海：上海交通大学，2012.
[10] 张扬汉，张召平，孙海周．屋顶绿化综合评价与优化研究——以漳州屋顶绿化为例[J]．闽南师范大学学报(自然科学版)，2014，27(04)：72-77.
[11] 汤聪，刘念，郭微，等．广州地区8种草坪式屋顶绿化植物的抗旱性[J]．草业科学，2014，31(10)：1867-1876.
[12] 郭运青，唐树梅，张宇慧，等．几种屋顶绿化植物的抗旱性研究[J]．热带农业科学，2008，(03)：29-31.
[13] 秦秋婕，苏顺军，冯磊．4种屋顶绿化植物适应性及其最适基质厚度的选择研究[J]．绿色科技，2016(13)：216-221.
[14] 张哲，潘会堂．园林植物景观评价研究进展[J]．浙江农林

大学学报，2011，28(06)：962-967.
[15] 张建国，王震．德清县下渚湖国家湿地公园景观美景度评价[J]．浙江农林大学学报，2017，34(01)：145-151.
[16] 熊亚运，刘燕．北京市郁金香花展景观美景度评价[J]．西北林学院学报，2015，30(06)：261-265.
[17] Massimo Romani，Efisio Piano，Luciano Pecetti. Collection and preliminary evaluation of native turfgrass accessions in Italy[J]. Genetic Resources and Crop Evolution，2002，49(4).
[18] 张继方，张俊涛，刘文，等．广州地区地毯式屋顶绿化植物筛选及其评价[J]．热带农业科学，2014，34(12)：98-104.
[19] 张杨．海口市屋顶绿化植物的选择及应用[D]．海口：海南大学，2015.

作者简介

文敬霞，1989年生，女，汉族，湖南常德人，同济大学建筑与城市规划学院景观学系，硕士研究生。研究方向：生态规划与设计。电子邮箱：645099300@qq.com。

骆天庆，1970年8月生，女，汉族，浙江杭州人，博士，同济大学建筑与城市规划学院景观学系，副教授。研究方向：生态规划与设计。电子邮箱：luotq@tongji.edu.cn。

建筑外立面垂直绿化景观调查研究

——以上海迪士尼入口垂直绿化为例

Investigation and Study on Vertical Greening Landscape of Outer Facade of Buildings

—A Case Study of Vertical Greening at Shanghai Disney Entrance

胡汪涵　沈姗姗　史　琰　包志毅

摘　要：现今城市发展迅速，建筑用地与城市绿化用地矛盾日益明显，如何在现有的空间内更进一步增加城市绿化面积，改善城市生态环境成为了现在首要解决的问题。研究选取上海地区垂直绿化进行实地调研，在参阅国内外相关研究的基础上，对上海地区迪士尼入口处垂直绿化案例的测绘，对该地区垂直绿化主要植物种类、频度、花色、斑块大小、景观视距等进行分析研究，提出适合于长三角地区垂直绿化主要应用植物种类、植物斑块最佳景观配比以及最佳颜色搭配比例。

关键词：风景园林；垂直绿化；上海迪士尼

Abstract: Nowadays the city developing rapidly, the land for construction and urban greening contradictions increasingly obvious, how to further increase the city green area in the existing space, improve the urban ecological environment has become the first solve the problem now. On field research on the selection of vertical greening in Shanghai see, on the basis of related research at home and abroad, through the form of a questionnaire to collect data, and based on the case at the entrance to Disney vertical greening in Shanghai surveying and mapping, vertical greening main plant species in the region, the frequency, design and color, patch size, visibility analysis, put forward suitable for vertical greening is mainly used in the Shanghai area ratio of plant species, plant the best landscape patch, and the best color ratio.

Keyword: Landscape Architecture; Vertical Greening; Shanghai Disney

随着城市化水平的不断提升，城市高层建筑不断增加，留给城市基础绿化的用地日渐减少，这让城市基础绿化用地和城市建设基础用地两者之间本来就难以协调的矛盾日渐扩大，普通的平面绿化方式已经不能满足我国大城市绿化要求，因此通过建筑外立面绿化景观营造，以及屋顶绿化营造，在竖向上提升城市绿化面积显得尤为重要[1]。近年来，立体绿化在垂直绿化的基础上进一步发展，对于植物的应用以及营造方法，都有极大的丰富。立体绿化的营造对于更好的实现新时代我国对于营造公园城市的要求，达到“开门见绿”的效果，具有重大战略意义，是新时代生态城市发展的必由之路。

1　垂直绿化概念及研究现状

垂直绿化（vertical planting）是指是指利用垂直于地面的墙壁、棚架、栏杆、立交桥、杆柱、山石等空间进行的绿化手段，是主要依靠攀援植物的攀附能力进行的垂直或近似垂直地面的绿化活动，国外已有许多垂直绿化的相关研究，垂直花园的开创者派屈克·布朗克在书《垂直花园——从自然走向城市》中[1]，详细的叙述开了他对于垂直花园的独特见解，以及设计墙体绿化的灵感，其中他所描述的布毡系统，减小了墙体绿化所占的立面面积，并且更好的巩固了植物根系，形成了统一一体的景观结构，而以我国现在前提绿化的形式与发展看来，他所提出的墙体绿化形式依旧对我国有着比较大的借鉴意义。乌菲伦在编著的《当代景观：立面绿化设计》[2]中详细阐述了实施垂直绿化的重要性。安东尼·伍德在其撰写的《高层建筑垂直绿化：高层建筑的植生墙设计》[3]中介绍了高层建筑垂直绿化需要注意的事项和一些限制，并对此提出了实用建议，预测了垂直绿化未来相关研究的方向，在该书中他从多个层面深入地介绍和分析了垂直绿化的相关定义、标准、政策等问题，如今有很大的借鉴意义。

随着对于城市绿化的逐步重视，国内越来越多的学者也开始逐步重视墙体绿化的发展，不仅仅在于墙体绿化的造景作用，并且也更加注重墙体绿化对于高密度城市生态性的提高[4]，墙体绿化使植物在竖直面上生长，作为一种独特的建筑表面，既具有独特的美学感受，同时又给原本灰墙冷瓦的建筑增添了几分活泼的生命力。《墙上花园》[5]作者童家林在书中介绍了室内外多种垂直绿化形式，展现了由植被到墙体的连贯性。赵聆汐的《垂直绿化》[6]一书中，通过对不同类型的墙体绿化的种植技术为主要论点，并且结合国内外众多顶尖案例，展示了垂直绿化的发展状况以及未来前景。但是总体来看，我国对于垂直绿化的发展相比发达国家仍然比较落后，其普及和建造还需要更大的努力。

本文以上海迪士尼入口绿墙为例，通过实地测绘对该处垂直绿化量化分析，研究植物配置的生态合理性以及美学观赏性，探析长三角地区垂直绿化的最佳景观营造方法，以期对未来垂直绿化的设计有所借鉴意义。

2 垂直绿化调查内容及方法

2.1 调查区域选择

长三角地区是我国经济最发达、城市化程度最高的地区之一，该区域的大型城市墙体绿化发展较早，上海市地处北纬 30°40′～31°53′，东经 120°52′～122°12′之间，属亚热带季风气候，四季分明，日照充分，雨量充沛，是我国新型墙面绿化较为发达的城市，拥有较多的案例可查，因此以上海城市为代表研究目前全国新型墙面绿化的发展现状和趋势。上海迪士尼乐园位于上海浦东新区川沙新镇，迪士尼园区入口处墙体绿化，养护较好，景观效果较高，植物配比恰当，对于墙体绿化的发展具有借鉴意义。

2.2 调查内容

2.2.1 植物种类

在调查过程中，对每个案例进行植物的识别、记录、拍照，必要时采集标本，调查结束后对使用的植物种类进行归纳总结，按照草本植物和木本植物、常绿植物和落叶植物等不同分类方式进行汇总，分析其叶型比例、色彩比例等，并对所采用植物的色彩、形态特征、应用情况进行记录。

2.2.2 技术形式

对每个调查案例的技术形式进行分析，包括采用的技术手段、载体结构、固定方式、施工方法等方面。

2.2.3 景观效果

记录每个案例的植物整体生长状况，对植物搭配方式等植物景观方面进行初步分析，初步筛选影响植物墙景观效果的因素，通过各种大小叶型与景观视距的关系、墙体植物斑块大小比例以及色彩构成对墙体绿化美学的影响得出植物应用种类以及最佳植物斑块面积比例。

3 垂直绿化调查结果

3.1 上海迪士尼申迪生态园南门大型植物绿墙案例

上海申迪生态园位于上海迪士尼园区南面，位于迪士尼地铁口出口处，是人流主要集中的区域，垂直立体绿墙主要集中在申迪生态园门口（图 1、图 2）建筑立面以及，四个配电箱（图 3）和公共区域外墙面（图 4）。

图 1 申迪生态园大门墙面绿化

图 2 配电箱墙面绿化

图 3 申迪生态园大门墙面绿化

图 4 入口公共空间外墙面绿化

3.1.1 植物种类分析

经过我们对其外墙植物的调查记录配电箱以及厕所外墙上的植物种类主要有：红花檵木（图 5）、黄金枸骨、

图 5 红花檵木

图 6 金森女贞

图 7 金线蒲

图 8 小檗

南天竹、山茶、小叶栀子、齿叶冬青、大花六道木、小叶扶芳藤、速铺扶芳藤、金森女贞（图 6）、花叶络石、蚊母树、瓜子黄杨、大吴风草、千叶兰、花叶蔓长春、夏鹃、金线蒲（图 7）、春鹃、海桐、银姬小蜡、小檗（图 8）等总计共 22 种不同的植物类型。其中小型木本植物有 11 种，藤本植物有 4 种，草本植物 7 种。

对其中大部分植物进行了测绘，测量了其株高以及分析其花、叶的状况确定其长势的好坏（表 1）。

上海迪斯尼申迪生态园植物配置表 **表 1**

序号	植物	科	属	拉丁名	株高
1	千叶兰	蓼科	千叶兰属	*Muehlewbeckia complera*	46
2	金叶苔草	莎草科	苔属	*Carex* ‘Evergold’	63
3	大吴风草	菊科	大吴风草属	*Farfugrium japonicum*	35
4	花叶蔓长春	夹竹桃科	蔓长春花属	*Vinca major*	29
5	银姬小蜡	木犀科	女贞属	*Ligustrum sinense* ‘Variegatum’	42
6	小蜡	木犀科	女贞属	*Ligustrum sinense*	42
7	金叶女贞	木犀科	女贞属	*Ligustrum×vicaryi*	48
8	瓜子黄杨	黄杨科	黄杨属	*Buxus sinica*	19
9	小叶扶芳藤	卫矛科	卫矛属	*Euonymus fortunei*	27
10	火焰南天竹	小檗科	南天竹属	*Nandina domestica*	29
11	红花檵木	金缕梅科	檵木属	*Loropetalum chinense*	65
12	花叶络石	夹竹桃科	络石属	*Trachelospermum jasminoides* ‘Flame’	18
13	金线蒲	天南星科	菖蒲属	*Acorus gramineus*	57
14	栀子	茜草科	栀子属	*Gardenia jasminoides*	18
15	六道木	忍冬科	六道木属	*Abelia biflora*	26
16	海桐	海桐科	海桐花属	*Pittosporum tobira*	31
17	垂盆草	景天科	景天属	*Sedum sarmentosum*	17
18	络石	夹竹桃科	络石属	*Trachelospermum jasminoides*	18

通过以上测绘数据与每种植物正常生长株高进行对比，可得大部分植物生长较为良好，植物栽培钵内湿润，人工养护到位，出了配电箱以及厕所边角以及阴暗处植物长势较为稀疏以外其他大部分植物长势较为良好，人工养护也很到位。对于整个迪士尼大门的造景有关键性的作用。

3.1.2 植物景观配置分析

通过对申迪南门以及公共空间建筑外侧墙面的植物种类的测绘，由于绿墙面积较大，本文将大门外墙绿化一共分为五个区域，进一步进行植物配置分析，对其各个区域的植物类型进行面积占比、不同植物的人眼感官颜色分析，以及进一步对于植物株高的层次分析，通过饼状图的形式得出结论。

(1) 申迪生态园厕所南面墙

由图表可以看出申迪生态园公共空间外墙植物（图9、图10）主要以红色系以及绿色系的植物（图11、表2）为主，红色系植物以火焰南天竹和春季花叶络石的新叶为主。相比较来说，该墙面小叶、中叶类型植物占比大致相同（图12），大叶植物占比在20%左右。面积比例大致在1∶3∶4左右。对大、中、小三个斑块所占面积的调查（图13），中型斑块所占比例较大，大、中、小斑块比约为3∶6∶2。

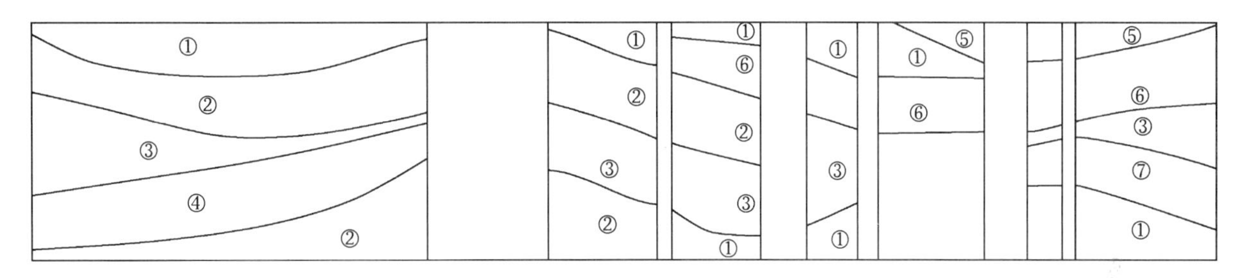

图9　申迪生态园厕所南面墙

公共空间南面墙植物种类　　**表2**

序号	植物	科	属	拉丁名	颜色（春）	叶型
1	瓜子黄杨	黄杨科	黄杨属	*Buxus sinica*	黄绿色	中叶
2	花叶络石	夹竹桃科	络石属	*Trachelospermum jasminoides* 'Flame'	粉红+绿叶	小叶
3	火焰南天竹	小檗科	南天竹属	*Nandina domestica*	红	大叶
4	栀子	茜草科	栀子属	*Gardenia jasminoides*	绿叶白花	中叶
5	小叶扶芳藤	卫矛科	卫矛属	*Euonymus fortunei*	绿色（浅）	小叶
6	六道木	忍冬科	六道木属	*Abelia biflora*	绿色	中叶
7	海桐	海桐科	海桐花属	*Pittosporum tobira*	绿色（浅）	小叶

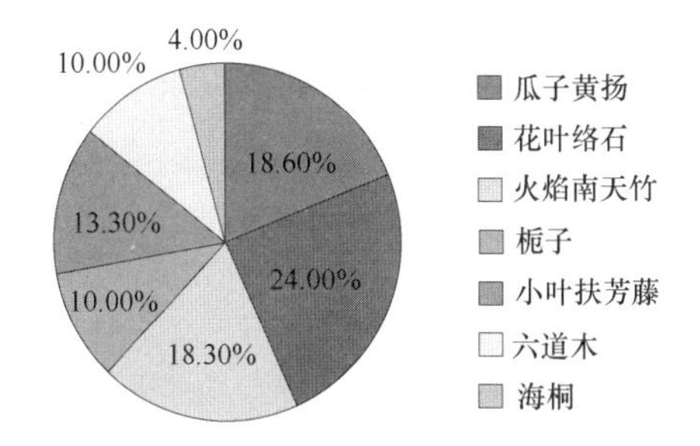

图10　申迪生态园公共空间植物面积占比

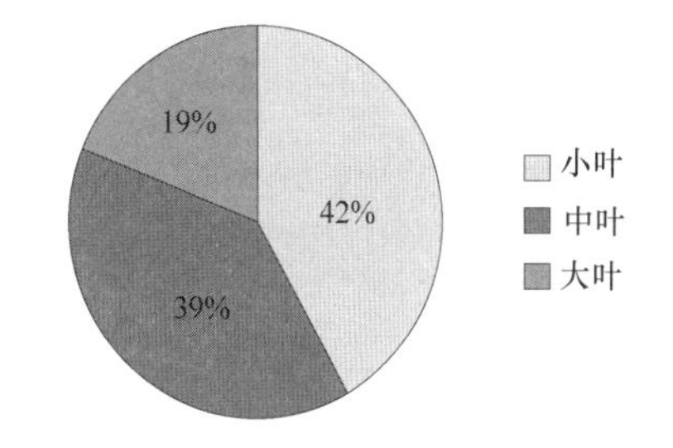

图12　申迪生态园公共空间植物叶型占比

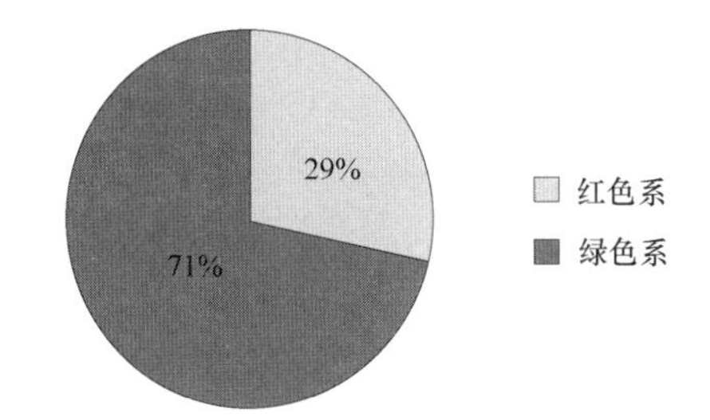

图11　申迪生态园公共空间植物叶色占比

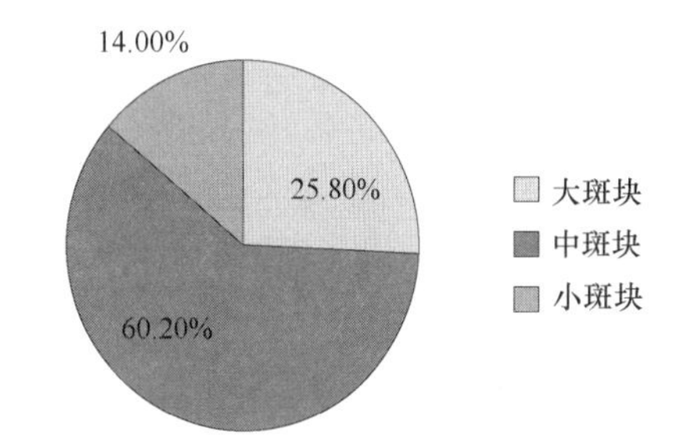

图13　申迪生态园公共空间植物斑块面积占比

（2）申迪生态园大门一号区域

申迪大门一号区域面积总面积 655m²，墙体绿化共使用 11 种植物（图 14），其中金叶苔草以及红花檵木、花叶络石的使用面积较大（图 15）。一号区域以黄色系为主，主要植物有瓜子黄杨春季黄绿色新叶，以及花叶蔓长春、金叶苔草的金黄色组成。红色系植物主要有红花檵木、火焰南天竹以及花叶络石组成（图 16、表 3）。通过对一号区域墙面植物叶型的分析（图 17）发现该墙面植物大、中、小叶比例基本维持在 3∶5∶2。对大、中、小三个斑块所占面积的调查（图 18），大型斑块所占比例较大，大、中、小斑块比约为 5∶4∶1。

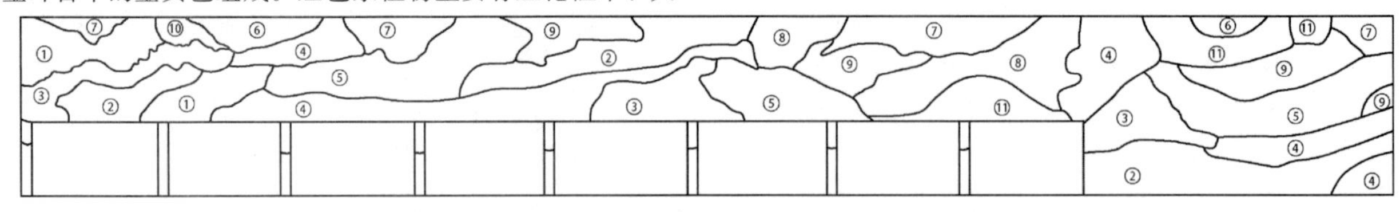

图 14　申迪生态园大门一号区域

申迪大门一号区域墙面植物种类　　**表 3**

序号	植物	科	属	拉丁名	颜色（春）	叶型
1	千叶兰	蓼科	千叶兰属	*Muehlewbeckia complera*	绿	小叶
2	金叶苔草	莎草科	苔属	*Carex* ‘Evergold’	金+绿	中叶
3	大吴风草	菊科	大吴风草属	*Farfugrium japonicum*	绿	大叶
4	花叶蔓长春	夹竹桃科	蔓长春花属	*Vinca major.*	金+绿	中叶
5	银姬小蜡	木犀科	女贞属	*Ligustrum sinense* 'Variegatum'	黄+绿	小叶
6	金叶女贞	木犀科	女贞属	*Ligustrum × vicaryi*	金绿色	中叶
7	瓜子黄杨	黄杨科	黄杨属	*Buxus sinica*	黄绿色	中叶
8	小叶扶芳藤	卫矛科	卫矛属	*Euonymus fortunei*	绿	小叶
9	火焰南天竹	小檗科	南天竹属	*Nandina domestica*	红	中叶
10	红花檵木	金缕梅科	檵木属	*Loropetalum chinense*	紫红	小叶
11	花叶络石	夹竹桃科	络石属	*Trachelospermum jasminoides* ‘Flame’	粉红+绿叶	中叶

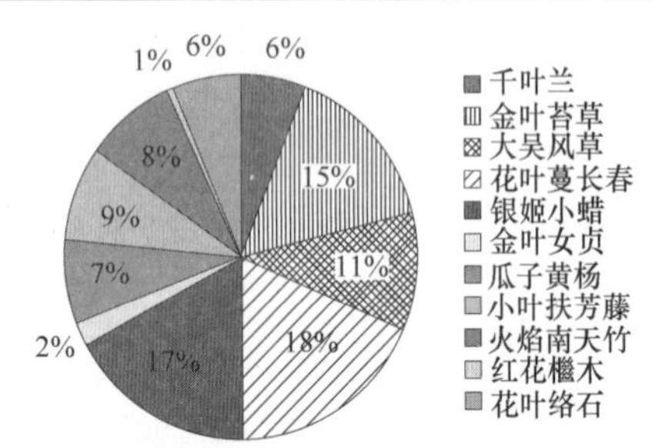

图 15　大门一号区域植物种类面积占比

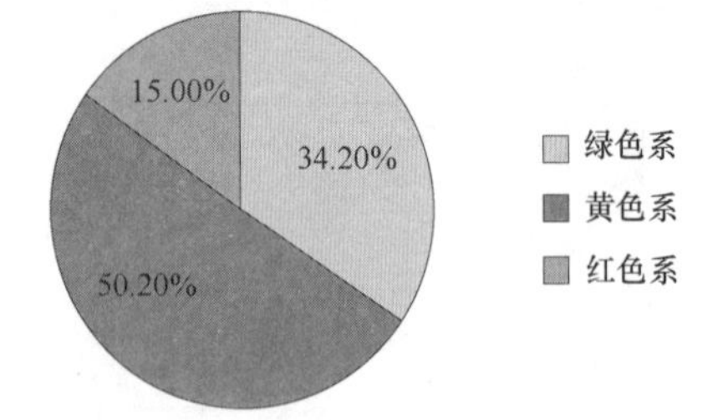

图 16　大门一号区域植物叶色面积占比

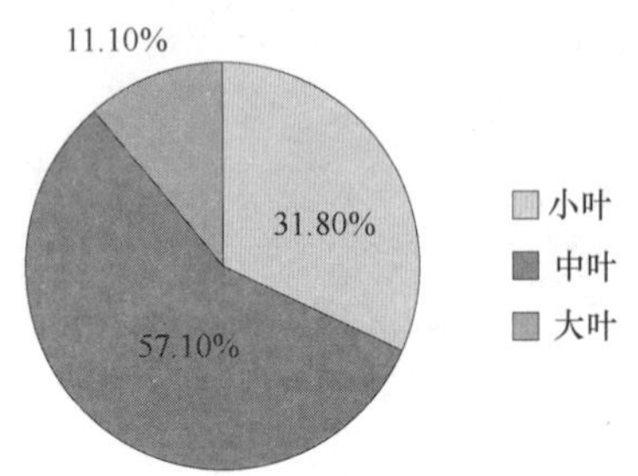

图17　大门一号区域植物叶型面积占比

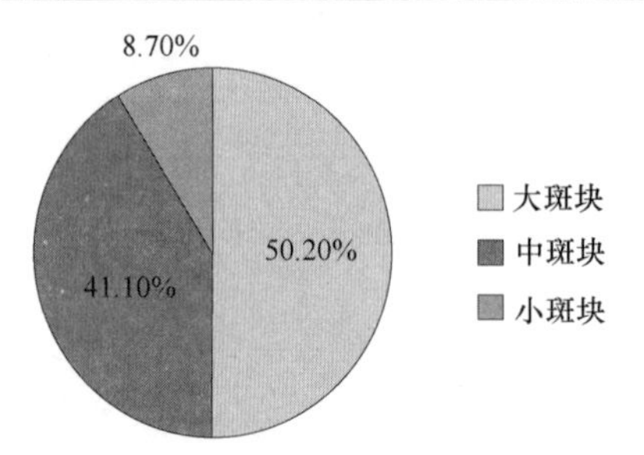

图 18　大门一号区域植物斑块面积占比

（3）申迪生态园大门二号区域

申迪生态园大门二号区域总面积约 210m²，该墙共使用 8 种植物（图 19、图 20），其中以黄色系为多，但总体效果上来看，绿色占大多数（图 21、表 4），通过对二号区域植物种类叶型的分析（图 22），大、中、小叶叶型比例近似于 3∶5∶2。对大、中、小三个斑块所占面积的调查（图 23），中型斑块所占比例较大，大、中、小斑块比约为 3∶5∶2。

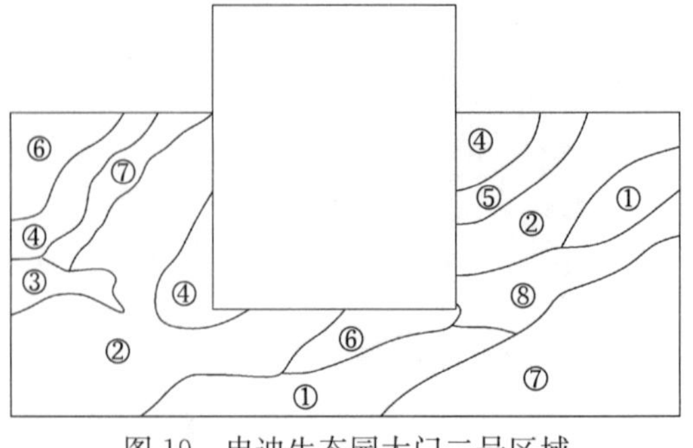

图 19　申迪生态园大门二号区域

申迪生态园大门二号区域墙面植物种类 **表 4**

序号	植物	科	属	拉丁名	颜色（春）	叶型
1	金叶苔草	莎草科	苔属	*Carex* ‘Evergold’	金+绿	大叶
2	黄杨	黄杨科	黄杨属	*Buxus sinica*	黄绿色	中叶
3	花叶蔓长春	夹竹桃科	蔓长春花属	*Vinca major Linn.*	金+绿	大叶
4	银姬小蜡	木犀科	女贞属	*Ligustrum sinense* 'Variegatum'	黄+绿	小叶
5	金叶女贞	木犀科	女贞属	*Ligustrum × vicaryi*	金绿色	中叶
6	速铺扶芳藤	卫矛科	卫矛属	*Euonymus fortunei*	绿	小叶
7	红花檵木	金缕梅科	檵木属	*Loropetalum chinense*	紫红	小叶
8	花叶络石	夹竹桃科	络石属	*Trachelospermum jasminoides* ‘Flame’	粉红+绿叶	中叶

图 20 大门二号区域植物种类面积占比

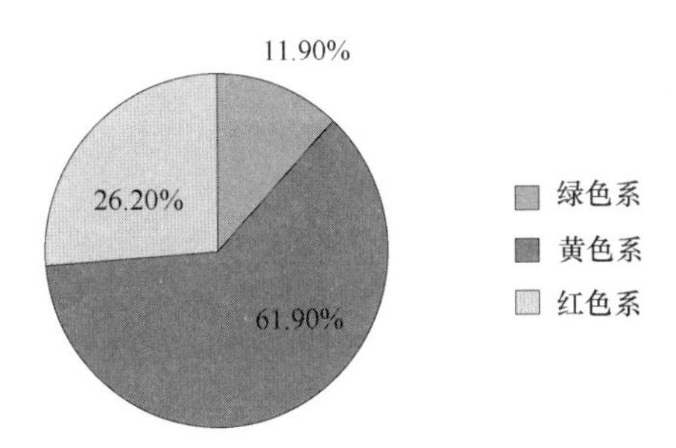

图 21 大门二号区域植物叶色面积

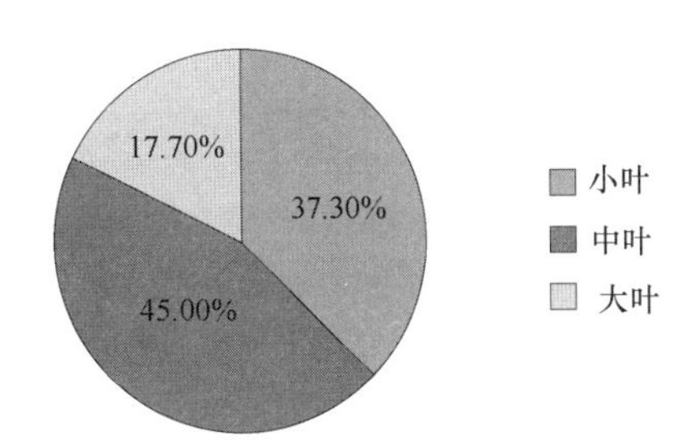

图 22 大门二号区域植物叶型面积占比

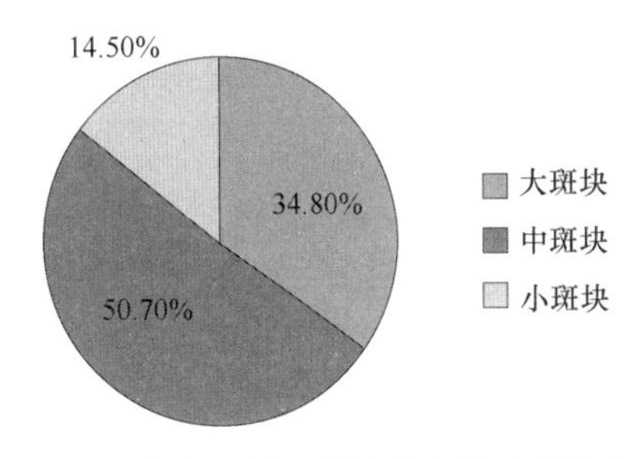

图 23 大门二号区域植物斑块面积占比

（4）申迪生态园大门三号区域

申迪生态园三号区域总面积约 360m^2，调查测绘统计植物种类共 13 种（图 24、图 25），该区域外墙植物颜色以黄色系和绿色系为主（图 26、表 5）。通过对叶型的分析（图 27）可以看出此面墙小叶植物居多，小、中、大叶植物面积占比大致在 6∶3∶1。对大、中、小三个斑块所占面积的调查（图 28），中型斑块所占比例较大，大、中、小斑块比约为 3∶5∶2。

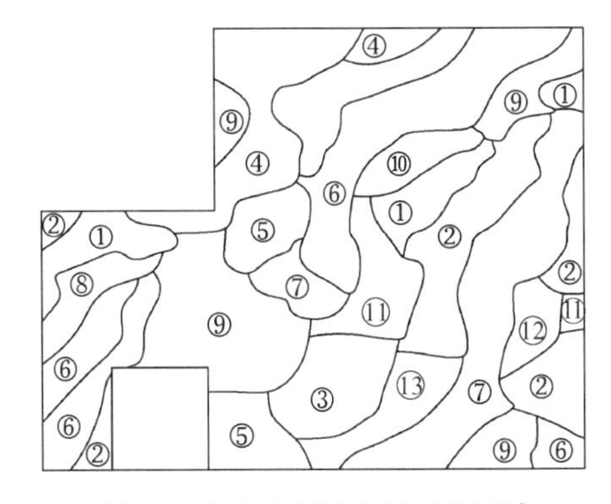

图 24 申迪生态园大门三号区域

申迪大门三号区域墙面植物种类 **表 5**

序号	植物	科	属	拉丁名	颜色（春）	叶型
1	千叶兰	蓼科	千叶兰属	*Muehlewbeckia complera*	绿	小叶
2	金叶苔草	莎草科	苔属	*Carex* 'Evergold'	金+绿	中叶
3	大吴风草	菊科	大吴风草属	*Farfugrium japonicum*	绿	大叶
4	花叶蔓长春	夹竹桃科	蔓长春花属	*Vinca major*	金+绿	小叶
5	银姬小蜡	木犀科	女贞属	*Ligustrum sinense* 'Variegatum'	黄+绿	小叶
6	小蜡	木犀科	女贞属	*Ligustrum sinense*	黄+绿	小叶
7	小叶扶芳藤	卫矛科	卫矛属	*Euonymus fortunei*	绿	小叶
8	金线蒲	天南星科	菖蒲属	*Acorus gramineus*	绿（花序黄绿）	中叶

续表

序号	植物	科	属	拉丁名	颜色（春）	叶型
9	南天竹	小檗科	南天竹属	*Nandina domestica*	绿色（秋色叶红）	中叶
10	瓜子黄杨	黄杨科	黄杨属	*Buxus sinica*	黄绿色	中叶
11	红花檵木	金缕梅科	檵木属	*Loropetalum chinense*	紫红	小叶
12	垂盆草	景天科	景天属	*Sedum sarmentosum*	绿	小叶
13	络石	夹竹桃科	络石属	*Trachelospermum jasminoides*	绿叶	中叶

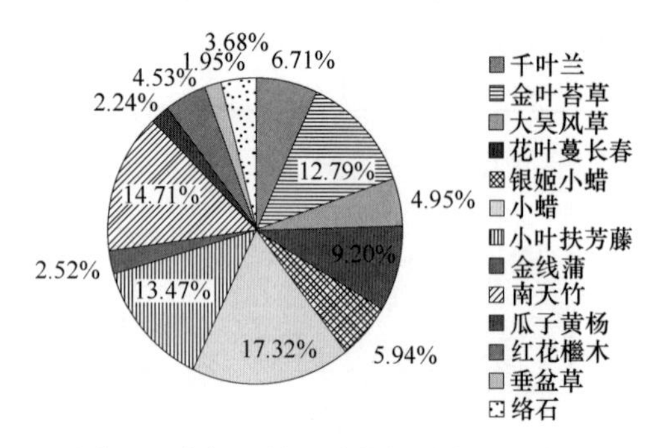

图 25　大门三号区域植物种类面积占比

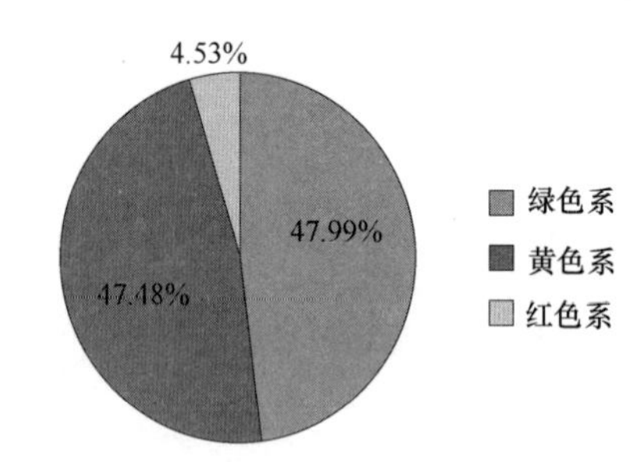

图 26　大门三号区域植物叶色面积占比

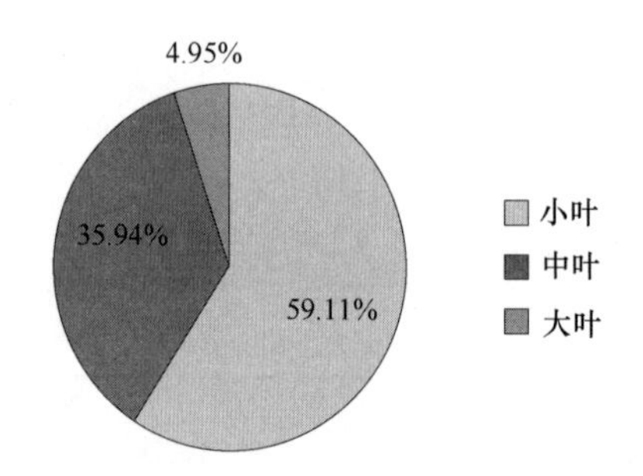

图 27　大门三号区域植物叶型面积占比

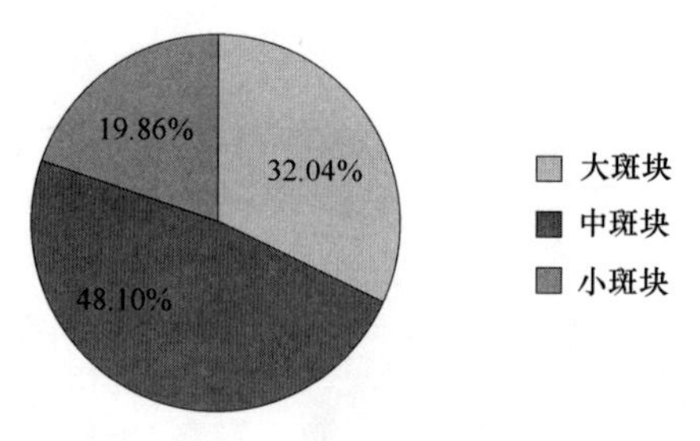

图 28　大门三号区域植物斑块面积比

（5）申迪生态园大门四号区域

申迪生态园大门四号区域总面积大约 400m²，共有植物 11 种（图 29、图 30）。该区域墙面植物以绿色系为主，绿色、黄色、红色比例大致为 6∶2∶2（图 31、表 6）。该区域以中叶、小叶植物为主（图 32），小、中、大叶植物比例约为 4∶4∶2。对大、中、小三个斑块所占面积的调查（图 33），中型斑块所占比例较大，大、中、小斑块比约为 4∶5∶1。

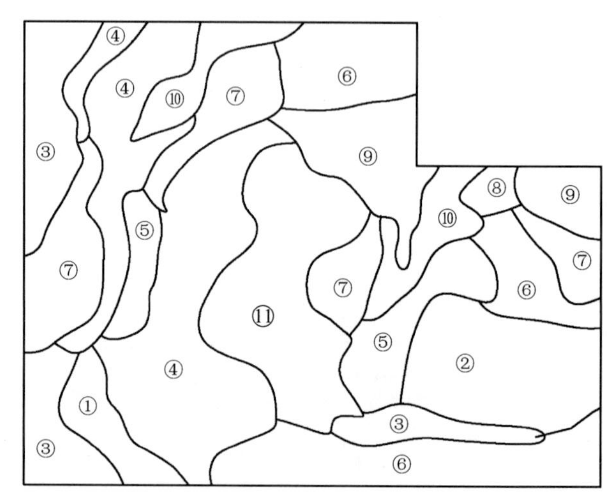

图 29　申迪生态园大门四号区域

申迪大门四号区域墙面植物种类　　**表 6**

序号	植物	科	属	拉丁名	颜色	叶型
1	金叶苔草	莎草科	苔属	*Carex* 'Evergold'	金+绿	中叶
2	大吴风草	菊科	大吴风草属	*Farfugrium japonicum*	绿	大叶
3	花叶蔓长春	夹竹桃科	蔓长春花属	*Vinca major*	金+绿	小叶
4	银姬小蜡	木犀科	女贞属	*Ligustrum sinense* 'Variegatum'	黄+绿	小叶
5	金叶女贞	木犀科	女贞属	*Ligustrum* × *vicaryi*	金绿色	中叶
6	速铺扶芳藤	卫矛科	卫矛属	*Euonymus fortunei*	绿	中叶

续表

序号	植物	科	属	拉丁名	颜色	叶型
7	火焰南天竹	小檗科	南天竹属	*Nandina domestica*	红	中叶
8	金线蒲	天南星科	菖蒲属	*Acorus gramineus*	绿（花序黄绿）	中叶
9	黄杨	黄杨科	黄杨属	*Buxus sinica*	黄绿色	小叶
10	红花檵木	金缕梅科	檵木属	*Loropetalum chinense*	紫红	小叶
11	络石	夹竹桃科	络石属	*Trachelospermum jasminoides*	绿叶	中叶

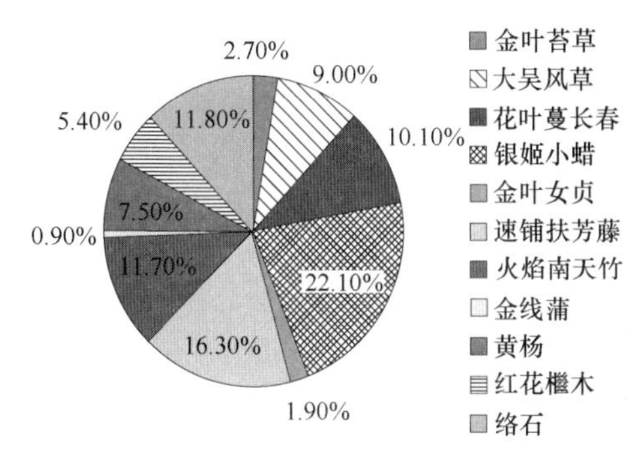

图 30　大门四号区域植物种类面积占比

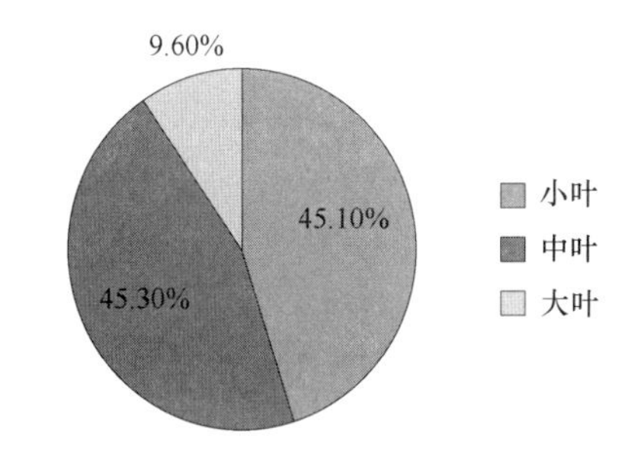

图 31　大门四号区域植物叶色面积占比

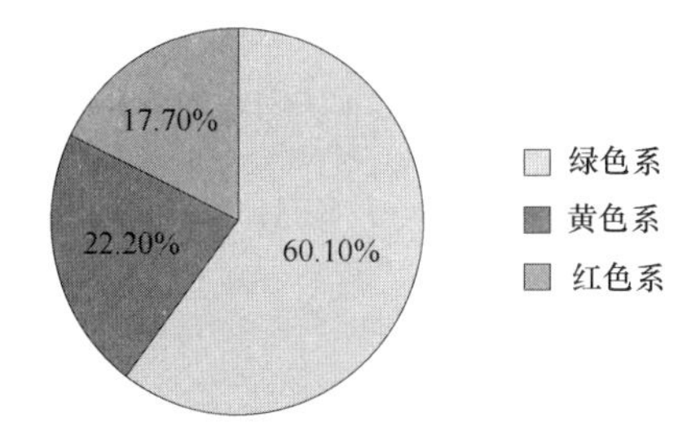

图 32　大门四号区域植物叶型面积占比

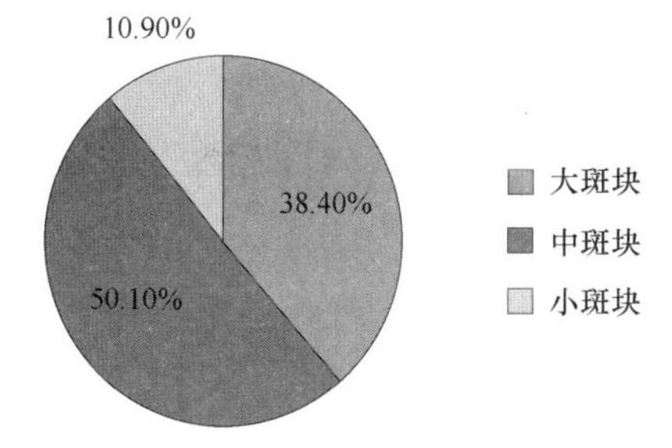

图 33　大门四号区域植物斑块面积占比

3.1.3　技术形式以及植物生长状况

上海申迪生态园建筑外墙使用的技术形式是模块式（图 34），模块式是目前上海城市最为常见的新型墙面绿化技术形式之一[7]。模块式墙面绿化是一种标准化的绿化模式，它一般由单元模块、结构系统和灌溉系统三部分组成，单元模块用来种植绿化植物，通过结构系统固定到建筑墙面形成绿化面，而灌溉系统沿结构系统布置，为单元模块提供水液态肥料。还有大量案例采用小型种植模块装进大型模块，再上墙组装绿化的方式，这类大型模块正面一般呈正方形或矩形，工厂化制作用于小型模块固定其上的凹槽（部分具有卡槽）或金属固定架，形成大小模块组合成型的模块系统。

迪士尼大门口采用的是框架模块式的综合种植形式框架模块式是将一定厚度的栽培基质包裹在非纺织材料内，并装入金属网格框架中做成框架模块，模块背面有防水层，再在金属网格中按一定距离开孔栽植植物的绿化形式。

图 34　模块式

4　调研总结

4.1　植物选择

通过对上海迪士尼墙体绿化的调查发现，上海迪士尼优秀墙体绿化植物种类共 17 种，各类植物长势基本较好。其中小灌木木本植物 9 种，草本植物 6 种，藤本植物 2 种，最常见的植物科主要有木犀科、百合科、夹竹桃科、菊科、卫矛科等，主要应用植物。所占面积较大植物有，黄杨、女贞、扶芳藤、红花檵木、大吴风草、花叶络石、南天竹等，作为观叶植物选择的有南天竹、花叶蔓长春、花叶络石、金叶苔草、金线蒲、千叶兰、大吴风草等，作为可观花植物选择的有栀子、花叶蔓长春等。

通过对上海迪士尼的墙体绿化植物景观调查可以发现，运用频度较高的几种植物是瓜子黄杨、扶芳藤、红花檵木、大吴风草、络石，在迪士尼大门入口五块区域出现3次以上（图35）。而其他植物均有不同程度的运用，但不占主要体量。墙体绿化主要植物以草本为主，木本小灌木也占有一定比例，叶色以绿色为主，适当加入彩色叶植物作为观赏点景作用，由于四季养护问题，观花植物应用较少。美中不足的是，上海迪士尼墙体绿化植物选择较为单一，不同室外墙面植物大多重复，景观效果单一。

对于今后墙体绿化的植物选择，首先应选择适合本地气候条件的乡土植物，乡土植物对当地气候有极强的适应能力，墙体绿化中应加入一定量的乡土植物为主，并载加以外来观花观叶植物来适当点景。并且墙体绿化选择还需考虑植物对于城市环境改善的生态效益，并且墙体绿化由于养护较为不方便，植物选择应选用抗旱、抗寒、抗风较好的植物种类。除此之外还应同时考虑植物的经济效益。

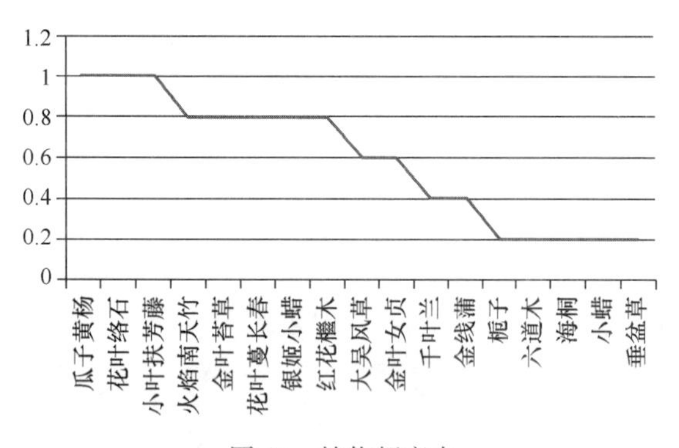

图35　植物频度表

4.2　植物种类面积占比设计

对于墙体绿化植物景观配置面积选择，本文选择将墙体绿化与平面上自然式植物群落景观配置规律相融合，将平面上的配置规律运用至墙体绿化中。

平面植物群落景观配置通常从垂直结构与水平结构两个方面考虑，垂直结构表示，平面上乔、灌、草本植物在立面上的空间层次以及搭配，一般常见的搭配形式共有四种：乔+灌、乔+草、乔+灌+草、乔+灌+草+藤本[8]，此种方式同样可以运用到墙体绿化之中，通过不同植物种类的株高不同，在墙体绿化上配置出类似与平面乔、灌、草的不同丰富层次，使人在不同方位有不同的观景效果。

平面植物景观配置水平结构一般表示植物的覆盖密度、种类面积、冠幅大小，给人以不一样的视觉感受。水平植物景观配置一般以大型斑块、中型斑块、小型斑块为主要配置方面，大致比例约为3∶5∶2。通过对上海各个优秀绿化进行分区块进行分析，并且对每个区块植物斑块面积占比进行分析发现，所有墙体绿化斑块，中型斑块所占比重最大，大型、小型斑块比重大致相同，大斑块比重略大，总体比例大致为3∶5∶2，或接近3∶5∶2。这与平面上植物景观营造优化比例基本吻合，由此可以看出在墙体绿化各类植物面积选择上，3∶5∶2的景观营造策略在墙体绿化优化上依然可以应用。

4.3　植物色彩搭配

上海迪士尼墙体绿化优化案例，在四季色彩理论理解下，还需加强，春秋两季暖色调植物较少，上海迪士尼墙体绿化基本以冷色调绿色为主，暖色调植物不明显，没有给人流带来视觉上的温暖、活泼的感受，夏季植物色调选择较好，基本以深绿色为主，色调偏冷色，在视觉感官上给人以清凉舒适之感。

本文主要讨论四季色彩在墙体绿化中如何搭配的问题，色彩配色一般分类大致三种分别为同相配色、跨度配色、互补配色[9]。

4.3.1　同相配色

同向配色基本以单一色系的主色为主，在墙体植物应用中通过大多使用绿色为主色调，通过深绿、鲜绿、浅绿的渐变达到观景效果，通过自然的颜色渐变，植物层次渐变，达到较好的观景效果。

4.3.2　跨度配色

跨度配色主要是以几种色彩相差较大，但并未达到互补色程度的颜色进行搭配，如黄+绿、黄+红等，在墙体植物色型选择中，以跨度配色为主，会给人较为强烈的对比感，但又具有一定的同一感，如暖色系的红+黄，以及冷色系的绿+蓝。跨度配色可以在墙体绿化中创造一个色彩氛围，在不同季节给人以不同的心理感受。

4.3.3　互补配色

互补配色主要是跨度在一百八十度的两种色彩搭配，如红+绿、黄+蓝，此种搭配方法一般在墙体绿化植物中应用较少，一般在突出某种景观植物，形成视觉中心使用此种色彩搭配方法。综上可知，墙体绿化植物色彩搭配不仅仅需要考虑在不同季节的色彩搭配给人不同以不同的心理感受，并且以同相配色，跨度配色为主，互补配色为点景作用，形成层次丰富，色彩丰富的植物色彩景观。

5　结语

墙体绿化是一面“会呼吸的墙”，他可以美化建筑，保护建筑，同时又能改善建筑周围的空气质量，减少周围的噪声，提高舒适感，增加绿地面积等作用。墙体绿化在未来城市绿化中具有至关重要的作用。我国墙体绿化无论从材料或者设计形式、景观效果上都还有较高的提升空间，从植物应用材料而言，要丰富应用植物种类，无论在色彩、层次、季相观赏效果上都要更加丰富，探索新型优质墙体绿化植物品种，了解其生长条件。从设计形式上来看，不同植物的搭配方式，各个斑块的占比大小，叶型、叶色的搭配都是今后需要进一步探索的领域。本文通过对上海迪士尼建筑外墙面墙体绿化的探索，对于植物选择，叶型、叶色、植物斑块大小最合适比例有了初步的结论，并且3∶5∶2这个最适比例与平面上植物景观配置有异曲同工之妙，这样的结论在以后的墙体绿化设计中给予了我们植物搭配参考，对今后墙体绿化的设计具有重要意义。

参考文献

[1] 王欣歆．从自然走向城市派屈克·布朗克的垂直花园之路[J]．风景园林．2011(5)：122-127.

[2] 乌菲伦．当代景观：立面绿化设计[M]．南京：江苏人民出版社，2011.

[3] 安东尼·伍德．高层建筑垂直绿化：高层建筑的植生墙设计[M]．桂林：广西师范大学出版社，2014.

[4] 宋希强，钟云芳．面对21世纪的城市立体绿化[J]．广东园林，2003(2)：34-38.

[5] 童家林．墙上花园[M]．沈阳：辽宁科学技术出版社，2013.

[6] 赵聆汐．垂直绿化[M]．南京：江苏科学技术出版，2013.

[7] 马大庆．新型墙面绿化植物景观的调查研究[D]．南京：南京林业大学，2014.

[8] 黄叶梅．珠三角地区立体绿化植物选择与配置研究[D]．广州：华南农业大学，2016.

[9] 代维．园林植物色彩应用研究[D]．北京：北京林业大学，2007.

作者简介

胡汪涵，1996年生，男，汉族，浙江衢州人，浙江农林大学本科在读。研究方向：风景园林规划与设计。电子邮箱：1249907108@qq.com。

沈姗姗，1996年生，女，汉族，浙江杭州人，浙江农林大学硕士研究生在读。研究方向：风景园林规划与设计。电子邮箱：385193758@qq.com。

史琰，1981年生，女，汉族，山东人，浙江农林大学风景园林与建筑学院植物景观与生态教研室主，博士。研究方向：植物景观理论、生态规划设计理论与应用。

包志毅，1964年生，男，汉族，浙江东阳人，博士，浙江农林大学教授，博士生导师。研究方向：植物景观规划设计和园林植物应用。电子邮箱：bao99928@188.com。

江西饶河流域传统村落公共空间景观特征研究①

Study on the Characteristics of Public Space Landscape of Traditional Villages in the Rao River Basin of Jiangxi Province

胡而思　林　箐

摘　要：江西饶河流域是传统徽饶文化的聚集区，分布有大量保存完整的传统村落及丰富的公共空间景观。本文通过实地考察和文献分析，以聚落类型学和聚落形态学的相关理论为基础，运用图解分析法系统地研究饶河流域传统聚落的公共环境空间景观特征，包括聚落与自然环境的关系及形态布局、公共空间景观类型及组织特点，归纳饶河传统村落公共空间具有天人合一的有机性、层次分明的秩序性以及功能复合的多义性，反映出饶河流域农耕社会时人们处理人地关系地域系统的智慧和经验，为当代美丽乡村建设和乡村振兴提供参考。

关键词：饶河流域；传统村落；公共空间；景观特征；江西

Abstract: The Rao River Basin in Jiangxi Province is a gathering area of traditional Hui Zhou and Rao Zhou culture, with a large number of preserved traditional villages and rich public space landscapes. Through field investigation and literature analysis, based on the relevant theories of settlement typology and settlement morphology, the graphical analysis method is used to systematically study the spatial characteristics of the public space in the traditional settlements in the Rao River Basin, including the relationship between the settlement and the natural environment and the layout of the form. The public space landscape type and organizational characteristics, the general public space of Raohe River has the integrity of man and nature, the hierarchical order and the ambiguity of functional compound, reflecting the people's disposal in the farming society of the Rao River Basin. The wisdom and experience of the regional system provide a reference for the construction of beautiful countryside and the revitalization of the countryside.

Keyword: Rao River Basin; Traditional Village; Public Space; Landscape Features; Jiangxi Province

1　背景

在高速城镇化背景下，新的农村经济体制及生活方式的改变导致传统聚落空间形态呈现“异质化”趋势，以祠堂、庙宇等公共建筑为核心的传统村落空间格局正在转型或衰败，尤其是近年来不当的新农村及美丽乡村建设导致中国传统村落历史街巷盲目拓宽，拆旧建新、见缝插新的居民建房等现象层出不穷，村落原有的公共空间肌理和秩序遭受严峻的挑战，千村一面、千街一面甚至千店一面现象普遍。

公共空间是村落居民生产和公共活动的主要场所，体现了村落居民的生活观念、理想和价值观，承载着村落的历史和文化，是最具乡愁记忆的场所。从建筑学角度来说，公共空间是基于内部秩序主导下的建筑单体拼合留下的外部空间，是展示村落人工环境与自然共生的场所，具备一个空间体基本的尺度、比例及形态特征；从社会学角度来说，公共空间是社会关联形式与人际交往结构方式，是传统村落中生产和生活活动展开的载体，体现了中国传统农耕社会的公共价值和精神[1]，因此在满足人流交通、思想交流功能的同时，还具备一定的美学及文化内涵。公共空间作为聚落人居环境的外部展示，蕴含着天人合一的有机性，应时而变的随机性、层次分明的秩序性以及功能复合的多义性。

江西饶河流域分布有大量保存完整的传统村落，本文通过对饶河流域30多个传统村落的实地考察，结合聚落类型学和聚落形态学的相关理论，运用图解分析法系统研究饶河流域传统聚落的外部空间格局及公共空间景观特征，重点对公共环境空间景观个性和共性进行了归纳，为当代美丽乡村建设和乡村振兴提供参考。

2　江西饶河流域传统村落与环境

2.1　传统村落分布

饶河古称鄱江，因流经古饶州府治而得名。位于江西省东北部，是鄱阳湖水系五大河流之一[2]，涉及安徽、浙江、江西三省十七个县（区、市），本次研究范围仅涉及江西省境内。饶河发源于皖赣交界江西省婺源县段莘乡乌龙山，干流经婺源县、德兴市、乐平市、万年县、在鄱阳县双港镇尧山注入鄱阳湖，全长313km，江西省内流域面积13300km^2。流域东北高而西南底，上游以丘陵山地

① 基金项目：北京林业大学建设世界一流学科和特色发展引导专项资金资助——传统人居视野下城-湖系统的结构与格局及其转化研究（2019XKJS0315）；北京市共建项目专项资助“城乡生态环境北京实验室”。

为主，下游以丘陵平原为主，复杂的地势地貌形成了饶河流域多变的自然山水环境，并且孕育出了大量具有深刻文化内涵的传统村落。

截至2018年，国家先后公布了四批全国传统村落名录，第五批已经完成了公示待批，江西省共有343个中国传统村落（图1）。其中饶河流域的上饶和景德镇公布的传统村落共有64个（含公示的五批名单），分属于景德镇的浮梁县、乐平市，上饶的婺源县、万年县、德兴县（表2）。从分布状况来看，呈东北多西南少的不均衡状态，从地势上来看，主要分布在流域河谷丘陵地带。其中婺源、浮梁、乐平是传统村落数量较大，分布较为集中的区域，整体具有大分散，小集中的特点（图3）。

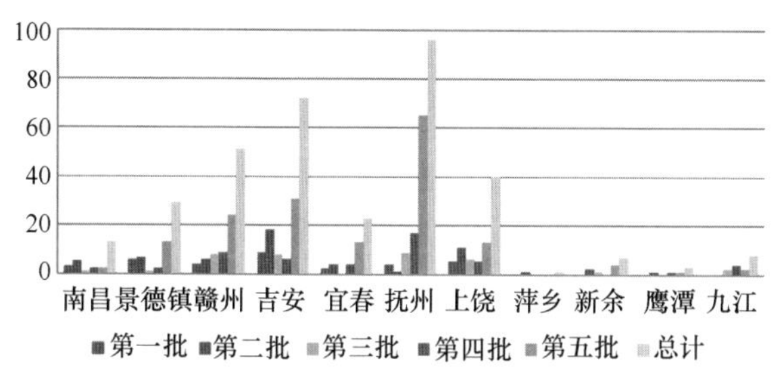

图1　江西各地区传统村落数据

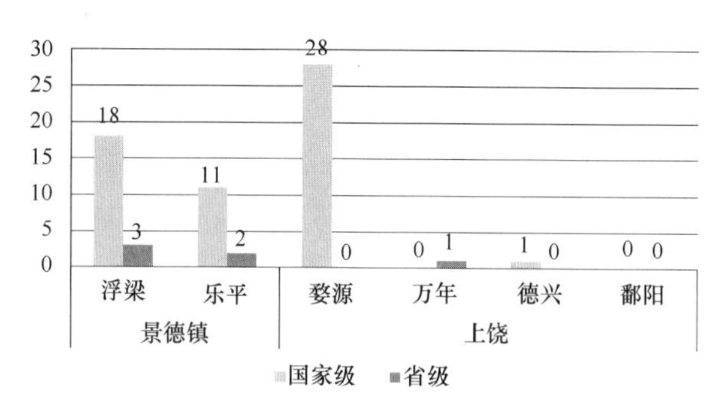

图2　饶河流域国家级、省级传统村落数据

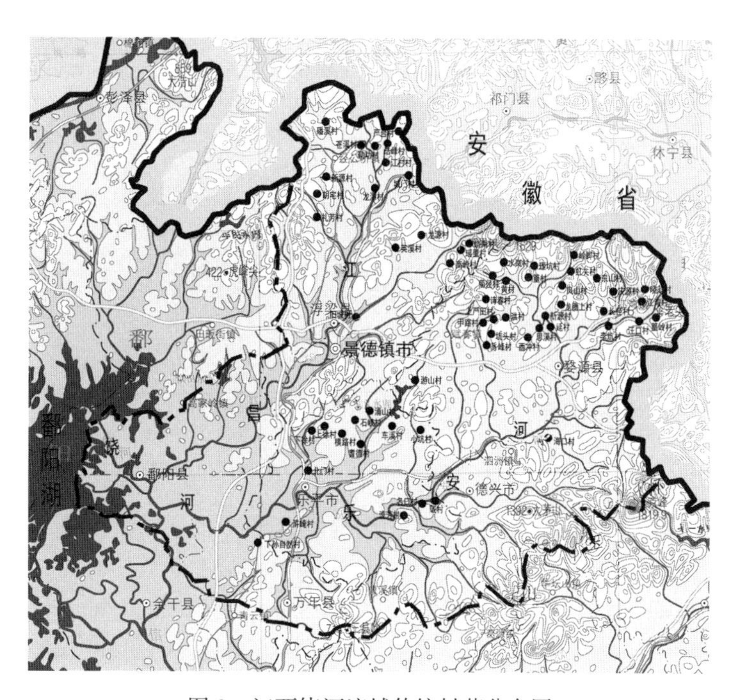

图3　江西饶河流域传统村落分布图

2.2　传统村落选址

饶河流域气候湿润，山地、丘陵约占70%；平原只占30%，耕地匮乏，存在着山多地少的地理特征。以婺源为例，素有“八分半山一分田，半分水路和庄园”之说的婺源，其耕地面积低于全国乃至上饶市平均水平，水田多分布在高山峡谷地带，一部分形成俗称“望天田”的山排梯田[3]。

流域内的村落选址依据地形地势可以分为丘陵谷地型、丘陵滨水型和丘陵岗地型。丘陵谷地型村落多沿丘陵形成狭长的条带状分布，村内地势变化明显，建筑多依山就势，充分融合于自然环境中。如婺源的西冲、严台、李坑、诗春、豸峰、洪村，浮梁的绕南、苍溪等。丘陵滨水型村落分布在乐安河、昌江支流附近的平原中，具有典型的“枕山、环水、面屏”布局模式，这类村落最大的特征是水运交通发达，建筑密集紧凑，巷道狭窄，院落空间面积小。如婺源的江湾村、思溪、延村、晓起、凤山、虹关村，浮梁的瑶里、龙潭、城门等。丘陵岗地型位于地面较平坦的区域，具有一定面积的可耕作土地，如乐平的涌山、浒崦、横路、流芳村，浮梁的高岭、严台，婺源的水岚村、岭脚村、庆源村等（图4）。

2.3　传统村落空间形态

受到传统礼教的影响，饶河流域的村民多聚族而居，传统村落以集聚型为主，按照景观形态可分为团块型、带状型、组团型、象形四大类型：

（1）团块型：该类村落的向心性最强，代表着村落内聚性强，主要分布在地势平缓的山脚河岸及河流交汇处，

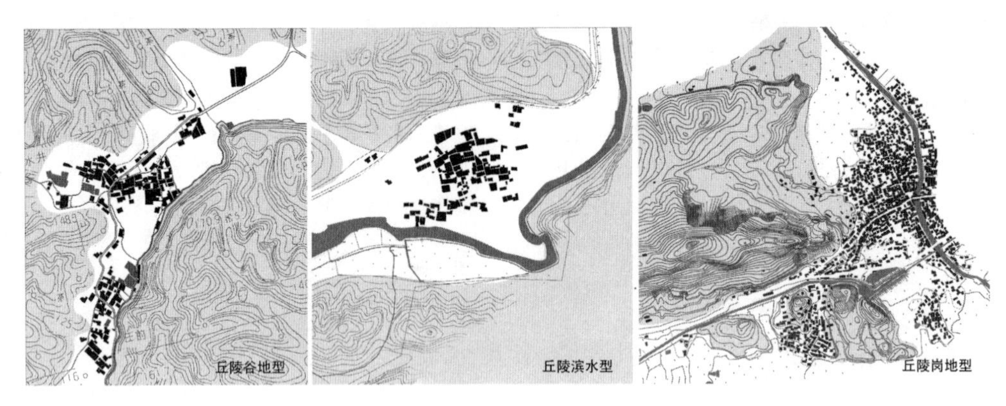

图 4　传统村落选址类型

如思溪、延村、沧溪村、游山村、苍溪等村。

（2）带状型：该类村落多位于狭长谷地，沿水系、主干道展开，受地形的影响呈现线状形态，如虹关、东埠、篁村、庆源村、绕南等村。

（3）组团型：该类村落多由于道路、水系及地形的分割呈现多中心的组团模式，如西冲、严台、瑶里、高岭等村。

（4）象形村：象形村落是团块型中的一种特殊类型，受到风水观念和宗教礼仪的影响，一些村落在建造时将平面形态模拟成一些丰富的意象图形，这些图形多半含有祈求宗族兴旺或表达特定文化寓意的吉祥内涵。例如上晓起村的“蝶形”、下晓起村的“聚宝盆形”、豸峰村的“铜锣形”、西冲村的“品字形”，石峡村的锅形“老牛推车”等（图 5）。

图 5　传统村落空间形态

3　江西饶河流域传统村落公共空间特征分析

刘沛林学者将中国传统聚落景观区系划分为 14 个景观区和 76 个景观亚区。根据区划可知，饶河流域属于皖赣徽商聚落景观区中的皖南赣北古徽州聚落景观亚区[4]，因此流域内的聚落具有徽州与饶州文化交织的典型特征，尤其是婺源县，在中华人民共和国成立前一致归属于古徽州所辖，传统村落有着典型的古徽州文化特征。

3.1　街巷空间

3.1.1　街巷空间形态

街巷网络作为聚落外部空间的重要组成部分，是一个容纳了村民的居住、商贸、游憩、观赏等多种活动的多功能空间活动网络，是传统村镇环境艺术、建筑艺术和文化艺术的综合[3]。饶河流域传统村落中的街巷结构大致可以分为放射型、圆周型、鱼骨形、棋盘型（格网型）、不规则型。

放射型街巷布局是以村落主体公共建筑为中心向外延伸，形成放射状的路网结构，各主街连接次级巷道形成网状街巷格局。如西冲村，三条不同方向的主街在关帝庙和八只坎处交汇形成三角状公共空间，各宅院建筑沿不同的主街朝向各有不同。随着聚落人口增长，聚落规模的逐渐扩大，有些村落也可能会出现多个中心的现象，如婺源思溪、延村、豸峰等村。

圆周型街巷出现的情况较少，仅出现在形态接近圆形或椭圆形的聚落空间中，如婺源菊径村，村外河流绕村庄将近一圈，四周山环水绕，形成以滨水主街为外圈向内圈圈收缩的圆周型街巷格局。

鱼骨型街道多存在于带状村落中，其基本特征是以一条沿村落长轴方向的主街近乎笔直地贯穿或从村口连接到村尾，左右两侧巷道垂直与主街相交，分布较对称，如虹关、李坑、黄村等。

棋盘型的村落以团块状为主，街巷分布方正整齐，密度均匀，主街、次街与小巷之间呈直角相交，蔓延成网状布局，如游山、江湾、晓起、庆源、篁村等。

不规则型街巷布局主要出现在受地形影响高差变化大的村落中，道路两侧不对称，疏密无序，如婺源岭脚村（图6）。

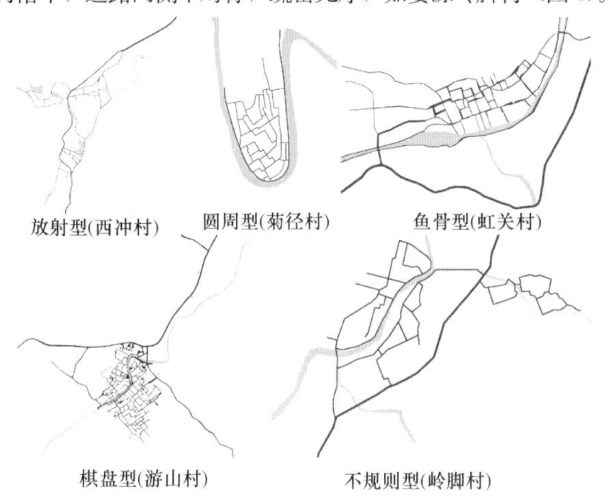

图6　传统村落街巷空间形态图

3.1.2　街巷肌理与空间尺度

江西饶河流域传统村落的街巷特征是横街与纵巷相结合，街巷宽度0.7～2.5m，高宽比2.5～4，巷道两侧的山墙通常不开窗，使得街巷空间更加宁静悠长。村落的主街，贯穿整个村落，是位于住宅前方与面宽平行的横街，往往和水流方向平行，宽2.5～3.0m，一般可供3人并肩行走，充分满足古代抬轿子以及推车运货等需要；次街宽1.5～2.0m，从建筑侧面山墙穿过与主街交叉，可供两人并排行走；村落最窄的巷道是建筑不开口的侧墙之间的里弄，满足穿行功能，最窄只有0.7m，仅容一人通过。绝大部分街巷铺装是规则的石板路，有的两侧还有卵石铺设；部分街巷根据地势变化而高低起伏，随弯就曲，形成了多样化的景观效果[5]。

饶河流域传统村落的一些街巷空间还蕴含着特殊的文化内涵和民俗特征，如婺源理坑村，牌楼巷旁遗存的上马石，是古代为方便骑马的垫脚工具；吉祥巷中设立的四个台阶，意喻着村落在明清时期曾出过四个进士；著名的六尺巷随着东钦弟侧墙变化时宽时窄，原宽2m，在建筑左右两侧建筑相对的入口处左侧退后1m，右侧退后0.5m，形成一个宽约3.6m的开放空间，隐喻着邻里之间相互退让的和谐风气（图7）。

图7　传统村落街巷隐含的文化特征

3.1.3　街巷交叉口

街巷的交叉口是街巷转折、停顿和交换的空间，是街巷中变化最丰富、最具活力的场所。饶河流域传统村落街巷空间交叉口有丁字形、“L”字形、“Z”字形、人字形和十字形几种方式（图8）。受风水观念影响，十字形的交叉方式较少，几乎所有交叉口都会通过不同程度的错位形成放大空间，利用护角石调节街巷节奏，避免路口产生紧张不适感，保护居民的通行安全，也避免了邻里之间的“勾心斗角”；有些交叉口会放置“泰山石敢当”用以辟邪，或刻有“大路转弯处”用以指引方向。有些交叉口会放置一些石桌、石凳、井台、亭子等设施（图9）。

十字形	T字形	Z形	L形	人字形

图8　江西饶河流域传统村落交叉口方式

3.2　水系空间

水系是饶河流域传统村落最重要的公共环境空间，村落与水系的布局关系有一般两种形式：一是临水而建，村落分布在水系沉积岸一侧的高地上，临水形成水街水系沿村落边缘流过，入思溪、延村、虹关、洪村等，极少数村落位于冲蚀岸一侧，如婺源凤山村，为了抵御洪水沿河岸修筑200多米长的防洪墙；二是跨水而建，村落临水形成两侧主街，通过桥来连通，如李坑、晓起、游山等（图10）。

图 9　传统村落街巷隐含的文化特征

图 10　传统村落与水系的关系

村落内部的水系由水口、水圳、沟渠、池塘及水井组成。

水口自古以来就有敛财聚气的含义，承载着风水理念和理学思想，是生态与文化交融的体现。水口作为村落从人工向自然过渡的区域，不仅是一种地域界标，还是村落内外空间和心理领域的分界线[5]。从婺源上晓起、豸峰、坑头村的水口平面图可以看出水口作为村落空间序列的开端，具有强烈的引导性，通常位于临近村落或离村口一定距离的水道转折处或交叉口，由水口林、土地庙、水口亭、桥等要素组成，个别如李坑村、理坑村还设有文笔塔和文昌阁（图 11）。水口林一般由古香樟、桂花、枫杨等植物组成，土地庙设置在古树周边，有强烈的空间标志性，一些水口附近还设有供村民洗涤的埠头(图 12)。

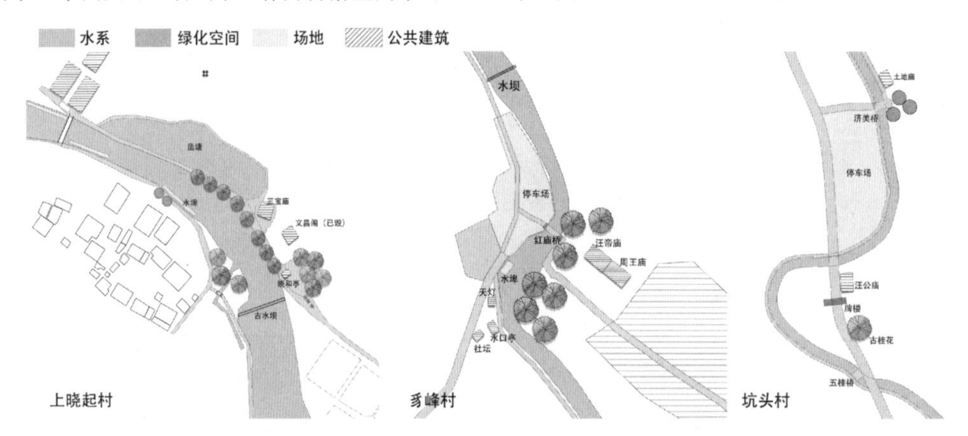

图 11　上晓起、豸峰、坑头村水口平面

图 12　传统村落水口景观

水圳是饶河流域传统村落中必不可少的线性特征要素，也是村落排水系统中最重要的部分，水圳将村外河道之水引入村内，与主街或巷道一侧平行并置，具有农业灌溉、生活用水和排泄雨污水的作用，分为明沟和暗沟，其深度和宽度根据街道尺度而异，一般深度 0.5～0.8m，宽 0.6m。

村落中池塘常常以方形或半月形的形态置于村口或主体公共建筑前广场，不仅可以收集雨水，防火救灾，还是村落风水文化组成部分，一些村落会结合池塘修建亭廊，形成村中的一处社交活动场所。水井更是村落普遍存在的生活设施，散布在街巷口和部分民居内部，与公共空间结合，成为空间的聚焦中心，营造出古村落的烟火气息（图 13）。

图 13　传统村落池塘、水井景观

3.3　节点空间

节点空间是村落空间产生变化的转折点，是村落空间网络连续性的交接点[6]。饶河流域节点空间可分为以下三类。

3.3.1　入口广场

村落入口广场是进村必经的场所，也是全村最大的公共活动空间，作为聚落的标志，一般设有大型牌坊，古木参天，一些树下设有坐凳用来休憩。牌坊一般位于村口的主干道旁或祠堂前，是村落入口的导向性空间和礼制性建筑，根据村落规模及历史的不同，牌坊的设置与否及数量都有所不同。如婺源虹关村头广场一角的古樟，已有1100 多年的历史，被誉为“上饶市十大树王”；江湾村口三间四柱的大牌坊，与萧江大宗祠共同构成大型入口广场空间；岭脚村的村口广场规模较大，有两棵古樟树，一棵位于最前端的高台上，树旁有一休憩亭，由于地势高，距村口很远就能看见，成为了整个村落的地标（图 14、图 15）。

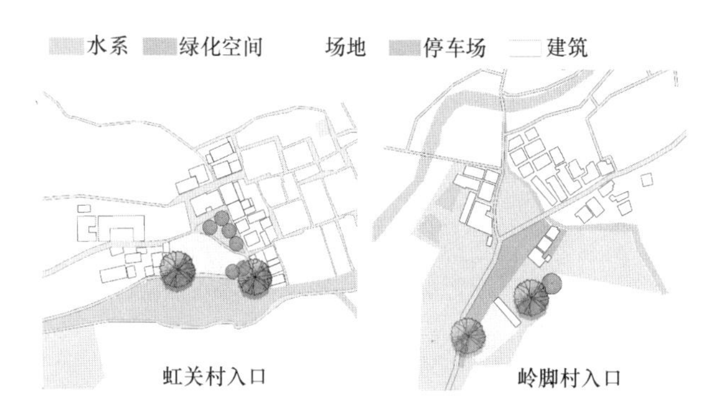

图 14　虹关、岭脚村入口平面

图 15　传统村落入口广场景观

3.3.2　公共建筑广场

祠堂、戏台作为村落最重要的主体公共建筑，一般位于村落中心，少数位于村口附近。祠堂、戏台面临街道一侧展开的公共空间，既是聚落的礼制中心也是综合性活动中心，通常设有池塘、旗杆、坐凳等设施。例如乐平石峡村村口的汪氏宗祠前广场，既是村庄重要的入口空间，又是观赏水口及祠堂“懒龙弯腰”状山墙的场所；婺源汪口村俞氏宗祠前广场，位于村口河边，自桥两侧分开各有四座清代保留下来的旗杆；菊径村何氏宗祠前的空地上，则被村民用来晾晒谷物、萝卜干等；还有乐平车溪村的敦本堂，祠堂前有半月形“聚星池”月塘，蕴含着藏风聚气的风水理念（图 16）。

图 16　传统村落公共建筑广场景观

3.3.3　交通设施空间

（1）店亭

该类空间既具有通行功能，又作为建筑供人停留，在街道上的一般称为“店亭”，架设于桥上的称为“廊桥”。店亭一般为木结构单坡瓦顶，依附在街道一侧的建筑上，由建筑正立面墙体穿出，设挑梁，立柱在挑梁上，像是建筑延伸出来的灰空间。店亭又可分为两种，沿河一侧设座椅的称为“吴王靠”，不设座椅的称为“风雨廊”；店亭为传统村落滨水空间增添了韵律感和生活气息，如婺源洪村中的店亭，古代妻子儿女在此等待和送别在外当官或做生意的丈夫，因此名为“望夫亭”（图 17）。

（2）桥

作为傍水而居的必备要素，桥在饶河流域传统村落中普遍存在。以石板桥和石拱廊桥为主，石板桥宽度 0.7～2.5m 不等。廊桥宽度较大，小规模的廊桥一般以桥亭的形式建造，四周柱廊围合，上有人字坡顶；稍大一些的会结合围墙形成砖木结构的公共建筑。庆源村中的上廊桥位于下水口处，分上下两层，建于明代，又称“上庙”，古时是村民聚众举行宗族活动之地；村内水街上每隔 50m 左右就有一个店亭。上严田村中桥上的“耕心亭”“归心亭”，除了逗留以外还可以凭栏远眺，欣赏村落溪边的风光。

桥有时还赋予特定的文化内涵，构成村落重要的文化景观，如婺源坑头村，全村共 36 座半桥，象征着村中历史上 36 个半进士（图 18）。

图 17　传统村落中的店亭

图 18　传统村落中的桥

4　结语

传统村落公共空间是村落自然地理环境和当地村民生产生活习俗的外在表现，是传统村落居民户外活动空间的重要载体。总结而言，饶河流域传统村落外部空间景观具有如下典型特征：

（1）饶河流域传统村落的形态格局由自然环境、街巷系统、水系空间、公共空间及建筑系统叠加而成，顺应地形、遵循风水的自然观和秩序性，使得村落内部各类型的景观空间界限清晰、层次分明。

（2）饶河流域传统村落景观的核心特征可以从选址格局、布局形态、公共环境空间、公共建筑空间等方面进行梳理，而宗法制度、理学、徽商和风水理念是影响村落景观形成的主要人文因素。

(3) 传统村落的公共环境空间可划分成街巷空间、水系空间和广场活动空间，其中街巷水口和祠堂是影响江西饶河流域传统村落公共空间景观的主导性因子，对村落整体的景观风貌起到了决定性的作用。牌坊、马头墙、桥亭等元素是依附在主体景观上加强景观特征的附着性因子，它们的存在丰富了饶河流域聚落景观的韵味。

传统村落公共空间尺度适宜、景观多元极大地丰富了村落的实用价值和文化内涵，充分体现了古人“天人合一”的营造理念。虽然交通方式和生活习惯等因素的改变对空间形态有较大的变化，但对现代人居环境塑造、美丽乡村建设中人与人的交流、人与环境的相互适应仍然具有重要的参考价值和丰富的实践意义。

参考文献

[1] 哈晨．鄂东南地区传统村落公共空间研究[D]．武汉：华中科技大学，2011.

[2] 江西省水利厅编．江西河湖大典[M]．武汉：长江出版社，2010.

[3] 周志仪．饶河流域典型徽州传统村镇外部空间形态特征与启示[D]．南昌：南昌大学，2010.

[4] 刘沛林．家园的景观与基因[M]：传统聚落景观基因图谱的深层解读．北京：商务印书馆，2014.

[5] 林箐，任蓉．楠溪江流域传统聚落景观研究[J]．中国园林，2011，27(11)：5-13.

[6] 张健．传统村落公共空间的更新与重构——以番禺大岭村为例[J]．华中建筑，2012，30(07)：144-148.

作者简介

胡而思，1995年1月生，女，汉族，江西人，北京林业大学园林学院风景园林2017级专业硕士研究生。研究方向：风景园林规划设计。电子邮箱：2252816745@qq.com。

林箐，1971年11月生，女，汉族，浙江人，北京林业大学园林学院教授、博士生导师。研究方向：园林历史、现代景观设计理论、乡村景观等。电子邮箱：lindyla@126.com。

景观生态学视角下的河流三角洲关键性环境区近自然化策略研究

——以大盈江云南腾冲段和缅箐河交汇口三角洲为例

Study on Strategies of Near-Naturalization of Key Environmental Areas of River Delta From the Perspective of Landscape Ecology

—Taking the Tengchong Section of Dayingjiang and the Delta of the Mianjing Riverin Yunnan Province as an Example

张梦蝶　邓　宏

摘　要：河流作为城乡景观中一种重要的生态廊道，其功能的实现与否关系到整个城市的可持续发展。本文应用景观生态学原理对河流三角洲关键性环境区近自然化综合研究，旨在实现"自然-人类-水体"的可持续发展。运用案例分析法总结河流关键性环境区存在的普遍问题和解决手段，以大盈江云南腾冲段和缅箐河交汇口三角洲为例提出景观生态格局完整性、连通性和基于营养级关系的食物网和生境异质性存在的问题，并提出近自然化策略，以期在景观水平上构建河流关键性环境区可持续发展预案。

关键词：景观生态学，河流三角洲关键性区，近自然化策略

Abstract: As an important ecological corridor in urban and rural landscapes, the realization of its functions is related to the sustainable development of the entire city. This paper applies the principle of landscape ecology to comprehensive research on the near-naturalization of key environmental zones in river delta, aiming at achieving the sustainable development of "natural-human-water body". The case analysis method is used to summarize the common problems and solutions in the key environmental areas of the river. The Tengchong section of the Yingying River and the delta of the junction of the Mianjing River are used as examples to present the landscape ecological pattern integrity, connectivity and food based on trophic level. The problems of net and habitat heterogeneity, and the proposed near-naturalization strategy, in order to construct a sustainable development plan for the key environmental zones of the river at the landscape level.

Keyword: Landscape Ecology; Key Areas of River Delta; Near-Naturalization Strategy

引言

随着城市化的快速进程，城市河道的渠化、硬化现象愈演愈烈。河流自身的生态功能濒临丧失，河流三角洲作为河流关键性环境区的丰富的生物多样性功能、景观敏感性功能也逐步丧失。本文聚焦于景观生态学的视角，研究河流三角洲关键性环境区近自然化策略研究。旨在为后期河流关键性环境区近自然化提供研究基础。

1　概念演绎

1.1　景观生态学内涵

景观生态学是介于生态学和地理学之间的综合性边缘学科，较之其他生态学科，景观生态学明确强调空间异质性、等级结构和尺度。它以景观作为自己的研究对象[1]。研究景观的结构、功能和动态。其研究的主要对象和内容主要可以概括为：①景观结构：即景观组成单元的类型、多样性及其空间关系。例如：不同生态系统的面积、形状和丰富度、空间格局、能量、物质和生物体的空间分布。②景观功能：空间要素之间的关系，主要包括能量、物质、生物有机体在景观镶嵌体中的运动过程。主要强调景观结构对人类和生物的正面影响。③景观动态变化——景观在结构和功能方面随着时间的变化。包括景观结构单元的组成成分、多样性、形状和空间格局的变化、由此导致的能量、物质和生物在分布和运动方面的差异。④景观规划及管理：利用景观生态学的原理在对景观评价的基础上进行规划和管理，提出最优化的方案[2]。

1.2　河流三角洲关键性环境区近自然化景观生态意义

1.2.1　河流关键性环境区的形成原因及消亡现象

自然河流在经过弯道时顺应地形变化，并在自然演替过程中形成了一定的结构形式，其形态与演变密切关系到防洪、泥沙沉积、植物群落演替、生物过程等，是河流生态功能发挥作用的重要环境区，也是城乡发展的进程中河流生态修复最易被忽视的区域。在自然河道上，

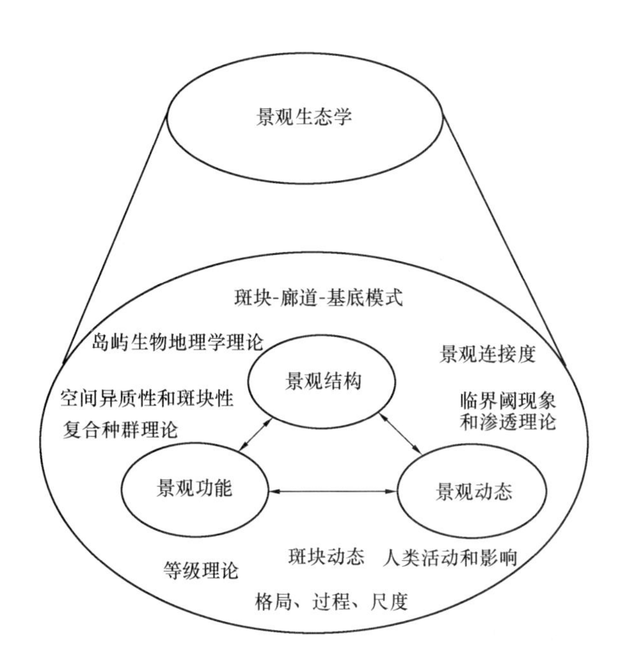

图 1　景观生态学理论研究框架

一般弯道部分占河道长度的80%～90%，所以自然河道一般呈现弯曲的形态，河流在直线河段上的水深、流速、含沙量的分布是比较均匀地，而在弯道上的情况则复杂的多，因为离心力的作用，使得凹岸水面壅高，而凸岸水面降低，这样弯道表层水流由凸岸向凹岸流动，底层水流则由凹岸向凸岸流动，从而形成横向环流，在凹岸，水流从上向下，且水流速大，含沙量较小，因受重力作用，底流中的泥沙便淤积在凸岸，形成水流缓的浅滩。

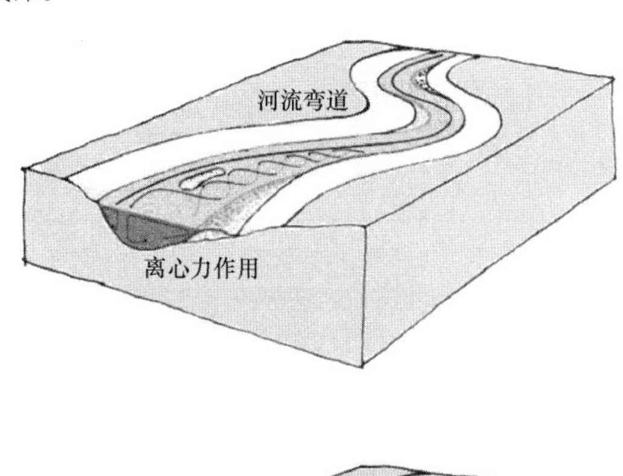

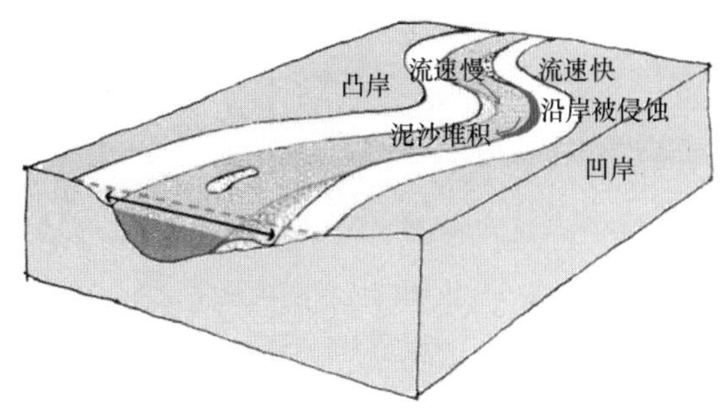

图 2　关键性环境区形成原理示意

因而自然河流形成多种关键性环境区，这些区域的景观敏感性较强，生物多样性较为丰富。这些自然河流的关键性环境区主要有河流弯道关键性环境区、河口三角洲关键性环境区和江心洲关键性环境区等。

本文研究对象是指城镇中未被人工“截弯取直”的，仍然保持自然弯曲形态的半人工干扰河流三角洲。这些河流可能在演变的过程中为了顺应农业生产、生活发展以及河道运输的需要，被人工化地渠化、硬化，滩涂、河漫滩等相继消失。水体在重力作用下随着硬化的河道不断加速，亦加剧河流生态系统的退化。

1.2.2　河流三角洲关键性环境区近自然化的景观生态意义

结合景观生态学的“斑块—廊道—基底”模型，河流三角洲的景观格局，因为斑块、廊道与基底各要素之间的复杂结构，使得河流在空间和时间上具有复杂的变化，其空间异质性亦相对较高。

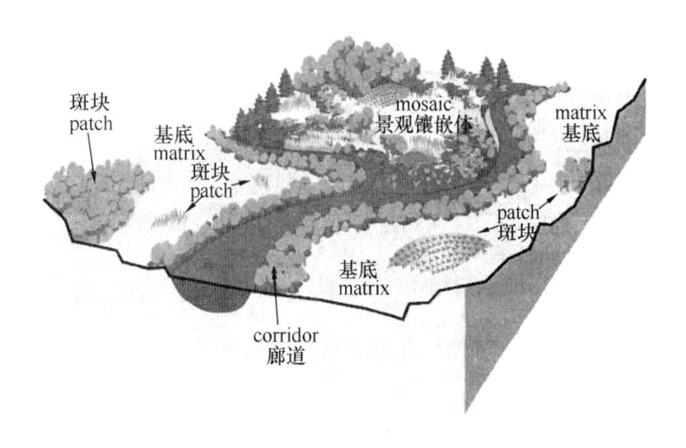

图 3　河流“斑块—廊道—基底”模型

根据美国土木工程师学会（ASCE）的定义，河流自然化是指人类长期开发利用的河流，该河流已失去原始的自然动态生态系统，通过河流地貌及生态多样性的修复，使其成为具有河流地貌多样性和生物群落多样性的动态稳定的、可自我调节的河流系统[3]。

景观生态学的核心就是景观异质性的维持与发展，增加景观异质性就是增加景观空间组成、空间构型，可以使绿色空间具有丰富的层次和组织结构，能自行生长、演化，并抵御一定程度的外来影响力。这就要求在河流三角洲区域的设计以近自然化为主，斑块绿地的种群搭配上以多样性为基准，根据生态学原理模拟自然植被和岸线结构进行乔木、灌木、草本植物的搭配，避免优势物种的绝对控制，并突出乡土植被在关键性环境区构建中的应用。

同时，作为城市生态敏感区的三角洲，其漫滩湿地是鱼类、两栖动物、软体动物、爬行动物和湿生植物资源的重要栖息地。而现在的城镇河流水土分离，河流的连续性破坏，也阻隔了自然水循环过程。动植物缺少了可以栖息的场所也阻断了洄鱼的生境过程。我们需要利用景观生态学的手段来解决这些河流三角洲现存的问题，恢复其作为河流关键性环境区应该承担的功能[4]。

2 河流关键性环境区近自然化案例分析

关于河流关键性环境区自然化设计，国内有很多优秀的案例可以借鉴和学习。通过景观生态学的视角分析以下案例的存在的问题、近自然化手段以及近自然化带来的后期成果。不难发现，分析和解决问题的渠道主要分为两种尺度，从宏观和中观上来说，关键性环境区需同周边的斑块、廊道和基底发生联系。从微观层面来说，需要维持关键性环境区的生物多样性稳态。

近自然化优秀案例比较分析表　　表1

河流关键性环境区近自然化案例	案例区位	存在问题	近自然化手段	近自然化结果
长江口潮滩湿地鸟类栖息地优化与营造	长江口崇明岛沙湿地	人类的大肆活动导致鸟类栖息地生态功能遭到破坏，稳定的鸟类种群遭到破坏	包括挖塘、土堤建设、河漫滩修复等生境创造。同时结合各种类的植物引种和饵料投放措施	从以芦苇群落为主的潮滩湿地变成以明水面、光滩、植被复合结构的湿地鸟类栖息地。目标鸟类种类增加了约56%
黄河三角洲滨海湿地修复	山东省黄河三角洲自然保护区	淡水补给减少及岸线后移，潮汐影响减弱，导致水分状况恶化、盐碱化、地形单一化，鸟类栖息功能削弱	依据地势挖沟筑岛，营建鸟类栖息地，围绕鸟岛开挖深沟集水区，借助夏季降雨及人工复水构建水位梯度，植被进行人工配置及自然修复	植被覆盖面积增加，生境构成比例改善，底栖动物开始拓殖，栖息鸟类达到74种，景观效果和生态系统服务功能逐步恢复
辽河保护区湿地恢复技术与策略[7]	辽宁省辽河牛轭湖湿地保护区	农业活动的不断开展，湿地的面积和破碎化程度加剧，人为修饰和干扰严重，湿地植被遭受破坏明显	根据不同程度退化的芦苇等植物群落，引导各支流河口人工湿地种群恢复方案及搭配原则。通过块石抛填河道，恢复鱼虾等水生植物生物链	植物群落种类短期内获得有效恢复，具有明水面、深水区、浅水区、湿生、沼生、中生等多种生境的湿地景观功能恢复，动植物生境获得有效保障
上海鹦鹉洲湿地水质复合生态净化系统设计	上海市鹦鹉洲生态湿地公园	人为干扰和自然侵蚀的共同作用下，海岸带典型的潮滩盐沼湿地退化消失；同时水域水体因悬浮物含量较高表观浑浊，透明度较低	以"工程保滩、基底修复、本地植物引种、潮汐水动力调控"为核心的潮滩湿地生态恢复技术，重构与恢复海岸带潮滩盐沼湿地景观；同时采取以"生态沉淀、强化净化、清水涵养"为核心的水质生态修复技术	形成表面流人工湿地、清水涵养塘、潮汐盐沼湿地、生态廊道缓流区和自然湿地引鸟区等多种分区。水质净化取得进展。动植物生境也得到恢复

3 河流三角洲关键性环境区存在的问题——以大盈江云南腾冲段和缅箐河交汇口三角洲为例

3.1 场地现状介绍

本文选取大盈江云南腾冲段和缅箐河交汇口三角洲为研究对象，大盈江腾冲段流经人员聚居的村落集镇，并没有出现大量浑浊的现象，河流生态状况基本维持稳态。缅箐河流域由于农业活动的大量开展，河道渠化的现象较为普遍。由于水土流失严重，城乡垃圾和污水较多，水系自净能力降低，生态服务职能削弱。水域生境退化严重，关键性环境区被大量农田侵占，濒临消亡。以交汇口河流三角洲地区尤为严重。本文以景观生态学为视角，亦从两种尺度上梳理分析当前存在的问题，提出应对策略和手段，从根本上解决河流三角洲关键性环境区问题。

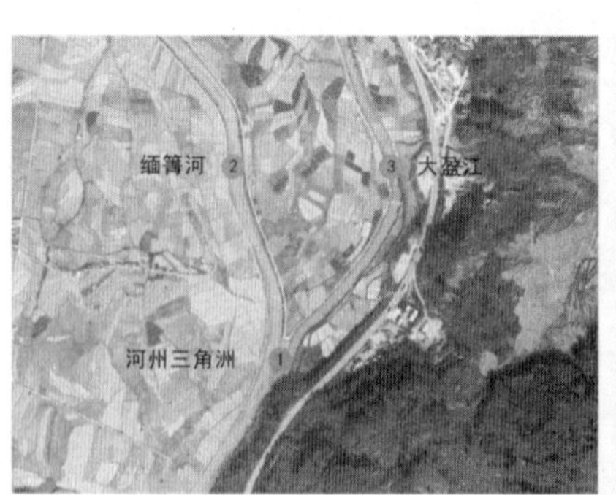

图4　区域位置和现状照片

3.2 问题梳理

3.2.1 景观生态格局完整性和连通性被破坏

通过走访调研发现，缅箐河由于周围农耕活动的开展，诸如插秧、割麦等都会形成高泥沙含量水体流入河道，导致水质异常浑浊。而大盈江段上游所裹挟的泥沙未曾得到有效的处置，河流渠化严重，河道摩擦系数降低，进而流速提升，无法形成泥沙沉积环境。在缅箐河和大盈江交汇的河口地区，关键性环境区濒临消亡，农田过度侵占三角洲区域面积，人为化的生态干扰严重，三角洲区域景观生态格局破碎化严重，随着时间的逐步演化，基质、斑块和河流廊道之间产生的关系逐渐变得割裂，原本的景观生态格局连通性遭到破坏。

3.2.2 基于营养级关系的食物网紊乱和生境异质性缺乏

河流三角洲原本是河流生态系统的关键性生态热点区，其生境多样性、物种多样性和景观敏感度均较高。缅箐河和大盈江腾冲段三角洲地带原本是动植物生境较为丰富的地带，当地常年生长着鹭鸶、翠鸟、鸳鸯、喜鹊、黄鹂、秧鸡、画眉、冬至等10多种鸟类，三角洲地带原是鸟类繁衍生长的优质区域。而随着关键性环境区的逐步消亡，这一地区的生境异质性亦受到严峻挑战。目前现状三角洲区域植物配置混乱，杂草和农业作物混合生长，不同种类的生境斑块退化现象较为严重。

4 景观生态学视角下河流三角洲关键性环境区近自然化措施

4.1 改现状河道渠化硬化，促进三角洲自然化泥沙沉积

总结河流三角洲关键性环境区消失的原因，不难发现，河道渠化硬化严重，流域水流速度加快，三角洲区域泥沙无法沉积，不利于创造生境的基底形成。所以，需要软化河道，改渠化硬化为湿地滩涂景观，利用水生植物作为斑块。在靠近三角洲区域的河道区域，放置破坏水流的元素，增加或修复河道结构的复杂度和水利条件的多样性。这类破坏性元素可以是大块烁石、烁石群、木桩或枯木，以创建具有多样性特征的水深、底质和流速条件，为生物提供良好的避难和休息场所，同时降低流速，促进三角洲区域的泥沙沉积状态。

图5 景观手段软化河州硬化堤岸

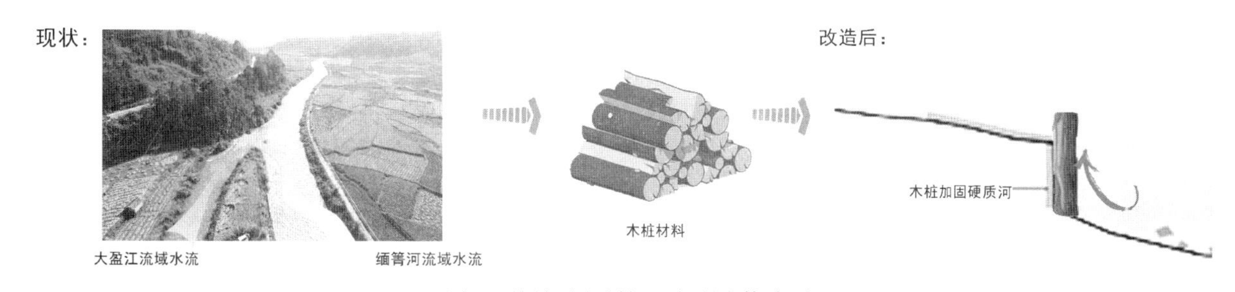

图6 护坡手段缓解三角洲水体冲刷

4.2 规范人工干扰程度，分区布置三角洲区域活动空间

大盈江腾冲段和缅箐河交汇口三角洲关键性环境区消失的另一个原因在于人工干扰现象严重，滩涂基本消失，河道处于完全硬化的状态，农田面积扩张严重。故人为规范农田和三角洲环境区的面积大小，依据三角洲生境层次划定三角洲关键性环境区为四个分区：主要活动区、中度隔离活动区、湿地净水区和滩涂保护区。主要活动区设立自然景观科普教育路线、农田和湿地过渡区，设置绿道；中度隔离活动区里利用植物隔离区域活动，为游客提供更多探索和感官体验。湿地净水区是最少活动的区域，以保护自然环境和湿地净水循环为主。滩涂保护区为禁区，主要是滩涂地段，旨在创造良好的动植物生境湿地保护区，为保护和研究创造条件。

4.3 优化植物配置（种类和比例等）、生境斑块构成（形状、面积、水深梯度设置等）和食物资源（鱼类和底栖动物等）的组合方案

所谓"近自然化"就是为三角洲关键性环境区创造了良好的生境条件之后，进行植物配置，合理空间各要素之间的关系，促进景观的动态变化。在竖向上确定植物配置的主要分区为农田种植区、乔木灌木种植区、矮灌木和地被种植区以及水生植物种植区。其中依据乡土树种优先、生态适应性以及生态安全性等原则，选择适合当地生长的植物，乔木主要选择水杉、垂柳、蒲桃、枫杨、柳树等。灌木主要选择多花蔷薇、中华蚊母树、构骨等。

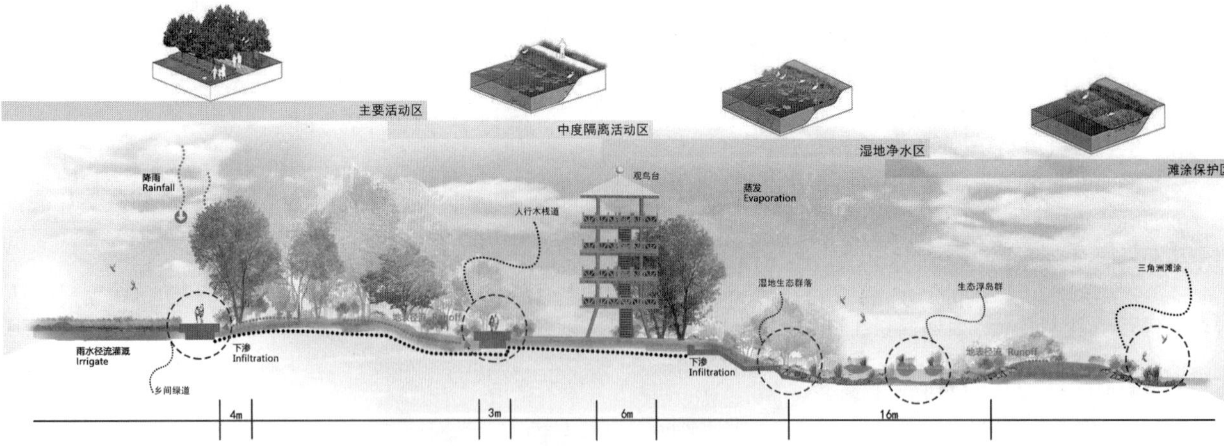

图 7　三角洲区域活动空间分区示意

图 8　三角洲生境营造断面示意图

其中湿地区域生态植物群落又分为三个区域：挺水植物湿草甸；此生物带的土壤在部分或者整个生长季节都会被浸润在水中，湿地草甸的地表在短暂的淹水期和较长的饱和期之间波动，因此可以支持植物物种多样性，吸引大量的鸟类、小型哺乳动物和蝴蝶蜜蜂等昆虫。植物选取以条穗苔草、再力花和花菖蒲为主。芦苇荡区域：此生物带一直浸润在水中，其中生长的软茎植物可以利用浸润的土壤，营养丰富，酸碱平衡，故此区域是动植物资源丰富的地方。植物选取以芦苇、花叶芦竹和粉美人蕉为主。次挺水湿地：此生物带一直在水下，其中生长的植物大部分的枝干也在水下，有些植物在水下开花，也有一些植物会长出长茎伸出水面再开花，沉水植物为本地物种提供了食物来源，也为无脊椎动物提供了栖息地，除此之外还具有强大的过滤净化能力。植物选取以海菜花、梭鱼草和皇冠化为主。

此生物带一直在水下，其中生长的植物的大部分枝干也在水下，有些植物在水下开花，也有一些植物会有长茎伸出水面再开花。沉水植物为本地物种提供了食物来源，也无脊椎动物提供了栖息地，除此之外还具有强大的过滤净化能力

次挺水湿地

此生物带一直浸润在水中，其中生长的软茎植物可以使用浸润的土壤。土壤营养丰富，酸碱平衡，使得此地动植物资源都很丰富。

此生物带的土壤在部分或者整个生长季节都会被浸润在水中。湿地草甸的地表在短暂的淹水期和较长的饱和期之间波动，因此可以支持植物物种多样性，并吸引大量的鸟类，小型哺乳动物和蝴蝶蜜蜂等昆虫。

图 9　湿地植物群落分区示意

5　结语

本文主要以景观生态学的视角介入河流关键性环境区，选取三角洲区域为代表深入研究，以两种尺度入手，分析得出当前河流三角洲关键性环境区存在的主要问题为景观生态格局完整性和连通性被破坏以及基于营养级关系的食物网紊乱和生境异质性缺乏。并对应给出改现状河道渠化硬化，促进三角洲自然化泥沙沉积、规范人工干扰程度，分区布置三角洲区域活动空间和优化植物配置、生境斑块构成和食物资源的组合方案等策略，旨在为河流三角洲关键性环境区提供景观生态学视角的建设意见。

参考文献

[1]　陈庆男. 发展中的景观生态学——景观生态学简介[J] 天津师范大学学报(自然科学版)，1994，(1)：68-72

[2]　丁九敏，刘玉石景观生态学在河岸生态修复中的应用[J]. 安徽农业科学，2009，(28)：3837-3838+3844

[3]　段亮，魏健，韩璐，等. 辽河保护区湿地恢复技术与策略[J]. 世界环境，2018，(02)：40-42.

[4]　陈雪初，戴雅奇，黄超杰，等. 上海鹦鹉洲湿地水质复合生态净化系统设计[J]. 中国给水排水，2017，33(20)：66-69.

[5] River restoration subcommittee on urban stream restoration, urban streamrestoration. ASCE. Journal of Hydraulic EngineeringASCE . 2003.
[6] Biology: Concepts & Connections. Neil A Campbell . 2009.
[7] Chen A, Sui X, Wang D, et al. Landscape and avifaunachanges as an indicator of Yellow River Delta Wetlandrestoration [J]. Ecological Engineering, 2016, 86: 162-173.
[8] Zou Y, Liu J, Yang X, et al. Impact of coastal wetlandrestoration strategies in the Chongmingdongtan wetlands, China: Waterbird community composition as an indicator[J]. ActaZoologica Academiae Scientiarum Hungaricae, 2014, 60: 185-198.

作者简介:

张梦蝶，1994年生，女，汉族，安徽省安庆市，重庆大学建筑城规学院风景园林系，研究生在读。研究方向：风景园林设计及理论，乡村景观规划设计。电子邮箱：240629967@qq.com。

邓宏，1963年生，男，汉族，重庆市，重庆大学建筑城规学院风景园林系，副教授，硕士生导师。研究方向：风景园林设计及理论乡村景观规划设计。电子邮箱：2213676345@qq.com。

昆明市盘龙江中段滨水步行空间绿视率研究①

Research on the Green Looking Radio of Waterfront Walking Space in the Middle Section of Panlong River in Kunming

王思颖　韩　丽　马长乐

摘　要： 滨水步行空间是城市滨水景观的重要交通空间，本文以昆明市盘龙江滨水绿地的步行空间绿视率作为研究对象，发现滨江步行空间中人行道与步道、亲水步道之间绿视率值存在明显差异，提出滨江步行空间中景观感受较好的绿视率区间值，给滨水步行空间的人性化设计提出了对策。

关键词： 盘龙江滨水绿地；步行空间；绿视率；差异性分析

Abstract: Waterfront pedestrian space is an important traffic space of urban waterfront landscape. This paper takes the green looking radio of the walking space of Panlong River waterfront green space as the research object, and finds that there are obvious differences in the green vision rate values between the pavement, the pavement and the hydrophilic pavement in the riverside pedestrian space. It puts forward that the landscape in the riverside pedestrian space feels better green. The interval values of visual percentages provide countermeasures for the humanized design of waterfront pedestrian space.

Keyword: Waterfront Green Space of Panlong River; Walking Space; Green Looking Radio; Difference Analysis

引言

日本的青木阳二于1987年提出“绿视率”这一概念，主要指绿化面积在人的视野中所占的比率[1]。从主观方面来说，绿视率是人们对于绿化环境的直观视觉感受，对景观绿化情况的评价有着个体性差异。从客观方面来说，景观绿化是由客观存在的元素构成的，通过分析不同元素在视野中所占的比例可以得到一个较为准确的评价数值，帮助建设和改造出以人为本的绿地空间环境。有研究表明，当绿视率值在人的视野中达到25%时，人体感觉最为舒适，对人的视力和健康也最有利[2]。绿视率的提出是对绿化空间评价体系的深化，是从二维平面到三维立体的转变。它从人的心理感受出发，为城市绿地视觉质量的评价确立了量化的指标标准，使城市绿地视觉价值得到数量化的统计[3]。

滨水区域通常是城市文明繁衍之地，一般成为经济发展中心和主要城镇所在之地，滨水空间是城市中的特定空间。美国总统户外运动主任委员会（PCAO）发现人们越来越倾向去线性游憩娱乐区活动[4]。滨江步行空间作为含有水资源的线性空间，对人群的吸引力更大，具有更大的研究价值。从20世纪60年代开始，欧洲国家开始关注公共空间和城市生活[5]。扬・盖尔在《交往与空间》中定义步行为一种交通类型、一种走动的方式，为进入公共环境提供了简便易行的方法[6]。杨铁东等[7]对步道进行的解释是指具有游览功能的步行道，是游人视觉与身心体验的试题和载体。根据调查，人类80%的信息是从视觉带来的，与乘车相比，步行者的视觉是一种静态、慢速的观察，步行者更留心周围环境的细部，从而获得更加丰富和细腻的体验[8]。这就提高了对步行空间尺度、郁闭度的营造以及空间内景观层次丰富度、环境设施、植物配置设计等相关因素的要求。

1　研究区域概况与研究方法

1.1　研究区域概况

盘龙江位于云南省昆明市，由北向南纵穿整个昆明城，北部起源于嵩明县西北梁王山，自松花水坝流出，南部至滇池东岸官渡区海埂村滇池入口，单线全长29km，是昆明唯一一条贯穿市区的河流。

盘龙江滨江绿地属于“一江两岸”的形式，根据研究内容需求，此次研究范围选取盘龙江中段进行调查研究，北起红园路，南至人民中路。根据各路段不同的植物景观空间和步行空间组合形式，将调查范围内的盘龙江区域分为六个路段：红园路—霖雨路、霖雨路—二环北路、二环北路—白云路、白云路—环城北路、环城北路—鼓楼路、鼓楼路—人民中路。此次研究主要考察人在滨江步行空间行走的体验与感受，通过实地调查与分析，发现盘龙江滨江步行空间主要由人行道、步道、亲水步道三种形式组成，属于动态空间。其中，开敞空间穿插于不同的步行

① 基金项目：本项目由国家林业和草原局西南风景园林工程技术研究中心支持完成；云南省教育厅科学研究基金项目（2019Y0149）；昆明市五华区科学技术和信息化局项目（五科信项字201620）资助；西南林业大学科研基金项目（111103）资助。

空间形式中，作为滨江空间中短暂停留休憩的场所，属于静态空间。

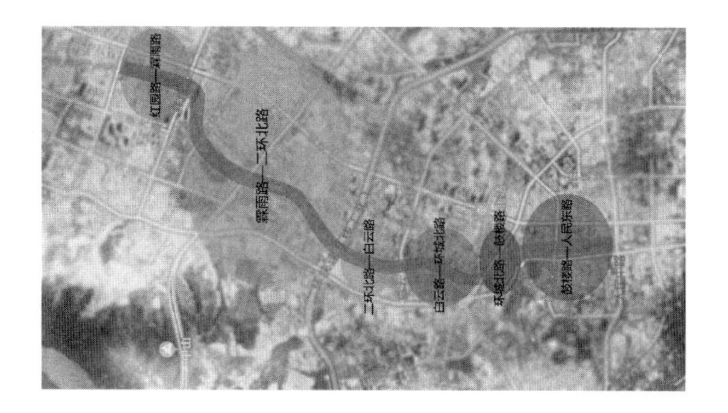

图 1　盘龙江滨江步行空间路段示意图

在相应研究区域中，滨江绿化景观步行空间主要有以下五种组合形式，步行空间组合形式 1 主要分布于红园路至霖雨路路段西岸，步行空间只包括人行道，步行空间组合单一，植物配置以乔、草结构为主；步行空间组合形式 2 主要分布于霖雨路至白云路两个路段区间，步行空间包括人行道、步道和亲水步道三种形式，植物配置密度较高，以乔、灌、草三层立体结构为主；步行空间组合形式 3 和步行空间组合形式 4 主要分布于白云路至人民东路三个路段区间内，步行空间包括人行道和亲水步道两种，主要区别在于人行道靠江绿地植物绿地面积的大小；步行空间组合形式 5 主要分布于红园路至霖雨路路段东岸，步行空间包括人行道和步道两种形式，植物配置为乔、灌、草三层结构，但相比组合 2 其植物种植密度更小，空间通透度更高。

1.2　研究方法

1.2.1　绿视率调查方法

此次研究范围内共存在人行道、步道、亲水步道和开敞空间四种空间形式，因此需要在上述四种空间形式中分别设置取样点拍照取样。步行空间取样点的设置从起点路段出发，每隔约 200m 设置一个取样点。开敞空间的取样点只在其存在的地方进行取样，拍摄时站在开敞空间的中心点进行拍摄。

本次研究采用同一相机进行拍摄，获得样点空间绿视率基础数据。拍摄时注意同一横截面的样点选择需要保持水平方向上的两个一致：一是东、西两岸取样点的一致；二是位于同一侧拥有两种或两种以上步行空间形式时取样点的一致。拍摄步行空间时，在每个取样点上，以同一人的水平视线高度（约为 1.5m）站立于步行空间中间位置，分别朝正南、正东、正北、正西 4 个方向按逆时针顺序各拍摄 1 张照片。在调查表中记录下照片编号和方向，有助于后期的数据整理与分析。

1.2.2　绿视率计算方法

根据肖希等[9]对绿视率计量方法的研究发现，关于绿视率值的计算主要有精算和估算两种方法，本研究主要采用 Photoshop 软件计算绿视率值，根据绿视率值的计算公式：

绿视率=（照片绿色像素点/照片总像素点）×100%

处理方法为：将照片导入 Adobe Photoshop CS6 中，打开 Photoshop CS6 直方图，在“源”选项中选择“整个图像”，信息表中“像素”栏所显示的数值即为整张照片的像素值；然后新建图层并激活，将绿色部分建立选区并填充颜色形成色块，其中被人、建筑、车等不可抗力因素遮挡部分不计入内，用魔棒工具选中选区，此时信息表中的“像素”所显示的数值即为绿色图像的总像素值，根据公式即可得出该张照片的绿视率值，为减少计算误差，每张照片应计算 3 次，最后取 3 次计算结果总和的平均值。每个取样点的绿视率值为 4 个方向绿视率总和的平均值。进行东、西岸对比时，同侧求取一个样点的绿视率值为该侧横截面上所有样点总和的平均值。

2　结果与分析

2.1　调研结果

本次调查研究对象为盘龙江东、西两岸的三种步行空间和开敞空间绿视率，实地调查盘龙江两岸的植物种类及其形态特征，同时对步行空间的形式、宽度、质感进行记录。调查总长度 16km，设置取样点 184 个（图 2），共拍摄照片 736 张。各样点的像素数据以及绿视率值详见表 1。

图 2　盘龙江取样点（局部）

以盘龙江东、西岸所有取样点绿视率值为基数，比较同侧同一横截面上所有步行空间绿视率的均值，得到绿视率最高值位于西岸的霖雨路至二环北路段，绿视率值为 60.14%；所有取样点绿视率最低值位于东岸的白云路至环城北路段，绿视率值为 13.60%。其中取样点的绿视率值取值主要集中在 20.00%～50.00%，相应范围内取样点数量占总取样点数量的 90.27%。从不同步行空间形式的取样点来看，绿视率最高值步行空间形式为步道，位于西岸的霖雨路至二环北路段，其绿视率值为 66.29%；绿视率最低值步行空间形式为人行道，位于东岸的白云路至环城北路段，其绿视率值为 13.60%。

盘龙江东西两岸步行空间绿视率（部分） **表 1**

序号	路段	步行空间形式	像素值（总像素值：248832）				绿视率
			正南	正东	正北	正西	
1	红园路-霖雨路	人行道	170014	116435	103382	87381	47.95%
2	红园路-霖雨路	人行道	73807	100520	92184	63299	33.14%
3	红园路-霖雨路	步道	89342	82197	42020	123312	44.21%
4	霖雨路-二环北路	亲水步道	98759	175542	135596	21317	43.32%
5	霖雨路-二环北路	开敞空间	123850	90415	109998	175183	50.18%
6	霖雨路-二环北路	步道	191100	166122	178110	124475	66.29%
7	霖雨路-二环北路	人行道	106014	142075	103679	24730	37.83%
8	霖雨路-二环北路	亲水步道	150845	137497	165365	88395	54.46%
9	霖雨路-二环北路	步道	10992	137760	131860	108041	39.05%
10	霖雨路-二环北路	亲水步道	158598	152298	149936	137766	60.14%
11	霖雨路-二环北路	人行道	47213	35642	93320	102957	28.04%
12	二环北路-白云路	亲水步道	97360	155888	79361	54856	38.93%
13	二环北路-白云路	开敞空间	84277	130609	76405	91914	38.50%
14	二环北路-白云路	亲水步道	141414	137383	107546	121326	51.01%
15	二环北路-白云路	人行道	104642	114008	152714	117304	49.10%
16	二环北路-白云路	步道	165313	109244	161448	154762	59.35%
17	二环北路-白云路	亲水步道	127304	159209	144733	110583	54.44%
18	二环北路-白云路	开敞空间	84893	54737	153683	127891	42.32%
19	白云路-环城北路	人行道	55970	73302	51178	15782	19.72%
20	白云路-环城北路	开敞空间	64236	67460	76512	63455	27.29%
21	白云路-环城北路	步道	56283	52513	116589	107343	33.43%
22	白云路-环城北路	人行道	87099	44339	142233	79601	35.49%
23	白云路-环城北路	亲水步道	28982	87531	79829	82142	27.98%
24	白云路-环城北路	步道	40723	167746	212390	119638	54.30%
25	环城北路-鼓楼路	人行道	61297	47219	89196	5623	20.43%
26	环城北路-鼓楼路	人行道	127391	35545	180073	53317	39.82%
27	环城北路-鼓楼路	亲水步道	106649	119071	104493	108721	44.10%
28	鼓楼路-人民东路	滨水步道	105115	5887	44001	119566	27.59%
29	鼓楼路-人民东路	开敞空间	45274	108544	94435	51834	30.15%
30	鼓楼路-人民东路	滨水步道	80448	85674	81771	120539	37.02%

2.2 不同形式步行空间绿视率差异性分析

通过整合盘龙江东、西两岸人行道、步道和亲水步道的绿视率均值，得出人行道绿视率为 33.94%，步道绿视率为 43.93%，亲水步道绿视率为 43.25%，三种步行空间绿视率均值为 40.37%。结果表明：步道和亲水步道在步行空间行走过程中绿量可视性高于平均水平，而人行道在盘龙江沿线行走中绿量可视性低于平均水平。

表 2 对绿视率取值进行单因素方差分析，三种步行空间绿视率显著性 P 值为 0.000，表明调查路段内盘龙江沿线的三种步行空间绿视率存在显著差异，说明三种步行空间的立体绿色区域面积分布存在不均衡的现象。

表 3 对进行三种步行空间绿视率多重比较，发现人行道与步道、亲水步道绿视率差异较为明显（$P<0.05$），盘龙江两岸人行道在行人行走过程中相较步道和亲水步道而言，人眼可识别绿色面积较少，还有较大的提升空间。虽然步道和亲水步道整体绿视率值偏高，但是二者之间无显著差异，只与人行道绿视率存在明显差异，表明步道和亲水步道在行人行走过程中人眼可识别绿色面积较为接近。

绿视率单因素方差分析 **表 2**

项目	平方和	自由度	均方	F 值	P
组间	3638.194	2	1819.097	29.032	0.000
组内	9932.831	160	62.080	—	—
总计	13571.024	162	—	—	—

不同步行空间绿视率多重比较　　表 3

方法	步行空间（I）	步行空间（J）	平均值差值（I-J）	标准错误	显著性	平均值的95%置信区间	
						上限	下限
最小显著差法（LSD）	人行道	步道	−9.99032%*	1.50862%	0.000	−12.9697%	−7.0109%
		亲水步道	−9.30446%*	1.47389%	0.000	−12.2152%	−6.3937%
	步道	人行道	9.99032%*	1.50862%	0.000	7.0109%	12.9697%
		亲水步道	0.68586%	1.59315%	0.667	−2.4604%	3.8322%
	亲水步道	人行道	9.30446%*	1.47389%	0.000	6.3937%	12.2152%
		步道	−0.68586%	1.59315%	0.667	−3.8322%	2.4604%

注：*表示均值差的显著性水平为0.05。

通过表4可以看出人行道正南、正东、正西、正北绿视率值均低于步道和亲水步道，其中正西方向绿视率值与最高值相差19.11%，说明其对人行道绿视率均值的影响最大；其次是正南方向，人行道正南方向绿视率与同向最高值亲水步道相差10.29%，对人行道绿视率影响起次要作用。

步行空间四个方向绿视率均值　　表 4

步行空间形式	正南	正东	正北	正西	总平均值
人行道	33.65%	36.18%	37.15%	28.80%	33.94%
步道	43.94%	38.81%	45.07%	47.91%	43.93%
亲水步道	44.01%	43.72%	44.25%	41.01%	43.25%

通过对比盘龙江东、西两岸四个方向绿视率值，发现东、西两岸在正南和正北方向上差异不明显，对人行道绿视率值的影响较小。正东方向上，西岸比东岸绿视率值高9.80%；正西方向上，西岸比东岸绿视率值低12.7%，且西岸的正西方向和东岸的正东方向绿视率值均为同侧最低值，说明东、西两岸绿视率值在正东和正西方向上差异显著，是影响人行道绿视率均值的关键性因素。整合照片以及数据，发现影响差异因素主要表现为三点：一是植物景观空间，主要受植物配置和植物种类和数量影响，人行道植物配置较为简单且植物数量较少；二是水面可见度，绿色水体以及两岸植物的倒影都可增加绿视率取值；三是建筑立面，其对宅旁绿地、小区绿地等有遮挡作用，减少了相应方位绿视率取值。

2.3 相同形式步行空间绿视率分析

人行道绿视率主要来源是靠江一侧绿地，其次是行道树以及少量的宅旁绿地。其绿视率取值与滨江绿地成正相关关系。人行道所依托的滨江绿地植物对绿视率影响较大，是因为路段内植物种植密度较高，植物种类以桉树、香樟、雪松、蓝花楹、滇朴、女贞、红叶石楠、云南黄素馨等常绿树木为主，多呈现为乔、灌、草三层立体式结构。步道位于人行道和亲水步道之间，其两侧均为植物景观空间，步道的宽窄影响绿视率的高低。亲水步道呈现为下凹式亲水步道，其绿视率来源主要是盘龙江江岸两侧的植物屏障和江面的绿色植物投影，有较大的植物获取来源，斜坡式绿地增加了绿视率取值。

2.4 景观感知与绿视率

景观感知这一概念由视觉评估体系发展拓宽而来。根据保罗·戈比斯特对景观感知的整理，景观感知的考量是多维度进行的，它综合运用了人体的多种感官来评价景观空间，具有空间性和暂时性的特点[10]。景观感知的变化性和主观性较为强烈，受行为主体影响较大，把绿视率和景观感知评价相结合，能促进景观空间生态和景观美的相对平衡。通过对在校大学生群体进行网上问卷调查，分析他们对不同路段、不同植物配置空间绿意程度、舒适程度、偏好程度的喜好评价，通过表5发现步道和亲水步道得分整体高于人行道和开敞空间，人行道到的评分最低且与其他三种空间形式差异最大。通过分析表6，发现滨江步行空间中景观感知评价得分排在前10名的绿视率平均值为40.95%，绿视率主要区间值为30%～46%，说明这个区间内滨江步行空间景观感受较好。而绿视率值越大，不代表景观空间给人的感觉越好。通过分析数据，发现景观感知与绿视率之间不存在明显的正相关关系，说明景观感知同时受还到其他因素的影响，主要体现在植物景观序列、安全感和舒适感三个方面。

不同步行空间景观评价　　表 5

步行空间	人行道	步道	亲水步道	开敞空间
平均分	0.22	0.98	0.91	0.62

景观感知评价排名　　表 6

步行空间	评价维度			平均分	绿视率	排名
	绿意程度	舒适程度	偏好程度			
步道5	1.42	1.31	1.44	1.39	42.33%	1
步道3	1.31	1.31	1.28	1.29	43.09%	2

续表

步行空间	评价维度			平均分	绿视率	排名
	绿意程度	舒适程度	偏好程度			
步道 4	1.31	1.19	1.28	1.26	45.41%	3
亲水步道 4	1.22	1.19	1.17	1.19	37.02%	4
人行道 6	1.28	1.14	1.11	1.18	43.67%	5
亲水步道 6	1.06	1.22	1.22	1.17	31.70%	6
亲水步道 7	1.11	1.06	1.11	1.09	43.73%	7
开敞空间 2	1.06	1.06	1.08	1.06	28.23%	8
步道 6	1.00	1.03	1.06	1.03	34.21%	9
亲水步道 1	1.00	0.94	0.94	0.96	60.14%	10
亲水步道 5	0.92	1.03	0.89	0.94	35.51%	11
开敞空间 1	0.94	0.94	0.94	0.94	50.18%	12
开敞空间 5	0.83	0.78	0.58	0.73	41.14%	13
步道 1	0.81	0.5	0.64	0.65	66.29%	14
亲水步道 3	0.61	0.58	0.58	0.59	38.08%	15
人行道 2	0.56	0.47	0.31	0.44	27.52%	16
亲水步道 2	0.58	0.22	0.39	0.40	51.13%	17
步道 2	0.36	0.19	0.17	0.24	41.07%	18
人行道 4	0.33	0.19	0.17	0.23	35.09%	19
人行道 3	0.28	0.22	0.17	0.22	33.75%	20
开敞空间 4	0.08	0.03	−0.03	0.03	28.40%	21
人行道 7	−0.06	0.08	−0.06	−0.01	31.51%	22
人行道 1	0.00	−0.22	−0.44	−0.22	47.95%	23
人行道 5	−0.14	−0.39	−0.44	−0.32	39.91%	24
开敞空间 3	−0.31	−0.36	−0.39	−0.35	14.48%	25

3 结语

(1) 滨江步行空间中，人行道与步道、亲水步道绿视率存在明显差异，为三者中的最低值；步道与亲水步道绿视率值较为接近，二者无明显差异。根据文中对人行道绿视率值最低的原因进行分析，主要影响因素是植物景观空间、水面可见度和建筑界面。

(2) 通过对不同路段区间和相同形式步行空间绿视率进行分析，发现步行空间绿视率与植物的形态特征、生长状态、植物配置形式有较大关系。植物配置以常绿为主，呈现乔、灌、草结构的植物景观空间绿视率更高。其中，受到地形设计的影响，斜坡上进行植物栽植绿视率会更高。

(3) 结合景观感知与绿视率，发现在滨江步行空间中，景观感受较好的绿视率区间为 30%～46%，绿视率值太高或者太低最终的景观感受皆不佳。通过分析景观感知和绿视率的相关因素，提出四点关于滨江步行空间人本化设计的意见：一是注意植物景观序列的塑造，适当增强景观序列感和线性感，空间塑造多以柔性空间为主；二是增加亲水空间的利用，更好地满足人们亲水性的需要；三是增加开敞空间的设置，调节整个空间的节奏与人流；四是植物景观塑造需要兼顾到安全感和舒适感，更多体现为半围合的虚空间。

参考文献

[1] 方咸孚，李海涛．居民区的绿化模式[M]．天津：天津大学出版社，2001.

[2] 袁菲菲．城市绿地景观绿视率影响因素研究[J]．安徽农业科学，2012(6)：3412-3413.

[3] 吴立蕾，王云．城市道路绿视率及其影响因素——以张家港市西城区道路绿地为例[J]．上海交通大学学报(农业科学版)，2009，27(3)：267-271.

[4] President's Commission on American's Outdoors：Americans outdoors：the legacy，the challenge，with case studies[M]. Washington：IslandPress，1987：209.

[5] Nilsson，Arne. Creating their own private and public[J]. Journal of Homosexuality，1998，35(3-4)：81-116.

[6] 朱峥嵘．城市步行空间景观连续性设计研究[D]．合肥：合肥工业大学，2012.

[7] 杨铁东，王洪波，夏旭蔚，等．森林公园中游步道设计探索[J]．华东森林经理，2004，18(4)：21-24.

[8] 戚路辉．城市步行空间人性化设计要点[J]．山西建筑，2010，36(6)：4-5.

[9] 肖希，韦怡凯，李敏．日本城市绿视率计量方法与评价应用[J]．国际城市规划，2018，164(02)：102-107.

[10] 保罗·戈比斯特，杭迪．西方生态美学的进展：从景观感知与评估的视角看[J]．学术研究，2010(4)：1-14.

作者简介

王思颖，1996年生，女，学士。研究方向：风景园林植物资源与运用。电子邮箱：1753317913@qq.com。

通信作者：马长乐，1976年生，男，博士，教授，博士生导师。研究方向：风景园林植物资源与运用。电子邮箱：machangle@sina.com。

历史街区空间的视域结构特征对植物景观的影响①

——以北京市二环内历史街区为例

The Influence of The Visual Structural Features of The Historic Block Space on The Plant Landscape

—A Case Study of The Historic Block Within the Second Ring Road of Beijing

赵子祎　李冠衡

摘　要：为传承历史街区的以特色植物景观为载体的风貌，基于空间句法理论，根据《北京城市总体规划（2016年—2035年）》理论指标与要求，对二环内历史街区道路系统排序、分类，量化了典型节点的空间构型，调查了空间中的现存植物景观。将街区内植物景观的效应和营造氛围与计算结果进行了比较，分析两者关系。并根据植物现存状况和生长环境，从城市历史文脉保护的角度出发，结合空间视域特征的特点，对北京历史街区现有植物景观提升提出发展建议。

关键词：空间句法；植物景观；历史街区；植物景观改造

Abstract: In order to inherit the features of the historical district with characteristic plant landscape as the carrier, based on the spatial syntax theory, according to the theoretical indexes and requirements of Beijing urban master plan (2016－2035), the historical district road system in the second ring road is sorted and classified, the spatial configuration of typical nodes is quantified, and the existing plant landscape in the space is investigated. The effect and atmosphere of plant landscape in the block are compared with the calculated results, and the relationship between them is analyzed. According to the existing conditions and growing environment of the plants, from the perspective of the protection of urban historical context, combined with the characteristics of the spatial perspective, the paper puts forward development Suggestions for the improvement of the existing plant landscape in Beijing historic district.

Keyword: Space Syntax; Plant Landscape; Historical Block; Transformation of Plant Landscape

1　研究背景

北京作为六朝古都，见证历史的沧桑变迁，她的历史文化遗产是中华文明源远流长的伟大见证。植物景观作为历史街区的一部分灵魂，为北京带来无限生机，展示出绿色北京的悠久历史。而街区内的植物，不仅是单纯的绿化，更是为人居环境中交流热点的创造提供了可能。

而位于胡同街巷中的一些典型节点空间，承担着巨大的城市生活功能属性，他们有许多共同特征但又不尽相同。这些节点空间中的植物景观受空间影响呈现特异性，与空间结构相互影响。

伴随着北京老城区的改造，历史文化街区遭到破坏，植物景观的情况不容乐观，它们所承载的北京古城历史文化风貌也随之渐渐消失。在《总体规划》中，明确提出要“保护老城原有棋盘式道路网骨架和街巷胡同”，对于北京现存的1000余条胡同实施为空间改善计划，“恢复具有老北京味的街巷胡同，发展街巷文化”。

鉴于北京历史街区中的植物景观及其所承载的文化风貌亟待保护与发展的现状，本次研究着眼北京二环内历史街区，利用空间句法及其理论，通过量化的方法整合不同空间的空间构型，进一步推进北京历史文化街区空间属性的系统化，为历史街区保护发展工作提供理论依据。并探究归纳其中植物景观的位置和特点，保留并完善植物景观的丰富性。为景观植物元素提供落植位置与配植方式的参考，对现有景观和未来设计提出建议和策略，为历史文脉的延续和发展创造更优质的可能。

2　研究方法与框架

2.1　研究方法

本次研究最主要运用了空间句法相关理论。空间句法是运用拓扑关系，强调回归空间本身，通过对空间结构进行量化描述，来研究空间组织和人类社会之间关系，现多用于对建筑、聚落、城市以及景观的研究。

①　基金项目：本项目由中央高校基本科研业务费专项资金资助；项目编号2017ZY73；城乡生态环境北京实验室北京市共建项目；生态廊道生物多样性保护与提升关键技术研究与示范课题。

本次研究采用Depthmap处理数据，运用空间句法自定义连接值、整合度，以及轴线分析法和视线分割法分析结果，进而得出结论。本文在凸空间定义的基础上，主要利用软件计算后生成的图像研究北京二环内历史街区的空间结构、植物景观与人类社会活动的关系。

2.2 研究框架

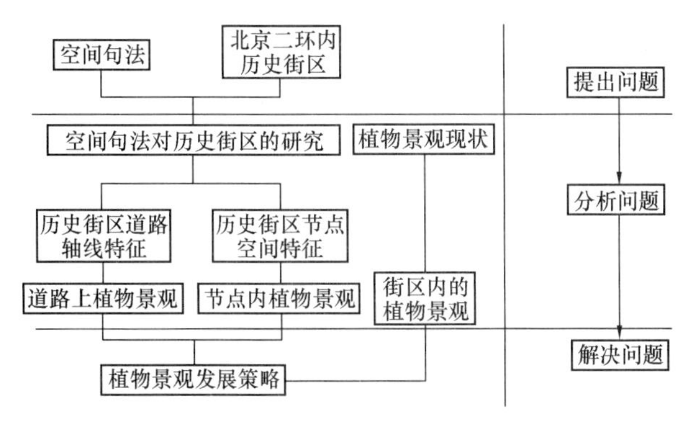

图1 研究框架

3 历史街区内空间结构特征与植物景观

3.1 空间句法下街区内道路轴线与节点空间结构特征计算结果

3.1.1 空间句法下街区内道路轴线计算结果

根据Google卫星地图截取北京二环内街区现状，绘制轴线模型，北京历史街区内所有道路以棋盘状形式为主，较为复杂多变，道路存在多种连接方式（图2）。

本章中对于街区空间分析采用轴线图法，适用于研究城市中道路街巷的路网空间形态与结构分析。将二环内所有街巷模型反复校核，确认没有连接点缺失后导入软件，共有线条元素17689个，将道路模型转化为连接值轴线图（图3），进行全局整合度的计算，已确定二环内各个历史街区的路网整合度总体范围的量值（图4）。将《总体规划》中划定的历史街区根据现状的道路体系和区块划分，分成12个区域，从分组的内部与其和整体的结构关系分别进行分析。

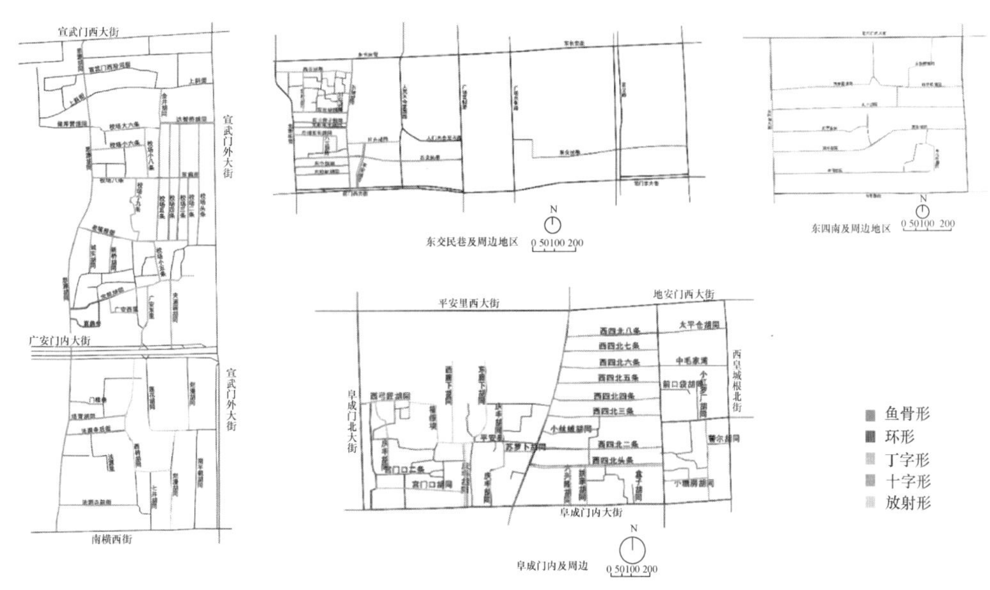

图2 道路连接方式图示

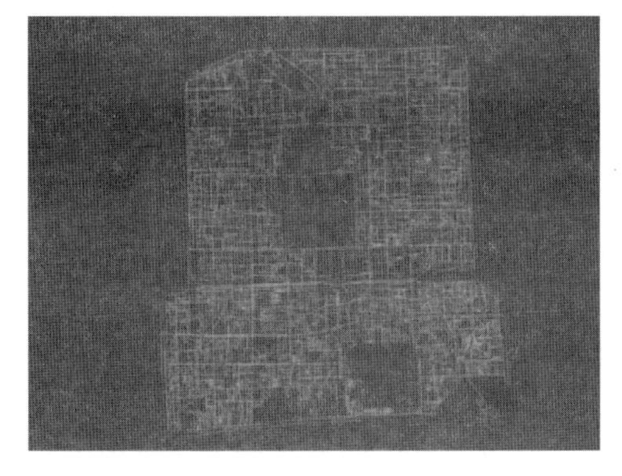

图3 二环内道路轴线连接值示意图
（图像中中暖色系轴线为连接值相对较高的道路，冷色系轴线为连接至相对较低的道路）

图4 二环内道路轴线整合度示意图
（图像中中暖色系轴线为连接值相对较高的道路，冷色系轴线为连接至相对较低的道路）

以二环内全部道路轴线的整合度均值作为界限，将12组历史街区分成类型A与类型B，两个类型分别代表了区域可达性高于整体城区的可达性与区域可达性低于整体城区的可达性（表1）。2区与4区（图5）的整合度分别属于类型A与类型B，且根据排查，两区的道路连接结构类型基本包含12个街区中所有类型。故用这两个区域进行详细分析。

二环历史街区整合度排序表　　表1

	全局整合度均值	最小整合度	最大整合度
二环城区	0.68822	0.373091	1.0696
2区	0.63638	0.364395	0.920405
9区	0.485463	0.277747	0.730631
11区	0.655114	0.408365	0.924689
4区	0.997105	0.615976	1.91855
1区	0.811975	0.415446	1.36755
3区	1.08017	0.494918	2.01025
5区	0.85938	0.522636	1.45537
6区	0.964484	0.469151	1.58548
7区	1.06154	0.510015	1.76187
8区	0.690669	0.328535	1.05879
10区	0.836017	0.40689	1.42566
12区	0.815143	0.509636	1.29957

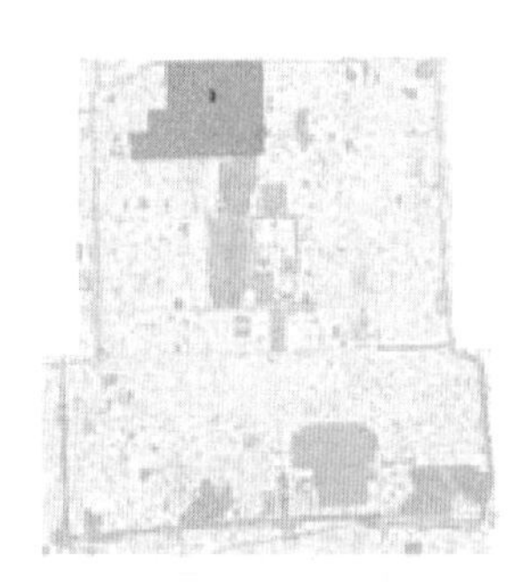

图5　2区、4区区位图

3.1.2　空间句法下街区内节点空间计算结果

空间句法中还包含实线分割法，通过分割空间进行凸多边形的分解，还原连接点，分析视线，依据视线可以穿透的范围来计算整合度进行比较。视线整合度较高的空间必定会对人的行为活动起积极作用，这体现了空间构型对人行为的影响。在上文提到的2区中选取特征完全不同，且存在典型植物景观的节点A和节点B分别进行研究（图6）。

图6　节点A及节点B区位图

3.2　街区道路轴线与节点空间计算结果分析

3.2.1　街区道路轴线计算结果分析

2区可计算元素共有952个。计算结果显示2区的全局整合度均值仅为0.63638。（图7）相对于整个城区而言，2区的空间结构处于可达性较低的位置。可知景区并不意味着拓扑关系中的高可达性，并不能以已知的热度来贸然推断空间结构的可达性。

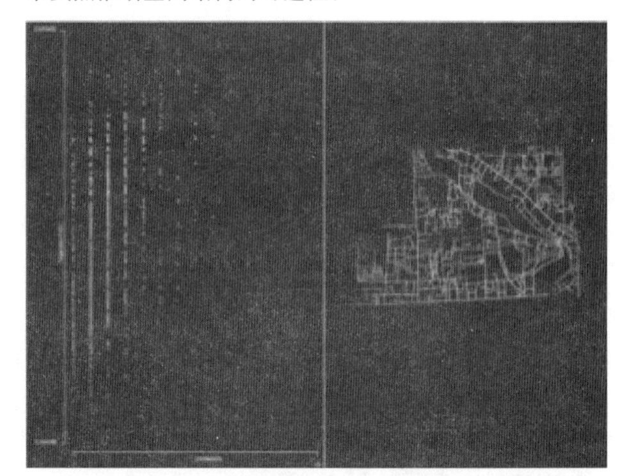

图7　2区道路轴线整合度图像

4区的可计算元素有341个，整合度均值0.997105（图8），明显大于二环内城区的全局整合度均值。相较于

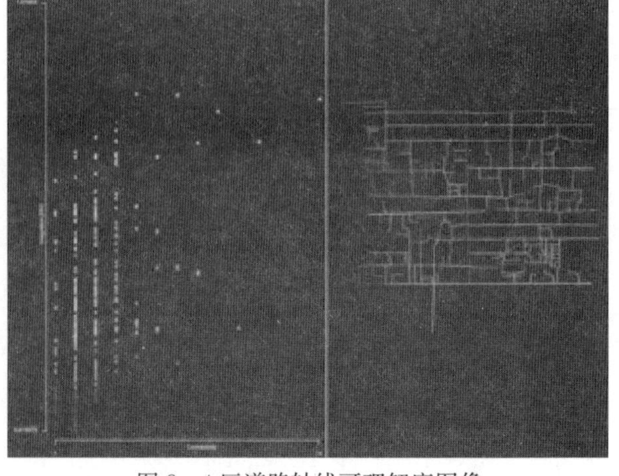

图8　4区道路轴线可理解度图像

整个城区而言，4 区是出于可达性较高的空间区位，是二环城区在空间结构整体上的重要节点。

根据计算结果，在 2 区和 4 区中分别选取连接值和整合度达到峰值的道路轴线（本研究中选择鼓楼西大街、德胜门内大街、柳荫街、东四北大街和东四西大街）（图 9），深入探究植物景观。

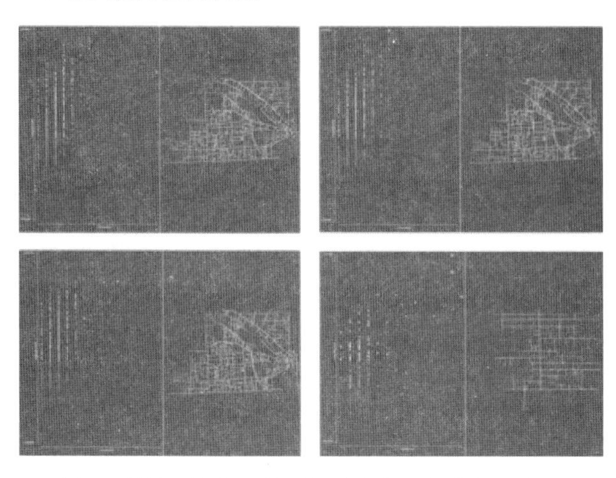

图 9　鼓楼西大街、德胜门内大街、柳荫街、东四北大街和东四西大街可理解度与区位示意

3.2.2　街区节点空间计算结果分析

节点空间的分析中，连接度代表了从空间内一点观察空间内其他可见位置的数量总和，即代表了空间的渗透性。而整合度代表全局视线深度，整合度高的位置即为容易受到视线关注的位置。图像中颜色越红代表整合度越好，其公共性越强。

节点 A 的特殊性在于：①所处位置比较特殊，是旅游景区、居民生活区、城市街道的连接点，是交通功能极强的汇合点，不同人群到达此点，再由此点向各处发散。②由图像可以看出，节点内主要通道的颜色最暖。而在实际情况中，这条通道一半为河道，人群无法到达但可见。通道两端视域颜色最红，说明可达性与公共性最强，站在通道两头时，节点内视域面积最大；从另一方面来说，从节点各位置到达通道两端最便捷。现场情况也显示通道尽头两处单位时间内人流量最大，在开放性较强的区域内人的流动趋势也比较强。③连接值与整合度不同的图像对比可以看出，整合度图像上暖色区域比前者缺失一个完整的区块，说明此处在节点内被视线接触的可能性很大，但并不如同等深度值的位置易到达。

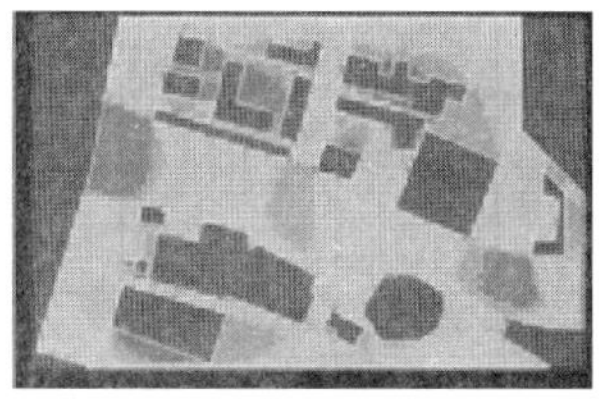

图 10　节点 A 连接值与整合度计算结果示意图

而节点 B 的特殊之处（图 11）在于：①在居民区出入口的区位决定了人群会在此处经过，但往往停留时间很短。在早晚高峰期会有大量人群经过，而其余时间则比较安静。②节点的红色区域位于节点中央偏靠下的位置。说明这个节点空间整体上呈现收敛而非开放的态势，人群在这个节点中更容易到达在空间内中心区域。而处于中心位置恰好是临近的居民区出入口交汇点位置，位于此处，看到住宅区内，反之，住宅区内部也可看到节点处最红色区域。③将节点 B 连接值和整合度图像对比分析发现，虽然视域最佳区域与最易达到区域在此节点内重合度很高，但在人群流动过程中，位置的便捷性程度存在断层。人群更容易高密度地聚集在某几个位置，而不是以平缓的趋势分布在空间内。这也和此处节点的功能相吻合。

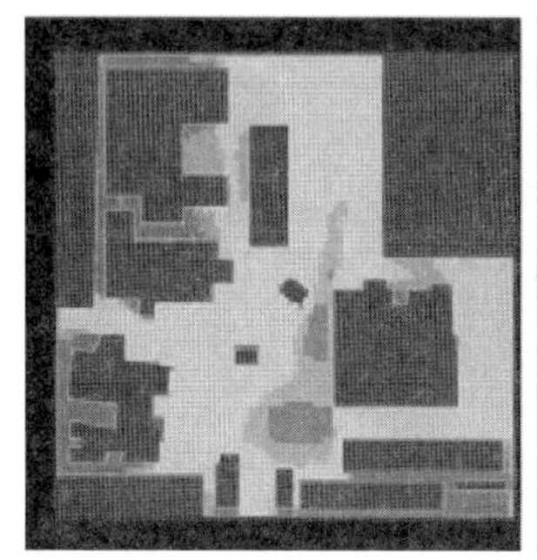

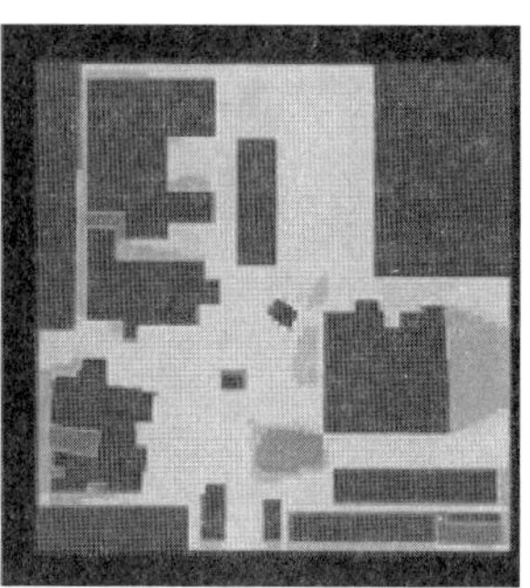

图 11　节点 B 连接值与整合度计算结果示意图

3.3　街区内道路轴线特征对植物景观的影响

在现代城市中，植物无论是在辅助景观造景还是基础设施绿化中，都起到绝不能忽视的作用。故本次研究在空间构型分析的基础上，将两个街区内数据峰值的道路轴线上现有植物景观进行分析，得到以下特征：

（1）植物景观的空间营造与轴线结构关系十分密切，景观的丰富程度基本符合计算结果。当计算结果为可理解度好时，植物景观也往往严格遵循轴线关系，在一定程度上还可以弱化建筑与道路表面生硬的边缘感，给游人在视线角度起到引导作用；而计算结果为可理解度差时，植物景观通常不被重视，种植做法简单甚至干脆不种植植物。

（2）在某些特定位置，轴线的计算结果并不能完全代表植物景观的丰富程度。

（3）当道路结构不仅仅由轴线的拓扑关系所组成时，街道两侧的公共建筑、住宅以及其他人为活动都会成为新的影响植物景观的因素。

3.4　街区内节点视域特征对植物景观的影响

植物景观往往是节点形成后随周围环境变化而变化较大的因素。所以，与其在视域分析后讨论视域对植物景观的影响，不如说二者之间存在着相互影响的关系。

节点 A 良好的开放性和公共性影响了此处的植物景观特征，种植在此的植物景观承担着绿化、供观赏等多重作用，主要植物景观以乔木灌木高低错落搭配为主。行道树的存在，为人的视线引导起到了积极作用，有效地疏散了集中在节点中央道路交叉口的人群，使人群的活动路线向两端延展。植物生长环境良好，长势出色，在基础绿化基础上增添了植物景观的观赏性。

节点B内敛的空间特征影响着植物景观特征，植物景观较为单一，但在街区胡同中较为典型。空间也被植物塑造成安静的围合空间。低可达性的区域也有植物填充，虽然观赏性功能没有得到完整体现，但私密的空间感受却因为植物的存在而更为明显。

空间结构往往不能忽略植物对视线走向的引导，植物对空间氛围的塑造往往受空间视域构型的影响。分析结果显示：

（1）道路轴线的连接关系和整合度对空间拓扑结构的可达性存在较大影响，这种影响与实际道路空间给人的感受不同，并且对植物景观的结构特征产生影响。

（2）植物景观的落植位点受连接值影响。植物的景观连续性常和道路轴线的连续性表现一致，为行人进入街区重要位置以及行动流线的引导起到积极作用。

（3）植物景观的装饰性受到整合度影响。整合度高的位置可达性强，植物景观往往表现良好的观赏效果，空间结构与景观表现的高度重合使重点区域极易被人识别。

4 基于空间构型分析的植物景观发展策略

通过研究发现，北京二环内历史街区植物景观存在以下问题：主要城市道路植物结构单一，缺乏整体性，未形成风貌效果；街区内重要节点植物景观数量、面积均偏少，绿化品质有待继续提高；植物多样性水平低，存在同质化现象，未能和空间结构形成密切联系，人文特色有待凸显。本着扬长避短、因地制宜的原则，对北京二环内历史街区的植物景观发展提出以下策略。

4.1 城市规划角度下植物景观发展策略

（1）串联路网轴线结构，塑造整体绿化风貌

在保护传统街巷肌理的前提下，可打通部分闭塞道路，提升整体街区的可理解度，各个街区内已有的城市快速路串联形成路网，街旁绿化进行整体设计，使植物在序列关系上与空间点形成嵌套，构成连续性强的网状结构，使依靠植物景观增强道路轴线连接性成为可能。

（2）明确道路环线划分，根据结构设计植物

确定区域植物的基调和整体风貌，用植物景观的主次来强调街区的出入口，更好的完成引导人群流动作用。

（3）注重现有街区肌理，完善内部绿化模式

保护和继承原有街巷内自发的优良的植物景观种植，进行微空间景观改造，例如可移动式绿化、垂直绿化等，继续利用植物景观延续古城的历史文化风貌。

（4）绿化结合历史文化，展现古城人文特色

在历史文化街区道路可达性高和视域中视线经过区域的植物景观配植中，加入具有叙事性的植物景观画面，将软景观和现有的硬质环境结合起来，为穿行停留的人群创造欣赏的对象，传承北京古老的胡同文化风貌。

（5）更新古树名木节点，创造崭新游憩路线

在重要大树周围通过有意识的空间改造，可形成关键的节点，根据街巷轴线的可理解度制造热点区域，为未来的历史街区创造新的可传承文化。

4.2 针对不同构型空间的植物景观发展策略

可达性较好且其他功能已经发展较为成熟的街区空间内保持现有较为完好、美观的植物景观，进一步完善较大尺度空间内植物景观可塑造的连贯性和整体性，将重要点位与轴线之间形成嵌套关系。对于可理解程度与人流密度均低的区域，可依据道路的结构关系，利用植物景观改变现状。在不适宜步行体验的轴线上增强植物景观连续性的塑造，体验古城街区整体性的历史风貌景观。

对于可理解程度和人流密度完全不一致的区域，应根据实际情况分析。如区域的可理解程度不高，且在居民生活中也没有发挥重要作用的，可以保留现状，只进行基本绿化。

应重视现阶段可理解度不高，现在尚未形成流行热度的区域，重视这些区块具有的未凸显的功能属性。营造植物景观是，给植物提供生长成型的时间，在未来无法预见的城市改造中，街巷轴线连接性到达一定高度时，植物景观已经足够成熟供人驻足欣赏，也是可以给历史街区注入新鲜的景观血液，使历史街区历久弥新，在下一个百年中仍然拥有可以供人探寻、予人欣赏的亮点与意义。

参考文献

[1] 韩聪．北京历史街区文化景观保护与更新对策研究[D]．北京：北京建筑大学，2017.

[2] 魏立志．北京居住型四合院及胡同微改造研究[D]．北京：北京建筑大学，2017.

[3] 邬秀杰，周曦．大数据时代风景园林专业教学实践探索研究[J]．建筑与文化，2016，(06)：118-119.

[4] 黄勇，石亚灵．国内外历史街区保护更新规划与实践评述及启示[J]．规划师，2015，31(04)：98-104.

[5] 苏雪痕．论植物景观规划设计[J]．园林，2014(10)：122-127.

[6] 李磊．城市发展背景下的城市道路景观研究[D]．北京：北京林业大学，2014.

[7] 肖扬，Alain Chiaradia，宋小冬．空间句法在城市规划中应用的局限性及改善和扩展途径[J]．城市规划学刊，2014(05)：32-38.

[8] 袁勋．城市植物景观规划研究[D]．杭州：浙江农林大学，2013.

[9] 刘乃芳．城市叙事空间理论及其方法研究[D]．长沙：中南大学，2012.

[10] 孙鹏．空间句法理论与传统空间分析方法对中国古典园林的对比解读——承德避暑山庄空间环境研究[D]．北京：北京林业大学，2012.

[11] 张莺．武汉昙华林历史街区植物景观保护与更新研究[D]．武汉：华中农业大学，2012.

[12] 乔磊．北京园林植物景观地域性研究[D]．北京：北京林业大学，2011.

[13] 何天培，刘旭晔．北京旧城历史文化街区——胡同景观绿化建设初探[J]．科学之友，2010(18)：123-125.

[14] 詹志平．胡同，京城之魂——《源远流长话胡同》[J]．环境保护，2010(05)：82.

[15] 陈烨．Depthmap软件在园林空间结构分析中的应用[J]．实验技术与管理，2009，26(09)：87-89.

[16] 白艺佳．基于空间句法的荣巷古镇街区空间特征分析[D]．无锡：江南大学，2009.
[17] 戚继忠．城市植物景观功能的研究与分类[J]．世界林业研究，2006(06)：23-26.
[18] 李雄．园林植物景观的空间意象与结构解析研究[D]．北京：北京林业大学，2006.
[19] 王庭蕙．无限维空间——园林、环境、建筑[J]．建筑学报，1995(12)：32-40.

作者简介

赵子祎，1996年生，女，汉族，籍贯河北，本科毕业于北京林业大学园林专业，现为北京林业大学风景园林学研究生。研究方向：风景园林规划与设计。电子邮箱：zzyyl1311@bjfu.edu.cn。

李冠衡，通讯作者，1981年生，男，汉族，籍贯山西，博士，北京林业大学园林学院副教授。研究方向：风景园林规划与设计。电子邮箱：86821771@qq.com。

历史文化名村景观谱系、文化景观类型及特征解析

Analysis on the Types and Characteristics of Landscape Space in Historical and Cultural Villages

王敏艳

摘　要：历史文化名村是乡村文化景观的载体和保护地。本研究以 276 个历史文化名村为研究对象，借助 Excel、GIS 等分析工具对其景观谱系进行了分区和文化亚类的划分；基于此分析了其景观类型和文化特征，景观布局和空间拓展方式。提出以文化景观传承为抓手，探索了乡村振兴的途径和方式，以期为认识传统人居环境特征和实现乡村自然、社会资源向文化资本的转变提供支撑。

关键词：历史文化名村；景观谱系；文化景观；乡村伦理；人地关系

Abstract: Historical and cultural villages are the carriers and protectors of rural cultural landscapes. This study takes 276 historical and cultural villages as the research object, using excel, GIS and other analytical tools to divide the landscape pedigree and cultural sub-categories; based on this analysis of its landscape types and cultural characteristics, landscape layout and spatial expansion the way. The author proposes that cultural landscapes should be used as the starting point to explore the ways and means of rejuvenating the countryside in order to provide support for understanding the characteristics of traditional human settlements and realizing the transformation of rural nature and social resources to cultural capital.

Keyword: Historical and Cultural Village; Landscape Pedigree; Cultural Landscape; Rural Ethics

引言

截至 2018 年 12 月，住建部和国家文物局评出了六批 276 个历史文化名村，其独特的景观及聚落风貌受到广泛的关注。历史文化名村景观相关的研究，多基于村落的景观构成、空间形态、旅游资源分析、景观保护与规划等。在景观元素方面，从物质景观元素与非物质景观元素两方面分类，以及景观基因信息图谱的探索。如胡最、刘沛林等建立景观基因识别指标体系，并进行景观基因的识别与提取[1]。针对文化景观的研究大多通过景观要素分类与特征建立文化景观构架，进而分析蕴含的文化内涵。周春山、张浩龙提出文化景观分析框架并对文化景观进行解读[2]。在空间形态方面，包括山水格局、街巷空间、建筑等形态的定性分析，以及使用轴线、空间句法等实现对村落格局的量化研究。如周圆对凤岗村空间形态进行多角度剖析[3]；王浩锋、叶珉应用空间句法研究西递村空间的结构特征[4]。在旅游资源方面，使用定量方法评估旅游资源以及游客感知等如游客感知价值概念模型[5]、评价层次分析模型[6, 7]、旅游可持续性评估理论[8]等。历史文化名村景观保护与规划层面以单个村落为例，分析面临的问题并系统地归纳历史文化名村景观保护与更新的思路[9]。从宏观角度研究历史文化名村包括类型划分与村落空间特征分析。李琪利用 GIS 空间数据分析江西名镇名村的空间分布特征[10]。李亚娟等对前五批历史文化名村进行分类和空间分布特征的研究[11]。而从文化角度对六批历史文化名村景观总体分类与景观研究较为少见。

十九大提出乡村振兴战略，历史文化名村景观保护与现代化新乡村建设之间的矛盾，要通过文化作为抓手来平衡解决。景观是乡土文化的重要载体。本研究以 276 个历史文化名村作为研究对象，分析其景观谱系、地理分布与景观类型划分，结合典型村落进行空间布局和文化特征分析，以期为历史文化名村景观保护与发展提供支持。

1　景观谱系的研究

1.1　历史文化名村的数量与分布

历史文化名村的评选条件和标准，从历史价值、原状保存程度、规模和管理机制等方面提出了相应的要求。因此，其在文物保护数量、等级、历史文化价值和代表性方面具典型性和保护价值，是传统村落的精华[12]。六批 276 个历史文化名村遍布 28 个省及直辖市（图 1）。

1.2　景观谱系的研究

文化重要性是建立历史文化名村谱系的第一要素[13]。本研究中景观谱系的研究，结合聚落、建筑和非物质遗产三个因素，根据区位、民族和经济发展情况来进行划分，形成三个片区，14 个文化亚类（表 1）。

东部沿海地区：北京、天津、河北、辽宁、上海、江苏、浙江、福建、山东、广东、广西、海南、大连、宁波、厦门、青岛、深圳。

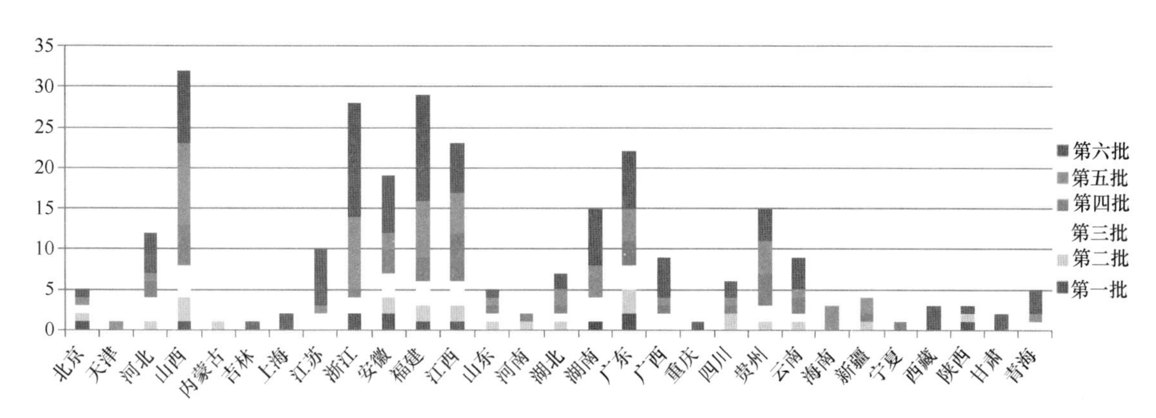

图 1　历史文化名村的分布

景观谱系文化亚类　　　　**表 1**

地域文化	文化特征	代表地区
燕文化	质朴，悲壮，高亢	河北、北京、天津、辽宁等
三晋文化	王气，富贵，晋商文化	山西
齐鲁文化	儒学，民风粗狂，豪爽	山东
巴蜀文化	热烈，高亢	四川、重庆
荆楚文化	勇武进取	湖北
徽文化	儒学，宗祠家族文化，晋商	徽州
吴越文化	细腻，委婉，雅致	江苏、浙江、上海等
赣文化	农耕山水，宗教，内秀	江西
黔滇桂多民族文化	农耕文化，多元，神秘	贵州、云南 、广西
闽台文化	婉约、温和	福建、台湾
闽赣客家文化	客家文化，家族宗教，内向	福建
岭南文化	移民，家族，粤商	广东、海南、广西
青藏文化	农牧文化、民族宗教文化	青海、西藏
西域文化	富饶、广阔、艺术文化交融、	新疆、宁夏、甘肃

中部内陆地区：山西、内蒙古、吉林、黑龙江、安徽、江西、河南、湖北、湖南、重庆。

西部边远地区：四川、贵州、云南、西藏、陕西、甘肃、青海、宁夏、新疆 。

2　景观类型和文化特征

2.1　景观类型的划分

基于景观谱系的研究，结合历史功能和景观特色，将历史文化名村划分为七种景观类型：自然山水（28 个）、建筑遗产（96 个）、政治军事（26 个）、文化教育（17 个）、经济功能（17 个）、民族特色型及复合型（42 个）。

2.1.1　自然山水型

以聚落肌理为图、以自然环境为底的“图底”关系。地形地貌、农田、植被、水体等构成独特的自然环境，对聚落格局起到烘托的作用。如江苏明月湾村，依山傍湖，三面群山环绕（图 2）；在古代作为国家粮库“社仓”所在地的湖北滚龙坝村，古树葱郁，两条河流经村域（图 3）。

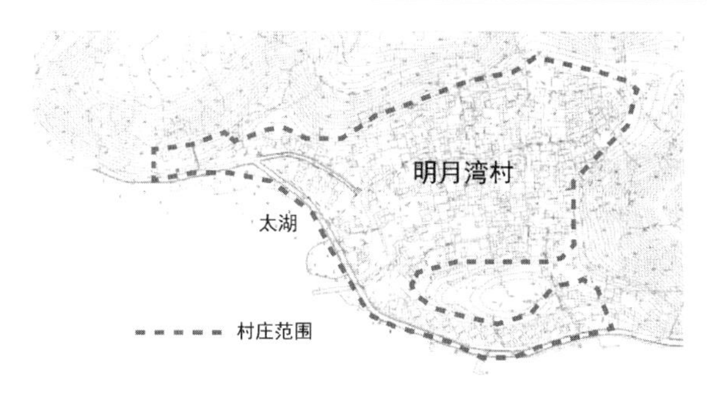

图 2　明月湾平面图[14]

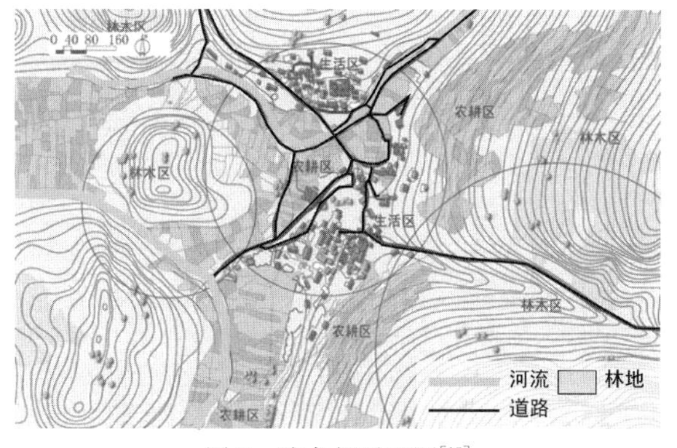

图 3　滚龙坝平面图[15]

2.1.2 建筑遗产型

保留古建筑群、古民居、祠堂、寺庙、戏台、城墙等，古建筑的布局、形式、装饰、结构、材料、工艺等要素独特。如河北蔚县的北方城村保留典型北方四合院建筑群（图 4）；山西师家沟村整体古建筑群保存完好，具有较高的艺术价值（图 5）。

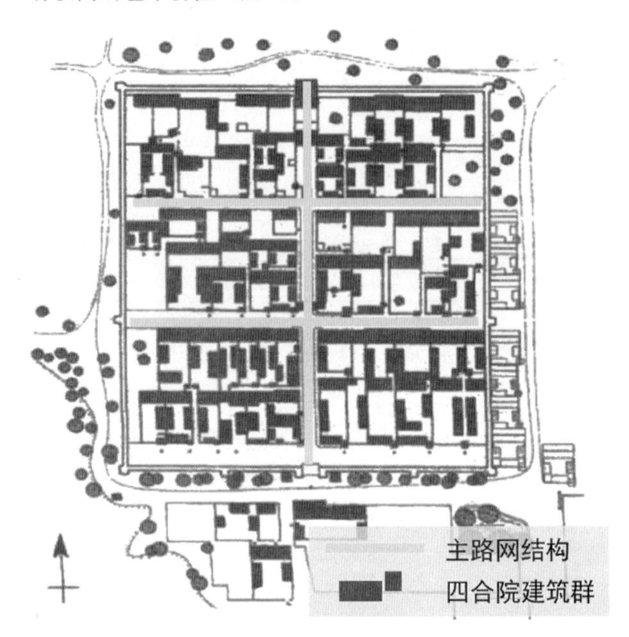

图 4　北方城平面图[16]

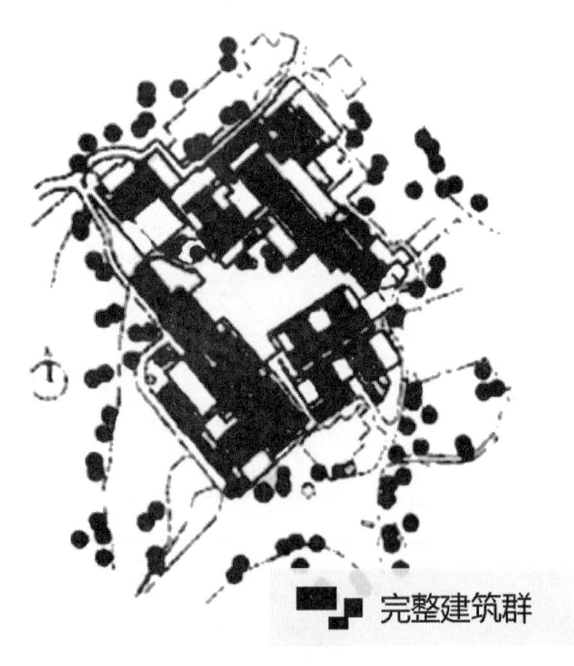

图 5　师家沟建筑群[17]

2.1.3 政治军事型

保存有战争遗址、重要会议场所和军事建筑等。如河北冉庄村以地道战遗址景观而出名，被称为“地道战模范村”（图 6）；与之相似的历史文化名村还有被称为“红色古村”的江西陂下村等。

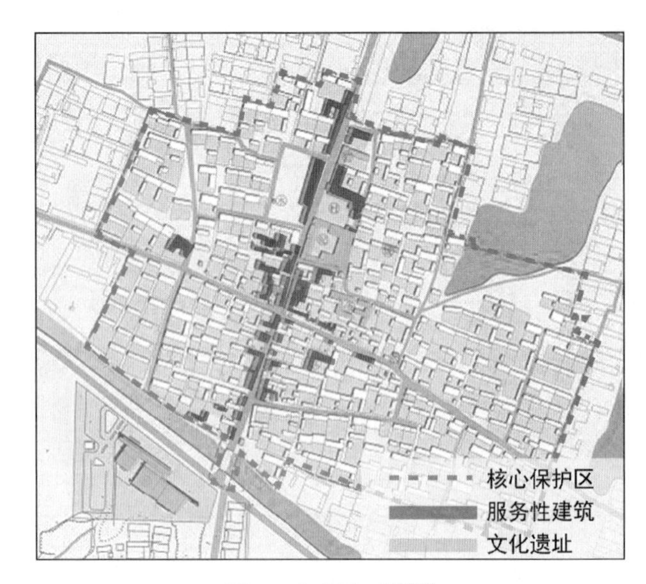

图 6　冉庄平面图[18]

2.1.4 文化教育型

保留着代表良好文化风气的物质与非物质的景观，如名人故居、书院、会馆、戏台、寺庙、祠堂等承担文化教育功能的公共场所。如北京“灵水举人村”（图 7）、广东“天下第一举人村”歇马村等。

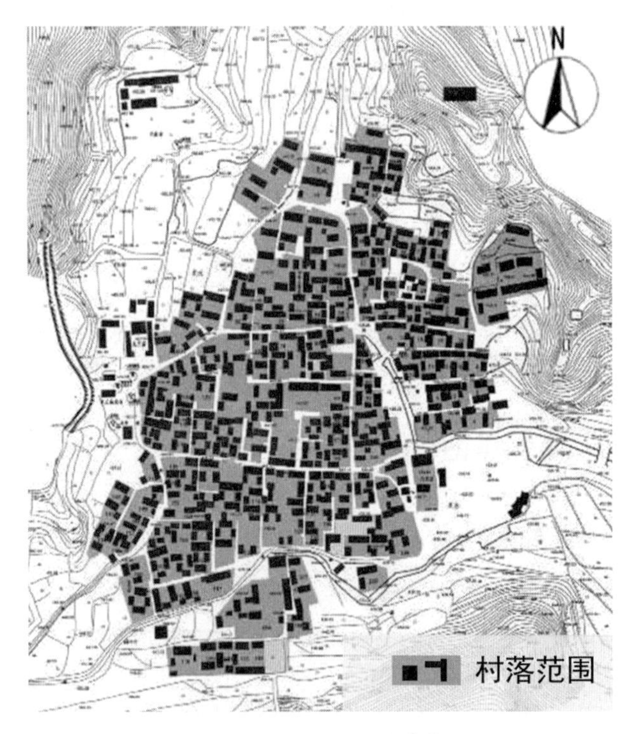

图 7　灵水村平面图[19]

2.1.5 经济功能型

商贸活动或水陆交通中心，对特定历史时期的经济、社会和文化发展起带动作用，留存古驿站、市集遗址、交通要道等景观。如河北鸡鸣驿村是全国现存最大、功能最齐全的古驿站，驿站格局与建筑保存完好（图 8）。江西婺源县延村，明末清初是江南最大的茶叶和木材集散地，也是徽商的发祥地（图9）。

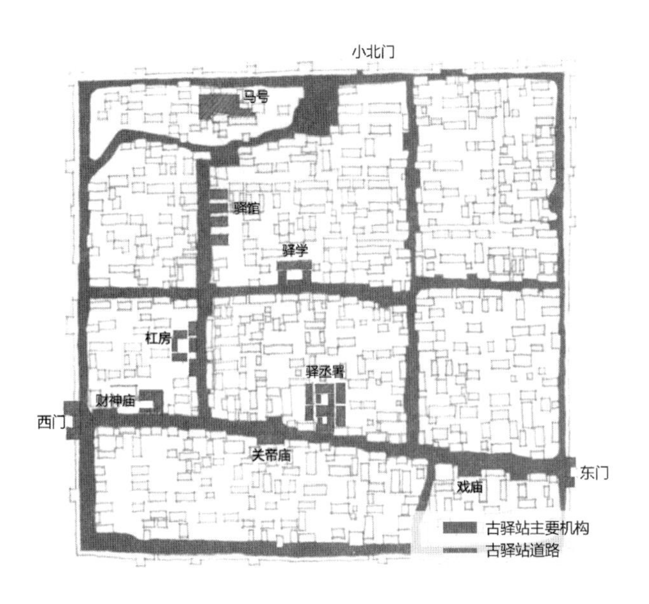

图8　鸡鸣驿平面图[20]

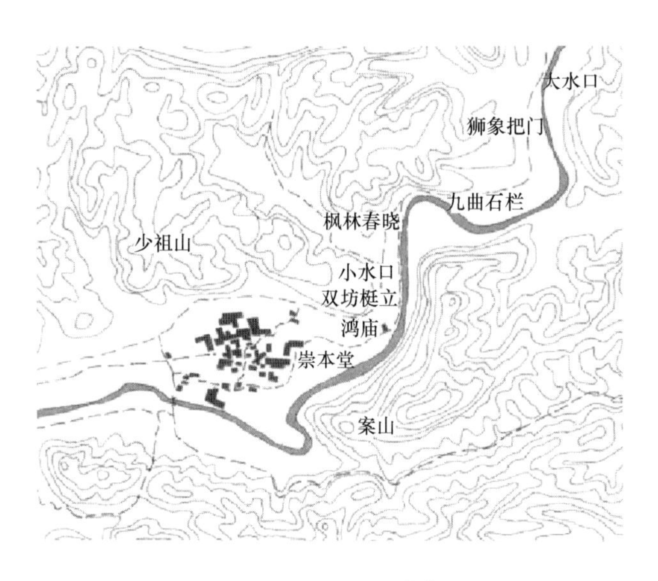

图9　延村平面图[21]

2.1.6　民族特色型

具有当地少数民族特色的建筑、文化、民俗、自然风光、生活方式和宗教信仰等，如青海藏族的郭麻日村（图10）；广西壮族的高山村、瑶族秀水村等。

2.1.7　复合型

复合型村落指具有两种及以上村落类型特征的历史文化名村，基本上可有16种复合类型。较为典型的福建省龙岩市竹贯村属于自然、建筑、文化、政治与经济功能型的复合型村落：自然景观良好、文化底蕴深厚，是古代重要的通道和驿站，也是清代蔡廷锴将军军队驻留之地，保留较多明清时期的古建筑。

图10　郭麻日村平面图[22]

2.2　文化特征分析

历史文化名村经历了千百年的变迁，从大尺度的整体空间形态、中尺度的街巷空间及小尺度的节点空间形态，映射着人与人、人与自然、人与社会微妙的关系变化。

2.2.1　人地关系造就仿生村落形态

村落的布局形态反映着人们的信仰与观念，体现着村民对人地关系的认识。历史文化名村的空间形态多呈仿生形态，村落在形态与功能上的仿生倾向，与村落的文化、伦理和风水有关。

如宏村，村民借用“牛卧马驰、牛富凤贵”风水理念，把宏村建设成了牛形村落，清泉类比“牛肠”，清泉经村落流入月塘，为“牛胃”，经村落流向村外为“牛肚”。同时，村落的边界也呈现牛的形态，为村落空间重要的组成部分（图11）。

图11　宏村

古徽州的重要水运商埠渔梁村，整体呈现两头窄中间宽类似鱼的形状，弓形道路类似“鱼骨”，建筑类似“鱼鳞”，建筑密集的地方为“鱼肚”（图 12）。“鱼形”村落布局对防洪泄洪有积极的作用，让村落空间有了象形、自然色彩。

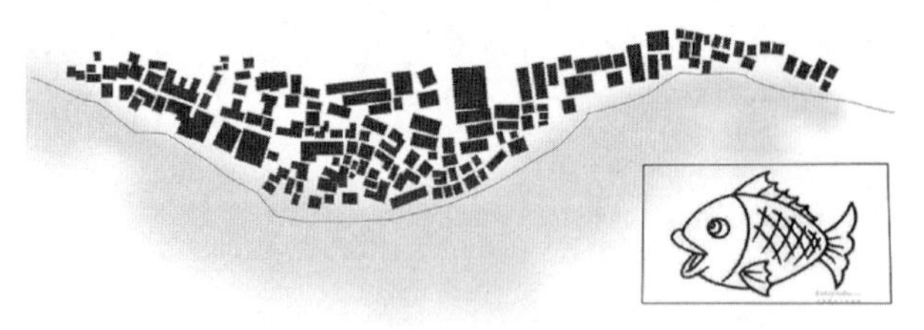

图 12　渔梁村

安徽西递村有一条主道贯穿东西，河水向西流经村子。总体平面形态似船形（图 13），喻为向西流向的小船，符合村落的“西递”之名，表达其淳朴的自然观念。

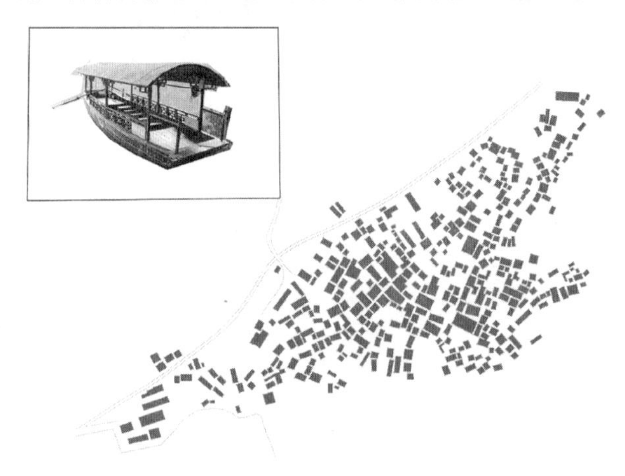

图 13　西递村

山西平遥梁村整个村落的山水格局被意象为展翅的凤凰。聚落形式为堡，现存历史古堡有五座。西宁堡、东和堡，意象为凤凰的左翼和右翼，南乾堡和昌泰堡为凤身之意，天顺堡为凤尾（图 14）。

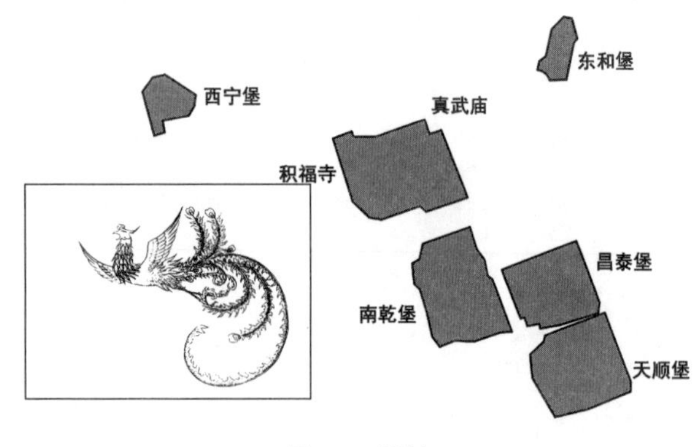

图 14　梁村

2.2.2　以伦理思想建构村落

村落布局是村民道德观念、道德价值的体现。在特定地域和历史时期，展示了民众对人生哲理的实践、对自然环境的关照、对本土文化的眷恋。

村落中的伦理观念可以归纳成社会秩序、人际交往、人地关系、自我意识四个方面。它们影响着村落思想文化的发展，影响了村落空间形态的演变。如桐庐县深澳村位于狮子山和前山夹峙的谷地，山水独到，表达着天人合一的自然思想。村落布局以“同氏、同宗、同族”聚集，屋舍以“厅”、“堂”为核心，组成院落的团块状形态。整体构建上体现了宗族血脉关系与传统的人本意识。

宗祠是古村落中最有代表性的建筑，有重要的地域和文化象征意义。受中国传统宗族观念影响，以祠堂为中心、以家族为单位，向外扩散，串联起整个村落的景观。

2.2.3　人文特征展现的重要节点：公共空间

历史文化名村大多依托寺庙、祠堂、村口、街巷空间，特殊的地理位置和文化特征，构成村落空间形态的主要脉络和重要节点，对村落的形成与发展具有重要的作用。

如安徽宏村（图 15）公共空间由村口、村落中心活动区、湖边空间及广场构成。江西思溪延村（图 16）的公共空间主要为由明训书院、笃经堂、训经堂等构成。江西婺源汪口村（图 17）的公共空间由俞氏宗祠和俞氏支祠构成。

图 15　宏村交往活动空间示意图

图 16　延村交往活动空间示意图

图 17　汪口村交往活动空间示意图

可见由宗祠、书院、祠堂构成的村落交往活动空间，是村落经济、政治、文化的中心。对村落事务正常运行起着非常关键的作用，对于其社会秩序、道德观念、文化风俗的形成与稳定影响显著，是村落的“魂”。

3　景观布局与空间拓展

基于文化特征分析，结合卫星影像图进行比对，将村落布局归纳为五种模式，展现了景观空间和形态要素的变动与更替、有序与无序生长。

3.1　规整式

平面布置规则，多呈方形；街巷平直，多以直角相交；设有围墙、碉堡。如北方城村的平面呈方形，保持了明代的“丰”字布局；鸡鸣驿城呈现“三横两纵”的布局。雄崖所村分为南古城与北古城，南古城为四方形城池，北所城为正方形。鹏城村古城呈方形布局，窄街小巷纵横，房屋错落有致（图 18～图 22）。

规则式布局的村落空间拓展模式大多为延续性拓展（图 22），拓展方向受地形、道路等的限制。北方城与鸡鸣驿村为延续性连片拓展，依托古城区拓展新城区，村落有机生长的同时可以维持并保护古城的风貌。

图 18　北方城古城平面布局

图 19　鸡鸣驿古城平面布局

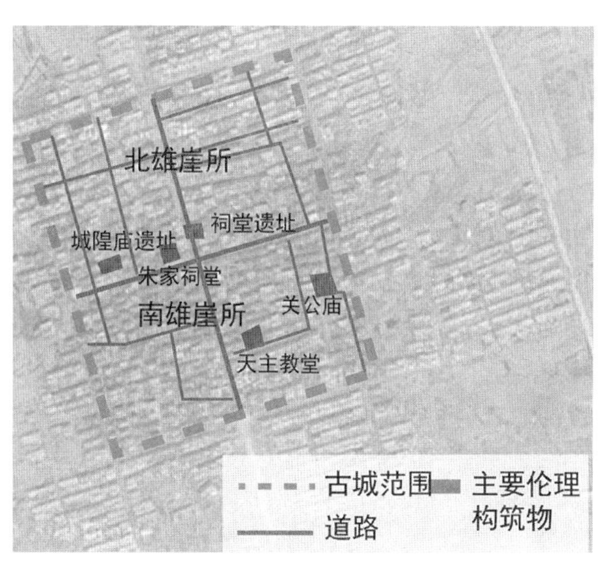

图 20　雄崖所古城平面布局

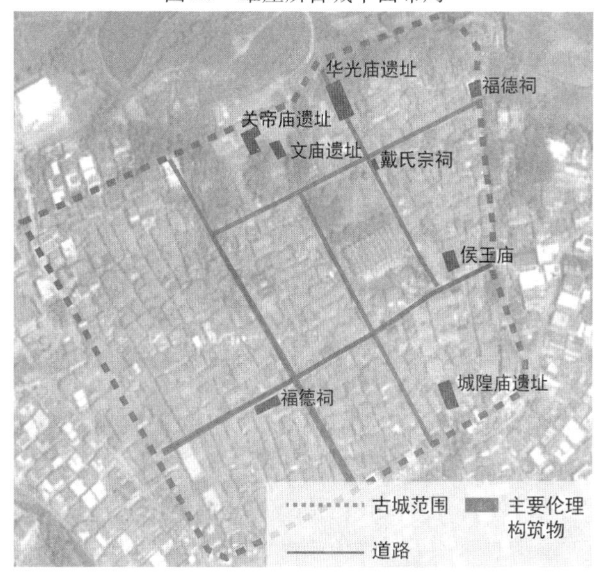

图 21　鹏程村古城平面布局

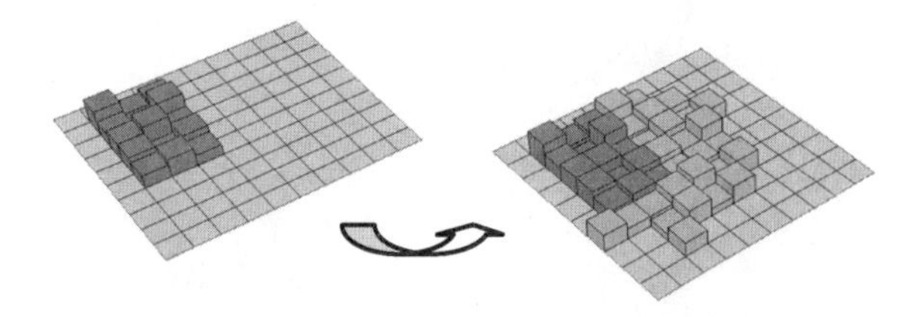

图 22　规则式布局村落空间拓展模式图

3.2　集中式

平面布局以一点为结构中心，有强烈的等级秩序感。有闭合向心空间秩序与离心放射空间秩序两种形态。如宏村以月塘及周边建筑为结构中心，并以某种秩序向周边发散，村落紧凑集中（图 23）。南屏村的祠堂建筑位于村落的中间位置，向四周发散，形成村落无形的凝聚力（图 24）。

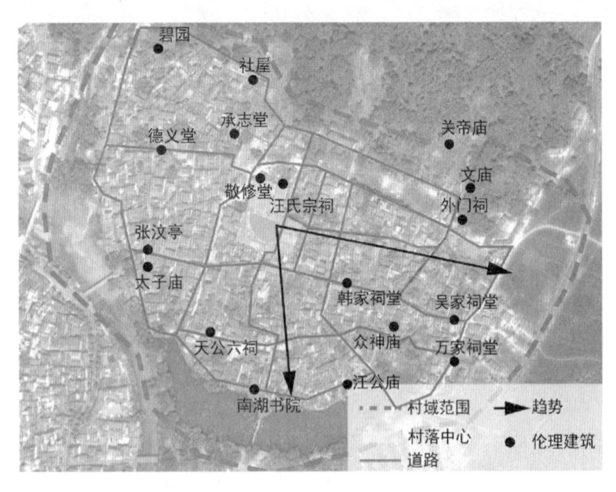

图 23　宏村平面布局

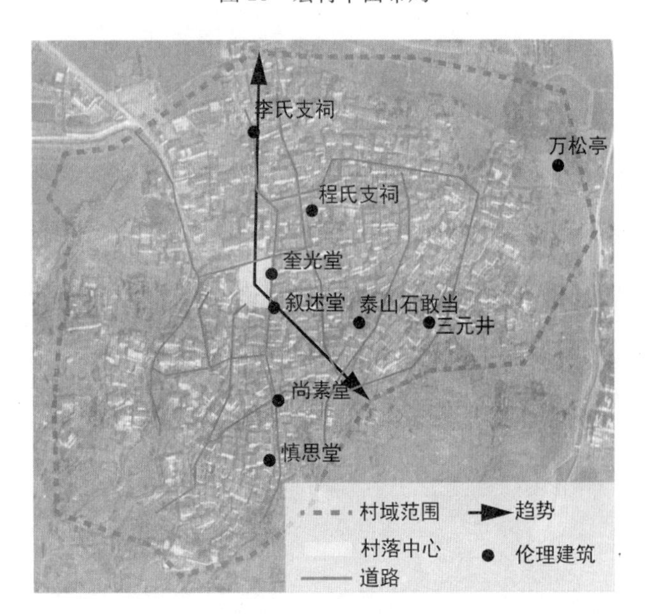

图 24　南屏村平面布局

集中式布局的村落空间拓展由村落中心向周围地区蔓延，多表现为空间上的延续性集中型同心圆拓展（图 25）。空间拓展由边缘向外围不断地渐进拓展，其空间过

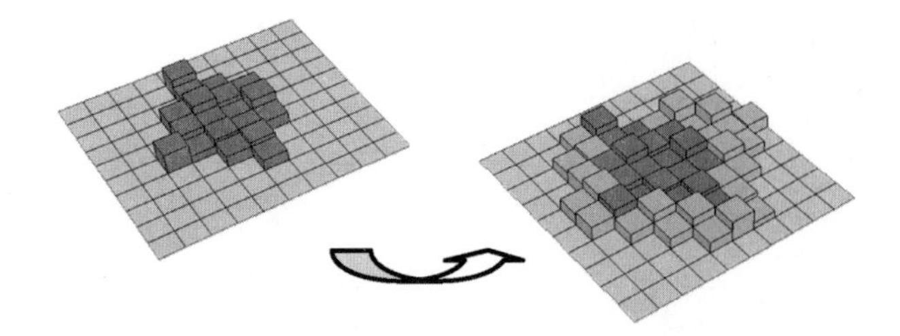

图 25　集中式布局村落空间拓展模式图

程也有一定的规律性。同样空间拓展边界受地形、水体的等限制。

3.3　组团式

由多个建筑群组成，随山水地形、道路和植被的变化组合多样的空间形态。如福建田螺坑村是由多个围屋建筑群聚集形成的组团式布局的村落（图 26）。

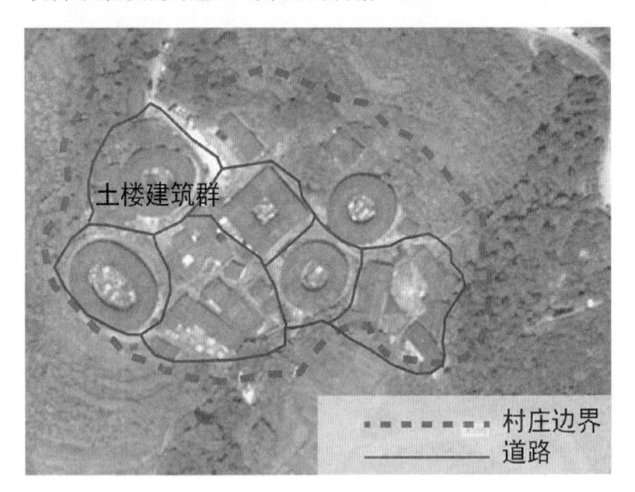

图 26　田螺坑村平面布局

组团式布局村落受山体地形的影响，多呈现出组团式跳跃型拓展（图 27）。组团间有一定的距离，例如，田螺坑村土楼建筑群组成组团式村落，因山体限制，后期建成旅游服务中心形成距离主村落较远的组团。

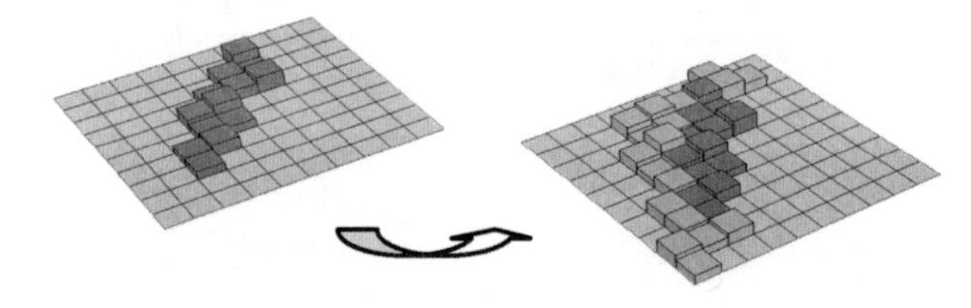

图 27　组团式布局村落空间拓展模式图

3.4　条带式

线性布局是由于地理环境限制，或更好地利用地理资源的布局方式。比较常见的是沿水流水系的布局，一方面是沿水流布局为日常生活带来便利，另一方面河滩往往伴随着肥沃的土地资源以及便捷的水路运输。如渔梁村（图 28）。

条带式布局的村落空间拓展多沿主干道发展，呈现沿主要轴线带状延续性拓展（图 29），受河流形状约束。

图 28　渔梁村平面布局

在垂直主干道的方向，村落沿道路方向发展。

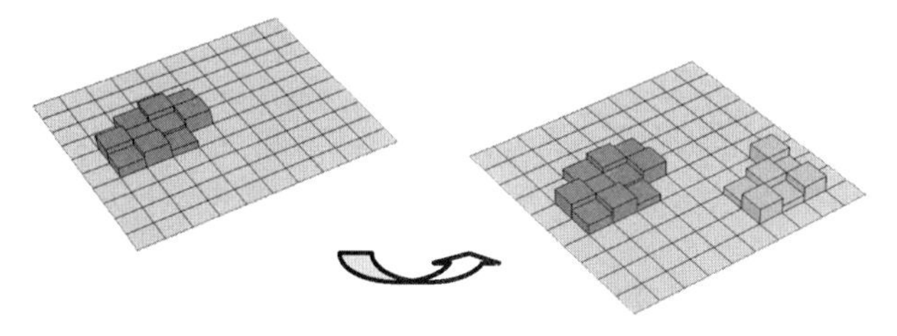

图 29　条带式布局村落空间拓展模式图

3.5　散点式

聚落呈现不规则集合，无明显的规律可循，散点布置，随机变化，建筑的聚集与散落没有固定中心。如李家山村建筑随山体呈现自然散落的布局（图 30）。

图 30　李家山村平面布局

散点式布局村落受山体等地形的影响较大，村落无法连续性扩展，空间拓展随山体形态发展呈现跳跃型拓展（图 31）。

4　结论与讨论

4.1　景观谱系的建立，有利于历史文化名村的分类管理和保护

我国地域广，政治、经济、文化发展不均衡，为历史

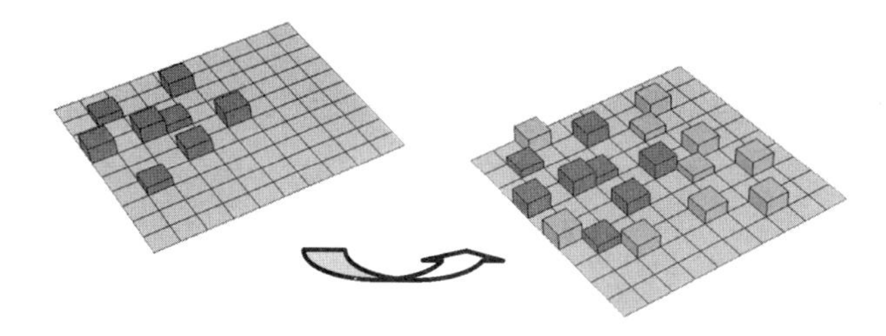

图 31　散点式布局村落空间拓展模式图

文化名村的保护带来了诸多困难，按照大类提出村落保护的指导性建议成为重要的工作。建立历史文化名村景观谱系，便于搞清村落和村落、村落和地区之间的关系，形成国家、地区、省多级统筹的系统性保护体系。通过深度挖掘其文化内涵，实现差异化保护和文化的振兴。

历史文化名村景观谱系的研究还处于探索阶段，如景观谱系亚类没有覆盖所有历史文化名村且存在一些难以明确归类的村落。加强文化亚类村落的基因识别，从自然、社会、人文环境因素三方面对景观基因进行解析，提取出景观的主体基因、附着基因、混合基因以及变异基因[23]，是景观谱系完善的突破口。以景观基因信息为基础，传承路线和文化故事表达为主要内容的规划模式。

4.2　以文化景观传承撬动历史文化名村的振兴

历史文化名村文化景观充分表达了景观形态、美感和意境以及所关联的地域特色、文化活动和生活场景。乡村振兴要以文化保护与传承为使命，历史文化与文化景观关系、内在地理环境关联，把乡村文化景观从无序变成有序。实现历史文化名村文化传承的稳定性、基因表达的多样性、文化生态的保护性。恢复景观文化记忆，传播乡土文化美感；复兴乡土文化自信，实现乡村自然、社会资源向文化资本的转变[24]。

4.3　景观生态智慧为历史文化名村保护和发展提供可能

历史文化名村在长期的发展中形成了独特的景观文化与人本主义居住哲理。庄子认为“天地与我共生，而万物与我为一”。建设中积极发挥人的主观能动性，建立直观的景观空间经营的准则和方法；建筑形式也具有地域特色，使居住者体验到强烈的归属感。将人的感知心理与环境场所的形态特征联系起来，从而寻找最佳的人居环境空间，达于“天人合一”的至善境界。

在新一轮乡村振兴中，要选择健康、文明、生态的生活方式，构建安定有序、公平正义、充满活力、诚信友爱的文化景观，自觉地对自身干预自然的负效应加以控制。让人们从能够生存，到不断提高生活质量舒适生存，再到促进自身的不断发展。

综上所述，历史文化名村保有历史遗存的本质，丰富的信息真实反映在相互依存的自然和人文景观的空间尺度、建筑形制上，为景观空间布局和历史风貌整体保护和利用提供了基础。我们必须尊重村落景观的原真性，完整的将其景观形态和意象保护下来。景观要素多样且复杂，

但内在联系和标志性清晰，可以按村落景观类型区别对待。

历史文化名村具有的不可再生性，要求我们不断传承和创新。促进其核心价值的认同，通过物质空间完成生活体验，从更深层次的文化传承完成活化，以实现对历史文化名村的动态保护和更新。

参考文献

[1] 胡最，刘沛林，曹帅强．湖南省传统聚落景观基因的空间特征[J]. 地理学报，2013，68(02)：219-231.

[2] 周春山，张浩龙．传统村落文化景观分析初探——以肇庆为例[J]. 南方建筑，2015(04)：67-71.

[3] 周圜．汕头市凤岗村景观空间形态研究[D]. 广州：华南农业大学，2016.

[4] 王浩锋，叶珉．西递村落形态空间结构解析[J]. 华中建筑，2008(04)：65-69.

[5] 李文兵，张宏梅．古村落游客感知价值概念模型与实证研究——以张谷英村为例[J]. 旅游科学，2010，24(02)：55-63.

[6] 刘沛林，于海波．旅游开发中的古村落乡村性传承评价——以北京市门头沟区爨底下村为例[J]. 地理科学，2012，32(11)：1304-1310.

[7] 袁宁，黄纳，张龙，等．基于层次分析法的古村落旅游资源评价——以世界遗产地西递、宏村为例[J]. 资源开发与市场，2012，28(02)：179-181.

[8] 卢松，陈思屹，潘蕙．古村落旅游可持续性评估的初步研究——以世界文化遗产地宏村为例．旅游学刊[J]，2010，25(01)：17-25.

[9] 陈宗蕾．历史文化名村景观保护与更新技术路线研究[D]. 北京：北京林业大学，2015.

[10] 李琪．基于GIS的江西省历史文化名镇名村空间分布特征及影响因素[D]. 东华理工大学，2017.

[11] 李亚娟，陈田，王婧，等．中国历史文化名村的时空分布特征及成因[J]. 地理研究，2013，32(08)：1477-1485.

[12] 刘沛林．中国历史文化村落的空间构成及其地域文化特点[J]. 衡阳师专学报(社会科学)，1996，(02)：83-87.

[13] 罗德胤．中国传统村落谱系建立刍议[J]. 世界建筑，2014(06)：104-107+118.

[14] 雍振华．江苏民居[M]. 北京：中国建筑工业出版社，2009.

[15] 吴苗，张斌，贺宝平．鄂西南土家族村落景观可持续发展初探[J]. 华中建筑，2011，(10)：128-130.

[16] 罗德胤．蔚县古堡[M]. 北京：清华大学出版社，2008.

[17] 薛林平，刘捷．黄土高原上传统山地窑居村落的杰出之作——山西汾西县师家沟古村落[J]. 华中建筑，2007(07)：96-98.

[18] 靳冬梅．传统院落保护与再生研究[D]. 保定：河北农业大学，2013.

[19] 尚芳．产业转型背景下灵水村村落空间形态与功能转变研究[D]. 北京：北京建筑工程学院，2012.

[20] 辛塞波．特定文化结构下传统聚落特征考略——以河北怀来鸡鸣驿为例[J]. 建筑学报，2009(S2)：58-62.

[21] 陈志华，李秋香，婺源．北京：清华大学出版社．2010.

[22] 柯熙泰．安多藏区传统聚落与民居建筑研究——以青海同仁郭麻日村为例．西安：西安建筑科技大学，2015.

[23] 聂聆．徽州古村落景观基因识别及图谱构建．合肥：安徽农业大学，2015.

[24] 曹帅强，邓运员．基于景观基因图谱的古城镇“画卷式”旅游规划模式[J]. 热带地理，2018.

作者简介

王敏艳，1992年生，女，汉族，江西赣州人，中国农业大学园艺学院硕士，深圳市艾肯弘扬咨询管理有限公司。研究方向：旅游策划、乡村景观与文化遗产保护与旅游策划。电子邮箱：634354949@qq. com。

李贝贝，1993年生，女，汉族，河北石家庄人，中国农业大学园艺学院硕士，北京中农富通园艺有限公司。研究方向：景观设计，乡村景观与文化遗产保护，电子邮箱：864869089@qq. com。

徐峰，1969年生，女，汉族，北京人，副教授，硕士，中国农业大学园艺学院，副教授。研究方向：乡村景观与文化遗产保护。电子邮箱：ccxfcn@sina. com。

利用建筑垃圾营造生态型绿地的生态技术研究[①]

Ecological Technologies for Constructing an Ecological Green Land based on Building Residues Piles

张庆费

摘　要：通过上海的一个实例，探讨了利用建筑垃圾堆积进行生态绿地建设和生态管理的技术，包括绿地生境复育、植被重建和生态养护技术等。利用建筑垃圾进行地形营造，并覆盖种植土2～3m厚，创造适宜植物生长生境；以乡土植物和地带性植物为主，引进部分适生植物，并改变过分密植的绿化种植方式，进行植被重建；针对绿化栽植的生态局限性，探讨生态养护技术应用，如通过更新苗诱导发育、杂草管理、野花群落调控等近自然途径，增加植物多样性，促进绿地生态化。经过5a的生态养护，在人工栽植26科37属42种植物的基础上，维管束植物已调查到74科159属188种，比临近相似面积绿地的植物增加57种，其中草本植物增加46种，植物物种多样性明显提高。土壤理化性状也有一定改善，土壤容重降低，孔隙度和有机质增加，初步营造了生态内涵较丰富的城市绿地，为探讨固体废弃物处置与城市绿化有机结合提供参考。

关键词：建筑垃圾；生境复育；植被重建；生态养护；植物多样性；生态绿地

Abstract: A case in Shanghai of using the piles of building residues to build an ecological park was introduced. An integrative ecological technology based on habitat creation, vegetation reestablishment and ecological maintenance was discussed. First the building residues were used in shaping the landforms, which was covered with cultivated soil 2-3m thick to create suitable habitat for plants. Then the native and zonal plants were used in the vegetation restoration, and so as a few suited exotic plants, which were applied to promote vegetation succession with rational density. In order to amend the ecological limitation of the plants cultivation, some approaches based on ecological maintenance were taken to increase the plant diversity and optimize plants community structure, such as seedlings inducement, weeds management, wild flowers conservation. After 5 years' ecological management, there are 188 species and varieties of 37 genera of vascular plants belonging to 74 families in the park, which increase a lot comparing with the original cultivated greening plants of 42 species and varieties of 37 genera belonging to 26 families. And also there are more 57 species and varieties than that of the nearby greenbelt with similar area, particularly the more 46 species herbaceous plants. The soil physical and chemical properties are also ameliorated, and the soil density decreased and porosity and organic matter increased. So an urban park with primary ecological structure was developed. The paper could provide some reference in how to integrate solid waste treatment through urban greening.

Keyword: Building Residues; Habitat Creation; Vegetation Restoration; Ecological Maintenance; Plant Diversity; Eecological Park

引言

建筑垃圾是城市发展的衍生物，不仅占用宝贵的土地资源，更容易产生严重的环境污染，成为城市环境治理的紧迫问题。资源化是建筑垃圾处置的现实选择，利用建筑垃圾堆山造景，不仅是集中消纳建筑垃圾的有效途径，也能通过地形营造，改善植物生长空间，丰富绿地景观，成为污染环境生态恢复和修复的重大研究方向[1]。

同时，城市化和人工干预导致城市绿地群落结构趋于简单化，城市生物类群也呈现同质化现象[2]，城市绿地健全城市生态的功能还比较薄弱，绿地自身的稳定性弱[3]。在城市受损地和垃圾填埋场营造生态绿地，能够较好实现污染修复与景观提升的协调发展[4,5]。本文通过上海环城绿带建筑垃圾营造生态绿地的实例，研究建筑垃圾处置与植被重建相结合的生态恢复与管护技术，为构建人与自然和谐的城市生态空间提供参考。

1　研究地点概况

研究区位于上海市环城绿带申纪港，原址为船厂和建材堆栈，面积2.86hm^2，原堆场主要生长种类单一的伴人植物和入侵性植物，如春一年蓬（*Erigeron philadelphicus*）、加拿大一枝黄花（*Solidago canadensis*）、葎草（*Humulus scandens*）等，生态和景观价值低。在绿地建设之初，在该地块堆填建筑垃圾76000m^3，堆成两座山，所用建筑垃圾颗粒较小，结构较好，基本不含有害化学物质及生活垃圾等成分。通过检测，也没有发现明显的填埋气和渗滤液，但建筑垃圾缺乏完整的土壤结构，孔隙大，易产生漏水和漏肥现象，也可能存在少量有害物质，且pH大于12，电导率EC值高于3.0 ms/cm，生境条件恶劣，对植物生长胁迫明显，因此，垃圾堆场生态绿化的重点是营造绿化植物适宜生长的生境条件。

① 基金项目：国家科技支撑项目（2006BAD03A1702）。

2 生态绿化方法

利用生境复育、植被重建和生态养护综合技术，开展建筑垃圾堆场植被重建。

2.1 生境复育技术

通过生境空间营造和土壤改造，为绿化植物生长发育营造适宜的立地条件。

2.1.1 营造多样化生境空间

为了创造优美的空间景观和满足植物多样生境的要求，将建筑垃圾堆积与地形设计营造相结合，压实渣土，形成高度为8m的2个微小山体。

利用垃圾山具有不同高程和微地形的有利条件，将其作为整体景观构建的骨架，适应原地形，保留2个主山头，重点调整高度、坡度和地表形态，筑山理水，合理安排分水和汇水线，使坡度趋于平缓，既满足自然排水需要，又创造植物生长的适宜多样生境。在平坦处，挖掘排水沟，降低渍水现象。通过地形调控，形成坡度、坡向和土层厚度不等以及斜坡、平坡和凹凸地表丰富的多样地貌，并保护利用申纪港延伸的河段，构成水陆交融、生境多样的空间景观。

2.1.2 改良覆土层土壤性状

为了满足植物生长，需要改善基质和不良的物理结构，减少毒性和增加养分[6]。从降低固体废弃物对植物生长机械阻碍和可能毒害的角度出发，结合地形改造，将体量较大或明显影响植物生长的废弃物进行深埋，在建筑垃圾表面覆盖厚度为50cm的粘土，压实，对废弃物进行固定，防止和减少雨水渗入渣土废弃物堆内；并在表面覆盖种植土，种植土取自道路地基施工的原园地，覆盖厚度视栽种植物种类而定，一般在2～3m。覆盖层土壤理化性质是影响植物在垃圾填埋场定居生长的主要因素之一[7]，保证覆土质量，增施人工基质，有利植物定居和生长。

2.2 植被重建技术

在生境复育的基础上，开展植被生态重建，选择保留原有植被，引进适生地带性植物，进行植被重建[8]。

2.2.1 选择保留原有自然植被

在申纪港河道岸边，改变常见的硬质驳岸做法，采用自然驳岸，保留原有河道的湿地植被，并去除恶性水生植物，形成了浮萍（*Lemna minor*）和槐叶苹（*Salvinia natans*）等浮水植物，水芹（*Oenanthe japanica*）、水蓼（*Polygonum hydropiper*）、柳叶菜（*Epilobium hirsutum*）、刺果毛茛（*Ranunculus muricatus*）、芦苇（*Phragmites australis*）、盒子草（*Actinostemma tenerum* var. *tenerum*）等湿地植物，垂柳（*Salix babylonica*）、杞柳（*Salix suchowensis*）等陆地植物组成的水陆植被生态序列，顺应自然生态过程，形成自然野趣的植被和野花景观。

2.2.2 应用地带性适生绿化植物

植物选择合理性是植被重建成功与否的关键，在对植物适生性调查分析基础上，选择抗性强、生长良好的地带性物种，如臭椿（*Ailanthus altissima*）、女贞（*Ligustrum lucidum*）、苦楝（*Melia azedarach*）鸡爪槭（*Acer palmatum*）等乔木；杞柳、海桐（*Pittosporum tobira*）、小叶女贞（*Ligustrum quihoui*）等灌木；扶芳藤（*Euonymus fortunei*）、常春藤（*Hedera nepalensis*）藤本植物以及麦冬（*Ophiopogon japonicus*）、鸢尾（*Iris tectorum*）等草本植物。同时，适当引进部分适应性强、生态安全和景观优美的外来植物和栽培品种，如紫叶李（*Prunus cerasifera* cv. Atropurpurea）、紫叶小檗（*Berberis thunbergii* cv. Atropurpurea）、红花酢浆草（*Oxalis rubra*）、八角金盘（*Fatsia japonica*）、白花三叶草（*Trifolium repens*）等。严格控制苗木质量，确保无病虫害，根系完整，生长势良好。

2.2.3 构建自维持植物群落

在群落配置上，优先选择能自然更新的物种，如臭椿、女贞、全缘叶栾树（*Koelreuteria bipinnata* var. *integrifoliola*）等，并根据不同植物的习性，遵循植物生长和群落发育规律，合理构建复层群落结构，如臭椿＋扶芳藤、紫叶李＋红花酢浆草、鸡爪槭＋常春藤等。

2.3 生态养护技术

应用生态养护管理技术，选择性地保护自然恢复植被，促进更新层发育，积极诱导和调控绿地植被种类组成和群落结构。

2.3.1 保护非目标引进的地带性植物

随着土方和树木移植，引进一些非目标种植植物，重点保护生长良好的地带性植物。如中亚热带常绿阔叶林优势种红果钓樟（*Lindera erythrocarpa*）零星分布在香樟林下，通过重点保护，5年后的幼苗树高达2m，该树种以往在上海公园绿地未见栽培报道。

2.3.2 调控野草组成结构，恢复地带性野花群落

根据野生草本植物种类、习性、密度以及与栽培种的种间关系，进行选择性杂草控制，重点保护部分野花植物，如诸葛菜（*Orychophragmus violaceus*）、半夏（*Pinellia ternata*）、蛇莓（*Duchesnea indica*）、盒子草、马兰（*Kalimeris indica*）、野菊（*Dendranthema indicum*）等。而对一些恶性杂草，如加拿大一枝黄花、一年蓬、空心莲子草（*Alternanthera philoxeroides*）、葎草等，在养护中重点去除，在确保目标植物的适宜生长环境基础上，保护物种的多样性，逐步形成了不同于公园草坪的野花草地，吸引蜂蝶等野生动物的栖息。

2.3.3 保护树木更新苗，诱导形成异龄林

让植物自然发育繁衍，保护自然更新树苗，特别是臭

椿、全缘叶栾树、女贞、香樟、苦楝和八角金盘等，为更新苗的生长发育创造条件，形成了城市公园绿地鲜见的异龄、多层群落。

3 建成绿地的植物和土壤动态变化

在建设初期和5年后，分别对该绿地进行植物和土壤调查，分析植被重建效果。植物种类调查采取实地全面踏查，并对所有植物进行编目，对所调查到植物种类进行区系和多样性分析，并统计自然更新苗。土壤调查则以梅花型设置5个土壤采样点，分别在0～60cm土层混合取样，土壤有机质采用重铬酸钾法测定，土壤pH采用Thermo Orion 410A型pH仪测定，电导率EC值采用DDS-11C电导率仪测定。同时，采用环刀一次取样连续测定法（LY/T 1215—1999）测定土壤的容重、毛管孔隙度、非毛管孔隙度、总孔隙度等物理性质。

3.1 植物种类组成

经过5a的生态养护，在人工栽植26科37属42种绿化植物基础上，该绿地维管束植物调查到74科159属177种4变种2变型5栽培变种，如表1，植物物种多样性明显提高。

该绿地以草本植物占主体，共112种，包括草质藤本则达119种，占种数的63.3%；而木本植物和木质藤本69种，占种数的36.7%；藤本植物达19种，具有较高丰富度。该绿地以上海自然分布植物为主，达123种（占总数65.4%）、其次是外来种及栽培种40种（占21.3%），而地带性植物25种（占13.3%），这与该绿地保护和促进乡土草本植物的繁衍发育相关。当然，目前该绿地仍以先锋性乡土草本植物为主，木本植物多样性偏低，群落结构比较单一，需要进一步诱导形成异种、异龄、多径级的健康生态群落。

生态绿地与临近绿地的植物多样性特征比较　　表1

	生态绿地			临近绿地		
	科	属	种	科	属	种
上海自然分布植物	52	102	123	36	55	73
地带性植物（不含上海）	18	24	25	18	20	20
外来及栽培植物	31	36	40	28	35	38
合计	74	159	188	60	116	131
乔木	24	32	30	21	28	28
灌木	17	23	27	19	22	24
草本	45	95	112	31	61	68
木质藤本	10	11	12	4	5	6
草质藤本	4	5	7	4	5	5

不少物种的更新苗发育良好，如臭椿、全缘叶栾树、女贞、香樟、苦楝和八角金盘等。其中臭椿更新苗生长最好，在臭椿林下，2年生臭椿苗覆盖度约30%，高度50～60cm，冠幅一般为40cm×40cm，最大的达80cm×80cm。5年后，臭椿幼树覆盖度达70%，高度2～3cm，初步形成异龄林。女贞更新苗覆盖度大，一般在40%左右，但难成大苗，2年生苗高一般在10～20cm，但过于密集，通过人工干预疏苗，5年生苗达到约1m。另外，一些长势良好的非目标性地带植物，如中亚热带常绿阔叶林优势种红果钓樟（*Lindera erythrocarpa*）在香樟林下零星分布，3年生高度达80～100cm，而上海绿地尚未见该植物的种植。

3.2 与临近绿地植物多样性比较

对同期营造的环城绿带相似面积绿地的植物多样性进行调查，并与生态绿地比较。从表1可见，两者的乔木和灌木种数差异小，生态绿地与相近绿地的乔木和灌木分别为30种、28种以及27种和24种，仅分别相差2种和3种，这与应用的植物和栽植方式相似，多采用相似的木本植物，缺乏外来木本植物的侵入有关。但由于生态绿地采取保护自然更新植物的养护方式，选择性保护草本植物，改变单一的除草和翻地等养护方式，为草本植物的繁衍创造良好生境，生态绿地的草本植物和草质藤本119种，明显高于临近普通绿地的73种，增加63.0%；藤本植物（19种）也明显高于临近一般绿地（11种），藤本植物的增加，也从一个侧面反映该生态绿地的小生境趋于改善。

3.3 植物区系特征

根据吴征镒的中国种子植物分布区类型分类方法[9]，对绿地植物进行分类统计，见表2。结果显示，该绿地包含除中亚分布以外我国种子植物的所有分布区类型，表明植物区系地理成分具有一定的复杂性。

该生态绿地植物以北温带分布（占22.64%）、世界分布（占20.75%）、泛热带分布（占18.24%）为主，合计达61.63%；而其他类型均小于7%。同时，属于热带性质的属共53属，占总属数的33.3%，温带性质的属共72属，占45.3%，温带成分明显高于热带成分的属数。可见，该绿地以主产北半球温带的科属居多，具有热带向温带过渡，温带性质植物占优势的区域特征。而世界分布类型较多，绝大多数为草本植物，对生境适应性极强，表明该生态绿地植物具有先锋性植物的特征，处于演替初级阶段，需要进一步进行生态管理，促进群落的进展演替，提高绿地的生态价值。

生态绿地维管束植物的地理区系成分　　表2

分布区类型	属数	百分比（%）
1. 世界分布	33	20.75
2. 泛热带分布	29	18.24
3. 热带亚洲和热带美洲间断分布	7	4.40
4. 旧世界热带分布	3	1.89
5. 热带亚洲至热带大洋洲分布	5	3.14
6. 热带亚洲至热带非洲分布	2	1.26
7. 热带亚洲分布	7	4.40
8. 北温带分布	36	22.64
9. 东亚和北美洲间断分布	9	5.66

续表

分布区类型	属数	百分比（%）
10. 旧世界温带分布	13	8.18
11. 温带亚洲分布	3	1.89
12. 地中海区、西亚至中亚分布	1	0.63
13. 中亚分布	0	0
14. 东亚分布	10	6.29
15. 中国特有分布	1	0.63
合计	159	100

3.4 土壤性状变化

该绿地建成5年后，对绿地0～60cm的土壤进行调查。从表3可见，土壤的理化性状发生变化，土壤变得疏松，孔隙增加，可溶性盐分含量增加，肥力提高，但酸碱度没有明显变化。如土壤容重从1.52 g/cm³降为1.41 g/cm³，非毛管孔隙度从2.99%增加到5.53%，总孔隙度也从43.80%提高到47.43%，土壤的物理性状得到改良；有机质含量从0.97 g/kg增加到1.05g/kg，土壤的EC值从0.40 ms/cm增加到0.61ms/cm，而pH则从8.36略减为8.35（见表3）。

种植土壤理化性质的5年变化 **表3**

	容重（g/cm³）	非毛管孔隙度（%）	毛管孔隙度（%）	总孔隙度（%）	pH	EC（ms/cm）	有机质（g・kg⁻¹）
原种植土	1.52 ± 0.03	3.19±0.40	40.81±0.49	44.00±0.51	8.36 ± 0.07	0.40± 0.03	9.74 ±0.46
5年后土	1.41±0.08	5.53±1.55	41.91±2.67	47.43±2.67	8.35±0.23	0.61±0.09	10.52±0.67

可见，通过植物群落的发育，绿地生态系统的自我维持和调控机制得到诱导和发挥，自肥机制产生了一定作用，土壤理化性质得到改良，初步形成生态内涵比较丰富的城市绿地。同时，也表明了渣土垃圾未对种植土壤产生明显不利的影响。

4 讨论与建议

通过生境改造、植被重建和生态养护技术的综合运用，初步实现了建筑渣土的绿地建设应用，不仅有利于绿地地形和生境构建，丰富绿地景观，更可有效利用渣土，减少对环境的损害，实现渣土的再循环利用。因此，建筑渣土在绿地建设中的应用具有可行性。

建筑渣土作为一种无机类填埋物，填埋后产生的填埋气和渗滤液较少，影响植物生长和植被重建的主要问题为最终覆土层的土壤理化性状，包括土表沉降、养分流失、异常土壤温度、保水性下降等。以往一般采取按一定比例直接覆盖黏性土的土壤改良方法，但效果难以持久，植物生长不良和矮化现象较为严重[10]。对于建筑渣土营造生态型绿地，采取粘土、种植土和人工基质三层覆盖方法：下层粘土直接覆盖建筑渣土起到固结作用，可缓解填埋场的沉降；中层覆盖超过2m的优良种植土，可稳定植物的养分供给；上层覆盖人工基质，改善土壤的孔隙特性和保水性能。

为达到土壤基质改良和植物健康生长的良性循环，适生植物筛选是处置和利用渣土垃圾的关键。因此，在植物选择和群落配置上，应以近自然绿化为主，多选择耐贫瘠、耐旱、耐盐碱等抗性强植物，充分发挥绿地自然发育和自我维持的机制，不能过分强调近期的造景效果。在本试验绿地建设中，最早栽植的一些大规格雪松生长不良乃至死亡就是教训。同时，对填埋基地上的草本植物和蔓性植物进行选择性控制，保留抗性较强且具有优良景观效果的野花草本种类，促进自然保育。

绿地的发育需要长期的培育，应充分利用自然演替过程，为了维护景观和促进进展演替，可采取刈割高草等适当干扰措施，提高物种多样性[11]，通过生态过程，逐步优化绿地群落结构，提高生态景观功能。绿化种植往往受工期、投资、苗源、快速成型等影响，不易完全按照生态要求施工，建成的绿地普遍存在生态结构缺陷。因此，探讨应用生态养护管理技术，选择性地保护自然恢复植被，促进更新层发育，积极诱导和调控绿地植被种类组成和群落结构。

参考文献

[1] 黄铭洪．环境污染与生态恢复[M]．北京：科学出版社，2003.

[2] Hostetler M，Allen W，Meurk C. Conserving urban biodiversity? Creating green infrastructure is only the first step [J]. Landscape and Urban Planning，2011(4)：369-371.

[3] 张庆费，张峻毅．城市生态公园初探[J]. 生态学杂志，2002(3)：61-64.

[4] David G. Green Cities-Ecological sound approaches to urban space[M]. Montreal：Black Rose Books. 1990.

[5] Kim K D，Lee E J，CHO K H. The plant community of Nanjido，a representative nonsanitary landfill in South Korea：Implications for restoration alternatives[J]. Water，Air，and Soil Pollution，2004：1-19.

[6] Ettala M O. Short rotation tree plantations at sanitary landfills[J]. Waste Management and Research，1988(6)：291-302.

[7] Lan C Y，Wong M H. Environmental factors affecting growth of grasses，herbs and woody plants on a sanitary landfill[J]. J Environ，Science，1994(4)：504-513.

[8] Kim K D，Lee E J. Potential tree species for use in the restoration of unsanitary landfills[J]. Environmental Management，2005(1)：1-14.

[9] 吴征镒. 中国种子植物属的分布区类型[J]. 云南植物研究，1991(增刊)：1-139.
[10] 郭小平，赵廷宁. 垃圾填埋场植被恢复技术进展[J]. 中国水土保持科学，2006(4)：95-99.
[11] Franz R，Cornelia L. Restoration of a landfill site in Berlin，Germany by spontaneous and directed succession[J]. Restoration Ecology，2020，10(2)：340-347.

作者简介

张庆费，1966年生，男，浙江泰顺人，上海辰山植物园教授级高级工程师，博士。研究方向：园林植物应用与生态。

绿化植物废弃物对城市绿地土壤改良的研究进展[①]

Research Progress on Effect of Urban Greenery Waste on Soil Remediation in Urban Green Space

梁 晶 伍海兵 陈 平 张青青 何小丽 徐 冰 朱 清

摘 要： 土壤作为城市绿地的基础，普遍存在压实严重、通气性差、营养贫瘠、污染严重等现象，开展城市绿地土壤改良迫在眉睫。而随着城市化的快速发展，城市绿化植物废弃物的量越来越大，且具有盐分含量低及富含有机质、氮、磷等养分的特点。因此，本文对绿化植物废弃物提升城市绿地土壤肥力、改善城市绿地土壤物理结构、钝化城市绿地土壤重金属、降解城市绿地土壤有机污染物等进行了综述，并对绿化植物废弃物的规范化应用提出了几点展望。

关键词： 绿化植物废弃物；土壤；肥力；物理性质；污染物

Abstract: Soil as the basis of urban green space, serious compaction, poor soil aeration, lower nutrient and severe pollution were widespread because of human disturbance, and soil reclamation of urban green space was imminent. However, with the rapid development of urbanization, the amount of greenery waste is more and more, and has a low content of salt, higher organic matter, richer nitrogen and phosphorus content. Therefore, the research progress on the greenery waste improving the soil fertility, ameliorating soil physical structure, passivating soil heavy metals, and degradating soil organic pollutants were reviewed in this paper, and some prospects for the standardized application of greenery waste in green space were also put forward.

Keyword: Greenery Waste; Soil; Soil Fertility; Physical Characteristic; Soil Contaminate

引言

土壤是地球表层系统最活跃的圈层，是人类赖以生存和发展的基石，是保障人类食物和生态安全的重要物质基础[1]。2013 年联合国粮农组织大会设立每年 12 月 5 日为“世界土壤日”。2015 年为“国际土壤年”，主题为“健康土壤服务于健康生命”。城市绿地作为城市中唯一接近于自然的生态系统，对保障可持续的城市生态环境、维护居民的身心健康有着至关重要的作用，有人把这种作用归入“生态系统的服务功能”[2,3]。城市绿地土壤作为绿地植物生长的介质，是整个绿地系统的基础。土壤质量好坏对城市绿化具有重要作用，但由于人为干扰严重和养护不到位，近年来对城市绿地土壤调查结果显示，城市绿地土壤普遍存在黏重、通气透水性差、有机质含量低等现象，城市土壤生态功能逐渐退化或彻底丧失，如果城市土壤长期得不到维护，势必影响到整个城市的生态建设，因此城市绿地土壤生态功能的维护刻不容缓，城市绿地土壤不良性状的改良迫在眉睫[2]。

目前，改良材料的种类有很多，如草炭、畜禽粪便堆置的有机肥、城市生活垃圾、污泥、园林绿化枯枝落叶等废弃物堆制的基质等。其中，绿化植物废弃物指城市绿地或郊区林地中绿化植物自然或养护过程中所产生的乔灌木修剪物（间伐物）、草坪修剪物、落叶、枝条、花园和花坛内废弃草花以及杂草等植物性材料。盐分含量相对较低，又富含有机质、氮、磷等养分，且相对比较清洁安全，重金属和有机污染含量不会超标，通过堆制腐熟后不仅可以去除病虫害的危害，更有甚者可以达到自然草炭的品质。因此，绿化植物废弃物在城市绿地土壤上合理应用，不仅对提高城市绿地土壤质量及恢复其生态功能具有作用，而且积极响应了国家提倡循环利用的号召。

1 绿化植物废弃物改善土壤肥力质量

1.1 改善城市绿地土壤化学性质

土壤首要功能是维持植物生长。在自然森林中，特别是在亚热带地区，由于水热条件适宜，枯枝落叶形成和分解处于动态平衡状态，在自然循环过程中形成的自我维持和自肥生态机制。相似的，在城市绿地中，可借鉴自然植被的生态过程，通过枯枝落叶土地再利用，可以增加土壤的肥力水平。相关研究表明，绿化植物废弃物具有降低土壤 pH、增加土壤有机质、增加总氮和总磷及提高土壤活性等作用，但绿化植物废弃物用量过大时会导致土壤 C/N 失衡，建议绿化植物废弃物堆肥用量小于 13240kg/hm²[4]。如顾兵等对上海浦东新区外环线东川林带将绿化植物废弃物粉碎后直接覆盖与土壤上的研究，也得出了类似的结果[5]。

① 基金项目：上海市科学技术委员会科技专项（17DZ1202801）。

1.2 改善城市绿地土壤物理结构

一般认为，土壤养分缺乏不会直接导致植物死亡，土壤物理性质恶化是导致植物死亡的主要原因[6,7]。随着城市洪涝现象的频发，城市绿地土壤蓄积雨水、减缓雨水洪涝等作用的发挥尤为迫切，伍海兵等以上海辰山植物园物理性质较差的绿地区域为研究对象，选取绿化植物废弃物、草炭、有机肥、脱硫石膏等废弃物作为改良材料，进行不同配比的现场定位试验结果发现，土壤：绿化植物废弃物：有机肥＝8：3：0.8 并添加 0.5 kg/m^{3}脱硫石膏时改良效果最佳，其土壤含水量、饱和持水量、田间持水量、非毛管孔隙度、毛管孔隙度和有效水含量最高，土壤饱和导水率也达到良好水平[8]。

添加改良材料可在一定程度上改善绿地土壤的物理结构，但若想充分发挥绿地土壤在“海绵城市”中的作用，有降雨时就地或就近“吸收、存蓄、渗透、净化”径流雨水、补充地下水、调节水循环，在干旱缺水时可将蓄存的水“释放”出来并加以利用，从而让水在城市中的迁移活动更加“自然”，则应更加注重绿地建设初期土壤物理结构改良，正如目前在建上海迪士尼绿化种植土，做到源头控制，标本兼治，实现一次投入利益最大化[9]。

2 绿化植物废弃物改善土壤环境质量

2.1 钝化城市绿地土壤重金属

城市绿地土壤具有缓冲净化功能，可以净化城市环境污染物，但如果污染物的含量超过了土壤本身的环境容量，土壤安全则会受到威胁，污染物也会对植物、地下水乃至人体造成危害。

随着城市的快速发展，重金属已成为土壤安全威胁的主要因子之一。重金属在土壤中的形态以及土壤对污染物的净化能力大小均与土壤 pH、质地、阳离子交换量、有机质含量等性质有关[10-12]，其中有机质由于具有较强的表面络合能力，可以直接改变土壤中重金属的形态分布，从而影响其在土壤中的移动性和生物有效性[13]。梁晶等通过室内模拟实验研究了绿化植物废弃物对 Cu、Zn、Pb 和 Cd 污染的灰潮土和黄泥土中重金属形态的影响，结果表明，添加 60%（质量比）绿化植物废弃物时有机结合态 Cu 的含量最大，活性较小；绿化植物废弃物添加量为 60%和 30%时，灰潮土和黄泥土中 Pb 活性最小；绿化植物废弃物对 Zn 和 Cd 活性的影响较小[14]。

重金属具有不可降解性，经雨水淋洗等作用可能会对地表水及地下水造成污染[15,16]，因此，通过室内土柱模拟实验研究了绿化植物废弃物覆盖、绿化植物废弃物堆肥与土壤混合两种改良方法对重金属 Cu、Zn、Pb 和 Cd 向下迁移的影响，结果表明，绿化植物废弃物与土壤混合的改良方法能抑制 Cu、Zn、Pb 和 Cd 向下淋溶，而绿化植物废弃物覆盖则有促进 Cu、Zn、Pb 和 Cd 淋溶的趋势，且绿化植物废弃物添加量越大，对重金属向地下迁移的促进或抑制作用越大[17]。

可见，合理添加绿化植物废弃物可降低土壤中重金属的活性，减少重金属对地下水的污染，绿化植物废弃物具有作为城市污染土壤修复材料的应用潜力。

2.2 降解城市绿地土壤有机污染物

城市绿地土壤作为土壤微生物的栖息地和能量来源，绿化植物废弃物可在一定程度上提高土壤微生物活性[6,7]，而微生物在降解有机污染物等方面具有不可替代的作用。许多研究表明，绿化植物废弃物对有机污染物多环芳烃（PAHs）和石油烃化合物（TPH）具有降解作用[18,19]。

如梁晶等选取含有大量 PAHs 的竹园污泥模拟土壤，与绿化植物废弃物按照 2：1（体积比）混合均匀，按照绿化植物废弃物堆肥的方法进行为期 112 天的堆制，期间水分含量维持在 40%～60%。结果显示，堆肥 72d 后污泥 PAHs 达到了稳定状态，16 种优控 PAHs 总量由原来的 6.225mg/kg 降至 3.202mg/kg，降解率达到 48.57%，满足了欧洲联盟规定的农用多环芳烃限值要求，且毒性较大的低环多环芳烃降解效果更好[20]。添加绿化植物废弃物也有助于土壤中 TPH 的降解，但绿化植物废弃物添加量与 TPH 降解效果并不存在正相关关系，添加 10%（重量比）绿化植物废弃物时，土壤 TPH 的降解效果最好。而且绿化植物废弃物和植物种植相结合更有利于 TPH 污染土壤的修复[21]。

3 研究展望

尽管绿化植物废弃物对改良城市土壤有重要作用，但其使用不当反而会带来各种危害。而且，迄今为止，我国城市绿化植物废弃物利用的终端市场尚未形成，产品无包装或包装过于“简陋”，关于产品的原料、使用范围、使用方法和有机质、灰分、氮、磷、钾等营养指标含量均未明确详细标注，因此要实现绿化植物废弃物提升城市绿地土壤质量，还应做好以下几点：

3.1 依托科技，研发系列绿化植物废弃物专用改良材料

各级政府部门应加大科研投入，支持科研院所开展绿化植物废弃物创新性研究，结合各地土壤质量现状，研发适宜当地不同绿化种植需求的系列堆肥产品。

3.2 通过标准宣贯及示范，提高我国绿化植物废弃物改良土壤水平

国家标准《绿化植物废弃物处置和应用技术规范》GB/T 3175—2015 对绿化植物废弃物的应用技术进行了专门规定，因此，应该加强标准宣贯，通过对上海、广州等园林绿化发达城市进行示范和分析，进一步提高我国绿化植物废弃物改良土壤水平。

参考文献

[1] 沈仁芳，腾应．土壤安全的概念与我国的战略对策[C]．中国科学院院刊，2015，30(增刊)，37-45.
[2] Daily G. Nature's Services: Societal Dependence on Natural

Ecosystems[M]. Washington DC. 1997.

[3] 梁晶，方海兰. 城市绿地土壤维护与废弃物循环利用[J]. 浙江林学院学报，2010，27(2)：292-298.

[4] 顾兵，吕子文，方海兰，等. 绿化植物废弃物堆肥对城市绿地土壤的改良效果[J]. 土壤，2009，41(6)：940-946.

[5] 顾兵，吕子文，梁晶，等. 绿化植物废弃物覆盖对上海城市林地土壤肥力的影响[J]. 林业科学，2010，46(3)：9-15.

[6] 顾兵，吕子文，方海兰，等. 绿化植物废弃物堆肥对城市绿地土壤的改良效果[J]. 土壤，2009，41(6)：940-946.

[7] 顾兵，吕子文，梁晶，等. 绿化植物废弃物覆盖对上海城市林地土壤肥力的影响[J]. 林业科学，2010，46(3)：9-15.

[8] 伍海兵，方海兰，彭红玲，等. 不同配比改良材料对典型城市绿地土壤物理性质的影响[J]. 土壤，2014，46(4)：703-709.

[9] 施少华，梁晶，吕子文，等. 城市绿化用土生产的新思路——以上海迪士尼一期绿化用土生产为例[J]. 园林，2014，35(2)：49-52.

[10] Franz Z，Walter WW. Nickel and copper sorption in acid forest soils[J]. Soil Science，2000，55(6)：463-472.

[11] 丁园. 重金属污染土壤的治理方法[J]. 环境与开发，2000，15(2)：5-28.

[12] 陈世宝，华珞，白玲玉，等. 有机质在土壤重金属污染治理中的应用[J]. 农业环境与发展，1997，：26-29.

[13] 任理想. 土壤重金属形态与溶解性有机物的环境行为[J]. 环境科学与技术，2008，31(7)：69-73.

[14] 梁晶，马光军，方海兰，等. 绿化植物废弃物对土壤中Cu、Zn、Pb和Cd形态的影响[J]. 农业环境科学学报，2010，29(3)：492-499.

[15] 韩爱民，蔡继红，屠锦河，等. 水稻重金属含量与土壤质量的关系[J]. 环境监测管理与技术，2002，14(5)：27-28.

[16] Shomar B H，Muller G. Geochemical featur es of topsoils in the Gaza Strip：Natural occurrence and anthr opogenic inputs[J]. Enviornmental Research，2005，98：372-382.

[17] 梁晶，马光军，方海兰，等. 绿化植物废弃物对重金属迁移的影响[J]. 水土保持学报，2010，24(2)：205-209.

[18] 丁正，梁晶，方海兰，等. 上海典型城市绿地土壤中石油烃化合物的分布特征研究[J]. 2014，46(5)：901-907.

[19] 马光军，梁晶，方海兰，等. 上海市主要道路绿地土壤中多环芳烃（PAHs）的分布特征[J]. 土壤，2009，41(4)：505-508.

[20] 梁晶，彭喜玲，方海兰，等. 污泥与园林树枝粉碎物堆腐过程中多环芳烃(PAHs)的降解[J]. 环境科学与技术，2011，34(1)：114-116.

[21] 丁正，梁晶，方海兰. 绿化植物废弃物强化草坪修复石油烃(TPH)污染土壤研究[J]. 环境科学与技术，2016，5：85-89.

作者简介

梁晶，1981年生，女，汉族，山西长治人，博士，上海市园林科学规划研究院，高级工程师。研究方向：城市土壤质量评价与有机废弃物循环利用。电子邮箱：Liangjing336@163.com。

融合经济发展模式的寒地村镇绿色基础设施优化方法研究①

Research on Economic Development Models Integrated Optimization Method of Green Infrastructure in Cold Rural Place

李婷婷　吴远翔　邹　敏

摘　要：绿色基础设施既可以保护生态环境，也可以带动产业经济的增长。为响应乡村振兴战略，寒地村镇发展生态产业可以带领农民走向富裕的道路。本文以太平镇为例，基于"识别源地-构建阻力面-提取廊道"研究框架，在与传统的识别生态源地所选的生态因子不同的是又增加与产业相关的农业服务和生态旅游服务两个因子；运用最小累积阻力模型识别生态廊道，融合旅游资源构建旅游廊道，连接生态源地，从而提出融合经济发展模式的绿色基础设施优化建议。

关键词：经济发展模式；绿色基础设施；寒地村镇；生态系统服务

Abstract: Green Infrastructure can protect the ecological environment and drive the growth of industrial economy. In order to respond to the strategy of rural revitalization, the development of ecological industry in cold rural place can lead farmers to the road of prosperity. Taiping Town as an example, based on the research framework of "identifying sources—constructing resistance surface—extracting corridor", this paper adds two factors, namely, industry-related agricultural service and ecotourism service, which are different from the ecological factors selected in the traditional identification of ecological sources; The minimum cumulative resistance model is used to identify ecological corridors, integrate tourism resources to build tourism corridors and connect ecological source areas, so as to put forward the optimization Suggestions of green infrastructure integrating economic development model.

Keyword: Economic Development Models; Green Infrastructure; Cold Rural Place; Ecosystem Services

引言

习近平总书记在十九大报告中提到要深刻贯彻乡村振兴战略，优先发展农村农业，实现农村生态宜居、产业兴旺、人民生活富足，达到城乡融合发展的目的。寒冷地区的地理位置与丰富的自然资源为寒地村镇产业的发展提供了优越的条件。然而近年来寒地村镇所出现的问题越来越明显，比如水资源管理不善，蓄水量减少；农村农户收入低；乡村粮食安全问题凸显；产业单一等。

绿色基础设施是指从常规基础设施中分离出来的生态化绿色环境网络设施[1]。绿色基础设施的构建方法主要依据"识别源地-构建阻力面-提取廊道"的研究框架[2]。生态源地是指能对区域提供生态效益或具有生态辐射功能的斑块。其中生态系统服务可以评估生态系统对人类提供生态效益的多少。因此本文在选取生态因子的基础上又增加了影响寒地村镇经济发展的农业服务和生态旅游服务两个因子定量评估研究区，识别生态源地。本文在识别潜在生态廊道的基础上构建旅游廊道，将实现旅游、交通、生态、扶贫、景观等多种功能的聚合，形成一种新型旅游廊道。本研究丰富了绿色基础设施景观格局的构建方法，从经济发展模式的角度对寒地村镇绿色基础设施景观格局的优化提供了一定的实践指导意义与参考价值。

1　研究区与研究方法

1.1　研究区概况

研究区太平镇位于黑龙江省哈尔滨市道里区境内，南临双城市，东临新农镇，全镇面积为 152km²，地势平坦（图1）。镇内存在太平湖、运粮河、八一水库等水域，有着较大范围的生态核心区，场地内大面积的农田

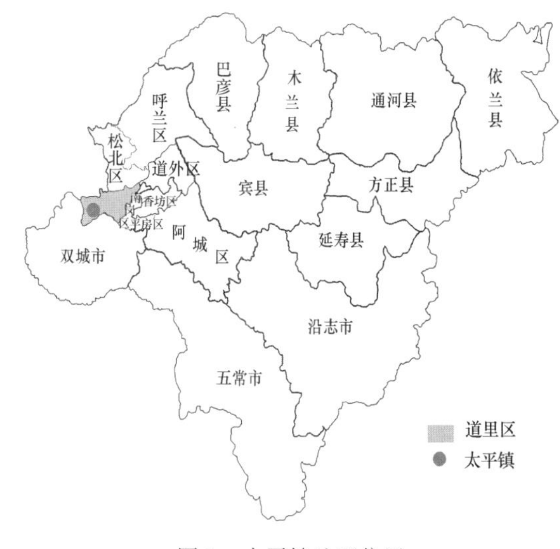

图1　太平镇地理位置

①　基金项目：住房和城乡建设部科研开发项目"基于生态系统服务的寒地城市生态网络规划关键技术研究"（课题编号 2017-K4-008）资助。

中存在少部分林地和草地（图 2）。太平镇含有 9 个行政村，26 个自然屯，总人口 3.2 万余人（图 3）。近年来太平湖的自净能力降低、水体富营养化等问题逐渐明显。

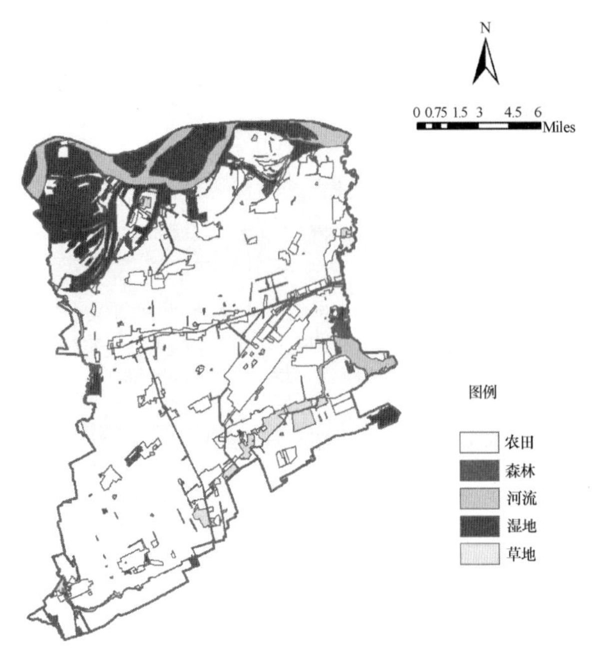

图 2　土地利用现状

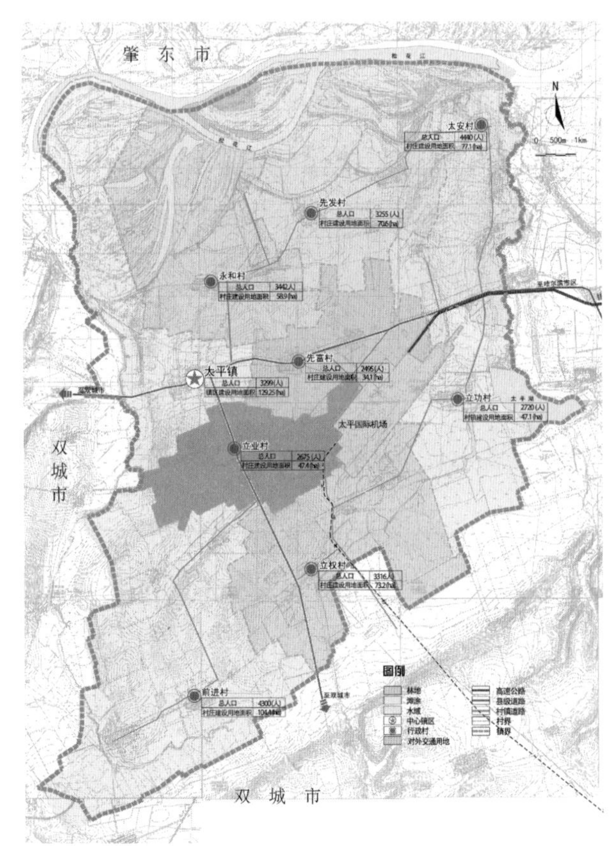

图 3　村庄分布情况（图片来源：哈尔滨工业大学城市规划设计院）

1.2　数据来源

本研究的数据来源于：①2015 年哈尔滨市道里区统计年鉴，源于哈尔滨市道里区统计局；② 2011 年太平镇土地利用数据，分辨率为 30m，源于中国科学院资源环境科学数据中心；③数字高程 DEM 数据，分辨率为 30m，源于地理空间数据云；④各村所种农作物的价格，源于实地调研。

1.3　研究方法

本文结合案例太平镇产业发展状况和生态资源特征，选取并定量评估农业服务、生态旅游、气体调节、气候调节、土壤保持、水源涵养六种生态系统服务，识别生态源地；在运用最小累积阻力模型识别生态廊道的基础上，融合旅游资源，将旅游景点串联起来，构建旅游廊道，连接生态源地；最后提出优化太平镇绿色基础设施的策略。

1.3.1　生态系统服务功能价值计算

根据表 1 的所提供四种生态系统的面积，利用市场价值法、当量因子法等计算研究区 6 项生态系统服务功能价值。生物多样性的价值由产品的直接使用价值和间接服务价值构成[4]。本文把生态旅游、农业服务归为直接使用价值，把气体调节、土壤保持、水源涵养、气候调节归为间接服务价值。

太平镇各生态系统面积　　表 1

	农田	森林	草地	水面	合计
面积（hm^2）	20257	429	684	4891	26261

（1）农业服务价值

目前太平镇只有永和村在种植大豆，镇内大部分旱田种植的是玉米，主要包含太平村、前进村、先发村、太安村、先富村、立功村、立权村。种植蔬菜大棚的主要集中在立业村，品种为主要为黄瓜，水田则主要种植水稻。为响应乡村振兴战略对太平镇内水稻和玉米品种进行改良。水稻品种采用有机绿色的稻花香大米，玉米品种采用绿色有机鲜食玉米，价格如表 2 所示。根据陈能汪等的生态系统服务直接使用价值评估技术框架对太平镇农作物品种改良前和改良后的农业服务进行评估和空间维度上的表达[5]。

各村农作物产量与价格　　表 2

	农作物	价格（元/斤）	单位面积产量（t/hm^2）	单位面积产值（元/hm^2）
现状品种	大豆	4.3	2.4	11782
	玉米	1600 元/t	8.59	13744
	黄瓜	1.5	25.9	77700
	水稻	1.6	9	29700
有机绿色品种	稻花香大米	10	4.2	84000
	鲜食玉米	4	13	104316

(2) 生态旅游价值

生态旅游价值表现为一个区域的旅游收入，是指以人文生态景观和自然生态景观为消费对象，旅游者身临其境，享受净化心灵、陶冶情操和增加见识等服务时的支付意愿。基于专业经验和文献资料，旅游收入的分配和空间表达从景点可达性和可视性两方面进行，其价值分别占旅游总收入的50%。景点可达性按照景点距离越近价值越高的原则，分为五个距离等级：300m、500m、800m、1000m，并假设该五个等级分别占总收入一半的30%、25%、20%、15%、10%；景点的可视性包括可视和不可视性单元格，不可视单元格价值为0；对于可视单元格，先统计各单元格的景点数，再将不同景点数与相应的栅格数相乘相加，得到参与分配的总栅格数，最后平均分配另外一半的旅游收入，从而得到景点可视性价值的可视化。将景点可达性与可视性价值分布图叠加得到生态旅游价值分布图[6]。

(3) 间接服务价值

近年来生态系统服务的价值量核算方法有着很多的优点，它可以将生态系统服务用货币形式进行衡量，从而引起人们对生态系统所产生的价值的注意。高丹等人结合哈尔滨的实际情况，对谢高地等修正的中国区域陆地生态系统单位面积服务价值表进行了补充和修正，最终得出哈尔滨土地利用类型单位面积服务功能价值(表3)[7]，本文的研究区属于哈尔滨境内，故采用表3对太平镇生态系统服务价值进行评估以及空间维度的表达。

哈尔滨不同土地利用类型单位面积服务价值 [单位：元/(hm^2·年)] **表3**

土地利用类型	耕地	园地	林地	草地	水面	未利用地
气体调节	291.984	1305.175	1902.45	707.9	0	0
气候调节	519.75	1194.575	1592.75	796.4	407	0
水源涵养	350.394	1238.8	1769.7	707.9	18033.2	26.5
土壤保护	852.654	2156.85	2588.2	1725.5	8.8	17.7
废物处理	957.792	1159.2	1159.2	1159.2	16086.6	8.8
生物多样性保护	414.612	1444.525	1924.55	964.5	2203.3	300.8
食物生产	584.034	221.25	177	266.5	88.5	8.8
原材料	58.41	608.3	1172.4	44.2	8.8	0
娱乐文化	5.808	309.7	584	35.4	3840.2	8.8
合计	4035.438	9638.375	12870.25	6406.5	40676.4	371.4

1.3.2 生态源地识别

生态源地是可以提供生态系统服务的生态斑块。对于区域内含有的典型的生态系统，对其定量评估生态系统服务价值，选取价值高的作为生态源地，可以成为识别生态源地的较为有效的方法。本文选取农业服务、生态旅游服务、气体调节、土壤保持、涵养水源、气候调节六种生态系统服务进行定量评价。在此基础上选取太平镇每种服务的前10%作为生态系统服务的优势区，取其并集得到生态源地，从而得出生态价值较高的生态源地。将面积较小且零碎的生态斑块予以除掉，面积小但是相对集中的斑块加以保留，进行合并处理[8]。

1.3.3 廊道提取

生态廊道可以说是作生态源地间物能量和流质流的连通媒介，它也是绿色基础设施的重要组成部分，可以为物种迁移提供重要廊道，在生态、社会、文化等方面有多种功效[9]。旅游廊道是围绕某一旅游主题而建立起来的，能够满足旅游者的需求，以及包含各种旅游产业要素的线性空间[10]。

本文采用最小累积阻力模型(minimum cumulative resistance，MCR)提取源地间的生态廊道，在识别潜在生态廊道的基础上结合旅游资源，构建旅游廊道，从而拥有旅游、交通、生态、扶贫、景观等多种功能，形成一种新的生态旅游廊道。其中MCR模型包含源、距离和景观界面等因子，核算物种从源地到目的地运动过程中所耗费的代价，选取其中阻力最低的通道作为源地之间的生态廊道：

$$MCR = f\min\sum_{i=n}^{i=m} D_{ij} \times R_i$$

式中：MCR为最小累积阻力值；D_{ij}为物种从源地j到景观单元i的空间距离；R_i为景观单元i对物种运动的阻力系数；f表示最小累积阻力与生态过程的正相关关系。

2 结果与分析

2.1 直接使用价值

本研究的直接使用价值指的农业服务价值和生态旅游价值的总和。统计截至2016年太平镇旅游业收入约为6400万元，按照景点可视性和可达性各占总价值的50%原则计算，得到分配结果(图4～图6)。

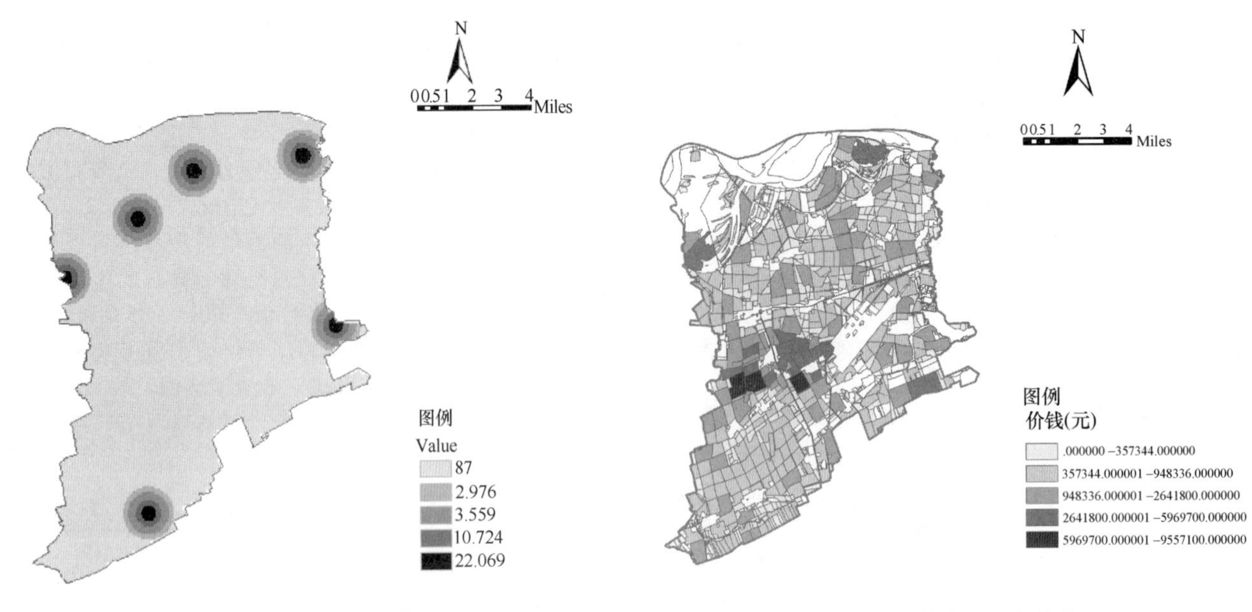

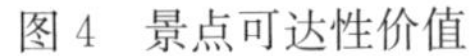

图 4　景点可达性价值

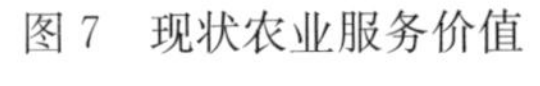

图 7　现状农业服务价值

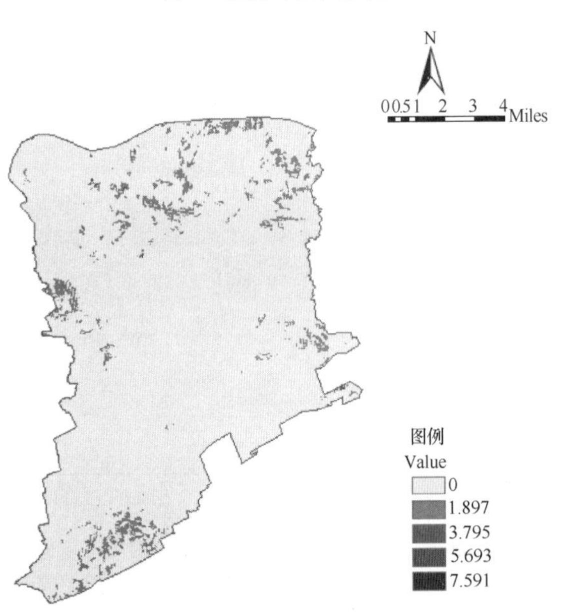

图 5　景点可视性价值

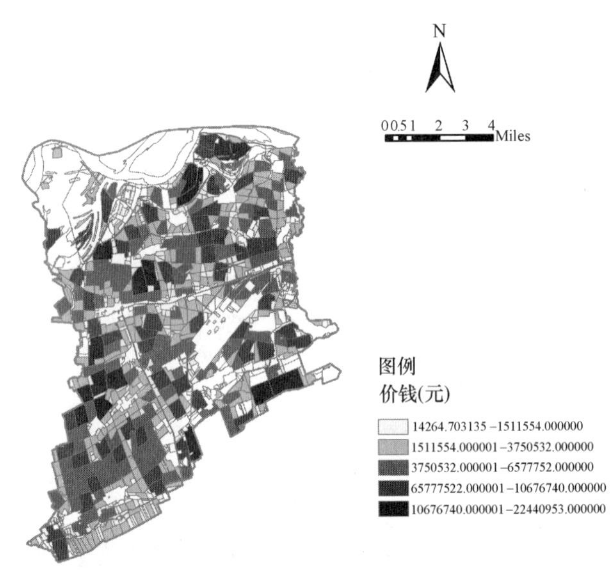

图 8　规划后农业服务价值

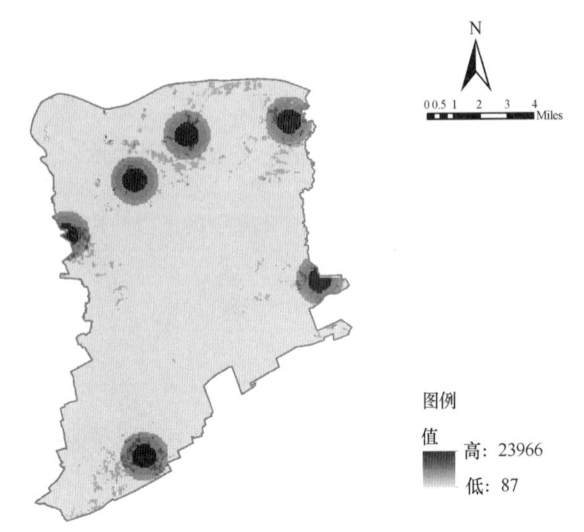

图 6　生态旅游价值

太平镇现状农业总价值为 380645446.6 元，斑块价值在 357444～9557100 元的区间内，价值分布如图 7；选用优质绿色有机品种后的太平镇农业总价值为 2052169917 元，斑块价值在 14264～22440953 元的区间内，斑块价值在价值分布如图 8，比优化产业结构之前增加了 1671524470.4 元。

2.2　间接使用价值

本研究区的间接使用价值包括气候调节、气体调节、土壤保持、水源涵养。其中各个服务价值如表 4 所示。太平镇总间接使用价值为 137109864.3 元（图 9）。

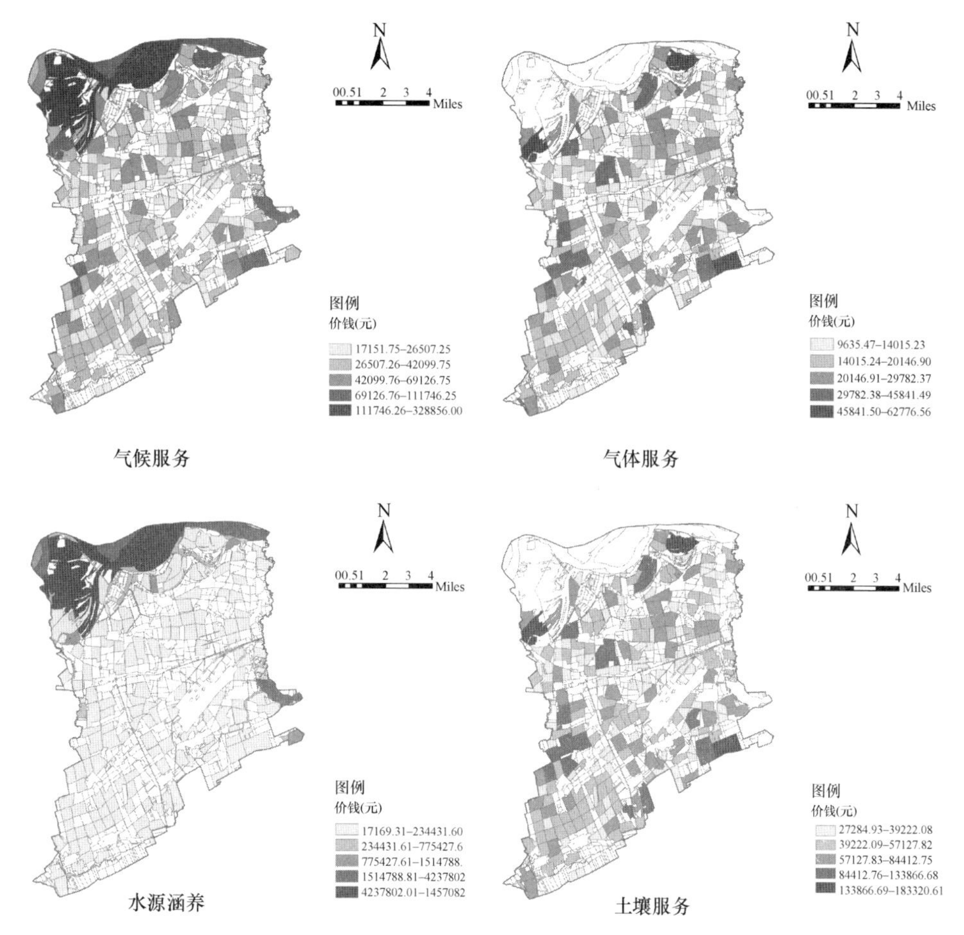

图 9 间接使用价值

太平镇不同土地利用类型单位面积服务价值 [单位：元/(hm^2·年)] **表 4**

二级类型	农田	森林	草地	水面	合计
气体调节	5914719.76	816151.05	484203.6	0	7215074.41
气候调节	10528575.75	683289.75	544737.6	1990637	13747240.1
水源涵养	7097931.13	759201.3	484203.6	88200381.2	96541717.23
土壤保护	17272211.95	1110337.8	1180242	43040.8	19605832.55
合计	40813438.59	3368979.9	2693386.8	90234059	137109864.3

2.3 直接使用价值和间接使用价值对比

太平镇绿色基础设施的生态服务功能中直接使用价值和间接使用价值的比值为 15∶1，这表明太平镇除了生态系统提供给人类生态效益以外，产业也提供了巨大的价值。其中农业服务、生态旅游、气体调节、土壤保持、水源涵养、气候调节的价值分别占比为 91.07%、2.84%、0.32%、0.87%、4.28%、0.62%，由此可见太平镇绿色基础设施除了有很高的生态经济价值，农业和旅游业的价值更加不容忽视。

2.4 重要生态源地提取

选取每种服务前 10%的斑块作为该种服务的优势区，对优势区进行空间合并最终得到太平镇生态源地分布（图 10）。生态源地总面积为 7987.88hm^2，占研究区总面积的 52.55%。将 6 种生态系统服务的优势区进行叠加，从多重生态系统供给而言，提供 1 项优势生态服务占总生态源地面积 18%，主要分布在农田；提供 2 项优势服务占 11%，主要零散分布在草地；提供 3 项优势服务占 2%，分布在农田；提供 4 项优势服务占 38%，主要分布在农田、草地、湿地、旅游景点；提供 5 项优势服务占 8%，主要分布在农田、旅游景点；提供 6 项优势服务占 23%，主要集中在太平湖、农田、草地、森林。可以提供多重生态系统服务的斑块面积大概占一半，农田面积占研究区比重最大为 77.13%，其次是湿地占 18.62%，草地占 2.62%，森林占 1.63%，所以生态源地主要由农田、湿地组成，并且农田、湿地所能提供的优势生态系统服务较多。

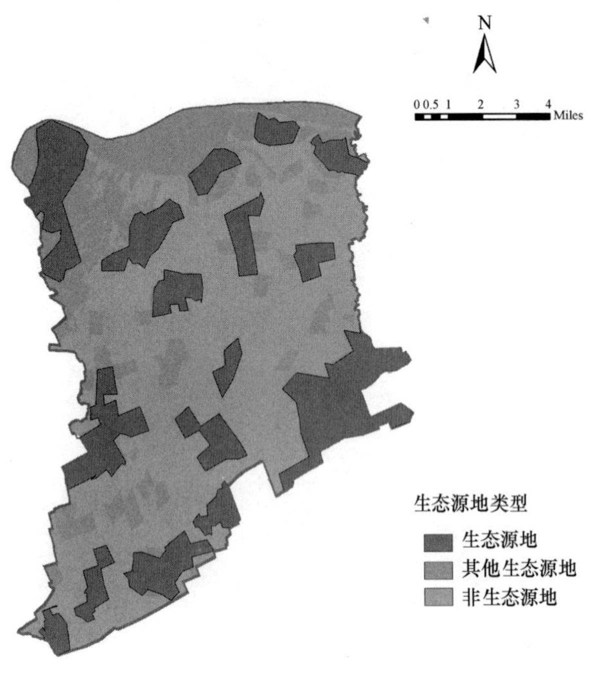

图 10 生态源地分布

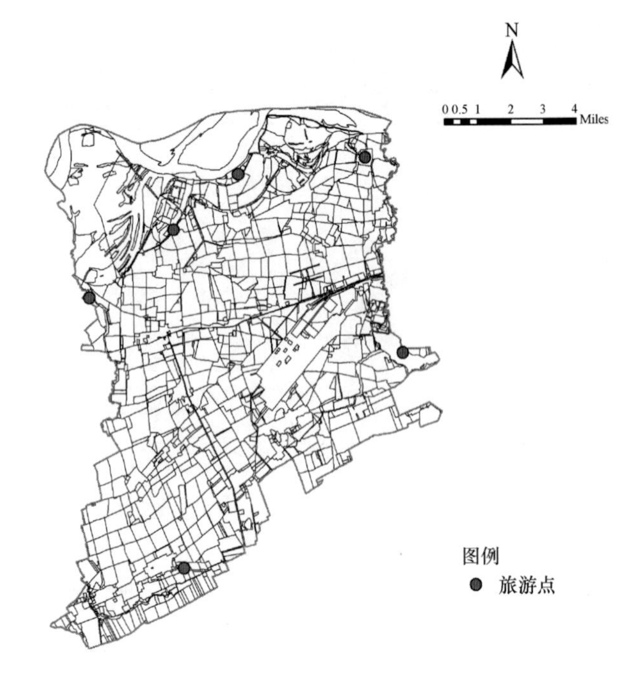

图 12 旅游景点分布

2.5 生态旅游廊道提取

太平镇现状廊道有两条，并且有断点。新建旅游廊道总长度为 96738m（图 11），避开了主要的村镇建设用地，沿农村居民点之间的耕地分布。旅游廊道将研究区内生态源地有效的连通起来，既维持了生态功能的连续性，又将各个旅游景点串联了起来（图 12），促进旅游资源的开发，带动了太平镇的经济。

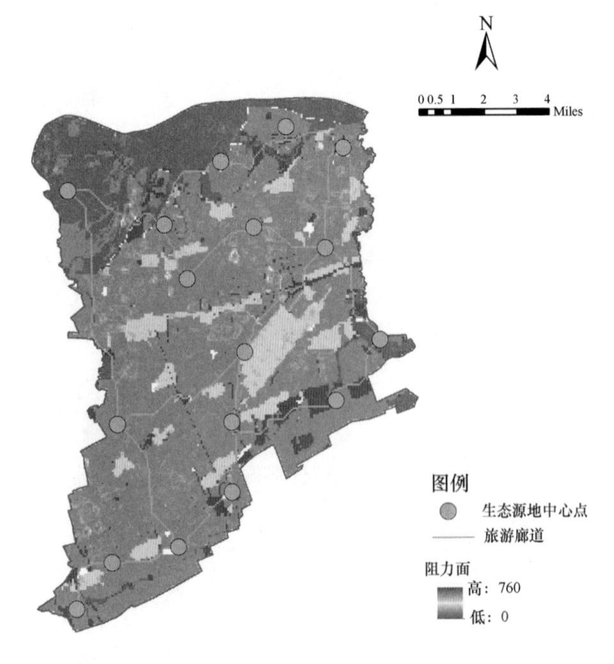

图 11 旅游廊道分布

3 结语

优化后太平镇农业服务价值增加了 1671524470.4 元；新构建的旅游廊道既增加了生态功能的连续性还促进旅游资源的发展。所以经济发展模式通过影响生态系统服务价值积累和利用影响绿色基础设施景观格局，进而影响农民经济收入和从生态系统服务获得的福利。优化研究区对优化寒地村镇绿色基础设施具有普适性，因此寒地应充分利用优良的生态资源发展生态旅游和生态农业，既保护了寒地的湿地、农田、森林等生态系统，也有助于优化产业结构，促进经济发展，增加农民收入；在发展生态农业的同时，打造属于村镇特有的绿色有机农产品品牌，可以解决了食品安全问题；在村镇构建旅游廊道这种线型空间，既是一种特殊的线性旅游吸引物，也是适应全域旅游发展的一种新型的旅游形态，同样可以达到富民的目的，所以寒地村镇发展生态产业对寒地村镇来说势在必行。

参考文献

[1] 付喜娥，吴人韦．绿色基础设施评价(GIA)方法介述——以美国马里兰州为例[J]. 中国园林，2009，25(09)：41-45.

[2] 刘佳，尹海伟，孔繁花，等．基于电路理论的南京城市绿色基础设施格局优化[J]. 生态学报，2018，38(12)：4363-4372.

[3] 吴健生，张理卿，彭建，等．深圳市景观生态安全格局源地综合识别[J]. 生态学报，2013，33(13)：4125-4133.

[4] 谢高地，鲁春霞，冷允法，等．青藏高原生态资产的价值评估[J]. 自然资源学报，2003(02)：189-196.

[5] 陈能汪，张潇尹，卢晓梅．基于 GIS 的生态系统服务直接利用价值评估方法[J]. 中国环境科学，2008(07)：661-666.

[6] Eade J D O, Moran D. Spatial economic valuation: Benefits transfer using geographical information systems[J]. Journal of Environmental Management, 1996, 48(2): 97-110.
[7] 高丹，常琳娜，周嘉．基于生态系统服务功能价值理论的土地利用总体规划环境影响评价研究——以哈尔滨市为例[J]. 国土与自然资源研究，2013(04)：43-46.
[8] 彭建，李慧蕾，刘焱序，等．雄安新区生态安全格局识别与优化策略[J]. 地理学报，2018，73(04)：701-710.
[9] 邓金杰，陈柳新，杨成韫，等．高度城市化地区生态廊道重要性评价探索——以深圳为例[J]. 地理研究，2017，36(03)：573-582.
[10] 邱海莲，由亚男．旅游廊道概念界定[J]. 旅游论坛，2015，8(04)：26-30.

作者简介

李婷婷，1994年生，女，满族，黑龙江人，硕士，哈尔滨工业大学建筑学院风景园林系在读研究生。研究方向：寒地村镇绿色基础设施。电子邮箱：534420294@qq. com。

吴远翔，1971年生，男，汉族，江苏人，博士，哈尔滨工业大学建筑学院风景园林系副教授。研究方向：城市绿色基础设施，景观生态规划与设计。电子邮箱：745417816@qq. com。

邹敏，1995年生，男，汉族，安徽人，硕士，哈尔滨工业大学建筑学院风景园林系在读研究生。研究方向：城市绿色基础设施、城市生态规划。电子邮箱：954826218@qq. com。

山区河道滨水景观的营造

——以沐溪河滨水景观带为例

Landscape Design of Waterfront in Mountain Rivers

—Design for Waterfront of Mu Xi River

何　苗

摘　要：沐溪河位于四川省沐川县，是典型的山区型河流。在这个项目中我们探讨了如何在保证防洪安全的前提下，落实尊重自然、顺应自然的设计理念，保留河道曲折蜿蜒的自然形态，丰富河道内的水体类型，增加亲水空间与设施，实现水、植被、市民活动等在河道空间内的和谐共存，同时呈现出适合山区河流水文特点、表现当地自然、历史文化特色的景观。

关键词：山区河道；自然河道；复合功能；水文特征

Abstract: Muxi River, located in Sichuan Province, China, is a typical river sits in mountains. In this project, the design idea is to preserve the natural meandering shape of water channels, enriching multiple types of water bodies, increasing public spaces and facilities around water features, as well as avoiding flood risks as a basic need. The goal of this proposal is to create a multi-functional space with native plant species and rich civic activities in an ecological water system. At the same time, the river is created as a landscape feature embedded with hydrological characteristics of local mountains, furthermore, the characteristics of local culture and history.

Keyword: Mountain River; Natural; Multi-Functional; Hydrological Characteristics

引言

沐川位于四川盆地西南，长江上游岷江、大渡河、金沙江之间的三角地带。东接宜宾、南连屏山县、北靠沙湾区、犍为县，西与峨边县接壤，西南同马边县毗邻。沐川境内山高林密，溪河纵横，雨量充沛，属典型的亚热带季风气候。

随着沐川城市建设的发展，原有县城规模已不足以满足城市发展的需要，沐川城市规划确定在老城区南部建设城市新区。沐川新城以“再造沐川、山水慢城”为核心概念，沐溪河穿城而过，将成为县城新区中重要的生态基础设施，重要的景观廊道也是未来新城市民重要的休闲娱乐公共场所，对于新区的生态格局以及“山水慢城”这一景观特色营造有着至关重要的作用。

1　基地现状条件分析

1.1　沐溪河水文特点

沐溪河流域气温随海拔的升高而降低，降水量随海拔的升高而增加沐溪河径流主要源于降水，受降水规律支配。流域内植被良好，涵养水源能力强。径流在年内分配不均，洪枯变化较大。其水文特征主要体现在以下几点：

（1）集中降雨

沐溪河上游为五指山多雨区，降水较为丰沛，暴雨多。沐溪河流域多年平均面降雨量为1299.3mm，多年平均径流深1027.2mm。降雨年内分配不均，枯季（11～4月）降水量占全年18.5%，夏季（5～10月）占81.5%，降水量年际变化也大。多发生在主汛期，7～8月降雨量占全年的45.7%以上。

（2）峰高量大

沐溪河洪水主要是由暴雨形成，洪水发生时间与暴雨同步。实测年最大洪峰流量3200m³/s（1986年7月10日），年最小洪峰流量251m³/s（1993年7月30日），洪水过程多为单峰，历时约1～2天，最大洪量主要集中在24h内，约占过程洪量的74%。峰高量大是其主要特点。

（3）涨快退慢

暴雨多发生在每年7～8月，沿河各支流洪水加入，历时更长，特别是支流沐卷河洪水汇集后尤为显著。一次洪水涨落差异大，涨水较快，退水相对较慢，洪峰较尖瘦。

1.2　水利防洪要求

沐溪河景观带位于县城新区，沐溪河防洪标准按县城要求确定，规划区内河段防洪标准为20年一遇，区域内跨河桥梁防洪标准为50年一遇。由于桥梁设防标准较高，导致河道在桥头区域市政路与河床高差进一步增大。

1.3　地形地貌

沐溪河滨水景观带全长2.1km，河道两侧绿地宽度从几米到几十米不等。地高程在389～448m之间，南高北低，场地较平坦，部分驳岸高差略大，周边山体高达530m，多分布自然植被，其中河道西侧的沐源路与老城区连接段部分区域高差较大，超过20m。设计场地内基本属于缓坡地形，小于8°的占75.2%，适于进行景观建设；局部坡度较陡，仅占12%，可以通过景观手法处理陡坡问题，避免滑坡、水土流失，同时有助于形成丰富的景观效果。

2 规划设计的难点与重点

2.1 防洪安全与河道的自然生态健康的矛盾

沐溪河基地地形条件高差大，洪水来时流速高、水量大，防洪要求高，按照传统水利设计做法，对于此类河道多采用裁弯取直、硬化堤岸的方式，以提高行洪效率。但如此做法，势必破坏沐溪河原始形态、地形地貌、植被系统，将沐溪河完全变成水利工程设施，完全无法兼顾其自然生态健康与景观效果。

2.2 亲水需求与水利防洪需求的矛盾

沐溪河具有“峰高量大”的特点，在洪水期防洪的压力大，而常水位并不高。河流防洪堤岸与两侧用地的标高均高于设防标高，因此造成了滨水市政路与河床之间高差较大，同时由于常水位较低，常水位与堤顶标高之间最高相差达4m。

河道位于沐川新城核心区，两侧多为居民区，而沐溪河沿岸在未来也会成为沐川新城最重要的公共空间。如何能在满足水利防洪要求的同时，让市民能够在沐溪河两岸游赏，满足观水、赏水、亲水等需求也是设计需要重点解决的问题。此外滨水景观带内的道路在满足游憩功能的同时，必须满足河道防洪抢险救灾的功能。

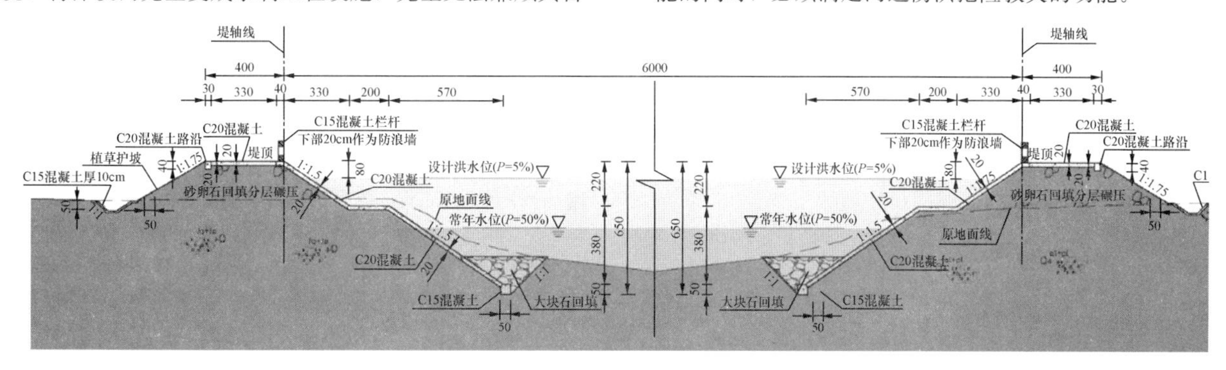

图1 水利设计最初提供的沐溪河河道断面

2.3 如何营造符合山区河道水文特征的滨水景观

当今河道的生态价值、景观以及生活功能也越来越受到认可与重视，河道的滨水区处理也越来越重视生态与景观价值。近年来很多实施的河道项目多位于平原地区，流速缓、水位变化小，改变了以往渠化、硬化堤岸的做法，恢复河道沿线的湿地、滩涂，采用草坡、水生植物等，驳岸做法，形成了优美的景观环境，确实很大程度上提升了景观效果、改善了滨水地区的生态环境。但也也让不少公众形成了认识上的误区，认为生态河道就理应是如此形态。

我国是个幅员辽阔的国家，河流在不同气候、地理条件之下，水文特征千差万别。沐溪河属于典型的山区河流，景观设计必须充分尊重其自然特征，要探讨更符合沐溪河水文特征的景观做法，同时也是符合其地域特征的景观。

图2 低流速河流生态驳岸与山区河道自然岸线对比（图片来源：网络）

3 景观设计理念与策略

在此项目中，景观设计一直秉持尊重自然、顺应自然的设计理念，希望尽可能保留河道的自然形态与原始生态。但是对于一条防洪压力较大的河流，必须与水利设计充分沟通，尊重防洪安全的要求。设计过程中，项目组与水利部门反复对接，调整河道线型、断面、堤岸形式，水利设计部门反复验算，最终在保证水利安全的前提下，设计尽可能保留沐溪河原始的形态与走向，同时在行洪不利区域扩大河道行洪宽度，保证行洪通畅。

4 设计重点

4.1 河道形态与景观空间的结合

设计保持沐溪河自然水系原始的形态与走向，作为行洪主河道和深水区，保证河水流通顺畅。为保持河道景观的原始特色，河道内的石矶、石滩、以及部分附近农民自建的卵石挡墙等都予以保留，减少对河床、河滩地的开挖和破坏。对于河道两岸现存长势较好的植物经过与水利部门的探讨，对于不影响行洪的都予以保留，既减少了对河道原始生态的破坏，又有利于景观效果的营造。

图 3 建成后保留的石桥、大树、石滩

河道中段区域为三河交汇，河道开阔、现状流速较缓，易于形成较为开阔的水面景观。设计在其下游增设拦水坝，保留三溪汇流的基本形式，并对该区域内的滩涂进行修整、梳理。考虑到山区城市用地的局限性以及河道本身特殊的水文条件，设计采用增加层次、扩大景深等方式增加水面的纵深感，成了悠远的湖面景观，营造水墨山水的意境。围绕此处开阔湖面，设计营造核心景区——滨湖公园，设置广场、亲水平台等活动空间，为新区内公众活动提供场所。

图 4 三溪汇流原始景观

图 5 核心湖区建成效果

以滨湖公园区为核心，滨水景观带向南北两侧延伸，北侧与老城相接，南侧向原生自然过渡，形成起承转合的景观序列。在滨河沿岸，设计在堤顶路以上区域设计多处小型活动场所，采用竹、青石等地方材料，营造具有地方特色的景观效果。

河道内存在多条泄洪沟，设计对于场地内现存的泄洪沟进行了保留和改造，使之能够在一定程度上对雨水进行汇集、过滤减速、沉淀净化，从而起到减缓地表径流汇入河道，减轻河道洪水压力的作用。

图 6　汇水沟改造设计效果图与建成效果

4.2　河道断面

由于水利部门最初确定的河道的工程断面形式较为工程化，通过与其反复沟通，在最终的设计中采用了更符合自然形态的复合式堤岸设计，对水利断面上的马道、堤顶路、护坡做了调整，在不同标高的区域，采用不同的设计手段。

（1）马道与水面之间

将马道外移，在马道与水面之间增加缓坡绿地，增加地被植物，驳岸采用抛石护岸。临接马道的亲水平台采用毛石砌筑，保证洪水期水流冲刷时的稳定。

（2）堤顶路

堤顶路适当外移，减少了河道内的填方量，增加了更多的亲水空间。地形路与马道之间尽可能保留原始地形，从而能够保留更多的现状植被。仅在部分坡度较陡的区域增加石笼、挡墙等护岸设施。在洪水期，水位上涨时堤顶路以下区域均可淹没。

（3）堤顶路与市政道路

该区域是主要的游览区域，建筑设施、永久性构筑物、人流密集活动场地均在此区域内建设，与市政路之间有顺畅的交通联系。

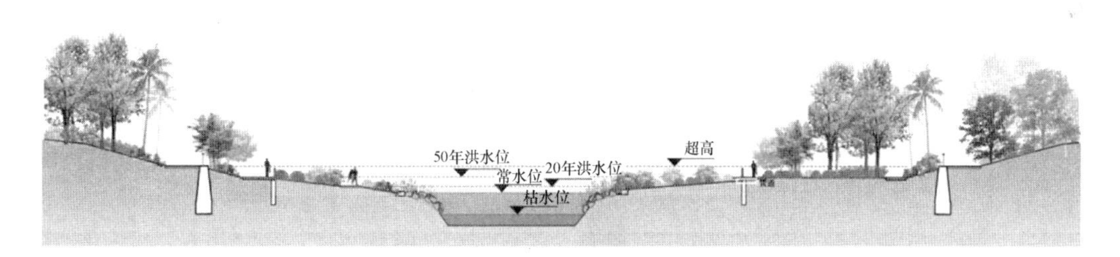

图 7　沐溪河景观断面模式

4.3　河道堤岸形式

根据水利部门提供的流速计算结果（表 1），沐溪河流速在日常情况下多为 3m/s 左右，属于流速较高的河流，常水位以下（即马道标高以下区域）适宜采用生态袋、抛石等做法。在局部坡度较陡、流速更高的区域采用石龙、毛石挡墙等护岸形式。在部分流速可以控制的区域，少量的采用草坡、水生植物等类型的驳岸。亲水平台以毛石砌筑的结构形式为主，来保证其被洪水冲刷时的稳定性。

沐溪河流速计算成果（水利提供）　　表 1

序号	断面	v (m/s)		
		2%	5%	50%
1	沐溪河(长龙)汇口以前	4.2	3.8	2.7
2	1#拦砂坝以前	4.7	4.4	2.9

4.4　核心景观空间设计

在三溪汇流的区域的核心湖面是沐溪河景观带的空间核心。湖区东、西两侧设置两个活动广场。

4.4.1　主广场——舞龙广场

东侧广场面积较大，可以作为节庆日舞龙表演的场所。

广场作为沐川当地草龙文化为核心概念，通过对龙形象进行抽象的构筑物作为点睛之笔，表现沐川本土草龙文化和“飞龙在天”的文化寓意，浓缩地集中体现龙文化的精神内核。

广场东侧市政路与湖区常水位标高达 6m 余。为了保持广场的完整性，设计分三个层次消化高差，把整个广场分位三个区域，入口区——主广场区——亲水平台区。

广场竖向设计遵循水利防洪要求，入口区与市政道路平接，经台阶与缓坡地形与主广场联系，主广场高于防

图 8　局部保留的自然草坡驳岸与亲水平台采用的毛石砌筑结合抛石的驳岸

图 9　舞龙广场平面图

图 10　舞龙广场滨水区建成效果

图 11　舞龙广场亲水平台区域（拍摄于 2018 年年底，已经历三年洪水考验）

洪设防标高，在 20 年一遇洪水来袭时仍可正常使用。广场滨水区通过台阶与坡道与主广场连接，滨水区设置亲

图 12　隔湖相望的次广场

水平台，与水面高差较小，以形成亲水的景观效果，洪水期可以被淹没。亲水平台驳岸采用抛石做法稳固驳岸。

4.4.2　次广场

西侧广场面积较小，与主广场隔湖对望，根据现状地形设计瞭望广场以观中心湖区景观，平台下方设置亲水平台，能够与水面近距离接触，洪水期可被淹没。瞭望广场高于防洪设防标高。广场设计语言与舞龙广场一致，采用流线形式。

5　思考与结论

本项目在 2016 年年初建成后，已经历若干次洪水的洗礼，通过了山区汹涌洪水的考验。沐溪河滨水景观带不仅成为沐川县城人民日常休闲、健身、娱乐最重要的场所，也成为沐川县对外展示的重要窗口。

沐溪河是典型的山区型河道，降雨集中，水量变化大，水位变化大，流速快，水文特点与平原型河道差异极大。在沐溪河滨水景观带的设计中，我们探讨了对于山区型河流，如何在保证防洪安全的前提下，保持河道曲折蜿蜒的自然形态、丰富河道内的水体类型，增加亲水空间与设施，实现水、植被、市民活动等在河道空内的和谐共存，同时以呈现出符合山区河流水文特征以及当地自然、文化特色的景观。我国是一个幅员辽阔的国家，河流所处区域的气候条件、地形地貌、地质条件等多种多样，怎样的河道景观是自然的、生态的，答案也一定是多种多样的。本项目对沐溪河这一类山区型河道的景观规划设计做出了一些探索。

参考文献

[1] 日本河流整治中心. 让城市与水边更丰富、自然—多自然型建设工程的理念与应用[M]. 东京：山海堂出版，2004.

[2] 崔伟中. 日本河流生态工程措施及借鉴[J]. 人民珠江，2003(5)：1-4.

[3] 董哲仁. 生态水工学的工程理念[J]. 中国水利，2003(1)A刊：63-66.

[4] 刘娜娜，杨德全，张书宽. 生态河道中护岸形式的探索及应用[J]. 中国农村水利水电，2006.

[5] 黄凯文，方剑飞. 山区河道堤防设计探索——以松阳县河道治理工程为例[J]. 浙江水利科技，2012.

作者简介

何苗，1982年生，女，汉族，陕西，硕士，北京清华同衡规划设计研究院有限公司，高级工程师，风景园林三所副所长。研究方向：风景园林规划设计。电子邮箱：hemiao@thupdi.com。

上海苏州河城市滨水空间生态系统服务供给效能的空间分异[①]

Spatial Differentials of Ecosystem Services Supply Efficiency at Urban Waterfront Areas of Shanghai Suzhou Creek

汪洁琼　李心蕊　王　敏*

摘　要： 针对上海苏州河全面启动"苏四期"的现实需求，研究以苏州河滨水空间为研究对象，从生态系统服务供需理论出发，开展3大类型、8大维度的生态系统服务供给效能的研究，提出能表征滨水空间形态特征的22个核心指标，采用全排列多边形图式指标法进行半定量研究。结果发现：其不同河段的供给效能存在着明显空间差异，在小气候调节、支持生物多样性、提供游憩机会方面，整体呈现较高的供给效能；而在提供自然教育、雨洪管理、历史文化传承方面，供给效能普遍偏低。从而为上海苏州河城市滨水空间存量更新提升、规划、设计提供理论依据、评价标准及技术支撑。

关键词： 风景园林；生态系统服务；城市滨水空间；供给效能；全排列多边形图式指标法；上海苏州河

Abstract: To meet the requirements that the Suzhou Creek in Shanghai has launched the new program of 'the 4th phasing', this study focused on the urban waterfront areas and was based on the theory of ecosystem services supply and demand. It studied the supply efficiency of the 3 types and 8 dimensions of ecosystem services through establishing 22 core spatially explicit indicators and the semi-quantitative method of 'entire-array-polygon diagram index model'. The findings included that there were clear spatial differentials between different river sections. The supply of microclimate regulation, supporting biodiversity and recreational activities opportunities were generally highly efficient while the supply of environmental educational provision, stormwater regulation and heritage conservation were generally poorly provided. The findings can provide theoretical basis, evaluation methods and technical supports to improve the planning and design of the urban renewal of the waterfront areas along the Suzhou Creek in Shanghai.

Keyword: Landscape Architecture; Ecosystem Services; Urban Waterfront Areas; Supply Efficiency; Entire-Array-Polygon Diagram Index Model; Suzhou Creek in Shanghai

引言

苏州河是上海最重要的河流之一，也称吴淞江，源出太湖瓜泾口，全长125km，上海境内53.1km，也是黄浦江最大的支流之一。过去三十年来上海苏州河的综合治理工作所取得成绩不容小觑，目前正处在全面启动苏州河环境综合整治四期工程阶段[1]，简称"苏四期"。其发展目标是要坚持两岸贯通与功能提升同步，推动苏州河与黄浦江"一江一河"交相辉映，打造世界级滨水区[1]；到2020年，力争全面消除劣V类水体、干流堤防工程全面达标、航运功能得到优化、生态景观廊道基本建成，努力把苏州河打造成为城市项链、发展名片、游憩宝地[1]。当前，对于上海苏州河的研究以国内文献为主，包括环境科学与工程、生态学及历史演进3个方面。其一，环境科学与工程方面的研究侧重于苏州河水质情况[2]、河床表层沉积物[3]、底栖动物群落[4]、浮游生物群落[5]和微生物群落[6]的分布特征和影响因子等，厘清苏州河水体污染的特征和机理，并从支流截污、引清调水、底泥处理、曝气复氧、沿岸绿化等方面探讨水质改进的工程措施[2]。其二，生态学方面，车越等学者对整条苏州河河岸带及河流健康进行了评价，并从生境修复的角度提出了河岸带的规划设计及改进策略[7]。其三，历史演进与产业更新方面，主要对上海苏州河滨水文化资源本底、空间现状、发展困境进行回顾与梳理[8]，总结了其产业变迁过程并对未来发展方向进行展望[9]，同时对遗产的保护和再利用方法进行探讨[10]。现有文献总体上缺乏从生态系统服务角度切入，探讨上海苏州河城市滨水空间供给效能的研究。

生态系统服务空间性研究（ecosystem services mapping），或称生态系统服务制图研究，是将生态过程与生态系统服务联系起来并将其理论应用于实践的有力工具与关键环节，旨在根据决策需求，选择合适的制图评价方法，对特定时空尺度上生态系统服务的空间分布以及在各种自然-社会因素共同影响下生态系统服务的情景变化进行量化描述[11]。当前，生态系统服务空间性研究的研究方法主要包括两种，一种为"生态-经济综合模型"是指将主要用来揭示生态系统服务的综合特征是如何受人类影响的生态模型与用来评估生态系统服务变化对人类福祉影响的社会经济评估模型综合结合模型[12]，最典型

① 基金项目：国家重点研发计划课题"绿色基础设施生态系统服务功能提升与生态安全格局构建"（2017YFC0505705）；住房和城乡建设部软科学研究项目（K22018095）；高密度人居环境生态与节能教育部重点实验室（同济大学）开放课题（201820301）；高密度人居环境生态与节能教育部重点实验室（同济大学）开放课题（201810405）；同济大学2018-2019年研究生教育改革与研究项目子项目（0100106057）。

的是Costanza等关于生态系统服务的价值研究[13]；而另一种方法“基于土地利用的情景模拟方法”是指综合考虑土地利用与生态系统管理政策，通过设定不同变化情景来反映生态系统服务可能的动态变化的方法[12]，一般通过土地覆盖数据、土地利用变化、综合植被覆盖数据、水文模型数据、气候变化、交通等环境变量信息以及通过人口分布、消费量、消费组成等社会统计信息对某研究单元内的生态系统服务提供与需求特征进行综合分析[14]。然而，城市滨水空间具有明显的场地特征、稀缺性与有限性，承担着水质净化、雨洪调节、提供游憩机会等多种生态系统服务[8]，现有研究多为在区域或城市尺度上开展，多以土地利用为核心，对风景园林生态实践的指导性较为有限。

值此“苏四期”启动改造的新机遇时期，研究针对综合治理前苏州河的滨水空间状况开展调研，通过归纳总结生态系统服务的相关文献，构建适用于评价城市滨水空间生态系统服务供给效能的核心指标，通过ArcGIS进行供给效能的空间制图，识别不同河段供给效能的空间分异，从而为上海苏州河城市滨水空间存量更新提升、规划、设计提供理论依据、评价标准及技术支撑。

1 研究对象与研究方法

1.1 研究对象与数据收集

本研究选取上海市苏州河外白渡桥至中环立交桥段，全长约16.9km。研究对象主要为河流两侧的堤岸空间与绿地空间共同构成的滨水空间，但调研范围为50m～1.5km宽度不等的包含周边城市建设用地在内的腹地空间（图1）。为便于外业田野调查及内业分析工作，将其分为西段（环立交桥至曹杨路段）、中段（曹杨路至普济路段）、东段（普济路至外白渡桥段）三部分，并对每部分的南北两岸分别进行研究，根据景观特征将苏州河南北两岸滨水空间划分为59个河段，将景观特征相同的不同河段归为同一个评价单元，共计43个，并对其进行编号（图2）。研究中生态系统服务供给的相关数据主要通过田野调查法获得。调查分3次进行，分别在2017年7月、9月及2018年6月。调查过程中根据现场信息及评价指标进行评价与记录，并对所得数据进行复核，后期在ArcGIS平台上对数据进行分析和可视化表达。

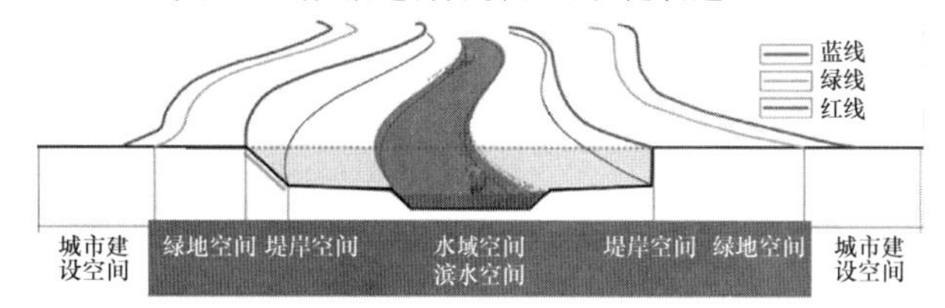

图1 研究对象——城市滨水空间的组成

1.2 针对各单项生态系统服务构建供给效能评价方法

生态系统服务供给是指某研究区域（生态系统）在特定的时空尺度内生产一系列能被人类利用的生态系统产品和服务的能力，这种能力的大小可以通过价值量或物质量来度量[11]。大量研究表明生态系统服务供给具有明显的空间异质性，所以其服务供给能力也具有显著空间分异特征[15,16]。根据联合国千年生态发展评估报告以及笔者研究团队已有的研究成果[17,18]可知，城市滨水空间所提供的生态系统服务包括调节型、支持型及文化型3大类型，可细分为水质净化（WQ）、雨洪管理（FS）、小气候调节（CR）、支持生物多样性（SB）、提供自然教育（EE）、提高城市美感（UA）、历史文化传承（HC）和提供游憩机会（RO）8个维度。通过对文献进行梳理，识别各个维度的、能表征滨水空间特征的22个核心指标，并构建评价体系，其赋值标准、相关文献与计算公式具体如表1所示。

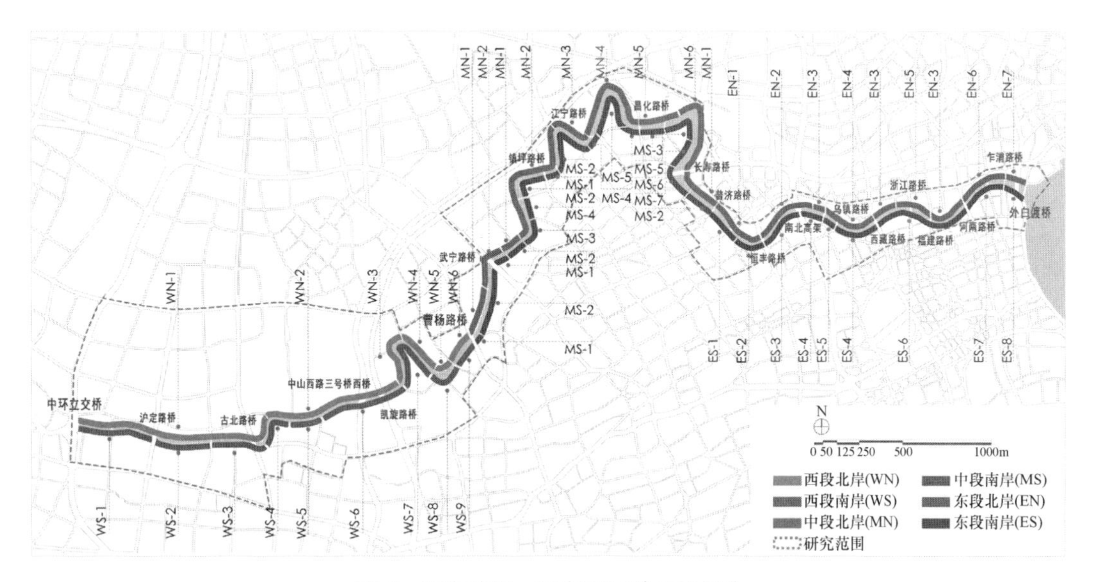

图2 研究范围、研究空间单元的划分

城市滨水空间生态系统服务供给三大类型、八大维度、核心指标与计算公式 **表 1**

类型	维度	指标	标准	赋值	相关文献	计算公式
调节型	水质净化（WQ）	护岸孔隙结构（P_s）	鹅卵石驳岸或泥岸	5	[19]	$WQ=\sqrt[3]{P_s\times W_w\times A_a\times\frac{1}{P_i}}$
			沙滩或石砌驳岸或木栈道	3		
			混凝土或其他刚性护岸	1		
		水面植物宽度（W_w）	$W_w\geqslant 6m$	5		
			$3m\leqslant W_w<6m$	3		
			$W_w<3m$	1		
		生态浮岛或人工曝气分布密度（A_a）	$A_a\geqslant 1/50$	5		
			$1/100\leqslant A_a<1/50$	3		
			$A_a<1/100$	1		
		污染物输入（P_i）	无	5		
			有	1		
	雨洪管理（FS）	不透水铺装比例（P_w）	≤10%	5	[20]	$FS=\sqrt[2]{P_w\times V_w}$
			$10\%\leqslant P_w<35\%$	4		
			$35\%\leqslant P_w<50\%$	3		
			$50\%\leqslant P_w<75\%$	2		
			$75\%\leqslant P_w\leqslant 100\%$	1		
		滨水植物缓冲带宽度（V_w）	$V_w\geqslant 6m$	5		
			$3m\leqslant V_w<6m$	3		
			$V_w<3m$	1		
	小气候调节（RC）	乔木覆盖率（T_e）	$T_e\geqslant 80\%$	5	[21]	$CR=\sqrt[2]{T_c\times V_s}$
			$30\%\leqslant T_e<80\%$	3		
			$T_e<30\%$	1		
		植物空间结构（V_s）	乔灌草	5		
			乔草	4		
			单一乔木	3		
			灌草	2		
			无植被	1		
支持型	支持生物多样性（SB）	乔木种类数（N_a）	>5 种	5	[22]	$SB=\sqrt[4]{N_a\times N_s\times N_g\times N_e}$
			3～5 种	3		
			1～3 种	1		
		灌木种类数（N_s）	>5 种	5		
			3～5 种	3		
			1～3 种	1		
		草本种类数（N_g）	>5 种	5		
			3～5 种	3		
			1～3 种	1		
		水生植物种类数（N_e）	>5 种	5		
			3～5 种	3		
			1～3 种	1		
文化型	提供自然教育（EE）	有无标识系统（S_g）	有	5	[23]	$EE=\sqrt[2]{S_g\times E_e}$
			无	1		
		有无环境教育活动（E_e）	有	5		
			无	1		

续表

类型	维度	指标	标准	赋值	相关文献	计算公式
文化型	提高城市美感（UA）	水景可见度（W_s）	全部可见	5	[24，25]	$UA=\sqrt[3]{W_s\times D_s\times D_w}$
			部分可见	3		
			不可见	1		
		景观小品分布（D_s）	雕塑及景观小品丰富	5		
			仅在局部设置雕塑及景观小品	3		
			无雕塑及景观小品	1		
		亲水设施分布（D_w）	亲水设施丰富	5		
			部分区域设置亲水设施	3		
			无亲水设施	1		
	历史文化传承（HC）	历史古迹或古树名木的保存状况（H_g）	有	5	[26]	$HC=\sqrt[2]{H_g\times H_s}$
			无	1		
		历史记忆留存（H_s）	有	5		
			无	1		
	提供游憩机会（RO）	游憩活动类型数（R_t）	>5 种	5	[27]	$RO=\sqrt[3]{R_t\times R_a\times R_s}$
			3～5 种	3		
			1～3 种	1		
		游憩设施分布（R_a）	游憩场地充足	5		
			部分区域设游憩场地	3		
			无游憩场地	1		
		服务设施分布（R_s）	服务设施充足	5		
			部分区域设服务设施	3		
			无服务设施	1		

1.3 全排列多边形图式指标法

研究采用半定量赋值与全排列多边形图示指标法相结合的方法对评价结果进行综合表达。在合理原则选取多个评价指标的基础上，对指标值进行标准化处理，各指标标准化值相互连接组成的不规则的 N 边形的面积越大，评价结果越优[28]。全排列多边形图示指标法具有兼容性高、表达直观等优点。评价指标的标准分级是评价的关键，评价标准的收集包括 2 部分：一是实地预调研及正式调研中各指标的现状本底数值；二是通过咨询专家、查阅文献后的分级标准，结合苏州河滨水空间特征，修正并最终确定各指标评分标准。本研究中各指标均采用 5 级赋值评分，分值均在 1～5，即完成了各个指标数值的标准化处理。

2 研究结果

根据前文制定的三大类型、八个维度的生态系统服务供给的 22 个核心指标，对上海苏州河滨水空间生态系统服务供给效能进行评价，评价结果如图 3 所示；而 8 个维度生态系统服务供给效能分类占比如表 1 所示；各个河段的综合效能评价结果如图 4 所示。

首先，总体而言，小气候调节（CR）、支持生物多样性（SB）、提供游憩机会（RO），这 3 个维度的生态系统服务供给水平处于较好的状态，其中：①CR 方面，超过 41%的河段处于较高至高的供给水平，仅 9%处于低水平。②SB 方面，也具有 41%的河段处于较高至高的供给水平，供给水平较高的是东段南岸。但也有 28%的河段处于低供给水平，主要位于内环高架路附近（WN-6）、中段南岸曹杨路、武宁路、镇坪路部分滨水空间（MS-1）等。③RO 方面，有 15%的河段处于高供给水平，主要是东段南岸（除 ES-6）和西段北岸，这两段表现较为突出，游憩活动类型丰富，活动场地充足。

其次，水质净化（WQ）与提高城市美感（UA），这 2 个维度的生态系统服务供给水平一般，其中：①WQ 方面，68%的河段处于中等供给水平，19%处于较低的供给水平，水平较高的为大华清水湾花园段（WN-3）、昌化桥以东北岸（MN-5）等。②UA 方面，34%的河段处于中等供给水平，33%处于低至较低供给水平。东段整体供给水平较为突出，西段北岸表现良好，其余滨水空间大部分为水泥挡墙，水景可见度低，且缺乏景观小品及亲水设施。

最后，提供自然教育（EE）、雨洪调节（FS）、历史文化传承（HC），这 3 个维度的整体生态系统服务供给水平较低，其中：①EE 方面，93%的河段处于低至较低的供给水平，除梦清园段（MS-5）外，苏州河两岸几乎不

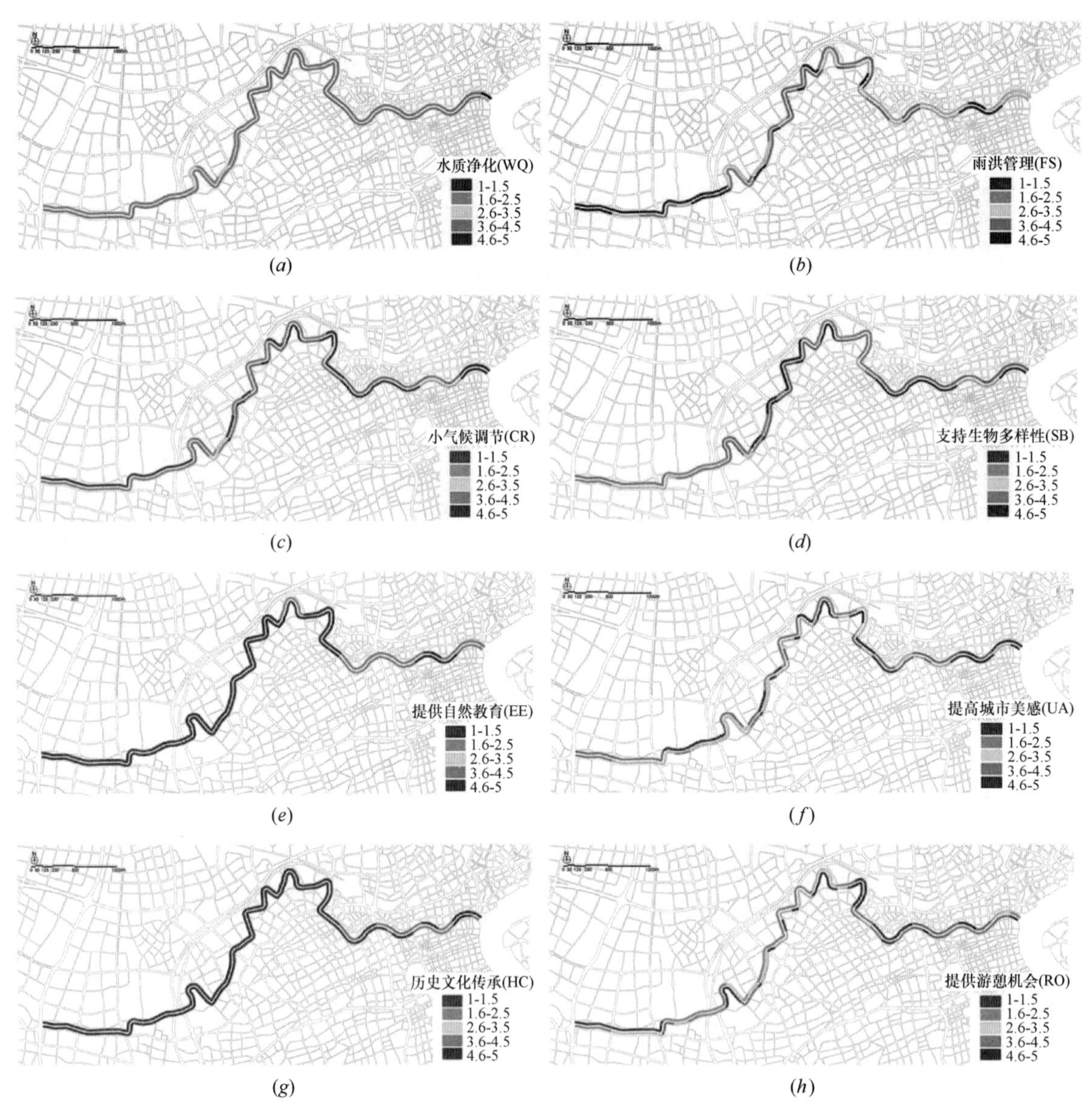

图 3　上海市苏州河滨水空间生态系统服务供给效能的单项评价结果

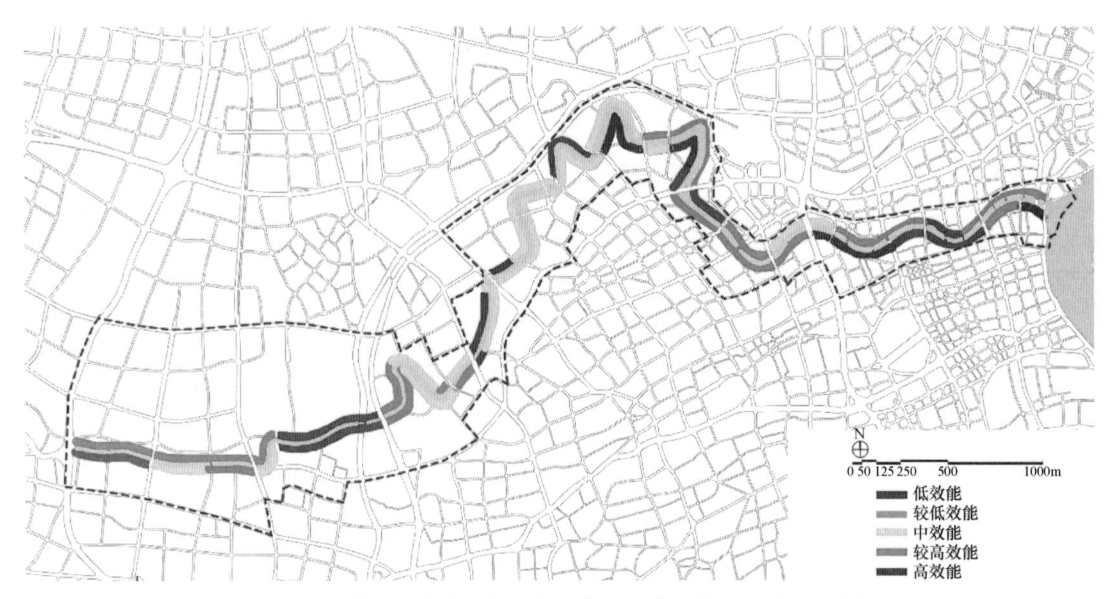

图 4　上海市苏州河滨水空间生态系统服务供给效能的综合评价结果

存在环境教育活动或标识系统。②FS方面，80%的河段处于低至较低的供给水平，全河段以防洪墙建设为主，缺少透水性铺装等海绵设施等技术的支持；雨洪调节水平较高的为中环立交桥至古北路桥北岸（WN-1）及梦清园段（MS-5），主要因为这两段的滨水植物缓冲带宽度较大、硬质铺装比例较小。③HC方面，65%的河段处于低至较低的供给水平，由于东段历史文化遗产分布较为密集，且保存状况良好、水平较高外，其他滨水空间鲜有历史文化传承方面的分布。

苏州河滨水空间8个维度生态系统服务供给效能分类占比　　表2

	1～1.5（低效能）	1.6～2.5（较低效能）	2.6～3.5（中效能）	3.6～4.5（较高效能）	4.6～5（高效能）
水质净化（WQ）	0.00%	19.25%	68.13%	12.62%	0.00%
雨洪管理（FS）	51.78%	27.61%	7.43%	13.18%	0.00%
气候调节（CR）	9.37%	26.11%	23.95%	26.87%	13.70%
支持生物多样性（SB）	27.67%	16.70%	15.26%	26.67%	13.70%
提供自然教育（EE）	65.78%	27.28%	6.94%	0.00%	0.00%
提高城市美感（UA）	23.89%	8.67%	34.22%	27.71%	5.51%
历史文化传承（HC）	51.34%	14.22%	13.55%	17.50%	3.38%
提供游憩机会（RO）	23.37%	35.56%	12.71%	13.10%	15.26%

3　基于供给效能空间分异的优化策略

3.1　整体供给效能较低

针对供给水平明显较低的滨水空间，需要进行生态实践纠错，通过优先发展实现更具针对性的精明修复。在苏州河的案例中发现两处较为典型的空间，包括东段南岸—西藏路桥—河南路桥（ES-6），以及中段南岸—武宁路桥附近（MS-1）该两段实际供给水平都较差，建议通过滨水绿带的构建，优先发展居民日常游憩、亲水观赏、康体休闲等服务功能，要求贯通性较高，以游憩绿道、慢行道串联滨水景观的线形公共空间，能够提供开放、舒适、易达的空间环境体验，为市民交往交流和日常活动提供支持。

3.2　整体供给效能较高

以东段南岸—乍浦路桥—外白渡桥（ES-8）和梦清园段（MS-5）为典型，供给水平较高，提供了充足的游憩场地，丰富的游憩设施，良好的滨河绿地，多因子评分较高，多项服务水平较高。其中东段南岸—乍浦路桥—外白渡桥（ES-8）文化服务方面尤为突出。建议在未来发展中，逐步转化现有的游憩机会方面的服务功能，通过场地尺度生态设计的改造，相应增加自然教育、水质净化、雨洪管理等方面的服务。

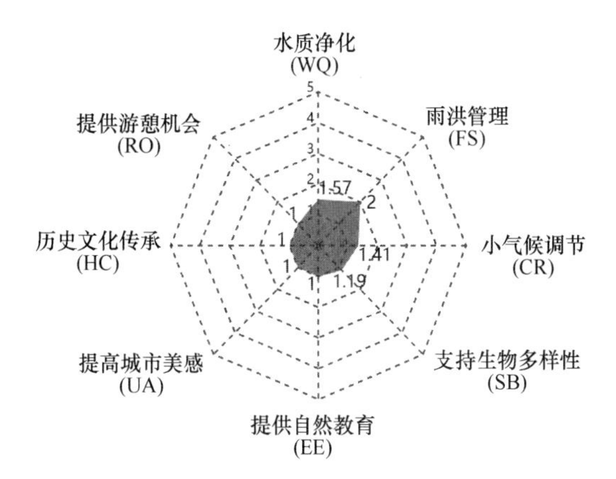

图5　东段南岸—西藏路桥—河南路桥（ES-6）

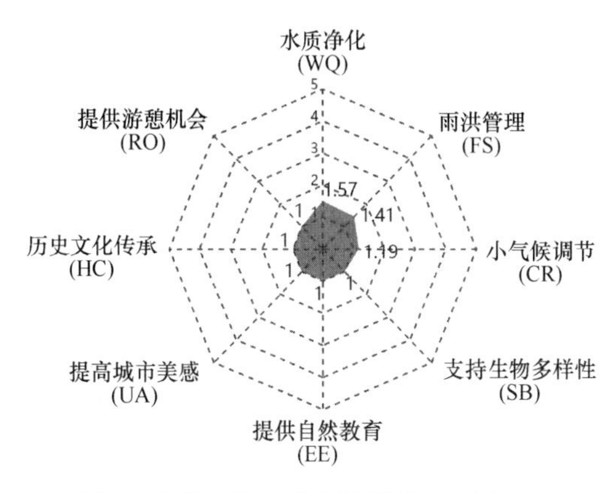

图6　中段南岸—武宁路桥附近（MS-1）

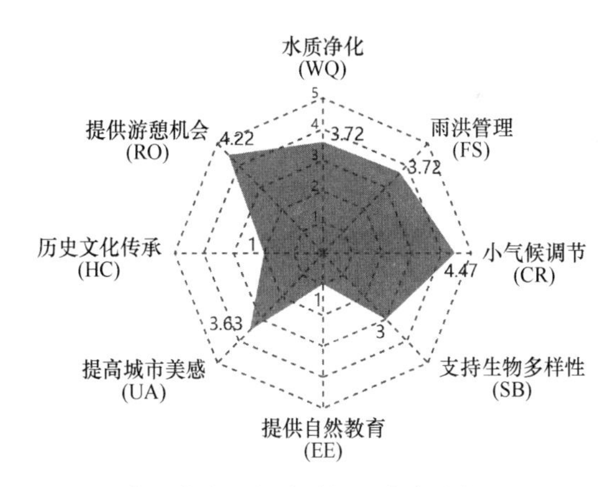

图7　东段南岸—乍浦路桥—外白渡桥（ES-8）

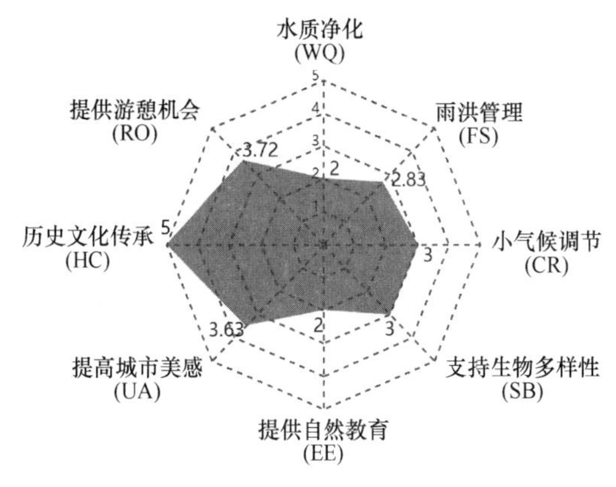

图8　梦清园段（MS-5）

3.3 部分维度供给效能突出

在苏州河滨水空间中发现 2 处较为典型的空间单元，具体包括：①西段北岸—中环立交桥—古北路桥（WN-1），提供游憩机会与提高城市美感方面较为突出，各项生态系统服务水平较高。②东段北岸—西藏路桥—河南路桥（EN-3），该段在历史文化传承、提高城市美感、提供游憩机会等文化服务水平较高，其他方面供给水平较低。

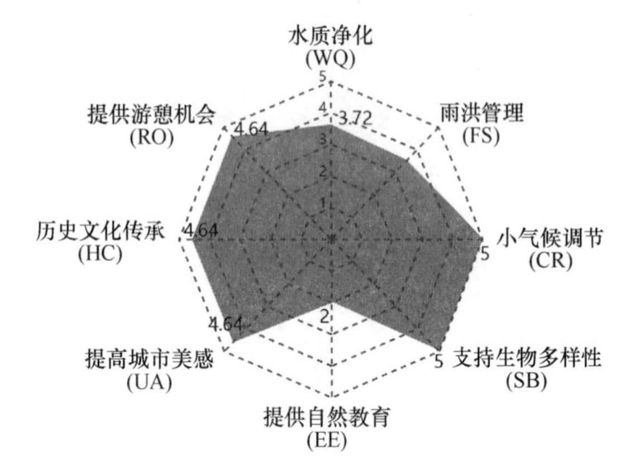

图 9　西段北岸—中环立交桥—古北路桥（WN-1）

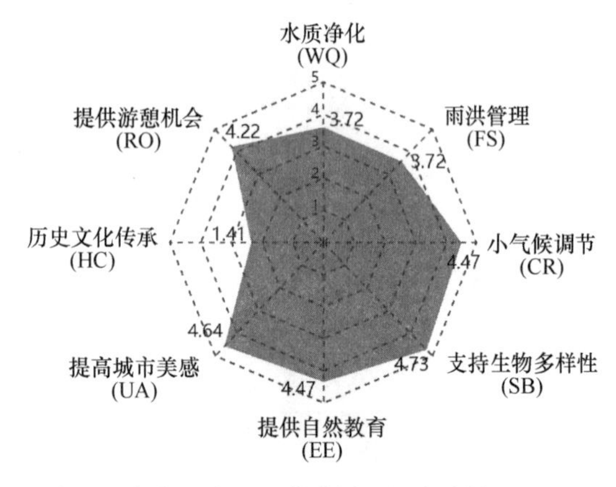

图 10　东段北岸—西藏路桥—河南路桥（EN-3）

4　结语

针对上海苏州河全面启动"苏四期"的现实需求，研究以苏州河滨水空间为研究对象，从生态系统服务供需理论出发，对苏州河上海市区段滨水空间的 43 个空间单元进行实地调研与评价，开展 3 大类型、8 大维度的生态系统服务供给效能的研究，提出能表征滨水空间形态特征的 22 个核心指标，采用全排列多边形图式指标法进行半定量研究。由评价结果可知：在小气候调节、支持生物多样性、提供游憩机会方面，整体呈现较高的供给效能；而在提供自然教育、雨洪管理、历史文化传承方面，供给效能普遍偏低。其不同河段的供给效能存在着明显空间分异，通过对整体供给效能较低、较高、部分河段供给效能较为突出的 3 种情况的讨论，提出城市滨水空间的优化策略，从而为上海苏州河城市滨水空间存量更新提升、规划、设计提供理论依据、评价标准及技术支撑。

参考文献

[1]　邓雪湲，干靓．韧性理念下的高密度城区河流护岸带生态改造研究——以上海市"一江一河"岸线为例[J]．城市建筑，2018，(33)：48-51.

[2]　唐礼智，汤建中．上海市苏州河段水质污染综合治理研究[J]．地理与地理信息科学，2001，17(4)：81-84.

[3]　周立旻，郑祥民，殷效玲．苏州河沉积物中重金属的污染特征及其评价[J]．环境化学，2008，27(2)：135-136.

[4]　戴雅奇，熊昀青，由文辉．苏州河底栖动物群落恢复过程动态研究[J]．生态与农村环境学报，2005，21(3)：21-24.

[5]　汪飞，吴德意，王灶生，等．以浮游生物为指示生物的苏州河生态安全评价[J]．环境科学与技术，2007，30(3)：52-54.

[6]　陈金霞，徐亚同．微生物在苏州河生态系统中的地位及作用[J]．环境工程学报，2002，3(7)：70-74.

[7]　汪冬冬，杨凯，车越，等．河段尺度的上海苏州河河岸带综合评价[J]．生态学报，2010，30(13)：3501-3510.

[8]　汪洁琼，王敏，彭英，等．上海苏州河生态系统服务演变的历史分析与滨水文化提升策略[J]．建筑与文化，2017，(11)：153-155.

[9]　李晓花．苏州河创意产业的历史文化背景、现状特征与发展趋向[D]．上海：同济大学，2009.

[10]　顾承兵．上海近代产业遗产的保护与再利用——以苏州河沿岸地区为例[D]．上海：同济大学，2003.

[11]　张立伟，傅伯杰．生态系统服务制图研究进展[J]．生态学报，2014，34(2)：316-325.

[12]　Li P，Jiang L G，Feng Z M，et al. Research progress on trade-offs and synergies of ecosystem services：An overview [J]. Acta Ecologica Sinica，2012，32(16)：5219-5229.

[13]　Costanza R. Ecosystem services：Multiple classification systems are needed[J]. Biological Conservation，2008，141 (2)：350-352.

[14]　Kroll F，MüLler F，Haase D，et al. Rural-urban gradient analysis of ecosystem services supply and demand dynamics [J]. Land Use Policy，2012，29(3)：521-535.

[15]　肖玉，谢高地，鲁春霞，等．基于供需关系的生态系统服务空间流动研究进展[J]．生态学报，2016，36(10)：3096-3102.

[16]　彭建，杨旸，谢盼，等．基于生态系统服务供需的广东省绿地生态网络建设分区[J]．生态学报，2017，37(13)：4562-4572.

[17]　汪洁琼，彭唤雨，卓承学，等．海绵社区生态服务综合效能的雷达图表评价模型：墨尔本斯坦福社区的实证研究[J]．中国城市林业，2016，(4)：28-33.

[18]　汪洁琼，刘滨谊．基于水生态系统服务效能机理的江南空间形态重构[J]．中国园林，2017，(10)：68-73.

[19]　汪洁琼，朱安娜，王敏．城市公园滨水空间形态与水体自净效能的关联耦合：上海梦清园的实证研究[J]．风景园林，2016，(8)：118-127.

[20]　周思思，王冬梅．河岸缓冲带净污机制及其效果影响因子研究进展[J]．中国水土保持科学，2014，(5)：114-120.

[21]　刘滨谊，林俊．城市滨水带环境小气候与空间断面关系研究 以上海苏州河滨水带为例[J]．风景园林，2015，(6)：46-54.

[22]　黄越，闻丞，陈炜，等．基于生物群落重建的景观水体生态修复方法研究[J]．中国园林，2018，34(4)：24-39.

[23]　叶新才．生态旅游环境教育功能的实现途径研究[J]．四川

环境，2009，28(3)：54-57+70.

[24] 汤雨琴，郭健康，靳思佳，等. 郊野公园游憩度评价体系构建研究[J]. 上海交通大学学报(农业科学版)，2013，31(5)：79-88.

[25] 张宏，黄震方，方叶林，等. 湿地自然保护区旅游者环境教育感知研究——以盐城丹顶鹤、麋鹿国家自然保护区为例[J]. 生态学报，2015，35(22)：7899-7911.

[26] 张翠蓁，姚亦锋. 滨水景观设计及其历史文化承载再现的研究——南京外秦淮河规划[J]. 中国园林，2004，(10)：27-30.

[27] 肖星，杜坤. 城市公园游憩者满意度研究——以广州为例[J]. 人文地理，2011，(1)：129-133.

[28] 乔艳丽，王振兴，王烨. 全排列多边形图示指标法区域能效评价[J]. 煤气与热力，2015，35(4)：66-71.

作者简介

汪洁琼，1981年生，女，汉族，上海人，博士，同济大学建筑与城市规划学院景观学系，副教授、系主任助理、硕士生导师。研究方向：水生态、生态系统服务空间性、城市生态修复、景观生态规划与设计的科研、教学与工程实践。电子邮箱：echowangwang@qq.com。

李心蕊，1995年生，女，汉族，黑龙江省哈尔滨人，在读硕士研究生，同济大学建筑与城市规划学院景观学系。电子邮箱：497811805@qq.com。

王敏，1975年生，女，汉族，福建福州人，博士，同济大学建筑与城市规划学院景观学系，副教授，博士生导师，同济大学高密度人居环境与节能教育部重点实验室。研究方向：城市景观与生态规划设计教学、实践与研究。电子邮箱：wmin@tongji.edu.cn。

苏州3个古典园林夏季空气温度分布特征分析①

Comparison Analysis of Air Temperature Distribution Characteristics of Three Suzhou Classical Gardens in Summer

郭晓晖　杨诗敏　晏　海*

摘　要： 为探究苏州古典园林微气候的夏季空气分布特征，挖掘苏州古典园林微气候营造的规律，本文以苏州3个代表性的古典园林（拙政园、留园、网师园）为例，通过固定测量和移动测量进行温度实测，分析和比较了3个古典园林在夏季的空气温度分布特征。研究表明，3个尺度和风格不同的古典园林在空气温度分布上存在差异。拙政园全园空气温度分布较为稳定，园内温差较小，仅为1.6℃。留园全园空气温度差较大，且全园温度分布表现出明显的东西差异。网师园全园温度普遍较高，全园温差很大，达到了3.5℃。对比3个古典园林，在夏季拙政园温度表现最佳，留园次之，网师园温度表现最差。拙政园全园平均空气温度最低，全园空气温度波动较小，留园全园平均空气温度接近拙政园但全园空气温度波动最大，网师园全园平均空气温度最高，园内空气温度波动也较大。

关键字： 苏州古典园林；拙政园；留园；网师园；微气候；气温

Abstract: In order to explore the summer air distribution feature of Suzhou classical garden microclimate, and to explore the law of Suzhou classical garden microclimate construction, this paper takes three representative classical gardens of Suzhou (Humble Administrator's Garden, Lingering Garden, and Net Master Garden) as an example. Fixed measurement and mobile measurement were carried out to measure the temperature, and the air temperature distribution characteristics of three classical gardens in summer were analyzed and compared. Studies have shown that there are differences in air temperature distribution between three classical gardens with different scales and styles. The air temperature distribution in the whole garden of Humble Administrator's Garden is relatively stable, and the temperature difference in the park is small, only 1.6℃. The air temperature difference in the Lingering Garden is large, and the temperature distribution of the whole park shows obvious differences. The temperature of the whole garden of the Net Master Garden is generally high, and the temperature difference of the whole garden is very large, reaching 3.5℃. Comparing the three classical gardens, the temperature in the Humble Administrator's Garden was the best in the summer, followed by the Lingering Garden, and the temperature of the net teacher garden was the worst. The average air temperature in the whole park of Humble Administrator's Garden is the lowest, and the air temperature fluctuation of the whole garden is small. The average air temperature of the garden is close to the Humble Administrator's Garden, but the air temperature of the whole garden fluctuates the most. The average air temperature of the whole garden is the highest. Temperature fluctuations are also large.

Keyword: Suzhou Classical Garden; Humble Administrator's Garden; Lingering Garden; Net Master Garden; Microclimate; Temperature

引言

城市化快速发展带来了许多城市问题，城市热岛热岛效应是其中最为显著的问题之一[1]，城市热岛效应带来了许多不利影响，如：增加了城市能源消耗，提高了空气污染水平，危害人体健康[2-4]。城市公园在缓解城市热岛效应上发挥着关键作用[5]，因此研究城市公园的微气候营造模式可以指导城市规划设计。

公园对微气候的影响已得到大量证明，公园可以在其内部形成公园冷岛，对周边环境起到降温作用[6]。而不同的公园特征都会影响公园对微气候的调控作用。许多学者针对公园特征对微气候的影响进行了广泛而深入的研究。例如，Chang等[7]对台北61个城市公园进行实测，研究了公园大小和下垫面对公园冷岛强度的影响。Yan等[8]利用移动观测法研究了下垫面对城市公园温度的影响。Chibuike等[9]利用遥感技术研究了植被和公园形状对公园降温作用的影响。这些研究从现代城市公园侧面研究了公园特征对公园降温效应的影响。

作为公园体系的一部分[10]，中国古典园林虽然其形式和营造手法和现代公园有所不同，但中国古典园林同样具备着公园各种功能。中国古典园林历时千年，其中蕴含的精华对现代园林设计仍具有重要的指导意义[11]。在人居环境学角度上看，中国古典园林作为古代宜居环境的典范，具备着丰富的生态智慧[12]。因此，对古典园林进行微气候研究对于城市微气候研究有着重要意义。目前，国内对古典园林的研究大多以单个古典园林展开，很少进行古典园林之间的比较[13-15]。为此本研究选取苏州3个代表性的古典园林进行实测，比较和分析3个古典园林之间空气温度分布特征及其差异，以期为古典园林和微气候研究提供理论参考。

① 基金项目：国家自然科学基金项目“基于局地气候区分类的城市热环境时空变化特征及其主要景观驱动因子研究”（51508515）；中国博士后科学基金面上项目（2015M581959）；浙江农林大学科研发展基金项目（2016FR007）；浙江省大学生科技创新活动计划新苗人才计划（2017R412019）。

1 研究区域概况及研究对象

苏州位于江苏省东南部，长江三角洲中部，中国首批24座国家历史文化名城之一。苏州属亚热带季风海洋性气候，四季分明，年均温 15.7℃，1 月均温 2.5℃。7 月均温 28℃。

苏州素有“园林之城”美誉。苏州园林源远流长，全盛时 200 多处园林遍布古城内外，至今保存完好的尚存数十处，代表了江南古典园林的精华。本研究选取苏州古典园林中最具代表性的拙政园、留园和网师园为研究对象，三个古典园林均位于苏州城区，尺度不同，风格各异。

2 研究方法

2.1 测点设置

本研究在拙政园、留园和网师园三个古典园林内各选取 12 个测点，测点选取基于以下原则：①方便测量；②尽可能均匀分布在古典园林内部核心区域；③代表不同类型的空间和环境。测点分布见图 1。

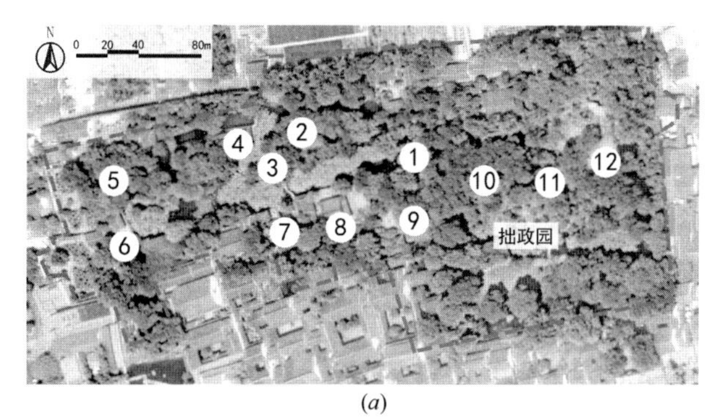

(a)

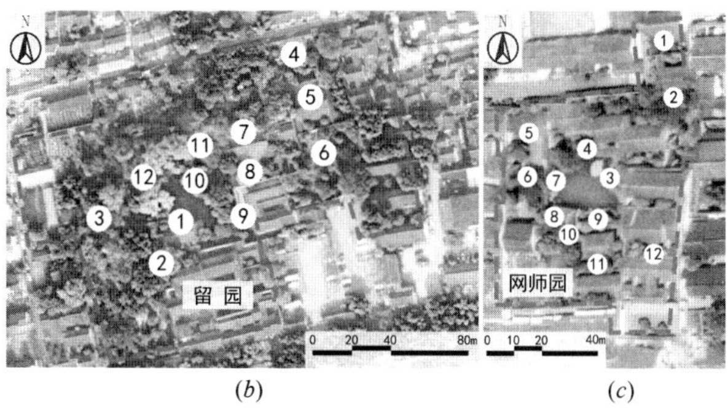

(b) (c)

图 1 苏州古典园林测点分布图

(a) 拙政园；(b) 留园；(c) 网师园

2.2 公园特征的计算和测量

本研究选取下垫面特征作为古典园林公园特征的研究参数。下垫面类型分为植被、水体和不透水面，这 3 个参数各自代表古典园林中植物、水体和建筑及铺装等园林要素。笔者使用 Google Earth 影像地图结合实地踏查获取影像资料。在此基础上，通过 Auto CAD 软件描绘并计算出各下垫面的覆盖率。

2.3 温度测量

本实验测量以固定测量结合移动测量的方式测得各测点的空气温度。其中用 AZ8778 黑球温度计以 5min 为间隔记录对各测点进行固定测量，测量时保证手持式黑球温度计保持成人颈部或肩部的高度。移动测量则使用台湾泰仕 TES-1365 温湿度计在距地面 1.5m 处沿着固定的测量路线连续记录各测点空气温度。实验在夏季晴朗且无风（风速≤2m/s）的天气下进行，笔者于 2017 年 7 月 11～13 日午后（13：00～15：00），以固定测量和移动测量对 3 个古典园林进行连续三天的实测。

3 结果与分析

3.1 拙政园夏季空气温度分布特征分析

图 2a 为拙政园午后（13：00）平均温度分布格局。总的来说拙政园午后全园温度分布较为稳定。午后拙政园内温差较小，为 1.6℃。温度最低的为测点 1，平均空气温度为 34.3℃。该测点位于梧竹幽居，此处有高大乔木和建筑遮挡，受太阳直射时间较少，空气温度上升较慢；此外该处植被覆盖率较高且临水，蒸散作用可以降低周围环境温度。温度最高的为测点 7，平均空气温度达 35.9℃，该测点位于香洲（图 3），该处空间开敞，再加上测点周围存在大量不透水的硬质材料，热导纳较小，受热后极易升温，进而引起周围空气温度升高。测点 6 和测点 11 是全园平均温度仅次于测点 7 的测点，测点 6 位于留听阁前平台，空间较为开敞，测点周围的不透水硬质材料促进了此处的高温环境。而测点 11 位于天泉亭西侧的草坪，该处植被较为稀疏，无法有效遮挡太阳辐射。

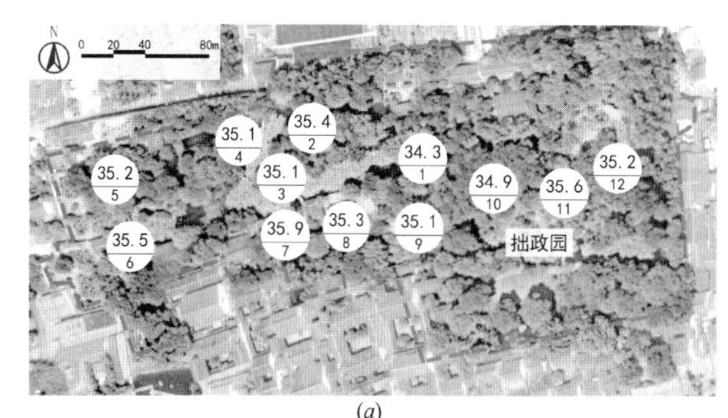

(a)

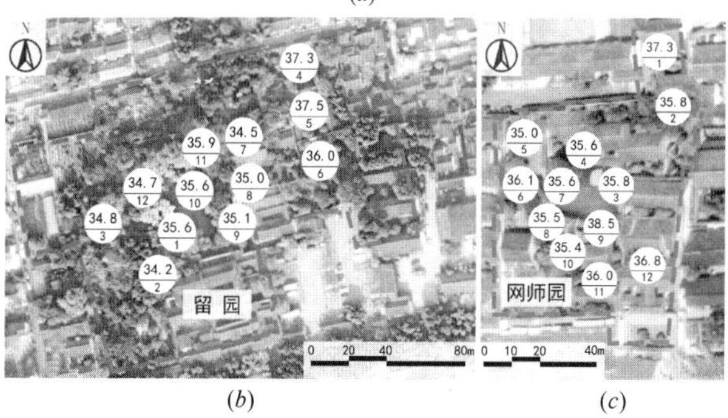

(b) (c)

图 2 苏州古典园林夏季温度分布格局

(a) 拙政园；(b) 留园；(c) 网师园

图 3　香洲实景

3.2　留园夏季空气温度分布特征分析

图 2*b* 为留园午后（13：00）平均温度分布格局。我们可以看出午后留园空气温度东西部存在差异，园内温差也较大，达到了 3.3℃。温度最低的点出现在测点 2，平均温度为 34.2℃。该测点位于活泼泼地附近，此处树荫密集，且有建筑遮阴，太阳辐射较弱，此外该点临水的环境也利于降低温度。温度最高为测点 5，平均温度为 37.5℃。该测点位于冠云楼前铺装，周围植被稀少，在夏季午后直接接受太阳辐射，此处高比例的硬质材料受热升温进而导致该处较高的空气温度。测点 4 和测点 6 则是另外两个温度较高的测点，这两个测点与测点 5 都位于留园东部景区，测点周围硬质材料比例较大，且受太阳直射，因而温度较高。而测点 6 周围植被覆盖多于测点 4，因而温度比测点 6 低。

图 4　冠云楼实景

3.3　网师园夏季空气温度分布特征分析

图 2*c* 为网师园午后（13：00）平均温度分布格局。网师园全园温度较高，且园内温差较大，达到了 3.5℃。温度最低的点出现在测点 5，平均温度为 35.0℃。该测点位于殿春簃附近，建筑和围墙遮挡了部分太阳辐射，周围的乔木也起到了一定的降温作用。测点 9 是温度最高的测点且远高于其他测点，温度达到了 38.5℃。该测点位于云岗假山旁（图 5），其周边少植被覆盖，在午后直接受太阳辐射，测点周围高热导纳的硬质材料使得该处极易吸热升温进而升高空气温度。网师园内另外两个温度较高的点为测点 1 和测点 12，分别位于梯云室庭院和轿厅的庭院，这两个测点温度较高是要是因为周围环境无法遮挡太阳辐射。

图 5　云岗假山实景

3.4　综合分析

苏州古典园林空气温度表现　　表 1

古典园林	空气温度（℃）			
	Max	Min	Ave	STDEVP
拙政园	35.9	34.3	35.2	0.4
留园	37.5	34.2	35.5	1.0
网师园	38.5	35.0	36.1	0.9

注：Max 代表最大值；Min 代表最小值；Ave 代表平均值；STDEVP 代表标准偏差。

通过表 1 对比 3 个古典园林的温度表现，我们发现在空气温度最大值上：网师园＞留园＞拙政园，在空气温度最小值上：网师园＞拙政园≈留园，在空气温度平均值上：网师园＞留园＞网师园，在空气温度标准偏差上：留园＞网师园＞拙政园。拙政园是温度表现最好的一个古典园林，园内平均空气温度最低，园内空气温度波动较小。留园是温度波动最大的一个古典园林，园内平均空气温度较低，但温度分布不稳定，温度最高的 3 个测点均出现在东部景区（图 2*b*：测点 4～测点 6）。网师园是温度表现最差的一个古典园林，园内空气温度普遍较高，且存在一个极端高温点（图 2*c*：测点 9）。

3 个古典园林园林要素所占比例不同可能是造成 3 个古典园林空气温度表现不同的原因。不同的园林要素会对古典园林微气候起到不同的作用，植物通过遮阴作用和蒸腾作用可以有效降低温度，植被覆盖率越高，其降温效果越明显。水体则主要通过蒸散作用带走热辐射，降低空气温度。建筑和铺装则受太阳直射升温，使得空气温度升高，虽然建筑可以遮挡太阳直射，但由于古典园林中建筑高度一般不高，其面积也不如铺装，所以建筑和铺装的升温效应占主导。

图 6 为 3 个古典园林下垫面组成示意图，我们可以看

出在植被覆盖率上：拙政园＞留园＞网师园，在水体覆盖率上：拙政园＞网师园＞留园，在不透水面覆盖率上：网师园＞留园＞拙政园。拙政园园内植被覆盖率和水体覆盖率最大，且分布较为均匀，对全园温度起到很好的调控作用，并部分抵消了建筑和铺装带来的升温影响。留园东西部景区风格分明，东部为建筑景区，建筑密集，西部为自然山水园风格，植被覆盖率较高，这导致了东部景区温度比西部景区温度更高，进而致使了留园园内空气温度波动较大。网师园全园建筑和铺装的比例最大，植被覆盖率和水体覆盖率较小，因此全园温度普遍较高。

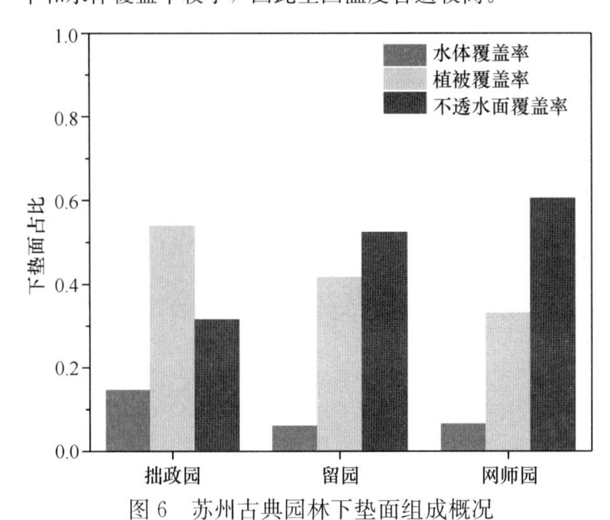

图 6　苏州古典园林下垫面组成概况

4　结论与探讨

通过对 3 个代表性的苏州古典园林进行夏季空气温度实测和分析，我可以发现：①拙政园全园空气温度分布较为稳定，园内温差较小，仅为 1.6℃。②留园全园空气温度差较大，且全园温度分布表现出明显的东西差异。③网师园全园温度普遍较高，全园温差很大，达到了 3.5℃。④对比 3 个古典园林，在夏季拙政园温度表现最佳，留园次之，网师园温度表现最差。拙政园全园平均空气温度最低，全园空气温度波动较小，留园全园平均空气温度接近拙政园但全园空气温度波动最大，网师园全园平均空气温度最高，园内空气温度波动也较大。

本实验通过对 3 个古典园林进行空气温度的实测后发现，即使是小尺度的古典园林内部仍然存在明显的空气温度差异，各测点的环境特征对其空气温度有着重要影响。植物可以通过蒸腾作用和遮阴作用有效降低周围环境温度。水体则可以通过蒸散作用对空气温度进行调控。建筑一方面会起到遮阴作用，另一方面会协调铺装吸收太阳辐射，引起空气温度升高。这些园林要素进行搭配组合会对环境温度起到不同影响。其他学者研究古典园林时也得出类似结论。张德顺等对上海豫园进行实测分析后发现古典园林内部不同造园要素搭配会导致空气温度的差异[14]。此外，我们还通过对三个古典园林进行对比，我们发现古典园林的下垫面组成的不同是古典园林园内温度表现产生差异的原因。在台北，Chang 等研究 61 个公园的微气候后发现，公园的降温能力可能与公园内部植被覆盖率和不透水面覆盖率有关[7]，这与本研究结果相吻合，这也验证了古典园林在微气候营造上的规律与现代公园是一致的。

参考文献

[1] Levermore G, Parkinson J, Lee K, et al. The increasing trend of the urban heat island intensity[J]. Urban Climate, 2018, 24: 360-368.

[2] Konopacki S, Akbari H. Energy savings for heat-island reduction strategies in Chicago and Houston (including updates for Baton Rouge, Sacramento, and Salt Lake City)[J]. 2002.

[3] Rosenfeld A H, Akbari H, Romm J J, et al. Cool communities: strategies for heat island mitigation and smog reduction [J]. Energy and Buildings, 1998, 28(1): 51-62.

[4] Changnon S A, Kunkel K E, Reinke B C. Impacts and responses to the 1995 heat wave: A call to action[J]. Bulletin of the American Meteorological society, 1996, 77 (7): 1497-1506.

[5] 晏海. 城市公园绿地小气候环境效应及其影响因子研究[D]. 北京：北京林业大学，2014.

[6] Oliveira S, Andrade H, Vaz T. The cooling effect of green spaces as a contribution to the mitigation of urban heat: A case study in Lisbon[J]. Building and Environment, 2011, 46(11): 2186-2194.

[7] Chang C R, Li M H, Chang S D. A preliminary study on the local cool-island intensity of Taipei city parks[J]. Landscape and Urban Planning, 2007, 80(4): 386-395.

[8] Yan H, Fan S, Guo C, et al. Assessing the effects of landscape design parameters on intra-urban air temperature variability: The case of Beijing, China[J]. Building and Environment, 2014, 76: 44-53.

[9] Chibuike E M, Ibukun A O, Abbas A, et al. Assessment of green parks cooling effect on Abuja urban microclimate using geospatial techniques[J]. Remote Sensing Applications: Society and Environment, 2018, 11: 11-21.

[10] 李永雄，陈明仪，陈俊. 试论中国公园的分类与发展趋势[J]. 中国园林，1996(03)：30-32.

[11] 朱建宁，杨云峰. 中国古典园林的现代意义[J]. 中国园林，2005(1)：1-7.

[12] 赵彩君，王国玉. 中国古典园林气象景观营造经验对气候适应型城市建设的启发[J]. 风景园林，2018，25(10)：45-49.

[13] 薛思寒，冯嘉成，肖毅强. 传统岭南庭园微气候实测与分析——以余荫山房为例[J]. 南方建筑，2015(06)：38-43.

[14] 张德顺，李宾，王振，等. 上海豫园夏季晴天小气候实测研究[J]. 中国园林，2016，32(01)：18-22.

[15] 熊瑶，金梦玲. 浅析江南古典园林空间的微气候营造——以瞻园为例[J]. 中国园林，2017，33(04)：35-39.

作者简介

郭晓晖，1996 年生，男，汉族，浙江东阳人，浙江农林大学硕士研究生在读。研究方向：城市景观微气候。电子邮箱：2289682836@qq.com。

杨诗敏，1996 年生，女，汉族，浙江龙游人，浙江农林大学硕士研究生在读。研究方向：城市景观微气候。电子邮箱：yunjin_fengyi@126.com。

晏海（通讯作者），1984 年生，男，汉族，四川成都人，浙江农林大学，副教授。研究方向：园林生态与植物景观规划设计。电子邮箱：jpvhai@126.com。

探索城市公园设计中的湿地营造

——基于生态修复的湿地景观国际案例研究

Exploration on Wetland Design in Urban Parks

—Based on International Case Studies of Wetland Landscape Ecological Restoration

杨伊萌

摘　要：湿地对于城市环境来说具有非常重要的影响作用，城市湿地是城市生态基础设施的组成部分，具有不容忽视的生态价值，但是我国当前城市公园的湿地景观设计营造工作仍然存在较多不足，亟待解决。本文首先介绍了城市公园湿地景观的内涵，然后详细介绍了三个不同类型的城市公园湿地营造的国际案例，重点分析了其生态修复的策略方法和建成效果，总结并提出了城市公园湿地营造的经验和对策，希望能够为我国城市公园湿地景观的设计营造提供一定的借鉴。
关键词：湿地；城市公园；生态修复；风景园林

Abstract: Wetland has great impact on urban environment. Urban wetland is one of the important parts of urban ecological infrastructure, and its ecological value should not be neglected. However, there exists deficiency in the domestic design and construction practices of wetland in urban parks. The paper introduces the connotation of wetland landscape in urban parks, followed by three successful international examples of wetland construction in urban park of different types. After analyzing the ecological restoration strategies and methods, construction achievement is discussed. The paper proposes several suggestions of wetland construction for future practices in China.
Keyword: Wetland; Urban Park; Ecological Restoration; Landscape Architecture

引言

近年来，湿地建设越来越受到我国生态部门的重视，而与公园设计结合的湿地营造是城市湿地建设的重要组成部分。尽管湿地的重要性已为大多数人所接受，但鉴于对城市湿地景观设计的认识不足，导致我国在进行城市公园湿地环境营造时，往往不知从何处入手，对于城市湿地生态功能的完善和游憩景观的设计依然存在诸多盲区，因此结合较为成熟的国际案例对城市公园设计中的湿地营造进行深入剖析具有重要意义。

1　城市公园湿地景观的内涵

1.1　相关概念

“湿地”是指天然的或人工、长久或暂时性的沼泽地、泥炭地及水域地带，带有静止或流动的淡水、半咸水及咸水水体，包括河流、湖泊、沼泽、近海与海岸等自然湿地，以及水库、稻田等人工湿地[1]。根据用途特点的不同，湿地可以分为农用湿地、水产养殖类湿地、水库类湿地、城市和工业湿地。

其中，城市湿地是城市生态基础设施的重要组成部分，通常位于城市中心或近郊地区，湿地本身与城市建成区有着较强的联系，除自然水域外还包含人工建造的园林水体，其生态服务和景观美化功能均较为突出。城市公园中的湿地景观既可能是依托场地保留的天然湿地形成，也可能是在相对适宜的条件下通过人工营建而成。

1.2　功能认知

城市公园湿地可起到缓解都市生态压力的作用，有助于形成可持续的区域生态系统。在改善小气候方面，湿地作为城市绿肺，可有效缓解局部城市热岛效应；在净化空气方面效果也较为显著，湿地水中释放的负氧离子可起到净化场地的空气的作用；储存洪水、调节河川水位并补充地下水，沉淀泥沙、吸收和分解营养物质及重金属；提升生物多样性，底泥和水中的有机物质为浮游和底栖生物提供食物来源，提供各类动植物的栖息地；纳入到周边区域的雨水收集、净化、灌溉的循环系统，辅助城市雨洪管理。

另外，城市公园湿地的附加价值体现在整合自然景观和建成环境，结合城市自然河流和地形特征，形成具有一定面积的、形式丰富多元的水环境，提供亲水活动、认知自然、休闲放松的游憩机会，同时提供科普教育的场所。

2　城市公园湿地营造的策略与特色：三类案例剖析

不同性质和规模的公园在湿地营造时会有不同的侧重：城市大型综合公园往往承担着重要的城市游憩功能，所处区位通常也是高密度的中心城区，在湿地设计时通常更加注重水体的景观性和游憩价值；专类公园以湿地生境营造为目的，对生态性的追求通常源于对原自然环境的再造与提升，更多地为科普教育活动提供适宜的场所，在较为宏观的区域层面发挥湿地水环境的生态功能；城市小型绿地对湿地的营造通常与街道绿色基础设施相结合，在有限的场地内实现街区环境的改善和雨洪管理。

城市公园湿地案例基础信息表 表1

名称	公园面积（hm^2）	湿地占比（%）	景观元素	布局特色	区位	
					与城市关系	与河流关系
碧山宏茂桥公园	64	20	河流，人工湖	自然，线性	中心城	加冷河两岸
伦敦湿地中心	43	90	河流，湖泊，沼泽，岛屿	自然，塘田肌理	中心城	泰晤士河西岸
坦纳斯普林斯公园	0.4	40	坑塘	规则，集中	中心城	—

2.1 大型综合公园：新加坡碧山宏茂桥公园

碧山宏茂桥公园（Bishan-Ang Mo Kio Park）于2014年建成，毗邻下皮尔斯水库（Lower Pierce Reservoir），是新加坡中部最大的城市公园之一，占地面积62hm^2。公园被城市道路一分为二，周边聚集了众多高密度住宅开发项目。结合加冷河滨改造项目，公园创造了充满活力、增强社会凝聚力的崭新的城市休闲娱乐空间。

2.1.1 生态修复策略

在公园改造之前，流经公园的加冷河为一条长达2.7km的混凝土水渠。每逢雨季，笔直的硬质河渠中水流湍急，尽管沿岸设置了围栏，但仍有不少居民，尤其是儿童翻越围栏戏水，存在严重的安全隐患。

作为新加坡“活力、美观、洁净”水域计划（active, beautiful, clean waters programme）的重要组成部分，该公园的生态提升设计于2012年完成，旨在转变人们对城市水环境的认识，从以往单纯的水资源利用到关注水体的游憩休闲价值，通过提供亲近自然和水体的机会，唤醒人们珍惜水资源的意识。在这样的目标引导下，一系列具体的生态修复策略被应用到公园的重新设计中。

加冷河改造前的混凝土渠道虽然并不美观，却承担着向卫星城输送雨水的重要功能。基于此，新的设计保留了这一功能但对河道形态和驳岸形式进行了改造，拆除了混凝土水渠，采用蜿蜒曲折的软质驳岸，使河道从2.7km延长至3.2km。改造后的河道能够多容纳40%的水体，极大地提升了蓄洪能力。此外，公园绿地作为洪泛平原，利用水体的季相变化营造出丰富的景观效果——雨季水位升高，河岸周边的土地被淹没充当洪水区；旱季河岸被植被覆盖，提供了广阔的自然休闲区域，向公众提供了更多亲水互动的机会。

自然驳岸面临土壤流失的问题。为此，岩石、土壤、木桩和芦苇卷等天然材料被应用，土壤生物工程通过石笼、渗透性织物包裹等工程措施，依靠诸如木槿等特定的耐水性植物的根系发挥固土作用。类似的工程技术安装和维护成本低廉，植物的生长也为河岸的景观带来了生物多样性和良好的景观效果。类似的驳岸固土技术也是第一次在热带国家开展实践，通过10种不同类型的生物固土方式和为期11个月的测试，最终成功实现自然驳岸的固土。

公园中最大的水处理系统是由包含15个小型坑塘的池塘花园和4片梯田构成的人工湿地。每个坑塘中种植特定的净水植物，过滤并吸收流经水体中的特定污染物，如磷、氮或铜等金属。湿地中的填料层中含有去除磷酸盐的矿物复合材料，同时起着过滤水中固体颗粒的作用。密集的净水植物群落也会过滤掉沉积物，同时部分地去除水中的硝酸盐[2]。在地表径流通过人工湿地后，再对水体进行紫外线除菌处理，最后将净化后的水输送回公园内的河流和池塘，其清洁程度可满足公园内水上游乐场的使用需求。净水植物的选择方面，除莎草、马齿苋等常见的水生植被外，还包含水牛膝、柠檬草等起到驱蚊作用的植物，起到预防疾病的作用。

2.1.2 效果评价

城市生态方面，公园内的生物多样性增加了30%，该公园现有60多种野花，50多种鸟类和20多种蜻蜓，其中一些品种在自然保护区外很少见，河流中发现了较大的动物物种，如水獭、白鹭等[3]。湿地的开放使得公园化身为自然教育的科普场所，公园附近的不少学校都在公园中创建自己的户外学习和探索的基地，向学生提供围绕水域水质管理主题的科普教育。

河道两侧原本的围栏被拆除，取而代之的是河流水位监测和预警系统，传感器通过检测水位的变化，使用红色标记显示最高水位的位置，当水位快速升高威胁到使用者安全时，公园内的扬声器和闪光灯会发出警告。高密度的城市建成环境中创造的安全的生态驳岸，为居民和游客创造了可供嬉戏、探索的美景，为休闲户外活动提供更多空间。与此同时，人们也从中认识到公园河道和沿岸绿化是输送雨水和城市雨洪管理的重要组成部分，人们的生态意识借由湿地水环境的设计被唤醒和强化。

地方经济方面，公园在投入使用后，显著改善了该地区的城市环境，使其周边成为具有吸引力的地区，更多的企业在该区域投资经营，带动周边地价的上涨。

2.2 湿地专类公园：伦敦湿地中心

伦敦湿地中心（London Wetland Centre）位于英国伦敦市西南部的巴·艾尔姆区，是泰晤士河围绕着的一个半岛区域，占地42.5hm^2，于2000年建成开放。公园距离伦敦市中心5km，是世界上第一个位于大都市中心的湿地公园。其丰富的湿地景观为上百种野生鸟类提供了栖息地，有效改善了泰晤士河的水质，具有极高的生态价值，是城市中湿地恢复和保护的典范。

2.2.1 生态修复策略

公园所在地区曾是伦敦泰晤士供水公司的蓄水池，即维多利亚水库，其四个混凝土蓄水池自20世纪80年代后期伦敦泰晤士环城水道（Tames Water Ring Main）的建成被逐步废弃。

公园建造的主要目的之一在于为多种湿地生物创造高质量的栖息和繁殖的机会，最大限度地提升当地的生物多样性。按照水文和物种栖息特点，公园被划分为六个区域，其中包含三片向游客开放的水域：蓄水泻湖、主湖和保护性泻湖，以及三片限制游客进入的生态涵养区：芦苇沼泽地、季节性浸水牧草区和泥地区域，整体上呈现各片区围绕主湖错落分布的布局。

为满足不同物种的生存需求，关键在于使得每个区域具有相对的独立性，成为水文学上的"孤立湿地"[4]。为此，在水库原本的布局基础上，利用其混凝土堤坝加筑泥墙，彻底隔绝每块栖息地水域，通过提高泥堤的高度提升最高水位。在各个水域之间设置操作杆，精确地控制水位高度，使其能够不受季节变化的限制，达到特定栖息地所需的水位要求。通过这样的人工干预，也有效解决了降水季节和年度分配不均的问题，通过天然和人工湿地的调节，将过多的雨水储存起来，避免城市发生洪涝灾害，同时为城市生产和生活用水提供了稳定的水源。另一方面，公园水体与泰晤士河水连通，受到城市建设污染的河水进入湿地，通过一系列物理、化学和生物的过程，起到过滤净化的作用。

公园在设计时充分考虑了游人活动对栖息地环境的影响，将游人聚集的访客中心设计成内向型、封闭性较强的建筑组群，通过升降梯、望远镜和玻璃墙的设施，满足游客观测湿地自然环境的活动需求。公园内的动静分区也对游人活动模式做出了明确的引导，最大限度地保证了对湿地环境的低干扰。

2.2.2 效果评价

在湿地中心建成后的十几年间，当地的生态环境得到显著的改善。开园两年的时间里，公园中鸟类品种数量攀升30多种，约占英国鸟类种系的2/3，其中包含3种世界濒危鸟类品种[5]。公园还为众多两栖动物和昆虫提供了栖息地。公园中超过3万棵树木分布在各类湿地中，和30多万株水族植物共同形成了丰富的湿地自然景观，可谓名副其实的都市泽国。

湿地中心为周边地区带来了惊人的经济效益，其周边房价上涨了500%。为周边社区增加了娱乐文化、环境教育、户外休闲等机会。它同样是伦敦著名的景点，每年有约20多万人次游客造访[6]，在提供观光游憩机会的同时，经常用于教育和研究目的，展示了将荒地转变为具有生态价值的湿地的可能性。

2.3 小型城市湿地：美国坦纳斯普林斯公园

坦纳斯普林斯公园（Tanner Springs Park）位于美国俄勒冈州波特兰市珍珠区的中心地带，横跨两个街区，占地0.48hm²，2003年对公众开放。公园以小型湿地为特色，突出雨水管理和创新利用功能，是城市中的一片绿洲。

2.3.1 生态修复策略

早在19世纪末，波特兰市的发展伴随着铁路的建设和工业的兴起，公园所在的地区原本是一片沼泽，坦纳河流经其间，沼泽周围被威拉米特河所环绕，在城镇化的进程中这片沼泽被排干。在过去的三十年间，新的社区取代工业制造业，珍珠区成为人们居住生活的区域[7]。城市发展的工业历史及高度硬质化的环境极易产生携带污染物和重金属的降水径流，而公园靠近威拉米特河，如何有效避免受污染的水体汇入河流是一项重要的生态议题。

公园的生态性主要体现在对城市街道的雨水管理方面。公园形态呈正方形，地形被塑造成西高东低的缓坡形式，在西端最高的位置种植草坪和树木，随着地形的下倾，过渡到中段的湿地区域，最终在东端形成汇水池塘，南北两侧采用绿阶的形式同样向场地中心倾斜。这样的地形设计使得公园形成一个完整的水循环系统——公园边界的雨水顺应地形汇入公园内部，草坪和绿阶起到减缓径流速度的作用，同时允许部分水体渗入土壤。汇入湿地区域的水体将缓慢通过细沙和种植湿地植物的区域，随后水体通过公园内的小型泵站迁移到位于周边路基的蓄水池中，通过地下的紫外线系统进行进一步杀菌处理，以清洁的景观用水形式在公园内的小喷泉中出现，最终流入东端的池塘中。通过合理的水循环设计，公园在有限的面积范围内，实现了净化并循环利用雨水的目的。

2.3.2 效果评价

公园建成后的管理和维护与周边社区形成了良好的联动关系，成立专门的公益社团服务于公园的日常运营，并且每年组织环境教育活动，为到访公园的众多专业环境组织和学术机构提供科普介绍和设计灵感。流水和池塘的设计在起到净化和景观功能之外，象征着该地区曾经是一片沼泽湿地；公园重新利用了废旧的火车轨道，形成由268个起伏的火车轨道组成、长达80英尺的艺术墙，在当今的城市环境中重现了地方性，同时也重塑了当地居民的认同感。

3 经验与启示

3.1 经验总结

3.1.1 有效结合城市河流治理

有湿地营造需求的城市环境通常与现状的城市河流有关，与城市河流治理的湿地营造通常能更为有效地发挥生态功能，实现城市河流水体的净化。基于河流环境的改善提升，营造环境优美的生态开放空间，向公众提供科普教育和游憩活动的机会，起到美化城市环境的作用。

3.1.2 积极探索城市雨洪管理

比之自然湿地，城市湿地的人工性使其更有可能通过技术手段实现一定范围内的城市水环境管理。城市防洪和雨水的收集再利用是城市公园湿地营造中着重考虑的方面，也是湿地生态功能的直接体现。公园内的湿地系统往往纳入到周边区域的雨水收集、净化、灌溉的循环系统中，形成可持续的地区环境。

3.1.3 重视湿地植物群落配置

城市湿地起到净化水体功能的主要载体是净水植物群落。不论公园湿地的形式如何变化，净水植物群落的配置总是设计中必不可少的环节。摸清当地水污染的源头和类型，在动植物学家的指导配合下选择合适的物种与配置形式，通过植物环境的营造，在远期实现丰富当地生物多样性的目的，实现地区生态系统的良性发展。

3.2 城市公园湿地营造建议

城市公园湿地具备重要的地区生态价值。在城市公园设计中，从城市环境的生态修复角度着眼，将湿地水环境的小型生态系统营造纳入到城市可持续发展的巨系统中，结合生态价值和地方特征打造湿地环境，引导公众在享受自然的同时关注城市生态环境，是规划设计理念转变的关键点。对于城市公园湿地环境营造而言，使其既和城市环境相融合，又保持生态的独立性，就需要进行合理精心的规划设计，以及与相关领域专业人士的技术配合。

国际上，城市公园湿地的营造已呈现出以生态修复为核心的趋势，缓解都市生态压力，建设可持续的区域生态系统，是城市公园中湿地营造的基本目标。建议在规划设计层面注重湿地的生态功能，守住城市生态环境保护的底线，同时在更大范围内构建更完善和可持续的城市水环境体系，提高人们对城市湿地生态价值的认识。

参考文献

[1] 住房和城乡建设部城市湿地公园设计导则. 2017.

[2] Chloe Schaefer. Bishan-Ang Mo Kio Park from Concrete Canal to Natural Wonderland. Cambridge: Ecological Urbanism. 2014. https://web.mit.edu/nature/projects_14/pdfs/2014-Bishan-Ang-Mo-Kia-Park-Schaefer.pdf.

[3] He Q H. Singapore: Bio-Engineering Works at Bishan-Ang Mo Kio Park to Prevent Urban Flooding. Singapore: C40 Cities. 2018. https://www.c40cities.org/case_studies/singapore-bio-engineering-works-at-bishan-ang-mo-kio-park-to-prevent-urban-flooding.html.

[4] 叶绚瑜. 城市水系生态修复的钥匙——湿地[J]. 城市地理, 2017, (04): 90-91.

[5] 卜菁华, 王洋. 伦敦湿地公园运作模式与设计概念[J]. 华中建筑, 2005, (23): 103-105.

[6] Ramsar Secretariat. Handbook on Best Practices for the Planning, Design and Operation of Wetland Education Centres. Gland, Switzerland: Ramsar Convention Secretariat. 2004. http://www.ramsar.org.

[7] Tanner Springs Park, Washington, DC: City Park Alliance. 2003. https://www.cityparksalliance.org/why-urban-parks-matter/frontline-parks/parks/437-tanner-springs-park-.html.

作者简介

杨伊萌，1990年生，汉族，河北保定，硕士，上海城市规划设计研究院，中级工程师。研究方向：现代景观规划设计。电子邮箱：285597278@qq.com。

特色小镇背景下的城镇街道景观改造研究

——以海南省定安县翰林镇和新序墟为例

Research on the Landscape Renovation of Town Streets under the Background of Characteristic Towns

—In Hainan Province Hanlin Ding′an County Town and New Hui as an Example

许家瑞　邓永锋　王　峰　陈泰伦　符锡成　张　斌

摘　要： 随着城乡一体化的构建，城镇街道景观在营建中出现了越来越多的问题。如今，规划为先、特色为本、产业循环的特色小镇模式带来了新的契机，以海南省定安县翰林镇和新序墟为例，阐述了街道景观是城镇印象风貌的缩影，地域文化的体现，并从建筑立面、公共空间、景观亮化及配套设施等方面对城镇街道景观改造进行了探索研究，旨在为促进城镇街道景观发展提供启示。

关键词： 风景园林；特色小镇；城镇街道；景观改造；地域文化；印象风貌

Abstract: With the construction of urban and rural integration, there are more and more problems in the construction of town street landscape. Nowadays the characteristic town mode of planning as the first, characteristic as the foundation and industrial circulation brings the new opportunity, take Hanlin and Xinxu Town, Ding' an County, Hainan Province for example, expound that the street landscape is the epitome of the town' s impression and the embodiment of the regional culture, explore and research from the building facade, public space, landscape lighting and supporting facilities and other aspects of the characteristic of town street landscape renovation, aim to provide a enlightenment to promote the development of street landscape in Characteristic Towns.

Keyword: Landscape Architecture; Characteristic Town; Town Street; Landscape Renovation; Regional Culture; Impression

引言

城镇不同于城市，它介于城乡之间，有一定的农村范畴，同时又有城市的属性。城镇街道分为过境国道与镇内街道，作为城镇的交通要素，是城镇印象风貌的缩影，表现了城镇的气质和性格[1]，体现了城镇的经济发展水平和地域文化内涵，不仅如此，城镇街道还是居民生活中不可分割的部分，是其重要的公共活动空间和社交场所。城镇街道景观改造主要代表了过境国道景观改造，此类项目依托于国道建设和环境改善，始终贯穿于城镇发展之中。

改革开放之后，农村人口不断向城镇转移，第二、第三产业不断向城镇聚集，从而使城镇数量增加，发展也迎来了快速时期。在经历了 20 世纪 80 年代大规模的“社会主义新农村”基础设施建设阶段和 90 年代初的城镇建设试点阶段后，为了提升自我形象和区域影响力，“城乡一体化”等诸多政策带动出现了一大批城镇升级改造引发的街道景观提升项目。由于缺乏有效的指导思想，盲目的以城市标准生搬硬套，追求大尺度环境和建设速度，形成了大拆、大建、大改的风潮，导致目前诸多城镇街道失去了传统景观特色和人性化空间，“千镇一面”的情况屡屡出现。

1　城镇街道景观改造症结

1.1　规划设计方面

首先是缺乏对城镇历史格局的研究，直接套用城市尺度，导致诸多城镇街道景观改造中出现大拆大建现象，使得项目资金耗费巨大，后期难以为继；其次是缺乏对城镇实地情况的考察和讨论，导致街道景观与周边环境发生冲突，使得各类专项设计混乱，后期草草收尾；最后是缺乏对城镇地域文化的了解与提炼，胡乱选用材料与样式，使得街道景观特色不突出，形成“千镇一面”的现象。

1.2　施工质量方面

由于城镇现场情况复杂，以往的街道景观改造项目很难拥有行之有效的监管模式，从而使得施工质量出现以下问题：首先是缺乏对现场的走访测量，不考虑实际情况，也不与设计人员沟通协商，胡乱施工，导致施工烂尾，例如商户原有一层与人行道的高差对接问题产生的“真空区域”；其次是对施工工艺和具体材料偷工减料，导致施工质量及安全方面降低；最后是出现私下分包，从中抽取利润，导致施工质量差。

(*a*)

(*b*)

图 1　湖北宜都某城镇与海南海口某城镇街道景观比较

（*a*）湖北宜都某城镇；（*b*）海南海口某城镇

1.3　全局管理方面

我国大多数城镇发展源于乡村人口聚集而自发形成的贸易区域，这使得城镇的主要产业支撑仍然是第一产业。除了中华人民共和国成立后因工业建厂而形成的工业城镇，以第一产业为主导的城镇一直缺乏有力的管理模式，也无法提供自给自足的资金支持，导致街道景观改造项目完工后，出现了“各家各户各管各”的现象，不能够提供后期维护的有效措施。

图 2　海南定安某城镇街道景观施工情况

2　特色小镇对城镇街道景观的影响

“特色小镇”于 2014 年 10 月被浙江省省长李强首次公开提及，后续受到了习近平总书记、李克强总理和张高丽副总理的赞扬并作出了重要批示。在经过了多次会议商讨之后，由发改委牵头，住建部等三部委于 2016 年 7 月 20 日发布《关于开展特色小镇培育工作的通知》，决定在全国范围开展特色小镇培育工作，计划到 2020 年，培育 1000 个左右各具特色、富有活力的休闲旅游、商贸物流、现代制造、教育科技、传统文化、美丽宜居等特色小镇，引领带动全国小城镇建设。

培育特色小镇，主要是打造特色鲜明的产业形态，和谐宜居的美丽环境，彰显特色的传统文化，提供便捷完善的设施服务，建设充满活力的体制机制[2]。不同于以往的“社会主义新农村”“美丽乡村”等政策引领下的城镇建设，特色小镇明确了在产业、经济、文化、风貌上以点带面的示范作用，各地方政策也以国家政策为指导，逐步制定更为落地的特色小镇发展意见和蓝图，给城镇街道景观改造带来新的活力。

2.1　特色小镇有统一规划

特色小镇有着良好的规划指导思想，主题明确，论证充分，功能结构清晰可靠，易于根据规划内容和现场状况评级打分，将街道分级、分区域和分类别，来打造形式不同、内涵一致的特色景观。

2.2　特色小镇有产业主导

特色小镇建设以产业为主导，能够形成自给自足的循环体系，为街道景观改造项目提供支撑，能够摆脱以往依靠政府专项资金的需求；也为引进投资商带来可能，形成合作结构的模式，给街道景观后期维护提供源源不断的财政支持。

2.3　特色小镇要形象推广

特色小镇之所以为“特”，就是要根植传统文化和地域风貌，打造过目不忘、异质性强的景观特点。由建筑立面、公共空间、景观亮化、配套设施等元素融合形成的街道景观无疑是特色小镇的重要组成部分，在给外地游人带来深刻印象的同时能够宣传城镇自身的产业特点，吸引企业投资。

图 3　日本爱知县三河湾渔产业小镇(图片来源：网络)

图 4　杭州云计算产业小镇云栖小镇
（图片来源：网络）

图 5　法国葡萄酒产业小镇埃圭斯海姆
（图片来源：网络）

3　特色小镇背景下的街道景观改造——以海南省定安县翰林镇和新序墟为例

3.1　翰林镇和新序墟项目概况

翰林镇和新序墟隶属海南省定安县，分别位于南面和西北角，作为许多区域必经之地，镇区形象尤为重要。2015 年底海南省发改委公布了《海南省百个特色产业小镇建设工作方案》，翰林镇位列其中，小镇类型被定义为旅游小镇，新序墟为后来补增，同样定义为旅游小镇；在特色产业小镇规划编制完成后，为了打造形象、吸引游客和招商引资，定安县政府于 2017 年一季度启动特色小镇的前期建设项目，对翰林镇和新序墟分别进行了街道景观改造。

翰林镇此次的改造包括：翰瑞街、翰沐街、民生街、翰龙路、新北路、新西路等主要道路，定安方向的入口节点与母瑞山方向的入口节点。其中，改造道路共计 4970m，涉及商户 754 户。新序墟此次的改造包括：新序大道、新序一横路、新序二横路、新序三横路等主要道路，海口方向的入口节点与屯昌方向的入口节点。其中，改造道路共计 5600m，涉及商户 1000 户。

3.2　翰林镇和新序墟现状分析

3.2.1　翰林镇现状分析

翰林镇历史悠久，文脉丰厚，有元代翰林学士的风雅，也有雄浑高亢、保卫家园的红色凯歌；镇域分新老两区，老区格局方正，新区以西北、东北和东南三向向外辐射，呈自发生长、内老外新的包裹形式，其街道性质属于绕镇型。

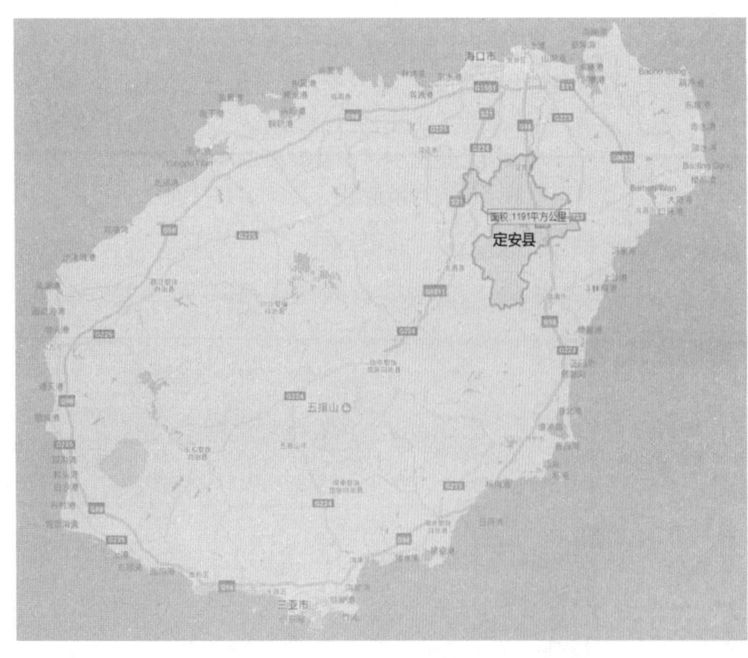

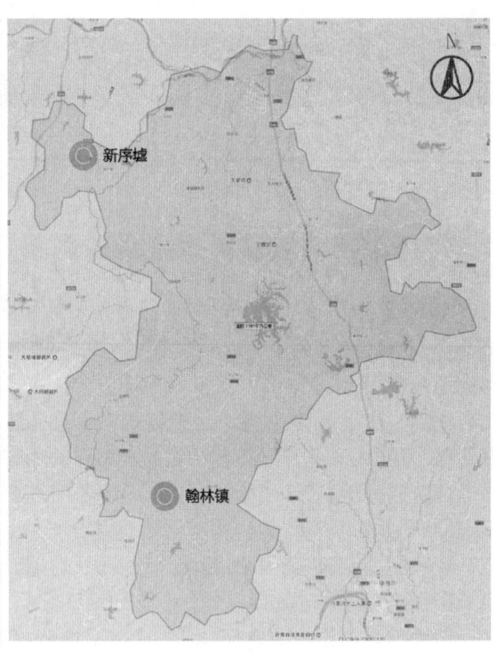

图 6　翰林镇和新序墟位置图

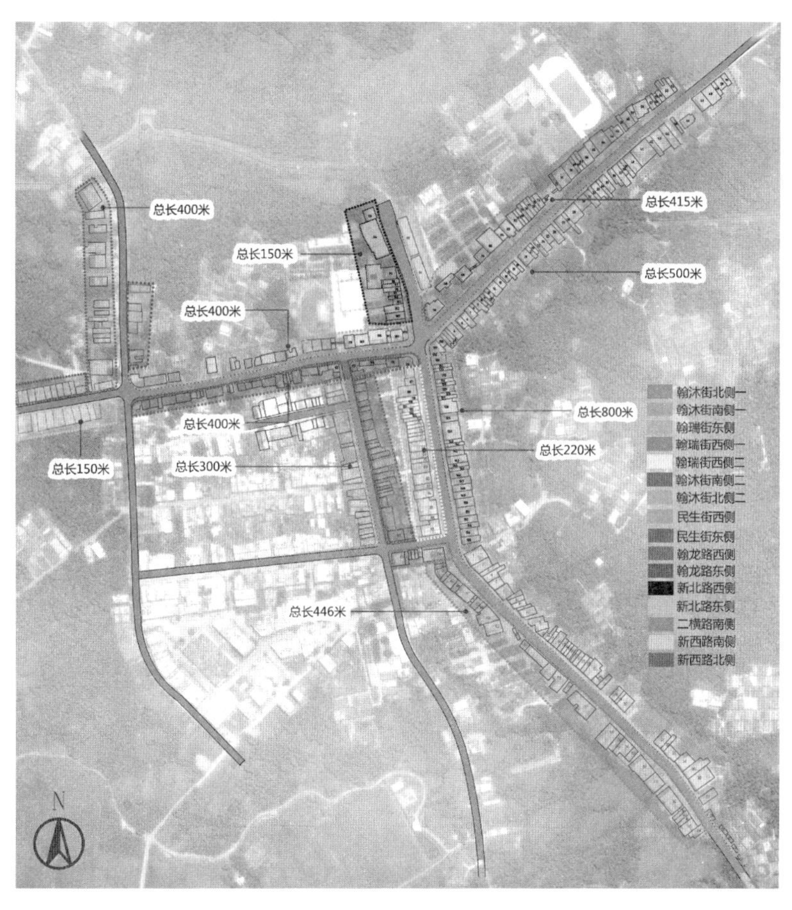

图 7　翰林镇改造范围

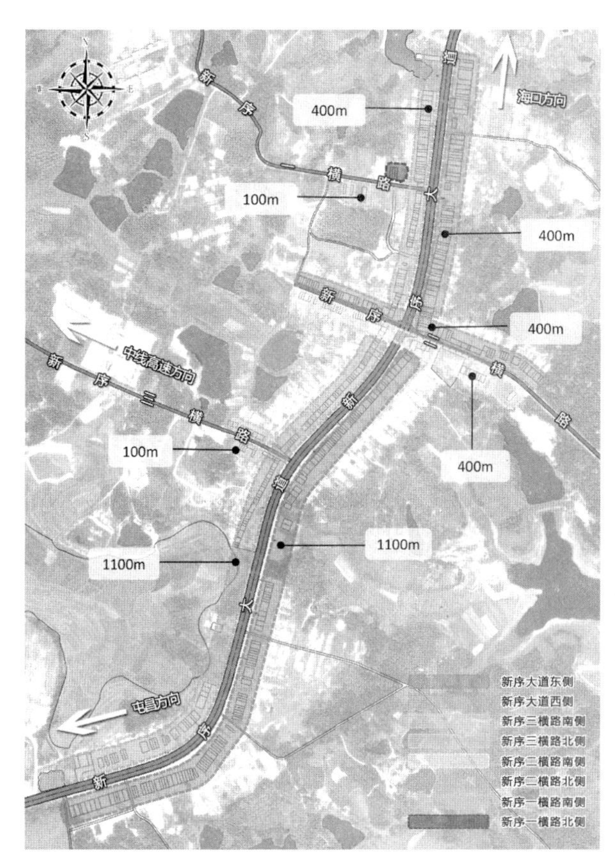

图 8　新序墟改造范围

翰林镇沿街建筑以二、三层居多，商住一体为主，屋顶的形式主要为平屋顶，少数为坡屋顶，外墙样式杂乱，整体形象不统一，商铺铁棚林立，防盗网突出，空调机外漏，影响立面美观性；翰林镇街道两侧缺少舒适的公共休闲空间和室外休闲设施，公共绿化不足，色彩不丰富，仅有形态、品种不一且遮挡建筑的行道树；翰林镇现有路灯样式简单，数量不多，局部道路缺乏照明设施，亮度不均，只能满足生活需求，景观照明效果不佳；翰林镇市政设施不够完善，店牌和广告牌随意设置，街道环境卫生较差。

3.2.2　新序墟现状分析

新序墟属于年轻城镇，建立时间不长，是由管辖单位新竹镇分化形成的新区，深受新竹琼剧文化熏陶；镇域沿省道 S202（新序大道）以长条状与之契合，呈线性排列形式，其街道性质属于穿镇型。

新序墟街道现状大体与翰林镇类似，区别为街道结构：翰林镇街道宽度较为统一，为双向单车道（8m），外加两侧人行道铺装（7m），高差基本无变化；新序墟街道宽度变化较为明显，为双向双车道（15m），两侧人行道铺装宽度从 8～13m 不等，高差变化大，从 0～0.9m 不等。

3.3　改造原则及设计主题

3.3.1　因地制宜，节约为本

充分保留翰林镇和新序墟的原有街道结构，在此基

础上进行增项，以不破坏居民建筑为出发点，进行因地制宜，节约为本的改造设计。

3.3.2 要素丰富，功能齐全

增加翰林镇和新序墟的街道景观要素及配套设施，丰富景观效果，在不影响原有街道结构的情况下完善功能。

3.3.3 车行便利，人性空间

考虑车行与人行的交叉关系，在保证人活动安全的情况下增设街边公共空间，同时不影响车行交通，形成“互不影响，对景成趣”的改造设计。

3.3.4 特色出彩，源于地域

结合翰林镇和新序墟特色旅游小镇的定位，赋予其源于地域的主题色彩，打造个性化的街道景观。翰林镇的主题为“安康境地，风雅翰林”，新序墟的主题为“多彩新序，琼味人生”。

3.4 设计策略及设计成果

金兆森在《村镇规划》一书中指出：“村镇道路这一景观构成要素……通过街道沿街建筑在天际线、空间的错落关系、色彩、材质及沿街绿化和公共设施等构成要素、夜景照明系统总体结合设计来控制街道平面及空间组合的整体性，同时注重自然景观与地域人文历史、传统文化等的几何元素提炼运用到街道景观的构成上，进一步体现城镇特色、完善城镇形象。[3]”翰林镇与新序墟的城镇街道景观改造也从以下四个方面进行设计提升：

3.4.1 建筑立面

建筑是城镇街道的首要构成要素，建筑立面也就成为了街道景观的重中之重。芦原义信在《街道的美学》中写道：“一幢一幢各不相同……街道具有整体感，并具有共同的价值。本来街道就是在这种共性基础上建立的，由于它而使人对街道或地区产生强烈的恋恋不舍的心情[4]”。

翰林镇的沿街建筑层高4m，以二至三层为主，分别占城镇建筑的53.61％和29.21％。相较于24m的街道宽度（最窄时约14m），D/H①的值在1.2～3之间变化，属于“舒适的人的尺度”，并可以充分观赏到建筑的空间构成和立面细节。对翰林镇街道的建筑立面改造设计的策略如下：首先充分保留原有的建筑立面及材料；其次采用热镀锌仿木纹钢、木色鱼鳞板、南方松防腐木等形成细节丰富、寓意浓厚的窗棂、广告牌、装饰构件和新建一层单坡屋顶；再次运用青砖对原有饰面进行二次描边装饰，并

图9 翰林镇与新序墟街道现状比较

① D为街道宽度，H为建筑高度。

以膨胀螺栓和钢筋等将构件与单坡屋顶固定于原有建筑之上，使得所有建筑的立面和谐统一；最后简化街道的二次轮廓线，将广告、商业宣传等内容统一排布进入建筑立面，使得街道景观干净整洁。

图 10　翰林镇建筑立面单体

新序墟的沿街建筑层高同为 4m，以一至二层为主，分别占城镇建筑的 55.52%和 34.82%。相较于 40m 的街道宽度（最窄时约 21m），D/H 的值在 2.6～10 之间变化，属于“产生疏离之感的街道”。对翰林镇街道的建筑立面改造设计的策略主要针对新序墟人行道铺装区域，方便人行充分欣赏建筑立面细节，具体方式与翰林镇类似。

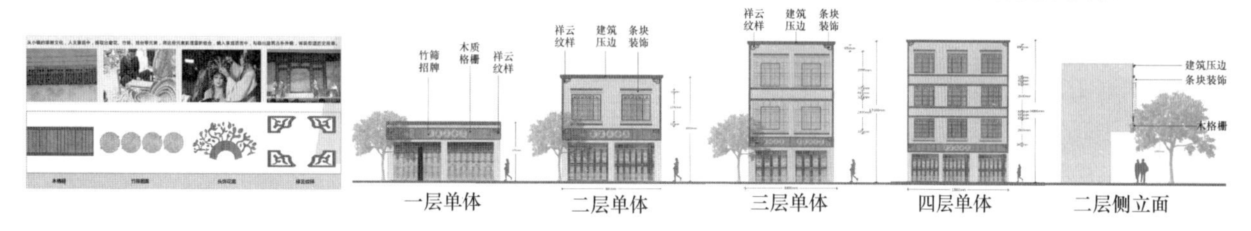

图 11　新序墟建筑立面单体

翰林镇与新序墟的建筑没有太多的高层，立面景观更注重人的尺度，需要细节丰富、寓意浓厚的建筑构件，并且 W/D[①] 基本都小于 1，这种比值反复出现，为建筑带来了节奏和变化，使得整条街道充满了生气。公共建筑也进行了同质化处理，使之协调共融。

图 12　翰林镇和新序墟建筑立面透视

3.4.2　公共空间

城镇中居住的居民是使用街道的常客，街道如同他们的起居客厅。海南的城镇食肆茶店颇多，大多临街排布于建筑一层，是人群聚集的热闹场所。正如同芦原义信给街道景观定义的“阴角空间”和“临街界面”一样，翰林镇和新序墟的街道公共空间改造对再设计的要求十分迫切，不仅需要美化街道的绿色种植空间，也需要增加供人们休闲放松的区域。

由于新序墟的街道宽度大，可操作空间较多，故采取以下设计策略：首先于临车区域设置绿化空间，种植树干挺拔，枝下高较高的小叶榄仁（*Terminalia mantaly*）、非洲楝（*Khaya senegalensis*）和盾柱木（*Peltophorum pterocarpum*）等作为行道树，下层种植小叶龙船花（*Ixora chinensis*）、金叶假连翘（*Duranta repens*）等以增加色彩变化，消除由于 D/H 值过大带来的疏离之感；其

① W 为单元建筑的面宽，在翰林镇和新序墟中一般为 4m 一单元。

次利用原有街道的高差变化划分空间，隔离车行和人行，在确保安全的状况下，形成“仰视”景观；最后利用原有建筑形成的“阴角空间”和“临街界面”，于绿化空间与建筑立面间设计交流地点与休憩设施，使得建筑一层的生活、商业气息弥漫而出，形成亮点。

图 13　新序墟公共空间效果图

翰林镇原有行道树较为杂乱，品种不一且遮挡建筑立面。采用“间隔移除”的方式，结合建筑的 W 尺寸，将行道树间隔划分为 8m 一棵，并以与建筑立面颜色相仿的红褐色和青灰色混凝土砖改造人行道铺装，形成仿古效果，呼应设计主题。

3.4.3　景观亮化

街道的景观亮化是通过人们在街道空间中的行为、心理变化及呵呵景观的特性及周边的环境，通过照明系统特有的形式表现出来，塑造出于白天、白天不一样的景观视觉效果[5]。

结合安全舒适的功能，从自然和人文的特性出发，以美化小镇为目的，分别于翰林镇和新序墟增加固定间距的特色路灯。另结合翰林镇建筑立面，设置 LED 线条灯，打造暖心舒适的夜晚效果。

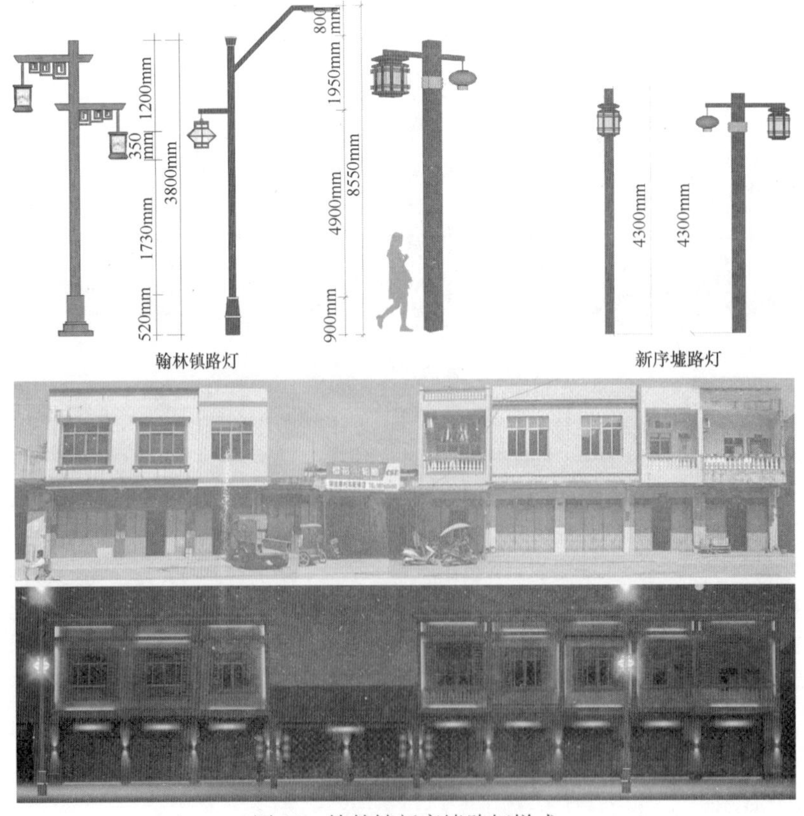

图 14　翰林镇新序墟路灯样式

3.4.4 设施配套

翰林镇与新序墟同为发展旅游产业的特色小镇，在街道景观改造中，除了将市政设施统一特色化以外，通过利用原有废弃建筑和站台，以改造节约为本，建设翰林镇游客服务咨询中心、公共厕所及公交站亭；同时紧扣城镇主题，设计翰林镇及新序墟旅游标识系统、公共饮水系统及宣传栏。

3.4.5 各要素之间的关系

翰林镇和新序墟的街道结构各有特点，使得建筑立面、公共空间、景观亮化和设施配套之间的关系有所不同，形成了不同的街道景观和城镇色彩。总体来说，翰林镇的街道景观文风厚重、尺度宜人，整体色彩稳定，像是一位才高八斗的迁客骚人；而新序墟的街道景观变化多样，空间多彩，整体颜色张扬，像是一名美轮美奂的戏曲演员，展现了不一样的主题内涵和印象风貌。

图 15　翰林镇公共设施

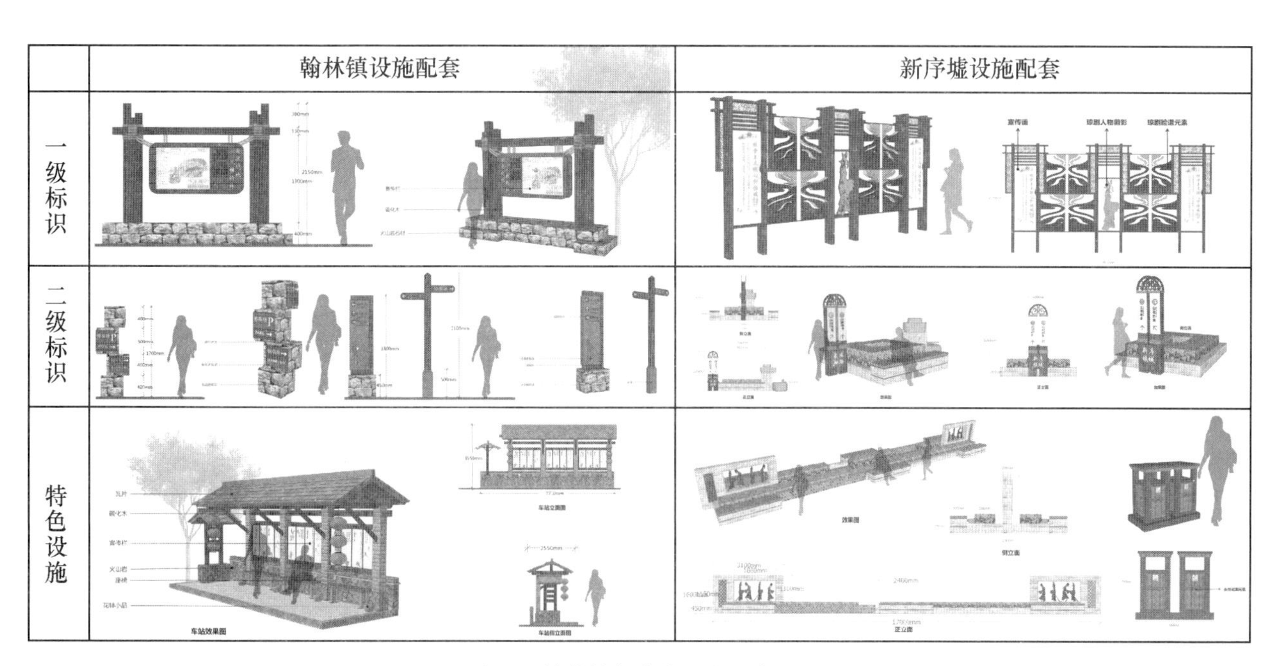

图 16　翰林镇新序墟设施配套对照

图 17　翰林镇与新序墟城镇形象节点景观

4　结语

城镇是我国的乡级行政区（四级行政区），据不完全统计，截止到 2016 年，我国的乡级单位共 39364 个，包括 7819 个街道、20546 个镇和 10998 个乡，这其中蕴含着巨大的建设规模投入。特色小镇背景下的城镇街道景观是不能脱离城镇建设的重要部分，是地域文化的缩影，在给外地游人带来深刻印象的同时能够传达城镇自身的产业特点，起到了很好的示范牵头作用。不仅解决了以往城镇街道景观改造的规划设计问题，还给后续的施工质量和管理对接带来了良好的把关和支撑，更给城镇街道景观今后的发展带来了启示。

参考文献

[1]　(美)迈克尔·索斯沃斯，伊万·本·约瑟夫著．街道与城镇的形成[M]．李凌虹译．北京：中国建筑工业出版社．2006.

[2]　计思敏．住建部公布首批 127 个特色小镇名单，后续还有金融扶持政策[N]．澎湃新闻，2016-10-15.

[3]　金兆森，陆伟刚．村镇规划[M]．南京：东南大学出版社，2010.

[4]　(日)芦原义信．街道的美学[M]．尹培桐译．天津：百花文艺出版社，2006.

[5]　韩娅芳．小城镇街道景观改造设计研究[D]．西安：长安大学，2014：38.

作者简介

许家瑞，1991 年生，男，汉族，湖北宜昌人，风景园林学博士研究生在读，天津大学建筑学院，助理工程师。研究方向：园林历史文化与园林规划设计。电子邮箱：348300969@qq.com。

邓永锋，海南道森园林景观设计工程有限公司，副高。

王锋，海南道森园林景观设计工程有限公司，中级工程师。

陈泰伦，海南道森园林景观设计工程有限公司，中级工程师。

符锡成，海南道森园林景观设计工程有限公司，助理工程师。

张斌，海南道森园林景观设计工程有限公司，助理工程师。

皖南青弋江、水阳江下游流域区域景观研究

Study on the Regional Landscape of Qingyi River and Shuiyang River Downstream in South Anhui Province

刘　琦

摘　要： 青弋江、水阳江是长江下游重要的支流，下游流域密集的河网水系及圩田景观独具特色。本文从自然条件出发，在风景园林学视角下，研究水环境变迁史、农田系统、聚落系统以及中心城区布局，探究与认识流域内人居环境的形成过程和特征。

关键词： 青弋江；水阳江；圩田；当涂县；长江

Abstract: Qingyi river and Shuiyang River are the important tributaries of the lower reaches of the Yangtze river. Starting from natural conditions and from the perspective of landscape architecture, this paper studies the history of water environment change, farmland system, settlement system and central urban layout, and explores and understands the formation process and characteristics of human settlement environment in the basin.

Keyword: Qingyi River; Shuiyang River; Polder Field; Dangtu County; Yangtze River

引言

在自然景观的基础上，人类不断改造和利用自然，人与环境的相互作用形成了丰富而独特的区域景观。青弋江、水阳江是长江下游重要的支流，两江下游流域形成密集的河网水系，在这样水系格局下的区域景观由自然景观、农田景观和聚落景观相互叠加、演变而成。

1　两江概况及自然条件

长江流过安徽境内的部分称为皖江，两岸依附皖江发展形成皖江城市带（包括芜湖、马鞍山）。青弋江、水阳江是皖江的两条主要支流。发源于黄山北麓的舒溪河、麻川河、徽水河在泾县境内汇合后始称青弋江，下游主要经芜湖县入长江，全长 275km。发源于黄山和天目山山脉的西津河在宁国县境内与中津河、东津河回合后始称水阳江，主要由当涂县入长江，全长 254km。[1] 两江水系流域面积广阔，在下游的芜湖县、当涂县形成密集河湖水网，包括（固城湖、丹阳湖、石臼湖）从而构成整体流域系统（图 1）。

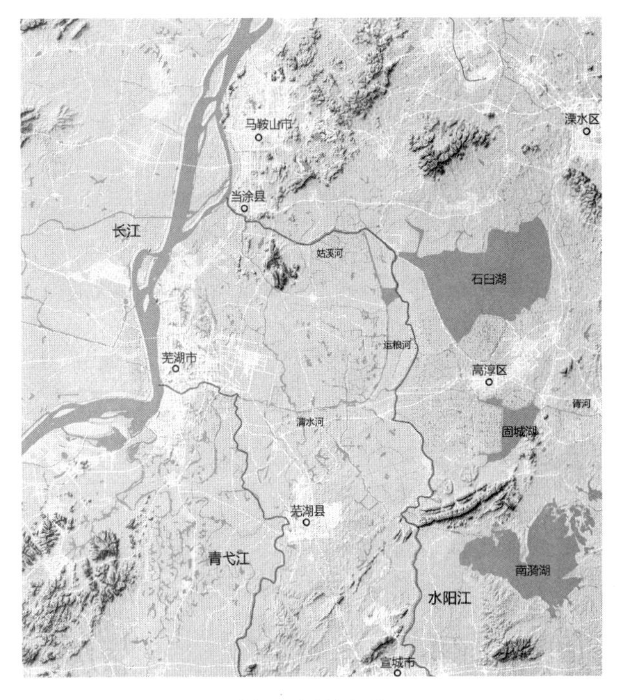

图 1　区域水系

2　人地关系与水环境变迁

两江下游地区旧时统属于上古丹阳湖大泽，在形成初期是长江之滨烟波浩渺之巨浸，总面积达 4000 余平方公里，后代由于地质运动及上游携带大量泥沙入湖并不断淤积，湖盆逐渐淤浅，古丹阳湖逐渐被分解成星罗棋布的湖泊，并形成纵横交错的河渠面貌。如今的石臼湖、丹阳湖、固城湖、南漪湖是其中较大的几个湖泊（图 2）。

两江下游流域人地关系与水环境的变迁大致可以分为四个阶段。

2.1　阶段一：运河开凿与圩田初创

2.1.1　先秦时期

春秋时期吴王阖闾为缩短伐楚的进攻路程，由伍子胥负责开凿了我国历史上第一条运河——胥溪（图 3）。运河的开凿结合自然河道，联系起上下游两个自然湖泊（上游为固城湖，下游为太湖）。山洪暴发时因缺少宽广的河道直通江河，皖江流域部分地区泛滥成灾。胥溪运河在

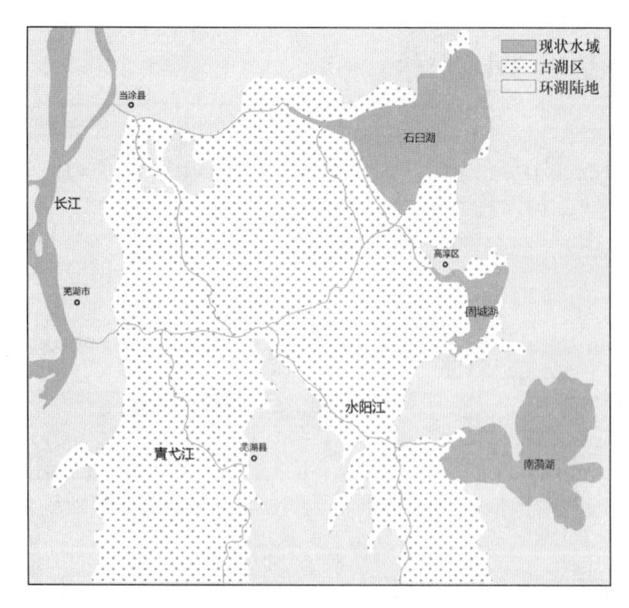

图 2　古丹阳湖区

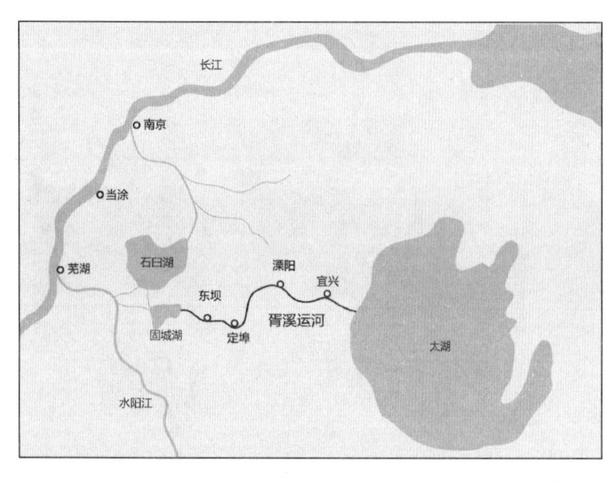

图 3　明朝胥溪运河示意图

唐末配建五堰以节制山水，于是皖南芜湖、宣城、歙县境内的各水系直接与太湖连通，减缓水流速，消除水灾威胁，同时便利了农业灌溉和交通运输。

2.1.2　魏晋南北朝时期

三国时期，曹魏与孙吴两个政权长期对峙，为解决军粮问题，双方关注农业生产，组织屯田。孙吴在皖江地区的当涂、芜湖、庐江等地大规模屯田，筑堤防水，形成了皖江一带圩田的雏形。黄武年间（222～225 年），孙吴在宣城金钱湖一带 20 多万亩的区域内围湖造田，起初名叫金钱圩，后改称惠民圩。赤乌二年（239 年），在今芜湖沿江一带围湖造田，如芜湖以东的咸保圩。永安三年（260 年），孙吴丹阳都尉严密修筑丹阳湖田，是今当涂县境内大公圩的前身[3]。

2.2　阶段二：兴修水利，水运发达（隋唐五代）

唐代我国经济中心已日渐南移，政府十分重视江南地区的农业发展及水利建设。咸通五年（864 年），在青弋江上兴建了永丰陂。皖江地区水利的兴修，保障了农业生产，对唐代皖江流域农业经济的发展起了积极作用。

唐代以前，长江的水运功能尚未得到充分发挥。唐代时随着造船技术的提高和沿江经济的发展，皖江两岸的港埠迅猛增加，沿江大小港、津、渡口一共有数十处之多。天然良港的设置为水运事业的发展提供硬件基础，极大地促进了当地物资运输与商业贸易发展。

2.3　阶段三：圩田兴盛，水患灾害

2.3.1　宋元时期

赵宋之后，我国政治文化中心移至江南，北方人口南移导致古丹阳湖区人口数量急增，人地矛盾尖锐，同时将相势家大族及皇家行宫趁机竞相围垦湖田，使得在两宋之际，该地区的圩田发展进入全盛期。太平州形成“低接江湖，圩田十居八九”的盛况。乾道九年（1173 年），当涂县围垦丹阳湖而成的大公圩已形成由 54 个小圩联并、圩堤长达 150 余里的庞大规模。据宋人统计当时当涂县圩口已有 472 所之多。

元代，两江流域的地主和军屯部队纷纷修复和新筑圩田，许多低洼地被人工改造为高产田。此外，当地农民大量开垦湖畔江边的沙淤地，形成沙田，缓解了这一地区农田不足的矛盾。

但随着围湖造田规模的不断扩大，围垦与行洪矛盾逐渐突出，两江流域的气候特点和地形特征更加剧了水地矛盾。水阳江东支江水流入丹阳湖、固城湖、石臼湖三湖水域，经由胥溪直下太湖，但永丰圩大面积围垦使得江水仅能通过一条狭窄的河道流入固城湖，极大地阻碍洪水泄流，造成周围的宁国府、太平州、建康府水害频繁。如史料记载：“永丰圩自政和五年围湖成田，今五十余载，横截水势，每遇泛涨，冲决民圩，为害非细”。[4]围垦活动不仅造成古丹阳湖区水患严重，由于湖水下泄太湖，淹没下游江苏省境内农田，引起太湖流域民众激烈的反对。

2.3.2　明清时期

明朝在胥溪上重建东坝，后又加高三丈，自此古丹阳湖水不再东注太湖，解除对下游农田的水患威胁。但古丹阳湖水不得下泄，水位增高，致使破圩者不计其数。当涂县“向之围湖为田者尽没于烟波浩渺中，计田十万有奇”。明中后期官府禁止豪民在太平、宁国两府间的石臼湖沿岸围湖造田，以利洪水宣泄。东坝兴筑导致古丹阳湖区水域的环境变化，使得明清时期的围垦活动处于低潮期。

2.4　阶段四：不断围垦，湖面缩小

2.4.1　近现代时期（水患频繁）

清末民国期间，随着皖省江北民众的大量迁入，政府鼓励垦荒殖业，以及长期上游山区的泥沙冲击、淤塞湖面、湖滩裸露的生态环境变迁，为新一轮围垦创造了条件。如青弋江下游芜湖两岸的众多湖泊，也自清末以来，垦务公司纷纷围水造田，召集江北移民耕作。这些湖田的

围垦阻碍了洪水泄流，使得水患更为严重。

到中华人民共和国成立前夕，丹阳三湖面积只剩下原来的 1/5（图 4）[5]，其中丹阳湖 161km²，石臼湖 264km²，固城湖 76km²，共 501km²。“大跃进”时期，盲目围垦活动导致湖容愈变愈小。据有关部门测定，固城湖水面已不足 30km²，丹阳湖不足 10km²，仅石臼湖稍好一些，还有近 200km² 的面积。碧波荡漾的湖面成为军垦农场的生产基地，从花津至大陇变成了一条狭长的河道。由于盲目垦荒造田，使得丹阳湖的水量失控，有的湖段甚至已经枯水露底；大雨来临时泄洪受阻，若遇上江水顶托，更是一片汪洋，沿湖各区、乡用增高圩堤的办法还能抵挡一阵，但也仅是将水祸转嫁于人。水阳江沿岸的宣州、芜湖两市县人民备受水患折磨，每隔几年就会发生一次决堤破牙现象，淹没几万亩农田，带来大量经济损失。

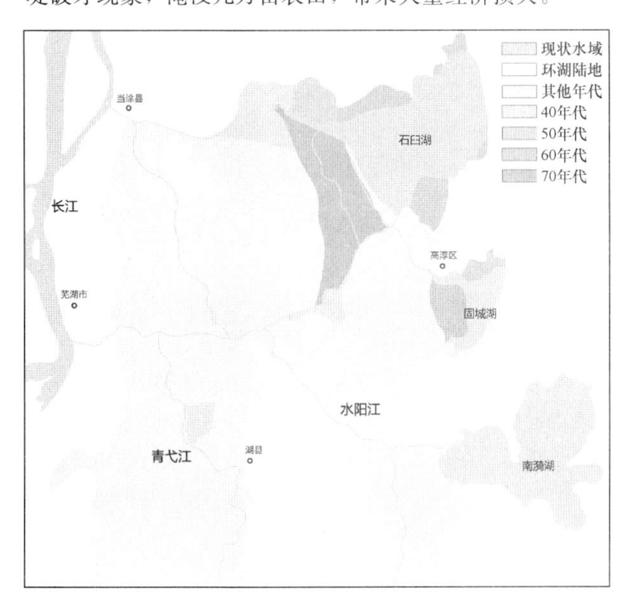

图 4　各个时期围垦范围

3　圩田系统

由于自然条件影响，青弋江、水阳江下游流域以圩田景观为主（图 5），其中最具代表性的是当涂县境内的大公圩（史称大官圩），被誉为江南首圩（图 6）。此外还有一五圩（芜当联圩）、湖阳圩、军民圩、丹阳湖南北圩、团结圩等重点圩区（图 7）。

图 5　圩田景观（图片来源：Google Earth）

长江与石臼湖之间由西至东分别是冲积平原、冲积湖积平原、湖积平原，不同地理条件下呈现出不同水网密度和沟渠形态。西部冲积平原临江或河口处圩田的水网形态自然，沟渠较宽，单个圩子的面积不大（图 8*a*）。中部冲积湖积平原的圩田分为两种，大公圩西侧圩田，河网宽度较大且边界自然，内部沟渠多呈规则的“鱼骨形”，且宽度较窄，单个圩子面积较大，内部系统完善（图 8*b*）。大公圩东侧多以残存的零星湖荡为中心的环形围垦区。单个结构的中心部位都有一个残存的小湖荡，一条条小河沟自边缘向湖荡中心延伸汇集，农田沿着河沟由边缘向湖心分布，多呈条带状结构，外部通常有环形水系（图 8*c*）。这样的结构表明，历史围垦是以湖荡为中心，由四周向中心展开。湖积平原由于多为现代围垦，人工沟渠纵横之间互相垂直，整齐规范，形成极为规则的水网，农田依水网而排列，亦呈标准的矩形结构（图 8*d*）。

图 6　大公圩地区用地分类

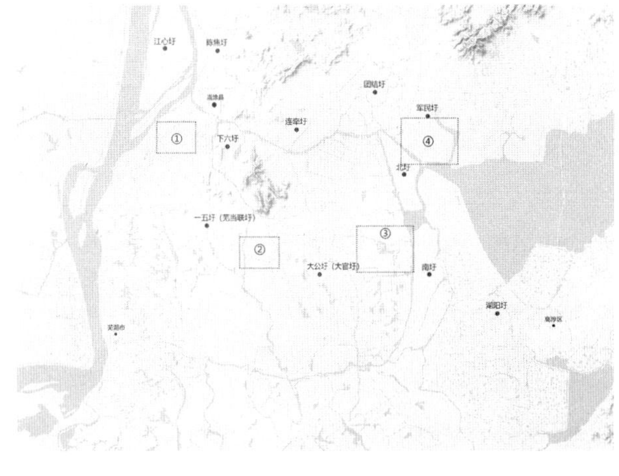

图 7　主要圩区分布

4　聚落系统

乡村聚落基本沿道路、水系分布，以沿圩堤、河堤或交通干道布局的大型聚落为主，圩区中散布若干的小型聚落为辅。河堤、圩堤或交通干道因为便利的水陆交通，沿线村庄分布集中，成为村落中的主要街道。圩区内次要道路或乡间小路主要沿沟渠分布或划分田块，连接主要交通道路。村落的平面布局大致分为四种形态（图 9）：

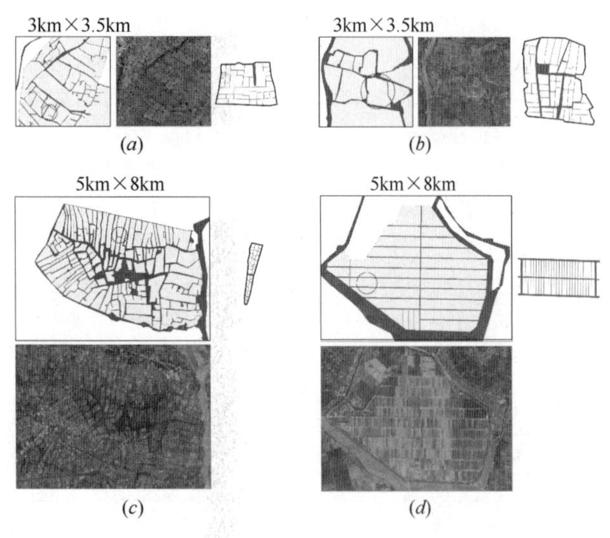

图 8　圩田肌理

"一"字式（带状）；"非"字式；团块式；零散式。"一"字式（带状）村落，主要在道路、水系的一侧或两侧排布（图 10）；"非"字式排布以道路、河流为轴线，向单侧或双侧分出枝杈，发展程度高于"一"字式；团块式则以历史形成的原宅基为中心向外扩展，形成集镇等如乌溪镇、石桥镇；零散式村落中民居独门独户自由的分布在田块中。村落的名称除姓氏外，以河、湖、塘、潭、沟、湾、梗、坝、圩等居多[6]。

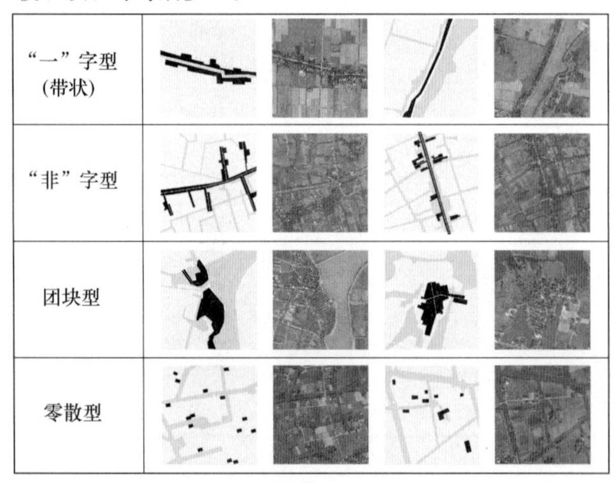

图 9　村落布局

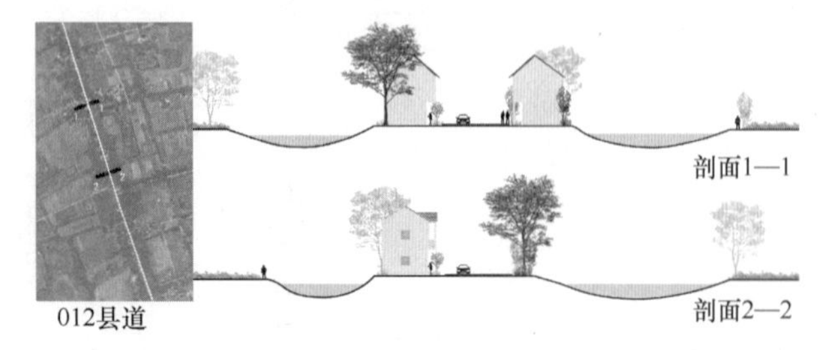

图 10　县道、村庄、田与水的关系

5　中心城区布局

以当涂县中心城区为例，分析区域水系与中心城区布局的关系（图 11）。

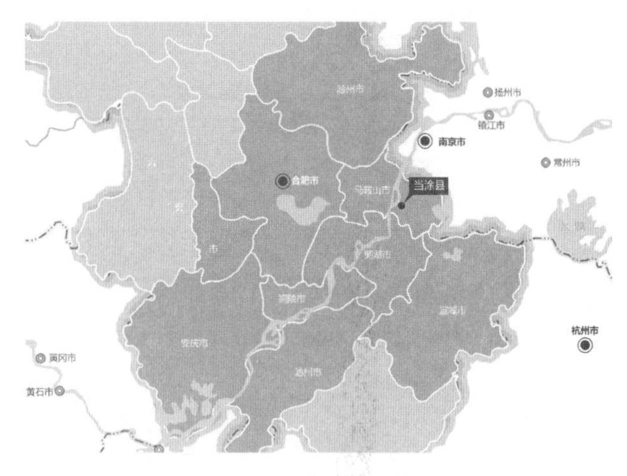

图 11　当涂县区位

5.1　选址

当涂县城"沿江沿河"而兴，西临长江，内河水系石臼湖、丹阳湖、姑溪河、青山河、圩田水网等形成东西向的水道，中心城区恰好位于黄金水道交汇处（图 12）。北枕小黄山（浮丘山），东依凌云山、白纻山，均为低山丘陵，地势东北高、西南低，城西有人为堆砌而成的金柱山，以形成"三方诸峰环拱"之势。城市整体格局上环水面山。

区域水系对县城选址的影响主要体现在供水需求、交通运输和军事防御等方面。随着中原百姓的南迁，沿河择居于水系两岸的人数增多，到唐代，县城发展已颇具规模。随着聚居人数的增多，姑溪河两岸逐渐成为当涂港的雏形，北通采石水驿，南通皖南宣歙，商贸繁荣，是连接长江上下地的重要水上要道。作为长江下游的重要渡口，控制长江之要津，险要甲于东南，地理位置的重要性使当涂自古成为兵家必争之地，历史上曾发生过多次重要战役（图 13）。

图 12　县城及周边水系

5.2　三塔格局

古代营建城池常采用"环峙"等处理手法，实现建筑之间的呼应，当涂建有三塔——黄山塔、金柱塔和凌云塔，环顾城周，分别位于城北、西、东，互成"鼎峙之

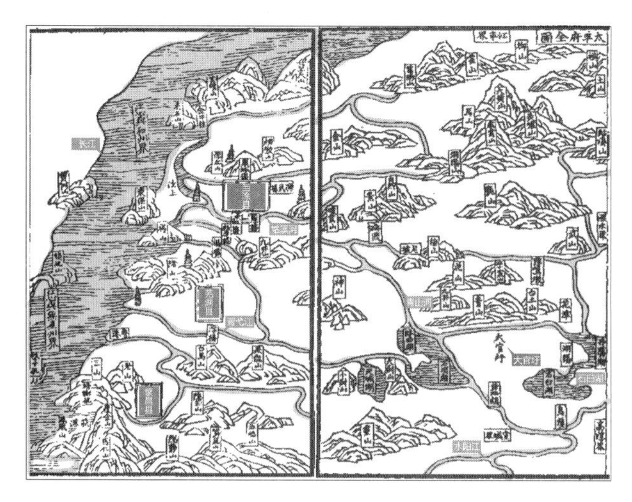

图 13 清乾隆太平府全图（改绘）

图 14 三塔鼎峙格局（改绘）

势”、“鼎峙三垣”（图 14）。

金柱塔位于城西姑溪河入长江的重要口岸。明朝前朝，因当涂常患洪灾，风水家认为城池处于“三方诸峰环拱，垣局最善”的形势，唯有“西濒大江，水势直泄”，认为姑溪河水逆向西流，于水性地脉不宜，需建宝塔以镇水口。明万历年间，邑候章公嘉正“建浮屠七级以障水口”“埠民田为塔基，累土成阜，而名以山”，建成宝塔即金柱塔。金柱塔为六角七层宝塔，由砖石砌筑。

黄山塔位于城北的小黄山，又名浮丘山。相传最初为南朝宋武帝刘裕所建，李白登临黄山，吟出了“送君登黄山，长啸依天梯”的绝唱。现存之塔已非原塔。凌云塔位于当涂县城南郊姑溪河畔的凌云山，明代嘉靖年间建造。

5.3 水系与城市格局

据《嘉庆一统志》，今当涂县最早有城之奠基的记载为孙吴黄武年间，护城河也在期间开凿，为城市提供防御屏障，是我国保存最完整的县级护城河。唐时，无南护城河，南部城墙跨姑溪河而筑，姑溪河穿城而过。宋代，城郭格局已基本形成今制，为了防止水贼侵略，南城墙移筑于姑溪河之北，将姑溪河置于城外，引姑溪河水入城壕，并且修筑城内市河。明万历年间浚濠建闸，外河入濠河，濠河入市河，城内水系格局形成。从明代开始南护城河的修筑使得老城空间逐渐向北，姑溪河的逐渐拓宽压缩了河南城市用地。随着城市发展，城市中的大量水塘和水系被填埋，今仅存有局部市河（图 15）。

南宋修筑行春、澄江、南津、湖熟、清源五座城楼，后经历代多次改建加固。清乾隆年间共开城门 6 道，东为行春门，西为澄江门，北为清源门，城南临姑溪河自东向西依次是龙津门、南津门和湖孰门[7]。城市格局已经基本形成，街与巷坊形成棋盘格式的道路系统，主要街道有四条：自张家桥至向化桥为儒林街；自府衙前至南津门约 2 里，为东街；自清源门至湖熟门约 4 里，为西街；自行春门至澄江门约 4 里，名十字街（图 16、图 17）。城中权利空间、经济空间、教育空间、军事空间、居住空间均完善，民居主要集中在东、西街及马军寨之间，街巷密度较大，多为青砖瓦房。商业用地主要集中在城南沿河南寺大巷一带及姑溪河上下浮桥两岸埠头。作为明、清两代太平府治，当涂一直保持着周边地区中心城镇的地位。

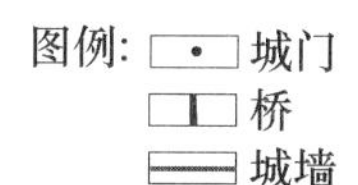

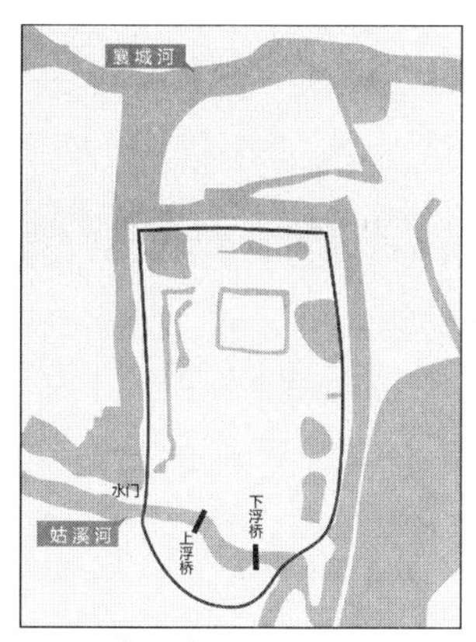

唐代水系与城墙

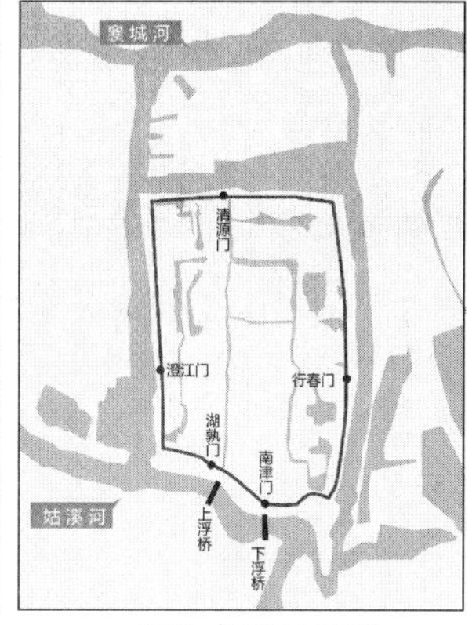

宋代水系与城墙

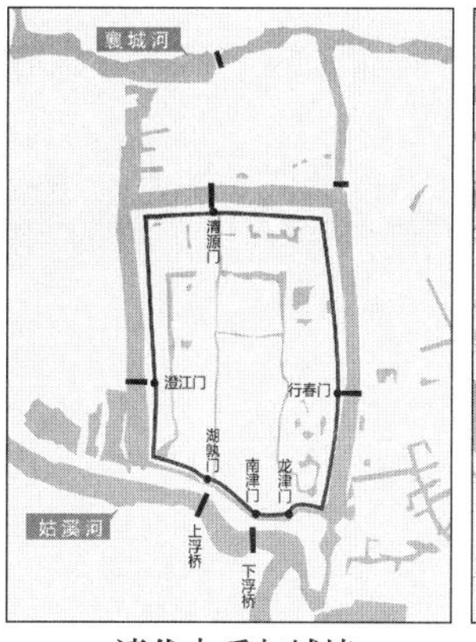

清代水系与城墙

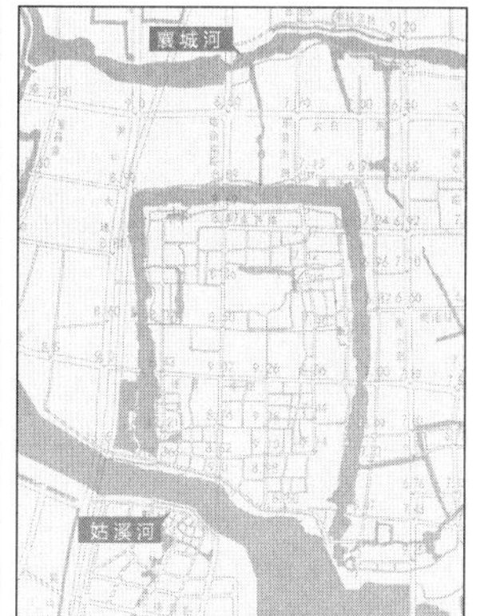

2018年现状水系

图 15 县城水系变迁示意图

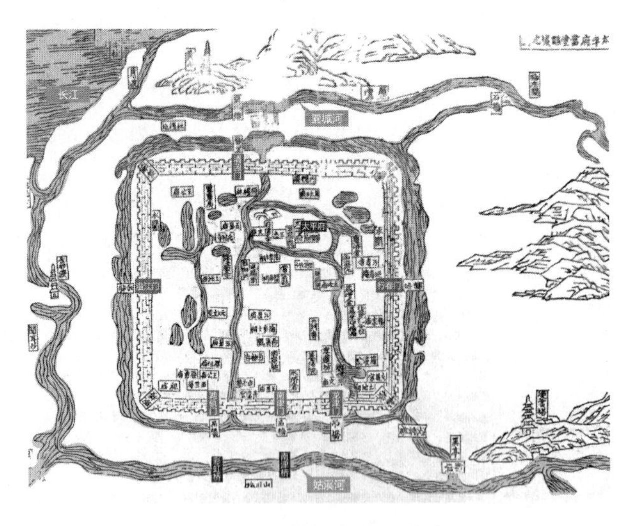

图 16　老城与水系（改绘）

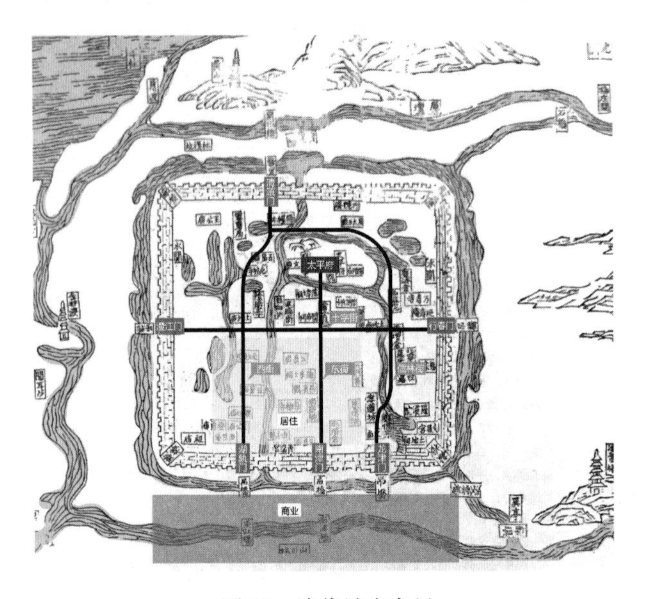

图 17　清代城内布局

抗日战争当涂沦陷前，为防止日军盘踞将城墙其全部拆除，后遭日军入城大肆洗劫，城内房屋被炸毁近三分之一。抗战胜利后，修复了部分街道和房屋，基本保持原先的街巷格局。中华人民共和国成立后当涂老城城市空间在其原有格局上向东、西两个方向拓展，主要用于工业用地。东西街及提署街之间仍为民居，商业用地仍然以清代、民国的南寺街一带为主。改革开放以后，新的资本和产业远离老城，向护城河外的西北角以及姑溪河南岸发展及聚集，权利空间也移出老城，聚集于城外东北角。老城逐渐失去中心的地位。2000 年以后，老城经过多轮城市更新，目前形成了大面积的现代住区，传统的街巷肌理消失殆尽。

6　结语

本文通过对青弋江、水阳江下游区域景观分层剖析，揭示各系统层（水系、圩田、聚落）之间的紧密联系，总结区域景观的构成要素，能清晰地看到聚落所呈现的景观面貌是由自然环境与人为改造综合作用的结果。但在城市化与全球化的浪潮下，自然-农业-聚落所编织的区域景观体系逐渐被拆解，需要我们深入研究传统景观体系并探索其保存于转化来应对冲击。

参考文献

[1]　方前移. 北宋以来青弋江、水阳江流域人地关系与环境变迁[J]. 农业考古，2011(1)：239-245.

[2]　当涂县志编纂委员会. 当涂县志[M]. 中华书局，1996.

[3]　郭万清，朱玉龙. 皖江开发史[M]. 黄山书社，2001.

[4]　王华宝. 乾隆太平府志[M]. 江苏古籍出版社，1998.

[5]　戴锦芳，赵锐. 遥感技术在古丹阳湖演变研究中的应用[J]. 湖泊科学，1992(2)：67-72.

[6]　侯晓蕾，郭巍. 圩田景观研究形态、功能及影响探讨[J]. 风景园林，2015(6)：123-128.

[7]　陈饶，董卫. 基于历史地图的城市历史环境保护研究——以当涂老城为例[J]. 现代城市研究，2014(2)：64-71，109.

作者简介

刘琦，1996 年生，女，汉族，安徽马鞍山人，北京林业大学园林学院硕士研究生。研究方向：风景园林规划与设计。电子邮箱：13141234672@163.com。

西安浐灞生态区绿地系统固碳评估[①]

Carbon Sequestration Assessments of Xi' an ChanBa Ecological District Green Space System

朱　敏　任云英*

摘　要：城市绿地系统是城市碳汇的主体，在维持城市碳平衡中具有不可替代的作用。本文以西安浐灞生态区为例，从公园绿地、防护绿地、附属绿地和区域绿地四个层面建立固碳评估模型，基于数据清查、林班划分等统计数据，采用生物量转换因子连续函数法和平均生物量法，计算浐灞生态区绿地碳储量、碳密度及其固碳潜力。结论：浐灞生态区绿地系统固碳能力同植物的胸径、高度、树龄、植物群落、种植密度有着密不可分的联系。绿地系统中不论植物配置如何，一般其碳储量均表现为：高密度植物群落>中密度植物群落>低密度的植物群落，多层植物群落>双层植物群落>单层植物群落，其固碳能力随着种群密度的丰富度的增加而增加。

关键词：绿地系统；固碳评估；碳储量；西安浐灞生态区

Abstract: Urban green space system is the main body of urban carbon sink and plays an irreplaceable role in maintaining urban carbon balance. Taking the Xi' an Ecological Zone as an example, this paper establishes a carbon sequestration assessment model from five levels: park green space, protective green space, square green space, affiliated green space and regional green space. Based on statistical data such as data inventory and forest division, biomass conversion factor is adopted. The continuous function method and the average biomass method were used to calculate the carbon storage, carbon density and carbon sequestration potential of the greenbelt in the eco-region. Conclusion: The carbon sequestration capacity of the green space system in the eco-region is closely related to the plant' s DBH, Height, Tree Age, plant community and planting density. In the green space system, regardless of plant configuration, its carbon storage is generally as follows: high-density plant community>medium-density plant community>low-density plant community, multi-layer plant community>double-layer plant community>single-layer plant community, its carbon sequestration The ability increases as the richness of population density increases.

Keyword: Green Space System; Carbon Sequestration Assessments; Carbon Reserve; Xi' an ChanBa Eco-region

1　背景

碳汇的研究集中于城市及乡村等的林地、农田以及小部分水域（其中包括湿地生态系统），市域内绿地系统碳汇由于其结构、功能的复杂性而相对较少涉及。方精云，郭兆迪等对中国森林资源进行清查，结合遥感数据、气候以及地面观测数据，参考国内外研究结果，采用连续生物量转换因子法估算不同林分、不同土壤条件、不同植物中的碳库[1]。Andrey Filipchuk 等基于国家林业局调查统计数据，运用 IPCC 方法计算森林碳汇，对俄罗斯森林谈会评估作出修正。最终得出森林的固碳和碳积累速度与林分的生产力、物种组成以及年龄有关，另外还同人为的干扰存在着很大的关系，修正的结果为俄罗斯的森林每年被高估的损失以及被低估的固碳量约为 3.4 亿吨[2]。张琨选择植物分子式这种方法用来确定不同树种的含碳量，以此为参数计算了我国的森林碳汇量。之后，利用我国几次森林资源清查数据结合张丽霞研究的森林资源系统仿真模型结合，预测了我国森林碳汇功能未来的发展趋势[3]。

目前我国各领域雪珍针对碳汇的计算方法已经进行了大量的研究，相较于森林的研究建成区内的绿地系统研究相对较少，其中赵彩君等指出需要对绿地进行合理管理，才能避免碳的迅速释放，有效保证绿地碳汇恒定，她还采用复层群落式种植，单位面积内发挥植物的最大固碳作用[4]。叶有华等提出，提升城市碳汇能力需要从加强城市碳汇相关资源各个影响因素层着手实施[5]。郭靖等建议利用遥感数据以及样地清查数据分析森林生态系统的固碳量以及碳的时空与动态分布[6]。

2　研究区域与研究方法

2.1　研究区概况

浐灞生态区位于西安主城区的东北方向，南起绕城高速南段，北至渭河南岸、东以灞河的蓝田、灞桥为界，西以浐河流域左岸为界，总面积 129km^2。地处关中平原腹地，地势东南高，西北低，形成多阶台地，地形相对平坦开阔，坡度平缓，基本在 0.8°以下。区域内浐河流经河段长度约 16km，灞河流经河段长度约 21km。生态区内土层深厚，土壤肥沃，pH 呈碱性，且由于区内地下水位较高，在浐、灞河流经区域形成了以潮土、水稻土、新积土

① 基金项目：十三五国家重点研发计划课题：城市新区低碳模式与规划设计优化技术（课题编号：2018YFC0704604）。

等多种土壤共存的土壤组成特征。区内的地表径流主要是渭河、灞河和浐河，这三条河也是构成“八水绕长安”的三水。浐河和灞河发源于秦岭北麓，从少陵塬、白鹿塬、铜人塬之间穿过，形成三塬夹两川的地貌景观，构成了浐灞生态区基本的山水景观格局[7]。

浐灞生态区在西安“九宫格局”“一城多心”的总体布局中，其绿地系统是面向西安城市整体，具有平衡城市总体绿地指标、服务全体市民的性质。其定位是衔接西部城市中心区，以多项生态建设措施来提高环境生态质量，并同时为区内居民提供良好生产和生活环境的生态绿地体系。浐灞绿地系统布局简单概括为“一心，两带，三片区，点线结合”，一心：就是以广运潭生态景区作为生态区绿地系统核心；两带：即浐河绿地景观带和灞河绿地景观带；三片区：即灞河入渭口生态绿地、浐河水系涵养生态绿地和灞河水系涵养生态绿地。

浐灞生态区绿地系统各类绿地（以旧用地分标准划分）分布情况：①G1 公园绿地包括：广运潭公园、市级公园、居住区级公园、带状公园等。②G2 防护绿地：在经过生态区内的两条铁路线及铁路东站周边设置带状防护绿地；在城市快速路及交通干线两侧布置带状防护绿地。③G4 附属绿地，包括道路、居住区、公服以及工业用地的附属绿地，因归各单位所有故无具体数据。④G5 区域绿地，包括：浐河人家、米家崖景区、未央湖度假村与生态控制绿地，其中前三项总面积为 2231.4hm²。

绿地系统规划各类绿地数据统计　　表 1

绿地性质	公园绿地	防护绿地	附属绿地	区域绿地	总计	备注
面积（hm²）	1129.6	2183.4	—	2249.6	5562.6	广场绿地对固碳能力影响较小不做统计

浐灞生态区绿地植物配置以乔木为主，乔灌草相结合的方式。以银杏、国槐、旱柳、垂柳、悬铃木、毛白杨、新疆杨、华山松、白皮松等作为基调树种。骨干树种依据用地功能的不同选择主要包括：悬铃木、银杏、国槐、旱柳、垂柳、华山松、白皮松、黄山栗、千头椿、白蜡、银杏七叶树、马褂木、白玉兰、竹类、棣棠、月季、龙柏、合欢、紫薇、水杉、胡枝子、馒头柳、毛白杨、箭捍柳、桑树、紫穗槐、铺地柏、五叶地锦、凌霄、紫藤、金银花、三叶草、景天、青藤、大叶黄杨、小叶黄杨、金叶女贞、侧柏、小桑以及荷花、睡莲、水首蒲、慈姑、泽泻、洋槐、馒头柳等。

2.2　研究方法梳理及确定

目前碳储量的研究方法有许多，各种方法之间有一定的联系也有一定的不同，每种方法也有其独特的优点也都其局限性，具体包括：①生物量法；②蓄积量法；③碳通量监测法；④样地清查法；⑤遥感估算法；⑥模型模拟法。

本文主要选用样地清查法与遥感数据、蓄积量法结合的方式估算浐灞生态区绿地系统的碳储量及其固碳能力。

3　研究区绿地系统碳储量及碳密度估算

3.1　建立研究区固碳评估模型

林班：是一种长期性的林业地域区划单位，具有永久性经营的特点。它的存在主要是为了便于经营管理工作和合理组织林业生产，把林区划分为许多林班。一般面积在 50～200hm²，部分用地广袤地区可适当加大林班区划。林班的区划方式包括人工区划法、自然区划法、综合区划法三种，区划林班主要作用于测量、数据清查、统计资源等林地调查[8]。

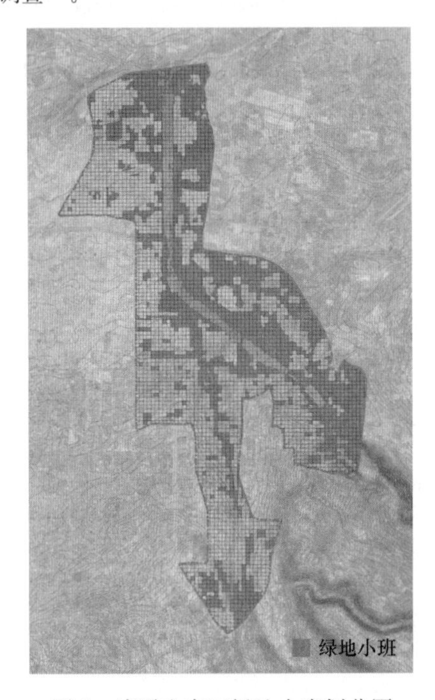

图 1　浐灞生态区绿地小班划分图

林班一般情况下依据地形、行政区划、权属等划分，但如果处于地势开阔，地形变化较小权属不明也可进行人工划分。小班区划是根据林地特征不同划分不同的林分地段，是林班下一级划分方式，小班划分方式尽量区分地形，地物界限。可依据条件包括：①用地权属；②森林类别及林种；③生态林地的保护等级；④起源；⑤树种组成；⑥林分郁闭度；⑦龄组；⑧立地类型。

本文依据 2017 年最新颁布的城市绿地系统规划用地分类标准划分各类绿地及其林班小班。公园绿地、防护绿地和区域绿地（浐灞生态区主要包括景观娱乐绿地以及生态保护绿地）根据各类绿地权属和用地边界，以及绿地内植物的组成、类别、郁闭度等条件，设定以 50m×50m 网格划分研究用地内绿地小班。而附属绿地因其用地归属情况复杂，小班简单依据其附属用地划分个单元。

3.2　固碳相关数据统计

各类绿地中分设调研样地，勘察待测林分，主要观察其分布状况、树种混交情况、林间郁闭度等内容，调研样地内是存在面积、数量上的差异，质量上应保持一致，以样地清查数据估算植物在整体绿地系统中的存量。记录树种胸径、树高、品种、存量、混交情况等，计算样地内林分蓄积量，然后利用生物量转换因子的方法计算林地的碳储量[9]，最后结合小班划分情况估算研究区内绿地系统整体碳储量。

经过对已有文献的梳理确定对城市碳储量影响较大的是城市中乔木的储量，由于统计量的原因本文仅对浐灞生态区绿地系统乔木种植量进行统计。

3.2.1 公园绿地（G1）数据统计

G1 类用地数据统计表　　表 2

项目名称		总面积（hm²）	小班划分	注
综合公园	广运潭公园	706.4	2825	—
	其他市级公园	80.2	320	—
	区级公园	110.8	443	—
社区公园	居住区级公园	25	100	—
专类公园	儿童公园	5.9	23	—
	植物园	35.6	142	—
	游乐公园	4.8	19	—
	其他专类公园	9.9	39	—
带状公园		151	604	—
总计		1129.6	4515	其中存在未建成样地

说明：本文主要利用现状数据针对浐灞现行绿地系统规划进行碳储量估算，对于未建成绿地碳汇指标进行预测，所以小班划分情况与现状样地数据调研略有出入，调研样地选取已建成存在普适性绿地进行。

G1 类用地中设置 50 处调研样地，样地选取主要为世博园、桃花潭、西安浐灞国家湿地公园、带状公园以及其他市域、居住级公园绿地，调查树木共计 2133 株，统计结果如下：

浐灞生态区内植物种类丰富，用地内乔木包括国槐、法桐、女贞、杨树、柳树、银杏、紫叶李、雪松、油松、玉兰、刺柏以及其他种类，其中国槐占有明显优势约占 30.47%，其次是法桐及女贞分别占 22.36%与 11.9%。

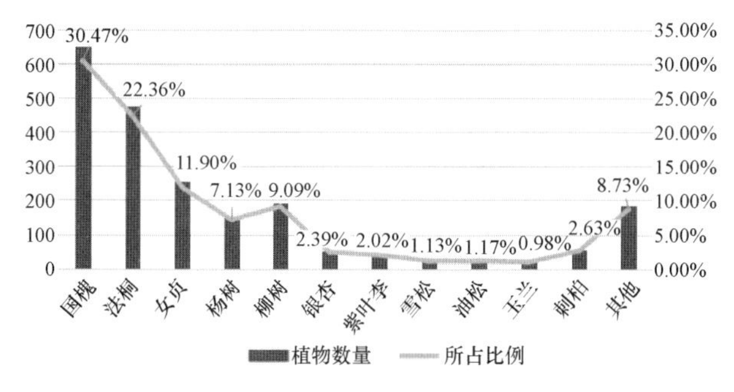

图 2　G1 类绿地数据统计图

3.2.2 防护绿地（G2）碳储量测算

G2 类用地数据统计表　　表 3

项目名称	总面积（hm²）	基调树种	小班划分
防护绿地（G2）	2183.4	国槐、旱柳、悬铃木、毛白杨、新疆杨、华山松、白皮松	2183

同公园绿地相比，防护绿地植物配置相对简单统一，其主要作用是隔离保护城市生活区同铁路、高速以及生态保护区的冲突。防护绿地因其植物配置较为简单原因，小班网络设置为 100m×100m 网格进行样地选取及数据清查，调研共选 5 处调研样地，样地主要为浐灞生态区内各快速路两侧防护绿带，样地主要进行植物数据清查清查植物共计 2032 株，统计结果如下：

防护绿地选用植物主要为国槐、毛白杨、新疆杨、白皮松、法桐、旱柳、女贞等树种，其中国槐同样占据着绝对的优势达到 40.32%，新疆杨、毛白杨、白皮松各占 10%左右，分别为 12.7%、13.24%、10.85%，法桐、旱柳和女贞也占据着较大的比重。

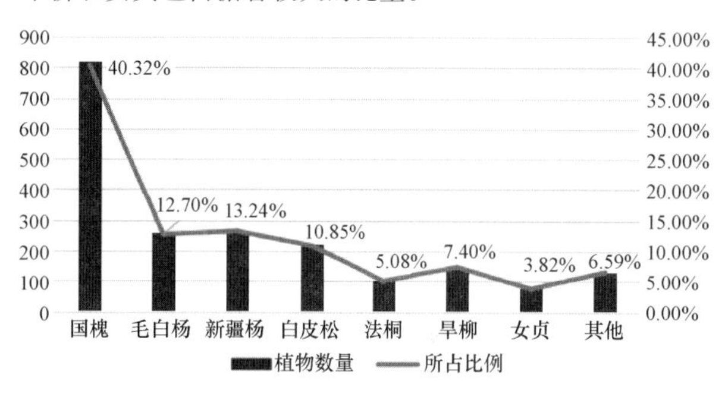

图 3　G2 类绿地数据统计图

3.2.3 附属绿地（XG）碳储量测算

附属绿地受人为影响最大，比起其碳汇更注重其景观品质以及其休闲舒适度。因此附属绿地碳汇能力计算，小班分区较为粗略按其附属用地划分个单元，依据基调树种相关资料与数据简单计算整体碳储量即可。

通过对几个不同用地类型调研，附属绿地中以观赏为其最根本功能，女贞占据着绝大的优势，其次是法桐、银杏、紫叶李、国槐分别占 20.74%、17.86%、15.63%、12.85%、10.74%，另外还有玉兰、樱花树、榆树、椿树、海棠、石楠、雪松、油松、刺柏、杨树等，各树种分布配比等较为均匀。

3.2.4 区域绿地（EG）碳储量测算

EG 类用地数据统计表　　表 4

项目名称	总面积（hm²）	小班划分
文化娱乐绿地	266.4	1065
生态环境绿地	1965	—
遗址绿地	18.2	72.8

区域绿地中根据调研统计落叶树种占有着绝对的优

势，国槐、女贞、油松、银杏、柳树、紫叶李、法桐占据比较大的比重，分别为 17.23%、12.05%、7.21%、6.58%、6.58%、5.97%、3.84%，其余雪松、刺柏、樱花树、七叶树、三角枫、杨树、玉兰、椿树、马尾松、杏树、核桃树占据了一定的比例。

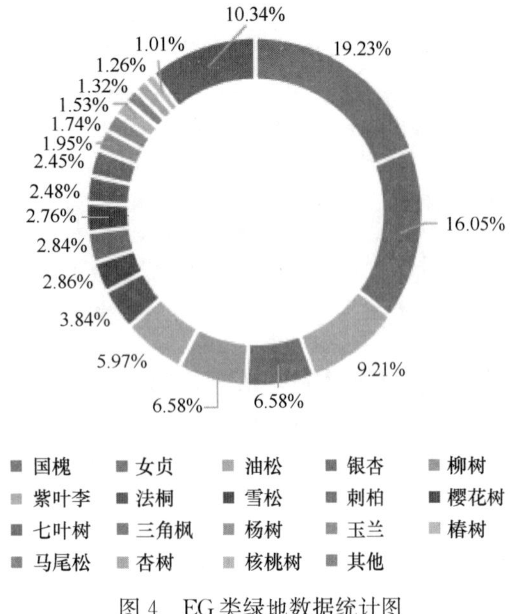

图 4 EG 类绿地数据统计图

研究区范围内植物多处于中幼年，其胸径多分布与 25～30cm，平均胸径 27.62cm。树高 7m～11m 之间，平均树高 8.54m。植物的郁闭度在 0.2～0.8 之间，平均郁闭度 0.38，其中 G1、G2、EG 类用地郁闭度较高，基本可以达到 0.6 以上，而 XG 类用地，植物郁闭度偏低。

3.3 碳储量估算

方精云等在早期进行全国森林碳汇测算中总结出了一套生物量转换因子的计算方式 $BEF=a+b/x$，其中 BEF 为生物量转换因子，x 是蓄积量密度，a、b 为某一种森林类型的常数。其他研究者在此基础上进行了优化与发展，本文采用吴国训等确定的碳储量计算方式进行估算：$B=a\cdot V+b$，其中 B 为单位面积生物量，Mg/hm^2；V 为单位面积蓄积量，m^3/hm^2；a 和 b 为参数。灌木碳储量的计算方法：按照单位面积平均生物量为 23.7 Mg/hm^2 计算[10]；散生木、疏林碳储量的计算方法：利用同期乔木生物量和蓄积量的比值作为转换参数，计算散生木、疏林及的生物量。以 0.5 作为平均含碳率计算碳储量[11]。

经计算得：浐灞生态区绿地系统中综合公园总碳储量为 44235Mg，平均碳储量维持在 28.56～48.69Mg/hm^2 之间；防护绿地总碳储量为 69738Mg，平均碳储量维持在 25.24～34.68Mg/hm^2 之间；附属绿地道路绿地的碳汇较为稳且一致，其他各类用地附属绿地存在一定的变化，故计算中存在较大的误差，道路附属绿地平均碳储量 9.25Mg/hm^2，居住用地附属绿地平均碳储量 10.37Mg/hm^2，商业用地附属绿地平均碳储量 4.55Mg/hm^2，公共服务设施用地平均碳储量 17.68Mg/hm^2，产业用地附属绿地平均碳储量 3.2Mg/hm^2；区域绿地总碳储量为 92119Mg，平均碳储量维持在 30.92～50.14Mg/hm^2 之间。

4 结论与误差

4.1 研究结论

碳储量同胸径、树高、树龄、混交情况、郁闭度等存在着正相关的关系，并随着各指标层数据的增长逐渐趋于稳定，而浐灞生态区植物大多处于中幼年，距离成熟期还存在较长一段时间，这段时间内绿地系统的固碳能力将处于一个不断增长的状态，有着很大的潜力。通过上文数据收集、计算可知不同树种的碳储量也存在着较大差异，其中法桐的固碳能力较强，女贞、国槐、杨树等次之，紫叶李、柳树、樱花树等固碳能力相对较弱。而碳储量随着植物混交情况、郁闭度的不同也存在着较大的差异，整体结论：高密度植物群落＞中密度植物群落＞低密度的植物群落，多层植物群落＞双层植物群落＞单层植物群落，其固碳能力随着种群密度的丰富度的增加而增加。也就表现为单位面积固碳能力区域绿地＞综合公园＞防护绿地＞附属绿地，而附属绿地中还呈现着明显的差异一般公共服务用地附属绿地＞居住用地附属绿地＞道路附属绿地＞商业用地附属绿地＞产业用地附属绿地。

浐灞生态区植物种植遵循着地域性原则，呈现着较大地域性、乡土性特征。国槐在绿地系统中占据着绝对的优势，但其固碳能力明显不如法桐与女贞，未来可考虑适当减少国槐数量，增种女贞、法桐，另外可适当增加杉树类植物。同时在各类绿地中注重乔、灌、草种植搭配，多层植物群落相较于单层植物群落呈现出明显的碳储量优势。

4.2 研究误差

研究中数据的选取采用优势树种，且为测算不同下垫面对碳储量的影响以及植物群落受人为因素干扰后碳储量变化情况，而这些因素都对固碳能力有着或多或少的影响，但因技术以及其他条件受限，仅能根据已有数据进行大致的估算，今后待有定量化的估算。

参考文献

[1] 郭兆迪，胡会峰，方精云，等. 1977～2008 年中国森林生物量碳汇的时空变化[J]. 中国科学，2013：421-431.

[2] Andrey Filipchuk，Boris Moiseev. Russian forests：A new approach to the assessment of carbon stocks and sequestration capacity[J]. Environmental Development，2018-06-26.

[3] 张琨. 黄土高原不同土壤类型有机碳密度与储量特征[J]. 干旱区研究，2014，01：006.

[4] 赵彩君，刘晓明. 城市绿地系统对于低碳城市的作用[J]. 中国园林. 2010.

[5] 叶有华，邹剑锋，吴锋，等. 高度城市化地区碳汇资源基本特征及其提升策略[J]. 环境科学研究，2012，02：118.

[6] 郭靖等. 遥感估算法在森林碳汇估算中的应用进展[J]. 防护林科技，2016：1005-5215.

[7] 西安市浐灞生态区绿地系统规划说明书.
[8] 崔传洋. 基于二类调查数据的县级森林碳储 t 及碳密度测算—以山东省泗水县为例[J]. 山东农业大学，2016.
[9] 方精云，郭兆迪，朴世龙，等. 1981～2000 年中国陆地植被碳汇的估算[J]. 中国科学，2007：804～812.
[10] 徐冰，郭兆迪，朴世龙，等. 2000～2050 年中国森林生物量碳库：基于生物量密度与林龄关系的预测[J]. 中国科学：生命科学(40)，2010：587-594.
[11] 吴国训，唐学君，阮宏华，等. 基于森林资源清查的江西省森林碳储量及固碳潜力研究[J]. 南京林业大学学报(自然科学版)(43)，2019，43(1).
[12] 柯水发，李彪，杨育红，等. 林场运营碳足迹及林木资源碳储量测算[J]. 林业经济，2013，09：008.
[13] 朱俊华，刘婕，张江林. 基于城市绿色碳汇评估的低碳规划方法初探——以广州市海珠生态城规划为例. 城市发展与规划大会论文集，2012.
[14] 伍格致，周妮笛. 湖南省森林碳储量及其经济价值测算研究[J]. 中南林业科技大学学报，2015，35(8).
[15] 徐诗宇，施拥军，冯晟斐. 基于三维激光点云的城市绿化树种材积及树干碳储量无损精确测算[J]. 浙江农林大学学报，2018，(35)：1062-1069.
[16] 张修玉，许振成，胡习邦，等. 基于 IPCC 的区域森林碳汇潜力评估[J]. 中国环境科学学会学术年会论文集，2010.

作者简介

朱敏，1993 年生，女，汉族，内蒙古乌兰察布市兴和县人，研究生在读，西安建筑科技大学。电子邮箱：724925468@qq.com。

任云英，1968，女，汉族，博士生导师，西安建筑科技大学。

县域美丽乡村精品线规划设计探析

——以宁海县为例

Explore and Analyse of the County Beautiful Countryside Quality Line Planning and Design

—Take Ninghai County as an Example

韩 林 张剑辉 李 鹏

摘 要：美丽乡村精品线是美丽乡村发展之路的阶段性产物，是实现乡村振兴的有效途径，是美丽乡村由点到面区域联动发展的必要措施，它推动了“大景区建设”的全域实施，实现全域美丽。本文从当前我国美丽乡村建设的发展历程入手，提出现状“示范点”建设存在的问题，研究了精品线规划重点与内容，并以宁海县美丽乡村精品线规划为例，分别从资源有效整合、环境整治提升、主题特色挖掘、地方产业培育、乡村旅游发展等方面探讨了美丽乡村精品线的规划思路与建设途径，以期能对类似地区的规划提供更多的思路与借鉴。
关键词：美丽乡村精品线；区域联动；全域美丽；乡村旅游

Abstract: As an effective way to achieve rural revitalization, beautiful countryside quality line is also the stage product of beautiful countryside development, and a necessary measure for the regional linking development from point to area of beautiful countryside. It promotes the implementation of "large scenic spot construction"in county area and realizes the overall beauty. Starting with the current development process of beautiful countryside construction in China, this paper puts forward the problems existing in the construction of present exemplary base and studies the focuses and contents of the quality line planning . Taking the beautiful countryside quality line planning of Ninghai County as an example, this paper discusses the planning idea and construction way of beautiful countryside quality line separately from the effective integration of resources, improvement and regulation of environment, excavation of thematic features, cultivation of local industries and development of rural tourism, so as to provide more ideas and reference for the planning of similar areas.
Keyword: Beautiful Countryside Quality Line; Regional Linking; Overall Beauty; Rural Tourism

引言

从党的十八大“美丽中国”概念下的乡村发展要求到党的十九大报告关于乡村振兴战略“20字方针”，都围绕乡村建设、民生改善、乡风文明、城乡一体化等一系列问题展开，以改善乡村人居环境、提升人民生活品质、带动乡村经济发展为核心，为新农村描绘了一幅美丽宜居、富美和谐的诗意画卷。

而我国新农村建设也是一个探索升级的过程，从最初的环境整治、整齐划一到创建一系列的典型示范，构建了一批中心村、示范村、精品村、特色村等单体示范点，个个资源独特、环境优美、产业成熟的村庄如散落的“珍珠”，但彼此相对独立、缺乏系统性，不能发挥“珍珠项链”的整体效益，且我国农村存有部分偏小散、资源品质不高的普通村庄。为了巩固乡村建设成果、推动全域大景区建设、实现乡村全面振兴，美丽乡村科学发展之路——“美丽乡村精品线”孕育而生。它是在“美丽乡村”建设的基础上，“串点成线、以线带面、整体推进”，有效串联乡村各类的“示范点”，形成区域联动，为人们创造“宜居、宜业、宜游、宜文”的可持续发展的乡村环境[1]。

1 美丽乡村精品线规划设计思考

1.1 意义

美丽乡村精品线规划建设加强了区域联动，推动城乡统筹协调发展，实现美丽乡村建设效益的最大化。伴随着美丽乡村阶段性的建设发展，以个体村庄为单元的“示范点”的整体系统性不强、同质化现象严重、美富经济辐射效应小的问题日益突出。美丽乡村精品线通过景景联动、村景联动、村村联动的建设方式，进一步整合场地资源、融入大景区，注重三产融合与新型业态培育，充分发挥乡村休闲观光、农事体验、传统民俗、养生养老等综合功能，强化区域线路主题特色，打造可持续发展的乡村环境，实现“景秀、村美、业强、民富”的生活愿景。

1.2 规划设计策略

1.2.1 构建线面系统，实现区域联动

“串点成线，以线带面”是美丽乡村精品线构建的重要方式，是优化乡村点状资源配置、串联带动区域全面发展的关键措施。以地方交通线路为链接媒介，将沿线诸多“精品点”串珠成链，构建主题特色鲜明的发展轴（线），

又以线带面，辐射周边，通过不断拓展“精品线”范围、功能及旅游产业引导，形成彰显地域特色的美丽乡村精品区，从而推动了乡村经济、社会与环境的协调发展。

1.2.2 整合优势资源，打造特色主题

良好的景观资源是精品线建设的重要绿色本底，精品特色主题是乡村旅游发展的关键因素。精品线建设应在发展保护的前提下，坚持“因地制宜”的原则，充分挖掘自然景观和地域文化特色，以精品线为空间纽带和载体，串联并整合该区域的湖、溪、山、谷、林、田、园、村等特色资源，通过主题特色（农事体验、民俗风情、观光度假、现代产业等）和旅游产品的打造，最大限度地提升资源的丰度和品位，使之成为具有丰富内涵和多样化体验的精品线路，并大力带动乡村旅游发展；同时对保护和延续乡村特有的自然景观、人文景观、生产景观具有重要意义。

1.2.3 集聚地方产业，催生美丽经济

乡村振兴，产业兴旺是重点，富民宜居是目标。美丽乡村精品线作为美丽乡村的“致富线”，是促进当地经济建设和发展的“动力线”[2]。精品线建设应以乡村旅游为依托，利用乡村自然及文化资源优势，因地制宜的发展乡村生态休闲、农业观光和传统农业体验旅游等特色产业，充分发挥“农旅”融合促进绿色发展和生态富民的重要作用，通过优化产业结构层级，加强一二三产融合与新型业态培育、延伸集聚多元产业类型，以产业之美助力乡村之美，解决乡村经济的“造血”功能，保障乡村经济的持续、健康有序的发展。

1.2.4 统筹职责部门，完善管护制度

建立健全长效的管护机制，是精品线建设的有力保障。美丽乡村精品线建设与组织体制、运行机制、政策引导、资金筹措、科学技术、管护制度等息息相关，没有长效管理机制，就无法巩固美丽乡村精品线建设成果，不能持续发挥乡村美丽经济的“造血”功能，农民的生活环境得不到根本的改善。因此，政府应统筹管理部门，致力于政策调整和制度创新，整合各类资源，鼓励资金、人才、技术、物资、信息、土地等要素自由流动，精心包装和策划一批特色鲜明、吸引力大、市场前景好、带动能力强的乡村建设项目，打破城乡、村村之间空间壁垒与障碍，形成县乡村三位一体的城乡统筹发展格局，营造美丽乡村发展建设的良好氛围，增强美丽乡村建设的后续动力[3]。

1.3 规划内容

乡村文化是乡村发展的灵魂，乡村产业是乡村持续增长的内生动力，而空间布局则是引导产业良性发展，促进文化彰显的手段，三者共荣互兴[4]。美丽乡村精品线坚持以“宜居、宜业、宜游、宜文”的原则，通过对精品线沿线的山、水、林、田、村庄、道路、景观节点、庭院等各层面不同尺度要素（图 1）的整合利用[5]、提升优化，结合特色产业链及乡村社区旅游发展模式的打造，为村民与游客营造生活气息浓郁、民风民俗淳朴、田园风光优美、生态环境良好的人居环境，达到“一个规划、一个主题、一条干线、一批美村、一链产业”的目标，实现游客与村民都“乐”的双赢局面。

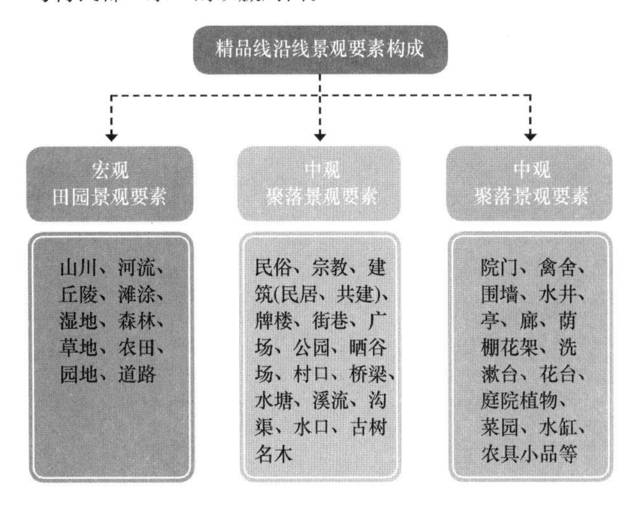

图 1 乡村景观要素构成图

2 实践——以宁海县为例

2.1 项目概况

2.1.1 宁海印象

宁海隶属宁波市，位于浙江省东部沿海，山水相依、海陆相连，山、海、田等自然资源禀赋，誉称浙东鱼米之乡；国民经济实力较强，位于浙江省前列。相继获评国家生态县、全国休闲农业与乡村旅游示范县、全国十佳生态旅游城市、浙江省旅游经济强县复核优秀县、旅游发展十佳县等。

本次规划范围为宁海县境全域，面积约 1931km²(图 2)。

2.1.2 项目背景

为推进美丽中国在浙江的实践，浙江省提出开创两美浙江新局面、建设美丽中国先行区、江南水乡典范、大花园等发展目标。宁海县是宁波市美丽乡村建设的重要县，按照“资源全域配置、景观全域打造、服务全域提升、产业全域融合、成果全域共享”思路，实施全域“大景区建设”[6]。在“十三五”期间应完成 160 个美丽乡村合格村、25 个美丽乡村示范村、6 条美丽乡村风景线、6 个美丽乡村示范乡镇的创建。

2.1.3 建设概况

近年来，宁海县结合浙江部署开展的“千村示范、万村整治”“五水共治”等行动，全面提升整治村容村貌及田园生产环境，实施全域“大景区”建设。目前宁海县美丽乡村建设已取得一定的成果（截至 2016 年 12 月），中心村共 36 个，已完成 20 个，正在培育 2 个，未创建 14 个；市级特色村 19 个，县级特色村 21 个；全面小康村省级 9 个、市级 84 个、县级 68 个，共 161 个。

总之，宁海县美丽乡村建设品质较高、村庄分布均匀、乡村旅游发展较好，结合丰富的自然资源本底，使得宁海从县域范围内研究精品线布局有了较好的基础（图 3）。

宁波在浙江的位置

宁海在宁波的位置

图 2　宁海县区位与规划范围图

图 3　宁海县农村景观风貌

2.2 总体规划构思

2.2.1 规划目标

本次精品线规划坚持以“资源挖掘、点线并举、整合提升、以精塑品、协同共创”为指导思想。

以宁海县自身的山、海、田、人等资源为依托、以交通线路为链接媒介，以沿线自然与人文景点、精品与特色村落、特色园区、旅游节点等为节点，通过整合资源，串珠成链，挖掘各自的主题特色，形成集“景、村、园、道”于一体且各具特色的精品线格局，展现宁海魅力，带动沿线经济社会的跨越发展和特色发展。

2.2.2 构建措施

（1）与美丽乡村建设相结合

乡村是精品线上的重要节点，美丽乡村是精品线建设的重要内容。精品线规划以宁海县域中心村、特色示范村建设为原点，以改善生活环境、提升生活品质为目标，将保护生态环境、乡土风貌、传统产业、历史文化贯穿乡村发展的始终，其中乡村环境的提升改善重点在于景观空间的营造，应注重其乡土性与真实性的体现。此外，还要明确管控村庄建设的底线，延续乡村的自然肌理，如东海云顶茶园、许家山梯田油菜花等。

（2）与景观资源相结合

良好的景观资源将助力精品线的建设。宁海山、海、田、古村落、人文等资源禀赋，精品线建设充分利用海上千岛、森林温泉、七彩田园、石情画意古民居等特色资源，根据因地制宜的原则，将其合理有效的组织到线路中，形成以资源为导向的“温泉度假、户外运动、田园风光”等特色主题线，增加了精品线的趣味性与丰富度。

（3）与特色产业相结合

特色产业是形成精品线自身特色的关键因素，保障乡村持续增长的内生动力。精品线建设应充分利用宁海乡村已形成的特色产业（桑洲镇的“南山驿”民宿，现代农业渔业、驴友宿营基地等），培育乡村产业经营主体和创新乡村产业经营机制，深入挖掘潜在资源，推进环境、空间、产业和文化相互支撑，打造“一线一品、一线一业”的鲜明主题，形成特色，铸就品牌。此外，各级政府搭建信息、服务、管理平台及相关政策引导与支持，过市场化运作，优化管理模式，抱团合作、联投联营，将特色产业品牌化。

（4）与交通提升相结合

便利的交通条件是精品线形成的重要因素，是富美经济由点到面形成的链接媒介。规划依托宁海县域“一环、八脉”的城乡交通布局结构，结合宁海县“四好农村公路”的建设目标，提升改善交通现状，推进城乡公交向景区、乡村旅游点延伸，提高旅游的可进入性，同时注重进慢行系统、道路沿线绿化、交通节点等景观风貌打造，将乡村风景道与美丽乡村建设相融合，创建美丽交通经济走廊，形成独特的风景线。

（5）与乡村旅游相结合

精品线建设与乡村旅游发展相辅相成，是乡村振兴的“新引擎”，是促使农民增收致富的重要手段和载体。宁海乡村旅游资源丰富、文化底蕴深厚，借助全域旅游发展的东风，把观光和游憩活动引入村庄，通过一村一品、农旅结合的模式，开发精品化、特色化乡村旅游项目，让农民成为经营主体，大力开展休闲度假、乡村民宿、运动健康、养生养老等旅游活动，形成从“卖山林”到“卖生态”、从“卖资源”到“卖风景”的独具宁海特色的乡旅之路。

2.2.3 规划结构

规划依托两个城区（宁海城区与宁东新城），根据县域资源分布特征及道路走向，形成了“一环、八脉”的结构（图4）。

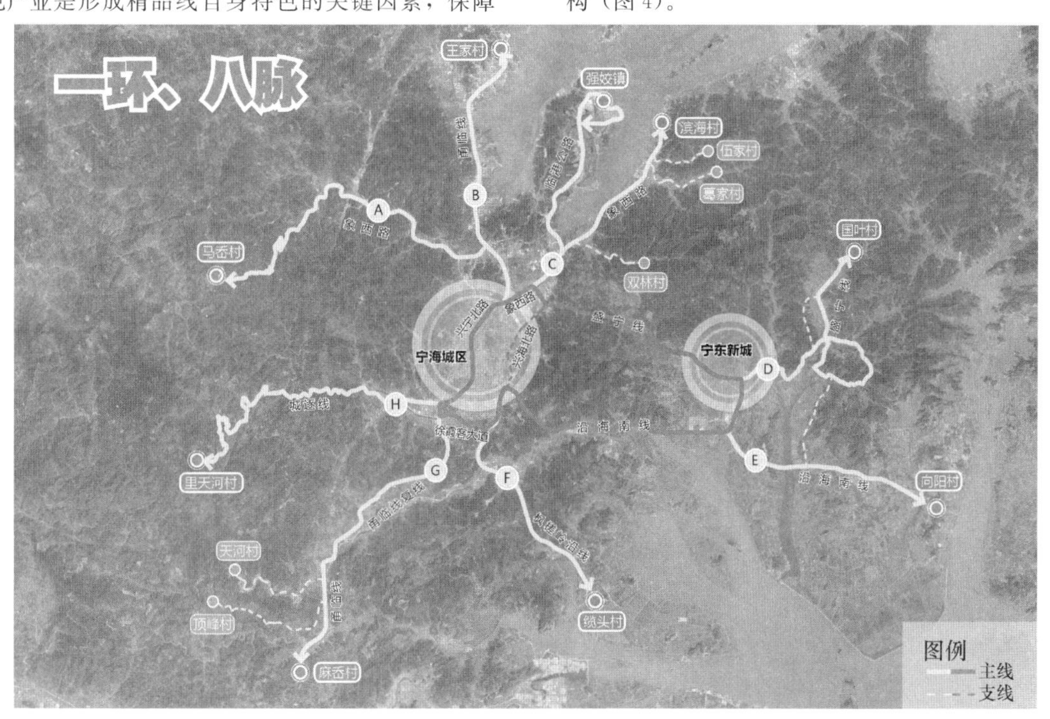

图4　宁海县美丽精品线规划结构图

一环：

城乡和美精品线——“观城乡新颜，游石村渔庄”：线路由象西线、盛宁线，沿海南线、徐霞客大道、兴宁北路及兴海北路构成一环形，经茶园乡、力洋镇，联系城区，总长约 59km，沿线经过 18 个村庄。该精品线设有许家山支线、道士桥、王干山支线三条支线。本线以“城乡和美”为主题特色，以养殖园区为特色产业，景观风貌为生态山林、美丽乡村。整体规划一个景区、三个节点、四个示范村（图 5、图 6）。

八脉：

（1）温蕴梅深精品线——“温养深甽，文蕴古村”：起始于梅林街道，终点为深甽镇马岙村，总长约 33.2km，沿线经过 12 个村庄。以“静休温养”为特色主题，以山林温泉为特色产业，景观风貌为生态山林、美丽乡村（图7）。

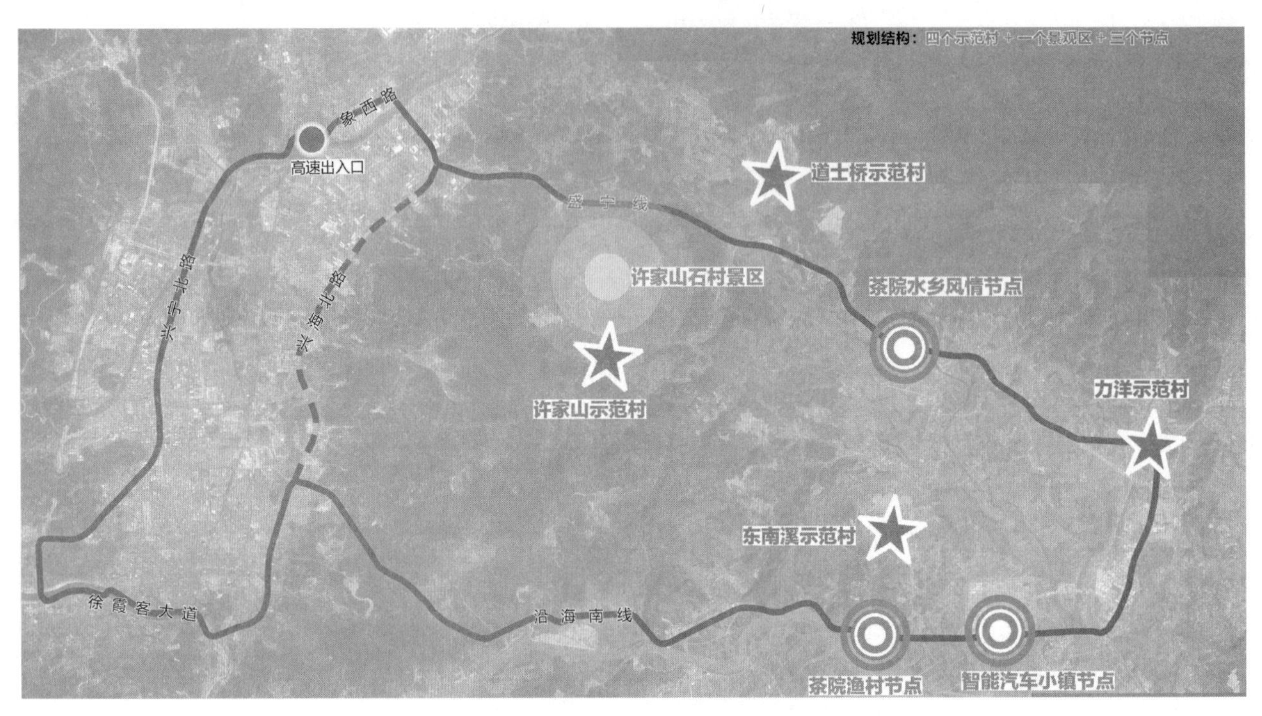

图 5　城乡和美精品线规划结构图

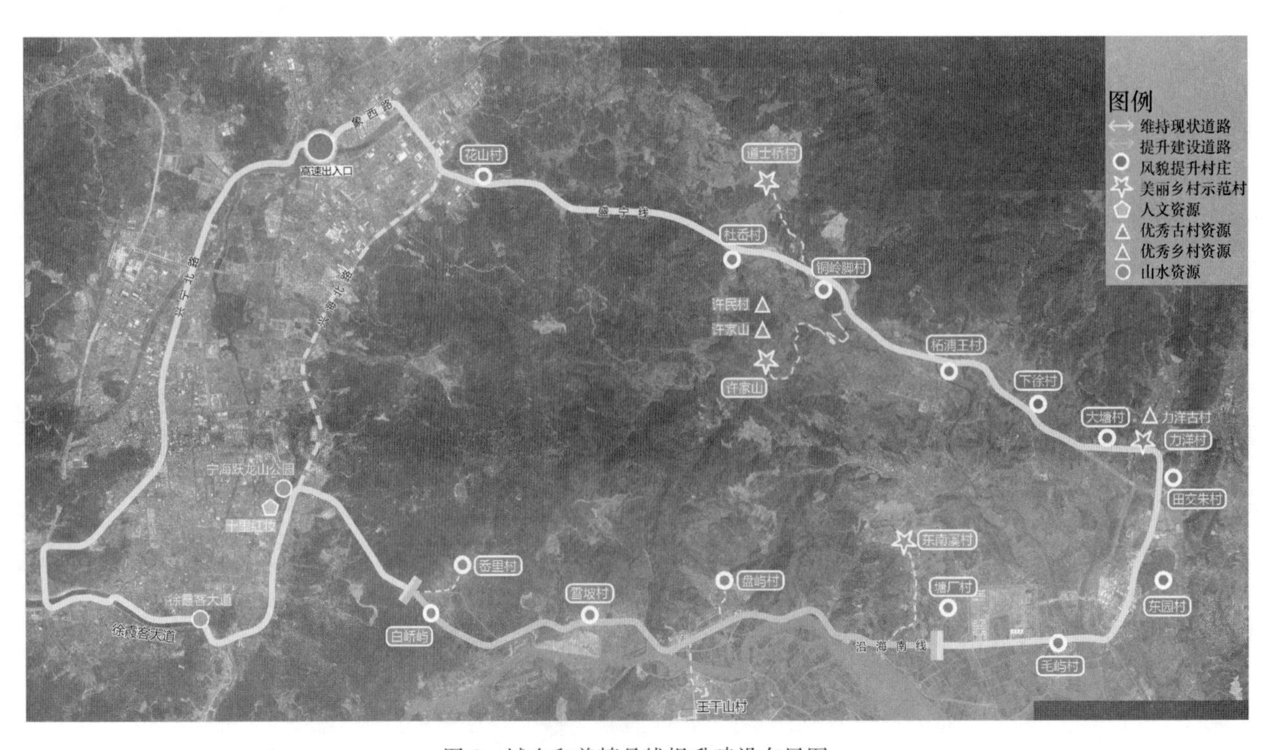

图 6　城乡和美精品线提升建设布局图

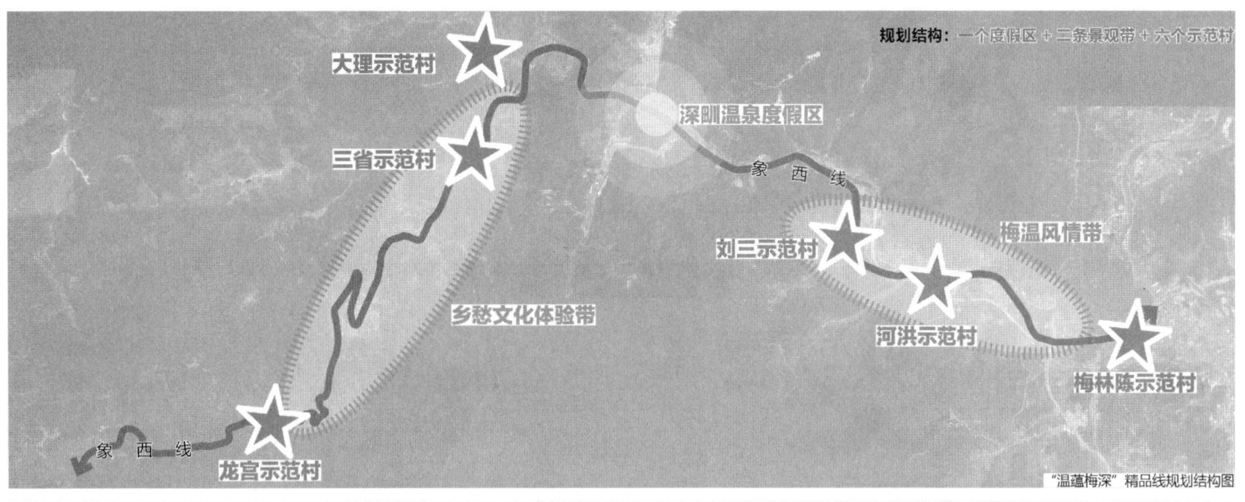

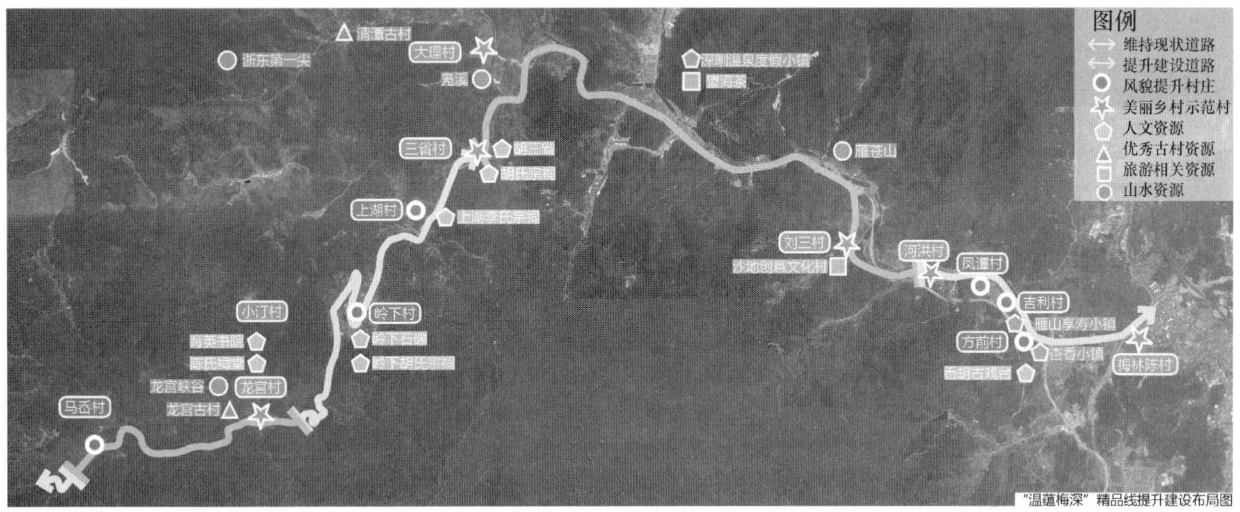

图 7　温蕴梅深精品线规划结构与提升建设布局图

（2）富丽西店精品线——“活力西店，滨海强镇”：起始于梅林街道，终点为西店镇王家村，总长约 18.8km，沿线经过 14 个村庄。以“宁海工旅”为特色主题，以工业旅游＋滨海渔村为特色产业，景观风貌为滨海小镇。

（3）黄墩港湾精品线——“渔趣黄墩，双线互映”：起始于梅林街道，经桥头胡分为两支，西线终点为强蛟镇，东线为大佳何镇滨海村，总长约 26.2km，沿线经过 14 个村庄。以“海上千岛”为特色主题，以渔家乐为特色产业，景观风貌为滨海乡村。

（4）活力乡野精品线——“桃艳梅香，闲逸胡陈”：起始于力洋镇，经胡陈乡至国叶村，总长约 37.7km，沿线经过 14 个村庄。以“活力乡野”为特色主题，以运动休闲为特色产业，景观风貌为田园山村。

（5）海上田园精品线——“田园觅趣，伍山寻踪”：起始于宁东新城，终点为向阳村，总长约 17.9km，沿线经过 11 个村庄。以“滨海田园”为特色主题，以农业园区为特色产业，景观风貌为滨海田园乡村。

（6）山海相宜精品线——“山海相宜，渔林相嵌”：起始于宁海南的徐霞客大道（坑龙王村），终点为一市镇兰头村，总长约 16.3km，沿线经过 9 个村庄。以“渔村果园”为特色主题，以养殖园区＋经济林业为特色产业，景观风貌为山海风光。

（7）古镇乡韵精品线“桑州连前童，花语衔古镇”：起始于宁海西南梅林镇双水村，终点为桑洲镇兰头村，总长约 24.6km，沿线经过 17 个村庄。以“古镇乡韵”为特色主题，以户外运动＋民宿为特色产业，景观风貌为自然山林、花海梯田。

（8）香幽山林精品线——“最美森林，榧香黄坛”：起始于宁海西南梅林镇双水村，终点为黄坛镇里天河村，总长约 28.9km，沿线经过 8 个村庄。以“峡谷山林”为特色主题，以林业特色产业，景观风貌为山林风光。

2.2.4　建设重点

宁海县精品线通过对人文资源、自然环境、美丽乡村、特色园区、景观资源、旅游项目等多方面的结合，明确主题，强化特色，打造“景秀、村美、业强、民富”的宁海精品线网络。主要建设内容围绕“山、水、林、田、路、房”六个方面开展整治村容村貌、促进村庄集聚、培育旅游产品（图 8）。其具体如下：

山：以登山步道、森林公园、风景区等生态功能区为重点，通过边坡复绿、林相构建、生态维护实现可视范围内的景观建设。

水：开展水环境整治和河道生态治理，实现河道“水清、岸绿、流畅、景美”。

林：开展美丽森林村庄建设，抓好道路风景林、河道生态林、村庄公园、果林、村庄护村林、农田小道网格林等六大片林建设。提升交通干线、主要河道两侧、村道的绿化景观。

田：开展沿线农田设施用房规范整治。促进现代产业园区的发展，培育生产规模大，区域特色鲜明的优势产业，注重特色农业、民居民宿、乡村旅游等产业融合发展。

路：按美丽公路、绿道要求，实施路面等级提升，对沿线景观小品、指示牌、绿化带、驿站及公交港湾等进行全线打造，线路不少于 10 公里。

房：加快农村住房改造建设。开展沿线历史特色建筑修复、民俗文化传承，历史文化村落保护，开展沿线房屋墙面、屋顶、庭院改造，营造自然生态、房景交融的景观效果。

桑洲茶园与油菜花田实景图

洋溪滨水效果图

观光农田景观果图

乡村绿道效果图

南岭村庭院改造效果图

南岭村公共空间改造效果图

龙宫村休息花园改造效果图

里天河村入口改造效果图

图 8　村庄风貌整治效果图

2.3 规划实践

宁海县以创建浙江省美丽乡村示范县为抓手，扎实推进精品线建设。政府根据精品线“一环八线”规划建设时序，2017年启动黄墩港湾、古镇乡韵、滨海田园、温蕴梅深4条精品线建设，同时提升活力乡野、城乡和美精品线。宁海县25个美丽乡村精品示范村创建已完成或正在创建中有23个（截至2018年5月）；新增中心村创建2个，省级特色精品示范村10个，市级精品示范村7个，美丽乡村建设正在宁海大地如火如荼地进行。

美丽乡村精品线建设不仅绘就了宁海乡村的美丽底色，而且大力推动乡村旅游的发展，为村民带来滚滚“红利”。根据相关统计数据显示，2017年全年接待游客1481万人次，全县生产总值达到542亿元，财政收入90亿元，农民人均可支配收入达到28410元[6]。

3 结语

美丽乡村精品线建设在新一轮的美丽乡村建设中显示出强有力的推动力，是乡村蝶变的链接媒介，是浙江“八八战略”乡村振兴的缩影。一方面通过区域联动的方式，“串联”起生态山水、景点景区、民俗文化、特色村庄，使乡村资源得到有效的整合利用，使美丽乡村进入“大景区”的建设范畴，进一步整体有序的巩固美丽乡村建设成果。另一方面通过特色产业的培育、旅游产业链的打造和乡村旅游发展模式的创新，促进乡村经济蓬勃发展，推动地域城乡统筹协调发展。美丽乡村精品线建设以美丽乡村为依托，以美丽经济为引擎，精细勾勒出美丽乡村升级版的新篇章，让绿富美的美好愿景照进现实。

参考文献

[1] 王静，程丽敏，徐斌. 临安美丽乡村精品线建设[J]. 中国园林，2017，33(03)：87-91.

[2] 汪张杰. 美丽乡村精品线规划设计研究[D]. 杭州：浙江农林大学，2014.

[3] 管永祥，梁永红，吴昊，等. 江苏美丽乡村建设的思路与对策[J]. 江苏农业科学，2014，42(6)：1-3.

[4] 罗琦，嵇岚. 特色产业型乡村的规划方法研究——以句容市华阳镇新坊村为例[C]//中国城市规划年会论文集，2015.

[5] 韩林. 农家乐旅游村景观设计研究——以浙江省村庄为例[D]. 杭州：浙江农林大学，2012.

[6] http：//eco. cri. cn/20180720/5916f626-b8c5-eeba-3ca6-2bca24f367eb. html.

作者简介

韩林，1984年生，男，回族，河北人，浙江农林大学城市规划与设计（风景园林设计方向）硕士，浙江省城乡规划设计研究院，工程师。研究方向：风景园林规划与设计。电子邮箱：448416795qq. com。

张剑辉，1980年生，男，汉族，浙江人，同济大学旅游管理专业，浙江省城乡规划设计研究院，高级工程师。研究方向：风景园林规划与设计。电子邮箱：39972954qq. com。

李鹏，1983年生，男，汉族，河南，浙江农林大学城市规划与设计（风景园林设计方向）硕士，绍兴文理学院元培学院，讲师。研究方向：风景园林规划与设计。电子邮箱：670419607qq. com。

我国风景园林70年

唱响园艺主旋律 探索展园建构的生态途径[①]

——2019 世园会国外设计师创意展园中的植物景观设计

To Explore the Ecological Way in the Garden Design

—The Introduction of Planting Design in the International Designers Creative Garden, International Horticultural Exhibition 2019 Beijing

吴明豪 张 翔 刘志成*

摘 要：为了表达 2019 年北京世界园艺博览会"绿色生活、美丽家园"主题，国外设计师展园的设计致力于突出园艺的自然理念与生态价值。本文阐述了创意展园设计中设计师在对生态学原理、自然植物群落以及植物的生长特性深入了解的基础上，创新性的设计理念，以及对更加自然、生态的植物群落配植技术，独具特色的植物地域性表达方式的探索，以期这种更为生态的植物设计理念与配植技术获得更多的支持，并被吸收和采用，从而在未来城市景观中起到更为积极与建设性的作用。

关键词：植物配植；植物群落；地域性

Abstract: In order to express the theme "Live Green, Live Better" of International Horticultural Exhibition 2019 Beijing, designers are committed to highlight the natural philosophy and ecological value of horticulture. This paper presented an innovative plant design concept, a more natural, ecological planting technology and a unique regional expression way based on the knowledge of ecology principle, the natural plant community and plant growth characteristics. This ecological plant design concept and the planting technology will be supported and used to improve urban landscape in the future.

Keyword: Planting Design; Planting Community; Regional Characteristics

在 2019 年世界园艺博览会事务协调局的领导下，北京林业大学园林学院顺利完成了世园会国外设计师创意展园前期方案征集[1]、后期建设沟通等相关工作。工作组在充分分析论证历届园林、园艺相关展会设计师展园项目之后，将本届世园会创意展园的主题定为"引领・传播・共融"，力图通过创意展园的构建全面展现北京世园会"绿色生活、美丽家园"的主题。作为工作组中的一员，本文作者以植物景观设计为内容，着重阐述国外设计师如何通过创新的设计将自然融入到花园中来，如何全面展示园艺的生态价值与作用。

此次创意展园的设计过程中，设计师凭借对生态学原理、自然植物群落以及植物的生长特性深入的了解和把握，打破了传统的设计方式，选用那些能更好地适应环境的非本土植物来替代适应性不好的本土植物，使用更为科学、生态的植物群落配植手段，来展示全新的园艺理念。同时，采用地带性植物群落表达地域特征。通过运用这些具有生态意义的方式营建的花园，不仅为游客提供令人兴奋的美学体验，还能为野生动物在城市环境中提供宝贵的栖息地，促进生物多样性。同时，花园后期管理维护的投入相较传统方式也有所减少。这种基于生态学原理，拟自然化的群落栽培方式，有利于形成稳定的系统，可以有效实现植物群落的生态功能，具有真正的生态意义。

1 创新性的种植设计理念

传统的观点认为栽培本土物种才会更加生态，外来物种是具有入侵性的，会影响、甚至威胁当地的生态环境。在世界上许多地方，一些生态学家和设计师坚持只种本土植物[2]，但实际情况是只有那些本土植物资源丰富且拥有许多吸引力物种的国家才有足够的本土物种供园林设计使用，例如美国、南非和中国这样物种资源非常丰富的国家而可应用的本土植物甚少的国家则很难完全采用本地植物来满足相应的园艺需求例如，英国，总共仅有约 1100 种物种；另一方面，一个国家南北跨度大，气候变化将不断增加本地植物在园艺种植中的使用难度。如今研究表明，大多数外来物种是没有入侵性的，尤其是植物[3-4]。相反，外来植物在某种程度上有效地支持生物多样性，例如，有研究表明非本土植物物种的应用并没有威胁到英国的生物多样性[5]。目前，诸多最新的前沿景观生态学研究认为不能武断地根据植物的来源做判断，有时适应性更好的植物是土生土长的本土植物，而有时则是非本土的物种，重要的是选用那些能更好地适应当地环境的植物来替代那些适应性不好的植物。同时，气候变化也会对城市环境园艺中本土草本植物的使用产生影响，

① 基金项目：国家重大科技专项独立课题"永定河（北京段）河流廊道生态修复技术与示范（2018ZX07101005）"；城乡生态环境北京实验室，北京市共建项目专项资助。

因为某些物种会变得越来越不适应城市环境，而部分非本土物种则会成为更好的选择，甚至会被“本土化”。

在此次展园设计中，James 认为花园中的植物是能跨越传统的政治边界。其具体设计中选择了“丝绸之路”的概念，并用这一概念主导其植物设计。具体来说，通过对丝绸之路沿线的植物起源地的气候特征科学全面的调查，以本土和非本土相结合的原则根据植物，积极尝试选用原产地来自中国、中亚、土耳其、东欧和北美的，能良好适应北京自然环境且能露地过冬的植物，从而构建出一条从北京到西方的花园旅程。花园中的植物都来源于自然草甸草原，具有长时间的展示花期，且能忍受北京夏季炎热和干旱的环境。例如，乔灌木中的土耳其榛（*Corylus colurna*）、心叶椴（*Tilia cordata*）、秋子梨（*Pyrus ussuriensis*）、波斯铁木（*Parrotia persica*）等，林下草本植物加拿大细辛（*Asarum canadense*）、牛舌樱草（*Primula elatior*）、淫羊藿（*Epimedium brevicornu*）等，林缘植物野郁金香、俄罗斯糙苏血红老鹳草等，草甸植物扁叶刺芹、蓬子菜、黄花九轮草等。

2 生态的植物群落配置手段

在传统的种植设计中，为了达到最好的观赏效果往往需要高水平的园艺栽培管理，不仅需要大量物质资源比如水和营养物质，同时更需要大量的栽培养护时间。但如果管理和养分不到位，园林植物的生长状况则会不尽如人意。而此次的展园设计中，大量使用了自然的植物群落种植。这种木本植物群落、草本植物群落或草本与木本相混合的植物群落的种植方式充分地利用环境压力，从而形成一个结构稳定，对城市气候变化的适应性更强的群落。特定的环境压力可能限制物种的竞争能力，尤其是那些进化的只能在资源充足的环境中才能占据竞争优势的物种，有利于为非竞争优势物种创造足够的条件来维持正常生长，从而更好地支持城市生物多样性[6]。同时这种群落也可以为动物提供良好的栖息环境和食物来源，修复和建立城市环境中的生物链。

在 James 的设计中，正是引入了植物群落的种植方式，以北京乡土自然群落为基础，经过系统研究，构建了 5 种的群落类型（图 1）：林地冠层、耐阴且耐旱的林下草本植物群落、耐阴/耐阳林地边缘草本植物群落、可承受季节性干湿变化的排水洼地植物群落、全阳条件下耐旱干草甸植物群落。其中，林地冠层由随机种植在一起的大小不同的乔木组成，构成了植物群落的上层空间，这些乔木形成自然林地群落，并将逐渐演变成北京附近山区的植物群落形态。林地冠层的密植结构使得林下空间变得荫蔽干燥，因此构建了耐阴且耐旱的林下草本植物群落，林下群落由复层结构组成，包括各类草本及蕨类植物，丰富了林冠下层的植物群落。耐阴/耐阳林地边缘草本植物群落则是根据林缘朝向的不同，选择不同抗性的物种，例如，面向西侧的林缘植物需要耐受西晒，而面向北侧的林缘植物则需要耐阴。同时这一群落中的植物被分为三个层次，低矮植物组成的基底层覆盖地表，中等高度的植物组层的中高层，少量体量较大的植物组成的上层，保证了景观的丰富度和通透性。可承受季节性干湿变化的排水洼地植物群落是用来展示“海绵城市”的设计理念，园中的雨水被引导到林地中的雨水花园和生态花沟中，这一植物群落能够忍受暂时的潮湿和之后长时间的干燥，并在夏秋季呈现良好的景观效果。全阳条件下耐旱干草甸植物群落模拟了丝绸之路沿途的草原景观，这一群里不仅能够忍受北京夏季炎热干旱的环境，还能形成自我更替，呈现出不同的景观效果。

传统的植物配植方式相比，自然生态的群里配植具有更强的适应性和自我调节能力，并且生态效益也更强。研究表明[7]，大面积不同种类、空间错落的植物群落更好地促进生物多样性发展，并且具有更强的固碳功能。

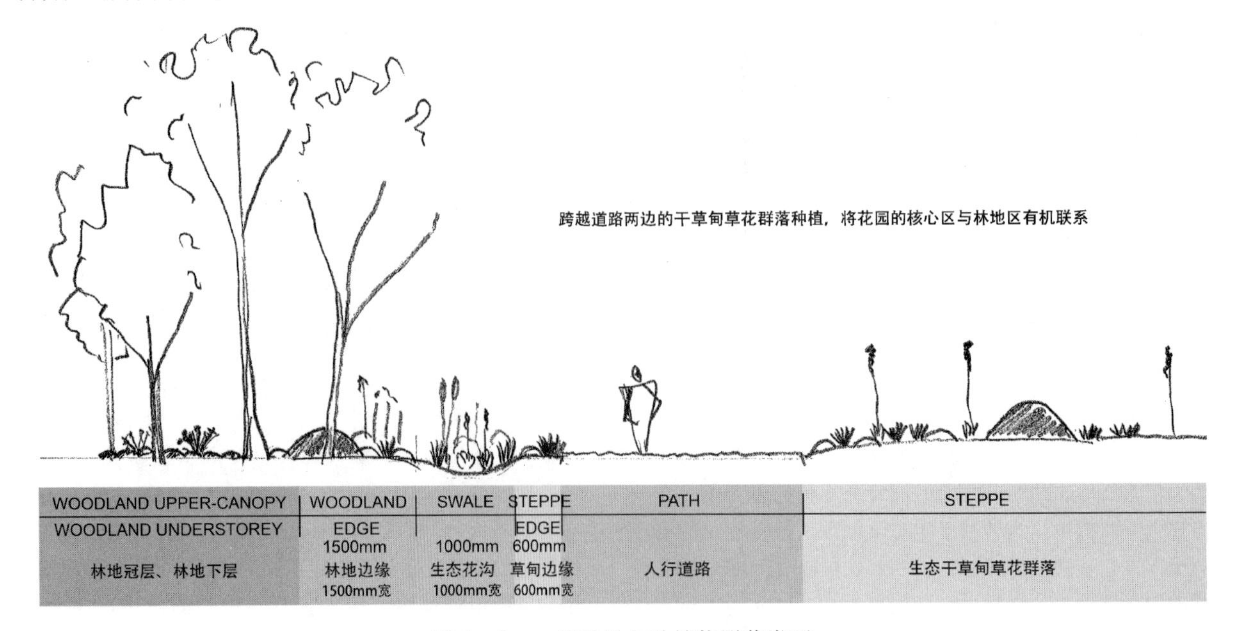

图 1 James 设计的 5 种植物群落类型

3 独具特色的地域性表达方式

James以大量的草本植物群落设计，来探索生态学原理在种植设计中的有效应用。而作为设计师的Hargreaves则是尝试以植物为核心的植物地域性表达途径（图2）。在中国的北方地区，冬季低温对植物的栽培具有重要影响，正如Skinner（Skinner，H. T.）所指出的，“在影响植物地理适应性的主要因素中初霜冻日期，生长季节长度，以及冬季的最低温度是最不容易控制的因素”[8]。因此，在这次设计中，Hargreaves突出这一因素对植物地域性分布的影响，并借助植物耐寒区分布图（PHZM，Plant Hardiness-zone Map）来支持其植物地域性的表达。植物耐寒区分布图是由美国农业部于2012年绘制并公布的，目的是为了评估和预测冬季低温对植物的影响，有效降低受到冻害的风险[9]。分区图中根据每个地方年平均最低温度划分为13个分区。

设计根据全球植物在不同耐寒区的分布，设计了四个“地域特色展示区”，来自不同抗寒带的在美国和中国都常见的物种在“地域特色区”展出，作为真实世界的呈现，并营造各具特色的体验。其中：①展示区1，主要展示平原和灌丛草地的植物景观，主要选取PH<6（低于零下23.3℃）的区内的植物，主要的植物有：木香薷（*Elsholtzia stauntoni*）、藏报春（*Primula sinensis*）、棣棠（*Kerria japonica*）、细梗溲疏（*Deutzia gracilis*）、溲疏（*Deutzia scabra*）、木槿（*Hibiscus syriacus*）等；②展示区2，主要展示山地植物景观，主要选取PH6（－23.3～－17.8℃）区内的植物，主要的植物有：菲白竹（*Sasa fortunei*）、黑麦冬（*Ophiopogon planiscapus*）、偃松（*Pinus pumila*）、扁柏（*Platycladus orientalis*）、珍珠绣线菊（*Spiraea thunbergii*）、鸡爪槭（*Acer palmatum*）等；③展示区3，主要展示野花草地景观，主要选取PH5（－23.3～－17.8℃）区内的植物，主要的植物有：丹参（*Salvia miltiorrhiza*）、射干（*Belamcanda chinensis*）、萱草（*Hemerocallis fulva*）、紫花唐松草（*Thalictrum rochebrunianum*）、鸢尾（*Iris tectorum*）、牛奶子（*Elaeagnus umbellate*）等；④展示区4，主要展示湿地景观，主要选取PH4（－23.3～－17.8℃）区内的植物，所选的植物有：花叶蒲苇（*Cortaderia selloana*）、狼尾草（*Pennisetum alopecuroides*）、菖蒲（*Acorus gramineus*）等。每个地域特色区的植物，都是各个植物耐寒带中的中国和美国都有的代表植物。在各个特色区内，遵从对应耐寒区的自然生态特色的种植结构，并适当营造了环境好的小气候，以增强不同区域植物特色。

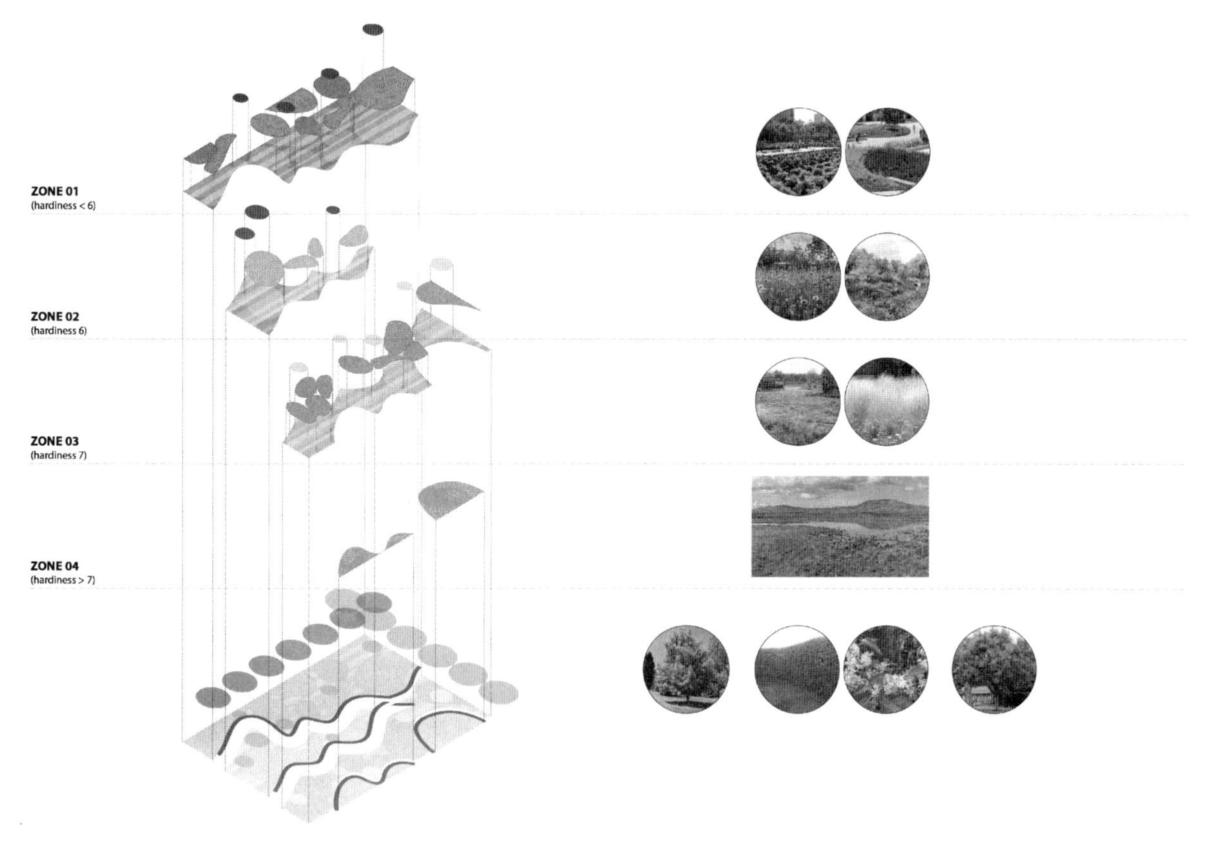

图2　Hargreaves植物地域性设计理念表达

4 结语

James所表达的新的植物设计理念作为一种平衡因素，以对抗城市景观植物选用中越来越严重的只选用本地物种的教条观念。而Hargreaves则是在对景观植物适应性和植物分布的充分理解上，选取关键性的环境因素寻求植物的地域性表达。植物设计与配植不断地吸收和采用更生态的理念，使其在现代与传统的强烈对比中获得支持，从而在未来城乡景观建设中起到更为积极的作用。

为了城市环境，我们需要辩证看待本土物种和非本土物种的问题，理解并解决植物的环境适应性问题。随着城市的扩张和全球气候变化的影响，我国的原生草花群落正在退化，这些植被处于可能会消失的困境中。对本土植物和有景观价值物种最好的保护是将它们挖掘、培育、推广、应用，既能丰富城市景观多样性，又可以保护物种。

而在实践中，自然生态种植设计和管理比传统园艺更具挑战性，需要基于深入的科学研究和丰富的实践经验。在传统园艺种植设计中，通常需要大量的管理维护，但不需要过多地考虑基本气候和土壤条件。而自然生态种植设计在植物选择上需花费更多的精力，以便其使植物群落中的物种健康生长，从而将达到最大程度的稳定性，更好地利用资源。

此次创意展园中的植物景观设计，科学地运用新的植物群落构建途径，具有可持续性、低维护性等重要特征，很好地展示全新的植物景观营建理念。同时，也需要我们对自然生态种植设计能有更多的研究和探索，使其能够更好地中国化，可以广泛应用于我国城乡建设中的新的种植模式。

参考文献

[1] 刘志成．引领·传播·共融——2019世园会国外设计师"创意展园"设计项目概况[J]. 风景园林，2018，(2)：12-13.

[2] Kendle A D，Rose J. The aliens have landed! What are the justifications for 'native only' policies in landscape plantings? [J]. Landscape and Urban Planning，2000(47)：19-31.

[3] Thompson K，Hodgson J G，Rich T C G. Native and exotic invasive plants：more of the same? [J] Ecography，1995 (18)：390-402.

[4] Sagoff M. Do non-native species threaten the natural environment? [J] Journal of Agricultural Environmental Ethics，2005(18)：215-236.

[5] Thomas C D，Palmer G. Non-native plants add to the British flora without negative consequences for native diversity [J]. Proceedings of the National Academy of Sciences，2015，112 (14)：4387-92.

[6] 詹姆斯·希契莫夫著．刘波，杭烨．城市绿色基础设施中大规模草本植物群落种植设计与管理的生态途径 [J]. 中国园林，2013，(3)：16-26.

[7] Smith R M，Gaston K J，Warren P H，et al. Urban domestic gardens(IX)：Composition and richness of the vascular plant flora，and implications for native biodiversity [J]. Biological Conservation，2006 b (129)：312-322.

[8] Skinner，H. T. The geographic charting of plant climatic adaptability [J]. Advances in horticultural science and their applications，1962(3)：485-491.

[9] Mark P. Widrlechner，Christopher Daly，Markus Keller，Kim Kaplan. Horticultural Applications of a Newly Revised USDA Plant Hardiness Zone Map [J]. HorTechnology，2012，22(1)：6-19.

作者简介

吴明豪，1992年生，男，汉族，河南人，在读博士生，北京林业大学园林学院。研究方向为风景园林规划与设计。电子邮箱：245557735@qq. com。

张翔，1993年生，男，藏族，甘肃人，在读硕士生，北京林业大学园林学院。研究方向为风景园林规划与设计。电子邮箱：976095711@qq. com。

刘志成，1964年生，男，汉族，江苏人，博士，北京林业大学园林学院，教授、博士生导师，2019年北京世界园艺博览会创意园首席顾问。研究方向为风景园林规划与设计。

国内外近五年风景园林学科研究热点与趋势

——基于8种主流期刊的文献计量分析

Hotspots and Trends of Landscape Architecture Research in the Last Five Years at Home and Abroad

—Bibliometric Analysis based on Eight Mainstream Journals

丁 璐 戴 菲*

摘 要：风景园林类学术期刊中的研究方向和热点是反映该学科发展的重要平台，故选取2014～2018年国内外8本具有代表性的风景园林期刊作为研究对象，利用CiteSpace软件对期刊的载文量、基金论文比、发文机构等方面进行统计，分析国内外风景园林期刊载文基本特征的区别；总结出国内学者的研究热点主要集中在新型园林研究、城市更新与转型、人文景观与遗产景观、自然保护与生态修复等方面，而国外相关期刊则重点关注生物多样性与资源景观的保护、景观多样性与人居环境的建设等；据此发现国内的风景园林研究将会朝着数字化、生态化、精神化的趋势发展。

关键词：风景园林学科；学术期刊；可视化研究；研究热点与趋势

Abstract: The research directions and hotspots in landscape journals are an important platform to reflect the development of the discipline. So eight representative landscape architecture journals at home and abroad from 2014 to 2018 are selected as the research objects, and CiteSpace software is used to record the amount of journals. the ratio of fund papers and the publishing institutions of the journals, and the basic characteristics of the papers published in landscape architecture journals at home and abroad are analyzed. The differences between them are summarized, and the research hotspots of domestic scholars are mainly concentrated on the new landscape research, urban renewal and transformation, human landscape and heritage landscape, natural protection and ecological restoration, while foreign journals focus on the protection of biodiversity and resource landscape, landscape diversity and the construction of human settlements environment, etc. Based on this, it is found that domestic landscape architecture research will be in the future. With the trend of digitalization, ecology and spiritualization.

Keyword: Landscape Architecture; Academic Journals; Visualization Research; Research Hotspots and Trends

引言

风景园林学科是承载人类生态文明的重要学科，随着学科知识体系的不断完善，相关期刊文献迅速发展。学术期刊作为科研交流与学术研究的服务平台，在学科发展中起到了至关重要的推进与引导作用，通过对国内外风景园林主流学术期刊的分析与研究可以发现其研究动态与发展趋势[1]。

金荷仙曾采用传统的文献统计学法对2008～2012年国内外9本风景园林期刊进行研究[2]，还有一些学者对《中国园林》《城市规划》《人文地理》等期刊的论文内容和研究动态进行了分析[3-5]。这些研究展示了国内外风景园林研究的现状及未来趋势，但由于学科发展的实时性及目前的研究方法以描述性分析为主，缺乏对最新研究热点及趋势的可视化分析。故选取国内外代表性较强的8本风景园林期刊作为研究对象，针对2014～2018年中的刊载文献，使用可视化分析工具——CiteSpace，深入挖掘该时段内风景园林学科的新趋势，并通过国内外学科热点的对比，为我国的风景园林学科的发展提供参考[6]。

1 研究对象与方法

1.1 研究对象

选取国内外具有一定声誉和影响力的8本风景园林期刊——《中国园林》、《风景园林》、《中国城市林业》、《园林》、*Landscape And Urban Planning*、*Landscape Research*、*Landscape Architecture*、*Landscape Journal* 作为研究对象（表1），通过对2014～2018年刊载的7733篇有效文献的归纳，分析期刊的载文量、基金论文比、发文机构、研究热点等指标，预测学科发展趋势。

国内外8本风景园林主流期刊简介　　表1

期刊	出版周期	创刊年	是否核心	影响因子	主办	地址
中国园林	月刊	1985	中文核心期刊 中国科技核心期刊	0.827	中国风景园林学会	北京

续表

期刊	出版周期	创刊年	是否核心	影响因子	主办	地址
风景园林	月刊	2005	否	0.717	北京林业大学	北京
园林	月刊	1984	中科双效期刊	N/A	上海园林科学规划研究院 中国风景园林学会	上海
中国城市林业	双月刊	2003	否	0.431	中国林业科学研究院	北京
landscape and urban planning	月刊	1974	SCI	4.994	Eisevier 公司	荷兰
Landscape Research	双月刊	1968	否	1.198	景观研究小组	美国
landscape archi tecture	月刊	1910	否	N/A	美国风景园林师协会	美国
Landscape Journal	半年刊	1982	否	N/A	风景园林教育委员会	美国

1.2 研究方法

以 Web of Science 核心合集和 CNKI 数据库为数据来源，将“出版物名称”作为检索类别，采用文献计量学的方法对检索出的载文进行统计分析，借助 CiteSpace 软件对结果归纳整合，绘制可视化图谱，分析国内外风景园林行业关注的不同热点，梳理学科的发展脉络，对其未来的发展趋势进行预测。

2 论文统计分析

2.1 载文量分析

载文量是指某一期刊在一定时期内所刊载的论文数量，一般来说，影响因子越大，期刊载文量越多发展趋势稳定，其信息含量越高[7]。

2014～2018 年，4 本国内的期刊载文量均较稳定，其中《中国园林》载文量最多，共 1835 篇，年平均载文量约为 367 篇；《风景园林》《园林》的载文量处于第二梯队，分别为 1438 和 1364 篇，年载文量基本保持在 280 篇左右；而《中国城市林业》作为双月刊杂志，载文量仅为 460 篇。

2014～2018 年，4 本国外期刊的载文量相对于国内期刊较少，不同期刊的载文量趋势也有明显差别。其中核心期刊 *Landscape And Urban Planning* 的年载文量呈缓慢上升状态，共计 979 篇，年均载文量约为 195 篇；*Landscape Research*、*landscape architecture* 的发文量分别为 361 和 1211 篇，虽然 *Landscape Research* 年载文量不多，但总体增长趋势比较明显，五年内增长了 55.77%，而 *landscape architecture* 的载文量虽然在 4 本国外杂志内占据榜首，但衰退趋势较为明显；半年刊杂志 *Landscape Journal* 总发文量最少，共 85 篇，年发文量也逐年呈下降趋势（图 1）。

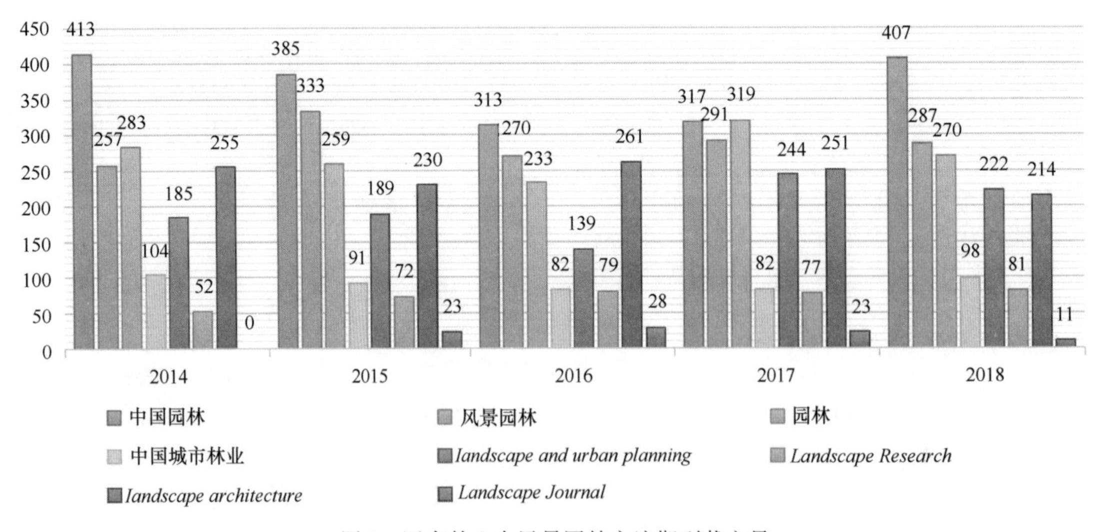

图 1 国内外 8 本风景园林主流期刊载文量

2.2 基金论文比

基金论文比是指某个期刊中各类基金资助论文占全部发表论文的比例，它往往体现了研究领域的特点与动态，基金比往往能在一定程度上代表期刊的学术质量。

据统计来看，国内期刊每年的基金论文比都保持稳定增长（图 2），而国外期刊每年的基金论文比却持续下降（图 3）。《中国园林》在 2014 年的基金论文比为 21.55%，远低于 *Landscape And Urban Planning* 的 34.15%；然而在 2018 年，《中国园林》共刊登了 186 篇基金论文，基金论文占比 45.70%，已经远远超过 *Landscape And Urban Planning* 所刊登的 54 篇基金论文以及 24.32%的基金论文比。国内期刊基金比的增加，表明我国风景园林相关研究已经得到重视，学科问题得到关注。

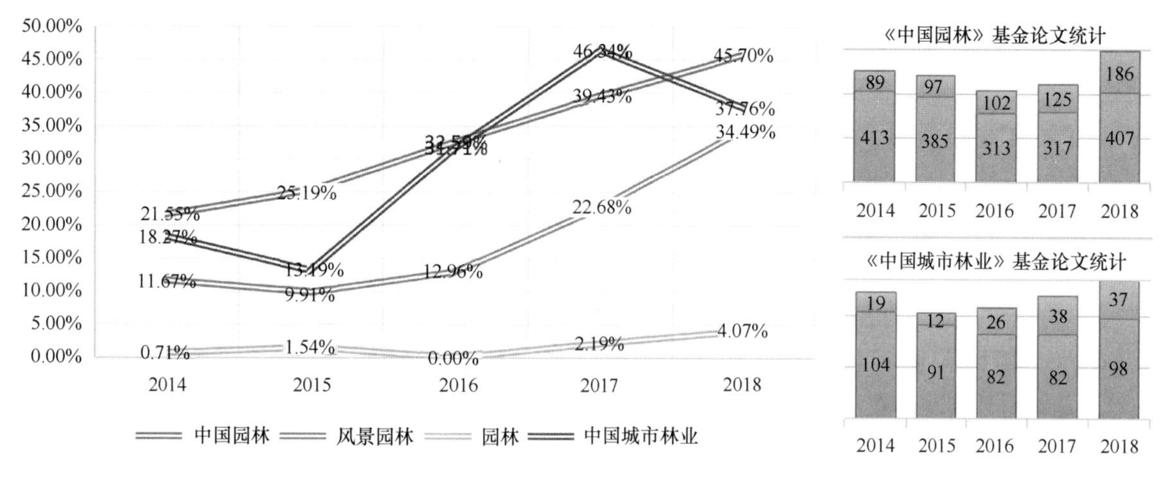

图 2　国内 4 本风景园林主流期刊基金论文比

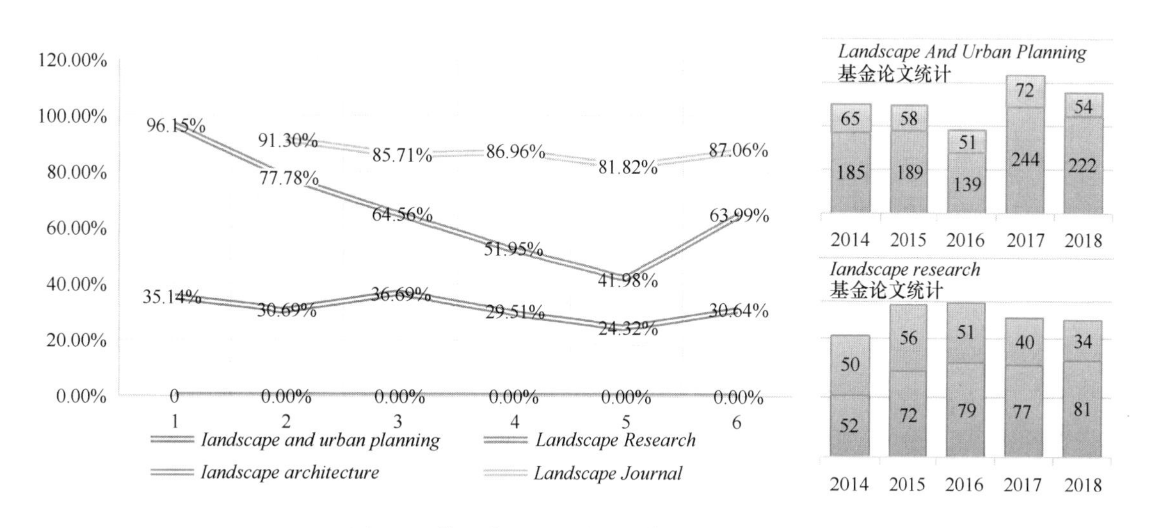

图 3　国外 4 本风景园林主流期刊基金论文比

2.3　发文机构分析

每个机构在该行业中的学术排名与其在主流期刊上的发文量密切相关。经研究发现，国内风景园林发文机构 90%以上都是高校，主要集中在北京林业大学、同济大学、清华大学、浙江农林大学、南京林业大学等，其中排名前三的发文机构发文占比分别高达 14.03%、9.34%、3.81%，是国内风景园林行业的领头羊。国际期刊发文机构众多，发文最大的美国风景园林协会仅占比 2.85%，发文量名列前茅的谢菲尔德大学、亚利桑那州立大学、香港大学、哈佛大学等高校占比大都在 1%～2%（表 2）。通过 CiteSpace 生成的研究机构合作网络发现，国内的发文机构之间联系较少，发文主要集中在几家高校上，而国外的风景园林机构较多，联系性较强，有利于风学科的持续发展。

国内外 8 本风景园林主流期刊发文机构统计　　　　**表 2**

排名	机构名称（国内）	发文量	百分比	排名	机构名称（国外）	发文量	百分比
1	北京林业大学	446	14.03%	1	ASLA（美国景观设计师协会）	44	2.85%
2	同济大学	297	9.34%	2	Swedish Univ Agr Sci（瑞典农业大学）	33	2.14%
3	清华大学	121	3.81%	3	Univ Sheffield（谢菲尔德大学）	32	2.07%
4	浙江农大学	90	2.83%	4	Arizona State Univ（亚利桑那州立大学）	29	1.88%
5	南京林业大学	86	2.70%	5	Univ Hong Kong（香港大学）	26	1.68%
6	东南大学	77	2.42%	6	Harvard Univ（哈佛大学）	23	1.49%

续表

排名	机构名称（国内）	发文量	百分比	排名	机构名称（国外）	发文量	百分比
7	西安建筑科技大学	64	2.01%	7	Univ Queensland（混士兰大学）	21	1.36%
8	天津大学	63	1.98%	8	Uniy Melbourne（墨尔本大学）	21	1.36%
9	华南理工大学	59	1.86%	9	Univ Calif Berkeley（加利福尼亚大学伯克利分校）	20	1.29%
10	重大学大	56	1.76%	10	Univ Exeter（埃克塞特大学）	20	1.29%

3 研究热点分析

3.1 关键词统计与热点分析

关键词是对学术论文核心思想的凝练，能够充分表达文章的主要内容。一般而言，关键词出现的频次可以反映该学术领域的关注程度和研究热度。因此，对高频关键词进行分析可以直观地反映该行业的研究热点和发展脉络[8]。

将5097篇国内文献、2636篇国外文献的全文信息分别导入CiteSpace软件，得到由国内外文献关键词和名词短语生成的聚类视图，图谱圆圈的大小与关键词出现的频次呈正相关，与此同时关键词与其他词语的连接性越强，其中心性也越强，对于学科的影响力越大。

剔除景观、规划设计、城市、植物、经济、地区等定义模的词汇，统计后发现，国内研究热点主要集中于海绵城市（74次）、文化景观（65次）、生态修复（54次）、风景园林教育（42次）、绿色基础设施（41次）、城市公园（40次）等（图4）。

国外研究热点集中于biodiversity（生物多样性，149次）、ecosystem service（生态系统服务，115次）、land use（土地利用，111次）、community（社区，70次）、sustainability（持续性，56次）、habitat（栖息地，40次）等（图5）。国内风景园林热点类别较多，重视学科理论与工程实践，而国外研究热点多以生态相关，关注人居环境的建设与资源环境的保护。

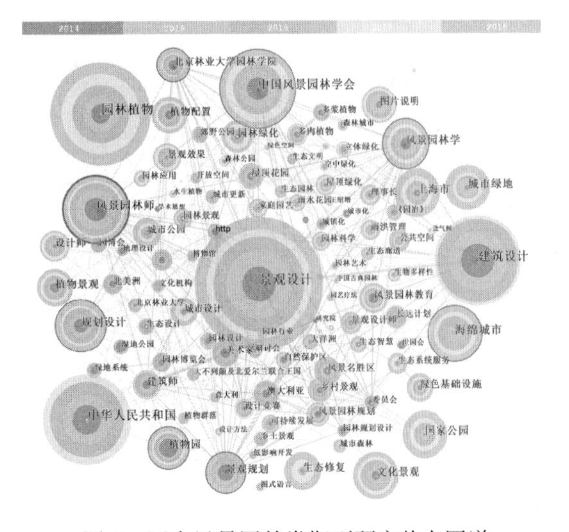

图4 国内风景园林类期刊研究热点图谱

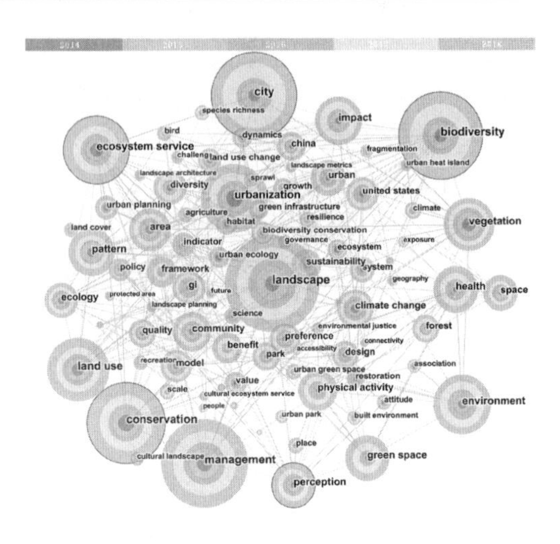

图5 国外风景园林类期刊研究热点图谱

3.2 研究趋势分析

为了摸清风景园林行业的研究趋势，将关键词在CiteSpace软件中进行时间序列分析，通过时区图谱（图6、图7）可以得到风景园林学科在国内外研究中的发展轨迹。

将国内外高频主题词按时间分布统计，发现国内的风景园林正在朝着不断丰富与健全的体系飞速发展，每年都会在前一年的基础上涌现出新热点。2014年，风景园林研究领域覆盖面较广，不仅包括规划设计、风景园林师、风景园林教育、园林博览会等基础理论，还包括文化景观、风景名胜区等遗产景观话题；2015～2016年，研究主要集中在两个方面，一是海绵城市、城市绿地、绿色基础设施、城市更新等为主的城市转型问题，二是国家公园、乡土景观、城市公园、郊野公园、湿地公园等新型园林建设；从2017～2018年，生态学成为领域热词，出现了例如生态修复、生态系统服务、生物多样性、生态园林、城市森林、生态廊道、自然保护区等词语，雨洪管理、雨水花园、立体绿化等园林生态技术相关的词语也开始涌现[9]（表3）。

国外与生态相关的主题一直是研究热点，该类关键词贯穿于各个时点。2014～2015年，biodiversity（生物多样性）、ecosystem service（生态系统服务）、habitat（栖息地）、fragmentation（碎片）、restoration（恢复）、sprawl（蔓延）、urban heat island（城市热岛）等资源环境相关的关键词与urban planning（城市规划）、land use（土地利用）、community（社区）、green infrastructure

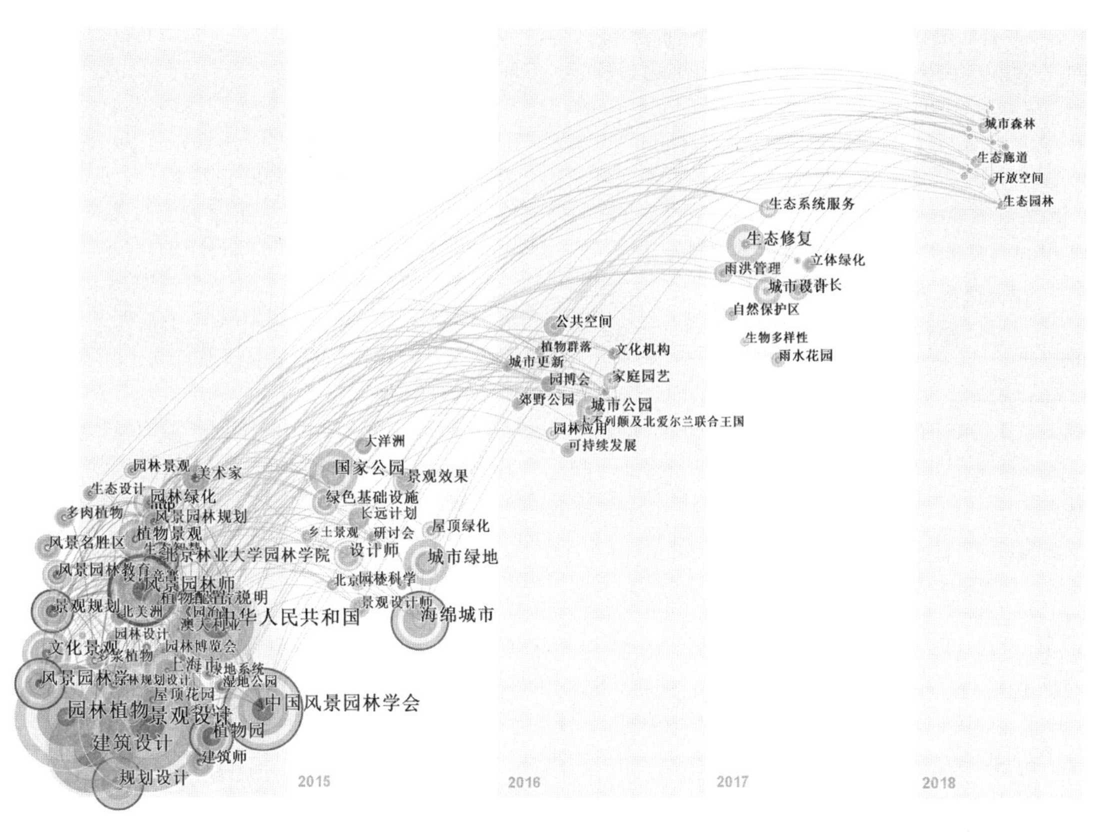

图 6　国内风景园林类研究时间序列分析图谱

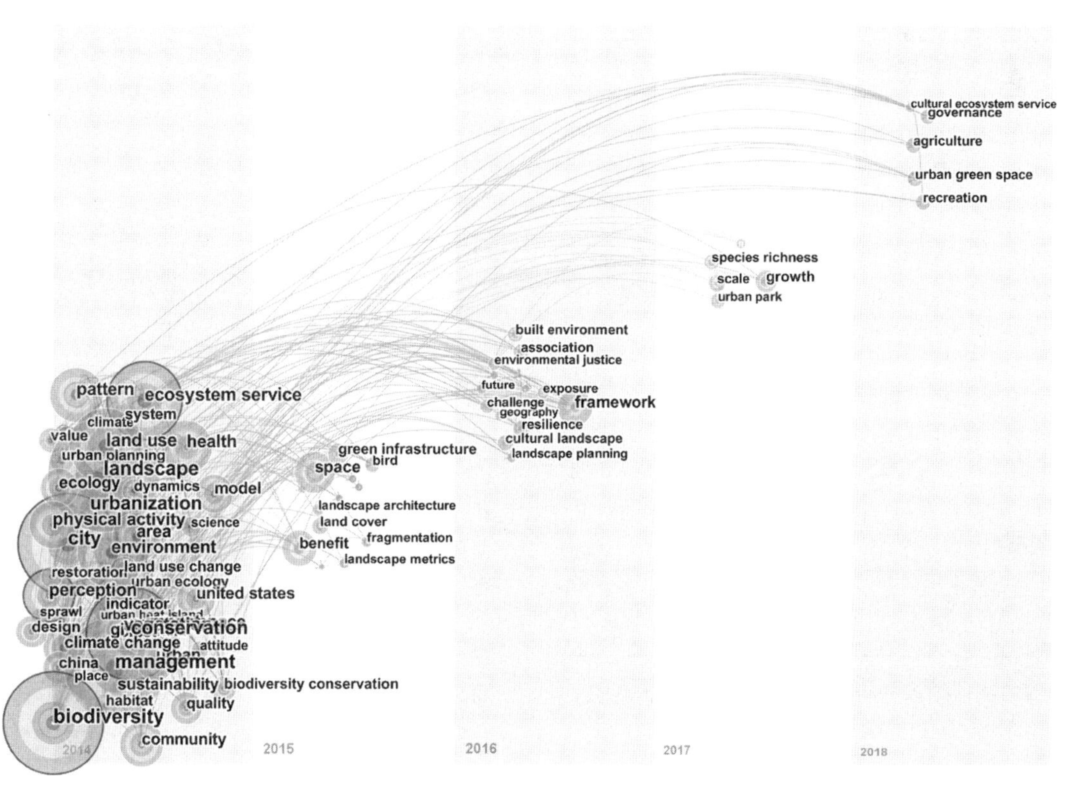

图 7　国外风景园林类研究时间序列分析图谱

（绿色基础设施）、land cover（土地覆盖）等与人居环境相关的关键词均频繁出现；2016～2017年，研究主题相对变化不大，尚未出现较大规模的新词频，species richness（物种丰富度）、resilience（弹性）等环境主题得到进一步发展，environmental justice（环境正义）、cultural landscape（文化景观）、accessibility（可达性）、built environment（建筑环境）等社会主题逐渐成为新的研究方向。2018年，cultural ecosystem service（生态系统文化服务）、agriculture（农业）等关键词开始出现（表4）。

国内风景园林学科高频主题词按时间分布情况　表3

年份	关键词
2014	规划设计、风景园林师、园林植物、建筑设计、文化景观、植物园、植物景观、园林绿化、风景园林教育、风景名胜区、多肉植物、园林博览会、湿地公园
2015	海绵城市、国家公园、城市绿地、绿色基础设施、屋顶绿化、园林科学、乡土景观
2016	城市公园、公共空间、家庭园艺、可持续发展、郊野公园、园博会、城市更新、文化机构
2017	生态修复、城市设计、雨洪管理、生态系统服务、雨水花园、自然保护区、立体绿化、生物多样性
2018	城市森林、生态林、生态廊道、开放空间、园林艺术

国外风景园林学科高频主题词按时间分布情况　表4

年份	关键词
2014	biodiversity（生物多样性）、community（社区）、ecosystem serviece（生态系统服务）、habitat（栖息地）、land use（土地利用）、restoration（恢复）、sprawl（蔓延）、urban heat island（城市热岛）、urban planning（城市规划）
2015	bird（鸟）、fragmentation（碎片）、green infrastructure（绿色基础设施）、land cover（土地覆盖）、landscape architecture（景观建筑）
2016	accessibility（可达性）、built environment（建筑环境）、cultural andscape（文化景观）、environmental justice（环境正义）、resilience（弹性）
2017	species richness（物种丰富度）、urban park（城市公园）
2018	cultural ecosystem service（生态系统文化服务）、agriculture（农业）、urban green space（城市绿地）

就目前的统计结果分析，国内外学科关注热点的差异正在逐渐缩小。国内的学科体系综合性强，主要集中在新型园林、城市更新与转型、人文景观与遗产景观、自然保护与生态修复五个方面；国际风景园林的研究专业性较强，重点关注风景园林中环境问题，分为生物多样性与资源景观的保护、景观多样性与人居环境的建设两方面。

3.3　国内研究热点内容分类

3.3.1　新型园林研究

随着风景园林体系的不断发展，我国学者的关注范围开始从传统的城市公园、湿地公园等，逐渐转向新兴的国家公园、森林公园、郊野公园等。

国家公园是指国家为了保护生态系统、提供科普游览而划定的自然区域。国家公园的建设目前尚属探索阶段，周向频等追溯国家公园的发展源头，梳理其发展脉络，分析了近代国家公园中国化的认知与实践[10]，宋增明等选用6个国家的公园体系进行对比，制定我国国家公园的宏观规划[11]。

郊野公园的建设是为了保护城市自然资源不受城市发展的侵蚀，以阻止建成区的无边界扩张[12]。吴承照等对上海郊野公园的特性、管理机制进行研究，以促进郊野公园发展[13]。孙瑶等与方小山等分别研究了深圳、香港郊野公园开发策略对比以及英国郊野公园的设计原则[14]。森林公园是以大面积人工林或天然林为依托而建设的郊野公园，近年来得到迅速发展，王鑫等利用词频分析技术对北京森林公园的网络评价进行了分析，探究不同类型森林公园的社会服务价值[15]。

3.3.2　人文景观与遗产景观

历史遗留下来的文化瑰宝和自然遗产都属于极其珍贵的公共资源，对与其相关的文化景观与风景名胜区的研究一直的学者们关注的热点。

文化景观是具有强烈地域特征的景观设计，是人与自然之间的作用结果的体现。邓可等梳理了城市文化景观的发展历程，指出了遗产领域面临问题大多与对文化景观的认知缺陷有关[16]，张杨等、郑建南等分别对新疆风景名胜区、西泠印社文化景观的构成要素进行案例分析[17]。

风景名胜区是指自然景观或人文景观比较集中，可供人们游览或者进行科学、文化活动的区域。彭琳等提出风景名胜区整体价值概念，构建了其整体价值框架，张德顺对中国风景名胜区发展的现状进行研究，呼吁将生态资源评价及生态敏感性分析应用于风景名胜区[18]。

3.3.3　城市更新与转型

应对城市资源与气候的变化，呼应国家绿色经济的政策，风景园林领域也开始对城市更新、海绵城市、绿色基础设施等绿色城市转型相的关热点进行关注，力求城市环境的可持续发展[19]。

城市更新是物质、生态、视觉、游憩环境的营造，也是为城市可持续发展的重要途径。侯伟简要分析中国城市更新和绿色开放空间营造的关系和特点，提出景观设计在城市更新中面临的问题及解决措施[20]，张诗阳等通过分析西方国家园林展与城市更新之间的关系，归纳园林展对城市更新的作用方式，以期为中国未来园林展的举办和城市更新提供借鉴[21]，金云峰等以德国东部城市德绍的城市更新项目为例，为中国城市景观更新项目提供借鉴[22]。

作为一种改变传统城市建设轨迹的景观化、生态化的雨水处理方法，海绵城市建设正在全国范围内推广。刘颂等阐述了海绵城市建设的关键点，从微观、中观、宏观层面提出海绵城市的景观规划设计内容和方法途径[23]，吴明豪等依次从城市、各类绿地、各类公园三个方面探讨了城市绿地规划和海绵城市建设结合的方法[24]，成实提出城市中水文空间系统的保护原则，探析结合雨洪管理的城市设计策略[25]。

3.3.4 自然保护与生态修复

基于自然与生态的回归理念，风景园学价值取向愈发趋于生态化，自然保护区、雨水花园、生态修复、生态廊道等主题也越来受到关注。

自然保护区是指为了对物种栖息地进行就地保护而建立相互连通且便于管理的自然保护网络，赵智聪等提出重构我国自然保护地体系的设想，试图重新评估和调整各类型自然保护地的保护对象、资源品质和利用强度[26]。张娜等基于GIS技术对自然保护区内的土地单元进行生态价值评估和分区，并以马头山自然保护区为例进行实证研究[27]。

为解决生态系统破坏的问题，各地生态系统的恢复与重建的得到重视，相关研究与实践层出不绝[28]。目前生态修复的研究对象集中在工矿及交通用地、退化的生态系统以及水环境上，金云峰等、王艳春分别以长沙巴溪洲中央公园、安徽合肥四里河为研究范例，分析其修复策略及手段，以自然修复为主，人工修复为辅，提出环境治理的方法[29]。

3.4 国外研究热点内容分类

3.4.1 生物多样性与资源环境保护

由于资源枯竭及人类栖息地质量的下降，人们越来越认识到自然资源的滥用对环境带来的危害，尽管景观行业没有明确的使用生态学语言，但新兴的生态学原理仍应用于景观规划中[30]。

由于生物多样性是生态学中重要的指标，它也成为了景观设计师的一个研究热点，Palliwoda等提出维护和促进人与自然的互动是增强城市生物多样性的一个重要途径[31]。在考虑了土地利用规划限制的基础上，提出了[32]。

对于研究城市生态学的风景园林学者来说，城市自然环境的保护与利用改善了城市的生活水平，也影响了人们对自然的态度，同时它也各类物种的结构和丰富度也息息相关。Le Roux等提出建立专门的保护区、在城市绿地区分对人类有害的栖息地、有利栖息地结构的重要性三项策略，以保留、恢复城市中的栖息地，提升生物的多样性[33]。等研究了植物物种丰富度和结构对公共绿地的多方面的影响，强调了景观设计师和动物学家合作开展的多学科研究的重要性[34]。

3.4.2 环境可持续与人居环境建设

许多国外科学家认为，城市生态学最突出的研究重点是城市人居环境的建设。越来越多学者开始研究如何提供一个健康、生态、可持续的城市人居环境，达到城市的可持续发展。吴建国通过城市生态知识和可持续性的规划设计，预测或控制城市的动态轨迹[35]。Tan等根据城市生态系统的状态对1991～2012年间新加坡的城市生态研究进行了总结，揭示城市生态研究与城市可持续性的联系[36]。

生态城市的研究也极其强调了对于城市生态系统服务的评估分析。Ahern等提出了适应性城市设计框架，以监测特定城市生态系统服务的战略[37]。Soga等采用全球范围内的比较研究来构建城市绿地生态学中未来的研究挑战，并将生态系统服务作为框架核心，增强城市形态与绿地之间的联系性[38]。Gret-Regamey等基于GIS的MC-DA方法，提出了一个新的空间决策工具，旨在支持城市开发区的分配，将生态系统服务整合到空间规划中[39]。

为了增强城市抵御能力和生态系统服务，绿色基础设施的研究得到了推广。等以撒哈拉以南的非洲为例，与相关的本地知识和社区创新进行联系，研究发展中国家绿色基础设施和城市生态系统服务所使用概念和框架[40]。Meerow等介绍了绿色基础设施空间规划（GISP）模型，以期最大限度地提高社会和生态恢复能力[41]。

4 发展趋势预测

纵览国内风景园林学科的发展脉络，结合当下研究热点，可以发现一些新兴议题的出现，这些议题目前虽研究量不大，但与其他热词关联性较高，相信会成为学科新的发展方向。

4.1 新兴的景观研究方法

随着学科系统更加科学完善，传统、主观的研究方法将逐渐过渡为客观分析研究，GIS技术、空间句法、景观评价模型法、层次分析法等一些科学技术及方法已经在风景园林学科中得到了运用，在未来的学科发展中要以更严谨精确的数据作为支撑，逐步向以“数字化园林”为核心的研究体系迈进。

4.2 生态敏感性与生态园林

建设开发与生态保护之间的矛盾引发了国内学者对环境价值取向的探讨，越来越多的学者开始重视社会发展下的生态问题，生态敏感性、生态系统服务、生态廊道等概念相继进入风景园林教学研究领域。学者试图利用生态敏感性分析方法，对生态资源的可利用及已破坏程度进行分析，以期对风景园林规划和设计提供指导意义。为了建设多层次、多结构、多功能的生态园林系统，生态园林的思想内涵也成为讨论热点。未来要保持正确的自然价值观，逐步向以“生态化园林”为核心的研究体系迈进。

4.3 乡土景观与治愈景观

园林的精神是在满足艺术形式的基础上，表现出人文的特性及情感升华，近年来对于文化精神相关的研究热度逐渐升温，与之相关的乡土景观、治愈景观、园艺疗法也正在成为学科新的研究趋向。乡土景观地域特色和文化的记载，具有鲜明的地域特色和丰富的内涵；治愈景观是通过景观的设计手段，对人的生理及心理产生暗示作用，增强景观的可参与性、娱乐性。学科发展要注重以人为本，逐步向以“精神化园林”为核心的研究体系迈进。

5 结语

我国风景园林学科的研究近年来逐渐受到重视，国内学术期刊的载文量以及基金论文比都呈缓慢上升趋势。但学科仍有很大的发展空间，建议在提高载文数量的基础上，加强发文机构之间的联系，关注论文的质量，追求专业化和精细化。

目前国内关注新型园林建设、文化景观、城市更新、生态园林等热点，相关研究将会持续成为研究的方向；而新兴的景观研究方法、生态敏感性与生态园林、乡土景观与治愈景观也将会成为学科新的研究方向。我国风景园林学科起步较晚，应在结合当前国内发展热点的基础上，加强风景园林学科基础理论的创新研究，中西兼容，建设具有中国特色的风景园林理论体系。

参考文献

[1] 周波．学术期刊的专业化转型与发展刍议[J]．传播力研究，2018，2(28)：92-93+102.

[2] 金荷仙，常晓菲，吴沁甜．国内外9本代表性风景园林期刊2008—2012年载文统计分析与研究[J]．中国园林，2014，30(07)：57-66.

[3] 金荷仙，汪辉，苗诗麒，刘小凤．1985～2014年《中国园林》载文统计分析与研究[J]．中国园林，2015，31(10)：37-50.

[4] 李想，马蓓蓓，闫萍．《人文地理》1986～2015年载文分析与研究热点[J]．人文地理，2018，33(01)：1-7+23.

[5] 陈玉洁，李紫晴，丁凯丽，袁媛．国外城市研究期刊近年研究热点及趋势(2010～2017年)——基于CiteSpace的计量研究[J/OL]．国际城市规划：1-14[2019-06-09].

[6] 程夕，黄柳菁，左冰菁．中外风景园林教学研究热点与趋势对比分析——基于WoS与CNKI数据库的图谱分析[J]．绿色科技，2018(19)：230-234.

[7] 李登光，张晓东，刘峰．2001～2005年《上海体育学院学报》文献计量学分析[J]．上海体育学院学报，2006，30(5)：46-48.

[8] 任初明，石钰，李昂．2011年以来我国高教研究热点及其特点分析——基于CSSCI高教类期刊关键词的共词分析[J]．高教论坛，2019(04)：23-30.

[9] 曾莉．从《中国园林》30年载文看中国风景园林学的发展脉络．艺术生活-福州大学厦门工艺美术学院学报．2017

[10] 周向频，王妍．中国近代“国家公园”思想研究[J]．风景园林，2018，25(05)：81-86.

[11] 宋增明，李欣海，葛兴芳，等．国家公园体系规划的国际经验及对中国的启示[J]．中国园林，2017，33(08)：12-18.

[12] 韩叶．浅谈城市郊野公园构建策略[J]．现代园艺，2018(24)：65.

[13] 吴承照，方岩，许东新，等．城乡一体化背景下上海郊野公园社会共治模式研究[J]．中国园林，2018，34(S2)：28-33.

[14] 孙瑶，马航，宋聚生．深圳、香港郊野公园开发策略比较研究[J]．风景园林，2015(07)：118-124.

[15] 王鑫，李雄．基于网络大数据的北京森林公园社会服务价值评价研究[J]．中国园林，2017，33(10)：14-18.

[16] 邓可，宋峰，史艳慧．文化景观视角下的历史性城市景观[J]．风景园林，2018，25(11)：96-99.

[17] 张杨，严国泰．新疆风景名胜区文化景观的构成要素及其类型研究[J]．中国园林，2017，33(09)：115-119.

[18] 张德顺，杨韬．应对生态保育规划的风景名胜区生态资源敏感性分析——基于生态资源评价结果[J]．中国园林，2018，34(02)：84-88.

[19] Lusso Tiziana．能源转型时代的城市可持续性发展[D]．北京外国语大学，2017.

[20] 侯伟．城市更新中的绿色开放空间景观设计探讨——以包头转龙藏公园景观设计为例//中国风景园林学会．中国风景园林学会2014年会论文集(上册)[M]．北京：中国建筑工业出版社，2014.

[21] 张诗阳，王晞月，王向荣．基于城市更新的西方当代园林展研究——以德国、荷兰及英国为例[J]．中国园林，2016，32(07)：60-66.

[22] 金云峰，项淑萍，方凌波．基于“导航城市景观理论”的城市更新策略研究——以德国德绍市为例[J]．中国城市林业，2018，16(01)：54-58.

[23] 刘颂，陈长虹．基于低影响开发的海绵城市景观化途径[J]．中国城市林业，2016，14(02)：10-16.

[24] 吴明豪，许晓明，刘志成．基于海绵城市建设的城市绿地规划与建设策略研究——以孟州市为例[J]．中国城市林业，2018，16(02)：48-53.

[25] 成实．结合雨洪管理的城市设计探析[J]．中国园林，2016，32(11)：55-57.

[26] 赵智聪，彭琳，杨锐．国家公园体制建设背景下中国自然保护地体系的重构[J]．中国园林，2016，32(07)：11-18.

[27] 张娜，吴承照．自然保护区的现实问题与分区模式创新研究[J]．风景园林，2014(02)：126-131.

[28] 冯扬，张新平，刘建军，等．基于CiteSpace的国内外城市生态修复研究进展以及对西北地区的启示[J]．中国园林，2018，34(S1)：76-81.

[29] 王艳春．安徽合肥四里河生态修复策略研究[J]．中国园林，2018，34(07)：86-90.

[30] Leitao AB，Ahern，J. Applying landscape ecological concepts and metrics in sustainable landscape planning[J]. Landscape And Urban Planning，2005(2)65-93.

[31] Palliwoda，Julia；Kowarik，Ingo；von der Lippe，Moritz. Human-biodiversity interactions in urban parks：The species level matters[J]. Landscape And Urban Planning，2017，157：394-406.

[32] Gagne Sara A，Eigenbrod Felix，Bert Daniel G. A. simple landscape design framework for biodiversityconservation[J]. Landscape And Urban Planning，2015，136：13-27.

[33] Le Roux Darren S.，Ikin Karen，Lindenmayer David B. Reduced availability of habitat structures in urban landscapes：Implications for policy and practice[J]. Landscape And Urban Planning，2014，125(SI)：57-64.

[34] Paker Yair；Yom-Tov Yoram；Alon-Mozes Tal. The effect of plant richness and urban garden structure on bird species richness，diversity and community structure[J]. Land-

scape And Urban Planning, 2014, 122: 186-195.

[35] Wu, Jianguo. Urban ecology and sustainability: The state-of-the-science and future directions. Landscape And Urban Planning[J]. 2014, 125(s1): 209-221.

[36] Tan Puay Yok, Hamid Abdul Rahim bin Abdul. Urban ecological research in Singapore and its relevance to the advancement of urban ecology and sustainability[J]. Landscape And Urban Planning, 2014, 125(SI): 271-289.

[37] Ahern, Jack; Cilliers, Sarel; Niemela, Jari. The concept of ecosystem services in adaptive urban planning and design: A framework for supporting innovation[J]. Landscape And Urban Planning, 2014, 125: 254-259.

[38] Soga Masashi, Yamaura Yuichi Aikoh Tetsuya. Reducing the extinction of experience: Association between urban form and recreational use of public greenspace [J]. Landscape And Urban Planning, 2015, 143: 69-75.

[39] Gret-Regamey Adrienne, Altwegg Jurg, Siren Elina A. Integrating ecosystem services into spatial planning-A spatial decision support tool [J]. Landscape And Urban Planning, 2017, 165: 206-219.

[40] Lindley Sarah, Pauleit Stephan, Yeshitela, Kumelachew. Rethinking urban green infrastructure and ecosystem services from the perspective of sub-Saharan African cities [J]. Landscape And Urban Planning, 2018, 180: 328-338.

[41] planning for multifunctional green infrastructure: Growing resilience in Detroit [J]. Landscape And Urban Planning. 2017, 159: 62-75.

作者简介

丁璐，1965年生，女，河南人，华中科技大学建筑与城市规划学院在读硕士研究生。电子邮箱：905039212@qq.com.

戴菲，1974年生，女，湖北人，博士，华中科技大学建筑与城市规划学院教授。研究方向为城市绿色基础设施、绿地系统规划。

近四十年海外中国园林建设与发展研究①

Study on the Construction and Development of Overseas Chinese Gardens Nearly 40 Years

赵文琪　王凯伦　赵　晶

摘　要： 中国园林作为中华文化传播与输出的重要媒介，以其独特的艺术内涵吸引了世界的目光。改革开放后，在海外相继建设了众多的中国园林。本文着眼于近四十年的海外中国园林，从发展历程、建设概况、管理体系等方面进行分析，更新了截至目前的海外中国园林建设情况。选取改革开放后在海外已建成的中国园林为研究对象，主要指围入一定范围之内的，可独立使用的景观区域，不包含建筑单体。设计手法涵盖了复制、仿建和转译三类。本文在整理海外中国园林建设情况的基础上从多方面总结其建设过程的可借鉴经验，旨在为海外中国园林的未来发展建设与文化输出提供可行策略和宝贵建议。
关键词： 改革开放后；海外中国园林；园林建设

Abstract: As an important medium for the communication and export of Chinese culture, Chinese garden attracts world attention with its unique artistic connotation. After China's reform and opening up, numerous Chinese gardens have been built overseas. This paper which focuses on the overseas Chinese gardens in recent 40 years, analyzes the development process、construction overview、and management system and updates the construction situation of overseas Chinese gardens up to now. Chinese gardens built overseas after the reform and opening up are selected as the research object. They mainly refer to landscape areas that can be used independently within a certain range, excluding Single buildings. The design method cover three categories: rebuild, imitate and translation. On the basis of sorting out the construction situation of overseas Chinese gardens, this paper summarizes the experience of the construction process from various aspects, aiming to provide feasible strategies and valuable Suggestions for the construction and cultural output of overseas Chinese gardens in the future.
Keyword: After Reform and Opening up; Overseas Chinese Garden; Garden Construction

引言

中国园林的对外传播对世界园林艺术发展中有着不可忽视的意义，其历程早在唐代便开始了。而于17世纪欧洲出现的“中国热”则开启了中国文化与亚洲以外的其他地区的交流。随着中国园林艺术向海外传播，中国园林陆续在海外建成。在改革开放后，中国以更加开放的姿态参与到国际交流活动中，中国园林也转化成更为主动的文化交流。改革开放四十年来，我国在海外建设了大量的中国园林，传播中国园林艺术的同时也彰显了独特的中华文化内涵。

反观整个20世纪，中华文化不断受到西方文化的冲击，我国的文化安全受到了挑战，新时代的文化传播与输出尤为迫切。在新时期一带一路的背景下，文化交流无疑是国际的互动中不可忽视的一环，而中国园林作为文化传播的重要媒介，更被赋予了重要的历史任务与责任，旨在带动中外交流，把中国园林艺术的精华与特色传播到世界，打造中国文化品牌。不仅如此，中国园林的传播还将作为线索，其过程中的优秀经验更会为一带一路视域下其他文化成果的沟通提供带动和借鉴意义。

1　海外中国园林发展历史进程

1.1　海外中国园林发展背景

中国园林在改革开放之后重新登上历史舞台，并在外事因素，中西双方文化交流以及海外华人与国际友人的中国情怀的共同作用下，无论是在数量还是质量上均取得一定的成果。

1.1.1　外事因素

1978年中国开启改革开放的新篇章，社会经济等方面持续健康发展。1979年中美建交，促使了中国与世界各国日益频繁的交流。自“明轩”（the Astor Court）开始[1]，中国园林陆续受到关注，以园林为媒介的外事活动也开始崭露头角。

目前大部分在海外建设的中国园林来自于国家外事活动中友好交流过程中的外交赠予。

① 基金项目：教育部人文社会科学研究青年基金项目（编号18YJC760146）：丝绸之路视野下中国园林艺术对西方园林艺术的影响机制研究；中央高校基本科研业务费专项资金项目（编号2018RW21），城乡生态环境北京实验室；北京林业大学建设世界一流学科和特色发展引导专项——中国风景园林思想研究。

1.1.2 文化因素

（1）文化交流

17～18世纪，随着航海贸易的发展，传教士进入中国，中国园林艺术也随之首先在法国传播开来，而后在英国真正发生影响，之后散播至德国、俄国、瑞典等国家，在欧洲掀起了一股旷世持久的“中国热”[2]。

在中国进入改革开放阶段之后，中国人开始以发展的眼光来重新审视世界。与此同时，西方出现了新“中国热”的风潮[3]，在这种氛围之下，中国园林的建造与传播在西方人眼里是一种健康积极的交流活动。

（2）海外华人与国际友人的中国情怀

在海外的中国人数量庞大，许多旅居海外的华侨有着浓厚的中国情怀，而中国园林恰能作为一种寄托思乡之情的媒介。部分在海外的中国园林由当地的华人华侨及其相关民间组织的集资兴建。除此之外，热爱中国文化的国际友人在海外造园中也起到重要作用[4]。

海外华人在海外中国园林造园中的角色　　表1

华人的角色	角色身份	典型角色案例	典型园林案例
华人作为设计者	建筑师	康群威、石巧芳	法国巴黎怡黎园（YI Li Garden）
华人作为出资者	商人及当地官员	新西兰当地华人	新西兰但尼丁兰园（The Dunedin Chinese Garden）
华人作为项目推动者	商人等	美国西雅图中国花园协会	美国西雅图西华园（The Seattle Chinese Garden）

国际友人在海外中国园林造园中的角色　　表2

国际友人的角色	角色身份	典型角色案例	典型园林案例
国际友人作为设计者	当地设计师及事务所	阿克塞尔·赫梅宁（Axel Hermening）	德国措伊藤“九曲十八弯”（Neun Krümmungen und achtzehn Windungen）
国际友人作为倡议者	学者	玛丽安娜·鲍榭蒂（Marianne Beuchert）	德国慕尼黑芳华园（Fang Hua Garden）
国际友人作为出资者	大都会艺术博物馆理事、远东艺术部巡视委员会主席	阿斯特夫人（Lady Astor）	美国纽约大都会博物馆明轩

1.2 海外中国园林发展阶段

从1980年第一座海外中国园林“明轩”建成，至今近四十年间，中国在海外所建造的中国园林已经遍布五大洲26个国家。依据海外中国园林每年的建成数目对其发展阶段进行划分，大致可分为三个时期，1978～1987年为发展期，园林建成总数为11座，1988年后进入高潮期，在此期间共有42座园林建成，在经过高潮期后，海外中国园林的建设逐渐放缓脚步，自1998年起达到平稳期，建设数目基本保持在每年1～3座。

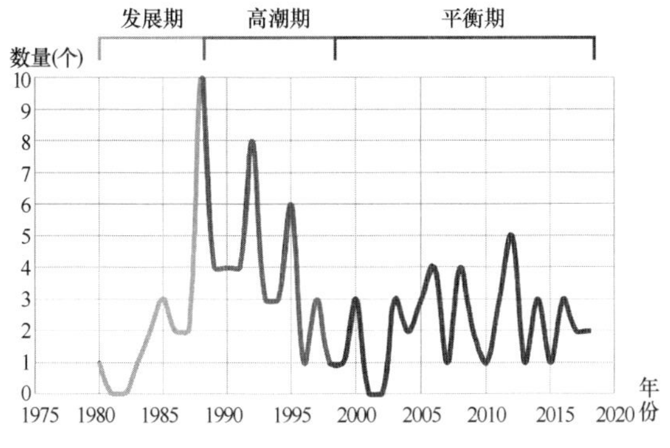

图1　1978年以来海外中国园林发展

1.2.1 第一阶段1978～1987年——发展期

1980年，第一座海外中国园林“明轩”在时美纽约大都会博物馆建成，而在接下来的几年内，中国接连受到在其他国家举办的国际性园艺、园林博览会的邀请，要求将中国园林作为展品参加展览，其中1983年的慕尼黑国际园艺博览会上所建成的“芳华园”是欧洲第一座中国园林[5]。1985年则是发展期内的一个小高潮，一年内共有3座园林落成。

自“明轩”坐落于大都会博物馆起，短短几年，中国园林便在世界范围内大放异彩。从友好城市间的赠与到园林园艺相关展览的参展活动，再到海外华人华侨的集资兴建，中国园林的足迹已遍及美洲、欧洲和亚洲。

1.2.2 第二阶段1988～1997年——高潮期

1988年是中国海外园林建造的第一次高潮时期，在这一年，共有十座园林在亚洲、欧洲、美洲、大洋洲等四大洲建成，包括建造于澳大利亚悉尼市达令港的第一座具有岭南私家园林风格的“谊园”（The Chinese Garden of Friendship）[6]。

中国园林海外建设的第二次高潮于1992年出现，第一座建设于非洲大陆的中国园林十月二日公园（October 2nd Park）在几内亚科纳克里市建设完成。这一年中国海外园林在日本共建造了三座园林。同年在新加坡裕华园内兴建的一座以盆景为主题的中国园林——蕴秀园（Yun Xiu Garden），为东南亚地区唯一完整和具代表性的苏州古典盆景园。

在1995年迎来海外中国园林建造的第三次高潮，这一年共有 6 座中国园林在海外建成。在此之后海外园林的建造就逐渐呈现平缓的趋势。

中国园林从 1988 年至 1998 年的十年时间里，迅速在世界各地百花齐放，在海外共建成中国园林 40 余座，遍布世界五大洲数十个国家。

1.2.3 第三阶段 1998 年至今——平稳期

经过了 1988 年、1992 年和 1995 年的三次造园高潮后，中国园林海外的建园数量开始降低，每年的建成数目基本保持在 1～3 座，进入了平稳期。其中 2000 年在美国俄勒冈州波特兰市建成的兰苏园（Lan Su Chinese Garden）是世纪之交外建最大且为北美唯一完整的苏州风格古典园林[7]；2008 年在美国洛杉矶亨廷顿综合体内建成的流芳园（The Garden of Flowing Fragrance），是迄今美国最大中国的古典园林[8]。

在这一阶段，除复制或仿建的中国园林在进行海外输出，一定数目的转译类型园林作品也开始在世界范围内流传开来。第一座转译型中国园林作品是位于美国波士顿市的中国城公园（Chinese City Garden），建成于 2005 年。在此之后，基本每年均有转译型作品建成。

从这一时期的中国海外园林在建成数目上虽有所减少，但更加追求海外中国园林的传播与影响力，相当数目的中国园林在海外获得奖项，而转译型园林的出现则是以新的方式向世界展示中国的传统园林文化。

2 海外中国园林建设概况

本段将从建造缘由、分布状况、建造风格及设计手法 4 个方面对海外中国园林自改革开放以来近四十年间的建设情况进行概述。

2.1 建造缘由

每座海外中国园林的建造缘由均有其特殊性，但彼此之间仍然存在一定的共性，因而可以将海外中国园林的造园缘由大致分为三类：

其中园林建造数目最多的一类是基于外事活动，出于国家、城市间建立发展外交友好关系而进行的园林建造。此类园林大部分是在中国地方政府与国外城市之间开展贸易合作或文化交流的同时，为了纪念城市之间的友谊而建造。

第二类是参加国际园艺博览会的中国园林。中国园林自 1983 年参展德国慕尼黑国际园艺展并获得大奖之后，又相继参加了多次国际园林展，如 1987 年参加英国格拉斯国际园艺节的“亭园”（The Pavilion Garden）。

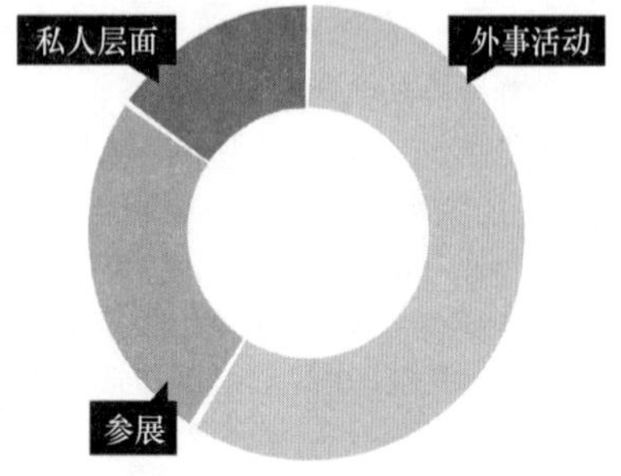

图 2 海外中国园林不同建造缘由下造园数量比例图

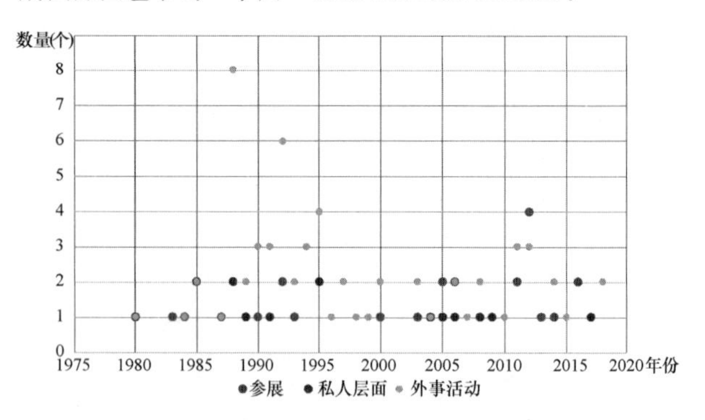

图 3 海外中国园林建造缘由与数量、时间关系图

园林建造数目最少的造园缘由是私人层面上的海外邀建或自行建园。具体包括海外植物园和公园以介绍世界园林体系为目的的邀建；海外华人自行筹建的中国园林；国际友人出于中国情结进行的邀建以及国外企业以经营为目的的邀建等。如 2004 年法国巴黎建筑师康群威、石巧芳自行筹建的“怡黎园”。

海外园林的建造动机中出于外事活动因素较多，首座海外园林“明轩”即为国家城建总局应美方邀请，进而委托苏州园林局设计建造的。参展性质的作品在 1983 年首次出现，为慕尼黑国际园艺博览会上由广州市园林建筑规划设计院承担设计和施工建成“芳华园”。在 1993～1999 年出现了一段较长时间的空白期，自 2000 年重新出现参展作品之后，出现了较为活跃的现象。而私人层面的造园活动无论是总体数目还是各年份建造数目总体来说较少。

2.2 分布状况

海外中国园林主要分布在欧洲、亚洲和美洲，以欧洲为最多，其中美国、日本、德国以及法国在海外中国园林的建成数目上较为明显地领先于其他国家。

从海外园林的分布地区和时间的关系来看，美洲是

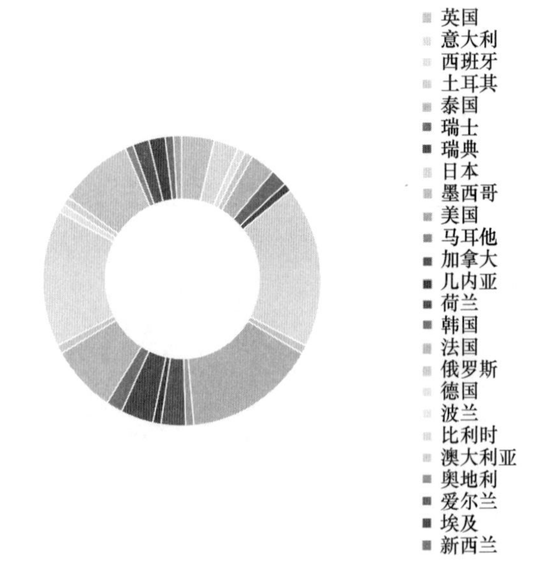

图 4 海外中国园林分布比例图（按国家分布）

最早出现海外中国园林建设的大洲，即建造在美国大都会博物馆中的“明轩”；其次为欧洲，最晚出现建造活动的是非洲。至于从海外中国园林分布的地区与建造缘由上看，参展的中国园林主要分布在欧洲，友好城市赠建以及国外邀建的中国园林在各大洲均有分布，以欧洲，亚洲，美洲为主。从时间上看，友好城市赠建的海外中国园林集中于1985年至2000年间，2000年以后国外邀建的中国园数量增多，且以欧洲为主要分布地区（图5)。

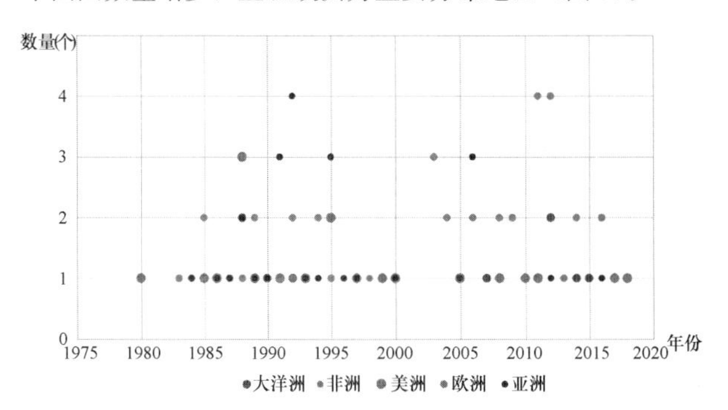

图5 海外中国园林分布与数量、时间关系图

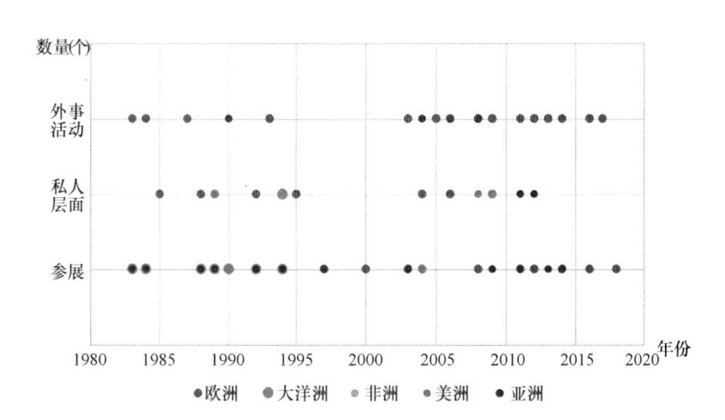

图6 海外中国园林建造缘由与位置分布、时间关系图

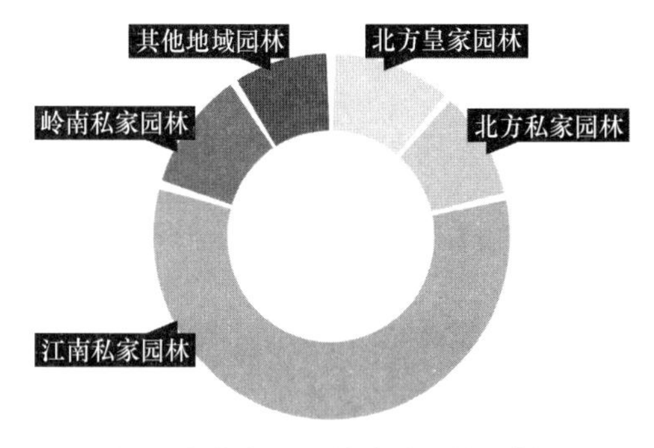

图7 海外中国园林建造风格比例图

2.3 建造风格

海外中国园林的建园风格主要包含有江南私家园林、北方皇家园林、北方私家园林、岭南私家园林、其他地域园林以及现代园林六类，其中由于巴蜀园林、荆楚园林等园林风格建造数目较少因而将其统一归为其他地域园林。

在各类造园风格中，江南私家园林风格在建成数目与传播时间上具有比较明显的优势，北方皇家园林、北方私家园林、岭南私家园林与其他地域园林风格占比相近，

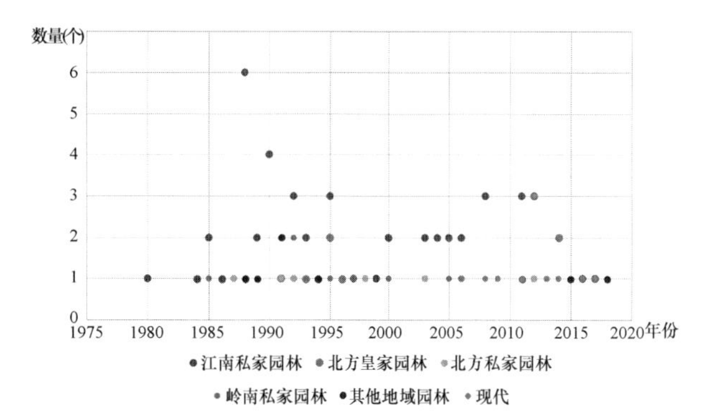

图8 海外中国园林建造风格与数量、时间关系图

现代园林风格所占比例最少。现代风格主要来自于转译作品，出现时间较晚，2005年在美国波士顿市建成的中国城公园是第一座现代风格的海外中国园林。

2.4 设计手法

海外中国园林的设计手法包含复制类、仿建类和转译类。相较于以往文献多对于海外中国传统园林分析阐述，本文将转译类园林纳入到研究范围内是对以往研究对象的合理化拓展。

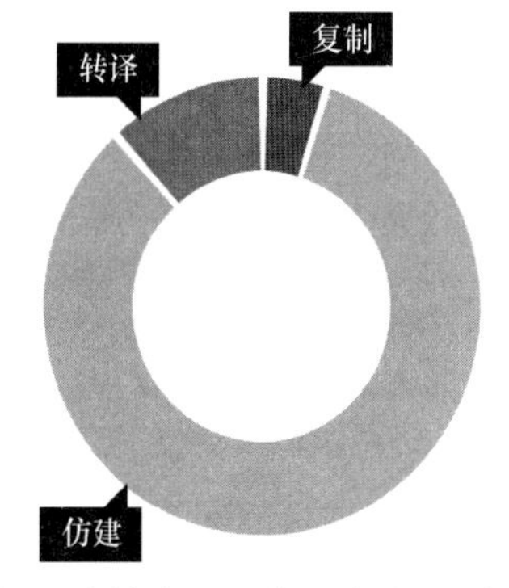

图9 海外中国园林设计手法比例图

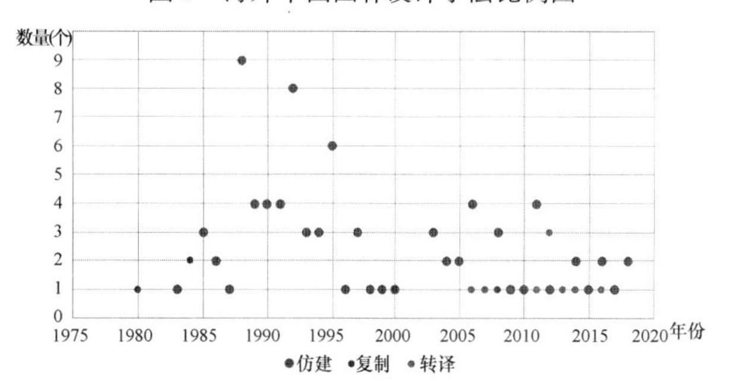

图10 海外中国园林设计手法与数量、时间关系图

完全复制中国园林的海外中国园林数目较少，仅有美国明轩、英国燕秀园、美国凤凰城中国花园、德国豫园4座。所复制的对象大多为江南私家园林，显示出相较于其他几类园林风格，江南私家园林风格具有更高的认可度。

仿建类型的园林占比最大，且仿建内容多集中于建筑小品、空间布局、植物配置、造景手法的提炼与模仿等方面。1989年日本横滨市建造的“友谊园”在空间布局上仿照“一池三山”进行园林的构建。

转译作品基本为现当代设计师在海外建设，以新材

料、新技术对传统中国古典园林的外在形态与内在涵义进行转化。转译的园林基本为现代风格的参展园林。

3 海外中国园林建设机制与管理体系

3.1 建设机制

3.1.1 建造主体

海外中国园林的建造主体主要为各大园林设计院、私人事务所、大学院校以及个人设计师。

2000年以前，海外园林的建造主要由大型园林设计院进行设计和施工建造，例如北京市园林古建设计研究院、苏州园林设计院等。而2000年以后，私人事务所、院校和一些个人设计师开始参与到海外园林的设计建造中。例如北京土人景观与建筑规划设计研究院设计建造的美国波士顿中国城公园。

3.1.2 建造资金

海外中国园林的建造资金主要有以下几种来源：政府出资、企业出资、私人出资以及社会性捐赠。

友好城市资金来源基本为国内及国外的地方政府，部分参展及私人层面上的园林建造资金来源于海内外的企业、个人以及社会性的捐赠（表3）。

海外中国园林建设资金来源　表3

出资方式	具体出资方式	造园缘由	典型案例
中方出资	国内企业出资	参展	英国汉普顿皇家园林展蝴蝶园
	国内地方政府出资	友好城市	澳大利亚悉尼达令港谊园
外方出资	海外地方政府出资	友好交流	德国法兰克福春华园
	海外企业出资	商业活动	美国洛杉矶亨廷顿综合体流芳园
	海外华人组织出资/捐赠	海外华人协会组织	加拿大温哥华逸园
	海外个人出资	建造私人园林	德国多塞尔道夫帼园
中外合资	中方建造一部分，外方提供人工、场地	友好城市	美国波特兰市兰苏园

3.1.3 建设区位

就建设区位而言，可将海外中国园林大致分为三类。数目最多的一类为建置于当地的植物园、动物园等城市公园内，具有园中园性质的中国园林，例如加拿大蒙特利尔植物园内的梦湖园[9]。

第二类为独立建置于城市内，如几内亚科纳克里市的十月二日公园。

数目最少的一类则为建置于唐人街、中国城等中华文化氛围较为浓厚，华人常常聚集的地区附近的中国园林，例如澳大利亚悉尼达令港唐人街附近的谊园等。

另有一类出于参展的缘由而建造的海外中国园林，这类园林在展览结束后一般有两种去向，一类是拆除，另一类是进行永久性保留，一般是在原址进行保留，例如在1984年英国利物浦市举办的国际园林节上展出的“燕秀园”。也有迁移至其他公园内进行保留，例如2005年在英国伦敦市汉普顿皇宫园林展上展出的“蝴蝶园”，在展览结束后将其中的六角亭移建于维斯丽花园，改名为蝶恋亭[10]。

3.2 管理体系

3.2.1 管理机构

海外中国园林的管理机构与其建设区位存在一定的关系，其中建置于当地的植物园、动物园等城市公园内的中国园林，由公园、植物园其本身的管理处进行统一管理，例如位于德国杜伊斯堡动物园内的中国园林“郢趣园”；而单独建置的园林则由专门成立的相关协会进行管理，或由当地的公园管理相关单位进行管理，例如为管理兰苏园相关事宜而建立的“波特兰古典中国花园”，“达尼丁中国花园信托基金”是为管理兰园各项资金收支而建立的基金组织。

3.2.2 管理内容

（1）活动管理

目前大部分海外中国园林其使用功能还是以供游人参观游赏为主，体验互动较少。小部分知名度较高影响力较大的园林开展了更为丰富的活动，如兰苏园、流芳园等。在已开展活动的海外中国园林中，活动类型可划分为私人活动和公共活动两类。其中私人活动为园林接受私人租赁使用，公共活动中中国特色活动占了很大比重，活动类型丰富涉及文化、体育、表演、娱乐等多个方面，除此之外，部分园林还开发了园林周边产品，主要仍以宣传中国特色为主，在特定节日会提供一些中国特色产品。

对具有中国特色的活动对中国文化进行宣传，增强了园林的参与性，使得海外中国园林不仅仅是海外华人的日常与节日活动的聚集地，也能够吸引当地人群参与其中。海外中国园林成为中国文化的展示创造了良好的体验交流平台。

（2）资金管理

资金管理主要针对前期建设资金投入之后，后期用于运营管理的资金。

非营利性质的海外中国园林并不面临严峻的生存问题，它的管理经费来自于地方政府或者直接管辖部门的拨款；而营利性质的中国园林，在设计之初对于各类消费活动的考量直接决定了其日后的游客数量和使用情况，进而影响其后续的运营管理与发展。

至于资金的管理方，则与园林的管理方息息相关，但也不乏有专门设立基金会来对社会捐赠的资金进行管理，例如美国波特兰兰苏园的“古典中国花园信托基金”。

（3）信息宣传

海外中国园林在信息宣传方面主要可分为线上及线下两种方式，目前以线上宣传为主。

线上宣传基本来自于官方网站、旅游网站以及社交网站。部分管理较为完善的园林会建立官网，对园林景点、特色活动等进行详细介绍。而旅游网站较为知名的如Yelp，TripAdvisor等，游览者在这些网站上可以查看该景点的评分、热度排名、游客评价等相关信息。最后是社交网站，例如Facebook，Instagram，YouTube等，部分园林会拥有个人账号，对园中的相关动态进行上传，吸引社交账号使用者参与其中，也会有部分游览者在游览结束后上传分享相关的影像与游记。

线下方式则多为相关文献著作以及一些旅游杂志对中国园林进行介绍宣传。相比较而言，线上的宣传方式信息传播性更强，能够获得较好的宣传效果。

4 海外中国园林文化输出建议

整体而言，海外中国园林在国际上享有良好的声誉，但对比西方强国的文化输出，中国园林的影响力仍有提升空间。在新时期的背景下，我们应在保持海外园林建设数量稳定的情况下更加注重园林知名度和影响力的提升，着眼于更精致更具文化性的中国园林建设。

首先，海外造园活动应当从认识层面给予相当程度的重视，提升为国家文化输出战略的重要组成。目前海外中国园林的输出目的基本局限于政治层面上的“友好交流”或是商业化的“商品”“展品”层次，可以考虑上升到“文化战略”“文化品牌”的高度。同时考虑增进与社会民间团体的合作联络，给予海外园林建设更多的支持。

从建园风格的角度来看，目前海外建园占绝大部分的还是中国传统园林，这部分园林的设计手法多为复制和仿建，其中又以江南园林居多。而转译类的现代园林较少。在今后的园林输出中可以适当增加转译类园林的比重，丰富世界对于中国园林艺术的印象的同时促进中国本土园林的进步发展。而对于中国传统园林可以适当选取质量较高的更具代表园林类型或个例进行建设，拓宽中国园林的丰富度。关于建园区位的选择，建置于城市公园内的海外中国园林往往能够依托城市公园获得相对稳定游客量，可以选择环境靠近其他城市公园或热度较高公共空间的位置，如唐人街等。在建设的过程中应积极推进建设双方的沟通，同时认识到海外园林不仅仅是作为中国园林的当地再建，而要通过多种方式实现文化传播与输出的作用，让世界了解中国园林艺术。

针对建成的海外中国园林，后续管理运营是不可忽视的一环。考虑到大部分海外园林管理体系较薄弱，并主要以当地机构为主的现状，后续的建设中可以增强中西方合作协同管理，与当地机构和相关团体沟通对园林设置专门的管理机构，避免了建成后荒废缺乏管理的局面，使得中国园林不仅仅是一个“展品”，而成为深入了解中华文化的平台。在活动管理方面，尽可能多的举办能够体系中国特色的文化活动，广泛邀请当地人群参与，增强活动的参与性和互动性。在宣传层面，除提高各类线上和线下的宣传力度，还应通过各类方式鼓励人群自发的宣传，产生带动效应，提高园林在当地人群中的知名度与影响力。

目前的海外园林建设多集中于欧美发达国家，在下一步的建设中应增强一带一路地理环境下的其他国家的园林交流，将中华园林文化传播更广泛地传播于世界。新时期一带一路是经济输出更是文化输出，在外来文化强势冲击的情况下，中国园林将作为起重要媒介，承担起文化传播与输出的责任。海外中国园林的建设对于文化输出中建立中国文化品牌、增强文化自信心和提高中国的国际影响力尤为重要。

参考文献

[1] 甘伟林．文化使节——中国园林在海外[M]．北京：中国建筑工业出版社，2000.

[2] 查前舟．中国传统园林艺术对西方园林的影响[D]．华南理工大学，2005.

[3] 李景奇，查前舟．“中国热”与“新中国热”时期中国古典园林艺术对西方园林发展影响的研究[J]．中国园林，2007.

[4] 朱伟．近三十年来海外中国传统园林研究[D]．华东理工大学．2011.

[5] 王缺．巧筑园林播芬芳——记1983年慕尼黑国际园艺展中国园“芳华园”[J]．广东园林，2015.

[6] 刘少宗．中国园林设计优秀作品集锦(海外篇)[M]．北京：中国建筑工业出版社，1999.

[7] 赵庆泉．美国波特兰的中国园兰苏园[J]．世界园艺．北京：2003.

[8] 苏州园林发展股份有限公司．海外苏州园林[M]．北京：中国建筑工业出版社，2017.

[9] 乐卫忠．梦湖园造园要领——加拿大蒙特利尔植物园内的中国园林[J]．中国园林，1994.

[10] 刘庭风．中国古典园林的设计、施工与移建：汉普敦皇宫园林展超银奖实录.

作者简介

赵文琪，1995年生，女，汉族，河北人，北京林业大学园林学院风景园林专业硕士在读。研究方向为风景园林历史理论、风景园林规划与设计。电子邮箱：15927313812@163.com。

王凯伦，1995年生，女，汉族，河北人，北京林业大学园林学院风景园林专业硕士在读。研究方向为风景园林历史理论、风景园林规划与设计。电子邮箱：807811677@qq.com。

赵晶，1985年生，女，汉族，山东人，博士，北京林业大学园林学院副教授，《风景园林》杂志编辑部主任，中国风景园林思想研究中心副主任，城乡生态环境北京实验室、美丽中国人居生态环境研究院。研究方向为风景园林历史理论、风景园林规划与设计。电子邮箱：zhaojing850120@163.com。

梁漱溟乡村建设理论与实践探析①

Liang Shuming's Theory and Practice of Rural Construction

毛　月

摘　要： 梁漱溟先生（1893～1988 年）是我国近代著名的思想家、哲学家、教育家和社会活动家，有“中国最后一位儒学大师”之称。从 20 世纪 30 年代开始，他一直摸索并竭尽全力地践行其乡村建设运动，以实现从危难中救国的伟大抱负。梁漱溟的乡村建设运动及思想对当时和现在都产生了较为深刻的影响。本文试图将当时的社会背景与其亲力亲为的具体实践相结合，加之对其著作《乡村建设理论》的解读，归纳并分析梁漱溟先生乡建理论的思想层次，品析和学习特定历史环境下前人乡村建设实践的多元性与复合性，并思考其对当前社会环境下乡村振兴的启发。

关键词： 梁漱溟；乡村建设理论；乡村治理；邹平实验

Abstract: Mr. Liang Shuming (1893-1988) is a famous thinker, philosopher, educator and social activist in modern China, known as "The last Chinese master of Confucianism". Since the 1930s, he has been groping and doing his best to practice his rural construction movement to achieve the great ambition to save the country from danger. Liang Shuming' s rural construction movement and thoughts have had a profound impact on the time and the present. This paper attempts to combine the social background of the time with the specific practice of personally and personally, and interpret the book "The Theory of Rural Construction", summarize and analyze the ideological level of Liang Shuming' s theory of rural construction, and analyze and study the predecessors' villages in a specific historical environment. The diversity and complexity of construction practice, and consider its inspiration for rural revitalization in the current social environment.

Keyword: Liang Shuming; Rural Construction; Rural Governance; Zouping Experiment

1　背景

20 世纪二三十年代，中国是西方帝国主义所垂涎的一块肥肉，这使中国陷入了帝国主义经济侵略到领土侵略的危机之中。大家纷纷思考中国自救的种种途径，其中便有许多进步人士将焦点放到中国广阔的乡村，社会上对西方资本主义制度已经不抱希望的有志之士，如梁漱溟、晏阳初等，便提出了通过传统文化及乡学组织建设乡村，通过引发中国的文艺复兴来拯救中国的想法。这种想法也得到了社会上许多人的赞成，与此同时掀起了持续时间长达十几年的乡村建设运动。据当时的南京国民政府实业部的统计，至 1934 年，全国从事乡村建设运动的团体和机构达 600 多个，在各地设立的实验区超过 1000 处[1]，乡建活动的热情与行动丝毫不输当下。

2　梁漱溟乡村建设思想溯源

2.1　民国时期乡村建设概述

中国的乡村建设历程根据不同的时代背景可分为民国时期的乡村改造、中华人民共和国成立初的改革探索时期以及改革开放后的综合发展与多元探索时期。各个时期又因主导力量、土地制度及社会生产关系的不同形成了不同的阶段特点。民国时期是我国乡村建设思想的萌芽时期，也是各类乡村建设实践的首个爆发期。20 世纪初，封建统治政权崩塌，中国内忧外患，农村经济也急剧衰落。农村土地高度集中、地权分配不均导致农民生产力下降与贫困化加重，经济的衰落带来农村文化教育的衰落。于是，振兴农业、复兴农村的乡村建设思想也逐渐萌生。这一阶段主要为民间主导下的各类乡建团体的“乡村自治实验”以及社会高知主导下形成的乡村建设热潮。这一时期团体众多，模式多样。较为典型的有 1915 年揭开乡建序幕的米春明父子在河北定县翟城村建立的自治组织，该组织直接以日本模范町村为原型展开改造活动，成立村会与村公所，制定“村约”，在乡风改良、卫生整顿、环境治理及教育发展等方面都取得了较大的成就。同时，创办学校培养人才，推动乡村发展形成良性循环。在这一发端之后，山西以阎锡山为首的村镇改革继续探索乡村的“村本政治”之路；梁漱溟“社会本位”的邹平模式的试验、晏阳初的河北定县实验下的乡村改造体系、卢作孚以“现代集团生活”为思想指导的北培模式、陶行知的晓庄模式、高践四等人学院派的无锡模式等，都相继开展，全面爆发，形成一个乡建极度活跃的百家争鸣时期。这一时期的乡村改造运动取得了一定的积极成果，但关于土地分配等农村根本性的问题没有得到解决。抗战爆发后多数实验被迫中止，但他们对于乡建运动的引导发端与持续推进带来了持久的影响。

① 项目基金：国家自然科学基金项目“基于景观基因图谱的乡村景观演变机制与多维重构研究”（项目编号：51878307）资助。

2.2 梁漱溟对百年乡村破坏史之剖析

"乡村治理"对应着"乡村破坏"，20世纪二三十年代复杂的社会及经济环境使得乡村的各个方面都处于较为混乱的状态。在梁漱溟先生看来，"所谓中国近百年史即一部乡村破坏史。[2]"其前半期起自清同光年间，直至第一次世界大战，这一时期，自西洋传入的近代都市文明破坏了中国乡村的原有结构与思想特质；后半期自第一次世界大战至20世纪二三十年代的当下，我们又跟着反近代都市文明的路学西洋而破坏了中国乡村。梁漱溟指出，西方近代从自由主义发展了工业资本、都市文明，日本模仿成功，我们景仰而未得，同时，有一个相反的潮流孕育而潜伏着自俄国爆发出来。不论前后二者，我们皆被动学习，不论景仰或之反动，皆离开乡村说话，未倚乡村之实际，不从乡村起手，结果也破坏乡村不止。这其中尤为严重的是乡村出钱练海陆军，而战争所造成的人员损失又进一步破坏了乡村。所以，地主阶级的兴起，是破坏乡村的第一种力量，水利制度的失修，是破坏乡村的第二种力量，官僚政治的巩固，是破坏乡村的第三种力量，帝国主义的侵略，是破坏乡村的第四种力量[2]。其中之最，则为中国政治的捣乱，将种种好时机错过，未得充分利用战争间隙。而中国承其影响，农业出口严重受创，外货进口激增又对国内造成严重冲击，"受祸惨重者首在农村[2]"。

2.3 梁漱溟对中国社会思想根源的剖析

中国社会自古受儒家思想影响，中国儒书具有谁莫与比的开明思想。讲理，求理，以理服人。伦理与理性为其根深蒂固的标准与追求[2]。同时，中国社会又是散漫的，散漫、消极、和平、无力[2]。散漫造成了政治的消极与无力，"中国向来有统治者，而无统治阶级；无统治阶级，所以没有力量；没有力量统治，所以只能敷衍[2]"。更进一层，这也造成了我们思想的复杂分歧与阶级的虚无，整个社会更多地靠数千年来形成的一种因文化支撑而来的乡约礼制而维系。梁漱溟认为，清政府的倒塌与帝国主义的侵略，这一内一外，所带来的最大的破坏是中国乡约礼俗与传统乡村生活默契和隐形契约轰然崩塌。"今日中国问题在其千年相沿袭之社会组织构造既已崩溃，而新者未立[2]。乡村建设运动，实为吾民族社会重建一新组织构造之运动。[2]"梁漱溟认为，中国乡村的破坏，一在前面的种种对其的摧残，二在经济建设的取舍上选择了以农养工，优先发展工业以致放弃了本体，三在中国政治的无办法。梁漱溟认为，中国的经济建设一定要基于两点之上：一为以农兼工；二是由散而合。农业与农村是我们至重要一环，我们需走自下而上的改革之路，通过教育与文化振兴乡村，从而得以给养工业。而不是倚外国之路，西洋有工商业为过渡，其发展得以形成自上而下的渐进式变革，而我们须得由低级到高级，由小范围到大范围，首先挽救乡民因文化衰落造成的无依靠感和实际的动力缺乏感，使乡村社会由散而合。

3 梁漱溟乡村建设的思想层次

3.1 新社会组织构造的建立

梁漱溟认为，中国问题的根源不在他处，而在"文化失调"，解决之道不是向西方学习，而是"认取自家精神，寻求自家的路走"[3]。由于中国自古以来就是以农立国，故欲求中国问题之解决，必走乡村建设之路，即振兴农业以引发工业之路[2]。他将乡村建设提高到建国的高度来认识，而这种建设绝非是对乡村消极的救济，而是要"积极地创造新文化"，并为中国"重建一新社会组织构造"。"新的组织，具体地是个什么样子？一句话就是：这个新组织即中国人所谓'乡约'的补充改造。[2]"首先他强调乡村治理的前提是村民自治。鼓励农民自觉创建乡村组织，将其作为乡村治理的头等要务。以乡村为基础的伦理本位与职业分立是这种社会组织的结构的特点，伦理本位始于家庭，他希望由此将这种伦理关系扩展到整个社会，由社会演成的礼俗是我们新社会组织须遵循的秩序，而不完全是靠所颁行的法律。而这也是假定未来中国的乡村走上自治之路的前提保证。从社会自己探索，从下面往上生长，自上而下，由散至合。有了团体之后，更重要的，是将其变为一个主动的团体，参与权与自由权并重。于公共之事，由集体做主，于个人之事，由自己做主，这个团体也是民治精神的载体。

3.2 政治问题的解决

梁漱溟认为，"乡村问题乃至中国问题的解决，首要在政治问题"[2]。在其乡村建设理论中，他用大量的篇幅，通过事实与假设的论证来阐述中国政治的"散"对社会崩溃的影响，同时详细论述了政治问题的解决对经济问题解决的重要性。社会统一则国家粗安，对政治问题的解决，梁漱溟指出，一是要从散漫进于联系，二是建出共同的要求与趋向来，三是比以前更有力量[2]。具体来说，就是尽可能集合多种社会力量来共同出谋划策、兼顾大局。在此之前，中国有过许多不同的主张，有的主张全国各职业团体联合起来过问政治，类似于今天的政协会议；也有人根据当时之情况提倡"废止内战大同盟"，用意大致相近。而根据梁漱溟的设想，是将分析认定的解决中国问题的动力给联合起来。"而中国问题的解决，又全在社会中的知识分子与乡村居民，二者以何种方式结合？那自然便是乡村运动了"[2]。通过乡村运动与团体的构建，克服以往的散漫习性，使不同群体深度关联，成为一个有机整体，成为解决中国问题的动力。

3.3 经济的建设

国民自救，迫在眉睫，国际经验多以经济建设优先。"在中国好像顶急的是经济建设，然而非政治问题有相当解决是谈不到的。[2]"梁漱溟认为，中国社会有其独特的发展规律，我国始终是农业经济占主体的地位及农民占人口大多数的现状，使得我们关注由农业引发工业的这种与西方工业化完全不同的道路。我们以往的小农经济经西洋经济的冲击，世界经济的发展使得工业化成为主流，所以梁漱溟提出了"散漫的农民，经知识分子的领导，逐渐联合起来为经济上的自卫与自立；同时从农业引发工业，完成大社会的自给自足，建立社会化的新经济构造"的路线[4]。在农业的发展保障上，又可通过乡村建设研究院、乡村建设委员会、农业改良试验推广机关、农业金融机关等的建设来辅助发展。这也是根本意义上的一个"乡村组织"的一部分。而他后来的教育实践也完全展示了这一设想，并使大家感受到自组织系统在良性运行后乡民们可以体验到的显著进步成果。

4 梁漱溟的乡村建设实践——邹平实验

1929～1937年梁漱溟及山东乡村建设研究院在山东邹平、菏泽和济宁的乡村建设运动—邹平模式，代表着以梁漱溟乡村建设思想与主张为核心的乡村建设派理论。梁漱溟的乡村建设是一个以社会为本位的建设方案。他把中国问题的症结归于文化的衰弱，于是以振兴儒家文化为旨归，达到改良社会的目的。其在邹平的乡村建设的具体组织形式是"政教合一"的乡学村学，这一机构的特殊性表现在：达到领袖与农民的结合，政事与教育的结合，并寓事于学，把人生向上之意蕴含其中[5]。

梁漱溟在开展其村治教育之前，就曾走访过全国各地的乡村建设实验，包括南京晓庄的乡村师范学校，并称陶行知的乡村师范教育实验的内容与活动措对其启发很大。而梁漱溟的乡村教育的实验也很大程度上学习和继承了陶行知的实验思想。当时我国的乡村人口占全国的百分之八十五，城市占百分之十五……然而，在学校的配比上乡村只占百分之十[6]。乡村教育的不发达，可说已到极点，对乡村教育的思考成为梁漱溟关注的重点。1931年，在山东省政府的支持下，在邹平县成立了山东乡村建设研究院，研究院由乡村建设研究部、乡村服务人员训练部和乡村建设实验区组成，分别承担乡建理论研究、乡建干部培训和乡建实验推广工作[7]。以双向推进和全面发展来保障其乡村建设实践的推行。

4.1 邹平实验主要内容及形式

在梁漱溟的实践措施中，首先，设置乡学村学并通过这种形式培养乡民的新政治习惯，训练乡民对团体生活和公共事务的注意力和活动力，全面提高乡民的整体素质。村学的主要工作，一为学校式教育，一为社会式教育。学校式教育的主要课程有识字、唱歌、精神讲话和军事训练。社会式教育涉及的领域几乎覆盖了整个乡村社会，主要内容包括割除鄙风陋俗，创造新文化（如戒毒、禁赌、禁嫖娼、禁缠足、卫生节育、破除迷信、新习惯养成等），兴办各种社会事业，如兴办各种合作社、植树造林、兴修水利、农田改造等[8]。

第二，提倡"团体组织，科学技术"以促兴农业。梁漱溟曾经用"团体组织，科学技术"这八个字来概括邹平的乡村建设运动。他们大力发展乡村合作事业，以培养农民的团体精神；有意识地对农民传授农业技术知识，同时大力推广动植物优良品种，以促进乡村发展。在几年的实验中，他们建立了数百个合作社，其中影响较大的有美棉运销合作社、蚕业产销合作社、林业生产合作社和信用合作社[9]。

第三，建立乡村自卫组织。旨在汇集大家力量，共同维护区域社会的治安，保证乡村建设实验的顺利进行。虽然启发大众力量争取人心所向是这一自治的关键所在，但整个过程仍然以理论超前而现实滞后而效果大打折扣。但其探索的过程中积累了丰富的乡村自治经验，为其他组织及后来的乡建提供了参考。

4.2 邹平实验总结

总体来看，梁漱溟的乡村建设实践是物质与文化相结合，其思想具有很强的民族性与包容性，民族性来自于特定的时代背景与中国传统文化的结合，包容性体现了乡村内部与外部有机而非机械的结合。同时，其文化教育理念与乡村教育方法与对象又充分体现了其前瞻性与民主性。且不论在当时的社会条件下其主张是否适用和与当时的社会矛盾有所偏离，但他主张从根本上找解决问题的出路，也积极鼓励发挥人的自主性，其思考方式与实践精神对现在仍然有较强的启发作用，而他的许多民主思想更是在中华人民共和国成立后的诸多政策中有所体现。

5 探析与回响

梁漱溟对乡村社会了解至深，他知道要想让乡村文化发生改变最重要的是对人的改造。正如晏阳初所说，乡村建设根本的根本就是人的问题，人们要都是自私自利的，国家也绝无复兴的希望[10]。但另一方面，从梁漱溟的整体思想理念来说，经济基础决定上层建筑，首先其对于政治问题优先，政治之上是经济的观念可能不符合当时的境况与需求。其次，对于当时根深于中国的最重要的土地问题他给与的回应仍是建于政治与组织之上，没有能解放最广大人民的生产力，而其后的充满理想化的乡村改良实践在滚滚历史浪潮中仍然如浪花翻跃之后融于大海。

毛主席曾经说过："农村是一个广阔的天地，在那里是可以大有所为的。"21世纪习近平总书记也提出："中国要强农业必须强、中国要富首先农民必须富"、"要看得见山、望得见水、记得住乡愁"。几代领导人都对三农问题关注至深。如今，我国乡村建设历经百年，不断发展，已经成为一个涵盖政治、经济、文化、教育等多层面的综合概念与行为实践。乡建不仅以单一方面为目标，更强调人、强调产业的发展与协调。由梁漱溟的思想与实践可知，片面的治理缺乏生命力，最要紧的是抓住主要矛盾，助力根本问题的解决。而矛盾是在不断变化之中的，党的十八大以后，整个社会组织协调模式由"社会管理"走向"社会治理"，"乡村治理"作为"社会治理"不可或缺的重要一部分，其理论和实践也在不断深入。所有的治理思想和治理理论都有其现实和历史依据，在现有的社会状态下，重温梁漱溟的"乡村治理思想"，可发现它更多适合于政治经济大环境稳定现况下乡村自治的典型，今天的稳定也可给与其更多措施实施与落地的沃土，而他数十年前的实践也为当代“乡村治理”提供了模板，我们可在时代的浪潮中再次听见历史的回响，有利于当代“乡村治理”思想和理论的形成与发展，从而推进整个“社会治理”系统的向前与完善。

参考文献

[1] 王毅．建国初期乡村建设派眼中的“乡村建设运动”[J]．理论视野，2018(06)：65-71+83.

[2] 乡村建设理论[M]．上海人民出版社，2006.

[3] 夏天静．梁漱溟新乡村组织的伦理探析[J]．伦理学研究，2017(05)：50-54.

[4] 赵玉丽．多元现代化理论视角下的梁漱溟乡村建设思想研究[J]．理论月刊，2018(06)：163-168.

[5] 本书编写组．乡土再造-乡村振兴实践与探索[M]．中国建筑工业出版社．

[6] 费孝通．乡土中国[M]．上海人民出版社，2006.

[7] 秦文平．梁漱溟从事邹平乡村建设运动始末(1931-1937)[J]．哈尔滨学院学报，2018，39(02)：108-112.

[8] 周良发．梁漱溟伦理集体主义理论及其实践[J]．青海师范大学学报(哲学社会科学版)，2017，04 (39)：27-32.

[9] 吴洪成，刘梦熙．梁漱溟乡村教育实验中的师范教育：陶行知影响视角分析[J]．湖州师范学院学报，2017，06 (39)：4-12.

[10] 任文洁，樊志民．中西之别：晏阳初与梁漱溟乡村教育差异的本质[J]．世界农业，2018(07)：60-64.

作者简介

毛月，1994 年生，女，土家族，湖南常德人，华中科技大学风景园林专业硕士研究生。研究方向为风景区规划、大地景观与乡村景观规划。电子邮箱：1076947486@qq. com。

齐齐哈尔龙沙公园百年历史变迁研究（1907～2019年）

Study on the 100-year Historical Changes of Qiqihar Longsha Park（1907-2019）

朱冰淼　朱　逊*

摘　要：近代城市公园是一种动态型的城市遗产，本文以齐齐哈尔龙沙公园为例，收集整理相关既往史料，包括报刊、地方志及史料笔记、人物传记、地方丛书等，对比各时期平面图及历史照片，梳理龙沙公园的历史变迁过程，将其分为5个阶段。通过解读历次改造动因，还原史实，力图展现历史的层次在空间中的表现，丰富东北近代城市公园的理论成果。

关键词：近代公园；龙沙公园；历史变迁；分期

Abstract: Modern urban parks are a kind of dynamic urban heritage. This article takes Qiqihar Longsha Park as an example to collect relevant historical materials, including newspapers, local and historical materials, biographies, local books, etc., and compare the plans and historical photos of each period. Combine the historical changes of Longsha Park and divide it into five stages. By interpreting the motivations of previous transformations and restoring historical facts, we try to show the performance of historical levels in space and enrich the theoretical results of modern urban parks in Northeast China.

Keyword: Modern Park; Longsha Park; Historical Change; Staging

中国近代公园历史是城市建设史的重要组成部分。对于近代城市公园的研究颇丰，目前，研究主要集中在上海[1]、广州[2]、天津[3]、北京[4]等文化异质性明显的沿海或内陆地区，学者从某一近代园林的选址、类型、空间、功能、园林现象等问题进行概括性描述。分析园林背后复杂的社会意向，包括阶级冲突、历史背景、民族意识、社会形态等对公园空间环境、社会功能的影响。

龙沙公园位于齐齐哈尔古城西南角（图1），作为中国最早的官办综合性公园之一。齐齐哈尔作为黑龙江行政区的行政中心长达255年，是东北边疆重镇。而后又经历了由边疆首府到非省会城市的近代化历程。龙沙公园始建于1907年，因利用城西广积仓址，故名曰“仓西公园”，1917年改称为龙沙公园[5]。经历了百年变迁总体风貌基本得到保留，具有较高的历史价值。公园建设也在庚子之役，抗日战争，战后重建，改革开放的多重影响下，发生了一系列变化，可分为5个阶段：清末公园建成初期；民国公园修缮时期；殖民公园受损时期；新中国公园扩张时期；新世纪公园整合时期5个历史阶段。分析各阶段营建特点，探究动因，梳理公园变迁发展过程。

图1　清末龙沙公园区位图
（图版来源：齐齐哈尔市规划馆）

1　清末公园建成初期（1907～1916年）

1.1　公园发端：边塞无佳境

1898年，中俄签订《中俄密约》，俄国势力入侵东北；1900年，庚子之役，俄军攻占黑龙江将军驻地齐齐哈尔城，长期占领广积仓；1906年，沙俄政府拟在广积仓官地西侧建领事馆[6]。作为黑龙江首府的齐齐哈尔，开发甚晚，建制亦迟，文化事业较中原落后，加之荒僻苦寒，花草树木甚少，更无楼台亭阁。

1907年，时任清政府最后一任黑龙江巡抚的程德全，“深感龙沙古漠，无骊山秀水供人休闲游览[7]。”遂以边塞无佳境为由，向沙俄索其广积仓东部，命张朝墉设计和监工，创建了全国最早的官办公园。1907年7月27日，“公园将次落成”。[8]因地在仓西，即名仓西公园（又名西花园）。1907年10月5日，“公园定期行落成礼……于上二十八行开园礼并由交涉局电请各驻哈各国领事届期赴公园内筵宴以作纪念云。”[9]创建时面积约两公顷，用银两万两（图2*a*）。

1.2　营建布局：亦中亦西

由于俄、日、中共同执政的复杂局面，中西双方相互影响，体现在龙沙公园的园林设施中。公园四周著土墙，利用自然地势，“薙阜为台，凿池其下，横卧长桥，回栏九曲，适于垂钓。”[10]，形成“一池两山”的格局，园内建有三座园亭，入口景观——龙沙万里亭（图 2*b*）；全园高点——象亭（图 2*c*）；品茗对弈——茅草亭（今遗爱亭），体现了中国古典园林的山水布局和造园要素。公园园西侧有花畦、玻璃温室、动物笼，可以培育花卉、观赏动物，还有花池、花架、喷泉等西方造园要素。同时公园借鉴西方管理方式，允许个人进园经营文娱和服务项目，建设球房、秋千架、皮女棚、酒肆等娱乐设施，为游人提供了休闲活动及饮酒作乐的区域。

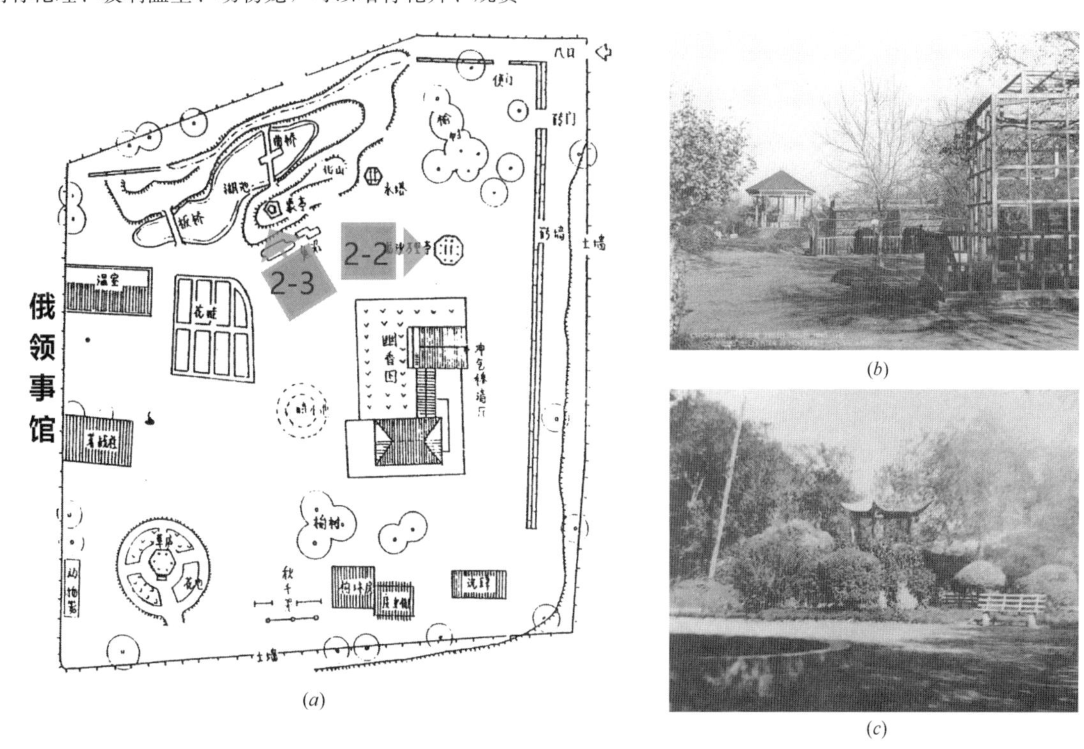

图 2　清末龙沙公园平面图及主要景观图片

（*a*）龙沙公园 1907 年平面图；（*b*）龙沙万里亭（图片来源：网络）；（*c*）象亭

2　民国公园修缮时期（1917～1931 年）

2.1　发展动力：彰显民国政治

1912 年中华民国成立，龙沙公园隶属于黑龙江省警察厅，日常工作由其公园管理处主持。宣扬民主和科学大旗的民国政府，对象征先进制度和文化的公园尤为重视。1917 年，适值仓西公园建成十年，“因年湮日远，兵焚迭遭，亭榭攲仄、池台欲坍、匾额剥堕殆尽。”[10] 龙江省会警察厅厅长杨云峰遵黑龙江巡按使朱庆澜之命，“去土垣以广范围，加木制围栅以示限制。深其沟，俾可纳江水。”[10] 在原有基础上向西南方向扩建，占地面积达 5hm^2（图 3*a*）。黑龙江省会警察厅制定公布《仓西公园规则》，其中对内规章 9 条，游人须知 5 条，收费办法和标准 16 条，成为中国最早有规章制度的公园。公园功能以社会教化为主，多次承办了戏法电影、庙会等活动，是市民间文化娱乐、宗教信仰和饮食文化的集聚地。这一期间，公园还建立了寿公祠、图书馆（图 4*c*），承载了一定的社会文化教育功能。同时亦成为各种社会组织及团体演讲、演出、聚会、募捐的首选之地。

2.2　园林设施：自主整合

公园修缮后，空间层次丰富，功能类型增加，开始形成综合性城市公园的面貌。“将固有亭阁小者扩而大之，斜者纠而正之，矮者增其高，污者垩以白。花木鸟兽各得其所。树铁门于东北，榜其额曰龙沙公园”[10]。从此“仓西公园”改称为“龙沙公园”。公园自主整合功能空间，新增游览建筑：对鸥舫、筹边楼、爱吾庐、林泉乐境、醉翁居、枕流精舍，乾坤一草庐和消遗世虑阁；音乐活动场所：弹嗽斋、凯歌轩和后乐厅。“全园风致，焕然一新。游人来者熙熙、往者攘攘，深受欢迎。”[10]

3　殖民公园受损时期（1932～1944 年）

3.1　建设滞缓：管理无序

1931 年 11 月 19 日，齐齐哈尔被日军攻陷，龙沙公园由市公署的总务科管理。公园建设缓滞，九曲桥废弃，望江楼年久失修，“木不斫，茅不剪，石案两三，可供弈棋。”[11] 服务能力逐渐下降，园中建有茶楼，“丝竹管弦，清香阵阵，皆为日本人所营。”[11] 高尔夫球场、电影院等设施停业，1934 年，日本人在齐齐哈尔建成齐齐哈尔神设，证明其“法统”，强化其实行的“王道政治”，从向官绅开放转为日本军民游乐专场。

3.2　外来移植：巴洛克风格

日伪时期，受巴洛克风格的影响，草坪空间逐渐破碎化，以花坛、喷水池、园林建筑突出节点空间，逐渐呈现以轴线串联空间的规则式布局。园内道路进行拓展，形成规则、对称、布置严谨的园路布局（图 4）。“径皆剪榆为墙，内辟花畦，拱中为四，以异卉组成龙沙公园四字。”[11]增设了模纹花坛、网球场等西方园林要素。原来的池沼改为相扑池，并设高尔夫球场，向游人开放了领事馆区。公园面积达 12hm²。

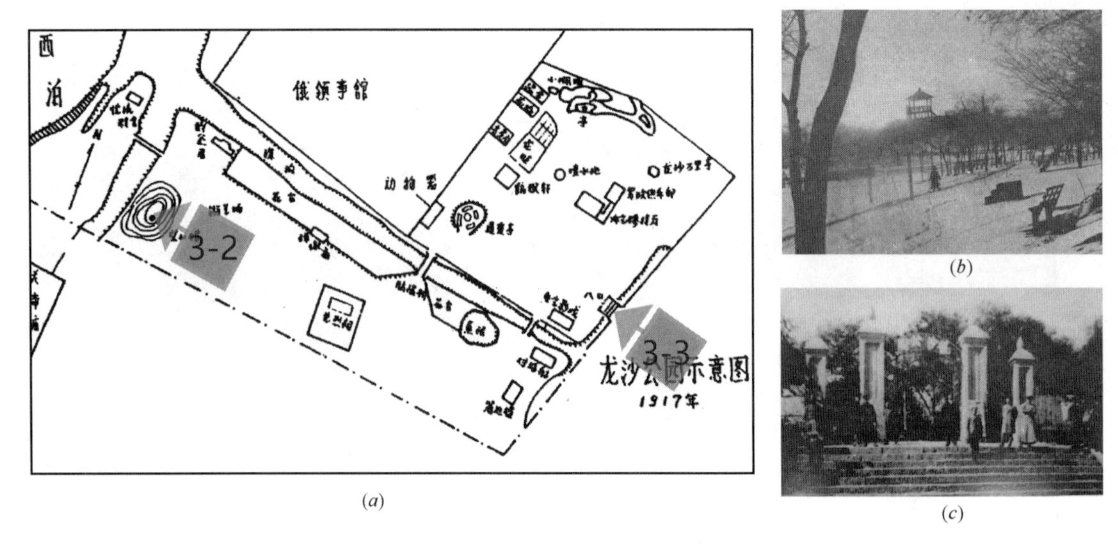

(*a*)

(*b*)

(*c*)

图 3　民国龙沙公园平面图及主要景观图片

（*a*）龙沙公园 1917 年平面图；（*b*）未雨亭（现望江楼）（图片来源：网络）；（*c*）公园正门

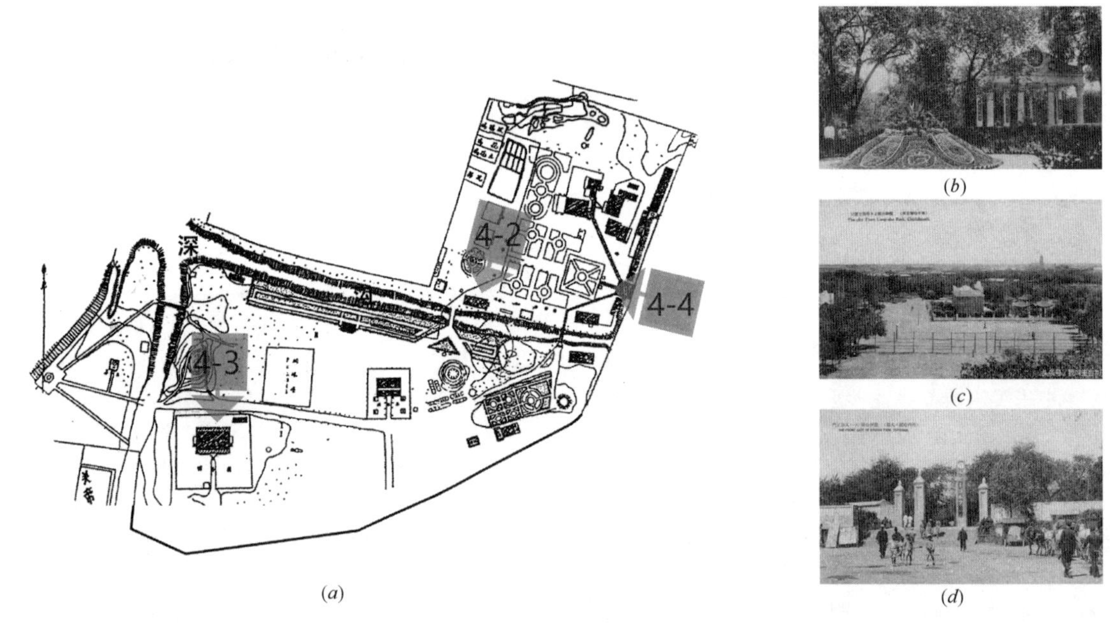

(*a*)

(*b*)

(*c*)

(*d*)

图 4　日伪时期龙沙公园平面图及主要景观图片

（*a*）龙沙公园 1943 年平面图；（*b*）模纹花坛（图片来源：网络）；（*c*）藏书楼（图片来源：网络）；

（*d*）公园一号门（图片来源：网络）

4　中华人民共和国成立后公园扩张时期（1945～2003 年）

4.1　外生机制：国家意志

1945 年 8 月 19 日，齐齐哈尔解放。中国政府采纳了苏联以及东欧国家的理论与实践，将城市建设、规划、管理等纳入了国家严格的管理之中[12]。休憩娱乐成为社会劳动的延伸，政府注重公园内集体性、政治性、规律性的游园活动。市政府将西泊、关帝庙、寿公祠、日本神社、农事试验场土地划入公园范围，面积 87hm² 后，经历“文化大革命”，受到干扰和破坏，面积缩减至现在的 64hm²（图 5*a*）。同时，发动群众路线，动员全市人民挖湖堆山形成了公园现今的“一湖三山”基本的山水格局（图 5*b*）。1948 年，市政府发布《龙沙公园游览规定》12

条；1990 年确立“团结、进取、创美、奉献”的公园精神。

4.2 功能补充：园林科研

中华人民共和国成立后龙沙公园十分注重将宣传教育功能与游憩活动的结合。在此基础上，公园进行了多项动物繁殖与植物扦插的科学实验，园林植物与动物的培育技术得到大幅提升，动物区和温室的建造更新使公园的大众科普功能得到延续（图 5c）。公园按树木的生态习性，成片成行栽种树木。1966 年黑龙江省副省长王光伟来公园推行冻土扦插造林技术[13]。另外，从 1950～1958 年相继修建了熊、野猪、草食动物、狐狸、猛兽、猴、禽鸟舍，并引进动物，形成动物区。1955 年成功繁殖了几十窝东北虎；1980 年首次一胎三仔繁殖貂熊成活；1992 年白头鹤人工孵化及育雏研究成功，2002 年首例驼鹿 F2 代在公园成功繁殖[14]。

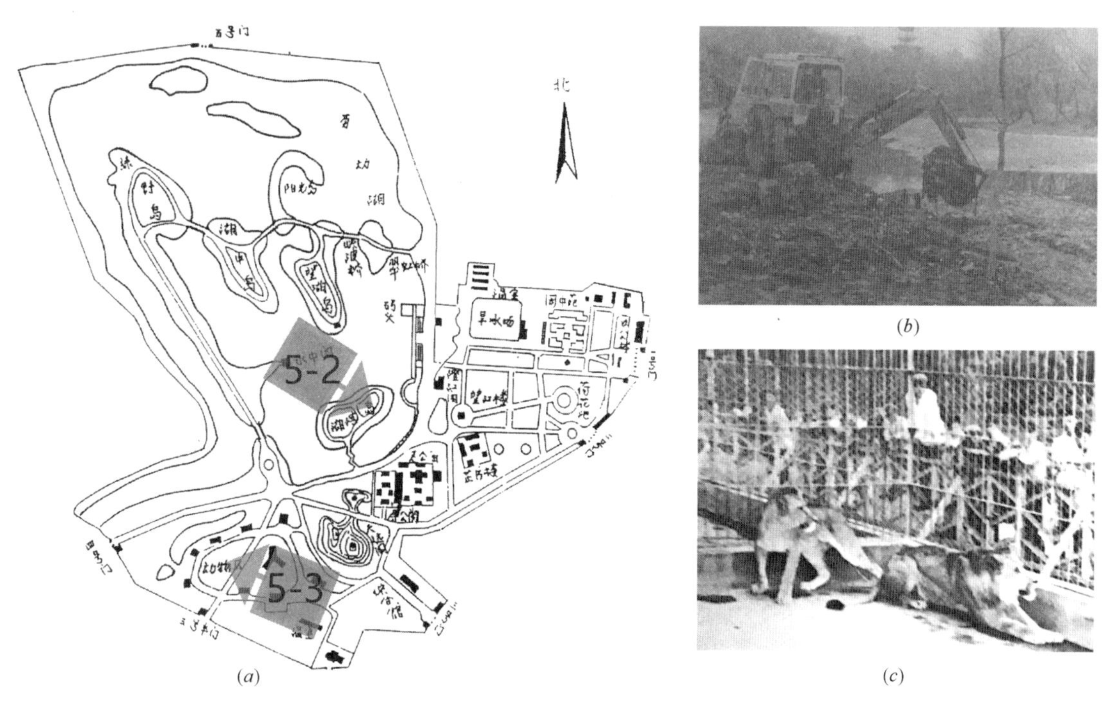

(a)　(b)　(c)

图 5　中华人民共和国成立后龙沙公园平面图及主要景观图片

（a）龙沙公园 1907 年平面图；（b）劳动湖清淤；（c）动物笼

5 新世纪公园整合时期（2004～2019 年）

5.1 整合原因：历史价值认知

21 世纪开始，公园开始注重公众对历史价值的认知，市政府开始筹备国家历史文化名城的申报工作，龙沙公园的复建是其中重要组成部分。2007 年，适值龙沙公园建园 100 周年，市政府将龙沙公园百年庆典列为头等大事，修缮历史遗迹遗爱亭、望江楼、柳荫亭、俄罗斯古亭、和象亭等古建筑，复建了“九曲桥”“碧云阁”，再现历史风貌（图 6）。中国公园协会专家组来到齐齐哈尔举办龙沙公园建园百年研讨会，龙沙公园百年庆典系列活动也逐一展开[15]。公园力图通过利用原沙俄领事馆辟建龙沙公园历史展览馆工作。2011 年晋升为 4A 级旅游景区[16]。

5.2 经济收缩：还绿于民

2004 年公园对广大人民群众免费开放，每年接待游客近 2000 万人次[17]。公园的发展让位于依托望江楼古迹的历史遗产保护与市民休闲娱乐的综合性公园。在资金捉襟见肘的情形下，市政府决定还绿于民，着重树木花草的种植，减少投资，公园游乐设施呈现下降趋势，园内所有游乐项目到期一个取缔一个，园内的近 40 项游乐设施，至 2019 年仅剩 2 项[18]；2013 年，200 多只（头）动物也陆续北迁进新建的龙沙动植物园，空间承载力得到提升。

6 结论

龙沙公园地处东北边陲地区，清朝末年，因体恤民生，边塞无佳境而建；民国时期为社会教化而修缮；日伪日期因管理无序、兵燹战乱而受损；中华人民共和国成立后新世纪功能和风格趋于稳定，最终免费开放，还绿于民（图 7）。龙沙公园的变迁反映了当局者对于公园空间与功能价值判断变化，社会价值与意识形态的转变是公园历次改造的内在驱动力，公园的地理位置在城市中的变化则是公园营建外部客观因素。

回顾龙沙公园兴衰起伏，不难看出，数次曲折演变历程与国家和地方的政治经济背景密切相关。龙沙公园正是中国古典园林败落、近代公园新生，直至社会主义政治与经济条件下新中国园林发展——中国城市公园近代化的绝好写照。

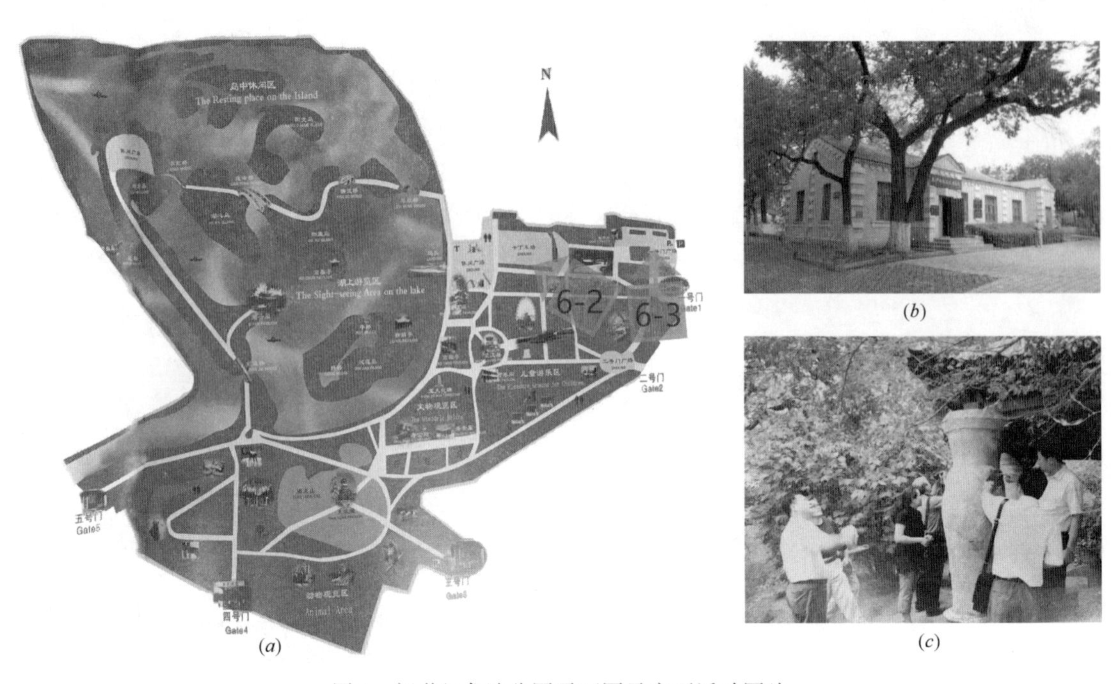

图 6　新世纪龙沙公园平面图及主要活动图片

（*a*）龙沙公园 2019 年平面图；（*b*）龙沙公园历史纪念馆（原沙俄领事馆）；（*c*）象亭修复

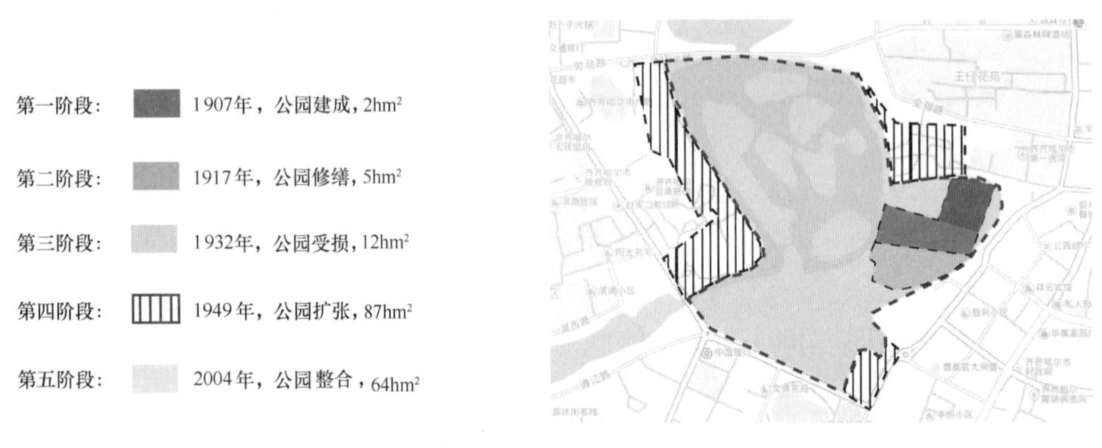

图 7　历史空间层次图

参考文献

[1]　熊月之．晚清上海私园开放与公共空间的拓展[J]．学术月刊，1998(08)：73-81.

[2]　姜振鹏．朱启钤・北京中山公园・中国营造学社[J]．古建园林技术，1999(04)：24-25.

[3]　彭长歆．中国近代公园之始——广州十三行美国花园和英国花园[J]．中国园林，2014，30(05)：108-114.

[4]　张天洁，张晶晶，夏成艳．近代公园遗产的保护与更新探析——以天津中心公园为例[J]．风景园林，2017(10)：101-109.

[5]　魏毓兰．龙城旧闻[M]．黑龙江：黑龙江人民出版社，1986.

[6]　崔杰．《清代戍边将军——程德全传》[M]．哈尔滨：黑龙江教育出版社，2013.

[7]　李兴盛，马秀娟．程德全守江奏稿[M]．黑龙江：黑龙江人民出版社，1999

[8]　公园将次落成[N]．盛京时报，光绪三十三年七月二十七日，第二百六十二号．

[9]　公园定期行落成礼[N]．盛京时报，光绪三十三年九月初六日，第二百九十四号．

[10]　高鳣祥．龙沙公园记//王国君．龙沙公园百年纪念文集[M]. 2007.

[11]　胡容光．龙沙公园游记//王国君．龙沙公园百年纪念文集[M]. 2007.

[12]　刘亦师．社会主义城市休闲空间——建国初北京新公园建设探论[J]．新建筑，2017(06)：35-41.

[13]　齐齐哈尔大事记[M]．齐齐哈尔：齐齐哈尔市档案馆，1984.

[14]　张泰相，魏征一，李俊武．黑龙江纪行[M]．黑龙江：黑龙江人民出版社，1993：255.

[15]　百年龙沙今朝更好看——市建设局副局长周游就龙沙公园

百年庆典活动答记者问[N]. 齐齐哈尔日报，2006-12-18

[16] 龙沙公园晋升国家4A级旅游景区[N]. 齐齐哈尔日报，2011-02-15

[17] 百年古苑敞开怀抱，今朝成为市民乐园[N]. 齐齐哈尔日报，2009-03-11

[18] 龙沙公园40余项游乐设施将拆除[N]. 鹤城晚报，2018-09-27

作者简介

朱冰森，1994年生，女，汉族，哈尔滨人，哈尔滨工业大学建筑学院风景园林专业硕士研究生。研究方向为风景园林历史及理论。电子邮箱：294008311@qq.com。

朱逊，1979年生，女，汉族，哈尔滨人，哈尔滨工业大学建筑学院景观系副教授。研究方向为风景园林规划与设计、风景园林历史及理论。电子邮箱：zhuxun@hit.edu.cn。

上海市城市绿地系统规划70年演变（1949～2019年）[①]

The Evolution of Greenspace Development Planning in Shanghai for 70 Years (1949-2019)

莫　非

摘　要：上海市绿地系统规划受到不同时期国家城市环境建设策略及上海市城市发展定位的影响。通过梳理一手历史档案，说明国家城市环境发展理念及上海城市定位转变对上海市城市绿地系统规划愿景、绿地空间布局的影响。研究表明，中华人民共和国成立初期规划主要服务于生产和生活；大地园林化、绿化祖国、群众绿化等理念直接影响了城市绿化规划；1980年代后城市总体规划下的绿地系统规划，则逐步走向建立兼顾生态和历史多维视角，涵盖市域到区域多重尺度的绿地体系。

关键词：上海；绿地系统规划；城市绿化建设

Abstract: Greenspace system planning of Shanghai is influenced by national urban environment development strategies, as well as city development visions in distinctive periods. Through analysing primary archival documents, this research identifies key influences of evolving national policies and city development goals on visions and green space spatial arrangement in Shanghai. This study discovered that early greenspace planning schemes focused on supporting industry development and improving people's life. The ideas of landscaping all land, greening the country, greening by people significantly changed urban greening planning strategies. After the 1980s, as sections of master plans of Shanghai, green space system planning has evolved to be multiple-functional, with consideration of both ecological and historical aspects. The territory of the green space system is also gradually expanded to cover multiple-scales green spaces, from city to regional levels.

Keyword: Shanghai; Greenspace System Planning; Urban Greening Development

1　1940年代上海城市绿地系统规划的起源

上海自开埠后英、法租界的建立使得城市绿地建设缺乏统一规划，直至1943年租界收回后，全市范围内的绿地系统规划才可以有机会开展。上海1946年成立都市计划委员会，开始制定《大上海都市计划》规划。其中，绿地发展作为一项专题进行研究。在1948年发布的《上海市绿地系统计划初步研究报告》[②]中引入大伦敦规划中将城市进行分区，并通过建立各区的绿地率指标进行绿地建设规划的理念，提出上海市的建成区绿地计划、实施计划、将来计划三项内容。该计划是上海首部体系完整的绿地系统规划。

2　中华人民共和国成立初期以服务生产和改善生活为导向的城市绿化规划

1949年中华人民共和国成立后，政府职能机构发生改变，在大上海都市计划背景下的绿地系统规划并未付诸实践，公园和绿地建设交由上海市园林管理处负责。在中华人民共和国成立之初的最初十年，并未制定绿地系统规划，而是致力于绿地的改造与兴建。其原因在1960年的公园绿地基本建设计划中进行了说明[③]：上海的绿地类型不全，且绿地分布不均，公园和私家花园集中分布在特定区域，如沪西虹桥一带私家花园较多，而在人口高密度的聚居区，如杨浦、普陀等区域，绿地极为缺乏。因此，中华人民共和国成立初期的十年，上海市的绿化建设核心是通过改建和改造各类用地，扩大绿地面积。

2.1　1950年代多种形式的辟地建绿

1951年起，"为生产服务，为劳动人民服务"的方针指引下，将绿地建设与生产和生活服务相结合。通过三种主要途径取得进行公园和绿地建设的用地：改造赌博和娱乐场地、私家花园、垃圾场地和荒地、棚户区、臭水区、街头隙地、空地来建立绿地；搬迁市区公墓，将原公墓改建为公园；开垦农田用作苗圃。通过这一系列的举措，上海市的公园、广场、苗圃的数量和面积都有了显著提升。到1957年底，公园数量由14个增加到39个，面积由988亩增加到2644.6亩，苗圃数量增加到20个5959亩。园林的分布更加均匀，基本每个区都有了公园绿地，特别是在人口聚集的区域辟建了绿地。园林的类型也更加多样，新建了大型的动物园、划船公园、林荫道等。

---

① 基金项目：本论文受上海交通大学2018年上海交通大学新进教师启动计划资助，项目编号AF1500064。

② 上海市都市计划委员会秘书处印，上海市绿地系统计划初步研究报告，中华民国三十七年十月（1948年10月），上海市档案馆，档案编号Q5-3-4316-72。

③ 上海市人民委员会园林管理处，1960年公园绿地基本建设计划草案，上海市档案馆，档案编号B326-4-32

2.2 “大跃进”期间依托群众实现快速绿化

“大跃进”的三年中，上海的园林绿地加速建设，大量植树育苗，新建公园、苗圃，除此以外，鼓励市民创造“群众花园”，将园林体制下放到各区，组织单位进行单位绿化。这一时期的园林绿化建设思路不是制定整体性的绿地系统规划以指导城市园林建设，而是充分发挥各单位、群众的力量加速园林建设。这一时期园林建设由市政府主导转变为多层次多主体的合作建设。1960 年的公园绿地基本建设计划草案提到，仅 1958 年群众建立的各种形式的“群众花园”达到 10400 处，规模较大的 2000 多处。[①] 当时群众成为了造园的主体。

2.3 1960 年代大地园林化背景下的城市绿化规划

在 1960 年代毛主席提出“大地园林化”的号召，上海市园林绿化建设的总方向作出调整。上海市委提出将上海建设成为“世界上最先进、美丽的城市之一”的愿景，园林绿化建设开始制定类似城市绿地系统规划的绿化规划。《1960～1962 年园林绿化规划草案（初稿）》，提出结合旧城改建和卫星城镇建设、结合工农业生产和国防需要，从改变城市面貌和卫生着手进行城市园林建设。不仅要解决市区数百万居民的所需的游息场所，还要保护农业生产，通过园林建设提供居民生活所需的资料以及生产所需的原料。将上海建设成为一个“到处都很美丽，到处都像公园，而且到处都生产极为丰富的花园城市。”[②]

这一规划是 1960 年代初期第一个较为完整的绿地建设规划，从市区到郊区的绿地建设进行了整体性考虑。在上海市人民委员会园林管理处的另一份文书——《1960 年公园绿地基本建设计划草案》中，[③] 提到中华人民共和国成立初期的绿地发展水平较差，所以“根本谈不上什么绿地系统”，可见“绿地系统”这一术语已被认识，只是由于绿地发展不完善而没有使用。

在这一 1960 年代初期的规划方案中，明确提出上海市的绿化发展愿景是要在实现大地园林化的宏观目标指引下，根据上海市的特点，同时进行旧城改造与卫星城镇建设，制定近期、远期建设方案，充分发挥群众力量，结合生产发展园林绿化。投资和建设方式延续了“大跃进”时期的合作制度，市、区、县投资与群众参与相结合的策略。公共绿地建设集中在近郊和郊区的公园和风景区，包括西郊动物园、佘山植物园、龙溧风景区、淀山湖风景区四个大区。改变城市面貌和卫生环境方面主要是对浦东地区的公园进行扩建，浦江两岸进行绿化，在市区大量辟建街头绿地，进行干道绿化，结合工业城镇的建设建造防护林。群众游息方面主要是在建立市级、区级和郊区各县的公园。除此以外，沿海和荒山造林也成为园林绿化的一项重点工作，但是这类造林主要目的是提供木材和绿化郊区环境。

3 1980 年代以来城市总体规划背景下的绿地系统规划

3.1 结合生产绿化上海的城市绿化系统十年规划（1970 年代中期）

1974 年 10 月上海市提出《上海市园林绿化十年（76-85 年）规划设想（草稿）》[④]。该规划提出上海城市绿化的目标是“逐步实现、巩固、恢复、扩大、提高城市绿化，形成有点、有线、有面、点线面结合的绿化系统”。这一“绿化系统”的概念与“绿地系统”类似，是全市范围内的绿地总体发展计划。1975 年 1 月 13 日，周恩来在第四届人大政府工作报告提出，之后的十年，是实现国民经济两步走的关键。第一步是建立较为完整的工业和国民经济体系，第二步是在本世纪内，全面实现工农业、国防和科技的现代化。[⑤] 这一报告提出以后，上海市城市建设局革命委员会发布《关于编制上海城市总体规划的意见》[⑥]，提出要执行“以农业为基础、工业为主导”的发展国民经济的总方针，结合市区改造、近郊工业区和远郊工业城镇建设，将上海建设成为现代化的新型城市。

这一时期的“备荒、备战、为人民”和“绿化祖国”的号召，成为上海制定绿化十年规划设想的宏观指导思想。十年规划目标是：“发动群众，绿化上海，结合生产，美化园林，改善环境，造福人民”。城区绿地建设是工作重点。提出通过依靠群众，保护和扩大城市绿化，实现城市普遍绿化。发动群众进行单位及宅前屋后的城市绿化，努力扩大市区公共绿地面积，包括通过利用道路两旁的用地辟建街头绿地；拆除庭园绿地改建为小游园；结合旧区改造拆迁公园周边的低质量建筑等，扩大公园面积；征用市区墓地辟建苗圃。与城市总体规划思路相呼应，就人防工程提出了具体要求，绿地内的人防施工的需要保证能够恢复绿化，而不是对绿地造成破坏，甚至将绿地挪作他用。

3.2 社会主义现代化城市的城市绿化网络规划

1980 年上海开始编制上海市城市总体规划，并于 1986 年得到国务院批准实施，这是上海历史上首次获得国务院批准的具有法律效力的城市总体规划，标志着上海的城市建设正式进入由总体规划引导城市空间发展的新

① 上海市人民委员会园林管理处，1960 年公园绿地基本建设计划草案，上海市档案馆，档案编号 B326-4-32

② 上海市人民委员会园林管理处，1960～1962 年园林绿化规划草案（初稿），上海市档案馆，档案编号 B326-4-121。

③ 上海市人民委员会园林管理处，1960 年公园绿地基本建设计划草案，上海市档案馆，档案编号 B326-4-32。

④ 上海市人民委员会园林管理处，上海市园林绿化十年（76—85 年）规划设想。

⑤ 周恩来在第四届人大第一次会议上的《政府工作报告》，1975 年 1 月 13 日。

⑥ 上海城市建设局革命委员会，关于编制上海城市总体规划的意见，1975 年 8 月 15 日，上海市档案馆，档案编号 B257-2-1010。

阶段。[①]在此轮规划中，上海市的城市性质有所调整，上海的城市性质被定位为我国的经济中心之一，要发展成为“经济繁荣、科技先进、文化发达、布局合理、建筑协调、设施完善环境整洁的社会主义现代化城市。”[②]

本轮规划并未将绿地系统作为专项规划提出，而是将绿地建设纳入中心城、卫星城镇的环境规划中。在中心城市的建设规划中，通过控制建筑空间组合和层数比例保证必要的绿地空间。在保护历史古迹的规划中，提出要对具有历史价值的历史古迹，如豫园进行保护规划。通过居住区的改造和新建，建设绿化设施，改善居民的生活环境。就绿化单项的发展而言，提出对现有的绿地进行保护和恢复，增建新的绿地，特别是中心城市，通过多种途径增加公共绿地面积。在中心城市的边缘和近郊设立面积较大的公园，而在中心城市以外的城市建设区内，设立间隔绿带，通过设立楔形绿地，与滨河、滨江、林荫道相结合，构成城市绿化网络。

城、新城、中心镇、一般镇构成的市域城镇体系。绿地系统建设以中心城的“环、楔、廊、园”的绿地布局，以及郊区的人造林的建设为重，以提升人均绿地指标和绿化覆盖率。[③]中心城使用在外环线建立外环林带、建立8块楔形绿地增强郊区与市区的绿地系统的联系。沿主要河道布置绿化走廊，按照服务半径均匀布置市、区、街道、小区级的公共绿地。而在郊区地区，重点建设滨海、滨河及主要干道的防护林。在佘山、淀山湖地区建造森林公园。

这一轮的绿地系统规划，全面考虑了上海从市区到郊区的整体绿地格局布局，改善城市整体生态环境成为绿地建设的目标。服务半径概念的引入量化了绿地的均好性分布。延续了上一轮规划中使用楔形绿地联系城市中心区与郊区绿地网络的理念。外环林带和防护林的建设体现出控制城市无序蔓延，进行环境保护的意识。

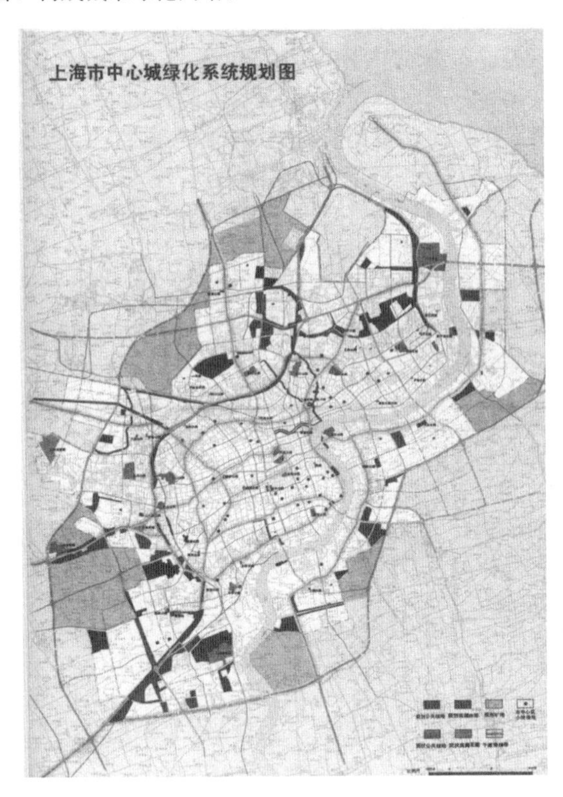

图1　1984年第一轮上海市中心城绿化系统规划图

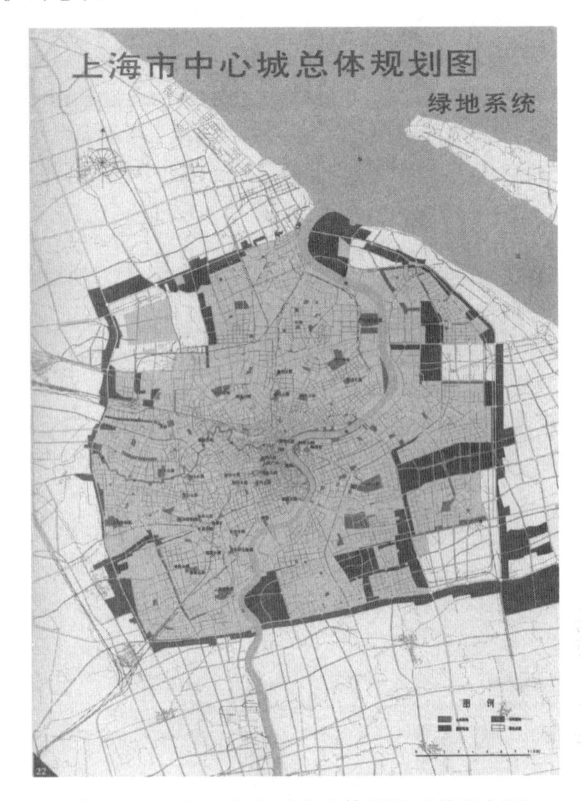

图2　2000年上海市城市总体绿地系统规划图

3.3　社会主义现代化国际大都市的绿地系统规划（2000年）

上海在2000年的重新编制了新一轮的《上海市城市总体规划》，为早日成为社会主义现代化国际大都市，郊区的发展更加得到重视。城市绿地系统作为城市环境建设的重点进行了规划。上海的城市空间布局调整为中心

3.4　迈向卓越的全球城市进程中的生态之城规划（2017～2035年）

在上海市人民政府2018年1月发布的最新一轮《上海市城市总体规划2017～2035年》中，上海市的城市发展定位为“卓越的全球城市和社会主义现代化国际大都市”。[④]为实现这一目标，城市环境建设提出市域的生态用

① 修订《上海市城市总体规划方案》工作有关社会经济发展方面的调研参考提纲，上海市档案馆，档案编号B109-6-288。

② 上海市人民政府办公厅，上海市城市总体规划纲要，1982年6月9日印发，上海市档案馆，档案编号B1-8-324。

③ 上海城市规划设计研究院编著，《上海城市规划演进》，同济大学出版社出版，254-255页。

④ 上海市人民政府，上海市城市总体规划（2017～2035年）报告，2018年1月发布。

地，包含绿化广场用地，占陆域面积60%的规划构想。而上海市在区域尺度的生态环境空间布局规划中，需通过生态环境建设，完善东海海域、环太湖、环淀山湖、环杭州湾等生态区域的保护。从“生态空间”的概念进行空间分区管控，一类、二类生态空间禁止建设区，例如为国家级、市级自然保护区、一类水源保护地等；三类空间为限制建设区，如基本农田、湿地、近郊绿环等。而四类生态空间为城市开发边界内的绿地和水系，如外环绿带，楔形绿地，城市公园、水系等。①

在这一轮的规划中，生态环境建设以充分考虑整体性，将绿地和水系作为生态空间进行管控，并且从宏观区域尺度定位上海市的环境建设目标，严格控制建设的强度，体现出规划思路上以生态修复、保护为主，人工干预性的开发建设为辅的发展思路转变。并且引入多功能开发的理念，以土地利用的多功能性的增强来引导土地综合开发利用。

4 结语

上海市自中华人民共和国成立以来70年的城市绿地系统规划演变，体现了不同时期我国政治、经济和社会发展目标的转变，以及上海市在国家宏观发展战略的指导下，探索自己独特的城市发展定位及环境建设策略的过程。城市绿地建设不可避免地受到当时时代背景的影响，但是上海城市区域内建设密度高、绿地分布不均、人均绿地密度较低的问题，在历次绿地发展规划中均受到关注。这体现出绿地系统规划内在的可持续性。上海市绿地系统规划体现出思路上由微观走向宏观，从市区内的公园改建到区域级的生态环境保护的转变。

作者简介

莫非，1986年生，女，汉族，云南人，英国谢菲尔德大学景观建筑学博士，现任上海交通大学设计学院风景园林系讲师。主要研究方向：上海近现代城市景观演变与保护。电子邮箱：fei_mo@sjtu.edu.cn。

① 上海市人民政府，上海市城市总体规划（2017～2035年）文本，2018年1月发布，36页。

中华人民共和国70年风景园林政策话语研究[①]

A Study of the Discourse of 70 Years of Landscape Architecture Policy in The People's Republic of China

何梦瑶　赵纪军*

摘　要： 中国风景园林事业的发展已走过近70年的岁月，其中政策引领及相应的话语引导有着举足轻重的作用，而在新近的"美丽中国"的时代愿景与奋斗目标下，我国风景园林事业可谓持续开拓、继往开来。本文回顾中华人民共和国成立以来与风景园林领域相关的大政方针、行业政策，从环境意识、传统承继、园林营造、绿化建设、生态观念、城乡发展等几个方面梳理相关内容，研究其历史运动轨迹及发展演变规律，探寻其与风景园林事业相互影响的机制及其所反映出的风景园林建设与管理上的转变，最后总结其对风景园林发展的时代启示。

关键词： 风景园林；中华人民共和国；政策；话语

Abstract: The development of landscape architecture in China has been of a history of nearly 70 years, in which policy guidance and discourse direction have played a decisive role. Under the new vision and goal of "Beautiful China" in the new era, China's landscape architecture can be described as carrying forward the tradition and opening up the future persistently. This article reviews the major policies and industry policies related to the landscape architecture field since the founding of The People's Republic of China, and combs relevant content from the aspects of environmental awareness, traditional inheritance, garden construction, greening construction, ecological concept, urban and rural development, etc., studies its historical development and its evolvement rule, explores the mechanism of its interaction with landscape architecture and the transformation of landscape architecture construction and management, and finally summarizes its contemporary inspiration on the development of landscape architecture.

Keyword: Landscape Architecture; The People's Republic of China; Policy; Discourse

中华人民共和国成立后，我国园林绿化事业逐步恢复、探索前进，历经"大跃进"的自主开拓及"文革"时期的破坏与倒退，又在"文革"结束之后开启风景园林事业的新篇章。我国风景园林事业朝着"现代化"方向前进的同时，在传统园林积蕴、沉淀之下持续着中国特色园林道路的探索。随着新千年的到来，中国风景园林事业在环境生态理念、生态文明建设思想的指引下向着更宽阔的视野格局发展。新的生态思想与我国渊博的传统园林文化紧密交融、相互辉映，中国现代风景园林事业呈现出崭新、朝气蓬勃的面貌。

从全国人民代表大会，至地方机构、社会宣传组织等，各机构发布的与风景园林相关的政策话语涵盖了环境卫生、园林营造、绿化建设、城乡发展、生态保护等与人居环境相关的各个层面。一方面，这体现了政府组织、社会群体对于风景园林事业的认可，以及进一步规范；另一方面，体现出社会发展过程中对风景园林的需求。相应的，涉及到园林绿化管理的机构，由在1979年成立的"国家城市建设总局"向"城乡建设环境保护部""建设部""住房和城乡建设部"过渡；在2018年的国务院机构改革中，城乡规划管理职责被整合，成立"自然资源部"，自然保护区、风景名胜区、自然遗产、地质公园等管理职责被整合，成立副部级"国家林业和草原局"，附挂"国家公园管理局"名牌。在向着"山水林田湖"格局下的国土自然资源保护方向的发展中，管理机构职能定位的历史性转变预示着风景园林事业发展的新蓝图。风景园林的管理体系仍然在积极转变的道路上探索着发展，由于长期以来对风景园林管理问题的研究一直滞后于风景园林事业的发展，迫切需要加强研究，以提高管理水平，增强自觉性，减少盲目性[1]。本文旨在追溯中华人民共和国成立70年以来的新园林之路，梳理、分析、阐释70年来与风景园林相关的法律、行政法规、部门规章、部门规范性文件以及政府组织之外的社会主体在公共政策话语活动中的言说，探讨政策话语指引下我国风景园林事业发展的历史运动轨迹，以落实发展，并启迪前路。

1　从爱国卫生运动到"大健康"理念

爱国卫生运动作为一项具有中国特色的卫生工作方式，在保家卫国的浪潮下，得到人民群众和政府的广泛拥护，是激发集体环境意识的最初载体，在环境卫生、人居环境质量、人民群众健康等方面发挥着基础而重要的作用。早在1933年的《长冈乡调查》一文中，毛泽东就强调"减少疾病以至消灭疾病，是每个乡苏维埃的责任"，卫生防病工作是革命时期的大事；1952年第二届全国卫

① 基金项目：国家自然科学基金项目（编号51578257）资助。

生会议中毛泽东号召："动员起来，讲究卫生，减少疾病，提高健康水平，粉碎敌人的细菌战争[2]"；在《1956～1967年全国农业发展纲要》的提出到两次补充修订下，"消灭各种危害人民健康的疾病和消灭老鼠、麻雀、苍蝇、蚊子""积极开展群众的经常性的爱国卫生运动，养成人人讲卫生、家家爱清洁的良好习惯"、"消灭疾病，人人振奋，移风易俗，改造国家[3]"的号召和目标表明，在除"四害"运动背景下的卫生运动由个人、家庭上升到国家；1960年，《关于卫生工作的指示》中提出著名的口号："以卫生为光荣，以不卫生为耻辱[2]"，由疾病问题引发的卫生清洁工作是爱国卫生运动最初的内容。随着国民经济发展困难的出现以及1966年文化大革命的开展，导致卫生防保工作停滞。由此而造成的城乡卫生面貌恶化、疫情回升等问题使爱国卫生运动在指示下继续开展，并在农村"两管、五改"（即管水、管粪，改水井、改厕所、改畜圈、改炉灶、改造环境）的号召下开始新的"技术性"突破。

1978年4月，国务院发出《关于坚持开展爱国卫生运动的通知》。同年举办的爱国卫生运动现场经验交流会议中，"人民城市人民建""门前三包"（卫生、秩序、绿化）等对策得到推广[4]。改革开放背景下的爱国卫生运动迎来了新的发展契机，向着与绿化相关的环境美化目标进一步拓展。1981群众团体联合发出《关于开展文明礼貌活动的倡议》，爱国卫生运动成为社会主义精神文明建设下"五讲四美"口号中"讲卫生"部分的突破口。随之而来，"文明城市""卫生城市"等新型城市符号的创建开始成为新时期爱国卫生运动的重要落脚点[5]。1989年国务院发布《关于加强爱国卫生工作的决定》，"卫生整洁、优美舒适的环境"被明确指出，"2000年人人享有卫生保健"的战略目标推动卫生运动进一步发展。从1982年爱国卫生运动委员会召开的"无鼠害海港鉴定会"开始，到2010年、2014年《国家卫生城市标准》正式发布与修订，卫生工作的内容和内涵在"创卫"活动的阶段发展中不断提升，由改革开放前的治理有害生物达标，扩展到"创卫"号召中市容市貌、健康教育、环境保护、公共场所、生活饮水卫生等众多方面。

在《关于加强爱国卫生工作的决定》（1989年）的基础上，时隔25年，爱国卫生工作在2014年12月国务院发布的《关于进一步加强新时期爱国卫生工作的意见》中翻开了新的篇章。新时期的爱国卫生工作被指出是"坚持以人为本、解决当前影响人民群众，健康突出问题的有效途径，是改善环境、加强生态文明建设的重要内容，是建设健康，中国、全面建成小康社会的必然要求。"在健康的良好环境、群众文明卫生素质、社会卫生综合治理、爱国卫生工作水平四个领域的强调下，健康步道、健康主题公园、健康城市等建设形式被提出，"健康"的理念在卫生工作的加强中开始进一步酝酿。2016年8月，党中央、国务院召开全国卫生与健康大会，"大健康"理念的明确，使爱国卫生运动正式成为卫生与健康发展理念重要的发展载体。一方面，会议中习近平总书记提出的健康生活、健康服务、健康保障、健康环境、健康产业下的"健康中国"建设拓展了卫生运动的深度和维度，促进中国特色卫生与健康发展道路的形成。另一方面，在"大健康"理念下，靠社会整体联动的"大处方"，实现从"以治病为中心"向"以健康为中心"转变，从注重"治已病"向注重"治未病"转变的思想，促使爱国卫生运动从"环境治理"向"环境保护"，并延伸为全社会的共识和自觉行动。习近平指出："良好的生态环境是人类生存与健康的基础。要按照绿色发展理念，实行最严格的生态环境保护制度，建立健全环境与健康监测、调查、风险评估制度，重点抓好空气、土壤、水污染的防治，加快推进国土绿化，切实解决影响人民群众健康的突出环境问题。[6]"

有着漫长进程的爱国卫生运动，工作重心从粉碎细菌战；到消灭疾病、除"四害"、农村"两管五改"；再到"创卫"；直至转向建设"健康中国"的远大目标。其对人居环境中整洁卫生、优美舒适的关注也转变为对"大健康"目标下，对良好生态环境的追求。

2 园林"传统"承继与"现代"新潮

自沦为半封建半殖民地的国家到中华人民共和国成立的漫长征途以来，民族力量凝聚下的求新发展的意志始终在寻求国家独立的道路中无数次闪耀。在外来文化的冲击之下，坚守和融合形成中国特色发展道路是中华人民共和国成立的精神力量，"传统"与"现代"的互动是中华人民共和国崛起道路上继承与发展的重要方面，在园林营造上显示出了深厚的渊源及无限的潜力。

1925年斯大林对苏联文学艺术创作提出"社会主义内容、民族形式"的方针，用以反对被视为腐朽、没落的西方资本主义国家的结构主义、立体主义、印象主义等思潮[7]。重视本土文化的创作理论在20世纪50年代初"一边倒"学习苏联时传入中国，"传统"与"现代"的探寻之路也从"民族形式"旧内容与"社会主义"新内容开始。与苏联提出的方针相对应，1958年建设国庆"十大工程"之际，由梁思成先生提出的"中而新"设计思想展开了自主探索中国文化的道路。上升到本国文化的高度，"中而新"是指设计既要体现中国文化的特色，又要表达新时代的精神，实际上说的是"传统"与"现代"的关系[7]。"传统"与"现代"的互动在风景园林领域具有丰厚的传统文化积蕴以及多角度、多维度的发展前景，是中国园林难能可贵的延续以及创新思路。

2.1 "古为今用，洋为中用"批示下的"本土"与"外来"

1964年，毛泽东在对中央音乐学院的意见中作了如下批示："古为今用，洋为中用"，并在之后扩展到整个文化科学界。"古为今用，洋为中用"的基本原则是，以今为主，弘扬传统；以我为主，借鉴他人；以我国现实发展的实际需要为主，以我国特有的社会制度的规范要求为主，把传统的优秀文化遗产和国外的先进科学文化技术，融合到我们既已形成的有关体系中，形成不断发展的、创新的、符合时代潮流的相关科学文化研究运用体系[8]。"古为今用，洋为中用"的口号表明了传统园林与外来园林的借鉴意义，强调通过传统园林文化发展现代园林，融入外来技术建设中国园林。“薄古厚今、薄外厚中”的鲜明态度表明了发展现代园林，树立中国园林自信的重要性。

2.2 “两条腿走路”方针下的“中”与“新”

“两条腿走路”的方针原是1958年中共八届六中全会公报中提出的“工业和农业同时并举的方针，中央工业和地方工业同时并举的方针，大型企业和中小型企业同时并举的方针，洋法生产和土法生产同时并举的方针，工业方面集中领导和在工业方面大搞群众运动相结合的方针”。“两条腿走路”的方针本质上是力图缩小城乡差别、实现社会平等、谋求大众福利。对于园林绿化建设来说，它暗示了“中而新”的发展模式。因为乡村可以代表“中”——社会主义在中国这个农业大国的胜利是以“农村包围城市”为特色的；而城市可以代表“新”，从上述方针的内容中提到在城市里发展“洋法生产”即可见一斑[7]。农村与城市的关系始终是社会发展中不断平衡的话题，在新的社会变革“城乡发展一体化”“新型城镇化协调发展”中，“中而新”的内涵不断地得到拓展。“中”在急剧城镇化进程中凸显为村庄原始风貌、自然的山水脉络、“乡愁”凝练出的文化、自然与文化遗产保护下的“历史文化名村”等民族特色；“新”则可以拓展为城市建设中经济、社会、文化、生态、空间、政策等各个方面。另外，“社会主义新农村”的提出也体现出乡村“新”的发展思路与面貌。

2.3 “破四旧”浪潮下的“旧”与“新”

1966年6月1日，人民日报刊载了《横扫一切牛鬼蛇神》的社论，声言：“无产阶级文化大革命，是要翻底破除几千年来一切剥削阶级所造成的毒害人民的旧思想、旧文化、旧风俗、旧习惯，在广大人民群众中，创造和形成崭新的无产阶级新思想、新文化、新风俗、新习惯。[8]”1965年6月，建工部召开了第五次城市建设工作会议，会议纪要传达了类似的革命信号：“公园绿地是群众游览休息的场所，也是进行社会主义教育的场所，必须贯彻党的阶级路线，兴无灭资，反对复古主义，要更好地为无产阶级政治服务，为生产、为广大劳动人民服务。[9]”在“文化大革命”的政治背景之下，有着环境美化、休闲游乐功能的园林被视为“封资修大染缸”，园林绿化中一切不符合“无产阶级世界观”的部分被加以批判、破坏。除了“取消盆花和庭院工作革命化”“砸烂盆花闹革命”等口号中的盆花，名胜景点、文物古迹等传统园林形态也被视为“旧”的部分；而“园林绿化结合生产”、表达革命理想的“红色园林”命名则被视为“立新”的手段。

2.4 1950年代“传统”“现代”政策话语的回溯

国家建委在1978年12月4～10日在济南市召开的“全国城市园林绿化工作会议”上提出：“园林艺术必须为社会主义事业服务，为广大群众喜闻乐见。要认真贯彻‘百花齐放、百家争鸣’‘古为今用、洋为中用’的方针，认真研究继承我国优秀的园林艺术遗产，发扬民族优良传统，同时要吸收国外园林艺术成就，努力创造具有民族形式、社会主义内容的园林艺术新风格。”这实际上延续了1950年代的诸多政策与思想。1970年代末开始出现、1980年代确立的风景名胜区政策也正契合这种号召，一种具有“风景”传承意义的新园林形态得以创造。

1990年代初钱学森先生提出的“山水城市”构想，是这种政策背景与导向下的思想结晶，第一次将“山水城市”这个带有中国传统园林意味的现代城市概念从孕育阶段加以提炼：“能不能把中国的山水诗词中国古典园林建筑和中国的山水画融合在起，创立‘山水城市’的概念，人离开自然又要返回自然。社会主义的中国，能建造山水城市式的居民区。[10]”“山水”意境的丰裕之下，中国园林、山水画等传统艺术为城市理念的发展拓展了更多与生态环境、历史背景和文化脉络相关的内涵。“山水城市”理念中对自然山水处理的重视、对人心理的关怀以及对生态理念的运用，既是传统园林思想中的自然山水观、意境审美、天人合一理念的延续，又是“中外文化的有机结合，是城市园林与城市森林的结合[11]”，是一种新的城市学观念，具有时代意义。在“山水城市”理念的发展初期，更多的是行业领域的推动，2011年举办的中国山水城市发展论坛探讨了“山水城市”的发展形势、建设理念和建设标准。政策话语层面则以与城市建设相关的宣传口号的形式，或者是依托于水利风景区的宣传与建设出现在大众视野。与园林营造中“传统”与“现代”手法交融所不同的是，“山水城市”的口号从城市建设的层面对传统园林思想进行回望与融合，进一步拓展了中国传统园林的影响力。

3 “绿化”与“园林化”视野的拓展

“绿化”的概念起初在1952年由苏联引入，在“绿化”活动的阐释与实践中，植树造林、乡村绿化、城市绿化、园林化、绿地系统等绿化形式在本土探索中拓展外来词汇“绿化”的视野，“园林化”向着综合性的“园林”观念回归，“绿地系统”向更加科学的层面演进。

在第一个五年计划的政治环境下，1955年底的《一九五六到一九六七年全国农业发展纲要》中形成了口号式的绿化目标——“四旁绿化”，即在宅旁、村旁、路旁、水旁有计划地种起树来。尽管有着“绿化”的积极目标，但“四旁”的描述和限定暗含着绿化并非是一种“有计划经营景观、塑造空间的实践”，而是“对建成环境进行填补剩余空间的后续手段[12]”。1956年《人民日报》发布的关于“绿化祖国”的社论中提出：森林是国家最贵重的资源之一……必须在全国范围内，开展一个大规模的绿化运动，争取在12年的时间内，消灭一切可能消灭的荒山荒地[13]。作为一个关于植树造林的大政方针，“绿化祖国”的提出将植树造林运动的范围从“四旁”拓宽到“祖国”的格局，并且体现了对农业发展的关怀[14]。

1957年10月，《全国农业发展纲要》的发表拉开了农业“大跃进”的序幕，“大地园林化”的号召开始使绿化建设向着回溯传统园林文化内涵。毛泽东在1958年8月召开的中共中央政治局北戴河扩大会议上正式做出了“园林化”的要求：“要使我们祖国的山河全部绿化起来，要达到园林化，到处都很美丽……到处像公园，做到这样，就达到共产主义的要求。农村、城市统统要园林化，好像一个个花园一样，都是颐和园、中山公园。[12]”当年12月，《关于人民公社若干问题的决议》第一次以中央文件的形式完整地发出了“大地园林化”的号召：应当争取在若干年内，根据地方条件，把现有种农作物的耕地面积逐步缩减到例如三分之一左右，而以其余的一部分土地实行轮休，种牧草、肥田草，另一部分土地植树造林。挖湖蓄水，在平地、山上和水面都可以大种其万紫千红的观赏植物，实行大地园林化[15]。“大地园林化”不仅是共产主义宏伟蓝图的一部分，具有强烈的浪漫主义色彩，它也是具有中国特色的“园林”愿景，有着延续传统园林文化的意义。

从1958年建筑工程部召开第一次全国城市园林绿化工作会议开始，逐渐出现“把城市建设成一个美丽的大花园”“能更好、更快地实现城市园林化”等号召[16]，“城市园林化”的口号性目标将“大地园林化”的美好愿景进一步落实表达，但也反映出“大地园林化”在城市绿化建设上的局限。1963年3月，建筑工程部发布了《关于城市园林绿化工作的若干规定》，第一次明确规定了城市园林绿化的范围，并使绿化工作上升到条法地位。国务院于1992年6月颁发的《城市绿化条例》是我国首部城市绿化行政法规。在政策完善下，绿化事业在“城市园林化”的方向上稳步前进。2002年10月《城市绿地系统规划编制纲要（试行）》的发布，使城市绿化建设进入了崭新阶段。城乡一体化的“绿地系统”进一步拓展“城市园林化”的范围，城市绿地以一种基础设施的面貌成为发展的基底[17]。“公园绿地”以重要的绿地分类形式成为系统化的城市绿地规划的一部分，制度化和规范化的“城市绿地系统规划”将“植树绿化”实践提升到“园林化”的境界。

4 生态观念与园林形态多样化

1987年，由国务院环委会发布的第一部关于自然保护的宏观指导性文件《中国自然保护纲要》将生态系统和物种保护的生态理念引入规范管理层面[18]。1991年“八五”计划纲要中，将保护耕地、计划生育和环境保护共同列为我国的三项基本国策；“九五”以来，坚持“生态保护与生态建设并举”、“污染防治与生态保护并重”的方针，生态环境保护在国家建设中逐渐扎稳脚步。生态理念的引入与提升，拓展了风景园林发展方向的深度与广度。此后，自1991年国家环保局向GEF申请“中国生物多样性保护行动计划”编制项目以来，生物多样性的保护从基础工作开始，上升到制定一系列有利于保护和可持续利用生物多样性的方针。例如1994年完成的《中国生物多样性保护行动计划》。“生物多样性”概念从提出到具体对策的落实，在“生态系统”的层面，提升了我国物种资源的认知水平与保护利用程度。环境保护也找到了对接生态理念的突破口。同时，城市绿地系统规划、风景名胜区体系建设等园林实践也积极融入生物多样性的保护规划，生态系统保护的观念在园林建设中真正得到落实与发展。

在生态观念的滋养下，自然资源在社会发展中的地位愈发重要，保护与利用的协调成为环境工作的重心。在2017年发布的《城市绿地分类标准》中，风景名胜区、森林公园、湿地公园、郊野公园等一些公园形态逐渐从其他绿地的笼统概括中脱身成为区域绿地类别中的小类，城市建设用地之外的自然生态空间在系统规划中明确了多样化的园林形态。

4.1 天然的生态系统——自然保护区的确立

从1956年我国建立第一个自然保护区——广东肇庆鼎湖山自然保护区开始，自然保护区事业在环境问题日益严峻的情况下快速发展。但1985年7月林业部公布《森林和野生动物类型自然保护区管理办法》后，才正式拉开自然保护区管理的序幕。1991年3月国家环保局对新建国家级自然保护区申报、审批程序以及复评做出规定。1994年《中华人民共和国自然保护区条例》正式发布，将自然保护区重新定义为：“对有代表性的自然生态系统、珍稀濒危野生动植物物种的天然集中分布区、有特殊意义的自然遗迹等保护对象所在的陆地、陆地水体或者海域，依法划出一定面积予以特殊保护和管理的区域[19]”，保护和管理工作成为自然保护区工作的核心。在1997年国家环境保护总局发布的《中国自然保护区发展规划纲要（1996～2010年）》中，根据我国国土空间格局和自然资源特征，将自然保护区分为分区规划、分类规划。在2011年发布的《条例》修订版本中，增加了自然保护区的建设、管理以及法律责任等内容。根据影响力和研究价值将其划分为国家级自然保护区和地方级自然保护区，同时对核心区、缓冲区和实验区进行不同程度的活动限定。自然保护区的法规体系经过30多年的完善，由初步的管理规范上升到建设和保护相结合的科学指导。

4.2 具有自然文化遗产属性的游览地——风景名胜区的落实

人文与自然相交融的风景名胜资源在我国幅员辽阔的土壤上、源远流长的历史长河中熠熠生辉。从1960年代开始，风景区便以“具有天然优美的景色，面积较大，可供人们游览活动或修养、疗养的地区以及具有名胜古迹的地方[16]”的概念进入园林建设的视野，在百废待兴文化大革命末期进行探索。1970年代末，在依托城市建设、园林绿化工作的规范性文件中，要加强名胜、古迹和风景名胜区的管理，建立全国风景名胜区体系，进行分级管理的号召被提出。1981年，国务院批转《关于加强风景名胜区保护管理工作的报告》，明确了风景名胜区工作的方针政策。1982年国务院审定公布了第一批国家重点风景名胜区，这一时期也是风景名胜区制度的正式确立的历史节点。第一部关于风景名胜区管理工作的法规《风景名胜区管理暂行条例实施办法》于1985年发布，对风景名胜资源的保护、风景名胜区的规划建设和管理作了原则性规定。

在对风景名胜区管理工作做出初步规定后，1980年代末期和1990年代迎来了进一步巩固发展。一系列加强风景名胜区资源管理、建设管理、卫生管理等方面的规范性文件不断对风景名胜区工作补充完善。建设部于1994年发布的《中国风景名胜区形势与展望》绿皮书作为阐述我国风景名胜区事业方针政策的纲领性文件，从风景名胜区事业的回顾、定位以及展望上将其推向了新的发展。绿皮书对风景名胜区事业十五年发展的回顾，提出“当前形势，相当严峻”的喟叹。同时在“国家社会公益事业”性质的明确中，风景名胜区的英文名被确定为National Park of China，表达了与国际上“国家公园”相对应并具有中国特色的风景名胜区思想[20]。自此，2006年国务院发布的《风景名胜区条例》，住房和城乡建设部分别于2008年和2012年发布的《风景名胜区分类标准》、《中国风景名胜区形势与展望》（1982～2012年）等文件使风景名胜区事业的体系建设之路走向成熟和稳定。

4.3 森林资源的专项保护与利用地——森林公园的建设

1994年颁布的《森林公关管理办法》将森林公园定义为“森林景观优美，自然景观和人文景物集中，具有一定规模，可供人们游览、休息或进行科学、文化、教育活动的场所”，并依据森林景观、人文景物、观赏、旅游服务设施以及知名度等因素将森林公园按照国家、省、市三级的进行分类管理。2011年公布的《国家级森林公园管理办法》中，第五条明确森林公园的主题功能是“保护森林风景资源和生物多样性、普及生态文化知识、开展森林生态旅游”，并且强调自然特性、文化内涵、地方特色是国家森林公园建设中需要重视的方面。森林公园在管理经验的丰富、生态观念的孕育下，对“保护”、“生态”方面的内容更加强调，同时也对森林公园的地域性特色发展有所关注。在“地方特色”的强调之下，于2018年颁布的《宁夏回族自治区森林公园管理办法》在管理机制、运营投入、资源保护、总体规划方面有进一步的规定，开始了地方政府因地制宜地制定森林公园管理规范的自主探索步伐。

4.4 城市建设用地之外的自然天地——郊野公园的发展

20世纪70年代起，为缓解城市急剧扩张对农业用地的蚕食，香港于1976年制定《郊野公园条例》，其中明确：“郊野公园一般系指远离市中心区的相关法规和实践对郊野山林绿化地带，开辟公园的目的是为广大市民提供一个回归和欣赏大自然广阔天地和游玩的好去处。”2000年以来，北京、深圳、南京、天津等城市在关注城市发展和生态环境维护的需求下开始了借鉴香港郊野公园的模式，在城市边缘地带规划和建设了一批郊野公园，郊野公园的发展也迈向了由实践推动规划编制、法规管理的成长之路[21]。2002年发布的《城市绿小类地分类标准》中，郊野公园被归属为其他绿地中的一种公园形态，将郊野公园的内容与范围概括为“对城市生态环境质量、居民休闲生活、城市景观和生物多样性保护有直接影响的绿地”。2017年的《标准》中郊野公园被列为城市建设用地之外的区域绿地中的组成，内容定义为“位于城区边缘，有一定规模、以郊野自然景观为主，具有亲近自然、游憩休闲、科普教育等功能，具备必要服务设施的绿地”。技术标准中郊野公园概念的变化，表明了郊野公园的定位由对生态环境影响的关注转向对休闲服务功能的重视。同时，郊野公园在城市总体规划中开始作为专项规划进行系统地发展。《北京城市总体规划（2016～2035年）》中提出建设“郊野公园环”；《上海市城市总体规划（2017～2035年）》中提出“推进重要节点郊野公园（区域公园）建设”；郑州于2018年3月开始开展《郑州市郊野公园专项规划（2018～2035年）》编制工作。随着城市居民对于自然天地的需求日益提升，郊野公园这种园林形态在绿地分类标准中得到确定，在地方规划中得到强调，但专门针对郊野公园建设的规范性文件还有所欠缺。

4.5 城市生态系统中湿地资源保护的载体-——湿地公园的涌现

由于气候异常、生态环境遭受破坏，1998年特大洪水暴发，江泽民在《发扬抗洪精神，重建家园，发展经济》的讲话中强调：“搞好水利建设，是关系中华民族生存和发展的长远大计”。由国务院提出的32字措施中，“平垸行洪、退田还湖”吹响了湿地保护的号角[22]。自此，一系列政策号召的发布使“湿地保护”的口号振聋发聩。其中，2000年林业局颁布的《中国湿地保护行动计划》说明了湿地的保护和利用的现状、存在的问题、意义以及指导思想和目标，正式开始了湿地保护的拉锯战。“我国湿地保护面临着严峻挑战。由于围湖造田、围海造地、滩涂开垦等，我国天然湿地日益减少。随着工业发展，大量污水涌入湿地，造成大批植被和水生生物死亡。加强湿地保护刻不容缓。[23]”2002年3月江泽民在中央人口资源环境工作座谈会上的讲话再次敲响了湿地保护的警钟。在持续了7年的全国湿地资源调查工作完成后，第一部湿地保护的规范性文件——《全国湿地保护工程规划（2004～2030年）》于2004年正式公布。国务院于2004年发布的《关于加强湿地保护管理的通知》又将湿地生态系统纳入了国家生态安全体系，并强调通过建立湿地保护区、湿地保护小区以及湿地公园的形式推进自然湿地的抢救性保护。湿地保护逐渐进入规范性管理阶段，湿地公园的重要性也开始在城市绿化建设中展现。

2005年2月，建设部发布的《国家城市湿地公园管理办法（试行）》，正式将“国家湿地公园”定义为“纳入城市绿地系统规划的适宜作为公园的天然湿地类型，通过合理的保护利用，形成保护、科普、休闲等功能于一体的公园[24]”，并对国家湿地公园的申报条件、流程以及保护、利用和管理工作做出了初步规定。建设部于2005年6月发布的《城市湿地公园规划设计导则（试行）》，对“城市湿地公园”的基本概念、设计原则、设计程序、设计内容、规划成果做出指示。经过十多年的发展，2017年10月修订的《导则》在城市湿地公园设计的科学性和规范性层面上又有所提升，强调湿地保护的重要性。新的《导则》从总体设计、栖息地设计、水系设计、竖向设计、种植设计等8个方面对设计内容进行系统性优化，并将城市湿地公园被定义为“在城市规划区范围内，以保护城市湿地资源为目的，兼具科普教育、科学研究、休闲游览等功能的公园绿地[25]”，强调“栖息地”的概念以及生态优先、因地制宜、协调发展的规划设计原则。另外，湿地公园也由重点保护区、湿地展示区、游览活动区和管理服务区中强调服务活动的分区形式转变为生态保育区、生态缓冲区及综合服务与管理区中强调保护管理的分区形式。“湿地保护”的思想在湿地公园规范性文件中有着清晰的轨迹和愈发重要的位置。

4.6 具有国家代表性自然保护区模式——国家公园的探索

国家级自然保护区、风景名胜区、森林公园等公园形态的确立与不断发展，为我国自然生态系统、自然文化遗产的保护与利用开辟了多样性的道路，构成中国自然保护地体系的重要部分。我国“国家公园”的概念并非一朝一夕提出，与国际社会中国家公园理念相接轨的想法在风景名胜区的建设中早已有所显现。1996年以来，云南省进行了一系列国家公园的模式探索与实践行动。2008年6月，国家林业局批准云南为国家公园建设试点省，提出“以具备条件的自然保护区为依托，开展国家公园建设工[26]”。由此，具有中国特色的国家公园建设道路从“试点”的探索开始。

自2013年中共十八届三中全会上，国家公园体制的建设被提升到国家策略开始，《建立国家公园体制试点方案》(2015年）和《建立国家公园体制总体方案》(2017年）政策的发布将国家公园的体制建设推向具体化。体制建设的推进明确了国家公园的定义和发展方向，强调了国家公园在自然保护地体系中的代表性地位。生态保护的首要地位（重要自然生态系统的原真性、完整性保护）、国家代表性、全民公益性这些国家公园的内涵的提出凸显了其对自然保护地体系的完善作用及其自身具备的独特性。国家公园体制的明确，厘清了国家公园的管理体制以及向试点区发展的方向，但针对国家公园建设的立法还停留在地方标准的层面。

4.7 生态引领与人文荟萃的乐园——园博园的引入

为我国园林花卉博览会（简称园博会）而建成的大型公园——园博园，是一种特殊的公园形态，它既是城市公园绿地系统的一部分，又是集中展现城市中生态思想、人文关怀的一种园林形式。在1993年国际展览局正式接纳中国为第46个成员国的契机之下，大连市于1997年举办首届中国国际园林花卉博览会，园博园得以初次建设。随着《中国国际园林博览会管理办法》(2009）的颁布，“弘扬生态文明，引领行业发展”被指定为园博会的立足点，除了地域文化、园林艺术的涵纳，园博园在生态环保和技术创新上有着独树一帜的引领作用。在住房城乡建设部于2015年修订的《中国国际园林博览会管理办法》中，园博园被纳入城市公园管理体系，监督检查的后续管理工作也被加以强调。从园博会的管理条例中可以看出园博园前期蓬勃发展所出现的维护问题与后续发展具有的潜力。2019年，以“绿色生活，美丽家园”为主题的第十三届园博会在北京举办。“北京世界园艺博览会园区，同大自然的湖光山色交相辉映。我希望，这片园区所阐释的绿色发展理念能传导至世界各个角落[27]”，习近平主席在博览会开幕式上的发言，体现出园博园“广纳百川”的特色。它既是展现园林文化的场所，又是生态文明、绿色发展理念的承载地。

5 园林理念与城市形态进展

1990年代以来，通过打造“城市名片”，促进城市建设与发展是我国独特的园林现象与风潮。在各种城市符号的创建与探索中，园林理念与城市建设相融合，对人居环境的改善、群众生态意识以及传统园林思想运用的提升有着积极的意义。但是在各个地域共同体朝着同一城市形态发展的过程中，城市形态建设真正对人居环境的改善作用；过分追求指标、标准的达标而重复建设、资源浪费；城市特色丧失而造成“千城一面”现象等是我们需要直视的方面。

5.1 园林城市的普遍性号召

1991年，中国风景园林学会提出：“九五”期间的城市园林绿化工作在考虑目标时，既应有总体的量化的指标，如人均公共绿地、绿化覆盖率、绿地率等；也可以考虑提出某个用以鼓舞、动员群众的目标，如创建“花园城市”“园林城市”等。“园林城市”的建议受到了国家建设行政主管部门的重视[16]。从绿化的量化指标和口号式目标出发的“园林城市”既是城市绿化事业跨越式发展的体现，也是传统园林文化浸润下中国园林求新发展的美好愿景。

在执行城市环境综合整治等政策的基础上，建设部于1992年制定了《园林城市评选标准（试行)》，并据此于当年12月8日正式命名了第一批“园林城市”——北京市、合肥市、珠海市[28]。至2000年，建设部发布的《创建国家园林城市实施方案》和《国家园林城市标准》，从创建办法与标准两个方面对园林城市进行了进一步系统的规范。两部规范性文件在经过2005年、2010年的修订后，于2016年实现了系统的完善。住房和城乡建设部将涉及园林城市、生态园林城市、园林县城城镇的创建办法和标准的多部法规整合，形成了《国家园林城市系列标准》。从1990年代“园林城市”的理念提出以来，绿化建设的范围在“园林城市”的号召下不断拓宽，园林城区、园林城镇、园林县城等口号也逐渐被提出。

另一方面，《国家园林城市标准》(以下简称《标准》）两个阶段的修订过程：向量化指标发展和内容精简，体现国家园林城市的建设逐渐走向成熟。从《标准》(2000）中的组织管理、规划设计、景观保护、绿化建设、园林建设、生态建设、市政建设7个方面的笼统概括转变到《标准》(2016）中的综合管理、绿地建设、建设管控、生态环境、市政设施、节能减排、社会保障7个方面的指标和考核要求的明确，《标准》整体实现了科学性跨越。在《标准》(2005）走向精简的过程中，一些标准类别被合并，内容被缩减，一些量化方面的指标也转变成更加系统的表述与规划标准。例如，对于建设管控方面，《标准》(2016）从公园规范化管理、公园绿地应急避险功能完善建设、城市绿道规划建设、古树名木和后备资源保护、节约型园林绿化建设、立体绿化推广、城市历史风貌保护、风景名胜区、文化与自然遗产保护与管理、海绵城市规划建设多方面的指标做出具体的考核要求，与之前侧重公园绿地应急避险场所实施率、水体岸线自然化率等量化指标的考核办法有显著的差异。《标准》反映出“园林城市”对园林建设理念、技术的吸取与融合，以及对我国绿化事业起到积极的推动、指导作用。

5.2 生态园林城市的持续性提升

新千年之后，国家园林城市的发展步入正轨，在“全面建设小康社会”的社会目标之下，《关于创建“生态园林城市”的实施意见》于2004年6月发布，“生态园林城市”的创建将住区的发展引向了高级阶段。以“生态城市”阶段性目标的身份对城市发展做出更宏远的憧憬。同时发布的《国家生态园林城市标准（暂行）》中，一般性要求以及城市生态环境、城市生活环境、城市基础设施的基本指标，体现了“生态园林城市”创建从生态学、系统学原理对城市发展的提出的更高指标要求，社会、经济、自然复合生态系统的整体协调发展成为城市发展响亮的口号。在2016年《国家园林城市系列标准》中，国家生态园林城市在国家园林城市的基本框架上，做出进一步规范。《国家生态园林城市标准》的修订使“国家园林城市”与“国家生态园林城市”的创建成为可持续、分阶段发展目标。我国的城市绿化事业进一步走向生态与科学。

5.3 森林城市的创新性导向

“让森林走进城市，让城市拥抱森林”，“国家森林城市”的创建以一句美好的宗旨口号于2004年进入公众的视野[29]，全国绿化委员会、国家林业局制定了《“国家森林城市”评价指标》和《“国家森林城市”申报办法》并每年举办一届中国城市森林论坛。但在国家森林城市发展的初期，森林城市的创建主要是一种以论坛为媒介的林业宣传实践活动。在国家林业局发布于2007年的《国家森林城市评价指标》中，通过综合指标、覆盖率、森林生态网络、森林健康、公共休闲、生态文化、乡村绿化七个方面对森林的建设进行规范。随后颁布的《指标》(2012）将指标体系调整为城市森林网络、森林健康、林业经济、生态文化、森林管理五个方面。指标体系的进一步梳理为国家森林城市的建设提炼出更有针对性和系统性的道路，并且采取近自然建设模式、体现鲜明地方特色、推广节约建设措施、实现建设成果惠民等建设导向进一步拓展了国家森林城市的内涵与外延。

在2015年11月党的十八届五中全会中，国务院批准同意将国家森林城市称号批准列入政府内部审批事项。2016年3月，“十三五”规划纲要明确提出“发展森林城市，建设森林小镇[30]”，标志着森林城市建设融入了国家重大发展战略。2016年9月发布的《关于着力开展森林城市建设的指导意见》中提出“基本形成符合国情、类型丰富、特色鲜明的森林城市发展格局”的发展目标，国家森林城市的创建成为整合城市森林资源的手段。随着《全国森林城市发展规划（2018～2025年）》(2008）的发布，“四区、三带、六群”的中国森林城市发展格局为互联互通的森林生态网络体系建设提供了落实的方向。从国家林业局推行的“国家森林城市”的创建上升为国家部署的“森林城市发展格局”，“森林城市”理念实现了由点向面域的转变，由城市符号向国土空间格局的跨越式发展。

5.4 海绵城市的探索性推广

暴雨内涝灾害在城市频繁发生，城市基础设施在雨洪的调蓄和应急管理方面存在严重问题。因此，城市排水防涝设施的建设成为一项重要的议题。在2013年3月发布的《关于做好城市排水防涝设施建设工作的通知》中，推行“低影响开发建设模式”成为一句积极的应对号召。国务院于同年9月发布的《关于加强城市基础设施建设的意见》中，“积极推行低影响开发建设模式”成为提升城市基础设施水平的重要措施。“海绵城市”理念在城市基础设施的建设中被着重强调并被提升为城市规划建设的“前置条件”。

2013年的中央城镇化工作会议明确指出：“在提升城市排水系统时要优先考虑把有限的雨水留下来，优先考虑更多利用自然力量排水，建设自然积存、自然渗透、自然净化的’海绵城市’，推行低影响开发[31]”。“海绵城市”首次在政策话语中被提出，并从行业领域的发展迈向了国家战略。2014年11月，住房和城乡建设部出台了《海绵城市建设技术指南——低影响开发雨水系统构建(试行)》，在吸取国际上低影响开发建设模式成功经验以及本国政策法规要求和实践经验的基础上，对海绵城市——低影响开发雨水系统构建进行了总体阐述，对这种模式的推广和应用起到了极大的促进作用[32]。2015年，深圳市在国内率先出台制定《低影响开发雨水综合利用技术规范》地方标准，提出“海绵城市、立体治水”策略，推进以低影响开发为核心的“柔水”行动[33]。海绵城市理念在国家与地方部门发布的技术规范中，由前期概念推广阶段走向了规划、设计、工程建设和维护管理等实施方面的规范制定阶段。2014～2016年以来，财政部也通过组织申报海绵城市建设试点、竞争式评审的形式对30个城市建设海绵城市进行公示。2018年12月，住房和城乡建设部发布了《海绵城市建设评价标准》，对海绵城市的评价内容和评价方法进行规定，海绵城市的维护管理有了进一步发展。

5.5 公园城市的时代性拓新

2015年中央城市工作会议指出“把创造优良人居环境作为中心目标，把城市建设成为人与人、人与自然和谐共处的美丽家园。[34]”公园城市的提出便是对“美丽家园”的积极回应。2018年2月，习近平总书记在四川视察时指出：“突出公园城市特点，把生态价值考虑进去[35]”。同年4月，习总书记参加北京义务植树活动时进一步强调“整个城市就是一个大公园，老百姓走出去就像从家里走到自己的花园一样”。从一系列符号性的概括城市面貌的城市绿化建设口号如雨后春笋般迸发以来，我国的城市绿化建设在寻求民族特色的过程中向着人文与生态不断探索。2018年，“公园城市”作为回应新时代人居环境需求的新模式，是对绿色发展理念、“以人民为中心”思想的落实，实现“园在城中”的绿化建设方式向“城在园中”的理想模式的转变。“公园城市”的工作指示突出公园对城市的引领作用，注重城市空间与自然环境之间的融合关系，也是对中国传统的“天人合一”自然观念的回应，展现了我国生态理念和人居环境建设的最新认知水平，是城市建设理念的历史性飞跃，也是解决当前我国城市发展问题的最佳答案[36]。2018 年成都市公园城市建设管理局成立以来，公园城市示范区建设开始启动，一条从理论研究、规划引领、政策引导到建设实践的创新路径正慢慢形成[37]。2019 年 4 月，以公园城市的理论研究和路径探索为主题的首届公园城市论坛在成都市天府新区举办，公园城市理念在实践探索中前行。

6　乡村建设与发展

自 20 世纪 90 年代以来，国家先后颁布了一系列村镇规划法规和技术标准，逐渐完善的技术标准体系对我国乡村景观的建设有着积极的推动作用。2002 年，党的十六届五中全会提出了“建设社会主义新农村”口号式目标，在以工促农、以城带乡的新发展阶段下，乡村的整治与建设中风景园林事业的挑战与机遇并存。

2008 年 3 月，住房和城乡建设部发布的《村庄整治技术规范》成为指导社会主义新农村建设背景下村庄整治工作的首部国家标准。其中，历史文化遗产与乡土特色保护成为《规范》中重要的专题，村庄的历史、自然环境等具有民族、地域特色的宝贵财富得到珍视，为现代风景园林建设中“乡土景观”的蓬勃发展提供意向来源。自改革开放以来，城镇化的步伐不断加快。2013 年，中央城镇化工作会议指出“让城市融入大自然，让居民望得见山、看得见水、记得住乡愁[38]”，乡村特有的山水脉络等物质形态凝练为“乡愁”的意识形态。在城乡融合的过程中，“乡土景观”成为中和急剧城镇化带来的地域认同感缺失问题的解毒剂，即“记得住乡愁”的绿色空间。

2014 年 3 月，国务院印发了《国家新型城镇化规划（2014～2020 年）》，标志着我国城镇化进入深入发展的关键时期。以人为核心的新型城镇化强调城乡统筹与可持续发展，“环城游憩带”“旅游城镇”“旅游新农村”等新型城镇化的建设模式通过乡村景观的利用、旅游资源的整合，促进城乡融合。乡村发展中的风景园林建设有着越来越多的主动权，并延展为“乡村旅游”的环境基质，成为推动乡村发展、城乡一体化的手段。

2017 年 10 月，党的十九大提出“乡村振兴”战略。在 2018 年 9 月发布的《乡村振兴战略规划（2018～2022 年）》中，“农业强、农村美、农民富”被制定为乡村全面振兴的最终目标。建设生态宜居的美丽乡村被指出为乡村振兴的重要环节，持续改善农村人居环境、加强乡村生态保护与修复成为构建“美丽乡村”的两个基本方面。在“乡村振兴”背景下，“美丽乡村”不仅是“社会主义新农村”的代名词，也是乡村景观发挥实际效益后的美好图景。

7　“美丽中国”作为新时期愿景的引领

在中华人民共和国成立初期，清洁卫生是解决环境问题的显著措施，随着经济建设的发展，伴随而来的环境问题衍生为资源约束、生态系统退化、污染等方面。1973 年，第一次全国环境保护会议在北京召开，揭开了中国当代生态建设与环境保护的序幕，政府首次在公开场合承认中国也存在环境污染。1998 年，由国务院发布的《全国生态环境建设规划》从总体布局、重点地区和工程等实际方面出发对生态环境的保护和建设进行了规划。“十五”期间，加强生态保护和建设被作为实施可持续发展战略、构建和谐社会的重要内容。2007 年 3 月，国家环保总局发布《关于进一步加强生态保护工作的意见》，提出加快解决影响可持续性发展的生态问题。新千年以来，“生态保护”成为解决问题、促进发展的手段。

在党的十七大精神指导下，环境保护部于 2008 年 12 月发布《关于推进生态文明建设的指导意见》，提出加快推进环境保护的历史性转变，构建生态文明的环境安全体系。2012 年 11 月，党的十八大将“大力推进生态文明建设”纳入“五位一体”的总体布局，并强调“绿色发展、循环发展、低碳发展”的生态文明建设途径方式，提出“优化国土空间开发格局，全面促进资源节约，加大自然生态系统和环境保护力度，加强生态文明制度建设”的四大战略任务。在 2015 年 10 月召开的十八届五中全会中，“增强生态文明建设”被写入国家五年规划。2017 年 10 月，党的十九大提出“牢固树立社会主义生态文明观，推动形成人与自然和谐发展现代化建设新格局”。“生态文明建设”，由提出到成为国家建设层面的重要一环，以及拓展为促进全民凝聚的“生态文明观”，朝着生态保护的方向拓展出广阔的发展格局。在生态文明思想的深化中，生态保护的规划布局进一步得到完善，国务院印发的《全国生态环境建设规划（2013～2020 年）》（2014）是在《全国生态环境保护纲要》（2000）基础上对“生态文明建设”的落实回应。在《规划》中，“全国陆域、内水、领海及管辖海域[39]”规划范围的拓宽将生态文明建设推向了国土生态安全格局的层面。建设生态文明不仅是关系人民福祉、关乎民族未来的长远大计，也是一幅人与自然和谐共生的宏伟蓝图。

“美丽中国”在党的十八大中，被提炼为生态文明建设的宏伟目标；在涵盖时代之美、社会之美、生活之美、百姓之美、环境之美的“美丽中国”理念中，生态环境优美宜居是显著标志，也是最为重要的内容。环境美丽与生态理念是相荣相生的关系。与此同时，“天人合一”的环境观在生态保护理念中得到回溯，“意境”含蕴的风景审美在“美丽中国”的美好愿景中得到显现，“美丽中国”口号下的现代环境观念有着生态文明的魅力，也有着传统、朴素的环境思想。伴随着一系列的社会、污染、生态问题的衍生，“美丽”成为描述新中国的响亮名词，它既是对国土环境面貌的回望，也是对新时期生态文明建设的展望。

8 结语

从1951年清华大学与原北京农业大学联合设立的“造园组”的正式诞生开始；到1989年“风景园林”在“中国园林学会”名称更新中崭露头角；直至2011年上升为国家一级学科的“风景园林学”的突破性进展，“风景园林”学科和行业的持续性发展为风景园林事业的进步提供源源不断的动力。风景园林事业的发展与相关政策法规体系的完善有着千丝万缕的联系，它们相互引导、支撑与保障以及调整。新时期的“风景园林”也因此呈现出一幅美丽、繁茂、包罗万象的图景。

在中华人民共和国发展的不同阶段中，我国风景园林事业由经济、社会急速发展下的根据环境问题导向进行弥补、填充建设，到文化、生态、人居环境需求下的先行性拓新，新时代下的风景园林在“美丽中国”的宏伟口号下有了新的历史使命。回顾70年政策话语的历史进程，我国风景园林事业由在环境保护法规、城市规划法规和城市绿化法规等规范管理下零散式延伸发展，到在学科成立、管理部门职能确立、生态文明理念树立的时代背景下，迈入系统性体系建设、前置性生态布局、保护与建设管理相协调的统筹发展。由行业引领新的发展或是吸取国外先进理念与技术，到初步管理探索下的试点建设、号召式文件的发布，在建设实践、反馈修正、监督保障中不断完善建设的发展模式得到延续；名片式的城市发展口号也在持续更新丰富，并不断向传统回溯。与此同时，更多的与生态文明建设、城乡发展等方面相关的统领性政策话语将风景园林的发展推向了前置先行、自主探索的道路。

因此，新时期的风景园林在体制建设、体系完善、自然生态优先的政策背景支撑之下，有着广阔的发展前景，更多创新性、技术性、理念性、文化性的建设发展方式等待拓新。同时，在政策话语发布模式的延续之下，风景园林学科与行业急需为“公园城市”“国家公园”等口号式时代目标提供进一步发展的动力；为园林营造、绿化建设、城乡发展等方面的持续性更新厘清方向；为更多“统领性”规划文件和管理布局的推进提供专业智慧。

参考文献

[1] 张秀省，黄凯. 风景园林管理与法规［M］. 重庆：重庆大学出版社，2013.

[2] 毛泽东：一切为了人民健康［EB/OL］. 2019-04-23［2019-06-14］. http：//bbs1. people. com. cn/post/2/1/2/171770465. html.

[3] 人民出版社编. 1956年到1967年全国农业发展纲要（草案）［M］. 北京：人民出版社，1956.

[4] 常铁中. 新农村卫生服务［M］. 北京：中国社会出版社，2010.

[5] 龙长安. 国家政权建设视野中的爱国卫生运动探讨［J］. 安徽工业大学学报：社会科学版，2015，32(3)：23-26.

[6] 央广网. 习近平出席全国卫生与健康大会并发表重要讲话［EB/OL］. 2016-08-21［2019-06-14］. http：//m. cnr. cn/news/20160821/t20160821_523044689. html.

[7] 赵纪军. 新中国园林政策与建设60年回眸(一)：“中而新”［J］. 风景园林，2009(1)：102-105.

[8] 郑为汕. 时代口号［M］. 天津人民出版社. 2000.

[9] 汪菊渊. 我国城市绿化、园林建设的回顾与展望［J］. 中国园林，1992，(1)：17-25.

[10] 李玉文，程怀文. 中国城市规划中的山水文化解读［M］. 杭州：浙江工商大学出版社，2015.

[11] 钱学森. 社会主义中国应该建山水城市［J］. 建筑学报，1993(6)：19.

[12] 赵纪军. 中国现代园林：历史与理论研究［M］. 南京：东南大学出版社，2014.

[13] 人民日报出版社. 一九五六年到一九六七年全国农业发展纲要［M］. 北京：人民日报出版社，1957.

[14] 赵纪军. 新中国园林政策与建设60年回眸(三)绿化祖国［J］. 风景园林，2009(3)：91-95.

[15] 关于人民公社若干问题的决议(中国共产党第八届中央委员会第六次全体会议通过)(1958年12月10日)［N］. 人民日报，1958-12-19.

[16] 柳尚华. 中国风景园林当代五十年［M］. 北京：中国建筑工业出版社，1999.

[17] 赵纪军. 新中国园林政策与建设60年回眸(五)国家园林城市［J］. 风景园林，2009(6)：88-91.

[18] 本书报告编写组编写. 中国生物多样性保护行动计划［M］. 北京：中国环境科学出版社，1994.

[19] 中华人民共和国自然保护区条例［J］. 中华人民共和国国务院公报，1994(24).

[20] 《中国风景名胜区形势与展望》绿皮书［J］. 城乡建设，1994(4)：28-31.

[21] 上海市规划和国土资源管理局. 上海郊野公园规划探索和实践［M］. 上海：同济大学出版社，2015.

[22] 《中国水利年鉴》编辑委员会. 中国水利年鉴(1999)［M］. 北京：水利电力出版社，1992.

[23] 中共中央文献研究室编. 江泽民论有中国特色社会主义 专题摘编［M］. 北京：中央文献出版社，2002.

[24] 唐廷强，陈孟琰编著. 景观规划设计［M］. 上海：上海交通大学出版社，2012.

[25] 住房城乡建设部办公厅关于印发《城市湿地公园设计导则》的通知(建办城［2017］63号). 北京：中华人民共和国住房和城乡建设部，2017-10-11.

[26] 李春晓，于海波. 国家公园 探索中国之路［M］. 北京：中国旅游出版社，2015.

[27] 新华网. 习近平出席2019年中国北京世界园艺博览会开幕式并发表重要讲话［EB/OL］. 2019-04-29［2019-06-14］. http：//www. mohrss. gov. cn/SYrlzyhshbzb/dongtaixinwen/shizhengyaowen/201904/t20190429_316495. html.

[28] 赵纪军. 新中国园林政策与建设60年回眸(五)国家园林城市［J］. 风景园林，2009(6)：88-91.

[29] 李吉跃，刘德良. 中外城市林业对比研究［M］. 北京：中国环境科学出版社，2007.

[30] 中华人民共和国国民经济和社会发展第十三个五年规划纲要［J］. 中华人民共和国全国人民代表大会常务委员会公报，2016(2)：243-322.

[31] 曹磊，杨冬冬. 走向海绵城市 海绵城市的景观规划设计实践探索［M］. 天津：天津大学出版社，2016.

[32] 戴天兴，戴靓华. 城市环境生态学［M］. 北京：中国水利水电出版社，2013.

[33] 黄玲，深圳年鉴［M］. 2016深圳年鉴社，2016.

[34] 中央城市工作会议：把创造优良人居环境作为中心目标

[EB/OL]. 2015-12-22 [2019-06-14]. http://192. 168. 73. 133/www. sohu. com/a/49994402 _ 121315.

[35] 范锐平. 加快建设美丽宜居公园城市[N]. 人民日报, 2018(07).

[36] 李雄, 张云路. 新时代城市绿色发展的新命题——公园城市建设的战略与响应[J]. 中国园林, 2018, 05(34): 44-49.

[37] 首届公园城市论坛在蓉举办[N]. 人民日报, 2019-04-23.

[38] 中央城镇化工作会议在北京举行[EB/OL]. [2013-12-15]. http://news. 12371. cn/2013/12/15/ARTI1387057117696375. shtml.

[39] 关于印发《全国生态保护与建设规划(2013-2020年)》的通知[EB/OL]. [2014-02-08]. http://www. ndrc. gov. cn/zcfb/zcfbtz/201411/t20141119 _ 648513. html.

作者简介

何梦瑶, 1996年生, 女, 汉族, 湖北人, 华中科技大学建筑与城市规划学院硕士研究生。研究方向为风景园林历史与理论。电子邮箱: 13294136842@163. com。

赵纪军, 1976年生, 男, 汉族, 河北人, 华中科技大学建筑与城市规划学院教授, 博士生导师。研究方向为风景园林历史与理论。电子邮箱: jijunzhao@qq. com。

中国古代园林研究70年回顾与展望（1949～2019年）[①]

Retrospect and Prospect of the Research on Chinese Ancient Gardens in the 70 Years of New China (1949-2019)

兀　晨　赵纪军*

摘　要：自1949年中华人民共和国成立至今已70周年，中国风景园林也经历了从无到有再到全面发展的过程。中国古代园林研究作为现代风景园林发展的奠基，也在学者们的努力下更加系统化和特色化。回顾70年来中国古代园林研究，一方面是“温故”——梳理古代园林研究的历程，分析其研究内容与方法的演变特征；另一方面是“知新”——明确古代园林研究的价值，展望其研究观念与范式的演变趋势。以期促进中国园林史学研究学术渊源与学理形态的厘清，推进新时代风景园林学科扎实稳健地发展。

关键词：风景园林；园林史研究；古代园林研究；中华人民共和国70年

Abstract: Since the founding of New China in 1949, the 70th anniversary of the founding of China has also experienced a process from scratch to full development. As the foundation stone for the development of modern landscape architecture, Chinese ancient garden research is also more systematic and characteristic under the efforts of scholars. Looking back on the study of ancient Chinese gardens in the past 70 years, on the one hand, it is "the warmth"-combing the history of ancient garden research, analyzing the evolution characteristics of its research contents and methods; on the other hand, "knowledge new" -clarifying the value of ancient garden research, Looking forward to the evolution of research concepts and paradigms. In order to promote the academic origin and academic form of Chinese garden history research, we will promote the solid and steady development of landscape architecture in the new era.

Keyword: Landscape Architecture; Study of Garden History; Study of Ancient Gardens; Seventy Years of The People' s Republic Chinca

1　中国古代园林研究的历程概述

中国园林的研究自古至今源远流长，从古代皇家的史记著述到文人墨客的诗词画作，涉及园林或长篇累牍或只言片语，都是作者在历史时代背景中，结合自身的文化素养与人生经历，完成的对当时当地园林的史料积累，即带有主观色彩的园林研究。对于中国古代园林系统性的研究自20世纪初开始，由留学归来的建筑学人陈植先生（1899～1989年）发起[1]，在童寯（1900～1983年）、刘敦桢（1897～1968年）、汪菊渊（1913～1996年）、陈从周（1918～2000年）等学术前辈的带领下，经历了文献考证阶段、田野调查与测绘研究阶段、对历史研究中的诸多问题进行解释性阐述阶段[2]，中国古代园林研究的方向、内容、方法随着时代变迁呈现出学术史的演变脉络。

为更清晰地理解中国古代园林研究的发展脉络，对其进行历史分期是一项必要的工作。王劲韬的《中国古典园林研究综述及若干问题探讨》一文认为1930年代左右、1960年代左右及20世纪80年代至今是我国古典园林研究的3个重要阶段[3]；成玉宁在其所著《中国古典园林史学方法论》中提到“20世纪30年代、60年代、90年代前后及2000年以来这4个重要时期，取得了大量的卓有成效的成果”[4]。根据学者们的大致分期，结合时代背景的影响，可将古代园林研究的历史进程及相应的主要特征，归纳为先导与肇始、奠基与探索、承续与转型、发展与多元4个阶段（表1）。

中国古代园林研究分期　　表1

分期	年代	特征
先导与肇始	1920s～1930s	造园学会之先导，系统研究之肇始
奠基与探索	1950s～1960s	史料收集之奠基，研究方法之探索
承续与转型	1970s～1990s	研究内容之承续，研究范式之转型
发展与多元	2000s～2010s	理论研究之发展，研究视角之多元

1928年，陈植倡议成立“中华造园学会”，从历史文献入手编纂《造园丛书》；1932～1937年，童寯以江、浙、沪的园林为研究重点，通过实地考察和测绘摄影，著书《江南园林志》[5]。两位前辈学者的研究是中国古代园林系统性研究的先导与肇始。以下将中华人民共和国成立后70年的研究情况分别展开。

2　中国古代园林研究的奠基与探索(1950s～1960s)

20世纪50～60年代，中华人民共和国经济建设需要“专才”，中华人民共和国高等教育迫切发展，进行了全国高校院系调整[6]，明确分类了工科类院系与农林类院系。

① 基金项目：国家自然科学基金项目（编号51578257）资助。

1951年北京农业大学园艺系与清华大学营建系合办“造园组”，1950年代末同济大学自发形成“园林规划专门化”，中国风景园林学科初现雏形[7-8]。古代园林的研究也开始由学者个人研究转变为依托高校院系的集体研究。这一时期不同学术背景的学者延续了早期田野调查与文献考据的研究方法，探索融合西方现代的学术体系与中国传统的研究范式，开展的集体研究和独立研究均作出了大量有价值的阶段性研究成果，为后续研究提供了详实的基础资料支撑。

2.1 集体计划性系统研究

在江南古代园林研究方面，刘敦桢带领南京工学院建筑系对苏州园林的研究是大规模集体且有计划的系统研究。1947年、1948年，刘敦桢作为中央大学建筑系主任，两次组织高年级学生至苏州参观古建、园林、民居[9]；1954年组织中国建筑研究室和南京工学院建筑系历史教研组的全体人员，确定以苏州为中心，以私家园林为重点的研究方针，以及缜密的分阶段实施计划[10]。在调查测绘了70余处苏州园林个案，积累了大量详细资料的基础上，1956年在南京工学院科学报告会上宣读了《苏州的园林》[11]，这一成果是刘敦桢带领团队两年间对苏州园林考察的系统性总结，朱光亚评价其“揭开了全面研究江南园林的序幕”[12]。

在北方古代园林研究方面，天津大学建筑系在徐中（1912～1985年）、卢绳（1918～1977年）等人的带领下，按照教学计划对承德避暑山庄、紫禁城内廷宫苑等清代皇家园林实物遗存的古代建筑及园林进行测绘，出版有《承德古建筑》《清代内廷宫苑》《清代御苑撷英》等学术专著。清华大学建筑系则长期对颐和园、圆明园进行测绘研究，有《颐和园》《圆明园研究》等专著问世[13]。这两所高校建筑系的教学研究保存了20世纪50～60年代珍贵的摄像图片与测绘图纸资料。

集体研究是在团队核心人物的领导下完成的有组织有计划的研究体系。面对庞杂的研究对象和繁多的研究内容，团队核心多用现代的学术体系进行统筹安排。以江南园林的集体研究为例，获得日本东京高等工业学校建筑学位，受到严格西方学术训练、具备良好学术素养的刘敦桢，将苏州园林作为科学研究客观对象的延续与发展，高标准地要求其团队成员的测绘、摄影成果，以严谨理性的逻辑架构，清晰缜密的排篇布局，统筹完成《苏州古典园林》的书稿写作。刘敦桢对苏州园林的研究自建筑体系而来，较早的引入了西方现代主义空间观[14]，重视应用实操，研究中无论是划分景区还是规划游览路线，都是对园林在新时期再利用的尝试，贯彻了他“以人为本”“古为今用”的原则，使研究成果既有极高的学术价值，也有极大的实践意义。对比起特征明确的江南私家园林，北方皇家园林包括了大内御苑、行宫御苑、离宫御苑、陵寝园林等多种大型园林，类型丰富且各具特色，开展系统性的研究主要是延续其历史价值，促进其保护和修复。面对恢宏壮阔的皇家园林，集体研究主要分批进行，每次合作测绘一个园林，团队核心则把控其整体进度，注重其研究的真实性与精确性。

1950～1960年代对苏州园林和北方园林的集体计划性系统研究是建国后西方现代学术体系在中国古代园林研究中第一次较为深刻的融合与运用，为如今开展大规模学术研究的集体合作提供了先例。

2.2 个人探索性独立研究

从1950～1960年代的研究成果来看，对比起集体研究，个人探索性独立研究占大多数。其中，陈从周发表的研究成果最为丰硕且较为全面。他是文史专业出身，1950年代先后师从刘敦桢、朱启钤（1872～1964年），学习了大量的古建知识，以苏州园林为始，正式开展园林研究与实践[15]。经过5年的调查踏勘并参与部分园林的修复工作，于1956年出版《苏州园林》[16]。这本著作与刘敦桢《苏州的园林》同年完成，虽然没有《苏州的园林》实例丰富和全面，但由于其重点突出，融合了陈从周对园林的游观感怀和深刻的内在情愫，也较为完整地说明了苏州园林的特征，总结了造园理论，是中华人民共和国成立后第一部研究古典园林的著作，为陈从周奠定了“古建专家”的地位[17]。而后，陈从周还实地考察了上海豫园[18]、扬州园林[19]、常熟园林[20]、浙江园林[21]，结合文献考据，通过学术研究达成对于史实相关认知的求真性观点输出。

杨鸿勋（1931年—）在1950年代是梁思成（1901～1972年）的助手，他携课题《江南古典园林研究》的初步大纲赴江南进行实地考察，并结合其在1959～1964年期间主持多地风景区园林规划设计的实践，比较、考核所推论的江南古典园林原理的客观性[22]。另外，他发表《谈庭园用水》[23]，列举多个园林中的水景营造，探讨水景艺术。任刘敦桢助手的郭湖生（1931～2008年）作《园林的亭子》[24]说明我国园林用亭传统手法的特点。除了造园要素，一些学者也对造园手法做了探讨。孙筱祥（1921～2008年）为北京林学院园林系编著《园林艺术及与园林设计讲义》，在园艺学报上发表《中国传统园林艺术创作方法的探讨》[25]以及《中国山水画论中有关园林布局理论的探讨》[26]，不仅为教学所用，更是追根溯源地探讨园林理论。另外，汪菊渊、周维权、潘谷西、陈庆华等人在园林史、专类研究方面也有各自的探讨。

个人探索性的独立研究或为基于个人兴趣的主动研究，或为基于实际问题的考察探索，或为基于学科教育的责任担当，或为基于发现真知的不懈追求。学者们的研究虽无系统性的章法统率，但将其置于1950～1960年代的历史语境中比较，可发现其研究对象、研究内容、研究方法存在的相似性，但由于学者学术背景、研究视角、写作方式的差异性，呈其成果呈现出多样化的特点，主要包括以实地考察对现存园林个案的调查测绘，以文献考据对造园史料的梳理分析，以及在二者结合的基础上对造园理论的综合性分析总结。将其置于园林史学研究的整体语境中，这一时期的成果多为后期经典著作的奠基，关于古代园林的“略谈”[27]“探讨”[28]“问题”[29]的思考为后期的研究指引了深入探索的方向，引发了古代园林研究的热潮。

3 中国古代园林研究的承续与转型(1970s～1990s)

中国古代园林在1966～1976年的“无产阶级文化大革命”中被认为是“封建主义”，是“旧思想”“旧文化”，中国古代园林研究也被认为是“资产阶级理论脱离实际的思想”，受到了严重的打击，在这期间没有任何发表出来的研究成果。但是仍有学者承续着20世纪50～60年代的研究，甚至在苦难中磨炼出新的研究境界。随着1978年改革开放，1980年代兴起的“文化热”和“美学热”，知识分子重拾话语权[30]，古代园林研究达到了新的高度，同时研究范式也在转型。这一时期存在着承继式学术型研究与阶段式科普类研究的深度与广度的交叉。

3.1 承继式的学术型研究

这一时期最重要的学术事件是《中国大百科全书（建筑·园林·城市规划卷）》的编辑出版，这是中国第一次集中全国学术精英对此前中国风景园林学科的研究成果做出全面汇总[31]，园林部分主编汪菊渊、副主编朱有玠(1919～2015年)、朱钧珍（1929年—）将“园林学”（园林史、中国园林著作）“园林”（园林艺术、园林叠山筑石）“城市绿化”在学科层面上进行了全面阐述。这一时期几部中国园林通史著作也相继问世，它们的出版标志着中国古代园林史研究达到了新的广度和深度。其中以汪菊渊《中国古代园林史纲要》[32]、刘策《中国古代苑囿》[33]、张家骥（1932年—）《中国造园史》[34]、周维权(1927～2007年)《中国古典园林史》[35]、安怀起《中国园林史》[36]为代表。中国园林史著述的内容、形式、章节的划分，反映了学者史学思想和观点的差异。同时，陈植对史料的考证成果在这一时期连续出版，《园冶注释》[37]、《长物志校注》[38]至今仍是研究古代造园的基本史料。园林艺术研究也在前期的积累中层次进一步提高。如1979年刘敦桢的遗著《苏州古典园林》[39]在出版当年即获全国科学大会奖，得到了学界的广泛赞誉[40]；杨鸿勋的《江南园林论：中国古典造园艺术研究》[41]是历时24年对中国传统造园艺术的理论研究；彭一刚（1932年—）的《中国古典园林分析》[42]则是探讨中国古典园林设计手法最有影响的研究著作；程里尧的《文人园林建筑》[43]是第一部系统性研究类型园林的著作。与园林文化相关的研究拓展了园林研究的范畴，如陈从周的《说园》[44]，王毅的《园林与中国文化》[45]，都是带有文人气质但又深刻阐明园林艺术要义的著作。

以上列举的是在20世纪80～90年代具有广泛影响且至今仍有极高的学术价值的古代园林研究的经典著作。每部著作都各有其独特的切入点和逻辑框架，表达的观念与写作方式也不尽相同，但都是持有纯粹学术态度的学者延续其研究方向，深化其研究内容，多年努力下的著书成说。

通史研究方面，周维权自1950年代对古典园林作了广泛的考察并发表期刊论文，加之他多年讲学收集了大量史料，运用历史比较和辩证分析的方法厚积薄发而成综合性强、引证丰富、以历史演进脉络揭示中国古典园林的特征及发展规律的大作。其他的通史类著作虽不如《中国古典园林史》影响大，但也各有重点，如刘策的《中国古代苑囿》只简要梳理历史发展概况，而详解苑囿古迹、设计思想、艺术技巧、造景，使读者从横向维度直接理解苑囿的发展变迁。

史料研究方面，陈植是从史料考证开始最早系统研究中国古代园林的学者，自20年代至80年代积累了庞大的史料群，对《园冶》全文加注出典，以现代中文详解，是古代传统造园语境的现代转译，为这部传统著作的现代研究打好了基础。

园林艺术研究方面，刘敦桢、杨鸿勋、彭一刚都是建筑背景的学者，在1950年代确立了园林的研究方向，开始了系统性、有计划的研究，其研究成果《苏州古典园林》以分析造园手法的“总论”和讲解园林个案的“实例”展开，注重资料的详实与全面；《江南园林论：中国古典造园艺术研究》以“艺术论”“创作论”“典型园林评介”展开，深入分析典型揭示造园规律；《中国古典园林分析》系统全面地分析造园艺术的技巧方法，比较南北园林艺术风格，用大量分析图直观呈现。园林文化方面，陈从周的《说园》将其多年来在文学、绘画、书法、音乐领域的造诣，基于20世纪50～60年代对园林的广泛考察，融合于园林理论研究中，是他在文革苦难中的思想升华；王毅的《园林与中国文化》，则将园林置于古代文化历史语境中，揭示中国古代文化体系与园林的深刻联系。

承继式的研究体现了极高的学术价值，拓展了风景园林学科体系。这一时期的研究范式不再是以田野调查和文献考据所作的基础分析，而转向基于历史原真性上升到更广泛的研究视野，融合了基于历史环境的史学研究、跨越时空的比较研究、交叉学科的综合研究等多种方法，呈现出广阔深邃的研究空间。

3.2 阶段式的科普类研究

1980年代随着人们思想解放和欣赏水平的提高，为弘扬爱国主义教育，传播本土文化自信，出现了大量园林文化科普类著作。随着地方城市、风景名胜区的建设兴起了园林地方志的研究。这些著作虽是阶段性满足时代需求所作，但不乏有价值的研究成果。

园林文化科普类著作多是“文化丛书”“知识文库”系列读本的其中一部。刘天华（1944年—）师从陈从周研读古典园林，专攻理论研究，写文库类的书籍却一改文笔，其著作《画境文心：中国古典园林之美》属于《中华文库》[46]，虽按照中国古典文学理论的有关内容来搭建框架，但为使著作更具可读性，仅抓住园林艺术中最关键的12个问题，以12句古文作引，使文字有理、有趣、有味。任晓红著《禅与中国园林》[47]，属于季羡林主编的《中国禅学丛书》，透过禅对中国古典园林的影响以及禅文化的特质，使读者理解中国园林何以形成它独特的美感力量。曹明纲著《人境壶天 中国园林文化》[48]属于《中国古代生活文化丛书》，由“兴废篇”“情趣篇”“品赏篇”3组共36篇文章组成，旨在为读者提供尽可能多的有关古代园林的知识和信息，注重趣味性，对于深层的理论问题只点到为止，避免作深入的探究和系统的阐述。这样的著作不胜枚举，写作方式或系统逻辑或诗情画意，表达方式或全册图录或图文并茂或全册文字，带有作者鲜明的个人特色，且具备大众性、普遍传播性，重在提高人们园林欣赏的品位。

各地园林考古完善了地方园林的史学体系，如陈允敦著《泉州古园林钩沉》[49]，详尽地阐述了泉州古园林，记载园林旧迹百二十余处，洋洋大观；郑嘉骥编著《太原园林史话》[50]，以史实为经，以事件为纬，对太原地区一千多年来的园林建设，作了全面的、系统的概括，记叙了自古至今太原地区的宫廷园林和私家园林的产生、发展、变化、兴衰的历史。同样的地方园林史考还有赵兴华编著的《北京园林史话》[51]等，这些研究为中国传统园林的学术研究和编纂地方志提供大量历史信息和参考资料，是颇有学术价值的著作。

地方园林志多为当地城乡建设与旅游园林事业单位编著，重点介绍该地区的花木及旅游资源，包括花圃苗圃、古树名木、当地传统花木，以及历史遗留园林、风景名胜，以及现代城乡绿化。如洛阳市文物园林局编《洛阳市园林志 征求意见稿》[52]、江北县旅游园林事业管理局编《江北县园林志》[53]等，通过史料的收集展现当地园林的历史底蕴，旨在为其旅游事业的发展及传统文化的保护提供依据。

阶段式科普类研究重点是为时代服务的，根据人们的需求、社会建设的需要应时而作。虽然由于研究者的收集的资料不够详实，或学术基底不够深厚，著作质量参差不齐。但在完善园林研究的系统性、发掘园林研究的特色性，以及传播传统园林文化、开展地方园林建设等方面有重要意义。

4 中国古代园林研究的发展与多元(2000s～2010s)

新世纪以来，大量的城市建设对风景园林规划设计和工程的需求呈现暴发性增长，设计师们多运用西方现代景观形式开展了高效、快速的城市绿地和风景名胜建设，同时也带来了一系列问题。此时的研究多引入新的科学方法和技术手段，重点是为解决实际问题提供指导。古代园林研究作为传统园林文化的根源所在，在理论研究和实践运用中亦有所发展，在新时代呈现出多元化的特征。

4.1 研究内容的精细化

这一时期的古代园林研究著作除了上一时期经典著作的再版，最重要的是1980年代陈植和汪菊渊承担的中国园林史研究的国家级课题成果《中国造园史》[54]和《中国古代园林史》[55]，在中国风景园林学会的努力下，于2006年正式出版。陈植的《中国造园史》将“苑囿史”“庭园”“陵园”每一类型下结合断代的方式描述中国古代造园艺术的变迁历程，对“宗教园”“造园名家”“造园名著”以及实践导向下的“天然公园”“城市绿地”“盆景史”进行了细致的分类。而《中国古代园林史》则体现了通史类研究的典型的特点，按编年结合不同时期园林类型特征作为叙述主线，以大量的历史文化背景详解园林渊源与园林实例，清晰地描述了中国古典园林的阶段性特征以及整体演变规律。这两部著作的问世为新时代学者提供了古代园林研究的绝佳范例。

在前辈学者经典著作的指引下，这一时期的理论研究多是学者们发现了古代园林的某一现象或问题，而展开的精细化研究。例如北京林业大学的罗华莉[56]，以中国古代公共园林为研究对象，探讨其“故事性”，运用叙事学、解释学理论，对古代公共园林故事按照叙事立场作比较研究和文本分析；西北农林科技大学的张燕[57]，发现了古代园林动物的研究价值，进而研究了古代园林动物的发展演替特征、经营管理以及保护模式，以及园林动物在园林发展中的功能变化及象征意义；山东大学的傅向前研究谢灵运的山水美学思想，为深入了解其思想根源，分析了玄学、道教、佛教思想影响下的谢灵运山水美学特色，以《山居赋》为依据研究其山居美学及实践，总结他对中国古代自然山水园林美学的贡献。

这些学者的研究往往没有固定的范式，是学者们在问题导向下的自发探讨，根据研究对象的特点采取适当的研究方法进行深入研究，切入点很小、专一性很强，却能引申出古代园林多个层面上的研究内容。

4.2 研究成果的创新性

研究成果的创新性一方面是基于对古代园林的深入研究，发现其在某一方面的创新视角；另一方面是基于对古代园林的全面研究，发现其在某一方面的学术空白创新性的加以填补，发掘古代园林在新时代的学术价值和实践意义。

这一时期古代园林的研究多探讨如何将传统艺术应用于现代园林设计的实践，以及如何发展古代园林研究的学术价值。青年学者多以创新性的研究视角，深化古代园林传统艺术研究。例如叠山是中国传统园林的重要造园手法，北京林业大学的魏菲宇和清华大学的王劲韬都对其进行了研究。魏菲宇以设计理法论的视角出发，以“巧于因借，精在体宜”为中心，分别从“相地合宜，构园得体”“问名心晓，以实符名”“章法严谨，布局灵活”“远观有势，近看有质”“余韵玉成”五方面阐述置石掇山设计理法序列[58]。王劲韬则从中国园林叠山发展的文化性和物质性特征出发，通过对中国园林叠山的文化意象分析、材料演化、工匠专业化发展和民间技术传承等方面的论证，揭示园林叠山风格发展与材料、工匠和技术等物质性因素之间的内在联系，及其对皇家园林风格意境产生的影响[59]。他们的研究一个是实践导向，一个是价值导向，但都对“叠山”这一传统手法以创新性的视角进行了深入研究，既赋予其新时代设计应用的指导意义，又传承了中国传统园林艺术的价值。

另外，由于对北方皇家园林、江南私家园林、岭南园林等代表园林已有了系统研究，当代学者们发现地方园林的研究还存在大量的空白，江西农业大学的学者对江西九江[60]、南昌[61]、赣州[62]、景德镇[63]的古代园林进行了调查研究，填补了江西古代园林的研究空白。其余地域性的古代园林研究也多是依托高校进行的。2018年，在中国风景园林学会、北京林业大学园林学院、中国建筑工业出版社的组织下，由孟兆祯院士牵头，王建国院士、孟建民院士、吴志强院士、何昉教授等专家共同主编，全国多个高校学者共同编纂的国家“十三五”重点图书《中国风景园林史》全面启动，客观提炼以北方、江南、西北、西南和岭南为主的国内园林风格特征，将是我国当前首部完整总结3000余年造园活动与成就的著作，是新时代中国古代园林研究的集体有计划的系统性工作，具有时代的创新性和极大的历史价值。

5 结语

现代学术意义上的中国古代园林研究，是在中国近代以来“西学东渐”文化潮流中兴起的，建筑学背景的前辈学者开创性地将现代学术体系的研究方法引入中国园林史学研究，对中国古代园林文献及古典园林遗址进行考证与考察，后随着园艺、文史等多背景的学者的加入以及研究工作的深入，中国古代园林研究逐渐发展成具有学术内涵的学科体系，学术成果蔚为大观。

回顾70年中国古代园林研究，学者们在全面收集园林文献、勘测现存园林，把握史实的基础上，挖掘其时代、地域、技术、文化诸方面背景，进而理清园林发展的进程和历史规律，分析园林特征、分解园林要素、探讨园林艺术，从实践出发探索造园手法对现代园林设计的指导。中国古代研究在时代变迁中，存在着以价值导向、问题导向为主的多种观念的发展演变过程。

中国古代园林研究的学术观念也伴随着研究方法的变革的而逐渐演变，在写作方式、篇章结构、成果表达上，从中国传统写意式的文本叙述，由情至理的感性分篇、唐诗宋词式的意境表达，逐渐转向西方现代严谨的框架逻辑、基于分类思想的清晰结构、图文并茂的直观传达。但这也不是绝对的，研究成果中东方传统方法与西方现代方法的界限逐渐模糊，形成多种方法并用的中国特色化表达。新时代的研究逐步向精细化和全面化发展，以创造古代园林研究的新价值。

前辈学者已经为古代园林研究打好了坚实的基础，青年学者在其研究基础上自发探讨有价值的内容展开研究，结合当代的研究方法和技术手段进行创新性表达。而随着古代园林史学研究向深层次进发，也需要在史学方法论的统率下，实现长远发展。

参考文献

[1] 周向频，陈喆华．史学流变下的中国园林史研究[J]．城市规划学刊，2012(04)：113-118.
[2] 温玉清．二十世纪中国建筑史学研究的历史、观念与方法[D]．天津大学，2006.
[3] 王劲韬．中国古典园林研究综述及若干问题探讨[C]// 南京林业大学、江苏省建设厅、江苏省教育厅．传承·交融：陈植造园思想国际研讨会暨园林规划设计理论与实践博士生论坛论文集，2009.
[4] 成玉宁．中国古典园林史学方法论[J]．中国园林，2014，30(08)：34-37.
[5] 童寯．江南园林志[M]．北京：中国工业出版社．1963.
[6] 苏知心．新中国建立初期高校院系调整的历史考察[J]．江苏第二师范学院学报，2018，34(01)：25-31.
[7] 中国科学技术协会，中国风景园林学会．2009～2010风景园林学科发展报告[M]．北京：中国科学技术出版社，2010：6.
[8] 林广思．回顾与展望——中国LA学科教育研讨[J]．中国园林，2005(9)：1-8，(10)：73-78.
[9] 刘敦桢先生生平纪事年表(1897～1968)//朱光亚．刘敦桢先生诞辰110周年纪念暨中国建筑史学史研讨会论文集[M]．南京：东南大学出版社，2009.
[10] 刘叙杰．纪父亲刘敦桢对中国传统古典园林的研究和实践[J]．中国园林，2008(08)：41-45.
[11] 刘敦桢．苏州的园林//刘敦桢．刘敦桢文集(四)[M]．北京：中国建筑工业出版社．1992.
[12] 思在．山高水长——纪念刘敦桢先生[J]．建筑与文化，2007(10)：25-28.
[13] 郭湖生．中国建筑的调查与研究//山西古建筑保护研究所编．中国古建筑学术讲座文集[M]．北京：中国展望出版社，1986.
[14] 顾凯．童寯与刘敦桢的中国园林研究比较[J]．建筑师，2015(01)：92-105.
[15] 乐峰．陈从周传[M]．上海：上海文化出版社，2009.
[16] 陈从周．苏州园林[M]．同济大学教材科，1956.
[17] 路秉杰，同济大学建筑与城市规划学院．陈从周纪念文集[M]．上海：上海科学技术出版社，2002.
[18] 陈从周．上海的豫园与内园[J]．文物参考资料，1957(06)：34-35.
[19] 陈从周．扬州片石山房——石涛叠山作品[J]．文物，1962(02)：18-20.
[20] 陈从周．常熟园林[J]．文物参考资料，1958(03)：45-47＋49.
[21] 陈从周．绍兴大禹陵及兰亭调查记[J]．文物，1959(07)：40-43.
[22] 杨鸿勋．江南园林论 中国古典造园艺术研究[M]．上海：上海人民出版社，1994.
[23] 杨鸿勋．谈庭园用水[J]．文物参考资料，1957(06)：24-27.
[24] 郭湖生．园林的亭子[J]．建筑学报，1959(06)：38-39＋45-46＋2-31.
[25] 孙筱祥．中国传统园林艺术创作方法的探讨[J]．园艺学报，1962(01)：79-88.
[26] 孙筱祥．中国山水画论中有关园林布局理论的探讨[J]．园艺学报，1964(01)：63-74.
[27] 周维权．略谈避暑山庄和圆明园的建筑艺术[J]．文物参考资料，1957(06)：8-12.
[28] 汪菊渊．我国园林最初形式的探讨[J]．园艺学报，1965(02)：101-106.
[29] 李嘉乐．关于继承中国古典园林艺术遗产的一些问题[J]．园艺学报，1962(Z1)：361-368.
[30] 裴萱．社会学视野中1980年代中国“美学热”的谱系学考察[J]．云南师范大学学报(哲学社会科学版)，2016，48(05)：138-150.
[31] 王绍增．30年来中国风景园林理论的发展脉络[J]．中国园林，2015，31(10)：14-16.
[32] 汪菊渊．中国古代园林史纲要[M]．北京林学院园林系，1980.
[33] 刘策．中国古代苑囿[M]．银川：宁夏人民出版社，1979.

[34] 张家骥. 中国造园史[M]. 哈尔滨：黑龙江人民出版社，1987.
[35] 周维权. 中国古典园林史[M]. 北京：清华大学出版社，1990.
[36] 安怀起. 中国园林史[M]. 上海：同济大学出版社，1991.
[37] 计成. 陈植注释. 园冶注释[M]. 北京：中国建筑工业出版社，1981.
[38] 文震亨. 陈植校注. 长物志校注[M]. 南京：江苏科学技术出版社，1984.
[39] 刘敦桢. 苏州古典园林[M]. 北京：中国建筑工业出版社，1979.
[40] 东南大学建筑学院. 刘敦桢先生诞辰110周年纪念暨中国建筑史学史研讨会论文集[M]. 南京：东南大学出版社，2009.
[41] 杨鸿勋. 江南园林论 中国古典造园艺术研究[M]. 上海：上海人民出版社，1994.
[42] 彭一刚. 中国古典园林分析[M]. 北京：中国建筑工业出版社，1986.
[43] 程里尧. 中国古建筑大系 4 文人园林建筑 意境山水庭园院[M]. 北京：中国建筑工业出版社，1993.
[44] 陈从周. 说园[M]. 周济大学出版社，1984.
[45] 王毅. 园林与中国文化[M]. 上海：上海人民出版社，1990.
[46] 刘天华. 画境文心 中国古典园林之美[M]. 北京：生活·读书·新知三联书店，1994.
[47] 任晓红. 禅与中国园林[M]. 北京：商务印书馆国际有限公司，1994.
[48] 曹明纲. 人境壶天 中国园林文化[M]. 上海：上海古籍出版社，1993.
[49] 陈允敦. 泉州古园林钩沉[M]. 福州：福建人民出版社，1993.
[50] 郑嘉骥. 太原园林史话[M]. 太原：山西人民出版社，1987.
[51] 赵兴华编. 北京园林史话[M]. 北京：中国林业，1994.
[52] 洛阳市文物园林局，洛阳市《城市建设志》编委会. 洛阳市园林志 征求意见稿，1985.
[53] 江北县城乡建设委员会，江北县旅游园林事业管理局编. 江北县园林志[M]. 江北县旅游园林事业管理局，1992.
[54] 陈植. 中国造园史[M]. 北京：中国建筑工业出版社，2006.
[55] 汪菊渊. 中国古代园林史 上[M]. 北京：中国建筑工业出版社，2006.
[56] 王丹丹. 北京公共园林的发展与演变历程研究[D]. 北京林业大学，2012.
[57] 张艳. 中国古代园林动物研究[D]. 西北农林科技大学，2008.
[58] 魏菲宇. 中国园林置石掇山设计理法论[D]. 北京林业大学，2009.
[59] 王劲韬. 中国皇家园林叠山研究[D]. 清华大学，2009.
[60] 戴坤利. 九江市古代园林调查研究[D]. 江西农业大学，2017.
[61] 吴斌生. 南昌市古代园林研究[D]. 江西农业大学，2016.
[62] 梁筱茜. 赣州章贡区古代园林研究[D]. 江西农业大学，2016.
[63] 王弥强. 景德镇市古代园林调查研究[D]. 江西农业大学，2017.

作者简介

兀晨，1994年生，女，汉族，河南人，华中科技大学建筑与城市规划学院风景园林专业硕士研究生。电子邮箱：512745664@qq.com。

赵纪军，1976年生，男，汉族，河北人，英国谢菲尔德大学风景园林博士，华中科技大学建筑与城市规划学院教授，博士生导师。电子邮箱：jijunzhao@qq.com。

中国现代公园设计理念更新 70 年历程探析

The Discussion on The Theory of Modern Parks in China in the 70-year History

林诗雨　赵纪军*

摘　要： 中国现代公园设计经历 70 年发展，理念、方法逐步完善，并展现出多元化与适应性。本文章基于 1949 年后的中国现代公园相关文献的分析，站在历史的角度，将其发展理念按年代特征分为 4 个阶段，分别阐述不同年代背景下的园林理念的产生以及发展。通过对这些设计理念的解读来探寻中国风景园林的发展脉络与变迁，以此为基础对公园未来设计趋势进行展望。

关键词： 风景园林；中国现代公园；理念更新；中华人民共和国 70 年

Abstract: The Theory of Modern Parks experienced the 70-year development in China, which It also shows diversification and adaptability. The Discussion bases on the analysis of the relevant documents about modern parks in China after 1949 years. According to the characteristics of the period, the developing theory of modern parks was divided into four stages. From the design concept embodied in different years, different vitality and reference significance were displayed. Exploring the development and changes of Chinese landscape architecture through the interpretation of theory, and prospecting trend of park design in the future.

Keyword: Landscape Architecture; Chinese Modern Park ; Concept Update; Theory; Seventy Years of The people's Republic of China

中华人民共和国成立以来，风景园林事业不断发展，随着我国社会文明形态的改变以及国外设计理念的冲击，中国现代公园设计理念不断更新，已然累积了大量成果。所谓"为文之道，欲卓然自立于天下，在于积理而练识。"园林行业 70 年"积理"，事溯其源"身所经历，莫不有其所以然之理"，以理"练识"，方能"练识如练金，金百炼则杂气尽而精光发。"现代公园设计理论的嬗变，可鉴 70 年间风景园林学科的发展历程，展现更为科学的、客观的视发展进程，启发学者对风景园林学科的本质的思考。70 年间中国现代公园设计理念发展经历几个重要节点，其设计理念随不同年代背景展现出不同的时代特征。

1　中华人民共和国成立初期的探索：文化休息公园的引介与转译

1.1　"引介"中的人本理念

20 世纪 50 年代，中华人民共和国各项建设处于百废俱兴的状态，在中国大百科全书《建筑园林城市规划》篇中，李敏对 1950 年代的公园建设进行总结，第一个五年计划期间，中国现代公园以恢复、整理旧有公园和改造、开放私园为主。就该时期的设计理论发展，王绍增先生认为，斯大林时代的基本文艺理论"民族的形式社会主义的内容"控制了中国的园林理论，事有正反，中国园林传统至少在形式上受到"民族形式"的庇护，而"社会主义内容"将为全体公民服务的思想真诚地带进了公共绿地的规划设计建设。[1]在工农发展达到超高历史水平的时代背景下，该时期的公园设计理论，带有很强的政治暗示性，苏联园林建设成为我们园林早期建设的重要影响源，主要体现在该时期的文化休息园林建设中，苏共中央委员会 1931 年 11 月 3 日决议，定义"文化休息公园，乃是把广泛的政治教育工作和劳动人民的文化休息结合起来的新型的群众机构。[2]"该理论后被引入中国公园建设中，对当时的公园改建产生了很大的影响。处于特定的社会情景下，中国现代公园建设从开端，就奠定了设计理论的"人本"理念，该时期的公园具有明显的政治教育性与群众参与性。该文化休息公园的设计模式转译，主要体现在中国现代公园设计的分区的原理上。在当时的历史语境中，消灭剥削，劳动者最为大的创作主体，园林的服务对象变得明确，公园设计的设计理念无疑应当建立在以人民为基础的"人本"原理上。此期间的公园普遍出现服务导向性极强的活动空间。

陶然亭公园 1950 年代末建露天舞池（图 1），位于公园东湖圆形广场内，党和国家领导人代表视察陶然亭公

图 1　北京陶然亭露台舞池（1953 年摄）
（图片来源：《北京市陶然亭公园规划设计》）

园，在舞池与游人共舞，并指示“公园要多搞些游艺活动，舞池要很好整理一下。”[3]哈尔滨文化公园，1958年建立了露天大舞台，是当时我国最大的露天舞台，被收入到当地不可移动文物名录；1953年，上海人民公在公园的南部新增开辟一个荷花池（图2），1959年公园提供木制手划小艇供游人划船。由此可见，50年代的公园设计中，会加入很明确的活动空间，但此时的“人本”理念是建立在传统工业文明的价值基础之上的传统人本理念，“人本”是绝对性的，突出以人为本的无条件性和机械性。

图2　上海人民公园荷花池（1959年摄）
（图片来源：网络）

1.2　“转译”中的布局与立意

中国具有悠长的造园史，可追溯到西周，现代阶级的转变，导致了自身的造园文化的传统理论受到冲击。在山水格局的布局手法下，如何扩大园子的服务人群，满足多层次人群的要求成为一个值得探索的问题。苏联公园的引入，为我国现代公园设计带来了功能、内容和形式上的异化，在对苏联模式的引介中，设计理论的引介与本土设计理论是否能耦合，都无可避免地要对现状有所取舍。1950年代的公园建设出现了两种理念，其一，保留山水格局，以科学的功能分区与用地定额进行规划设计，功能布局为先。其二，利用山水格局，立意—相地—布局，以利用风景资源立意为先。以功能布局为先的公园又合肥逍遥津公园、北京陶然亭公园内蒙古扎兰屯市文化休息公园、武汉解放公园、广东新会县会城镇文化休息公园、上海杨浦公园、哈尔滨文化公园等。以陶然亭公园为例，在设计之初，该公园被定性做为区域性文化休息公园之用，具备一般公众文化娱乐活动的内容。从上述情况出发，以山水风景为主的休息公园，功能分区被划分为成人游戏区、儿童活动区、文娱区、安静的休息区。[4]相较于中国传统园林明旨—立意—相地—布局—理微—余韵的做法，中国传统园林在注重山水格局的基础上，以“意”为先，其代表公园有七星岩公园和花港观鱼等。1950年代，七星岩公园（图3）被定性为桂林风景区规划中的非一般性的风景点（一般风景点应以表现自然山水的美为主，建筑处理相对减少），城市规划要求它成为市区的文化沐息公园，共有十个景区，以自然资源为分区标准，其中第三景区，是群众性的歌舞广场。另外，杭州花港观鱼公园（图4）也是当时古为今用的典范之作，该公园在空间上，注重原场地地形地貌，充分利用现有风景资源的特点，分区设计。构图上看，每个景点又可以看作大小不等的多个独立的局部空间，最终组成整体的山水格局。

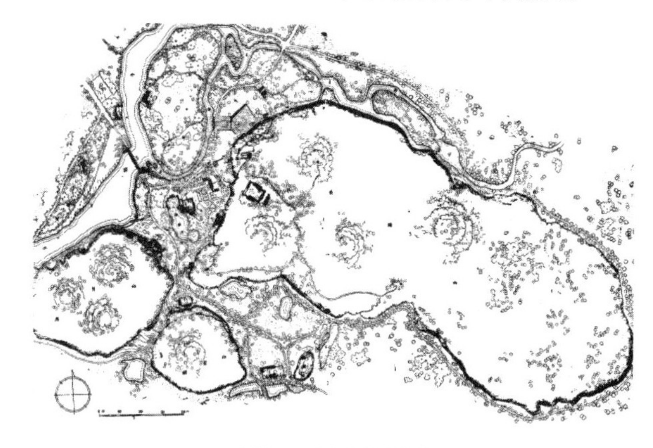

图3　七星岩公园
（图片来源：《七星岩公园规划》）

图4　花港观鱼公园（部分）
（图片来源：《花港观鱼公园规划设计》）

2　社会主义高潮时期的曲折发展：“生产”与“革命”理念

2.1　“大跃进”公园的“结合生产”理念

1958年，中国开始了“大跃进”运动，11月28日-12月10日召开的中国共产党第八届中央委员会第六次全体会议通过《关于人民公社若干问题的决议》，《决议》提出要“实行大地园林化”。对当时的“大地园林化”政策进行解读，其中心思想包含：①以“绿化”为主题的植树造林运动；②具备“果化”职能，园林结合生产成为园林发展的重要主题之一。大规模的植树造林，对改善中国荒山荒漠的林业建设有很大帮助，另一方面为响应“果化”的号召，大量公园在植物选种上，偏向了种植生产作物。北海公园利用水面养鱼植藕；北京中山公园内坛建成3片果园，共种植600多株苹果和桃树；天坛内坛和外坛的几片快长树林被置换为1万多株果树，成为封闭式的果园；1960年，北京市45处公园绿地和道旁绿带共植果树15万株；圆明园、地坛、玉渊潭等处还密植了一百多万株果苗；上海曹杨公园在1958年7月被改为葡萄园，停止对外开放，次年得以恢复原貌。[5]

由此可见，在工农联合的政策背景，公园的游憩性能被生产性能所逐渐蚕食，这一情况的出现，显现出公园自身功能的关系紊乱，使公园对人直觉选择性产生相悖于自身功能的引导。生产理念的本质是增加园林的服务功能。但就其年代背景，使其产生了错误的发展，大面积的绿化用地被生产化，造成原本的公园游憩用地与生产用地的职能关系颠倒。造成大规模的公园被迫提供生产化服务，长此以往将会造成城乡边界的模糊，城乡职能的混乱。

2.2 “红色园林”中的“革命”理念

在而后动荡的“文化革命”时期，园林被诬为“资产阶级遗老遗少的乐园”，被大量占用毁坏，中国现代公园发展受到巨大冲击。南京玄武湖公园，一年就向湖中投放杂草、树皮、菜皮及烂草皮等250万kg青饲料喂鱼，使水质急剧恶化；在1960年，北京已有的45个公园栽果树45万株，当时各公园的花带、花池种上了茄子、玉米，颐和园饲养了大量的鸡、鸭，以至于妨碍了正常游览。北京市园林局，1961～1962年将公园绿地退还农耕达$285hm^2$，上缴自产粮食9万kg；上海市将淀山湖苗圃的100多公顷土地，交给了农民。一些苗圃变成了生产粮食的农田。[6]此时的公园“生产化”已经愈演愈烈，严重偏离了正确的公园建设的方向。在“破旧立新”口号下，掀起了砸盆花、铲草坪、拔开花灌木的风潮，园林绿化惨遭浩劫。例如北京天坛公园价值数百元的南洋杉被毁坏；北海公园一百多盆多年生朱锦牡丹被铲除；北京动物园十盆养了几十年的大昙花被破坏；北京植物园至1972年，4000多种植物仅剩300余种等等。文物古迹也遭到严重破坏，在“破四旧”中，颐和园长廊上的画楣子被拆，22座铜佛、607座泥佛、木佛、磁佛被毁；杭州西湖十景的“柳浪闻莺”“断桥残雪”等碑刻均遭捣毁；福州西湖公园沦为五七农场，汕头中山公园变成养猪场等等。另外，公园绿地被蚕食，而成为名目繁多的“生产单位”用地；陶然亭公园在1967年和1970年分别被千祥皮鞋厂、市革制品厂侵占$218m^2$和$900m^2$；上海陆家嘴公园于1972年沦为市公交公司汽车五场而废止；南京清凉山公园被南京市自来水公司修造厂占用，徒显颓败。[7]在文化的动荡环境下，公园发展近乎停滞，各地公园还被迫改名，以表所谓“革命”的精神。

直到十一届三中全会以后，万象更新。国家城建总局在第二次全国园林工作会议指出：“我们现有的公园、动物园、植物园、风景区要进行整顿，提高科学和艺术水平，要真正能发挥它的功能。”公园生产化的修正问题亟待解决。“那些搞得不像公园，像菜地、瓜地的要改变，让他们到其他地方去大量种菜，为城市提供副食品，恢复公园、风景区的本来面目。在恢复的基础上，要搞得更美丽。”《论十大关系》的讲话中提出“百花齐放、推陈出新”“古为今用、洋为中用”作为指导科学文化工作的重要方针。崭新时代下，中国园林步入了新的发展时期，“解放思想，大胆创新，创造和发展我国园林艺术的新风格；要努力把公园办成群众喜爱的游憩场所；公园必须保持花木繁茂、整洁美观、设施完好；认真把自然风景区保护好；对于内容过于简陋、园林艺术水平较低的公园，要适当调整布局，充实花木种类，增设必要的服务设施，逐步改善园容。”会议内容可见，在经过动荡的20年发展，中国现代公园建设在1970年代末总结出了崭新正确的发展道路，中国现代园林的发展将进入崭新的时期。

3 改革开放蓄力发展的多元实践：中西式公园交相辉映

3.1 公园之文化传承与遗产保护

1980年代，计划经济松动，在西方思潮冲击下，引发了文化思想运动——新启蒙运动。各类艺术类学科蓬勃发展的同时又无法逃脱1980年代自身更迭的矛盾性，中国的园林建设进入了“反思”中发展的建设时期。如何看待继承传统与发展，是1980年代一辈人所必须面临的思想辨证。一方面，中国园林迫切希望找到一套新的设计理念，另一方面，如何传承原有的设计理念，并在现代园林发展中找到自身合适的定位，这两个问题促成了当时现代公园发展的两大方向。

早在1950年代，西安已有相关的遗址公园规划，但当时整体的遗址公园，没有深入对现有景观进行设计以及对原有遗址进行保护。1980年代，传承古典园林设计理念的公园中，以公园方塔园（图5）为例，其性质为方

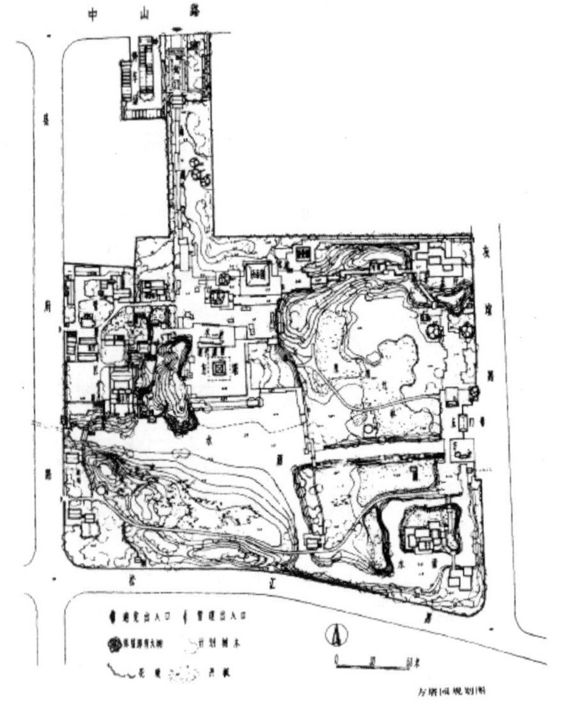

图5　方塔园
（图片来源：《方塔园规划》）

塔为主体的历史文物园林。其规划设计者在设计之初，所考虑的就是如何在力求在继承我国造园传统的同时，考虑现代条件，探索园林规划的新途径。[8]方塔园整体设计试图体现宋代文人园林简远、疏朗、雅致、天然。建筑的数量不及早期1950年代文化休息文化公园，整体布局在尺度上成松散分布，旨在烘托方塔本身的文化价值。方塔园是我国典型“以古为新”的作品之一，传承了中国古典园林中诗画的意趣，但不局限于古典园林的造园模式，整体的意境表达体现的是中国古典园林的造园精神，形式和内容却同时带有现代气息。

3.2 公园之西式探索与元素更新

与之相对比，公园之西式探索的进程正处在高速发展时期，各界人士都在尝试探索西式模式，测试此类公园在中国的可适应性。以广州草暖公园（1985年，图6）为例。其以完全不同的理念切入设计，以一种崭新构思的造园手法，打造了我国首座具有欧式风格的公园，公园内的造园要素如喷泉、彩灯、凉亭、扶手、栏杆、地砖等都是饱含异域的西式元素，主体建筑带有欧洲建筑的神韵和风采，整体呈现为一个开阔通透的城市绿地。就空间而言，草暖公园已经没有传统的山水格局，平面为混合式构图。凭断一个公园设计优劣性，我们无法抛除社会背景与时代发展来谈。随着改革开放的深入，国民经济高速发展，对外交流更加频繁，景观设计开始西式探索。无论哪个年代，公园设计必须满足公众需求与城市美学的要求。草暖公园设计，力求“新”，很难找到传统园林的元素。不少业界人士评价这是一个开创多元化设计思路的典范，为活跃我国园林设计思路树立了一成功的例子[9]。由此可以看出在西方造园理念的冲击下，中国公园设计从业者不断尝试西式公园的发展思路，探索新的设计理念。

图6 草暖公园

（图片来源：《平面构成在现代景观设计中的应用研究》）

4 新时代高速发展的生态实践：宏观开辟与微观修补

4.1 生态思潮下的大环境绿化理念

由于“大跃进”与“文化大革命”所造成的环境问题，生态破坏的弊端逐渐明显，1980年代，中国景观建设的主题转向全球生态保护潮流下的生态建设。早在1960年代，社会主义高潮前期，建工部发布《关于城市园林绿化工作的若干规定》，该规定提出：“每个城市的园林部门，应当配合城市规划部门，编好城市绿化规划。绿化规划，要做到合理布局、远近结合、点、线、面结合，把城区、郊区组成一个完整的城市绿地系统。”[10]但由于“左倾”错误，后期的绿地系统建设没有落到实处。1978年12月4日至10日，国家建委在济南市召开第三次全国城市园林绿化工作会议，会议通过《关于加强城市园林绿化工作的意见》，文件强调普遍绿化是城市园林化的基础。由此可见中国生态理念的展现最初体现在城市的基础绿化建设，1980年代中国园林建设中的生态理念还处在起步阶段，对于生态理念的展现还未深入到微观层面的思考，初期建设从基础的绿量入手，将绿化率作为衡量的基本标准。大量打造街景绿化成为这一时期绿化的一大特点。这一阶段里，各城市的绿化方面，首先大力进行和完善街道绿化。北方以天津为代表的“大环境绿化”，南方以上海为代表的“生态园林绿化”。此时的生态理念，还处于宏观的规划阶段，着眼于基础的道路绿化，生态理念的融入处于偏向于城市整体的空间的规划阶段。

更有甚，世界各国进入了对前一轮工业开发所造成的环境问题的反思，西方生态主义理论发展在逐步加快并且不断完善。关于中国风景园林的交流开始逐渐频繁，相关的西方生态理论也开始在国内传播和普及。如奥姆斯特德关于城市公园运动的系统理论和生态学观点；埃利奥特更新风景园林设计的管理制度下，提出新的景观系统分析方法；刘易斯芒福德提出自然景观和资源在现代城市的工业文明中的意义；麦克·哈格的生态主义，景观生态学的思考方式变得更加全面和科学。1980年，《世界保护战略》首次提出了可持续发展，生态成为20世纪八九十年代中国园林的发展主题，相关的公园设计理念开始正式登上舞台。天津在1983年集中力量治理海河两岸的环境时，建设了海河公园；济南市为了重振泉城风貌，1984年开始治理护城河，发动群众和部队指战员义务劳动，清除淤泥，加深阔宽河床，修复泉池，沿河绿化，打造环境优雅的环城公园。济南环城公园、合肥环城公园将若干公园体系连接在一起，在空间上形成连续的绿化空间，创造生态廊道。

4.2 生态思潮下的“修补”理念

经过20世纪八九十年代的发展，生态理念转为更为精细尺度的考量。21世纪，在全球可持续发展的大理念背景下，中国就城乡发展先后提出了“海绵城市”“新型城镇化”“美丽乡村”和“城市双修”等相关政策理论。

政策核心是探寻适合中国的可持续发展模式，随着城市扩张，城镇化快速发展，在现有的基础建设上，进行科学的生态“修补”。现代公园整体设计中主导理念为生态修补理念，设计避免大动干戈人工造景，尽量减少因建设工程对生态环境的二次破坏和污染。公园的设计理念从优化绿色自然基础入手，自然元素的修复分为对土壤修补（重点包括城市遗留工业污染用地活化，湿地的保护规划），对水体的修补（重点包括城市内河流水体优化）。黄岩永宁公园，该公园保护和恢复河流的自然形态，停止河道渠化工程，并以大量乡土物种构成的景观基底；[11]上海辰山植物园，采用分区域的植物种植的方式，自然修复现有污染土地，将鱼塘水网的肌理梳理整饬，开挖湖面的土方集中用来堆积绿环，达到土方平衡。[12]设计理念围绕棕地改造，修补现有的不良环境，用景观介入改善自然景观；哈尔滨群力公园，用乔、灌木互相结合种植林带，形成了牢固的“细胞壁”，在原生态湿地外围，防护林带内修建一系列泡状人工湿地。

5 结语

中国现代公园经历1970年发展，纵观其历程脉络，设计理念从机械的社会主义人本理念逐步理念复杂多元化，对国外设计模式的引介与转译也更加完善。从1950年代引入苏联休息公园的功能布局模式，为现代公园科学性分区的设计方法奠定基础。1960年代大地园林化下的公园，由于忽略公园基础的功能导致过度“生产化”，但生产理念在把握好公园的基础功能的前提下，对现代高密度空间的城市提供了一个很好的发展方向。1980年代至今，风景园林进入繁荣发展，现代公园设计理念显现多元化，在生态的大背景下，同时涉及社会学，心理学，生态学，工程学等学科。整体而言，现代公园设计，其设计理念来源于寻找居民在自然与人类之间找到一个最佳共生的平衡点。中国现代公园发展历史表明，“学者循其委以竟其原”，需以发展的眼观看待现代公园的理念的更新演变，“积理”而后“练识”，继承而后发展，为构建更适宜的人居环境而努力。

参考文献

[1] 王绍增.30年来中国风景园林理论的发展脉络[J]. 中国园林，2015，31(10)：14-16.

[2] L.B. 卢恩茨著. 朱钧珍. 刘承娴. 马士伟等译. 绿化建设[M]. 北京：建筑工程出版社，1956：49-50，222.

[3] 王子. 四、园林修建工程 陶然亭公园重建露天大舞池// 徐德权. 北京园林年鉴[M]. 1993.

[4] 北京市陶然亭公园规划设计[J]. 建筑学报，1959(04)：26-29.

[5] 1949～2009风景园林60年大事记. 风景园林，2009(04)：14-18.

[6] 赵纪军. 对“大地园林化”的历史考察. 中国园林，2010，26(10)：56-60.

[7] 罗正敏. 城市综合性公园改造规划[D]. 南京：南京林业大学，2007.

[8] 赵纪军. 新中国园林政策与建设60年回眸(四)园林革命[J]. 风景园林，2009(05)：75-79.

[9] 冯纪忠. 方塔园规划. 建筑学报，1981(07)：40-45+29-84.

[10] 吴劲章，谭广文. 岭南园林的传承与发展——广州造园成就六十年回顾. 广东园林，2009，31(S1)：9-12.

[11] 俞孔坚，刘玉杰，刘东云. 河流再生设计——浙江黄岩永宁公园生态设计. 中国园林，2005(05)：1-7.

[12] 克里斯朵夫·瓦伦丁，丁一巨. 上海辰山植物园规划设计[J]. 中国园林，2010，26(01)：4-10.

作者简介

林诗雨，1994年生，女，汉族，福建人，华中科技大学建筑与城市规划学院在读硕士研究生。研究方向为风景园林历史与理论。电子邮箱：942779163@qq. com。

赵纪军，1976年生，男，汉族，河北人，博士，华中科技大学建筑与城市规划学院教授，博士生导师。研究方向为风景园林历史与理论。电子邮箱：jijunzhao@qq. com。

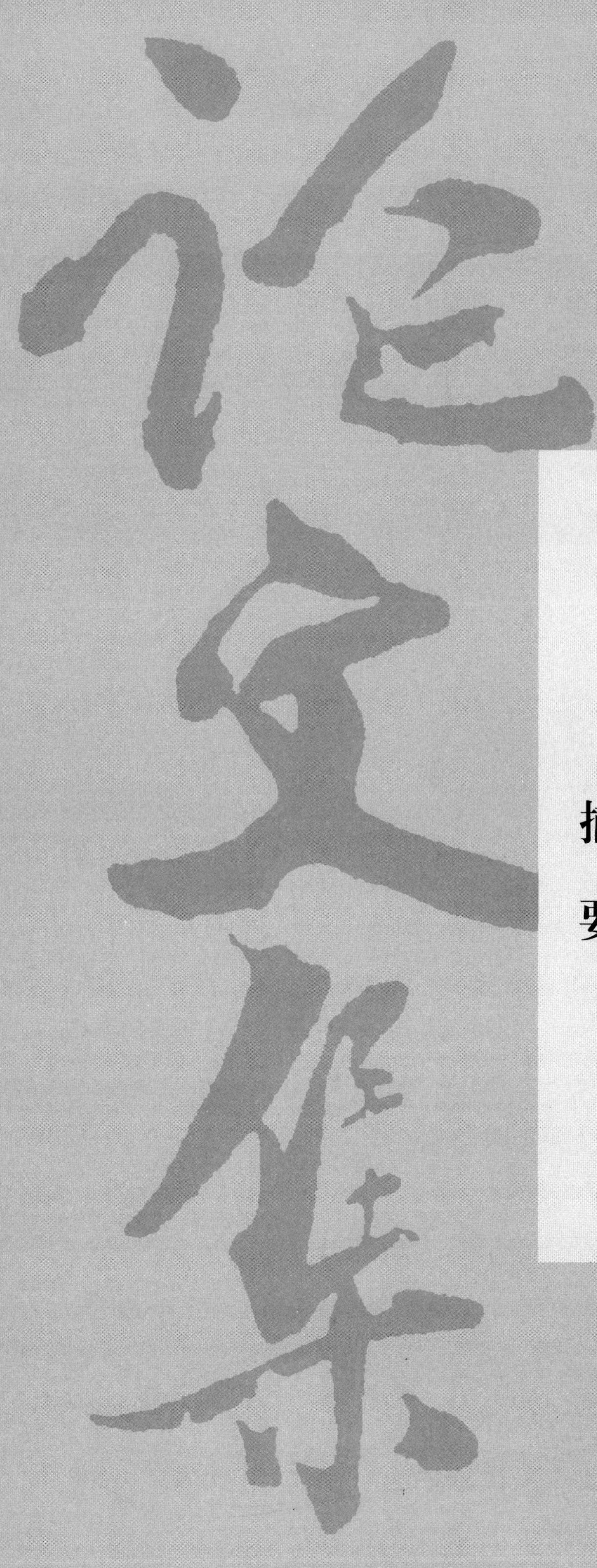

摘要

“城脉”景观的文化传承

——保定老城街区的景观修补规划实践

Cultural Inheritance of "City Vein"Landscape

—Practice of Landscape Renovation Planning for Baoding Old Town Block

辛泊雨

摘　要： 在我国城市高质量发展的大背景下，以文化传承为引导的文化历史街区复兴成为城市修补与更新的重要抓手，找寻历史“城脉”以展现其独特的文化内涵，是当今风景园林行业所追求的重要目标。文章以保定老城街区的修补规划工作为切入点，从风景园林的视角深入思考以“城脉”景观为主线的文化传承路径，探讨城市文化景观更新的技术路线和实践方式，为其他城市文化历史街区景观改造更新提供重要参考。
关键词： 城脉；文化传承；景观；文化历史街区；修补与更新

Abstract: Under the background of high-quality urban development in China, the revival of historical blocks guided by cultural heritage has become an important grasp of urban repair and renewal. Searching for the historical city vein of the city to show its unique cultural connotation is an important goal pursued by the landscape architecture industry today. From the perspective of landscape architecture, this paper deeply considers the cultural inheritance path with the "urban vein" landscape as the main line, and explores the technical route and practical way of urban cultural landscape renewal, which provides an important reference for the landscape planning of other historic urban districts.
Keyword: City vein; Cultural heritage; Landscape; Historic and Culture Block; Repair & Renewal

“城市双修”理念下的临沂市主城区滨水空间保护更新策略与实践

Strategies and Practice of Waterfront Space Protection and Renewal in Linyi with the " Urban Renovation and Ecological Restoration " Concept

周元超

摘　要：“城市双修”理念的提出为城市发展提供了新的理念和方向。临沂市主城区滨水空间作为临沂城市绿地系统的重要组成部分，其保护更新对城市发展具有重要作用。本文归纳总结了在“城市双修”理念下，临沂市主城区滨水空间保护更新策略，并分享了在此基础上所做的实践工作。以期为今后的滨水空间的“双修”策略，提供方法借鉴，以及引起对滨水空间景观建设的更多思考。
关键词： 城市双修；滨水空间；策略；实践

Abstract: The concept of "urban renovation and ecological restoration" provides a new concept and direction for urban development. The waterfront space is an important part of the Linyi urban green space system, and its protection and renewal plays an important role in urban development. This paper summarizes strategies of waterfront space protection and renewal in Linyi under the Concept of " urban renovation and ecological restoration ", and shares the practical work, in order to provide methods for reference, as well as to arouse more thinking about the landscape construction of waterfront space.
Keyword: Urban Renovation and Ecological Restoration; Waterfront Space; Strategy; Practice

"留白增绿"背景下的城市边缘区郊野公园水生态修复策略

——以北京市朝阳区四合公园为例

Water Ecological Restoration Strategy of Country Parks in Urban Edge Area under the Background of "Leave Blank Space and Increase Green Space"

—A Case Study of Sihe Park，Chaoyang Distric，Beijing

樊柏青　贺琪琳　刘东云

摘　要：在北京市疏解非首都功能的系统工程指导下，"留白增绿"为建筑腾退地提出了增加绿色空间、改善人居环境的要求。为掌握北京市朝阳区四合公园地区原址的水文条件，对其水源井的分布、开采状况以及腾退前工业和生活污染源等情况进行深入调研，并进行了样本采集实验。依据相关标准，针对其水质总体属于Ⅳ类以上、污染明显的调查结果，提出了相应的水生态修复策略。以期为同类型城市边缘区郊野公园提供借鉴。

关键词：留白增绿；腾退空间；污染源；水文；生态修复

Abstract: Under the guidance of system project for removing non-capital functions in Beijing, "Leave Blank Space and Increase Green Space" puts forward the requirements of increasing green space and improving human settlements environment for demolished area. In order to grasp the hydrological conditions of the original site of Sihe Park in Chaoyang District, Beijing, as well as the industrial and living pollution sources before demolished, researchers conduct in-depth investigation and sample collection experiments. According to the investigation results, water quality generally belongs to category IV or above and is obviously polluted. Therefore, the corresponding water ecological restoration strategies are put forward in order to provide reference for the same type of suburban parks in urban fringe areas.

Keyword: Leave Blank Space and Increase Green Space; Demolished Area; Pollution Sources; Hydrology; Ecological Restoration

"美丽中国"背景下国土风貌整治策略研究

——以北京大兴郊野公园设计为例

Research on the Strategy of Land Renovation in the Background of " Beautiful China"

—Taking the Design of Daxing Country Park in Beijing as an Example

黄婷婷　韩若东　高梦瑶　朱建宁

摘　要：中共十八大报告提出的"美丽中国"以及自然资源部的成立都指出国土风貌的营建的重要性，让城市体现地域风貌。本文基于文献研究，依据不同郊野公园的自然人文风貌、周边用地类型、规划定位三大因素对郊野公园功能类型进行论述，并对栖息生境型郊野公园营建策略进行研究。研究提出郊野公园的3个功能类型：生态保护型、生态游憩型、生态生产性和9个二级分类。本研究选择以提高生物多样性为主要目标的栖息生境型郊野公园为研究对象，在构建完整的土地适宜性的基础上，提出林地生境、水体生境、农田生境营建策略，并以大兴郊野公园为例，对营建策略进行实践。对郊野公园的功能类型进行论述，能够为郊野公园建设提供指引，对栖息生境型郊野公园进行营建策略研究可以为未来郊野公园建设提供参考。

关键词：美丽中国；国土风貌；生境营建；风景园林；郊野公园

Abstract: The "beautiful China" proposed by the 18th National Congress of the Communist Party of China and the establishment of the Ministry of Natural Resources pointed out the importance of the construction of the country's land and features, and let the city reflect the regional style. Based on the literature research, this paper discusses the functional types of country parks based on the natural and cultural features of different country parks, the types of surrounding land use, and the planning and positioning, and studies the construction strategies of habitat-type country parks. The study proposed three functional types of country parks: ecological protection, ecological recreation, ecological productivity and 9 secondary classifications. In this study, the habitat-type country park with the main goal of improving biodiversity was selected as the research object. Based on the construction of complete land suitability, the forest land habitat, water habitat and farmland habitat construction strategy were proposed, and the Daxing Country Park was For example, practice the construction strategy. The discussion on the functional types of country parks can provide guidance for the construction of country parks. The research on the construction strategy of habitat-type country parks can provide reference for the future construction of country parks.
Keyword: Beautiful China; National Landscape; Habitats Construction; Landscape Architecture; Country Parks

"森林大学"校园植景及空间特征解析与思考

——以华中科技大学主校区为例

Analysis and Reflection on Campus Planting Landscape and Spatial Characteristics of "Forest University"

—Taking Huazhong University of Science and Technology as an Example

张　雨　张謦文　殷利华

摘　要: 校园植景空间解析与研究仍是我国特色校园建设中亟待关注和解决的内容。文章将"森林大学"之称的华中科技大学主校区作为研究对象，深入调研校园绿地环境及植物群落、植物种空间分布，目视解译法解译主校区 0.26m 高精度的地理环境因子及植被信息，全面分析校园植物群落、不同类型植景空间布局现状及环境特征；结合问卷调研，运用层次分析法对主校区植景空间类型满意度进行综合评价；探讨"森林式"校园植景空间规划与设计。最后提出华科校园的相关改善建议：通过增加植物种类、兼顾四季特色植景和完善植物配置方式的方法增加华科主校区分区"植景特色营建"；注重植景与校园硬质景观和文化特色的协调；通过将密闭型绿地改为开敞型、半开敞型植景空间等措施丰富重点区域的植景空间类型。
关键词: 风景园林；校园景观；植景空间；目视解译；层次分析法

Abstract: The analysis and research of campus planting space is still an urgent problem in the construction of Chinese characteristic campus. This paper takes the main campus of Huazhong University of Science and Technology(HUST), known as "forest university", as the research object, deeply investigates the campus green space environment, plant community and plant species spatial distribution, interprets the 0.26m high-precision geographical environment factors and vegetation information of the main campus by visual interpretation, and comprehensively analyzes the current situation and environmental characteristics of campus plant community, different types of planting landscape spatial layout. Combined with the questionnaire survey, the analytic hierarchy process (AHP) was used to comprehensively evaluate the degree of satisfaction of the planting space in the main campus. Discuss the planning and design of "forest-style" campus planting space. Finally, the study points out and puts forward some suggestions for improvement of campus landscape and space of HUST: to increase the "landscape planting characteristic construction" in the main campus area of HUST by increasing plant species, giving consideration to the characteristics of planting in four seasons and improving the plant configuration; pay attention to planting landscape and campus hard landscape and cultural characteristics of the coordination; by changing the hermetic green space into open and semi-open landscape planting space, the landscape planting space types in key areas can be enriched.
Keyword: Landscape Architecture; Campus Landscape; Plant Landscape Space; Visual Interpretation; Analytic Hierarchy Process(AHP)

“新山水”思想在城市社区景观营造的探索

The Research of "New Shanshui" in Urban Community Landscape Design

孙 虎 孙晓峰

摘 要：随着社会与经济的发展，城市化进程加快带来居民生活方式的快速变化，人们对城市社区景观营造的要求也显著提升。国内部分小区虽有“绿色小区”之名，但实际上却并不能很好地满足居民对日常城市社区景观的需求，也没有达到城市社区景观自然景观与人文景观融合、提升社区居民生活品质的作用。本文提出可用于不同尺度下的“新山水”思想，阐述“新山水”引导下的城市社区景观营造方法，并以一些实际建设项目为例，尝试解释“新山水”在城市社区营造中的特点与探索。希望可以用“新山水”思想合理协调在城市社区景观营造中人与小尺度自然关系，以此满足城市生活中人们亲近自然的需求，并希望创造一种人文生态、文化景观和自然相融合的和谐关系，以供同行参考。

关键词：“新山水”；“山水城市”；社区景观；景观营造；城市设计

Abstract: With the social and economic development, urbanization changed the lifestyle resident dramatically which leads to a high requirement of community landscape. A few resident community in China got the certification of ‘Green Community’ but actually did not meet the requirement of living community landscape. They also did not contribute to natural landscape, human landscape and living quality. This paper talks about a concept called‘ New Shanshui’ which could be used in different scale of landscape planning and design, try to explain the ‘New Shanshui’ design method in community landscape scale. It hope to find a balance in the relationship between human and natural in community scale which will help people to get close to nature and it will try to find a potential way to build a harmony relationship among human ecology, culture landscape and nature.

Keyword: "New Shanshui"; "Shanshui City"; Community Landscape; Landscape Design; Urban Design

“一带一路”视野下当代中国西北地区地域性景观设计创新与实践

Innovation and Practice of Regional Landscape Design in Northwest China under the Vision of "Belt and Road"

何钰昆 李 哲 宋 爽

摘 要：随着“一带一路”倡议的深化实施，以当代我国西北地区地域性景观为代表的新丝路景观创作实践获得高度关注，其地域性设计观念及创新实践有待归纳提炼。本文基于地域主义思想（Regionalism）及其设计观念的梳理与分析，以当代西北地域性景观实践为分析对象，在解析地域性景观设计理论相关概念、范畴、内涵的基础上，分析西北地区地域性景观的自然与文化背景与时代特征，并在“一带一路”现实语境下，探究我国当代西北地域性景观设计整体提升的策略与方法，认为领土解释与场所设计、要素提炼与空间重组、地域景象与本土情境、传承文脉和生活场景是当代西北地区地域性景观创作的主要策略，对其深入解析是当代西北部地域性景观设计持续深化的重要途径。

关键词：西北地区；地域主义；风景园林；设计策略；一带一路

摘

要

Abstract: With the development of " the Belt and Road " construction in China, the Northwest China, which is interwoven with colorful Eastern and Western cultures, is also revitalizing. The construction of Northwest China in the new period also influences and shapes the design language of contemporary landscape in Northwest China. Starting from the concept of regional landscape, Taking the design method and innovative practice of contemporary northwest regional landscape as the research content, and on the basics of analyzing the relevant background,

category and connotation of the theory of regional landscape design, to sum up the natural and cultural texture characteristics of regional scenic gardens. And in the context of the construction of " the Belt and Road ", This paper explores the strategies and methods for the overall upgrading of contemporary northwest regional landscape design in China.
Keyword: Northwestern Region; Regionalism; Landscape Architecture; Design Strategy; the Belt and Road

东南亚植物景观的营造与应用

——以南宁园博园项目东南亚特色植物园子项工程为例

Construction & Application on Southeast Asia Plant Landscape

—Take the Landscape Project of Southeast Asia distinctive Botanical Garden for example

黄 琳

摘 要：东南亚地区是亚洲纬度较低的地区，整体而言属于热带地区。东南亚特色植物园作为国内唯一的东盟十国城市展园及东南亚特色植物展示园，极具东南亚风情特色。论文通过分析东南亚植物景观的风格特色、营造策略，结合东南亚特色植物园的园林植物景观进行研究，得出对东南亚植物景观营造的一些启示与思考。
关键词：东南亚；植物景观；展示园

Abstract: Southeast Asia is a region of lower latitude in Asia and belongs to tropical region. Southeast Asian characteristic botanical gardens, as the only city exhibition gardens of ten ASEAN countries and the distinctive botanical exhibition gardens of Southeast Asia in China, have the terrific characteristics of Southeast Asian customs. Through the analysis of the style characteristics and construction strategies of plant landscape in Southeast Asia, and the research of landscape plant landscape in the characteristic botanical gardens in Southeast Asia, this paper draws some inspirations and Thoughts on plant landscape construction in Southeast Asia.
Keyword: Southeast Asia; Plant Landscape; Exhibition Gardens.

2004～2017年间中国城市绿地系统研究进展[①]

——基于CiteSpace的知识图谱分析

Research Progress of Urban Green Space System in China from 2004 to 2017

—A Knowledge Maping Based on CiteSpace

申世广 张 刚 李灿柳

摘 要：为了把握2004～2017年间中国城市绿地系统领域的发展脉络，研究热点和趋势，利用CNKI期刊数据库中的核心期刊和CSSCI论文为数据源，基于文献统计分析方法和文献可视化工具CiteSpaceⅤ，绘制绿地系统研究的知识图谱，分析绿地系统研究成果的时间分布、高产作者与研究机构分布以及研究领域和热点，并为我国城市绿地系统研究趋势做出判断。结果表明：①2004～2017年，绿地系统的研究成果呈倒“U”形分布，前期快速增长，中期持续高产，后期逐渐下降。②这段时间内绿地系统研究机构和科研力量迅速壮大，且

① 基金项目：国家自然科学基金（编号31570703）。

二者具有明显的正相关性，但机构之间研究实力强弱明显。③绿地系统的研究领域与2003年前相比大大增加。其中，绿地系统规划、评价、绿道、绿色基础设施、遥感与海绵城市是这个时期相对集中的研究热点。
关键词： 绿地系统；CiteSpaceV；知识图谱；研究进展；中国

Abstract: In order to grasp the development vein, research hotspots and trends of urban green space system in China since 2004, this paper uses core journals and CSSCI dissertations in CNKI periodical database as the data source to get the knowledge mapping of green space system research, analyze the time distribution and productive authors the of the research results and study the institution distribution, research fields and hotspots, which based on the method of literature analysis and document visualization tool CiteSpaceV, then to make a judgement for the research trend of urban green space system in China. The results show that: ①From 2004 to 2017, the research results of green space system show an inverted "U" shape with rapid growth in the early period, sustainable high yield in the middle period and gradual decline in the later period. ②The research institutions and scientific research force of the green space system have grown rapidly in this period, the two have significant positive correlation, but the strength of the research between institutions is obvious. ③The research field of green space system increased greatly compared with that before 2003. Among them, green space system planning, evaluation, greenways, green infrastructure, remote sensing and sponge city are relatively concentrated research hotspots during this period.
Keyword: Green Space System; CitespaceV; Knowledge Mapping; Research progress; China

产业重建视角下矿山废弃地生态修复研究

——以重庆市北碚区海底沟片区为例

Study on Ecological Restoration of Mine Waste Land from the Perspective of Industrial Reconstruction

—A Case Study of Haidigou Area

杨 佳 戴 彦

摘 要： 矿山废弃地是一种急速退化并对周围环境产生较大负面影响的生态系统，单纯针对矿区自然环境本身的生态修复不具备可持续性。本文以产业重建为视角，探讨矿山废弃地生态修复与产业重建的关系，对国内外典型案例进行梳理，总结出其发展模式、修复策略与措施。认为生态修复与产业重建相结合，是确保矿区可持续发展的关键，并以重庆市北碚区海底沟片区为主要研究对象，提出“生态修复＋产业重建”的发展模式。
关键词： 生态修复；产业重建；矿山；废弃地；海底沟

Abstract: Mine wasteland is an ecological system which degrades rapidly and has a great negative impact on the surrounding environment. It is not sustainable to simply restore the natural environment of the mining area itself. From the perspective of industrial reconstruction, this paper discusses the relationship between ecological restoration of mine wasteland and industrial reconstruction, combs typical cases at home and abroad, and summarizes its development model, restoration strategies and measures. It is considered that the combination of ecological restoration and industrial reconstruction is the key to ensure the sustainable development of mining areas. Taking the Haidigou area of Beibei District in Chongqing as the main research object, and proposing the Development Model of "Ecological Restoration ＋ Industrial Reconstruction"
Keyword: Ecological Restoration; Industrial Reconstruction; Mining; Abandoned Land; Haidigou

城山关系变迁下南京清凉山山地园林的演进与特征

Evolution and Characteristics of Gardens of the Qingliangshan Mountain in the Changing Relationship between Nanjing City and the Mountain

李佳蕙　刘志成

摘　要： 南京清凉山与城市的关系经历了由远及近，从外到内的变化，其上的山地园林也在这一变迁历程中不断演化，并在明清时期形成了鼎盛的格局。通过梳理六朝至明清清凉山与历代城市之间的关系以及山地园林的演变历程，并以清代南京随园、薛庐两个具有代表性的山地园林为分析对象，总结山地园林在借景、空间序列与文化内涵三方面的营造特征，最终提出城山关系如何在选址、观景特色与游冶活动上对山地园林产生影响。

关键词： 城山关系；园林演进；清凉山；随园；薛庐

Abstract: The relationship between Qingliangshan Mountain and the city in Nanjing has changed from far to near and from outside to inside. The gardens on it have also evolved continuously in this process of change and formed a pattern of prosperity in the Ming and Qing dynasties. Through combing the relationship between Qingliangshan Mountain in the Six Dynasties to the Ming and Qing Dynasties and the cities of past dynasties, as well as the evolution process of mountain gardens, and taking Nanjing Suiyuan and Xuelu, two representative mountain gardens in the Qing Dynasty, as examples, the construction characteristics of mountain gardens in borrowing scenery, spatial sequence and cultural connotation are summarized, and finally how the relationship between city and mountain affects gardens on the mountain in terms of site selection, scenery characteristics and activities is put forward.

Keyword: City-Mountain relationship; Evolution of garden; Qingliangshan Mountain; Suiyuan garden; Xuelu garden

城市滨海盐碱地景观更新[①]

——以青岛西海岸中央公园为例

Renewal of Urban Coastal Saline-alkali Land

—A Case Study of Central Park on the West Coast of Qingdao

庄　杭　钟誉嘉　张梦晗　王向荣

摘　要： 大多城市滨海盐碱地因为恶劣的生态环境条件被闲置，或者因为利用不合理，盐碱化加剧，成为城市荒废的边缘。本文对城市滨海盐碱地的成因、水盐运动规律和演化机制进行研究。跨学科借鉴农林业传统的治水改土经验，结合景观改造实现生态智慧。探讨传统的排灌系统结合水系景观的层级网络模式，不同地形改造方式下的盐分抑制效益，不同耐盐绿肥植物种植结构对于盐碱地的适应。以青岛西海岸中央公园规划设计为例，探讨城市滨海盐碱地土壤改良融合景观更新的方式。城市滨海盐碱地的景观改造提供了海岸与城市融合的契机，在实现生态效益的同时，提升土地价值，共享景观资源，形成美好健康的城市形象。

关键词： 滨海盐碱地；治水改土；景观更新

Abstract: Most coastal saline-alkali lands in cities are idle because of the adverse ecological environment conditions. On the other hand, due to the unreasonable utilization, the saline-alkali land is intensified and has become the barren fringe of the city. This paper focus on studies about

① 北京林业大学建设世界一流学科和特色发展引导专项资金资助——传统人居视野下城—湖系统的结构与格局及其转化研究（2019XKJS0315）；北京市共建项目专项资助“城乡生态环境北京实验室”。

the origin, the movement of water with salt, and evolution mechanism of urban coastal saline-alkali land. Based on the experience of water control and soil improvement in agroforestry, the ecological wisdom can be achieved through landscape reconstructions. Moreover, it discusses the hierarchical network model of waterscape that combined the traditional drainage and irrigation system. the efficiency of salinity control under different topographic reconstruction methods, the adaptability of different salt-tolerant and green fertilizer plant planting structure to salinization degree, and the irrigation management of slightly salty water. Take the construction of central park on the west coast of Qingdao as an example. The landscape reconstruction of the urban coastal saline-alkali land provides an opportunity for the integration of the coast and the city. With realizing the ecological benefits, to improve the land value and share landscape resources with the public, and then a beautiful and healthy city image will be formed in return.
Keyword: Coastal Saline-alkali Land; Water Control and Soil Improvement; Landscape Regeneration

城市公共空间建成环境与游憩活动研究综述

A Summary of the Research on the Built Environment and Recreation Activities of Urban Public Space

原 昊 王 婧

摘　要：城镇化过程中，高密度、高容积率土地开发模式及产生的附加效应不仅使城市公共空间进一步被压缩，也使现有的公共空间体验变差。随着大量外来人员的持续涌入和人们工作强度的增加，现有的城市公园无论是面积还是质量都已经无法满足市民的游憩需求，环境预设行为与实际使用之间存在一定错位加剧了这一问题。针对于此，本文梳理国内外城市公共空间建成环境与游憩活动研究的相关理论和方法，探讨了我国城市公共空间研究当前存在问题及未来发展方向。
关键词：建成环境；游憩活动；综述

Abstract: In the process of urbanization, the land development mode with high density and high plot ratio and its additional effects not only further compress the urban public space, but also worsen the existing public space experience. With the continuous influx of a large number of immigrants and the increase of people's work intensity, the existing urban parks, regardless of size and quality, have been unable to meet the increasing demand of citizens for recreation in the park. The difference between presupposed behavior and actual use further aggravates this problem. Aiming at this problem, this paper combs the relevant theories and methods of the research on the built environment and recreation activities of urban public space at home and abroad, and discusses the existing problems and future development direction of the research on urban public space in China.
Keyword: Built Environment; Recreation Activities; Review

城市景观设计中的儿童参与模式研究[①]

——以美国 "Growing up Boulder" 项目为例

Children's Participation in Urban Landscape Design

—A Case Study of "Growing up Boulder" Project in the US

舒谢思源　殷利华

摘　要：我国正开展“儿童友好型城市”规划与建设，城市景观设计引入儿童参与尤显重要。通过系统分析美国“Growing up Boulder”城市景观设计项目在前期意见征集、中期方案设计以及后期建造与管理过程中有关儿童的组织方式、参与形式以及实际作用，探讨城市管理部门、建设部门、景观师、规划师的责任，扩大儿童在城市景观设计中的参与，探索适应我国国情的“儿童友好型城市”创建中有效的儿童参与模式，并为其科学合理建设提供参考。

关键词：风景园林；城市景观；儿童友好型城市；儿童参与

Abstract: China is carrying out the planning of "child-friendly cities", and the introduction of children's participation in urban landscape design is particularly important. The thesis explores the responsibilities of urban management departments, construction departments, landscape architects and planners through the systematic analysis of the "Growing up Boulder" urban landscape design project in the United States, including the organization, participation and actual role of children in the preliminary comments, medium-term plan design and post-construction implementation process. The aim is to expand children's participation in urban landscape design, explore effective children participation model in the construction of "child-friendly cities" adapted to China's national conditions, and provide reference for its scientific development.

Keyword: Landscape Architecture; Urban Landscape; Child-friendly Cities; Children's Rparticipation

城市绿地生态网络构建及效能研究

——以济南市为例

Research on Urban Green Ecological Network Construction and Spatial Efficiency

—Take Jinan City as an Example

宋琳琳　李端杰

摘　要：城市绿地生态网络是最大的区域生态资源，具有保护自然、文化、游憩等景观资源的功能，合理的空间利用可以控制和提升城市生态效能。在城市绿地生态网络的指导下，引导绿色空间发展战略与可持续的发展模式，可以推进协调城市生态空间的关系。科学系统的对城市绿地生态网络进行构建，促进城镇化、生态化发展过程的互相融合，从而达到整体生态改善的效果。文章从效益作为切入点，以济南市为例进行解读分析，探索城市绿地生态空间资源的网络化配置体系，实现城市可持续发展理念。

关键词：城市绿地；生态网络；效能

① 基金项目：本文受国家自然科学基金（51678260），华中科技大学自主创新基金（2016YXMS053），华中科技大学校级教改课题（2017041）同时资助。

Abstract: The ecological network of urban green space is the largest regional ecological resource, which has the function of protecting natural, cultural and recreational landscape resources. Under the guidance of the urban green space ecological network, guiding the green space development strategy and sustainable development model can promote the coordination of urban ecological space relations. The scientific system constructs the ecological network of urban green space to promote the integration of urbanization and ecological development, so as to achieve the effect of overall ecological improvement. This paper takes JiNan city as an example from the point of view of benefit, explores the network allocation system of urban green space resources, and realizes the concept of sustainable urban development.
Keyword: Urban Green Space; Ecological Network; Efficiency

城市门户景观意象研究

Research on Image of Urban Portal Landscape

孙佳敏

摘　要： 高速建设的背景下，出现了城市面貌趋同的现象，要解决此问题，城市必然需要找到并且塑造属于自己的城市特色，而如何让城市特色让人清晰感知到，成为城市形象建构的重要内容。城市门户景观作为出入城市的形象窗口，除了能直观地向人们展示整个城市的基调，在城市的发展与建设过程中也担当着重要的角色，是城市设计的重要组成部分。凯文·林奇提出对城市环境评价的标准之一，即可意象性（Imaginability），就是人们对某一建筑环境的基本空间模式的识别，了解可意象对象的形象特色。文章以门户景观作为主要研究对象，解读了可意象性的概念及意义，对应营造意象的5类要素加以分析，说明可意象性在城市门户景观设计中的应用，分析城市门户景观意象对城市特色的彰显以及对人的行为反应和门户景观建设的引导性，以期为相关设计规划提供参考。
关键词： 门户景观；可意象性；城市特色；城市意象

Abstract: Under the rapid process of urban construction, there has been a phenomenon of the convergence in urban appearance. To solve this problem, cities must find and shape their own urban characteristics. And how to make urban characteristics clearly perceive has become important in the construction of urban image. As the representative of city image, the city portal landscape not only can intuitively show people the tone of the city, but also plays an important role in the development and construction of the city. It is an important part of urban design. Kevin Lynch proposed one of the criteria for urban environmental assessment——Imaginability, which influence the recognition of the basic spatial pattern of a certain architectural environment and the image characteristics of the imageable objects. The article takes the portal landscape as the main research object, interprets the concept and meaning of imagery, analyzes the five elements of imagery, and illustrates the application of imagery in urban portal landscape design. Moreover, to provide reference for relevant design, considering how the imagery of urban portal landscape intensify the city characteristics and providing guidance for people's special cognition and the construction of portal-landscape are necessary.
Keyword: Portal Landscape; Imaginability; Urban Characteristics; The Iimage of City

城市设计视角下的山地城市眺望系统视线廊道控制研究

——以水富市温泉片区城市设计为例

Study on the Control of the Line of View Corridor of Mountain City View System from the Perspective of Urban Design

— Taking the Urban Design of Hot Spring Area in Shuifu City as an Example

范 戈 朱 捷

摘　要：近年来，我国的部分城市建设存在"高速、粗放"等特征，忽视了城市空间的精细化，导致山地城市人居环境中"显山露水"的空间特色日益衰退，空间场所的可识别性降低。当今的山地城市建设中，如何满足发展要求的同时兼顾保护独特的自然山水格局成为一个难题。眺望系统对于塑造山地城市特色空间景象具有重要意义。本文以云南省水富市为例，试图将视线控制理论与山地城市设计相结合，探索视线廊道的控制方法，实现山地城市空间形态管控，从而协调好城市发展与空间特色保护之间的关系。
关键词：城市设计；眺望系统；视线廊道；城市空间形态

Abstract: In recent years, some cities in China have the characteristics of "high-speed, extensive" and neglect the refinement of urban space, which leads to the decline of the space features of "showing mountains and rivers" in the residential environment of mountainous cities and the decrease of the identifiability of space places. In today's mountainous city construction, how to meet the development requirements while taking into account the protection of unique natural landscape pattern has become a difficult problem. The overlooking system is of great significance in shaping the characteristic spatial scene of mountain cities. Taking Shuifu City in Yunnan Province as an example, this paper attempts to combine the theory of sight control with the design of mountain cities, explore the control method of sight corridor, and realize the control of space form of mountain cities, so as to coordinate the relationship between urban development and space characteristic protection.
Keyword: Urban Design; Visual System; Line of View Corridor; Urban Space Form

城市湿地景观的可持续发展研究

Study on Sustainable Development of Urban Wetland Landscape

戴 畅

摘　要:针对现状城市发展需求,分析现状城市湿地景观存在的问题,提出加强城市湿地公园建设的必要性,同时为湿地公园建设提出解决措施.
关键词:城市湿地景观;可持续发展;低碳

Abstract: Aiming at the current urban development needs, this paper analyzes the existing problems of urban wetland landscape, and proposes the necessity of strengthening the construction of urban wetland parks, and proposes solutions for the construction of wetland parks.
Keyword: Urban Landscape; Sustainable Development; Low Carbon.

川西平原传统村落环境生态康养功能探析

Analysis on Ecological Care Function of the Traditional Village Environment in the Western Sichuan Plain

郭庭鸿

摘　要：传统人居环境是传统文化的重要物质载体之一。从健康视角探析了川西平原传统村落环境的生态康养功能。阐明了生态康养的内涵及其与现代医学健康理论之间的关系，分析了川西平原传统村落环境营建过程在宏观、中观和微观等不同的生态尺度中对生态康养思想的运用，并对一个典型的川西平原传统村落进行了实地调查分析，最后总结了传统村落生态康养功能对我国乡村振兴建设的借鉴意义。
关键词：川西平原；林盘；生态康养；乡村振兴

Abstract: The traditional residential environment is one of the important material carrier of traditional culture. From the perspective of health, this article analyzes the ecological care function of the traditional village environment in the Western Sichuan Plain. Firstly, we showed the meaning of ecological care and the relationship between the modern medical theory of health. Secondly, from the macro, meso and micro level we analyzes the using of ecological care thought in the process of construction of the traditional village environment in the Western Sichuan Plain. In addition, we survey a typical village. Finally, we draw lessons from the meaning of ecological care thought on the rural revitalization construction in our country.
Keyword: Western Sichuan Plain; Linpan; Ecological Care; Rural Revitalization

从《环翠堂园景图》看晚明文人市隐心态

The Reclusion in the City of the Literati in the Late Ming Dynasty from *The Landscape View of Huancui Garden*

漆媛媛

摘　要：坐隐园选址于安徽省休宁县松萝山麓，为徽商、戏曲家、版刻家汪廷讷所有，是晚明文人园林的典型代表，现已不存。《环翠堂园景图》作为研究坐隐园的唯一图像史料，完整描绘了其全盛时期的园景风貌，并凭借宏伟版式、精绝绘刻成为中国版画史上的巅峰之作，为探析园林环境营造，解读文士生活风尚提供了重要依据。本文以《环翠堂园景图》为研究对象，引入图文互证的研究方法，从山水环境描绘、园林生活展示、人物形象刻画、园景命名隐喻四方面入手，探讨晚明文人既渴望摆脱世俗烦扰，又不愿割舍世情的矛盾心态。对于解读晚明文人造园特点、造园思想，揭示晚明文人市隐心态，丰富古代徽州园林研究成果等具有重要价值意义。
关键词：风景园林；《环翠堂园景图》；坐隐园；晚明；市隐心态

Abstract: Located in the foothills of Songluo in Xiuning County, Zuoyin Garden is owned by Wang Tingne, who is a Huizhou businessman, a playwright and a typist. It is a typical representative of the literati gardens in the late Ming Dynasty but no longer exists. As the only historical data for the study of the Zuoyin Garden, *The Landscape View of Huancui Garden* completely described its landscape, and by virtue of its magnificent layout, it has become the peak of the Chinese engraving history. It provides an important basis for the analysis of the garden environment and the interpretation of scribesundefined life style. This paper takes *The Landscape View of Huancui Garden* as the research object, introduces the research method of graphic and text mutual verification, starts from four aspects of landscape environment depiction, garden life display, character portrayal and landscape metaphor and probes into the contradictory mentality of the late Ming Dynasty scholars who are eager to get rid of worldly annoyance and are unwilling to give up the feelings of the world. It is of great value to interpret the characteristics of literati gardening in the late Ming Dynasty, to reveal the hidden mentality of literati in the late Ming Dynasty, and to enrich the research results of ancient Huizhou gardens.
Keyword: Landscape Architecture; *The Landscape View of Huancui Garden*; Zuoyin Garden; The late Ming Dynasty; City Hidden Mentality

从城市商业景观看中国传统园林的传承与发展

Viewing the Inheritance and Development of Chinese Traditional Gardens from the Perspective of Urban Commercial Landscape

赵 琦

摘　要：随着社会经济的飞速发展，商业景观也越来越受到人类的重视，但也与之产生了一些问题。西方景观设计风格被纷纷效仿，而中国的传统园林设计手法反而式微。中国传统园林是中华文明的瑰宝，我们如何从中国传统园林中提取关键元素并运用于现代商业景观是亟待解决的问题。本文从城市商业景观的发展历程，并结合相关案例，探讨城市商业景观对中国传统园林的继承与发展。
关键词：商业景观；中国传统园林；传承；发展

Abstract: With the rapid development of the social economy, the commercial landscape has received more and more attention from human beings, but it has also caused some problems. Western landscape design styles have been followed, and Chinese traditional garden design techniques have been reduced. Chinese traditional gardens are the treasures of Chinese civilization. How to extract key elements from Chinese traditional gardens and apply them to modern commercial landscapes is an urgent problem to be solved. This paper explores the inheritance and development of urban commercial landscapes from traditional Chinese gardens from the development of urban commercial landscapes and related cases.
Keyword: Business Landscape; Chinese Traditional Garden; Inherited; Evolution

从传统的喀斯特保护地到喀斯特国家公园

——以贵州省为例

From the Traditional Protected Areas of Karst to Karst National Park

—take Guizhou Province as an Example

董享帝　欧　静

摘　要：国家公园体制的引入，使我国自然保护地体系进入了新的转型期，开始探索更有效的更为科学的保护模式。以贵州喀斯特保护地为切入点，对国内传统喀斯特保护地模式进行梳理。从国家公园发展历程看喀斯特保护地。提出将部分喀斯特保护地整合成为喀斯特国家公园的构想，分析建立喀斯特国家公园的必要性与可行性，并拟喀斯特国家公园模式下提出保护喀斯特生态环境的策略，寻求以生态保护第一的前提下，更有效、更长远的对喀斯特生态环境进行保护与利用。
关键词：喀斯特；自然保护地；国家公园；贵州省

Abstract: With the introduction of the National Park system, China's protected area system has entered a new transition period, and begun to explore more effective and scientific protection models. Taking the protection area of Karst in Guizhou as the breakthrough point, this paper sorts out the traditional Karst protected land mode. From the perspective of the development of national parks, the protected areas in Karst. This paper puts forward the prospect of establishing Karst National parks, analyses the necessity and feasibility of establishing Karst National parks, and proposes strategies for protecting Karst ecological environment under the mode of Karst National parks, and seeks to protect Karst ecological environment more effectively and longer in the premise of taking ecological protection and utilization as the primary purpose.
Keyword: Karst; Protected Areas; National Park; Guizhou Province

从郭璞《葬书》中探析魏晋南北朝时期的环境观

An Analysis of The Environment View in Wei-Jin and The Northern and Southern Dynasties From *Zangshu* Written By Guo Pu

刘庭风　谢岩松　马雨露

摘　要：魏晋南北朝时代是中国古代大变革的时代，人们突破了传统儒家正统思想的禁锢，在各个层面探索人生的真谛，对于自然也不例外，由于人性的觉醒和自由解放，寄情山水，崇尚隐逸这种“魏晋风流”成为了时尚，人们的环境观也大大改变，本文从成书于此时的经典相地著作《葬书》中来探析这个时代人们对自然的理解。

关键词：《葬书》；魏晋南北朝；环境观

Abstract: Wei-Jin and The Northern and Southern Dynasties was an era of great changes in ancient China. People broke through the confinement of traditional Confucian orthodoxy and explored the true meaning of life at all levels. It is no exception to nature. Because of the awakening and freedom of humanity, it is a land of love and a sense of seclusion. The kind of "Wei Jin Merry" has become a fashion, and people's environmental outlook has also changed greatly. This article explores the understanding of nature in this era from the classic book "Funny Book" written by Cheng Shu at this time.

Keyword: *Zangshu*; Wei-Jin and The Northern and Southern Dynasties; Environmental View

从昆明世园会到北京世园会：我国风景园林近20年的传承与发展思考

Inheritance and Development of Chinese Landscape Architecture in the Past 20 Years: Reflections on Kunming and Beijing International Horticultural Expositions

黄斯靖　蔡　军

摘　要：1999年昆明世园会和2019年北京世园会分别承载了相应历史时期我国风景园林的发展理念和发展水平。两届世园会在主题与活动、选址与范围以及景观表现手法的差异反映出，我国风景园林近20年的发展顺应了生态文明建设的时代趋势，在区域资源整合上起着积极作用并践行了构筑山水林田湖城生命共同体的生态观，艺术与技术的提升促进了人与自然和谐共生的现代化发展。我国风景园林始终担任着平衡人类与自然关系的重要使命，并持续为建设美丽中国做出贡献。

关键词：世园会；风景园林；传承；发展；生态文明建设

Abstract: Kunming International Horticultural Exposition 1999 and Beijing International Horticultural Exposition 2019, embody the development philosophy and the level of Chinese Landscape Architecture in their respective time. The different themes, activities, locations, scopes and landscape expression techniques in two Expos have shown that the development of Chinese Landscape Architecture during the past 20 years have aligned with the trend of ecological civilization construction and the ecological concept of constructing community of shared life. These two Expos demonstrate that Landscape Architecture has played a positive role in regional resource integration. In addition, the endowed art and technology have promoted modern harmony between mankind and nature. Overall, Chinese Landscape Architecture has always played an important balancing role between mankind and nature, and will continue to contribute to the construction of Beautiful China.

Keyword: International Horticultural Exposition; Landscape Architecture; Inheritance; Development; Ecological Civilization Construction

丁蜀镇文化景观的解读与管理

Cultural Landscape in Dingshu Town and the Management

庄安頔　韩　锋

摘　要：丁蜀镇文化景观与本地非物质文化遗产“紫砂陶制作技艺”的发展息息相关，反映了传统居民制陶过程中对自然资源的利用。本文解读了丁蜀镇文化景观的价值、要素与景观特征，分析其中人与自然相互作用的关系与结果。进行景观评估后，本文分析了丁蜀镇文化景观价值所面临的威胁，并提出相应规划管理措施，以期为丁蜀镇在建设特色小镇过程中保留传统景观、凸显本底风貌提供建议。
关键词：文化景观；丁蜀镇；矿区；窑址；景观特征评价

Abstract: The cultural landscape in Dingshu Town is closely related to the development of the local intangible cultural heritage"Zisha Craftsmanship", reflecting the utilization of natural resources in the traditional residents' pottery making process. This paper interprets the value, elements and landscape character of the cultural landscape in Dingshu Town, and analyzes the relationship and results of the interaction between man and nature. After the landscape assessment, this paper analyzes the threats to the value of the cultural landscape and proposes corresponding management measures, in order to provide suggestions for Dingshu Town to preserve the traditional landscape and in the process of building a characteristic town.
Keyword: Cultural landscape; Dingshu Town; Mining Area; Kiln Area; Landscape Character Assessment

沣西新城新河生态修复公园生境营造种植设计研究

Study on Habitat Design and Planting Design of Xinhe Ecological Restoration Park in Fengxi New City of Xixian New Area

鲍　璇　刘　晖

摘　要：在城市生境消失、破碎化，城市生物多样性不断流失的现状下，如何通过风景园林设计，恢复、营造、重现生境的多样性，以减缓城市物种的流失，恢复城市生物多样性，是目前风景园林学科讨论的主要问题之一。论文以西咸新区沣西新城新河生态修复公园段为例，讨论以指示物种生境营造为目的，结合场地地形、水系等设计要素，建植适宜指示物种的乡土植物群落，营造适宜生境，达到生境多样性设计目标，从而修复河流生态系统，营建具备物种多样性的景观。
关键词：生境营造；生境多样性；植物群落；植物景观设计

Abstract: Under the current situation that urban habitats disappear and fragment, and urban biodiversity is continuously lost, how to restore, create and reproduce the diversity of habitats through landscape design to reduce the loss of urban species and restore urban biodiversity. It is one of the main issues discussed in the current landscape architecture discipline. Taking the Xinhe Ecological Restoration Park Section of Luxi New Town in Xixian New District as an example, the paper discusses the design of the habitat of the indicated species, combined with the design features of the site topography and water system, and planting the native plant communities suitable for indicating species to create a suitable habitat and reach the habitat. Diversity design goals to rehabilitate river ecosystems and build landscapes with species diversity.
Keyword: Habitat Design; Habitat Diversity; Plant Community; Plant Landscape Design

高校老幼儿园户外空间优化提升策略研究

——以天津大学幼儿园为例

Study on the Optimization Strategy of Outdoor Space in Old Kindergartens in Universities

—A Case Study of Kindergarten in Tianjin University

李云晓　张秦英　刘东文　术雪松

摘　要：幼儿时期是人生中非常重要的阶段，幼儿园作为幼儿的首要成长场所，其户外环境空间在幼儿教育中也起着至关重要的作用。本文以天大幼儿园为例，在调查家长和幼儿园教师对幼儿户外活动的评价及偏好的基础上，通过幼儿教师参与设计的方式，对天大幼儿园户外景观进行优化设计，并通过此次研究，分析如何优化老幼儿园的室外游戏活动空间。

关键词：风景园林；幼儿园；户外环境；场地优化

Abstract: Early childhood is a very important stage in life, kindergarten as children's primary growth place, its outdoor environment space also plays a crucial role in early childhood education. Taking kindergarten of Tianjin university as an example, based on the investigation of parents' and kindergarten teachers' evaluation and preference for children's outdoor activities, this paper optimizes the design of the outdoor landscape of kindergarten of Tianjin university through the participation of kindergarten teachers in the design, and analyzes how to optimize the outdoor game activity space of the old kindergarten through this study.

Keyword: Landscape Architecture; Kindergarten; Outdoor Environment; Site Optimization

高校系馆类建筑屋顶花园植物生长环境优化设计探究

——以华北水利水电大学建筑系馆为例

Study on the Optimal Design of Plant Growth Environment in Roof Garden of University Department Buildings

—Take Architecture Department Hall of North China University of Water Resources and Electric Power as an Example

杨璧沅　郑　涵　袁自清　孟魏浩　吴　岩

摘　要：作为教学活动的场所，系馆类建筑应起到贯彻教育思想和为教学方法的实施提供场地的功能，并在潜移默化中成为学生感受空间和环境的最直接的对象。因此高校系馆类建筑空间景观的设计有着重要意义。本文以设计建筑屋顶花园植物适宜生长的环境为主，旨在探索出一种适宜郑州地区高校系馆类建筑屋顶花园植物生长的设计模式，并提供可行性建议。

关键词：高校系馆类建筑；屋顶花园植物设计；可调控循环空间

Abstract: As a place for teaching activities, department buildings should play function of implementing educational ideology and providing space for the implementation of teaching methods, which gradually become the most direct object for students to experience space and environment. Therefore, the space landscape design of college buildings is of great significance. The main purpose of this article is to design the suitable environment for plants to grow in the roof garden. The aim is to explore a design mode which is suitable for the growth of roof garden plants in de-

partment buildings in universities in Zhengzhou, and to provide feasible suggestions.
Keyword: University Department Buildings; Plant Design of Roof Garden; Adjustable Circulation Space

高校校园植物景观空间营造分析

——以江西师范大学为例

Analysis on the Space Construction of Campus Plant Landscape in Colleges and Universities

—Taking Jiangxi Normal University as an Example

林　辉　舒梓源　陈晓刚

摘　要： 高校内景观主要由植物景观组成，植物空间景观对校园景观营造影响深远。本文通过对江西师范大学瑶湖校区四处植物景观空间样地进行调研分析，了解其植物景观特征，为南方高校校园植物景观空间营造提供借鉴参考。
关键词： 园林植物；景观空间；江西师范大学

Abstract: The landscape in colleges and universities is mainly composed of plant landscape. Plant space landscape has a profound influence on the construction of campus landscape. In this paper, through the investigation and analysis of four plant landscape space samples in the yao lake campus of jiangxi normal university, the characteristics of plant landscape are understood, providing experience reference for the construction of plant landscape space in the campus of southern universities.
Keyword: Plant Landscape; Landscape Space; Jiangxi Normal University

戈裕良作品寻踪：诗画意境中的文园、绿净园

Tracing the Works of Ge Yu Liang: The Sense of Beauty about Ancient Chinese Poetry and Painting Conception of Wen Garden and Lu Jing Garden

薛钦匀　张　薇　刘庭风

摘　要： 戈裕良作为中国古代最后一位叠山艺术家，创造了无数佳作。而位于江苏省如皋市的汪氏文园、绿净园，无疑是其中最富有人文特色，又遗憾毁于历史之中的一个。当年的盛况已经无从欣赏，但汪氏家族所整理的流传于世的诗画，将文园、绿净园世代相传的人文精神显露无遗。
关键词： 戈裕良；文园；绿净园；诗画；人文精神

Abstract: Ge Yuliang, as the last mountain-folding artist in ancient China, has created numerous excellent works. Wen Garden and Lu Jing Garden of Wang's, located in Rugao City, Jiangsu Province, are undoubtedly the strongest cultural presence and unfortunately destroyed in history. There's no way to appreciate the grand occasion before, but the poems and paintings handed down by the Wang family will undoubtedly reveal the humanistic spirit handed down from generation to generation in Wen Garden and Lu Jing Garden.
Keyword: Ge Yu Liang; Wen Garden; Lu Jing Garden; ancient Chinese Poetry and Painting; Humanistic Spirit

公园城市背景下的工业遗产地改造研究

——以国外工业遗产地改造案例为例

Research on the Transformation of Industrial Heritage Sites under the Background of Park City

—A Case Study of the Transformation of Foreign Industrial Heritage Sites①

杨 超 戴 菲

摘 要：本文通过国外三个著名的工业遗产地改造案例作为分析来源，从中找出其中对国内在公园城市建设背景下的工业改造策略具有借鉴意义的地方，笔者提出应当建设文化基础设施及绿网、水网一同组成的城市网络，此网络不随着城市的更新发展而变化，同时网络内的使用功能不定，由具体的使用者决定，场地周围环境不断变化，网络结构的无主题形态也同变化的环境相适应，也就是说，没有主题即意味着可以是任何主题，笔者提出的这个概念以期改变国内工业改造的常规模式，为国内的工业改造提供新的思路

关键词：工业改造；基础设施网络；案例研究

Abstract: This paper uses three famous industrial heritage sites in foreign countries as the source of analysis, and finds out the reference to the industrial transformation strategy in the context of the construction of park cities in China. The author proposes that cultural infrastructure and green net and water should be built. A network of cities together, which does not change with the development of the city. At the same time, the functions in the network are uncertain, determined by specific users, the environment around the site is constantly changing, and the theme of the network structure is also changing. Adaptable, that is to say, no theme means that it can be any subject. The concept proposed by the author is intended to change the conventional model of domestic industrial transformation and provide new ideas for domestic industrial transformation.

Keyword: Industrial transformation; Infrastructure Network; Case Study

公园城市理论的研究与实践

——以成都、扬州为例

Research and Practice of Park City Theory

—Take Chengdu and Yangzhou as examples

徐姗姗

摘 要：为倡导2018年2月习近平总书记在成都视察期间首次提出的新理念“公园城市”，强化“公园城市”的实施计划，重点改善城市生态环境质量，城市工作要把创造优良人居环境作为中心目标，把城市建设成为人与人、人与自然和谐共处的美丽家园。为此，公园城市是城市人居环境的重要组成部分，是目前国内外多学科的热点研究领域和重要发展趋势。本文通过论述公园城市的作用和特征解析，包括以人为本，共享发展，生态筑基，绿色发展，城乡并举，协调发展，多元共生，开放发展；并结合成都、扬州公园城市的案例分析，得出天津在公园城市建设中应遵循的原则。

关键词：公园城市；人居环境；城市生态文明

① 基金项目：国家自然科学基金面上项目“消减颗粒物空气污染的城市绿色基础设施多尺度模拟与实测研究”（51778254）。

Abstract: In order to advocate the new concept of "Park City", first put forward by General Secretary Xi Jinping during his visit to Chengdu in February 2018, strengthen the implementation plan of "Park City", and focus on improving the quality of urban ecological environment, urban work should take creating a good living environment as the central objective, and make urban construction a harmonious relationship between human beings, human beings and nature. The beautiful home of coexistence. Therefore, the park city is an important part of the urban human settlements environment, and it is a hot research field and an important development trend in many disciplines at home and abroad. This paper discusses the role and characteristics of Park city, including people—oriented, shared development, ecological foundation, green development, urban and rural development, coordinated development, multi—coexistence, open development; combined with the case analysis of Chengdu and Yangzhou Park city, the principles that Tianjin should follow in the construction of Park City are obtained.
Keyword: Parks; Urban Human Settlements; Urban Ecological Civilization

公园城市理念下城市绿地系统游憩空间格局研究探讨[①]

Study on the Spatial Pattern of Space Recreation of Urban Green System under the Concept of Park City

赖泓宇　金云峰

摘　要： 公园城市是以人民为中心，人城境业和谐统一的城市发展新模式。游憩作为公园城市空间内在活力发展的必然要求。因此，在公园城市理念发展下，游憩空间应形成与之相适应的城市绿地系统游憩空间格局。本文以城市绿地系统游憩空间格局为研究对象，从构建游憩绿地空间分布与游憩功能共同作用的网络体系为出发点，总结分析出公园城市理念下此空间格局的特征，并探讨构建人-城-园和谐相融的发展策略，以期能对公园城市理念的深入研究提供一些参考和启发。
关键词： 游憩空间；空间格局；城市绿地系统；公园城市

Abstract: The Park City is a new model of urban development with the people as the center and the harmonious development of the people's city. Recreation as an inevitable requirement for the vital development of the park city space. Therefore, under the development of the concept of Park City, the recreation space should form a spatial pattern of urban green space system. This paper takes the spatial pattern of urban green space system as the research object. Starting from the network system that constructs the spatial distribution of recreation green space and recreation function, this paper summarizes and analyzes the characteristics of this spatial pattern under the concept of Park City, and discusses the construction of human-city-park harmonious development strategy, in order to provide some reference and inspiration for the further study of the Park City concept.
Keyword: Recreation Space; Spatial Pattern; Urban Green System; Park City

① 基金项目：上海市城市更新及其空间优化技术重点实验室 2019 年开放课题（编号 20190617）资助。

公园城市理念下公园绿地规划设计响应策略

Recognition of the Planning and Design of Parks under the Concept of Park City

黄一珊 刘 颂

摘 要： 公园城市理念的提出对于公园绿地规划设计具有指导意义。本文解读了公园城市理念对公园绿地规划设计提出的要求，总结了新时代背景下公园绿地规划设计应遵循的4大原则，并从宏观——市域尺度，中观——城市尺度，微观——场地尺度三个层面分别提出公园绿地规划设计响应策略。

关键词： 公园城市；公园绿地；尺度；规划设计；响应策略

Abstract: The idea of park city has guiding significance for the planning and design of park green space. This paper interprets the requirements of park green space planning and design under the concept of Park City, summarizes the four principles that should be followed in the planning and design of park green space under the background of new era, and puts forward different ways of park green space planning and design responding to the concept of Park City from three levels: macro-regional scale, meso-urban scale and micro-site scale.

Keyword: Park City; Park; Scales; Planning and Design; Response Strategy

公园城市理念下区域绿色空间规划实践与思考

——以北京市延庆区为例

Practice and Thinking of Regional Green Space Planning Under the Concept of Park City

—A Case Study on YanQing District of Beijing

刘欣婷

摘 要： 秉承公园城市“生态文明”和“以人民为中心”的发展理念，结合延庆区区域绿地系统专项规划的实践案例，探讨区域绿色空间的规划的重点是什么？怎样通过区域绿色空间规划进一步夯实城市的生态基底，发挥生态优势，全面提升全域生态品质与价值？怎样通过多样绿色空间体系的构建、城市文化特色的展示及各类绿地品质的提升来改善人居环境，满足人民日益增长的美好生活需要？

关键词： 生态文明建设；公园城市；区域绿色空间规划

Abstract: Adhering to the development concept of "ecological civilization" and "people-centered" of park city, and combining with the practical case of special planning of regional green space system in Yanqing district planning, exploring what the key points of the regional green space planning are. And how to further consolidate the ecological base of the city through the regional green space planning, then to give full play to ecological advantages and comprehensively improve the quality and value of the whole region's ecology? Further more, how to improve the living environment and meet the people's growing needs for a better life through the construction of various green space systems, and with the display of urban cultural characteristics and the improvement of various green space quality?

Keyword: The Construction of Ecological Civilization; Park City; Regional Green Space Planning

公园城市理念下私有开放空间公共化的理论与实践①

Theory and Practice of Privately Owned Open Space under the Concept of Park City

江海燕　胡　峰　刘　为　马　源*

摘　要： 本文在考虑国内外已有研究体系对接的基础上，结合我国国情和语境，首先对“私有开放空间”这一概念进行了界定和解读；然后从公园城市建设、存量更新发展及封闭小区开放三个背景入手，对私有开放空间公共化的重要性及意义进行了解析；并详细分析了国外及香港地区私有空间公共化的三种模式、存在的问题及优化的措施，对国内的新兴表现形式及主要地域的研究与实践也进行了分析；最后，依据前文的分析，给出公园城市理念下私有开放空间公共化发展的启发和借鉴，具体包括不同语境和制度下的借鉴、基于当代需求与行为新特征的私有空间公共化、私有开放空间公共化的潜力识别及绩效保障制度。

关键词： 公园城市；私有开放空间；公共化

Abstract: On the basis of considering the docking of existing research systems at home and abroad, combined with China's national conditions and context, this paper first defines and interprets the concept of "privately owned open space". Then, starting from the three backgrounds of Park City construction, stock renewal development and opening of residential areas, the importance and significance of privately owned open space are analyzed. It also analyses in detail the three modes, existing problems and optimization measures of privately owned open space in foreign countries and Hong Kong, and the research and practice of emerging forms and major regions in China. Finally, according to the analysis above, the inspiration and reference for the development of privately owned open space under the concept of park city are proposed. Specifically, it includes the reference under different contexts and systems, the publicity of private space based on the new characteristics of contemporary needs and behavior, the potential identification of the publicity of privately owned open space and the performance guarantee system.

Keyword: Park City; Privately Owned Open Space; Publicity

公园城市与新时代理性规划的思考②

Park City and Rational Urban Planning of The New Era

闫珊珊　沈清基

摘　要： 介绍了改革开放以来，西方现代理性规划影响下我国城市发展理念的转变，阐明理性及西方现代理性规划的发展；概述了公园城市理念产生的社会、经济、环境背景，重点解读了其公共性、生态性、生活性和生产性的理性内涵；并在此基础上阐释了新时代理性规划，结合公园城市所体现的生态理性和人文理性总结了关于新时代理性规划的若干思考。

关键词： 公园城市；理性；西方现代理性规划；理性内涵；新时代理性规划

Abstract: This paper introduces the transformation of urban development ideology in China under the influence of western modern rational planning since the reform and opening up, and expounds rationality and western modern rational planning development. The backgrounds of Park City that including social, economic and environment are summarized, and the rational characteristics of its publicity, ecology, activity and productivity are emphatically interpreted. Based on those aspects, this paper explains the rational urban planning of the new era, and sums up some thoughts on rational planning by combing the ecological rationality and humanistic rationality embodied in Park City.

Keyword: Park City; Rationality; Western Modern Rational Planning; Rational Connotation; Rational Urban Planning of The New Era

① 基金项目：国家自然科学基金面上项目：基于协同理论的城乡边缘区开放空间规划与实施研究（51478124）；国家自然科学基金青年项目：基于城乡互动发展的乡村生产性景观发展策略研究——以珠三角基塘为例（51708127）。

② 基金项目：上海市2017年度“科技创新行动计划”课题（17DZ1203200）资助；国家自然科学基金面上项目（51778435）资助；国家社会科学基金重点项目（17AZD011）资助。

公园城市语境下的场所精神回归策略思考

Reflections on the Return Strategy of Place Spirit in the Context of Park City

黄　荧

摘　要： 公园城市理论是我国新时代城市建设的新理论，是风景园林建设的方向与指引。公园城市所强调的市民归属感、幸福感的提升，需要通过实践过程中对场所特定情感或个性的彰显来加以演绎。因而探索场所精神的适宜性策略建构，是公园城市品质保证的基础理论支持。本文基于公园城市内涵、场所精神解析及当前城市场所精神的问题剖析，通过分析成都市公园城市实践中的典型案例，尝试建构基于场景化的“记忆点＋时间线＋景观面”所构成的人文网络，从而实现城市场所精神的回归，进而为我国当前公园城市的伟大实践提供一定的理论与实践思考。

关键词： 公园城市；归属感；场所精神；场景化

Abstract: Park city theory is a new theory of urban construction in the new era of our country, which is the direction and guidance of landscape architecture construction. The enhancement of citizen's sense of belonging and happiness emphasized by park city needs to be deduced through the demonstration of the specific emotion or personality of the place in the process of practice. Therefore, exploring the strategy construction of suitability of place spirit is the basic theoretical support of quality assurance of Park city. Based on the analysis of the connotation of Park city, the spirit of place and the problems of the spirit of city place, this paper tries to construct a humanistic network based on the scenario of "memory point ＋ time line ＋ landscape surface" by analyzing the typical cases in the practice of Park City in Chengdu, so as to realize the return of the spirit of city place, and then provide a reference for the great practice of Park City in China. Identify the theoretical and practical thinking.

Keyword: Park city; Sense of Belonging; Spirit of Place; Scene

广州市园林绿化管理机构沿革

The Evolution of Guangzhou Landscape Management Organization

温墨缘

摘　要： 本文梳理了 20 世纪 20 年代以来，广州园林绿化管理机构的建制情况，以时间为序大致划分为六个时期，对每个时期的机构变革及特点予以总结提炼。对机构沿革的整理是一项基础性工作，鉴往知来，以期在新一轮机构改革背景下，为广州市园林绿化管理机构的科学设置和职能确定提供借鉴。

关键词： 园林绿化管理机构；职能；改革

Abstract: This paper categorizes the establishments of Guangzhou's landscaping management institutions since the 1920s. Divided into six periods in timely order, it Summarizes the institutional changes and characteristics of each period. It serves as reference for further reform of the landscape management institute on its scientific setting and function determination.

Keyword: Landscaping Management Organization; Function; Reformation

国家公园解说与教育规划研究

——以约塞米蒂国家公园为例

Study on Interpretation and Rducational Planning of National Parks

—A Case study of Semitic National Park

王著森　陶一舟

摘　要： 国家公园是自然保护地最主要的形式之一。由于中国国家公园体系营建时间较晚，公众对于国家公园的认识仍有不足，有必要加强国家公园及其景观资源等对公众的普及度以及公众的参与度，亟待完善中国国家公园解说规划体系。美国对于国家公园的解说规划较为成熟，从公众参与、工作流程、规划导则到策略方法都有比较完善的理论体系和实践经验。通过深入分析美国约塞米蒂国家公园的一手资料与规划管理导则，梳理其具体的解说规划要点，借以探讨中国国家公园如何开展解说与教育的规划活动，归纳总结理念思路并提出针对性的策略。

关键词： 国家公园；解说规划；约塞米蒂国家公园

Abstract: National parks are one of the most important forms of conservation. Due to the late construction of China' s national park system, the public still has insufficient understanding of national parks. It is necessary to strengthen the popularity of national parks and their landscape resources to the public and the public' s participation, so it is urgent to improve the interpretation and planning system of China' s national parks. The interpretation planning of national parks in the United States is relatively mature, with relatively complete theoretical system and practical experience in terms of public participation, working process, planning guidelines and strategies. Through an in-depth analysis of the first-hand data and planning and management guidelines of Yosemite national park in the United States, the key points of its specific interpretation and planning are sorted out, so as to discuss how to carry out interpretation and education planning activities in national parks in China, summarize ideas and put forward targeted strategies.

Keyword: National Parks; Interpretation Planning; Yosemite National Park

国土空间规划中的生态管控措施研究综述

Reviews of the Ecological Management Measures in Territory Spatial Planning

刘　莹

摘　要： 我国现行国土空间规划体系由主体功能区划、土地利用总体规划、城乡规划、生态功能区划这四大各具特点并呈现多元化状态的规划形式组成，其共同发展趋势是为了构建中国特色的空间规划体系，从而进一步指导国土空间格局。垂直、水平生态过程分析、图论和形态学空间格局分析这四种生态规划技术在四项规划的生态管控过程中行使了指导作用，在生态环境问题日益被重视的今天，如何使生态管控措施引领各项规划形成更有序的体系，从而构建良好的景观生态格局已经成为景观规划设计师关注的焦点。

关键词： 生态管控；空间规划

Abstract: China' s current land-based spatial planning system consists of four major functional zonings, overall land use planning, urban-rural planning, and ecological functional zoning. The common development trend is to construct spatial planning with Chinese characteristics. System to further guide the spatial pattern of the country. Vertical and horizontal ecological process analysis, graph theory and morphological spatial pattern analysis These four ecological planning techniques have played a guiding role in the ecological control process of the four programs. How to make ecological management measures in today' s ecological environment issues are increasingly valued Leading the various plans to form a more orderly system, thus building a good landscape ecological pattern has become the focus of landscape planning designers.

Keyword: Ecological Management and Control; Spatial Planning

国土乡村人居环境空间风貌高品质利用方式研究[①]

Research on High-quality Utilization of Feature of Territorial and Rural Human Settlement Space

刘滨谊　陈　鹏

摘　要：国土乡村人居环境空间作为乡村人居环境的空间载体是国土空间的重要类型，其风貌是乡村人居环境三元的外化，因此风貌高品质利用是乡村人居环境质量提升的先决条件和我国生态文明建设的重要保障。本文将风貌利用的核心按其主客体分为三部分：①利用主体——从外向内的观看；②利用客体——从内向外的展现；③主客体互动——身临其境的观赏旅游，并基于人居环境三元论分别从研究现状、问题分析、高品质利用方法对以上三方面进行研究，综合得出“三位一体”的国土乡村人居环境空间风貌的高品质利用方式。

关键词：国土空间；乡村人居环境；风貌；高品质利用

Abstract: As the space carrier of rural human settlement environment, territorial and rural human settlements space is an important type of land space, and its feature is the three-dimensional externalization of rural human settlement environment. Its high-quality utilization is a prerequisite for improving the quality of rural human settlements and an important guarantee for the construction of ecological civilization in China. This paper divides the core of feature utilization into three parts according to its subject and object: ① subject-Viewing from outside to inside;② object-showing from inside to outside; ③ interaction between subject and object-Viewing tourism on the spot, this paper studies the above three aspects from the following three aspects: research status, problem analysis and high-quality utilization methods, based on the trilism of human settlements environment. Based on the above research, the "trinity" of high-quality utilization mode of feature of territorial and rural human settlements space is put forward.

Keyword: Territorial Space; Rural Human Settlement Environment; Feature; High-quality Utilization

旱园水做与枯山水营造意匠比较研究[②]

——以上海秋霞圃与京都龙安寺庭院为例

A Comparative Study of Artistic Conception between *Hanyuan Shuizuo* and Karesansui

—Take courtyards in Qiuxia Garden and Ryoanji Temple for Examples

潘逸炜　林　峣　王计平

摘　要：旱园水做和枯山水是中日园林中两种不同营造手法，目的都是在无水的庭院中表现水意。文章以上海秋霞圃屏山堂庭院和京都龙安寺方丈石庭为例，从景象角度出发，由地形塑造、地面处理、建筑布置和植物配置等四方面切入，比较两者手法上的差异。进而通过对其创作意匠的探讨，发现旱园水做和枯山水差异的主要原因是受到隐逸思想和禅宗宗风的影响，而在意境层面也存在相似之处。通过比较研究，厘清二者的内在文化含义和外在设计方法，以期为中日园林营造手法的研究提供新的思路。

关键词：旱园水做；枯山水；上海秋霞圃；京都龙安寺

① 基金项目：全国国土空间规划编制子课题六——国土空间高品质利用方式外协项目人居环境风貌优化研究。

② 基金项目：本文由上海市设计学Ⅳ类高峰学科开放基金项目（项目编号：DB18107）资助。

Abstract: The method of *Hanyuan Shuizuo* and Karesansui are two different landscape practices in China and Japan, but they are all aimed at creating a sense of water in a waterless courtyard. The article takes Pingshan House courtyard of Qiuxia Garden in Shanghai and Abbot Shiting of Long'an Temple in Kyoto as the examples. From the perspective of scenic imagery, it discusses the four aspects: shaping of ground surface, practice of ground paving, planning of architectural elements, and planning of vegetation, which in order to compare the differences between the two constructing skills. Furthermore, through the discussion of their design ideas, it is found that the main reason for the difference is the guiding principle: *Hanyuan Shuizuo* is influenced by hermit ideas while Karesansui is affected by the Zen sect, between the dry garden water and the dry landscape is that it is influenced by the seclusion thought and the Zen sect. It is also found that there are similarities in the artistic conception. Through comparative research, the internal cultural meanings and external design methods of the two are clarified, which can provide new ideas for the study of Chinese and Japanese traditional gardening techniques.
Keyword: Hanyuan Shuizuo; Karesansui; Qiuxia Garden; Ryoanji Temple

华中科技大学主校区绿化建设及其特征研究

A Study about the Greening Construction and Feature of Main Campus of Huazhong University of Science and Technology

潘莹紫　赵纪军

摘　要：校园绿化是校园环境营造与美育实现载体的重要体现。本文以华中科技大学主校区的绿化建设及其特征为研究对象。本文从绿化历史渊源、绿化现状特色以及高校绿地趋势 3 个时间维度，从植物历史、景观文化、绿地功能 3 个表现方面阐述华中大主校区的绿化建设与特征。以期增进对于新中国校园建设特点的认识和理解，并为后续校园绿地建设提供借鉴。
关键词：高校绿地；绿化建设；植物景观；植物配置

Abstract: Campus greening is an important embodiment of the carrier of campus environment construction and aesthetic education. This paper takes the greening construction and its characteristics of the main campus of Huazhong University of Science and Technology(HUST) as the research object. This paper is elaborated from three time dimensions, including the historical origin of greening, the characteristics of greening status quo and the trend of greening in colleges and universities. Meanwhile, it expounds the greening construction and characteristics of the main campus of HUST from three aspects, including plant history, landscape culture and green space function. The study aims to enhance the understanding of the characteristics of campus construction in China, and serve as a reference for the follow-up construction of campus green space.
Keyword: University Green Space; Greening Construction; Plant Landscape; Plant Configuration

环境伦理学视域下的乡村自然景观保护和改善

——以北京城郊乡村造林工程为例

Protection and Improvement of Rural Natural Landscape from the Perspective of Environmental Ethics

—A Case Study of Rural Afforestation Project in Beijing Suburbs

杨　燕

摘　要： 城镇化的快速发展，人口不断增加，乡村自然景观不断被缩减，同时带来了环境破坏的惨重代价。本文基于环境伦理视域下乡村自然景观的保护和改善，以北京城郊乡村造林项目为例，通过对其所在区位和周边环境自然风貌分析，采用景观设计最小干预和设计补偿原则，修复乡村自然景观，以达到保护和完善乡村自然景观整体格局的最终目的，营建出良好的生态空间。

关键词： 环境伦理学；乡村自然景观；造林；景观保护和改善

Abstract: With the rapid development of urbanization, the increasing population and the shrinking of rural natural landscape, the heavy cost of environmental damage has been brought. Based on the protection and improvement of rural natural landscape from the perspective of environmental ethics, this paper takes the rural afforestation project in Beijing suburbs as an example, through the analysis of its location and surrounding natural landscape, adopts the principle of minimum intervention and design compensation in landscape design to restore rural natural landscape, in order to achieve the ultimate goal of protecting and improving the overall pattern of rural natural landscape, and build a good ecological space.

Keyword: Environmental Ethics; Rural Natural Landscape; Afforestation; Landscape Protection and Improvement

黄土高原地区乡村景观生态安全策略初探

Preliminary Study on Rural Landscape Ecological Security Strategy in the Loess Plateau

王　嘉　孙乔昀

摘　要： 随着我国城市化进程不断加快，人类与生态环境的关系越发失调，尤其是在生态环境脆弱的黄土高原地区，村落的发展和人们的建造活动缺乏对自然环境的尊重与保护，引发更严重的生态环境问题。文章以山西省晋中市昔阳县长邻村为例，梳理黄土高原地区村落普遍存在的生态问题，寻求一套有效的针对黄土高原地区村落特有景观生态安全问题的解决策略。

关键词： 乡村景观；生态安全；黄土高原；乡村振兴；长岭村

Abstract: As China's urbanization process continues to accelerate, the relationship between human beings and the ecological environment is increasingly dysfunctional. Especially in the loess plateau where the ecological environment is fragile, the development of villages and people's construction activities lack respect and protection of the natural environment, causing more serious problems. Ecological environment issues. Taking the Chang'ao Village of Xiyang County, Jinzhong City, Shanxi Province as an example, this paper sorts out the ecological problems that exist in the villages of the Loess Plateau, and seeks an effective solution to the problem of the unique ecological security of the villages in the Loess Plateau.

Keyword: Rural Landscape; Ecological Security; Loess Plateau; Rural Revitalization; Changling Village.

基于 GIS 的城市山地公园景观构建探索

——以重庆彩云湖公园为例

The Exploration of Urban Mountain Park Landscape Construction Based on GIS

—A Case Study of Chongqing Caiyun Lake Park

肖　阳　傅红昊

摘　要：以重庆彩云湖公园为例，从项目地概况及基地现状出发，借助 GIS 工具进行单因子分析，利用 Auto CAD 建立 DEM 数字高程模型，并形成空间数据库，分析了彩云湖公园地形的高程、坡度、坡向，从而得出彩云湖公园复杂地形的总体规划策略，即具有良好的生态效益和社会效益的开放型现代城市山地公园。最后详细说明了彩云湖公园的详细景观规划内容，包括构思立意、景观空间序列以及路径和游线组织，提出将城市山地公园纳入城市绿地系统的期望。

关键词：山地公园；GIS；景观；彩云湖

Abstract: This paper introduces the concept of mountain parks, characteristics, development and planning significance. Chongqing clouds Lake Park as an example, from the project to profile and base current situation, using GIS tools for single-factor analysis, the use of Auto CAD to establish DEM digital elevation model, and the formation of spatial database analysis of clouds Lake Park terrain elevation, slope, slope to, to arrive at Lake Park complex terrain clouds the overall planning strategy, which has a good ecological and social benefits of open modern city mountain park. Finally, details of the clouds Lake Park detailed landscape plan, including the idea of conception, landscape and spatial sequence, and travel the path line of the organization, made the city into the urban green space mountain parks system' s expectations.

Keyword: Mountain Park; GIS; Landscape; Clouds Lake

基于“公园城市”视角的废弃铁路有机更新研究[①]

——以晋中市 139 铁路公园为例

Research on Organic Renewal of Abandoned Railway Based on the Perspective of "Park City"

—A Case Study of 139 Railway Park in Jinzhong

宋云珊　张云路　李　雄

摘　要：“公园城市”是新时代背景下适应城市发展和转型提出的新理念与新目标，对于生态环境和人居环境的建设都有着重大意义。如何通过废弃铁路的有机更新推动公园城市的建设成为新形势下风景园林所面临的新机遇与挑战。本文以晋中市 139 铁路公园为例，基于“公园城市”理念下“与自然共融、与市民共享、与历史共存”的三大层面，形成以打通城市生态廊道、满足人民美好需求、塑造地域文化特色为核心的废弃铁路更新策略，实现城市环境品质的提升。

关键词：风景园林；公园城市；废弃铁路；有机更新

① 基金项目：国家自然科学基金（31670704）：" 基于森林城市构建的北京市生态绿地格局演变机制及预测预警研究" 和北京市共建项目专项共同资助。

Abstract: "Park City" is a new concept and new goal that is adapted to urban development and transformation under the background of the new era. It has great significance for the construction of ecological environment and human settlement environment. How to promote the construction of the park city through the organic renewal of the abandoned railway has become a new opportunity and challenge for landscape architecture under new era. Taking 139 Railway Park in Jinzhong as a case, this paper is based on the three aspects of "integration with nature, sharing with the citizens, and coexistence with history" under the concept of "Park City" to form strategies of the renewal of the abandoned railway including building urban ecological corridors, meeting the beautiful needs of the people, and shaping regional cultural characteristics. It will eventually achieved an improvement in the quality of the urban environment.

Keyword: Landscape Architecture; Park City; Abandoned Railway; Organic Regeneration

基于"两山"理论的城郊矿山生态转型发展策略研究

——以平顶山市北部山体生态修复及文化休闲区总体规划为例

Study on Development Strategies of Ecological Transformation of Suburban Mines Based on "Two Mountains" Theory

—A Case Study of Ecological Restoration and Master Planning of Cultural and Leisure Areas in the Northern Mountains of Pingdingshan City

王招林

摘　要： 城郊矿山区域表现出特殊的矿区及城郊双重地域特征，既是城市存量拓展的重要区域，也是社会及生态问题交织地区，更是生态保护与发展互动体，面对该区域因采矿而引起一系列社会经济自然问题，笔者以《平顶山市北部山体生态修复及文化休闲区总体规划》为例，基于"两山"理论的辩证关系，从生态修复、产业转型、乡村振兴三个方面探讨城郊矿山复合地带生态转型发展的路径和策略。

关键词： 城郊矿山；生态修复；生态转型；平顶山

Abstract: The mining area in the suburbs shows the characteristics of both mining area and suburb, It is not only an important area for the expansion of urban existing land, as well as preplexign of social and ecological problems, but also the interaction between ecological protection and development, In the face of a series of socio-economic natural problems caused by mining in this area, the author takes the "Overall Planning of Ecological Restoration and Cultural Leisure Zone in the Northern Mountains of Pingdingshan City" as an example, based on the dialectical relationship of "two mountains" theory, discusses the path and strategy of ecological transformation development in the suburban mine complex from three aspects: ecological restoration, industrial transformation and rural revitalization.

Keyword: Suburban Mines; Ecosystem Restoration; Ecological Transformation; Pingdingshan

基于 ENVI-met 的杭州夏季住宅微气候实测与模拟分析[①]

Measurement and Simulation Analysis of Summer Residential Microclimate in Hangzhou Based on ENVI-met

杨诗敏　郭晓晖　晏　海　包志毅

摘　要： 随着中国社会主义进入新时代的重要历史时期，我国城市生态和人居环境面临着新的形势和全新挑战。随着城市建设速度加快，我国城市热环境日趋恶化，而城市住宅热环境与人们的生活息息相关，研究影响住宅热环境的因素，有助于提高居民夏季户外活动热舒适度。本文选取杭州市临安区典型行列式住宅，进行夏季晴朗无风条件下的实测研究与模拟验证。研究结果表明，ENVI-met 模拟结果与实况接近，能较好反映实际情况。杭州夏季住宅热环境条件在午后温度较高，热舒适性较差。提高绿化率可以一定程度上降低温度，提高人体舒适度。

关键词： 微气候；ENVI-met；杭州地区

Abstract: With China socialism entering an important historical period of the new era, the urban ecology and living environment are facing new situations and new challenges. With the acceleration of urban construction, the urban thermal environment in China is getting worse and worse, and the urban residential thermal environment is closely related to the life of residents. Studying the factors affecting the residential thermal environment will help to improve the thermal comfort of residents in summer outdoor activities. In this paper, the typical determinant dwelling houses in Linan District of Hangzhou City are selected to carry out the experimental research and simulation verification under the sunny and windless conditions in summer. The results show that the ENVI-met simulation results are close to the actual situation and can better reflect the actual situation. Hangzhou summer residential thermal environment has higher temperature in the afternoon, and the thermal comfort is poor. Increasing greening rate can reduce temperature to a certain extent and improve human comfort.

Keyword: Microclimate; ENVI-met; Hangzhou

基于 MSPA 的成都市中心城区绿色基础设施空间格局与连通性格局分析[②]

MSPA Theory Based Analysis of the Spatial Pattern and Network Pattern of Green Infrastructure in Chengdu

许瀚文　成玉宁　罗言云　王倩娜

摘　要： 中心城区的绿色基础设施（GI）在提升城市品质、优化人居环境等方面具备重要的价值。本研究以成都市绕城高速路内中心城区为研究区，基于相关遥感影像数据与分析软件平台，首先采用形态学空间格局分析（MSPA）方法获取研究区绿色基础设施景观类型图并对其空间分布格局进行分析，其次采用景观连通性指数和各斑块连通性重要值等指数，对研究区内南北、东西轴向上核心区景观连通性格局加以分析。结果表明：成都市三环道路内 GI 分布稀少，连通性水平较低，绕城高速路附近环城生态区 GI 分布较为广泛，尤其在东部及东北部体现了较好的连通性水平。整体而言，研究区内存在大型斑块较少、斑块空间分布不均、缺乏中小型过渡斑块等问题。该研究旨在明确成都市中心城区 GI 空间格局及轴向空间上的景观连通性变化特征，为成都市中心城区生态网络的保护及规划提供参考。

关键词： 形态学空间格局分析（MSPA）；绿色基础设施（GI）；景观连通性；空间分布格局；成都市

① 基金项目：国家自然科学基金项目“基于局地气候区分类的城市热环境时空变化特征及其主要景观驱动因子研究”（51508515）；中国博士后科学基金面上项目（2015M581959）；浙江农林大学科研发展基金项目（2016FR007）；浙江省大学生科技创新活动计划新苗人才计划（2017R412019）。

② 基金项目：成渝城市群绿色基础设施多尺度空间格局分析及空间规划方法研究，基金编号：国家自然科学基金（31500581）。

Abstract: Green Infrastructure (GI) in central urban areas has important value in improving urban quality and optimizing human settlements. This paper takes the region within city highway of Chengdu as study area, based on the relevant software platforms, makes interpretation and analysis on the remote sense image from ZY-1 02C. First, Morphological Spatial Pattern Analysis (MSPA) is adopted to acquire the map of green infrastructure (GI) landscape types and analyze its spatial distribution. Second, landscape connectivity index, connectivity index of each patch and other indexes are applied to analyze the landscape connectivity of the core areas of the south-north axis and the east-west axis within study area. The results show that the distribution of GI within the three ring road is scarce and shows poor connectivity level, but which is relatively good in the ecological zone, especially the eastern part and the northeast part of this zone reflects a better level in it, many large patches distributed here. Overall, there are fewer large patches, uneven spatial distribution of patches, and lack of small and medium transitional patches in the study area. The purpose of this study is to clarify the changes of GI spatial pattern and landscape connectivity in the axial space of downtown Chengdu, and to provide reference for the protection and planning of ecological network in downtown Chengdu.
Keyword: Morphological Spatial Pattern Analysis (MSPA); Green Infrastructure (GI); Landscape Connectivity; Spatial Distribution; Chengdu City

基于 SD 法的特殊教育校园景观设计与优化策略研究

Research on the Design and Optimization Strategy of Special Education Campus Landscape Based on SD Method

向思宇

摘　要： 作为特殊教育空间载体的特殊教育学校，校园景观应考虑其使用人群的特殊性。现阶段，设计多是以设计者的主观角度，进行正向，单一的推导，难以充分依据特殊儿童对各类环境要素的动态感受和需求。基于 SD 法探究特殊儿童对外部环境的感知评价，分析特殊儿童对于包括水体、场地、道路、游戏设施、建筑立面、植物种植 6 大类校园环境要素的喜好及偏爱程度。从环境要素的加强与优化、拼合与叠加、筛选与设置、反馈与更新方面提出设计策略。以期对特殊教育学校环境的设计优化及发展模式提供参考。
关键词： 风景园林；特殊儿童；校园；SD 法；环境优化

Abstract: As the space carrier of special education, the campus landscape should take into account the particularity of its users. At present, the design is mostly based on the subjective angle of the designer, and the single deduction is difficult to fully base on the special children's dynamic feelings and needs for various environmental elements. Based on the SD method, this paper explores the perception and evaluation of the external environment of special children, and analyses their preferences and preferences for six types of campus environment factors, including water body, site, road, game facilities, building facade and plant planting. The design strategies are put forward from the aspects of strengthening and Optimizing Environmental elements, combining and overlapping, screening and setting, feedback and renewal. In order to provide reference for the design optimization and development mode of special education school environment.
Keyword: Landscape Architecture; Special Children; Campus; Semantic Differential Method; Environmental Optimization

基于不同人群需求的精神病院户外康复空间调研分析

Investigation and Analysis of Outdoor Rehabilitation Space in Psychiatric Hospitals Based on Different Groups Needs

黄志彬　朱　逊

摘
要

摘　要： 绿地景观在促进患者生理与心理康复方面的益处被逐步证实，在精神病院康复空间的景观设计中不能忽略使用者的实际需求。本文通过实地观察法、结构性访谈法与认知地图法，探析精神病院不同使用群体的户外康复空间景观需求。研究发现，精神病院使用者对康复空间存在绿色活动需求、自然感知需求、体力活动需求、交往需求与私密需求；不同使用群体因心理与行为特性不同，在景观元素、空间类型与活动方式上存在明显需求强度差异。据此研究成果提出优化建议，可为精神病院户外康复空间设计提供依据和参考。
关键词： 风景园林；康复空间；精神病院；需求差异；季节变化

Abstract: It has been gradually confirmed that greenland landscape effectively promotes the physiological and psychological rehabilitation of patients. The practical needs of users cannot be ignored in the design of the rehabilitation space of psychiatric hospitals. This thesis aims to exploring different groups' need in the outdoor rehabilitation space landscape through field observation, structural interviews and cognitive maps. According to a series of studies, users in psychiatric hospitals have needs in green activity, natural perception, physical activity, as well as communication and privacy. Due to different psychological and behavioral characteristics, different groups have different intensity of demand in landscape elements, space and activities. Based on the research results, the thesis can provide basis and reference for the design of the outdoor rehabilitation space in psychiatric hospitals.
Keyword: Landscape Architecture; Rehabilitation Space; Psychiatric Hospitals; Demands Difference; Seasonal Change

基于茶事绘画的宋代品茶空间园林化研究

Research on the Gardening of Song Dynasty Tea Space Based on Tea Paintings

李丝倩　毛华松

摘　要： 在品茶活动普遍盛行的两宋，品茶开始脱离器物，趋于审美追求，这为品茶活动空间的园林化奠定了基础，并逐渐发展成宋代园林文化中重要的一环。本文通过对宋代茶事绘画进行梳理，运用分类统计和图文互证的研究方法，从品茶活动对空间的选择、品茶空间要素的园林化、品茶活动与园林活动的伴生关系这三个方面研究品茶空间的园林化倾向，继而总结出园林与品茶的耦合关系，借此为宋代园林研究和当代茶文化遗产保护提供理论依据。
关键词： 茶事绘画；品茶空间；品茶活动；园林化

Abstract: When tea activities was popular in the Song Dynasty society, it began to break away from the utensils, tend to aesthetic pursuit, lay a foundation for the gardening of the tea space, and gradually developed into an important part of the Song Dynasty garden culture. This paper, through carding the Song Dynasty tea theme paintings and using the methods of classification statistics and graphic mutual authentication, study the gardening of tea space from three aspects including space choice of tea activities, gardening of tea space elements and associated relationship between tea activities and garden activities to summarize the relationship between garden and tea space. The study will provide theoretical basis for the Song Dynasty garden research and the protection of modern tea culture heritage.
Keyword: Tea Theme Paintings; Tea Space; Tea Activities; Gardening

基于场所精神的乡村公共空间设计研究

Research on Rural Public Space Design based on Place Spirit

罗方婧

摘　要： 乡村公共空间是村民日常生产生活的重要场所，承载着乡村历史与文脉，是美丽乡村建设中至关重要的环节。但在现阶段乡村建设过程中，公共空间的设计多为简单的视觉美化和延用城市建设模式，缺乏对其精神层面的解读。本文引入场所理论，以北碚柏林村为例，具体探索乡村建设过程中公共空间精神延续的要点，并对基于场所精神的乡村公共空间设计逻辑进行了探讨与总结。
关键词： 场所精神；乡村公共空间；柏林村

Abstract: The rural public space is an important place for the daily production and life of the villagers. It carries the history and context of the countryside. However, in the current stage of rural construction, the design of public space is characterized by simple visual beautification and extension of urban construction mode, lacking interpretation of its spiritual level. This paper introduces the place theory, taking Beibei Berlin Village as an example to explore the key points of the public space spirit in the process of rural construction, and summarizes the logic of rural public space design based on the spirit of the place.
Keyword: Place Spirit; Rural Public Space; Berlin Village

基于城市触媒理论的历史文化街区规划策略探究

——以武汉一元路片区为例

Research on Planning Strategy of Historical and Cultural Block Based on Urban Catalyst Theory

—A Case Study of Wuhan Yiyuan Road historical and Cultural Block

廖映雪　王哲骁

摘　要： 自我国城市建设步入“存量规划”阶段以来，历史文化街区的价值被重新认识和发掘。作为城市重要的存量土地，合理的规划和保护历史文化街区成为当代城市建设和城市历史景观发展的重要议题。本文以武汉一元路历史文化街区为例，针对其更新过程中内部活力不足，外部相对孤立等问题，试图从“城市触媒”理论出发，建立“内部激活、外部联动”的双层次规划策略，以期合理导控历史文化街区的触媒效应，为同类型的历史文化街区规划建设提供参考。
关键词： 城市触媒理论；历史文化街区；规划策略；武汉一元路

Abstract: Since China's urban construction entered the stage of "stock planning", the value of historical and cultural blocks has been re-recognized and explored. As an important urban stock land, reasonable planning and protection of historical and cultural blocks has become an important issue in contemporary urban construction and urban historical landscape development. Taking the historical and cultural block of Wuhan Yiyuan Road as an example, this paper attempts to establish a two-level planning strategy of "internal activation and external linkage" based on the theory of "urban catalyst", aiming at the problems such as the lack of internal vitality and relative isolation in the process of renewal . Hope to reasonably guide and control the catalytic effect of historical and cultural blocks and provide reference for the planning and construction of the same type of historical and cultural blocks.
Keyword: Urban Catalyst Theory; Historical and Cultural Block; Planning Strategy; Wuhan Yiyuan Road

基于城市历史景观的滨水工业遗产更新研究

——以阳江市沿江南路段滨水工业区为例

Research on Regeneration of Waterfront Industrial Heritage based on Historic Urban Landscape

—Case Study on Waterfront Industrial Estate of Yanjiang South Road in Yangjiang

许又文

摘　要： 城市历史景观（HUL）理念是遗产保护、管理的一个重要举措。文章对城市历史景观理念和滨水工业遗产特征进行阐述，结合阳江市沿江南路段滨水工业区的历史及现状环境，分别在规划、景观、建筑和街巷层面对其景观空间价值进行了分析，评估其潜在的价值和适应性。重点在从生态优先、延续历史记忆、景观再现、景观可持续性和多元公众参与五个方面探讨滨水工业遗产的更新策略，为阳江市滨水工业遗产更新探索新途径。
关键词： 城市历史景观；滨水工业遗产；更新；沿江南路滨水工业区

Abstract: The concept of historic urban landscape (HUL) is an important measure for heritage protection and management. This paper expounds the concept of urban historical landscape and the characteristics of waterfront industrial heritage, and then analyze the spatial value of the landscape at the level of planning, landscape, architecture and street by combing the historical and current environment of the waterfront industrial estate in Yanjiang South Road , which in order to assess its potential value and adaptability. The focus is on exploring the waterfront industrial heritage regeneration strategy from the aspects of ecological priority, continuation of historical memory, landscape reproduction, landscape sustainability and pluralistic public participation, and explores new ways to update the waterfront industrial heritage of Yangjiang.
Keyword: Historic Urban Landscape; Waterfront Industrial Heritage; Regeneration; Waterfront Industrial Estate of Yanjiang South Road

基于城市双修的区域环境治理与生态景观营造策略研究

——以武汉市汉南两湖区域为例

Research on Regional Environmental Management and Ecological Landscape Construction Strategy Based on Urban Double Repair

—Taking Hannan Lake Area in Wuhan as an example

毕世波　田　麟　戴　菲

摘　要： 城市双修是解决“城市病”、营造宜居人居环境的重要指导方针。本文结合其基本原则与目标、“一湖一策”及“三线一路”政策，以武汉汉南“两湖”区域为例。首先，提出了基于地理空间结构的“三环两带”式空间特征；其次，以城市双修的基本原则与目标为理论基础探讨了该区域存在着的与法规不符、环境割裂、生境脆弱等多方面问题，进而针对性地提出了外环“重恢复与保护”、外带“强修复”、中环“促循环”、内带“微提升”、内环“轻触碰”的兼顾生态与景观的区域环境治理与规划策略；最后，构建了基于城市双修和空间结构于复杂地理空间中，兼顾自然与人本的区域环境治理和生态性景观修复与塑造途径，为解决当下严峻的区域环境问题提供借鉴与参考。
关键词： 城市双修；空间结构；生境修复；生态景观；规划策略

Abstract: Urban double repair is an important guideline for solving "urban diseases" and creating a livable living environment. This article combines its basic principles and objectives, the"one lake and one policy" and the "three lines and one road" policy, taking Wuhan Hannan "two lakes" region as an example. Firstly, the spatial characteristics of "three rings and two belts" based on geospatial structure are proposed. Secondly, based on the basic principles and objectives of urban double repair, this paper discusses the problems of non-conformity, environmental separation and fragile habitats in the region, and then proposes the outer ring "recovering and protecting" and taking the outer zone. "Strong repair", Central "promoting the cycle", "micro-lifting" in the inner zone, "light touch" in the inner ring, and regional environmental governance and planning strategies that take into account ecology and landscape. Finally, a regional environmental governance and ecological landscape restoration and modeling approach based on urban double repair and spatial structure in complex geospatial space are considered, which provides reference and reference for solving the current severe regional environmental problems.
Keyword: Urban Double Repair; Spatial Structure; Habitat Restoration; Ecological Landscape; Planning Strategy

基于城市线性遗产廊道下的河道生态修复研究

——以济南工商河河道景观治理为例

Study on River Ecological Restoration Based on Urban Linear Heritage Corridor

—Taking the Landscape Management of Jinan Gongshang River as an Example

蒋　芳

摘　要： 城市河流是城市规划和发展的重要组成部分。对环境的保护意识相对较弱，使河道治理成为生态文明城市急需解决的问题之一，这也严重影响着城市的环境质量和经济社会的可持续发展。随着城市的快速发展，水利建设也从农村水利，城市水利到环境水利和生态水利发展。水环境的观念也从防洪、排涝向安全、舒适、优美转变。近自然河道恢复不仅能恢复河道的正常生态环境，达到防洪排涝的作用，还可以恢复物种多样化和生态系统多样化，达到一举多得的效果。
关键词： 城市线性遗产廊道；河道生态修复；河道生态环境

Abstract: Urban river course is an important part of urban planning and development. With the rapid development of social economy, the discharge of domestic sewage and industrial wastewater is increasing, and the awareness of environmental protection is relatively weak, which makes river course management one of the urgent problems to be solved in ecologically civilized cities, which also seriously affects the urban environment. Environmental quality and sustainable economic and social development. Nowadays, people's requirements for the urban environment are also increasing. Among them, more complex functional requirements are put forward for the urban river landscape, and the function of the river landscape is reconsidered from multiple perspectives. With the rapid development of cities, water conservancy construction has also developed from rural and urban water resources to environmental and ecological water resources. The concept of water environment also changes from flood control and drainage to safety, comfort and elegance. Restoration of near- natural rivers can not only restore the normal ecological environment of rivers and achieve the function of flood control and drainage, but also restore the diversity of species and ecosystems and achieve a good result at one stroke.
Keyword: Urban Linear Heritage Corridor; River Ecological Restoration; River Ecological Environment

基于地域文脉的旧城街道景观更新策略研究

——以临安衣锦街为例

Research on the Strategy of Landscape Renovation of Old Street Based on Regional Context

—Taking Yijin Street of Lin'an as an Example

南歆格　陈维彬

摘　要：旧城街道是城市公共空间之一，其更新发展需要从地域文脉中获得灵感，地域文脉将成为打造城市个性、促进街道文化、经济、环境提升的必然需要。以临安衣锦街为例，阐述了地域文脉结合街道景观要素在旧城街道更新中的表达方法：运用建筑界面更新、景观节点打造、人行空间打造、城市家具设计、乡土植物应用等方法将地域文脉铭刻于街道景观要素中，以达到保护传承地域文脉，打造具有历史文化气息的特色街道的效果。

关键词：地域文脉；特色街道；景观更新；临安

Abstract: Street in the old city is one of the public space in city, its renovation and development needs to get inspiration from regional context, and regional context will become the inevitable need to build the city personality and promote street culture, economy and environment improvement. Taking Yijin Street in Lin'an as an example, this paper expounds the expression method of regional context and street landscape elements in the renewal of old city streets: Through updating building facades, creating landscape nodes, creating pedestrian space, designing urban furniture, using indigenous plants and other methods to engrave the regional context on the elements of the street landscape, in order to protect and inherit the regional context, and create a characteristic street that full of history and culture.

Keyword: Regional Context; Characteristic Street; Landscape Renovation; Lin'an

基于多元生计模式发展角度的乡村振兴

Vitalization of Rural Areas from the Perspective of Multi-livelihood Model Development

姚刚召

摘　要：现阶段我国乡村呈现多元异质要素并存，发展潜质差异性较大的特征。本文在解读城乡二元结构与乡村振兴耦合矛盾基础上，剖析多元生计模式的类型及生成机制，依据乡村人口定居城市与否分为城市化转型成功与失败两类，前者依据家庭生活相处模式分为"务工型""养老型""留守型"三类，后者依据是否以城市化转型为导向分两类，并进一步细分为"半工半耕型""小商户型""农业生产型""返乡型"四类。从虚化城乡二元壁垒，完善土地流转与监管制度，建立乡村剩余劳动力对接机制三方面提出多元生计模式的实施策略，实现不同群体的对接，在推进城市化进程同时实现乡村振兴，缩小城乡差距。

关键词：多元化生计；乡村振兴；城乡二元

Abstract: At the present stage, China's rural areas are characterized by coexistence of multiple and heterogeneous elements and great differences in development potential. On the basis of interpreting the contradiction between urban-rural dual structure and rural revitalization, this paper analyses the formation mechanism of urban-rural population mobility and rural livelihood mode. According to whether rural population settles in cities or not, it can be divided into two categories: success and failure of urbanization transformation. The former can be divided into three types according to family life coexistence mode: working type, old-age type and left-behind type, and the latter can be divided into two

categories according to their willingness of being transformed, and further subdivided into four categories: intermittent "half-work and half-tillage", "small business", "agricultural production" and "returning home". It also puts forward the implementation strategies of multiple livelihood modes from three aspects: weakening the dual barriers between urban and rural areas, perfecting the land transfer and supervision system, and establishing the docking mechanism of rural surplus labor force, so as to realize the docking of different groups, promote the urbanization process and realize rural revitalization, and narrow the gap between urban and rural areas.
Keyword: Diversified Livelihoods; Rural Revitalization; Urban-rural Duality

基于公园城市思想的后世博更新规划路径①

——以昆明 99 国际园艺博览会旧址转型更新规划设计实践为例

A Sustainable Regeneration Way of China's EXPO'99 Garden in the Post-Expo Era

陶　楠　金云峰　庄晓平

摘　要：中国昆明 99 世界园艺博览会旧址，是 20 年前中国第一次主办国际最高级别的专业博览会的旧址，也是当时昆明辉煌的城市文化形象标志。时间的流逝，今日的世博园已是一个活力衰退、功能滞后、景观破碎、特色丧失的空间，亟需转型更新。本文以中国 99 世博会旧址的转型规划实践为例，探讨了在“公园城市”发展思想下，后世博地区的更新转型的规划路径，提出更新转型的四个规划策略：城园交融、混合模式、城旅交融、风貌重塑。旨在通过“后世博”地区的转型更新，撬动昆明城市开启新区域性国际中心城市的发展。同时，这种基于公园城市思想的城市更新路径，也为其他同类地区提供转型发展的经验：即从单一的公园建设模式转换为与城市发展的融合，使得“后世博”成为整体城市这个“有机生命体”的有机组成部分，成为共同建设美好家园的杠杆和触媒。
关键词：公园城市；公共开放空间；有机更新；昆明 99 世博会

Abstract: The Kunming World Horticultural EXPO Garden in China's Yunan Province, was once an iconic landscape in the then prosperous capital city Kunming. It had held the World Horticultural EXPO in 1999, which was China's first international exhibition of the highest-level in the industry. However, in the past two decades, the Garden has seen a drop in activities along with its outdated facilities, fragmented landscape and featureless space and now calls for a timely revitalization. In this paper, the transformation planning of the Kunming World Horticultural Expo Garden will be studied aiming to provide some general guidance for similar cases worldwide and contribute to the theory system of integrated landscape approaches under the concept of sustainable development. The main emphasis is how the post-EXPO areas of the same type can be used to stitch the gap between natural and artificial environment as well as connect the development of itself with the whole city, accordingly this paper outlines the methods to rebuild a better new life for the Post-EXPO . Four strategies have been discussed in this paper The transformation and renewal of the garden of EXPO' 99 China will be a lever to incite the Kunming city to turn into a new international regional center city in the future. The pioneering research has contributed to the common Planning strategies of the same situation in the other post- Expo areas in the world. It will be a new catalyst for the overall development of the whole city.
Keyword: Park City; Public Open Space; Organic Renewal; EXPO' 99 Garden

① 基金项目：上海市城市更新及其空间优化技术重点实验室 2019 年开放课题（编号 20190617）资助。

基于江西国家生态文明建设的都市近郊乡村景观营造研究

——以南昌市为例

Study on the Construction of Rural Landscape in the Suburbs of Jiangxi Province Based on the Construction of National Ecological Civilization

—A Case Study of Nanchang City

陆金森　朱　源　蔡军火

摘　要：自党的十九大提出乡村振兴重大战略以来，我国对新农村建设工作日益重视，新农村建设工作的实施，不仅是美丽中国建设的一个战略举措，也是现代化建设的一项伟大工程。然而，而在乡村景观的建设过程中，常常对原有的乡村景观产生了较大的负面影响，如原有村落风貌和整体生态环境严重破坏、耕地锐减、农村产业衰落、景观城市化等问题突出，从而未能满足国家在乡村振兴战略中所提出的总要求。针对上述现象及问题，笔者结合南昌市近郊的3个乡村的景观改造与建设现状，深入剖析乡村景观建设过程具体问题，并提出相应的解决措施与途径，旨在为我省国家生态文明建设中的新农村景观规划与设计提供理论参考与案例借鉴。

关键词：秀美乡村；生态；景观；经济；新农村建设

Abstract: Since the Nineteenth National Congress put forward the major strategy of rural revitalization, China has paid more and more attention to the construction of new countryside. The implementation of the construction of new countryside is not only a strategic measure for the construction of beautiful China, but also a great project for modernization. However, in the process of rural landscape construction, it often has a greater negative impact on the original rural landscape, such as the destruction of arable land, the decline of industry, the reduction of grain production and other issues still remain in the construction process of many rural landscape, thus failing to meet the general requirements of the country in the strategy of rural revitalization. Through the present situation of rural landscape construction in the suburbs of Nanchang, the author will discuss the problems that are easy to occur in the process of rural landscape construction, and provide corresponding improvement countermeasures, hoping to provide reference for relevant scholars.

Keyword: Beautiful Countryside; Ecology; Landscape; Economy; The Building OF New Countryside

基于交互理论的现代城市公园景观装置艺术的设计研究

——以长沙中航山水间社区公园设计为例

Design and Research of Modern Urban Park Landscape Installation Art Based on Interaction Theory

—Taking the Design of Changsha Zhonghang Shanshui Community Park as an Example

胡欣萌

摘　要：随着城市化的快速发展，物质和精神生活水平不断提高，景观设计领域也呈现多样化。在城市公共空间中，现代景观公园景观设施已成为现代城市公园不可或缺的一部分。然而，互动景观装置作为一种交叉性和包容性极强的艺术表现形式，国内无论在实践中还是认知方面都有许多不成熟的地方。因此，本文将探讨如何将“互动”融入城市景观的装置艺术中，并通过交互设计扩展思想和方法。并且通过长沙中航山水社区公园的设计案例，来阐述现代城市公园景观互动装置艺术的重要意义，并对其进行了深入分析。

关键词：城市公园；景观装置艺术；公共空间；互动性

Abstract: With the rapid development of urbanization, the level of material and spiritual living is constantly improving, and the landscape design field is also diversified. Then, as a park in urban public space, modern urban park landscape installations have become an indispensable part of modern urban parks. However, as an interactive and inclusive artistic expression, interactive landscape installations have many immature places in practice both in practice and in cognition. Therefore, this article will explore how to integrate "interaction" into the urban park landscape installation art, and expand ideas and methods with interactive design. The important role of the modern urban park landscape interactive installation art is illustrated by the design case of Changsha Zhonghang Shanshui Community Park, and it is deeply analyzed.
Keyword: Urban Park; Landscape Installation Art; Public Space; Interactive

基于精神生态学视野看清代承德避暑山庄点景题名[①]

Naming of Plaques and Couplets in Landscape of Chengde Mountain Resort from the Perspective of Mental Ecology

张学玲　李树华

摘　要： 当代精神生态学高度关注人的内在精神与外在环境的互动关系，其理论探索结合相关人居环境学科研究持续拓展，研究视角已锲入风景园林价值观念与方法体系。古典园林是最具中国特色的精神生态景观载体，它依托我国传统文化与哲学思想，在独特而高雅的造园技艺基础上，通过点景题名实现精神生态观念植入，通过语境设计营造超越名象的文化情境，直指人的精神深度。本文基于当代精神生态学理论进展，以清代避暑山庄代表性楹联、匾额等点景题名的文本解读与语义转换为切入点，在命名点题、记叙典故、抒情喻志基础上，阐释其勤勉自强、藉古喻今、精神超越的内在精神，分析其文化深度和精神生态共时营造特征，研究结果对当代中国景观文化内涵再理解，以及精神生态学研究成果在风景园林中的深入应用具有参考价值与意义。
关键词： 风景园林；精神生态学；点景题名；承德避暑山庄；楹联匾额

Abstract: Contemporary mental ecology attaches great importance to the interaction between human spirits and the external environment with its theoretical exploration expanding to the values and methods of landscape gardens. The classical gardens, which are the mental ecology with Chinese characteristics, were created based on traditional Chinese culture and philosophy. On the basis of unique and elegant gardening techniques, they embody the mental ecology through the naming of the landscapes, which creates a cultural context beyond the figurative art through context design and represents in-depth human spirits. Based on contemporary mental ecology, this paper takes the textual interpretation and semantic transformation of representative names such as the names of plaques and couplets of Chengde Mountain Resort in the Qing Dynasty as examples. On the basis of the typological analysis of naming methods, this paper expounds Chines spirits such as diligence and self-improvement, using anecdotes of the past to allude to the present, and spirit transcendence. Furthermore, their cultural depth and construction characteristics of mental ecology are analyzed, and the reference significance for the construction of the mental ecological environment of contemporary gardens are summed up. The research results have reference value for the shaping of contemporary Chinese landscape culture and are also valuable for the deep application of mental ecology in landscape gardens.
Keyword: Landscape Architecture; Mental Ecology; Landscape Naming; Chengde Mountain Resort; Plaques and Couplets

① 基金项目：中国博士后科学基金面上项目（编号 2018M641363）和国家自然科学基金面上项目（编号 51678327）共同资助。

基于帕累托优化理论的景观效用最大化研究

——以互动性景观为例

Study on Utility Maximization of Interactive Landscape Based on Pareto Improvement Theory

—Taking Interactive Landscape as an Example

陈　建　王淑芬　黄思齐

摘　要：互动性景观作为景观设计领域话题之一越来越受关注。本文选取互动性景观为研究对象，以微观经济学帕累托优化、效用、边际效用等理论为依托，通过对国内外互动性园林景观的解析，提出一系列有建设性的互动性景观设计策略，从而促进景观效用最大化。

关键词：风景园林；互动性景观；帕累托优化；效用；景观效用

Abstract: As one of the topics in landscape design, interactive landscape is drawing increasing attention. Based on the analysis of domestic and foreign interactive landscape and the theory of Pareto optimization of microeconomic , utility and marginal utility, this paper proposes a series of constructive interactive landscape design strategies which would maximize landscape utility.

Keyword: Landscape Architecture; Interactive Landscape; Pareto Optimization; Utility; Landscape Utility

基于批判性地域主义的嘉绒藏区直波村景观设计研究

Landscape Design Research of Zhibo Village in Jiarong Tibetan Area Based on Critical Regionalism

皇甫苗华

摘　要：随着317、318国道及各省道县道的贯通、川藏铁路的建设，川西嘉绒藏区迎来了发展的契机。嘉绒藏区的直波村因独具一格的聚落景观、紧邻317国道，也迎来了乡建热潮。面对“多村一面”和乡村景观城市化的现象，通过文献资料研究和实地勘察，对直波村的地域环境进行研究、地域性要素进行提取，基于批判性地域主义的设计思想，对直波村的景观设计重点是户外空间设计进行探讨，户外空间的设计从材料、植被、铺装、农作物、建造技术、色彩的运用及宗教氛围营造等方面，在对地域性回应的基础上，兼顾现代性，营建地域景观。

关键词：批判性地域主义；乡村景观；嘉绒藏区；直波村；地域性

Abstract: With the opening of the National Highways 317 and 318 and the provincial roads and the construction of the Sichuan-Tibet Railway, the Jiarong Tibetan Area in the west of Sichuan has ushered in an opportunity for development. The Zhibo Village in Jiarong Tibetan Area is also welcoming the township construction boom due to its unique settlement landscape and its proximity to the 317 National Road. Facing the phenomenon of "multi-village side" and urbanization of rural landscapes, through the literature research and field investigation, the research on the regional environment of Zhibo Village and the extraction of regional factors are based on the design ideas of critical regionalism. The landscape design of Bocun focuses on the design of outdoor space. The design of outdoor space is based on the regional response to materials, vegetation, paving, crops, construction techniques, color application and religious atmosphere. Modernity, building a geographical landscape.

Keyword: Critical Regionalism; Rural Landscape; Jiarong Tibetan Area; Zhibo Village; Regional

基于热带城市生态空间构建的滨海植被资源研究评述

Review on Studies of Coastal Vegetation Resources Based on the Construction of Tropical Urban Eco-niche

周佳怡　姚　朋

摘　要：基于推进多规合一，科学划分"三线三区"，强化政府国土空间管控能力及三生视角，分析并阐述了我国热带城市生态空间的发展概况及现状问题；通过研究中国热带滨海植被资源评价相关文献；归纳总结了我国热带城市滨海植物各项价值及植物种类、对滨海植物资源保护的具体措施，及开发利用进展；并由此延伸展开，对植被资源服务城市生态空间构建及相关研究提出了建议。

关键词：热带；城市生态空间；滨海；植被资源

Abstract: Based on the promotion of multi-plan into one, the scientific division of "three lines and three districts", strengthening the government's land space management and control capabilities and three perspectives of"ecologic, living, and production", analyzing and expounding the development and current status of tropical urban eco-niche in China; by studying the evaluation of tropical coastal vegetation resources in China; summarized the value of marine plants in China's tropical cities plant species, specific measures for the protection of coastal vegetation resources and the progress of development and utilization; and then move on to propose suggestions for related research on the construction of urban eco-niche served by vegetation resources.

Keyword: Tropical; Urban Eco-niche; Coastal; Vegetation Resources

基于设计生态视角的城市公园设计策略研究①

Urban Park Design Strategy Based from the Perspective of Designed Ecology

吴钰宾　金云峰　钱　翀

摘　要：随着用生态理念指导风景园林规划设计取得了较大发展，"生态"逐渐成为城市公园建设的重要议题之一。从传统保护型的"生态设计"到近年出现创造型的"设计生态"，风景园林规划设计逐渐成为应对环境变化、积极修复和优化生态系统的有力手段，适用于受到一定生态破坏但在生态修复过程中受到较多人为活动干扰的人居环境。本文提出基于设计生态视角的城市公园设计目标——实现生态功能、积极介入过程、提升人居体验，并提出相应三个层面的设计策略——引入生态介质、构建柔性结构、叠合自然和社会过程，旨在主动介入并引导景观生态过程，并延伸讨论了其他完善城市公园设计的手段，为完善公园规划设计提供思路，以实现更高的城市公园综合效益。

关键词：设计生态；生态设计；城市公园；设计策略

Abstract: With the great development of landscape planning and design guided by ecological concept, "ecology" has gradually become one of the important issues in the construction of urban parks. From traditional protective "ecological design" to creative "designed ecology" in recent years, landscape planning and design has gradually become a powerful method to cope with environmental changes, restore and improve the ecosystem in an active way, which is suitable for human settlements with ecological damage but disturbed by human activities in the process of ecological restoration. This paper puts forward the design objectives of urban parks based from the perspective of designed ecology—achieving ecological functions, actively improving the process and enhancing human experience, and puts forward corresponding design strategies—introducing ecological media, constructing flexible structures, overlapping natural and social processes—which aims to intervene in and guide the landscape ecological process. The paper also extends the discussion of other urban park design methods to improve park planning and design in order to achieve higher comprehensive benefits of urban parks.

Keyword: Designed Ecology; Ecological Design; Urban Park; Design Strategy

① 基金项目：上海市城市更新及其空间优化技术重点实验室 2019 年开放课题（编号 20190617）资助。

基于“生态三观”思想的乡村生态宜居环境建设探究[①]

Study on the Construction of Rural Ecological Livable Environment Based on the Thought of "Ecological Three Views"

陈天一　吴　妍　胡远东

摘　要： 乡村是中国的根，乡村建设关系到整个中国未来的发展，乡村振兴的要务是生态宜居建设，事关广大农民根本福祉，事关农村社会文明和谐，事关全面建成小康社会。本文在梳理国内外乡村建设发展历程、剖析我国乡村建设现状问题与诟病的基础上，基于生命观、动态观、系统观的乡村“生态三观”，解读了乡村生态宜居内涵、剖析了乡村生态宜居建设中存在的“假生态”“伪生态”现象与根源，提出了乡村生态宜居建设策略，以期为乡村人居环境建设提供借鉴和参考。

关键词： 乡村振兴；生态三观；生态宜居

Abstract: Rural areas are the root of China, and rural construction is related to the future development of China. The priority of rural revitalization is ecological livable development, which bears on the fundamental welfare of the peasants, on the harmonious rural society, and on the building of a moderately prosperous society. On the basis of combing the development process of rural construction at home and abroad, and analyzing the current problems of the rural construction in China, this paper, based on the rural "ecological three views" which including life view, dynamic view and system view, interprets the connotation of rural ecological livability, analyzes the phenomena and root causes of "false ecology" in the construction of rural ecological livability, and puts forward the strategies of rural ecological livability construction, so as to provide reference for the construction of rural living environment.

Keyword: Rural Revitalization; Ecological Three Views; Ecological Livability

基于生态弹性的郊野公园设计策略研究

——以北京市“二道绿隔”温榆河下游段为例

Research on the Design Strategies of Country Parks Based on Theory of "Ecological Resilience"

—Case Study of the Country Parks in the Lower Reaches of Wenyu River in Beijing

孙　越　林　箐

摘　要： 高速的城市化进程引发了严重的生态问题。我国对生态文明建设的高度重视与居民对近自然绿地与游憩场所的渴求，使城市郊野公园成为风景园林研究的热点。生态弹性通过对人与自然系统关系的探究，为缓解生态危机，建设美丽中国提供了新的视角。本文以北京市“二道绿隔”温榆河下游段的郊野公园组团为例，探索生态弹性导向下的郊野公园体系设计策略，从水系统、生境系统及游憩系统三方面详细阐释了弹性建设措施，为相关设计提供借鉴与参考。

关键词： 生态弹性；郊野公园；风景园林

Abstract: With ecological crises caused by high-speed urbanization process, China has attached great importance to promoting ecological progress. The urge of residents for recreational and natural green space has resulted in country parks construction serving as a hot topic in the profession of landscape architecture. The theory of "Ecological Resilience" provides a new perspective for building a beautiful China through the

① 基金项目：中央高校基本科研业务费专项资金（编号：2572018CP06）资助。

exploration of the relationship between human and natural systems. This paper took the country park group in the lower reaches of the Wenyu River in Beijing as an example, explored the design strategy of the country park system under the guidance of "Ecological Resilience" from aspects of water system, habitat system and recreation system, bringing exemplary and referenced significance for further research.
Keyword: Ecological Resilience; Country Park; Landscape Architecture

基于生态理念的城市综合公园规划设计研究

——以遵义市“龙塘湿地”公园为例

Research on Planning and Design of the City Park Based on Ecological Concept

—Take "Longtang Wetland" Park in Zunyi as an Example

王　丹

摘　要：城市综合公园是满足市民日常户外休憩活动必不可少的场所，三四线城市老城区绿色基础设施薄弱，城市综合公园匮乏。城市扩张的同时，在新的城市规划理念下，新区城市布局更趋于合理，城市绿地更加充裕。本研究以遵义市新区综合公园实践项目为研究对象，基于生态理念，通过从功能分区、竖向设计、交通组织、景观建筑规划以及植物景观规划设计等几个方面入手，探讨城市综合公园景观设计的内容。
关键词：城市综合公园；生态理念；规划设计

Abstract: City park is an indispensable place to meet the daily outdoor recreation activities of citizens, Third-and fourth-tier cities have weak green infrastructure and lack of City parks, At the same time of urban expansion, under the new urban planning concept, the urban layout of the new district is more reasonable and the urban green space is more abundant. This study takes the practical project of the new district City park in Zunyi as the research object. Based on the ecological concept, it discusses the content of urban comprehensive park landscape design from the aspects of functional zoning, vertical design, traffic organization, landscape architecture planning and plant landscape planning and design.
Keyword: City Park; Ecological Concept; Planning and Design

基于生态系统文化服务需求的公园绿地规划设计响应策略

Responsive Strategies of Park Green Space Planning and Design Based on Cultural Ecosystem Service Needs

刘　颂　张心素

摘　要：随着人们精神需求层次的日益提升，对公园绿地的生态系统文化服务的需求也不断提高。本文通过对公园绿地文化服务内涵的讨论，认为使用者的需求是影响和促进公园绿地文化服务水平不断提升的关键，并以新时代提升文化服务水平为导向，提出公园绿地规划设计的4点响应策略：精准分析使用者需求，客观评价公园服务水平；构建公园网络体系，满足游憩体验的需求；了解公众审美偏好，满足生态审美教育的需求；提高公园使用频率，满足健康服务的需求。
关键词：生态系统文化服务；需求；公园绿地；规划设计；响应策略

Abstract: With the increasing level of people's spiritual needs, the demand for ecosystem cultural services in parks and greenbelts is also increasing. Based on the discussion on the connotation of cultural service of park green space, this paper holds that the need of users is the keys to influence and promote the continuous improvement of cultural service level of park green space. Guided by the promotion of cultural service level in the new era, it puts forward four responsive strategies for park green space planning and design: Accurately analyzing the demand of users and objectively evaluating the cultural service level; Building a park network system to meet the needs of recreation experience; Understanding the public's aesthetic preference and meeting the needs of ecological aesthetic education; Increase the frequency of park use to meet the needs of health services.
Keyword: Cultural Ecosystem Service; Needs; Park Green Space; Planning and Design; Responsive Strategies

基于生态修复的公路沿线景观提升策略

——以临沧市西环路沿线为例

Landscape Improvement Strategy along Highway Based on Ecological Restoration

—Take Lincang West Ring Road as an example

范在予　陈　都　王小莉

摘　要： 在梳理既往公路景观提升实践以及对临沧市西环路沿线详细调研的基础上，综合分析了地质破损灾害、生态功能式微和利用管理低效等地域性景观危机格局，提出了精准修复、因势利导和分段整治等针对性生态修复路径。以临沧市西环路沿线为例，提出了以地质塌方修复、山林景观修复和裸土边坡修复为核心的自然生态修复与以公路景观设施修复、沿线展面风貌修复和人文节点空间修复为核心人文生态修复，两者分别对应景观安全体系、空间秩序、地域内涵的提升和景观营造理念、文化载体和多元意境的提升，并共同组成公路沿线景观提升的生态修复体系。
关键词： 公路沿线景观；自然生态修复；人文生态修复；临沧市西环路沿线

Abstract: On the basis of combing the past practice of highway landscape upgrading and detailed investigation along Lincang West Ring Road, this paper comprehensively analyzed the regional landscape crisis patterns, such as geological damage disaster, weak ecological function and inefficient utilization and management, and put forward targeted ecological restoration paths, such as precise restoration, favorable guidance according to circumstances and sectional regulation. Taking the Xihuan Road in Lincang City as an example, this paper puts forward the natural ecological restoration centered on the restoration of geological landslides, mountain forest landscape and bare soil slope, and the humanistic ecological restoration centered on the restoration of highway landscape facilities, the restoration of exhibition features along the line and the restoration of human node space, which correspond to the improvement of landscape safety system, spatial order, regional connotation and the concept of landscape construction respectively. The improvement of cultural carrier and multi-artistic conception, and together constitute the ecological restoration system of landscape enhancement along the highway.
Keyword: Landscape Along Highway; Natural Ecological Restoration; Humanistic Ecological Restoration; West Ring Road Along Lincang City

基于视觉吸引机制的乡村绿道景观营建策略

——以义杭线和佛低线部分路段为例

Rural Greenway Landscape Construction Strategy Based on Visual Attraction Mechanism

—Taking the section of Yihang Line and Fo Low Line as an example

姚　陈　徐文辉

摘　要：绿道的国内外发展动态已有多年，绿道衍生出来的乡村绿道目前在国内难以受到重视，空间破碎严重，均质化景观现象普遍，基础设施较差，建设力度不够，难以使游客产生视觉吸引力，导致观赏性和体验舒适性不高，因此需要广大行业从业人员重视乡村绿道的发展，营建乡村特色的线性景观空间，为广大村民及游客提供良好的乡村游憩环境；以义杭线和佛低线部分路段为例，深入分析现状资源优势，选取沿线重要节点、线性道路、周边水体、植物等典型景观类型，提出相关营建策略，为后期建设提供理论依据。

关键词：视觉吸引；乡村绿道；景观营建；策略；应用

Abstract: The development of greenway has been at home and abroad for many years. The rural greenway derived from the greenway is currently hard to receive attention in China, the space is broken, the landscape phenomenon is common, the infrastructure is poor, the construction is not enough, and it is difficult for tourists to produce The visual appeal leads to low ornamental and experience comfort. Therefore, it is necessary for the majority of industry practitioners to pay attention to the development of rural greenways, build a linear landscape space with rural characteristics, and provide a good rural recreation environment for the majority of villagers and tourists. Take the section of the line and the low line of the Buddha as an example, analyze the current resource advantages in depth, select the typical landscape types along the line, linear roads, surrounding water bodies, plants, etc., and propose relevant construction strategies to provide theoretical basis for later construction.

Keyword: Visual Attraction; Rural Greenway; Landscape Construction; Strategy; Application

基于水足迹理论的广州市水资源评价

Water Resources Evaluation of Guangzhou City Based on Water Footprint Theory

李安冉　孙　帅

摘　要：以广州市 2011 年统计年鉴数据和水资源公报数据为依据，基于水足迹理论对 2010 年全市水足迹进行了计算与分析，并对水资源可持续性进行了评价，为广州市水资源的利用和管理提供有力的数据参考。

关键词：广州市；水足迹；虚拟水；水资源评价

Abstract: Based on the data of Guangzhou 2011 Statistical Yearbook Data and Water Resources Bulletin, based on the water footprint theory, based on the virtual water and water footprint theory, the city's water footprint was calculated and analyzed in 2010, and the water resources sustainability was carried out. The evaluation provides a strong data reference for the development of sustainable water use policies and management.

Keyword: Guangzhou City; Water Footprint; Virtual Water; Water Resources Evaluation

基于文化地域性格的十笏园审美特征探析①

The Aesthetic Characteristics of Shihu Garden Based on the Cultural and Regional Disposition

唐孝祥　傅俊杰

摘　要： 十笏园是位于山东省潍坊市的一座保存较好的私家园林，是研究明清时期北方私家园林发展的重要实例。文章基于文化地域性格理论，从地域技术特征、社会时代精神、人文艺术品格三个方面探讨十笏园的审美特征，十笏园的地域技术特征中呈现了优越的地理位置，规整有序的空间布局，特色鲜明的园林营造技艺；社会时代精神层面讨论了园林的社会经济背景，儒道融合的文化内涵；在人文艺术品格层面，体现出天人合一的审美理想、有无相生的审美意境、雅俗共存的审美心理。

关键词： 风景园林美学；十笏园；潍坊；北方私家园林；文化地域性格

Abstract: Shihu Garden, located in Weifang of Shandong Province, is a well preserved private garden. Based on the theory of cultural and regional disposition, this paper discusses the aesthetic characteristics of Shiwun Garden from three aspects: regional and technical characteristics, social and time spirits, and humanistic and artistic character. In terms of regional and technical characteristics, the landscape in Shihu Garden presents the superior geographical location, orderly spatial layout and the corresponding construction techniques. The social and economic background of the garden and the fusion of Confucianism and Taoism are discussed in the social and time spirits. In the aspect of humanistic and artistic character, it reflects the aesthetic ideal that human is an integral part of nature, the aesthetic conception of existence and absence, and the aesthetic psychology of the coexistence of elegance and practicability.

Keyword: Landscape Aesthetics; Shihu Garden; Weifang; Private Gardens of the North; Cultural and Regional Disposition

基于文脉传承的公安类院校景观规划探析

——以铁道警察学院景观规划设计为例

Landscape Planning of Public Security Institutions Based on Context Inheritance

—A Case Study of Landscape Planning and Design of Railway Police College

于　超

摘　要： 随着我国掀起大学城建设和迁建热潮，面对多校一面、新校区与原校区空间的历史文脉被断裂缺失等现象，本文以铁道警察学院校区建设为例，探讨基于文脉传承的公安类院校景观规划设计研究。探索如何在景观规划设计过程中深入挖掘并提炼隐匿于学校发展历史中的文化精髓所在，传承与演绎地域文脉与校园独特的历史文脉，再现人文精神与生态景观。铁道警察学院是一所特殊的公安类院校，故景观规划空间布局有其特殊性。因此在空间布局中，将各个功能组团既相互独立互不影响，又联系方便高效运作；既体现铁道警察学院鲜明特色，又使景观空间贴近人性化；既发扬铁警精神，探索性运用"养精、聚气、会神"，又尊重并有效改造现状地形，营造绿色生态的可持续性景观，是本次景观规划设计的思考方向和设计重点。

关键词： 警营校园；文脉传承；铁警精神；因地制宜；生态景观

Abstract: With the upsurge of University City Construction and relocation in China, facing the phenomenon of multi-campus, the historical

① 基金项目：广州市科技计划项目：地域特色与绿建技术融合的广州乡村既有建筑改造研究与示范（项目编号：201804020017）；华南理工大学中央高校基本业务费培育项目《中国传统村落与民居的文化地理研究》（项目编号：x2jz/C2180060）。

context of the new campus and the original campus space being broken and missing, this paper takes the campus construction of Railway Police College as an example to discuss the landscape planning and design of Public Security Colleges Based on cultural heritage. Explore how to excavate and refine the cultural essence hidden in the school development history in the process of landscape planning and design, inherit and deduce the regional context and the unique historical context of the campus, and reproduce the humanistic spirit and ecological landscape.

Railway Police College is a special public security college, so the spatial layout of landscape planning has its particularity. Therefore, in the spatial layout, each functional group is not only independent of each other, but also linked to facilitate efficient operation; it not only embodies the distinct characteristics of railway police academy, but also makes the landscape space close to human nature; it not only carries forward the spirit of railway police, exploratory use of "refreshing, gathering and gathering spirit", but also respects and effectively remoulds the current topography and creates a sustainable landscape of green ecology, which is this time. The thinking direction and design emphasis of landscape planning and design.

Keyword: Police Campus; Context Inheritance; Railway Police Spirit; Adapting to Local Conditions; Ecological Landscape

基于文献计量法的城市双修语境下景观规划研究进展

Research Progress of Urban Double-reform Contextual Landscape Planning Based on Bibliometrics

孙培源　戴　菲

摘　要： 如何解决城市病是当今发展的重大课题。随着政策的推进，城市双修不仅指导城市建设，也逐渐被引入景观设计中，带来了很多新的思考。主要依据 CNKI 数据库，使用 VosViewer 进行分析，首先阐明城市双修的缘起、与内涵，发现其经历了政策解读期、政策试行期和政策实施期这三个阶段。然后结合研究案例梳理总结了城市双修的主要研究进展，包括城市双修在指导城市大尺度、区域中尺度、局部小尺度这三方面的设计，最后提出了若干关于城市双修的未来发展展望。

关键词： 城市双修；城市更新；景观设计

Abstract: How to solve the urban disease is a major topic of today's development. With the advance of the policy, urban double repair not only guides urban construction, but also is gradually introduced into landscape design, bringing a lot of new thinking. Based on the CNKI database, the VosViewer is used for analysis. Firstly, the origin and connotation of urban double repair are expounded, and it is found that it has gone through three stages: the policy interpretation period, the policy trial period and the policy implementation period. Then, combined with the case study, this paper summarizes the main research progress of urban double repair, including the guidance of urban double repair in the design of urban large-scale, regional mesoscale and local small-scale, and finally proposes the future development trend of urban double repair in some aspects.

Keyword: Urban Double Repair; Urban Renewal; The Landscape Design

基于乡愁视域下的乡村景观设计策略

——天津市曹村陈官屯个案研究

Rural Landscape Design Strategy Based on Homesickness

—A Case Study of Chen Guantun, Cao Village, Tianjin

袁豪英

摘　要： 随着新农村建设步伐的加快和乡村振兴口号的提出，乡村各方面环境正在发生巨变土地资源开发范围、利用程度越来越深，从乡村土地开发中获取的利益越来越多。本文所选研究地段以天津曹村陈官屯作为研究对象，通过现场调研和居住人群的相关问卷调查，总结提出全面、可用性强、具有借鉴意义和指导意义的景观设计策略。构建"望得见山，看得见水、记得住乡愁"的景观环境，将诗意永远留存，这也是作为建设美丽乡村总体规划的重要目标。

关键词： 乡愁景观；乡土乡情；景观设计策略

Abstract: With the acceleration of the pace of new rural construction and the proposition of the slogan of rural revitalization, the various aspects of the rural environment are undergoing tremendous changes in the scope of land resources development, the degree of utilization is getting deeper and deeper, and the benefits from rural land development are getting more and more. This paper takes Chen Guantun, Cao Village, Tianjin as the research object. Through on-site investigation and questionnaire survey of residents, it summarizes and puts forward comprehensive, usable and instructive landscape design strategies. Constructing the landscape environment of "seeing mountains, seeing water and remembering to live in nostalgia" and keeping the poetry forever is also an important goal of the overall planning of building beautiful countryside.

Keyword: Nostalgic Landscape; Local Conditions; Landscape Design Strategy

基于循证设计理念的自闭症儿童康复花园设计方法初探

Preliminary Study on Design Method of Rehabilitation Garden for Children with Autism Based on Evidence-based Design

王秀婷　吴　焱

摘　要： 近年来在全球范围内，自闭症患儿的发病率呈现出快速增长的趋势。虽然近几年我国康复机构呈现出高速增长模式。但对于自闭症儿童的户外康复环境的关注却并不多。为了使自闭症儿童有一个更加良好的康复环境，本文将循证设计理念融入自闭症儿童康复花园的设计中，从自闭症儿童的行为特征以及康复诉求出发，提出设计应满足自闭症儿童康复花园的适用性，构建自闭症儿童康复花园循证设计模型，在此基础上，初步提出自闭症儿童康复花园设计方法，以期促进自闭症儿童身心发展，为其提供一个良好的恢复性环境。

关键词： 循证设计；自闭症儿童；康复花园；设计

Abstract: In recent years, the incidence of children with autism has been increasing rapidly worldwide. In recent years, China's rehabilitation institutions have shown a high-speed growth pattern. However, there is little concern about the outdoor rehabilitation environment for autistic children. In order to make the children with autism have a more favorable rehabilitation environment, this article will evidence-based design concept into the design of the autistic children rehabilitation garden, starting from the behavior characteristics and recovery demands of autistic children, the applicability of the proposed design should satisfy the children with autism rehabilitation garden, the construction of children with autism rehabilitation garden evidence-based design model, on this basis, the preliminary autistic children rehabilitation garden design method is put forward, in order to promote the development of the autistic children body and mind, with a good recovery environment.

Keyword: Design Evidence-Based Design; Children with Autism; Rehabilitation Gardens; Design

基于主动健康的城市公园环境营造策略研究

Research on Urban Park Environment Eonstruction Strategy Based on Active Health

王淑芬　程　懿　房伯南

摘　要：城市公园对促进人群健康有重要作用。如何营造促进人群健康的公园环境，主动干预、主动引导人们拥有健康的生活方式、促进人们对城市公园的健康使用是目前城市公园研究领域一个新的切入点。论文分析了城市公园使用者行为类型和对健康的影响，在此基础上提出促进人群健康的城市公园环境营造策略。论文对城市公园的规划设计提供了新的思路，对基于主动健康的公园建设具有可借鉴性意义。

关键词：主动健康；城市公园；环境营造策略

Abstract: Urban parks play an important role in promoting people's health. How to create a park environment that promotes people's health, actively intervene and guide people to have a healthy lifestyle, and promote people's healthy use of urban parks is a new focus in urban park research. This paper analyzes influences different urban park users' behaviors have on health and puts forward the strategies of urban park environment construction to promote people's health. This paper sheds new light on the planning and design of urban parks and has referential significance for the park construction based on active health.

Keyword: Active Health; Urban park; Environmental Construction Strategy

济南市城区山体公园生态修复初探

——以济南市英雄山生态修复为例

Preliminary study on Ecological Restoration of Mountain Park in Jinan City

—A case study of Yingxiong Mountain in Jinan City

题兆健　徐君健　仲丽娜

摘　要：对于济南这座城市来说，英雄山山体公园就是绿肺，周边几十万居民都是受益者，但是，随着一些生态问题的显现，英雄山的生态环境面临着巨大的威胁。本文分析了济南市英雄山山体公园在破损山体、水土、林相、基础设施等方面存在的生态问题，总结出适合英雄山生态修复的有效措施，即提高水土保持能力、合理调整林分结构、优化山林生态环境，使山林结构和生态更加健康、合理。主要通过破损山体排险及修复、人工维护和改造、规范游览线路、客土回填、种植乡土性和耐性强的植物等措施，共同形成英雄山稳定的生态群落，为动植物提供适宜的栖息环境，促使生态系统形成更新和演替，增强山体的雨水调蓄能力，提升休息空间和道路周边的自然山体景观，并为同类型山体公园的生态修复提供借鉴和参考。

关键词：山体公园；生态脆弱；生态修复

Abstract: The Hero Mountain Park, an important urban park for for the city of Jinan, is a green lung from which hundreds of thousands of local residents benefit. However, with the emergence of certain ecological problems, the ecological environment of Hero Mountain is facing a huge threat. This paper analyzes the ecological problems in the damaged mountain body, water and soil, forest physiognomy and infrastructure in the Hero Mountain Park in Jinan, and summarizes the effective measures of ecological restoration. These measures include improving soil and water conservation capacity, adjusting the structure of plants distribution and optimizing the ecological environment to make the forest structure and ecology more healthy and reasonable. Through concrete steps like restoration of damaged mountains, manual maintenance and transformation, standardization of tour routes, back-filling of local soil, plantation of local and durable species of plants, a stable ecological

community of Hero Mountain can be formed to inhabit wild animals and plants. The long-term goal is to promote the formation and renewal of ecosystems, enhance the ability of rainwater storage of the mountain, enlarge the resting space and natural mountain landscape around the road, and provide reference for the ecological restoration of the same type of mountain park.
Keyword: Mountain Park; Ecological Fragility; Ecological Restoration

江汉平原地区适老化康复景观中的植物配置研究

Study on Plant Configuration Therapeutic Landscapes Suitable for Aging in Jianghan Plain

徐俊辉　胡丹妮

摘　要： 随着中国进入老龄化社会以及医疗水平的迅猛提升，适老化康复景观已经受到越来越多的关注，植物配置是康复景观设计中的重要组成部分。本文通过调查分析江汉平原的种植条件和老年群体常见的生理状况和精神需求，归纳总结出适老化康复景观的植物选型依据、配置方法和组合方案，为江汉平原地区适老化康复景观中的植物配置提出科学建议。
关键词： 江汉平原；适老化；康复景观；植物配置

Abstract: As China entered the aging society and medical level being improved rapidly , the therapeutic landscapes suitable for aging has received more and more attention. Plant configuration is an important part of therapeutic landscapes design. Through the investigation and analysis of planting conditions in jianghan plain and the common physiological conditions and spiritual needs of elderly groups, this paper summarizes the basis of plant selection, configuration method and combination scheme suitable for the aging therapeutic landscapes, and puts forward scientific Suggestions for the plant configuration suitable for the aging therapeutic landscapes in jianghan plain.
Keyword: Jianghan Plain; Suitable for Aging; Therapeutic Landscapes; Plant Configuration

匠心独具　物语花媒

——2019 世园会国外设计师“创意展园”设计的启示

Great Originality, Multivariate Horticultural

—2019 Expo International Designers " Creative Gardens" Design Inspiration

王博娅　刘志成

摘　要： 本文通过对“创意展园”方案的设计立意、艺术手法等内容的解读，诠释本届世园会“创意展园”的设计理念，认为本届世园会“创意展园”设计紧密把握园艺主题，以园艺科技成果展示、园艺植物的地域特征、文化属性及生活属性为线索展开设计，在突出园艺生态价值的前提下，全面展示了园艺的多元价值，体现了各位著名设计师对园艺的精准理解与精湛的设计手法，为新时代博览花园设计提供了有益参考。
关键词： 设计师展园；园艺；设计立意；造园手法

摘

要

Abstract: The essay illustrates the design concept of Creative Gardens after interpreting the conception and artistic approaches to the Creative Gardens design. The design of Creative Gardens during the Expo closely centers on the theme of horticulture and has been implemented accord-

ing to the demonstrations of horticultural achievements, regional features, cultural attributes, the nature of culture and life to fully showcase the various values of horticulture and meanwhile to highlight the importance of horticultural ecology. The design mirrors all renowned designers' accurate analysis and consummate ways of design, which has contributed constructive reference for Expo garden designs in the new era.
Keyword: Designer Garden; Horticulture; Design Conception; Landscaping Method

金银湖国家湿地公园种子植物区系多样性研究①

Spermatophyte Floral Diversity of Jinyin Lake National Wetland Park

张辛阳　朱虹云

摘　要：运用线路法和典型样方法对金银湖国家湿地公园植物资源进行了详细调查，共有种子植物 62 科 113 属 135 种，含 4 种及以上的科为本区种子植物的优势科，含 1 种的属是导致本区种子植物属多样性的主要原因。62 个科可分为 9 个分布区型及 5 个变型，其中热带分布科占非世界分布科数的 61.36%，占主导地位。113 个属可分为 13 个分布区型及 2 个变型，其中温带分布属占非世界分布属数的 61.39%，占主导地位。135 个种可分为 7 个分布区类型，以亚热带季风气候种为主，占总种数的 45.19%。研究结果为金银湖国家湿地公园植物多样性资源保护以及管理建设提供基础资料和科学依据。
关键词：金银湖国家湿地公园；植物区系；植物多样性；种质资源

Abstract: The plant resources of Jinyin Lake National Wetland Park were investigated in detail by using route method and typical sample method. There were 135 species of spermatophyte belonging to 113 genera and 62 families. Families with four or more species were the dominant families in this fauna. Genus containing 1 species was the main reason for the diversity of seed plants in this area. 62 families could be divided into 9 distribution types and 5 variants, of which the tropical distribution families accounted for 61.36% of the non-world distribution families and dominate. 113 genera could be divided into 13 areal types and 2 variants, of which temperate genera accounted for 61.39% of non-world genera and dominate. 135 species could be divided into 7 distribution types, mainly subtropical monsoon climate species, accounting for 45.19% of the total species. The results provide basic information and scientific basis for the protection and management of plant diversity resources in Jinyin Lake National Wetland Park.
Keyword: Jinyin Lake National Wetland Park; Flora; Plant Diversity; Germplasm Resource

津市市澧水河消落带景观设计研究

Landscape Design and Research on Fluctuating Zone of Lishui River in Jinshi City

董　乐　李运远

摘　要：在城市建设存量更新背景下，基于大片消落带的滨水空间再利用成为重要议题。本文在消落带研究基础上，以湖南省津市市澧水河两侧绿地为例，确定应对消落带的滨水景观应遵循安全性、动态规划、生态性和地域性原则，提出以常水位、汛期水位、二十年一遇水位、五十年一遇水位为依据设计强度层级变化策略，从水景观、植物景观、活动场地、基础设施等方面总结设计措施，以期为其他区域消落带人居环境建设提供思考。
关键词：消落带；景观设计；城市滨水空间

① 基金项目：湖北省教育厅人文社会科学研究项目（17G119）和湖北省高等学校省级教学研究项目（2017505）资助。

Abstract: Under the background of stock resources, the renewal and utilization of urban waterfront based on river fluctuating zone has become an important research direction. Based on related research at river fluctuating zone, this paper takes Lishui river in Jinshi city of HuNan Province as an example, determines the design of river fluctuating zone should follow the principle of security, dynamic planning, ecological, and regional. Then this paper proposes the design intensity changes based on water level, summarizes the landscape design measure from water, plant, activity space, and infrastructure, in order to provide a reference for the construction of Waterfront space in other regions.
Keyword: River Fluctuating Zone; Landscape Design; Urban Waterfront

紧凑型城市背景下"公园城市"探讨

Research on "Park City" Based on the Compact City

赵灵佳　杜春兰

摘　要： 随着城市化进程的加快，城市问题加剧，紧凑型城市成为了国际城市发展的主流趋势，尖锐的人地矛盾导致我国也不得不选择了紧凑的城市发展策略，但是它所带来的公共空间"公共性"的丧失引发了争议。而为了缓解人与自然的分裂和满足人民对美好生活的追求而产生的"公园城市"理念，作为"花园城市"和"山水城市"在新时代背景下的发展，在"生态性"和"公共性"上为紧凑型发展的问题提供了新的解决办法。"公园城市"让城市建设聚焦于城市与自然的和谐发展，生态环境系统的提高以及人们公共福祉的提升，为我国城市建设提供了新思路。
关键词： 风景园林；公园城市；紧凑型城市；公园体系

Abstract: With the acceleration of urbanization, urban problems have become more and more serious, and compact cities have become the mainstream trend of international urban development. As a result of the sharp contradiction between people and land, China has to choose a compact urban development strategy. In order to ease the separation between man and nature and satisfy people's pursuit of a better life, the concept of "park city", as the development of "garden city" and "landscape city" in the new era, provides a new solution to the problem of compact development in terms of "ecology" and "publicity". "Park city" makes urban construction focus on the harmonious development of city and nature, the improvement of ecological environment system and the improvement of people's public welfare, which provides new ideas for urban construction in China.
Keyword: Landscape Architecture; Park City; Compact City; Park System

开远市干热河谷石漠化地区生态修复的多功能植物资源及其应用探讨

Study on Multi-objective Plant Resources and Application of Ecological Restoration in Rocky Desertification Area of Dry and Hot River Valley in Kaiyuan City

吴成平　魏开云

摘　要： 传统的石漠化治理仅以"绿"为原则，不与百姓的生产生活切实挂钩，与国家精准扶贫背道而驰。本文结合开远市干热河谷石漠化地区生态修复，遵循人地关系平衡，切实与人民利益相结合，在充分调查开远市石漠化的动态变化的基础上，探讨干热河谷石漠化地区生态修复存在的主要困难和问题，提出不同等级的石漠化中多功能植物的应用以及发展方向。

关键词：干热河谷；石漠化；生态修复；多目标规划；开远市

Abstract: Traditional stone desertification control only takes "green" as the principle, does not link with people's production and life, and runs counter to the country's targeted poverty alleviation. Combining with kaiyuan dry-hot valleys rocky desertification region ecological restoration, follows the relation between people and land balance, combined with the interests of the people, earnestly in the full investigation on the basis of the dynamic changes of the kaiyuan county rocky desertification, discussed ecological restoration in the dry-hot valleys rocky desertification areas the main difficulties and problems, put forward the application of different grade rocky desertification in the multi-function plant as well as the development direction.
Keyword: The Dry-hot Valleys; Rocky Desertification; Ecological Restoration; Multi-objective Programming; Kaiyuan city

矿山废弃地生态恢复与植被重建研究

——以太原市东西山矿区为例

Study on Ecological Restoration and Vegetation Reconstruction in Mine Wasteland

—Taking the East and West Mountain Mining Area in Taiyuan City as an Example

杨　君　王美仙

摘　要：近年来，矿山开采带来的环境问题是生态修复研究中的一项难题，也是制约社会、经济可持续发展的一个障碍因素。本文以太原市东西山矿区为例，首先分析了太原市东西山矿区生态恢复与植被重建模式与概况；接着针对太原市东西山矿区生态恢复与植被重建现状提出植被重建策略；最后以美国联邦超级基金项目加利福尼亚峡谷超级基金场地作为案例研究，分析其植被重建技术，以期为国内矿山废弃地生态恢复与植被重建提供借鉴。
关键词：矿山废弃地；生态恢复；植被重建

Abstract: In recent years, the environmental problems brought about by mining are a difficult problem in ecological restoration research, and also an obstacle to the sustainable development of society and economy. Taking the East and West Mountain Mining Area of Taiyuan City as an example, this paper first analyzes the ecological restoration and vegetation reconstruction modes and general situation of the East and West Mountain Mining Area mining area in Taiyuan City; then proposes the vegetation reconstruction strategy for the ecological restoration and vegetation reconstruction status of the East and West Mountain Mining Area mining area in Taiyuan City; The fund project, California Gulch Superfund Site, was used as a case study to analyze its vegetation reconstruction technology, in order to provide reference for the ecological restoration and vegetation reconstruction of abandoned mines in China.
Keyword: Abandoned Mines; Ecological Restoration; Vegetation Reconstruction

里德希尔德布兰德事务所设计理论及实践探究

Research on Reed Hildebrand's Design Theory and Practice

林静静

摘　要：环境问题日益突出，景观设计面临着严峻的挑战，对优秀的设计理论及实践开展探究有助于积累应对复杂环境问题的经验，推动学科的发展。美国马萨诸塞州的里德希尔德布兰德设计事务所，作为ASLA年度设计奖项的常客，其作品非常值得进行探讨借鉴。介绍了里德希尔德布兰德事务所的相关概况、核心设计理论以及近20年来的代表性设计实践。对事务所的设计作品及其主要设计成员发表的著作、开展的演讲进行探究，提炼出简约化设计、重视自然和文化的关联、营造"城市的精神堡垒"以及前瞻性设计四个设计理论，并以时间为轴线对典型的设计实践一一解读。

关键词：景观设计；里德希尔德布兰德事务所；设计理论；设计实践

Abstract: Environmental issues are becoming more and more prominent, and landscape design faces severe challenges. Exploring excellent design theories and practices helps to accumulate experience in dealing with complex environmental issues and promote the development of disciplines. Reed Hildebrand Design of Massachusetts, USA, as a frequent visitor to ASLA's annual design awards, its work is well worth learning. It introduces the relevant overview of Reed Hildebrand's firm, core design theory and representative design practices in the past 20 years. Investigate the design works of the firm and the works and speeches of its major design members, and extract the four design theories of simple design, emphasis on the connection between nature and culture, the creation of"the spiritual fortress of the city"and forward-looking design. And use the time as the axis to interpret the typical design practice.

Keyword: Landscape Design; Reed Hilderbrand; Design Theory; Design Practice

历史街区植物生态景观提升策略

——以武汉市解放公园路为例

Preliminary Study on the Improvement of Plant Ecological in Historical Blocks

—Taking the Liberation Park Road in Wuhan as an Example

李红玲　董贺轩

摘　要：在武汉承办2019世界军人运动会的背景下，武汉市政府倡导市容环境整治行动，本文以武汉市解放公园路街道景观提升工程为例，归纳总结历史街区植物生态恢复的景观设计思路，对城市历史街区街道景观的植物生态化建设具有实践意义和示范作用。

关键词：历史街区；植物生态；景观提升；解放公园路

Abstract: In the context of hosting the 2019 World Military Games in Wuhan, the Wuhan Municipal Government advocated the urban environment remediation action. This paper takes the Liberation Park Road street landscape improvement project in Wuhan as an example, summarizing the landscape design ideas of the plant ecological restoration in the historical blocks, and on the urban historical blocks. The plant ecological construction of street landscape has practical significance and demonstration role.

Keyword: Historic Block; Plant Ecology; Landscape Enhancement; Liberation Park Road

历史文脉视角下重庆黄山抗战遗址建筑外部空间建构模式研究

From the Perspective of Historical Context, Study on the External Space Construction Mode of the Anti-Japanese War ruins in Huangshan, Chongqing

杨 帆

摘 要：人口、资源、技术等诸多条件的集聚，使得二战期间作为战时首都的重庆发展迅猛，塑造出一批带有抗战文化基因的历史遗迹，受当地自然湿热气候、复杂山地地形及抗战建设需求等影响，其外部空间在别具特色。在城市化进程中，历史建筑遗迹被破坏，遗留的建筑外部空间也逐渐被侵蚀，面对城市地域特色的消逝及历史文脉的断裂，对重庆抗战遗址建筑外部空间进行系统研究成为亟待解决的问题。本文选取黄山抗战遗址建筑外部空间为主要研究对象，通过梳理其历史文脉，从宏观上的选址布局、中观上的空间组织、微观上的建筑风貌三个层面归纳其平立面建构模式，为后续相关建筑外部空间的保护与修缮等工作提供历史经验及参考依据，以期实现提升城市地域特色，延续城市历史文脉的综合目标。

关键词：历史文脉；抗战遗址；外部空间；建构模式；风景园林

Abstract: the agglomeration of population, resources, technology and many other conditions made chongqing, as the wartime capital during the second world war, develop rapidly and shape a batch of historical relics with Anti-Japanese War culture gene. Influenced by the local natural hot and humid climate, complex mountain terrain and the construction demand of Anti-Japanese War, its external space has its own characteristics. In the process of urbanization, historical building relics are destroyed and the external space of the buildings left behind are gradually eroded. Facing the disappearance of urban regional characteristics and the rupture of historical context, systematic research on the external space of Chongqing Anti-Japanese War site buildings has become an urgent problem to be solved. This article selects the Huangshan resistance site construction outer space as the main research object, through combing the historical context, location layout from the macro, meso space organization, building on the micro view on three levels: induction of its facade construction mode, for the subsequent related construction of external space provide protection and restoration of historical experience and reference, in order to achieve improve the local characteristics of the city and continuation of composite targets of urban historical context.

Keyword: Historical Context; Sites of the Anti-Japanese War; External Space; Construction Mode; Landscape Architecture

卢瓦尔河畔肖蒙城堡的国际花园艺术节①

The International Garden Festival, Domain of Chaumont-sur-Loire

孙 力 张德顺 丽娜·林

摘 要：法国拥有悠久的园林史，而凡尔赛宫通常被认为是法国园林的缩影，17世纪由景观建筑师勒诺特（André Le Nôtre）为路易十四（Louis XIV）设计建造，是法国皇室园林的象征。法式园林风格通常意味着在布局上突出轴线的对称，人工对自然规划秩序。随着风景园林和园艺的实践发展和创新，法国国际花园节便是展示这种演变的方式之一。自1992年创立以来，这些年里艺术节通过国际竞赛不断对风景园林提出创新并改进实践，从而展示了园林设计新的视角和观点。

关键词：国际花园节；卢瓦尔河畔肖蒙城堡；法国园林；创新花园；景观设计的未来

① 基金项目：国家自然科学基金（编号：31770747；城市绿地干旱生境的园林树种选择机制研究）；国家重点研发计划（编号：2016YFC0503300；典型脆弱生态修复与保护研究-自然遗产地生态保护与管理技术）。

Abstract: France has a long tradition of gardens and its epitome is generally considered to be the Gardens of Versailles. Designed during the 17th century by the landscape architecte André Le Nôtre for Louis XIV, those gardens are the symbol of the French formal garden (« jardin à la française », literally"garden in the French manner"in French). This syle is based on symmetry and the principle of imposing order on nature. However, the practice of landscaping and gardening evolves and one of the innovative place that displays such evolution is The International Garden Festival. Throughout the years starting from its creation in 1992, the Festival manages to question the practice of landscape design through its international competition which results in the showcase of new perspectives, new points of views on garden design.
Keyword: The International Garden Festival; Domain of Chaumont-sur-Loire; Gardens in France; Innovative Gardens; Future of Landscape Design

露地栽培杜鹃花新品种在无锡市区的应用与推广研究

The Application and Promotion of New Varieties of *Rhododendron* in Open Field in Wuxi City

谈旭君　李泽丰

摘　要： 杜鹃花泛指杜鹃花科（Ericaceae）杜鹃属（*Rhododendron*）的植物，是无锡市的市花。园林建设中更是有“没有杜鹃不成园”之喻，在园林上应用地位无以替代。无锡市区的露地栽培杜鹃因气候与原产地差异和生长环境的不适应性，出现了生理性病害且易受病虫害侵扰。为此，需要从源头抓起，引入露地栽培杜鹃的新品种，这些新品种拥有更好的环境适应性和独特的景观观赏性。同时，栽植前就要根据杜鹃的习性，进行杜鹃优选优育和小环境的生境改良工作，并在后期针对新品种特点进行科学合理的养护管理工作。在实践应用后，总结规律，将之推广到无锡和周边城市市区的杜鹃应用之中。
关键词： 杜鹃；露地栽培；新品种；推广应用

Abstract: Rhododendron is generally referred to as Ericaceae Rhododendron (*Rhododendron L.*)., which is the flower of Wuxi City. In Landscape, there is a metaphor of"no Rhododendron, no landscape", it's application status in the landscape cannot be replaced. Due to climatic differences and discomfort of growing environment , Rhododendrons in Wuxi urban areas have physiological diseases and are susceptible to pests and diseases. Therefore, it is necessary to start from the source and introduce new varieties of Rhododendron, which have better environmental adaptability. At the same time, according to the habits of Rhododendron, the selection and breeding, as well as habitat improvement work ,should be carried out. At the later stage, scientific and reasonable maintenance and management are carried out according to the characteristics of new varieties. After the application in practice, we summarize the law ,so it will be extended to the application of rhododendrons in Wuxi and surrounding urban areas.
Keyword: *Rhododendron L.*; Planting in Open Field; New Varieties of *Rhododendron*; Application and Promotion

栾川县景城关系发展的问题与趋势

Problems and Trends in the Development of City-Landscape Relationship in Luanchuan

朱夕冰

摘　要： 栾川县自然山水本底丰富优渥，其城市发展与山水环境及周边景区的关系密不可分。本文通过对历史材料的研究和现场的调研，结合利用卫星影像图的判读和分析，对栾川景城关系的历史发展沿革进行了研究和阶段性总结，了解景与城之间关系演变的动因和背景。

结合栾川县发展现状，本文主要从空间角度分析了近年来城市建设对景城关系造成的诸如高层建设、路网切割、用地侵蚀、驳岸硬化等问题，并由此就栾川县景城关系未来的发展趋势进行了简要的讨论，从而得出栾川未来景城一体化发展势在必行。
关键词：景城关系；景城一体化；发展问题；发展趋势

Abstract: Luanchuan is rich in natural landscape background, and its urban development is closely related to the landscape environment and surrounding scenic spots. Based on the study of historical materials and on-site investigation, combined with the interpretation and analysis of satellite imagery, this paper studies and summarizes the historical development of city-landscape relationship, and understands its motivation and background. Based on the current development situation of Luanchuan, this paper mainly analyses the problems caused by urban construction in recent years, such as high-rise construction, road network cutting, land erosion, hardening of barges and so on, and then briefly discusses the future development trend of Luanchuan's city-landscape relationship, and concludes that the integration development is imperative in the future.
Keyword: City-landscape Relationship; City-landscape Integration; Development Issues; Development Trends

媒体融合时代下城市景观微更新项目的媒体传播过程的分析评价和启示

——以北京茶儿胡同12号院改造项目为例

Analysis, Evaluation and Enlightenment on the Media Communication Process of Urban Landscape Micro-Renewal Project in the Era of Media Convergence

—Taking the Renovation Project of No. 12 Courtyard of Beijing Cha'Er Hutong as an Example

赵茜瑶

摘　要：在吸引社会关注、舆论引导、信息传播方面，媒体起着关键性的驱动作用。随着媒体融合时代下媒体传播的重要性不断提高，对于城市景观微更新项目而言，媒体传播是重要的推动力量。本文引入媒体学“5W”理论对2018～2019年北京茶儿胡同12号院改造项目的媒体传播过程进行量化分析和定性分析，从一个新的视角解读了城市景观更新项目的社会价值的实现，展示了更新项目的认知程度和舆论风向，为未来城市景观微更新的建设提供指导。
关键词：城市微更新；媒体传播；社会价值

Abstract: The media plays a key role in attracting social attention, guiding public opinion and spreading information. With the increasing importance of media communication in the era of media convergence, media communication is an important driving force for urban landscape micro-renewal projects. This article introduced the media to learn the theory of "5W" 2018-2019 Beijing hutong courtyard renovation project number 12 tea son of quantitative analysis and qualitative analysis for the process of media, from a new perspective to interpret the city landscape update the realization of the social value of the project, shows the update project of cognition and public opinion direction, provides guidance for the construction of the future urban landscape micro update.
Keyword: Urban Micro-Renewal; Media Communication; Social Values

美好家园视角下公园体系构建的多级多类策略研究[①]

——以上海奉贤区为例

Research on Multi-level and Multi-class Strategy of Park System Construction from the Perspective of Beautiful Homeland

—Taking Fengxian District of Shanghai as an Example

周 艳 金云峰 宋美仪 王俊祺

摘 要："美好家园"作为"公园城市"的子项理念，兼具生态文明与人本关怀的特点，体现了"以人民为中心"的发展思想。上海在进入以存量发展转型的阶段后，城市公园的内涵提升无疑非常重要。本文以美好家园为导向，构建了多级多类的上海奉贤区公园体系，实现了公园绿地总量的提升和布局的均衡性，并提出了公园等级的分类细化、布局模式的分级优化及功能特色的多级营造等策略，以此来完善均等化高质量的公园体系公共服务。
关键词：公园城市；美好家园；多级多类；公园体系；奉贤区

Abstract: As a sub-concept of "park city", "beautiful homeland" has the characteristics of ecological civilization and people-oriented care, and reflects the development thinking of "people-centered". After Shanghai enters the stage of development and transformation of stocks, the promotion of the city park is undoubtedly very important. Guided by the beautiful home, this paper constructs a multi-level and multi-class Shanghai Fengxian District Park System, which realizes the improvement of the total amount of park green space and the balance of layout, and proposes the classification of the park level and the grading optimization of the layout pattern. A multi-level creation strategy with functional features to improve the equalization of high quality public services in the park system.
Keyword: Park city; Beautiful Homeland; Multi-Level and Multi-class; Park System; Fengxian District

美丽乡村视角下的游憩园景观规划设计

——以江苏溧阳松岭头茶文化园为例

Landscape Planning and Design of Leisure Parks from the Perspective of Beautiful Countryside

—Taking Songlingtou Tea Culture Park in Liyang, Jiangsu as an Example

施俊婕

摘 要：随着生态文明和美丽乡村建设的不断推进，营造"人与自然和谐共生"的乡村景观已成为风景园林学前沿热点问题。乡村振兴战略不仅给乡村景观提供了良好的发展机遇，也为风景园林学提供了更广阔的发展平台。游憩园作为乡村景观的一大基本类型，其规划与设计极大程度上展现了当前乡村景观的核心和特色。本文以江苏溧阳松岭头茶文化园为案例，在分析其乡村景观特征的基础上，对乡村景观资源进行评价，进而从生态、游憩和人文三方面提出规划设计的策略。
关键词：美丽乡村；乡村景观；游憩园；茶文化园

① 基金项目：上海市城市更新及其空间优化技术重点实验室2019年开放课题（编号20190617）。

Abstract: With the continuous progress of the construction of ecological civilization and beautiful countryside, creating the rural landscape of "harmonious coexistence between man and nature" has become a hot issue in the forefront of landscape architecture. Rural revitalization strategy not only provides a good opportunity for rural landscape development, but also provides a broader development platform for landscape architecture. As one of the basic types of rural landscape, the planning and design of leisure parks largely show the core and characteristics of the current rural landscape. Taking Songlingtou Tea Culture Park in Liyang, Jiangsu as an example, this paper analyzes the characteristics of its rural landscape, evaluates the rural landscape resources, and then puts forward planning and design strategies from three aspects: ecology, recreation and culture.

Keyword: Beautiful Countryside; Rural Landscape; Leisure Parks; Tea Culture Park

美丽宜居人文关怀

——近十年我国绿道规划研究综述[①]

Beauty, Livable and Humanistic Care

—A Review of the Research on Greenways Planning in China During the Last Decade

王淳淳　金云峰

摘　要： 2018 年习总书记在四川提出了公园城市概念，突出了新时代下绿地与各类城市功能多元沟通融合的发展方向，将城市建设的人文性和宜居性要求提到了新的高度。在众多新兴规划理论中，绿道规划在我国已经过了 10 年的发展并成为规划体系的重要组成，其作为城市内乃至区域城市间各类用地和功能的重要沟通手段，同时也是城市人居环境调蓄优化以及居民日常游憩活动的主要载体。本研究拟对近十年我国绿道规划实践与研究进行梳理和总结，结合公园城市规划实践讨论绿道规划对于新时期公园城市建设的支撑性并梳理综述的切入视角，继而分别从体系、指标和评估三个角度进行绿道规划综述，最终对于十年间我国绿道规划的发展进步与不足进行总结。研究旨在梳理和观照十年间的绿道规划工作，以为将来的工作和研究提供借鉴和指导。

关键词： 绿道规划；人居环境；美丽宜居；人文关怀；研究综述

Abstract: In 2018, President Xi proposed the concept of Park City in Sichuan Province, which highlights the multi-integrated development direction between green space and various urban functions in the incoming new era and puts the humanity and livability requirements of urban construction to a new height. Among emerging planning theories, Greenway planning has developed in China for 10 years and become an important component of the planning system. As an essential means of communication for urban land use and city functions within and between cities, it is also main carrier of habitat environment optimization and daily recreation activities of residents. This study intends to sort out and summarize the practice and research of greenways planning in China in last decade. First to combine existing planning practice of Park City for the discussion of the role of the greenway in the construction of Park City so as to sort out the perspective of the review. Then whole review is carried out from perspectives of planning system, planning index and planning evaluation, and finally the development progress and shortcomings of China's greenways planning in the past ten years are summarized. The research aims to recall the greenway planning work during the last decade so as to provide reference and guidance for future work and research.

Keyword: Greeways Planning; Living Environment; Beauty and Livable; Humanistic Care; Research Revie

① 基金项目：上海市城市更新及其空间优化技术重点实验室 2019 年开放课题（编号 20190617）资助。

美丽中国视野下的城郊森林公园规划设计初探

——以湖北省郧西县华盖山森林公园为例

Preliminary Study on Planning and Design of Suburban Forest Park under the Vision of Beautiful China

—Huagai Mountain Forest Park in Yunxi county Hubei province as an Example

温 馨

摘 要： 随着生活水平的逐步提高，建设“美丽中国”已成为中国人民心向往之的奋斗目标。在这样的视野下，森林公园不单要重视其生态保护方面，也应富含地域特色，彰显中国地方魅力，满足当地人民对森林公园的需求。本文将以湖北郧西华盖山森林公园为例，对其进行系统分析及规划设计，探索什么是符合美丽中国视野的森林公园，以期让人们在自然的森林环境中体味中国独有的地域魅力。最终实现生态性区域优化、地域特色融合的综合效益。

关键词： 美丽中国；城郊森林公园；生态环境敏感度；地域特色

Abstract: With the gradual improvement of living standards, the construction of "beautiful China" has become the goal of Chinese people's aspiration. In this view, forest parks should not only pay attention to ecological protection, but also contain regional characteristics, highlight the charm of China's local areas, and meet the needs of local people for forest parks. In this paper, Huagai Mountain Forest Park in Hubei province is taken as an example to conduct systematic analysis, planning and design, and explore what is the forest park in line with the vision of beautiful China, so as to let people appreciate the unique regional charm of China in the natural forest environment. Finally, ecological regional optimization and integration of regional characteristics can be achieved.

Keyword: Beautiful China; Suburban Forest Park; Ecological Environmental Sensitivity; Regional Characteristics

面向美好家园的日常生活空间视角下城市公园边界空间设计[①]

Urban Park Border Space Design from the Perspective of Daily Life Space for Beautiful Homes

陈丽花 金云峰 吴钰宾

摘 要： 当前城市建设转型的重心由从发展速度向建设质量转变，高品质城市公园成为新时代人民享受美好生活的重要方面。分析目前城市中心区开放式公园边界景观规划设计的问题，公园边界与城市周边地块配套联系不够紧密，边界联系在公园绿地之间缺失，边界的出入口设计与居民点设置不对等而导致居民日常的可达性较差。本文运用日常生活哲学思想，分析边界与日常生活两个空间在行为上的交叠关系，得到开放性城市公园边界景观的三方面策略层面：走向系统——溶解的边界，走向绿网——串联的边界，走向园区——渗透的边界，复合的公园边界景观空间衔接城市，融合在城市绿地系统，为城市街区单元增添活力，从而发掘城市公园绿地的多元价值。

关键词： 城市公园；公园边界；设计策略；日常生活；美好家园

Abstract: The current focus of urban construction transformation has shifted from development speed to construction quality. High-quality urban parks have become an important aspect for people in the new era to enjoy a better life. Analysis of the current urban park area open park boundary landscape planning and design issues, the park boundary and the surrounding urban plots are not closely linked, the border links are

① 基金项目：上海市城市更新及其空间优化技术重点实验室2019年开放课题（编号20190617）资助。

missing between the park green space, the border entrance and exit design and the settlement of the settlements are not equal, resulting in residents daily The accessibility is poor. This paper uses the philosophy of daily life to analyze the overlapping relationship between the boundary and the daily life of the two spaces, and obtain the three strategic aspects of the open urban park boundary landscape: toward the system-the dissolved boundary, the green network-tandem The boundary, going to the park-the infiltration boundary, the complex park boundary landscape space connecting the city, blending in the urban green space system, adding vitality to the urban block unit, thus exploring the multi-value of the urban park green space.

Keyword: City Park; Park Boundary; Design Strategy; Daily Life; Beautiful Home

明清时期豫北民居的建造风格演化研究

Research on the Construction Style Evolution of Traditional Residences in Northern Henan Province in Ming and Qing Dynasties

丁 康 王子晴 赵 鸣

摘 要： 豫北地处中原地区，建筑营造已逾千年，但战争破坏严重，遗存较少且总结归纳不足，特色不鲜明，现今处于被忽视的状态。而民居作为建筑营造的起源凝聚了豫北的历史文化和地域特征，具有重要的研究价值。文章聚焦于古代民居的成熟定型期-明清时期研究，通过文献资料与实地调研等方法，探索豫北明清两朝这一时间段的民居演化，探索与唐宋等前朝民居的不同变化。从自然角度与人文角度分析总结得到自身特点，为现代豫北民居研究、修复与营建提供参考启示。

关键词： 豫北民居；狭窄院落；明清时期

Abstract: The architecture has been built for more than a thousand years in North Henan Province that is situated in the Central Plains region. But because it has been seriously damaged by the war, so the remains are few, the summary is insufficient, the characteristics are not distinct and it is in a neglected state now. As the origin of architectural construction, folk houses embody the historical, cultural and regional characteristics of northern Henan, and have important research value. This paper focuses on the study of the mature and stationary period of ancient folk houses-Ming and Qing Dynasties. Through the methods of literature and field investigation, explores the evolution of the dwellings during the Ming and Qing Dynasties, explores the different changes of the dwellings between the Ming and Qing Dynasties and the previous dynasties. It summarizes the characteristics of the dwellings from the angle of humanism and nature. And wishes to reference for the study, restoration and construction of modern dwellings in northern Henan.

Keyword: Residence in North Henan; Narrow Courtyard Space; Ming and Qing Dynasties

农业资源整合视角下的北京大兴区郊野公园体系建设策略

Beijing Daxing District Country Park System Construction Strategy from the Perspective of Agricultural Resources Integration

赵晓伟

摘 要： 北京市大兴区的第二道绿化隔离地区是典型的城乡过渡地带，面临着市民游憩需求、生态保护与城市扩张的多元压力，但本身景观资源相对单一，如何将大兴区丰富的农业资源整合到第二道绿化隔离地区郊野公园体系的建设当中，成为一项重要挑战。本文从“宏观定位——中观格局——微观建设”三个层面对农业资源与郊野公园体系相融合的建设策略进行研究，在传承农业文化，营造特色景观的同时促进地区发展。

关键词： 郊野公园体系；农业资源；第二道绿化隔离地区；北京大兴区

Abstract: The second green belt area in Daxing District of Beijing is a typical urban-rural transition zone. It faces the multiple pressures of citizens' recreation needs, ecological protection and urban expansion. However, its landscape resources are relatively simple. How to integrate the rich agricultural resources of Daxing District into The construction of the country park system in the second greening belt area has become an important challenge. This paper studies the construction strategy of the integration of agricultural resources and country park system from the three levels of"macro-position—middle view pattern-micro-construction", and promotes regional development while inheriting agricultural culture and creating characteristic landscape.
Keyword: Country Park System; Agricultural Resources; Second Green Belt Area; Daxing District; Beijing

葡萄牙的植物园①

System of Botanic Gardens in Portugal

张德顺　孙　力　安　淇　杜阿尔特·瓦尔

摘　要： 植物园是植物迁地保存的基因库，所有的活体植物和标本拥有完整的标识和记录，发挥着植物研究、科学普及和观光游览的功能。植物园的植物保存一是部分化解了濒危物种在野外灭绝的危险，二是有助于全球变化的研究尤其是对气候变化的关注。自瓦斯科·达·伽马1500年发现通往印度的海上航线以来，1755年的地震是葡萄牙历史上的重大事件，时任总理马克斯·德庞布尔在这个时期重建首都里斯本。作为里斯本复兴的项目，著名植物学家多梅尼科·范德利负责了葡萄牙第一个植物园的建造。本文就其发展历史、主要特征和植物收集几个方面，介绍一下葡萄牙的植物园体系。
关键词： 植物区系；植物园；葡萄牙

Abstract: Botanical gardens are gene banks for ex situ conservation of plants. All living plants and specimens are well-marked and recorded, playing the functions of plant research, scientific popularization and sightseeing. Plant conservation in botanical gardens partly mitigates the risk of extinction of endangered species in the wild, and contributes to the global-change research, including the global concerns about climate change. In Portugal, the earthquake in the year 1755 was to be the most significant event in Portuguese history since Vasco da Gama's discovery of the maritime route to India in 1500. Marques de Pombal nevertheless, used the disaster, prime minister at the time to reborn a new capital, Lisbon. As part of Lisbon's renewal, a prominent botanist, Domenico Vandelli, was charged with building what would come to be the first Portuguese botanical garden. In this work, the main Portuguese existing botanical gardens are described, referring the history, main characteristics and plant collections encountered.
Keyword: Flora; Botanic Garden; Portugal

① 基金项目：国家自然科学基金（编号：31770747；城市绿地干旱生境的园林树种选择机制研究）；国家重点研发计划（编号：2016YFC0503300；典型脆弱生态修复与保护研究一自然遗产地生态保护与管理技术）。

浅析铺地对园林文化的影响
——以济南大明湖为例

A Brief Analysis on the Effect of Pavement on Garden Culture
—Taking Daming Lake in Jinan as the Example

郑　峥　肖华斌

摘　要：铺地作为园林景观的要素之一，有着强烈的人工痕迹和人工特征。它不仅满足了建造的功能需求，同时也反映了特定时期的园林文化。本文以济南的名胜大明湖为例，从铺地的角度论述大明湖所反映的文化内涵。试图探寻铺地对文化的影响，破解景观符号的内涵。
关键词：铺地；大明湖；文化涵义；景观符号

Abstract: As one of the elements of landscape, there are strong artificial traces and artificial characteristics. It not only satisfies the function demand of the construction, but also reflects the garden culture of the particular period. This paper takes the famous scenic spot daming of Jinan as an example and discusses.
Keyword: Land; Daming Lake; Cultural Implication; Landscape Symbol

浅析我国风景园林行业发展

Analysis on the Development of Landscape Architecture Industry in China

曹译戈　张德顺

摘　要：伴随着新中国的成立，我国现代风景园林已走过了近70年的历程，风景园林行业也随之不断壮大，为改善人居环境、提升人民生活质量发挥了重要作用。因此，我们对当前阶段风景园林发展现状进行研究和分析，找出存在的问题并提供解决策略，有助于为下一阶段工作的开展打下坚实的基础，并进一步促进风景园林设计理论的进步。本文分析了我国风景园林发展的基本现状与问题，同时对今后风景园林行业的发展方向进行了探讨，为相关工作的开展与进行做出积极的贡献。
关键词：风景园林；行业发展；研究分析

Abstract: With the founding of New China, modern landscape architecture in China has gone through nearly 70 years, and the landscape architecture industry has been growing, playing an important role in improving the living environment and improving the quality of people's lives. Therefore, we study and analyze the current development status of landscape architecture, find out the existing problems and provide solutions, which will help lay a solid foundation for the next stage for development, and further promote the progress of landscape architecture design theory. This paper analyses the basic situation and problems of the development of landscape architecture in China, and probes into the development direction of landscape architecture industry in the future, to make positive contributions to the civilization and progress of the entire profession.
Keyword: Landscape Architecture; Industry Development; Research and Analysis

浅议中国古典园林水景工程中的技与艺①

Discussion on the Techniques and Art of Waterscape Engineering in Chinese Classical Gardens

张 静 张 晋 李 畅

摘 要：水景作为中国古典园林最为重要的造园内容之一，以往相关研究多针对山水理念及理水方法，对于工程技艺及材料应用等方面的细化研究相对较少，这使得对于古典园林在工程措施与景观营造结合层面的认知存在一定不足。本文从古典园林理水的认知出发，通过文献及案例梳理，对水口、水池、溪涧、瀑布、水井等不同水景营造方式中涉及的工程技术方法及相关材料应用进行分析，既强调研究内容的园林历史价值，同时也强调古代园林水景工程与其他相关水利工程做法的关联性，以求在“技”与“艺”相结合层面对现代园林水景工程的研究与实践起到一定借鉴意义。
关键词：中国古典园林；水景工程；工程技艺；材料应用

Abstract: Waterscape is one of the most important gardening contents of Chinese classical gardens. Most of the related researches before focus on Shan-shui concepts and water management methods, few of them focus on engineering techniques and materials applications, which makes a certain lack of understanding about the combination of engineering measures and landscape construction in classical gardens. Based on the cognition of classical garden water management, this paper analyzes the engineering techniques and related materials used in different waterscape construction types such as water outlet, pool, stream, waterfall and well by literature and case analysis, which not only emphasizes the historical value of the this research, but also emphasizes the correlation between the ancient garden waterscape project and other related hydraulic engineering practices, in order to give some certain references on the research and practice of modern landscape waterscape engineering at the level of the combination of technology and art.
Keyword: Chinese Classical Gardens; Waterscape Engineering; Engineering Skills; Material Application

乔木标准化规范化栽植技术研究

Study about Standardized Planting Technology of Trees

叶凌颖 林晨艳 林开泰 薛秋华

摘 要：树木的正常生长发育是与它们的自身的条件和生长环境密切相关的，欲使树木能健康生长与发育，必须满足其对环境的要求，因此，了解树木的生长要求非常重要。本文在分析乔木栽植成活的原理及其生长所需环境的基础上，参考国内外树木栽植工程技术规范，提出乔木栽植的程序、规范标准等，以期为园林施工过程中，乔木的栽植提供参考的实践指导。
关键词：乔木；栽植技术；规范

Abstract: The normal growth and development of trees are closely related to their own conditions and growth environment. In order for trees to grow and develop healthily, they must meet their environmental requirements. Therefore, it is very important to understand the growth requirements of trees. Based on the analysis of the survival principle of arbor planting and the environment needed for its growth, and referring to the technical specifications of tree planting engineering at home and abroad, this paper puts forward the procedures and standards of arbor planting, so as to provide reference practical guidance for arbor planting in the process of garden construction.
Keyword: Trees; Planting Techniques; Specification

① 国家自然科学基金青年项目（项目编号 51808005），北京市教委社科一般项目（项目编号 SM201910009008）。

秋色叶植物色彩变化与心理感知初探①

Study on the Change and Psychological Perception of Plants with Colorful Fall Foliage

王欣歆　任雪松

摘　要：以秋色叶树种为研究对象分析其应用现状，探讨色彩变化与心理感知的关系，对打造宜居环境具有重要意义。本文主要选取南京农业大学内不同植物配置方式的 3 处样地，在资料收集的基础上通过实地调查和调查问卷的形式来探讨秋色叶植物在园林景观设计中应用。结果表明调查样地内秋叶色植物种类丰富，秋季色彩鲜明，在一定情况下可以通过色彩的变化来影响人的情绪。通过对秋色叶树种的合理配置，对于丰富园林景观具十分重要的作用。

关键词：秋色叶；色彩；植物群落；心理感知

Abstract: It is important to analyze the application status of autumn leaf tree species and explore the relationship between color change and psychological perception, which is of great significance for creating a livable environment. This paper mainly selects there plots of different plant allocation methods in Nanjing Agricultural University. Based on the data collection, the application of autumn color leaf plants in garden landscape design is discussed through field survey and questionnaire. The results show that the autumn leaves are rich in species and the colors are bright in autumn. Under certain circumstances, people can change their emotions through color changes. Through the rational allocation of autumn leaf species, it plays an important role in enriching the landscape.

Keyword: Colorful Fall Foliage; Color; Plant Community; Psychological Perception

三生视角的东西方水城相生营城智慧与规划策略解读②

Exploration of City-Making Wisdom and Planning Strategies in Integrating Water and City in both Western and Eastern Cities: Perspective of Production, Life, and Ecosystem

梁思思

摘　要：将水视为城市演变和复兴中的触媒或资源这一角度进行的城市发展研究分析，以水城相生为切入点，构建“生产-生活-生态”的分析视角，借鉴国际的城市发展案例，剖析东西方城市在利用水系、场所营造、韧性发展等方面的营城智慧和规划策略。

关键词：水城相生；生产-生活-生态；城市设计；风景园林

Abstract: Water is one of the most important driver factor and resources during the city evolution or revitalization. Taking the integration of water and city development as a perspective, this research conducts an analytical framework consisting of three aspects: production, life, and ecosystem. This research uses international exemplars to illustrate and demonstrate the city-making wisdom and planning strategies in terms of using water system, place-making, and sustainable development.

Keyword: Integration of Water and City; Production-Life-Ecosystem; Urban Design; Landscape Architecture

① 基金项目：国家自然科学基金青年科学基金项目“基于游憩体验的城市森林公园身心健康效益研究”（编号 51808295），中央高校基本科研业务费专项资金资助（编号 KJQN201929）。

② 基金项目：国家自然科学基金（51608294）资助。

山水林田湖草生命共同体理念下的小城镇生态治理探索

Ecological Strategies for China's Small Towns under the Concept of Meta-Ecosystem

黄　晴

摘　要：统筹山水林田湖草系统治理目前仍处在探索阶段。本文对“山水林田湖草生命共同体”的理念内涵进行阐述，针对小城镇生态问题的典型特征，转变治理思路，提出以小流域为单元的保护管控措施与修复引导措施，为生态小城镇的建设提供新思路。

关键词：山水林田湖草生命共同体；小城镇；小流域；生态治理

Abstract: The mountain-river-forest-farmland-lake-grass system conservation and restoration is practiced in China in recent years. This paper explains the meaning of ecological conservation, and presents sub-watershed based ecological restoration strategies to solve environmental problems which are increasingly highlighted in China's small towns.

Keyword: Concept of Meta-Ecosystem; Small Towns; Sub-Watershed; Ecological Restoration Strategies

社区菜市场微更新策略与实践展望

Micro-Regeneration Strategies and Practice Prospect of Community Food Market

梁芷彤　杜　雁

摘　要：社区菜市场是日常生活中的重要组成部分，除承担基础设施功能外也是集体记忆与社区文化的载体。然而模式化的“农改超”取缔并扼杀了居民生活的真实性。近年来在社区改造探索中涌现的微更新模式关注日常生活，具有投入低、周期短、以小见大循序渐进的特点，并常以鼓励公众参与的方式实施，更加契合于社区菜市场改造需求。选取中外菜市场更新成功案例进行剖析，总结这些其背后景观更新逻辑，并对我国菜市场更新方向作展望。

关键词：风景园林；菜市场；微更新；社区活力

Abstract: The community food market is an important part of the daily life. In addition to the infrastructure function, it is also the carrier of memory and community culture. However, the traditional top-down model of community food market improvement has banned the authenticity of residents' lives. In contrast, the Micro- Regeneration practices in recent years focuses on daily life, and has the characteristics of low investment, short cycle, small accumulation as well as gradual progress. Micro- Regeneration fits the need to protect the authenticity of life and community culture as it often encourages public participation. In the practice of community transformation, temporary landscaping or event creation can not fully met the functional needs of the food market as an infrastructure. Therefore, successful cases of market update were selected to be analyzed and the direction of the food market in China was forecasted.

Keyword: Landscape Architecture; Food Market; Micro-Regeneration; Community Vitality

生态景观视角下的城市滨河植物景观营建

——以温岭东月河河道植物景观提升改造工程为例

City Riverside Plant Landscape Construction from the Perspective of Ecological Landscape

—Taking the Plant Landscape Improvement Project of Dongyue River in Wenling as an Example

王巧良　史　琰　杨　凡　包志毅

摘　要：城市河道是现代城市中重要的生态廊道和景观组成部分，在城市生态系统和景观系统中发挥着独特的作用。如何通过植物配置营造可持续的滨河生态景观是当下该领域的研究热点。本文以城市滨河植物景观为研究对象，通过文献及案例分析，归纳总结出城市河道生态植物景观的营建策略。并以温岭东月河河道植物景观提升改造工程为例，结合场地现状，分别从生态构成和景观营造两方面入手。通过植物的选择及应用，对河道不同类型的驳岸、植物群落、生物栖息地等进行改建，完善城市河道生态系统；通过植物季相、空间、轮廓等的处理，营建四季有景、季相分明的舒适滨河植物景观，并将当地的地域石文化融入其中，形成生态优美的滨河植物景观带。最后，通过实践总结，针对城市滨河生态植物景观营建提出相关建议，以期为建设人与自然和谐共生的城市滨河生态植物景观提供借鉴。

关键词：生态景观；城市滨河；植物景观；营建

Abstract: Urban rivers are an important part of ecological corridors and landscapes in modern cities, playing a unique role in urban ecosystems and landscape systems. How to create a sustainable riverfront ecological landscape through plant configuration is a hot research topic in this field. This paper takes the urban riverside plant landscape as the research object, and summarizes the construction strategy of urban river ecological plant landscape through literature and case analysis. Taking the Wenling Dongyue River channel plant landscape upgrading project as an example, combined with the current situation of the site, it starts from two aspects: ecological composition and landscape construction. Through the selection and application of plants, the rivers, plant communities and habitats of different types of rivers will be rebuilt to improve the urban river ecosystem; through the treatment of plant seasons, space and contours, the four seasons will be built and the seasons will be distinct. The comfortable riverside plant landscape integrates the local regional stone culture to form an ecologically beautiful riverside plant landscape belt. Finally, through the practice summary, the paper puts forward relevant suggestions for the construction of urban riverside ecological plant landscape, in order to provide reference for the construction of urban riverside ecological plant landscape in which people and nature live in harmony.

Keyword: Ecological Landscape; Urban Riverside; Plant Landscape; Construction

生态空间修复策略研究

——以天津市生态空间为例

Study on Restoration Strategies of Ecological Space

—Demonstrated on the example of Tianjin Eco-space

牛　帅

摘

要

摘　要：在新时代背景下，城市的发展以生态优先，因此对于城市的生态空间格局提出了新的要求。本研究立足于天津市生态空间的现状情况，从中分析出天津市生态空间面临着建设用地增长失衡、湿地退化严重、海岸线开发过度等问题。针对以上问题，提出构建“三区、两带、一屏障、三环、多廊”生态空间格局的总体目标以及生态空间修复的多项策略，同时也提出了为恢复和完善天津市生态系统需要从增强水系联通、修复湿地坑塘、加强岸线保护、完善绿地结构这四个方面进行。

关键词： 生态空间；环境保护；生态修复；修复策略

Abstract: In the context of the new era, the development of the city takes ecological priority, so new requirements are put forward for the ecological spatial pattern of the city. Based on the current situation of Tianjin's ecological space, this study analyzed the problems faced by Tianjin's ecological space, such as unbalanced growth of construction land, serious degradation of wetlands, and excessive coastline development. In view of the above problems, this paper puts forward the overall goal of constructing the ecological spatial pattern of "three districts, two belts, one barrier, three rings and multi-corridors" and several strategies of ecological space restoration. At the same time, it also puts forward that in order to restore and improve the ecosystem of Tianjin, it is necessary to strengthen the connection of water systems, repair wetland ponds, strengthen coastline protection and improve the structure of green space.

Keyword: Ecological Space; Environmental Protection; Ecological Restoration; Restoration Strategy

生态系统服务间的约束关系和相互作用机制在生态保护空间布局规划中的应用

——以北京市为例

Application of Constraint Analysis and Interaction Mechanism between Ecosystem Services in Ecological Protection Spatial Planning

—A Study of Beijing, China

王 婧 郑 曦

摘 要： 生态规划的视角对现如今的风景园林规划中对于生物资源和生态系统服务（ESs）保护有着重要的意义，而生态系统服务的能力直接关系着人类的生存和福祉。对于区域而言，生态系统服务之间的相关关系更深刻地影响到规划结果的有效性。本文以北京市为样本，选取五种生态系统服务：净初级生产力 NPP，娱乐游憩机会 R，产水量 WY，碳滞留能力 CS，土壤侵蚀度 SE。针对北京地区这五种生态系统服务首先对他们之间进行主成分分析和线性相关性分析，进而通过提取约束线的方法研究了配对生态系统服务与主成分之间的约束关系，以期通过本次研究为未来的风景园林规划中对景观服务格局的优化、综合生态绩效的提升以及生态空间可持续发展提供依据。

关键词： 生态系统服务；协同与权衡；相关关系；约束关系；生态保护规划

Abstract: The perspective of ecological planning is of great significance to the protection of biological resources and ecosystem services (ESs) in landscape planning area, and the capacity of ecosystem services is directly related to the survival and well-being of human beings. For regions, the correlation between ecosystem services has a more profound impact on the effectiveness of planning results. Taking Beijing as an example, this paper selected five ecosystem services: NPP, recreation opportunity, water yield, carbon retention capacity, and soil erosion degree. Firstly, we carried out first principal component analysis and linear correlation analysis, and then studied by the method of extracting constraint lines between ecosystem services and the main component, which aims to through the study of landscape architecture planning for the future of the performance optimization, the integrated ecological landscape service pattern of ascension, as well as to provide basis for sustainable development of ecological space.

Keyword: Ecosystem Service; Synergies and Trade-offs; Correlation; Constraint Relationship; Ecological Protection Planning

湿地生态修复研究综述

Review On Wetland Ecological Restoration

宋姝瑶　李端杰

摘　要： 湿地生态系统恢复研究是当今生态学研究的主要内容之一。从湿地的基本概念入手，阐述了湿地恢复与湿地生态恢复的基本内涵。阐述了湿地恢复的主要目标以及我国研究湿地修复的现状。从湿地生境恢复、湿地物种恢复、湿地生态系统结构与功能恢复出发，简述了湿地恢复的基本措施。从我国湿地修复研究现状出发对湿地生态修复提出展望。以期促进对湿地研究和湿地保护与修复学科的整体发展。

关键词： 修复；内涵；湿地生态；目标

Abstract: The study of wetland ecosystem restoration is one of the main contents of restoration ecology. Starting with the basic concept of wetland, this paper expounds the basic connotation of wetland restoration and wetland ecological restoration. Based on the principle of restoration ecology, the restoration principles and evaluation standards of wetlands are analyzed. The main goal of wetland restoration and the current situation of wetland restoration in China are also described. In this paper, the basic measures of wetland restoration are summarized from the perspectives of wetland habitat restoration, wetland species restoration and wetland ecosystem structure and function restoration. Based on the current situation of wetland restoration research in China, the paper also puts forward the prospect of wetland ecological restoration. In order to promote the study of wetlands and wetland conservation and restoration of the overall development.

Keyword: Restoration; Connotation; Wetland ecology; Goals

时空的弹性①

——探究过程性视角下的城市边缘区绿色空间规划策略

Resilience of Time and Space

—Exploring Green Space Planning Strategy in Urban Fringe Region from the Perspective of Process

刘煜彤　姚　朋　李　雄

摘　要： 快速城市化带来的复杂性与不确定性成为城市发展的突出特点。基于过程性视角，主张风景园林主动应对多元、未知的城市变化的理念得到越来越多的关注。而城市边缘区作为城乡中变化性最强烈的区域，是过程性视角的主要立足点。本文结合城市边缘区绿色空间的现状问题，提出了评价土地弹性，预留发展空间，结合预判与反馈进行动态调控等策略，形成城市边缘区绿色空间过程性规划框架。以建设美丽中国为目标，希望对快速城市建设语境下的中国风景园林实践有所启示。

关键词： 过程性；时间维度；城市边缘区；快城市边缘区绿色空间；规划

Abstract: The complexity and uncertainty caused by rapid urbanization have become the prominent characteristics of urban development. Based on the perspective of process, advocating that landscape architecture take the initiative to deal with multiple and unknown urban changes, has attracted more and more attention. As the most changeable area in urban and rural areas, urban fringe is the main foothold of the process perspective. Combining the current situation of green space in urban fringe, this paper puts forward some strategies, such as evaluating land elasticity, reserving development space, dynamic regulation and control combined with prediction and feedback, to form a process planning framework of green space in urban fringe. With the goal of building a beautiful China, hoping to give some inspiration to the practice of Chinese

① 国家自然科学基金（31670704）："基于森林城市构建的北京市生态绿地格局演变机制及预测预警研究"和北京市共建项目专项共同资助。

landscape architecture in the context of rapid urban construction.
Keyword: Process; Time Dimension; Urban Fringe; Urban Fringe Green Space; Planning

试论"园林意识"的缺失对吉林市城市发展的影响

The Impacts of the Lack of "Landscape Consciousness" on the Urban Development of Jilin City

胡　月　曾洪立

摘　要： 本文论述了"园林意识"与"园林文化"以及历史之间的关系；从吉林市风景园林发展现状与历史的对比中，直观论述了"园林意识"的欠缺导致城市建设特色不突出，城市历史没有被很好的保护与传承；概括了吉林市风景园林发展史的研究对"园林意识"及"园林文化"乃至一地历史传承的意义。
关键词： 风景园林；吉林市；历史；园林意识；园林文化

Abstract: It discusses the relationship between "garden consciousness" and "garden culture" as well as history. Then, based on the comparison of the present situation and historical situation of landscape architecture in Jilin City, this paper intuitively expounds that the lack of "garden consciousness" leads to the lack of prominent characteristics of urban construction and the lack of good protection and inheritance of urban history. Finally, it summarizes the significance of the research on the development history of Jilin landscape architecture to the "garden consciousness" and "garden culture" and even the historical inheritance of the city.
Keyword: Landscape Architecture; Jilin City; History; Garden consciousness; Garden Culture

台州府城空间历史演变研究

Study on the Historical Evolution of Space in the Ancient Taizhou City

罗永俊　张万荣

摘　要： 台州府城是江南地区保存最为完整的府城，城内至今保留着清末民初时期的街巷格局。利用空间句法理论，基于不同时期台州府城的街道图，对古城空间展开分析，并得出结论：古城的空间演变与内部交通变化关系密切；紫阳街在古城的发展历史中占有重要地位；古城内的坊巷空间对古城历史文化的保护具有重要作用。
关键词： 台州府城；街巷格局；空间句法；空间分析；紫阳街

Abstract: The ancient city of Taizhou is the most preserved city in the south of the Yangtze River, which still retains the pattern of the street and lane in late Qing Dynasty and the early Republic of China. Using the space syntax theory and based on the street map of Taizhou city in different periods, the paper analyzes the ancient city space and concludes that the spatial evolution of the ancient city in closely related to the internal traffic changes; the Ziyang street plays an important role in the development history of the ancient city; the street area plays an important role in protecting the history and culture of the ancient city.
Keyword: the Ancient city of Taizhou; Street and Lane Pattern; Space Syntax; Space Analysis; Ziyang Street

探索地理视角的古都景观空间规划

Exploring Spatial Planning of Ancient Capital Landscape from Geographical Perspective

姚亦锋

摘　要： 中国历史是有八大古都，其依托的“地理空间”对于其起源和变迁有重要的影响作用。本研究调查地理脉络以及古迹遗址分布轨迹规律，揭示中国古都的地理空间运行机制，以地理学视角研究古都空间分异规律、时间演变过程及区域特征，进而在古都风貌规划探索新的途径和方法，辨析构图范围的古都区域分异“格局”和人地关系“耦合”，从而在更广阔范围和深度把握历史城市风貌的机理。

关键词： 古都；格局；地理空间；多尺度；城市景观

Abstract: There are eight ancient capitals in Chinese history, and the "geographic space" on which they depend has an important influence on their origin and change. My study investigates the geographical context and the distribution track of historical sites, and reveals the geospatial mechanism of the ancient capital of China. From the perspective of geography, my paper studies the spatial differentiation law, time evolution process and regional characteristics of ancient capital, and then explores new ways and methods in the planning of ancient capital landscape. To distinguish and analyze the "pattern" of regional differentiation of ancient capital and the "coupling" of human-land relationship, so as to grasp the mechanism of historical city landscape in a broader scope and depth.

Keyword: Ancient Capital; Pattern; Geographical Space; Multi-scale; Urban Landscape

文旅融合视角下的文化景观格局设计初探

——以围场东山文化景区规划为例

Preliminary Exploration of Cultural Landscape Pattern Design from the Perspective of Cultural Tourism Integration

—Take Dongshan Cultural Scenic Spot Planning as an Example

岳　超　江　权

摘　要： 以文旅融合为指引，更好地发挥文化资源的价值和内涵，是近年来各个旅游区发展的重要目标。针对目前国内一些旅游景区的文化景观存在内涵阐述、旅游体验等方面的问题。文章结合围场东山文化景区的规划实践，重点探讨了文化传承与利用、文化景观的规划设计要点，从而为文旅融合发展模式下的规划设计提供一定的启示。

关键词： 文化景区；文旅融合；游赏空间；景区规划

Abstract: In recent years, it is an important target for the development of various tourist areas to take cultural tourism integration as the guide and give full play to the value and connotation of cultural resources. At present, the cultural landscape of some domestic scenic spots has problems in connotation elaboration, tourism experience and other aspects. Based on the planning of Dongshan cultural scenic spot, this paper discusses the key points of cultural inheritance and utilization as well as the planning and design of cultural landscape. Thus, it can provide some enlightenment for the planning and design under the mode of integrated cultural and tourism development.

Keyword: Cultural Scenic Spot; Cultural and Tourism Integration; Sightseeing Space; Scenic Area Planning.

我国公园城市的理论发展研究

Research on the Theoretical Development of Park City in China

耿丽文　赵　鸣

摘　要： 中华人民共和国成立七十年来，从“山水城市”到“公园城市”，我国的城市化进程和风景园林规划整体取得了长足发展。本研究基于中西方的城市发展经验，探讨了城市发展阶段和风景园林的对应关系，总结得到了城市和园林在我国呈现出前四十年“边生产边探索”，后三十年“边发展边修复”的整体趋势；按照时间脉络，分析比较了“山水城市”“园林城市”和“生态园林城市”三个基本理念的内涵和局限；通过阐释成都天府新城规划实践对“公园城市”的响应以及对现有规划理念的传承与创新，系统梳理了我国当代公园城市的发展体系，以期为接下来的公园城市建设提供理论支撑和参考。

关键词： 公园城市；天府新城；内涵；发展体系

Abstract: In the past 70 years since the founding of the People's Republic of China, from the "landscape city" to the "park city", China's urbanization process and landscape architecture planning have made great progress. Based on the experience of urban development in China and the West, this study explores the corresponding relationship between urban development stage and landscape architecture. It concludes that cities and gardens have been in the country for the first four decades of "exploration while producing" and the last thirty years of "development". According to the timeline, the paper analyzes and compares the connotations and limitations of the three basic concepts of "landscape city", "garden city" and "ecological garden city"; by explaining the response of Chengdu Tianfu New District planning practice to "park city"As well as the inheritance and innovation of the existing planning concepts, the system of the development of contemporary park cities in China is systematically reviewed, in order to provide theoretical support and reference for the construction of the next park city.

Keyword: Park city; Tianfu New City; Connotation; Development System

西安近现代城市公园历史文化传承与创新研究

Research on the Historical and Cultural Inheritance and Innovation of Xi'an Modern and Contemporary City Park

张　颖　刘　晖　惠禹森

摘　要： 西安近现代的城市公园营建独具历史意匠。随着西安成为中国中心城市，城市建设顺应人们生活宜居的需求，城市公园营建将应有一个较大发展，西安历史古典园林遗址遗存蕴含着丰富的历史文化要素，而梳理西安近现代历史文化脉络，展开西安近现代城市公园历史文化传承与创新研究，对城市公园建设具有一定的现实意义。

关键词： 城市公园；园林遗址遗存；文化传承；创新

Abstract: The construction of Xi'an's modern urban parks is of unique historical significance. As Xi'an becomes a central city in China, urban construction conforms to the people's livable needs, and urban park construction should have a larger development. The relics of Xi'an's historical classical gardens contain rich historical and cultural elements. It is of practical significance for the construction of urban parks to sort out the historical and cultural context of Xi'an in modern times and to carry out the study of the historical and cultural heritage and innovation of Xi'an modern and contemporary city parks.

Keyword: City park; Landscape Site Remains; Cultural Inheritance; Innovate

习近平生态文明思想指引下公园城市建设唯物观与理性路径探讨

Discussion on the Development Materialism and Rational Path of Park City under the Guidance of Xi Jinping's Ecological Civilization Thought

张云路　高　宇　李　雄　吴　雪

摘　要： 我国社会主义进入了新时代，公园城市建设是习近平新时代生态文明思想的生动实践，也是应对当前我国人居生态环境所面临新形势的主动作为。本文在论述了习近平新时代生态文明思想内涵的基础上，分析了习近平生态文明思想融入我国公园城市的重要意义。文章重点通过从单一到系统；从普适到特殊；从建设者到使用者，从独立到融合；从传承到发扬等方面重点阐述了习近平生态文明思想下公园城市建设唯物观，为公园城市建设建立思想基础。文章最后以推动新时代我国公园城市建设和人居生态环境建设长远发展为目标，从价值观念培养、操作体系构建、空间体系完善、评价标准制定、传统文化传承和反馈机制协调等六个方面提出习近平生态文明思想下的公园城市理性建设路径。文章为不断丰富公园城市的发展建设内涵和在城市人居生态环境建设中贯彻落实习近平新时代生态文明思想提供了一定的指引和参考。

关键词： 公园城市；习近平新时代生态文明思想；生态文明建设；人居生态环境；发展路径

Abstract: China's socialism has entered a new era. The construction of park cities is a vivid practice of Xi Jinping's ecological civilization thoughts in the new era, and it is also an active response to the current situation of China's human settlements. On the basis of discussing the connotation of Xi Jinping's ecological civilization in the new era, this paper expounds the significance of Xi Jinping's ecological civilization thought into the park city of China. The article focuses on the development concept of park city under Xi Jinping's ecological civilization thought from single to system; from universal to special; from constructor to user, from independence to integration; from inheritance to development, and finally promotes the new era. The goal of the construction of park city and the long-term development of human settlement ecological environment in China is to propose Xi Jinping's ecological civilization from six aspects: value concept cultivation, operation system construction, space system improvement, evaluation standard formulation, traditional culture inheritance and feedback mechanism coordination. The rational development path of the park city. The article will provide some guidance and reference for continuously deepening the development and construction of the park city and implementing the ecological civilization idea of the internship in the new era.

Keyword: Park City; Xi Jinping's New Era of Ecological Civilization; Ecological Civilization; Human Settlement Ecological Environment; Development Path

现代邮轮母港公共空间景观规划研究

Landscape Planning and Research on Public Space of Modern Cruise Home Port

雷　燚

摘　要： 近年来邮轮产业高速增长，我国兴起了邮轮母港建设高潮，虽然处在高速发展时期，建设规模不断增大，但针对公共空间的利用问题缺乏深入的探讨和研究。邮轮母港常常出现功能与实际需求不匹配，研究发现邮轮母港存在交通压力、环境污染、游客满意度和港口印象等方面问题，有针对性地探索邮轮母港公共空间结构及景观特征的应对模式。总结出"以邮轮服务为中心，以港口文化为主载，区域空间功能互补，港口发展预留空间"的公共空间景观规划设计策略。

关键词： 邮轮母港；景观规划；策略

Abstract: In recent years, the cruise industry has been growing rapidly, and the construction of cruise home port has been booming in China. Although the construction scale is increasing in the period of rapid development, there is still a lack of in-depth discussion and research on the utilization of public space. The function of the cruise home port often does not match with the actual demand. The research finds that the cruise home port has problems in traffic pressure, environmental pollution, tourist satisfaction and port impression, etc., so it is targeted to explore the coping mode of the public space structure and landscape characteristics of the cruise home port. It summarizes the landscape planning and design strategy of public space, which is "centered on cruise service, mainly loaded with port culture, complementary regional spatial functions, and reserved space for port development".
Keyword: Cruise Home Port; Landscape Planning; Strategy

乡村振兴背景下对风景名胜区生态规划设计探究

——以蜀南竹海中华大熊猫苑景点为例

Study on the Design of Scenic and Historical Area with Ecological Planning as the Concept of Rural Revitalization

—Take the Scenic Spot of Chinese Giant Panda Garden in the Southern Sichuan Bamboo Sea as an Example

苏柠频　刘嘉敏　潘　翔

摘　要： 随着中国旅游业的不断发展，风景资源保护与旅游开发之间的矛盾日益明显，以生态规划理念为依托探讨风景名胜区景点设计是解决这一矛盾的有效途径。在党的十九大提出乡村振兴战略背景下，本研究以蜀南竹海中华大熊猫苑项目为例，根据风景名胜区规划的内容，从场地格局、核心景区影响、生态种植设计、生态效益等多方面进行设计。以生态规划理念为依托探索风景名胜区景点设计的实现路径，为在新政策背景下打造生态可持续的景点设计提出新思路。
关键词： 乡村振兴；生态规划；风景名胜区；蜀南竹海

Abstract: With the continuous development of China's tourism industry, the contradiction between landscape resource protection and tourism development is increasingly obvious. It is an effective way to solve this contradiction by relying on the concept of ecological planning to explore the scenic spots in scenic and historical area. Under the background of the Party's 19th National Congress to propose a rural revitalization strategy, this study takes the Shunan Bamboo Sea China Great Panda Court Project as an example. According to the content of the scenic area planning, design from the aspects of site layout, core scenic area impact, ecological planting design and ecological benefits. Based on the concept of ecological planning, we will explore the realization path of scenic spots design in scenic and historical area, and propose new ideas for the design of ecologically sustainable attractions under the new policy background.
Keyword: Rural Revitalization; Ecological Planning; Scenic and Historical Area; The Southern Sichuan Bamboo Sea

乡村振兴背景下徽州传统村落建筑景观传承与发展策略研究①

——以黟县屏山村田野调查与发展策略为例

Inheritance and Development of Architecture and Landscape of Huizhou Villages Under the Background of Rural Revitalization

—Taking the Field Investigation and Development Strategy of Pingshan Village in Yi County as an Example

郭佩艳　吕太锋　刘　阳　王　宇　刘庭风

摘　要：徽州传统村落建筑及景观文化具有重要的历史价值和建筑学意义。选取黟县屏山村为研究对象，运用田野调查、深度访谈、问卷调查和项目设计相结合的方法，调查分析屏山村风水格局和传统建筑景观文化特点，提出村落现状发展中存在的问题，结合写生基地的特点提出建筑景观传承与发展策略，并在发展策略指引下实现相关建筑景观设计，为徽州传统村落建筑景观文化的传承与发展提供案例参考。

关键词：徽州村落；屏山村；乡村振兴；建筑及景观文化；传承与发展策略

Abstract: Huizhou traditional village architecture and landscape culture have important historical and architectural significance. This paper selects Pingshan Village in Yixian County as the research object. Research was conducted using a combination of fieldwork, in-depth interviews, questionnaires, and project design. Firstly, Feng Shui pattern of the village was investigated, and traditional architecture and landscape culture were analyzed. Then combined with the characteristics of the sketching base, the article proposes the status problem and the architecture landscape development strategy. Under the guidance of development strategies, the relevant architecture and landscape design is carried out. It provides a reference for the inheritance and development of Huizhou traditional village architecture and landscape culture.

Keyword: Huizhou Villages; Pingshan Village; Rural Revitalization; Architecture and Landscape Culture; Inheritance and Development Strategy

乡村振兴背景下美丽乡村中的文化空间营造问题研究

——以新密市姜沟村为例

Under the Background of the Rural Revitalization Strategy: a Study on the Construction of Cultural Space in the Beautiful Countryside

—Taking Jianggou in Xinmi city as an Example

吴　岩　张世昌　路遥遥　莫加利　毛志伟

摘　要：文化空间营造一直是美丽乡村建设中的薄弱环节和难点所在。文章通过对其构成要素分析，结合新密市姜沟村文化空间营造的具体措施描述，以期对豫中地区美丽乡村中文化空间的营造有所启发。

关键词：乡村振兴；美丽乡村；文化空间营造；姜沟村

① 基金项目：国家自然科学基金青年项目（51708334）资助。

Abstract: the construction of cultural space has always been the weak link and difficulty in the construction of the Beautiful Countryside. Based on the analysis of its constituent elements and the description of the concrete measures for the construction of cultural space in Jianggou Village of Xinmi City, this paper hopes to have a deep understanding of construction of cultural space in the Beautiful Villages in central Henan.
Keyword: Rural Revitalization; The Beautiful Countryside; Cultural Space Construction; Jianggou

乡村振兴与乡村景观的表达和重构[①]

Rural Revitalization and the Expression and Reconstruction of Rural Landscape

李景奇

摘　要: 从国家新农村建设到美丽宜居乡村再到乡村振兴战略，以及田园综合体建设，都需要乡村景观规划的理论与方法指导，尤其是当下城市景观千篇一律，乡村景观在乡村旅游的推动下，也是特色不明显，趋同现象加剧。本文从乡建与城建的背景出发，以当下乡建的问题、乡建的目标为导向，详细探讨了乡村景观的类型、构成、表达与乡村景观重构的理论与方法，为乡村景观规划设计提供理论与方法支撑。
关键词: 乡村振兴；乡村景观构成；乡村景观表达；乡村景观重构

Abstract: From the construction of new countryside to the strategy of beautiful and livable countryside to rural revitalization, as well as the construction of pastoral complex, we need the guidance of theory and method of rural landscape planning, especially the current urban landscape is uniform, and the rural landscape is not obvious with the promotion of rural tourism, and the convergence phenomenon is aggravated. Starting from the background of rural and urban construction, guided by the current problems of rural construction and the objectives of rural construction, this paper discusses in detail the types, composition, expression and theories and methods of rural landscape reconstruction, which provides theoretical and methodological support for rural landscape planning and design.
Keyword: Rural Revitalization; Rural Landscape Composition; Rural Landscape Expression; Rural Landscape Reconstruction

乡村振兴战略背景下风景园林“校企地”人才培养模式初探[②]

Preliminary Study on University-Industry-Locality Talent Cultivation Model of Landscape Architeture under the Background of Rural Revitalization Strategy

赖文波　高金华

摘　要: 乡村振兴战略的提出为乡村建设与相关领域的发展提供了机遇。人才是实施乡村振兴的重要支撑，培养风景园林乡村振兴人才适应了政策与社会服务需求。在产学研的基础上提出“校企地”人才培养模式，以华南理工大学风景园林系近年来参与乡村振兴的案例探讨其模式构建与实践成效。研究认为，“校企地”人才培养模式延续并拓展了产学研的内涵，可有效发挥地方政府与民众的作用，体现为乡村服务的基本逻辑，为风景园林乡村振兴人才培养提供了参考。
关键词: 风景园林；乡村振兴；产学研；校企地；人才培养

① 项目基金：国家自然科学基金项目“基于景观基因图谱的乡村景观演变机制与多维重构研究”（项目编号：51878307）资助。
② 基金项目：亚热带建筑科学国家重点实验室2018年度立项开放课题。

Abstract: The proposal of the rural revitalization strategy provides an opportunity for the development of rural construction and related fields. Talents are an important support for the implementation of rural revitalization. The cultivation of landscape architecture talents for rural revitalization is adapted to policy orientation and social service needs. Based on the industry-university-research, the paper proposes the "university-industry-locality "mode, and takes the rural practice of the Landscape Architecture Department of South China University of Technology as an example to discuss its model construction and practical results. The results show that the " university-industry- locality " model continues and expands the connotation of industry-university-research, which can effectively play the role of local government and the people, reflect the basic logic of rural service, and provide reference for the cultivation of landscape architecture talents for rural revitalization.
Keyword: Landscape Architecture; Rural Revitalization; Industry-University-Research; University-Industry- Locality; Talent Development

乡村振兴战略下贵州庙沱湿地治理与产业转型策略研究

Study on the Strategy of Miaotuo Wetland Governance and Industrial Transition in Guizhou Province under the Strategy of Rural Revitalization

丛楷昕

摘　要： 在全国实施乡村振兴战略的背景下，根据贵州省赤水市庙沱地区生态环境脆弱、经济和社会发展落后等特点，指出发展与环境的矛盾、产业单一及特色缺失、湿地环境的污染和水土流失严重等问题。通过提出政府管理村民参与、丰富产业类型、湿地生态修复、开展生态建设等策略，并将湿地治理与旅游开发、农业生产相结合，恢复湿地生态系统，与此同时促进乡村经济发展，达到湿地治理与产业转型的目的。
关键词： 乡村振兴；湿地治理；生态修复；环境保护

Abstract: Under the background of implementing the strategy of rural rejuvenation nationwide, according to the characteristics of fragile ecological environment and backward economic and social development in Miaotuo area of Chishui City, Guizhou Province, the contradiction between development and environment, single industry and lack of characteristics, pollution of wetland environment and serious soil erosion are pointed out. By putting forward the strategies of government management of villagers' participation, enrichment of industrial types, wetland ecological restoration and ecological construction, and combining wetland management with tourism development and agricultural production, the wetland ecosystem can be restored, at the same time, rural economic development can be promoted, so as to achieve the goal of wetland management and industrial transformation.
Keyword: Rural Revitalization; Wetland Management; Ecological Restoration; Environmental Protection

徐派园林史略：从霸王厅到霸王楼园

The history of Xu-style Garden: from The Great Conqueror's hall to The Great Conqueror's Building Garden

种宁利

摘

要

摘　要： 以文献的描述记载为依据，梳理了西楚霸王所建霸王厅演变为霸王楼园的形态功能及从理政场所到祭祀场所的使用功能的演变过程，分析了其艺术特色。
关键词： 霸王厅；霸王楼；项羽；西楚故宫

Abstract: Based on the description of documents, this paper sorts out the morphological functions of The Great Conqueror's hall built by King of Western Chu evolved The Great Conqueror's Building Garden and the evolution of its functions from the place of governance to the place of worship, and analyzes its artistic characteristics.
Keyword: The Great Conqueror's Hall; The Great Conqueror's Building; XiangYu; The Forbidden City of Western Chu

徐派园林史略：汉画像中亭榭建筑的结构与艺术特征

Brief History of Xu-style Garden: Structural and Artistic Characteristics of Pavilion in Portraits of Han Dynasty

董 彬 周 旭

摘 要： 以徐州汉画像石记录的亭室和水榭建筑图像为研究对象，从单体古建筑立面形态及其审美意匠的角度，分析了汉代徐派园林亭榭建筑的结构与艺术特征。
关键词： 汉画像；徐派园林；建筑；亭榭

Abstract: Taking the architectural images of pavilions and waterside pavilions recorded in xuzhou han dynasty stone portraits as the object of study, the structural and artistic characteristics of xu-style garden architecture in the han dynasty were analyzed from the perspective of the facade form of individual ancient architecture and their aesthetic artistry.
Keyword: Han Dynasty Portraits; Xu-style Garden; Architecture; Pavilion

徐派园林史略：明代园林纪实之作《沛台实景图》解读

The History of Xu-style Garden: Ming Dynasty Garden Documentary "Peitai Real Scene" Interpretation

周国宁 刘晓丽

摘 要： 《沛台实景图》绢本水墨，是描绘512年前徐州沛县歌风台实景的写生之作，现藏于中国台北故宫博物院，纵26.2cm，横23.9cm，画于1506年。此图纯用水墨，画长宽虽不盈尺，却从空间处理、植物造景、建筑风格、筑石理水几个方面真实展现了徐州明代园林之风采，彰显古时徐州园林之成就，对徐派园林的研究具有十分重要的意义。
关键词： 园林；沛台实景图；园林构景

Abstract: "Peitai real scene" is an ink-wash painting depicting the real scene of gefengtai in peixian county, xuzhou 512 years ago. It is now stored in the national Palace Museum in Taipei, China, with a vertical length of 26.2cm and a horizontal width of 23.9cm. It was painted in 1506. Although the length and width of the painting are not long or wide, it truly shows the style of xuzhou gardens in the Ming Dynasty from the aspects of space treatment, plant landscaping, architectural style, and stone water construction. It highlights the achievements of Xuzhou gardens in ancient times, which is of great significance to the research of Xu-style Gardens.
Keyword: Garden; Peitai Real Scene; Garden Construction Scene

学习古典园林建筑设计的模型研究途径

——以课程作业"一亩园·阳明别邺"为例

Study on the Model Research Approach of Learning Chinese Classical Gardens Architecture Design

—Taking the Course Operation " A Mu Yuan · Yangming Villa" as an Example

张诗宁　郭哲良

摘　要：模型制作是设计师推敲空间形式、建筑结构关系的重要手段。文章通过简述"风景园林古建设计"课程的学习过程，针对中国古典园林的特殊性，以作业"一亩园·阳明别邺"为例，探讨了模型制作对学习古建构造结构和感悟古典园林的建构思维乃至传统审美意趣的重要作用。针对课程学习阶段所遇到的问题，提出将计算机模型及传统书画艺术与模型制作及图纸表达等传统学习手段相结合的学习方法。

关键词：模型；中国古典园林；学习研究

Abstract: Model making is an important way to explore the relationship between space form and building structure for designers. By detailing the learning process of the "Landscape Architecture and Ancient Architecture Design" course, aiming at the particularity of Chinese classical gardens, taking the course operation"Yangming Villa"as an example , this paper analyzes the modeling difficulties of Chinese classical gardens and proposes corresponding solutions. The research expounds the important role of model making in learning the ancient structure and understanding the architectural concept of classical gardens. According to the problems encountered in the process of the course, we propose a learning method combining computer model and traditional painting and calligraphy art with traditional learning methods such as model making and drawing expression.

Keyword: Model; Chinese Classical Garden; Learning Research

以文化地理学视角解读中国梯田景观

Interpretation of Terrace Landscape in China from the View of Cultural Geography

严　晗　董　璁

摘　要：文化地理学以"文化区"为核心，旨在探讨人文现象的空间分布与发展演变。梯田则是劳动人民应对多变自然条件作出的一项适应措施，它的产生与发展受自然环境和社会文化的双重影响。本文运用文化地理学的理论框架研究我国的梯田景观特征的形成与演变，不仅可以探求此类文化景观背后的深层影响要素，也让我们对社会文化与景观的相互作用产生新的理解，最终得以用更科学的方法指导现有文化景观的保护以及当代风景园林的建设与发展。

关键词：梯田景观；文化地理学；发展演变

摘

要

Abstract: Cultural geography focuses on the cultural region, and aims to discuss the spatial distribution and evolution of human phenomena. Terrace is an adaptation measure for the labouring people to cope with the changeable natural conditions. Its emergence and development are influenced by both natural environment and social culture. This paper uses the theoretical framework of cultural geography to study the formation and evolution of terrace landscape characteristics in China. It can not only explore the deep-seated factors behind such cultural landscape, but also give us a new understanding of the interaction between social culture and landscape. Finally, the protection of existing cultural land-

scape and the construction and development of contemporary landscape architecture can be guided by more scientific methods.
Keyword: Terrace Landscape; Cultural Geography; Development and Evolution

营造公园城市的设计方法探讨

Exploring the Design Method for City as Landscape

蒋　真　傅红昊

摘　要: 当前我国城市问题研究开始由增量向存量转变，与此同时城市设计也更加重视对空间品质的提升，景观在城市中的作用日益突显。然而长期以来景观却被视作城市设计的“背景”或“装饰”，极少放置在核心议题上进行讨论。在此背景下，拟借助景观都市主义的相关学术理论，重新审视景观对城市的意义，以构建“公园城市”为目标导向，挖掘景观在构建城市结构方面的优势作用，并提出相应的设计方法，为我国当前及未来的城市设计的实践和发展提供新思路。
关键词: 公园城市；城市设计；景观都市主义；设计方法

Abstract: Nowadays, our urban studies tend to be transformed from increment to stock, and the urban design has put more emphasis on the increase of open space quality. The landscape has played a much more significant role in city, which can be used to guide urban design. However, for a very long time, the landscape has been viewed as a "background" or "decoration" in urban design, and it is rarely to be placed at the discussion of key topics. Under such situation, this study uses Landscape Urbanism theory, reviews the significance of landscape, with the purpose of building 'Park-city', to research the landscape advantage in building urban structure. This study also proposes the design method, offering new perspective for our urban design and development.
Keyword: Park-city; Urban Design; Landscape Urbanism; Design Method

邮票中的“美丽中国”研究[①]

A Study of the Image Representation of"Beautiful China" in Stamps

樊雨濛　赵纪军

摘　要:《美丽中国》系列邮票为响应“美丽中国”的战略决策而发行，展现了我国代表性的自然风光和文化景观。在风景园林视角下，通过对邮票选题内容、图像再现的追溯分析，探究了“美丽”之共同点，以美学品质、文化传承、政治诉求、经济内涵和生态理念5方面梳理了“美丽”的内涵。在“美丽”的营造中，风景园林行业以其价值理念与“美丽”内涵之交集，参与创造“美丽”之蓝图，正向建设美丽中国迈进。
关键词: 风景园林；美丽中国；邮票；美丽；内涵

Abstract: The "Beautiful China" series of stamps was issued in response to the strategic decision of "Beautiful China", showing the representative natural scenery and cultural landscape of China. In the perspective of landscape architecture, through the retrospective analysis of the topic content and image representation of stamps, this article explored the commonality of "beauty" and combed the connotation of "beauty" with five aspects: aesthetic quality, cultural heritage, political appeal, economic connotation and ecological concept. In the construction of "beau-

① 基金项目：国家自然科学基金项目（编号 51578257）资助。

ty", landscape architecture industry, with the intersection of its practical principles and the connotation of "beauty", participates in creating the blueprint of "Beautiful China".
Keyword: Landscape Architecture; Beautiful China; Stamp; Beautiful; Connotation

雨洪管理视角下的浅山区冲沟植物景观规划研究

——以北京香山街道片区为例

Research on Gully Plant Landscape Planning in Hillside Area from Stromwater Management Perspective

—A Case of Xiangshan District in Beijing

李娜亭　王训迪　高　琪

摘　要: 浅山区冲沟植物景观作为生态屏障，应辅助加强浅山区雨水调蓄及水土保持能力，同时丰富游憩体验。北京香山地区地处大西山流域的冲沟区，雨洪对香山地区植被有一定影响。香山作为三山五园的重要节点，其植物景观具有浓厚的历史文化特点，亦是自然山林与人工园林的结合体现。文章基于低影响开发的雨洪管理策略，综合考虑大西山的生态格局和香山地区的植被群落格局，从风景园林学的角度，探究香山街道片区冲沟植物景观规划策略。
关键词: 雨洪管理；植物景观规划；香山；浅山区；冲沟

Abstract: As an ecological barrier, the gully plant landscape in the hillside area should assist in strengthening the rainwater storage and soil and water conservation capacity in the hillside area, and enrich the recreation experience. The Xiangshan area of Beijing is located in the gully area of the Big Xishan River Basin. The rainwater has a certain impact on the vegetation in the Xiangshan area. As an important node of the 'Three Hills and Five Gardens', Xiangshan has a strong historical and cultural characteristics, and it is also a combination of natural forest and artificial garden. Based on the rainwater management strategy of low impact development, this paper comprehensively considers the ecological pattern of Big Xishan and the vegetation community pattern of Xiangshan. From the perspective of landscape architecture, it explores the planning strategy of gully plant landscape in Xiangshan Street.
Keyword: Stormwater Management; Plant Landscape Planning; Xiangshan; Hillside Area; Gully

园林植物选用的最高原则：乡土树种还是适地适树

Analysis of Basic Selection Principles for Landscape Plant: Indigenous Tree Species or Matching Species with the Site

李　勇　李　琳　秦　飞

摘
要

摘　要: 从乡土树种与适地适树的概念出发，分析了两个概念下园林植物选用实践中的差异，论证了园林植物选用的最高原则当为适地适树原则。介绍了识地、识树的要义与适地适树的主要途径。
关键词: 园林植物；乡土树种；适地适树

Abstract: From the view-point of the definition and fundamental concept of "indigenous tree species" and "matching species with the site",

Then Compare the differences between them, "Matching species with the site" is first principles in the field of Landscape plant. Introduced the way of.
Keyword: Landscape Plant; Indigenous Tree Species; Matching Species with the Site

园林植物在2019年上海家庭园艺展的展示与应用[①]

Plant Exhibition and Planting in the 2019 Shanghai Family Garden Exhibition

李秋静　申瑞雪　林　丹　李　蓉　卿　霞　周天宇　黄建荣

摘　要：园林植物是营造园林和园艺的重要元素，在家庭园艺展中应用和展示植物是园艺走进家庭的重要示范，具有教育实践、展览体验、科普宣传等多重功能，促进园林园艺思想交流和文化传播。基于家庭园艺展的定位和园林植物展示与应用分析的基础上，根据家庭园艺展植物景观类型，包括专类园、阳台园艺、庭院园艺、屋顶园艺和室内园艺。确立园林植物的应用和布局形式，列举出出观赏果蔬、观赏花卉和观赏香草等多种园林植物，在展区的内外空间中通过容器、挂壁、悬垂和花架的形式进行展示。植物展示兼顾家庭园艺的展示和环境建设的双重需要，营造出多种风格的园林景观类型，从而更好地弘扬园林园艺文化。
关键词：园林植物；家庭园艺展；植物景观；展览

Abstract: Landscape plants are an important element in building landscape and horticulture. The exhibition and planting of plants in family garden is an important demonstration of horticulture entering the family. It has multiple functions such as educational practice, exhibition experience, science popularization and so on, and promotes the exchange of gardening ideas and cultural dissemination. Based on the orientation of the family garden exhibition and the analysis of the exhibition and planting of plants, according to the type of plant landscape in family garden exhibition, including theme park, balcony garden, backyard garden, rooftop garden and indoor garden. Establish the planting and layout form of garden plants, list out ornamental fruits and vegetables, ornamental flowers and ornamental herbs and other garden plants, in the inner and outer space of the exhibition area, it is displayed in the form of containers, hanging walls, drapes and flower racks. Plant exhibition takes into account both the display of family garden and the dual needs of environmental construction, creating a variety of garden landscape types, so as to better promote garden culture.
Keyword: Garden Plants; Family Garden Exhibition; Plant Landscape; Exhibition

再生骨料透水砖的制备与性能研究

Preparation and Properties of Recycled Aggregate Permeable Brick

袁卓毅　邓　健　徐佼俊

摘　要：研究了使用旧建筑拆迁遗留下来的废弃石料作为透水混凝土砖的骨料对透水混凝土砖的强度及透水性的影响。实验通过正交实验的方法，使用100%再生骨料制作透水砖，只添加基本的水泥、水和减水剂。测试结果显示，使用再生骨料制作的透水砖，其抗压强度比普通的透水砖要低不少，均在10MPa以下，透水系数最低能达到4.00×10^{-2}cm/s以上。本次实验最佳配比为水灰比0.68，胶灰比3.0，骨料粒径2.50～5.00mm。
关键词：再生骨料；透水砖；抗压强度；透水系数

① 基金项目：上海闵行区科普项目"可食花园的展示空间营造"（编号：19-J-05）；上海市科技兴农项目"上海市花卉产业技术体系建设"（编号：沪农科产字第8号）。

Abstract: The influence of the waste stone left by the demolition of the old building as the aggregate of the permeable concrete brick on the strength and water permeability of the permeable concrete brick was studied. The experiment used orthogonal test method to make permeable bricks with 100% recycled aggregate, adding only basic cement, water and water reducing agent. The test results show that the permeable bricks made from recycled aggregates have lower compressive strength than ordinary permeable bricks, all below 10Mpa, and the water permeability coefficient can reach 4.00×10^{-2}cm/s or more. The best ratio of this experiment is water-cement ratio of 0.68, rubber-to- cement ratio of 3.0, and aggregate particle size of 2.50-5.00mm.
Keyword: Recycled Aggregate; Permeable Brick; Strength; Water Permeability Coefficient

知青小镇园林景观营造[①]

Landscape Architecture of Educated Youth Town

赵 勋 徐 峰 江银峰

摘 要： 美丽乡村建设，在环境提升建设的同时，再现内在精神美，以曾经有知青插队生活住房、食堂，和劳动中用过的农具、日用器具等，再现美丽乡村建设中，把知青时代的奉献美、勤劳美、团结协作美、吃苦耐劳美等精神美融入美丽乡村。把乡村环境美与内在精神美建设同步进行，使美丽乡村宜居与传统美德共存在，促进美丽乡村建设发展。
关键词： 美丽乡村；知青小镇；营造

Abstract: The environment were improved in beautiful rural construction , meanwhile the inner spiritual beauty were reappeared also necessary. It reappeared the beauty of dedication, diligence, solidarity and cooperation, hardship and endurance of the educated youth in the beautiful rural construction with the living houses, canteens, farm tools and daily appliances used in labor. The construction of rural environmental beauty and inner spiritual beauty should be synchronized so as to make the beautiful countryside livable and traditional virtues coexist and promote the development of beautiful countryside construction.
Keyword: Beautiful Countryside; Educated Youth Town; Construction

植物园参与性景观设计研究

——以沧州名人植物园二期工程为例

Research on Participatory Landscape Design of Botanical Garden

—Taking the Second Phase Project of Cangzhou Celebrity Botanical Garden as an Example

王艺淳

摘

要

摘 要： 植物园的建设对于当今恶劣的城市环境具有重要作用，它将引导人们认识植物，保护自然，制止公众进一步无意识地对环境造成伤害。当前国内植物园普遍的短板为内容形式较为单一，公众的参与性较弱，以致于植物园对公众的吸引力和影响力均表现不佳。提高植物园参与性景观设计的力度，调动公众的参与热情，才能使植物园的引导作用得到充分发挥。本文首先明确了植物园参与性景观设计的概念，阐述了植物园参与性景观设计的现状与问题，分析了提升植物园景观参与性的重要意义，再通过对沧州名人植物园二期工程中有关参

① 基金项目：2018年度杭州市建设科研项目“美丽宜居乡村营建技术研究”项目编号2018084。

与性景观设计的过程和手段，总结设计策略和有待完善的方面，最终得出植物园参与性景观设计的具体步骤和方法。
关键词： 植物园参与性景观；公众心理；引导性；互动性；吸引力

Abstract: The construction of botanical gardens plays an important role in today's harsh urban environment. It will guide people to know plants, protect nature and stop the public from further unconscious damage to the environment. At present, botanical gardens in China generally have the short boards that their content are monotonous and the public participation in them are weak. Accordingly, the attraction and influence of botanical gardens to the public are not good enough. Only by enhancing the intensity of the participatory landscape design of botanical gardens and mobilizing the public's enthusiasm for participation can the guiding role of botanical gardens be fully brought into play. Firstly, this paper defines the concept of participatory landscape design in botanical gardens, expounds the current situation and problems of it, and analyses the significance of enhancing the landscape participation. Then, through the process and means of participatory landscape design in the second phase of Cangzhou Celebrity Botanical Garden, it summarizes the design strategies and aspects for improvement. Finally, the specific steps and methods of participatory landscape design in botanical gardens are obtained.
Keyword: Participatory Landscape Design of Botanical Garden; Public Psychology; Guidance; Interactive Quality; Attractive Force

中国城镇化建设中文化继承发展浅谈

On Cultural Inheritance and Development in China's Urbanization Construction

罗　譞　唐芳然　李于刚

摘　要： 针对近年来我国城镇建设中出现的文化资源的雷同性、短视性等问题，本文从文化继承发展的视角阐述了相关看法。并通过中国城镇化的发展历程以及中国独特的乡土文化的论述，解释了文化继承发展对于城镇特色建设的必要性及重要性。最后由三个方面阐述了城镇建设本土文化的传承与创新，对传统文化的保留、乡土文化继承发展，基础在产业、支撑在文化、发展在创新。
关键词： 城镇化建设；本土文化；继承发展

Abstract: In view of the similarities and shortsightedness of cultural resources in urban construction in recent years, this paper expounds relevant views from the perspective of cultural inheritance and development. The necessity and importance of cultural inheritance and development for the construction of urban characteristics are explained through the discussion of the development process of urbanization in China and the unique local culture in China. Finally, it elaborates the inheritance and innovation of local culture in urban construction from three aspects, the preservation of traditional culture and the inheritance and development of local culture, which are based on industry, support and innovation in culture and development.
Keyword: Urbanization Construction; Local Culture; Inheritance and Development

中国传统山水画与古典园林空间营造的共通性

Commonality between Chinese Traditional Landscape Painting and Classical Garden Space Construction

王晓春　张逸冰　贾绿媛　林　箐

摘　要： 中国传统山水画与古典园林都是中华文明史上重要的艺术成就。中国古典园林史上，常“以画入园，因画成景”，两种艺术的创作者也多有重合。中国传统山水画和古典园林的发展都体现着所处时代的社会境况与思想背景，其在创作中也有共通的特性。在空间意识上，二者都取法自然，又高于自然，均能表达出画家或者造园家的思想境界。了解二者之间的联系，对理解中国古典园林以及指导现代园林创作都具有重要意义。本文以中国传统山水画和古典园林为研究对象，具体对二者的发展渊源和空间特征进行探究，旨在探寻中国传统山水画和古典园林在空间营造上的共性，为古典园林研究和现代园林建设提供新的理论基础和方法。
关键词：传统山水画；古典园林；空间营造

Abstract: Chinese traditional landscape painting and classical gardens are important artistic achievements in the history of Chinese civilization. In the history of Chinese classical gardens, the two kinds of artists often overlap. The development of Chinese traditional landscape paintings and classical gardens reflects the social situation and ideological background of the times, and they have common characteristics in their creation. In terms of space consciousness, both of them take nature as their own and are higher than nature, which can express the artist's or gardener's ideological realm. Understanding the relationship between the two is of great significance for understanding Chinese classical gardens and guiding the creation of modern gardens. This paper takes Chinese traditional landscape paintings and classical gardens as the research objects, and explores the origin and spatial characteristics of the two, aiming at exploring the commonness of Chinese traditional landscape paintings and classical gardens in space construction, and providing a new theoretical basis and method for the study of classical gardens and the construction of modern gardens.
Keyword: Traditional Landscape Painting; Classical Gardens; Space Construction

中国古典园林造园风水观初探

——以魏晋南北朝时期为例

A Study on the View of Fengshui in Chinese Classical Gardens

—A Case of Wei, Jin, Southern and Northern Dynasties

岳诗怡　傅红昊

摘　要：风水思想凝聚了几千年来中华民族在择居、营宅中积累的山水审美意识和山水实践经验。本文从风水观的角度重点分析魏晋南北朝时期中国古典园林，包括皇家园林、私家园林的造园手法，以期为当下的环境营建和各类空间景观设计提供有价值的方法，而非单纯的风水学研究。
关键词：风水；魏晋南北朝；园林

Abstract: The ideas of feng shui is the cohesion of the landscape aesthetics and landscape practices of the Chinese nation for thousands of years in choosing where to construct a building and how to do the construction. This paper focuses to analysis the classical Chinese gardens in Southern and Northern Dynasties in the perspective of feng shui concept, including the Royal gardens and private gardens , in order to provide valuable references for the various types of environmental construction and landscape design instead of simple studies of feng shui.
Keyword: Fengshui; Southern and Northern Dynasties; Gardens

中国名山风景史概论

An Introduction to The History of Scenic Spot

李金路

摘　要：阐述中国名山、风景、风景区的发生、发展、演进过程及内在规律。名山风景区从娱神到娱人，从古人认识、欣赏自然，到认知自我，追求自由、自在的过程。作者立足多重视角，站在历史的高度，探索内因动力。名山风景区经历了神圣山水、君子山水、宗教山水、诗画山水和风景山水的演进过程。

关键词：名山；风景；风景名胜区；五岳

Abstract: This article demonstrates the development and evolution historical process of the scenic and historic area and its inheren law in China. The scenic and historical area in development process, experienced a shift from the entertaining gods to the entertaining people in the process of ancients get to know and appreciate nature to the cognitive self and pursuit of freedom. Based on multiple perspectives and standing at the height of history, the author explores the internal motivation of scenic and historic area. Scenic Historic Area has experienced the evolution of"Holy Landscape,"Gentlemen's Landscapes,""Religious landscapes,""Poems Landscapes"and"Landscapes."

Keyword: Mountain;Landscape; Scenic Historic Area; The Five Mountain

珠三角佛山地区乡村湿地保护与发展模式研究

Study on Models for Ecological Protection and Development of Rural Wetland in Foshan, Pearl River Delta

胡泽浩　方小山

摘　要：本论文主要有关于中国珠三角佛山地区乡村湿地保护与发展。珠三角佛山乡村地区许多自然与人工湿地都面临着来自人类活动，农业发展和养殖业发展带来的负面影响。本论文将以中国佛山市上湾村为例，分析和总结其乡村湿地生态保护与发展的模式，上湾村乡村湿地生态保护与发展模式体现了珠三角地区乡村人民的智慧，实现了农业和养殖业的可持续发展。上湾村的乡村湿地保护与发展模式总体可以分为生活污水处理，养殖污水处理，生态河道修复和自然湿地保护四个方面。在这一模式下，上湾村的乡村湿地不仅在乡村产业发展中起到了重要作用，为当地村民很好地提供了自然生态服务，满足了当地居民亲近自然的需求，为居民提供了更好的生活环境，也同时很好的保持了上湾村的珠三角地区湿地乡村景观特征。这一系列的发展模式，可以作为解决当前珠三角地区乡村湿地面临的生产，生活和生态保护如何协调发展问题的潜在解决方案。

关键词：乡村湿地；生态保护；湿地保护；珠三角；乡村振兴

Abstract: This paper contends that ecological protection and development of rural wetland in Pearl River Delta, China. Many natural and man-made wetlands In Pearl River Delta are facing the negative impacts of human activities, agriculture development and breeding industry. This paper presents a summary and analysis of the models for ecological protection and development of rural wetland in Shangwan Country, Foshan, China. The strategies in Shangwan country could make the agriculture, fish breeding industry sustainable. The strategies focus on four approaches, life wastewater treatment, breeding wastewater treatment, ecological river restoration and natural wetland protection. Those approaches contribute to a sustainable development to rural wetland in Shangwan Country. Rural wetland in Shangwan played a key role in the development of the agriculture and breeding industry, offered the natural services to local and keep the rural wetland landscape character well. It made a better living environment in Shangwan Country. Those methods could be seen as a potential solution to the problems in the agriculture production, rural life and ecological protection in Pearl River Delta.

Keyword: Rural Wetland;Ecological Protection; Wetland Conservation; Pearl River Delta; Rural Revitalization

住区绿地对居民日常活动的促进与提升研究

——以济南市雪山片区为例

Study on the Promotion and Promotion of Residents' Daily Activities by Residential Green Space

—Taking Xueshan Area of Jinan City as an Example

匡绍帅　张红岩

摘　要： 2017年发布的《城市绿地分类标准》中，将居住区公园、小区游园等小类取消，把居住区内的绿地纳入居住区用地中，强调“社区公园”独立的用地属性。但在一些城郊型居住范围中，公服配套并不完善，综合公园、社区公园等设施不健全，不能为居住范围内的居民提供日常或节假日的活动需求。为了满足居民日常活动的需求，本文通过对济南市雪山片区中典型住区的实地调研，以住区绿地的植物种类、绿地的空间分布以及绿地对居民产生的影响为出发点，结合居民日常活动的必要需求，通过绿地与居民之间的相互作用，探讨城郊型住宅中居民日常外出活动的“供需”平衡，并结合使用现状提出住区绿地的优化策略，提升居民的活动质量。

关键词： 绿地；住区；行为活动；居民需求

Abstract: In the“Urban Green Space Classification Standard”released in 2017, the small areas such as residential parks and community parks were cancelled, and the green areas in the residential areas were included in the residential area, emphasizing the independent land use attributes of“community parks”. However, in some suburban residential areas, public service facilities are not perfect, and comprehensive parks, community parks and other facilities are not perfect, and it is not possible to provide daily or holiday activities for residents within the residential area. In order to meet the needs of residents' daily activities, this paper takes the field investigation of typical residential areas in Jinshan Snow Mountain Area, and takes the plant species of the green area of the residential area, the spatial distribution of the green space and the impact of the green space on the residents as the starting point, combined with the daily activities of the residents. Necessary demand, through the interaction between green space and residents, explore the“supply and demand”balance of daily outing activities of residents in suburban residential buildings, and propose the optimization strategy of residential green space in combination with the status quo to improve the quality of residents' activities.

Keyword: Green Space; Settlement; Behavioral Activity; Resident Demand

拙美

——徐派园林的古拙与浪漫

Humble Beauty

—The Ancient Simplicity and Romance of Xu-style Garden

李旭冉

摘

要

摘　要： 从审美的角度，探讨了徐派园林“拙美”艺术风格的形成及其文化渊源，并通过对徐派园林山水、建筑、植物等要素及典型示例的解读，分析了徐派园林“拙美”的内涵。

关键词： 拙美；古拙；浪漫；徐派园林

Abstract: This paper discusses the formation and cultural origin of the artistic style of "humble beauty" in xu-style garden from the aesthetic

point of view, and analyzes the connotation of "humble beauty" in xu-style garden through the interpretation of its landscape, architecture, plants and other elements and typical examples.
Keyword: Humble Beauty; Ancient Simplicity; Romance; Xu-style Garden

紫藤的传统意向及其在当代园林营造实践中的应用研究

——以泉州为例

Wisteria Sinensis Sweet in Traditional Culture and Its Application in Contemporary Landscape Architecture

—The Case of Quanzhou

容怀钰　赵纪军

摘　要： 自汉代起，紫藤的应用出现在史料记载，此后常见于文学作品，集中体现了紫藤的传统意象和应用方式。本文以这些资料为研究对象，进行统计、分类、比较和归纳，总结紫藤的自然、社会属性及特点，探讨其在园林营造实践中的应用。最后，以泉州紫藤的应用现状为例，从可游性、可赏性、合理性和参与性4个角度入手，对紫藤在当代园林营造实践中的应用提供借鉴意义。
关键词： 紫藤；泉州；传统意象；园林营造；实践应用

Abstract: Since the Han Dynasty, the application of Wisteria sinensis Sweet has appeared in historical records, and since then it has been common in literary works, which embodies the traditional imagery and application of Wisteria. This paper takes these data as the research object, conducts statistics, classification, comparison and induction, summarizes the natural and social attributes and characteristics of Wisteria, and discusses its application in garden construction practice. Finally, taking the application status of Quanzhou Wisteria as an example, it can be used as a reference for the application of Wisteria in the practice of contemporary garden construction from the four perspectives of rewardability, appreciability, rationality and participation.
Keyword: Wistaria Sinensis Sweet; Quanzhou; Traditional Culture; Landscape Architecture; Practical Application

自然保护地体系下的风景名胜区存在的问题的探究

——以云南丘北普者黑风景名胜区为例

Studying on the Current Problems of Scenic and Historic Area Based on the Nature Reserve Area System

—Taking Puzhehei Scenic Area as an Example

付靖雯

摘　要： 在对风景名胜区发展研究的基础上，分析风景名胜区发展至今存在的问题，对风景名胜区与自然保护地之间的关系进行解析。以云南丘北普者黑风景名胜区为例，探讨如何利用基地条件、设计手法、指导思想，调节开发与保护之间的关系，达到动态平衡。
关键词： 风景名胜区；自然保护地；开发与保护

Abstract: On the basis of the development of scenic and historic area, this article analyzes problems of scenic and historic area development so far existed and the relationship between scenic and historic area and nature conservation area. Then take Puzhehei Scenic Area, which is in Yunnan Province an an example, discusses how to use base condition, design methods and guiding idology, in order to adjust the relationship between exploitation and protection to reach a kind of dynamic balance.
Keyword: Scenic and Historic Area; Nature Conservation Area; Exploitation and Protection

自然资源适应性管理的内涵与方法综述①

Review on the Concept and Method of Natural Resources Adaptive Management

李 婧 韩 锋

摘 要： 随着以国家公园为主体的自然保护地体系的构建，研究自然保护地的管理方法成为当务之急。中国自然保护地管理面临着复杂的人地生态系统，生态系统具有突发性和不确定性，社会经济对管理政策的敏感性强，亟需汲取适应性管理的经验。作者在 Web of Science 以 adaptive management/govern * & natur * /protect * 为主题，搜集约 20 篇文献。在 CNKI 以"适应性"和"自然"为主题，搜集中文文献 6 篇。通过重要参考文献溯源的方法，重点追溯关键人物 Berkes F 和 Folke C、Holling C. S。一共引用 73 篇，综述了自然资源适应性管理的内涵、发展、模式与方法，为中国自然保护地的管理有效性和可持续性提供借鉴。
关键词： 适应性管理；保护区；自然资源管理

Abstract: with the construction of the Protected Area System with National Parks as the main body, it is urgent to study the management methods of protected area. The management of protected area in China is faced with a complex bio-cultural system, with the ecosystem uncertain and the social economy sensitive to management policies, so it is urgent to learn the experience of adaptive management. With adaptive management/govern * & natur * /protect * as the theme, the author has collected about 20 literatures in Web of Science. Six Chinese literatures were collected on CNKI with the theme of "adaptability" and "nature". Key figures Berkes F, Folke C and Holling C. S are traced through the method of tracing the sources of important references. A total of 73 articles are cited to summarize the connotation, development, mode and method of adaptive management of natural resources, providing reference for the effectiveness and sustainability of the management of protected areas in China.
Keyword: Adaptive Management; Protected Area; Natural Resource Management

① 基金项目：国家重点研发计划"自然遗产地生态保护与管理技术"："遗产地生态保护和社区发展协同研究"课题（编号 2016YFC0503308）。